Richard Brauer: Collected Papers
Volume I
Theory of Algebras, and Finite Groups

Mathematicians of Our Time

Gian-Carlo Rota, series editor

Richard Brauer: Collected Papers
Volume I
Theory of Algebras, and Finite Groups
edited by Paul Fong and Warren J. Wong
[17]

Richard Brauer: Collected Papers
Volume II
Finite Groups
edited by Paul Fong and Warren J. Wong
[18]

Richard Brauer: Collected Papers
Volume III
Finite Groups, Lie Groups, Number Theory, Polynomials and Equations; Geometry, and Biography
edited by Paul Fong and Warren J. Wong [19]

Paul Erdös: The Art of Counting
edited by Joel Spencer [5]

Einar Hille: Classical Analysis and Functional Analysis
Selected Papers of Einar Hille
edited by Robert R. Kallman [11]

Mark Kac: Probability, Number Theory, and Statistical Physics
Selected Papers
edited by K. Baclawski and M. D. Donsker
[14]

Charles Loewner: Theory of Continuous Groups
notes by Harley Flanders and Murray H. Protter [1]

Percy Alexander MacMahon: Collected Papers
Volume I
Combinatorics
edited by George E. Andrews [13]

George Pólya: Collected Papers
Volume I
Singularities of Analytic Functions
edited by R. P. Boas [7]

Goerge Pólya: Collected Papers
Volume II
Location of Zeros
edited by R. P. Boas [8]

Collected Papers of Hans Rademacher
Volume I
edited by Emil Grosswald [3]

Collected Papers of Hans Rademacher
Volume II
edited by Emil Grosswald [4]

Stanislaw Ulam: Selected Works
Volume I
Sets, Numbers, and Universes
edited by W. A. Bayer, J. Mycielski, and G.-C. Rota [9]

Norbert Wiener: Collected Works
Volume I
Mathematical Philosophy and Foundations; Potential Theory; Brownian Movement, Wiener Integrals, Ergodic and Chaos Theories; Turbulence and Statistical Mechanics
edited by P. Masani [10]

Norbert Wiener: Collected Works
Volume II
Generalized Harmonic Analysis and Tauberian Theory; Classical Harmonic and Complex Analysis
edited by P. Masani [15]

Oscar Zariski: Collected Papers
Volume I
Foundations of Algebraic Geometry and Resolution of Singularities
edited by H. Hironaka and D. Mumford [2]

Oscar Zariski: Collected Papers
Volume II
Holomorphic Functions and Linear Systems
edited by M. Artin and D. Mumford [6]

Oscar Zariski: Collected Papers
Volume III
Topology of Curves and Surfaces, and Special Topics in the Theory of Algebraic Varieties
edited by M. Artin and B. Mazur [12]

Oscar Zariski: Collected Papers
Volume IV
Equisingularity on Algebraic Varieties
edited by J. Lipman and B. Teissier [16]

Note: Series number appears in brackets.

Richard Brauer

Collected Papers

Volume I
Theory of Algebras, and Finite Groups

Edited by
Paul Fong and Warren J. Wong

The MIT Press
Cambridge, Massachusetts, and London, England

Publisher's note: Richard Brauer left an annotated set of his publications. Following his wishes, these annotations have been incorporated by hand into these reprints.

Publication of this volume was made possible in part by a grant from the International Business Machines Corporation.

This book was printed and bound by The Murray Printing Company in the United States of America.

Library of Congress Cataloging in Publication Data

Brauer, Richard, 1901–
Collected papers.

(Mathematicians of our time; v. 17–19)
Text in English and German.
Bibliography: p.
CONTENTS: v. 1. Theory of algebras and finite groups.—v. 2. Finite groups.—v. 3. Finite groups, Lie groups, number theory, polynomials and equations; geometry, and biography.
1. Mathematics—Collected works. I. Fong, Paul, 1933– II. Wong, Warren J. III. Series.
QA3.B83 510 80–17622

ISBN 0-262-02135-8 (v. 1)
0-262-02148-X (v. 2)
0-262-02149-8 (v. 3)
0-262-02157-9 (complete set)

TO ILSE
whom I first met in November 1920
and whom I married in September 1925

Richard Brauer 1901–1977

Contents

(Bracketed numbers are from the Bibliography)

Volume I

Volume II

Finite Groups (Continued)

Volume III

Finite Groups (Continued)

Lie Groups

Number Theory

Polynomials and Equations; Geometry

Biography

Preface

It seems appropriate to describe in the preface to my collected papers the influences which led me to mathematics, and the course of my mathematical education.

My interest in science in general, and in mathematics in particular, was awakened at a rather early age by my brother Alfred, who is seven years older than I. Of course, my own ideas were very immature at first. Since many new inventions came into use during the first ten years of this century, I dreamed at first of becoming an inventor. I learned that one had to know physics; I started to do simple experiments and to read books on science, which were often too difficult for me. However, what remained was the habit of doing things by myself.

This remained so during most of my years in high school. I attended a Humanistisches Gymnasium in Berlin in which the emphasis was on Latin, Greek, and history, while modern languages and science were more or less neglected. Most of my teachers were not very competent. An exception was one teacher with whom I took an introductory calculus course in 1917. I learned later that he had taken a Ph.D. with Frobenius.

I started the equivalent of my college education in February 1919 at the Technische Hochschule Berlin–Charlottenburg (now the Technical University of Berlin). I recognized soon that my own interests were more theoretical than practical, and I transferred to the University of Berlin after one term.

My first decisive experience at the University of Berlin was the lectures of Erhard Schmidt. It is not easy to describe their fascination. When Schmidt stood in front of a blackboard, he never used notes and was hardly ever well prepared. He gave the impression of developing the theory right there and then. In fact, he would stop in the middle of a proof and say, "Let me start again. I see a better way of doing this." One of his publications originated from a proof he gave in a class I attended some two years later.

Occasionally Schmidt stopped in the middle of a proof and asked the class, "Do you see what will come next? You should." He then waited patiently for an answer. We were thus forced to try to work out the details of a proof mentally in the classroom.

After one year I transferred again, this time to the University of Freiburg. It was the custom of most German students at that time to spend at least one term in a different part of the country. The whole schedule of courses in Freiburg did not fit well into my education. Still, the term was not lost. Since I had a lot of free time, I started to read most of the first two volumes of H. Weber's

Lehrbuch der Algebra (Braunschweig, 1898 and 1899), which is still a classic in 1977. There was one course in Freiburg which became important for my later development. This was a course of Oscar Bolza on the theory of invariants. Bolza had retired to Freiburg where occasionally he taught at the university, after teaching for a long time at the University of Chicago.

In Freiburg I also first came in contact with Alfred Loewy, one of the two professors in Freiburg. The course I took with him was on differential geometry, not his specialty and not very memorable. He also conducted a history seminar. I had to report on the topic "Could Gauss in 1800 Have Proved That the General Equation of the Fifth Degree Could Not Be Solved by Radicals?" This is a question which cannot be answered now, nor is it likely that it ever will be answered. I gave a report in which I worked out an elementary proof which in no way resembles the methods used in Galois theory. Loewy disagreed. He believed that Gauss was already aware of the importance of symmetry. It was typical of Loewy that he remained in correspondence with this young student for years.

In the fall semester of 1920 I returned to the University of Berlin, where I remained until I received my Ph.D. in 1925. I was now ready to take the advanced courses on algebra and number theory of I. Schur. Schur was quite different from Erhard Schmidt as a teacher. He was very well prepared for his classes, and he lectured very fast. If one did not pay the utmost attention to his words, one was quickly lost. There was hardly any time to take notes in class; one had to write them up at home. At the end of each chapter of his course, he gave a survey of related developments and advised, "When you have the time, read Hilbert's Zahlbericht, Hilbert's work on invariants, Takagi on class field theory. . . ." He conducted weekly problem hours, and almost every time he proposed a difficult problem. Some of the problems had already been used by his teacher Frobenius, and others originated with Schur. Occasionally he mentioned a problem he could not solve himself. One of the difficult problems was solved by Heinz Hopf and also by my brother Alfred and myself. We saw immediately that by combining our methods, we could go a step further than Schur. Our joint paper [2] in the list below originated this way.

In the fall of 1922 I started to attend the seminar of Schur and the seminar conducted jointly by Erhard Schmidt and Ludwig Bieberbach. At the seminars a list of important publications was presented, and the participants then volunteered to report on those which looked interesting to them. In the fall of 1922 I reported on G. D. Birkhoff's work on closed curves which form solutions of the Euler equations of certain variational problems. In preparing my talk I found what I believed to be a simpler proof of one of the theorems. At the conclusion of my report, Bieberbach asked me whether he could use this proof in the book he was writing. It then appeared in a slightly modified form in L. Bieberbach, *Differentialgleichungen: Grundlehren der Mathematischen Wissenschaften* (Julius Springer, Berlin, 1923). In a way, this one-page proof represents my first publication.

During a later term, I reported in the Schmidt–Bieberbach seminar on a chapter in Hilbert's book on integral equations, but I started to become more and more attracted by the Schur seminar. I first reported jointly with my brother on C. L. Siegel's paper on what is now known as the Thue–Siegel–Roth theorem. More important for my own development were the reports the following year. I reported jointly with Heinz Hopf on Schur's "Neue Begründung der Theorie der Gruppencharaktere." Then I reported on Schur's "Arithmetische Untersuchungen über endliche Gruppen linearer Substitutionen" and "Neue Anwendungen der Integralrechnung auf Probleme der Invariantentheorie, 1. Mitteilung" (cf. the *Collected Papers of I. Schur,* Springer-Verlag, Berlin, Heidelberg, and New York, 1973).

My Ph.D. thesis [1] dealt with the same problem as the second part of the "Neue Anwendungen der Integralrechnung" quoted above. Schur had suggested that I give a more algebraic approach and answer a question which he himself had not been able to settle. The same question was answered a little later by H. Weyl; his methods were entirely different and his investigation was undertaken in a much more general context (cf. H. Weyl, chapter II, §5, of "Theorie der Darstellung halbeinfacher Gruppen," *Mathematische Zeitschrift* **23** (1925)). As was customary, the last page of [1] contains my "Lebenslauf" (vita) and the list of courses I attended during my college days. The 1920s were a brilliant time at the University of Berlin, and many of the names of the lecturers are still famous today. Among the physicists whose classes I attended were the Nobel prize laureates Planck, Einstein, and von Laue.

My first academic position was that of Assistant at the Mathematical Institute of the University of Königsberg. In 1927, I became Privatdozent, that is, I was given the *venia legendi,* the right to give lectures. The University of Königsberg had been outstanding during the nineteenth century, but had then fallen into neglect. After Hilbert and Minkowski left, only second-rate mathematicians stayed for any length of time. Now the Prussian Minister of Education tried to improve conditions. There were two chairs for mathematics during my years at Königsberg, and these were occupied by K. Reidemeister and G. Szegö. In addition, there was one Privatdozent with title of Professor, W. Rogosinski. As far as it was possible, we four had to cover the whole of mathematics. During my eight years at Königsberg, I taught practically all the usual courses, but none in the fields in which I was working at the time.

In attending mathematical meetings, I soon met mathematicians from other universities who had similar interests. I mention Emmy Noether, with whom I collaborated on [4] in 1927, and H. Hasse, with whom Emmy Noether and I collaborated on [14] in 1931. The paper [11] was written in collaboration with I. Schur in 1930.

During one of my visits to Berlin, Schur surprised me by suggesting that we should write a book jointly on all aspects of the representation theory of groups, many of which were still unexplored at that time. My papers [14] and [18] originated in this way. A year or so later Schur told me that, with all his other duties and interests, he simply did not have the time to work on a book. The project would now have to include chapters on the work of E. Wigner, which had appeared in the meantime, on the application of representation theory to quantum mechanics. He suggested that now I should write a book on group representations with a young physicist whom he knew. Since Hitler seized power not long afterward, and I had to leave Germany, the project had to be dropped. I lost my position in Königsberg in the spring of 1933 after Hitler became Reichskanzler of Germany. In the fall of 1933, I received an invitation for a year's visit from the University of Kentucky, which I accepted.

During the academic year 1934–1935 I was assistant to Hermann Weyl at the Institute for Advanced Study in Princeton. I had hoped since the days of my Ph.D. thesis to get in contact with him some day; this dream was now fulfilled. We soon collaborated on [19]. Carl Ludwig Siegel was at the Institute during the spring term 1935. It seems superfluous to describe the stimulating influence on all who came to know him. I mention one example which became important for my later work. In 1934 Heilbronn had proved Gauss's famous conjecture that the class number of an imaginary quadratic number field with the discriminant $-d$ tends to infinity with d. In a talk in the colloquium Siegel spoke about his own paper in *Acta Arithmetica* **1** (1935), 83–86, in which he gave an extremely short proof of a refinement of the theorem. Siegel also stated a conjecture dealing with algebraic number fields of arbitrary degree of which his theorem for quadratic fields is a special case.

Siegel's lecture became very important for me about 10 years later. In the meantime I had often been with E. Artin, and discussions with him had familiarized me with many of his ideas about L-series and class field theory. I had succeeded in 1946 in proving part of one of his conjectures (cf. [51]). When I prepared a talk about this for the Symposium on Problems of Mathematics held in Princeton in December 1946 in commemoration of the bicentennial of Princeton University, it occurred to me that I was now able to prove Siegel's conjecture (cf. [52]).

I consider my year at the Institute in Princeton as the last part of my mathematical education. In the fall of 1935 I became Assistant Professor at the University of Toronto.

Richard Brauer
Belmont, Massachusetts
February, 1977

RICHARD DAGOBERT BRAUER

J. A. GREEN

Richard Dagobert Brauer, Emeritus Professor at Harvard University and one of the foremost algebraists of this century, died on April 17, 1977, in Boston, Massachusetts. He had been an Honorary Member of the Society since 1963.

Richard Brauer was born on 10 February, 1901, in Berlin–Charlottenburg, Germany; he was the youngest of three children of Max Brauer and his wife Lilly Caroline. Max Brauer was an influential and wealthy businessman in the wholesale leather trade, and Richard was brought up in an affluent and cultured home with his brother Alfred and his sister Alice.

Richard Brauer's early years were happy and untroubled. He attended the Kaiser–Friedrich–Schule in Charlottenburg from 1907 until he graduated from there in 1918. He was already interested in science and mathematics as a young boy, an interest which owed much to the influence of his gifted brother Alfred, who was seven years older than Richard.

His youth saved him from service with the German army during the first World War. He graduated from high school in September 1918, and he and his classmates were drafted for civilian service in Berlin. Two months later the War ended, and in February 1919 he was able to enrol at the Technische Hochschule in Berlin–Charlottenburg (now the Technische Universität Berlin). The choice of a technical curriculum had been the result of Richard's boyhood ambition to become an inventor, but he soon realised that, in this own words, his interests were " more theoretical than practical ", and he transferred to the University of Berlin after one term. He studied there for a year, then spent the summer semester of 1920 at the University of Freiburg —it was a tradition among German students to spend at least one term in a different university—and returned that autumn to the University of Berlin, where he remained until he took his Ph.D. degree in 1925.

The University of Berlin contained many brilliant mathematicians and physicists in the nineteen-twenties. During his years as a student Richard Brauer attended lectures and seminars by Bieberbach, Carathéodory, Einstein, Knopp, von Laue, von Mises, Planck, E. Schmidt, I. Schur and G. Szegö, among many others. In the customary postscript to his doctoral dissertation [**1**], Brauer mentions particularly Bieberbach, von Mises, E. Schmidt and I. Schur. There is no doubt that the profoundest influence among these was that of Issai Schur. Schur had been a pupil of G. Frobenius, and had gradulated at Berlin in 1901; he had been " ordentlicher Professor " (full professor) there since 1919. His lectures on algebra and number theory were famous for their masterly structure and polished delivery. Richard Brauer's first published paper arose from a problem posed by Schur in a seminar on number theory in the winter semester of 1921. Alfred Brauer also participated in this seminar. He was less fortunate than Richard, in that his studies were seriously interrupted by the War; he had served for four years with the army and been very badly wounded. The Brauer brothers succeeded in solving Schur's problem in one week, and in the same week a completely different solution was found by Heinz Hopf. The Brauer proof was published in the book by Polya and Szegö (1925; p. 137,

[Bull. London Math. Soc., 10 (1978), 317–342]

pp. 347–350), and some time later the Brauers and Hopf combined and generalized their proofs in their joint paper **[2]**.

Richard Brauer also participated in seminars conducted by E. Schmidt and L. Bieberbach on differential equations and integral equations—a proof which he gave in a talk at this seminar in 1922 appears, with suitable acknowledgment, in Bieberbach's book on differential equations (1923; p. 129). But Brauer became more and more involved in Schur's seminar. As a participant in this, he reported on the first part of Schur's paper " Neue Anwendungen der Integralrechnung auf Probleme der Invariantentheorie " (1924), which shows how Hurwitz's method of group integration can be used for the study of the linear representations of continuous linear groups. In the second part of this work, Schur applied his method to determine all the irreducible (continuous, finite-dimensional) representations of the real orthogonal and rotation groups. He suggested to Brauer that it might also be possible to do this in a more algebraic way. This became Brauer's doctoral thesis **[1]**, for which he was awarded his Ph.D. *summa cum laude* on March 16, 1926.

On September 17, 1925 Richard Brauer married Ilse Karger, a fellow-student whom he had first met in November 1920 at Schur's lecture course on number theory. Ilse Karger was the daughter of a Berlin physician. She studied experimental physics and took her Ph.D. in 1924, but she realized during the course of her studies that she was more interested in mathematics than in physics, and she took mathematics courses with the idea of becoming a school-teacher. In fact she subsequently held instructorships in mathematics at the Universities of Toronto and Michigan and at Brandeis University, and she eventually became assistant professor at Boston University. The marriage of Ilse and Richard Brauer was a long and very happy one. Their two sons George Ulrich (born 1927) and Fred Günther (born 1932) both became active research mathematicians, and presently hold chairs at, respectively, the University of Minnesota, Minneapolis, and the University of Wisconsin, Madison.

Brauer's first academic post was at the University of Königsberg (now Kaliningrad), where he was offered an assistantship by K. Knopp. He started there in the autumn of 1925, became Privatdozent (this is the grade which confers the right to give lectures) in 1927, and remained in Königsberg until 1933. The mathematics department at that time had two chairs, occupied by G. Szegö and K. Reidemeister (Knopp left soon after Brauer arrived), with W. Rogosinski, Brauer and T. Kaluza in more junior positions. The Brauers enjoyed the friendly social life of this small department, and Richard Brauer enjoyed the varied teaching which he was required to give. During this time he also met mathematicians from other universities with whom he had common interests, particularly Emmy Noether and H. Hasse.

This was the time when Brauer made his fundamental contribution to the algebraic theory of simple algebras. In **[4]**, he and Emmy Noether characterized Schur's " splitting fields " of a given irreducible representation Γ of a given finite dimensional algebra, in terms of the division algebra associated to Γ. Brauer developed in **[3]**, **[5]** and **[7]** a theory of central division algebras over a given perfect field, and showed in **[13]** that the isomorphism classes of these algebras can be used to form a commutative group whose properties give great insight into the structure of simple algebras. This group became known (to its author's embarrassment!) as the " Brauer group ", and played an essential part in the proof by Brauer, Noether and Hasse **[14]** of the long-standing conjecture that every rational division algebra is cyclic over its centre.

Early in 1933 Hitler became Chancellor of the German Reich, and by the end of March had established himself as dictator. In April the new Nazi régime began to implement its notorious antisemitic policies with a series of laws designed to remove Jews from the " intellectual professions " such as the civil service, the law and teaching. All Jewish university teachers were dismissed from their posts. Later some exemptions were made—it is said at the request of Hindenburg, the aged and by now virtually powerless President of the Reich—to allow those who had held posts before the first World War, and those who had fought in that War, to retain their jobs. Richard Brauer came into neither of these categories, and was not reinstated. It is tragically well known that the " clemency " extended to those who were allowed to remain at their posts was short-lived. Alfred Brauer, whose war service exempted him from dismissal in 1933, eventually came to the United States in 1939. Their sister Alice stayed in Germany and died in an extermination camp during the second World War.

The abrupt dismissal of Jewish intellectuals in Germany in 1933 evoked shock and bewilderment abroad. Committees were set up and funds raised, particularly in Great Britain and the United States, to find places for these first refugees from Nazism. Through the agency of the Emergency Committee for the Aid of Displaced German Scholars, which had its headquarters in New York, and with the help of the Jewish community in Lexington, Kentucky, enough money was raised to offer Richard Brauer a visiting professorship for one year at the University of Kentucky. He arrived in Lexington in November 1933, speaking very little English, but already with a reputation as one of the most promising young mathematicians of his day. His arrival was greeted with sympathetic curiosity; the local paper reported an interview with the newcomer, conducted through an interpreter, and recorded Brauer's first impressions of American football. Ilse Brauer and the two children, who had stayed behind in Berlin, followed three months later. The friendly welcome which the Brauers found in Lexington, and their own adaptability, made the transition to life in the United States an easy one.

In that same academic year 1933–34 the Institute for Advanced Study at Princeton came into full operation. Among its first permanent professors was Hermann Weyl. Brauer did not know Weyl personally, but had always hoped to do so from the time when he had been writing his thesis on the rotation group; Weyl's classic papers, in which he combined the infinitesimal methods of Lie and E. Cartan with Schur's group integration method to determine the characters of all compact semisimple Lie groups, appeared in 1925–26. It was therefore the fulfilment of a dream for Brauer to be invited to spend the year 1934–35 at the Institute as Weyl's assistant. Brauer's great admiration and respect for Weyl were returned. Many years later Weyl wrote that working with Brauer had been the happiest experience of scientific collaboration which he had ever had in his life. The famous joint paper on spinors **[19]** was written during this year, and also Brauer's paper **[21]** on the Betti numbers of the classical Lie groups. Pontrjagin had recently determined these numbers by topological means (1935), and Brauer, in response to a question by Weyl, was able to give in a few weeks an alternative purely algebraic treatment based on invariant theory. The references to Brauer in Weyl's book *The Classical Groups* (1939) make evident the esteem in which he held his younger colleague. Brauer collaborated with N. Jacobson, who had been Weyl's assistant during the second half of 1933–34, in writing up notes of Weyl's lectures on Lie groups, and of some of the seminar talks which followed. These appeared under the title *The Structure and Representation of Continuous Groups* (Princeton, 1934–1935).

The year at Princeton was very productive of new mathematical contacts for Brauer. The Institute was already a brilliant centre for mathematics. Besides its permanent professors (J. W. Alexander, A. Einstein, J. von Neumann, O. Veblen and Weyl) there were in the School of Mathematics that year four assistants and thirty-four " workers " (i.e. visiting members). Among the latter were W. Magnus, C. L. Siegel and O. Zariski, all of whom were to become lifelong friends of the Brauers. Brauer's mathematical contact with Siegel was particularly close, and bore fruit later in **[52]**. In addition to the mathematicians at the Institute, the mathematics faculty at Princeton University (who were then housed in the same building) included Bochner, Lefschetz and Wedderburn. The Brauers were also able to see Emmy Noether regularly, because she was giving a weekly seminar at Princeton that year. Emmy Noether was another refugee from Nazism, and held a post as visiting professor at Bryn Mawr College, Pennsylvania, from 1933 until her death in the spring of 1935.

It was as a result of the account of him given by Emmy Noether when she visited the University of Toronto that Brauer was offered an assistant professorship there. He took up this post in the autumn of 1935, and was to remain in Toronto, holding in due course positions as associate and then full professor, until 1948. At Toronto, Brauer developed his famous modular representation theory of finite groups, which will probably always be regarded as his most original and characteristic contribution to mathematics. Some of the preliminaries to this theory appeared in 1935 in **[18]**, but the first full treatment of modular characters, decomposition numbers, Cartan invariants and blocks was published jointly with C. J. Nesbitt in 1937 (**[27]**). Nesbitt was Brauer's doctoral student at Toronto from 1935–37, and he has given this interesting account of their collaboration. " Curiously, as thesis advisor, he did not suggest much preparatory reading or literature search. Instead, we spent many hours exploring examples of the representation theory ideas that were evolving in his mind. Eventually, I pursued a few of these ideas for thesis purposes, they received some elegant polishing by him, and later were abstracted and expanded by another great friend, Tadasi Nakayama. Professor Brauer generously ascribed joint authorship to several papers that came out of these discussions but my part was more that of interested auditor."

One of these joint papers with Nesbitt " On the modular characters of groups " **[34]** appeared in 1941 and remained for many years the only readily available reference for modular theory. An essential part of this theory was a new general representation theory of algebras, initiated by Brauer and developed by him, Nesbitt and Nakayama during this period.

Brauer's teaching contribution to mathematics at Toronto was considerable; his lectures and seminars were well-attended, and he had several Ph.D. students apart from Nesbitt, including R. H. Bruck, S. A. Jennings, N. S. Mendelsohn, R. G. Stanton and R. Steinberg. Brauer was elected to the Royal Society of Canada in 1945. With his Toronto colleagues H. S. M. Coxeter and G. de B. Robinson he was involved in the Canadian Mathematical Congress and the founding of the Canadian Journal of Mathematics. During his years in Canada he kept up many contacts with the United States; he was visiting professor at the University of Wisconsin in 1941, and a visiting member of the Institute of Advanced Study in 1942. In 1942 he also spent some time with Emil Artin at Bloomington, Indiana. Brauer had met Artin briefly in Hamburg, but this was their first real mathematical and personal contact. Their discussions and correspondence over the ensuing years resulted in Brauer's famous proof **[51]** of Artin's L-function conjecture, and a series of subsequent papers relating to class-field theory, for which he received the American Mathematical Society's Cole Prize in 1949. Artin and Brauer were to remain close friends until Artin's death in 1962.

By 1948 Brauer was becoming one of the leading figures on the international mathematical scene, and it can have surprised no one when he moved back to the United States in that year, to a chair at the University of Michigan, Ann Arbor. Nesbitt was on the faculty there, but by then had moved into another area of mathematics, and the few graduate courses in algebra were being taught by R. M. Thrall, who already had considerable contact with the work of Artin, Brauer and Nakayama. Brauer at once set about enlarging the graduate programme in algebra and number theory, and he took on a big personal load of advanced lectures, seminars and Ph.D. supervision. There was no National Science Foundation to support research in those days, but many of the best international researchers were prepared to lecture at summer schools in the United States. Michigan had always had a particularly good and well-attended summer programme in mathematics, which was now enhanced by the attraction of Brauer. When Brauer was not involved in such an Ann Arbor summer, he and Ilse would take vacations at Estes Park, Colorado, where there were usually other algebraists present—for example Reinhold Baer, a former school-fellow of Brauer's in Berlin, and now at the University of Illinois at Urbana. Michigan became one of the liveliest centres of algebra, with a remarkable young generation—Ph.D. students of Brauer's included K. A. Fowler, W. Jenner and D. J. Lewis; and W. Feit, J. P. Jans and J. Walter were students while Brauer was at Michigan, although they did not take their doctorates with him. A. Rosenberg was a post-doctoral fellow at Michigan during this time, and the junior faculty included M. Auslander and J. McLaughlin.

About 1951 Brauer, together with his pupil K. A. Fowler, found the first group-theoretical characterization of the simple groups $LF(2, q)(q \geqslant 4)$. At nearly the same time, M. Suzuki in Japan had proved a similar theorem for the case $q = p$ (prime), and later introduced important simplifications in the proof of the general case with his method of " exceptional characters ". G. E. Wall, who was then at Manchester, had also arrived at Brauer's theorem independently by about 1953. The final version, a joint paper by Brauer, Suzuki and Wall [**70**], did not appear until 1959. This work, together with Brauer and Fowler's paper " On groups of even order " [**64**], marked the beginning of a new advance in the theory of finite groups. A few years later W. Feit and J. Thompson made another breakthrough with their long proof (Feit, Thompson 1963) of the old conjecture of Burnside that every non-Abelian finite simple group has even order. Most of the great progress in the understanding and classification of finite simple groups, which has dominated algebra in the past 25 years, can be traced to these pioneering achievements. Brauer was to remain a leading contributor to this progress.

The Brauers were very happy at Ann Arbor, and expected to stay there for the rest of their lives. However in 1951 Brauer was offered a chair at Harvard University, which he accepted. He took up this post in 1952, and stayed at Harvard until he retired in 1971; he and Ilse lived at Belmont, Massachusetts until his death in 1977.

Brauer was fifty-one years old when he went to Harvard. It is a striking fact of his career that he continued to produce original and deep research at a practically constant rate until the end of his life. About half of the 127 publications which he has left were written after he was fifty; the years 1964–77 produced 44 papers. The mathematical atmosphere at Harvard and at the neighbouring Massachusetts Institute of Technology was very congenial to Brauer, who had many contacts at both places. He had an impressive catalogue of successful students at Harvard, including D. M. Bloom, P. Fong, M. E. Harris, I. M. Isaacs, H. S. Leonard, J. H. Lindsey, D. S.

Passman, W. F. Reynolds, L. Solomon, D. B. Wales, H. N. Ward and W. Wong—and this list, like those which we have given of Brauer's students at Toronto and Michigan, is farf rom complete. Beside students, there were many visitors who came to Harvard because Brauer was there. The Brauers were a hospitable couple, and had always liked to entertain colleagues and students in their home. Everyone who had contact with Brauer in his years at Harvard, whether as student, colleague or visitor, has spoken of the great warmth and personal interest which he and Ilse brought to the mathematical community in the Boston area.

The Brauers travelled abroad regularly, usually to Europe where there were old friends. They visited the Baers in Frankfurt, after they had returned to Germany in 1956. They regularly spent summer vacations at Pontresina in Switzerland with C. L. Siegel, and also visited him in Göttingen—Brauer held the Gauss professorship at the Akademie der Wissenschaften there for a semester in 1964. In 1959–60 he was visiting professor at Nagoya University in Japan at the invitation of T. Nakayama, whom the Brauers had known for many years. They visited England frequently to stay with the Rogosinskis in Newcastle. Brauer was made honorary member of the London Mathematical Society in 1963, and was Hardy Lecturer in 1971. He and Ilse spent a term at Warwick in 1973, which is remembered there with great pleasure; Brauer's paper **[126]** had its origin in the seminar on modular representations which he held on this occasion. In 1972 Brauer was visiting professor at Aarhus University in Denmark.

Early in 1969 Brauer began to suffer from myasthenia gravis, a neurological disease which causes a selective weakening of the muscles, in his case the muscles of the eye. Although he could still read, this partial paralysis impaired his side vision and made him see double from beyond a certain distance. He adjusted himself with great fortitude to this distressing condition, and managed to lead an almost normal life in spite of it.

Brauer received many honours in the course of his life, and a list of these is given at another place in this notice. We mention here his election to the National Academy of Sciences in 1955, the Cole Prize of the A.M.S. in 1949 for his work on class-field theory, and the National Medal for Scientific Merit awarded to him by the President of the United States in 1971.

In 1976 Brauer became sufficiently ill to require hospital treatment on two occasions—in his own words, " For the first time in my life I have seen hospital rooms at night." He made a good recovery and continued his busy working life. But in the middle of March 1977 he had to be rushed to hospital again. He was suffering from aplastic anaemia, a condition in which the body no longer produces enough blood cells, and consequently loses its natural defences against infection. He knew that he was very ill, but did not doubt that he would recover eventually. He continued to deal with his correspondence from his hospital bed, dictating letters to Ilse, who stayed with him throughout his illness. A general sepsis led to his death on 17 April.

Richard Brauer has been one of the most consistent and effective influences in algebra this century. His work provides an example of mathematical research and scholarship at its best. He solved important problems which had been long outstanding in group representation and number theory, and in the process he made major theoretical advances which have since become incorporated into the groundwork of algebra. We shall discuss Brauer's work in more detail later, and so mention here only one example, the theory of linear associative algebras. This was enriched by Brauer in two ways: first by his theory of simple algebras, which led to the paper by him, Noether and Hasse on rational division algebras, and which was the result of Brauer's studies on the Schur index of a representation. His second contribution to the theory of algebras was his analysis of the regular representations of a non-semisimple algebra, which led to the idea of projective and injective modules, the local ($\mathfrak{p}$-adic) theory of orders in a semisimple algebra, and to Nakayama's researches on Frobenius algebras. This work was one of the by-products of Brauer's theory of group representations over a field of finite characteristic.

The progress of this " modular " theory of group representations shows all of Brauer's remarkable mathematical qualities at work. Frobenius and Burnside had revolutionized the theory of finite groups in the first decade of this century, and some of their deepest results were those obtained by the application of the new theory of group characters. The idea of a modular theory of group representations was not new; Dickson had already done some pioneering work in the early 1900's (Dickson 1902, 1907). Schur suggested, in lectures at Berlin, an " arithmetic " approach: a given rational prime p generates, in the integral group ring ZG of a given finite group G, an ideal whose prime divisors, in a suitable order containing ZG, correspond to the types of irreducible representations of G over a field of characteristic p. But it was Brauer who solved, one by one, the enormous technical and conceptual problems which stood between Schur's idea and a theory which could contribute to the understanding of the structure of the group G. Brauer always considered that the aim of his theory was to give information about the structure of groups; more particularly, he used modular theory as a way of obtaining refined " local " information on the *ordinary* character table of G—his beautiful theory of blocks being the principal means to this end. His judgment was brilliantly vindicated in the event, and it is hard to imagine any other contemporary algebraist with the superb creative and technical resource necessary to carry through Brauer's programme.

Brauer's many students, and others who were influenced by his teaching at an early stage in their careers, are now to be found at universities throughout the United States and Canada. To them he transmitted a fine tradition of German algebra and number theory which can be traced back through Schur to Frobenius and Kronecker. Brauer's lectures were carefully prepared and undramatic; he was very concerned to give proofs in complete detail (in contrast to the prevailing fashion), and would sometimes go back and rephrase an argument two or three times in order to make things clearer. Some students found this tedious, but there were others who came to realize that Brauer had few equals as an expositor, both of mathematical ideas and of techniques. A former student at Michigan has said of his lectures, " You had the feeling you were seeing a magnificent structure being built before your eyes by a master craftsman, brick by brick, stone by stone." Many people have expressed the hope that some of Brauer's lecture courses might eventually be published.

It is not possible to separate Richard Brauer's mathematical qualities from his personal qualities. All who knew him best were impressed by his capacity for wise and independent judgment, his stable temperament and his patience and determination in overcoming obstacles. He was the most unpretentious and modest of men, and remarkably free of self-importance. He was embarrassed to find his name attached adjectivally to some of his discoveries, and rebuked a student, gently but seriously, for referring to " Brauer algebra classes " in the theory of simple algebras—this was at Harvard, and the offending terminology had been standard for at least twenty years!

Brauer's interest in people was natural and unforced, and he treated students and colleagues alike with the same warm friendliness. In mathematical conversations, which he enjoyed, he was usually the listener. If his advice was sought, he took this as a serious responsibility, and would work hard to reach a wise and objective decision.

Richard Brauer occupied an honoured position in the mathematical community, in which the respect due to a great mathematician was only one part. He was honoured as much by those who knew him for his deep humanity, understanding and humility; these were the attributes of a great man.

Acknowledgments

In preparing these biographical and personal notes I have relied on the generous help of many people. I should like to thank particularly Professor Alfred Brauer for his recollections of his brother's early life. I have had letters and information also from R. and M. Baer, J. C. Beidleman, H. S. M. Coxeter, W. Feit, P. Fong, N. Jacobson, W. Ledermann, D. J. Lewis, G. Mackey, W. Magnus, D. Montgomery, C. J. Nesbitt, W. F. Reynolds, G. de B. Robinson, C. L. Siegel, M. Suzuki, J. Tate, G. E. Wall, W. J. Wong and O. Zariski; to all these, and to others who have given me their kind assistance, I am much indebted.

P. Fong and W. Wong have been good enough to allow me to use their bibliography of Richard Brauer's collected papers, which they have edited for publication by the Massachusetts Institute of Technology Press, in the series " Mathematicians of Our Time ". This project was begun in 1972, and was already substantially completed before Brauer's death.

Above all my thanks are due to Mrs. Ilse Brauer. She has been willing, even in the early days of her sad bereavement, to give the generous, detailed and patient help which has made it possible for me to write this notice.

Honours and honorary posts held by Richard Brauer

Elected memberships of learned societies

Royal Society of Canada 1945
American Academy of Arts and Sciences 1954
National Academy of Sciences 1955
London Mathematical Society (Honorary Member) 1963
Akademie der Wissenschaften Göttingen (Corresponding Member) 1964
American Philosophical Society 1974

Prizes, etc.

Guggenheim Memorial Fellowship 1941–42
Cole Prize (American Mathematical Society) 1949
National Medal for Scientific Merit 1971

Honorary doctorates

University of Waterloo, Ontario 1968
University of Chicago 1969
University of Notre Dame, Indiana 1974
Brandeis University, Massachusetts 1975

Presidencies of Mathematical Societies

Canadian Mathematical Congress 1957–58
American Mathematical Society 1959–60

Editorships of learned journals

Transactions of the Canadian Mathematical Congress 1943–49
American Journal of Mathematics 1944–50
Canadian Journal of Mathematics 1949–59
Duke Mathematical Journal 1951–56, 1963–69
Annals of Mathematics 1953–60
Proceedings of the Canadian Mathematical Congress 1954–57
Journal of Algebra 1964–70

Mathematical Work of Richard Brauer

This survey of Brauer's mathematical work can be no more than an outline. I have attempted to describe those of Brauer's ideas which have had the greatest influence on contemporary mathematics; I have made no attempt to review separately each of his major papers.

Some of the gaps in my account can be filled by reading W. Feit's obituary article on Brauer in the Bulletin of the American Mathematical Society.

The section on number theory is adapted from a manuscript which D. J. Lewis has kindly given me. I should also like to thank W. Feit, M. Suzuki, J. Tate and G. E. Wall for their valuable help.

Contents

1. *Representations of continuous groups*

In his thesis **[1]**, Brauer calculated the characters of the irreducible representations of the groups $D = SO(n)$ and $D' = O(n)$ (D' is the group of all real orthogonal transformations of n variables; D the subgroup of those whose determinant is 1). By a "representation" of a linear group Γ, such as D or D', is meant a continuous homomorphism $H : \Gamma \to GL(N, \mathbb{C})$, whereby each element s of Γ is represented by a non-singular complex matrix or linear transformation $H(s)$ of some finite degree N.

Schur had shown (1924 I, II, III) that his own classical treatment (1905) of the character theory of a finite group Γ can be extended to a continuous linear group Γ on which a finite invariant integral can be defined. Hurwitz (1897) had introduced invariant integrals as a method of calculating polynomial invariants, and had determined such an integral for D. Schur (1924 II) used Hurwitz's integral to give explicit formulae for the irreducible characters of D'. He suggested to Brauer that it might be possible to recover these formulae by purely algebraic methods.

Any character χ of D is given by the function which expresses $\chi(s)$ (s an arbitrary element of D) as polynomial in the eigenvalues of s. The terms in this polynomial can be ordered in a " lexical " ordering. Brauer showed that the *irreducible* characters χ are uniquely specified by their leading terms; he proved then that these irreducible characters $\gamma(k_1, \ldots, k_\nu)$ can be parameterized by integers $k_1, \ldots, k_\nu$ satisfying $k_1 \geqslant \ldots \geqslant k_\nu \geqslant 0$ (in case $n = 2\nu+1$ is odd), or $k_1 \geqslant \ldots \geqslant k_{\nu-1} \geqslant |k_\nu|$ (in case $n = 2\nu$ is even).

The problem now was to find explicit expressions for the $\gamma(k_1, \ldots, k_\nu)$. Brauer first recovered Schur's formulae for the characters of D', which are easily expressed in terms of the $\gamma(k_1, \ldots, k_\nu)$, using an ingenious induction on n, and also a theorem of E. Study (1897) which gives the polynomial invariants of D. Then Brauer found analogous formulae for the $\gamma(k_1, \ldots, k_\nu)$ (which had eluded Schur) by another inductive argument which turns on a beautiful formula for the product of characters of D.

Brauer's inductive arguments required extensive manipulation of delicate determinantal identities, which meant that the price paid, in order to avoid the analytic element in Schur's integral method, was quite heavy. While Brauer was writing his thesis, Hermann Weyl was working on his famous papers on the representations of semisimple groups (Weyl 1925, 1926), and he too found the formulae for the characters for $D = SO(n)$ (Weyl, Selecta, pp. 322, 323)—Brauer and Weyl arrived at these formulae independently, although of course both had Schur's papers as common starting point.

Weyl's work was a triumph for the analytic method. For any connected complex-analytic group Γ, whose Lie algebra $\mathfrak{g}$ is semisimple, he constructed *via* $\mathfrak{g}$ a compact real-analytic (i.e. Lie) subgroup Γ_u of Γ; the representation theory of Γ_u coincides with the analytic representation theory of Γ. Weyl constructed an invariant integral for the simply-connected covering group $\Gamma_u^{\,0}$ of Γ_u, and was able to use Schur's methods, combined with E. Cartan's classification (1913) of the representations of $\mathfrak{g}$, to give his famous formula (Selecta, p. 358) for the irreducible characters of $\Gamma_u^{\,0}$. The irreducible characters of Γ_u can be identified with a subset of those of $\Gamma_u^{\,0}$, since Γ_u can be regarded as the factor group of $\Gamma_u^{\,0}$ by a suitable central subgroup Z.

Brauer's work on the representations of semisimple groups, like all other research in this field since 1926, has to be seen against the background of Weyl's massive achievement. Brauer's contribution was that he continued to press the case for purely algebraic methods, a case to which Weyl himself was very sympathetic.

The classic joint paper **[19]** by Brauer and Weyl on spinors gives a beautifully explicit algebraic realization of the " two-valued " representation Δ of $D = SO(n)$ of dimension 2^ν ($n = 2\nu$ or $2\nu+1$, as before), whose existence had been proved by É. Cartan (1913). In accordance with Weyl's theory, Δ can also be regarded as a genuine representation of the simply-connected covering group D^0 $(= \text{Spin}(n))$ of $D = D^0/Z$, whose kernel does not contain Z (Z has order 2 for $n \geqslant 3$). The construction starts by realizing $O(n)$ as a group of automorphisms of a certain 2^n-dimensional complex linear algebra which had first been studied by W. K. Clifford (1878), and then uses a matrix representation of this algebra invented by Dirac in his paper (1927) on the spin of an electron.

É. Cartan (1929) showed that the Betti number $B_p(p \geqslant 0)$ of a compact semisimple Lie group G (considered as a manifold) is equal to the dimension ν_p of the space of invariant differential forms ω of order p on G. These ω are determined by their behaviour at the identity element of G, and correspond to those elements of the pth exterior (alternating) power $E_p = \mathfrak{g}^* \wedge \ldots \wedge \mathfrak{g}^*$ ($\mathfrak{g}$ is the Lie algebra of G) which are invariant under the action of G on E_p which derives from the adjoint action of G on $\mathfrak{g}$. Thus the problem of finding the v_p—that is of calculating the Poincaré polynomial $1+v_1 t+v_2 t^2+\ldots$ of G—reduces to a problem of algebraic invariant theory. Brauer solved this problem for the classical groups (unitary, symplectic, orthogonal); an outline of the proof appears in [**21**], and the complete proof for the unitary group is given by Weyl in his book (1946, pp. 232–238). These Poincaré polynomials had also been calculated by direct topological methods by Pontrjagin (1935). The other compact groups G, corresponding to the " exceptional " simple Lie algebras, were treated by Chevalley (1950).

[**25**] was Brauer's last substantial paper on continuous groups, and gives a glimpse of a general representation theory of continuous groups, based on invariant theory, and of a strictly " algebraic " nature. Unfortunately a promised sequel ([**25**, p. 858]) never appeared. Many of the ideas in [**25**] appeared, with generous acknowledgment, in Weyl's book (1939).

2. *Simple algebras and splitting fields*

Brauer's researches on simple algebras had their origin in Schur's " arithmetic " theory of irreducible groups of matrices. Let K be a fixed ground field, $\overline{K}$ an algebraically closed extension of K, and f a positive integer. We write R_f for the ring of all $f \times f$ matrices over a given ring or algebra R.

Let $\mathfrak{H}$ be an irreducible subset of $\overline{K}_f$ which is also a semigroup, i.e. $\mathfrak{H}$ is multiplicatively closed and contains the identity matrix. $\mathfrak{H}$ is said to be *rationally representable* over a field L ($K \subseteq L \subseteq \overline{K}$) if there exists some matrix $R \in GL(f, \overline{K})$ such that $R^{-1}\, \mathfrak{H} R \subseteq L_f$. Then L certainly contains the character χ of $\mathfrak{H}$, that is, $\chi(H) = \text{trace}(H)$ lies in L, for all H in $\mathfrak{H}$. From now on we shall assume that the ground field K contains χ, and also that $\mathfrak{H}$ is rationally representable over some L of finite degree $(L : K)$. Such a field L is called a *splitting field for* $\mathfrak{H}$ *(or for* χ*) over* K, and the minimal degree $(L\colon K)$ of all these splitting fields is Schur's *index* $m = m_K(\mathfrak{H}) = m_K(\chi)$. In two papers (1906, 1909) Schur proved the following theorems in the case $\overline{K} = \mathbb{C}$.

I. m divides f.

II. m divides the degree $(L\colon K)$ of any splitting field L.

III. If $\mathfrak{H}^{(m)}$ is the semigroup of all mf-rowed matrices

$$\begin{pmatrix} H & & & 0 \\ & H & & \\ & & \ddots & \\ 0 & & & H \end{pmatrix} \quad (H \in \mathfrak{H}),$$

then $\mathfrak{H}^{(m)}$ is rationally representable over K.

Schur's ideas are often expressed in terms of linear algebras. Our assumptions imply that the K-linear closure $A = K\mathfrak{H}$ of $\mathfrak{H}$ is a finite-dimensional central simple algebra over K (" central " or " normal " means that the centre of A contains only the scalar multiples of the identity). A given field L (we assume always $K \subseteq L \subseteq \overline{K}$ and $(L : K) < \infty$) is a splitting field for $\mathfrak{H}$, if and only if it is one for A. Moreover

$L\mathfrak{H}$ is isomorphic to $L \otimes_K A$, which is a simple algebra over L, and it follows easily that L is a splitting field for A if and only if

$$L \otimes_K A \cong L_f.$$

This condition depends only on the abstract structure of A as algebra over K; accordingly L can be described as a splitting field for this abstract algebra. Wedderburn's structure theorem (1907) says that $A \cong D_t$, where $t \geqslant 1$ is an integer, and D is a central division algebra (algebras are now assumed to be over K), which is determined up to isomorphism by A. The splitting fields for A are the same as those for D, therefore these fields are characteristic of the *algebra class* $[A]$ of A; two central simple algebras A, B are put into the same class if they determine isomorphic division algebras.

In the late 1920's Brauer and Emmy Noether, working independently and using quite different methods, showed that Schur's theorems hold in arbitrary characteristic; moreover if A has Schur index m, then $\dim_K D = m^2$, and the splitting fields L of degree $(L : K) = m$ coincide, up to isomorphism, with the maximal subfields of D. After Brauer and Noether had become aware of each other's work, Brauer was able to improve this last theorem to

IV. Every splitting field of degree mr (see II) is isomorphic to a maximal subfield of D_r. Conversely, every maximal subfield L of D_r is a splitting field, and $(L\colon K) = ms$ for some divisor s of r.

Brauer proved IV under the assumption that K was perfect; Noether was later able to remove this restriction. They announced this and other common discoveries in [**4**, (1927)]. Noether's proofs used her new structure theory of algebras (1929, 1933), and were based on the systematic use of representation modules. Brauer's proofs appeared in three papers ([**3**, (1926)], [**5**, (1928)], [**7**, (1929)]). They were based on his theory of *factor-sets* of separable field extensions.

Suppose $L = K(\theta)$ is separable over K, and that $\{\theta_\alpha\}_{\alpha=1,\ldots,r}$ are the conjugates of θ over K. To each central simple algebra A which has L as splitting field, Brauer associated a factor-set $(c_{\alpha\beta\gamma})_{\alpha,\beta,\gamma,=1,\ldots,r}$, whose values $c_{\alpha\beta\gamma}$ are non-zero elements of the normal closure of L over K. The $c_{\alpha\beta\gamma}$ satisfy certain "cocycle" conditions (of course, the cohomological language was not used until much later), and the set of all such "cocycles", taken modulo suitable "coboundaries", forms a multiplicative group which we will denote $H_L(K)$. The main theme in [**3, 5, 7**] is that the correspondence $A \to (c_{\alpha\beta\gamma})$ induces an isomorphism $B_L(K) \cong H_L(K)$; here $B(K)$ is the "Brauer group", whose elements are the classes $[A]$ of all central simple algebras A over K, multiplied by the rule $[A][B] = [A \otimes_K B]$, and $B_L(K)$ is the subgroup consisting of those $[A]$ for which L is a splitting field. The unit element of $B(K)$ is $[K]$, the class of all A which are isomorphic to some $K_f (f \geqslant 1)$. The group $B(K)$ did not appear explicitly until [**13**], which was concerned with Noether's non-commutative Galois theory (1933). But the results in the early papers [**3, 5, 7**] are proved by using the interplay between an algebra A and its factor sets. We mention here only one such theorem. The *exponent* l of A can be regarded as the order of $[A]$ as element of $B(K)$. Schur's theorem III can be read as $[A]^m = 1$, hence l divides m. In [**3**], Brauer showed that every prime divisor of m also divides l, by an argument which appeared later in the famous joint paper with Hasse and Noether [**14**] on central division algebras over an algebraic number field.

At the heart of Brauer's theory is a construction **[5, 7]** which shows how to make a central simple algebra A, with L as splitting field and having a prescribed factor-set $(c_{\alpha\beta\gamma})$. When L is a Galois (= normal and separable) extension of K, the algebra A reduces to a *crossed-product* algebra (= verschränktes Produkt; this term is due to Noether), and the factor-set $(c_{\alpha\beta\gamma})$ reduces to a *Noether factor-set* $(r_{S,T})$ indexed by the elements S, T of the Galois group $G = \text{Gal}(L/K)$ (**[15]**; see also the excellent account of the Noether and Brauer theories in van der Waerden (1937)). Each factor-set $(r_{S,T})$ determines a group-extension of G by the multiplicative group L^* of L, and $H_L(K)$ can be identified with the usual cohomology group $H^2(G, L^*)$. But if it happens that all the $r_{S,T}$ are roots of unity, then one can make a *finite* group extension G_1 of G by the cyclic group generated by the $r_{S,T}$. The study of these finite extensions led Brauer to some of his deepest work on the structure of division algebras (**[15]**, **[50]**). Brauer's isomorphism $H^2(G, L^*) \cong B_L(K)$, together with Hilbert's "theorem 90" (whose cohomological formulation is $H^1(G, L^*) = 0$), has formed the basis of *Galois cohomology*, which has had a great influence in number theory—particularly through Tate's work on class-field theory (Tate, see Cassels and Fröhlich 1967)—and, more recently, in the theory of commutative rings. Azuyama (1951) and Auslander and Goldman (1960) defined a Brauer group $B(R)$ for an arbitrary commutative ring R; Auslander and Goldman gave a generalized version of the isomorphism $H^2(G, L^*) \cong B_L(K)$. A great deal of further generalization has followed—see particularly Chase, Harrison and Rosenberg (1965), and for recent literature, see the proceedings of a conference on Brauer groups held in 1975 at Evanston (Lecture Notes in Mathematics no. 549, Springer, Berlin 1976).

Schur's original problem had been to calculate the Schur index $m_K(\chi)$, over a field K of characteristic zero, of a given irreducible character χ of a given finite group G. A related problem was to find *splitting fields* for G, that is, fields K such that $m_K(\chi) = 1$ for all irreducible characters χ of G. In **[47]** Brauer verified a long-standing conjecture by proving

V. Let ε be a primitive $|G|$th root of unity, where $|G|$ is the order of G. Then $\mathbb{Q}(\varepsilon)$ is a splitting field for G.

The proof in **[47]** used modular characters. A quite different proof, and some sharper versions of V, resulted in **[53]** from the application of Brauer's "induction theorem"—we shall describe this below. Using the same ideas, Brauer gave in **[60]** a profound reduction of Schur's index problem: he showed that all the Schur indices for a given finite group G can be found, if the same can be done for all the "hyper-elementary" subgroups H of G. A group H is hyper-elementary if, for some prime p, there is a cyclic normal subgroup H_0 of H such that H/H_0 is a p-group.

Brauer first proved his induction theorem in his famous paper **[51]** on Artin's L-series (see p. 331). In **[62]** he proved the "characterization of characters", and showed that this was equivalent to the induction theorem. Roquette (1952) gave a proof much simpler than those in **[51]** and **[62]**, and this was further simplified by Brauer and Tate **[63]** to give the elegant proof which is now standard. None of these proofs uses modular methods, but they are all based on the idea of induction from elementary subgroups of G, and this idea appeared in Brauer's earliest paper **[18]** on modular representations. A finite group E is called elementary if $E = A \times B$, where A is cyclic, and B is a p-group for some prime p. We write $R(G)$ for the set of all "generalized characters" of G, i.e. integral combinations $z_1\chi_1 + \ldots z_s\chi_s$ of the irreducible characters $\chi_1, \ldots, \chi_s$ of G.

Brauer's Induction Theorem. Every character χ of G can be written as a linear combination $\chi = \sum c_i \psi_i^*$, where each c_i is an integer and ψ_i^* is the character of G induced from a linear character ψ_i of some elementary subgroup E_i of G.

The Characterization of Characters. Let θ be a complex-valued class-function on G. Then θ lies in $R(G)$ if and only if the restriction $\theta_{|E}$ lies in $R(E)$ for every elementary subgroup E of G.

These must be the most widely-quoted of all Brauer's theorems. He applied them himself to class-field theory, to the theory of Schur indices (as we have seen) and to modular and ordinary character theory. Of the many generalizations and applications made by others, we might mention particularly Swan's induction theorems for integral representations (1960), and Atiyah's paper (1961) on the connection between $R(G)$ and the integral cohomology of G. Serre (1971) gives a very good discussion of the induction theorem and of its application to character theory.

3. *Modular representations*

As early as 1902, L. E. Dickson showed that Frobenius's theory (1896) of characters of a finite group G holds in an algebraically closed field k of prime characteristic p, provided p does not divide the order $|G|$ of G. In later papers Dickson (1907a, b) considered the case where p divides $|G|$. In this case the group-algebra $A = kG$ is not semisimple. A representation $F: G \to GL(n, k)$ is in general not completely reducible, and is very imperfectly described by its natural character $\chi_F(= \text{trace } F)$. Dickson found some interesting facts about such "modular" representations, but they did not amount to a general theory.

The subject lay dormant until the middle 1930's, when Brauer laid the foundations of his modular representation theory in three fundamental papers **[18]**, **[27]**, **[28]**; the two last were written jointly with C. Nesbitt. **[27]**, a short memoir published by the University of Toronto Press, contains in 21 pages all the main ingredients of the mature theory; the proofs are complete, except for some important theorems on the regular representations of algebras which were announced in **[28]** and proved by Nesbitt in his thesis (Nesbitt 1938). Nakayama (1938) gave alternative proofs for some of the theorems in **[27]** and **[28]**. Subsequent accounts of modular theory appeared in **[34]**, **[65]** and **[73]**.

Let G_0 denote the set of all p'-elements of G (i.e. elements whose order is prime to p). A conjugacy class of G is called a p'-class (or p-regular class) if it lies in G_0. The "modular character" ϕ_F of a representation $F: G \to GL(n, k)$ (since known as the "Brauer character") is a complex-valued class-function on G_0—it is a kind of "complexified" version of the natural trace function χ_F. It was defined in **[27]**. If $F_1, \ldots, F_l$ is a full set of irreducible modular representations, their Brauer characters $\phi_1, \ldots, \phi_l$ are linearly independent. For any modular representation F, one has $\phi_F = \sum n_i(F)\phi_i$, where $n_i(F)$ is the multiplicity with which F_i appears as a composition factor in F. This was used in **[27]** to prove

I. The number l of irreducible modular representations F_i of G, is equal to the number of p'-classes of G.

Brauer had already proved this beautiful theorem in **[18]** in a different way. For a third proof, see **[65]**.

The most important and useful feature of modular theory is that it relates "ordinary" (characteristic zero) representations to modular ones. Let K be a field of characteristic zero, which is a splitting field for G. Let R be a subring of K having K as quotient; we assume that R is a principal ideal domain, and that it has a prime ideal $\mathfrak{p}$ containing p. Identify $\bar{R} = R/\mathfrak{p}$ with a subfield of k. Any ordinary character χ of G can be realized by a representation $X: g \to X(g)$ by matrices $X(g)$ all of whose coefficients lie in R. Taking these mod $\mathfrak{p}$, we get a modular representation $\bar{X}: g \to \overline{X(g)}$ of G. The equivalence class of $\bar{X}$ is not uniquely determined by χ, but its Brauer character is, and in a very simple way: $\phi_{\bar{X}}$ is just the restriction to G_0 of χ. Therefore there hold equations

$$\chi_\sigma(g) = \sum_{i=1}^{l} d_{\sigma i}\phi_i(g) \quad (\sigma = 1, \ldots, s;\ g \in G_0) \tag{1}$$

with non-negative integer coefficients $d_{\sigma i}$. The $d_{\sigma i}$ are the *decomposition numbers* for G with respect to p.

$\{F_1, \ldots, F_l\}$ can be put into natural bijective correspondence with a full set $\{U_1, \ldots, U_l\}$ of inequivalent indecomposable summands of the regular representation of $A = kG$—this follows from one of the "new wave" of theorems on algebras announced in **[28]**. If ξ_i is the Brauer character of U_i we have

$$\xi_i = \sum_{j=1}^{l} c_{ij}\phi_j \quad (i = 1, \ldots, l), \tag{2}$$

where the $c_{ij} = n_j(U_i)$ are the Cartan invariants for kG. Cartan invariants are defined for any algebra A (Cartan 1898), but in case $A = kG$ they are related to the decomposition numbers by

$$c_{ij} = \sum_{\sigma=1}^{s} d_{\sigma i}d_{\sigma j} \quad (i, j = 1, \ldots, l). \tag{3}$$

Formula (3) was proved in **[27]** using a determinant of Frobenius. Nakayama (1938) and Brauer **[31]** gave another proof, based on the fact that if K is a complete discrete valuation ring and R its ring of valuation integers, then each U_i can be "lifted" to a representation $\hat{U}_i$ over R. $\hat{U}_i$ has an ordinary character, η_i say, whose restriction to G_0 is ξ_i. It can be proved that

$$\eta_i = \sum_{\sigma=1}^{s} d_{\sigma i}\chi_\sigma \quad (i = 1, \ldots, l), \tag{4}$$

and then (3) follows by applying (1) and (2).

Modular character relations for the ϕ_i and η_i can be found by applying Frobenius's ordinary character relations to these formulae (1)–(4). They have striking consequences, for example that $\eta_i(1) = \dim U_i$ is divisible by the order p^a of a Sylow p-subgroup of G, and $\eta_i(g) = 0$ for any g in $G - G_0$. Another consequence is that the Cartan matrix $C = (c_{ij})$ is non-singular (**[27]**, **[34]**). Brauer proved in **[33]** a much deeper theorem, namely

II. det C is a power of p.

This theorem was important in later applications of modular theory. A relatively elementary proof, based on the characterization of characters (see p. 327) appeared in **[62]**.

In **[32]** Brauer announced the first applications of modular theory to the structure of finite groups. The main theorem was

III. Let G be a finite subgroup of $GL(n, \mathbb{C})$ whose order is divisible by a prime p, but not by p^2. If $n < \frac{1}{2}(p-1)$, then G has a normal Sylow p-subgroup.

(Feit and Thompson (1961) removed the restriction $p^2 \nmid |G|$; however their proof still required III.) The proof of III was extremely original. It appeared in **[40]**, at the end of a series of papers **[37]**, **[38]**, **[39]** which set out some fundamental new theory and techniques for group characters. In this work modular theory is used mainly to give information about ordinary characters: the objective is usually to apply some version of the elementary criterion of Frobenius, that an element $g(\neq 1)$ of a finite group G lies in a proper normal subgroup of G, if $\chi_\sigma(1)=\chi_\sigma(g)$ for some $\chi_\sigma(\neq 1_G)$. If g is a p'-element, formulae (1) hold out some hope of calculating $\chi_\sigma(g)$ if the irreducible modular characters ϕ_i of G are known. Unfortunately it is usually much harder to find the ϕ_i than to find the χ_σ, but Brauer changed the situation by extending formulae (1), so that they applied to *all* elements g of G. Every g in G has a unique expression $g = \pi v = v\pi$, where v is a p'-element, and π is a p-element of G (i.e. the order of π is a power of p). Fix π, and let $\{\phi_i^{(\pi)}\}$ be the irreducible modular characters of the centralizer $C_G(\pi)$ of π. It was shown in **[37]** that there hold equations

$$\chi_\sigma(\pi v) = \sum_i d_{\sigma i}^{(\pi)} \phi_i^{(\pi)}(v) \qquad (\sigma = 1, \ldots, s;\ v \in C_G(\pi)_0). \tag{5}$$

The *generalized decomposition numbers* $d_{\sigma i}^{(\pi)}$ are certain algebraic integers, independent of v. In case $\pi = 1$, $d_{\sigma i}^{(\pi)} = d_{\sigma i}$ and (5) reduce to (1). Formulae (5) give a chance of calculating $\chi_\sigma(g)$ when $g = \pi v$ is "p-singular", for then $\pi \neq 1$ and $C_G(\pi)$ may be a subgroup of G whose modular theory is accessible. Information about the $d_{\sigma i}^{(\pi)}$ comes from formulae which generalize (3). But to extract precise results from this method Brauer had to use the theory of *blocks*.

Blocks were defined in **[27]**, and their study occupies a large part of Brauer's works. After he had used block theory to prove theorems such as III, Brauer continued for the rest of his life to develop both theory and applications in numerous papers—we might mention for example a series which appeared in the Journal of Algebra **[85]**, **[86]**, **[92]**, **[112]**, **[121]**. Blocks are most easily defined by taking a decomposition $1 = e_1 + \ldots + e_t$ of 1 into primitive idempotents e_τ of the centre $Z(kG)$ of kG. This can be "lifted", uniquely, to a similar decomposition $1 = \hat{e}_1 + \ldots + \hat{e}_t$ in $Z(RG)$. We say that an ordinary (or modular) irreducible character ψ of G *belongs to the p-block B_τ of G*, if $\hat{e}_\tau$ (or e_τ) is not represented by zero in a representation corresponding to ψ. By this rule both the sets $\{\chi_1, \ldots, \chi_s\}$ and $\{\phi_1, \ldots, \phi_l\}$ are partitioned among the t ($p-$) blocks $B_1, \ldots, B_t$ of G.

With each block B_τ is associated a conjugacy class of p-subgroups of G called the *defect groups* of B_τ (**[48]**). If p^d is the order of a defect group, d is the *defect* of B_τ. The advantage of working within a given block B_τ, is that the number s_τ of ordinary irreducible characters in B_τ is bounded, by a bound depending only on p^d. Brauer gave one such bound in **[49]**, and later he and Feit **[72]** proved

IV. $s_\tau \leqslant \frac{1}{4}p^{2d}+1$.

A conjecture $s_\tau \leqslant p^d$(**[49]**) is still unresolved, except for small d.

Let D be a fixed p-subgroup of G, and H a subgroup of G such that $D.C_G(D) \leqslant H \leqslant N_G(D)$. For each block b of H can be defined a block $B = b^G$ of G (this is rather like the construction of an induced character). The "first main theorem" of block theory is as follows.

V. $b \to b^G$ defines a bijective map between the set of all blocks b of $H = N_G(D)$ which have defect group D, and the set of all blocks B of G which have defect group D.

This was announced in **[43]**, **[48]**; the proof appeared (10 years later) in **[65]** (see also Osima (1955)). The " second main theorem " (below) was announced in **[49]**; the proof appeared (this time after 13 years!) in **[73]**. Later Nagao (1963) gave a simpler proof.

VI. Suppose that χ_σ belongs to a block B of G. Then the decomposition numbers $d_{\sigma i}^{(\pi)}$ in (5) are zero, except for those $\phi_i^{(\pi)}$ which belong to blocks b of $H = C_G(\pi)$ for which $b^G = B$.

Brauer was sometimes able to amass an astonishing amount of detailed facts about the ordinary characters in a block B of G, given only very scanty information about B, such as the structure of a defect group D, and perhaps also the structure of $N_G(D)$, $C_G(D)$. The best case, not surprisingly, was where D had order p. This was treated in the key paper **[38]** (in which the famous " Brauer tree " made its appearance). Dade (1966) generalized this to the case of an arbitrary cyclic defect group. **[39]** is a rich mine of techniques, based on the results of **[38]**, for calculating characters of a group G which has a Sylow subgroup of order p— these techniques are much used in constructing character tables. Perhaps the most beautiful application involving a non-cyclic defect group, is the proof in **[86]** of the theorem below. This theorem was first announced by Brauer and Suzuki in **[74]**; Glauberman subsequently (1974) gave a proof not using modular theory.

VII. Let G be a finite group with $O_{2'}(G) = 1$, whose Sylow 2-subgroups are quaternion groups. Then the centre of G has order 2.

4. *Number Theory*†

The most significant contribution of Brauer to number theory was his work on the Artin L-functions and the consequences which followed. Heilbronn always held this to be a magnificent monumental piece of work, which clearly demonstrated the need of number theorists to be aware of the developments in modern algebra and to be prepared to use them.

Papers **[51]**, **[52]**, **[58]**, **[59]**, **[66]**, **[119]** are concerned with Artin L-functions, Dirichlet L-functions, zeta-functions and related matters. Let K be a Galois extension of an algebraic number field F.. Let M be a complex matrix representation of the Galois group G of K over F, and let χ be the character of M. Let$[(K/F)/\mathfrak{P}]$ denote the Frobenius automorphism associated with an unramified prime $\mathfrak{P}$ of K, and let $\mathfrak{p}$ be the prime of F under $\mathfrak{P}$. The Artin L-series is defined as follows

$$L(s, \chi, K/F) = \prod_{\mathfrak{p}} \frac{1}{\det\left(I - M\left(\left[\frac{K/F}{\mathfrak{P}}\right]\right) N\mathfrak{p}^{-s}\right)}.$$

(The product is over *all* primes $\mathfrak{p}$ of F; the factors on the right require suitable interpretation for ramified $\mathfrak{p}$.) Artin (1924, 1931) had proved the following facts.

I. If χ is a linear combination $\sum c_\nu \phi_\nu$ of characters ϕ_ν with rational coefficients c_ν, then $L(s, \chi, K/F) = \prod L(s, \phi_\nu, K/F)^{c_\nu}$. Moreover every character χ of G is expressible as a rational combination of characters ϕ_ν which are induced by cyclic subgroups of G (this latter fact is "Artin's induction theorem ").

II. Let Ω be a subfield of K containing F, and let H be the subgroup of G fixing Ω.

† This section is based on a manuscript by D. J. Lewis; I have also incorporated some remarks by J. Tate.

If ψ is a character on H and ψ^* the corresponding induced character of G, then $L(s, \psi^*, K/F) = L(s, \psi, K/\Omega)$.

III. If N is the kernel of the representation M which affords the character χ, and if Φ is the subfield of K fixed by N, then $L(s, \chi, K/F) = L(s, \chi, \Phi/F)$, where on the right we view χ as a character of G/N.

IV. If K is abelian over F and if χ is an irreducible character, then $L(s, \chi, K/F)$ coincides with some Dirichlet L-series of K/F. It follows from results of Hecke that in this case $L(s, \chi, K/F)$ is a meromorphic function satisfying a certain functional equation.

It followed immediately from I, II and IV that for any χ, and whether the extension K/F is abelian or not, $L(s, \chi, K/F)$ can be continued analytically over the whole complex plane and that a suitable integral power $L(s, \chi, K/F)^m$ is meromorphic. Moreover $L(s, \chi, K/F)$ again satisfies a functional equation, as in IV. But since m could be greater than 1, this does not show that $L(s, \chi, K/F)$ is single-valued. Artin's conjecture that $L(s, \chi, K/F)$ is in fact single-valued was proved by Brauer in **[51]**. Brauer's proof was an immediate consequence of his induction theorem (see p. 327).

Brauer's proof of this conjecture of Artin represented a decisive step forward in the generalization of class-field theory to non-abelian fields—one of the most difficult problems and certainly one of great importance in modern number theory. At the Princeton Bicentennial Conference in 1946, after Brauer had given an exposition of his result, Artin stated " My own belief is that we know already—though no one will believe me—that whatever can be said about non-abelian class field theory follows from what we know now, since it depends on the behaviour of the broad field over the intermediate fields, and there are sufficiently many abelian cases. Our difficulty is not in the proofs, but in learning what to prove." Despite this guarded optimism, progress along these lines has not been great. Today most efforts relative to non-abelian class field theory are via automorphic functions, as represented by the work of Langlands, Shimura and Weil. Put simply, what they try to do is to show that Artin (and other) L-functions are Mellin transforms of automorphic forms.

In **[52]** Brauer used his induction theorem, along with earlier techniques of Artin, to give a new proof of the following theorem of Aramata (1933).

V. If K is a finite normal extension of an algebraic number field k, then $\zeta(s, K)/\zeta(s, k)$ is an entire function.

This enabled him to prove the following conjecture of Siegel:

VI. Consider all algebraic number fields of a fixed degree n. If k is such a field, let d be its discriminant, h its class number, and R its regulator. Then

$$\log(hR) \sim \log\sqrt{(|d|)} \quad \text{as} \quad |d| \to \infty. \tag{*}$$

In **[58]**, Brauer showed that (*) holds for every sequence of normal fields over $\mathbb{Q}$ for which $n/\log|d| \to \infty$. (Note, here $n = (k : \mathbb{Q})$ is no longer fixed.) In 1949 Brauer received the American Mathematical Society's Cole Prize for his work on Artin L-functions, specifically for papers **[51]** and **[52]**. In **[59]** Brauer used the results of **[51]** to get relations between the class number of an algebraic number field and the class numbers of its subfields. In **[66]**, in collaboration with N. C. Ankeny and S. Chowla, he used the results of **[51]** to show that there exist infinitely many number fields K such that $h(K) > |d(K)|^{\frac{1}{2}-\varepsilon}$. Landau (1918) had shown that $h(K) < c|d(K)|^{\frac{1}{2}+\varepsilon}$ for all K, and Brauer's result shows this bound to be quite sharp.

There are five other papers which are number theoretic: **[2]**, **[17]**, **[20]**, **[45]**, and **[87]**. **[2]** (with A. Brauer and H. Hopf) and **[20]** (with A. Brauer) deal with a problem on irreducibility of polynomials suggested by Schur. Paper **[17]** concerns the Klein form problem for a finite group of linear transformations or collineations. Brauer related this to his theory of factor-sets for simple algebras. Paper **[87]** is concerned with positive definite quadratic forms $Q = \sum c_{ij} x_i x_j$ with integral coefficients c_{ij}, particularly those where (c_{ij}) is the Cartan matrix of a p-block B of a finite group (see p. 329). Brauer showed that if B has defect d, then there is an equivalent form Q^* to Q, whose coefficients g_{ij} satisfy $|g_{ij}| \leqslant (\frac{9}{4})^{p^{2d-1}} p^{2d}$.

In [45] Brauer considers a system of homogeneous equations

$$f_i(x_1, \ldots, x_n) = 0 \qquad (i = 1, \ldots, h), \tag{1}$$

of degrees $r_1, \ldots, r_h$, over a field K. Generally, such a system will not have a non-trivial solution in K, but if $n > h$ it will have such a solution in some finite extension L of K. One question is whether L can be a soluble extension of K of not too large a degree. As Brauer indicated the answer is yes, if n exceeds some constant depending on the r_i. The actual theorem proved in full detail in **[45]** is

VII. Assume that K has the property

(D) For every integer $r > 0$, there exists an integer $\psi(r)$ such that for $n \geqslant \psi(r)$ every equation $a_1 x_1{}^r + \ldots + a_n x_n{}^r = 0$ with coefficients a_i in K has a non-trivial solution in K.

Then there is a function $\Omega(r_1, \ldots, r_h, m)$ such that if $n \geqslant \Omega(r_1, \ldots, r_h, m)$ every system (1) has an m-dimensional linear manifold of solutions defined over K.

Since $\mathfrak{p}$-adic fields $K_\mathfrak{p}$ have property (D), it follows that a projective algebraic variety defined over $K_\mathfrak{p}$, lying in an ambient space of dimension n, has a $K_\mathfrak{p}$-rational point provided n is sufficiently large compared to the degree of the variety.

Paper **[45]** motivated much work in the ensuing two decades by Birch, Davenport, Lewis and their students on rational points on algebraic varieties in large ambient spaces. Of particular importance in early work in this area was the diagonalization process, although that was later subsumed in statements on geometric obstructions. Perhaps the prettiest result along these lines was the paper by B. J. Birch (1957), where he used the diagonalization technique to show that a system of forms of odd degrees over $\mathbb{Q}$ in sufficiently many variables is also soluble in $\mathbb{Q}$.

5. *Simple Groups*

In 1954, at the International Congress of Mathematicians in Amsterdam, Brauer announced (**[68]**) some results which he had obtained with K. A. Fowler (**[64]**) on the structure of finite groups of even order, and proposed a programme which has had a great influence on the study of finite simple groups.

The underlying idea was surprisingly elementary. If G is a finite group of even order $|G|$, and if $K_1, \ldots, K_k$ are its conjugacy classes, then some of theses classes K_i consist of involutions, i.e. elements of order 2. Let M be the union of these classes of involutions. Let $[S]$ denote the sum, in the complex group algebra $\mathbb{C}G$, of the elements of a given subset S of G; thus $[K_1], \ldots, [K_k]$ form a basis of the centre of $\mathbb{C}G$. We have an equation

$$[M]^2 = \sum_{i=1}^{k} c_i[K_i], \tag{1}$$

where the c_i are non-negative integers—in fact, c_i is the number of pairs (x, y) of elements x, y of M, such that xy equals a given element g_i of K_i. Because the group generated by two involutions x, y is very easily described (it is a dihedral group), it is possible to give upper bounds for c_i in terms of the centralizer $C_G(g_i)$ of g_i in G. Applying these estimates to (1), Brauer and Fowler proved among other things the theorem

I. Let G be a simple group of even order, and let x be an involution in G. Then G has a proper subgroup of index $<\frac{1}{2}n(n+1)$, where $n = |C_G(x)|$. Hence $|G| < (\frac{1}{2}n(n+1))!$.

This implies that there is only a finite number of isomorphism types of simple groups G which contain an involution x such that $C_G(x)$ is isomorphic to a given abstract group H. This gives encouragement for Brauer's programme: given a group H with an involution x in its centre, to find all groups G (particularly simple ones) containing H as a subgroup, such that $H = C_G(x)$. The natural choice for H is to take the centralizer of an involution in some known simple group. This programme, with its variants, has been enormously successful. It has led to papers by dozens of authors giving characterizations of known simple groups, and it has led to the discovery of new simple groups. After Feit and Thompson (1963) had proved that every group of odd order is soluble, it was known that Brauer's ideas were available for all non-abelian simple groups. The tremendous progress in finite group theory in the past 25 years, which has brought within sight the classification of all finite simple groups, owes a great deal to the techniques which Brauer developed for the study of groups through their involutions.

Many of these techniques were first published in a joint paper with Suzuki and Wall **[70]**, which contains the proof of the following theorem (first announced in **[68]**).

II. Let G be a finite group of even order, with $G = G'$, and satisfying the condition (*C*) If A, B are two cyclic subgroups of G of even order, and if $A \cap B \neq \{1\}$, then there exists a cyclic subgroup Z of G which contains both A and B.

Then $G \cong PSL(2, q)$ for some prime-power $q \geqslant 4$.

The proof starts by showing that the Sylow 2-subgroups of G must be either (A) dihedral, or (B) elementary abelian; the same general methods apply in both cases, but the details are easier in case (B). The next step is to assemble information about the centralizer H of an involution in G, and about the conjugacy classes of G which meet H. Suzuki's powerful method of "exceptional characters" gives the values, at all elements of H except 1, of the irreducible characters $\chi_1, \ldots, \chi_s$ of G; it also gives congruences for the degrees $f_\sigma = \chi_\sigma(1)$. The "class relation" (1) is now used in several ways: first to calculate the f_σ exactly; then, in conjuction with a classical formula which expresses the coefficients c_i in terms of the χ_σ, it gives the value of $|G|$. A similar procedure also gives the orders of the centralizers of elements which are not conjugate to elements of H. A study of these centralizers reveals that G has a subgroup N of index $q+1$ (q a prime power which is odd in case (A), and even in case (B)). Finally a theorem of Zassenhaus (1936) is used to identify the action of G as permutation group on the cosets of N, with the action of $PSL(2, q)$ on the projective line of $q+1$ elements. The proof in [**70**] makes no use of modular methods, although in many other applications the involution techniques are combined with block theory—a beautiful example is the proof in [**86**] of the Brauer–Suzuki theorem which we have already mentioned in section 3 (VII), p 330.

It is worth saying something about the history of this important paper [**70**]†. In his thesis M. Suzuki (1951) had characterized the groups PSL$(2, p)$ (p prime) in terms of their subgroup structure, using a method which he later developed into the method of "exceptional characters". Suzuki conjectured II., and gave a proof for case (B); he sent his results to Brauer, asking for his comments. In his reply (dated April 1951) Brauer, while warmly encouraging Suzuki to publish his work, said that he already had a proof of II., and enclosed some notes. This proof was long, and used the block theory of groups with dihedral Sylow 2-subgroups. Brauer also explained that K. A. Fowler had a characterization of the groups PSL $(2, 2^a)$ (i.e. case (B)) which was intended for his Ph.D. thesis. As soon as Suzuki had read Brauer's manuscript, he saw how to make his own (non-modular) methods work in the general case, and he then had a proof of II. very close to that in [**70**].

At about the same time, and quite independently of both Brauer and Suzuki, G. E. Wall found another characterization of the PSL $(2, 2^a)$, closely related to that given by II. (case (B)). Wall started from a paper by Rédei (1950) which used the "involution counting" method to characterize the alternating group A_5. He combined this method with his own arguments using characters, to produce a proof very similar to that of case (B) in [**70**]. Wall submitted this for publication by the London Mathematical Society in May 1952. By an unfortunate error of judgment, the paper was rejected. Wall continued nevertheless to work on generalizations of this theorem. He became aware of Brauer's interest in these questions through a footnote in Suzuki's 1951 paper, and he sent Brauer (in 1953 or 1954) an account of a theorem, rather more general than II., which included a characterization of the groups PGL $(2, q)$ (q odd). Brauer acknowledged in his 1954 Congress lecture [**68**] the independent work of Suzuki and Wall. There followed a long delay—probably due to nothing more significant than that Brauer was very busy with other things—and [**70**] appeared finally in 1959.

We shall not attempt a survey of Brauer's long and productive "late period" from 1960–1977. He produced many important results on simple groups during this time, and introduced deep and subtle refinements to his modular methods. W. Feit (1978) has given an account of some of these papers, and we would refer the reader to his article.

References

H. Aramata, "Über die Teilbarkeit der Dedekindschen Zetafunktionen", *Proc. Imperial Acad. Japan*, 9 (1933), 31–34.

E. Artin, "Über eine neue Art von *L*-Reihen", *Abh. Math. Seminar Hamburg Univ.*, 3 (1924), 89–108.

E. Artin, "Zur Theorie der *L*-Reihen mit allgemeinen Gruppencharakteren", *Abh. Math. Seminar Hamburg Univ.*, 8 (1931), 292–306.

M. F. Atiyah, "Characters and cohomology of finite groups", *Publ. Math. no.* 9, *I.H.E.S.*, (1961).

M. Auslander and O. Goldman, "The Brauer group of a commutative ring", *Trans. Amer. Math. Soc.*, 97 (1960), 367–409.

G. Azumaya, "On maximally central algebras", *Nagoya Math. J.*, 2 (1951), 119–150.

L. Bieberbach, *Theorie der Differentialgleichungen* (Springer, Berlin, 1923).

† I am much indebted to M. Suzuki and G. E. Wall for kindly giving me the information on which these two paragraphs are based.

B. J. Birch, " Homogeneous forms of odd degree in a large number of variables ", *Mathematika*, 4 (1957), 102–105.
É. Cartan, " Les groupes bilinéaires et les systèmes de nombres complexes ", *Ann. Fac. Sci. Toulouse*, 12 (1898), B., 1–99.
É. Cartan, " Les groupes projectifs qui ne laissent invariante aucune multiplicité plane ", *Bull. Soc. Math. France*, 41 (1913), 53–96.
É. Cartan, " Sur les invariants intégraux de certains espaces homogènes clos et les propriétés topologiques de ces espaces, *Ann. Soc. Polonaise de Math.*, 8 (1929), 181–225.
J. W. S. Cassels and A. Fröhlich (ed.), *Algebraic Number Theory* (Academic Press, London and New York, 1967).
S. U. Chase, D. K. Harrison and A. Rosenberg, " Galois theory and cohomology of commutative rings ", *Mem. Amer. Math. Soc., no.* 52, (Providence R.I., 1965).
C. Chevalley, " The Betti numbers of the exceptional simple Lie groups ", *Proc. Internat. Congress of Mathematicians* (Cambridge, Mass. 1950), Vol. 2, 21–24.
W. K. Clifford, "Applications of Grassman's extensive algebra ", *Amer. J. Math. Pure and Applied*, 1 (1878), 350–358.
E. C. Dade, " Blocks with cyclic defect groups ", *Ann. of Math.*, 84 (1966), 20–48.
L. E. Dickson, " On the group defined for any given field by the multiplication table of any given finite group ", *Trans. Amer. Math. Soc.*, 3 (1902), 285–301.
L. E. Dickson, " Modular theory of group-matrices ", *Trans. Amer. Math. Soc.*, 8 (1907), 389–398.
L. E. Dickson, " Modular theory of group characters ", *Bull. Amer. Math. Soc.*, 13 (1907), 477–488.
P. A. M. Dirac, " The quantum theory of the electron ", *Proc. Roy. Soc. (A)*, 117 (1927), 610–624; (part II) 118 (1928), 351–361.
W. Feit, " Richard D. Brauer ", *Bull. Amer. Math. Soc.*, 00 (1978), 000–000.
W. Feit and J. G. Thompson, " Groups which have a faithful representation of degree less than $(p-1)/2$ ", *Pacific J. Math.*, 11 (1961), 1257–1262.
W. Feit and J. G. Thompson, " Solvability of groups of odd order, *Pacific J. Math.*, 13 (1963), 755–1029.
G. Frobenius, " Über Gruppencharaktere ", *Sitz. Preuss. Akad. Wiss. Berlin* (1896), 985–1021.
G. Glauberman, " On groups with quaternion Sylow 2-subgroup ", *Illinois J. Math.*, 18 (1974), 60–65.
A. Hurwitz, " Über die Erzeugung der Invarianten durch Integration ", *Nachr. Königl. Gesellschaft Wiss. Göttingen, Math.-Phys. Klasse* (1897), 71–90.
E. Landau, "Abschätzungen von Charaktersummen, Einheiten und Klassenzahlen ", *Nachr. Königl. Gesellschaft Wiss. Göttingen*, (1918), 79–97.
H. Nagao, "A proof of Brauer's theorem on generalized decomposition numbers ", *Nagoya Math. J.*, 22 (1963), 73–77.
T. Nakayama, " Some studies on regular representations, induced representations and modular representations ", *Ann. of Math.*, 39 (1938), 361–369.
C. Nesbitt, " On the regular representations of algebras ", *Ann. of Math.*, 39 (1938), 634–658.
E. Noether, " Hyperkomplexe Grössen und Darstellungstheorie ", *Math. Z.*, 30 (1929), 641–692.
E. Noether, " Nichtkommutative Algebra ", *Math. Z.*, 37 (1933), 514–541.
M. Osima, " Notes on blocks of group characters ", *Math. J. Okayama Univ.*, 4 (1955), 175–188.
G. Pólya and G. Szegö, *Aufgaben und Lehrsätze aus der Analysis, Band 2* (Springer, Berlin, 1925).
L. Pontrjagin, " Sur les nombres de Betti des groupes de Lie ", *C. R. Acad. Sci. Paris*, 200 (1935), 1277–1280.
L. Rédei, " Ein Satz über die endlichen einfachen Gruppen ", *Acta Math.*, 84 (1950), 129–153.
P. Roquette, "Arithmetische Untersuchungen des Charakterringes einer endlichen Gruppe ", *J. Reine Angew. Math.*, 190 (1952), 148–168.
I. Schur, " Neue Begründung der Theorie der Gruppencharakteren", *Sitz. Preuss. Akad. Wiss. Berlin*, (1905), 406–432.
I. Schur, "Arithmetische Untersuchungen über endliche Gruppen linearer Substitutionen ", *Sitz. Preuss. Akad. Wiss. Berlin* (1906), 164–184.
I. Schur, " Beiträge zur Theorie der Gruppen linearer homogener Substitutionen ", *Trans. Amer. Math. Soc.*, 10 (1909), 159–175.
I. Schur, " Neue Anwendungen der Integralrechnung auf Probleme der Invariantentheorie ", *Sitz. Preuss. Akad. Wiss. Berlin* (1924), I. 189–208, II. 297–321, III. 346–355.
J.-P. Serre, *Représentations linéaires des groupes finis* (Hermann, Paris, 1971). (English translation by L. L. Scott, Springer, Berlin 1977).
E. Study, " Über die Invarianten der projektiven Gruppe einer quadratischen Mannigfaltigkeit von nicht verschwindender Diskriminante ", *Berichte königl. Gesellschaft Wiss. Leipzig Math.-Phys. Klasse*, 49 (1897), 443–461.
M. Suzuki, "A characterization of simple groups LF$(2, p)$ ", *J. Fac. Sci. Univ. Tokyo, Sect. I.*, 6 (1951), 259–293.
R. G. Swan, " Induced representations and projective modules ", *Ann. of Math.*, 71 (1960), 552–578.

B. L. van der Waerden, *Moderne Algebra* (Springer, Berlin, 1937).
J. M. H. Wedderburn, " On hypercomplex numbers ", *Proc. London Math. Soc.*, 6 (1907), 77–118.
H. Weyl, " Theorie der Darstellung kontinuierlicher halbeinfacher Gruppen durch lineare Transformationen ", *Math. Z.*, 23 (1925), 271–309; 24 (1926), 328–376, 377–395, 789–791.
H. Weyl, *The classical groups, their invariants and representations* (Princeton University Press, Princeton, New Jersey 1939; 2nd Ed. 1946).
H. Weyl, *Selecta Hermann Weyl* (Birkhäuser Verlag, Basel-Stuttgart, 1956).
H Zassenhaus, " Kennzeichnung endlicher linearer Gruppen als Permutationsgruppen ". *Abh. Math. Sem. Univ. Hamburg*, 11 (1936), 17–40.

Bibliography of Richard Brauer

(The volume in which a given paper can be found is indicated by the number of asterisks. The following papers are not included in this collection: [10], [75], [103], [107], and [108], which are preliminary announcements or expository articles and are completely covered in other papers; [110], which has been omitted because of its length.)

***[1] Über die Darstellung der Drehungsgruppe durch Gruppen linearer Substitutionen, Inaugural-Dissertation zur Erlangung der Doktorwürde, Friedrich-Wilhelms-Universität, Berlin. 71 pp.

***[2] Über die Irreduzibilität einiger spezieller Klassen von Polynomen (with A. Brauer and H. Hopf), *Jahresber. Deutsch. Math.-Verein* **35** (1926), 99–112.

*[3] Über Zusammenhänge zwischen arithmetischen und invariantentheoretischen Eigenschaften von Gruppen linearer Substitutionen, *Sitzungsber. Preuss. Akad. Wiss.* (1926), 410–416.

*[4] Über minimale Zerfällungskörper irreduzibler Darstellungen (with E. Noether), *Sitzungsber. Preuss. Akad. Wiss.* (1927), 221–228.

*[5] Untersuchungen über die arithmetischen Eigenschaften von Gruppen linearer Substitutionen I, *Math. Z.* **28** (1928), 677–696.

***[6] Über einen Satz für unitäre Matrizen, *Tôhoku Math. J.* **30** (1928), 72.

*[7] Über Systeme hyperkomplexer Zahlen, *Math. Z.* **30** (1929), 79–107.

***[8] Die stetigen Darstellungen der komplexen orthogonalen Gruppe, *Sitzungsber. Preuss. Akad. Wiss.* (1929), 626–638.

***[9] Über einen Satz für unitäre Matrizen (with A. Loewy), *Tôhoku Math. J.* **32** (1930), 44–49.

[10] Über Systeme hyperkomplexer Grossen, *Jahresber. Deutsch. Math.-Verein* **38** (1929), 47–48.

*[11] Zum Irreduzibilitätsbegriff in der Theorie der Gruppen linearer homogener Substitutionen (with I. Schur), *Sitzungsber. Preuss. Akad. Wiss.* (1930), 209–226.

*[12] Untersuchungen über die arithmetischen Eigenschaften von Gruppen linearer Substitutionen II, *Math. Z.* **31** (1930), 733–747.

*[13] Über die algebraische Struktur von Schiefkörpern, *J. Reine Angew. Math.* **166** (1932), 241–252.

*[14] Beweis eines Hauptsatzes in der Theorie der Algebren (with H. Hasse and E. Noether), *J. Reine Angew. Math.* **167** (1931), 399–404.

*[15] Über die Konstruktion der Schiefkörper, die von endlichem Rang in bezug auf ein gegebenes Zentrum sind, *J. Reine Angew. Math.* **168** (1932), 44–64.

*[16] Über den Index und den Exponenten von Divisionalgebren, *Tôhoku Math. J.* **37** (1933), 77–87.

***[17] Über die Kleinsche Theorie der algebraischen Gleichungen, *Math. Ann.* **110** (1934), 473–500.

*[18] Über die Darstellung von Gruppen in Galoisschen Feldern, *Actualités Sci. Indust.* **195** (1935), 15 pp.

***[19] Spinors in *n* dimensions (with H. Weyl), *Amer. J. Math.* **57** (1935), 425–449.

***[20] Über Irreduzibilitätskriterien von I. Schur und G. Pólya (with A. Brauer), *Math. Z.* **40** (1935), 242–265.

***[21] Sur les invariants intégraux des variétés représentatives des groupes de Lie simples clos, *C. R. Acad. Sci. Paris* **201** (1935), 419–421.

*[22] Algebra der hyperkomplexen Zahlensysteme (Algebren), accepted for publication (1936) in Enzyklopädie der Mathematischen Wissenschaften, vol. IB 8, Teubner, Leipzig. Not published, because of political considerations, until *Math. J. Okahama U.* **21** (1979), 53–89.

***[23] Symmetrische Funktionen. Invarianten von linearen Gruppen endlicher Ordnung, accepted for publication (1936) in Enzyklopädie der Mathematischen Wissenschaften, vol. IB 12, Teubner, Leipzig. Not published, because of political considerations, until *Math. J. Okahama U.* **21** (1979), 91–113.

***[24] A characterization of null systems in projective space, *Bull. Amer. Math. Soc.* **42** (1936), 247–254.

***[25] On algebras which are connected with the semisimple continuous groups, *Ann. of Math.* **38** (1937), 857–872.

***[26] Eine Bedingung für vollständige Reduzibilität von Darstellungen gewöhnlicher und infinitesimaler Gruppen, *Math. Z.* **41** (1936), 330–339.

*[27] On the modular representations of groups of finite order I (with C. Nesbitt), Univ. Toronto Studies no. 4 (1937). 21 pp.

*[28] On the regular representations of algebras (with C. Nesbitt), *Proc. Nat. Acad. Sci. U.S.A.* **23** (1937), 236–240.

***[29] Sur la multiplication des caractéristiques des groupes continus et semisimples, *C. R. Acad. Sci. Paris* **204** (1937), 1784–1786.

*[30] On normal division algebras of index 5, *Proc. Nat. Acad. Sci. U.S.A.* **24** (1938), 243–246.

*[31] On modular and $\mathfrak{p}$-adic representations of algebras, *Proc. Nat. Acad. Sci. U.S.A.* **25** (1939), 252–258.

*[32] On the representation of groups of finite order, *Proc. Nat. Acad. Sci. U.S.A.* **25** (1939), 290–295.

*[33] On the Cartan invariants of groups of finite order, *Ann. of Math.* **42** (1941), 53–61.

*[34] On the modular characters of groups (with C. Nesbitt), *Ann. of Math.* **42** (1941), 556–590.

***[35] A generalization of theorems of Schönhardt and Mehmke on polytopes (with H. S. M. Coxeter), *Trans. Roy. Soc. Canada III(3)* **34** (1940), 29–34.

*[36] On sets of matrices with coefficients in a division ring, *Trans. Amer. Math. Soc.* **49** (1941), 502–548.

*[37] On the connection between the ordinary and the modular characters of groups of finite order, *Ann. of Math.* **42** (1941), 926–935.

*[38] Investigations on group characters, *Ann. of Math.* **42** (1941), 936–958.

*[39] On groups whose order contains a prime number to the first power I, *Amer. J. Math.* **64** (1942), 401–420.

*[40] On groups whose order contains a prime number to the first power II, *Amer. J. Math.* **64** (1942), 421–440.

*[41] On the nilpotency of the radical of a ring. *Bull. Amer. Math. Soc.* **48** (1942), 752–758.

*[42] On permutation groups of prime degree and related classes of groups, *Ann. of Math.* **44** (1943), 57–79.

*[43] On the arithmetic in a group ring, *Proc. Nat. Acad. Sci. U.S.A.* **30** (1944), 109–114.

*[44] On hypercomplex arithmetic and a theorem of Speiser, *in* Festschrift for 60th Birthday of Andreas Speiser, Orell Füssli Verlag, Zürich (1945), 233–245.

***[45] A note on systems of homogeneous algebraic equations, *Bull. Amer. Math. Soc.* **51** (1945), 749–755.

*[46] On simple groups of finite order (with H. F. Tuan), *Bull. Amer. Math. Soc.* **51** (1945), 756–766.

*[47] On the representation of a group of order g in the field of the g-th roots of unity, *Amer. J. Math.* **67** (1945), 461–471.

*[48] On blocks of characters of groups of finite order, I, *Proc. Nat. Acad. Sci. U.S.A.* **32** (1946), 182–186.

*[49] On blocks of characters of groups of finite order, II, *Proc. Nat. Acad. Sci. U.S.A.* **32** (1946), 215–219.

*[50] On splitting fields of simple algebras, *Ann. of Math.* **48** (1947), 79–90.

*[51] On Artin's L-series with general group characters, *Ann. of Math.* **48** (1947), 502–514.

***[52] On the zeta-functions of algebraic number fields, *Amer. J. Math.* **69** (1947), 243–250.

*[53] Applications of induced characters, *Amer. J. Math.* **69** (1947), 709–716.

*[54] On a conjecture by Nakayama, *Trans. Roy. Soc. Canada III(3)* **41** (1947), 11–19.

***[55] A note on Hilbert's Nullstellensatz, *Bull. Amer. Math. Soc.* **54** (1948), 894–896.

*[56] Representations of groups and rings, Amer. Math. Soc. Colloquium Lectures (1948). 21 pp.

*[57] On a theorem of H. Cartan, *Bull. Amer. Math. Soc.* **55** (1949), 619–620.

***[58] On the zeta-functions of algebraic number fields II, *Amer. J. Math.* **72** (1950), 739–746.

***[59] Beziehungen zwischen Klassenzahlen von Teilkörpern eines galoisschen Körpers, *Math. Nachr.* **4** (1951), 158–174.

*[60] On the algebraic structure of group rings, *J. Math. Soc. Japan* **3** (1951), 237–251.

*[61] On the representations of groups of finite order, *Proc. Internat. Cong. Math. 1950,* vol. II, pp. 33–36.

*[62] A characterization of the characters of groups of finite order, *Ann. of Math.* **57** (1953), 357–377.

*[63] On the characters of finite groups (with J. Tate), *Ann. of Math.* **62** (1955), 1–7.

[64] On groups of even order (with K. A. Fowler), *Ann. of Math.* **62 (1955), 565–583.

[65] Zur Darstellungstheorie der Gruppen endlicher Ordnung, *Math. Z.* **63 (1956), 406–444.

***[66] A note on the class-numbers of algebraic number fields (with N. C. Ankeny and S. Chowla), *Amer. J. Math.* **78** (1956), 51–61.

**[67] Number-theoretical investigations on groups of finite order, *Proc. Internat. Symp. Algebraic Number Theory, Tokyo-Nikko, 1955,* pp. 55–62.

**[68] On the structure of groups of finite order, *Proc. Internat. Cong. Math. 1954,* vol. I, pp. 209–217.

*[69] Some remarks on associative rings and algebras, *in* Linear Algebras. Nat. Acad. Sci. Nat. Res. Coun. Publication 502, (1957), pp. 4–11.

[70] A characterization of the one-dimensional unimodular projective groups over finite fields (with M. Suzuki and G. E. Wall), *Illinois J. Math.* **2 (1958), 718–745.

[71] On a problem of E. Artin (with W. F. Reynolds), *Ann. of Math.* **68 (1958), 713–720.

[72] On the number of irreducible characters of finite groups in a given block (with W. Feit), *Proc. Nat. Acad. Sci. U.S.A.* **45 (1959), 361–365.

[73] Zur Darstellungstheorie der Gruppen endlicher Ordnung II, *Math. Z.* **72 (1959), 25–46.

[74] On finite groups of even order whose 2-Sylow group is a quaternion group (with M. Suzuki), *Proc. Nat. Acad. Sci. U.S.A.* **45 (1959), 1757–1759.

[75] Les groupes d'ordre fini et leurs caractères, *in* Sém. P. Dubreil, Dubreil–Jacotin et Pisot, Paris (1959), pp. 6-01–6-16.

[76] On blocks of representations of finite groups, *Proc. Nat. Acad. Sci. U.S.A.* **47 (1961), 1888–1890.

[77] Investigation on groups of even order, I, *Proc. Nat. Acad. Sci. U.S.A.* **47 (1961), 1891–1893.

[78] On finite groups with an abelian Sylow group (with H. S. Leonard), *Canad. J. Math.* **14 (1962), 436–450.

[79] On groups of even order with an abelian 2-Sylow subgroup, *Arch. Math. (Basel)* **13 (1962), 55–60.

**[80] On some conjectures concerning finite simple groups, *in* Studies in Mathematical Analysis and Related Topics, Stanford Univ. Press, Stanford (1962), pp. 56–61.

[81] On finite groups and their characters, *Bull. Amer. Math. Soc.* **69 (1963), 125–130.

**[82] Representations of finite groups, *in* Lectures on Modern Mathematics, vol. I, Wiley (1963), pp. 133–175.

[83] On quotient groups of finite groups, *Math. Z.* **83 (1964), 72–84.

[84] A note on theorems of Burnside and Blichfeldt, *Proc. Amer. Math. Soc.* **15 (1964), 31–34.

[85] Some applications of the theory of blocks of characters of finite groups I, *J. Algebra* **1 (1964), 152–167.

[86] Some applications of the theory of blocks of characters of finite groups II, *J. Algebra* **1 (1964), 307–334.

***[87] On certain classes of positive definite quadratic forms, *Acta Arith.* **9** (1964), 357–364.

***[88] On the relation between the orthogonal group and the unimodular group, *Arch. Rational Mech. Anal.* **18** (1965), 97–99.

[89] On finite Desarguesian planes I, *Math. Z.* **90 (1965), 117–123.

[90] On finite Desarguesian planes II, *Math. Z.* **91 (1966), 124–151.

[91] Investigation on groups of even order II, *Proc. Nat. Acad. Sci. U.S.A.* **55 (1966), 254–259.

[92] Some applications of the theory of blocks of characters of finite groups III, *J. Algebra* **3 (1966), 225–255.

[93] A characterization of the Mathieu group M_{12} (with P. Fong), *Trans. Amer. Math. Soc.* **122 (1966), 18–47.

[94] An analogue of Jordan's theorem in characteristic p (with W. Feit), *Ann. of Math.* **84 (1966), 119–131.

[95] Some results on finite groups whose order contains a prime to the first power, *Nagoya Math. J.* **27 (1966), 381–399.

***[96] Emil Artin, *Bull. Amer. Math. Soc.* **73** (1967), 27–43.

**[97] On simple groups of order $5 \cdot 3^a \cdot 2^b$, Mimeographed Notes, Harvard Univ. (1967). 49 pp.

[98] Über endliche lineare Gruppen von Primzahlgrad, *Math. Ann.* **169 (1967), 73–96.

[99] On a theorem of Burnside, *Illinois J. Math.* **11 (1967), 349–352.

[100] On blocks and sections in finite groups I, *Amer. J. Math.* **89 (1967), 1115–1136.

[101] On pseudo groups, *J. Math. Soc. Japan* **20 (1968), 13–22.

[102] On blocks and sections in finite groups II, *Amer. J. Math.* **90 (1968), 895–925.

[103] On simple groups of order $5 \cdot 3^a \cdot 2^b$, *Bull. Amer. Math. Soc.* **74** (1968), 900–903.

[104] On a theorem of Frobenius, *Amer. Math. Monthly* **76 (1969), 12–15.

[105] Defect groups in the theory of representations of finite groups, *Illinois J. Math.* **13 (1969), 53–73.

***[106] On the order of finite projective groups in a given dimension, *Nachr. Akad. Wiss. Göttingen* **11** (1969), 103–106.

[107] On the representations of finite groups, Yeshiva Univ. Press (1969), pp. 121–128.

[108] On groups with quasi-dihedral Sylow 2-subgroups II, *in* Theory of Finite Groups: A Symposium, Benjamin, New York (1969), pp. 13–19.

***[109] On the first main theorem on blocks of characters of finite groups, *Illinois J. Math.* **14** (1970), 183–187.

[110] Finite groups with quasi-dihedral and wreathed Sylow 2-subgroups (with J. L. Alperin and D. Gorenstein), *Trans. Amer. Math. Soc.* **151** (1970), 1–261.

***[111] On finite Desarguesian planes III, *Math. Z.* **117** (1970), 76–82.

***[112] Some applications of the theory of blocks of characters of finite groups IV, *J. Algebra* **17** (1971), 489–521.

***[113] Types of blocks of representations of finite groups, *Proc. Symp. Pure Math., 1971,* vol. 21, pp. 7–11.

***[114] Some properties of finite groups with wreathed Sylow 2-subgroup (with W. J. Wong), *J. Algebra* **19** (1971), 263–273.

***[115] Character theory of finite groups with wreathed Sylow 2-subgroups, *J. Algebra* **19** (1971), 547–592.

***[116] Blocks of characters, *Proc. Internat. Cong. Math. 1970,* vol. 1, pp. 341–345.

***[117] On the work of John Thompson, *Proc. Internat. Cong. Math. 1970,* vol. 1, pp. 15–16.

***[118] Finite simple groups of 2-rank two (with J. L. Alperin and D. Gorenstein), *Scripta Math.* **29** (1973), 191–214.

***[119] A note on zeta-functions of algebraic number fields, *Acta Arith.* **24** (1973), 325–327.

***[120] On the structure of blocks of characters of finite groups, *Proc. 2nd Internat. Conf. Theory of Groups (Canberra, 1973),* pp. 103–130.

***[121] Some applications of the theory of blocks of characters of finite groups V, *J. Algebra* **28** (1974), 433–460.

***[122] On 2-blocks with dihedral defect groups, *Symposia Math. (INDAM)* **13** (1974), 367–393.

***[123] On the centralizers of p-elements in finite groups (with P. Fong), *Bull. London Math. Soc.* **6** (1974), 319–324.

***[124] On the resolvent problem, *Ann. Mat. Pura Appl.* **102** (1975), 45–55.

***[125] On finite groups with cyclic Sylow subgroups, I, *J. Algebra* **40** (1976), 556–584.

***[126] Notes on representations of finite groups I, *J. London Math. Soc. (2)* **13** (1976), 162–166.

***[127] Blocks of characters and structure of finite groups, *Bull. (new series) Amer. Math. Soc.* **1** (1979), 21–38.

***[128] On finite projective groups, *in* Contributions to Algebra, Academic Press, New York (1977), pp. 63–82.

***[129] On finite groups with cyclic Sylow subgroups, II, *J. Algebra* **58** (1979), 291–318.

Theory of Algebras

INTRODUCTION

by O. Goldman

An introduction to the work of Richard Brauer cannot be a survey of his mathematical achievements; such a formidable task is beyond the ability of this writer. We can only give a superficial look at some of his profound discoveries.

Brauer's work in the theory of algebras divides itself naturally into two general areas, the theory of simple algebras and the theory of symmetric algebras.

The subject of symmetric algebras, defined in [28] and further studied in [31] and [44], was developed principally for its application to the theory of the modular representations of finite groups, and as such is properly a chapter in Brauer's work in group theory.

Brauer's work on simple algebras, contained substantially in [7], [13], and [15], led him to the discovery of the remarkable fact that the set of (finite-dimensional) division algebras having a given field as center has a natural structure of an abelian group, one of the major mathematical discoveries of this century. (This group is quite rightly known as the "Brauer group," the name given to it by Hasse in the second part of [14].) These papers contain almost the entire theory of simple algebras, including the subject of splitting fields, galois cohomology, crossed-products, etc. In particular, it is shown in [15] that every central simple algebra is equivalent to a crossed-product. This naturally raises the question whether every central division algebra has such a form, a question which was only recently answered in the negative by Amitsur (Am) using the theory of PI-algebras; a general account of this theory is contained in Jacobson's monograph (J).

The earliest application of the concept of Brauer groups was to the determination of the division algebras having a number field as center. The results obtained are embodied in the theory of Hasse invariants; the principal step is contained in [14] (written jointly with Hasse and Noether), where it is shown that a central division algebra over a number field has a cyclic splitting field. (This was independently discovered by Albert and is contained in his book (A).) Among other things, this has as a corollary the equality between the exponent and index of such division algebras.

Brauer shows in [16] that, in general, the only relation between these invariants is their known divisibility relations (the exponent divides the index and they have the same prime divisors).

The study of the Brauer groups of number fields has also led to the arithmetization of galois cohomology, which culminated in the work of Artin–Tate in the cohomological principles of class field theory.

Various generalizations of the notion of the Brauer group of a field have been considered. In the work of Azumaya and Auslander–Goldman the underlying field is replaced by any commutative ring, and with the right choice of equivalence relation of the right type of algebras one gets again an abelian group. An account of this theory is contained in the monograph of Orzech and Small (O), and Grothendieck in (G) has described far-reaching extensions of these ideas to algebraic schemes and to more general structures. This amalgamation of algebraic geometry and Brauer groups has opened new and important areas of activity, continuing Richard Brauer's influence far into the future.

References

(A) A. A. Albert, Structure of Algebras, Amer. Math. Soc. Colloquium Publications, vol. 24 (1939).

(Am) S. A. Amitsur, On central division algebras, *Israel J. Math.* **12** (1972), 408–420.

(G) A. Grothendieck, three lectures on Brauer groups:
(1) Séminaire Bourbaki, exposé 290 (1964–1965);
(2) Séminaire Bourbaki, exposé 297 (1965–1966);
(3) Dix exposés sur la cohomologie des schémas, North-Holland, Amsterdam (1968).

(J) N. Jacobson, PI-Algebras, Springer Lecture Notes in Mathematics, no. 441, Springer-Verlag, Berlin and New York (1975).

(O) M. Orzech and C. Small, The Brauer Group of Commutative Rings, Lecture Notes in Pure and Applied Mathematics, vol. II, Marcel Dekker, New York (1975).

Über Zusammenhänge zwischen arithmetischen und invariantentheoretischen Eigenschaften von Gruppen linearer Substitutionen.

Von Dr. Richard Brauer
in Königsberg.

(Vorgelegt von Hrn. Schur.)

Enthält ein Zahlkörper K den Charakter einer irreduziblen Gruppe $\mathfrak{H}$ von linearen Substitutionen in f Veränderlichen, so versteht man nach Hrn. I. Schur[1] unter dem Index m von $\mathfrak{H}$ in bezug auf K den kleinsten Wert unter den Graden derjenigen algebraischen Körper über K, in denen $\mathfrak{H}$ bei geeigneter Koordinatenwahl rational darstellbar ist[2]; m ist ein Teiler von f. $\mathfrak{H}$ habe genau a linear unabhängige Invarianten n-ten Grades. Dann soll gezeigt werden, daß m nur durch Primzahlen teilbar ist, die in $a \cdot n$ aufgehen. Dieser Satz erleichtert die meist schwierige Berechnung von m, da die Invariantenanzahlen bei allen endlichen und vielen unendlichen Gruppen bekanntlich allein aus dem Charakter von $\mathfrak{H}$ berechnet werden können. Im § 1 der folgenden Arbeit beweise ich Ergebnisse des Hrn. Speiser[3] in anderer Weise. Übrigens ergeben sich die Speiserschen Sätze über endliche Gruppen mit reellem Charakter fast unmittelbar aus dem genannten Satze.

§ 1.

Der Zahlkörper K enthalte den Charakter der irreduziblen Gruppe $\mathfrak{H}$ vom Grade f, $\mathfrak{H}$ sei in dem algebraischen Körper r-ten Grades K (ϑ) über K rational. Die Konjugierten zu ϑ seien $\vartheta = \vartheta_1, \vartheta_2, \ldots, \vartheta_r$; $\mathfrak{G}$ sei die Galoissche Gruppe von K (ϑ) in bezug auf K. Gibt es in $\mathfrak{G}$ eine Permutation, die ϑ_α in ϑ_γ, ϑ_β in ϑ_δ, $(\alpha, \beta = 1, 2, \ldots, r)$ überführt, so nennen wir die Indexpaare α, β und γ, δ äquivalent. Alle Indexpaare zerfallen dann in Klassen von äquivalenten.

[1] Arithmetische Untersuchungen über endliche Gruppen, Sitzungsber. d. Berl. Akad. d. Wiss. 1906, S. 164; Beiträge zur Theorie der Gruppen linearer homogener Substitutionen, Trans. of the Am. Math. Soc. Ser. 2, Vol. XV. 1909, S. 159. Diese Arbeiten zitiere ich mit A und B.

[2] Die Voraussetzung, daß K den Charakter enthält, bedeutet für das Problem keine Einschränkung. Bei unendlichen Gruppen muß man die Existenz eines algebraischen Körpers über K, in dem sich $\mathfrak{H}$ rational darstellen läßt, voraussetzen.

[3] A. Speiser, Zahlentheoretische Sätze aus der Gruppentheorie. Math. Zeitschrift 5. 1919, S. 1; Bemerkungen des Hrn. I. Schur zu dieser Arbeit ebendort S. 7.

Drückt man in $\mathfrak{H}$ alle Elemente rational durch ϑ mit Koeffizienten aus K aus und ersetzt ϑ durch ϑ_ϱ, so geht $\mathfrak{H}$ in eine isomorphe irreduzible, in K (ϑ_ϱ) rationale Gruppe $\mathfrak{H}_\varrho$ über, $\mathfrak{H} = \mathfrak{H}_1$. Alle Gruppen $\mathfrak{H}_\varrho$ haben denselben Charakter, sind also ähnlich[1]. Aus jeder Klasse von Indexpaaren werde ein Repräsentant α, β herausgegriffen. Dann gibt es eine in K $(\vartheta_\alpha, \vartheta_\beta)$ rationale Matrix $P_{\alpha\beta}$, so daß

$$(1) \qquad \mathfrak{H}_\alpha P_{\alpha\beta} = P_{\alpha\beta}\mathfrak{H}_\beta, \quad |P_{\alpha\beta}| \neq 0$$

ist. Wendet man auf (1) eine Permutation aus $\mathfrak{G}$ an, die ϑ_α in ϑ_γ, ϑ_β in ϑ_δ überführt — α, β und γ, δ sind also äquivalent — und geht dabei $P_{\alpha\beta}$ in eine gewisse in K $(\vartheta_\gamma, \vartheta_\delta)$ rationale Matrix $P_{\gamma\delta}$ über, so ist $|P_{\gamma\delta}| \neq 0$ und $P_{\gamma\delta}$ transformiert $\mathfrak{H}_\gamma$ in $\mathfrak{H}_\delta$. Die Matrizen $P_{\alpha\beta}$ sind jetzt nicht nur für die Repräsentanten, sondern für alle Indexpaare α, β definiert, derart, daß (1) allgemein gilt und Matrizen mit äquivalenten Indexpaaren entsprechend algebraisch konjugiert sind. Wir können annehmen, daß $P_{\alpha\alpha}$ die Einheitsmatrix ist.

$\mathfrak{H}^*$ sei die Gruppe, die vollständig in die Bestandteile $\mathfrak{H}_1, \mathfrak{H}_2, \ldots, \mathfrak{H}_r$ zerfällt, P^* sei die aus r^2 Matrizen f-ten Grades zusammengesetzte Matrix $(P_{\alpha\beta})$, $(\alpha, \beta = 1, 2, \ldots, r)$. Aus (1) folgt

$$(2) \qquad \mathfrak{H}^* P^* = P^* \mathfrak{H}^*.$$

Bekanntlich[2] kann man durch Ähnlichkeitstransformation $\mathfrak{H}^*$ in eine in K rationale Gruppe $\bar{\mathfrak{H}}$ überführen; wir zeigen, daß P^* bei derselben Transformation in eine in K rationale Matrix $\bar{P}$ übergeht. Es sei etwa $P_{\alpha\beta} = (p_{\varkappa\lambda}^{(\alpha,\beta)})$, ($\varkappa$ Zeilen-, λ Spaltenindex; $\varkappa, \lambda = 1, 2, \ldots, f$). Zuerst permutieren wir in P^* Zeilen und Spalten in gleicher Weise, wir bringen die $((\alpha - 1)f + \varkappa)$te Zeile und Spalte an die $((\varkappa - 1)r + \alpha)$te Stelle $(\alpha = 1, 2, \ldots, r;\ \varkappa = 1, 2, \ldots, f)$. Ist $Q_{\varkappa\lambda} = (p_{\varkappa\lambda}^{(\alpha,\beta)})$ (α Zeilen-, β Spaltenindex; $\alpha, \beta = 1, 2, \ldots, r$), so geht dabei P^* in die aus f^2 Matrizen r-ten Grades zusammengesetzte Matrix $M = (Q_{\varkappa\lambda})$, $(\varkappa, \lambda = 1, 2, \ldots, f)$ über. Es sei

$$R = (\vartheta_\sigma^{r-\varrho})_{\varrho,\sigma} = \begin{pmatrix} \vartheta_1^{r-1} & \vartheta_2^{r-1} & \ldots & \vartheta_r^{r-1} \\ \vartheta_1^{r-2} & \vartheta_2^{r-2} & \ldots & \vartheta_r^{r-2} \\ \ldots & \ldots & \ldots & \ldots \\ 1 & 1 & \ldots & 1 \end{pmatrix}, \quad T = \begin{pmatrix} R & 0 & \ldots & 0 \\ 0 & R & \ldots & 0 \\ \ldots & \ldots & \ldots & \ldots \\ 0 & 0 & \ldots & R \end{pmatrix},$$

wo T genau f-mal R enthält. Dann wird $TMT^{-1} = (RQ_{\varkappa\lambda}R^{-1})$. Bekanntlich[3] hat R^{-1} die Form $(\varphi_\sigma(\vartheta_\varrho))$, ($\varrho$ Zeilen-, σ Spaltenindex; $\varrho, \sigma = 1, 2, \ldots, r$),

---

[1] Vgl. Frobenius und Schur, Sitzungsber. d. Berl. Akad. d. Wiss. 1906, S. 209.

[2] Vgl. dazu B, S. 162.

[3] Vgl. etwa E. Hecke, Göttinger Nachrichten 1917, S. 81. Ist

$$F(x) = (x - \vartheta_1)(x - \vartheta_2) \ldots (x - \vartheta_r),$$

so kann man φ_σ einführen durch

$$\frac{1}{F'(y)} \cdot \frac{F(x) - F(y)}{x - y} = \sum_{\sigma=1}^{r} \varphi_\sigma(y)\, x^{r-\sigma}.$$

wo die ϕ_σ rationale Funktionen mit Koeffizienten aus K sind. Dann wird das Element mit den Indizes ρ, σ in $RQ_{\varkappa\lambda}R^{-1}$

$$\sum_{\alpha,\beta=1}^{r} \vartheta_\alpha^{r-\rho} p_{\varkappa\lambda}^{(\alpha,\beta)} \phi_\sigma(\vartheta_\beta) = a_{\rho\sigma}\,.$$

Wendet man auf $a_{\rho\sigma}$ irgendeine Permutation G von $\mathfrak{G}$ an, bei der etwa ϑ_α in ϑ_γ, ϑ_β in ϑ_δ übergeht, (wo also α,β und γ,δ äquivalent sind), so geht, da $P_{\alpha\beta}$ in $P_{\gamma\delta}$ übergeht, $p_{\varkappa\lambda}^{(\alpha,\beta)}$ in $p_{\varkappa\lambda}^{(\gamma,\delta)}$ über. Da γ,δ mit α,β alle Indexpaare durchläuft, geht $a_{\rho\sigma}$ in

$$\sum_{\gamma,\delta=1}^{r} \vartheta_\gamma^{r-\rho} p_{\varkappa\lambda}^{(\gamma,\delta)} \phi_\sigma(\vartheta_\delta)$$

über, bleibt also bei allen G ungeändert und gehört daher zu K. Daher ist $RQ_{\varkappa\lambda}R^{-1}$ und also auch $TMT^{-1} = \bar{P}$ in K rational. Die Umformung, durch die P^* in $\bar{P}$ übergeführt wurde, bedeutet eine Ähnlichkeitstransformation, bei Anwendung derselben Transformation geht $\mathfrak{H}^*$ nach B S. 162 in eine in K rationale Gruppe $\bar{\mathfrak{H}}$ über; man kann das auch analog wie bei P^* schließen. Aus (2) folgt

$$\mathfrak{H}P = P\mathfrak{H}\,. \tag{3}$$

$P_{\alpha\beta}$ transformiert $\mathfrak{H}_\alpha$ in $\mathfrak{H}_\beta$, $P_{\beta\gamma}$ ebenso $\mathfrak{H}_\beta$ in $\mathfrak{H}_\gamma$; $P_{\alpha\beta}P_{\beta\gamma}$ also $\mathfrak{H}_\alpha$ in $\mathfrak{H}_\gamma$. $P_{\alpha\gamma}$ transformiert ebenfalls $\mathfrak{H}_\alpha$ in $\mathfrak{H}_\gamma$; da eine derartige Transformation aber bis auf einen Zahlenfaktor eindeutig bestimmt ist, folgt

$$P_{\alpha\beta}P_{\beta\gamma} = c_{\alpha\beta\gamma}P_{\alpha\gamma}\,, \qquad (\alpha,\beta,\gamma = 1,2,\ldots r) \tag{4}$$

wo die $c_{\alpha\beta\gamma}$ ein System von r^3 Zahlen, das Faktorensystem von $\mathfrak{H}$, sind[1]. Durch $\mathfrak{H}$ sind die $P_{\alpha\beta}$ und die $c_{\alpha\beta\gamma}$ nicht eindeutig bestimmt, man darf $P_{\alpha\beta}$ durch $k_{\alpha\beta}P_{\alpha\beta}$ ersetzen, wo die $k_{\alpha\beta}$ den folgenden Bedingungen (*a*) genügen: 1. $k_{\alpha\beta} \neq 0$ ist eine Zahl aus $K(\vartheta_\alpha, \vartheta_\beta)$. 2. Sind α,β und γ,δ äquivalent, so geht $k_{\alpha\beta}$ in $k_{\gamma\delta}$ über, wenn man ϑ_α durch ϑ_γ, ϑ_β durch ϑ_δ ersetzt. 3. Für alle α ist $k_{\alpha\alpha} = 1$. An die Stelle von $c_{\alpha\beta\gamma}$ tritt dann $c'_{\alpha\beta\gamma} = \dfrac{k_{\alpha\beta}k_{\beta\gamma}}{k_{\alpha\gamma}}c_{\alpha\beta\gamma}$.

Kann man die $k_{\alpha\beta}$ so bestimmen, daß alle $c'_{\alpha\beta\gamma} = 1$ werden, so kann man von vornherein $c_{\alpha\beta\gamma} = 1$ annehmen. Aus (4) folgt

$$P^{*2} = (P_{\alpha\beta})(P_{\alpha\beta}) = \left(\sum_{\nu=1}^{r} P_{\alpha\nu}P_{\nu\beta}\right) = (rP_{\alpha\beta}) = rP^*\,.$$

Daher hat P^* nur die charakteristischen Wurzeln 0 und r, und seine Elementarteiler sind alle linear. Da in der Hauptdiagonale von P^* überall 1 steht, hat P^* die Spur $r\cdot f$, also ist r eine f-fache Wurzel, und P^* hat den Rang f, ebenso die zu P^* ähnliche Matrix $\bar{P}$. Nach dem Schurschen Prinzip[2]

---

[1] Vgl. die auf S. 410 unter [3] genannte Arbeit des Hrn. I. Schur.

[2] B S. 166, Beweis des Satzes 1. Die Verwendung der Elementarteilertheorie läßt sich übrigens vermeiden.

(1*)

folgt, daß die in K rationale, mit $\bar{P}$ vertauschbare Gruppe $\bar{\mathfrak{H}}$ einen in K rational darstellbaren Bestandteil f-ten Grades enthält, ebenso auch $\mathfrak{H}^*$. Da $\mathfrak{H}^*$ nur die zu $\mathfrak{H}$ ähnlichen Bestandteile $\mathfrak{H}_\beta$ vom Grade f besitzt, muß sich $\mathfrak{H}$ in K rational darstellen lassen. *Kann man erreichen, daß das Faktorensystem einer Gruppe $\mathfrak{H}$ nur aus Zahlen 1 besteht, so läßt sich $\mathfrak{H}$ in* K *rational darstellen.* — Unter etwas anderen Voraussetzungen findet sich dieses Resultat in der oben genannten Arbeit des Hrn. Speiser.

Im allgemeinen Fall, wenn also die $c_{\alpha\beta\gamma}$ nicht alle 1 sind, wird die charakteristische Determinante von $\bar{P}$ gleich der f-ten Potenz der charakteristischen Determinante von $(c_{\varkappa\lambda 1})$, $(\varkappa, \lambda = 1, 2, \ldots, r)$. Da diese Bemerkung im folgenden nicht verwendet wird, soll der ziemlich einfache Beweis derselben unterdrückt werden. Da $\bar{P}$ in K rational und mit der in K rationalen Gruppe $\bar{\mathfrak{H}}$ vertauschbar ist, kann diese Bemerkung mitunter bei der arithmetischen Untersuchung von $\mathfrak{H}$ mit Nutzen verwendet werden.

§ 2.

Im allgemeinen kann man die Zahlen $k_{\alpha\beta}$ nicht so bestimmen, daß $c_{\alpha\beta\gamma} = \dfrac{k_{\alpha\gamma}}{k_{\alpha\beta}k_{\beta\gamma}}$, also $c'_{\alpha\beta\gamma} = 1$ wird. Dagegen gibt es, wie man leicht sieht[1], ganze positive Zahlen λ, so daß

$$c^{\lambda}_{\alpha\beta\gamma} = \frac{k_{\alpha\gamma}}{k_{\alpha\beta}k_{\beta\gamma}} \tag{5}$$

wird und die Konstanten $k_{\alpha\beta}$ die Bedingungen (a) erfüllen. Die kleinste Zahl $\lambda = l$, für die sich (5) erfüllen läßt, heiße der zum Faktorensystem gehörige Exponent. Läßt sich (5) auch für $\lambda = l_1$ erfüllen, so gilt das gleiche, wenn λ der kleinste nichtnegative Rest von $l_1 \pmod{l}$ ist. Dieser Rest ist also 0; alle in (5) für λ möglichen Zahlen sind durch l teilbar.

I. Hat die irreduzible Gruppe $\mathfrak{H}$ in bezug auf K *den Index m und gehört zu dem Faktorensystem von $\mathfrak{H}$ der Exponent l, so ist l ein Teiler von m, der durch alle Primteiler von m teilbar ist.*

Beweis: 1. Es gibt eine zu $\mathfrak{H}$ ähnliche Gruppe $\mathfrak{J}$, die in einem Körper K(η) vom Grade m über K rational ist. Die Konjugierten zu η seien

$$\eta = \eta_1, \eta_2, \ldots, \eta_m;$$

ebenso die zu $\mathfrak{J}$ algebraisch konjugierten Gruppen $\mathfrak{J} = \mathfrak{J}_1, \mathfrak{J}_2, \ldots, \mathfrak{J}_m$. Dann sind alle Gruppen $\mathfrak{H}_\alpha$ und $\mathfrak{J}_\mu$ ähnlich, also gibt es in K$(\vartheta_\alpha, \eta_\mu)$ rationale Matrizen $R_{\alpha\mu}$, so daß $|R_{\alpha\mu}| \neq 0$,

$$R^{-1}_{\alpha\mu}\mathfrak{H}_\alpha R_{\alpha\mu} = \mathfrak{J}_\mu, \quad (\alpha = 1, 2, \ldots, r;\ \mu = 1, 2, \ldots, m)$$

ist. Hat der Körper K(ϑ, η) in bezug auf K die Galoissche Gruppe $\mathfrak{K}$, und geht bei einer Permutation K von $\mathfrak{K}$ etwa ϑ_α in ϑ_δ, η_μ in η_ν über, so erkennt

[1] Die Existenz von Zahlen λ ergibt sich beim Beweis von I. Man kann sie auch unmittelbar aus (4) erkennen, vgl. die auf S. 410 unter [3] genannte Schursche Arbeit.

man analog wie in § 1, daß man annehmen kann, daß bei Anwendung von K gerade $R_{\alpha\mu}$ in $R_{\delta\nu}$ übergeht. $R_{\alpha\mu}$ transformiert $\mathfrak{H}_\alpha$ in $\mathfrak{F}_\mu$, $R_{\beta\mu}^{-1}$ entsprechend $\mathfrak{F}_\mu$ in $\mathfrak{H}_\beta$, also transformiert $R_{\alpha\mu}R_{\beta\mu}^{-1}$ ebenso wie $P_{\alpha\beta}$ die Gruppe $\mathfrak{H}_\alpha$ in $\mathfrak{H}_\beta$. Folglich können sich diese Matrizen nur um einen von 0 verschiedenen Zahlenfaktor unterscheiden.

$$(6) \qquad R_{\alpha\mu}R_{\beta\mu}^{-1} = z_{\alpha\mu\beta}P_{\alpha\beta}\,.$$

Wendet man auf (6) eine Permutation K aus $\mathfrak{K}$ an, und geht dabei etwa ϑ_α in ϑ_δ, ϑ_β in ϑ_ε, η_μ in η_ν über, so folgt, daß die im Körper $\mathrm{K}(\vartheta_\alpha, \vartheta_\beta, \eta_\mu)$ enthaltene Größe $z_{\alpha\mu\beta}$ gerade in $z_{\delta\nu\varepsilon}$ übergeht. Setzt man $P_{\alpha\beta}$ und analog $P_{\beta\gamma}$ und $P_{\alpha\gamma}$ aus (6) in (4) ein, so findet man

$$(z_{\alpha\mu\beta}^{-1}R_{\alpha\mu}R_{\beta\mu}^{-1})(z_{\beta\mu\gamma}^{-1}R_{\beta\mu}R_{\gamma\mu}^{-1}) = (z_{\alpha\mu\gamma}^{-1}R_{\alpha\mu}R_{\gamma\mu}^{-1})\cdot c_{\alpha\beta\gamma}\,,$$

$$(7) \qquad c_{\alpha\beta\gamma} = \frac{z_{\alpha\mu\gamma}}{z_{\alpha\mu\beta}\cdot z_{\beta\mu\gamma}}\,.$$

Man setze $k_{\alpha\beta} = \prod_{\mu=1}^{m} z_{\alpha\mu\beta}$, $(\alpha, \beta = 1, 2, \ldots, r)$; dann geht bei Anwendung von K aus $\mathfrak{K}$ gerade $k_{\alpha\beta}$ in $\prod_{\nu=1}^{m} z_{\delta\nu\varepsilon} = k_{\delta\varepsilon}$ über, da ν mit μ alle Werte von $1, 2, \ldots, m$ durchläuft. Ist $\alpha = \delta$, $\beta = \varepsilon$, so geht also $k_{\alpha\beta}$ bei Anwendung von K in sich über und ist daher nach einem Satze der GALOISschen Theorie in $\mathrm{K}(\vartheta_\alpha, \vartheta_\beta)$ enthalten. Im allgemeinen Fall folgt, daß $k_{\alpha\beta}$ in $k_{\delta\varepsilon}$ übergeht, wenn man $k_{\alpha\beta}$ durch ϑ_α und ϑ_β ausdrückt und diese durch ϑ_δ bzw. ϑ_ε ersetzt. Durch Multiplikation von (7) über alle μ folgt

$$(8) \qquad c_{\alpha\beta\gamma}^{m} = \frac{k_{\alpha\gamma}}{k_{\alpha\beta}k_{\beta\gamma}}\,. \qquad (\alpha, \beta, \gamma = 1, 2, \ldots, r)$$

Wegen $P_{\alpha\alpha} = E$ ergibt sich aus (4) sofort $c_{\alpha\alpha\alpha} = 1$, also folgt für $\alpha = \beta = \gamma$ aus (8) $k_{\alpha\alpha} = 1$, und das System der $k_{\alpha\beta}$ erfüllt die Bedingungen (a). Also ist in (5) $\lambda = m$ zulässig und daher m durch l teilbar.

2. p sei Primteiler von m, aber nicht von l. Die höchste Potenz von p, die in der Ordnung der GALOISschen Gruppe $\mathfrak{G}$ aufgeht, sei p^s. Nach dem SYLOWschen Satz gibt es in $\mathfrak{G}$ eine Untergruppe der Ordnung p^s. Der zugehörige Teilkörper K_1 von $\mathrm{K}(\vartheta_1, \vartheta_2, \ldots, \vartheta_r)$ ist ein algebraischer Körper über K, dessen Relativgrad nicht durch p und auch nicht durch m teilbar ist; daher ist $\mathfrak{H}$ in K_1 nicht rational darstellbar[1]. In bezug auf K_1 als Grundkörper sei m_1 der Index von $\mathfrak{H}$, $c^*_{\varrho\sigma\tau}$ das Faktorensystem, l_1 der zugehörige Exponent. Das System $c^*_{\varrho\sigma\tau}$ besteht aus allen Zahlen $c_{\alpha\beta\gamma}$ oder einem Teil dieses Systems, folglich ist für die Zahlen $c^*_{\varrho\sigma\tau}$ ein System zu (5) analoger Gleichungen mit $\lambda = l$ möglich, daher ist l_1 Teiler von l, also zu p teilerfremd. Da ferner $\mathfrak{H}$ im Körper $\mathrm{K}(\vartheta_1, \vartheta_2, \ldots, \vartheta_r)$ vom Grade p^s über K_1 rational ist, ist m_1 eine Potenz von p. Aus dem unter 1. Gezeigten folgt, daß

[1] Nach A Satz VI, B Satz VII.

l_1 in m_1 aufgeht, also ist $l_1 = 1$. Dann folgt aus § 1, daß $\mathfrak{H}$ in K_1 rational darstellbar ist; das ist ein Widerspruch. Daher geht jeder Primteiler von m in l auf.

§ 3.

Es seien $x^{(1)}, x^{(2)}, \ldots, x^{(k)}$ k Systeme von je f unabhängigen Variabeln, die stets kogredient transformiert werden sollen. $F_1, F_2, \ldots, F_t$ seien homogene rationale Funktionen des Grades n in allen $k \cdot f$ Variabeln $x^{(\kappa)}$ mit Koeffizienten aus K. Wendet man auf alle Variabelnsysteme kogredient irgendeine lineare Transformation P an, so soll F_τ in eine Funktion $(F_\tau)_P$ übergehen, die sich linear durch $F_1, F_2, \ldots, F_t$ ausdrückt. Wir nennen eine lineare Verbindung der F_τ mit konstanten Koeffizienten, die bei allen Transformationen von $\mathfrak{H}$ ungeändert bleibt, eine zum System der F_τ gehörige Invariante von $\mathfrak{H}$[1]. $J_1, J_2, \ldots, J_a$ sei ein vollständiges System von linear unabhängigen derartigen Invarianten; offenbar kann man diese mit Koeffizienten aus $K(\vartheta)$ wählen. Ersetzt man ϑ durch ϑ_α, so mögen die Invarianten in $J_1^{(\alpha)}, J_2^{(\alpha)}, \ldots, J_a^{(\alpha)}$ übergehen. Diese bilden ein vollständiges System von den zu F_τ gehörigen Invarianten von $\mathfrak{H}_\alpha$; wir bezeichnen das System abgekürzt mit $J^{(\alpha)}$. Wendet man $P_{\alpha\beta}$ auf die $J^{(\alpha)}$ an, so erhält man offenbar zum System der F_τ gehörige Invarianten von $\mathfrak{H}_\beta$ mit Koeffizienten aus $K(\vartheta_\alpha, \vartheta_\beta)$. Diese müssen sich linear durch die $J^{(\beta)}$ darstellen lassen.

$$(9) \qquad (J^{(\alpha)})_{P_{\alpha\beta}} = A_{\alpha\beta} J^{(\beta)}). \qquad (\alpha, \beta = 1, 2, \ldots, r)$$

Dabei ist $A_{\alpha\beta}$ eine Matrix a-ten Grades mit nicht verschwindender Determinante und mit Koeffizienten aus $K(\vartheta_\alpha, \vartheta_\beta)$. Ist α, β zu γ, δ äquivalent, und ersetzt man in (9) ϑ_α durch ϑ_γ, ϑ_β durch ϑ_δ, so folgt, daß $A_{\alpha\beta}$ in $A_{\gamma\delta}$ übergeht. Aus (9) ergibt sich

$$(10) \qquad (J^{(\alpha)})_{P_{\alpha\beta} P_{\beta\gamma}} = A_{\alpha\beta}((J^{(\beta)})_{P_{\beta\gamma}}) = A_{\alpha\beta} A_{\beta\gamma} (J^{(\gamma)}) .$$

Aus (4) folgt, da die $J^{(\alpha)}$ homogen vom n-ten Grade sind,

$$(11) \qquad (J^{(\alpha)})_{P_{\alpha\beta} P_{\beta\gamma}} = (J^{(\alpha)})_{c_{\alpha\beta\gamma} P_{\alpha\gamma}} = c^n_{\alpha\beta\gamma} (J^{(\alpha)})_{P_{\alpha\gamma}} = c^n_{\alpha\beta\gamma} A_{\alpha\beta} (J^{(\gamma)}) .$$

Da $J_1^{(\gamma)}, J_2^{(\gamma)}, \ldots, J_a^{(\gamma)}$ linear unabhängig sind, erhält man durch Vergleichen von (10) und (11)

$$(12) \qquad A_{\alpha\beta} A_{\beta\gamma} = c^n_{\alpha\beta\gamma} A_{\alpha\gamma} .$$

Ist $k_{\alpha\beta}^{-1}$ die Determinante von $A_{\alpha\beta}$ $(\alpha, \beta = 1, 2, \ldots, r)$, so folgt aus (12)

$$c^{a \cdot n}_{\alpha\beta\gamma} = \frac{k_{\alpha\gamma}}{k_{\alpha\beta} \cdot k_{\beta\gamma}} .$$

---

[1] In diesem Invariantenbegriff sind alle üblichen Typen von algebraischen absoluten Invarianten enthalten.

Die Zahlen $k_{\alpha\beta}$ erfüllen die Bedingungen (a) in § 2, es ist also in (5) $\lambda = a \cdot n$ möglich und daher l ein Teiler von $a \cdot n$. Aus I folgt

II. Hat eine irreduzible Gruppe $\mathfrak{H}$ *genau* a *linear unabhängige Invarianten* n*-ten Grades von irgendeinem Typ, so können in dem Index von* $\mathfrak{H}$ *in bezug auf einen Zahlkörper nur Primzahlen aufgehen, die in* $a \cdot n$ *aufgehen*[1].

Kann man z. B. verschiedene Invariantentypen so wählen, daß die zugehörigen Zahlen $a \cdot n$ zusammen mit dem Grade f von $\mathfrak{H}$ ein System teilerfremder Zahlen bilden, so ist der Index 1, $\mathfrak{H}$ ist im Körper des Charakters rational darstellbar.

Eine endliche Gruppe mit reellem Charakter besitzt abgesehen von konstanten Faktoren eine einzige invariante Bilinearform, man darf also $a = 1$, $n = 2$ wählen, der Index muß eine Potenz von 2 sein. Ist f ungerade, folgt $m = 1$. Das ist ein Speiserscher Satz; unter Verwendung von A Satz IX a oder direkt ergibt sich als Spezialfall auch der andere Speisersche Satz.

Jeder rationale homogene Homomorphismus $\mathfrak{A}$ der allgemeinen homogenen affinen Gruppe in f Variabeln liefert ein System von Funktionen $F_1, F_2, \ldots, F_t$ mit rationalen Koeffizienten (und umgekehrt). Liefert der Homomorphismus $\mathfrak{A}$ für $\mathfrak{H}$ die Darstellung $\mathfrak{R}$, und ist $\mathfrak{R}$ vollständig reduzibel, und enthält es die Hauptdarstellung etwa a-mal, so hat $\mathfrak{H}$ genau a zum System $F_1, F_2, \ldots, F_t$ gehörige Invarianten.

III. Ist die Darstellung einer irreduziblen Gruppe $\mathfrak{H}$*, die ein homogener rationaler Homomorphismus der allgemeinen affinen Gruppe für* $\mathfrak{H}$ *liefert, vollständig reduzibel, und enthält sie* a*-mal die Hauptdarstellung, so können in dem Index von* $\mathfrak{H}$ *in bezug auf einen Zahlkörper nur Primzahlen aufgehen, die in* $a \cdot n$ *aufgehen. Dabei bedeutet* n *die Dimension der homogenen Funktionen, die bei dem rationalen Homomorphismus auftreten.*

Ist $\mathfrak{H}$ endlich, so ist $\mathfrak{R}$ sicher vollständig reduzibel.

[1] Enthält der Körper nicht den Charakter von $\mathfrak{H}$, so denken wir uns diesen adjungiert, dabei ändert sich der Index nicht; vgl. A Satz VIII. Die Sätze II und III werde ich später noch verschärfen und verallgemeinern.

Ausgegeben am 27. Dezember.

Berlin, gedruckt in der Reichsdruckerei.

Über minimale Zerfällungskörper irreduzibler Darstellungen.

Von Privatdozent Dr. RICHARD BRAUER
in Königsberg

und Prof. Dr. EMMY NOETHER
in Göttingen.

(Vorgelegt von Hrn. SCHUR.)

Die Frage nach den Zahlkörpern kleinsten Grades über einem Grundkörper P, in denen eine in P irreduzible Darstellung einer endlichen Gruppe in absolut irreduzible Bestandteile zerfällt, wurde zuerst von I. SCHUR behandelt[1]. Es enthalte P etwa den Charakter eines derartigen Bestandteiles. Dann zeigte I. SCHUR, daß der Grad dieser Körper in bezug auf P — der Index — übereinstimmt mit der Anzahl jener absolut irreduziblen Bestandteile, die alle derselben Klasse angehören; daß folglich derselbe Körper schon bestimmt ist durch die Forderung, einen absolut irreduziblen Bestandteil abzutrennen; ferner daß der Grad jedes Körpers in bezug auf P, in dem eine solche Zerfällung statthat, ein Vielfaches des Index wird. Alle diese Körper sollen als Zerfällungskörper bezeichnet werden, auch für den Fall, daß P den Charakter nicht enthält. An einem Beispiel zeigte I. SCHUR, daß die Zerfällungskörper kleinsten Grades nicht isomorph zu sein brauchen. Enthielt P keinen zugehörigen einfachen Charakter, so müssen die Zerfällungskörper den Körper eines solchen und seine Konjugierten in bezug auf P umfassen; die zu verschiedenen konjugierten Charakteren gehörigen absolut irreduziblen Darstellungen sind zwar konjugiert, gehören aber offenbar zu verschiedenen Klassen. Zur Abtrennung eines Systems absolut irreduzibler Darstellungen einer Klasse genügt auch hier der Körper des zugehörigen Charakters und einer der entsprechenden Zerfällungskörper.

Im folgenden soll die Frage der Zerfällungskörper weiter verfolgt werden. Die Zerfällungskörper kleinsten Grades lassen sich charakterisieren durch zugeordnete nichtkommutative Körper, die allgemeinen Zer-

[1] Arithmetische Untersuchungen über endliche Gruppen, Sitzungsber. d. Berl. Ak. d. Wiss. 1906, S. 164. Beiträge zur Theorie der Gruppen linearer Substitutionen, Transact. of the Am. Math. Soc. Ser. 2, Vol. XV, 1909, S. 159. In der zweiten Arbeit werden die Ergebnisse auf vollständig reduzible hyperkomplexe Systeme übertragen. — In eine Klasse wird eine Darstellung mit all ihren Transformierten (ähnlichen) zusammengefaßt.

fällungskörper durch zweiseitig einfache Ringe, die invariant mit diesen nichtkommutativen Körpern verbunden sind. Weiter wird an dem Beispiel des Quaternionenkörpers gezeigt, daß die Grade der minimalen Zerfällungskörper nicht beschränkt sind; dabei heißt ein Zerfällungskörper minimal, wenn keiner seiner echten Unterkörper Zerfällungskörper ist. Diese Nichtbeschränktheit folgt wesentlich aus einem zahlentheoretischen Existenzsatz, dessen Beweis in der unmittelbar folgenden Note durch H. Hasse erbracht wird. Das Beispiel wird aber auch noch — mehr verifizierend — elementar rechnerisch behandelt; und es wird so ohne Heranziehung der allgemeinen Theorie und des zahlentheoretischen Existenzsatzes die Nichtbeschränktheit der Gradzahlen gezeigt, indem ein weniger weitgehender, aber ausreichender Existenzsatz elementar bewiesen wird[1]. Es sei noch bemerkt, daß es sich auch in diesem Beispiel um Zerfällungskörper einer endlichen Gruppe handelt; und zwar der Quaternionengruppe, die auch dem Schurschen Beispiel zugrunde liegt. Die dort angegebenen Darstellungen sind nämlich zugleich (isomorphe) Darstellungen des Quaternionenkörpers.

1. Charakterisierung der Zerfällungskörper.

Vorerst seien die Grundbegriffe kurz zusammengestellt. Es bezeichne $\mathfrak{S}$ ein hyperkomplexes System in bezug auf einen Körper P_0. Unter einer Darstellung Γ von $\mathfrak{S}$ — in P — versteht man ein System von Matrizen mit Elementen aus P, derart daß Γ homomorphes Bild von $\mathfrak{S}$ wird, und daß den Elementen ρ_0 aus P_0 Diagonalmatrizen $\rho_0 E$ zugeordnet sind; P muß also P_0 umfassen. Eine Darstellung Γ bildet zusammen mit all ihren transformierten $P^{-1}\Gamma P$ eine Darstellungsklasse. In den so definierten Darstellungen sind die Darstellungen endlicher Gruppen $\mathfrak{G}$ mitenthalten; das zugeordnete hyperkomplexe System $\mathfrak{S}$, der »Gruppenring«, besteht aus allen »Gruppenzahlen«, d. h. aus allen linearen Verbindungen der Gruppenelemente, mit Koeffizienten aus P_0, wobei die ursprünglichen Gruppenelemente als linear unabhängig betrachtet werden und die Multiplikation durch Gruppenmultiplikation und Rechengesetze definiert ist. Die Begriffe »reduzible«, »irreduzible«, »vollständig reduzible«, »absolut irreduzible« Darstellungen sind wie üblich definiert; die Bezeichnung soll auf die Darstellungsklassen ausgedehnt werden. Ein System $\mathfrak{S}$ heißt

[1] Dieses Beispiel stammt von E. Noether; es beruht auf einer Modifikation eines von R. Brauer herrührenden, in dem überhaupt die Existenz eines minimalen Zerfällungskörpers gezeigt war, dessen Grad den Index überschreitet. Die elementare Behandlung des Beispiels stammt von R. Brauer.

Die Charakterisierung der Zerfällungskörper geht auf Untersuchungen der Verfasser zurück, die im übrigen getrennte Ziele verfolgen. Bei E. Noether handelt es sich um einen Aufbau der Darstellungstheorie auf Grund der Modul- und Idealtheorie, bei Zugrundelegung allgemeiner Endlichkeitsvoraussetzungen; bei R. Brauer um die Konstruktion der nichtkommutativen Körper endlichen Grades über einem gegebenen kommutativen vollkommenen Grundkörper, mit Hilfe der Faktorensysteme. Auf die Charakterisierung der Zerfällungskörper kleinsten Grades kamen die Verfasser unabhängig, R. Brauer bei vollkommenem Grundkörper, E. Noether ohne diese Beschränkung. Die Charakterisierung der allgemeinen Zerfällungskörper fand R. Brauer im Anschluß an eine Frage von E. Noether über die Möglichkeit nichtkommutativer Einbettung; E. Noether konnte auch hier die Beschränkung auf vollkommenen Grundbereich aufheben.

»vollständig reduzibel in P«, wenn alle seine Darstellungsklassen in P vollständig reduzibel sind.

Sei jetzt $\mathfrak{S}$ als vollständig reduzibel in P_0 vorausgesetzt; sei P_0 als vollkommener Körper angenommen, so daß das gleiche für jede algebraische Erweiterung P von P_0 gilt. Die Darstellungsklassen bleiben bei jeder Erweiterung P von P_0 vollständig reduzibel[1]. Das Zentrum von $\mathfrak{S}$ wird direkte Summe von endlich vielen Körpern; jede einem solchen Körper $\mathfrak{K}$ isomorphe Erweiterung P von P_0 wird Körper eines (einfachen) Charakters. Erweitert man P_0 zu einem $\mathfrak{K}$ isomorphen P, so spaltet sich von $\mathfrak{S}$ ein zweiseitig einfacher Ring ab, dem die absolut irreduzible Darstellungsklasse des Charakters zugeordnet ist. Dieser Ring wird — Satz von Wedderburn — direktes Produkt eines Matrizenringes in P mit einem, bis auf Isomorphie eindeutig bestimmten nichtkommutativen Körper $\mathfrak{A}$, dessen Zentrum durch P gegeben ist und der vom Grade m^2 in bezug auf P ist, wo m den zum Charakter gehörigen Schurschen Index bezeichnet. Jeder Zerfällungskörper von $\mathfrak{S}$ — in bezug auf die zu dem Charakter gehörige Darstellung — ist zugleich ein solcher von $\mathfrak{A}$ in bezug auf die Darstellungen in P und umgekehrt. Die konjugierten Darstellungen von $\mathfrak{S}$ erhält man, wenn man von dem entsprechenden zweiseitig einfachen Ring in P_0 ausgeht; dessen zugeordneter Körper $\mathfrak{A}_0$ wird zu $\mathfrak{A}$ isomorph und besitzt $\mathfrak{K}$ als Zentrum. Das Problem der Zerfällungskörper ist also vollständig auf das des zugeordneten nichtkommutativen Körpers $\mathfrak{A}$ und seine Zerfällungen zurückgeführt[2]. Insbesondere gilt der Satz:

Alle größten kommutativen Unterkörper von $\mathfrak{A}$ sind von gleichem Grad m inbezug auf P, wo m den Schurschen Index bedeutet. Alle diese größten kommutativen Unterkörper sind Zerfällungskörper kleinsten Grades, und jeder Zerfällungskörper kleinsten Grades ist unter ihnen enthalten. Der Grad jedes Zerfällungskörpers ist ein Vielfaches von m. $\mathfrak{A}$ besitzt nur eine absolut irreduzible Darstellungsklasse, ebenso nur eine irreduzible Darstellungsklasse in bezug auf P.

Zur Charakterisierung der allgemeinen Zerfällungskörper bezeichne $\mathfrak{A}_r$ das direkte Produkt von $\mathfrak{A}$ mit dem Matrizenring vom Grade r^2 in bezug auf P (System aller r-reihigen Matrizen mit Elementen aus P). Es wird $\mathfrak{A}_r$ zweiseitig einfach, mit $\mathfrak{A}$ als zugeordnetem nichtkommutativen Körper; und jeder zweiseitig einfache Ring, hyperkomplex in bezug auf P, dem $\mathfrak{A}$ zugeordnet ist, wird so gewonnen. $\mathfrak{A}_r$ ist auch charakterisiert als System aller r-reihigen Matrizen mit Elementen aus $\mathfrak{A}$.

Jeder Zerfällungskörper von $\mathfrak{A}$ vom Grade mr — falls ein solcher existiert — ist einem größten kommutativen Unterkörper von $\mathfrak{A}_r$ isomorph. Umgekehrt sind alle größten kommutativen Un-

---

[1] Bei nicht vollkommenem P_0 bleibt vollständige Reduzibilität dann und nur dann erhalten, wenn die Komponenten $\mathfrak{K}$ des Zentrums »Erweiterungen erster Art« von P_0 werden. Unter dieser Voraussetzung gelten alle weiteren Folgerungen des Textes.

[2] Das entspricht der Schurschen Zurückführung auf das System der Matrizen aus P, die mit der irreduziblen Darstellung von $\mathfrak{S}$ in P vertauschbar sind. Die Transponierten dieser Matrizen ergeben eine Darstellung von $\mathfrak{A}$ in P.

terkörper von $\mathfrak{A}_r$ Zerfällungskörper, jeweils von einem Grad ms, wo s ein Teiler von r ist. Im regulären Fall sind alle größten kommutativen Unterkörper von $\mathfrak{A}_r$ vom Grade mr. Dabei wird unter regulärem Fall verstanden: Der Grundkörper P hat die Eigenschaft, daß es zu jedem kommutativen Körper Σ über P, der endlich über P, noch kommutative Erweiterungen über Σ von beliebigem Grad gibt[1].

Ob unter diesen Zerfällungskörpern für $r > 1$ auch minimale auftreten, ist mit der Einbettung in $\mathfrak{A}_r$ noch nicht entschieden. Daß dies tatsächlich für unendlich viele r der Fall sein kann, zeigt das folgende Beispiel.

2. Die Nichtbeschränktheit der Gradzahlen minimaler Zerfällungskörper.

Für diese Nichtbeschränktheit soll jetzt der Quaternionenkörper als Beispiel gebracht werden, aufgefaßt als hyperkomplexes System in bezug auf den Körper P der rationalen Zahlen; mit den Basiselementen i, j, k außer der Einheit 1 und den bekannten Relationen:

$$i^2 = j^2 = k^2 = -1; \quad ij = k; \quad jk = i; \quad ki = j; \quad ji = -k;$$
$$kj = -i; \quad ik = -j.$$

Es wird sich zeigen, daß alle und nur die algebraischen Zahlkörper Zerfällungskörper sind, vermöge deren Adjunktion ein »idempotentes« Element r existiert, für das also $r^2 = r$ wird, wo r noch von Null- und Einheitselement verschieden ist. Diese Zahlkörper lassen sich auch charakterisieren als diejenigen, in denen (-1) als Summe von drei Quadraten, und folglich als Summe von zwei Quadraten darstellbar ist[2]. Denn setzt man

$$r = \alpha + \frac{1}{2}\beta i + \frac{1}{2}\gamma j + \frac{1}{2}\delta k;$$

also

$$r^2 = (\alpha^2 - \frac{1}{4}\beta^2 - \frac{1}{4}\gamma^2 - \frac{1}{4}\delta^2) + \alpha\beta i + \alpha\gamma j + \alpha\delta k,$$

so wird $r^2 = r$ gleichwertig mit:

$$4\alpha^2 - 4\alpha - \beta^2 - \gamma^2 - \delta^2 = 0; \quad 2\alpha\beta - \beta = 0; \quad 2\alpha\gamma - \gamma = 0; \quad 2\alpha\delta - \delta = 0,$$

---

[1] Es liegt also beispielsweise kein regulärer Fall vor, wenn P der Körper aller reellen Zahlen ist.

[2] Daß aus einer Darstellbarkeit von (-1) als Summe von drei Quadraten immer eine solche als Summe von zwei folgt, zeigt die Identität:

$$(c^2 + d^2)(a^2 + b^2 + c^2 + d^2) = (ac + bd)^2 + (ad - bc)^2 + (c^2 + d^2)^2,$$

die sich z. B. aus dem Normen-Produktsatz der Quaternionen ergibt. Anstatt die Existenz eines idempotenten Elementes zu fordern, hätte es für die Zerfällung auch genügt, ein Element verschwindender Norm zu fordern.

und also, da nicht gleichzeitig β, γ, δ verschwinden sollen, gleichwertig mit $(-1) = \beta^2 + \gamma^2 + \delta^2$.

Daß jedes solche idempotente Element eine Zerfällung erzeugt, und daß die Existenz eines solchen idempotenten Elementes für die Zerfällung notwendig ist, ergibt sich aus den folgenden Tatsachen: Jede irreduzible Darstellung eines vollständig reduzibeln Systems wird durch ein einseitig einfaches Ideal erzeugt, genauer durch die zugehörige Idealklasse, und jede solche Idealklasse erzeugt die Darstellung. Diese einseitig einfachen Ideale treten alle bei einseitiger direkter Summenzerlegung auf, und diese bestimmt die »primitiven« idempotenten Elemente, die Komponenten der Einheit werden. Jedes idempotente Element ergibt umgekehrt eine Summenzerlegung $\mathfrak{S} = r\mathfrak{S} + (e-r)\mathfrak{S}$, wo e die Einheit bezeichnet; die »primitiven« ergeben Abtrennung einfacher Ideale[1]. Ein nichtkommutativer Körper, aufgefaßt als hyperkomplexes System in bezug auf sein Zentrum, wird — erweitert zu einem hyperkomplexen System in bezug auf einen Zerfällungskörper — direkte Summe von m absolut einfachen einseitigen Idealen, wo m der SCHURsche Index.

Im Falle des Quaternionenkörpers wird m gleich zwei; und somit erzeugt jedes idempotente Element $\neq 0$ und $\neq 1$ schon die Zerlegung in absolut einfache Ideale, der die Zerfällung in absolut irreduzible Darstellungsklassen entspricht. Damit sind aber die angegebenen Körper als Zerfällungskörper charakterisiert.

Weiter folgt: Alle in bezug auf den Körper der rationalen Zahlen zyklischen Körper Ω_n des Grades 2^n, in denen (-1) sich als Summe von zwei Quadraten darstellen läßt, sind minimale Zerfällungskörper des Quaternionenkörpers. Denn ein Zerfällungskörper kann wegen der Darstellbarkeit von (-1) als Quadratsumme nicht reell sein: andrerseits wird der Unterkörper des Grades 2^{n-1} von Ω_n — und damit jeder echte Unterkörper von Ω_n — notwendig reell, als Durchschnitt von Ω_n mit dem Körper aller reellen algebraischen Zahlen. Ω_n wird nämlich als GALOISscher Körper vom Grade zwei in bezug auf diesen Durchschnitt, der also notwendig mit dem Unterkörper des Grades 2^{n-1} übereinstimmt.

Nach dem von H. HASSE bewiesenen Existenzsatz[2] gibt es solche Körper Ω_n für jedes n; die Grade der minimalen Zerfällungskörper sind nicht beschränkt. Es tritt hier sogar jede Potenz des Index als Gradzahl eines minimalen Zerfällungskörpers auf[3].

[1] Der Zusammenhang zwischen primitiven idempotenten Elementen und irreduzibeln Darstellungen findet sich schon in der Dissertation von M. HERZBERGER: Über Systeme hyperkomplexer Größen. Kapitel 4, Berlin 1923. — Daß einfache Ideale irreduzible Darstellungen erzeugen, findet man für den kommutativen Fall z. B. gezeigt bei E. NOETHER, Der Diskriminantensatz für Ordnungen, CRELLE 157 (1926); nichtkommutativ bei W. KRULL, Theorie und Anwendung der verallgemeinerten ABELschen Gruppen, Heidelberger Berichte 1926. Vgl. auch das Schlußwort der SPEISERschen Gruppentheorie. Bedeutet $a_1, \cdots, a_m$ eine Basis des Ideals in bezug auf den Zerfällungskörper, c ein beliebiges Ringelelement, so daß also $a_i c = \gamma_{i1} a_1 + \cdots + \gamma_{im} a_m$ wird, so ist (γ_{ik}) die c zugeordnete Matrix; daß alle irreduzibeln Darstellungen durch Ideale erzeugt werden, liegt tiefer.

[2] Die Existenz von Ω_2 läßt sich schon aus der Parameterdarstellung der zyklischen Körper 4. Grades ablesen, wie sie etwa bei WEBER angegeben ist (Kleines Lehrbuch der Algebra, § 93).

[3] Nachträglich konnte R. BRAUER noch zeigen, daß es sogar minimale Zerfällungskörper des Quaternionenkörpers von jedem geraden Grad gibt, also von allen für

3. Elementare Behandlung der Zerfällungskörper des Quaternionenkörpers.

Es bedeute $\mathfrak{Q}$ die aus den folgenden 8 Matrizen gebildete Darstellung der Quaternionengruppe[1]

$$\pm E = \pm\begin{pmatrix} 1 & 0 \\ 0 & 1 \end{pmatrix},\quad \pm I = \pm\begin{pmatrix} i & 0 \\ 0 & -i \end{pmatrix},\quad \pm J = \pm\begin{pmatrix} 0 & 1 \\ -1 & 0 \end{pmatrix},\quad \pm K = \pm\begin{pmatrix} 0 & i \\ i & 0 \end{pmatrix}.$$

Der durch $\mathfrak{Q}$ erzeugte Gruppenring ist gerade eine Darstellung des als hyperkomplexes System aufgefaßten Quaternionenkörpers; wir wollen elementar zeigen, daß $\mathfrak{Q}$ dann und nur dann in einem Körper K darstellbar ist, wenn -1 in K als Summe von zwei Quadraten darzustellen ist.

a) $\mathfrak{Q}^* = T^{-1}\mathfrak{Q}\, T$ sei eine in einem Körper K rationale Darstellung, es sei $I^* = T^{-1} I T$, $J^* = T^{-1} J T$. Da J und J^* zwei in K rationale ähnliche Matrizen sind, gibt es auch eine in K rationale Transformation R, die J^* in J überführt,

$$R^{-1} J^* R = J.$$

Ersetzt man von vornherein $\mathfrak{Q}^*$ durch die ebenfalls in K rationale Darstellung $R^{-1}\mathfrak{Q}^* R$, so erkennt man, daß man ohne Einschränkung $J^* = J$ annehmen kann. Es sei

$$I^* = \begin{pmatrix} a & b \\ c & d \end{pmatrix} \qquad (a,\ b,\ c,\ d \text{ Zahlen aus K}).$$

Aus $IJ = -JI$ folgt $I^* J^* = -J^* I^*$ und wegen $J^* = J$ liefert das

$$a = -d \qquad b = c.$$

Aus $I^2 = -E$ folgt $I^{*2} = -E$, also

$$\begin{pmatrix} -1 & 0 \\ 0 & -1 \end{pmatrix} = \begin{pmatrix} a & b \\ b & -a \end{pmatrix}^2 = \begin{pmatrix} a^2+b^2 & 0 \\ 0 & a^2+b^2 \end{pmatrix},$$

also ist $a^2 + b^2 = -1$, und daher läßt sich -1 in K wirklich als Summe von zwei Quadraten darstellen.

Zerfällungskörper überhaupt möglichen Gradzahlen. Ein solcher Körper $P(\mathfrak{Z})$ läßt sich für jedes $n \geqq 2$ definieren durch die Gleichung:

$$f(\mathfrak{Z}) = \mathfrak{Z}^{2n} + a^2 p^2 \mathfrak{Z}^2 + b^2 p^{2\mathfrak{B}} = 0; \text{ also } -1 = \left(\frac{ap}{\mathfrak{Z}^{n-1}}\right)^2 + \left(\frac{bp^{\mathfrak{B}}}{\mathfrak{Z}^n}\right)^2,$$

wobei durch passende Wahl von $a, b, p, \mathfrak{B}$ erreicht werden kann, daß 1. $f(x)$ für jedes n irreduzibel wird; 2. $P(\mathfrak{Z})$ nur den einzigen von P verschiedenen Unterkörper $P(\mathfrak{Z}^2)$ besitzt; 3. daß $P(\mathfrak{Z}^2)$ unter seinen Konjugierten auch reelle besitzt, also nicht Zerfällungskörper sein kann. Eine mögliche Wahl von $a, b, p, \mathfrak{B}$ ist z. B. die folgende:

$$f(x) = x^{2n} + (25 \cdot 9)\ 4x^2 + 9 \cdot 64.$$

Der Beweis beruht auf einer Modifikation einer Methode von Furtwängler zur Konstruktion primitiver Gleichungen (Math. Ann. 85, S. 34, § 3), ist aber in der Einzelausführung ziemlich mühsam.

[1] Vgl. Sylvester, Math. Papers Vol III S. 647, Vol IV S. 122.

b) In einem Körper K sei -1 als Summe von zwei Quadraten darstellbar. Man setze dann, wenn etwa $-1 = a^2 + b^2$ ist,

$$I^* = \begin{pmatrix} a & b \\ b & -a \end{pmatrix}, \quad J^* = \begin{pmatrix} 0 & 1 \\ -1 & 0 \end{pmatrix}, \quad K^* = I^* J^* .$$

Wie man leicht nachrechnet, bilden dann $\pm E$, $\pm I^*$, $\pm J^*$, $\pm K^*$ eine in K rationale zu $\mathfrak{Q}$ ähnliche Gruppe[1].

Es soll weiter gezeigt werden, daß es für unendlich viele n zyklische Körper des Grades 2^n gibt, die minimale Zerfällungskörper der Quaternionengruppe sind.

Es sei p eine rationale Primzahl, für die für ein geeignetes $r > 0$

$$(*) \qquad 2^r + 1 \equiv 0 \pmod{p}$$

ist; 2^n sei die höchste in $p-1$ aufgehende Potenz von 2.

Wir zeigen zunächst, daß es zu unendlich vielen Werten von n Primzahlen p gibt. Dazu sei k eine beliebige ganze rationale positive Zahl, p sei ein Primteiler von $2^{2^k} + 1$. Dann ist die für p geforderte Kongruenz mit $r = 2^k$ erfüllt. Ferner gehört 2 (mod p) zum Exponenten 2^{k+1}, und daher ist für die höchste in $p-1$ aufgehende Potenz 2^n die Zahl n größer als k. Jedenfalls gibt es also beliebig große n, zu denen Primzahlen p gehören.

Es sei ε eine primitive p-te Einheitswurzel, wir zeigen jetzt, daß in $P(\varepsilon)$ sich -1 als Summe von 2 Quadraten

$$-1 = a^2 + b^2 = (a + ib)(a - ib) \qquad (a, b \text{ Zahlen aus } P(\varepsilon))$$

darstellen läßt. Das ist gleichbedeutend damit, daß es im Körper der $(4p)$-ten Einheitswurzeln $P(\varepsilon, i) = P(\varepsilon \cdot i)$ Zahlen gibt, deren Relativnorm in bezug auf $P(\varepsilon)$ gerade -1 ist.

Die Zahl $1 + i\varepsilon^\nu$ $(\nu = 1, 2, \ldots, p-1)$ hat als Relativnorm $(1 + i\varepsilon^\nu)(1 - i\varepsilon^\nu) = 1 + \varepsilon^{2\nu}$; folglich sind alle Zahlen $1 + \varepsilon^\nu$ $(\nu = 1, 2, \ldots, p-1)$ Relativnormen von Zahlen aus $P(\varepsilon i)$ in bezug auf $P(\varepsilon)$ als Grundkörper. Daher gilt das gleiche auch für

$$\Pi = \prod_{\nu=0}^{r-1} (1 + \varepsilon^{2^\nu}) = (1 + \varepsilon)(1 + \varepsilon^2)(1 + \varepsilon^4) \ldots (1 + \varepsilon^{2^{r-1}}) = \sum_{\lambda=0}^{2^r - 1} \varepsilon^\lambda .$$

Fügt man zu Π noch $\varepsilon^{2^r} = \varepsilon^{-1} = \varepsilon^{p-1}$ (wegen $(*)$) hinzu, so wird also $\Pi + \varepsilon^{p-1}$ eine Summe von lauter Stücken $1 + \varepsilon + \varepsilon^2 + \ldots + \varepsilon^{p-1} = 0$, und also ist

$$\Pi = -\varepsilon^{-1} .$$

Nun ist auch ε Relativnorm einer Zahl aus $P(\varepsilon i)$, nämlich von $\varepsilon^{\frac{p+1}{2}}$. Folglich gilt das Analoge für

$$\Pi \cdot \varepsilon = -1 .$$

---

[1] Auch mit Hilfe der Faktorensysteme läßt sich die Charakterisierung der Zerfällungskörper leicht gewinnen.

Daher ist -1 in $P(\varepsilon)$ als Summe von 2 Quadraten darstellbar[1]; $P(\varepsilon)$ ist für die Quaternionengruppe Zerfällungskörper.

Es sei K der in $P(\varepsilon)$ enthaltene zyklische Körper des Grades 2^n; wir behaupten, daß auch K Zerfällungskörper ist[2]. Es sei m der Index des Quaternionenkörpers in bezug auf K als Grundkörper, dann ist $m = 1$ oder $m = 2$. Da es aber einen Zerfällungskörper $P(\varepsilon)$ von ungeradem Relativgrad $\frac{p-1}{2^n}$ in bezug auf K gibt, ist der zweite Fall unmöglich; also $m = 1$. Das heißt aber, daß K Zerfällungskörper ist.

Es gibt also für unendlich viele n zyklische Körper des Grades 2^n, die minimale Zerfällungskörper sind.

---

[1] Für Primzahlen der Form $n8 \pm 3$ findet sich diese Überlegung schon bei E. Landau, Über die Darstellung definiter Funktionen durch Quadrate, Math. Ann. Bd. 62, S. 272—285.

[2] Die Wahl des zyklischen Zerfällungskörpers vom Grade 2^n als Unterkörper eines Kreisteilungskörpers ist dem Hasseschen Beispiel nachgebildet.

Untersuchungen über die arithmetischen Eigenschaften von Gruppen linearer Substitutionen[1].

(Erste Mitteilung.)

Von

Richard Brauer in Königsberg i. Pr.

In der arithmetischen Theorie der Gruppen linearer Substitutionen handelt es sich hauptsächlich um die Frage, in welchen algebraischen Körpern über einem gegebenen Grundkörper K eine vorgegebene Gruppe $\mathfrak{H}$ von linearen Substitutionen rational darstellbar ist[2]. Bei der Untersuchung dieses Problems tritt ein gewisses System von endlich vielen Zahlen, das Faktorensystem der Gruppe[3], auf; dieses System soll im folgenden eingehender untersucht werden. Es wird sich zeigen, daß die arithmetischen Eigenschaften der Gruppen allein durch ihr Faktorensystem vollständig bestimmt sind.

Zunächst wird der Exponent des Faktorensystems auf eine neue Weise definiert und gezeigt, daß der Schursche Index m einer irreduziblen Gruppe durch das Faktorensystem bestimmt ist. Im § 2 werden dann die not-

---

[1]) Diese Arbeit stimmt, abgesehen vom § 4, im wesentlichen mit dem ersten Teil meiner Habilitationsschrift überein, die der Philosophischen Fakultät der Universität Königsberg im Wintersemester 1926/27 vorgelegen hat.

[2]) Grundlegend für diese Fragen sind die beiden Arbeiten von Herrn I. Schur in den Sitzungsberichten der Berliner Akademie (1906), S. 164–184, und in den Transactions of the American Math. Soc. **15** (1909), S. 159–175. – Ferner nenne ich: A. Speiser, Zahlentheoretische Sätze aus der Gruppentheorie, Math. Zeitschr. **5** (1919), S. 1–6; I. Schur, Bemerkungen zu der vorstehenden Arbeit des Herrn Speiser, ebendort S. 7–10; R. Brauer, Über Zusammenhänge von arithmetischen und invariantentheoretischen Eigenschaften von Gruppen, Sitzungsberichte der Berliner Akademie (1926), S. 410–416. Ich zitiere diese Arbeiten in der eben genannten Reihenfolge mit Sch 1, Sch 2, Sp, Sch 3 und B.

[3]) Vgl. dazu Sch 3, S. 8, und B, S. 412.

wendigen und hinreichenden Bedingungen dafür aufgestellt, daß ein System von Zahlen als Faktorensystem einer Gruppe auftritt. Sind diese Bedingungen erfüllt, so gehört zu dem System ein bestimmter Schurscher Index m; dann und nur dann gibt es irreduzible Gruppen f-ten Grades mit diesem gegebenen Faktorensystem, wenn f durch m teilbar ist. Unter allen derartigen Gruppen gibt es bei festem f eine größte Gruppe $\mathfrak{H}$, in dem Sinn, daß jede andere solche Gruppe einer Untergruppe von $\mathfrak{H}$ ähnlich ist.

Unter Verwendung dieser Betrachtungen gelingt es leicht, mit Hilfe des Faktorensystems die charakteristischen Gleichungen aller mit einer gewissen Gruppe $\mathfrak{H}^*$ vertauschbaren in K rationalen Matrizen aufzustellen; dabei ist $\mathfrak{H}^*$ in K rational und enthält als irreduzible Bestandteile nur $\mathfrak{H}$ und die algebraisch bezüglich K zu $\mathfrak{H}$ konjugierten Gruppen. Die Bedeutung dieser Gleichungen für unsere Fragestellung ergibt sich aus der Schurschen Theorie (vgl. Sch 1 und Sch 2); hat z. B. eine dieser Gleichungen α als genau f-fache Wurzel — die Vielfachheit jeder Wurzel ist durch f teilbar — und enthält K den Charakter von $\mathfrak{H}$, so ist $\mathfrak{H}$ in $\mathsf{K}(\alpha)$ rational darstellbar; die Körper kleinsten Grades über K, in denen $\mathfrak{H}$ darstellbar ist, kann man sämtlich als solche Körper $\mathsf{K}(\alpha)$ erhalten.

Es erscheint zweckmäßig, den von Herrn I. Schur in Sch 3 eingeführten Begriff der assoziierten Faktorensysteme noch zu erweitern, dann ist einer Klasse von ähnlichen Gruppen eindeutig eine Schar assoziierter Faktorensysteme zugeordnet; daher gelten assoziierte Faktorensysteme als nicht wesentlich verschieden. Ist insbesondere ein zu einem Faktorensystem assoziiertes bekannt, das zu einer Darstellung der Gruppe in einem Körper von möglichst niedrigem Grad gehört, so kann man die zu diesem Faktorensystem gehörigen größten Gruppen explizit angeben. Mit Hilfe dieses assoziierten Faktorensystems ist es dann möglich, anzugeben, in welcher Weise die (für $m \neq 1$ nicht vermeidbaren) Irrationalitäten in bezug auf K bei passender Wahl der Variablen in $\mathfrak{H}$ auftreten.

Im § 4 untersuche ich schließlich, wie man bei gegebenem Grundkörper alle Faktorensysteme aufstellen kann, wie man ferner entscheiden kann, ob zwei Faktorensysteme assoziiert sind. Es zeigt sich, daß diese Frage eng mit der algebraischen Struktur gewisser vorkommender Körper zusammenhängt. Ist K ein algebraischer Zahlkörper, so kann man die Entscheidung mit idealtheoretischen Hilfsmitteln treffen.

Die hier abgeleiteten Resultate stehen in engem Zusammenhang mit Sätzen aus der Theorie der hyperkomplexen Zahlen; darauf werde ich an anderer Stelle eingehen[4]).

[4]) Über Systeme hyperkomplexer Zahlen (erscheint demnächst).

§ 1.

K sei ein gegebener Grundkörper, $\mathfrak{H}$ eine irreduzible Gruppe linearer Substitutionen, deren Charakter zu K gehört[5]). Dann ist $\mathfrak{H}$ in einem algebraischen Körper $K(\vartheta)$ etwa vom Grade r über K rational darstellbar[6]). $\vartheta = \vartheta_1, \vartheta_2, \ldots, \vartheta_r$ seien die Konjugierten zu ϑ, $\mathfrak{H} = \mathfrak{H}_1, \mathfrak{H}_2, \ldots, \mathfrak{H}_r$ entsprechend die zu $\mathfrak{H}$ in bezug auf K algebraisch konjugierten Gruppen. Nach B gelten die folgenden leicht beweisbaren Tatsachen:

Es existieren Matrizen $P_{\alpha\beta}$, für die

(1) $$\mathfrak{H}_\alpha P_{\alpha\beta} = P_{\alpha\beta}\mathfrak{H}_\beta \qquad (\alpha, \beta = 1, 2, \ldots, r)$$

ist und die den folgenden Bedingungen genügen:

(A) 1. $P_{\alpha\beta}$ ist in $K(\vartheta_\alpha, \vartheta_\beta)$ rational, es ist $|P_{\alpha\beta}| \neq 0$.

(A) 2. Wendet man auf die Elemente von $P_{\alpha\beta}$ eine Permutation der Galoisschen Gruppe $\mathfrak{K}$ des Körpers $K(\vartheta_1, \vartheta_2, \ldots, \vartheta_r)$ in bezug auf den Grundkörper K an, bei der etwa ϑ_α in ϑ_γ, ϑ_β in ϑ_δ übergeht, so geht $P_{\alpha\beta}$ in $P_{\gamma\delta}$ über; kurz gesagt, man kann die Permutation von $\mathfrak{K}$ anwenden, indem man entsprechend die Indizes in $P_{\alpha\beta}$ permutiert.

(A) 3. Es ist P_{11} die Einheitsmatrix.

Genügen r^2 Matrizen desselben Grades diesen drei Bedingungen, so soll im folgenden stets gesagt werden, daß sie die Bedingungen (A) erfüllen; auch dann noch, falls der Grad 1 ist, die Matrizen also Zahlen sind.

Ferner gibt es ein System von r^3 Zahlen, das Faktorensystem von $\mathfrak{H}$, so daß die Gleichungen bestehen

(2) $$P_{\alpha\beta}P_{\beta\gamma} = c_{\alpha\beta\gamma}P_{\alpha\gamma} \qquad (\alpha, \beta, \gamma = 1, 2, \ldots, r).$$

Durch $\mathfrak{H}$ sind die $P_{\alpha\beta}$ und das Faktorensystem noch nicht eindeutig bestimmt; man kann $P_{\alpha\beta}$ durch $k_{\alpha\beta}P_{\alpha\beta}$ ersetzen, wo die r^2 Zahlen $k_{\alpha\beta}$ die Bedingungen (A) erfüllen. An Stelle von $c_{\alpha\beta\gamma}$ tritt dann $c_{\alpha\beta\gamma}\frac{k_{\alpha\beta}k_{\beta\gamma}}{k_{\alpha\gamma}} = c'_{\alpha\beta\gamma}$; die Faktorensysteme $c_{\alpha\beta\gamma}$ und $c'_{\alpha\beta\gamma}$ heißen assoziiert und gelten als nicht wesentlich verschieden. Das Faktorensystem, dessen sämtliche Zahlen 1 sind, heißt das Einheitssystem. Dann und nur dann ist $\mathfrak{H}$ in K rational darstellbar, wenn das Faktorensystem dem Einheitssystem assoziiert ist[7]).

---

5) In dieser Voraussetzung liegt keine Einschränkung. — Bei Gruppen wird im folgenden nie die Existenz eines Einheitselementes vorausgesetzt, sondern nur, daß mit zwei Elementen auch immer das Produkt zum System gehört.

6) Man kann nämlich nach Burnside, Proceedings of the London Math. Soc., Ser. 2, **4** (1905), S. 1–9, eine in K rationale Gruppe angeben, die $\mathfrak{H}$ genau f-mal als irreduziblen Bestandteil enthält; aus Sch 2 folgt, daß $\mathfrak{H}$ in einem algebraischen Körper $K(\vartheta)$ über K rational darstellbar ist. Wegen der Burnsideschen Arbeit vgl. übrigens Anmerkung 9).

7) In anderer Bezeichnungsweise findet sich dieses Resultat in Sp; vgl. dazu B, S. 413.

$\mathfrak{G}$ sei eine zweite Gruppe linearer Substitutionen; durchläuft G alle Elemente von $\mathfrak{G}$, H die von $\mathfrak{H}$, so bildet die Gesamtheit der Kroneckerschen Produkte $G \times H$ eine Gruppe, die mit $\mathfrak{G} \times \mathfrak{H}$ bezeichnet werde[8]). Sind $\mathfrak{G}$ und $\mathfrak{H}$ irreduzibel, so gilt das gleiche für $\mathfrak{G} \times \mathfrak{H}$, wie man leicht sieht. Der Charakter von $\mathfrak{G}$ möge nun ebenfalls zu K gehören, und es sei auch $\mathfrak{G}$ in $\mathsf{K}(\vartheta)$ rational. An Stelle von $P_{\alpha\beta}$ und $c_{\alpha\beta\gamma}$ bei $\mathfrak{H}$ mögen bei $\mathfrak{G}$ etwa die Matrizen $Q_{\alpha\beta}$ und das Faktorensystem $d_{\alpha\beta\gamma}$ treten. Dann folgt leicht, daß die entsprechende Rolle bei $\mathfrak{G} \times \mathfrak{H}$ die Matrizen $Q_{\alpha\beta} \times P_{\alpha\beta}$ spielen, und daß das Faktorensystem dieser Gruppe, die auch in $\mathsf{K}(\vartheta)$ rational ist und deren Charakter zu K gehört, aus den Zahlen $c_{\alpha\beta\gamma} \cdot d_{\alpha\beta\gamma}$ besteht. Entsprechendes gilt für Produkte aus mehreren Gruppen.

Das Kroneckersche Produkt von λ gleichen Faktoren $\mathfrak{H}$ bezeichnen wir mit $\mathfrak{H}^\lambda$, es hat nach dem eben Gesagten das Faktorensystem $c^\lambda_{\alpha\beta\gamma}$. Die kleinste Zahl unter den stets existierenden ganzen rationalen positiven Zahlen λ, für die das System $c^\lambda_{\alpha\beta\gamma}$ dem Einheitssystem assoziiert ist, wurde in B als Exponent l des Systems bezeichnet. Dann und nur dann ist $c^\lambda_{\alpha\beta\gamma}$ dem Einheitssystem assoziiert, wenn l in λ aufgeht. Daraus folgt

Satz I. *Enthält* K *den Charakter der irreduziblen Gruppe* $\mathfrak{H}$, *und hat das Faktorensystem von* $\mathfrak{H}$ *den Exponenten* l, *so ist* $\mathfrak{H}^\lambda$ *dann und nur dann in* K *rational darstellbar, wenn* λ *durch* l *teilbar ist.*

Dieser Satz gibt eine neue Definition für den Exponenten l, er zeigt auch, daß l nur von K und dem Charakter von $\mathfrak{H}$ abhängt.

Durchläuft H alle Matrizen von $\mathfrak{H}$, so durchläuft die Transponierte H' eine gleichfalls irreduzible, in $\mathsf{K}(\vartheta)$ rationale Gruppe $\mathfrak{H}'$. Die algebraisch konjugierten Gruppen seien $\mathfrak{H}' = \mathfrak{H}'_1, \mathfrak{H}'_2, \ldots, \mathfrak{H}'_r$. Aus (1) folgt

$$\begin{aligned} P'_{\alpha\beta}\mathfrak{H}'_\alpha &= \mathfrak{H}'_\beta P'_{\alpha\beta}, \\ \mathfrak{H}'_\alpha P'^{-1}_{\alpha\beta} &= P'^{-1}_{\alpha\beta}\mathfrak{H}'_\beta, \end{aligned} \qquad (\alpha, \beta = 1, 2, \ldots, r).$$

Natürlich erfüllen die $P'^{-1}_{\alpha\beta}$ auch die Bedingungen (A). Aus (2) folgt

$$P'^{-1}_{\alpha\beta} P'^{-1}_{\beta\gamma} = \frac{1}{c_{\alpha\beta\gamma}} P'^{-1}_{\alpha\gamma} \qquad (\alpha, \beta, \gamma = 1, 2, \ldots, r).$$

Daher hat $\mathfrak{H}'$ das Faktorensystem $\frac{1}{c_{\alpha\beta\gamma}}$, also $\mathfrak{H} \times \mathfrak{H}'$ als Faktorensystem das Einheitssystem.

Satz II. *Enthält* K *den Charakter der irreduziblen Gruppe* $\mathfrak{H}$, *be-*

---

[8]) Wegen der Definition und einfachsten Eigenschaften des Kroneckerschen Produktes von Matrizen vergleiche man etwa E. Pascal, Repertorium der höheren Mathematik **1**, 2. Aufl. (1910), S. 148 u. f. Man beachte, daß man unter dem Kroneckerschen Produkt $\mathfrak{G} \times \mathfrak{H}$ häufig etwas anderes als das eben Definierte versteht.

deutet $\mathfrak{H}'$ *die aus den Transponierten der Matrizen von* $\mathfrak{H}$ *gebildete Gruppe, so ist* $\mathfrak{H} \times \mathfrak{H}'$ *in* K *rational darstellbar* [9]).

Ist $\mathfrak{H}$ eine endliche Gruppe mit von 0 verschiedenen Determinanten, so besteht $\mathfrak{H}'$ auch aus allen Matrizen H'^{-1}; sind $\mathfrak{H}$ und $\mathfrak{H}'$ in dieser Weise isomorph zugeordnet, so sind die Charaktere konjugiert komplex. Hat $\mathfrak{H}$ reellen Charakter, so sind $\mathfrak{H}$ und $\mathfrak{H}'$ bei passender Reihenfolge der Elemente ähnlich; also läßt sich dann $\mathfrak{H}^2 = \mathfrak{H} \times \mathfrak{H}$ in K rational darstellen. Für eine endliche Gruppe mit reellem Charakter ist der Exponent l entweder 1 oder 2.[10])

Wir kehren zum allgemeinen Fall zurück. E_n bezeichne für jedes n die Einheitsmatrix n-ten Grades. $k > 0$ sei eine durch m teilbare ganze Zahl. Nach Sch 2 kann man $E_k \times \mathfrak{H} = \mathfrak{F}$ [11]) rational in K darstellen, es sei etwa $Z^{-1}\mathfrak{F}Z$ in K rational, Z kann dabei in $\mathsf{K}(\vartheta)$ rational angenommen werden. Die zu $\mathfrak{F}$ in bezug auf K algebraisch konjugierte Gruppe $E_k \times \mathfrak{H}_\alpha$ werde mit $\mathfrak{F}_\alpha$ bezeichnet ($\alpha = 1, 2, \ldots, r$); analog seien $Z = Z_1, Z_2, \ldots, Z_r$ die zu Z algebraisch konjugierten Matrizen. Dann wird

$$Z_\alpha^{-1}\mathfrak{F}_\alpha Z_\alpha = Z_\beta^{-1}\mathfrak{F}_\beta Z_\beta \qquad (\alpha, \beta = 1, 2, \ldots, r);$$

also, wenn man $Z_\alpha Z_\beta^{-1} = R_{\alpha\beta}$ setzt,

$$\mathfrak{F}_\alpha R_{\alpha\beta} = R_{\alpha\beta}\mathfrak{F}_\beta. \tag{3}$$

Ersichtlich erfüllen die Matrizen $R_{\alpha\beta}$ die Bedingungen (A), es ist

$$R_{\alpha\beta} R_{\beta\gamma} = R_{\alpha\gamma}. \tag{4}$$

Wegen (1) transformiert $E_k \times P_{\alpha\beta}$ ebenfalls $\mathfrak{F}_\alpha$ in $\mathfrak{F}_\beta$, daher ist

$$R_{\alpha\beta} = V_{\alpha\beta}\cdot(E_k \times P_{\alpha\beta}), \tag{5}$$

wo $V_{\alpha\beta}$ eine mit $\mathfrak{F}_\alpha$ vertauschbare Matrix bedeutet. Man zerlege $V_{\alpha\beta}$ in k^2 Matrizen f-ten Grades

$$V_{\alpha\beta} = (W_{\varkappa\lambda}^{(\alpha,\beta)}) \qquad (\varkappa \text{ Zeilen-}, \lambda \text{ Spaltenindex}; \varkappa, \lambda = 1, 2, \ldots, k).$$

Wegen der Vertauschbarkeit von $\mathfrak{F}_\alpha$ und $V_{\alpha\beta}$ sind $\mathfrak{H}_\alpha$ und $W_{\varkappa\lambda}^{(\alpha,\beta)}$ vertauschbar. Da $\mathfrak{H}$ irreduzibel ist, ist also $W_{\varkappa\lambda}^{(\alpha,\beta)}$ eine Multiplikation, $W_{\varkappa\lambda}^{(\alpha,\beta)} = s_{\varkappa\lambda}^{(\alpha,\beta)}\cdot E_f$. Bei festem α, β setze man die Matrix k-ten Grades

---

[9]) Dieser Satz steht in engstem Zusammenhang mit dem Theorem auf S. 4 der in Anmerkung [6]) genannten Burnsideschen Arbeit. Doch ist dieses Theorem in der von Herrn Burnside angegebenen Form nicht allgemein richtig; man könnte daraus schließen, daß $\mathfrak{H} \times \mathfrak{H}$ in K rational darstellbar ist, daß also stets $l = 1$ oder $l = 2$ ist, was nicht stimmt. Wie das Theorem zu modifizieren ist, ergibt sich aus Satz II.

[10]) Vgl. B, S. 416.

[11]) Nach Definition ist $E_k \times \mathfrak{H}$ die vollständig zerfallende Gruppe vom Grade $k\cdot f$, die k-mal den irreduziblen Bestandteil $\mathfrak{H}$ enthält.

$(s_{\varkappa\lambda}^{(\alpha,\beta)}) = S_{\alpha\beta}$, dann wird $V_{\alpha\beta} = (W_{\varkappa\lambda}^{(\alpha,\beta)}) = S_{\alpha\beta} \times E_f$, also wegen (5)

$$(6) \qquad R_{\alpha\beta} = (S_{\alpha\beta} \times E_f)(E_k \times P_{\alpha\beta}) = S_{\alpha\beta} \times P_{\alpha\beta} \qquad (\alpha, \beta = 1, 2, \ldots, r).$$

Aus (6), (4) und (2) folgt

$$S_{\alpha\gamma} \times P_{\alpha\gamma} = R_{\alpha\gamma} = R_{\alpha\beta} R_{\beta\gamma} = (S_{\alpha\beta} \times P_{\alpha\beta})(S_{\beta\gamma} \times P_{\beta\gamma}) = S_{\alpha\beta} S_{\beta\gamma} \times P_{\alpha\beta} P_{\beta\gamma}$$
$$= S_{\alpha\beta} S_{\beta\gamma} \times c_{\alpha\beta\gamma} P_{\alpha\gamma} = (c_{\alpha\beta\gamma} S_{\alpha\beta} S_{\beta\gamma}) \times P_{\alpha\gamma},$$

folglich wird $S_{\alpha\gamma} = c_{\alpha\beta\gamma} S_{\alpha\beta} S_{\beta\gamma}$ und also für $T_{\alpha\beta} = S_{\alpha\beta}'^{-1}$

$$(7) \qquad T_{\alpha\beta} T_{\beta\gamma} = c_{\alpha\beta\gamma} T_{\alpha\gamma}.$$

Mit $R_{\alpha\beta}$ und $P_{\alpha\beta}$ erfüllen wegen (6) auch die $S_{\alpha\beta}$ und folglich auch die $T_{\alpha\beta}$ die Bedingungen (A).

Gibt es für einen Grad k umgekehrt Matrizen $T_{\alpha\beta}$, die (A) genügen und die (7) erfüllen, so setze man $S_{\alpha\beta} = T_{\alpha\beta}'^{-1}$, $R_{\alpha\beta} = S_{\alpha\beta} \times P_{\alpha\beta}$, $\mathfrak{F}_\alpha = E_k \times \mathfrak{H}_\alpha$. Dann gelten (3) und (4) und auch die $R_{\alpha\beta}$ genügen (A). Aus B § 1 folgt dann[12]), daß man $\mathfrak{F}$ in K rational darstellen kann, und daher muß nach Sch 2 der Schursche Index m von $\mathfrak{H}$ in k aufgehen.

Satz III. *Ist $c_{\alpha\beta\gamma}$ das Faktorensystem der irreduziblen Gruppe $\mathfrak{H}$, so gibt es dann und nur dann Matrizen k-ten Grades $T_{\alpha\beta}$, die den Bedingungen* (A) *genügen und für die $T_{\alpha\beta} T_{\beta\gamma} = c_{\alpha\beta\gamma} T_{\alpha\gamma}$ ist, wenn k durch den Schurschen Index m von $\mathfrak{H}$ teilbar ist.*

Wegen des Satzes III ist es auch möglich, vom Index m des Faktorensystems $c_{\alpha\beta\gamma}$ zu sprechen.

Aus (2) folgt für $T_{\alpha\beta} = P_{\alpha\beta}$ der Schursche Satz[13]): *Der Index m einer Gruppe in bezug auf einen Zahlkörper ist ein Teiler des Grades der Gruppe.* Weiter ergibt sich bei Übergang zu Determinanten aus Satz III sofort der 1. Teil von Satz I aus B, daß der Exponent l ein Teiler von m ist.

§ 2.

K sei ein gegebener Grundkörper, ϑ algebraisch vom Grade r in bezug auf K; $\vartheta = \vartheta_1, \vartheta_2, \ldots, \vartheta_r$ seien die Konjugierten.

Satz IV. *Notwendig und hinreichend dafür, daß r^3 Zahlen $c_{\alpha\beta\gamma}$ $(\alpha, \beta, \gamma = 1, 2, \ldots, r)$ als Faktorensystem einer irreduziblen, in $K(\vartheta)$ rationalen Gruppe $\mathfrak{H}$ auftreten, deren Charakter zu K gehört, sind die folgenden vier Bedingungen:*

1. *$c_{\alpha\beta\gamma}$ ist eine von 0 verschiedene Zahl aus*

$$K(\vartheta_\alpha, \vartheta_\beta, \vartheta_\gamma) \qquad (\alpha, \beta, \gamma = 1, 2, \ldots, r).$$

---

[12]) Dort ist die Betrachtung nur für irreduzible Gruppen durchgeführt. Wegen (3) gilt sie auch noch für $\mathfrak{F} = E_k \times \mathfrak{H}$.

[13]) Sch 2, Satz VIII.

2. *Bei Anwendung einer Permutation K aus der Galoisschen Gruppe* $\mathfrak{K}$ *von* $\mathsf{K}(\vartheta_1, \vartheta_2, \ldots, \vartheta_r)$ *in bezug auf* K, *bei der* ϑ_α *in* $\vartheta_{\alpha'}$, ϑ_β *in* $\vartheta_{\beta'}$, ϑ_γ *in* $\vartheta_{\gamma'}$ *übergeht, geht* $c_{\alpha\beta\gamma}$ *in* $c_{\alpha'\beta'\gamma'}$ *über, man kann K unmittelbar auf die Indizes von* $c_{\alpha\beta\gamma}$ *anwenden.*

3. $c_{111} = 1$.

4. $c_{\alpha\beta\gamma} c_{\alpha\gamma\delta} = c_{\alpha\beta\delta} c_{\beta\gamma\delta} \quad (\alpha, \beta, \gamma, \delta = 1, 2, \ldots, r)$.

Beweis. Daß 1., 2. und 3. notwendig sind, ergibt sich sofort unter Berücksichtigung von (A) aus (2). 4. ergibt sich bei Anwendung des assoziativen Gesetzes auf $P_{\alpha\beta} P_{\beta\gamma} P_{\gamma\delta}$ mit Hilfe von (2), (vgl. Sch 3).

Umgekehrt seien r^3 Zahlen $c_{\alpha\beta\gamma}$ gegeben, die den vier Bedingungen genügen. Aus 2. und 3. folgt $c_{\alpha\alpha\alpha} = 1$ $(\alpha = 1, 2, \ldots, r)$, ferner aus 4. für $\alpha = \beta = \gamma$ bzw. $\beta = \gamma = \delta$

(8) $$c_{\alpha\alpha\delta} = 1, \qquad c_{\alpha\delta\delta} = 1 \qquad (\alpha, \delta = 1, 2, \ldots, r).$$

Man bestimme alle Systeme von r^2 Zahlen $l_{\varkappa\lambda}$ $(\varkappa, \lambda = 1, 2, \ldots, r)$, bei denen $l_{\varkappa\lambda}$ eine Zahl aus $\mathsf{K}(\vartheta_\varkappa, \vartheta_\lambda)$ ist, die bei Anwendung einer $\vartheta_\varkappa$ in $\vartheta_{\varkappa'}$, ϑ_λ in $\vartheta_{\lambda'}$ überführenden Permutation aus $\mathfrak{K}$ gerade in $l_{\varkappa'\lambda'}$ übergeht; $l_{\varkappa\lambda}$ darf auch 0 sein. Mit Hilfe eines derartigen Systems bilde man die Matrix r-ten Grades

(9) $$U = (c_{\varkappa\lambda 1} l_{\varkappa\lambda})_{\varkappa,\lambda}.$$

Die angehängten Indizes geben dabei die Zeilen- und Spaltenindizes an $(\varkappa, \lambda = 1, 2, \ldots, r)$. Ist $U_1 = (c_{\varkappa\lambda 1} l'_{\varkappa\lambda})_{\varkappa,\lambda}$ eine zweite derartige Matrix, so ist wegen (4)

$$UU_1 = \Big(\sum_{\mu=1}^{r} c_{\varkappa\mu 1} l_{\varkappa\mu} c_{\mu\lambda 1} l'_{\mu\lambda}\Big)_{\varkappa,\lambda} = \Big(c_{\varkappa\lambda 1} \sum_{\mu=1}^{r} c_{\varkappa\mu\lambda} l_{\varkappa\mu} l'_{\mu\lambda}\Big)_{\varkappa,\lambda}.$$

Setzt man $l''_{\varkappa\lambda} = \sum_{\mu=1}^{r} c_{\varkappa\mu\lambda} l_{\varkappa\mu} l'_{\mu\lambda}$, so erfüllen diese Zahlen, wie man leicht sieht, auch die für die $l_{\varkappa\lambda}$ geforderten Bedingungen. Daher bildet die Gesamtheit aller Matrizen U eine Gruppe $\mathfrak{U}$ des Grades r. Aus (8) und (9) und den Bedingungen für die $l_{\varkappa\lambda}$ folgt, daß der Charakter von $\mathfrak{U}$ zu K gehört.

Jetzt soll die Irreduzibilität von $\mathfrak{U}$ nachgewiesen werden; nach einem Satz von Herrn Burnside[14]) genügt es, zu zeigen, daß f^2 linear unabhängige Matrizen in $\mathfrak{U}$ vorkommen.

In B werden zwei Indexpaare $\varkappa, \lambda$ und $\varkappa', \lambda'$ äquivalent genannt, wenn es in $\mathfrak{K}$ eine Permutation gibt, bei der $\vartheta_\varkappa$ in $\vartheta_{\varkappa'}$, ϑ_λ in $\vartheta_{\lambda'}$ übergeht. Alle Indexpaare zerfallen dann in Klassen von äquivalenten. Zu jeder Klasse gehören gewisse Matrizen U, die man erhält, wenn man für alle

[14]) Burnside, Proceedings of the London Math. Soc. Ser. 2, Vol. III, p. 430—434.

nicht zur Klasse gehörigen Paare $\varkappa, \lambda$ stets $l_{\varkappa\lambda} = 0$ setzt. Offenbar genügt es zu zeigen, daß zu jeder Klasse genau so viele linear unabhängige U gehören, wie die Klasse Indexpaare enthält. Insgesamt gibt es nämlich r^2 Indexpaare, und zwischen Matrizen, die zu verschiedenen Klassen gehören, besteht sicher keine nichttriviale Relation.

Wegen der Transitivität der Permutationsgruppe gibt es in jeder Klasse Paare $(\varkappa, \lambda)$ mit $\varkappa = 1, 2, \ldots, r$. Mit $\varkappa = 1$ gebe es in der Klasse noch etwa s Paare; dann gibt es zu jedem $\varkappa$ genau s Paare mit diesem festen $\varkappa$, und die Klasse enthält $r \cdot s$ Paare. Wir setzen, was ersichtlich zulässig ist,

$$l_{\varkappa\lambda} = \begin{cases} \vartheta_\varkappa^\varrho \, \vartheta_\lambda^\sigma & \text{für die Indexpaare aus unserer Klasse,} \\ 0 & \text{für die anderen Indexpaare.} \end{cases}$$

Dabei wähle man der Reihe nach $\varrho = 0, 1, \ldots, r-1$; $\sigma = 0, 1, 2, \ldots, s-1$; man erhält dann genau $r \cdot s$ Matrizen U. Eine lineare Relation mit den Koeffizienten $a_{\varrho\sigma}$ zwischen diesen hat zur Folge

$$\sum_{\varrho=0}^{r-1} \sum_{\sigma=0}^{s-1} a_{\varrho\sigma} \vartheta_\varkappa^\varrho \vartheta_\lambda^\sigma c_{\varkappa\lambda 1} = 0$$

für alle $\varkappa, \lambda$ aus unserer Klasse; also wegen $c_{\varkappa\lambda 1} \neq 0$

$$\sum_{\sigma=0}^{s-1} \vartheta_\lambda^\sigma \cdot \left(\sum_{\varrho=0}^{r-1} a_{\varrho\sigma} \vartheta_\varkappa^\varrho \right) = 0.$$

Hält man $\varkappa$ zunächst fest und ersetzt ϑ_λ durch x, so hat das entstehende Polynom $(s-1)$-ten Grades sicher s Wurzeln, nämlich $x = \vartheta_\lambda$; wo λ einer der s zu diesem festen $\varkappa$ gehörigen Indizes ist. Daher müssen alle Koeffizienten verschwinden, es muß für alle $\varkappa$ und σ

$$\sum_{\varrho=0}^{r-1} a_{\varrho\sigma} \vartheta_\varkappa^\varrho = 0$$

sein. Daraus schließt man analog $a_{\varrho\sigma} = 0$, also besteht zwischen den eben konstruierten $r \cdot s$ Matrizen U lineare Unabhängigkeit, $\mathfrak{U}$ ist irreduzibel.

Wie üblich, sei $e_{\varkappa\lambda} = 0$ für $\varkappa \neq \lambda$, $e_{\varkappa\varkappa} = 1$ $(\varkappa, \lambda = 1, 2, \ldots, r)$. Ferner sei R die Wronskische Matrix $(\vartheta_\lambda^{r-\varkappa})_{\varkappa, \lambda}$, es sei

(10) $$V = RUR^{-1}, \qquad \mathfrak{V} = R\mathfrak{U}R^{-1}.$$

K sei eine Permutation der Galoisschen Gruppe $\mathfrak{K}$, bei der etwa ϑ_ϱ in ϑ_{a_ϱ} übergeht, es sei $\alpha_1 = \alpha$. Zugleich bedeute K die zugehörige Matrix r-ten Grades $K = (e_{\alpha_\varkappa, \lambda})$, also $K^{-1} = (e_{\varkappa, \alpha_\lambda})_{\varkappa, \lambda}$. Bei Anwendung der Permutation K aus der Galoisschen Gruppe mögen die in $\mathsf{K}(\vartheta_1, \vartheta_2, \ldots, \vartheta_r)$ rationalen Matrizen R, R^{-1} bzw. U in R_K, $(R^{-1})_K$ bzw. U_K übergehen; es ist

(11) $$R_K = (\vartheta_\lambda^{r-\varkappa})_K = (\vartheta_{\alpha_\lambda}^{r-\varkappa}) = (\vartheta_\lambda^{r-\varkappa})_{\varkappa, \lambda} (e_{\varkappa, \alpha_\lambda})_{\varkappa, \lambda} = R \cdot K^{-1},$$

$$(12) \qquad (R^{-1})_K = R_K^{-1} = K \cdot R^{-1},$$

$$(13) \quad \begin{cases} U_K = (c_{\varkappa\lambda 1} l_{\varkappa\lambda})_K = (c_{a_\varkappa, a_\lambda, a} \cdot l_{a_\varkappa, a_\lambda})_{\varkappa, \lambda} = (e_{a_\varkappa, \lambda})_{\varkappa, \lambda} (c_{\varkappa\lambda a} l_{\varkappa\lambda})_{\varkappa, \lambda} (e_{\varkappa, a_\lambda})_{\varkappa, \lambda} \\ \qquad = K(c_{\varkappa\lambda a} l_{\varkappa\lambda}) \cdot K^{-1}, \end{cases}$$

wie sich aus 2. und den Bedingungen für $l_{\varkappa\lambda}$ ergibt.

Aus (10), (11), (12) und (13) folgt, daß V übergeht in

$$(14) \quad V_K = R_K U_K R_K^{-1} = RK^{-1} \cdot K(c_{\varkappa\lambda a} l_{\varkappa\lambda})_{\varkappa, \lambda} K^{-1} \cdot KR^{-1} = R(c_{\varkappa\lambda a} l_{\varkappa\lambda})_{\varkappa, \lambda} R^{-1}.$$

Ist $\alpha = 1$, so wird $V_K = V$, d. h. V bleibt bei Anwendung aller Permutationen der Galoisschen Gruppe, die ϑ_1 ungeändert lassen, auch ungeändert, ist also in $\mathsf{K}(\vartheta)$ rational[15]). Sind $V = V_1, V_2, \ldots, V_r$ die algebraisch konjugierten Matrizen, und wählt man $K < \mathfrak{K}$ so, daß ϑ_1 in ein beliebig vorgeschriebenes ϑ_α übergeht, so folgt aus (14)

$$(15) \qquad V_\alpha = R(c_{\varkappa\lambda a} l_{\varkappa\lambda})_{\varkappa, \lambda} R^{-1}.$$

Man setze

$$(16) \qquad T_{\alpha\beta} = \left(\frac{e_{\varkappa\lambda}}{c_{\varkappa\alpha\beta}}\right)_{\varkappa, \lambda}; \quad P_{\alpha\beta} = RT_{\alpha\beta}R^{-1} \qquad (\alpha, \beta = 1, 2, \ldots, r).$$

Dann ist $|P_{\alpha\beta}| \neq 0$, ganz analog wie bei Untersuchung von V ergibt sich, daß $P_{\alpha\beta}$ in $\mathsf{K}(\vartheta_\alpha, \vartheta_\beta)$ rational ist, und daß bei einer Anwendung einer Permutation K aus $\mathfrak{K}$, die ϑ_α in ϑ_γ, ϑ_β in ϑ_δ überführt, $P_{\alpha\beta}$ gerade in $P_{\gamma\delta}$ übergeht. Schließlich ist $P_{\alpha\alpha} = T_{\alpha\alpha} = E_r$. Daher erfüllen die $P_{\alpha\beta}$ die Bedingungen (A). Ferner folgt aus (16) und 4.

$$(17) \quad \begin{cases} T_{\alpha\beta}^{-1}(c_{\varkappa\lambda a} l_{\varkappa\lambda})_{\varkappa\lambda} T_{\alpha\beta} = (e_{\varkappa\lambda} c_{\varkappa\alpha\beta})_{\varkappa, \lambda} (c_{\varkappa\lambda a} l_{\varkappa\lambda})_{\varkappa, \lambda} \left(\frac{e_{\varkappa\lambda}}{c_{\varkappa\alpha\beta}}\right)_{\varkappa, \lambda} \\ \qquad = \left(\frac{c_{\varkappa\alpha\beta} c_{\varkappa\lambda a}}{c_{\lambda\alpha\beta}} l_{\varkappa\lambda}\right)_{\varkappa, \lambda} = (c_{\varkappa\lambda\beta} l_{\varkappa\lambda})_{\varkappa, \lambda}, \end{cases}$$

also aus (17) durch Transformation mit R^{-1} wegen (15) und (16)

$$P_{\alpha\beta}^{-1} V_\alpha P_{\alpha\beta} = R(c_{\varkappa\lambda\beta} l_{\varkappa\lambda})_{\varkappa, \lambda} R^{-1} = V_\beta.$$

Sind also die zu $\mathfrak{V}$ algebraisch konjugierten Gruppen $\mathfrak{V} = \mathfrak{V}_1, \mathfrak{V}_2, \ldots, \mathfrak{V}_r$, so gilt

$$(18) \qquad P_{\alpha\beta}^{-1} \mathfrak{V}_\alpha P_{\alpha\beta} = \mathfrak{V}_\beta.$$

Schließlich folgt aus 4. und (15) und (16)

$$T_{\alpha\beta} T_{\beta\gamma} = \left(\frac{e_{\varkappa\lambda}}{c_{\varkappa\alpha\beta}}\right)_{\varkappa, \lambda} \left(\frac{e_{\varkappa\lambda}}{c_{\varkappa\beta\gamma}}\right)_{\varkappa, \lambda} = \left(\frac{e_{\varkappa\lambda}}{c_{\varkappa\alpha\beta} c_{\varkappa\beta\gamma}}\right)_{\varkappa, \lambda} = \left(\frac{e_{\varkappa\lambda}}{c_{\alpha\beta\gamma} c_{\varkappa\alpha\gamma}}\right)_{\varkappa, \lambda} = \frac{1}{c_{\alpha\beta\gamma}} T_{\alpha\gamma},$$

$$(19) \qquad P_{\alpha\beta} P_{\beta\gamma} = \frac{1}{c_{\alpha\beta\gamma}} P_{\alpha\gamma}.$$

---

[15]) Mit Hilfe analoger Betrachtungen läßt sich übrigens § 1 von B formal vereinfachen.

Wegen (18) und (19) hat $\mathfrak{B}$ das Faktorensystem $\frac{1}{c_{\alpha\beta\gamma}}$. Die Gruppe $\mathfrak{B}$ vom Grade r ist ebenfalls irreduzibel, in $\mathsf{K}(\vartheta)$ rational, und ihr Charakter gehört zu K; nach § 1 hat sie das Faktorensystem $c_{\alpha\beta\gamma}$. Damit ist Satz IV vollständig bewiesen.

Wir wollen jetzt untersuchen, welcher Zusammenhang zwischen Gruppen mit dem gleichen Faktorensystem besteht. Eine Gruppe $\mathfrak{H}$ soll *in bezug auf einen Zahlkörper* K *komplett* heißen, wenn alle linearen Verbindungen von Matrizen von $\mathfrak{H}$ mit Koeffizienten aus K wieder zu $\mathfrak{H}$ gehören. Jeder Gruppe $\mathfrak{H}$ ist eindeutig eine in bezug auf K komplette Gruppe zugeordnet, deren Elemente alle linearen Verbindungen von Elementen von $\mathfrak{H}$ mit Koeffizienten aus K sind. Gehört der Charakter von $\mathfrak{H}$ zu K, so auch der der zugehörigen kompletten Gruppe; ebenso ist diese Gruppe gleichzeitig mit $\mathfrak{H}$ in $\mathsf{K}(\vartheta)$ rational. Man schließt leicht, daß die komplette Gruppe dasselbe Faktorensystem hat.

Satz V. *Zwei irreduzible Gruppen* $\mathfrak{H}$ *und* $\mathfrak{F}$ *vom gleichen Grad* f *seien beide in* $\mathsf{K}(\vartheta)$ *rational; der Charakter beider Gruppen gehöre zu* K; $\mathfrak{H}$ *sei in bezug auf* K *komplett. Das Faktorensystem beider Gruppen sei dasselbe. Dann ist* $\mathfrak{F}$ *einer Untergruppe von* $\mathfrak{H}$ *ähnlich.*

Zu einem Faktorensystem gehört also bei festem Grad nur eine komplette irreduzible Gruppe.

Beweis. $\mathfrak{H}'$ habe dieselbe Bedeutung wie in § 1. $\mathfrak{F}\times\mathfrak{H}'$ und $\mathfrak{H}\times\mathfrak{H}'$ haben beide als Faktorensystem das Einheitssystem, lassen sich also beide in K rational machen; es seien etwa $M^{-1}(\mathfrak{F}\times\mathfrak{H}')M$ und $N^{-1}(\mathfrak{H}\times\mathfrak{H}')N$ in K rational. Diese beiden Gruppen enthalten die beiden ähnlichen Untergruppen $M^{-1}(E_f\times\mathfrak{H}')M$ und $N^{-1}(E_f\times\mathfrak{H}')N$, wir können also, wenn wir eventuell M durch eine Matrix MQ mit in K rationalem Q ersetzen, ohne Einschränkung

$$M^{-1}(E_f\times\mathfrak{H}')M = N^{-1}(E_f\times\mathfrak{H}')N \tag{20}$$

annehmen. Eine mit $E_f\times\mathfrak{H}'$ vertauschbare Matrix hat wegen der Irreduzibilität von $\mathfrak{H}'$ nach einem schon in § 1 verwendeten Schluß die Form $K\times E_f$. Daher gibt es genau f^2 linear unabhängige derartige Matrizen, also auch genau f^2 linear unabhängige mit der ähnlichen Gruppe $\tilde{\mathfrak{H}} = N^{-1}(E_f\times\mathfrak{H}')N$ vertauschbare Matrizen. Nun sind aber alle Matrizen von $N^{-1}(\mathfrak{H}\times E_f)N$ mit $\tilde{\mathfrak{H}}$ vertauschbar, wegen der Irreduzibilität von $\mathfrak{H}$ kommen darunter nach dem unter Anm. [14]) zitierten Burnsideschen Satz f^2 linear unabhängige Matrizen vor. Daher kann man jede mit $\tilde{\mathfrak{H}}$ vertauschbare Matrix W als lineare Verbindung von Matrizen von $N^{-1}(\mathfrak{H}\times E_f)N$ darstellen; ist W in K rational, so kann man dabei die Koeffizienten aus K wählen, da $N^{-1}(\mathfrak{H}\times E_f)N$ als Untergruppe von $N^{-1}(\mathfrak{H}\times\mathfrak{H}')N$ in K

rational ist. Da nun $\mathfrak{H}$ in bezug auf K komplett war, gehört eine lineare Verbindung von Matrizen von $N^{-1}(\mathfrak{H}\times E_f)N$ mit Koeffizienten aus K selber zu dieser Gruppe; also ist $W < N^{-1}(\mathfrak{H}\times E_f)N$. Es sind aber alle Matrizen der Untergruppe $M^{-1}(\mathfrak{F}\times E_f)M$ von $M^{-1}(\mathfrak{F}\times\mathfrak{H}')M$ in K rational und wegen (20) mit $\tilde{\mathfrak{H}}$ vertauschbar. Daher folgt

$$M^{-1}(\mathfrak{F}\times E_f)M < N^{-1}(\mathfrak{H}\times E_f)N.$$

Aus der Irreduzibilität von $\mathfrak{F}$ folgt dann leicht, daß $\mathfrak{F}$ einer Untergruppe von $\mathfrak{H}$ ähnlich ist, was zu beweisen war.

Eine ähnliche Methode soll noch bei einer anderen Fragestellung angewendet werden. $\mathfrak{H}$ sei eine Gruppe mit dem Faktorensystem $c_{\alpha\beta\gamma}$. $\mathfrak{U}$ und $\mathfrak{B}$ mögen dieselbe Bedeutung wie beim Beweis von Satz IV haben. $\mathfrak{B}$ hat das Faktorensystem $\frac{1}{c_{\alpha\beta\gamma}}$, ferner ist $\mathfrak{B}$ in bezug auf K komplett. $\mathfrak{B}\times\mathfrak{H}$ läßt sich in K rational darstellen; es sei $N^{-1}(\mathfrak{B}\times\mathfrak{H})N$ in K rational. Dann schließt man analog wie oben, daß die Gesamtheit der in K rationalen Matrizen W die mit der in K rationalen Gruppe $\tilde{\mathfrak{H}} = N^{-1}(E_r\times\mathfrak{H})N$ vertauschbar sind, gerade die Matrizen von $N^{-1}(\mathfrak{B}\times E_f)N$ sind. Die charakteristische Gleichung von W ist also die f-te Potenz der entsprechenden Matrix von $\mathfrak{B}$ und wegen (9) und (10) folgt:

Satz VI. *Man bilde alle Systeme aus r^2 Zahlen $l_{\varkappa\lambda}$ ($\varkappa, \lambda = 1, 2, \ldots, r$), wo $l_{\varkappa\lambda}$ eine Zahl aus $K(\vartheta_\varkappa, \vartheta_\lambda)$ ist, die bei Anwendung einer $\vartheta_\varkappa$ in $\vartheta_{\varkappa'}$, ϑ_λ in $\vartheta_{\lambda'}$ überführenden Permutation der Galoisschen Gruppe von $K(\vartheta_1, \vartheta_2, \ldots, \vartheta_r)$ gerade in $l_{\varkappa'\lambda'}$ übergeht. Es sei $\tilde{\mathfrak{H}}$ eine zu $E_r\times\mathfrak{H}$ ähnliche, in K rationale Gruppe. Die Gesamtheit der charakteristischen Gleichungen der mit $\tilde{\mathfrak{H}}$ vertauschbaren, in K rationalen Matrizen erhält man dann als f-te Potenzen der charakteristischen Gleichungen von*

$$U = (c_{\varkappa\lambda 1}\, l_{\varkappa\lambda})_{\varkappa,\lambda}.$$

Offenbar hängt nämlich die Gesamtheit der charakteristischen Gleichungen nicht davon ab, durch welche spezielle Transformation man $\tilde{\mathfrak{H}}$ rational macht.

Man kann leicht die Gesamtheit der Systeme $l_{\varkappa\lambda}$ mit Hilfe von Parametern ausdrücken, für die beliebige Werte aus K eingesetzt werden dürfen.

Wählt man, was zulässig ist,

$$l_{\varkappa\lambda} = 0 \ (\varkappa \neq \lambda); \qquad l_{\varkappa\varkappa} = \vartheta_\varkappa,$$

so hat U gerade die Wurzeln $\vartheta_1, \vartheta_2, \ldots, \vartheta_r$. Ist nun eine zu $\mathfrak{H}$ ähnliche Gruppe $\mathfrak{L}$ im Körper $K(\eta)$ vom Grade $s \leq r$ über K rational, $\tilde{\mathfrak{L}}$ zu $E_s\times\mathfrak{L}$ ähnlich und in K rational, so folgt analog, daß es eine mit $\tilde{\mathfrak{L}}$ vertauschbare, in K rationale Matrix Z gibt, die als Wurzeln gerade η und die Konjugierten zu η, alle in der Vielfachheit f, besitzt. Da der Index m

von $\mathfrak{H}$ in s und r aufgehen muß, kann man für $r \neq s$ auch $E_{r-s} \times \mathfrak{H}$ in K rational darstellen, $\mathfrak{M}$ sei eine solche Darstellung. Es sei

$$\mathfrak{N} = \begin{pmatrix} \tilde{\mathfrak{L}} & 0 \\ 0 & \mathfrak{M} \end{pmatrix}, \quad W = \begin{pmatrix} Z & 0 \\ 0 & 0 \end{pmatrix}.$$

Im Fall $r = s$ setze man $\mathfrak{N} = \tilde{\mathfrak{L}}$, $W = Z$. Dann sind $\mathfrak{N}$ und W in K rational, W und $\mathfrak{N}$ sind vertauschbar, und $\mathfrak{N}$ ist zu $E_r \times \mathfrak{H}$, also zu $\tilde{\mathfrak{H}}$ ähnlich. Ferner hat W außer den Wurzeln von Z noch die $(r-s)$-fache Wurzel 0. Daraus folgt, daß es auch eine mit $\tilde{\mathfrak{H}}$ vertauschbare, in K rationale Matrix gibt, die dieselben Wurzeln wie W hat, also eine Matrix U der Form (9), die η als einfache Wurzel besitzt.

Hat umgekehrt eine der Matrizen U eine μ-fache Wurzel η, so folgt aus Satz VI in Verbindung mit den Resultaten von Sch 1 und 2, daß der Index von $\mathfrak{H}$ in bezug auf $\mathsf{K}(\eta)$ ein Teiler von μ ist. Für $\mu = 1$ ist $\mathfrak{H}$ in $\mathsf{K}(\eta)$ darstellbar.

Satz VII. *Dann und nur dann ist $\mathfrak{H}$ in einem algebraischen Körper $\mathsf{K}(\eta)$ von einem Grade $s \leqq r$ über* K *rational darstellbar, wenn eine Matrix*

$$U = (c_{\varkappa\lambda 1}\, l_{\varkappa\lambda})_{\varkappa,\lambda} \qquad (\varkappa, \lambda = 1, 2, \ldots, r)$$

η als einfache Wurzel hat. Dabei sollen die Zahlen $l_{\varkappa\lambda}$ den Bedingungen von Satz VI *genügen. Hat eine Matrix U die μ-fache Wurzel η, so ist der Index von $\mathfrak{H}$ in bezug auf $\mathsf{K}(\eta)$ ein Teiler von μ.*[16])

Wir setzen voraus, daß K den Charakter von $\mathfrak{H}$ enthält. Wenn das nicht der Fall ist, so kann man leicht die Aufstellung der fraglichen charakteristischen Gleichungen auf den hier behandelten Fall zurückführen.

§ 3.

Es sei $\mathsf{K}(\zeta)$ ein $\mathsf{K}(\vartheta)$ enthaltender algebraischer Körper vom Grade $t = u \cdot r$ über K; es sei etwa $\vartheta = \varphi(\zeta)$, wo φ ein in K rationales Polynom bedeutet. Die Konjugierten zu ζ seien $\zeta = \zeta_1, \zeta_2, \ldots, \zeta_t$, und zwar sei die Numerierung zunächst der Einfachheit halber so gewählt, daß

$$\vartheta_\alpha = \varphi(\zeta_{\alpha+\nu\cdot r}) \qquad (\alpha = 1, 2, \ldots, r;\ \nu = 0, 1, 2, \ldots, u-1)$$

ist. Ist unter den alten Voraussetzungen $\mathfrak{H}$ in $\mathsf{K}(\vartheta)$ rational und besitzt $\mathfrak{H}$ das Faktorensystem $c_{\alpha\beta\gamma}$, so kann man $\mathfrak{H}$ auch als in $\mathsf{K}(\zeta)$ rationale Gruppe betrachten, das zugehörige Faktorensystem sei $c'_{\varkappa\lambda\mu}$ ($\varkappa, \lambda, \mu = 1, 2, \ldots, t$). Ohne Schwierigkeiten erkennt man dann, daß man an-

[16]) Nach dem Früheren kann man die Matrizen U auch deuten als die Elemente der irreduziblen in bezug auf K kompletten Gruppe $\mathfrak{U}$ vom Grade r mit dem Faktorensystem $\frac{1}{c_{\alpha\beta\gamma}}$, Statt $\mathfrak{U}$ kann man auch $\mathfrak{U}'$ mit dem Faktorensystem $c_{\alpha\beta\gamma}$ nehmen.

nehmen kann

(21) $$c'_{\alpha+\nu r,\,\beta+\varrho r,\,\gamma+\sigma r} = c_{\alpha\beta\gamma}$$

$$(\alpha, \beta, \gamma = 1, 2, \ldots, r;\ \nu, \varrho, \sigma = 0, 1, 2, \ldots, u-1).$$

Durch (21) ist das System $c'_{\varkappa\lambda\mu}$ vollständig bestimmt, wir wollen sagen, daß das System aus dem System $c_{\alpha\beta\gamma}$ *durch Erweiterung* entsteht, auch wenn die Konjugierten zu ζ nicht gerade wie eben numeriert sind. In jedem Falle enthält das erweiterte System dieselben Zahlen wie das ursprüngliche, nur alle u^3-mal. Wir wollen von $c_{\alpha\beta\gamma}$ sagen, daß es zum Körper $\mathsf{K}(\vartheta)$ über dem Grundkörper K gehört; $c'_{\varkappa\lambda\mu}$ gehört zu $\mathsf{K}(\zeta)$.

Der Grundkörper K ist in den folgenden Betrachtungen immer derselbe. Ist $\mathfrak{G}$ eine zu $\mathfrak{H}$ ähnliche, in einem algebraischen Körper $\mathsf{K}(\eta)$ über K rationale Gruppe mit dem Faktorensystem $d_{\alpha\beta\gamma}$, so soll untersucht werden, wie die Faktorensysteme $c_{\alpha\beta\gamma}$ und $d_{\alpha\beta\gamma}$ zusammenhängen. Es sei jetzt $\mathsf{K}(\zeta) = \mathsf{K}(\vartheta, \eta)$, man fasse $\mathfrak{G}$ und $\mathfrak{H}$ als in $\mathsf{K}(\zeta)$ rationale Gruppen auf; die zugehörigen erweiterten Faktorensysteme seien $c'_{\varkappa\lambda\mu}$ und $d'_{\varkappa\lambda\mu}$. Da man nun die $\mathfrak{G}$ in $\mathfrak{H}$ überführende Transformation in $\mathsf{K}(\zeta)$ rational wählen kann, müssen diese beiden zum Körper $\mathsf{K}(\zeta)$ gehörigen Faktorensysteme assoziiert sein. Wir wollen allgemeiner zwei zu den Körpern $\mathsf{K}(\vartheta)$ bzw. $\mathsf{K}(\eta)$ gehörige Faktorensysteme *assoziiert* nennen, wenn sie nach Erweiterung durch Übergang von $\mathsf{K}(\vartheta)$ bzw. $\mathsf{K}(\eta)$ zu $\mathsf{K}(\vartheta, \eta)$ im alten Sinn assoziiert sind. Wir haben dann den ersten Teil des folgenden Satzes bewiesen:

Satz VIII. *Ähnliche Gruppen haben assoziierte Faktorensysteme. Hat umgekehrt die Gruppe $\mathfrak{H}$ das Faktorensystem $c_{\alpha\beta\gamma}$, so gibt es zu jedem assoziierten Faktorensystem $d_{\alpha\beta\gamma}$ eine zu $\mathfrak{H}$ ähnliche Gruppe mit dem Faktorensystem $d_{\alpha\beta\gamma}$.*

Das Faktorensystem $d_{\alpha\beta\gamma}$ gehöre etwa zum Körper $\mathsf{K}(\eta)$ vom Grade s über K; es sei $\mathsf{K}(\zeta) = \mathsf{K}(\vartheta, \eta)$ vom Grade $t = u \cdot r = v \cdot s$. Nach § 2 gibt es eine Gruppe $\mathfrak{R}$ vom Grade r mit den folgenden Eigenschaften: $\mathfrak{R}$ ist irreduzibel, in $\mathsf{K}(\vartheta)$ rational, in bezug auf K komplett, der Charakter von $\mathfrak{R}$ gehört zu K, das Faktorensystem ist $\frac{1}{c_{\alpha\beta\gamma}}$. Eine Gruppe $\mathfrak{R}^*$ vom Grade t mit den gleichen Eigenschaften erhält man, wenn man alle aus u^2 Matrizen r-ten Grades zusammengesetzten Matrizen

$$R^* = (R_{\varkappa\lambda})_{\varkappa,\lambda} \qquad (\varkappa, \lambda = 1, 2, \ldots, u)$$

bildet, wo $R_{\varkappa\lambda}$ ein ganz beliebiges Element aus $\mathfrak{R}$ ist. Analog findet man eine Gruppe $\mathfrak{S}^*$ vom Grade t mit den Eigenschaften: $\mathfrak{S}^*$ ist irreduzibel, in $\mathsf{K}(\eta)$ rational, in bezug auf K komplett, der Charakter von $\mathfrak{S}^*$ gehört zu K, das Faktorensystem ist $\frac{1}{d_{\alpha\beta\gamma}}$.

Faßt man $\mathfrak{R}^*$ und $\mathfrak{S}^*$ als Gruppen in $\mathsf{K}(\zeta)$ auf, so sieht man, daß ihre Faktorensysteme im alten Sinne assoziiert sind, also als identisch angenommen werden können. Aus Satz V folgt, da $\mathfrak{R}^*$ und $\mathfrak{S}^*$ beide komplett sind, daß sie bei passender Zuordnung der Elemente ähnlich sind.

Man bilde nun $\mathfrak{H} \times \mathfrak{R}^*$. Das Faktorensystem des Produktes ist das Einheitssystem, also läßt sich $\mathfrak{H} \times \mathfrak{R}^*$ in K rational darstellen, es sei

$$\mathfrak{M} = U^{-1}(\mathfrak{H} \times \mathfrak{R}^*)U$$

in K rational. Man kann U in $\mathsf{K}(\vartheta)$ rational annehmen. Die in $\mathsf{K}(\eta)$ rationale Gruppe $E_f \times \mathfrak{S}^*$ ist zu $E_f \times \mathfrak{R}^*$, also auch zu $U^{-1}(E_f \times \mathfrak{R}^*)U$ ähnlich; die letzte Gruppe ist als Untergruppe von $\mathfrak{M}$ in K rational. Daher gibt es eine in $\mathsf{K}(\eta)$ rationale Matrix V von nicht verschwindender Determinante, so daß

$$V^{-1}(U^{-1}(E \times \mathfrak{R}^*)U)V = E_f \times \mathfrak{S}^* \tag{22}$$

ist. Es sei nun

$$\mathfrak{N} = V^{-1}U^{-1}(\mathfrak{H} \times E_t)UV. \tag{23}$$

Dann ist $\mathfrak{N}$ als Untergruppe von $V^{-1}U^{-1}(\mathfrak{H} \times \mathfrak{R}^*)UV = V^{-1}\mathfrak{M}V$ in $\mathsf{K}(\eta)$ rational. Da alle Elemente von $\mathfrak{H} \times E_t$ mit allen Elementen von $E_f \times \mathfrak{R}^*$ vertauschbar sind, gilt das gleiche wegen (22) und (23) für die Gruppen $\mathfrak{N}$ und $E_f \times \mathfrak{S}^*$, und daraus folgt wie beim Beweis von Satz III, daß $\mathfrak{N}$ von der Form $\mathfrak{G} \times E_t$ ist. Dabei ist $\mathfrak{G}$ eine in $\mathsf{K}(\eta)$ rationale Gruppe. Wegen der Ähnlichkeit von $\mathfrak{N} = \mathfrak{G} \times E_t$ und $\mathfrak{H} \times E_t$ ist $\mathfrak{G}$ zu $\mathfrak{H}$ ähnlich.

Da schließlich wegen (22) und (23)

$$\begin{aligned}\mathfrak{M} &= U^{-1}(\mathfrak{H} \times \mathfrak{R}^*)U = U^{-1}(\mathfrak{H} \times E_t)U \cdot U^{-1}(E_f \times \mathfrak{R}^*)U \\ &= V\mathfrak{N}V^{-1} \cdot V(E_f \times \mathfrak{S}^*)V^{-1} = V(\mathfrak{G} \times E_t)V^{-1} \cdot V(E_f \times \mathfrak{S}^*)V^{-1} \\ &= V(\mathfrak{G} \times \mathfrak{S}^*)V^{-1}\end{aligned}$$

ist, läßt sich $\mathfrak{G} \times \mathfrak{S}^*$ in K rational darstellen, also muß das Faktorensystem von $\mathfrak{G}$ zu dem von $\mathfrak{S}^*$ reziprok, also $d_{\alpha\beta\gamma}$ sein. Daher gibt es eine zu $\mathfrak{H}$ ähnliche, in $\mathsf{K}(\eta)$ rationale Gruppe $\mathfrak{G}$ mit dem Faktorensystem $d_{\alpha\beta\gamma}$; der zweite Teil des Satzes VIII ist auch bewiesen.

Aus Satz VIII folgt unmittelbar, daß, wenn zwei Faktorensysteme einem dritten assoziiert sind, sie auch untereinander assoziiert sind.

Assoziierte Faktorensysteme gelten als nicht wesentlich verschieden. Sind $\mathfrak{H}$ und $\mathfrak{F}$ zwei irreduzible Gruppen, deren Charakter zu K gehört, und hat bei irgendeiner Darstellung $\mathfrak{H}$ das Faktorensystem $c_{\alpha\beta\gamma}$, $\mathfrak{F}$ das System $d_{\varkappa\lambda\mu}$, so werde als Produkt der beiden Systeme das Faktorensystem von $\mathfrak{H} \times \mathfrak{F}$ definiert. Die Faktorensysteme bilden dann eine Abelsche Gruppe. Jedes Element ist in dieser Gruppe von endlicher Ordnung, die

Ordnung ist der Exponent des Faktorensystems. Ist ein algebraischer Körper $\mathsf{K}(\omega)$ über K gegeben, so bilden diejenigen Faktorensysteme, die ein zu $\mathsf{K}(\omega)$ gehöriges assoziiertes besitzen (oder, was dasselbe besagt, für die sich die zugehörigen Gruppen in $\mathsf{K}(\omega)$ darstellen lassen), eine Untergruppe der Abelschen Gruppe.

Hat die Gruppe $\mathfrak{H}$ den Index m in bezug auf K, so kann man $\mathfrak{H}$ in einem Körper m-ten Grades über K rational darstellen, es gibt also ein zu dem Faktorensystem von $\mathfrak{H}$ assoziiertes, das zu einem Körper m-ten Grades über K gehört. Es sei das etwa schon $c_{\alpha\beta\gamma}$ selber, also $r = m$.

Nach § 2 kann man dann die zum Faktorensystem $c_{\alpha\beta\gamma}$ gehörige, in bezug auf K komplette Gruppe $\mathfrak{Z}$ des Grades m explizit angeben. Für eine feste ganze Zahl $t > 0$ bilde man dann alle aus t^2 Matrizen m-ten Grades zusammengesetzten Matrizen

$$T = (Z_{\varkappa\lambda})_{\varkappa,\lambda} \qquad (\varkappa, \lambda = 1, 2, \ldots, t),$$

wo die $Z_{\varkappa\lambda}$ ganz beliebige Matrizen aus $\mathfrak{Z}$ sind. Ersichtlich bilden die Matrizen T eine in $\mathsf{K}(\vartheta)$ rationale, irreduzible Gruppe J des Grades $t \cdot m$, deren Charakter zu K gehört, die in bezug auf K komplett ist und deren Faktorensystem $c_{\alpha\beta\gamma}$ ist. Da der Grad aller irreduziblen Gruppen mit diesem Faktorensystem durch m teilbar, also von der Form $t \cdot m$ ist, haben wir für alle möglichen Grade eine komplette Gruppe mit diesem Faktorensystem angegeben.

Berücksichtigt man, daß man nach Satz III vom Index m des Faktorensystems sprechen kann, so erhält man:

Satz IX. *Dann und nur dann gibt es zu einem gegebenen Faktorensystem $c_{\alpha\beta\gamma}$ vom Index m irreduzible Gruppen vom Grade f, wenn f durch m teilbar ist.*

Weiter folgt unter Berücksichtigung von (9), (10) und der Sätze V und VIII:

Satz X. *$\mathfrak{H}$ sei eine irreduzible Gruppe f-ten Grades vom Index m in bezug auf einen Zahlkörper K, dem der Charakter von $\mathfrak{H}$ angehört, es sei $f = t \cdot m$; $c_{\alpha\beta\gamma}$ sei ein zum Faktorensystem von $\mathfrak{H}$ assoziiertes, das zu einem algebraischen Körper $\mathsf{K}(\vartheta)$ von möglichst kleinem Grad gehört. Dann hat $\mathsf{K}(\vartheta)$ den Grad m. Sind $\vartheta_1, \vartheta_2, \ldots, \vartheta_r$ die Konjugierten zu ϑ, bedeutet R die Wronskische Matrix m-ten Grades $(\vartheta_\lambda^{m-\varkappa})_{\varkappa,\lambda}$, so haben bei passender Wahl der Variablen alle Matrizen von $\mathfrak{H}$ die Form*

$$(24) \qquad H = \begin{pmatrix} R\left(\frac{1}{c_{\varkappa\lambda 1}} l_{\varkappa\lambda}^{(1,1)}\right)_{\varkappa,\lambda} R^{-1}, & \ldots, & R\left(\frac{1}{c_{\varkappa\lambda 1}} l_{\varkappa\lambda}^{(1,t)}\right)_{\varkappa,\lambda} R^{-1} \\ \cdot & \cdot\ \cdot\ \cdot & \cdot \\ R\left(\frac{1}{c_{\varkappa\lambda 1}} l_{\varkappa\lambda}^{(t,1)}\right)_{\varkappa,\lambda} R^{-1}, & \ldots, & R\left(\frac{1}{c_{\varkappa\lambda 1}} l_{\varkappa\lambda}^{(t,t)}\right)_{\varkappa,\lambda} R^{-1} \end{pmatrix}.$$

44*

Dabei genügen für jedes feste Paar α, β $(\alpha, \beta = 1, 2, \ldots, t)$ die m^2 Zahlen $l_{\varkappa\lambda}^{(\alpha,\beta)}$ den im Satz VIII für die Zahlen $l_{\varkappa\lambda}$ gestellten Bedingungen.

Zusatz: Man kann die Elemente von $\mathfrak{H}$ darstellen als Matrizen vom Grade t, deren Elemente selbst Matrizen der irreduziblen kompletten Gruppe vom Grade m mit dem Faktorensystem $c_{\alpha\beta\gamma}$ sind.

Kennt man also ein assoziiertes Faktorensystem, das zu einem Körper $\mathsf{K}(\vartheta)$ von möglichst kleinem Grad gehört, so übersieht man vollständig, in welcher Weise bei passender Wahl der Variablen die Irrationalitäten von $\mathsf{K}(\vartheta)$ in $\mathfrak{H}$ auftreten. Aus dem früher Gesagten ergibt sich, daß alle H in $\mathsf{K}(\vartheta)$ rational sind.

§ 4.

Im Anschluß an § 2 soll untersucht werden, wie man die Faktorensysteme über einem gegebenen Grundkörper K aufstellen kann.

Satz XI. *Hat das Faktorensystem $c_{\alpha\beta\gamma}$ den Exponenten l, so gibt es ein assoziiertes Faktorensystem, dessen Zahlen sämtlich l-te Einheitswurzeln sind.*

Beweis. $c_{\alpha\beta\gamma}$ gehöre zum Körper $\mathsf{K}(\vartheta)$. Da der Exponent des Systems l ist, gibt es nach B Zahlen $k_{\alpha\beta}$, die den Bedingungen (A) genügen, und für die für alle α, β, γ

$$\frac{k_{\alpha\beta}\, k_{\beta\gamma}}{k_{\alpha\gamma}} = c_{\alpha\beta\gamma}^{l} \tag{25}$$

ist. Wir denken uns zu $\mathsf{K}(\vartheta)$ alle Konjugierten von ϑ und alle Werte von $\sqrt[l]{k_{\alpha\beta}}$ für alle α und β adjungiert, der entstehende Normalkörper sei $\mathsf{K}(\eta)$. Die zu $\mathsf{K}(\eta)$ gehörige Erweiterung $c'_{\varkappa\lambda\mu}$ von $c_{\alpha\beta\gamma}$ erhält man nach § 3. Man überzeugt sich leicht, daß es Zahlen $k'_{\varkappa\lambda}$ gibt, die den Bedingungen (A) jetzt für den Körper $\mathsf{K}(\eta)$ genügen, für die

$$\frac{k'_{\varkappa\lambda}\, k'_{\lambda\mu}}{k'_{\varkappa\mu}} = c'^{\,l}_{\varkappa\lambda\mu} \tag{26}$$

ist, derart, daß jedes $k'_{\varkappa\lambda}$ mit einem $k_{\alpha\beta}$ übereinstimmt. Daher gehören alle Werte von $\sqrt[l]{k'_{\varkappa\lambda}}$ zu $\mathsf{K}(\eta)$. Man setze

$$h_{\varkappa\lambda} = \sqrt[l]{k'_{\varkappa\lambda}}, \tag{27}$$

wo man über die l-ten Wurzeln nur so zu verfügen hat, daß die Zahlen $h_{\varkappa\lambda}$ auch den Bedingungen (A) genügen, was offenbar möglich ist.

Jetzt setze man

$$c''_{\varkappa\lambda\mu} = c'_{\varkappa\lambda\mu} \cdot \frac{h_{\varkappa\mu}}{h_{\varkappa\lambda}\, h_{\lambda\mu}}.$$

Aus (26) und (27) folgt, daß dieses zu $c'_{\varkappa\lambda\mu}$ und also auch zu $c_{\alpha\beta\gamma}$ assoziierte Faktorensystem nur aus l-ten Einheitswurzeln besteht. Damit ist die Behauptung bewiesen.

Offenbar ist die Betrachtung auch dann anwendbar, wenn l nicht der genaue Exponent ist, aber Gleichungen (25) bestehen.

Will man entscheiden, ob zwei gegebene Faktorensysteme assoziiert sind, so hat man nur zu untersuchen, ob der „Quotient" der beiden Systeme zum Einheitssystem assoziiert ist. Da man annehmen kann, daß alle Zahlen dieses Quotienten l-te Einheitswurzeln sind, so hat man nur zu untersuchen, ob ein gegebenes Faktorensystem, dessen Zahlen Einheitswurzeln eines festen Grades, etwa n-te Einheitswurzeln sind, zu dem Einheitssystem assoziiert ist; n sei dabei möglichst niedrig gewählt.

Das betreffende Faktorensystem sei $c_{\alpha\beta\gamma}$ und gehöre zum Körper $\mathsf{K}(\vartheta)$ vom Grade r, den wir als Normalkörper annehmen können. Dann und nur dann ist es dem Einheitssystem assoziiert, wenn es Zahlen $k_{\alpha\beta}$ gibt, die den Bedingungen (A) genügen, und für die

$$\frac{k_{\alpha\beta}\cdot k_{\beta\gamma}}{k_{\alpha\gamma}} = c_{\alpha\beta\gamma} \tag{28}$$

ist. Dann wird aber

$$k^n_{\alpha\beta}\cdot k^n_{\beta\gamma} = k^n_{\alpha\gamma}\,.$$

Daraus folgt[17]), daß es eine Zahl w in $\mathsf{K}(\vartheta)$ gibt, für die

$$k^n_{\alpha\beta} = \frac{w_\alpha}{w_\beta} \qquad (\alpha, \beta = 1, 2, \ldots, r) \tag{29}$$

ist, wenn $w = w_1, w_2, \ldots, w_r$ die Konjugierten zu w sind. Wir adjungieren einen Wert von $\sqrt[n]{w_1}$ zu $\mathsf{K}(\vartheta)$; dann gehören alle Werte von $\sqrt[n]{w_1}$ zu dem entstehenden Körper, da die n-ten Einheitswurzeln sich auch durch die $c_{\alpha\beta\gamma}$ ausdrücken lassen und daher zu $\mathsf{K}(\vartheta)$ gehören. Ferner gehören wegen (29) alle Werte von $\sqrt[n]{w_\alpha}$ $(\alpha = 1, 2, \ldots, r)$ zu dem entstehenden Körper. Denkt man sich diese Adjunktion von vornherein durchgeführt, so erkennt man, daß man ohne Einschränkung annehmen kann, daß alle Werte von $\sqrt[n]{w_\alpha}$ $(\alpha = 1, 2, \ldots, r)$ zu $\mathsf{K}(\vartheta)$ gehören. Es sei

$$w_\alpha = z^n_\alpha\,, \tag{30}$$

---

[17]) Nach einer Methode von Herrn Speiser (Sp. S. 3) setze man nämlich $w_\alpha = \sum_{\varrho=1}^{r} u_\varrho k^n_{\alpha\varrho}$, wo u eine Zahl aus $\mathsf{K}(\vartheta)$ mit den Konjugierten $u = u_1, u_2, \ldots, u_r$ ist, und verfüge über u so, daß $w \neq 0$ wird, was stets möglich ist.

und zwar seien die z_α so gewählt, daß sie die Konjugierten zu $z = z_1$ sind. Setzen wir $k'_{\alpha\beta} = k_{\alpha\beta} \cdot \frac{z_\beta}{z_\alpha}$, so genügen auch diese Zahlen den Bedingungen (A) und erfüllen auch (28). Wegen (29) und (30) sind sie alle n-te Einheitswurzeln.

Ist also das System $c_{\alpha\beta\gamma}$ dem Einheitssystem assoziiert, so ist es nach Adjunktion der n-ten Wurzel aus einer geeigneten Zahl aus $\mathsf{K}(\vartheta)$ möglich, die Zahlen $k_{\alpha\beta}$ als n-te Einheitswurzeln zu wählen.

Wir gehen von einem festen Faktorensystem aus, dessen Zahlen n-te Einheitswurzeln sind, und adjungieren $\sqrt[n]{x}$, wo x eine ganz beliebige Zahl aus $\mathsf{K}(\vartheta)$ ist; in dem entstehenden Körper $\mathsf{K}(\eta)$ gehört zu $c_{\alpha\beta\gamma}$ eine ganz bestimmte Erweiterung $c'_{\varkappa\lambda\mu}$. Um $c'_{\varkappa\lambda\mu}$ nach § 3 aufzustellen, braucht man nur die Galoissche Gruppe von $\mathsf{K}(\eta)$ in bezug auf K und die zum Teilkörper $\mathsf{K}(\vartheta)$ gehörige Untergruppe dieser Gruppe zu kennen. Wählt man für x der Reihe nach alle Zahlen von $\mathsf{K}(\vartheta)$, so erhält man insgesamt nur endlich viele Möglichkeiten. Bei jedem festen $\mathsf{K}(\eta)$ hat man dann für die $k_{\alpha\beta}$ nur endlich viele Möglichkeiten durchzuprobieren, daß alle $k_{\alpha\beta}$ n-te Einheitswurzeln sind. Man kann also sagen, daß bei fest gegebenem $c_{\alpha\beta\gamma}$ die Entscheidung, ob dieses System dem Einheitssystem assoziiert ist, nur davon abhängt, ob es Körper gibt, die aus $\mathsf{K}(\vartheta)$ durch Adjunktion einer n-ten Wurzel entstehen und in bezug auf K eine geeignete Galoissche Gruppe haben.

Es sei z. B. ϑ vom Grade 2 in bezug auf K, das Faktorensystem sei gegeben durch

$$c_{121} = c_{212} = -1, \qquad c_{\alpha\beta\gamma} = 1 \quad \text{für alle anderen Tripel.}$$

Dieses System ist dem Einheitssystem dann und nur dann assoziiert, wenn es zyklische Körper 4. Grades gibt, die $\mathsf{K}(\vartheta)$ enthalten. Ist K der Körper der rationalen Zahlen, $\vartheta = \sqrt{d}$ mit ganzem quadratfreiem d, so ist das dann und nur dann der Fall, wenn d sich als Summe von zwei ganzen Quadraten darstellen läßt, insbesondere also $d > 0$ ist.

Man kann also sagen, daß die Behandlung der Frage nur von algebraischen Struktureigenschaften von $\mathsf{K}(\vartheta)$ abhängt.

Jetzt sei K ein algebraischer Zahlkörper, $c_{\alpha\beta\gamma}$ ein zu dem Normalkörper $\mathsf{K}(\vartheta)$ gehöriges Faktorensystem, das aus n-ten Einheitswurzeln besteht. Es soll eine andere idealtheoretische Methode zur Untersuchung der Frage, ob $c_{\alpha\beta\gamma}$ dem Einheitssystem assoziiert ist, skizziert werden.

$k_{\alpha\beta}$ und w_α mögen dieselbe Bedeutung wie in (28) und (29) haben. Man darf annehmen, daß w eine ganze algebraische Zahl ist.

Ist $\mathfrak{a}$ irgendein Ideal des Körpers $\mathsf{K}(\vartheta)$, so bezeichne $\mathfrak{a}_\alpha$ das Ideal, das aus $\mathfrak{a}$ entsteht, wenn man alle Zahlen von $\mathfrak{a}$ durch ϑ ausdrückt und

ϑ durch ϑ_α $(\alpha = 1, 2, \ldots, r)$ ersetzt. Dabei seien wie früher die ϑ_α die zu ϑ in bezug auf K als Grundkörper konjugierten Größen.

Man zerlege das Hauptideal $w \cdot \mathfrak{o}$ in Primideale, es sei

$$w\mathfrak{o} = \mathfrak{r}^n \cdot \mathfrak{s},$$

wo $\mathfrak{s}$ ein Produkt von Primidealpotenzen ist, deren Exponent $< n$ ist. Dann ist

$$w_\alpha \mathfrak{o} = \mathfrak{r}_\alpha^n \mathfrak{s}_\alpha.$$

Da nun nach (29) $\frac{w_\alpha}{w_\beta}$ für alle α und β die n-te Potenz einer Zahl aus $\mathsf{K}(\vartheta)$ ist, folgt, daß ein in $\mathfrak{s}$ aufgehendes Primideal in derselben Potenz in jedem $\mathfrak{s}_\alpha$ aufgeht, und daher ist

$$\mathfrak{s}_\alpha = \mathfrak{s} \qquad (\alpha = 1, 2, \ldots, r).$$

Daher ist

$$w_\beta \cdot \mathfrak{r}_\alpha^n = w_\alpha \cdot \mathfrak{r}_\beta^n \qquad (\alpha, \beta = 1, 2, \ldots, r). \tag{31}$$

Durchläuft $\mathfrak{a}$ alle Ideale einer Idealklasse K, so durchläuft auch $\mathfrak{a}_\alpha$ alle Ideale einer Klasse, die mit K_α bezeichnet werden möge. K sei die Idealklasse, der $\mathfrak{r}$ angehört, dann folgt aus (31)

$$K_\alpha^n = K_\beta^n \qquad (\alpha, \beta = 1, 2, \ldots, r). \tag{32}$$

Ist umgekehrt für eine Idealklasse K diese Bedingung erfüllt und $\mathfrak{r}$ ein Ideal aus K, so gibt es Zahlen $\varrho_{\alpha\beta}$ und $\sigma_{\alpha\beta}$, die den Bedingungen (A) genügen, so daß

$$\varrho_{\alpha\beta} \cdot \mathfrak{r}_\alpha^n = \sigma_{\alpha\beta} \cdot \mathfrak{r}_\beta^n \tag{33}$$

ist. Durch (33) ist $\frac{\sigma_{\alpha\beta}}{\varrho_{\alpha\beta}}$ bis auf eine Einheit bestimmt. Soll es also eine Zahl w geben, für die außerdem (31) erfüllt ist, so muß

$$\frac{w_\alpha}{w_\beta} = \frac{\sigma_{\alpha\beta}}{\varrho_{\alpha\beta}} \varepsilon_{\alpha\beta} \qquad (\alpha, \beta = 1, 2, \ldots, r) \tag{34}$$

sein, wo die $\varepsilon_{\alpha\beta}$ ein System von Einheiten sind, die den Bedingungen (A) genügen. Mit Hilfe eines Systems von Fundamentaleinheiten ist es leicht möglich zu untersuchen, ob sich (34) erfüllen läßt. Wie man leicht einsieht, genügt es für das Folgende, bei gegebenem $\mathfrak{r}$, falls es überhaupt Lösungen gibt, nur endlich viele angebbare Systeme $\varepsilon_{\alpha\beta}$ zu betrachten; man hat dann auch für w nur endlich viele Möglichkeiten.

Danach hat man bei festem w zu entscheiden, ob $k_{\alpha\beta} = \sqrt[n]{\frac{w_\alpha}{w_\beta}}$ auch wirklich eine Zahl aus $\mathsf{K}(\vartheta)$ ist $(\alpha, \beta = 1, 2, \ldots, r)$. Über die Wurzeln ist dabei nur so zu verfügen, daß die $k_{\alpha\beta}$ den Bedingungen (A) genügen.

Das Faktorensystem $c_{\alpha\beta\gamma}$ ist durch (28) bestimmt; zu dem Ideal $\mathfrak{r}$ gehören also gewisse angebbare Faktorensysteme $c_{\alpha\beta\gamma}$. Geht man von einem anderen Ideal der Klasse K aus, so wird man auf dieselben Faktorensysteme geführt.

Man führe die Betrachtung für jede der endlich vielen Idealklassen durch; es genügt, sich auf diejenigen zu beschränken, für die (32) erfüllt ist. Man erhält mit endlich vielen Schritten alle dem Einheitssystem assoziierten Faktorensysteme, deren Zahlen n-te Einheitswurzeln sind.

Daher ist es für den Fall, daß K ein algebraischer Körper ist, möglich, auf diesem Wege zu entscheiden, ob zwei Faktorensysteme assoziiert sind.

(Eingegangen am 22. Juli 1927.)

Über Systeme hyperkomplexer Zahlen.

Von

Richard Brauer in Königsberg i. Pr.

Die Theorie der Systeme hyperkomplexer Zahlen über einem Grundkörper K hängt aufs engste mit der Theorie der Gruppen linearer Substitutionen mit Koeffizienten aus einem gegebenen Körper zusammen, also mit denjenigen gruppentheoretischen Betrachtungen, die im allgemeinen als arithmetische Untersuchungen über Gruppen linearer Substitutionen bezeichnet werden. Dem Fall, daß K der Körper *aller* Zahlen ist, entspricht die Theorie der Gruppen linearer Substitutionen mit *beliebigen* Koeffizienten; hier hat der erwähnte Zusammenhang von Anfang an bei den Untersuchungen eine wesentliche Rolle gespielt. In der neuen Theorie dagegen, bei der als Grundkörper ein beliebiger Körper zugelassen wird, ist der Zusammenhang wohl durchweg unberücksichtigt geblieben.

Zweck der vorliegenden Arbeit ist es, die Systeme hyperkomplexer Größen mit Hilfe von gruppentheoretischen Sätzen der genannten Art zu untersuchen. Dementsprechend werden von der Theorie der hyperkomplexen Größen nur die Begriffe und die einfachsten Sätze vorausgesetzt, während gruppentheoretische Sätze in weitem Maße herangezogen werden sollen[1]). Als Grundkörper K werden nicht nur beliebige Zahlkörper, sondern allgemein vollkommene Körper[2]) zugelassen. Bei den Systemen hyperkomplexer Größen beschränke ich mich im wesentlichen auf die Behandlung halbeinfacher (Dedekindscher) Systeme. Ich setze außerdem voraus, daß der

[1]) Für die Theorie der hyperkomplexen Zahlen vergleiche man etwa: L. E. Dickson, Algebren und ihre Zahlentheorie, Zürich 1927 (umgearbeitete deutsche Übersetzung von Algebras and their arithmetics, Chicago 1923). Ich zitiere das Buch mit Dickson. — Eine Reihe der verwendeten gruppentheoretischen Sätze findet man in § 1 der vorliegenden Arbeit zusammengestellt.

[2]) Vgl. E. Steinitz, Algebraische Theorie der Körper, Journ. f. d. reine u. angew. Math. **137** (1909), S. 167–309. — Wegen der Voraussetzung, daß K vollkommen ist, vgl. die in Anm. [4]) zitierte Arbeit von Frl. E. Noether.

Rang in bezug auf K endlich ist[3]). Auf schon bekannte Sätze soll im folgenden nur verhältnismäßig kurz eingegangen werden.

Im § 1 der vorliegenden Arbeit werden die verschiedenen Begriffe vom gruppentheoretischen Standpunkt aus untersucht und die Reduktion der halbeinfachen Systeme auf einfache Systeme behandelt. Diese Betrachtungen sollen als Grundlage für das Folgende dienen.

Im § 2 wird zunächst aus gruppentheoretischen Sätzen der Wedderburnsche Satz über die Darstellbarkeit eines einfachen Systems als direktes Produkt $A \times B$ hergeleitet; dabei bedeutet A ein System ohne Nullteiler, B besteht aus allen Matrizen eines wohlbestimmten Grades mit Koeffizienten aus K. Weiterhin ergibt sich als notwendige und hinreichende Bedingung dafür, daß ein einfaches System A keine Nullteiler besitzt, daß für eine absolut irreduzible Darstellung von A der Schursche Index und der Grad übereinstimmen.

Bei Behandlung der Frage, in welchen algebraischen Körpern über dem Grundkörper K eine absolut irreduzible Darstellung eines Systems A sich rational machen läßt, kann man sich auf den Fall beschränken, daß A keine Nullteiler besitzt. Wie in § 3 gezeigt wird, kann man diese Körper vollständig durch die größten Unterkörper von gewissen einfachen Systemen hyperkomplexer Größen charakterisieren. Es handelt sich dabei gerade um die Systeme, die bei Darstellung als direktes Produkt nach dem Wedderburnschen Satz gerade das System A als nullteilerfreien Faktor enthalten. — Frl. E. Noether hat diese Sätze unabhängig auf ganz anderem Wege bewiesen und die Betrachtungen auch für den Fall durchgeführt, daß der Grundkörper nicht vollkommen ist. Wir haben darüber gemeinsam ohne Beweise berichtet[4]).

Nach diesen Untersuchungen wende ich mich im § 4 zu der Bestimmung aller Systeme A ohne Nullteiler über einem gegebenen Grundkörper K. Diese Aufgabe ist vollständig mit der anderen äquivalent, alle Faktorensysteme[5])

---

[3]) Gewisse andere Systeme sind in neuerer Zeit von Herrn E. Artin in der Abhandlung: Zur Theorie der hyperkomplexen Zahlen, Abhandl. a. d. Math. Seminar Hamburg **5** (1927), S. 251—260 in die Theorie einbezogen worden. Für die vorliegende Arbeit ist die Beschränkung auf Systeme, die von endlichem Rang in bezug auf einen Grundkörper sind, wesentlich.

[4]) R. Brauer und E. Noether, Über minimale Zerfällungskörper irreduzibler Darstellungen, Berl. Sitzungsberichte 1927, S. 221—228. Der Noethersche Beweis wird in einer demnächst in der Math. Zeitschr. erscheinenden Arbeit von Frl. E. Noether durchgeführt. Im Spezialfall $t = 1$ waren die Sätze 4 und 5 der vorliegenden Arbeit Frl. Noether bereits wesentlich früher als dem Verfasser bekannt.

[5]) Man vgl. dazu R. Brauer, Untersuchungen über die arithmetischen Eigenschaften von Gruppen linearer Substitutionen, Math. Zeitschr. 28 (1928), S. 677–696. Ich zitiere diese Arbeit im folgenden mit U.

in bezug auf diejenigen Körper Z anzugeben, die algebraisch (von endlichem Grade) über K sind; Z wird dabei dem Zentrum von A einstufig isomorph. Wie man aber alle Faktorensysteme zu Z aufstellen kann, habe ich in der in Anm. [5]) zitierten Arbeit angegeben. Man kann daher sagen, daß die Aufstellung aller Systeme ohne Nullteiler auf diesem Wege möglich ist. Praktisch können dabei noch Schwierigkeiten auftreten[6]), da es notwendig ist, Struktureigenschaften der algebraischen Körper über K, z. B. gewisse Eigenschaften der Galoisschen Gruppe zu beherrschen. Immerhin darf man wohl derartige Fragen, die sämtlich Körper, also elementarere Gegenstände als Systeme hyperkomplexer Zahlen betreffen, für unsere Untersuchungen als bekannt voraussetzen.

Kennt man ein zu einem gegebenen Faktorensystem assoziiertes, das zu einem Körper möglichst niedrigen Grades gehört, so kann man das zugehörige System hyperkomplexer Größen mit Hilfe einer Darstellung durch Matrizen explizit angeben[7]). Ich erläutere den Sachverhalt an zwei einfachen Beispielen: 1. K sei der Körper aller reellen Zahlen. Dann kommen nur drei wesentlich verschiedene, sofort angebbare Faktorensysteme in Betracht; dem entsprechen als einzige Systeme ohne Nullteiler über K die beiden Körper K und $K(i)$ und das System der Quaternionen[8]). Gruppentheoretisch entsprechen den drei Faktorensystemen die drei Typen von Gruppen linearer Substitutionen in bezug auf den reellen Körper als Grundbereich. 2. K sei ein endlicher Körper. Dann kommt, wie ich zeige, für jeden algebraischen Körper Z über K nur das Einheitsfaktorensystem in Betracht. Das ergibt einerseits den Satz von Wedderburn[9]), daß bei endlichen Körpern das kommutative Gesetz der Multiplikation eine Folge der anderen Axiome ist. Andererseits findet man daraus den Satz, daß ein absolut irreduzibler Bestandteil einer Gruppe linearer Substitutionen mit Koeffizienten aus einem endlichen Körper immer im Körper seines Charakters darstellbar ist.

---

[6]) Insbesondere soll nicht behauptet werden, daß es stets möglich ist, mit unsern Hilfsmitteln unendlich viele Systeme ohne Nullteiler gleichzeitig zu übersehen.

[7]) In gewissen ziemlich speziellen Fällen finden sich die Darstellungen schon bei Cecioni, Rend. del Circ. Mat. di Palermo **47** (1923), p. 203—254; vgl. auch das 3. Kapitel des Dicksonschen Buches.

[8]) Das wurde bekanntlich zuerst von Frobenius im Journal f. d. reine u. angew. Math. **84** (1878), S. 59 bewiesen; später wurden von verschiedenen Autoren eine ganze Reihe von Beweisen angegeben.

[9]) Trans. of the Am. Math. Soc. **6** p. 349, vgl. auch Dickson S. 253. Ein besonders einfacher Beweis findet sich bei Herrn E. Artin, Über einen Satz von Herrn J. H. Maclagan Wedderburn, Abhandl. a. d. Math. Sem. Hamburg **5** (1927), S. 245—250. Setzt man diesen Satz als bekannt voraus, so kann man den folgenden Satz aus ihm herleiten.

Im § 5 behandle ich schließlich unter anderem einige Sätze über direkte Produkte von Systemen. Dabei ergibt sich eine einfache Deutung für den Exponenten l, den ich früher bei anderen Untersuchungen verwandt habe[10]. — Ich hebe hier nur einen Satz hervor: Ist A ein System hyperkomplexer Zahlen ohne Nullteiler, ist K — wie man ohne Einschränkung annehmen kann — das Zentrum von A, ist schließlich m^2 der Rang[11] von A und $m = p_1^{a_1} p_2^{a_2} \ldots p_r^{a_r}$, so kann man A als direktes Produkt $\mathsf{A}_1 \times \mathsf{A}_2 \ldots \mathsf{A}_r$ darstellen, wo A_ϱ auch das Zentrum K hat, ebenfalls keine Nullteiler besitzt und den Rang $(p_\varrho^{a_\varrho})^2$ hat.

§ 1.

Ich beginne damit, einige Sätze der Theorie der Gruppen linearer Substitutionen zu nennen, die im folgenden mehrfach verwendet werden[12]. In der Literatur sind diese Sätze nur für den Fall behandelt worden, daß der Grundkörper K ein gewöhnlicher Zahlkörper ist. Die meisten von ihnen sind aber auf den Fall eines vollkommenen Körpers K zu übertragen. Die Beweise müssen dabei manchmal etwas modifiziert werden, doch treten keine wesentlichen Schwierigkeiten auf; ich werde darauf noch an anderer Stelle eingehen.

Eine Gruppe mit Koeffizienten aus irgendeinem Körper K heißt absolut irreduzibel, wenn sie in allen Erweiterungskörpern von K irreduzibel ist. Eine Gruppe heißt absolut vollständig reduzibel, wenn sie in einem Erweiterungskörper vollständig in absolut irreduzible Bestandteile zerlegt werden kann. Ähnliche (äquivalente) Gruppen gelten als nicht wesentlich verschieden. Die Gruppe, die aus lauter Nullen besteht, werde als Nullgruppe bezeichnet.

Satz α: Dann und nur dann ist eine von der Nullgruppe verschiedene Gruppe des Grades f absolut irreduzibel, wenn sie f^2 linear unabhängige Matrizen enthält.

---

[10]) R. Brauer, Über Zusammenhänge von arithmetischen und invariantentheoretischen Eigenschaften von Gruppen linearer Substitutionen, Sitzungsberichte der Berliner Akademie 1926, S. 410.

[11]) Dieser Rang ist stets eine Quadratzahl. — Unter dem Rang ist im folgenden stets die Maximalanzahl linear unabhängiger Elemente von A in bezug auf K zu verstehen.

[12]) Man vergleiche: W. Burnside, Proceedings of the London Math. Soc. 2. Ser. Vol. III (1905), p. 430 (Satz α); G. Frobenius und I. Schur, Über die Äquivalenz von Gruppen linearer Substitutionen, Sitzungsberichte d. Berliner Akademie 1906, S. 209 (Satz β und γ); I. Schur, Beiträge zur Theorie der Gruppen linearer Substitutionen, Transactions of the American Math. Soc., 2 Ser., Vol. XV (1909), p. 159—175 (Satz δ bis ϑ). Satz δ findet sich bereits bei H. Taber, Comptes Rendus **142** (1906), S. 948 bis 951. — Ein Satz, der nicht mehr gilt, wenn die Charakteristik des Grundkörpers von Null verschieden ist, ist z. B. der Satz III der eben genannten Arbeit von Frobenius und Schur.

Satz β: $\mathfrak{A}$ und $\mathfrak{B}$ seien zwei absolut irreduzible Darstellungen einer Gruppe; alle Koeffizienten mögen einem gewissen Körper angehören. Dann und nur dann sind $\mathfrak{A}$ und $\mathfrak{B}$ ähnlich, wenn sie denselben Charakter haben.

Satz γ: Die Gruppe $\mathfrak{G}$ sei absolut vollständig reduzibel; die von der Nullgruppe und untereinander wesentlich verschiedenen irreduziblen Bestandteile seien $\mathfrak{G}_1, \mathfrak{G}_2, \ldots, \mathfrak{G}_k$ mit den Graden $f_1, f_2, \ldots, f_k$. Dann enthält $\mathfrak{G}$ genau $f_1^2 + f_2^2 + \ldots + f_k^2$ linear unabhängige Elemente.

Satz δ: Eine in einem Körper K rationale und irreduzible Gruppe ist absolut vollständig reduzibel.

Satz ε: $\mathfrak{A}$ und $\mathfrak{B}$ seien beide im Körper K rational und irreduzibel und nicht ähnlich. Dann haben $\mathfrak{A}$ und $\mathfrak{B}$ auch keinen absolut irreduziblen Bestandteil gemeinsam.

Satz ζ: Eine Gruppe $\mathfrak{G}_1$ sei in dem algebraischen Körper $\mathsf{K}(\vartheta)$ über K rational, $\vartheta = \vartheta_1, \vartheta_2, \ldots, \vartheta_r$ seien die Konjugierten von ϑ in bezug auf K. Ersetzt man in allen Elementen von $\mathfrak{G}_1$ die Größe ϑ durch ϑ_ϱ, so geht $\mathfrak{G}_1$ in eine isomorphe Gruppe $\mathfrak{G}_\varrho$ über $(\varrho = 1, 2, \ldots, r)$. Die Gruppe $\mathfrak{G}$, die vollständig in die Bestandteile $\mathfrak{G}_1, \mathfrak{G}_2, \ldots, \mathfrak{G}_r$ zerfällt, ist dann in K rational darstellbar.

Satz η: Ist $\mathfrak{G}$ in K irreduzibel, sind $\mathfrak{G}_1, \mathfrak{G}_2, \ldots, \mathfrak{G}_k$ die wesentlich verschiedenen absolut irreduziblen Bestandteile von $\mathfrak{G}$, so kommt jedes $\mathfrak{G}_\varkappa$ in $\mathfrak{G}$ gleich oft, etwa m-mal vor. Durch Adjunktion des Charakters von $\mathfrak{G}_1$ zu K entsteht ein algebraischer Körper Z vom Grade k über K; geht man von $\mathfrak{G}_2, \mathfrak{G}_3, \ldots, \mathfrak{G}_k$ aus, so kommt man zu den konjugierten Körpern. $\mathfrak{G}_1$ ist in einem algebraischen Körper vom Grade m über Z rational darstellbar. Ist $\mathfrak{G}_1$ in $\mathsf{K}(\vartheta)$ rational und ersetzt man in $\mathfrak{G}_1$ die Größe ϑ durch eine in bezug auf K konjugierte, so erhält man (abgesehen von Ähnlichkeit) eine der Gruppen $\mathfrak{G}_1, \mathfrak{G}_2, \ldots, \mathfrak{G}_k$ und zwar bei passender Wahl der Konjugierten eine beliebig vorgegebene von ihnen.

Satz ϑ: Ist bei den Bezeichnungen von Satz η die Gruppe $\mathfrak{G}_1$ in einem Erweiterungskörper Ω von K rational darstellbar, so ist Z in Ω enthalten. Ist Ω algebraisch vom Grade t über Z, so ist t durch m teilbar. — m werde als Schurscher Index von $\mathfrak{G}_1$ in bezug auf den Grundkörper bezeichnet.

Außer diesen Sätzen werden im folgenden die Ergebnisse meiner hier mit U. zitierten Arbeit aus der Math. Zeitschr. **28** weitgehend verwendet.

Der Grundkörper werde im folgenden stets als vollkommener Körper vorausgesetzt. A sei ein System hyperkomplexer Zahlen (eine Algebra) über K als Grundbereich. Man nennt ein System $\mathfrak{A}$ von Matrizen eines festen

6*

∧ l. 6: absolut (R.B.)

Grades f mit Koeffizienten aus einem Erweiterungskörper von K eine Darstellung von A, wenn den Elementen von A eindeutig Elemente von $\mathfrak{A}$ zugeordnet sind derart, daß Isomorphie bezüglich Addition und Multiplikation besteht, daß ferner der Multiplikation eines Elementes von A mit einer Größe $\varkappa$ von K die Multiplikation der zugeordneten Matrix mit $\varkappa$ entspricht. Die Matrizen von $\mathfrak{A}$ bilden eine Gruppe[13]). Wir wenden die Begriffe der Gruppentheorie, wie z. B. Ähnlichkeit, auch auf Darstellungen von Systemen hyperkomplexer Zahlen an; ähnliche Darstellungen gelten als nicht wesentlich verschieden. Ordnet man jedem Element von A die Größe 0 zu, so erhält man eine Darstellung, die Nulldarstellung. Diese wird aber im folgenden im allgemeinen ausgeschlossen.

Bekanntlich kann man zu A immer eine einstufig isomorphe, in K rationale Darstellung finden[14]).

Eine Größe α von A heißt *Wurzel der Null* oder *nilpotent*, wenn eine Potenz von α verschwindet. α heißt *Wurzelgröße* oder *eigentlich nilpotent*, wenn für alle ζ aus A stets $\alpha\zeta$ Wurzel der Null ist. Enthält A außer 0 keine Wurzelgrößen, so heißt A ein *Dedekindsches* oder ein *halbeinfaches System*[15]).

Es gilt dann der Satz[16]): *Dann und nur dann ist eine einstufig isomorphe, in* K *rationale Darstellung* $\mathfrak{A}$ *von* A *eine vollständig reduzible Gruppe, wenn* A *halbeinfach ist.*

Aus dem in Anmerkung [15]) angegebenen Grunde skizziere ich noch einen neuen Beweis dieses Satzes: Man kann die Darstellung $\mathfrak{A}$ von A von

[13]) Bei einer Gruppe von Matrizen (oder linearen Substitutionen) verlangen wir nur, daß mit je zwei Elementen auch immer das Produkt zum System gehört. Dagegen wird über die Existenz eines Einheitselementes oder von Inversen nichts vorausgesetzt.

[14]) Vgl. z. B. Dickson, S. 33.

[15]) Sind $e_1, e_2, \ldots, e_n$ die Basiselemente von A und ist $e_\alpha e_\beta = \sum_{\gamma=1}^{n} a_{\gamma\alpha\beta} e_\gamma$, so ist, falls K die Charakteristik 0 hat, die notwendige und hinreichende Bedingung für Halbeinfachheit, daß die Determinante der n^2 Größen $d_{\varkappa\lambda} = \sum_{\varrho,\sigma=1}^{n} a_{\varrho\varkappa\lambda} a_{\sigma\varrho\sigma}$ nicht verschwindet. Falls aber die Charakteristik von K von 0 verschieden ist, kann dieses Kriterium versagen; wir dürfen daher im folgenden keinen Gebrauch von ihm machen.

[16]) Vgl. die in Anm. [12]) zitierte Arbeit von Taber. Einen anderen Beweis für die Hälfte dieses Satzes findet man bei I. Schur, Über Ringbereiche im Gebiet der ganzzahligen linearen Substitutionen, Sitzungsber. d. Berl. Akademie (1923), S. 145–168 und M. Herzberger, Über Systeme hyperkomplexer Größen, Dissertation (Berlin 1923), Da bei diesen Beweisen aber das in der vorigen Anmerkung genannte Kriterium verwandt wird, reichen sie für den Zweck der vorliegenden Arbeit nicht vollständig aus. Nachträglich erkennt man noch, daß die Voraussetzungen über $\mathfrak{A}$ sich einschränken lassen, was für uns aber unwesentlich ist.

vornherein in K in irreduzible Bestandteile zerlegt annehmen, es sei

$$(1) \qquad \mathfrak{A} = \begin{pmatrix} \mathfrak{A}_1 & & & \\ \mathfrak{A}_{21} & \mathfrak{A}_2 & & \\ \cdot & \cdot & \cdot & \cdot \\ \mathfrak{A}_{k1} & \mathfrak{A}_{k2} & \dots & \mathfrak{A}_k \end{pmatrix},$$

wo die $\mathfrak{A}_\varkappa$ in K rationale und irreduzible Darstellungen von A sind. Neben $\mathfrak{A}$ betrachte man die Darstellung $\mathfrak{A}^*$, die aus $\mathfrak{A}$ entsteht, wenn man in (1) alle $\mathfrak{A}_{\varkappa\lambda}$ mit $\varkappa > \lambda$ durch Null ersetzt. Notwendig und hinreichend dafür, daß $\mathfrak{A}$ nicht vollständig reduzibel ist, ist, daß es in $\mathfrak{A}$ mehr linear unabhängige Elemente als in $\mathfrak{A}^*$ gibt[17]). Ist diese Bedingung erfüllt, so gibt es lineare von Null verschiedene Verbindungen von Elementen von $\mathfrak{A}$ mit Koeffizienten aus K, für die die entsprechende Verbindung aus den zugeordneten Elementen von $\mathfrak{A}^*$ verschwindet. Es gibt also in $\mathfrak{A}$ von Null verschiedene Elemente A, bei denen bei der Schreibweise (1) in der Hauptdiagonale lauter Nullen stehen. Ist Z ein beliebiges Element von $\mathfrak{A}$, so stehen auch in AZ in und unter der Hauptdiagonale lauter Nullen; daher verschwindet eine Potenz von AZ. A und wegen der einstufigen Isomorphie also auch das zugeordnete Element von A sind Wurzelgrößen. Daher ist A sicher nicht halbeinfach.

Umgekehrt sei α Wurzelgröße, die zugeordnete Matrix sei A. In $\mathfrak{A}_\varkappa$ entspreche A etwa $A_\varkappa$ ($\varkappa = 1, 2, \dots, k$). Für ein beliebiges $Z_\varkappa$ aus $\mathfrak{A}_\varkappa$ muß dann eine geeignete Potenz von $A_\varkappa Z_\varkappa$ verschwinden. Nach Satz δ ist $\mathfrak{A}_\varkappa$ im absoluten Sinn vollständig reduzibel. $\mathfrak{B}$ sei einer der absolut irreduziblen Bestandteile von $\mathfrak{A}_\varkappa$, B sei die $A_\varkappa$ in $\mathfrak{B}$ entsprechende Matrix. Dann muß für alle Y aus $\mathfrak{B}$ eine geeignete Potenz von BY verschwinden. Daher sind alle charakteristischen Wurzeln und folglich auch die Spur von BY Null

$$(2) \qquad \chi(BY) = 0.$$

[17]) Man beweist meist diese Tatsache mit Hilfe des hier zu beweisenden Satzes; man kann sie aber direkt mit den Hilfsmitteln der Theorie der Gruppen linearer Substitutionen nachweisen, so daß kein Zirkelschluß vorliegt. Ich werde darauf noch in einer andern Arbeit in der Math. Zeitschrift eingehen. Die durchgeführte Betrachtung läßt ohne Verwendung dieses gruppentheoretischen Satzes erkennen, daß ein halbeinfaches System A eine in K rationale einstufig isomorphe∧Darstellung besitzt; denn enthält $\mathfrak{A}$ mehr linear unabhängige Elemente wie $\mathfrak{A}^*$, so folgt aus dem Beweis, daß A nicht halbeinfach sein kann. Enthält aber $\mathfrak{A}$ ebenso viele linear unabhängige Elemente wie $\mathfrak{A}^*$, so ist $\mathfrak{A}^*$ eine einstufig isomorphe vollständig reduzible Darstellung von A. Bei dem Beweis der Umkehrung, daß ein nicht halbeinfaches System nicht vollständig reduzible Darstellungen besitzt, wird der gruppentheoretische Satz nicht benützt. Nur diese in der Anmerkung genannten Tatsachen werden im folgenden verwendet.

∧ l. 6 of footnote: vollständig reduzible (R.B.)

Bei festem B stellt (2) eine lineare homogene Relation für die Koeffizienten von Y dar, wobei Y ein beliebiges Element der absolut irreduziblen Gruppe $\mathfrak{B}$ ist. Ist f der Grad von $\mathfrak{B}$, so kann wegen dieser Relation $\mathfrak{B}$ nicht f^2 linear unabhängige Elemente enthalten. Man erhält einen Widerspruch zu Satz α, außer wenn $B = 0$ ist. Da $\mathfrak{B}$ ein beliebiger Bestandteil der vollständig reduziblen Gruppe $\mathfrak{A}_\varkappa$ war, folgt $A_\varkappa = 0$. Bei der Schreibweise (1) stehen also in der Hauptdiagonale von A lauter Nullen. Das zeigt unmittelbar, daß $\mathfrak{A}$ nicht vollständig reduzibel ist, da sonst A zu 0 ähnlich, also $A = 0$ sein müßte.

Unsere Betrachtung ergibt auch noch, daß bei der Schreibweise (1) von $\mathfrak{A}$ ein Element dann und nur dann Wurzelgröße ist, wenn in der Hauptdiagonale lauter Nullen stehen.

A sei im folgenden halbeinfach; eine in K rationale, einstufig isomorphe Darstellung kann man in der Form

$$\mathfrak{A} = \begin{pmatrix} \mathfrak{A}_1 & & & \\ & \mathfrak{A}_2 & & \\ & & \ddots & \\ & & & \mathfrak{A}_k \end{pmatrix} \tag{3}$$

annehmen, wo die $\mathfrak{A}_\varkappa$ in K rational und irreduzibel sind. Ferner darf man ohne wesentliche Einschränkung annehmen, daß alle $\mathfrak{A}_\varkappa$ wesentlich verschieden sind, und daß die Nulldarstellung unter ihnen nicht vorkommt. Nach den Sätzen δ und ε sind alle Gruppen $\mathfrak{A}_\varkappa$ absolut vollständig reduzibel; für $\varkappa \neq \lambda$ haben $\mathfrak{A}_\varkappa$ und $\mathfrak{A}_\lambda$ keinen absolut irreduziblen Bestandteil gemeinsam.

Es sei $k > 1$. ϱ sei ein fester der Werte $1, 2, \ldots, k$. Wir fragen: Wieviel linear unabhängige Elemente in $\mathfrak{A}$ gibt es, bei denen bei der Schreibweise (3) außer in $\mathfrak{A}_\varrho$ lauter Nullen stehen? Ersichtlich ist diese Anzahl gleich der Anzahl u der linear unabhängigen Elemente von $\mathfrak{A}$ vermindert um die Anzahl u^* der linear unabhängigen Elemente derjenigen Gruppe $\mathfrak{A}^*$, die aus $\mathfrak{A}$ durch Fortlassen des Bestandteiles $\mathfrak{A}_\varrho$ entsteht. Die Anzahl der linear unabhängigen Elemente in $\mathfrak{A}_\varkappa$ sei $u_\varkappa$ für $\varkappa = 1, 2, \ldots, k$. Wegen der eben erwähnten Eigenschaften der Gruppe $\mathfrak{A}_\varkappa$ folgt aus Satz γ

$$u = u_1 + u_2 + \ldots + u_k, \qquad u^* = u_1 + u_2 + \ldots + u_{\varrho-1} + u_{\varrho+1} + \ldots + u_k.$$

Also ist $u - u^* = u_\varrho$. Folglich gibt es in $\mathfrak{A}$ genau ebensoviel linear unabhängige Elemente, bei denen nur an Stelle von $\mathfrak{A}_\varrho$ etwas von Null verschiedenes steht, wie es in $\mathfrak{A}_\varrho$ überhaupt linear unabhängige Elemente gibt. Daher muß $\mathfrak{A}$ alle Elemente von

$$\mathfrak{B}_\varrho = \begin{pmatrix} 0 & & & & \\ & \ddots & & & \\ & & \mathfrak{A}_\varrho & & \\ & & & \ddots & \\ & & & & 0 \end{pmatrix}$$

wo $\mathfrak{A}_\varrho$ in der ϱ-ten Zeile, ϱ-ten Spalte stehen soll), enthalten. Das gilt für $\varrho = 1, 2, \ldots, k$. Jedes Element von $\mathfrak{A}$ kann man eindeutig in der Form $B_1 + B_2 + \ldots + B_k$ mit $B_\varkappa < \mathfrak{B}_\varkappa$ dastellen. $\mathfrak{B}_\varkappa$ stellt ein invariantes Teilsystem[18]) von $\mathfrak{A}$ dar. Multipliziert man ein Element von $\mathfrak{B}_\varkappa$ mit einem Element von $\mathfrak{B}_\lambda$, so erhält man für $\varkappa \neq \lambda$ stets 0. Wegen dieses Sachverhaltes sagt man, $\mathfrak{A}$ sei als direkte Summe[18]) der invarianten Teilsysteme $\mathfrak{B}_1, \mathfrak{B}_2, \ldots, \mathfrak{B}_k$ dargestellt. $\mathfrak{B}_\varkappa$ ist zu $\mathfrak{A}_\varkappa$ einstufig isomorph.

Wir wollen ein System A von hyperkomplexen Größen *einfach* nennen, wenn es eine in K rationale und irreduzible, einstufig isomorphe Darstellung besitzt[19]). Jedes einfache System ist also sicher halbeinfach. — Bei unseren Betrachtungen stellt $\mathfrak{B}_\varkappa$ ein einfaches System dar, wir haben also bewiesen: *Ein halbeinfaches System hyperkomplexer Größen läßt sich als direkte Summe einfacher Systeme darstellen.*

Ein einfaches System A besitzt überhaupt nur eine einzige in K irreduzible Darstellung. Denn ist $\mathfrak{A}$ die nach Definition vorhandene einstufig isomorphe, in K irreduzible Darstellung; ist $\mathfrak{B}$ eine zweite in K irreduzible und von $\mathfrak{A}$ wesentlich verschiedene Darstellung, so bildet auch

$$\mathfrak{C} = \begin{pmatrix} \mathfrak{A} & 0 \\ 0 & \mathfrak{B} \end{pmatrix}$$

eine Darstellung. Die Anzahl der linear unabhängigen Elemente von $\mathfrak{C}$ ist aber wegen der Sätze γ und ε größer als die entsprechende Anzahl bei $\mathfrak{A}$ und folglich auch bei A. Man hat also einen Widerspruch. Genau analog folgt, daß A außer den absolut irreduziblen Bestandteilen von $\mathfrak{A}$ keine absolut irreduziblen Darstellungen besitzt.

Satz 1. *Ein einfaches System hyperkomplexer Zahlen besitzt nur eine einzige in* K *irreduzible Darstellung. Durch Zerlegung in absolut irreduzible Bestandteile erhält man alle absolut irreduziblen Darstellungen.*

---

[18]) Vgl. etwa Dickson, S. 85—86.

[19]) Diese Definition, die von der üblichen verschieden ist, ist für unsere Zwecke bequem. Gewöhnlich definiert man ein einfaches System als ein System, das kein invariantes Teilsystem besitzt (vgl. Dickson, S. 92). Nach dieser Definition muß man dann aber auch das durch (4) gegebene System als einfach bezeichnen, das nach unserer Definition nicht einfach ist; im übrigen sind, wie später gezeigt wird, beide Definitionen äquivalent. In älteren Untersuchungen (Molien, Cartan, Frobenius) waren Systeme wie (4) ausgeschlossen; es ist nicht zweckmäßig, es unter die einfachen Systeme zu zählen, da seine Struktur völlig anders ist.

A sei ein System hyperkomplexer Größen, das kein invariantes Teilsystem besitzt. Ist A halbeinfach, so muß es einfach sein, da es sicher nicht als direkte Summe darstellbar ist. Ist A nicht halbeinfach, so darf es nur aus Wurzelgrößen bestehen, weil sonst die Wurzelgrößen ein invariantes Teilsystem, das sogenannte Radikal von A, bilden, wie sich aus der oben gegebenen Darstellung der Wurzelgrößen unmittelbar ergibt. Man schließt dann weiter sehr einfach (vgl. Dickson, S. 102), daß A einstufig isomorph mit dem System aller Matrizen

$$(4)\qquad \begin{pmatrix} 0 & 0 \\ a & 0 \end{pmatrix}$$

ist, wo a eine beliebige Zahl aus K sein darf.

Umgekehrt besitzt ein einfaches System kein invariantes Teilsystem. Der Beweis, der sich auf verschiedene Weisen führen läßt, soll hier der Kürze halber auf § 2 verschoben werden. Wenn er geführt ist, ist gezeigt, daß die hier gegebene Definition der einfachen Systeme hyperkomplexer Größen abgesehen von dem durch (4) gegebenen Ausnahmefall mit der üblichen Definition äquivalent ist (vgl. [19])).

Ein System hyperkomplexer Größen ohne Nullteiler besitzt sicher keine Wurzelgrößen und ist daher halbeinfach. Da es sich nicht als direkte Summe mehrerer Systeme darstellen lassen kann, muß es einfach sein.

§ 2.

Eine Gruppe linearer Substitutionen $\mathfrak{G}$ heiße in bezug auf den Körper K *komplett*, wenn alle linearen Verbindungen von Elementen von $\mathfrak{G}$ mit Koeffizienten aus K zu $\mathfrak{G}$ gehören. Die Matrizen jeder in bezug auf K rationalen und kompletten Gruppe lassen sich als Elemente eines Systems hyperkomplexer Größen über K auffassen.

Hilfssatz 1. *$\mathfrak{F}$ sei ein absolut irreduzibler Bestandteil einer in bezug auf K kompletten und irreduziblen Gruppe $\mathfrak{A}$. Der durch Adjunktion des Charakters von $\mathfrak{F}$ zu K entstehende algebraische Körper*[20]) *über K heiße Z. Dann ist $\mathfrak{F}$ auch in bezug auf Z komplett.*

Beweis. $\mathfrak{F}$ ist nach Satz η in einem algebraischen Körper Ω über Z rational darstellbar; wir können von vornherein $\mathfrak{F}$ in Ω rational annehmen. Zu $\mathfrak{F}$ gehört eine wohlbestimmte in bezug auf Z komplette Gruppe $\mathfrak{G}$, die aus allen linearen Verbindungen von endlich vielen Elementen von $\mathfrak{F}$ mit Koeffizienten aus Z besteht. Es ist auch $\mathfrak{G}$ in Ω rational. Ω ist ebenfalls in bezug auf K algebraisch. — Ist G ein Element aus $\mathfrak{G}$, so seien

[20]) Unter einem algebraischen Körper ist im folgenden immer ein algebraischer Körper endlichen Relativgrades gemeint.

$G = G_1, G_2, \ldots, G_r$ die algebraisch zu G in bezug auf K konjugierten Elemente; analog seien $F = F_1, F_2, \ldots, F_r$ die zu einer Matrix $F < \mathfrak{F}$ algebraisch konjugierten Matrizen. Wir setzen

$$\tilde{G} = \begin{pmatrix} G_1 & & & \\ & G_2 & & \\ & & \ddots & \\ & & & G_r \end{pmatrix}. \tag{5}$$

Bildet man für alle G aus $\mathfrak{G}$ das Element $\tilde{G}$, so erhält man eine einstufig zu $\mathfrak{G}$ isomorphe Gruppe $\tilde{\mathfrak{G}}$. Diese ist nach Satz ζ in K rational darstellbar, es sei $\mathfrak{G}^* = Q^{-1}\tilde{\mathfrak{G}}Q$ in K rational. Bildet man $\tilde{G}$ nur für alle G aus $\mathfrak{F}$, so erhält man eine Untergruppe $\tilde{\mathfrak{F}}$ von $\tilde{\mathfrak{G}}$; $Q^{-1}\tilde{\mathfrak{F}}Q = \mathfrak{F}^*$ ist als Untergruppe von $\mathfrak{G}^*$ auch in K rational. Die von allen Matrizen G_ϱ bei festem ϱ gebildete Gruppe heiße $\mathfrak{G}_\varrho$; entsprechend sei $\mathfrak{F}_\varrho$ die aus allen Matrizen F_ϱ gebildete Gruppe. $\mathfrak{G}_\varrho$ und $\mathfrak{G}_\sigma$ sind einstufig isomorph, ebenso $\mathfrak{F}_\varrho$ und $\mathfrak{F}_\sigma$ für $\varrho, \sigma = 1, 2, \ldots, r$. Da $\mathfrak{F}$ und daher auch $\mathfrak{G}$ irreduzibel sind, sind auch $\mathfrak{F}_\varrho$ und $\mathfrak{G}_\varrho$ irreduzibel. Dann und nur dann sind $\mathfrak{G}_\varrho$ und $\mathfrak{G}_\sigma$ ähnlich, wenn $\mathfrak{F}_\varrho$ und $\mathfrak{F}_\sigma$ ähnlich sind[21]).

Aus (5) ergibt sich, daß die absolut irreduziblen Bestandteile von $\mathfrak{G}^*$ die Gruppen $\mathfrak{G}_1, \mathfrak{G}_2, \ldots, \mathfrak{G}_r$ sind; die Bestandteile von $\mathfrak{F}^*$ sind analog $\mathfrak{F}_1, \mathfrak{F}_2, \ldots, \mathfrak{F}_r$. Die Anzahl der wesentlich verschiedenen Bestandteile ist in beiden Fällen gleich, alle Bestandteile haben denselben Grad. Nach dem Satz γ besitzen $\mathfrak{G}^*$ und $\mathfrak{F}^*$ dieselbe Anzahl von linear unabhängigen Elementen. Wegen $\mathfrak{F}^* < \mathfrak{G}^*$ kann man daher jedes Element von $\mathfrak{G}^*$ als lineare Verbindung von Elementen von $\mathfrak{F}^*$ darstellen. Da ferner $\mathfrak{F}^*$ und $\mathfrak{G}^*$ in K rational sind, kann man die dabei auftretenden Koeffizienten als Zahlen von K wählen. Nun ist aber mit $\mathfrak{A}$ auch $\mathfrak{F}$ in K komplett. Das gleiche gilt dann auch für $\mathfrak{F}^*$ und daher gehört jede lineare Verbindung von Elementen von $\mathfrak{F}^*$ mit Koeffizienten aus K zu $\mathfrak{F}^*$. Es folgt also $\mathfrak{F}^* = \mathfrak{G}^*$. Daraus ergibt sich $\tilde{\mathfrak{F}} = \tilde{\mathfrak{G}}$ und $\mathfrak{F} = \mathfrak{G}$. Folglich ist $\mathfrak{F}$ wirklich in Z komplett.

A sei jetzt ein einfaches System hyperkomplexer Größen über dem Grundkörper K; $\mathfrak{A}$ sei die in K irreduzible Darstellung von A, die nach § 1 eindeutig bestimmt und einstufig isomorph ist. Nach Satz δ und η

---

[21]) Ist $\mathfrak{F}_\varrho$ zu $\mathfrak{F}_\sigma$ ähnlich, so haben beide denselben Charakter $\chi_\varrho = \chi_\sigma$. Adjunktion dieses Charakters zu K ergibt einen zu Z konjugierten Körper $\mathsf{Z}_\varrho = \mathsf{Z}_\sigma$. Ein beliebiges G_ϱ ist als lineare Verbindung von Elementen von $\mathfrak{F}_\varrho$ mit Koeffizienten aus Z_ϱ darstellbar, der Charakter gehört also auch zu Z_ϱ. Das zugehörige algebraisch konjugierte G_σ hat infolgedessen denselben Charakter, also sind $\mathfrak{G}_\varrho$ und $\mathfrak{G}_\sigma$ nach Satz β ähnlich. Aus der Ähnlichkeit von $\mathfrak{G}_\varrho$ und $\mathfrak{G}_\sigma$ folgt unmittelbar die Ähnlichkeit von $\mathfrak{F}_\varrho$ und $\mathfrak{F}_\sigma$.

ist $\mathfrak{A}$ absolut vollständig reduzibel, seine absolut irreduziblen Bestandteile lassen sich als algebraisch in bezug auf K konjugierte Gruppen schreiben und sind daher untereinander und zu $\mathfrak{A}$ einstufig isomorph. $\mathfrak{F}$ sei einer dieser Bestandteile, dann bildet auch $\mathfrak{F}$ eine einstufig isomorphe Darstellung von A.

Ist $\mathfrak{F}$ eine absolut irreduzible Gruppe, die in bezug auf K komplett und in einem algebraischen Körper über K rational ist, so ist $\mathfrak{F}$ nach Satz ζ irreduzibler Bestandteil einer in bezug auf K rationalen, irreduziblen und kompletten Gruppe $\mathfrak{A}$. Nach dem eben durchgeführten Schluß sind $\mathfrak{A}$ und $\mathfrak{F}$ einstufig isomorph; man kann daher die Matrizen von $\mathfrak{F}$ auch als Elemente eines einfachen Systems hyperkomplexer Zahlen über K auffassen.

Durch Adjunktion des Charakters von $\mathfrak{F}$ zu K entsteht ein algebraischer Körper Z über K; ist der zugehörige Schursche Index m, so kann man $\mathfrak{F}$ in einem Körper $\mathsf{Z}(\vartheta)$ vom Grade m über Z rational darstellen. Die Konjugierten zu ϑ seien $\vartheta = \vartheta_1, \vartheta_2, \ldots, \vartheta_m$. Das Faktorensystem von $\mathfrak{F}$[22]) in bezug auf Z als Grundkörper sei $c_{\alpha\beta\gamma}$ $(\alpha, \beta, \gamma = 1, 2, \ldots, m)$. Wir bilden dann alle Systeme von m^2 Zahlen $l_{\alpha\beta}$ mit folgenden Eigenschaften:

1. $l_{\alpha\beta}$ ist eine Zahl aus $\mathsf{Z}(\vartheta_\alpha, \vartheta_\beta)$ für $\alpha, \beta = 1, 2, \ldots, m$.

2. Eine Permutation der Galoisschen Gruppe von $\mathsf{Z}(\vartheta_1, \vartheta_2, \ldots, \vartheta_m)$ in bezug auf Z als Grundkörper, bei der ϑ_α in ϑ_γ, ϑ_β in ϑ_δ übergeht, führt $l_{\alpha\beta}$ in $l_{\gamma\delta}$ über.

Für alle derartigen Systeme $l_{\alpha\beta}$ bilden wir die Matrizen

$$(6) \qquad D = \left(\frac{1}{c_{\varkappa\lambda 1}} l_{\varkappa\lambda}\right) \qquad (\varkappa \text{ Zeilen-, } \lambda \text{ Spaltenindex; } \varkappa, \lambda = 1, 2, \ldots, m).$$

Die Gesamtheit dieser Matrizen bildet nach U.[23]) eine absolut irreduzible Gruppe $\mathfrak{D}$, deren Charakter zu Z gehört. Das Faktorensystem ist ebenfalls $c_{\alpha\beta\gamma}$ (genauer zu $c_{\alpha\beta\gamma}$ assoziiert) und der zugehörige Schursche Index daher m. $\mathfrak{D}$ ist ferner in bezug auf Z komplett.

Der Grad f von $\mathfrak{F}$ ist ein Vielfaches von m, es sei $f = t \cdot m$.

Die Gesamtheit aller Matrizen F vom Grade t, deren Koeffizienten beliebige Matrizen aus $\mathfrak{D}$ sind,

$$(7) \qquad F = (D_{\varkappa\lambda}) \qquad (\varkappa, \lambda = 1, 2, \ldots, t;\ D_{\varkappa\lambda} < \mathfrak{D})$$

bildet eine absolut irreduzible, in bezug auf Z komplette Gruppe $\mathfrak{F}^*$ vom Grade mt, deren Charakter zu Z gehört und die das Faktorensystem $c_{\alpha\beta\gamma}$

---

[22]) Vgl. etwa U. § 1.

[23]) Vgl. insbesondere den Beweis von Satz IV von U. Dort wird von einer zu $\mathfrak{D}$ ähnlichen Gruppe $R\mathfrak{D}R^{-1}$ gezeigt, daß ihr Faktorensystem $c_{\alpha\beta\gamma}$ ist; nach U. Satz VIII ist daher das Faktorensystem von $\mathfrak{D}$ zu $c_{\alpha\beta\gamma}$ assoziiert.

besitzt. Durch diese Eigenschaften ist aber $\mathfrak{F}^*$ nach U. Satz V bis auf Ähnlichkeitstransformation eindeutig bestimmt. $\mathfrak{F}$ und $\mathfrak{F}^*$ sind also ähnlich und daher nicht wesentlich verschieden. Wir ersetzen im folgenden $\mathfrak{F}$ durch $\mathfrak{F}^*$ und schreiben für $\mathfrak{F}^*$ wieder $\mathfrak{F}$.

Satz 2. *Die notwendige und hinreichende Bedingung dafür, daß ein einfaches System hyperkomplexer Größen* A *keine Nullteiler besitzt, ist, daß für eine absolut irreduzible Darstellung der Grad und der Schursche Index übereinstimmen.*

Beweis. Jede absolut irreduzible Darstellung von A ist nach § 1 ein Bestandteil von $\mathfrak{A}$, wir können annehmen, daß es gerade $\mathfrak{F}$ ist. Ist nun $f > m$, also $t > 1$, so kann man leicht zwei von Null verschiedene Elemente F_1 und F_2 angeben, deren Produkt verschwindet. Man setze z. B. in F_1 nach (7) $D_{11} \neq 0$, alle anderen $D_{\varkappa\lambda} = 0$; in F_2 aber $D_{22} = 0$, alle anderen $D_{\varkappa\lambda} \neq 0$. Da A und $\mathfrak{F}$ einstufig isomorph sind, hat auch A Nullteiler.

Ist dagegen $f = m$, also $t = 1$, so wird $\mathfrak{F} = \mathfrak{D}$. Hat ein Element F von $\mathfrak{D}$ die Determinante 0, so ist für alle $X < \mathfrak{F}$ ebenfalls $|XF| = 0$, also 0 charakteristische Wurzel von XF. Nach U. Satz VII und Anmerkung [16]) von U. ist 0 dann m-fache Wurzel von XF, also überhaupt die einzige Wurzel. Daher verschwindet die Spur $\chi(XF)$ für alle $X < \mathfrak{F}$. Wie in § 1 folgt daraus $F = 0$. Für alle $F \neq 0$ ist also auch $|F| \neq 0$. Daher besitzt $\mathfrak{F}$ und damit auch A keine Nullteiler, womit alles bewiesen ist.

Im allgemeinen Fall $t \geqq 1$ stellt das durch (6) definierte $\mathfrak{D}$ stets ein System $\varDelta$ von hyperkomplexen Größen ohne Nullteiler dar. Denn $\mathfrak{D}$ ist absolut irreduzibel, in einem algebraischen Körper über K rational und in bezug auf K komplett; für $\mathfrak{D}$ stimmen der Grad und der Schursche Index überein. *Nach (7) ist das einfache System* A *einstufig isomorph zu dem System aller Matrizen, deren Koeffizienten beliebige Elemente aus* $\varDelta$ *sind, wobei* $\varDelta$ *ein System ohne Nullteiler bedeutet.* Das ist ein bekannter Satz von Wedderburn [24]).

[24]) Wedderburn, On hypercomplex numbers, Proceedings of the London Math. Society 6 (1907), p. 77–118. — Man kann diesen Satz auch so formulieren: Ist A ein einfaches System, so kann man A als direktes Produkt $\varDelta \times \mathsf{M}$ darstellen; $\varDelta$ besitzt dabei keine Nullteiler nnd M ist dem System aller Matrizen vom Grade t mit Koeffizienten aus K einstufig isomorph. — Man zeigt auch noch leicht, daß $\varDelta$ durch A eindeutig festgelegt ist; denn soll $\mathsf{A} = \varDelta \times \mathsf{M}$ sein, so muß das Faktorensystem einer absolut irreduziblen Darstellung von $\varDelta$ auch das Faktorensystem einer absolut irreduziblen Darstellung von A, also das von $\mathfrak{F}$ oder einer algebraisch konjugierten Gruppe sein. Infolgedessen muß es sich um ein zu $c_{\alpha\beta\gamma}$ algebraisch in bezug auf K konjugiertes Faktorensystem handeln; das liefert dann aber ein einstufig zu $\mathfrak{D}$ isomorphes System.

Eine ganz einfache Betrachtung, die man z. B. bei Dickson S. 121 findet, zeigt, daß jedes auf diese Weise darstellbare, also jedes einfache System A kein invariantes Teilsystem besitzt (vgl. § 1).

Setzt man in (6) $l_{\alpha\alpha} = 1$, $l_{\alpha\beta} = 0$ für $\alpha \neq \beta$, so erhält man für D wegen $c_{\alpha\alpha 1} = 1$ (vgl. U. § 2) die Einheitsmatrix E_m[25]. In (7) setze man $D_{\varkappa\varkappa} = E_m$, $D_{\varkappa\lambda} = 0$ für $\varkappa \neq \lambda$. Man erkennt, daß auch $\mathfrak{F}$ die Einheitsmatrix enthält. Daher besitzt ein einfaches System A ein Einheitselement. — Soll $\mathfrak{F}$ eine Matrix cE enthalten, so muß, wie aus (6) und (7) folgt, c eine Zahl aus Z sein.

A sei ein einfaches System, $\mathfrak{F}$ eine absolut irreduzible Darstellung. Der Charakter von $\mathfrak{F}$ gehöre zu K, nach § 4 bedeutet diese Voraussetzung keine wesentliche Einschränkung. Nach Satz 1 und Satz η ist dann $\mathfrak{F}$ die einzige absolut irreduzible Darstellung von A. Ist $\alpha < \mathsf{A}$, A die zugeordnete Matrix von $\mathfrak{F}$, so bezeichnen wir die Determinante $|A|$ als Norm $N(\alpha)$ von α. Offenbar ändert sich $N(\alpha)$ nicht, wenn man $\mathfrak{F}$ durch eine ähnliche Darstellung ersetzt. Nach Definition gilt

$$N(\alpha\beta) = N(\alpha) \cdot N(\beta).$$

Ist $N(\alpha) \neq 0$, so existiert A^{-1}. Es sei

$$(8) \qquad \varphi(A) = A^k + a_1 A^{k-1} + \ldots + a_{k-1} A + a_k E = 0$$

die Gleichung niedrigsten Grades mit Koeffizienten aus K, der A genügt. Dann ist $a_k \neq 0$, da sonst $A^{-1}\varphi(A) = 0$ eine Gleichung niedrigeren Grades ergeben würde. Dann folgt aber

$$A^{-1} = -\frac{1}{a_k}(A^{k-1} + a_1 A^{k-2} + \ldots + a_{k-1} E).$$

Da die rechte Seite zu $\mathfrak{F}$ gehört, gehört auch A^{-1} zu $\mathfrak{F}$. Infolgedessen enthält A, falls $N(\alpha) \neq 0$ ist, ein zu α inverses Element.

Ist $N(\alpha) = 0$, so ist in (8) $a_k = 0$, weil sonst die letzte Formel ein zu A inverses Element liefern würde. (8) kann man aber schreiben

$$A(A^{k-1} + a_1 A^{k-2} + \ldots + a_{k-1} E) = 0.$$

Die Klammer ist hier wegen der Minimaleigenschaft von k von 0 verschieden. Daher ist A und folglich auch α Nullteiler.

Es soll noch ein Hilfssatz bewiesen werden, der später nützlich ist.

Hilfssatz 2. *$\mathfrak{F}$ sei eine absolut irreduzible Darstellung eines einfachen Systems; ihr Grad sei f. $\mathfrak{B}$ und $\mathfrak{C}$ seien zwei ähnliche Untergruppen von $\mathfrak{F}$, d. h. es gebe eine Matrix P vom Grade f mit von Null*

---

[25]) Allgemein bezeichnen wir die Einheitsmatrix n-ten Grades mit E_n.

verschiedener Determinante, für die

$$P^{-1}\mathfrak{B}P = \mathfrak{C} \tag{9}$$

ist. Dann kann man P als Element von $\mathfrak{F}$ wählen.

Beweis. K sei ein unendlicher Körper[26]), $\mathfrak{F}'$ sei die Gruppe aller Transponierten von Matrizen von $\mathfrak{F}$. Ist Z wieder der Körper, der aus K durch Adjunktion des Charakters von $\mathfrak{F}$ entsteht, so kann man nach U. Satz II das Kroneckersche Produkt $\mathfrak{F}\times\mathfrak{F}'$ in Z rational darstellen; $Q^{-1}(\mathfrak{F}\times\mathfrak{F}')Q = \mathfrak{G}$ sei in Z rational. $\mathfrak{G}$ enthält die beiden Untergruppen

$$\mathfrak{R} = Q^{-1}(\mathfrak{F}\times E_f)Q, \qquad \mathfrak{S} = Q^{-1}(E_f\times\mathfrak{F}')Q. \tag{10}$$

$\mathfrak{R}$ seinerseits enthält als Untergruppen

$$\mathfrak{U} = Q^{-1}(\mathfrak{B}\times E_f)Q, \qquad \mathfrak{V} = Q^{-1}(\mathfrak{C}\times E_f)Q. \tag{11}$$

Setzt man noch $T = Q^{-1}(P\times E_f)Q$, so ist $|T| \neq 0$. Aus (9), (10) und (11) folgt

$$\mathfrak{U}T = T\mathfrak{V}, \qquad \mathfrak{S}T = T\mathfrak{S}. \tag{12}$$

Umgekehrt sei T eine Matrix, die (12) erfüllt und für die $|T| \neq 0$ ist. T ist dann wegen der Vertauschbarkeit mit $\mathfrak{S}$ von der Form $Q^{-1}(P\times E_f)Q$, da nach U. § 1 die mit $E_f\times\mathfrak{F}'$ vertauschbare Matrix QTQ^{-1} die Form $P\times E_f$ hat. P ist dabei vom Grade f, es ist $|P| \neq 0$. Aus der ersten Gleichung (12) folgt dann aber wegen (11) wieder $P^{-1}\mathfrak{B}P = \mathfrak{C}$.

$\mathfrak{R}$, $\mathfrak{S}$, $\mathfrak{U}$ und $\mathfrak{V}$ sind als Untergruppen von $\mathfrak{G}$ in Z rational. Die Gleichungen (12) stellen daher für die Koeffizienten einer unbekannten Matrix T eine Reihe von linearen Gleichungen mit Koeffizienten aus Z dar. Da wir wissen, daß diese Gleichungen eine Lösung haben, für die $|T| \neq 0$ ist, und da Z unendlich viele Elemente enthält, gibt es auch eine in Z rationale Lösung T mit $|T| \neq 0$. Konstruieren wir aus diesem T wie eben eine Matrix P, so erfüllt P die Gleichung (9). Wir behaupten, daß dieses P zu $\mathfrak{F}$ gehört.

Da nämlich $\mathfrak{F}$ absolut irreduzibel ist, enthält es (nach Satz α) f^2 linear unabhängige Elemente; man kann daher P als lineare Verbindung von Elementen von $\mathfrak{F}$ darstellen; wegen (10) also $T = Q^{-1}(P\times E_f)Q$ als lineare Verbindung von Elementen von $\mathfrak{R}$. Da T und $\mathfrak{R}$ in Z rational sind, kann man dabei die Koeffizienten aus Z wählen, folglich auch bei der Darstellung von P durch Elemente von $\mathfrak{F}$. Da aber $\mathfrak{F}$ in bezug auf Z komplett ist, ist wirklich $P < \mathfrak{F}$.

---

26) Ist K ein endlicher Körper, so versagt der hier gegebene Beweis. Wie sich aus § 4 ergibt, gilt der Hilfssatz auch noch in diesem Falle.

§ 3.

A sei ein einfaches System, $\mathfrak{A}$ die in K irreduzible Darstellung. $\mathfrak{A}$ enthalte r wesentlich verschiedene, absolut irreduzible Bestandteile; der Grad derselben, der für alle nach Satz η derselbe ist, sei f. Nach den Sätzen δ und γ enthält dann $\mathfrak{A}$ genau rf^2 linear unabhängige Elemente; der Rang von A ist folglich rf^2. Dabei läßt r sich auch als Relativgrad desjenigen Körpers Z deuten, der aus K durch Adjunktion des Charakters von $\mathfrak{F}$ entsteht, wo $\mathfrak{F}$ wie früher eine absolut irreduzible Darstellung von A bezeichne.

Das System derjenigen Größen von A, die mit allen Größen von A vertauschbar sind, bezeichnen wir als das Zentrum von A. Ist α eine Größe des Zentrums von A, so muß die zugeordnete Matrix von $\mathfrak{F}$ mit allen Elementen der absolut irreduziblen Gruppe $\mathfrak{F}$ vertauschbar und daher eine Multiplikation cE_f sein. Wie aus der Darstellung (6) und (7) von $\mathfrak{F}$ folgt, muß dabei c eine Zahl aus Z sein (vgl. § 2). Für alle $c < \mathsf{Z}$ enthält $\mathfrak{F}$ umgekehrt cE_f, da $\mathfrak{F}$ in bezug auf Z komplett ist und E_f enthält. Das Zentrum von A wird also durch die Elemente cE_f dargestellt und ist daher zu Z einstufig isomorph.

Satz 3. *Ist A ein einfaches System, $\mathfrak{F}$ eine der absolut irreduziblen Darstellungen, und ist Z der durch Adjunktion des Charakters von $\mathfrak{F}$ zu K entstehende Körper, so ist Z zum Zentrum von $\mathfrak{F}$ einstufig isomorph. Ist r der Relativgrad von Z in bezug auf K und hat $\mathfrak{F}$ den Grad f, so ist der Rang von A in bezug auf K genau rf^2.*

Δ sei im folgenden ein festes System hyperkomplexer Größen ohne Nullteiler, $\mathfrak{D}$ wie oben eine absolut irreduzible Darstellung. Ist $t > 0$ eine ganze rationale Zahl, so bilden die Matrizen des Grades t, deren Koeffizienten beliebige Elemente aus Δ sind, ein einfaches System; es werde mit A_t bezeichnet. Man erhält so alle einfachen Systeme, denen bei Zerlegung nach dem Wedderburnschen Satz gerade Δ als nullteilerfreies System zugeordnet ist. Die Elemente von $\mathfrak{D}$ kann man wieder durch (6) gegeben annehmen, (7) liefert eine absolut irreduzible Darstellung von A_t, die jetzt deutlicher mit $\mathfrak{F}_t$ bezeichnet werde. Da $\mathfrak{D}$ und $\mathfrak{F}_t$ nach § 2 das gleiche Faktorensystem haben, sind die Körper, in denen $\mathfrak{D}$ und $\mathfrak{F}_t$ rational dargestellt werden können, für beide Gruppen die gleichen; wir wollen sie die Darstellungskörper von $\mathfrak{F}_t$ nennen[26a]. Sie enthalten alle Z. Die Zentren aller

[26a]) In der in Anmerkung [4]) zitierten Arbeit werden diese Körper und ihre Konjugierten in bezug auf Z als *Zerfällungskörper* der in K rationalen irreduziblen Darstellung von A_t bezeichnet. Abweichend von der genannten Arbeit sollen im folgenden unter *Körpern* immer kommutative Körper, also Körper im gewöhnlichen Sinne verstanden werden.

Systeme A_t sind nach Satz 3 zu Z isomorph; wir können direkt das durch cE dargestellte Element des Zentrums von A_t mit c identifizieren und dementsprechend ohne Gefahr einer Verwechslung das Zentrum von A_t ebenfalls mit Z bezeichnen.

Unter einem Teilkörper Γ von A_t verstehen wir ein Teilsystem, das einen Körper bildet und Z enthält; Z selbst ist auch ein Teilkörper von A_t. Ein Teilkörper heißt maximal, wenn er in keinem andern enthalten ist. Ist Γ' ein Teilkörper von A_s, so soll eine Abbildung von Γ auf Γ' nur dann isomorph genannt werden, wenn sie einstufig ist, und die Elemente von Z sich selbst entsprechen.

Ist Γ ein Teilkörper von A_t, so ist Γ ein Körper endlichen Ranges über Z. Da mit K auch Z vollkommen ist, entsteht Γ aus Z durch Adjunktion eines Elementes γ, das in Z einer irreduziblen Gleichung $f(x) = 0$ genügt. Der höchste Koeffizient von $f(x)$ sei 1, der Grad heiße k. C sei die γ in $\mathfrak{F}_t$ entsprechende Matrix, $\varphi(x) = 0$ sei die charakteristische Gleichung von C. Da man nach Satz η $E_m \times \mathfrak{F}_t$ und damit auch $E_m \times C$ in Z rational machen kann, ist die charakteristische Gleichung von $E_m \times C$ in Z rational; das ist aber $\varphi(x)^m = 0$. Da Z vollkommen ist, ist daher auch $\varphi(x)$ selbst in Z rational. Wegen $f(C) = 0$ sind alle Wurzeln von $\varphi(x) = 0$ auch Wurzeln von $f(x) = 0$, und wegen der Irreduzibilität von $f(x)$ ist $\varphi(x)$ eine Potenz von $f(x)$. Nun hat $\varphi(x)$ nach (6) und (7) den Grad $t\cdot m$, also folgt $k \mid tm$

$$\varphi(x) = f(x)^{\frac{t\cdot m}{k}}. \tag{13}$$

Γ^* sei ein zu Γ isomorpher Teilkörper von A_t. γ^* sei die γ entsprechende Größe, C^* die zugeordnete Matrix von $\mathfrak{F}_t$. Dann ist auch $f(C^*) = 0$. Da $f(x) = 0$ in Z irreduzibel ist und daher nur einfache Wurzeln hat, sind C und C^* ähnlich. Nach Hilfssatz 2 gibt es dann in $\mathfrak{F}_t$ ein Element P, so daß $C^* = P^{-1}CP$ ist[27]). Ist π das entsprechende Element von A_t, so ist $\gamma^* = \pi^{-1}\gamma\pi$ und daher $\Gamma^* = \pi^{-1}\Gamma\pi$. Ist Γ in einem Teilkörper B enthalten, so ist $\Gamma^* < \pi^{-1}\mathsf{B}\pi$ und ist daher gleichfalls nicht maximal.

Hilfssatz 3. *Der Relativgrad k eines Teilkörpers Γ von A_t in bezug auf Z ist ein Teiler von tm. Sind Γ und Γ^* isomorphe Teilkörper von A_t, so gibt es ein Element π in A_t, so daß $\Gamma^* = \pi^{-1}\Gamma\pi$ ist. Γ und Γ^* sind dann gleichzeitig maximal.*

s sei ein Teiler von t, etwa $zs = t$. Γ sei jetzt ein Teilkörper von A_s, $\mathfrak{C}$ die entsprechende Untergruppe von $\mathfrak{F}_s$. Wegen (6) und (7) kann man

[27]) Ist K ein endlicher Körper, so gilt nach § 4 Hilfssatz 2 auch noch.

$\mathfrak{F}_t$ auch als Gesamtheit der Matrizen vom Grade z deuten, deren Koeffizienten selbst Elemente aus $\mathfrak{F}_s$ sind:

$$(14) \qquad F = (G_{\varkappa\lambda}) \qquad (\varkappa, \lambda = 1, 2, \ldots, z;\ G_{\varkappa\lambda} < \mathfrak{F}_s).$$

G sei ein beliebiges Element aus $\mathfrak{G} < \mathfrak{F}_s$; man setze $G_{\varkappa\lambda} = 0$ für $\varkappa \neq \lambda$ und $G_{\varkappa\varkappa} = G$ für alle $\varkappa$. Die so entstehenden Matrizen $\mathfrak{F}$ bilden offenbar ein zu Γ isomorphes Teilsystem von $\mathfrak{F}_t$, die zugehörigen Elemente folglich, da Z sich selbst entspricht, einen zu Γ isomorphen Teilkörper Γ^* von A_t.

Hilfssatz 4. *Ist Γ ein Teilkörper von A_s und s ein Teiler von t, so enthält A_t einen zu Γ isomorphen Teilkörper Γ^*.*

$\Omega = \mathsf{Z}(\eta)$ sei ein Darstellungskörper, sein Relativgrad in bezug auf Z ist nach Satz η durch m teilbar; er sei mt. $\mathfrak{F}_t^*$ sei eine in Ω rationale, zu $\mathfrak{F}_t$ ähnliche Gruppe, $c^*_{\alpha\beta\gamma}$ ihr Faktorensystem. Bildet man alle Matrizen

$$(15) \qquad U = \left(\frac{1}{c^*_{\varkappa\lambda 1}}\, l_{\varkappa\lambda}\right) \qquad (\varkappa, \lambda = 1, 2, \ldots, mt),$$

wo die $l_{\varkappa\lambda}$ analogen Bedingungen wie in § 2 unterliegen, so erhält man nach U. § 2 eine zu $\mathfrak{F}_t^*$ und also auch zu $\mathfrak{F}_t$ ähnliche Gruppe $\mathfrak{F}_t^{**}$.

Man setze in (15), was zulässig ist,

$$l_{\varkappa\lambda} = 0 \quad \text{für} \quad \varkappa \neq \lambda, \qquad l_{\varkappa\varkappa} = a_\varkappa,$$

wo a_1 eine beliebige Zahl aus $\mathsf{Z}(\eta)$, $a_2, a_3, \ldots, a_{mt}$ ihre Konjugierten in bezug auf Z sind. Da $c^*_{\varkappa\varkappa 1} = 1$ ist, wird dann

$$U = \begin{pmatrix} a_1 & & & \\ & a_2 & & \\ & & \ddots & \\ & & & a_{mt} \end{pmatrix}.$$

Diese speziellen Matrizen U bilden ein zum Körper $\mathsf{Z}(\eta)$ isomorphes Teilsystem. Dieses enthält das Zentrum von $\mathfrak{F}_t^{**}$, das man erhält, wenn man a_1 als beliebige Zahl aus Z wählt. Folglich enthält auch A_t einen zu $\mathsf{Z}(\eta)$ isomorphen Teilkörper Γ. Der Relativgrad von $\mathsf{Z}(\eta)$ in bezug auf Z ist mt, also ist Γ nach Hilfssatz 3 maximal. Also gilt

Satz 4. *$\mathfrak{F}$ sei eine absolut irreduzible Darstellung eines einfachen Systems A, Z bedeute den durch Adjunktion des Charakters von $\mathfrak{F}$ zu K entstehenden Körper. Nach dem Wedderburnschen Satz gibt es ein nullteilerfreies System Δ, so daß A dem System aller Matrizen eines festen Grades isomorph ist, deren Koeffizienten beliebige Elemente aus Δ sind. Ist $\mathfrak{F}$ in dem algebraischen Körper Ω vom Grade mt rational darstellbar, so ist Ω einem maximalen Teilkörper desjenigen einfachen Systems A_t isomorph, das aus allen Matrizen vom Grade t mit Koeffizienten aus Δ*

besteht. Dem Teilkörper Z *von* Ω *entspricht bei der isomorphen Zuordnung das Zentrum von* A_t.[28])

Es sei wieder Γ ein Teilkörper von A_t. γ, C, k, $f(x)$ und $\varphi(x)$ mögen analoge Bedeutung wie beim Beweis von Hilfssatz 3 haben. Da Z vollkommen ist, hat $f(x)$ lauter verschiedene Wurzeln. Ist γ' eine von ihnen, so ist $\mathsf{Z}(\gamma')$ isomorph zu Γ; nach (13) hat γ' als Wurzel der charakteristischen Gleichung von C die Vielfachheit $\frac{tm}{k}$. Nach U. Satz VII und Anmerkung [16]) von U. ist daher der Schursche Index μ von $\mathfrak{F}_t$ in bezug auf $\mathsf{Z}(\gamma')$ ein Teiler von $\frac{tm}{k}$. Es sei $\mathsf{Z}(\eta)$ ein Darstellungskörper vom Relativgrad μ über $\mathsf{Z}(\gamma')$. Der Relativgrad von $\mathsf{Z}(\eta)$ in bezug auf Z ist dann μk, also ein Teiler von tm. Andererseits ist dieser Relativgrad nach Satz ϑ durch m teilbar, er sei etwa sm. Dann ist $s \mid t$.

Nach Satz 4 ist $\mathsf{Z}(\eta)$ als Darstellungskörper einem maximalen Teilkörper von A_s und daher nach Hilfssatz 4 einem Teilkörper P von A_t isomorph. Da $\mathsf{Z}(\eta) > \mathsf{Z}(\gamma')$ und $\mathsf{Z}(\gamma')$ isomorph zu Γ ist, muß P einen zu Γ isomorphen Teilkörper Γ^* enthalten. Ist nun Γ in A_t maximal, so ist nach Hilfssatz 3 auch Γ^* maximal und daher $\mathsf{P} = \Gamma^*$, also auch $\mathsf{Z}(\eta) = \mathsf{Z}(\gamma')$. Daher ist Γ dem Darstellungskörper $\mathsf{Z}(\eta)$ vom Relativgrad ms über Z isomorph. Das liefert die Umkehrung zu Satz 4:

Satz 5. *Ist* Γ *maximaler Unterkörper des einfachen Systems* A_t *und ist* $\mathfrak{F}$ *eine absolut irreduzible Darstellung von* A_t *oder allgemeiner von einem System* A, *das bei Zerlegung nach dem Wedderburnschen Satz zum selben nullteilerfreien System wie* A_t *gehört, so ist* $\mathfrak{F}$ *in einem zu* Γ *isomorphen Körper rational darstellbar.*

Für $t = 1$ ist der Grad eines maximalen Teilkörpers Γ von A_1 in bezug auf Z nach Hilfssatz 3 ein Teiler von m. Da andererseits Γ einem Darstellungskörper isomorph ist, ist der Grad durch m teilbar, also genau m.

Dagegen braucht für $t > 1$ der Grad der maximalen Teilkörper von A_t nicht genau tm zu sein, es brauchen ja überhaupt keine algebraischen Körper vom Grade tm über Z zu existieren.

Der Körper A heiße *regulär*, wenn es in bezug auf jeden algebraischen Körper über K als Grundkörper noch algebraische Körper von beliebigem Relativgrad gibt. Z. B. ist jeder algebraische Zahlkörper regulär, der Körper der reellen Zahlen dagegen nicht.

Satz 6. *Ist* K *regulär, so haben alle maximalen Teilkörper von* A_t *den Relativgrad* mt *in bezug auf das Zentrum. Das gleiche gilt stets, wenn* $t = 1$ *ist.*

---

[28]) Vgl. hierzu und zu Satz 5 die Anm. [4]).

Beweis. Ist Γ maximaler Teilkörper von A_t, so ist es nach Satz 5 einem Darstellungskörper $\mathsf{Z}(\gamma)$ isomorph. Der Relativgrad von $\mathsf{Z}(\gamma)$ ist ms mit $s \mid t$. Mit K ist auch Z regulär, also kann man $\mathsf{Z}(\gamma)$ in einen Körper $\mathsf{Z}(\eta)$ vom Relativgrad $\frac{t}{s}$ über $\mathsf{Z}(\gamma)$ einbetten. In bezug auf Z hat $\mathsf{Z}(\eta)$ den Relativgrad mt. Wie beim Beweis von Satz 5 schließt man, daß $\mathsf{Z}(\gamma) = \mathsf{Z}(\eta)$ ist. Daher ist $s = t$, und $\mathsf{Z}(\gamma)$ hat den Relativgrad mt in bezug auf Z.

§ 4.

Wir gehen jetzt dazu über, die nullteilerfremden Systeme A von hyperkomplexen Zahlen über einem gegebenen vollkommenen Grundkörper K aufzustellen. Das Zentrum Z eines derartigen Systems ist nach Satz 3 ein algebraischer Körper über K. Man kann A auch auffassen als nullteilerfreies System hyperkomplexer Zahlen über Z. Ist umgekehrt Z ein beliebiger algebraischer Körper vom Grade r über K und ist umgekehrt A ein nullteilerfreies System vom Range n über Z mit dem Zentrum Z, so kann man A als System vom Range rn über K auffassen. Man kann sich daher auf den Fall beschränken, daß Grundkörper und Zentrum identisch sind.

Es sei jetzt also K selbst schon das Zentrum von A; in den alten Bezeichnungen ist dann $\mathsf{Z} = \mathsf{K}$, $r = 1$. Daher besitzt A nur eine einzige irreduzible Darstellung $\mathfrak{F}$; der Charakter von $\mathfrak{F}$ gehört zu Z. Das Faktorensystem von $\mathfrak{F}$ werde mit c bezeichnet; m sei der zugehörige Schursche Index. Dann ist der Grad von $\mathfrak{F}$ nach Satz 2 ebenfalls m. Wir sehen assoziierte Faktorensysteme wie in U. als nicht wesentlich verschieden an; ebenso gelten ähnliche Gruppen als nicht wesentlich verschieden. Nach U. Satz V ist dann $\mathfrak{F}$ durch c vollständig eindeutig bestimmt, da sein Grad gleich dem Index m des Faktorensystems ist und $\mathfrak{F}$ in bezug auf K komplett ist.

Geht man umgekehrt von einem Faktorensystem c mit dem Schurschen Index m in bezug auf K aus, so gehört dazu eine eindeutig bestimmte absolut irreduzible und in bezug auf K komplette Gruppe des Grades m, deren Charakter zu K gehört und die das Faktorensystem c besitzt. Da man $\mathfrak{F}$ als absolut irreduziblen Bestandteil einer in K irreduziblen und kompletten Gruppe auffassen kann, ist $\mathfrak{F}$ die absolut irreduzible Darstellung eines einfachen Systems A. Nach Satz 3 hat A das Zentrum K. Da ferner für $\mathfrak{F}$ der Grad und der Schursche Index m übereinstimmen, hat nach Satz 2 $\mathfrak{F}$ und daher auch A keine Nullteiler. Nach Satz 3 ist m^2 der Rang von A in bezug auf K als Grundkörper.

Satz 7. *Jedem System* A *ohne Nullteiler über dem Körper* K, *für das* K *auch das Zentrum ist, ist umkehrbar eindeutig ein Faktoren-*

system c in bezug auf K *als Grundkörper zugeordnet (genauer eine Klasse assoziierter Faktorensysteme). c ist das Faktorensystem der absolut irreduziblen Darstellung* $\mathfrak{A}$ *von* A. *Hat c den Schurschen Index m, so hat* A *den Rang m^2,* $\mathfrak{A}$ *hat den Grad m.*

Zusatz. *Um überhaupt alle Systeme ohne Nullteiler über* K *zu bestimmen, hat man für jeden algebraischen Körper* Z *über* K *alle nullteilerfreien Systeme* A *über* Z *mit dem Zentrum* Z *zu bestimmen und* A *als System über* K *aufzufassen.*

Die Aufgabe, alle Systeme ohne Nullteiler zu bestimmen, ist damit auf die Bestimmung aller Faktorensysteme zurückgeführt. Diese ist in U. § 2 behandelt. Dort wird folgendes gezeigt: Es sei $Z(\vartheta)$ ein algebraischer Körper, etwa vom Grade s, über Z, $\vartheta = \vartheta_1, \vartheta_2, \ldots, \vartheta_s$ die Konjugierten zu ϑ. Notwendig und hinreichend dafür, daß ein System von s^3 Zahlen $c_{\alpha\beta\gamma}$ ein zu $Z(\vartheta)$ gehöriges Faktorensystem in bezug auf Z als Grundkörper bildet, sind die folgenden Bedingungen:

1. $c_{\alpha\beta\gamma}$ ist eine von 0 verschiedene Zahl aus $Z(\vartheta_\alpha, \vartheta_\beta, \vartheta_\gamma)$ für $\alpha, \beta, \gamma = 1, 2, \ldots, s$.

2. Eine Permutation der Galoisschen Gruppe von $Z(\vartheta_1, \vartheta_2, \ldots, \vartheta_s)$ in bezug auf Z als Grundkörper, bei der ϑ_α in $\vartheta_{\alpha'}$, ϑ_β in $\vartheta_{\beta'}$, ϑ_γ in $\vartheta_{\gamma'}$ übergeht, führt $c_{\alpha\beta\gamma}$ in $c_{\alpha'\beta'\gamma'}$ über.

3. Es ist $c_{111} = 1$.

4. Für $\alpha, \beta, \gamma, \delta = 1, 2, \ldots, s$ ist $c_{\alpha\beta\gamma} c_{\alpha\gamma\delta} = c_{\alpha\beta\delta} c_{\beta\gamma\delta}$.

Läßt man $Z(\vartheta)$ alle algebraischen Körper über Z durchlaufen, so erhält man alle Faktorensysteme in bezug auf Z als Grundkörper.

Da aber für uns nur daran liegt, aus jeder Schar assoziierter Faktorensysteme mindestens eins zu finden, können wir uns nach U. Satz XI auf den Fall beschränken, daß alle Zahlen $c_{\alpha\beta\gamma}$ Einheitswurzeln sind. Soll m der Index des Faktorensystems sein, so kommen genauer nur m-te Einheitswurzeln in Betracht; man braucht ferner nur Körper $Z(\vartheta)$ zu betrachten, deren Relativgrade in bezug auf Z kleiner als eine nur von m abhängige feste Schranke sind[29]).

Übersieht man also die algebraischen Körper über Z, so ist damit die Aufstellung aller Faktorensysteme und damit auch aller Systeme ohne Nullteiler gelungen. Ist z. B. Z der Körper der rationalen Zahlen, so ist es möglich, die Faktorensysteme in eine abzählbare Anordnung zu bringen und bis zu beliebig weiter Stelle diese Folge wirklich zu berechnen.

---

[29]) Z. B. genügt es, $s < m!(m-1)m^{m-1}$ zu wählen, wie sich leicht aus U. § 4 ergibt.

7*

Von Wichtigkeit ist ferner die Entscheidung der Frage, ob zwei Faktorensysteme assoziiert sind. Ich verweise auf U. § 4, wo gezeigt wird, daß die Antwort davon abhängt, ob es gewisse Körper von geeigneter Struktur gibt.

Sind die Bezeichnungen wie oben gewählt, und genügen s^2 Zahlen $l_{\alpha\beta}$ analogen Bedingungen wie in § 2, so bildet die Gesamtheit aller Matrizen

$$(16) \qquad Z = \left(\frac{1}{c_{\varkappa\lambda 1}} l_{\varkappa\lambda}\right) \qquad (\varkappa, \lambda = 1, 2, \ldots, s)$$

die Darstellung eines einfachen Systems hyperkomplexer Größen, das bei Zerlegung nach dem Wedderburnschen Satz aus § 2 auf dasjenige System ohne Nullteiler führt, das zum Faktorensystem $c_{\alpha\beta\gamma}$ gehört. Es ist also die Angabe eines derartigen Systems stets explizit möglich.

Besonders einfach ist der Fall $s = m$, den man immer dadurch erhalten kann, daß man zu einem assoziierten Faktorensystem übergeht (das aber nicht mehr aus Einheitswurzeln zu bestehen braucht!). In diesem Fall liefert (16) direkt eine absolut irreduzible Darstellung des zum Faktorensystem $c_{\alpha\beta\gamma}$ gehörigen Systems A ohne Nullteiler. Man vergleiche auch Anm. [7]).

Wir wollen den Sachverhalt an zwei einfachen schon bekannten Beispielen erläutern.

A. K *sei der Körper der reellen Zahlen.* Für Z kommen nur K und $\mathsf{K}(i)$ in Betracht. Im ersten Fall kann $\mathsf{Z}(\vartheta)$ entweder K oder $\mathsf{K}(i)$ sein. Wir haben also drei Fälle:

1. $\mathsf{K} = \mathsf{Z} = \mathsf{K}(\vartheta)$. Man hat nur das Einheitssystem $c_{111} = 1$. Das System A ist zu K einstufig isomorph.

2. $\mathsf{K} = \mathsf{Z}$, $\mathsf{Z}(\vartheta) = \mathsf{K}(i)$, also $s = 2$. Es wird $c_{\alpha\alpha\beta} = c_{\alpha\beta\beta} = 1$ für $\alpha, \beta = 1, 2$; $c_{121} = c_{212}$ ist eine in $\mathsf{Z}(\vartheta)$ enthaltene Einheitswurzel zweiter Ordnung, also 1 oder -1. Das erstere führt auf den Fall 1, man kann also annehmen $c_{121} = -1$. Wie unmittelbar ersichtlich ist, ist dieses System nicht zum Einheitssystem assoziiert, also $m = 2$. Die Zahlen $l_{\alpha\beta}$ in (16) müssen den Bedingungen $l_{11} = \bar{l}_{22}$, $l_{12} = \bar{l}_{21}$ unterliegen. Ist $l_{11} = x_1 + i x_2$, $l_{12} = x_3 + i x_4$, so wird nach (16)

$$Z = \begin{pmatrix} x_1 + i x_2 & -x_3 - i x_4 \\ x_3 - i x_4 & x_1 - i x_2 \end{pmatrix} = x_1 \begin{pmatrix} 1 & 0 \\ 0 & 1 \end{pmatrix} + x_2 \begin{pmatrix} i & 0 \\ 0 & -i \end{pmatrix} + x_3 \begin{pmatrix} 0 & -1 \\ 1 & 0 \end{pmatrix} + x_4 \begin{pmatrix} 0 & -i \\ -i & 0 \end{pmatrix};$$

x_1, x_2, x_3, x_4 sind beliebige reelle Zahlen. Daraus ergibt sich, daß es sich um die Quaternionen handelt.

3. $\mathsf{Z} = \mathsf{K}(i)$. Es muß $\mathsf{K}(\vartheta) = \mathsf{K}(i)$ sein, und daher kommt nur das Einheitsfaktorensystem von Z in Betracht. Daher ist A zu Z, d. h. zum Körper aller Zahlen isomorph.

Daher gibt es nur diese drei Systeme ohne Nullteiler über K, was bekanntlich zuerst von Frobenius bewiesen worden ist (a. a. O. Anm. [8])). Den drei Typen von Faktorensystemen entsprechen andererseits die drei Typen von irreduziblen Gruppen linearer Substitutionen $\mathfrak{G}$ in bezug auf K. 1. $\mathfrak{G}$ ist im Körper der reellen Zahlen darstellbar. 2. $\mathfrak{G}$ ist nicht im Körper der reellen Zahlen darstellbar, aber der Charakter ist reell. 3. Der Charakter ist nicht reell.

B. K *sei ein endlicher Körper.* Dann sind auch Z und $\mathsf{Z}(\vartheta)$ endlich. Wir behaupten, *der Schursche Index m ist dann stets* 1.

Zum Beweise brauchen wir die beiden bekannten und leicht beweisbaren Tatsachen: 1. Jeder algebraische Körper $\mathsf{Z}(\vartheta)$ über Z ist zyklisch. 2. Zu jeder Zahl ζ aus Z gibt es eine Zahl in $\mathsf{Z}(\vartheta)$, deren Relativnorm in bezug auf Z gerade ζ ist.

Es sei $c_{\alpha\beta\gamma}$ ein zu $\mathsf{Z}(\vartheta)$ gehöriges Faktorensystem in bezug auf Z als Grundkörper. Wir können annehmen, daß der Relativgrad von $\mathsf{Z}(\vartheta)$ mit dem Index m übereinstimmt. Die Konjugierten zu ϑ seien so numeriert, daß die Galoissche Gruppe von $\mathsf{Z}(\vartheta)$ in bezug auf Z durch den Zyklus $(1, 2, \ldots, m)$ erzeugt wird. Ist l eine Größe aus $\mathsf{Z}(\vartheta)$ mit den Konjugierten $l_1, l_2, \ldots, l_m$, so setzen wir, falls $m > 1$ ist,

$$l_{12} = l_1,\ l_{23} = l_2,\ \ldots,\ l_{m-1,m} = l_{m-1},\ l_{m1} = l_m$$
$$l_{\varkappa\lambda} = 0 \quad \text{für alle andern Paare } \varkappa, \lambda.$$

Dann wird nach (16)

$$Z = \begin{pmatrix} 0 & l_1 c_{121} & 0 & \ldots & 0 \\ 0 & 0 & l_2 c_{231} & \ldots & 0 \\ \ldots & \ldots & \ldots & \ldots & \ldots \\ 0 & 0 & 0 & \ldots & l_{m-1} c_{m-1,m,1} \\ l_m c_{m11} & 0 & 0 & \ldots & 0 \end{pmatrix}.$$

Die charakteristische Gleichung von Z, die sicher Koeffizienten aus Z hat, ist

$$\varphi(x) = x^m - (l_1 l_2 \ldots l_m \cdot c_{121} c_{231} \ldots c_{m-1,m,1} c_{m11}) = x^m - l_1 l_2 \ldots l_m \cdot c,$$

wo mit $l_1 l_2 \ldots l_m$ auch c zu Z gehört. Dann kann man l_1 so bestimmen daß $l_1 l_2 \ldots l_m = c^{-1}$, also $\varphi(x) = x^m - 1$ wird. Dann ist aber $\varphi(1) = 0$, also $|Z - E| = 0$ und also A kein System ohne Nullteiler. Daher ist stets $m = 1$.

Da für alle nullteilerfreien Systeme A dann wegen $m = 1$ nach Satz 7 auch die absolut irreduziblen Darstellungen den Grad 1 haben, ist in A die Multiplikation kommutativ, also A ein Körper.

Ist A irgendein System mit endlich vielen Elementen, das alle Körpereigenschaften bis auf die Kommutativität der Multiplikation besitzt, so bildet das Zentrum von A sicher einen Körper Z und A läßt sich als

System ohne Nullteiler über Z auffassen. Dann folgt aber $A = Z$. Das liefert einen Satz von Wedderburn (vgl. Anm. [9])). *Bei endlichen Körpern ist das kommutative Gesetz der Multiplikation eine Folge der anderen Axiome.*

Umgekehrt kann man aus diesem Satz auch schließen, daß für einen endlichen Körper K stets $m = 1$ ist.

Es ergibt sich jetzt noch, daß ein einfaches System hyperkomplexer Größen über K durch das System aller Matrizen mit Elementen aus einem endlichen Körper $Z > K$ dargestellt wird. Daher gilt Hilfssatz 2 auch für einen endlichen Körper K [30]).

§ 5.

Sind A und B zwei Systeme hyperkomplexer Größen über demselben Körper K, und sind die Basiselemente

$$\alpha_1, \alpha_2, \ldots, \alpha_m \quad \text{bzw.} \quad \beta_1, \beta_2, \ldots, \beta_n,$$

so versteht man unter dem *direkten Produkt* $A \times B$ ein System, dessen Basiselemente zweckmäßig mit

$$\alpha_1 \times \alpha_1, \; \alpha_1 \times \beta_2, \; \ldots, \; \alpha_1 \times \beta_n, \; \alpha_2 \times \beta_1, \; \ldots, \; \alpha_m \times \beta_n$$

bezeichnet werden. Die Rechenregeln sind durch

$$(\alpha_\varkappa \times \beta_\lambda)(\alpha_\mu \times \beta_\nu) = \alpha_\varkappa \alpha_\mu \times \beta_\lambda \beta_\nu;$$
$$k(\alpha_\varkappa \times \beta_\lambda) = (k\alpha_\varkappa) \times \beta_\lambda = \alpha_\varkappa \times (k\beta_\lambda) \quad \text{für} \quad k < K$$

vollkommen bestimmt.

Sind $\mathfrak{A}$ und $\mathfrak{B}$ Darstellungen von A bzw. B, so bilde man (im Sinne von U. § 1) $\mathfrak{A} \times \mathfrak{B}$. Es sei $\mathfrak{G}$ die in Bezug auf K komplette Gruppe, die aus allen linearen Verbindungen von Elementen von $\mathfrak{A} \times \mathfrak{B}$ mit Koeffizienten aus K besteht. Offenbar ist $\mathfrak{G}$ eine Darstellung von $A \times B$.

Wir wollen jetzt annehmen, daß A und B einfache Systeme sind, und daß für beide K auch das Zentrum ist (vgl. § 4). $\mathfrak{A}$ und $\mathfrak{B}$ seien beide irreduzibel; dann sind $\mathfrak{A}$ und $\mathfrak{B}$ einstufig isomorph mit A bzw. B. Wir behaupten: $\mathfrak{G}$ ist eine einstufig isomorphe Darstellung von $A \times B$. Denn sind μ und ν die Grade von $\mathfrak{A}$ und $\mathfrak{B}$, so ist $m = \mu^2$, $n = \nu^2$. $\mathfrak{G}$ ist ebenfalls irreduzibel und hat den Grad $\mu\nu$. $\mathfrak{G}$ enthält daher $(\mu\nu)^2 = mn$ linear unabhängige Elemente, also ebensoviel linear unabhängige Elemente wie $A \times B$. Daher ist die Darstellung einstufig isomorph.

Aus der Irreduzibilität von $\mathfrak{G}$ folgt weiter, da auch der Charakter von $\mathfrak{G}$ zu K gehört, daß $A \times B$ ebenfalls einfach ist und daß sein Zentrum zu K einstufig isomorph ist.

[30]) Man beachte, daß bei diesem Beweis keine Folgerung aus Hilfssatz 2 verwendet ist.

Wählt man insbesondere B als das zu A reziproke System hyperkomplexer Größen[31]), so kann man $\mathfrak{B}$ als die Gruppe $\mathfrak{A}'$ wählen, die aus den Transponierten aller Matrizen von $\mathfrak{A}$ besteht. Nach U. Satz II hat $\mathfrak{A} \times \mathfrak{A}'$ den Schurschen Index 1. Daher ist das dann zu $\mathfrak{A} \times \mathfrak{B}$ gehörige System ohne Nullteiler K selbst. Hat A den Rang n, so hat unser System den Rang n^2.

Satz 8. *Ist* A *ein einfaches System hyperkomplexer Größen über* K *vom Rang n und ist* K *das Zentrum von* A, *bedeutet ferner* A′ *das zu* A *reziproke System, so ist* $A \times A'$ *dem System aller Matrizen vom Grade n mit Koeffizienten aus* K *isomorph.*

Das direkte Produkt eines Systems A mit sich bezeichnen wir mit A^2, analog sei A^n definiert. Analog wie Satz 8 folgt aus U. Satz I und den Beziehungen zwischen Exponent und Index eines Faktorensystems (vgl. Satz I der in Anm. [10]) angegebenen Arbeit).

Satz 9. A *sei ein einfaches System hyperkomplexer Größen über* K *vom Range* f^2 *und es sei* K *das Zentrum von* A. *Dann gibt es eine gewisse positive kleinste ganze rationale Zahl l, für die* A^l *dem System aller Matrizen eines bestimmten Grades mit Koeffizienten aus* K *einstufig isomorph ist. Jede andere Zahl, die die gleiche Eigenschaft hat, ist durch l teilbar, und umgekehrt gilt für alle durch l teilbaren Exponenten das gleiche. l ist der Exponent des zu* A *gehörigen Faktorensystems, es geht in f auf. Besitzt* A *keine Nullteiler* ($m = f$), *so gehen alle Primteiler von f auch in l auf.*

Es sei jetzt c ein Faktorensystem vom Index m in bezug auf K als Grundkörper. Die Primzahlzerlegung von m sei

$$m = p_1^{a_1} p_2^{a_2} \dots p_r^{a_r}. \tag{17}$$

Wir setzen

$$t_\varrho = \frac{m}{p_\varrho^{a_\varrho}} \qquad (\varrho = 1, 2, \dots, r) \tag{18}$$

und bestimmen die ganzen rationalen Zahlen u_ϱ so, daß

$$u_1 t_1 + u_2 t_2 + \dots + u_r t_r = 1 \tag{19}$$

wird. Das ist möglich, da die Zahlen t_ϱ untereinander teilerfremd sind.

Für irgendein ganzes rationales ν $\left(\nu \gtreqless 0\right)$ bezeichnen wir mit c^ν das Faktorensystem, das aus den ν-ten Potenzen der Zahlen von c besteht. l sei der zum Faktorensystem c gehörige Exponent. Es sei c_ϱ das Faktorensystem $c^{t_\varrho u_\varrho}$; l_ϱ sei der zugehörige Exponent, m_ϱ der zugehörige Index.

[31]) Vgl. Dickson S. 31.

Da $t_\varrho u_\varrho p_\varrho^{\alpha_\varrho}$ durch m und also auch durch l teilbar ist, ist

$$c_\varrho^{p_\varrho^{\alpha_\varrho}} = c^{t_\varrho u_\varrho p_\varrho^{\alpha_\varrho}}$$

zum Einheitssystem assoziiert, also l_ϱ ein Teiler von $p_\varrho^{\alpha_\varrho}$ und daher eine Potenz von p_ϱ. m_ϱ ist nur durch Primzahlen teilbar, die in l_ϱ aufgehen und daher auch von der Form $p_\varrho^{\beta_\varrho}$. Ist $\mathfrak{F}$ eine irreduzible Gruppe mit dem Faktorensystem c, so hat nach U. § 1 $\mathfrak{F}^\nu$ für $\nu > 0$ und $\mathfrak{F}'^\nu$ für $\nu < 0$ das Faktorensystem c^ν. Da $\mathfrak{F}^\nu$ bzw. $\mathfrak{F}'^\nu$ in allen Körpern rational darstellbar sind, in denen $\mathfrak{F}$ rational darstellbar ist, ist der Index von c^ν ein Teiler von m. Insbesondere folgt $m_\varrho | m$ und daher ist $\beta_\varrho \leqq \alpha_\varrho$.

Zu c_ϱ gehört ein bestimmtes System A_ϱ ohne Nullteiler mit dem Zentrum K. $\mathfrak{A}_\varrho$ sei die absolut irreduzible Darstellung von A_ϱ. Dann hat $\mathfrak{A}_\varrho$ den Grad $m_\varrho = p_\varrho^{\beta_\varrho}$; A_ϱ hat den Rang m_ϱ^2. Wir setzen

$$\mathfrak{A} = \mathfrak{A}_1 \times \mathfrak{A}_2 \times \dots \times \mathfrak{A}_r. \tag{20}$$

Der Grad von $\mathfrak{A}$ ist dann $f = p_1^{\beta_1} p_2^{\beta_2} \dots p_r^{\beta_r}$. Das zu $\mathfrak{A}$ gehörige Faktorensystem ist

$$c_1 c_2 \dots c_r = c^{t_1 u_1 + t_2 u_2 + \dots + t_r u_r} = c$$

nach (19). Der Index von $\mathfrak{A}$ ist folglich m, und da der Index im Grad aufgeht, ist $m | f$, also $\alpha_\varrho \leqq \beta_\varrho$. Daher folgt $\alpha_\varrho = \beta_\varrho$, $f = m$. Die zu $\mathfrak{A}$ gehörige komplette Gruppe stellt daher ein System A ohne Nullteiler dar, wegen (20) ist

$$\mathsf{A} = \mathsf{A}_1 \times \mathsf{A}_2 \times \dots \times \mathsf{A}_r. \tag{21}$$

A ist das zu dem gegebenen Faktorensystem c gehörige nullteilerfreie System.

Satz 10. *Ist* A *ein System hyperkomplexer Größen ohne Nullteiler über* K, *ist* K *zugleich das Zentrum von* A, *ist schließlich* m^2 *der Rang von* A

$$m = p_1^{\alpha_1} p_2^{\alpha_2} \dots p_r^{\alpha_r},$$

so kann man A *als direktes Produkt* $\mathsf{A}_1 \times \mathsf{A}_2 \times \dots \times \mathsf{A}_r$ *darstellen, wo* A_ϱ *ein System ohne Nullteiler mit dem Zentrum* K *vom Rang* $(p_\varrho^{\alpha_\varrho})^2$ *bedeutet.*

Der Vollständigkeit halber sei bemerkt, daß, wenn z. B. in Satz 10 $m = 4$ ist, es eintreten kann, daß A als direktes Produkt zweier Systeme ohne Nullteiler vom Rang 4 dargestellt werden kann; daß das aber durchaus nicht der Fall zu sein braucht.

Bevor wir die Eindeutigkeit der Darstellung (21) untersuchen, beweisen wir

Satz 11. *Ist* A *ein einfaches System über* K *als Grundkörper und ist* K *auch das Zentrum von* A, *so ist jeder Automorphismus von* A, *bei dem* K *in sich übergeht, ein innerer Automorphismus*[31a]).

Beweis. Ist $\mathfrak{A}$ die absolut irreduzible Darstellung von A, so entspricht jedem $\alpha < \mathsf{A}$ ein wohlbestimmtes $A < \mathfrak{A}$. Ist nun ein Automorphismus von A gegeben, bei dem dem Element α etwa α^* zugeordnet ist, und ist etwa A^* die α^* entsprechende Matrix von $\mathfrak{A}$, so erhält man eine Darstellung $\mathfrak{A}^*$ von A, wenn man zu α die Matrix A^* zuordnet. $\mathfrak{A}^*$ ist ebenfalls irreduzibel. Da aber A nach Satz 1 nur eine irreduzible Darstellung besitzt, sind $\mathfrak{A}$ und $\mathfrak{A}^*$ ähnlich. Nun kommen alle Elemente von $\mathfrak{A}^*$ in $\mathfrak{A}$ vor, man kann daher Hilfssatz 2 anwenden und erkennt: Es gibt ein Element P in $\mathfrak{A}$, so daß $\mathfrak{A}^* = P^{-1}\mathfrak{A}P$ ist. Ist π das P entsprechende Element von A, so folgt $\alpha^* = \pi^{-1}\alpha\pi$ für je zwei bei dem Automorphismus entsprechende Elemente α und α^*. Das ist gerade die Behauptung.

Es sei jetzt $\mathsf{A} = \mathsf{B}_1 \times \mathsf{B}_2 \times \ldots \times \mathsf{B}_r$ eine zweite Zerlegung von der Art wie in Satz 10, $\mathfrak{B}_\varrho$ sei die absolut irreduzible Darstellung von B_ϱ. Dann hat

$$\mathfrak{B} = \mathfrak{B}_1 \times \mathfrak{B}_2 \times \ldots \times \mathfrak{B}_r \tag{22}$$

das Faktorensystem c, das Faktorensystem von $\mathfrak{B}_\varrho$ sei c'_ϱ. Der Grad und nach Satz 2 auch der Index von $\mathfrak{B}_\varrho$ sind Potenzen von p_ϱ. Daher hat wegen (18) $\mathfrak{B}_\varrho^{t_\varrho}$ dasselbe Faktorensystem wie $\mathfrak{B}^{t_\varrho}$. Das ist das Faktorensystem c^{t_ϱ} und das ist analog auch das Faktorensystem von $\mathfrak{A}_\varrho^{t_\varrho}$. Da t_ϱ zum Exponenten von $\mathfrak{A}_\varrho$ und $\mathfrak{B}_\varrho$ teilerfremd ist, haben $\mathfrak{A}_\varrho$ und $\mathfrak{B}_\varrho$ das gleiche Faktorensystem; $\mathfrak{A}_\varrho$ und $\mathfrak{B}_\varrho$ sind einstufig isomorph. Das gilt für $\varrho = 1, 2, \ldots, r$. ϱ sei fest gewählt. Ersetzt man in (20) alle $\mathfrak{A}_\sigma$ für $\sigma \neq \varrho$ durch die Einheitsmatrix, so erhält man eine zu $\mathfrak{A}_\varrho$ einstufig isomorphe Untergruppe $\tilde{\mathfrak{A}}_\varrho$ von $\mathfrak{A}$. Die entsprechenden Elemente von A bilden ein zu A_ϱ einstufig isomorphes System, das mit $\tilde{\mathsf{A}}_\varrho$ bezeichnet sei. Für $\varrho \neq \sigma$ sind alle Elemente von $\tilde{\mathsf{A}}_\varrho$ mit allen Elementen von $\tilde{\mathsf{A}}_\sigma$ vertauschbar. Jedes Element von A läßt sich als Summe in der Form

$$\sum_{\nu=1}^{N} \alpha_1^{(\nu)} \alpha_2^{(\nu)} \ldots \alpha_r^{(\nu)} \tag{23}$$

darstellen, wo $\alpha_\sigma^{(\nu)}$ zu $\tilde{\mathsf{A}}_\sigma$ gehört. Zu (22) gehören analog Untergruppen $\tilde{\mathfrak{B}}_\varrho$ und Teilsysteme $\tilde{\mathsf{B}}_\varrho$ von A. Für jedes ϱ sind ferner $\tilde{\mathsf{A}}_\varrho$ und $\tilde{\mathsf{B}}_\varrho$ beide zu A_ϱ einstufig isomorph. Das liefert eine isomorphe Abbildung von A_ϱ

[31a]) Dieser Satz findet sich auch in der kürzlich erschienenen Abhandlung von Herrn Th. Skolem, Theorie der assoziativen Zahlensysteme, Skrifto utgitt av det norske Videnskaps-Akademi i Oslo 1927, die mir erst nach Abschluß der vorliegenden Arbeit bekannt geworden ist.

auf $\tilde{\mathsf{B}}_\varrho$ für $\varrho = 1, 2, \ldots, r$ und diese Abbildung erzeugt eine isomorphe Abbildung von A auf sich, bei der $\tilde{\mathsf{A}}_\varrho$ in $\tilde{\mathsf{B}}_\varrho$ übergeht. In der Art von Satz 11 können wir aber diese Abbildung von A auf sich durch ein Element π von A herstellen.

Satz 12. *Die in Satz 10 angegebene Zerlegung ist eindeutig. D. h. hat man zwei Zerlegungen der Art wie in Satz 10*

$$\mathsf{A} = \mathsf{A}_1 \times \mathsf{A}_2 \times \ldots \times \mathsf{A}_r = \mathsf{B}_1 \times \mathsf{B}_2 \times \ldots \times \mathsf{B}_r,$$

so sind A_ϱ und B_ϱ einstufig isomorph für $\varrho = 1, 2, \ldots, r$. A enthält ein wohlbestimmtes zu A_ϱ isomorphes Teilsystem $\tilde{\mathsf{A}}_\varrho$. Ist $\tilde{\mathsf{B}}_\varrho$ das bei der zweiten Zerlegung B_ϱ entsprechende Teilsystem, so geht durch einen inneren Automorphismus von A jedes $\tilde{\mathsf{A}}_\varrho$ in $\tilde{\mathsf{B}}_\varrho$ über.

Es sei A ein System ohne Nullteiler[32]), das zu dem Faktorensystem $c_{\alpha\beta\gamma}$ gehöre. Der Körper $\mathsf{K}(\vartheta)$, zu dem $c_{\alpha\beta\gamma}$ gehöre, habe den Grad m, wo m der Index von $c_{\alpha\beta\gamma}$ ist. Nach § 4 bilden die Matrizen

$$Z = \left(\frac{1}{c_{\varkappa\lambda 1}} l_{\varkappa\lambda}\right)$$

eine Darstellung A von $\mathfrak{A}$. Dabei haben die $l_{\varkappa\lambda}$ den in § 2 angegebenen Bedingungen zu genügen. Um eine Basis von A anzugeben, haben wir nur m^2 linear unabhängige Elemente von $\mathfrak{A}$ anzugeben. Das geschieht wie in U. § 2. $\vartheta = \vartheta_1, \vartheta_2, \ldots, \vartheta_m$ seien die Konjugierten zu ϑ. $\mathfrak{K}$ sei die Galoissche Gruppe von $\mathsf{K}(\vartheta_1, \vartheta_2, \ldots, \vartheta_m)$ in bezug auf K als Grundkörper. Zwei Indexpaare α, β und γ, δ heißen äquivalent, wenn es in $\mathfrak{K}$ eine Permutation gibt, die ϑ_α in ϑ_γ, ϑ_β in ϑ_δ überführt. Alle Indexpaare zerfallen in Klassen von äquivalenten. Diese Klassen seien $\mathfrak{K}_1, \mathfrak{K}_2, \ldots, \mathfrak{K}_t$; $\mathfrak{K}_\tau$ sei eine feste Klasse. Es gebe in $\mathfrak{K}_\tau$ etwa s_τ Indexpaare $\varkappa, \lambda$ mit $\varkappa = 1$; dann gibt es in $\mathfrak{K}_\tau$ auch genau s_τ Paare, für die $\varkappa$ einen anderen vorgeschriebenen Wert hat. Insgesamt enthält $\mathfrak{K}_\tau$ genau $s_\tau \cdot m$ Paare. Wir ordnen $\mathfrak{K}_\tau$ die $s_\tau \cdot m$ Matrizen Z zu, für die

$$l_{\varkappa\lambda} = 0, \qquad \varkappa, \lambda \text{ nicht in } \mathfrak{K}_\tau,$$
$$l_{\varkappa\lambda} = \vartheta_\varkappa^\varrho \vartheta_\lambda^\sigma, \qquad \varkappa, \lambda \text{ in } \mathfrak{K}_\tau$$

ist, und ϱ einen festen der Werte $0, 1, 2, \ldots, m-1$; σ einen festen der Werte $0, 1, 2, \ldots, s_\tau - 1$, bedeutet. Die Matrix Z, die man so erhält, sei mit $Z_{\varrho\sigma}^{(\tau)}$ bezeichnet. Nach U. § 2 erhält man so genau m^2 linear unabhängige Elemente von $\mathfrak{A}$, wenn man τ der Reihe nach $1, 2, \ldots, t$ durchlaufen läßt.

---

[32]) Die Voraussetzung, daß A keine Nullteiler hat, ist nicht wesentlich; das Folgende läßt sich auf beliebige einfache Systeme übertragen, wenn man das Faktorensystem $c_{\alpha\beta\gamma}$ geeignet wählt.

Als erste Klasse wählen wir etwa die von 1, 1. Hier ist $s_1 = 1$, es wird

$$Z_{\varrho\sigma}^{(1)} = \begin{pmatrix} \vartheta_1^\varrho & & & \\ & \vartheta_2^\varrho & & \\ & & \ddots & \\ & & & \vartheta_m^\varrho \end{pmatrix} = (Z_{10}^{(1)})^\varrho.$$

Wir setzen $Z_{10}^{(1)} = T$. Dann wird $Z_{\varrho\sigma}^{(1)} = T^\varrho$. Ferner setzen wir $Z_{00}^{(\tau)} = Z^{(\tau)}$. Dann gilt $Z_{\varrho\sigma}^{(\tau)} = T^\varrho Z^{(\tau)} T^\sigma$. Bildet man also die m^2 Elemente

$$(24) \qquad T^\varrho Z^{(\tau)} T^\sigma$$

$$(\tau = 1, 2, \ldots, t;\ \varrho = 0, 1, 2, \ldots, m-1;\ \sigma = 0, 1, 2, \ldots, s_\tau - 1),$$

so erhält man eine Basis von $\mathfrak{A}$ und daher auch von A. Ist ϑ und $c_{\alpha\beta\gamma}$ wirklich gegeben, so kann man auch noch leicht die Gesetze aufstellen, durch die sich das Produkt von zwei der Größen (24) durch eben diese Größen linear ausdrücken lassen.

Verhältnismäßig einfach wird der Fall, daß $\mathsf{K}(\vartheta)$ ein Normalkörper wird, ein Fall, der von Herrn Dickson behandelt wurde. Man erhält aus unsern Ergebnissen sehr leicht die Sätze 12, 13, 14 des 3. Kapitels des Dicksonschen Buches. Nimmt man statt des nullteilerfreien Systems ein geeignetes zugehöriges einfaches System, so kann man stets erreichen, daß dieser Fall eintritt.

Ein anderer erwähnenswerter Fall ist der, daß $\mathfrak{K}$ zweifach transitiv ist. Dann gibt es nur zwei Klassen.

Unsere Methoden gestatten eine Reihe weiterer Ergebnisse für nullteilerfreie Systeme aufzustellen. Ich weise nur auf einiges hin. Besonders einfach ist der Fall $m = 2$, den man vollständig beherrscht. Die Ergebnisse, die man ohne weiteres erhält, werden in der Hauptsache im 3. Kapitel des Dicksonschen Buches nach anderer Methode abgeleitet. Ich verzichte daher auf die Behandlung.

Für $m = 3$ hat Herr Wedderburn[33]) bewiesen, daß es — in unserer Bezeichnungsweise — immer einen zyklischen Darstellungskörper 3. Grades gibt. Der Satz 10 ergibt dann, daß das analoge auch für $m = 6$ gilt. *Ein System ohne Nullteiler mit dem Zentrum* K *vom Rang* 36 *ist daher ein Dicksonsches System.*

---

[33]) Wedderburn, Transactions of the American Math. Ass. (1925), p. 163—196. Auch mit den hier durchgeführten Methoden kann der Beweis ohne Schwierigkeiten erbracht werden.

(Eingegangen am 23. April 1928.)

ZUM IRREDUZIBILITÄTSBEGRIFF IN DER THEORIE DER GRUPPEN LINEARER HOMOGENER SUBSTITUTIONEN

VON

Dr. R. BRAUER
PRIVATDOZENT IN KÖNIGSBERG I. PR.

UND

I. SCHUR

SONDERAUSGABE AUS DEN SITZUNGSBERICHTEN
DER PREUSSISCHEN AKADEMIE DER WISSENSCHAFTEN
PHYS.-MATH. KLASSE. 1930. XIV

BERLIN 1930
VERLAG DER AKADEMIE DER WISSENSCHAFTEN
IN KOMMISSION BEI WALTER DE GRUYTER U. CO.
(PREIS $\mathcal{RM}$ 2.—)

Eine Gruppe $\mathfrak{G}$[1] linearer homogener Substitutionen (Matrizen) heißt bekanntlich *reduzibel*, wenn sich eine Ähnlichkeitstransformation[2] P angeben läßt, so daß in den üblichen Bezeichnungen

$$P^{-1}\mathfrak{G}P = \begin{pmatrix} \mathfrak{A} & 0 \\ \mathfrak{C} & \mathfrak{D} \end{pmatrix} \tag{1}$$

wird. Die Gruppe wird *zerfällbar* genannt, wenn man die Transformation P so wählen kann, daß in (1) $\mathfrak{C} = 0$ wird. Hierdurch sind auch die Begriffe irreduzibel und unzerfällbar festgelegt. An diese Betrachtung schließt sich dann in naheliegender Weise die Zerlegung der Gruppe $\mathfrak{G}$ in irreduzible Bestandteile und ebenso das Zerfällen der Gruppe in unzerfällbare Bestandteile an. Diese Überlegungen lassen sich auch so durchführen, daß man nur Gruppen und transformierende Substitutionen P zuläßt, die einem beliebig gegebenen Körper K angehören.

Daß für die Zerlegung einer Gruppe in irreduzible Bestandteile der Eindeutigkeitssatz gilt, ist für den Körper aller Zahlen schon seit Hrn. A. Loewy (Trans. of the Am. Math. Soc. Bd. 4, 1903, S. 44) bekannt[3]. Der entsprechende Eindeutigkeitssatz für das Zerfällen in unzerfällbare Bestandteile ist erst im Jahre 1925 von Hrn. W. Krull (Mathem. Zeitschr. 23, S. 161, § 8) aufgestellt worden. Der Krullsche Beweis, der etwas später von Hrn. O. Schmidt (Mathem. Zeitschr. Bd. 29, 1929, S. 34) nicht unwesentlich vereinfacht worden ist, beruht auf an und für sich wichtigen abstrakten gruppentheoretischen Prinzipien, durch die der eigentliche Ursprung des Satzes in ein besonders helles Licht

[1] Der Gruppenbegriff wird hier in der allgemeinen Weise gefaßt, die der Arbeit: Über die Äquivalenz der Gruppen linearer Substitutionen von G. Frobenius und I. Schur (Berliner Sitzungsber. 1906, S. 209) zugrunde liegt.

[2] Unter einer Transformation soll im folgenden stets eine Substitution mit nicht verschwindender Determinante verstanden werden.

[3] Daß dieser Eindeutigkeitssatz auch für beliebige Körper und sogar für solche mit von Null verschiedener Steinitzscher Charakteristik richtig ist, ist erst später bewiesen worden.

gesetzt wird. Es schien uns aber von Interesse zu sein, den Beweis auf etwas direkterem Wege zu erbringen, um zu zeigen, daß der Satz nicht aus dem Rahmen der speziellen Theorie der Gruppen linearer Substitutionen herausfällt.

Die beiden im folgenden gegebenen Beweise, die ursprünglich unabhängig voneinander verliefen, sind so dargestellt, daß der Hauptunterschied zwischen den beiden Gedankengängen erst an einer Stelle hervortritt, wo eine eigentümliche Schwierigkeit auftaucht, die erst mit *Hilfe des Kriteriums für Unzerfällbarkeit* (§ 2) überwunden wird.

Der Krullsche Satz ist in der Theorie der Gruppen linearer Substitutionen schon deshalb von grundlegendem Interesse, weil er einen besonders einfachen Zugang zu dem für die Anwendungen so wichtigen Begriff der vollständig reduziblen Gruppe zuläßt; es sind das diejenigen Gruppen, deren irreduzible Bestandteile mit den unzerfällbaren zusammenfallen. Im letzten Paragraphen gehen wir auf einen Punkt in der Theorie der vollständig reduziblen Gruppen genauer ein, der, wie uns scheint, in den früheren Darstellungen nicht genügend klar hervorgehoben worden ist.

§ 1. Über die Eigensysteme einer Gruppe linearer homogener Substitutionen.

Werden die Substitutionen s einer im Körper K rationalen Gruppe $\mathfrak{G}$ linearer homogener Substitutionen in der Form

$$x_\varkappa^s = \sum_{\lambda=1}^{n} g_{\varkappa\lambda}^s x_\lambda \qquad (\varkappa = 1, 2, \cdots, n)$$

geschrieben, so verstehe man für jede Linearform

$$y = p_1 x_1 + p_2 x_2 + \cdots + p_n x_n$$

unter y^s den Ausdruck

$$y^s = p_1 x_1^s + p_2 x_2^s + \cdots + p_n x_n^s .$$

Hat man m linear unabhängige in K rationale Linearformen $y_1, y_2, \cdots, y_m$, so bilden sie, wie wir sagen, ein *Eigensystem* von $\mathfrak{G}$, wenn für jedes s Formeln der Gestalt

$$(2) \qquad y_\mu^s = \sum_{\nu=1}^{m} b_{\mu\nu}^s y_\nu \qquad (\mu = 1, 2, \cdots, m)$$

gelten. Die Substitutionen

$$S = (b_{\mu\nu}^s)$$

bilden dann eine mit $\mathfrak{G}$ homomorphe Gruppe, die wir *die zu dem Eigensystem gehörende Transformationsgruppe* $\mathfrak{H}$ nennen. Man sieht unmittelbar, daß wenn

$$(3) \qquad y_\mu = \sum_{\lambda=1}^{n} p_{\mu\lambda} x_\lambda \qquad (\mu = 1, 2, \cdots, m)$$

ist und die Matrix $(p_{\mu\nu})$ mit P bezeichnet wird, die Gleichung

$$(4) \qquad P\mathfrak{G} = \mathfrak{H}P$$

gilt.

Sind bei dieser Betrachtung die k Linearformen (3) nicht voneinander unabhängig, und ist man irgendwie auf Formeln der Gestalt (2) geführt worden, so gilt immer noch (4). Ist die Gruppe $\mathfrak{H}$ hierbei in K irreduzibel und ist $m \leqq n$, so muß in diesem Falle von selbst $P = 0$ werden. Der Beweis ergibt sich in genau derselben Weise wie bei dem viel benutzten »*Verkettungssatz*« in »Neue Begründung der Theorie der Gruppencharaktere«, Berliner Sitzungsber. 1905, Satz I, S. 405.

Wendet man auf die y eine in K rationale lineare homogene Transformation an, so tritt an Stelle von $\mathfrak{H}$ eine hierzu ähnliche Gruppe.

I. *Liegen zwei Eigensysteme*

$$y_1, y_2, \cdots, y_k \tag{5}$$

und

$$z_1, z_2, \cdots, z_l \tag{6}$$

der Gruppe $\mathfrak{G}$ *vor und haben die zugehörigen Transformationsgruppen* $\mathfrak{H}$ *und* $\mathfrak{K}$ *keinen irreduziblen Bestandteil gemeinsam, so sind die* $k+l$ *Linearformen* (5) *und* (6) *linear unabhängig.*

Wäre das nämlich nicht der Fall, so betrachte man den Modul $\mathfrak{M}$ derjenigen linearen homogenen Verbindungen Y der Funktionen (5) mit Koeffizienten aus K, die gleichzeitig als ebensolche lineare Verbindungen Z der Funktionen (6) darstellbar sind. Bilden

$$Y_1 = Z_1, \quad Y_2 = Z_2, \cdots, Y_r = Z_r$$

eine Basis des Moduls $\mathfrak{M}$, so ist es klar, daß diese Funktionen wieder ein Eigensystem der Gruppe $\mathfrak{G}$ liefern. Dieses Eigensystem gehöre zur Transformationsgruppe $\mathfrak{L}$. Durch lineare Transformation der Eigensysteme (5) und (6) kann erzielt werden, daß die neu entstehenden Eigensysteme die Gestalt haben

$$Y_1, Y_2, \cdots, Y_r, \quad Y_{r+1}, \cdots, Y_k$$

bzw.

$$Z_1, Z_2, \cdots, Z_r, \quad Z_{r+1}, \cdots, Z_l.$$

Die zugehörigen mit $\mathfrak{H}$ und $\mathfrak{K}$ ähnlichen Transformationsgruppen $\mathfrak{H}_1$ und $\mathfrak{K}_1$ hätten dann die Form

$$\mathfrak{H}_1 = \begin{pmatrix} \mathfrak{L} & 0 \\ \mathfrak{L}_1 & \mathfrak{L}_2 \end{pmatrix}, \quad \mathfrak{K}_1 = \begin{pmatrix} \mathfrak{L} & 0 \\ \mathfrak{L}_3 & \mathfrak{L}_4 \end{pmatrix}.$$

Das widerspricht aber der über $\mathfrak{H}$ und $\mathfrak{K}$ gemachten Voraussetzung.

§ 2. Das Kriterium für Unzerfällbarkeit.

II. *Eine im Körper* K *rationale Gruppe* $\mathfrak{G}$ *ist dann und nur dann in* K *unzerfällbar, wenn die charakteristische Funktion jeder mit allen Matrizen von* $\mathfrak{G}$ *vertauschbaren Matrix* V *Potenz einer in* K *irreduziblen Funktion ist*[1].

[1] Auf dies Kriterium hat im Fall des Körpers aller Zahlen bereits I. SCHUR, Berliner Sitzungsber. 1928, S. 100, hingewiesen.

(2*)

Es sei dies nämlich für ein solches V nicht richtig. Dann läßt sich in K, wie wir behaupten, eine Ähnlichkeitstransformation P so bestimmen, daß

$$P^{-1}VP = \begin{pmatrix} C_1 & 0 \\ 0 & C_2 \end{pmatrix} \tag{7}$$

wird, wobei C_1 und C_2 quadratische Matrizen mit teilerfremden charakteristischen Funktionen sind[1].

Dies ergibt sich so: Es sei

$$\psi(x) = x^m - c_1 x^{m-1} - \cdots - c_m$$

ein irreduzibler Teiler von $\phi(x) = |xE - V|$. Man bestimme einen Erweiterungskörper K', in dem eine Größe ϑ existiert, für die $\psi(\vartheta) = 0$ wird Dann wird auch $\phi(\vartheta) = 0$, und man kann eine zu der durch $V, V^2, \cdots$ gebildeten Gruppe $\mathfrak{V}$ gehörende in $K(\vartheta)$ rationale Eigenfunktion y bestimmen, für die insbesondere

$$y^V = \vartheta y \tag{8}$$

wird. Dann läßt sich y in der Form

$$y = y_1 + y_2\vartheta + \cdots + y_m\vartheta^{m-1}$$

mit in K rationalen y_μ schreiben. Aus (8) folgt dann

$$\begin{aligned} y_1^V &= \qquad\qquad y_m c_m \\ y_2^V &= y_1 \qquad + y_m c_{m-1} \\ &\cdots\cdots\cdots \\ y_m^V &= \qquad y_{m-1} + y_m c_1 . \end{aligned}$$

Die hier auftretende Koeffizientenmatrix

$$C = \begin{pmatrix} 0 & 0 & \cdots & 0 & c_m \\ 1 & 0 & \cdots & 0 & c_{m-1} \\ \cdot & \cdot & \cdot & \cdot & \cdot \\ 0 & 0 & \cdots & 1 & c_1 \end{pmatrix}$$

weist bekanntlich als charakteristische Determinante die Funktion $\psi(x)$ auf.

Da $\psi(x)$ in K irreduzibel ist, muß offenbar die durch C erzeugte zyklische Gruppe $\mathfrak{C}$ in K irreduzibel sein. Hieraus folgt aber auf Grund von § 1, daß die Funktionen $y_1, y_2, \cdots, y_m$ linear unabhängig sind, also ein Eigensystem der Gruppe $\mathfrak{V}$ bilden, zu der als Transformationsgruppe die Gruppe $\mathfrak{C}$ gehört. Durch eine in K rationale Ähnlichkeitstransformation Q kann dann erreicht werden, daß $Q^{-1}VQ$ die Form

$$Q^{-1}VQ = \begin{pmatrix} C & 0 \\ V_1 & V_2 \end{pmatrix} \tag{9}$$

erhält.

---

[1] Es handelt sich hierbei um eine naheliegende Erweiterung der bekannten Jacobischen Transformation einer Matrix für den Fall eines beliebigen Grundkörpers, die schon von andern Autoren in ähnlicher Weise behandelt worden ist.

Indem man dieselbe Betrachtung auf die Matrix V_2 anwendet, erkennt man, daß auch zu jedem beliebigen in K rationalen Teiler $\psi(x)$ eine Zerlegung der Form (9) angegeben werden kann, bei der wieder die charakteristische Funktion der Matrix C gleich $\psi(x)$ wird.

Ist nun $\varphi(x)$ nicht Potenz einer in K irreduziblen Funktion, so läßt sich $\varphi(x)$ als Produkt $\psi_1(x)\psi_2(x)$ mit in K rationalen teilerfremden Polynomen $\psi_1(x)$ und $\psi_2(x)$, deren Grade etwa k und $l = n-k$ seien, schreiben. Die zugehörigen Zerlegungen der Form (9) liefern dann zwei Eigensysteme

$$(10) \qquad y_1, y_2, \cdots, y_k \quad \text{und} \quad z_1, z_2, \cdots, z_l$$

der Gruppe $\mathfrak{V}$, die zu Transformationsgruppen C_1^λ bzw. C_2^λ gehören, wobei die charakteristischen Funktionen von C_1 und C_2 gerade die Funktionen $\psi_1(x)$ und $\psi_2(x)$ werden. Da diese Funktionen teilerfremd sind, können die erwähnten Transformationsgruppen keinen irreduziblen Bestandteil gemeinsam haben. Es liegt also der Fall des Satzes I vor, und folglich müssen die $n = k+l$ Funktionen (10) linear unabhängig sein. Führt man diese Funktionen als neue Veränderliche ein, so erhält man eine Zerfällungsformel der Gestalt (7).

Der Beweis des Satzes II ergibt sich nunmehr ohne Mühe. Setzt man

$$P^{-1}\mathfrak{G}P = \begin{pmatrix} \mathfrak{G}_{11} & \mathfrak{G}_{12} \\ \mathfrak{G}_{21} & \mathfrak{G}_{22} \end{pmatrix},$$

so wird wegen der vorausgesetzten Vertauschbarkeit von V mit allen Substitutionen von $\mathfrak{G}$ insbesondere

$$C_1\mathfrak{G}_{12} = \mathfrak{G}_{12}C_2 \quad \text{und} \quad C_2\mathfrak{G}_{21} = \mathfrak{G}_{21}C_1.$$

Hieraus folgt, da C_1 und C_2 teilerfremde charakteristische Funktionen haben, in bekannter Weise[1], daß

$$\mathfrak{G}_{12} = 0, \quad \mathfrak{G}_{21} = 0$$

sein muß, was für eine unzerfällbare Gruppe auszuschließen ist.

Daß umgekehrt die Substitutionen einer zerfällbaren Gruppe $\mathfrak{G}$ mit Matrizen V vertauschbar sind, deren charakteristische Funktion $\varphi(x)$ durch zwei verschiedene irreduzible Funktionen teilbar ist, liegt auf der Hand. Man kann sogar erreichen, daß $\varphi(x)$ z. B. die Form

$$\varphi(x) = x^k(x-1)^l$$

erhält.

§ 3. Vorbereitende Schritte zum Beweis des Krullschen Satzes.

Der Krullsche Satz besagt folgendes:

III. Ist die in K rationale Gruppe $\mathfrak{G}$ der linearen Substitutionen

$$x_\varkappa^s = \sum_{\lambda=1}^n g_{\varkappa\lambda}^s x_\lambda$$

---

[1] Vgl. A. Voss, Sitzungsber. d. math.-phys. Klasse der Akademie der Wissenschaften zu München, Bd. XIX (1889), S. 283. Der Beweis ergibt sich höchst einfach nach der Methode, die zu dem auf S. 211 erwähnten »Verkettungssatz« führt.

den beiden ebenfalls in K rationalen Gruppen

$$(11) \qquad \mathfrak{H} = \begin{pmatrix} \mathfrak{H}_1 & & & \\ & \mathfrak{H}_2 & & \\ & & \ddots & \\ & & & \mathfrak{H}_p \end{pmatrix}, \qquad \mathfrak{K} = \begin{pmatrix} \mathfrak{K}_1 & & & \\ & \mathfrak{K}_2 & & \\ & & \ddots & \\ & & & \mathfrak{K}_q \end{pmatrix}$$

ähnlich, und sind hierbei die Gruppen

$$(12) \qquad \mathfrak{H}_1, \mathfrak{H}_2, \cdots, \mathfrak{H}_p,$$

$$(13) \qquad \mathfrak{K}_1, \mathfrak{K}_2, \cdots, \mathfrak{K}_q$$

sämtlich in K unzerfällbar, so wird $p = q$ und die Gruppen (12) *sind bei passender Reihenfolge den Gruppen* (13) *ähnlich*[1].

Auf Grund dieses Satzes sind demnach die unzerfällbaren Bestandteile einer Gruppe $\mathfrak{G}$, abgesehen von Ähnlichkeitstransformationen, eindeutig bestimmt.

Im folgenden nehmen wir den Krullschen Satz, der doch für $n = 1$ evident ist, für Gruppen, deren »*Grad*« (d. h. die Anzahl der Veränderlichen) kleiner als n ist, als bewiesen an. Hat man nun zwei Gruppen $\mathfrak{R}$ und $\mathfrak{S}$, deren Grade beide kleiner als n sind, so nennen wir die Gruppen teilerfremd, wenn keiner der (eindeutig bestimmten) unzerfällbaren Bestandteile von $\mathfrak{R}$ einem ebensolchen Bestandteil von $\mathfrak{S}$ ähnlich ist.

Die folgende Betrachtung stützt sich auf das Studium der zu der Gruppe $\mathfrak{G}$ gehörenden Eigensysteme. Zwei Eigensysteme sollen voneinander *unabhängig* heißen, wenn zwischen ihren Linearformen keine lineare Beziehung besteht.

Man habe nun ein Paar

$$(14) \qquad y_1, y_2, \cdots, y_h \quad \text{und} \quad z_1, z_2, \cdots, z_k$$

von unabhängigen Eigensystemen der Gruppe $\mathfrak{G}$ mit den Transformationsgruppen $\mathfrak{A}$ und $\mathfrak{B}$. Hierbei soll die Anzahl $h+k$ der (linear unabhängigen) Linearformen (14) gleich dem Grad n von $\mathfrak{G}$ sein. Ferner liege ein zweites Paar von Eigensystemen

$$u_1, u_2, \cdots, u_l \quad \text{und} \quad v_1, v_2, \cdots, v_m \qquad (l+m=n)$$

genau derselben Art mit den Transformationsgruppen $\mathfrak{C}$ und $\mathfrak{D}$ vor.

Wir betrachten die $h+l$ Linearformen

$$(15) \qquad y_1, y_2, \cdots, y_h, u_1, u_2, \cdots, u_l$$

und bezeichnen die Anzahl der linear unabhängigen unter ihnen mit r.

IV. Ist

$$h+l = n \quad \text{und} \quad r = n,$$

so sind $\mathfrak{A}$ und $\mathfrak{D}$ ähnliche Gruppen; dasselbe gilt für $\mathfrak{B}$ und $\mathfrak{C}$.

Man denke sich nämlich jede der Formen y_γ in der Gestalt

$$(16) \qquad y_\gamma = U_\gamma + V_\gamma \qquad (\gamma = 1, 2, \cdots, h)$$

[1] Es ist selbstverständlich, daß nur der Fall $p > 1$, $q > 1$ zu behandeln ist.

geschrieben, wobei U_γ eine lineare homogene Verbindung der u_λ und V_γ eine ebensolche Verbindung der v_μ sein soll. Eine solche Darstellung ist auf Grund unserer Annahme jedenfalls möglich. Aus der vorausgesetzten Unabhängigkeit der Funktionen (15) folgt offenbar, daß zwischen den V_γ keine lineare Beziehung bestehen kann.

Ist für eine beliebige Substitution s von $\mathfrak{G}$

$$y_\gamma^s = \sum_{\delta=1}^{h} a_{\gamma\delta} y_\delta \qquad (\gamma = 1, 2, \cdots, h)$$

so folgt aus (16)

$$U_\gamma^s + V_\gamma^s = \sum_{\delta=1}^{h} a_{\gamma\delta} (U_\delta + V_\delta).$$

Das erfordert offenbar, daß insbesondere

$$(17) \qquad V_\gamma^s = \sum_{\delta=1}^{h} a_{\gamma\delta} V_\delta$$

wird. Nun ist aber $h = n - l = m$. Der Übergang von den v_μ zu den (linear unabhängigen) V_γ stellt also eine Ähnlichkeitstransformation dar. Die Gleichungen (17) setzen in Evidenz, daß $\mathfrak{A}$ und $\mathfrak{D}$ ähnliche Gruppen sind.

Drückt man analog die u_λ durch y_γ und $z_\varkappa$ aus, so erkennt man in derselben Weise, daß $\mathfrak{C}$ und $\mathfrak{B}$ ähnliche Gruppen sind.

V. *Sind die zu den Eigensystemen y_γ und u_λ gehörenden Transformationsgruppen $\mathfrak{A}$ und $\mathfrak{C}$ (im vorhin fixierten Sinne) teilerfremd und ist $r < n$, so muss $r = h + l$ sein.*

Wählt man in dem durch die Funktionen (15) bestimmten Modul eine Basis

$$w_1, w_2, \cdots, w_r$$

von r linear unabhängigen Formen, so liefert sie offenbar ein Eigensystem der Gruppe $\mathfrak{G}$. Eine Abänderung der Basis w_ϱ bedeutet nur eine Ähnlichkeitstransformation der zugehörigen Transformationsgruppe.

Man kann hierbei die Basis w_ϱ auf zwei verschiedene Arten wählen. Erstens so, daß die h ersten w_ϱ mit den h Funktionen y_γ übereinstimmen, die folgenden $r - h$ gewisse unter den Formen u_λ, etwa $u_1, u_2, \ldots, u_{r-h}$ werden. Es kann aber auch die Basis so gewählt werden, daß sie die Gestalt

$$(18) \qquad u_1, u_2, \cdots, u_l, y_1, y_2, \cdots, y_{r-l}$$

erhält. Die zu diesen Basen gehörenden Transformationsgruppen $\mathfrak{M}$ und $\mathfrak{N}$ sind jedenfalls einander ähnlich.

Man stelle wieder die h Funktionen y_γ in der Form (16) dar. Hierbei werden wegen der linearen Unabhängigkeit der Funktionen (18) die Linearformen

$$(19) \qquad V_1, V_2, \cdots, V_{r-l}$$

linear unabhängig sein. Ersetzt man in (18) die Formen $y_1, y_2, \dots, y_{r-l}$ durch die Formen (19), so entsteht nur eine lineare Transformation des Eigensystems (18). Das neue Eigensystem

$$(20) \qquad u_1, u_2, \cdots, u_l, V_1, V_2, \cdots, V_{r-l}$$

zerfällt aber in zwei Eigensysteme

$$u_1, u_2, \cdots, u_l \quad \text{und} \quad V_1, V_2, \cdots, V_{r-l}.$$

Denn einerseits hat für $\sigma = 1, 2, \cdots, r-l$ jedes V_σ^s die Gestalt $\sum_{\mu=1}^{m} c_\mu v_\mu$, andererseits aber die Gestalt

$$d_1 u_1 + d_2 u_2 + \cdots + d_l u_l + e_1 V_1 + e_2 V_2 + \cdots + e_{r-l} V_{r-l}.$$

Da die u_λ von den v_μ unabhängig sind, muß hierbei

$$d_1 = d_2 = \cdots = d_l = 0$$

sein. Ebenso einfach erkennt man, daß die u_λ^s von den v_σ unabhängig sind.

Die zum Eigensystem (20) gehörenden Transformationsgruppe $\mathfrak{N}^*$ ist also der Gruppe $\mathfrak{N}$ ähnlich und hat die Form

$$\mathfrak{N}^* = \begin{pmatrix} \mathfrak{C} & 0 \\ 0 & \mathfrak{D}^* \end{pmatrix}.$$

Ebenso kann man eine zu $\mathfrak{M}$ ähnliche Gruppe der Form

$$\mathfrak{M}^* = \begin{pmatrix} \mathfrak{A} & 0 \\ 0 & \mathfrak{B}^* \end{pmatrix}$$

angeben.

Ist nun, wie wir vorausgesetzt haben, $r < n$ und sind $\mathfrak{A}$ und $\mathfrak{C}$ teilerfremd, so lehrt ein Vergleich der unzerfällbaren Bestandteile der untereinander ähnlichen Gruppen $\mathfrak{M}^*$ und $\mathfrak{N}^*$, daß auf Grund des für r Veränderliche schon als richtig anzusehenden Krullschen Satzes die unzerfällbaren Bestandteile von $\mathfrak{C}$ unter den unzerfällbaren Bestandteilen von $\mathfrak{B}^*$ vorkommen müssen. Das erfordert aber insbesondere, daß der Grad $r-h$ von $\mathfrak{B}^*$ mindestens gleich l sei. Da aber andererseits $r \leqq h+l$ ist, muß demnach $r = h+l$ sein.

§ 4. Fortsetzung.

Man nehme nun an, unsere Gruppe $\mathfrak{G}$ sei auf zwei verschiedene Arten durch Ähnlichkeitstransformation in die vollständig zerfallenden Gruppen $\mathfrak{H}$ und $\mathfrak{K}$ übergeführt [vgl. Formel (11)]. Es sei zunächst eine der unzerfällbaren Gruppen $\mathfrak{H}_\sigma$ einer der unzerfällbaren Gruppen $\mathfrak{K}_\tau$ ähnlich, z. B. seien $\mathfrak{H}_1$ und $\mathfrak{K}_1$ ähnlich. Hierbei mögen unter den $\mathfrak{H}_\sigma$ die Gruppen $\mathfrak{H}_1, \mathfrak{H}_2, \cdots, \mathfrak{H}_f$ und nur diese der Gruppe $\mathfrak{H}_1$ ähnlich sein. Für die Gruppe $\mathfrak{K}_\tau$ mögen $\mathfrak{K}_1, \mathfrak{K}_2, \cdots, \mathfrak{K}_g$ die entsprechende Eigenschaft in bezug auf $\mathfrak{K}_1$ aufweisen. Ferner sei $f \leqq g$. Ist $f = p$, so kann offenbar nicht g größer als f sein, weil sonst der Grad der Gruppe $\mathfrak{K}$ größer als n wäre. In diesem Fall ist der

KRULLsche Satz für unsere beiden Zerfällungen gewiß richtig. Man darf also annehmen, daß $f < p$ sei. Setzt man

$$(21)\qquad \mathfrak{A} = \begin{pmatrix} \mathfrak{H}_{f+1} & & \\ & \ddots & \\ & & \mathfrak{H}_p \end{pmatrix}, \quad \mathfrak{B} = \begin{pmatrix} \mathfrak{H}_1 & & \\ & \ddots & \\ & & \mathfrak{H}_f \end{pmatrix},$$
$$\mathfrak{C} = \begin{pmatrix} \mathfrak{K}_1 & & \\ & \ddots & \\ & & \mathfrak{K}_f \end{pmatrix}, \quad \mathfrak{D} = \begin{pmatrix} \mathfrak{K}_{f+1} & & \\ & \ddots & \\ & & \mathfrak{K}_q \end{pmatrix},$$

so erscheinen die Gruppen

$$\mathfrak{H}' = \begin{pmatrix} \mathfrak{A} & 0 \\ 0 & \mathfrak{B} \end{pmatrix}, \quad \mathfrak{K}' = \begin{pmatrix} \mathfrak{C} & 0 \\ 0 & \mathfrak{D} \end{pmatrix}$$

als der Gruppe $\mathfrak{G}$ ähnliche Gruppen. Die zugehörigen Ähnlichkeitstransformationen liefern vier Eigensysteme $y_\gamma, z_\varkappa, u_\lambda, v_\mu$ von der früher betrachteten Art. Die Gradzahlen h, k, l, m sind hierbei sämtlich größer als Null, und da $\mathfrak{B}$ und $\mathfrak{C}$ als ähnliche Gruppen erscheinen, so wird $k = l$ und also $h = m$, was insbesondere $h + l = n$ nach sich zieht. Man beachte nun, daß die Gruppen $\mathfrak{A}$ und $\mathfrak{C}$ hierbei jedenfalls teilerfremd zu nennen sind. Hieraus folgt aber auf Grund des Satzes V, daß hier $r = n$ sein muß. Es liegt also der Fall des Satzes IV vor, d. h. $\mathfrak{A}$ und $\mathfrak{D}$ sind ähnliche Gruppen. Da der KRULLsche Satz für die Gradzahl $h < n$ dieser beiden Gruppen als richtig zu gelten hat, ergibt sich ohne weiteres, daß in diesem Fall die Behauptungen des KRULLschen Satzes zutreffen.

Es bleibt also nur noch der Fall zu erledigen, daß keine der Gruppen $\mathfrak{H}_\sigma$ einer der Gruppen $\mathfrak{K}_\tau$ ähnlich ist.

Es sei noch folgendes bemerkt. Tritt der noch zu behandelnde Fall ein und stimmt der Grad einer der Gruppen $\mathfrak{H}_\iota$ mit dem Grad einer der Gruppen $\mathfrak{K}_\tau$ überein, sind etwa $\mathfrak{H}_1$ und $\mathfrak{K}_1$ von demselben Grad, so gelangt man ohne weiteres zum KRULLschen Satz, indem man die Gruppen $\mathfrak{A}, \mathfrak{B}, \mathfrak{C}, \mathfrak{D}$ entsprechend den Formeln (21). wählt, nur daß hierbei f durch 1 zu ersetzen ist, denn es sind wieder $\mathfrak{A}$ und $\mathfrak{C}$ teilerfremde Gruppen, deren Gradsumme $h + l$ gleich n wird. *Wir können uns also nur noch auf den Fall beschränken, daß die Grade der Gruppen $\mathfrak{H}_\sigma$ von denen der Gruppen $\mathfrak{K}_\tau$ sämtlich verschieden sind.*

§ 5. Erster Beweis des KRULLschen Satzes (von I. SCHUR).

Man nehme an, unter den Gruppen $\mathfrak{H}_\sigma$ sei $\mathfrak{H}_1$ von kleinstem Grade k und unter den Gruppen $\mathfrak{K}_\tau$ sei $\mathfrak{K}_1$ von kleinstem Grade l. Die Gruppen $\mathfrak{A}, \mathfrak{B}, \mathfrak{C}, \mathfrak{D}$ wähle man dann entsprechend den Formeln (21) mit $f = 1$. Zu diesen Gruppen als Transformationsgruppen lassen sich dann Eigensysteme $y_\gamma, z_\varkappa, u_\lambda, v_\mu$ der Gruppe $\mathfrak{G}$ angeben, auf die die Überlegungen des § 3 angewendet werden können.

Da nach Voraussetzung nicht $k=l$ sein soll, so darf $k<l$ angenommen werden. Dann wird

$$m \geqq l, \quad h = n-k = l+m-k > m \geqq l > k.$$

Zugleich ergibt sich

$$\begin{aligned} &h+l>m+l=n, &\quad h+m>l+m=n, \\ &k+l<n, &\quad k+m<n. \end{aligned} \tag{22}$$

Unter den Formen

$$y_1, y_2, \cdots, y_h, \quad u_1, u_2, \cdots, u_l$$

müssen daher n linear unabhängige vorkommen, weil sonst der Fall $r<n$ bei teilerfremden $\mathfrak{A}$, $\mathfrak{C}$ vorliegen würde, was für $h+l>n$ nach Satz V unmöglich ist. In genau derselben Weise ergibt sich, daß auch unter den Formen

$$y_1, y_2, \cdots, y_h, \quad v_1, v_2, \cdots, v_m$$

n linear unabhängige vorkommen müssen. Man setze

$$y_\gamma = U_\gamma + V_\gamma, \qquad (\gamma = 1, 2, \cdots, h) \tag{23}$$

wobei wie früher U_γ nur von den u_λ und V_γ nur von den v_μ abhängt.

Da man alle n Veränderlichen x_ν durch die y_γ und u_λ ausdrücken kann, so kann man die x_ν auch mit Hilfe der u_λ und V_γ darstellen. Daher müssen unter den V_γ genau m linear unabhängige vorkommen. Ebenso muß die Anzahl der linear unabhängigen unter den U_γ genau gleich l sein.

Indem man die Veränderlichen y_γ, u_λ und v_μ drei passend gewählten in K rationalen linearen Transformationen unterwirft, kann erreicht werden, daß die Gleichungen (23) die Form

$$\begin{aligned} &y_1 = u_1 + v_1, \quad y_2 = u_2 + v_2, \cdots, \quad y_k = u_k + v_k, \\ &y_{k+1} = u_{k+1}, \cdots, \quad y_l = u_l, \quad y_{l+1} = v_{k+1}, \cdots, \quad y_h = v_m \end{aligned} \tag{24}$$

erhalten. Man kann nämlich zunächst die y_γ so transformieren, daß die letzten $h-l$ nur von den v_μ abhängen. Diese Funktionen sind dann linear unabhängige Verbindungen der v_μ und wegen

$$h-l = m-k$$

kann durch eine lineare Transformation der v_μ erreicht werden, daß dies die Funktionen $v_{k+1}, v_{k+2}, \cdots, v_m$ werden. Indem man lineare Verbindungen dieser $m-k$ Veränderlichen v_μ von den l ersten y_γ abzieht, wird erreicht, daß diese Ausdrücke von $v_{k+1}, v_{k+2}, \cdots, v_m$ nicht abhängen. Man kann diese y_γ so transformieren, daß die v-Bestandteile einfach die Form

$$v_1, v_2, \cdots, v_k, \quad 0, 0, \cdots, 0$$

erhalten. Die l hier enthaltenen u-Bestandteile sind noch linear unabhängig und durch eine lineare Transformation der u_λ kann erreicht werden, daß sie mit den Veränderlichen $u_1, u_2, \cdots, u_l$ übereinstimmen. Auf diese Weise entstehen Formeln der Gestalt (24).

Ist nun wie früher

$$y_\gamma^s = \sum_{\delta=1}^{h} a_{\gamma\delta}^s y_\delta, \qquad (\gamma = 1, 2, \cdots, h)$$

so erkennt man durch Einsetzen der Ausdrücke (24), daß die zu den y_γ gehörende Transformationsgruppe $\mathfrak{A}$ die Form

$$\mathfrak{A} = \begin{pmatrix} \mathfrak{A}_{11} & \mathfrak{A}_{12} & \mathfrak{A}_{13} \\ 0 & \mathfrak{A}_{22} & 0 \\ 0 & 0 & \mathfrak{A}_{33} \end{pmatrix}$$

erhält, wobei $\mathfrak{A}_{11}, \mathfrak{A}_{22}, \mathfrak{A}_{33}$ Gruppen in $k, l-k, h-l$ Veränderlichen bedeuten. Zugleich wird

(25) $$\mathfrak{C} = \begin{pmatrix} \mathfrak{A}_{11} & \mathfrak{A}_{12} \\ 0 & \mathfrak{A}_{22} \end{pmatrix}, \qquad \mathfrak{D} = \begin{pmatrix} \mathfrak{A}_{11} & \mathfrak{A}_{13} \\ 0 & \mathfrak{A}_{33} \end{pmatrix}.$$

Insbesondere ergibt sich, daß $u_{k+1}, u_{k+2}, \cdots, u_l$ bzw. $v_{k+1}, v_{k+2}, \cdots, v_m$ Eigensysteme der Gruppen $\mathfrak{C}$ und $\mathfrak{D}$ bilden.

Man betrachte nun das Eigensystem $z_1, z_2, \cdots, z_k$ mit der Transformationsgruppe $\mathfrak{B}$. Sei

$$z_\varkappa = U_\varkappa + V_\varkappa, \qquad (\varkappa = 1, 2, \cdots, k)$$

wo die $U_\varkappa$ nur von den u_λ und die $V_\varkappa$ nur von den v_μ abhängen. Da $\mathfrak{B}$ und $\mathfrak{C}$ teilerfremde Gruppen sind und $k+l$ kleiner als n ist (vgl. (22)), so lehrt wieder der Satz V, daß

$$z_1, z_2, \cdots, z_k, \quad u_1, u_2, \cdots, u_l$$

linear unabhängige Formen sind. Genau dasselbe gilt wegen $k+m<n$ für

$$z_1, z_2, \cdots, z_k, \quad v_1, v_2, \cdots, v_m.$$

Hieraus folgt, daß $U_1, U_2, \cdots, U_k$ und ebenso $V_1, V_2, \cdots, V_k$ linear unabhängig sind. Da sie sich bei Anwendung der Transformationen s von $\mathfrak{G}$ in genau derselben Weise transformieren wie die $z_\varkappa$, so bilden sie Eigensysteme der Gruppen $\mathfrak{C}$ bzw. $\mathfrak{D}$, und zwar solche, zu denen die Transformationsgruppe $\mathfrak{B}$ gehört. Man setze

$$U_\varkappa = \sum_{\alpha=1}^{k} p_{\varkappa\alpha} u_\alpha + \sum_{\beta=k+1}^{l} q_{\varkappa\beta} u_\beta,$$

$$V_\varkappa = \sum_{\alpha=1}^{k} r_{\varkappa\alpha} v_\alpha + \sum_{\gamma=k+1}^{m} s_{\varkappa\gamma} v_\varkappa.$$

Die zugehörigen vier Matrizen bezeichne man mit P, Q, R, S.

Wir behaupten, daß

(26) $$|P| = 0, \quad |R| = 0, \quad |P-R| \neq 0.$$

Wäre nämlich $|P| \neq 0$, so würden die Funktionen

$$U_1, U_2, \cdots, U_k \quad \text{und} \quad u_{k+1}, u_{k+2}, \cdots, u_l$$

zwei voneinander unabhängige Eigensysteme der Gruppe $\mathfrak{C}$ liefern. Also würde $\mathfrak{C}$ zerfallen, was der früher gemachten Voraussetzung widerspricht.

Es kann aber auch nicht $|R|$ von Null verschieden sein, denn das würde ebenso nach sich ziehen, daß $\mathfrak{D}$ zerfiele, und zwar der Gruppe

$$\begin{pmatrix} \mathfrak{B} & 0 \\ 0 & \mathfrak{A}_{33} \end{pmatrix}$$

ähnlich wäre. Man könnte daher durch weitere Zerfällung von $\mathfrak{A}_{33}$ ein vollständiges Zerfallen von $\mathfrak{D}$ in unzerfällbare Bestandteile erhalten, unter denen $\mathfrak{B}$ vorkommt. Da aber wegen $m<n$ für $\mathfrak{D}$ der KRULLsche Satz als richtig angesehen werden kann, widerspricht das der früheren Annahme, daß $\mathfrak{D}$ in die unzerfällbaren Gruppen $\mathfrak{K}_1, \mathfrak{K}_2, \cdots, \mathfrak{K}_q$, deren Grade größer als der von $\mathfrak{B}$ sein soll, zerfällt.

Daß nun aber $P-R$ von nicht verschwindender Determinante sein soll, erkennt man so: Die n Linearformen

$$y_1, y_2, \cdots, y_h, \quad z_1, z_2, \cdots, z_k$$

oder, was dasselbe ist,

$$u_1+v_1, \cdots, u_k+v_k, \quad u_{k+1}, \cdots, u_l,$$
$$v_{k+1}, v_{k+2}, \cdots, v_m, \quad U_1+V_1, \cdots, U_k+V_k$$

sollen doch linear unabhängig sein. Man kann aber von den k letzten Funktionen Verbindungen der h ersten so abziehen, daß sie die Form

$$\sum_{\alpha=1}^{k} (p_{\varkappa\alpha}-r_{\varkappa\alpha})\, u_\alpha \qquad (\varkappa=1, 2, \cdots, k)$$

erhalten. Da diese Funktionen linear unabhängig bleiben, muß die Determinante ihrer Koeffizientenmatrix $P-R$ von Null verschieden sein.

Es darf nunmehr ohne Beschränkung der Allgemeinheit angenommen werden, daß

$$(27) \qquad P-R=E$$

wird, denn anderenfalls genügt es, auf das Eigensystem $z_\varkappa$ die lineare Transformation $(P-R)^{-1}$ anzuwenden.

Die Forderung, daß die Linearformen $U_1, U_2, \cdots, U_k$ der u_λ mit der Koeffizientenmatrix

$$M=(P, Q)$$

ein Eigensystem der Gruppe $\mathfrak{C}$ mit der Transformationsgruppe $\mathfrak{B}$ bilden sollen, bedeutet aber nach § 1 nur, daß

$$M\mathfrak{C}=\mathfrak{B}M$$

wird. Dies liefert insbesondere wegen (25)

$$P\mathfrak{A}_{11}=\mathfrak{B}P.$$

Ebenso folgt durch Betrachtung der Gruppe $\mathfrak{D}$, daß

$$R\mathfrak{A}_{11}=\mathfrak{B}R$$

wird. Hieraus folgt aber wegen (27)

$$\mathfrak{A}_{II} = \mathfrak{B}.$$

Also ist insbesondere die Matrix R mit allen Matrizen Substitutionen von $\mathfrak{B}$ vertauschbar. Da aber $\mathfrak{B}$ unzerfällbar sein soll und R von verschwindender Determinante ist, folgt aus dem Kriterium Satz II, daß alle charakteristischen Wurzeln von R gleich Null sein müßten. Dann würde aber aus

$$P = E + R$$

folgen, daß $|P| \neq 0$ ist, was einen Widerspruch liefert.

§ 6. Zweiter Beweis des Krullschen Satzes (R. Brauer).

Die im vorigen Paragraphen durchgeführte Betrachtung geht von dem Bestreben aus, allein mit Hilfe der einfachen in §§ 3 und 4 verwendeten Begriffsbildungen zum Ziele zu gelangen. Kürzer und durchsichtiger ist folgende Überlegung.

Man schicke folgenden Zusatz zum Kriterium für die Unzerfällbarkeit (Satz II) voraus:

Satz II: Ist $\mathfrak{K}$ eine im gegebenen Grundkörper unzerfällbare Gruppe, sind $M_1, M_2, \cdots, M_q$ im Körper rationale, mit allen Substitutionen von K vertauschbare Matrizen und sind ihre Determinanten sämtlich gleich Null, so ist auch ihre Summe $S = M_1 + M_2 + \cdots + M_m$ von verschwindender Determinante.*

Es genügt offenbar, den Beweis für $m = 2$ zu erbringen. Wäre nun in diesem Fall $|S| \neq 0$, so ist auch S mit allen Substitutionen von $\mathfrak{K}$ vertauschbar, dasselbe gilt demnach auch für

$$N_1 = S^{-1}M_1, \quad N_2 = S^{-1}M_2.$$

Für diese Matrizen würde aber

$$N_1 + N_2 = E \tag{28}$$

werden, wobei noch

$$|N_1| = |N_2| = 0$$

wird. Dies würde nach Satz II das Verschwinden aller charakteristischen Wurzeln von N_1 und N_2 nach sich ziehen, was mit der Gleichung (28) unverträglich ist.

Es mögen nun die Gruppen $\mathfrak{H}, \mathfrak{K}, \mathfrak{H}_\sigma, \mathfrak{K}_\tau$ dieselbe Bedeutung haben wie im § 3. Die Grade von $\mathfrak{H}_\sigma$ und $\mathfrak{K}_\tau$ bezeichne man mit h_σ und k_τ. Ist k_1 die größte der Zahlen k_τ, so darf auf Grund der am Schluß des § 4 gemachten Bemerkung

$$h_1 < k_1,\ h_2 < k_1,\ \cdots,\ h_p < k_1 \tag{29}$$

angenommen werden. Es sei P eine Ähnlichkeitstransformation, die der Gleichung

$$P^{-1}\mathfrak{H}P = \mathfrak{K} \tag{30}$$

genügt. Wir können dann

$$P = (P_{\alpha\beta}), \quad Q = P^{-1} = (Q_{\beta\alpha}) \qquad \begin{pmatrix}\alpha = 1, 2, \cdots, p\\ \beta = 1, 2, \cdots, q\end{pmatrix}$$

setzen, wobei $P_{\alpha\beta}$ eine Matrix mit h_α Zeilen und k_β Spalten, dagegen $Q_{\beta\alpha}$ eine solche mit k_β Zeilen und h_α Spalten sein soll.

Aus der Gleichung (30) folgt nun

$$\mathfrak{H}P = P\mathfrak{K}, \quad Q\mathfrak{H} = \mathfrak{K}Q.$$

Das liefert aber auf Grund der Formel (11)

$$\mathfrak{H}_\alpha P_{\alpha\beta} = P_{\alpha\beta}\mathfrak{K}_\beta, \quad Q_{\beta\alpha}\mathfrak{H}_\alpha = \mathfrak{K}_\beta Q_{\beta\alpha}$$

und demnach auch

$$Q_{\beta\alpha}\mathfrak{H}_\alpha P_{\alpha\beta} = Q_{\beta\alpha}P_{\alpha\beta}\mathfrak{K}_\beta, \quad Q_{\beta\alpha}\mathfrak{H}_\alpha P_{\alpha\beta} = \mathfrak{K}_\beta Q_{\beta\alpha}P_{\alpha\beta},$$

also

$$\mathfrak{K}_\beta Q_{\beta\alpha}P_{\alpha\beta} = Q_{\beta\alpha}P_{\alpha\beta}\mathfrak{K}_\beta.$$

Folglich ist die quadratische Matrix

$$M_{\beta\alpha} = Q_{\beta\alpha}P_{\alpha\beta}$$

des Grades k_β mit allen Substitutionen von $\mathfrak{K}_\beta$ vertauschbar. Wählt man nun insbesondere $\beta = 1$, so weist für jedes α die Matrix $Q_{1\alpha}$ mehr Zeilen als Kolonnen auf (und entsprechend $P_{\alpha 1}$ mehr Kolonnen als Zeilen). Hieraus folgt, daß die Determinanten aller Matrizen $M_{1\alpha}$ verschwinden müßten. Das widerspricht aber auf Grund des Satzes II* wegen der Unzerfällbarkeit von $\mathfrak{K}_1$ der aus $QP = E$ folgenden Tatsache, daß

$$S = \sum_{\alpha=1}^{s} Q_{1\alpha}P_{\alpha 1} = \sum_{\alpha=1}^{s} M_{1\alpha}$$

die Einheitsmatrix des Grades k, also von nicht verschwindender Determinante wäre.

§ 7. Eine Bemerkung zum Krullschen Satz.

Sind die unzerfällbaren Bestandteile $\mathfrak{H}_1, \mathfrak{H}_2, \cdots, \mathfrak{H}_p$ einer Gruppe $\mathfrak{G}$ linearer Substitutionen vom Grade n einander ähnlich, so bezeichne man $\mathfrak{G}$ etwa als elementare Gruppe. Jede nicht elementare Gruppe $\mathfrak{G}$ läßt sich dann in elementare Gruppen

$$\mathfrak{M}_1, \mathfrak{M}_2, \cdots, \mathfrak{M}_m \tag{31}$$

vollständig zerfallen, und diese Gruppen sind wieder abgesehen von Ähnlichkeitstransformationen eindeutig bestimmt. Eine Ähnlichkeitstransformation P, die ein Zerfallen der Gruppe $\mathfrak{G}$ in die elementaren Bestandteile (31) bewirkt, liefert zugleich m voneinander unabhängige Eigensysteme

$$\mathfrak{F}_1^{(1)}, \mathfrak{F}_2^{(1)}, \ldots, \mathfrak{F}_m^{(1)}, \tag{32}$$

wobei $\mathfrak{F}_\mu^{(1)}$ zur Transformationsgruppe $\mathfrak{M}_\mu$ gehört, und umgekehrt ergibt jeder Komplex von Eigensystemen dieser Art eine Ähnlichkeitstransformation P.

Aus dem Satz V folgt nun ohne weiteres folgende nicht uninteressante Tatsache:

VI. Kennt man für die elementaren Bestandteile (31) *der Gruppe* $\mathfrak{G}$ *neben dem Komplex* (32) *von Eigensystemen einen zweiten Komplex*

$$\mathfrak{F}_1^{(2)}, \mathfrak{F}_2^{(2)}, \ldots, \mathfrak{F}_m^{(2)}$$

derselben Art, so besteht jeder der 2^q *Komplexe*

$$\mathfrak{F}_1^{(\alpha_1)}, \mathfrak{F}_2^{(\alpha_2)}, \ldots, \mathfrak{F}_m^{(\alpha_m)} \qquad (\alpha_\mu = 1 \text{ oder } 2) \tag{33}$$

aus voneinander unabhängigen Eigensystemen, so daß also jeder dieser Komplexe eine Ähnlichkeitstransformation der Gruppe $\mathfrak{G}$ *auf die gewünschte Art liefert.*

§ 8. Einige Eigenschaften der vollständig reduziblen Gruppen.

In den Anwendungen wird gewöhnlich der Nachweis, daß eine gegebene Gruppe linearer Substitutionen $\mathfrak{G}$ (z. B. eine endliche oder eine Hermitesche Gruppe) vollständig reduzibel ist, geführt, indem man zeigt, daß wenn $\mathfrak{G}$ irgend einer Gruppe der Form

$$\mathfrak{H} = \begin{pmatrix} \mathfrak{A} & 0 \\ \mathfrak{C} & \mathfrak{D} \end{pmatrix} \tag{33}$$

ähnlich ist, $\mathfrak{G}$ auch der Gruppe

$$\mathfrak{K} = \begin{pmatrix} \mathfrak{A} & 0 \\ 0 & \mathfrak{D} \end{pmatrix}$$

ähnlich ist, und genauer wird sogar bewiesen, daß eine Ähnlichkeitstransformation von der Gestalt

$$P = \begin{pmatrix} E_1 & 0 \\ F & E_2 \end{pmatrix}$$

existiert, durch die $\mathfrak{H}$ in $\mathfrak{K}$ übergeführt wird. Dies scheint eine weitergehende Eigenschaft als die durch den Begriff der vollständigen Reduzibilität bedingte zu sein, was die Gruppe etwa als *total reduzibel* kennzeichnen würde. Es ist nun von einigem Interesse festzustellen, daß folgender Satz gilt:

VII. Jede vollständig reduzible Gruppe ist zugleich total reduzibel[1].

[1] Das Umgekehrte ist trivial und liegt der erwähnten in den Anwendungen viel benutzten Betrachtungsweise zugrunde.

Eine andere wichtige Frage ist die folgende: Kann behauptet werden, daß der Satz gilt:

VIII. Liegt eine vollständig reduzible Gruppe $\mathfrak{G}$ *vor und weiß man, daß sie einer Gruppe der Form* (33) *ähnlich ist, so müssen auch die Gruppen* $\mathfrak{A}$ *und* $\mathfrak{D}$ *vollständig reduzibel sein.*

Man erkennt ohne Mühe, daß beide Sätze als bewiesen angesehen werden können, wenn der folgende Satz gilt:

IX. Ist eine Gruppe $\mathfrak{H}$ *der Form* (33) *vollständig reduzibel, so kann man eine »Haupttransformation«, d. h. eine Ähnlichkeitstransformation der entsprechenden Gestalt*

$$U = \begin{pmatrix} P & 0 \\ R & S \end{pmatrix} \tag{34}$$

angeben, so daß

$$U^{-1}\mathfrak{H}U = \begin{pmatrix} \mathfrak{G}_1 & & & \\ & \mathfrak{G}_2 & & \\ & & \ddots & \\ & & & \mathfrak{G}_r \end{pmatrix} = \mathfrak{N}$$

wird, wobei die Gruppen $\mathfrak{G}_\varrho$ *sämtlich irreduzibel sind.*

Der Grad von $\mathfrak{G}_\varrho$ werde im folgenden mit n_ϱ bezeichnet. Der Beweis ergibt sich etwa so: Man bestimme zunächst, was jedenfalls möglich ist, eine Haupttransformation A vom Typus (34), so daß

$$\mathfrak{H}_1 = A^{-1}\mathfrak{H}A = \begin{pmatrix} \mathfrak{G}_1 & 0 \\ \mathfrak{K} & \mathfrak{L} \end{pmatrix}$$

wird, wobei $\mathfrak{G}_1$ irreduzibel ist. Diese Gruppe kann noch auf die Normalform $\mathfrak{N}$ gebracht werden, und es darf hierbei angenommen werden, daß, wenn unter den Gruppen $\mathfrak{G}_\varrho$ genau f der Gruppe $\mathfrak{G}_1$ ähnlich sind,

$$\mathfrak{G}_1 = \mathfrak{G}_2 = \cdots = \mathfrak{G}_f$$

wird. Ist etwa

$$V^{-1}\mathfrak{H}_1 V = \mathfrak{N}, \tag{35}$$

so setze man

$$V = \begin{pmatrix} V_{11} & V_{12} & \cdots & V_{1r} \\ V_{21} & V_{22} & \cdots & V_{2r} \end{pmatrix},$$

wobei insbesondere die Anzahl der Zeilen in $V_{1\varrho}$ gleich n_1 und die Anzahl der Spalten gleich n_ϱ sein soll. Aus (35) folgt

$$\mathfrak{G}_1 V_{1\varrho} = V_{1\varrho}\mathfrak{G}_\varrho .$$

Dies liefert auf Grund des »Verkettungssatzes« (vgl. S. 211) $V_{1\varrho} = 0$ für $\rho > f$, während $V_{1\varrho}$ für $\rho \leq f$ mit allen Substitutionen von $\mathfrak{G}_1$ vertauschbar wird. Ist daher die Determinante von $V_{1\varrho}$ gleich Null, so muß auch (nach dem

Verkettungssatz) $V_{1\varrho} = 0$ sein. Da aber wegen $|V| \neq 0$ nicht alle $V_{1\varrho}$ verschwinden können, läßt sich eine Matrix n-ten Grades von nicht verschwindender Determinante

$$W = \begin{pmatrix} W_{11} & \cdots & W_{1f} & 0 \\ W_{21} & \cdots & W_{2f} & 0 \\ \cdot & \cdot & \cdot & \cdot \\ W_{f1} & \cdots & W_{ff} & 0 \\ 0 & \cdots & 0 & E'' \end{pmatrix}$$

angeben, in der E'' die Einheitsmatrix des Grades $n - fn_1$ bedeutet, während alle $W_{\alpha\beta}$ mit $\mathfrak{G}_1$ vertauschbare Matrizen bedeuten, wobei insbesondere

$$W_{11} = V_{11}, \quad W_{12} = V_{12}, \cdots, W_{1f} = V_{1f}.$$

Diese Matrix W ist dann mit allen Substitutionen von $\mathfrak{R}$ vertauschbar. Setzt man daher

$$V W^{-1} = X,$$

so wird auch

$$X^{-1} \mathfrak{H}_1 X = \mathfrak{R}$$

und hierbei hat X die Form

$$X = \begin{pmatrix} E' & 0 \\ X_3 & X_4 \end{pmatrix},$$

wobei E' die Einheitsmatrix des Grades n_1 ist. Hierbei wird insbesondere

$$X_4^{-1} \mathfrak{L} X_4 = \begin{pmatrix} \mathfrak{G}_2 & & & \\ & \mathfrak{G}_3 & & \\ & & \ddots & \\ & & & \mathfrak{G}_r \end{pmatrix} = \mathfrak{R}'.$$

Die Gruppe $\mathfrak{L}$ darf aber, weil A eine Haupttransformation war, in der Form

$$\mathfrak{L} = \begin{pmatrix} \mathfrak{L}_1 & 0 \\ \mathfrak{C}_1 & \mathfrak{D}_1 \end{pmatrix} \tag{36}$$

angenommen werden, wobei $\mathfrak{D}_1$ und $\mathfrak{D}$ ähnliche Gruppen sind. Man nehme nun den Satz IX, der für $n = 1$ und $n = 2$ gewiß richtig ist, für weniger als n Veränderliche als bewiesen an. Dann kann an Stelle von X_4 eine Haupttransformation Y vom Typus (36) angegeben werden, für die gleichfalls

$$Y^{-1} \mathfrak{L} Y = \mathfrak{R}'$$

wird. Die Matrix $X_4^{-1} Y$ ist dann mit allen Substitutionen von $\mathfrak{R}'$ und demnach die Matrix

$$Z = \begin{pmatrix} E' & 0 \\ 0 & X_4^{-1} Y \end{pmatrix}$$

mit allen Substitutionen von $\mathfrak{N}$ vertauschbar. Setzt man nun

$$XZ = B = \begin{pmatrix} E' & 0 \\ B_3 & Y \end{pmatrix}, \quad AB = C,$$

so wird auch

$$B^{-1}\mathfrak{H}_1 B = \mathfrak{N}$$

und

$$C^{-1}\mathfrak{H}\, C = \mathfrak{N}.$$

Offenbar ist hier B als Haupttransformation vom Typus (34) zu bezeichnen; da auch A diese Eigenschaft besitzt, gilt das auch für C. Unser Satz ist hiermit bewiesen. Es sei besonders hervorgehoben, daß diese Betrachtungen für jeden gegebenen Grundkörper K gelten.

Ausgegeben am 17. Juni.

Berlin, gedruckt in der Reichsdruckerei.

Untersuchungen über die arithmetischen Eigenschaften von Gruppen linearer Substitutionen.

Zweite Mitteilung.

Von

Richard Brauer in Königsberg i. Pr.

Die vorliegende Arbeit schließt sich eng an die erste Mitteilung[1]) an, deren Ergebnisse weitgehend verwendet werden. Es sollen einige Sätze behandelt werden, die die Berechnung des Index einer Gruppe in bezug auf einen Zahlkörper erleichtern. In einer früheren Arbeit[2]) habe ich den folgenden Satz bewiesen: Besitzt eine Gruppe linearer Substitutionen a Invarianten vom Grade n, so können in dem Index der Gruppe in bezug auf irgendeinen Zahlkörper nur Primzahlen aufgehen, die in $a \cdot n$ aufgehen. Im § 1 der vorliegenden Arbeit soll dieses Ergebnis verschärft und verallgemeinert werden; insbesondere wird gezeigt, daß die zu n teilerfremden Primzahlen im Index in höchstens derselben Potenz wie in a aufgehen. Ein Hilfssatz, der beim Beweise eine Rolle spielt, wird im § 2 bewiesen. Mit Hilfe dieses Hilfssatzes wird im § 3 ein von Herrn I. Schur für Gruppen endlicher Ordnung bewiesener Satz[3]) auf unendliche Gruppen übertragen. Im § 4 wird gezeigt, daß man die Behandlung von Gruppen mit beliebigem Index m immer auf den Fall zurückführen kann, daß m eine Primzahlpotenz ist. Schließlich werden im § 5 einige Beispiele behandelt, und zwar werden zu jedem vorgeschriebenen Grad f endliche Gruppen konstruiert, für die der Index in bezug auf den Körper des Charakters den maximalen möglichen Wert f hat. Ferner wird an einem Beispiel gezeigt, daß der

---

[1]) Math. Zeitschr. 28 (1928), S. 677–696. Diese Arbeit wird hier mit U I zitiert.

[2]) Über Zusammenhänge zwischen arithmetischen und invariantentheoretischen Eigenschaften von Gruppen linearer Substitutionen, Sitzungsber. d. Preuß. Akad. d. Wissensch. 1926, S. 410–416 (hier mit B zitiert).

[3]) Arithmetische Untersuchungen über Gruppen endlicher Ordnung, Sitzungsber. d. Preuß. Akad. d. Wissensch. 1906, S. 164–184 (hier mit S zitiert).

Exponent des Faktorensystems einer Gruppe nicht mit dem Index übereinzustimmen braucht, daß er also eine neue, für das Verhalten einer Gruppe in bezug auf einen Zahlkörper charakteristische Größe darstellt.

§ 1.

$\mathfrak{H}$ sei eine irreduzible Gruppe linearer Substitutionen vom Grade f, deren Charakter dem vorgegebenen Grundkörper K angehört. $\mathfrak{H}$ sei in dem algebraischen Körper $\mathsf{K}(\vartheta)$ vom Grade r über K rational. Sind $\vartheta = \vartheta_1, \vartheta_2, \ldots, \vartheta_r$ die Konjugierten zu ϑ, so mögen $\mathfrak{H} = \mathfrak{H}_1, \mathfrak{H}_2, \ldots, \mathfrak{H}_r$ die zugehörigen, zu $\mathfrak{H}$ algebraisch konjugierten Gruppen bezeichnen[4]). Das Faktorensystem von $\mathfrak{H}$ bestehe aus den r^3 Zahlen $c_{\alpha\beta\gamma}$ $(\alpha, \beta, \gamma = 1, 2, \ldots, r)$. Wie in U I § 1 auseinandergesetzt ist, gibt es dann r^2 Matrizen $P_{\alpha\beta}$ $(\alpha, \beta = 1, 2, \ldots, r)$ vom Grade f, die die Gleichungen

$$\mathfrak{H}_\alpha P_{\alpha\beta} = P_{\alpha\beta} \mathfrak{H}_\beta \tag{1}$$

$$P_{\alpha\beta} P_{\beta\gamma} = c_{\alpha\beta\gamma} P_{\alpha\gamma} \tag{2}$$

$$(\alpha, \beta, \gamma = 1, 2, \ldots, r)$$

erfüllen und den folgenden Bedingungen (A) genügen:

(A_1) $P_{\alpha\beta}$ ist in $\mathsf{K}(\vartheta_\alpha, \vartheta_\beta)$ rational, die Determinante $P_{\alpha\beta}$ verschwindet nicht.

(A_2) Wendet man eine Permutation K der Galoisschen Gruppe von $\mathsf{K}(\vartheta_1, \vartheta_2, \ldots, \vartheta_r)$ in bezug auf den Grundkörper K auf die Koeffizienten von $P_{\alpha\beta}$ an, und geht bei K etwa ϑ_α in ϑ_γ, ϑ_β in ϑ_δ über, so geht $P_{\alpha\beta}$ in $P_{\gamma\delta}$ über.

(A_3) P_{11} ist die Einheitsmatrix.

Falls es für eine reduzible Gruppe $\mathfrak{H}$ Matrizen $P_{\alpha\beta}$ gibt, die den Bedingungen (A) genügen und die Gleichungen (1) und (2) erfüllen, wobei $c_{\alpha\beta\gamma}$ Zahlenfaktoren sind, so schließt man leicht, daß diese Zahlenfaktoren die charakteristischen Eigenschaften eines Faktorensystems haben (vgl. U I § 2). Wir wollen dann sagen, es sei möglich, der Gruppe das Faktorensystem $c_{\alpha\beta\gamma}$ beizulegen. Es kann aber bei reduziblen Gruppen $\mathfrak{H}$ der Fall eintreten, daß man $\mathfrak{H}$ gar kein oder auch mehrere wesentlich verschiedene Faktorensysteme beilegen kann.

Es sei jetzt eine ganze rationale irreduzible Darstellung $\mathfrak{R}$ der allgemeinen linearen Gruppe in f Variablen gegeben[5]); jeder Matrix M des Grades f ist eine andere Matrix $R(M)$ eines wohlbestimmten Grades k zugeordnet, derart, daß stets $R(M_1) \cdot R(M_2) = R(M_1 M_2)$ gilt. Die Elemente von $R(M)$ sind ganze rationale homogene Funktionen der Elemente von M;

---

[4]) Entsprechend sei die Bezeichnung bei anderen in $\mathsf{K}(\vartheta)$ rationalen Gruppen.

[5]) Man vergleiche dazu etwa I. Schur, Über die rationalen Darstellungen der allgemeinen linearen Gruppe, Sitzungsber. d. Preuß. Akad. d. Wissensch. 1927, S. 58–75.

die Koeffizienten dieser Funktionen können als rationale Zahlen angenommen werden. Ist die Dimension der Funktionen n, so soll $\mathfrak{R}$ als Darstellung der Ordnung n bezeichnet werden. Ist c irgendeine Zahl, so gilt

$$(3) \qquad R(c\,E_f) = c^n E_k \text{ [6]}.$$

$\mathfrak{H}$ werde jetzt wieder irreduzibel vorausgesetzt. Bildet man für jedes $H < \mathfrak{H}$ die Matrix $R(H)$, so erhält man offenbar eine zu $\mathfrak{H}$ isomorphe, in $\mathsf{K}(\vartheta)$ rationale Gruppe $\mathfrak{G} = R(\mathfrak{H})$. Setzt man

$$(4) \qquad R(P_{\alpha\beta}) = Q_{\alpha\beta}, \quad C_{\alpha\beta\gamma} = c^n_{\alpha\beta\gamma} \quad (\alpha, \beta, \gamma = 1, 2, \ldots, r),$$

so folgt durch Anwendung von R auf (1) und (2) unter Berücksichtigung von (3)

$$\begin{array}{ll}(5) & \mathfrak{G}_\alpha Q_{\alpha\beta} = Q_{\alpha\beta}\mathfrak{G}_\beta \\ (6) & Q_{\alpha\beta}Q_{\beta\gamma} = C_{\alpha\beta\gamma}Q_{\alpha\gamma}\end{array} \quad (\alpha, \beta, \gamma = 1, 2, \ldots, r).$$

Die Matrizen $Q_{\alpha\beta}$ erfüllen offenbar auch die Bedingungen (A). Wegen (5) sind $\mathfrak{G}_\alpha$ und $\mathfrak{G}_\beta$ ähnlich; also haben $\mathfrak{G}$ und $\mathfrak{G}_2, \mathfrak{G}_3, \ldots, \mathfrak{G}_r$ alle denselben Charakter, der Charakter von $\mathfrak{G}$ gehört folglich zu K.

Daher kann man der Gruppe $\mathfrak{G}$ das Faktorensystem $C_{\alpha\beta\gamma}$ beilegen. Nun gilt der

Hilfssatz. *$\mathfrak{G}$ sei eine in $\mathsf{K}(\vartheta)$ rationale Gruppe, deren Charakter zu K gehört. Es sei möglich, der Gruppe $\mathfrak{G}$ das Faktorensystem $C_{\alpha\beta\gamma}$ vom Index w beizulegen. $\mathfrak{A}$ sei ein irreduzibler Bestandteil von $\mathfrak{G}$, der in $\mathfrak{G}$ insgesamt a-mal vorkomme, μ sei der Schursche Index von $\mathfrak{A}$ in bezug auf K, t sei die Anzahl der verschiedenen zum Charakter von $\mathfrak{A}$ in bezug auf K algebraisch konjugierten Charaktere. Dann gilt*

$$(7) \qquad w \mid \mu \cdot a \cdot t.$$

Um den Gedankengang hier nicht zu unterbrechen, soll der Beweis auf § 2 verschoben werden.

$\mathfrak{A}$ sei ein irreduzibler Bestandtell von $\mathfrak{G} = R(\mathfrak{H})$; w, μ, a und t mögen dieselbe Bedeutung wie im Hilfssatz haben. Ferner sei v der Exponent des Faktorensystems $C_{\alpha\beta\gamma}$; nach B Satz I ist v ein Teiler von w. Dann ist $C^v_{\alpha\beta\gamma}$ und wegen (4) also $c^{vn}_{\alpha\beta\gamma}$ dem Einheitssystem assoziiert. Der Exponent l von $c_{\alpha\beta\gamma}$ ist daher ein Teiler von $v \cdot n$, also auch von $w \cdot n$ und wegen (7) auch von $\mu \cdot a \cdot t \cdot n$.

p sei eine Primzahl, die nicht in n aufgeht; im Index m von $\mathfrak{H}$ in bezug auf K sei p genau in der Potenz p^ϱ enthalten. Die Gruppe $\mathfrak{H}^n = \mathfrak{H} \times \mathfrak{H} \times \ldots \times \mathfrak{H}$ besitzt das Faktorensystem $C_{\alpha\beta\gamma} = c^n_{\alpha\beta\gamma}$ [7], sie besitzt also den Schurschen

[6]) Mit E_q werde allgemein die Einheitsmatrix vom Grade q bezeichnet.

[7]) Man vgl. U I § 1.

Index w in bezug auf K und ist daher in einem algebraischen Körper $\mathsf{K}(\eta)$ vom Grade w über K rational darstellbar. In bezug auf $\mathsf{K}(\eta)$ als Grundkörper besitze $\mathfrak{H}$ den Schurschen Index m'; l' sei dann der Exponent des Faktorensystems von $\mathfrak{H}$. Da $\mathfrak{H}^n$ in $\mathsf{K}(\eta)$ rational darstellbar ist, folgt $l'|n$. Daher ist l' zu p teilerfremd; nach B Satz I ist dann m' ebenfalls zu p teilerfremd. Ist nun $\mathsf{K}(\zeta)$ ein Körper vom Relativgrad m' über $\mathsf{K}(\eta)$, in dem $\mathfrak{H}$ rational darstellbar ist, so hat $\mathsf{K}(\zeta)$ den Grad $m' \cdot w$ über K. Wegen der Darstellbarkeit von $\mathfrak{H}$ in $\mathsf{K}(\zeta)$ folgt $m|m'w$, also $p^\varrho | m'w$. Wegen $(p, m') = 1$ gilt $p^\varrho | w$ und wegen (7) ist p^ϱ ein Teiler von $\mu \cdot a \cdot t$.

Satz I. *Der Charakter der irreduziblen Gruppe $\mathfrak{H}$ vom Grade f gehöre zu K. $\mathfrak{R}$ sei ein ganzer rationaler Homomorphismus der allgemeinen linearen Gruppe in f Variablen von der Ordnung n. Die Gruppe $\mathfrak{G}$, die durch Anwendung von $\mathfrak{R}$ auf die Elemente von $\mathfrak{H}$ entsteht, enthalte einen irreduziblen Bestandteil $\mathfrak{A}$ in der Vielfachheit a; μ sei der Schursche Index von $\mathfrak{A}$ in bezug auf K, t die Anzahl der zum Charakter von $\mathfrak{A}$ in bezug auf K algebraisch konjugierten Charaktere. Ist p eine zu n teilerfremde Primzahl, so geht p im Schurschen Index m von $\mathfrak{H}$ in höchstens derselben Potenz wie in $\mu \cdot a \cdot t$ auf. Der Exponent des Faktorensystems von $\mathfrak{H}$ ist ein Teiler von $\mu \cdot a \cdot t \cdot n$.*

Für die Anwendung dieses Satzes ist zu bemerken, daß man n bei geeigneter Wahl von $\mathfrak{R}$ beliebig wählen kann. Für $\mathfrak{A}$ kann man eine beliebige zu $\mathfrak{H}$ homomorphe Gruppe nehmen. Ist etwa $\mathfrak{H}$ eine endliche Gruppe, so sind die Zahlen a und t allein aus den Gruppencharakteren von $\mathfrak{H}$ zu berechnen.

$\mathfrak{A}$ sei jetzt speziell die Gruppe 1. Grades, bei der alle Elemente 1 sind (Hauptdarstellung). Dann ist $\mu = 1$, $t = 1$. Falls $\mathfrak{G}$ vollständig reduzibel ist, so kann man a als die Anzahl der linear unabhängigen Invarianten deuten, die zu dem durch den Homomorphismus $\mathfrak{R}$ bestimmten Typ[8]) gehören; n ist der Grad der Invarianten. Folglich gehen die zu n teilerfremden Primzahlen in m in höchstens derselben Potenz wie in a auf.

Bei anderer Schlußweise erkennt man, daß die Voraussetzung der vollständigen Reduzibilität von $\mathfrak{G}$ überflüssig ist. Besitzt nämlich $\mathfrak{H}$ genau a linear unabhängige Invarianten n-ten Grades (von irgendeinem Typ), so gibt es, wie in B § 3, S. 415 gezeigt wird, Matrizen $A_{\alpha\beta}$ vom Grade a, die den Bedingungen (A) genügen, und für die

$$A_{\alpha\beta} A_{\beta\gamma} = c^n_{\alpha\beta\gamma} A_{\alpha\beta}$$

gilt. Dann folgt aus U I § 1 Satz III, daß der Index w von $c^n_{\alpha\beta\gamma}$ ein Teiler von a ist. Ist nun $(p, n) = 1$, $p^\varrho | m$, so folgt wie eben $p^\varrho | w$. Daher gilt $p^\varrho | a$.

[8]) Man vgl. dazu B § 3.

Satz II. *Besitzt die Gruppe $\mathfrak{H}$ genau a linear unabhängige Invarianten (irgendeines Typs)*[8]) *vom Grade n, und ist die Primzahl p zu n teilerfremd, so geht p in dem Index von $\mathfrak{H}$ in bezug auf den Grundkörper* K *in höchstens derselben Potenz wie in a auf.*

Man kann analoge Betrachtungen auch bei Relativinvarianten anstellen. λ sei eine lineare Darstellung von $\mathfrak{H}$; $\lambda = \lambda_1, \lambda_2, \ldots, \lambda_t$ seien die t zu λ bezüglich K konjugierten Darstellungen. Man kann im Fall der vollständigen Reduzibilität von $\mathfrak{G}$ dann $a' = a \cdot t$ als die Gesamtanzahl der linear unabhängigen Relativinvarianten von $\mathfrak{H}$ von dem durch $\mathfrak{R}$ bestimmten Typ deuten, die zu einem der linearen Charaktere λ_τ gehören $(\tau = 1, 2, \ldots, t)$. Von der Voraussetzung der vollständigen Reduzibilität kann man sich wie beim Beweis von Satz II befreien.

Satz III. *Besitzt $\mathfrak{H}$ insgesamt genau a' linear unabhängige Relativinvarianten n-ten Grades (von irgendeinem Typ), die zu einem der algebraisch in bezug auf* K *konjugierten linearen Charaktere λ_τ $(\tau = 1, 2, \ldots, t)$ gehören, so gehen im Index m von $\mathfrak{H}$ in bezug auf* K *nur Primzahlen p auf, die in $a' \cdot n$ aufgehen. Ist $(p, n) = 1$, so geht p in m in höchstens derselben Potenz wie in a' auf.*

Jetzt nehmen wir an, daß $\mathfrak{H}$ eine Untergruppe der orthogonalen Gruppe $\mathfrak{D}$ sei[9]) und fragen, ob man die Betrachtungen auf den Fall übertragen kann, daß $\mathfrak{R}$ eine ganze rationale Darstellung von $\mathfrak{D}$ sei, bzw. daß es sich um Orthogonalinvarianten handelt. Offenbar gilt alles ganz analog, falls $P_{\alpha\beta}$ orthogonal ist[10]), da man R auf (1) und (2) anwenden kann. Es sei nun

$$J = x_1^2 + x_2^2 + \ldots + x_f^2 .$$

Dann ist J nach Voraussetzung eine Invariante von $\mathfrak{H}$ und damit auch von $\mathfrak{H}_\alpha$ $(\alpha = 1, 2, \ldots, r)$; jede andere quadratische Invariante unterscheidet sich von J nur um einen konstanten Faktor. Da $P_{\alpha\beta}$ aber $\mathfrak{H}_\alpha$ in $\mathfrak{H}_\beta$ transformiert, ist $J_{P_{\alpha\beta}}$ ebenfalls eine quadratische Invariante von $\mathfrak{H}_\beta$, und es gilt daher

$$J_{P_{\alpha\beta}} = k_{\alpha\beta} \cdot J, \tag{8}$$

wo $k_{\alpha\beta}$ eine Zahl aus $\mathsf{K}(\vartheta_\alpha, \vartheta_\beta)$ bedeutet. Denkt man sich nur $\mathsf{K}(\vartheta)$ eventuell durch einen umfassenderen algebraischen Körper über dem Grundkörper K ersetzt, so kann man annehmen, daß $\mathsf{K}(\vartheta)$ Normalkörper ist und

---

[9]) Gemeint ist hier die Gruppe aller reellen orthogonalen Transformationen von der Determinante ± 1.

[10]) Es ist nicht erforderlich, daß $P_{\alpha\beta}$ reell sei, jede Darstellung von $\mathfrak{D}$ liefert auch eine Darstellung der komplexen orthogonalen Gruppe.

alle Zahlen $\sqrt{k_{\alpha\beta}}$ enthält. Dann ersetze man $P_{\alpha\beta}$ durch die Matrizen $\frac{1}{\sqrt{k_{\alpha\beta}}} P_{\alpha\beta}$, wo über das Vorzeichen der Wurzel so zu verfügen ist, daß auch die neuen Matrizen den Bedingungen (A) genügen. $\frac{1}{\sqrt{k_{\alpha\beta}}} P_{\alpha\beta}$ führt wegen (8) J in sich über. Man darf daher wirklich von vornherein annehmen, daß alle $P_{\alpha\beta}$ orthogonal sind.

Genau entsprechendes gilt für den Fall, daß $\mathfrak{H}$ eine Untergruppe der Komplexgruppe ist.

Es sei jetzt $\mathfrak{H}$ eine Gruppe vom Grade f, deren Charakter zu K gehört, und deren Faktorensystem als Exponenten f besitzt (vgl. § 5, wo die Existenz derartiger Gruppen nachgewiesen wird). Es sei wie früher

$$\mathfrak{H}_\alpha P_{\alpha\beta} = P_{\alpha\beta} \mathfrak{H}_\beta,$$
$$P_{\alpha\beta} P_{\beta\gamma} = c_{\alpha\beta\gamma} P_{\alpha\gamma}.$$

Ist $\mathfrak{R}$ wieder eine ganze rationale Darstellung der linearen Gruppe in f Variablen von der Ordnung n, und ist jeder Matrix vom Grade f eine solche vom Grade k zugeordnet, so folgt wie oben

$$Q_{\alpha\beta} Q_{\beta\gamma} = c_{\alpha\beta\gamma}^n Q_{\alpha\gamma},$$

wo die Matrizen $Q_{\alpha\beta} = R(P_{\alpha\beta})$ den Bedingungen (A) genügen und den Grad k besitzen. Nach U I Satz III kann es solche Matrizen nur geben, wenn der Index m' von $c_{\alpha\beta\gamma}^n$ in k aufgeht. Erst recht muß der Exponent von $c_{\alpha\beta\gamma}^n$ in k aufgehen; dieser Exponent ist aber, wie man leicht sieht, $\frac{f}{(f, n)}$. Ist $\mathfrak{R}$ eine ganze rationale homogene Darstellung vom Grade k und der Ordnung n der allgemeinen linearen Gruppe in f Variablen, so gilt

$$\frac{f}{(f, n)} \bigg| k.$$

Man kann diesen Satz auch aus den bekannten Gradzahlen dieser Darstellungen $\mathfrak{R}$ herleiten.

§ 2.

Es soll jetzt der Hilfssatz aus § 1 bewiesen werden. Es sei also

$$\mathfrak{G}_\alpha Q_{\alpha\beta} = Q_{\alpha\beta} \mathfrak{G}_\beta, \tag{5}$$

$$Q_{\alpha\beta} Q_{\beta\gamma} = C_{\alpha\beta\gamma} Q_{\alpha\beta}, \tag{6}$$

wo die Matrizen $Q_{\alpha\beta}$ den Bedingungen (A) genügen. $\mathfrak{A}$, w, μ, a und t mögen die in § 1 genannte Bedeutung haben.

$\mathfrak{K}$ sei eine irreduzible Gruppe, deren Charakter zu K gehört und die das Faktorensystem $C_{\alpha\beta\gamma}$ besitzt, sie existiert nach U I Satz IV. Ihr Schurscher Index in bezug auf K ist w.

Da es zu $\mathfrak{A}$ in bezug auf K nach Voraussetzung t algebraisch konjugierte wesentlich verschiedene Gruppen gibt und $\mathfrak{A}$ den Index μ hat, so kann man, wie Herr I. Schur gezeigt hat[11]), $\mathfrak{A}$ in einem algebraischen Körper K′ vom Grad $\mu \cdot t$ über K rational darstellen. Wir betrachten jetzt K′ als Grundkörper; die Konjugierten zu ϑ in bezug auf K seien etwa $\vartheta = \vartheta_1, \vartheta_2, \ldots, \vartheta_{r'}$. Dann kann man $\mathfrak{G}$ in bezug auf K′ das Faktorensystem $C_{\alpha\beta\gamma}$ $(\alpha, \beta, \gamma = 1, 2, \ldots, r')$ beilegen; das ist auch das Faktorensystem von $\mathfrak{K}$ in bezug auf K′. Bezeichnen w', μ', a', t' die bei Wahl von K′ als Grundkörper an Stelle von w, μ, a, t tretenden Größen, so wird $\mu' = t' = 1$, $a' = a$. Für K′ als Grundkörper lautet der Hilfssatz daher $w' \mid a$. Wir nehmen an, daß in diesem Fall die Behauptung bereits bewiesen sei. Nun ist $\mathfrak{K}$ in einem Körper vom Grade w' über K′ also vom Grad $w' \cdot \mu \cdot t$ über K rational darstellbar; also gilt $w \mid w' \cdot \mu \cdot t$ Daher folgt

$$w \mid a \cdot \mu \cdot t,$$

und das ist der Hilfssatz für den Fall des Grundkörpers K. Es genügt daher, den Beweis für K′ als Grundkörper zu führen. Für K′ und w' schreiben wir wieder K und w. Wir dürfen also annehmen, daß $\mathfrak{A}$ in K rational darstellbar sei.

Offenbar kann man ohne Einschränkung annehmen, daß $\mathfrak{G}$ in bezug auf K komplett sei (U I S. 686). Dann kann man $\mathfrak{G}$ als System hyperkomplexer Zahlen in bezug auf K auffassen. $\mathfrak{G}$ sei jetzt nicht vollständig reduzibel, dann ist dies System nicht halbeinfach. Nach einem bekannten Satz kann man $\mathfrak{G}$ als Summe seines Radikals und eines halbeinfachen Systems $\mathfrak{G}^*$ auffassen. Als Gruppen aufgefaßt haben $\mathfrak{G}$ und $\mathfrak{G}^*$ dieselben irreduziblen Bestandteile[12]); offenbar kann man $\mathfrak{G}^*$ als Untergruppe von $\mathfrak{G}$ auch das Faktorensystem $C_{\alpha\beta\gamma}$ zulegen. Ist also der Satz für $\mathfrak{G}^*$ bewiesen, so gilt er auch für $\mathfrak{G}$. Da $\mathfrak{G}^*$ ein halbeinfaches System darstellt, ist es vollständig reduzibel. Es genügt also, die Behauptung für vollständig reduzible Gruppen zu beweisen; wir nehmen daher $\mathfrak{G}$ im folgenden als vollständig reduzibel an.

Da $\mathfrak{G}$ nun $\mathfrak{A}$ genau a-mal als Bestandteil enthält, können wir $\mathfrak{G}$ — eventuell nach Übergang zu einer ähnlichen Gruppe — in der Form ansetzen

$$(9) \qquad \mathfrak{G} = \begin{pmatrix} \mathfrak{U} & 0 \\ 0 & \mathfrak{B} \end{pmatrix}, \qquad \mathfrak{U} = E_a \times \mathfrak{A},$$

[11]) Beiträge zur Theorie der Gruppen linearer homogener Substitutionen, Transactions of the American Mathematical Society (2) **15**, S. 159–175.

[12]) Man vgl. R. Brauer, Über Systeme hyperkomplexer Zahlen, Math. Zeitschr. **30** (1929), S. 79. Die behauptete Tatsache ergibt sich leicht aus § 1.

wo $\mathfrak{B}$ eine in K(ϑ) rationale Gruppe ist, die $\mathfrak{A}$ nicht als Bestandteil enthält. $Q_{\alpha\beta}$ werde in entsprechender Form zerlegt

$$(10) \qquad Q_{\alpha\beta} = \begin{pmatrix} R_{\alpha\beta} & S_{\alpha\beta} \\ T_{\alpha\beta} & Z_{\alpha\beta} \end{pmatrix} \qquad (\alpha,\beta = 1, 2, \ldots, r).$$

Dann folgt aus (5)

$$(11) \qquad \begin{pmatrix} \mathfrak{U}_\alpha & 0 \\ 0 & \mathfrak{B}_\alpha \end{pmatrix} \begin{pmatrix} R_{\alpha\beta} & S_{\alpha\beta} \\ T_{\alpha\beta} & Z_{\alpha\beta} \end{pmatrix} = \begin{pmatrix} R_{\alpha\beta} & S_{\alpha\beta} \\ T_{\alpha\beta} & Z_{\alpha\beta} \end{pmatrix} \begin{pmatrix} \mathfrak{U}_\beta & 0 \\ 0 & \mathfrak{B}_\beta \end{pmatrix}$$

und daher

$$(12) \qquad \mathfrak{U}_\alpha S_{\alpha\beta} = S_{\alpha\beta} \mathfrak{B}_\beta.$$

Nun ist $\mathfrak{A}$ und wegen (9) also auch $\mathfrak{U}$ in K rational, daher gilt $\mathfrak{U}_\alpha = \mathfrak{U} = E_a \times \mathfrak{A}$. Da $\mathfrak{A}$ nicht als Bestandteil in $\mathfrak{B}$ vorkommt, kommt es dann auch in $\mathfrak{B}_\beta$ nicht vor, folglich haben $\mathfrak{U}_\alpha$ und $\mathfrak{B}_\beta$ keinen irreduziblen Bestandteil gemeinsam, es folgt daher aus (12)

$$(13) \qquad S_{\alpha\beta} = 0.$$

Aus (11) folgt ferner

$$(14) \qquad \mathfrak{U}_\alpha R_{\alpha\beta} = R_{\alpha\beta} \mathfrak{U}_\beta;$$

aus (6), (10) und (13)

$$(15) \qquad R_{\alpha\beta} R_{\beta\gamma} = C_{\alpha\beta\gamma} R_{\alpha\gamma}.$$

Da $\mathfrak{U}_\alpha = \mathfrak{U}_\beta = E_a \times \mathfrak{A}$ ist, ist nach (14) $R_{\alpha\beta}$ mit $E_a \times \mathfrak{A}$ vertauschbar, wegen der Irreduzibilität von $\mathfrak{A}$ folgt in bekannter Weise, daß $R_{\alpha\beta}$ von der Form $T_{\alpha\beta} \times E_q$ ist, wo q der Grad von $\mathfrak{A}$ ist. Die Matrizen $T_{\alpha\beta}$ haben den Grad a und erfüllen auch die Bedingungen (A). Aus (15) ergibt sich

$$T_{\alpha\beta} T_{\beta\gamma} = C_{\alpha\beta\gamma} T_{\alpha\gamma}.$$

Jetzt liefert U I Satz III, daß der Index w von $C_{\alpha\beta\gamma}$ ein Teiler des Grades a von $T_{\alpha\beta}$ sein muß. Das ist für den allein zu behandelnden Fall $\mu = t = 1$ der Inhalt des Hilfssatzes.

§ 3.

$\mathfrak{H}$ sei wieder eine irreduzible Gruppe linearer Substitutionen, deren Charakter zu K gehört. $\mathfrak{G}$ sei eine Untergruppe von $\mathfrak{H}$, $\mathfrak{A}$ ein irreduzibler Bestandteil von $\mathfrak{G}$ und zwar komme $\mathfrak{A}$ in $\mathfrak{G}$ genau a-mal vor. Der Index von $\mathfrak{A}$ in bezug auf K heiße μ; die zum Charakter φ von $\mathfrak{A}$ in bezug auf K konjugierten Charaktere seien $\varphi = \varphi_1, \varphi_2, \ldots, \varphi_t$. Enthält der Charakter von $\mathfrak{G}$ φ_τ etwa a_τ-mal, so ist

$$(16) \qquad a = a_1 = a_2 = \ldots = a_t.$$

Haben $P_{\alpha\beta}$ und $c_{\alpha\beta\gamma}$ für $\mathfrak{H}$ dieselbe Bedeutung wie früher, so folgt aus (1)

$$\mathfrak{G}_\alpha P_{\alpha\beta} = P_{\alpha\beta}\mathfrak{G}_\beta, \tag{17}$$

da ja $\mathfrak{G}$ eine Untergruppe von $\mathfrak{H}$ ist. Aus (17) und (2) ergibt sich, daß man der Gruppe $\mathfrak{G}$ das Faktorensystem $c_{\alpha\beta\gamma}$ beilegen kann. Ist m der Index dieses Faktorensystems, so folgt aus dem Hilfssatz

$$m \mid \mu \cdot a \cdot t$$

oder wegen (16)

$$m \mid \mu \cdot \sum_{\tau=1}^{t} a_\tau. \tag{18}$$

Es sei jetzt Z ein beliebiger Zahlkörper, in bezug auf den der Gruppe $\mathfrak{H}$ ein endlicher Index zukomme[13]), K sei der durch Adjunktion des Charakters von $\mathfrak{H}$ zu Z entstehende Körper. Der Index von $\mathfrak{H}$ in bezug auf K und Z ist derselbe[11]). Der Index von $\mathfrak{A}$ in bezug auf Z sei μ', dann gilt, da ja K den Körper Z enthält,

$$\mu \mid \mu'. \tag{19}$$

Die zu φ in bezug auf Z konjugierten Charaktere seien $\varphi_1, \varphi_2, \ldots, \varphi_s$, und zwar komme φ_σ im Charakter von $\mathfrak{H}'$ genau a_σ-mal vor $(\sigma = 1, 2, \ldots, s)$. Diese s Charaktere verteilen sich auf gewisse Klassen von solchen, die in bezug auf K algebraisch konjugiert sind. Für jede solche Klasse gilt (18), wenn dabei τ an Stelle der Werte $1, 2, \ldots, t$ die zu der betreffenden Klasse gehörigen Indizes durchläuft. Man ersetze in diesen Relationen μ durch μ'; was wegen (19) erlaubt ist. Durch Addition für alle Klassen folgt

$$m \mid \mu'(a_1 + a_2 + \ldots + a_s).$$

Für μ' werde jetzt wieder μ geschrieben. Dann ist der Satz bewiesen:

Satz IV[14]). *$\mathfrak{H}$ sei eine irreduzible Gruppe linearer Substitutionen, der in bezug auf den gegebenen Körper Z ein endlicher Index m zukommt. $\mathfrak{G}$ sei eine Untergruppe von $\mathfrak{H}$, $\mathfrak{A}$ ein irreduzibler Bestandteil von $\mathfrak{G}$, dessen Charakter mit φ bezeichnet werde; μ sei der Index von φ in bezug auf Z. Die algebraisch zu φ in bezug auf Z konjugierten Charaktere seien $\varphi = \varphi_1, \varphi_2, \ldots, \varphi_s$, und zwar möge φ_σ im Charakter von $\mathfrak{G}$ genau a_σ-mal vorkommen $(\sigma = 1, 2, \ldots, s)$. Dann gilt*

$$m \mid \mu(a_1 + a_2 + \ldots + a_s)$$

---

[13]) Die Bedingung dafür ist, daß durch Adjunktion des Charakters von $\mathfrak{H}$ zu Z ein algebraischer Körper endlichen Grades über Z entsteht.

[14]) Für den Fall einer Gruppe $\mathfrak{H}$ von endlicher Ordnung findet sich dieser Satz bereits bei Herrn I. Schur in S (Satz IX). In diesem Fall ist natürlich die Voraussetzung, daß m endlich ist, überflüssig.

§ 4.

Satz V. *Besitzt eine irreduzible Gruppe* $\mathfrak{G}$ *in bezug auf den Körper* K, *der ihren Charakter enthalte, den Index*

$$m = p_1^{\alpha_1} p_2^{\alpha_2} \dots p_r^{\alpha_r}$$

so gibt es einen Körper $\mathsf{K}(\eta^{(1)}, \eta^{(2)}, \dots, \eta^{(r)})$, *in dem sich* $\mathfrak{G}$ *rational darstellen läßt. Dabei ist* $\eta^{(\varrho)}$ *algebraisch vom Grade* $p_\varrho^{\alpha_\varrho}$ *in bezug auf* K.[15])

Beweis. Das Faktorensystem von $\mathfrak{G}$ sei c. Die Gesamtheit aller Faktorensysteme in bezug auf den Körper K bildet eine Abelsche Gruppe. Der zu c gehörige Exponent l ist die Ordnung von c in dieser Gruppe; nach B Satz I ist l durch $p_1, p_2, \dots, p_r$ und durch keine anderen Primzahlen teilbar. Man kann dann c in der Form schreiben

$$c = c_1 c_2 \dots c_r, \tag{20}$$

wo das Faktorensystem c_ϱ als Ordnung eine Potenz von p_ϱ hat ($\varrho = 1, 2, \dots, r$). c_ϱ ist eine Potenz c^{λ_ϱ} von c, daher ist sein Index m_ϱ ein Teiler von m; denn in einem Körper, in dem $\mathfrak{G}$ rational darstellbar ist, ist auch $\mathfrak{G}^{\lambda_\varrho}$ darstellbar. Da in m_ϱ keine von p_ϱ verschiedene Primzahl aufgehen kann, folgt $m_\varrho \mid p_\varrho^{\alpha_\varrho}$. Es sei $\mathsf{K}(\eta^{(\varrho)})$ ein algebraischer Körper vom Grade m_ϱ über K, in dem $\mathfrak{G}^{\lambda_\varrho}$ rational darstellbar ist. Dann sind in $\mathsf{K}(\eta^{(1)}, \eta^{(2)}, \dots, \eta^{(r)})$ alle Gruppen mit den Faktorensystemen $c_1, c_2, \dots, c_r$ darstellbar; wegen (20) ist auch $\mathfrak{G}$ mit dem Faktorensystem c in diesem Körper darstellbar. Daher hat dieser Körper einen durch m teilbaren Grad, folglich muß $\eta^{(\varrho)}$ genau den Grad $p_\varrho^{\alpha_\varrho}$ besitzen.

§ 5.

Ist $\mathfrak{H}$ eine irreduzible Gruppe des Grades f, deren Charakter zum Grundkörper gehört; ist l der Exponent des Faktorensystems von $\mathfrak{H}$ und ist m der Index von $\mathfrak{H}$ in bezug auf K, so gilt

$$l \mid m, \qquad m \mid f.$$

Es soll jetzt für beliebig gegebene, positive ganze rationale Zahlen f gezeigt werden, daß es endliche Gruppen gibt, für die $l = f$ und daher auch $m = f$ ist[16]).

p sei eine Primzahl, für die $q = \frac{p-1}{f}$ ganz und zu f teilerfremd ist,

---

[15]) Man vgl. zu diesem Satz und seinem Beweis den Satz 10 der in Anm. [12]) zitierten Arbeit.

[16]) Notwendige Bedingungen dafür, daß bei einer endlichen Gruppe der Fall $m = f$ eintritt, finden sich in S.

z. B. sei p eine der unendlich vielen Primzahlen der arithmetischen Progression $f^2 x + f + 1$, $x = 0, 1, 2, \ldots$. j sei eine ganze rationale Zahl, die $(\mathrm{mod}\, p)$ zum Exponenten f gehört; wir bestimmen eine ganze rationale Zahl k aus den Kongruenzen

$$k \equiv 1 \,(\mathrm{mod}\, f), \qquad k \equiv j \,(\mathrm{mod}\, p).$$

Dann gehört k auch $(\mathrm{mod}\, pf)$ zum Exponenten f.

$$(21) \quad k^f \equiv 1 \,(\mathrm{mod}\, pf); \quad k^\lambda \not\equiv 1 \,(\mathrm{mod}\, p) \text{ für } \lambda = 1, 2, \ldots, f-1; \quad k \equiv 1 \,(\mathrm{mod}\, f).$$

ϱ sei eine primitive $(p \cdot f)$-te Einheitswurzel. Wir bilden die Matrizen vom Grade f

$$(22) \quad A = \begin{pmatrix} \varrho & 0 & 0 & \ldots & 0 \\ 0 & \varrho^k & 0 & \ldots & 0 \\ 0 & 0 & \varrho^{k^2} & \ldots & 0 \\ \ldots & \ldots & \ldots & \ldots & \ldots \\ 0 & 0 & 0 & \ldots & \varrho^{k^{f-1}} \end{pmatrix}, \quad B = \begin{pmatrix} 0 & 0 & 0 & \ldots & 0 & 0 & \varrho^p \\ 1 & 0 & 0 & \ldots & 0 & 0 & 0 \\ 0 & 1 & 0 & \ldots & 0 & 0 & 0 \\ \ldots & \ldots & \ldots & \ldots & \ldots & \ldots & \ldots \\ 0 & 0 & 0 & \ldots & 1 & 0 & 0 \\ 0 & 0 & 0 & \ldots & 0 & 1 & 0 \end{pmatrix}.$$

Dann folgt

$$(23) \qquad A^{pf} = E; \quad B^f = \varrho^p \cdot E; \quad B^{f^2} = E; \quad B^{-1} A B = A^k.$$

A und B erzeugen eine irreduzible Gruppe $\mathfrak{H}$ vom Grade f und der Ordnung $p \cdot f^2$. K sei der Teilkörper des Körpers der (pf)-ten Einheitswurzeln, der zu der durch die Substitutionen

$$\varrho \| \varrho, \quad \varrho \| \varrho^k, \quad \varrho \| \varrho^{k^2}, \quad \ldots, \quad \varrho \| \varrho^{k^{f-1}}$$

gebildeten Untergruppe der Galoisschen Gruppe gehört. Wegen (21) ist $\varrho^{pk} = \varrho^p$; daher gehört ϱ^p zu K. Man schließt dann leicht, daß K den Charakter von $\mathfrak{H}$ enthält. Wir setzen

$$\vartheta = \vartheta_1 = \varrho, \quad \vartheta_2 = \varrho^k, \quad \ldots, \quad \vartheta_f = \varrho^{k^{f-1}}.$$

Dann ist $\mathfrak{H}$ im Körper $\mathsf{K}(\vartheta)$ vom Grad f über K rational, die Galoissche Gruppe dieses Körpers in bezug auf K ist zyklisch. Die konjugierten Gruppen zu $\mathfrak{H}$ seien analog wie früher $\mathfrak{H}_1, \mathfrak{H}_2, \ldots, \mathfrak{H}_f$; $\mathfrak{H}_\varrho$ geht aus $\mathfrak{H}$ hervor, wenn man A durch $A^{k^{\varrho-1}}$ ersetzt und B ungeändert läßt. Aus (23) folgt daher für beliebiges ganzzahliges ν

$$(24) \qquad \mathfrak{H}_\alpha B^{\beta-\alpha+\nu f} = B^{\beta-\alpha+\nu f} \mathfrak{H}_\beta.$$

Wir setzen

$$(25) \quad P_{\alpha\beta} = B^{\beta-\alpha} \text{ für } \beta \geqq \alpha; \quad P_{\alpha\beta} = B^{\beta-\alpha+f} \text{ für } \beta < \alpha; \quad \alpha, \beta = 1, 2, \ldots, f.$$

Wegen (24) sind dann die Bedingungen (1) erfüllt; wie man leicht sieht, erfüllen die Matrizen $P_{\alpha\beta}$ die Bedingungen (A). Ferner ergibt sich aus (25) und (23), wenn $c_{\alpha\beta\gamma}$ das zugehörige Faktorensystem bezeichnet,

$$(26)\qquad c_{112}=1,\ c_{123}=1,\ c_{134}=1,\ c_{145}=1,\ \ldots,\ c_{1,f-1,f}=1,\ c_{1,f,1}=\varrho^p.$$

Wenn nun das Faktorensystem $c_{\alpha\beta\gamma}$ den Exponenten l hat, gibt es Zahlen $k_{\alpha\beta}$, die den Bedingungen (A) genügen und für die

$$(27)\qquad c_{\alpha\beta\gamma}^{l}=\frac{k_{\alpha\beta}\cdot k_{\beta\gamma}}{k_{\alpha\gamma}}$$

gilt. Wegen (26) und (27) folgt

$$\frac{k_{11}\cdot k_{12}}{k_{12}}\cdot\frac{k_{12}\cdot k_{23}}{k_{13}}\cdot\frac{k_{13}\cdot k_{34}}{k_{14}}\cdot\frac{k_{14}\cdot k_{45}}{k_{15}}\cdot\ldots\cdot\frac{k_{1\,f-1}\cdot k_{f-1\,f}}{k_{1f}}\cdot\frac{k_{1f}\cdot k_{f1}}{k_{11}}=\varrho^p,$$

$$(28)\qquad k_{12}\,k_{23}\ldots k_{f-1,f}\,k_{f1}=\varrho^p.$$

Es sei nun $k_{12}=\frac{1}{a}g(\varrho)$, wo g ein Polynom mit ganzen rationalen Koeffizienten und a eine ganze rationale Zahl ist. Da $k_{23}, k_{34}, \ldots, k_{f1}$ die Konjugierten zu k_{12} sind, folgt aus (28)

$$(29)\qquad g(\varrho)\,g(\varrho^k)\,g(\varrho^{k^2})\ldots g(\varrho^{k^{f-1}})=a^f\cdot\varrho^{p\cdot l}.$$

Nach den Sätzen über die Zerlegung einer rationalen Primzahl in Primideale eines Kreiskörpers[17]) gilt für den Körper der (pf)-ten Einheitswurzeln wegen (21)

$$(30)\qquad p=\mathfrak{p}_1^{p-1}\cdot\mathfrak{p}_2^{p-1}\cdot\ldots\cdot\mathfrak{p}_{\varphi(f)}^{p-1},$$

wo $\mathfrak{p}_1, \mathfrak{p}_2, \ldots, \mathfrak{p}_{\varphi(f)}$ untereinander verschiedene Primideale ersten Grades sind. Da ferner im Körper $\mathsf{P}(\varrho^p)$ der f-ten Einheitswurzeln p das Produkt von $\varphi(f)$ verschiedenen Primidealen ist, sind $\mathfrak{p}_1^{p-1}, \mathfrak{p}_2^{p-1}, \ldots, \mathfrak{p}_{\varphi(f)}^{p-1}$ schon Ideale dieses Körpers und gehen daher beim Ersetzen von ϱ durch ϱ^k in sich über, ebenso gehen dann auch $\mathfrak{p}_1, \mathfrak{p}_2, \ldots, \mathfrak{p}_{\varphi(f)}$ in sich über. Daher enthalten in (29) alle Faktoren links jedes feste Ideal $\mathfrak{p}_\sigma$ in derselben Potenz. Ist nun a etwa genau durch p^n teilbar, so geht $\mathfrak{p}_\sigma$ in der linken Seite von (29) genau $fn(p-1)$-mal auf, in jedem Faktor also $n(p-1)$-mal, und wegen (30) ist jeder Faktor durch p^n teilbar. Denkt man sich links und rechts in (29) p^{nf} gehoben[18]), so sieht man, daß man ohne Einschränkung $(a, p)=1$ annehmen kann.

---

[17]) Siehe etwa Hilbert, Bericht über die Theorie der algebraischen Zahlkörper, Jahresbericht der Deutschen Mathematikervereinigung **4** (1897), Kap. 22.

[18]) Offenbar kann man dann die linke Seite von (29) in der Form

$$g_1(\varrho)\,g_1(\varrho^k)\ldots g_1(\varrho^{k^{f-1}})$$

annehmen, wo auch g_1 ein Polynom mit ganzen rationalen Koeffizienten ist.

Ist $\mathfrak{p}$ ein beliebiges der Ideale $\mathfrak{p}_\sigma$, so geht $\mathfrak{p}$ in $\varrho^f - 1$ auf, da ϱ^f eine primitive p-te Einheitswurzel ist und das Hauptideal $((\varrho^f - 1)^p)$ bekanntlich mit (p) übereinstimmt. Also gilt $\varrho^f \equiv 1 \pmod{\mathfrak{p}}$, und da nach (21) f in $k-1$ aufgeht, $\varrho^{k-1} \equiv 1 \pmod{\mathfrak{p}}$, also

$$\varrho^k \equiv \varrho \pmod{\mathfrak{p}}. \tag{31}$$

Aus (31) folgt allgemein

$$\varrho \equiv \varrho^k \equiv \varrho^{k^2} \equiv \ldots \equiv \varrho^{k^{f-1}} \pmod{\mathfrak{p}},$$

$$g(\varrho) \equiv g(\varrho^k) \equiv \ldots \equiv g(\varrho^{k^{f-1}}) \pmod{\mathfrak{p}}. \tag{32}$$

Aus (32) und (29) ergibt sich

$$g(\varrho)^f \equiv a^f \cdot \varrho^{p \cdot l} \pmod{\mathfrak{p}}.$$

Es sei nun $p - 1 = qf$, dann folgt durch Erheben in die q-te Potenz

$$g(\varrho)^{p-1} \equiv a^{p-1} \varrho^{pql} \pmod{\mathfrak{p}}.$$

Da nun $\mathfrak{p}$ ein Primideal ersten Grades ist, ist nach der Verallgemeinerung des Fermatschen Satzes $g(\varrho)^{p-1} \equiv a^{p-1} \equiv 1$, also

$$\varrho^{p \cdot q \cdot l} \equiv 1 \pmod{\mathfrak{p}}. \tag{33}$$

$\varrho^{p \cdot q \cdot l}$ ist eine f-te Einheitswurzel; ist sie von 1 verschieden, so ist $\varrho^{p \cdot q \cdot l} - 1$ eine Einheit oder jedenfalls ein Teiler von f, also zu $\mathfrak{p}$ teilerfremd, im Widerspruch zu (33). Daher gilt $\varrho^{pql} = 1$, d. h. $f \mid ql$. Nun ist nach Voraussetzung f zu $q = \frac{p-1}{f}$ teilerfremd, folglich $f \mid l$.

Da andererseits l nicht größer als der Grad f von $\mathfrak{H}$ sein kann, folgt $f = l$, wie behauptet war. Im Fall $p = 7$, $f = 3$ ist die Gruppe schon bei Herrn Schur[19]) behandelt worden; dort wird aber die Bestimmung des Index nur auf Behandlung von (29) zurückgeführt.

Jetzt soll an einem Beispiel gezeigt werden, daß für Gruppen der Index und der Exponent des Faktorensystems nicht übereinzustimmen brauchen.

K sei der Körper, der aus dem Körper der rationalen Zahlen durch Adjunktion von zwei algebraisch unabhängigen Transzendenten u und v entsteht. a und b seien Zahlen aus K, für die K, $\mathsf{K}(\sqrt{a})$ und $\mathsf{K}(\sqrt{b})$ alle drei verschieden sind (z. B. $a = 2$, $b = 3$). Es sei $\vartheta = \vartheta_1 = \sqrt{a} + \sqrt{b}$, $\vartheta_2 = \sqrt{a} - \sqrt{b}$, $\vartheta_3 = -\sqrt{a} + \sqrt{b}$, $\vartheta_4 = -\sqrt{a} - \sqrt{b}$.

---

[19]) B, S. 179. — Auch Burnside hat in seiner Arbeit: On the arithmetical nature of the coefficients in a group of linear substitutions of finite order, Proceedings of the London Mathematical Society (2), 4 (1905), S. 1–9, auf ähnliche Gruppen hingewiesen, ohne zu beweisen, daß sie nicht im Körper des Charakters rational darstellbar sind.

$\mathfrak{A}$ und $\mathfrak{B}$ seien die Gruppen, die aus allen Matrizen

$$A = \begin{pmatrix} x_1 + x_2\sqrt{a}, & v(y_1 + y_2\sqrt{a}) \\ y_1 - y_2\sqrt{a}, & x_1 - x_2\sqrt{a} \end{pmatrix} \quad \text{bzw.} \quad B = \begin{pmatrix} z_1 + z_2\sqrt{b}, & u(t_1 + t_2\sqrt{b}) \\ t_1 - t_2\sqrt{b}, & z_1 - z_2\sqrt{b} \end{pmatrix}$$

bestehen; dabei sind $x_1, x_2, y_1, y_2, z_1, z_2, t_1, t_2$ beliebige Größen aus K. $\mathfrak{A}$ und $\mathfrak{B}$ sind beide irreduzibel, ihr Charakter gehört zu K. Man kann $\mathfrak{A}$ und $\mathfrak{B}$ als Systeme A und B von verallgemeinerten Quaternionen über dem Grundkörper K auffassen. Man bilde $\mathfrak{A} \times \mathfrak{B}$, $\mathfrak{G}$ sei die zu $\mathfrak{A} \times \mathfrak{B}$ gehörige in bezug auf K komplette Gruppe; sie ist eine Darstellung des Systems $\mathsf{A} \times \mathsf{B}$. $\mathfrak{G}$ besteht aus allen Matrizen

$$G = \begin{pmatrix} \xi_1 & u\eta_1 & v\zeta_1 & uv\omega_1 \\ \eta_2 & \xi_2 & v\omega_2 & v\zeta_2 \\ \zeta_3 & u\omega_3 & \xi_3 & u\eta_3 \\ \omega_4 & \zeta_4 & \eta_4 & \xi_4 \end{pmatrix}. \tag{34}$$

Dabei sind $\xi_1, \eta_1, \zeta_1, \omega_1$ Zahlen aus $\mathsf{K}(\vartheta)$, ihre Konjugierten in bezug auf K sind durch angehängte Indizes bezeichnet.

Das Faktorensystem von $\mathfrak{A}$ sei c', das von $\mathfrak{B}$ sei c''. Dann besitzt $\mathfrak{G}$ das Faktorensystem $c = c' \cdot c''$ (vgl. UI § 3). Da nun $\mathfrak{A}$ und $\mathfrak{B}$ in bezug auf K den Index 1 oder 2 besitzen, sind c'^2 und c''^2 beide dem Einheitsfaktorensystem assoziiert. Das gleiche gilt dann für $c^2 = c'^2 \cdot c''^2$, so daß der Exponent l des Faktorensystems von $\mathfrak{G}$ den Wert 1 oder 2 hat.

Jetzt soll gezeigt werden, daß der Index m von $\mathfrak{G}$ in bezug auf K den Wert 4 besitzt. Da aus $l = 1$ nach B Satz I $m = 1$ folgen würde, ergibt sich übrigens dann $l = 2$.

Um nun die Behauptung zu beweisen, genügt es nachzuweisen, daß für $G \neq 0$ auch die Determinante $|G|$ von Null verschieden ist[20]). Es sei also $|G| = 0$ für $G \neq 0$. ξ_1 ist von der Form

$$\xi_1 = X_1 + X_2\sqrt{a} + X_3\sqrt{b} + X_4\sqrt{a}\sqrt{b},$$

wo X_1, X_2, X_3, X_4 Größen aus K, d. h. rationale Funktionen von u und v mit rationalen Koeffizienten sind. Multipliziert man ξ, η, ζ, ω mit dem Hauptnenner von X_1, X_2, X_3, X_4, so erkennt man, daß man diese Funktionen ohne Einschränkung ganz und rational annehmen darf. ξ_2, ξ_3, ξ_4 entstehen aus ξ_1, wenn man $\sqrt{b}$ durch $-\sqrt{b}$, bzw. $\sqrt{a}$ durch $-\sqrt{a}$, bzw. $\sqrt{a}$ durch $-\sqrt{a}$ und $\sqrt{b}$ durch $-\sqrt{b}$ ersetzt. In entsprechender Form kann man die Größen η_ν, ξ_ν, ω_ν ansetzen. Offenbar darf man ferner annehmen, daß $\xi_1, \eta_1, \zeta_1, \omega_1$ als Funktionen von u und v nicht alle durch u teilbar sind.

[20]) Denn dann besitzt $\mathsf{A} \times \mathsf{B}$ offenbar keine Nullteiler. Wie a. a. O. [12]) gezeigt ist, stimmt dann der Index m von $\mathfrak{G}$ mit dem Grad überein, also ist $m = 4$.

Da u und v algebraisch unabhängige Transzendente sind, muß die Gleichung $|G| = 0$ auch gelten, wenn man u und v als unabhängige Variable betrachtet. Man setze $v = 0$. Dann folgt aus (34)

$$\begin{vmatrix} \xi_1 & u\eta_1 \\ \eta_2 & \xi_2 \end{vmatrix} \begin{vmatrix} \xi_3 & u\eta_3 \\ \eta_4 & \xi_4 \end{vmatrix} = 0\ ^{21)},$$

und daher ergibt sich

$$(35) \qquad \xi_1\xi_2 - u\eta_1\eta_2 = 0 \quad \text{oder} \quad \xi_3\xi_4 - u\eta_3\eta_4 = 0.$$

Infolgedessen ist mindestens ein ξ_ν für $v = 0$ durch u teilbar, folglich gilt das gleiche für alle ξ_ν. Wegen (35) ist dann mindestens ein η_ν und folglich alle η_ν durch u teilbar. Daraus folgt, daß alle ξ_ν durch u^2 teilbar sind usw. Es ergibt sich, daß für $v = 0$ sowohl ξ_1 wie η_1 durch beliebig hohe Potenzen von u teilbar sein müssen, also verschwinden beide für $v = 0$.

Daher sind ξ_ν und η_ν durch v teilbar. Ganz analog folgt, daß ξ_ν und ζ_ν durch u teilbar sind. Es sei

$$\xi_\nu = uv\xi_\nu^*, \qquad \eta_\nu = v\eta_\nu^*, \qquad \zeta_\nu = u\zeta_\nu^*, \qquad \omega_\nu = \omega_\nu^*.$$

Setzt man dies in (34) ein und hebt in $|G|$ in der ersten Zeile uv, in der zweiten Zeile v, in der dritten Zeile u fort, so folgt

$$\begin{vmatrix} \xi_1^* & \eta_1^* & \zeta_1^* & \omega_1^* \\ \eta_2^* & u\xi_2^* & \omega_2^* & u\zeta_2^* \\ \zeta_3^* & \omega_3^* & v\xi_3^* & v\eta_3^* \\ \omega_4^* & u\zeta_4^* & v\eta_4^* & uv\xi_4^* \end{vmatrix} = 0.$$

Hieraus folgt ganz analog, daß ζ_ν^* und ω_ν^* durch v, η_ν^* und ω_ν^* durch u teilbar sind. Daher sind alle Funktionen $\xi_\nu, \eta_\nu, \zeta_\nu, \omega_\nu$ durch uv teilbar. Das steht mit den oben gemachten Annahmen in Widerspruch. Also ist für die Gruppe $\mathfrak{G}$ wirklich $l = 2$, $m = 4$.

Es gibt also nullteilerfreie Systeme hyperkomplexer Zahlen, die sich als direktes Produkt von zwei Systemen mit vier Basiselementen darstellen. Für Systeme, für die $l = m = 4$ ist (vgl. oben), ist offenbar eine derartige Darstellung nicht möglich.

---

[21]) Dabei ist in $\xi_1, \xi_2, \ldots$ überall v durch 0 zu ersetzen.

(Eingegangen am 3. Juni 1929.)

Journal für die reine und angewandte Mathematik.
Herausgegeben von **K. Hensel, H. Hasse, L. Schlesinger.**
Druck und Verlag Walter de Gruyter & Co., Berlin W 10.

Sonderabdruck aus Band 166 Heft 4. 1932.

Über die algebraische Struktur von Schiefkörpern.

Von *Richard Brauer* in Königsberg i. Pr.

Das Ziel der folgenden Untersuchungen ist in der Hauptsache, eine Übersicht über die in einem gegebenen Schiefkörper[1] A enthaltenen Schiefkörper zu erhalten. Als Grundkörper wird dabei das als vollkommener Körper vorausgesetzte Zentrum von A gewählt und A von endlichem Rang über diesem Zentrum angenommen. Es handelt sich also um eine genaue Analogie zur Fragestellung der Galoisschen Theorie im kommutativen Fall.

Ich beginne im § 1 damit, einen bereits früher[2] von mir bewiesenen Satz noch einmal in durchsichtigerer Weise herzuleiten. Dieser Satz gestattet, die Existenz gewisser Teilschiefkörper sofort zu erkennen. Dabei zeigt sich, daß sich Schiefkörper in bezug auf ihr Zentrum als Grundkörper in gewisser Hinsicht einfacher verhalten als im allgemeinen gewöhnliche Körper von endlichem Grad über einem Grundkörper; man hat etwa eine Analogie zu Abelschen Körpern.

Jedem in einem gegebenen Schiefkörper A enthaltenen Teilschiefkörper, der seinerseits das Zentrum von A enthält, kann man entsprechend den Betrachtungen im kommutativen Fall eine Untergruppe der Automorphismengruppe $\mathfrak{G}$ von A zu ordnen. Frl. E. Noether hat gezeigt, daß zu verschiedenen Teilschiefkörpern immer verschiedene Untergruppen von $\mathfrak{G}$ gehören; sie hat weiter die Bedingungen hergeleitet, denen eine Untergruppe von $\mathfrak{G}$ genügen muß, damit sie zu einem Teilschiefkörper gehört. Ich setze im § 2 diese Untersuchungen weiter fort und zwar unter Übertragung auf einfache Systeme, die sich im folgenden als zweckmäßig erweist.

Als Spezialfall ergeben sich aus diesen Betrachtungen im § 3 zunächst einige bereits bekannte Sätze. Weiter wird die Aufgabe, alle Teilschiefkörper eines gegebenen Schiefkörpers A aufzustellen, auf die beiden Fragen zurückgeführt: 1) Alle (kommutativen) Teilkörper von A, die das Zentrum enthalten, anzugeben; 2) Alle Darstellungen eines gegebenen Schiefkörpers A als direktes Produkt zweier Schiefkörper mit demselben Zentrum wie A anzugeben. Die erste Fragestellung kann man in gewissem Sinne als beantwortet betrachten, da man Gleichungen, durch deren Wurzeln die fraglichen Körper erzeugt werden, mit Hilfe von Parametern aufstellen kann. Die zweite Frage ist teilweise durch die Ergebnisse von § 1 gelöst.

Zum Schluß zeige ich noch, daß man durch Anwendung der Sätze von § 2 auf ein geeignetes einfaches System den Satz von der eineindeutigen Zuordnung der Teil-

[1]) Unter Schiefkörpern werden nullteilerfreie Systeme hyperkomplexer Zahlen verstanden.

[2]) Vgl. R. Brauer, Über Systeme hyperkomplexer Zahlen, Math. Zeitschr. **30** (1929), S. 79. Diese Arbeit wird im folgenden mit H. zitiert. Eine Skizze des in der vorliegenden Arbeit durchgeführten Beweises findet sich im Jahresbericht der Deutschen Math.-Vereinigung **38** (1929), S. 47 (kursiv).

körper eines Normalkörpers zu den Untergruppen der Galoisschen Gruppe im kommutativen Fall erhalten kann. Das erscheint insofern nicht uninteressant, als die Sätze im nichtkommutativen Fall von ganz anderer Art sind wie in der Galoisschen Theorie.

Es sollen noch einige Sätze über die Darstellungen von Systemen hyperkomplexer Größen ohne Beweis zusammengestellt werden, die später verwendet werden [3]).

Der Grundkörper K wird im folgenden stillschweigend als vollkommen vorausgesetzt. Ein System hyperkomplexer Zahlen A über K ist dann und nur dann halbeinfach, wenn es eine einstufig isomorphe, in K rationale Darstellung besitzt, die absolut vollständig reduzibel ist; es ist dann jede in K rationale Darstellung vollständig reduzibel. Ist speziell A einfach, so ist die in K irreduzible Darstellung $\mathfrak{A}$ bis auf Ähnlichkeitstransformation eindeutig bestimmt. Alle absolut irreduziblen Bestandteile von $\mathfrak{A}$ kommen in $\mathfrak{A}$ gleich oft, etwa q-mal vor und besitzen denselben Grad f; gibt es insgesamt r solche wesentlich verschiedene Bestandteile, so ist das Zentrum von A ein algebraischer Körper r-ten Grades über K, der Rang von A über K ist genau rf^2. Ist $r = 1$, d. h. ist K selbst das Zentrum, so versteht man unter einem Zerfällungskörper einen algebraischen Körper endlichen Grades über K, in dem $\mathfrak{A}$ vollständig in absolut irreduzible Bestandteile zerfällt. Es gibt dann eine ganze positive Zahl m, den Index von A in bezug auf K, derart daß der Grad jedes Zerfällungskörpers in bezug auf K durch m teilbar ist und es Zerfällungskörper genau vom Grade m gibt. Die in K irreduzible Darstellung von A enthält ihren absolut irreduziblen Bestandteil genau m-mal. A ist isomorph zu einer vollständigen Matrixalgebra aus einem Schiefkörper, dessen Rang über K gerade m^2 ist.

Von der mit H zitierten Arbeit werden übrigens im folgenden außer den angeführten Tatsachen nur die Sätze 8 und 9 verwendet.

§ 1.

Ist A ein einfaches System hyperkomplexer Größen über dem Grundkörper K, so ist A nach dem Wedderburnschen Satz zur Gesamtheit aller Matrizen eines wohlbestimmten Grades r mit Koeffizienten aus einem Schiefkörper Σ isomorph. Σ ist (bis auf Isomorphie) eindeutig bestimmt, es wird im folgenden als der *zu* A *gehörige Schiefkörper* bezeichnet. A und Σ haben dasselbe Zentrum. Das aus allen Matrizen vom Grade r mit Koeffizienten aus Σ bestehende System bezeichnen wir immer mit Σ_r [4]); es ist $\Sigma_r = \Sigma \times K_r$, wo also K_r aus allen in K rationalen Matrizen des Grades r besteht.

K sei ein gegebener vollkommener Körper; wir betrachten die Gesamtheit aller Schiefkörper mit dem Zentrum K von endlichem Rang über K. Sind A und B zwei derartige Schiefkörper, so ist das direkte Produkt $A \times B$ [5]) ein einfaches System hyperkomplexer Größen mit dem Zentrum K; es sei Ω der zugehörige Schiefkörper. Dann ist also $A \times B$ dem System Ω_r aller Matrizen eines festen Grades r mit Koeffizienten aus Ω isomorph.

Aus

$$A \times B \cong \Omega_r \cong \Omega \times K_r$$

folgt dann

$$A_s \times B_t \cong (A \times K_s) \times (B \times K_t) \cong A \times B \times K_s \times K_t \cong \Omega \times K_r \times K_s \times K_t\,,$$

---

[3]) Wegen der Beweise vgl. etwa H. — Unter einer Darstellung eines Systems ist immer eine Darstellung durch Matrizen zu verstehen.

[4]) Ebenso ist die Bezeichnung in analogen Fällen.

[5]) Diese Produktbildung bezieht sich selbstverständlich auf K als Grundkörper. Die Einfachheit von $A \times B$ kann man direkt zeigen; einen kurzen Beweis mit Hilfe der Darstellungstheorie siehe H, § 5.

$$\mathsf{A}_s \times \mathsf{B}_t \cong \Omega \times \mathsf{K}_{rst},$$

d. h. auch $\mathsf{A}_s \times \mathsf{B}_t$ gehört zu Ω als Schiefkörper. Direkte Multiplikation von irgendeinem zu A gehörigen mit irgendeinem zu B gehörigen einfachen System ergibt immer ein zu demselben Schiefkörper Ω gehöriges einfaches System. Wir wollen diese Verknüpfungsoperation, die je zwei Schiefkörpern A und B mit dem Zentrum K einen dritten ebensolchen Schiefkörper Ω zuordnet, als *formale Multiplikation* von A und B bezeichnen; wir setzen

$$\Omega = \mathsf{A} \circ \mathsf{B}.$$

Ω ist bis auf Isomorphie eindeutig durch A und B bestimmt.

Da $\mathsf{A} \times \mathsf{B}$ und $\mathsf{B} \times \mathsf{A}$ isomorph sind, folgt

$$\mathsf{A} \circ \mathsf{B} = \mathsf{B} \circ \mathsf{A}.$$

Die formale Multiplikation ist ferner assoziativ. Ist nämlich Γ ein dritter Schiefkörper mit dem Zentrum K, so gehört, da $\mathsf{A} \times \mathsf{B}$ ein zu $\mathsf{A} \circ \mathsf{B}$ gehöriges einfaches System ist, das einfache System $(\mathsf{A} \times \mathsf{B}) \times \Gamma$ zu $(\mathsf{A} \circ \mathsf{B}) \circ \Gamma$. Ebenso gehört $\mathsf{A} \times (\mathsf{B} \times \Gamma)$ zu $\mathsf{A} \circ (\mathsf{B} \circ \Gamma)$. Wegen der Gültigkeit des assoziativen Gesetzes für direkte Produkte folgt

$$(\mathsf{A} \circ \mathsf{B}) \circ \Gamma = \mathsf{A} \circ (\mathsf{B} \circ \Gamma).$$

Aus $\mathsf{A} \times \mathsf{K} = \mathsf{A}$ folgt

$$\mathsf{A} \circ \mathsf{K} = \mathsf{A},$$

der Grundkörper K spielt bei der formalen Multiplikation die Rolle des Einheitselementes. Ist ferner A' das zu A reziprok isomorphe System, so ist der zu $\mathsf{A} \times \mathsf{A}'$ gehörige Schiefkörper gerade der Schiefkörper K[6]), daher ergibt sich

$$\mathsf{A} \circ \mathsf{A}' = \mathsf{K}.$$

Es gibt also bei der formalen Multiplikation zu jedem Schiefkörper einen inversen. Daraus ergibt sich

Satz 1: *Die Gesamtheit der Schiefkörper mit dem Zentrum* K, *die von endlichem Rang über* K *sind, bildet bei Verwendung der formalen Multiplikation als Verknüpfungsoperation eine Abelsche Gruppe (isomorphe Schiefkörper sind dabei als identisch anzusehen). Das Inverse eines Schiefkörpers ist das reziprok isomorphe System.*

Ferner gilt

Satz 2: *Jedes Element in der Abelschen Gruppe der Schiefkörper hat eine endliche Ordnung l. l ist dabei ein Teiler des Index m von* A, *der durch alle Primteiler von m teilbar ist.*

Satz 2 folgt unmittelbar aus H,[1] Satz 9[6a]). Die Zahl l bezeichnen wir als *Exponenten* von A[7]).

Satz 3[8]): *Der Index einer jeden „formalen Potenz"* $\mathsf{A} \circ \mathsf{A} \circ \cdots \circ \mathsf{A}$ *von* A *ist ein Teiler des Index von* A.

Beweis: Besitzt A den Index m, so bedeutet das, daß A in einem Körper m-ten Grades über K eine absolut irreduzible Darstellung besitzt. Das gleiche gilt dann auch für alle Produkte $\mathsf{A} \times \mathsf{A} \times \cdots \times \mathsf{A}$ und folglich auch für den zugehörigen Schiefkörper $\mathsf{A} \circ \mathsf{A} \circ \cdots \circ \mathsf{A}$; der Index ist hier also ein Teiler von m.

---

[6]) Vgl. H, Satz 8.

[6a]) Zusatz bei der Korrektur: Neuerdings hat Herr A. A. Albert (Trans. of the Am. Math. Soc. **33** (1931), S. 708, Theorem 29) einen neuen die Darstellungstheorie vermeidenden Beweis dieses Satzes gegeben und daraus den mit H, Satz 10 identischen Satz 4 der vorliegenden Arbeit auf anderem Wege bewiesen.

[7]) Die natürlichere Bezeichnung „Ordnung von A" könnte leicht zu Verwechslungen Anlaß geben.

[8]) Man kann auch noch beweisen, daß, wenn A den Index m besitzt, der Index der k-ten formalen Potenz von A ein Teiler von $\frac{m}{(m, k)}$ ist. Im Fall $l = m$ ist $\frac{m}{(m, k)}$ der genaue Index der k-ten Potenz von A.

Es sei A ein Schiefkörper vom Rang $m^2 > 1$ über seinem Zentrum K;

$$m = p_1^{\alpha_1} p_2^{\alpha_2} \cdots p_r^{\alpha_r}, \qquad (\alpha_\varrho > 0)$$

sei die Primfaktorzerlegung des Index m. Der Exponent l von A hat dann nach Satz 2 die Form

$$l = p_1^{\beta_1} p_2^{\beta_2} \cdots p_r^{\beta_r}, \qquad (0 < \beta_\varrho \leqq \alpha_\varrho).$$

In jeder Gruppe läßt sich ein Element A von endlicher Ordnung l als Produkt von Elementen darstellen, deren Ordnungen gerade die verschiedenen in l aufgehenden Primzahlpotenzen sind, und die ihrerseits Potenzen von A sind. Durch Anwendung auf die Gruppe der Schiefkörper und das Element A folgt

$$(1) \qquad \mathsf{A} = \Omega_1 \circ \Omega_2 \circ \cdots \circ \Omega_r.$$

Dabei bedeutet Ω_ϱ einen Schiefkörper mit dem Zentrum K, dessen Exponent $p_\varrho^{\beta_\varrho}$ ist; im Sinn der formalen Multiplikation von Schiefkörpern ist Ω_ϱ eine Potenz von A. Nach Satz 3 ist also der Index m_ϱ von Ω_ϱ ein Teiler von m. Da aber andererseits nach Satz 2 (auf Ω_ϱ angewendet) m_ϱ eine Potenz von p_ϱ ist, folgt

$$m_\varrho = p_\varrho^{\gamma_\varrho}, \qquad (\gamma_\varrho \leqq \alpha_\varrho).$$

Bildet man nun

$$\Omega_1 \times \Omega_2 \times \cdots \times \Omega_r,$$

so besitzt dieses System über K den Rang

$$(2) \qquad (p_1^{\gamma_1} p_2^{\gamma_2} \cdots p_r^{\gamma_r})^2 \leqq m^2,$$

andererseits ist es wegen (1) dem System aller Matrizen von einem Grad t mit Koeffizienten aus A isomorph und hat daher den Rang $t^2 m^2$. Es muß also notwendig $t = 1$ sein und in (2) das Gleichheitszeichen stehen. Daraus folgt

$$\gamma_\varrho = \alpha_\varrho,$$

$$\Omega_1 \times \Omega_2 \times \cdots \times \Omega_r \cong \mathsf{A}.$$

Satz 4: *Besitzt der Schiefkörper A den Rang m^2 über seinem Zentrum und ist*

$$m = p_1^{\alpha_1} p_2^{\alpha_2} \cdots p_r^{\alpha_r},$$

so kann man A als direktes Produkt

$$(3) \qquad \mathsf{A} \cong \Omega_1 \times \Omega_2 \times \cdots \times \Omega_r$$

darstellen, wo Ω_ϱ ein Schiefkörper mit dem Zentrum K vom Rang $(p_\varrho^{\alpha_\varrho})^2$ über K ist.

Aus dem Beweis ergibt sich auch noch, daß Ω_ϱ durch (3) bis auf Isomorphie eindeutig bestimmt ist.

Die Gruppe der Schiefkörper ist mit der Gruppe der Faktorensysteme isomorph [9]). Daraus folgt noch, daß, wenn Z ein algebraischer Erweiterungskörper endlichen Grades über K ist, diejenigen Schiefkörper, die in Z eine absolut irreduzible Darstellung besitzen, eine Untergruppe der Gruppe aller Schiefkörper bilden [10]).

§ 2.

A sei ein Schiefkörper mit dem Zentrum K vom Rang m^2 über K. Als *Teilschiefkörper* von A bezeichnen wir diejenigen in A enthaltenen Schiefkörper B, die ihrerseits K enthalten.

---

[9]) Vgl. R. Brauer, Untersuchungen über die arithmetischen Eigenschaften von Gruppen linearer Substitutionen I Math. Zeitschrift **28** (1928), S. 677—696, § 3.

[10]) Herr G. Köthe hat neuerdings untersucht, wie weit man diese Betrachtungen auf Schiefkörper von unendlichem Rang übertragen kann; vgl. G. Köthe, Schiefkörper unendlichen Ranges über dem Zentrum, Math. Ann. **105** (1931), S. 15—39.

Ist B ein Teilschiefkörper von A, so bildet offenbar auch die Gesamtheit Γ der mit allen Elementen von B vertauschbaren Elemente von A einen Teilschiefkörper von A, da, wenn α_1 und α_2 zu Γ gehören, offenbar auch $\alpha_1 \pm \alpha_2$, $\alpha_1 \alpha_2$, und falls $\alpha_2 \neq 0$ ist, auch α_2^{-1} zu Γ gehört. Frl. Noether hat gezeigt:

Satz 5: *Die Beziehung zwischen B und Γ ist eine gegenseitige, d. h. ist Γ die Gesamtheit der mit B elementweise vertauschbaren Größen von A, so ist B umgekehrt gerade die Gesamtheit der mit Γ elementweise vertauschbaren Elemente von A* [11]).

Satz 5 soll in allgemeinerer Form bewiesen werden:

Satz 6: *Ist A ein einfaches System hyperkomplexer Größen mit dem Zentrum K, B ein einfaches Teilsystem von A (das das Zentrum K von A enthält), so bildet die Gesamtheit der mit B elementweise vertauschbaren Größen von A ein einfaches System Γ, das dasselbe Zentrum wie B besitzt. Sind a, b, c die Rangzahlen von A, B, Γ über K, so gilt*

$$a = b \cdot c. \tag{4}$$

Die Gesamtheit der mit allen Größen aus Γ vertauschbaren Elemente von A ist dann umgekehrt gerade B.

Wir bezeichnen Γ als das *mit B vertauschbare Teilsystem von A*.

Beweis: 1. Γ enthält jedenfalls das Zentrum Z von B. Da ferner alle Elemente von Γ mit allen Elementen von Z vertauschbar sind (denn dies sind spezielle Elemente aus B), muß sogar das Zentrum von Γ das Zentrum von B enthalten. Nimmt man für alle einfachen Teilsysteme B eines einfachen Systems A als bewiesen an, daß das zugehörige System Γ einfach ist und daß (4) gilt, so folgen auch die übrigen Aussagen von Satz 6. Wendet man nämlich die als bekannt geltenden Behauptungen auf Γ an, so folgt, daß die elementweise mit Γ vertauschbaren Größen von A ein System Δ vom Rang $\frac{a}{c} = b$ über K bilden. Δ muß B enthalten; da beide den gleichen Rang haben, müssen sie gleich sein. Ferner muß das Zentrum von Δ = B das Zentrum von Γ enthalten; da auch das Umgekehrte der Fall war, haben B und Γ dasselbe Zentrum.

2. Wir behandeln jetzt zunächst den Spezialfall, daß A das System K_t aller Matrizen eines festen Grades t mit Koeffizienten aus K ist; dann ist

$$a = t^2. \tag{5}$$

B erscheint von selbst als eine in K rationale Gruppe von Matrizen des Grades t.

Das Zentrum von B ist ein algebraischer Körper etwa vom Grade r über K [12]). B besitzt dann r wesentlich verschiedene absolut irreduzible Bestandteile $\mathfrak{B}_1, \mathfrak{B}_2, \ldots, \mathfrak{B}_r$ [13]), die alle den gleichen Grad f besitzen und alle in B gleich oft, etwa q-mal vorkommen. Durch Gradvergleichung folgt

$$t = rqf. \tag{6}$$

---

11) Vergl. eine demnächst in der Math. Zeitschr. erscheinende Arbeit von Frl. Noether. — Ich verdanke die Kenntnis von Satz 5 einer freundlichen mündlichen Mitteilung von Frl. Noether und einer von G. Köthe herrührenden Ausarbeitung einer Noetherschen Vorlesung aus dem Sommersemester 1928. Es handelt sich um die „Galoissche Theorie für Schiefkörper" von Frl. Noether. Als Galoissche Gruppe von A in bezug auf K als Grundkörper hat man die Gruppe aller Automorphismen von A zu bezeichnen, bei denen die Elemente von K festbleiben. Da nur innere Automorphismen existieren (vgl. Satz 8), so ist das die Faktorgruppe der multiplikativen Gruppe von A durch die multiplikative Gruppe von K. Zu jedem Teilschiefkörper B von A gehört eine Untergruppe der Galoisschen Gruppe, die aus denjenigen Automorphismen besteht, die B elementweise festlassen. Offenbar handelt es sich dabei um die Faktorgruppe der multiplikativen Gruppe von Γ durch die multiplikative Gruppe von K. Satz 5 zeigt dann, zu welchen Untergruppen der Galoisschen Gruppe Teilschiefkörper gehören, ferner daß zu verschiedenen Teilschiefkörpern verschiedene Untergruppen gehören.

12) Vgl. zum folgenden die in der Einleitung zusammengestellten Sätze.

13) Das Nullsystem kann nicht auftreten, weil B das Zentrum von A enthalten soll.

Andererseits ergibt sich für den Rang b von B

$$(7) \qquad b = rf^2.$$

Da B ein einfaches System ist, ist es als Gruppe von Matrizen vollständig reduzibel; in einem geeigneten Erweiterungskörper K^* ist es also zu

$$\mathsf{B}^* = \begin{pmatrix} E_q \times \mathfrak{B}_1 & & & \\ & E_q \times \mathfrak{B}_2 & & \\ & & \ddots & \\ & & & E_q \times \mathfrak{B}_r \end{pmatrix} \text{[14]}$$

ähnlich. Die in K^* rationalen, mit allen Elementen von B^* vertauschbaren Matrizen haben wegen der Form von B^* die Form [15])

$$(8) \qquad C^* = \begin{pmatrix} C_1 \times E_f & & & \\ & C_2 \times E_f & & \\ & & \ddots & \\ & & & C_r \times E_f \end{pmatrix},$$

wo $C_1, C_2, \ldots, C_r$ ganz beliebige, in K^* rationale Matrizen des Grades q sind. Es gibt daher genau rq^2 linear unabhängige Matrizen C^*. Folglich gibt es auch genau rq^2 linear unabhängige in K^* rationale Matrizen, die mit der ähnlichen Gruppe B elementweise vertauschbar sind. Da aber die Bestimmung aller dieser Matrizen nur von der Auflösung linearer Gleichungen mit Koeffizienten aus K abhängt, so gibt es unter den in K rationalen mit B elementweise vertauschbaren Matrizen genau rq^2 linear unabhängige. Alle diese Matrizen sind aber Elemente von A, sie bilden gerade das oben mit Γ bezeichnete Teilsystem. Für den Rang ergibt sich also

$$(9) \qquad c = rq^2.$$

Aus (5), (6), (7) und (9) folgt

$$bc = r^2 q^2 f^2 = t^2 = a,$$

daher ist in dem hier behandelten Spezialfall die Behauptung (4) richtig.

Die feste Ähnlichkeitstransformation, die B in B^* überführt, transformiert Γ in eine Gruppe Γ^*, die aus lauter Matrizen C^* der Form (8) besteht. Nun enthält Γ^* ebenso wie Γ genau soviel linear unabhängige Matrizen, wie es überhaupt linear unabhängige Matrizen der Form C^* gibt. Läßt man also C^* alle Elemente von Γ^* durchlaufen, so muß für jedes $\varrho = 1, 2, \ldots, r$ in (8) C_ϱ die Matrizen einer absolut irreduziblen Gruppe $\mathfrak{C}_\varrho$ des Grades q durchlaufen, da im Fall der Reduzibilität von $\mathfrak{C}_\varrho$ die Gruppe Γ^* nicht $c = rq^2$ linear unabhängige Elemente enthalten könnte. Analog folgt, daß die Bestandteile $\mathfrak{C}_1, \mathfrak{C}_2, \ldots, \mathfrak{C}_r$ von Γ^* alle wesentlich verschieden sind. Das zeigt, daß Γ^* eine vollständig reduzible Gruppe ist, die als absolut irreduzible Bestandteile $\mathfrak{C}_1, \mathfrak{C}_2, \ldots, \mathfrak{C}_r$ und zwar jeden f-mal besitzt. Das Gleiche gilt für die ähnliche Gruppe Γ. Wegen der vollständigen Reduzibilität ist dann Γ halbeinfach.

Weiter folgt aber, daß Γ einfach ist. Im anderen Fall wäre nämlich Γ direkte Summe von einfachen Systemen, deren Zentren kleineren Grad als r über K hätten, da ja Γ nur r wesentlich verschiedene absolut irreduzible Bestandteile besitzt. Unter 1.

[14]) Unter E_q verstehen wir die Einheitsmatrix des Grades q. Sind A und B zwei Matrizen, so bedeutet $A \times B$ die Kroneckersche Produkttransformation. Durchlaufen A und B Gruppen $\mathfrak{A}$ bzw. $\mathfrak{B}$, so ist unter $\mathfrak{A} \times \mathfrak{B}$ die aus allen Matrizen $A \times B$ bestehende Gruppe gemeint. $E_q \times \mathfrak{B}$ ist also eine vollständig in q Bestandteile $\mathfrak{B}$ zerfallende Gruppe, $\mathfrak{B} \times E_q$ eine zu $E_q \times \mathfrak{B}$ ähnliche Gruppe.

[15]) Das ist eine einfache Folgerung aus einem grundlegenden Satz von Herrn I. Schur (Neue Begründung der Theorie der Gruppencharaktere, Sitzungsberichte der Berliner Akademie 1905, S. 406—432, Satz I).

war aber gezeigt, daß das Zentrum von Γ einen Körper Z vom Grade r über K enthält. Das ergibt einen Widerspruch.

Da jede Gruppe $\mathfrak{C}_\varrho$ in Γ genau f-mal vorkommt, ist der Schursche Index des einfachen Systems Γ ein Teiler von f.

3. Im allgemeinen Fall sei A' das zu A reziproke System;

$$\bar{A} = A \times A'$$

ist dann nach Satz 1 von der in 2. behandelten speziellen Form. Ferner setzen wir

$$\bar{B} = B \times K\ ^{16}).$$

$\bar{B}$ ist ein zu B isomorphes Teilsystem von $\bar{A}$, das das Zentrum von $\bar{A}$ enthält. Die Rangzahlen $\bar{a}$ und $\bar{b}$ von $\bar{A}$ und $\bar{B}$ über K sind

$$\bar{a} = a^2, \qquad \bar{b} = b.$$

Auf $\bar{A}$ können wir die Resultate von 2. anwenden: Die Gesamtheit der mit allen Elementen von $\bar{B}$ vertauschbaren Elemente von $\bar{A}$ bildet ein einfaches Teilsystem $\bar{\Gamma}$ von $\bar{A}$ vom Rang

$$\bar{c} = \frac{\bar{a}}{\bar{b}} = \frac{a^2}{b}. \tag{10}$$

Ist $\alpha_1', \alpha_2', \ldots, \alpha_a'$ eine Basis von A', so kann man jedes Element von $\bar{A}$ und erst recht also jedes Element $\bar{\gamma}$ von $\bar{\Gamma}$ eindeutig in der Form

$$\bar{\gamma} = \sigma_1 \alpha_1' + \sigma_2 \alpha_2' + \cdots + \sigma_a \alpha_a' \tag{11}$$

darstellen, wo $\sigma_1, \sigma_2, \ldots, \sigma_a$ Größen von A sind. Die Vertauschbarkeit von $\bar{\gamma}$ mit irgendeinem Element $\bar{\beta}$ von $\bar{B}$ liefert dann

$$\beta\sigma_1 \alpha_1' + \beta\sigma_2 \alpha_2' + \cdots + \beta\sigma_a \alpha_a' = \sigma_1 \alpha_1' \beta + \sigma_2 \alpha_2' \beta + \cdots + \sigma_a \alpha_a' \beta$$

für jedes β aus B, und da β als Element von A mit allen Elementen α_ν' von A' vertauschbar ist, folgt

$$(\beta\sigma_1 - \sigma_1\beta)\alpha_1' + (\beta\sigma_2 - \sigma_2\beta)\alpha_2' + \cdots + (\beta\sigma_a - \sigma_a\beta)\alpha_a' = 0.$$

In den Klammern stehen hier Elemente von A, also müssen alle Klammern Null sein. Da β in B beliebig war, folgt, daß alle σ_ν in (11) zu dem Teilsystem Γ von A gehören müssen, das aus allen mit B elementweise vertauschbaren Größen von A besteht. Gehören umgekehrt in (11) alle σ_ν zu Γ, so gehört offenbar $\bar{\gamma}$ zu $\bar{\Gamma}$. Daher gilt

$$\bar{\Gamma} = \Gamma \times A'. \tag{12}$$

Da nun nach 2. das System $\bar{\Gamma}$ einfach ist, muß auch Γ einfach sein; denn ein echtes invariantes Teilsystem von Γ liefert sofort ein ebensolches Teilsystem von $\bar{\Gamma}$; nilpotent ist Γ bestimmt nicht, weil sonst $\bar{\Gamma}$ nilpotent wäre. Für den Rang c von Γ ergibt sich aus (10) und (12)

$$c = \frac{\bar{c}}{a} = \frac{a}{b}.$$

Nach 1. ist damit alles bewiesen.

Aus der Schlußbemerkung von 2. folgt noch, daß der Index $\bar{\gamma}$ von $\bar{\Gamma}$ ein Teiler des Grades f der absolut irreduziblen Darstellungen von $\bar{B}$ ist, das ist dieselbe Gradzahl, die bei B auftritt.

---

[16]) Identifizieren wir, was erlaubt und zweckmäßig ist, das Teilsystem $A \times K$ von $\bar{A}$ mit A, so wird $\bar{B}$ mit B identisch.

Nehmen wir jetzt B als Körper an[17]), so ist $f = 1$, also auch $\bar{\gamma} = 1$. Da B sein eigenes Zentrum und also auch das des mit B vertauschbaren Teilsystems Γ von A ist, bedeutet dies, daß $\bar{\Gamma}$ zu einem vollständigen Matrizensystem B_t über B isomorph ist.

Ist Z irgendein Erweiterungskörper endlichen Grades von K, so bilden wir das direkte Produkt $A \times Z$ (in bezug auf K als Grundkörper). Wir bezeichnen es als die Erweiterung A_Z von A auf Z als Grundkörper[18]). Das Zentrum von A_Z ist zu Z isomorph; wir identifizieren es mit Z.

Wir setzen nun $Z = B$ und nehmen jetzt Z an Stelle von K als Grundkörper[19]). Γ und $\bar{\Gamma}$ enthalten ja Z als Zentrum, so daß wir sie als Systeme über Z auffassen können. Aus (12) folgt nun leicht wegen der oben abgeleiteten Struktur von $\bar{\Gamma}$.

$$(13) \qquad Z_t \cong \bar{\Gamma} \cong \Gamma \times A'_Z \text{ }^{20});$$

dabei ist natürlich auch bei der direkten Multiplikation Z als Grundkörper betrachtet. Aus (13) ergibt sich unmittelbar die (auch direkt leicht nachweisbare) Einfachheit von A'_Z. Aus § 1 folgt dann, daß Γ und A'_Z zu reziprok isomorphen Schiefkörpern gehören, also Γ und A_Z zum selben Schiefkörper gehören.

Γ ist offenbar das maximale Teilsystem von A mit dem Zentrum Z.

Satz 7: *Ist Z ein Teilkörper des einfachen Systems A, ist ferner Γ das maximale Teilsystem von A mit dem Zentrum Z, so gehören A_Z und Γ zum selben Schiefkörper. Ist speziell A Schiefkörper, so gehört A_Z zu Γ als Schiefkörper.*

Ist wieder B ein einfaches Teilsystem des einfachen Systems A und ist Γ das mit B vertauschbare Teilsystem von A, so besitzen nach Satz 6 B und Γ dasselbe Zentrum Z.

Wir bilden in bezug auf Z als Grundkörper das direkte Produkt

$$T = B \times \Gamma.$$

Da jedes Element des Teilsystems B von A mit jedem Element des Teilsystems Γ von A vertauschbar ist, gibt es ein zu T homomorphes System T_1 innerhalb A. Wegen der Einfachheit von T muß dann T sogar zu T_1 isomorph sein, wir können T direkt mit T_1 identifizieren.

T besitzt als Zentrum Z. Sind die Rangzahlen von A, B, Γ, Z in bezug auf K wieder bzw. mit a, b, c, r bezeichnet, so hat T in bezug auf Z den Rang

$$\frac{b}{r} \cdot \frac{c}{r} = \frac{a}{r^2},$$

in bezug auf K hat es also den Rang $\frac{a}{r}$. Da es also denselben Rang hat, den nach Satz 6 das maximale Teilsystem mit dem Zentrum Z besitzt, muß T mit diesem maximalen Teilsystem übereinstimmen.

Satz 8: *Ist B ein einfaches Teilsystem eines einfachen Systems A, ist Γ* das *mit B vertauschbare Teilsystem von A und ist Z das gemeinsame Zentrum von B und Γ, so ist das in bezug auf Z als Grundkörper gebildete Produkt $B \times \Gamma$ gerade das maximale Teilsystem von A mit dem Zentrum Z.*

---

[17]) Unter Körpern werden im folgenden immer stillschweigend kommutative Körper verstanden (anders als in der ersten unter [23]) zitierten Arbeit).

[18]) Man erhält A_Z auch, indem man aus den a Basiselementen von A unter Beibehaltung ihrer Multiplikationsgesetze ein System hyperkomplexer Größen über Z bildet. — Die Voraussetzung über den Grad von Z ist überflüssig.

[19]) Dann ist übrigens in A_Z noch ein zweites zu Z isomorphes System enthalten.

[20]) Es ist $(A')_Z \sim (A_Z)'$.

Ferner gilt

Satz 9: *Sind* B_1 *und* B_2 *zwei einfache Teilsysteme eines einfachen Systems* A, *und ist eine isomorphe Beziehung von* B_1 *auf* B_2 *gegeben, bei der der Grundkörper* K *elementweise in sich übergeht, so kann man diese Abbildung immer durch einen inneren Automorphismus von* A *realisieren* [21]). *Insbesondere besitzt* A *nur innere Automorphismen.*

Beweis: 1. Ist zunächst wieder A eine vollständige Matrixalgebra, so erscheinen B_1 und B_2 als Systeme von in K rationalen Matrizen. Denkt man sich diese Systeme in K in irreduzible Bestandteile zerlegt, so kann das Nullsystem nicht auftreten, weil B_1 und B_2 das Zentrum von A enthalten. Ferner besteht vollständige Reduzibilität. Da nun ein einfaches System über K in K nur eine einzige Darstellung besitzt, folgt Ähnlichkeit von B_1 und B_2, das ist in diesem Falle gerade die Behauptung.

2. Im allgemeinen Fall setzen wir

$$\bar{A} = A \times A', \quad B_1^* = B_1 \times A', \quad B_2^* = B_2 \times A'.$$

Für $\bar{A}$ ist unter 1. die Behauptung bewiesen. Ordnet man die Elemente von A' sich selbst zu, so entsteht aus der isomorphen Abbildung von B_1 auf B_2 eine isomorphe Abbildung von B_1^* auf B_2^*, man kann diese also durch einen inneren Automorphismus von $\bar{A}$, etwa Transformation mit τ realisieren, wobei τ^{-1} existiert. Da τ und τ^{-1} mit allen Elementen von A' vertauschbar sind, müssen sie zu dem mit A' vertauschbaren System gehören, das ist aber A. Daher gehören τ und τ^{-1} zu A, woraus die Behauptung folgt.

§ 3.

Als Spezialfall von Satz 8 ergibt sich zunächst

Satz 10 [22]): *Besitzt das einfache System* A *ein einfaches Teilsystem* B, *dessen Zentrum der Grundkörper* K *ist, so läßt sich* A *als direktes Produkt* $B \times \Gamma$ *von* B *mit einem anderen einfachen Teilsystem* Γ *von* A *darstellen.*

Ferner ergeben sich die folgenden Sätze, deren erster auch direkt leicht zu beweisen ist:

Satz 11: *Ist* Z *ein Teilkörper eines einfachen Systems* A *vom Rang* a, *so geht das Quadrat des Grades* r *von* Z *in* a *auf.*

Beweis: Hat das mit Z vertauschbare Teilsystem T von A den Rang c, so ist $a = rc$. Z ist das Zentrum von T und daher r ein Teiler von c.

Satz 12 [23]): *Ist* Z *ein maximaler Teilkörper des einfachen Systems* A, *so besitzt* A *eine in* Z *rationale absolut irreduzible Darstellung.*

Beweis: T sei das maximale Teilsystem von A mit dem Zentrum Z. Den zu T gehörigen Schiefkörper Σ kann man als Teilsystem von T auffassen, er besitzt auch Z als Zentrum. Wäre Σ umfassender als Z, so würde durch Adjunktion eines nicht in Z vorkommenden Elementes von Σ zu Z ein (kommutativer) Teilkörper Z^* von A entstehen, der Z als echten Teil enthält, was im Gegensatz zur Voraussetzung steht. Also ist $Z = \Sigma$. Nach Satz 7 ist dann der zu A_Z gehörige Schiefkörper der Körper Z selbst, d. h. A_Z ist dem System Z_t aller in Z rationalen Matrizen vom Grade t isomorph; dabei ist t^2 der Rang a von A. Da A einem in A_Z enthaltenen System isomorph ist (wobei die Elemente

---

[21]) Man vergleiche dazu H, Hilfssatz 2 und Satz 11. — Für den Fall, daß A Schiefkörper ist, findet sich der Satz auch bei van der Waerden, Moderne Algebra II, Berlin 1931, S. 209.

[22]) Wedderburn, Transactions of the American Mathematical Society **22** (1921), S. 132.

[23]) R. Brauer und E. Noether, Über minimale Zerfällungskörper irreduzibler Darstellungen, Sitzungsberichte der Berliner Akademie 1927, S. 221—228; H, Satz 4 und 5.

von K sich selbst entsprechen), besitzt A eine in Z rationale Darstellung des Grades $t = \sqrt{a}$, die dann von selbst irreduzibel ist.

Satz 13 [23]**):** *Ist* A *ein einfaches System vom Rang a über seinem Zentrum* K *und ist* Z *ein Körper vom Grad* $r = \sqrt{a}$ [24]) *über* K, *in dem* A *eine absolut irreduzible Darstellung besitzt, so ist* Z *einem maximalen Teilkörper von* A *isomorph.*

Beweis: A besitzt nach Voraussetzung eine in Z rationale absolut irreduzible Darstellung, die dann den Grad $r = \sqrt{a}$ hat. A ist also einem Teilsystem von Z_r isomorph. Da nun Z eine in K rationale Darstellung vom Grad r hat, also einem Teilsystem von K_r isomorph ist, ist Z_r und damit auch A einem Teilsystem von K_a isomorph. Wir dürfen also annehmen

$$A < Z_r < K_a.$$

Wendet man Satz 6 auf die Teilsysteme von K_a an, so folgt, daß das mit Z_r vertauschbare System das Zentrum Z von Z_r enthält und den Rang $\frac{a^2}{r^3} = r$ hat, also mit Z identisch ist. Das mit A vertauschbare Teilsystem B von K_a enthält infolgedessen Z. Aus Satz 8 folgt

$$A \times B = K_a.$$

B gehört nach § 1 zum selben Schiefkörper wie A'. Da B und A' außerdem denselben Rang a haben, sind sie isomorph. Mit A' enthält aber auch A einen zu Z isomorphen Körper.

Beschränken wir uns jetzt der Einfachheit halber auf Schiefkörper A, so haben wir also, um alle Teilschiefkörper zu erhalten, folgendermaßen vorzugehen: Wir haben zunächst alle (kommutativen) Teilkörper Z von A aufzusuchen, das sind nach Satz 12 sämtliche Teilkörper der Zerfällungskörper, ihre Aufstellung ist eine der Hauptaufgaben in der „arithmetischen Theorie der Gruppen linearer Substitutionen"; man darf diese Körper als bekannt ansehen. Zu Z gehört ein maximaler Teilschiefkörper T mit diesem Zentrum. Nach Satz 7 kann man T auch folgendermaßen charakterisieren: Man bilde mit Hilfe der Basiselemente von A ein System hyperkomplexer Größen über dem Grundkörper Z, das entstehende einfache System A_Z gehört gerade zu T als Schiefkörper. Um jetzt alle Teilschiefkörper B von A mit dem Zentrum Z zu erhalten, hat man T in bezug auf Z als Grundkörper auf alle möglichen Weisen als direktes Produkt von Faktoren mit dem Zentrum Z zu schreiben, alle in Frage kommenden B treten dabei als Faktor auf. Zerlegt man den Rang von T in bezug auf Z in zwei teilerfremde Faktoren, so gehört nach Satz 4 dazu stets eine Zerlegung von T mit den betreffenden Rangzahlen, die auftretenden Faktoren sind bis auf Isomorphie eindeutig bestimmt. In dem Fall, daß man den Rang von T in zwei nicht teilerfremde Faktoren zerlegt hat, hängt es dagegen von der speziellen Natur von T ab, ob zu diesen Rangzahlen eine Zerlegung von T gehört oder nicht [25]).

Schließlich soll noch die in § 2 behandelte „Galoissche Theorie" der einfachen Systeme mit der gewöhnlichen Galoisschen Theorie in Verbindung gebracht werden.

K sei der als vollkommen vorausgesetzte Grundkörper, Z ein Normalkörper des Grades r über K. Die Galoissche Gruppe $\mathfrak{G}$ von Z bestehe etwa aus $E = G_1, G_2, \ldots, G_r$.

---

[24]) Ersetzt man A durch ein anderes zum selben Schiefkörper gehöriges System (wobei die Zerfällungskörper dieselben bleiben), so kann man stets erreichen, daß diese Beziehung gilt.

[25]) Vgl. dazu R. Brauer, Untersuchungen über die arithmetischen Eigenschaften von Gruppen linearer Substitutionen II. Math. Zeitschrift **31** (1930), S. 733—747, § 5. G. Köthe, a. a. O. — Zusatz bei der Korrektur: Ist K ein algebraischer Körper, so folgt aus einem neuerdings von H. Hasse, E. Noether und dem Verfasser bewiesenen Satz, daß eine Zerlegung von T im zweiten Fall nicht existiert.

Dann soll gezeigt werden, daß man den Satz von der eineindeutigen Zuordnung der Teilkörper von Z zu den Untergruppen von $\mathfrak{G}$ durch Anwendung der Sätze des § 3 auf ein geeignetes einfaches System A erhalten kann. Zunächst sollen einige Eigenschaften eines speziellen Systems A hergeleitet werden.

Eine Basis von Z bestehe aus $z_1, z_2, \ldots, z_r$. Man mache die r^2 Elemente

$$z_\varrho G_\sigma, \qquad (\varrho = 1, 2, \ldots, r; \quad \sigma = 1, 2, \ldots, r)$$

zu der Basis eines hyperkomplexen Systems A über K durch die Festsetzung

$$(z_\varrho G_\sigma)(z_\tau G_\omega) = z_\varrho z_\tau^{G_\sigma^{-1}} G_\sigma G_\omega \text{ [26]}.$$

Man zeigt leicht, daß das assoziative Gesetz gilt.

Jedes Element von A kann man dann eindeutig in der Form schreiben

$$(14) \qquad t = \zeta_1 G_1 + \zeta_2 G_2 + \cdots + \zeta_r G_r,$$

wo $\zeta_1, \zeta_2, \ldots, \zeta_r$ Größen von Z sind.

Hilfssatz: *Ist eine Teilmenge $\mathfrak{T}$ von A sowohl Z-Links- wie Rechtsmodul, so gibt es Elemente $G_\alpha, G_\beta, \ldots, G_\varkappa$ in $\mathfrak{G}$ derart, daß $\mathfrak{T}$ aus allen Elementen*

$$(15) \qquad \zeta_\alpha G_\alpha + \zeta_\beta G_\beta + \cdots + \zeta_\varkappa G_\varkappa$$

besteht, wobei $\zeta_1, \zeta_2, \ldots, \zeta_\varkappa$ beliebige Elemente aus Z sind.

Beweis: Es genügt zu zeigen, daß wenn bei der Darstellung (14) irgendeines Elementes t von $\mathfrak{T}$ ein Gruppenelement G_α mit von Null verschiedenem Koeffizienten vorkommt, auch G_α selbst in $\mathfrak{T}$ vorkommt. Zu dem Zweck betrachten wir ein G_α wirklich enthaltendes Element t von $\mathfrak{T}$, das insgesamt möglichst wenig Gruppenelemente wirklich enthält. Wir nehmen an, daß in t noch mindestens ein weiteres Gruppenelement G_ϱ wirklich vorkommt

$$(16) \qquad t = \eta_\alpha G_\alpha + \eta_\varrho G_\varrho + \cdots$$

wo $\eta_\alpha, \eta_\varrho, \ldots$ Größen aus Z sind und $\eta_\alpha \neq 0$ ist.

Ist β ein zunächst beliebiges Element aus Z, so enthält $\mathfrak{T}$ auch

$$t' = \beta \cdot t - t \cdot \beta^{G_\varrho} = (\beta \eta_\alpha) G_\alpha + (\beta \eta_\varrho) G_\varrho + \cdots - \eta_\alpha G_\alpha \cdot \beta^{G_\varrho} - \eta_\varrho G_\varrho \cdot \beta^{G_\varrho} - \cdots$$

$$= (\beta \eta_\alpha - \eta_\alpha \beta^{G_\varrho G_\alpha^{-1}}) G_\alpha + (\beta \eta_\varrho - \eta_\varrho \beta^{G_\varrho G_\varrho^{-1}}) G_\varrho + \cdots$$

$$t' = (\beta \eta_\alpha - \eta_\alpha \beta^{G_\varrho G_\alpha^{-1}}) G_\alpha + 0 \cdot G_\varrho + \cdots.$$

Da die Automorphismen G_ϱ und G_α von Z verschieden sind, kann man β so in Z wählen, daß

$$\beta \neq \beta^{G_\varrho G_\alpha^{-1}}$$

gilt. Daher ist der Koeffizient von G_α in t' von 0 verschieden. t' enthält nur Gruppenelemente wirklich, die auch in t vorkommen, G_ϱ aber ist weggefallen, und daher enthält t' im Gegensatz zur Annahme über t insgesamt weniger Gruppenelemente als t. Daher darf in (16) in t nur G_α wirklich vorkommen. Durch Multiplikation mit η_α^{-1} folgt, daß dann auch G_α selbst in $\mathfrak{T}$ vorkommt, w. z. b. w.

Soll jetzt $\mathfrak{T}$ außerdem noch Teilsystem von A sein, so müssen offenbar die im Hilfssatz vorkommenden Gruppenelemente $G_\alpha, G_\beta, \ldots, G_\varkappa$ eine Untergruppe bilden. $\mathfrak{T}$ ist dann sicher einfach. Denn ein invariantes Teilsystem $\mathfrak{T}^*$ erfüllt die Voraussetzung des Hilfssatzes [27]) und enthält daher ein G_α, also alle in $\mathfrak{T}$ vorkommenden G_α und daher

[26]) Dabei bedeutet z^G für irgendein z aus Z und ein G aus $\mathfrak{G}$ das aus z durch Anwendung von G entstehende Element.

[27]) Mit $G_1 = 1$ gehört auch Z zu $\mathfrak{T}$.

$\mathfrak{T}$. (Das nilpotente Ausnahmesystem ist $\mathfrak{T}$ bestimmt nicht, da es ein Einheitselement enthält). Insbesondere ist A selbst einfach. Man schließt leicht, daß das Zentrum von A gerade K ist.

Auf A wenden wir jetzt die Sätze von § 3 an. Das mit Z vertauschbare Teilsystem von A sei T, es hat den Rang $\frac{r^2}{r} = r$. Da es Z als Zentrum besitzt, muß $\mathsf{T} = \mathsf{Z}$ sein.

Ist Ω ein beliebiger Teilkörper von Z, der den Grundkörper K enthält, so sei Γ das mit Ω vertauschbare Teilsystem von A. Da Ω in Z enthalten ist, muß Γ das mit Z vertauschbare Teilsystem, das ist aber Z selbst, enthalten. Daher ist Γ sowohl Z-Links- wie Rechtsmodul, also von der im Hilfssatz genannten Form. Die Elemente $G_\alpha, G_\beta, \ldots, G_\varkappa$ müssen dabei eine Untergruppe $\mathfrak{H}$ von $\mathfrak{G}$ bilden. $\mathfrak{H}$ ist dann genau die Gruppe derjenigen Automorphismen von $\mathfrak{G}$, die alle Elemente von Ω festlassen. Hat Ω den Grad s, so hat Γ nach Satz 6 den Rang $\frac{r^2}{s}$ und also $\mathfrak{H}$ die Ordnung $\frac{r^2}{s} : r = \frac{r}{s}$.

Ist umgekehrt $\mathfrak{H}$ irgendeine Untergruppe von $\mathfrak{G}$ mit den Elementen $G_\alpha, G_\beta, \ldots, G_\varkappa$, so bildet

$$\mathsf{Z}G_\alpha + \mathsf{Z}G_\beta + \cdots + \mathsf{Z}G_\varkappa$$

ein Teilsystem Γ von A. Wie oben gezeigt, ist Γ einfach. Da das Einheitselement von $\mathfrak{G}$ in Γ vorkommt, enthält Γ das System Z. Das mit Γ vertauschbare Teilsystem Ω muß daher in Z enthalten sein. Dann ist Ω Teilkörper von Z und gehört genau zur Untergruppe $\mathfrak{H}$ von $\mathfrak{G}$. Damit ist die eineindeutige Zuordnung der Untergruppen von $\mathfrak{G}$ zu den Teilkörpern von Z bewiesen.

Sind ferner Ω_1 und Ω_2 zwei isomorph aufeinander bezogene Teilkörper von Z, so wird dieser Automorphismus durch ein Element von $\mathfrak{G}$ geliefert. Das folgt so: Jedenfalls gibt es nach Satz 9 ein festes $\alpha \neq 0$ in A, so daß für ein beliebiges Element ω_1 von Ω_1 und das zugehörige ω_2 in Ω_2 immer

$$\omega_1 \alpha = \alpha \omega_2 \tag{17}$$

gilt. Ist

$$\alpha = \zeta_\varrho G_\varrho + \zeta_\sigma G_\sigma + \cdots, \qquad \zeta_\varrho \neq 0, \tag{18}$$

so folgt durch Einsetzen von (18) in (17) und Vergleichen des Koeffizienten von G_ϱ

$$\omega_1 = \omega_2^{G_\varrho^{-1}},$$

woraus sich die Behauptung ergibt.

Aus dieser Bemerkung folgen die andern Haupteigenschaften der Zuordnung von Teilkörpern zu Untergruppen.

Eingegangen 1. November 1931.

Journal für die reine und angewandte Mathematik.
Herausgegeben von **K. Hensel, H. Hasse, L. Schlesinger.**
Druck und Verlag Walter de Gruyter & Co., Berlin W 10.

Sonderabdruck aus Band 167 (Hensel-Festband). 1931.

Beweis eines Hauptsatzes in der Theorie der Algebren.

Von *R. Brauer* in Königsberg, *H. Hasse* in Marburg und *E. Noether* in Göttingen [1]).

Endlich ist es unseren vereinten Bemühungen gelungen, die Richtigkeit des folgenden Satzes zu beweisen, der für die Strukturtheorie der Algebren über algebraischen Zahlkörpern sowie auch darüber hinaus von grundlegender Bedeutung ist:

Hauptsatz. *Jede normale Divisionsalgebra über einem algebraischen Zahlkörper ist zyklisch (oder, wie man auch sagt, vom Dicksonschen Typus).*

Es ist uns eine besondere Freude, dieses Ergebnis, als einen im wesentlichen der p-adischen Methode zu dankenden Erfolg, Herrn Kurt Hensel, dem Begründer dieser Methode, zu seinem 70. Geburtstag vorzulegen.

Unser Beweis besteht in drei Reduktionen, von denen jeder von uns eine beigesteuert hat [2]).

1. Die erste Reduktion gab H. Hasse auf Grund der von ihm kürzlich entwickelten Theorie der zyklischen Algebren über algebraischen Zahlkörpern [3]).

Reduktion 1. *Der Hauptsatz ist bewiesen, wenn gezeigt ist:*

I. *Jede überall zerfallende Algebra über* Ω *ist* $\sim \Omega$.

Zur Abkürzung der Ausdrucksweise soll dabei hier wie im folgenden „Algebra A über Ω" stets „normale einfache Algebra A über dem algebraischen Zahlkörper Ω" („einfaches hyperkomplexes System mit dem Zentrum Ω") bedeuten. Ferner bezeichnet $A \sim \Omega$, daß A eine vollständige Matrixalgebra in Ω ist, also die Zugehörigkeit von A zu der speziellen durch Ω selbst als Divisionsalgebra über Ω bestimmten Klasse im Sinne der Ähnlichkeit (Gleichheit der zugehörigen Divisionsalgebren über Ω) [H, 5]. Schließlich ist unter einer „überall zerfallenden" Algebra über Ω eine solche verstanden, bei der für jede Primstelle $\mathfrak{p}$ von Ω die $\mathfrak{p}$-adische Erweiterung (d. h. die durch Erweiterung des Koeffizientenkörpers Ω auf den zugehörigen $\mathfrak{p}$-adischen Körper $\Omega_{\mathfrak{p}}$ entstehende Algebra) $A_{\mathfrak{p}} \sim \Omega_{\mathfrak{p}}$ ist.

Beweis. Sei D eine Divisionsalgebra über Ω. Ist dann Z ein zyklischer Körper über Ω derart, daß für jede Primstelle $\mathfrak{p}$ von Ω der $\mathfrak{p}$-Grad von Z ein Multiplum des $\mathfrak{p}$-Index von D ist [vgl. d. Anm. zu H, 17 Bb], so ist für die zugehörigen Primteiler $\mathfrak{P}$ in Z jeweils der $\mathfrak{P}$-adische Körper $Z_{\mathfrak{P}}$ Zerfällungskörper von $D_{\mathfrak{p}}$ [H, 18.1], und daraus ergibt sich, daß die durch Erweiterung des Koeffizientenkörpers Ω von D auf Z ent-

[1]) Die Abfassung dieser Note übernahm H. Hasse.

[2]) Diese werden in der Reihenfolge ihrer Entstehung wiedergegeben, die der systematischen Reihenfolge entgegengesetzt ist.

[3]) H. Hasse, Theorie der zyklischen Algebren über einem algebraischen Zahlkörper, Gött. Nachr. 1931. — Eine ausführliche Darstellung der Beweise, in der insbesondere auch die von E. Noether in einer Vorlesung entwickelte, dort wie hier grundlegende Theorie der Zerfällungskörper und verschränkten Produkte entwickelt wird, erscheint demnächst in den Trans. Amer. Math. Soc. (Theory of cyclic algebras over an algebraic number field). Die letztere Arbeit wird im folgenden mit H zitiert. H, 1—6 machen — bis auf den Unterschied in der Sprache — die erstere Note aus.

stehende Algebra D_Z über Z überall zerfällt. Steht nun I bereits fest (für jedes Ω), so folgt also $D_Z \sim Z$. Das besagt, daß D den zyklischen Zerfällungskörper Z besitzt, d. h. zyklisch darstellbar ist [H, 5]. Dann besitzt aber D auch einen solchen zyklischen Zerfällungskörper, dessen Grad mit dem Grad von D selbst übereinstimmt, d. h. D ist zyklisch [H, 6, Satz 6]. Unter der Voraussetzung I ist also der Hauptsatz bewiesen.

2. Für die zweite Reduktion gab R. Brauer den entscheidenden Anstoß, indem er H. Hasse brieflich mitteilte, wie sich die verwandte Frage nach dem genauen Wert des Exponenten einer Divisionsalgebra (die übrigens durch den Hauptsatz mitgelöst wird — s. u.) mittels des Sylowschen Gruppensatzes auf den Fall eines auflösbaren Zerfällungskörpers zurückführen läßt. Dieser Gedanke ließ sich dann auch zu einer entsprechenden weiteren Reduktion der Zyklizitätsfrage verwenden.

Reduktion 2. *Satz* I *ist bewiesen, wenn gezeigt ist:*

II. *Jede überall zerfallende Algebra mit einem auflösbaren Zerfällungskörper über* Ω *ist* $\sim \Omega$.

Beweis. Sei A eine überall zerfallende Algebra über Ω. Ist dann K ein galoisscher Zerfällungskörper für A, ferner p irgendeine Primzahl und Σ einer der auf p bezüglichen Sylowkörper von K über Ω (d. h. Invariantenkörper einer zu p gehörigen Sylowgruppe der galoisschen Gruppe), so ist A_Σ eine ebenfalls überall zerfallende Algebra über Σ, die den auflösbaren Zerfällungskörper K besitzt. Steht nun II bereits fest (für jedes Ω), so folgt also $A_\Sigma \sim \Sigma$. Das besagt, daß A den Zerfällungskörper Σ von zu p primem Grade besitzt. Der Index von A ist daher, als Teiler dieses Grades, zu p prim. Da dies für jede Primzahl p gilt, ist er also gleich 1, d. h. $A \sim \Omega$. Unter der Voraussetzung II ist also I bewiesen [4]).

3. Die dritte Reduktion, die dann, wie H. Hasse — im Besitz der beiden ersten Reduktionen — erkannte, zum endgültigen Beweise führt, gab E. Noether, veranlaßt durch eine Mitteilung von H. Hasse; in dieser wurde der Hauptsatz für den Spezialfall eines abelschen Zerfällungskörpers bewiesen, und zwar mittels der allgemeinen Reduktion 1 und formelmäßiger Reduktion des zugehörigen Faktorensystems, als deren

[4]) Der Gedanke der Reduktion auf auflösbaren Zerfällungskörper mittels des Sylowschen Gruppensatzes wurde schon früher von R. Brauer angewandt, nämlich um zu zeigen, daß jeder Primteiler des Index auch im Exponenten vorkommt (Über den Zusammenhang von arithmetischen und invariantentheoretischen Eigenschaften von Gruppen linearer Substitutionen, Berl. Akad.-Ber. 1926). Neuerdings hat A. A. Albert für diesen Gedanken sowie überhaupt für eine Reihe von allgemeinen Sätzen der R. Brauerschen und E. Noetherschen Theorie einfache von der Darstellungstheorie unabhängige Beweise entwickelt (1. On direct products, cyclic division algebras, and pure Riemann matrices; 2. On direct products; beides in Trans. Amer. Math. Soc. **33** (1931); für die hier in Rede stehende Reduktion siehe insbesondere Satz 23 in 2.).

Zusatz während der Drucklegung. Ferner hat A. A. Albert, im Besitz der brieflichen Mitteilung von H. Hasse, daß der Hauptsatz von ihm für abelsche Algebren bewiesen sei (siehe anschließend im Text), daraus unmittelbar, unabhängig von uns, die folgenden Tatsachen gefolgert:

a) den Hauptsatz für Grade der Form 2^e,

b) den unten folgenden Satz 1 (Exponent = Index),

c) neben dem Grundgedanken der Reduktion 2 auch noch den der nachfolgenden Reduktion 3, naturgemäß ohne die Beziehung auf die Reduktion 1, und dementsprechend mit dem Resultat: Für Divisionsalgebren D vom Primzahlpotenzgrad p^e über Ω gibt es einen Erweiterungskörper Ω' von zu p primem Grade über Ω, so daß $D_{\Omega'}$ zyklisch ist.

Alle drei Resultate sind natürlich durch unseren inzwischen geführten Beweis des Hauptsatzes überholt. Sie zeigen jedoch, daß auch A. A. Albert ein unabhängiger Anteil am Beweis des Hauptsatzes zukommt.

Schließlich hat A. A. Albert (nach Kenntnis unseres Beweises des Hauptsatzes) noch bemerkt, daß unser zentraler Satz I in ein paar Zeilen aus den Sätzen 13, 10, 9 einer im Druck befindlichen Arbeit von ihm (Bull. Amer. Math. Soc. **37** (1931)) folgt. Der Beweis dieser Sätze beruht im wesentlichen auf denselben Schlüssen, wie unsere Reduktionen 2 und 3.

Kern E. Noether eben die dritte Reduktion herausschälte. Unabhängig von E. Noether hatte sich übrigens auch R. Brauer diese dritte Reduktion schon überlegt.

Reduktion 3. *Satz* II *ist bewiesen, wenn gezeigt ist:*

III. *Jede überall zerfallende Algebra mit einem zyklischen Zerfällungskörper von Primzahlgrad über* Ω *ist* $\sim \Omega$.

Beweis. Sei A eine überall zerfallende Algebra mit einem auflösbaren Zerfällungskörper K über Ω. Sei dann $\mathsf{K} = \Lambda_0 > \Lambda_1 > \cdots > \Lambda_r = \Omega$ eine Kette von Körpern zwischen K und Ω derart, daß immer Λ_i über Λ_{i+1} zyklisch von Primzahlgrad ist. Dann ist zunächst A_{Λ_1} eine ebenfalls überall zerfallende Algebra über Λ_1, die den zyklischen Zerfällungskörper von Primzahlgrad $\mathsf{K} = \Lambda_0$ besitzt. Steht nun III bereits fest (für jedes Ω), so folgt also $A_{\Lambda_1} \sim \Lambda_1$. Das besagt, daß Λ_1 Zerfällungskörper für A ist. Jetzt beweist man von Λ_1 statt Λ_0 ausgehend genau so $A_{\Lambda_2} \sim \Lambda_2$, usw., bis schließlich $A_{\Lambda_r} \sim \Lambda_r$, d. h. $A \sim \Omega$. Unter der Voraussetzung III ist also II bewiesen.

4. Nun steht aber III nach den Ergebnissen von H. Hasse [H, 24] fest. Also folgt durch die Reduktionen 3, 2, 1 rückwärts die Richtigkeit des Hauptsatzes.

E. Noether weist dabei noch auf folgendes hin:

Die Richtigkeit von III — allgemeiner für zyklische Zerfällungskörper beliebigen Grades — läuft auf den Hasseschen Normensatz [5]) zurück. Für die Reduktion 3 wird aber nur der Spezialfall des Primzahlgrades, also der ursprüngliche Hilbert-Furtwänglersche Normensatz [6]) gebraucht. Somit liefert die Reduktion III einen neuen einfachen Beweis des Hasseschen Normensatzes. Dieser Beweis würde so laufen:

Sei Z ein zyklischer Körper über Ω und α eine Zahl aus Ω, für die das Normenrestsymbol $\left(\frac{\alpha, Z}{\mathfrak{p}}\right) = 1$ ist für jede Primstelle $\mathfrak{p}$ von Ω. Dann zerfällt jede zyklische Algebra $A = (\alpha, Z)$ [7]) überall [H, 17.7]. Nach der Reduktion 3 folgt also — unter alleiniger Verwendung des Hilbert-Furtwänglerschen Normensatzes — $A \sim \Omega$. Dann ist aber α Norm eines Elements aus Z [H, 15.4].

Im Zusammenhang mit dem Normensatz bemerken wir weiter, daß der Satz I als dessen richtige Verallgemeinerung auf höhere (auch nicht-abelsche) Fälle anzusehen ist, während ja die wörtliche Verallgemeinerung, wie H. Hasse zeigte [5]), nicht allgemein richtig ist.

Folgerungen (H. Hasse).

5. Als nächstliegende Folgerung aus dem Hauptsatz sei angeführt, daß nun die von H. Hasse entwickelte Theorie der zyklischen Algebren über algebraischen Zahlkörpern die Bedeutung einer allgemeinen Struktur- und Invariantentheorie der normalen einfachen Algebren (insbesondere der normalen Divisionsalgebren) über algebraischen Zahlkörpern bekommen hat. Insbesondere ist jetzt allgemein bewiesen:

Satz 1. *Der Exponent einer normalen einfachen Algebra über einem algebraischen Zahlkörper ist gleich ihrem Index.*

Ferner ergibt sich aus Satz I die bemerkenswerte Tatsache:

Satz 2. *Das Grundideal einer echten normalen Divisionsalgebra über* Ω *ist mindestens durch eine Primstelle von* Ω *teilbar (und sogar mindestens durch zwei).*

---

[5]) Angeführt in H, 3.11; bewiesen in: H. Hasse, Beweis eines Satzes und Widerlegung einer Vermutung über das allgemeine Normenrestsymbol, Gött. Nachr. 1931.

[6]) Siehe H. Hasse, Bericht über neuere Untersuchungen und Probleme in der Theorie der algebraischen Zahlkörper II, Jahresber. der D. M.-V., Erg.-Bd. **6** (1930), § 8, sowie die dort angeführte Literatur.

[7]) In der Bezeichnung von H, 1.— Die Angabe des mit α verknüpften Automorphismus S von Z wurde hier als unerheblich unterlassen.

Dabei ist das Grundideal etwa als die (red.) Norm der (red.) Differente definiert [8]). Außerdem wird eine unendliche Primstelle dann und nur dann in das Grundideal aufgenommen, wenn sich die Algebra für sie auf die Quaternionenalgebra (und nicht den reellen oder komplexen Zahlkörper) reduziert.

Beweis. Nach den Ergebnissen von H. Hasse [9]) geht eine Primstelle $\mathfrak{p}$ von Ω dann und nur dann im Grundideal auf, wenn der $\mathfrak{p}$-Index von 1 verschieden ist. Wären nun alle $\mathfrak{p}$-Indizes gleich 1, so zerfiele die Algebra überall, und nach Satz I läge dann keine echte Divisionsalgebra vor. (Daß auch nicht ein $\mathfrak{p}$-Index allein von 1 verschieden sein kann, ergibt sich daraus, daß für die Normenrestymbole, deren Ordnungen die $\mathfrak{p}$-Indizes sind [H, 17.7], das Produkttheorem (Reziprozitätsgesetz) gilt [H, 3.8]).

6. Des weiteren ermöglicht Satz I die Bestimmung (arithmetische Kennzeichnung) aller zu einer Algebra A über Ω gehörigen Zerfällungskörper K. In genauer Verallgemeinerung des im Spezialfall zyklischer A, K von H. Hasse bereits festgestellten Tatbestandes [H, 6, Satz 2] ergibt sich:

Satz 3. *Für eine Algebra A über Ω ist ein algebraischer Zahlkörper K über Ω dann und nur dann Zerfällungskörper, wenn für die sämtlichen Primteiler $\mathfrak{P}_i$ in K der sämtlichen Primstellen $\mathfrak{p}$ von Ω jeweils der $\mathfrak{P}_i$-Grad $n_{\mathfrak{P}_i}$ von K ein Multiplum des $\mathfrak{p}$-Index $m_\mathfrak{p}$ von A ist.*

Dabei ist der $\mathfrak{P}_i$-Grad von K der Grad des zu $\mathfrak{P}_i$ gehörigen $\mathfrak{P}_i$-adischen Körpers $\mathsf{K}_{\mathfrak{P}_i}$ über dem $\mathfrak{p}$-adischen Körper $\Omega_\mathfrak{p}$, d. i., wenn

$$\mathfrak{p} = \prod_i \mathfrak{P}_i^{e_{\mathfrak{P}_i}}, \qquad \mathsf{N}_{\mathsf{K}\Omega}(\mathfrak{P}_i) = \mathfrak{p}^{f_{\mathfrak{P}_i}}$$

die Zerlegung von $\mathfrak{p}$ in K ist, das Produkt aus dem Grad $f_{\mathfrak{P}_i}$ und der Verzweigungsordnung $e_{\mathfrak{P}_i}$ von $\mathfrak{P}_i$ bzgl. $\mathfrak{p}$, $n_{\mathfrak{P}_i} = f_{\mathfrak{P}_i} e_{\mathfrak{P}_i}$ [H, 4]. Und der $\mathfrak{p}$-Index von A ist der Index $m_\mathfrak{p}$ der $\mathfrak{p}$-adischen Erweiterung $A_\mathfrak{p}$ [H, 6].

Beweis. Daß K Zerfällungskörper für A ist, d. h. daß $A_\mathsf{K} \sim \mathsf{K}$ ist, ist nach Satz I gleichbedeutend damit, daß $A_{\mathsf{K}_{\mathfrak{P}_i}} \sim \mathsf{K}_{\mathfrak{P}_i}$ für jedes $\mathfrak{P}_i$ ist.

Im Falle einer endlichen Primstelle $\mathfrak{p}$ sei nun $A_\mathfrak{p} \sim (\pi, W_\mathfrak{p})$ [7]) die arithmetisch ausgezeichnete zyklische Darstellung von $A_\mathfrak{p}$ [H, 16; außerdem l. c. [9]), Satz 38], also $W_\mathfrak{p}$ der unverzweigte Körper vom Grade $m_\mathfrak{p}$ über $\Omega_\mathfrak{p}$ und π eine genau durch $\mathfrak{p}^1$ teilbare Zahl aus $\Omega_\mathfrak{p}$. Ferner sei $K_{\mathfrak{P}_i}$ das Kompositum und $\Delta_{\mathfrak{P}_i}$ der Durchschnitt von $W_\mathfrak{p}$ und $\mathsf{K}_{\mathfrak{P}_i}$. Da der in $\mathsf{K}_{\mathfrak{P}_i}$ enthaltene größte unverzweigte Teilkörper vom Grade $f_{\mathfrak{P}_i}$ über $\Omega_\mathfrak{p}$ ist, und da es zu jedem Grad nur einen unverzweigten Körper über $\Omega_\mathfrak{p}$ gibt, ist $\Delta_{\mathfrak{P}_i}$ vom Grade $d_{\mathfrak{P}_i} = (m_\mathfrak{p}, f_{\mathfrak{P}_i})$ über $\Omega_\mathfrak{p}$. Daher ist $K_{\mathfrak{P}_i}$ vom Grade $\frac{m_\mathfrak{p}}{d_{\mathfrak{P}_i}}$ über $\mathsf{K}_{\mathfrak{P}_i}$, und dabei unverzweigt.

---

8) Das läuft im Spezialfall der rationalen Quaternionenalgebren auf den von H. Brandt eingeführten Begriff „Grundzahl" hinaus (Idealtheorie in Quaternionenalgebren, Math. Ann. **99** (1928)). Da es sich hier nicht um eine Zahl sondern um ein Ideal handelt, mußte „Grundideal" gesagt werden; man verwechsle das nicht mit der Dedekindschen Bezeichnung Grundideal und Grundzahl für Differente und Diskriminante, die sich eben aus dem angeführten Grunde für Relativkörper als unbrauchbar erweist. —Bezüglich der Definition der (red.) Differente siehe die folgende Fußnote. Die (red.) Norm eines Ideals wird von E. Noether ebenfalls „primstellenweise" definiert, und zwar — entsprechend der Tatsache, daß für die einzelnen Primstellen jedes Ideal Hauptideal ist — einfach durch Bildung der (red.) Zahlnormen der Hauptidealbasiszahlen für die einzelnen Primstellen.

9) H. Hasse, Über $\mathfrak{p}$-adische Schiefkörper und ihre Bedeutung für die Arithmetik hyperkomplexer Zahlsysteme, Math. Ann. **104** (1931); siehe dort Satz 42, 59.

Nun ist $A_{\mathsf{K}_{\mathfrak{P}_i}} = (A_\mathfrak{p})_{\mathsf{K}_{\mathfrak{P}_i}} \sim (\pi, K_{\mathfrak{P}_i})$ [H, 15.5]. Demnach ist $A_{\mathsf{K}_{\mathfrak{P}_i}} \sim \mathsf{K}_{\mathfrak{P}_i}$ gleichbedeutend damit, daß π Norm aus $K_{\mathfrak{P}_i}$ bzgl. $\mathsf{K}_{\mathfrak{P}_i}$ ist. Dies ist aber wegen der Unverzweigtheit von $K_{\mathfrak{P}_i}$ über $\mathsf{K}_{\mathfrak{P}_i}$ dann und nur dann der Fall, wenn die Ordnungszahl $e_{\mathfrak{P}_i}$ von π in $\mathfrak{P}_i$ ein Multiplum des Grades $\frac{m_\mathfrak{p}}{d_{\mathfrak{P}_i}}$ von $K_{\mathfrak{P}_i}$ über $\mathsf{K}_{\mathfrak{P}_i}$ ist, oder also, was wegen $\left(\frac{m_\mathfrak{p}}{d_{\mathfrak{P}_i}}, \frac{f_{\mathfrak{P}_i}}{d_{\mathfrak{P}_i}}\right) = 1$ auf dasselbe hinausläuft, wenn $\frac{f_{\mathfrak{P}_i}}{d_{\mathfrak{P}_i}} e_{\mathfrak{P}_i} = \frac{n_{\mathfrak{P}_i}}{d_{\mathfrak{P}_i}}$ ein Multiplum von $\frac{m_\mathfrak{p}}{d_{\mathfrak{P}_i}}$, d.h. wenn $n_{\mathfrak{P}_i}$ ein Multiplum von $m_\mathfrak{p}$ ist, wie behauptet.

Für den Fall, daß $\mathfrak{p}$ eine unendliche Primstelle ist und nicht der triviale Fall $m_\mathfrak{p} = 1$ vorliegt, ist $m_\mathfrak{p} = 2$ und $A_\mathfrak{p}$ die Quaternionenalgebra über dem reellen Zahlkörper $\Omega_\mathfrak{p}$. Daß $A_{\mathsf{K}_{\mathfrak{P}_i}} = (A_\mathfrak{p})_{\mathsf{K}_{\mathfrak{P}_i}} \sim \mathsf{K}_{\mathfrak{P}_i}$ ist, ist dann gleichbedeutend damit, daß $\mathsf{K}_{\mathfrak{P}_i}$ der komplexe Zahlkörper ist, d. h. mit $n_{\mathfrak{P}_i} = f_{\mathfrak{P}_i} = 2 = m_\mathfrak{p}$ ($e_{\mathfrak{P}_i}$ tritt hier nicht auf), was auch hier wieder die Behauptung ergibt ($n_{\mathfrak{P}_i}$ ist wie $m_\mathfrak{p}$ nur der Werte 1 oder 2 fähig).

7. Zu bedeutungsvollen Resultaten kommt man, wenn man die in Satz 3 beantwortete Fragestellung nach den sämtlichen Zerfällungskörpern K einer festen Algebra A umdreht, nämlich bei festem algebraischem Körper K über Ω die Gesamtheit der von K zerfällten Algebren A über Ω betrachtet. Diese Algebren A bilden eine durch K bestimmte Untergruppe $\mathfrak{K}$ der R. Brauerschen Gruppe $\mathfrak{A}$ aller Algebren (genauer aller Klassen ähnlicher Algebren) über Ω [9a]). Setzt man K als galoissch über Ω voraus, so kommt man so zu Sätzen, die als **Verallgemeinerung von Hauptsätzen der Klassenkörpertheorie** (Theorie der relativ-abelschen Zahlkörper) **auf allgemeine relativ-galoissche Zahlkörper** anzusehen sind:

Satz 4. (Zerlegungssatz). *Der Relativgrad f der Primteiler in K eines nicht in der Relativdiskriminante von K aufgehenden Primideals $\mathfrak{p}$ von Ω ist gleich dem frühesten Exponenten, für den $A_\mathfrak{p}^f \sim \Omega_\mathfrak{p}$ wird für alle Algebren A aus der K zugeordneten Gruppe $\mathfrak{K}$.*

Beweis. Da f der (für alle Primteiler von $\mathfrak{p}$ in K übereinstimmende) $\mathfrak{p}$-Grad von K ist, während andererseits der $\mathfrak{p}$-Index von A gleich dem Index, also Exponenten von $A_\mathfrak{p}$ ist, so ist nach Satz 3 f jedenfalls ein Multiplum jenes frühesten Exponenten, und es genügt zum Beweise noch zu zeigen, daß es in der Gruppe $\mathfrak{K}$ Algebren A mit dem genauen $\mathfrak{p}$-Index f gibt.

Nach dem Frobeniusschen Dichtigkeitssatz gibt es nun sicher noch ein weiteres nicht in der Relativdiskriminante von K aufgehendes Primideal $\mathfrak{p}'$ in Ω, dessen Primteiler in K den Relativgrad f haben. Es sei dann Z ein zyklischer Körper über Ω, dessen $\mathfrak{p}$-Grad und $\mathfrak{p}'$-Grad den Wert f hat. Ferner sei α eine Zahl in Ω, für die die Normenrestsymbole $\left(\frac{\alpha, Z}{\mathfrak{p}}\right)$ und $\left(\frac{\alpha, Z}{\mathfrak{p}'}\right)$ reziproke Werte der Ordnung f haben, während für alle übrigen Teiler $\mathfrak{q}$ des Führers von Z gilt $\left(\frac{\alpha, Z}{\mathfrak{q}}\right) = 1$. Nach dem verallgemeinerten Satz von der arithmetischen Progression kann α zudem so gewählt werden, daß es außer ev. $\mathfrak{p}$, $\mathfrak{p}'$ und den $\mathfrak{q}$ nur noch ein einziges Primideal $\mathfrak{r}$ von Ω genau in der ersten Potenz enthält. Für dieses ist dann nach dem Produkttheorem für das Normenrestsymbol (Reziprozitätsgesetz) ebenfalls $\left(\frac{\alpha, Z}{\mathfrak{r}}\right) = 1$ [H, 3.8–10]. Jede Algebra $(\alpha, Z) = A$ hat dann den $\mathfrak{p}$-Index und $\mathfrak{p}'$-Index f, dagegen für alle anderen Primstellen

[9a]) R. Brauer, Über Systeme hyperkomplexer Größen, Jahresber. d. D. M.-V. **38** (1929), S. *47/48.* — Siehe auch H, 13. 1.

51*

von Ω den Index 1[H, 17.7]. Nach Satz 3 folgt daraus mit Rücksicht auf die Voraussetzung über $\mathfrak{p}$ und die Wahl von $\mathfrak{p}'$, daß K Zerfällungskörper für A ist. Damit sind in der Tat in der Gruppe $\mathfrak{K}$ Algebren A vom $\mathfrak{p}$-Index f nachgewiesen.

Satz 5. (Eindeutigkeits- und Anordnungssatz.) *Ist* $\mathsf{K} \leqq \mathsf{K}'$, *so ist* $\mathfrak{K} \leqq \mathfrak{K}'$ *und umgekehrt.*

Insbesondere ist also die Zuordnung der Algebrengruppen $\mathfrak{K}$ *zu den galoisschen Körpern* K *eine umkehrbar eindeutige.*

Beweis. a) Aus $\mathsf{K} \leqq \mathsf{K}'$ folgt trivialerweise $\mathfrak{K} \leqq \mathfrak{K}'$; denn jede von K zerfällte Algebra A ist a fortiori eine von K' zerfällte Algebra A'.

b) Sei umgekehrt $\mathfrak{K} \leqq \mathfrak{K}'$. Dann ist nach dem Zerlegungssatz für jeden Nichtteiler $\mathfrak{p}$ der Relativdiskrimiante $f_\mathfrak{p} \mid f'_\mathfrak{p}$. Insbesondere ist demnach $f_\mathfrak{p} = 1$ für fast alle $\mathfrak{p}$ mit $f'_\mathfrak{p} = 1$. Daraus folgt aber nach dem geläufigen analytischen Schlußverfahren [10]) $\mathsf{K} \leqq \mathsf{K}'$.

8. Schließlich sei noch ausgeführt, daß der Hauptsatz eine wesentliche Förderung gibt für die von I. Schur [11]) behandelte Frage nach den Zahlkörpern, in denen die absolut-irreduziblen Darstellungen einer endlichen Gruppe möglich sind:

Satz 6. *Die absolut-irreduziblen Darstellungen einer endlichen Gruppe* $\mathfrak{G}$ *sind sämtlich in Kreiskörpern möglich, z. B. jedenfalls stets im Körper der* n^h*-ten Einheitswurzeln, wenn* n *die Ordnung von* $\mathfrak{G}$, *und* h *hinreichend groß ist.*

Beweis. Geht man zum rationalzahligen Gruppenring G von $\mathfrak{G}$ über, so werden die absolut-irreduziblen Darstellungen Γ_i von $\mathfrak{G}$ zu den absolut-irreduziblen Darstellungen der einfachen Bestandteile G_i der halbeinfachen Algebra G, und ihre Zentren sind jeweils die Körper Ω_i der zugehörigen Charaktere [12]), wegen der Endlichkeit von $\mathfrak{G}$ also jedenfalls Kreiskörper, und zwar sicherlich Teilkörper des Körpers der n-ten Einheitswurzeln.

Nach Satz 3 ist nun ein zyklischer Körper Z_i über Ω_i Zerfällungskörper für G_i, wenn für jede Primstelle $\mathfrak{p}$ von Ω_i sein $\mathfrak{p}$-Grad $n_{i\mathfrak{p}}$ ein Multiplum des $\mathfrak{p}$-Index $m_{i\mathfrak{p}}$ von G_i ist. $m_{i\mathfrak{p}}$ ist von 1 verschieden lediglich für die Primteiler des Grundideals von G_i bezüglich Ω_i, also sicherlich lediglich für die Primteiler der absoluten Diskriminante von G; da diese in n^n aufgeht — n^n ist die Diskriminante einer (nicht-maximalen) Ordnung in G [13]) —, somit höchstens für die Primteiler $\mathfrak{p}$ von n. Um $n_{i\mathfrak{p}}$ für diese $\mathfrak{p}$ zum Multiplum von $m_{i\mathfrak{p}}$ zu machen, genügt es vorzuschreiben, daß die fraglichen $\mathfrak{p}$ in Z_i von einer jeweils durch $m_{i\mathfrak{p}}$ teilbaren Ordnung verzweigt sind. Das leistet aber, wie man sich leicht überlegt, der Körper der n^h-ten Einheitswurzeln für hinreichend hohes h.

Im letzten Satz der angeführten Arbeit stellt I. Schur fest, daß man in allen bisher bekannten Fällen schon mit dem Körper der n-ten Einheitswurzeln auskommt. Ob dies immer zutrifft, und ob die hier entwickelten Methoden ausreichen, um diese Frage zu entscheiden, bleibt weiteren Untersuchungen vorbehalten.

---

10) Siehe dazu etwa H. Hasse [l. c. Anm. 6], § 25, III.

11) I. Schur, Arithmetische Untersuchungen über endliche Gruppen linearer Substitutionen, Berl. Akad.-Ber. 1906.

12) Siehe dazu: a) R. Brauer und E. Noether, Über minimale Zerfällungskörper irreduzibler Darstellungen, Berl. Akad.-Ber. 1927; § 1. b) R. Brauer, Über Systeme hyperkomplexer Zahlen, Math. Zeitschr. **30** (1929); Satz 3. c) E. Noether, Hyperkomplexe Größen und Darstellungstheorie, Math. Zeitschr. **30** (1929); §§ 21, 24, 26.

13) Siehe E. Noether [l. c. Anm. 7 c], § 26.

Eingegangen 11. November 1931.

Über die Konstruktion der Schiefkörper, die von endlichem Rang in bezug auf ein gegebenes Zentrum sind.

Von *Richard Brauer* in Königsberg i. Pr.

Die Sätze von Herrn Maclagan Wedderburn gestatten, die Aufstellung aller halbeinfachen Systeme hyperkomplexer Größen über einem gegebenen Körper K auf die Konstruktion aller Divisionsalgebren Δ über K zurückzuführen. Diese Systeme Δ werden von denjenigen Schiefkörpern[1]) gebildet, die K im Zentrum enthalten und von endlichem Rang in bezug auf K sind. Offenbar bedeutet es dabei keine wesentliche Einschränkung, wenn man annimmt, daß K selbst das Zentrum von Δ ist. Mit der so entstehenden Aufgabe, alle Schiefkörper Δ von endlichem Rang über einem gegebenen Körper K aufzustellen, will sich die vorliegende Arbeit befassen; der Körper K wird dabei als vollkommen vorausgesetzt.

Die Aufgabe ist, wie sich zeigen wird, mit gewissen Fragen der „kommutativen" Algebra äquivalent; vielleicht dürften deshalb auch diese Untersuchungen dazu beitragen, die Untersuchungen der „nichtkommutativen" Algebra vom kommutativen Standpunkt aus interessant erscheinen zu lassen. In der Hauptsache handelt es sich um spezielle Probleme der folgenden Art: Gegeben ist ein Normalkörper $\mathsf{K}(\vartheta)$ über K mit der Galoisschen Gruppe $\mathfrak{G}$, ferner eine endliche Gruppe $\mathfrak{H}$ und eine homomorphe Abbildung von $\mathfrak{H}$ auf $\mathfrak{G}$; kann man $\mathsf{K}(\vartheta)$ in einen Normalkörper $\mathsf{K}(\vartheta^*)$ über K derart einbetten, daß $\mathsf{K}(\vartheta^*)$ die Galoissche Gruppe $\mathfrak{H}$ in bezug auf K besitzt und die aus der Galoisschen Theorie wegen $\mathsf{K}(\vartheta) < \mathsf{K}(\vartheta^*)$ entspringende homomorphe Beziehung von $\mathfrak{H}$ auf $\mathfrak{G}$ gerade die gegebene Abbildung ist? Ob diese Frage zu bejahen oder zu verneinen ist, hängt natürlich ganz von den gegebenen Stücken ab. Wir wollen von einem „*Einbettungsproblem*" für den Normalkörper $\mathsf{K}(\vartheta)$ sprechen.

Zur Aufstellung der Schiefkörper Δ verwenden wir die Zerfällungskörper von Δ; das sind die maximalen, in vollständigen Matrixalgebren mit Koeffizienten aus Δ enthaltenen (kommutativen) Teilkörper[2]). Unter allen Zerfällungskörpern von Δ werden gewisse ausgezeichnet und als reguläre Zerfällungskörper bezeichnet; sie unterliegen unter anderem der Bedingung, Normalkörper über K zu sein. Es gibt dann nur endlich viele Schiefkörper Δ mit dem Zentrum K, die einen gegebenen Normalkörper $\mathsf{K}(\vartheta)$ als regulären Zerfällungskörper besitzen. Alle diese Δ lassen sich mit Hilfe von gewissen endlichen Gruppen $\mathfrak{H}$ kennzeichnen, die homomorph auf die Galoissche Gruppe $\mathfrak{G}$ von

---

[1]) Die Terminologie ist im folgenden anders wie in dem Buch: van der Waerden, Moderne Algebra, Berlin 1930/31. Die dort (Band 1, S. 40) als Körper bezeichneten Systeme bezeichnen wir als Schiefkörper, während wir das Wort Körper wie sonst meist üblich für die kommutativen Körper in der van der Waerdenschen Bezeichnungsweise reservieren.

[2]) Vgl. R. Brauer und E. Noether, Über minimale Zerfällungskörper irreduzibler Darstellungen, Sitzungsberichte d. Preußischen Akademie d. Wissensch. 1927, S. 221—228.

$\mathsf{K}(\vartheta)$ bezogen sind; allerdings kann derselbe Schiefkörper Δ dabei mehrfach auftreten. Wir untersuchen daher zunächst, welche der in dieser Weise festgelegten Schiefkörper mit K selbst übereinstimmen. Es zeigt sich (§ 4), daß dies dann und nur dann der Fall ist, wenn die Einbettungsfrage für $\mathsf{K}(\vartheta)$ und die betreffende Gruppe $\mathfrak{H}$ zu bejahen ist. Allgemeiner ergibt sich, daß zwei Schiefkörper Δ_1 und Δ_2, die mit Hilfe der regulären Zerfällungskörper $\mathsf{K}(\vartheta)$ bzw. $\mathsf{K}(\varrho)$ und gewisser endlicher Gruppen festgelegt sind, dann und nur dann isomorph sind, wenn eine bestimmte Einbettungsfrage für $\mathsf{K}(\vartheta, \varrho)$ zu bejahen ist; es handelt sich dabei immer um die Existenz gewisser in bezug auf den eingebetteten Körper relativ zyklischer Erweiterungskörper.

Die weiteren in diesem Zusammenhang entstehenden Fragen, z. B. ob ein gewisser Körper $\mathsf{K}(\alpha)$ Zerfällungskörper von Δ ist, hängen ebenfalls allein von Einbettungsfragen ab, ebenso die Bestimmung des Exponenten und des Index von Δ.

Abgesehen von gewissen Betrachtungen über Gruppen endlicher Ordnung hängt also die Bestimmung aller Δ nur von der Untersuchung gewisser Struktureigenschaften von algebraischen Körpern ab. Beschränkt man sich auf Δ von einem festen Rang m über K, so hat man dabei nur Gruppen heranzuziehen, deren Ordnung unter einer festen nur von m abhängigen Schranke liegt, so daß nur endlich viele Gruppen in Frage kommen. Ferner hat man nur Körper zu betrachten, deren Grad in bezug auf K ebenfalls unter einer allein von m abhängigen Schranke liegt.

Zum Schluß werden einige Beispiele behandelt. Vollständig erledigen kann man den Fall, daß K nur zyklische algebraische Erweiterungskörper besitzt (worin die bekannten Fälle der endlichen Körper und des Körpers aller reellen Zahlen eingeschlossen sind); hier gibt es entweder abgesehen von K selbst keine Schiefkörper mit dem Zentrum K, oder die Quaternionen bilden den einzigen derartigen Schiefkörper. Dieses Ergebnis erscheint bei uns in engem Zusammenhang mit Sätzen der Artin-Schreierschen Theorie der reellen Körper. — Ferner werden auch noch bei beliebigem K die einfachsten in Frage kommenden Gruppen $\mathfrak{H}$ behandelt.

§ 1. Über die Darstellung eines einfachen Systems als verschränktes Produkt.

K sei ein gegebener vollkommener Körper. Die Aufgabe, alle Schiefkörper endlichen Ranges über K als Zentrum aufzustellen, ist vollständig äquivalent mit der Aufgabe, alle Faktorensysteme in bezug auf K als Grundkörper zu bestimmen [3]). Es sei $c_{\alpha\beta\gamma}$ ein Faktorensystem, das etwa zu dem Körper $\mathsf{K}(\vartheta)$ vom Grad m über K gehört [4]). $\vartheta_1 = \vartheta$, $\vartheta_2, \ldots, \vartheta_m$ seien die Konjugierten zu ϑ; $\mathfrak{G}$ bezeichne die Galoissche Gruppe von $\mathsf{K}(\vartheta_1, \vartheta_2, \ldots, \vartheta_m)$. Alle Indexpaare α, β $(\alpha, \beta = 1, 2, \ldots, m)$ zerfallen in Klassen von äquivalenten Paaren; dabei sollen α, β und γ, δ äquivalent heißen, wenn es in $\mathfrak{G}$ ein Element gibt, das ϑ_α in ϑ_γ, ϑ_β in ϑ_δ überführt. Diese Klassen seien mit $\mathfrak{K}_1, \mathfrak{K}_2, \ldots, \mathfrak{K}_t$ bezeichnet und zwar sei $\mathfrak{K}_1$ die Klasse von 1, 1, die dann aus allen Paaren α, α besteht. In der Klasse $\mathfrak{K}_\tau$ mögen genau s_τ Paare α, β mit $\alpha = 1$ vorkommen; offenbar gibt es in $\mathfrak{K}_\tau$ auch gerade s_τ Paare, bei denen der erste Index einen beliebigen andern vorgeschriebenen Wert hat. Es gilt daher

$$m^2 = m \sum_{\tau=1}^{t} s_\tau .$$

Jeder Klasse $\mathfrak{K}_\tau$ ordnen wir eine Matrix

$$Z_\tau = (c_{\varkappa\lambda 1}^{-1}\, l_{\varkappa\lambda})$$

---

[3]) Vgl. R. Brauer, Über Systeme hyperkomplexer Größen, Math. Zeitschrift **30** (1929), S. 79—107. Diese Arbeit wird im folgenden mit H. zitiert.

[4]) m braucht hier nicht der genaue Index des Faktorensystems zu sein; dieser ist jedenfalls ein Teiler von m.

zu, wobei $l_{\varkappa\lambda}$ den Wert 1 oder 0 hat, je nachdem das Paar $\varkappa$, λ in der Klasse $\mathfrak{K}_\tau$ vorkommt oder nicht. Ferner setzen wir

$$T = \begin{pmatrix} \vartheta_1 & & & \\ & \vartheta_2 & & \\ & & \ddots & \\ & & & \vartheta_m \end{pmatrix}.$$

Die m^2 Matrizen

(1) $T^\varrho Z_\tau T^\sigma$ $(\tau = 1, 2, \ldots, t;\ \varrho = 0, 1, 2, \ldots, m-1;\ \sigma = 0, 1, \ldots, s_\tau - 1)$

bilden dann nach H. S. 107 eine Basis eines einfachen Systems hyperkomplexer Größen A über K, das das Faktorensystem c besitzt.

Jetzt sei $\mathsf{K}(\vartheta)$ Normalkörper über K; wenn man den ursprünglichen Körper $\mathsf{K}(\vartheta)$ durch einen geeigneten Erweiterungskörper ersetzt, kann man ja stets erreichen, daß diese Voraussetzung erfüllt ist. Offenbar hat dann für alle Klassen $\mathfrak{K}_\tau$ die Zahl s_τ denselben Wert 1, da ja ϑ_1 nur durch das Einheitselement von $\mathfrak{G}$ in sich übergeführt wird, ferner gilt $t = m$. In (1) kann man also den letzten Faktor T^σ weglassen. Die Elemente von A lassen sich dann eindeutig in der Form schreiben

$$\sum_{\tau=1}^{m} \varphi_\tau(T)\, Z_\tau,$$

wo die φ_τ Polynome von höchstens $(m-1)$-tem Grad mit Koeffizienten aus K bedeuten.

Die ganzen rationalen Funktionen $\varphi(T)$ von T mit Koeffizienten aus K bilden offenbar einen zu $\mathsf{K}(\vartheta)$ isomorphen Körper. Wir wollen daher $\varphi(T)$ mit der zugeordneten Größe $\varphi(\vartheta)$ von $\mathsf{K}(\vartheta)$ identifizieren. Zu beachten ist dabei aber, daß bei Multiplikation von $\varphi(T)$ mit einer Matrix Z_τ nicht das kommutative Gesetz gilt. Die Größen $\varkappa$ von K erscheinen mit den Matrizen $\varkappa E$ identifiziert, hier gilt Vertauschbarkeit mit Z_τ.

Es ist jetzt zweckmäßig, als Indizes die Elemente von $\mathfrak{G}$ zu verwenden. Ist λ eine Größe von $\mathsf{K}(\vartheta)$, G ein Element von $\mathfrak{G}$, so verstehen wir unter λ^G die aus λ durch Anwendung von G entstehende Größe. Die sämtlichen ϑ_α erhält man eindeutig in der Form ϑ^A, wenn A die ganze Gruppe $\mathfrak{G}$ durchläuft. Gilt für drei Indizes α, β, γ

$$\vartheta_\alpha = \vartheta^A, \qquad \vartheta_\beta = \vartheta^B, \qquad \vartheta_\gamma = \vartheta^C,$$

so setzen wir

$$c_{A,B,C} = c_{\alpha,\beta,\gamma}.$$

Nach den charakteristischen Eigenschaften für Faktorensysteme ist dann

(2) $\alpha)\ c_{A,A,B} = c_{A,B,B} = 1,\quad \beta)\ c^D_{A,B,C} = c_{AD,BD,CD},\quad \gamma)\ c_{A,B,D}\, c_{B,C,D} = c_{A,C,D}\, c_{A,B,C}$ [5])

für beliebige A, B, C, D aus $\mathfrak{G}$.

Da durch $\vartheta_\alpha = \vartheta^A$ jedem Index eineindeutig ein Gruppenelement zugeordnet ist, können wir die Gruppenelemente auch in den Matrizen Z_τ und T zur Bezeichnung der Zeilen und Spalten verwenden. Wir schreiben im folgenden diese Matrizen, indem wir das in der Zeile P, Spalte Q stehende Element angeben, wo P, Q zwei beliebige Gruppenelemente bedeuten. Wir setzen noch

$$e_{P,Q} = 0 \quad \text{für} \quad P \neq Q, \qquad e_{P,P} = 1.$$

[5]) Zum Nachweis, daß ein System von m^3 von 0 verschiedenen Größen $c_{A,B,C}$ aus $\mathsf{K}(\vartheta)$ ein Faktorensystem bilden, genügt es (2α) für $A = B = E$, (2β) für $C = E$ und (2γ) für $D = E$ nachzuweisen, da die allgemeinen Gleichungen (2) dann leicht folgen.

Dann wird die Größe λ von $\mathsf{K}(\vartheta)$ mit der Matrix

(3) $$(\lambda^Q e_{P,Q})$$

identifiziert. Zu jedem Element G von $\mathfrak{G}$ gehört eine Klasse von Indexpaaren, die aus allen Paaren GH, H für beliebige H aus $\mathfrak{G}$ besteht. Die zugehörige Matrix Z_τ, die wir jetzt auch mit Z_G bezeichnen, können wir dann schreiben

(4) $$Z_G = (c_{P,Q,E}^{-1}\, e_{P,GQ});$$

offenbar hat ja $e_{P,GQ}$ den Wert 1 oder 0, je nachdem das Paar P, Q der Klasse angehört oder nicht, entspricht also dem früheren $l_{\varkappa\lambda}$.

Bei diesen Festsetzungen können wir alle Elemente von A eindeutig in der Form schreiben

(5) $$\alpha = \Sigma\, \lambda_G Z_G,$$

wo G die Gruppe $\mathfrak{G}$ durchläuft und die λ_G beliebige Größen aus $\mathsf{K}(\vartheta)$ sind. In der ersten Spalte $(Q = E)$ von Z_G steht nur in der Zeile G eine von 0 verschiedene Größe und zwar 1 nach (2α). Ist λ eine Größe von $\mathsf{K}(\vartheta)$, so tritt in λZ_G nach (3) und (4) an die Stelle der 1 die Größe λ^G, während die Nullen ungeändert bleiben. In der ersten Spalte von (5) steht also in der Zeile G gerade $(\lambda_G)^G$, durch die erste Spalte ist mithin α eindeutig bestimmt.

Ist λ wieder eine Größe von $\mathsf{K}(\vartheta)$, so ist offenbar die erste Spalte von $Z_G \lambda^G$ mit der ersten Spalte von λZ_G identisch, also gilt

(6) $$\lambda Z_G = Z_G \lambda^G.$$

Daraus folgt auch noch, daß man die Größen von A eindeutig in der Form schreiben kann

(7) $$\alpha = \Sigma\, Z_G \mu_G,$$

wo die μ_G beliebige Größen aus $\mathsf{K}(\vartheta)$ bedeuten.

Jetzt soll die erste Spalte von $Z_G Z_H$ gebildet werden. Einen von Null verschiedenen Ausdruck erhält man bei Komposition der Zeile P von Z_G mit der ersten Spalte von Z_H nur, wenn in der betreffenden Zeile von Z_G in der Spalte H eine von 0 verschiedene Größe steht. Nach (4) gilt das nur für $P = GH$ und zwar steht dann dort $c_{GH,H,E}^{-1}$. Folglich steht in der ersten Spalte von $Z_G Z_H$ nur in der Zeile GH eine von Null verschiedene Größe und zwar $c_{GH,H,E}^{-1}$, genau ebenso wie in $Z_{GH} c_{GH,H,E}^{-1}$; also gilt

(8) $$Z_G Z_H = Z_{GH}\, c_{GH,H,E}^{-1}.$$

Durch (6) und (8) ist gezeigt. in welcher Weise zwei Größen (7) zu multiplizieren sind. Systeme A von Größen (7), mit denen nach den Regeln (6) und (8) zu rechnen ist, sind zuerst von Herrn Dickson[6]) behandelt worden. A soll als *das zum Faktorensystem c gehörige verschränkte Produkt des Normalkörpers* $\mathsf{K}(\vartheta)$ *mit seiner Galoisschen Gruppe bezeichnet werden.* Durch $\mathsf{K}(\vartheta)$ und c ist dann A vollständig bestimmt. Wir haben gezeigt:

S a t z 1[7]): *Zu jedem Schiefkörper gehören einfache Systeme*[8]), *die sich als verschränktes Produkt eines Normalkörpers mit seiner Galoisschen Gruppe schreiben lassen.*

---

[6]) Vgl. etwa L. E. Dickson, Algebren und ihre Zahlentheorie, Orell Füßli, Zürich 1927, Kapitel III.

[7]) Dieses Ergebnis ist in H. S. 107 angegeben, wo aber der hier ausgeführte Beweis nur skizziert wird. Ein anderer Beweis ist neuerdings von Frl. Noether angegeben worden. Von Frl. Noether stammt auch der Ausdruck verschränktes Produkt. — Man vergleiche ferner die Darstellung in der soeben erschienenen Arbeit von Herrn H. Hasse, Theory of cyclic algebras over an algebraic number field, Trans. Am. Math. Soc. **34** (1932), S. 171, § 10.

[8]) Wir sagen, daß ein einfaches System A zu dem Schiefkörper Δ gehört, wenn es einer vollständigen Matrixalgebra mit Koeffizienten aus Δ isomorph ist.

Dann und nur dann ist A selbst Schiefkörper, wenn der Grad von $\mathsf{K}(\vartheta)$ mit dem Index μ von c übereinstimmt. Ob es zu jedem c Zerfällungskörper des Grades μ gibt, die Normalkörper sind, ist nicht bekannt. Es ist also fraglich, ob jeder Schiefkörper sich selbst als verschränktes Produkt schreiben läßt.

§ 2. Reguläre Zerfällungskörper. Zuordnung einer endlichen Gruppe zu Δ.

Ersetzen wir eventuell $\mathsf{K}(\vartheta)$ noch einmal durch einen umfassenderen Normalkörper, so kann man annehmen, daß alle Zahlen des Faktorensystems c Einheitswurzeln sind [9]). Ist diese Voraussetzung bereits für $\mathsf{K}(\vartheta)$ erfüllt, so wollen wir $\mathsf{K}(\vartheta)$ einen *regulären Zerfällungskörper* für das Faktorensystem c und den zugehörigen Schiefkörper Δ nennen[10]).

$\mathsf{K}(\vartheta)$ sei jetzt ein regulärer Zerfällungskörper, das Faktorensystem c bestehe aus n-ten Einheitswurzeln. Dabei lassen wir auch zu, daß nur $\bar{n}$-te Einheitswurzeln mit $\bar{n} < n$ vorkommen; wir fordern nur, daß eine primitive n-te Einheitswurzel ε in $\mathsf{K}(\vartheta)$ vorkommt, was bei der kleinstmöglichen Wahl von n sicher der Fall ist, da alle $c_{\alpha\beta\gamma}$ zu $\mathsf{K}(\vartheta)$ gehören. Hat ferner K eine von Null verschiedene Charakteristik p, so dürfen wir $n \not\equiv 0 \pmod p$ annehmen [11]). Die Zahl n denken wir uns im § 2 festgehalten.

Die n-ten Einheitswurzeln bilden dann eine zyklische Gruppe $\mathfrak{N}$ der Ordnung n. Rechnet man mit den Elementen von $\mathfrak{N}$ und den Z_G nach den Gesetzen (6) und (8), so erhält man eine endliche Gruppe $\mathfrak{H}$ der Ordnung mn, da ja alle $c_{A,B,C}$ zu $\mathfrak{N}$ gehören. Es gilt

$$(9)\qquad Z_A Z_B = Z_{AB} c_{AB,B,E}^{-1}, \qquad \varepsilon Z_A = Z_A \varepsilon^A, \qquad (A, B < \mathfrak{G})$$

$\mathfrak{N}$ ist invariante Untergruppe von $\mathfrak{H}$. Die Z_A bilden ein vollständiges Restsystem von $\mathfrak{H}$ nach $\mathfrak{N}$, die Faktorgruppe $\frac{\mathfrak{H}}{\mathfrak{N}}$ ist nach (9) zu $\mathfrak{G}$ isomorph; durch die Zuordnung $Z_A\varepsilon^\nu \to A$ erscheint $\mathfrak{H}$ homomorph auf $\mathfrak{G}$ bezogen.

Sind zwei Gruppen $\mathfrak{A}$ und $\mathfrak{B}$ gegeben, so wollen wir eine Gruppe $\mathfrak{H}$ als *Erweiterung von $\mathfrak{A}$ mit Hilfe von $\mathfrak{B}$* bezeichnen, wenn $\mathfrak{H}$ eine zu $\mathfrak{A}$ isomorphe invariante Untergruppe $\mathfrak{A}^*$ besitzt, derart daß $\frac{\mathfrak{H}}{\mathfrak{A}^*}$ zu $\mathfrak{B}$ isomorph ist. Wir sehen dabei aber eine Erweiterung noch nicht als gegeben an, wenn $\mathfrak{H}$ als abstrakte Gruppe bekannt ist. Wir verlangen vielmehr erstens noch, daß *die Untergruppe $\mathfrak{A}^*$ eindeutig festgelegt* ist, unter Umständen kann ja $\mathfrak{H}$ verschiedene für $\mathfrak{A}^*$ in Betracht kommende Gruppen enthalten. Zweitens fordern wir noch, daß *die isomorphen Abbildungen von $\frac{\mathfrak{H}}{\mathfrak{A}^*}$ auf $\mathfrak{B}$ und von $\mathfrak{A}^*$ auf $\mathfrak{A}$ eindeutig gegeben sind*, auch hier können ja mehrere Möglichkeiten bestehen. Jedem Element H von $\mathfrak{H}$ ist dann homomorph ein eindeutig bestimmtes Element von $\mathfrak{B}$ zugeordnet, nämlich das der Nebengruppe $H\mathfrak{A}^*$ bei der isomorphen Abbildung von $\frac{\mathfrak{H}}{\mathfrak{A}^*}$ auf $\mathfrak{B}$ entsprechende Element; wir nennen es das *zu H gehörige Element von $\mathfrak{B}$*. Ist $\mathfrak{H}_1$ eine zweite Erweiterung von $\mathfrak{A}$ mit Hilfe von $\mathfrak{B}$, wobei anstelle von $\mathfrak{A}^*$ etwa $\mathfrak{A}_1^*$ tritt, so ergibt sich als Konsequenz aus unserer Festsetzung, daß wir $\mathfrak{H}_1$ nur dann als identisch mit $\mathfrak{H}$ ansehen dürfen, wenn

[9]) Vgl. R. Brauer, Untersuchungen über die arithmetischen Eigenschaften von Gruppen linearer Substitutionen, 1. Mitteilung, Math. Zeitschrift **28** (1928), S. 677—696, § 4. Diese Arbeit soll mit U. zitiert werden. Im folgenden § 6 wird diese Erweiterung genau untersucht, dort ergibt sich diese Tatsache noch einmal. — Man kann sogar erreichen, daß nur ν-te Einheitswurzeln vorkommen, wenn ν der Exponent von c ist. ν ist dabei sicher ein Teiler des Grades von $\mathsf{K}(\vartheta)$.

[10]) In § 5 wird diese Definition noch etwas abgeändert werden. Bei der vorläufigen Fassung kann $\mathsf{K}(\vartheta)$ noch bei unendlich vielen Δ als regulärer Zerfällungskörper auftreten, bei der späteren Fassung dagegen nicht.

[11]) Der Index eines Schiefkörpers ist dann sicher zu p teilerfremd.

es eine isomorphe Abbildung von $\mathfrak{H}$ auf $\mathfrak{H}_1$ mit folgenden Eigenschaften gibt: 1) Zu zugeordneten Elementen von $\mathfrak{H}$ und $\mathfrak{H}_1$ gehört stets dasselbe Element von $\mathfrak{B}$; 2) Zwei Elemente der Untergruppe $\mathfrak{A}^*$ bzw. $\mathfrak{A}_1^*$ von $\mathfrak{H}$ bzw. $\mathfrak{H}_1$ sind einander zugeordnet, wenn beiden in $\mathfrak{A}$ dasselbe Element entspricht. — Wir können ohne Gefahr einer Verwechslung $\mathfrak{A}^*$ direkt mit $\mathfrak{A}$ identifizieren. Wir haben dann gezeigt:

Satz 2: *Zu jedem Faktorensystem c, das* $\mathsf{K}(\vartheta)$ *als regulären Zerfällungskörper besitzt und etwa aus n-ten Einheitswurzeln besteht, gehört eine Erweiterung* $\mathfrak{H}$ *der zyklischen Gruppe* $\mathfrak{N}$ *der Ordnung n mit Hilfe der Galoisschen Gruppe* $\mathfrak{G}$ *von* $\mathsf{K}(\vartheta)$. *Werden die Elemente von* $\mathfrak{N}$ *mit den n-ten Einheitswurzeln identifiziert, so gilt für alle H aus* $\mathfrak{H}$ *die Gleichung* $\varepsilon H = H\varepsilon^G$, *wenn G das zu H gehörige Element von* $\mathfrak{G}$ *ist. Hat* K *die Charakteristik* $p \neq 0$, *so setzen wir dabei* $n \not\equiv 0 \pmod p$ *voraus. — Ist* Δ *Schiefkörper mit* $\mathsf{K}(\vartheta)$ *als regulärem Zerfällungskörper und ist n geeignet gewählt, so sind dadurch auch zu* Δ *Erweiterungen* $\mathfrak{H}$ *der genannten Form zugeordnet, eventuell aber nicht eindeutig* [12]).

Umgekehrt sei jetzt eine Erweiterung $\mathfrak{H}$ von $\mathfrak{N}$ mit Hilfe von $\mathfrak{G}$ gegeben, die die Bedingungen von Satz 2 erfüllt. Wir wählen ein Restsystem von $\mathfrak{H}$ nach $\mathfrak{N}$ und bezeichnen dabei das $G < \mathfrak{G}$ zugeordnete Element des Restsystems mit Z_G; Z_E können wir gleich E setzen. Dann gilt für beliebige Elemente A und B von $\mathfrak{G}$

$$Z_A Z_B = Z_{AB} r_{A,B}\,, \tag{10}$$

wo $r_{A,B}$ zu $\mathfrak{N}$ gehört. Ist D ein beliebiges Element von $\mathfrak{G}$, so setzen wir

$$c_{AB,B,E} = \overset{-1}{r}_{A,B}, \qquad c_{ABD,BD,D} = \overset{D}{c}_{AB,B,E}. \tag{11}$$

Dann ist also $c_{P,Q,R}$ für drei beliebige Elemente aus $\mathfrak{G}$ definiert; wir behaupten, man erhält so ein Faktorensystem. Zunächst ist $c_{P,Q,R}$ eine Größe aus $\mathsf{K}(\vartheta)$ und zwar eine n-te Einheitswurzel. Die zweite Gleichung (11) ergibt unmittelbar (2β) im Spezialfall $C = E$. Für $A = B = E$ folgt aus (10) $r_{A,B} = 1$, also (2α) im Spezialfall $A = B = E$. Schließlich folgt aus (10)

$$Z_P(Z_Q Z_R) = Z_P Z_{QR} \overset{-1}{c}_{QR,R,E} = Z_{PQR} \overset{-1}{c}_{PQR,QR,E} \overset{-1}{c}_{QR,R,E}\,,$$

$$(Z_P Z_Q)\, Z_R = Z_{PQ}\, \overset{-1}{c}_{PQ,Q,E}\, Z_R = Z_{PQ}\, Z_R (\overset{-1}{c}_{PQ,Q,E})^R = Z_{PQR}\, \overset{-1}{c}_{PQR,R,E}\, (\overset{-1}{c}_{PQ,Q,E})^R.$$

Vergleich dieser beiden Gleichungen ergibt bei Berücksichtigung von (11)

$$c_{PQR,QR,E}\, c_{QR,R,E} = c_{PQR,R,E}\, c_{PQR,QR,R}.$$

Für $PQR = A$, $QR = B$, $C = R$, $D = E$ ergibt sich (2γ) im Spezialfall $D = E$. Nach [5]) bildet daher $c_{A,B,C}$ ein Faktorensystem.

Geht man oben umgekehrt von diesem Faktorensystem aus, so wird man wegen (10) und (11) gerade auf die Erweiterung $\mathfrak{H}$ von $\mathfrak{N}$ geführt.

Die Konstruktion von c aus $\mathfrak{H}$ ist nicht ganz eindeutig, man hat eine Freiheit bei der Auswahl des Restsystems von $\mathfrak{H}$ nach $\mathfrak{N}$. Die oben verwendeten Z_A kann man durch $Z_A k_A$ ersetzen, wo k_A ein beliebiges Element von $\mathfrak{N}$ ist, ($A \neq E$). Wir setzen noch

$$k_A = k_{A,E}, \qquad (k_A)^B = k_{AB,B}, \qquad k_{E,E} = k_{B,B} = 1\,.$$

Das neue Restsystem besteht bei dieser Bezeichnung aus

$$Z_A^* = Z_A\, k_{A,E}\,.$$

Dann folgt aus (9)

$$Z_A^* Z_B^* = Z_A k_{A,E} Z_B k_{B,E} = Z_A Z_B \overset{B}{k}_{A,E} k_{B,E} = Z_{AB} \overset{-1}{c}_{AB,B,E} k_{AB,B} k_{B,E}\,,$$

$$Z_A^* Z_B^* = Z_{AB}^* \overset{-1}{c}_{AB,B,E} \frac{k_{AB,B} k_{B,E}}{k_{AB,E}} = Z_{AB}^* \overset{*-1}{c}_{AB,B,E}\,.$$

[12]) Zu Δ gehört eine Klasse assoziierter Faktorensysteme; bei geeigneter Wahl von n kommen darunter auch solche vor, die aus n-ten Einheitswurzeln bestehen. Diese brauchen nicht eng assoziiert zu sein, so daß zu Δ mehrere Erweiterungen $\mathfrak{N}$ gehören können, vgl. § 4.

Anstelle des Faktorensystems c tritt also das Faktorensystem c^*, allgemein gilt

$$c^*_{P,Q,R} = c_{P,Q,R} \frac{k_{P,R}}{k_{P,Q} k_{Q,R}}.$$

Offenbar ist c^* zu c assoziert und zwar sind die auftretenden Zahlen k sämtlich n-te Einheitswurzeln. Wir wollen zwei derartige Faktorensysteme *eng assoziiert nennen* [13]. Umgekehrt kann man durch geeignete Wahl des vollständigen Restsystems jedes zu c eng assoziierte Faktorensystem erhalten.

Satz 3: *Zu jeder Erweiterung* $\mathfrak{H}$ *von* $\mathfrak{N}$, *die die Bedingungen von Satz* 2 *erfüllt, ist umgekehrt eine Klasse von eng assoziierten Faktorensystemen zugeordnet; diese und nur diese führen im Sinne von Satz* 2 *auf* $\mathfrak{H}$. *Jedes einzelne dieser Faktorensysteme entspricht einem E enthaltenden vollständigen Restsystem von* $\mathfrak{H}$ *nach* $\mathfrak{N}$. *Zu* $\mathfrak{H}$ *gehört damit auch ein Schiefkörper* Δ *mit dem Zentrum* K.

Wir behandeln noch kurz zwei Erweiterungen $\mathfrak{H}$ und $\mathfrak{H}_1$ von $\mathfrak{N}$ der im Satz 2 genannten Form und setzen voraus, daß es eine isomorphe Abbildung von $\mathfrak{H}$ auf $\mathfrak{H}_1$ gibt, derart, daß zu entsprechenden Elementen von $\mathfrak{H}$ und $\mathfrak{H}_1$ immer dasselbe Element von $\mathfrak{G}$ gehört; die Elemente von $\mathfrak{N}$ brauchen aber nicht einzeln in sich überzugehen. Man erkennt dann leicht, daß zu $\mathfrak{H}$ und $\mathfrak{H}_1$ zwei Faktorensysteme c und c^λ mit $(\lambda, n) = 1$ gehören. Die zugehörigen Schiefkörper haben, ohne im allgemeinen isomorph zu sein, weitgehend dieselben Eigenschaften. Eine entsprechende Abänderung von c tritt ein, wenn man die primitive n-te Einheitswurzel ε durch eine andere ersetzt.

Weiß man dagegen von zwei Erweiterungen von $\mathfrak{N}$ überhaupt nur, daß sie sich als Gruppen so isomorph aufeinander abbilden lassen, daß $\mathfrak{N}$ in sich übergeht, so können die zugehörigen Schiefkörper von ganz verschiedener Natur sein (vgl. das Beispiel in § 7). Etwas anders ausgedrückt: Bei einer automorphen Abbildung von $\mathfrak{H}$, die in $\mathfrak{G}$ nicht die identische Abbildung induziert, kann der zugeordnete Schiefkörper in einen ganz andersartigen übergehen.

Hervorzuheben ist bei Satz 2 und 3 noch der Fall, daß K selbst die n-ten Einheitswurzeln enthält. Dann wird die Bedingung für Transformation der Elemente von $\mathfrak{N}$ durch die Elemente von $\mathfrak{H}$ einfach die, daß $\mathfrak{N}$ dem Zentrum von $\mathfrak{H}$ angehören soll.

§ 3. Die Abhängigkeit der Erweiterung $\mathfrak{H}$ von n und $\mathsf{K}(\vartheta)$.

Das Faktorensystem c möge jetzt bereits aus n'-ten Einheitswurzeln bestehen, wo n' ein Teiler von n sei. Wir wollen untersuchen, welche Gruppe anstelle von $\mathfrak{H}$ tritt, wenn wir anstelle von n die Zahl n' zugrunde legen. Wenn diese Aufgabe gelöst ist, können wir auch sagen, welche Änderung von $\mathfrak{H}$ bei irgendeiner erlaubten Abänderung von n eintritt; wir können ja immer die Reduktion von n auf den kleinstmöglichen Wert zwischenschieben und dieser geht in allen in Frage kommenden Zahlen n auf.

Ist $\mathfrak{N}'$ eine zyklische Gruppe der Ordnung n', so können wir $\mathfrak{N}'$ als Untergruppe von $\mathfrak{N}$ auffassen. $\mathfrak{N}' < \mathfrak{N}$ ergibt sich von selbst, wenn wir die Elemente von $\mathfrak{N}'$ mit den n'-ten Einheitswurzeln identifizieren. Zu dem Faktorensystem c gehört neben der Erweiterung $\mathfrak{H}$ von $\mathfrak{N}$ auch eine Erweiterung $\mathfrak{H}'$ von $\mathfrak{N}'$ mit Hilfe von $\mathfrak{G}$. Wie die am Anfang von § 2 durchgeführte Konstruktion zeigt (vgl. (9)), kann man $\mathfrak{H}'$ als diejenige Untergruppe von $\mathfrak{H}$ auffassen, die von allen Elementen Z_G und den n'-ten Einheitswurzeln erzeugt wird. Offenbar gilt

$$\mathfrak{H} = \mathfrak{H}' \mathfrak{N}; \tag{12}$$

der Index von $\mathfrak{H}'$ in $\mathfrak{H}$ (im gewöhnlichen Sinn) ist $\frac{n}{n'}$.

---

[13]) Streng genommen muß hier auch noch die zugeordnete Zahl n angegeben werden.

Umgekehrt möge in der Erweiterung $\mathfrak{H}$ von $\mathfrak{N}$ mit Hilfe von $\mathfrak{G}$ eine Untergruppe $\mathfrak{H}'$ vom Index $\frac{n}{n'}$ existieren, für die (12) gilt. Wir bilden den Durchschnitt

$$(13) \qquad [\mathfrak{N}, \mathfrak{H}'] = \mathfrak{N}'.$$

Bei der homomorphen Abbildung von $\mathfrak{H}$ auf $\mathfrak{G}$ geht wegen (12) bereits die Untergruppe $\mathfrak{H}'$ in die ganze Gruppe $\mathfrak{G}$ über; von den Elementen von $\mathfrak{H}'$ haben dabei wegen (13) nur die Elemente von $\mathfrak{N}'$ das Einheitselement als Bildelement. Daher kann man $\mathfrak{H}'$ als Erweiterung von $\mathfrak{N}'$ mit Hilfe von $\mathfrak{G}$ auffassen. $\mathfrak{N}'$ muß dann die Ordnung n' haben. Bestimmen wir jetzt das zu $\mathfrak{H}$ gehörige Faktorensystem c, so können wir das dabei verwendete Restsystem Z_G von $\mathfrak{H}$ nach $\mathfrak{N}$ wegen (12) so wählen, daß alle Z_G zu $\mathfrak{H}'$ gehören. Dann muß in (10) das Element $r_{A,B}$ außer zu $\mathfrak{N}$ auch zu $\mathfrak{H}'$ und also nach (13) zu $\mathfrak{N}'$ gehören, es ist also eine n'-te Einheitswurzel. Wegen (11) gilt dies dann für alle Zahlen von c.

Verwenden wir anstelle von Z_G ein anderes Restsystem, so können wir natürlich nur sagen, daß das Faktorensystem zu einem aus n'-ten Einheitswurzeln bestehenden eng assoziiert ist.

Satz 4: Ist c das durch die Erweiterung $\mathfrak{H}$ der zyklischen Gruppe $\mathfrak{N}$ mit Hilfe von $\mathfrak{G}$ bestimmte Faktorensystem und ist n' ein Teiler der Ordnung n von $\mathfrak{N}$, so ist c dann und nur dann einem aus n'-ten Einheitswurzeln bestehenden Faktorensystem eng assoziiert, wenn es in $\mathfrak{H}$ eine Untergruppe $\mathfrak{H}'$ vom (gewöhnlichen) Index $\frac{n}{n'}$ [14]*) derart gibt, daß $\mathfrak{H} = \mathfrak{H}'\mathfrak{N}$ gilt. c gehört dann zu $\mathfrak{H}'$, aufgefaßt als Erweiterung von $\mathfrak{N}'$.*

Gibt es für keinen echten Teiler n' von n eine derartige Untergruppe $\mathfrak{H}'$ so wollen wir $\mathfrak{H}$ eine *reduzierte Erweiterung* von $\mathfrak{N}$ nennen.

Als Spezialfall von Satz 4 ergibt sich ($n' = 1$)

Satz 4': Dann und nur dann ist c zum Einheitssystem eng assoziiert, wenn die zugehörige Erweiterung $\mathfrak{H}$ von $\mathfrak{N}$ sich als Produkt von $\mathfrak{N}$ und einer zu $\mathfrak{N}$ teilerfremden Untergruppe $\mathfrak{H}'$ darstellen läßt.

Als nächstes behandeln wir die Frage, wie die Gruppe $\mathfrak{H}$ abzuändern ist, wenn man den Körper $\mathsf{K}(\vartheta)$ durch einen umfassenderen Normalkörper $\mathsf{K}(\vartheta^*)$ über K ersetzt, der dann natürlich von selbst regulärer Zerfällungskörper ist.

Ist $\mathfrak{G}^*$ die Galoissche Gruppe von $\mathsf{K}(\vartheta^*)$ und gehört $\mathsf{K}(\vartheta)$ zu der Untergruppe $\mathfrak{S}$, so kann man $\mathfrak{G}^*$ als Erweiterung von $\mathfrak{S}$ mit Hilfe der Galoisschen Gruppe $\mathfrak{G}$ von $\mathsf{K}(\vartheta)$ auffassen. Als homomorphe Abbildung von $\mathfrak{G}^*$ auf $\mathfrak{G}$ ist dabei natürlich immer die wegen $\mathsf{K}(\vartheta) < \mathsf{K}(\vartheta^*)$ aus der Galoisschen Theorie sich ergebende Abbildung zu nehmen, sie sei mit γ bezeichnet.

Wir erweitern zunächst das Faktorensystem $c_{A,B,C}$ auf $\mathsf{K}(\vartheta^*)$ als Zerfällungskörper [15]). Gilt bei der homomorphen Abbildung von $\mathfrak{G}^*$ auf $\mathfrak{G}$ für drei beliebige Elemente P, Q, R von $\mathfrak{G}^*$ etwa

$$(14) \qquad \gamma\colon \quad P \to A, \quad Q \to B, \quad R \to C,$$

so erhält man die Erweiterung von c, indem man setzt

$$c_{P,Q,R} = c_{A,B,C};$$

auch dies erweiterte Faktorensystem soll mit c bezeichnet werden [16]), es besteht natürlich

---

[14]) Aus $\mathfrak{H} = \mathfrak{H}'\mathfrak{N}$ folgt von selbst, daß der Index von $\mathfrak{H}'$ ein Teiler von n ist.

[15]) Vgl. U. § 3.

[16]) Dabei können zwei zu $\mathsf{K}(\vartheta)$ gehörige, dort nicht eng assoziierte Faktorensysteme in $\mathsf{K}(\vartheta^*)$ eng assoziiert werden, vgl. § 4.

auch aus n-ten Einheitswurzeln. Die zugehörige Erweiterung von $\mathfrak{N}$ mit Hilfe von $\mathfrak{G}^*$ sei mit $\mathfrak{H}^*$ bezeichnet und zwar werde das Faktorensystem c durch das Restsystem $Z_P{}^*$ von $\mathfrak{H}^*$ nach $\mathfrak{N}$ geliefert, wo P die Elemente von $\mathfrak{G}^*$ durchläuft. Dann ist, wenn (14) gilt,

$$(15) \qquad Z_P^* Z_Q^* = Z_{PQ}^* c_{PQ,Q,E}^{-1} = Z_{PQ}^* c_{AB,B,E}^{-1}, \qquad \varepsilon Z_P^* = Z_P^* \varepsilon^P = Z_P^* \varepsilon^A .$$

Ordnen wir unter der Annahme (14) einem beliebigen Element $H^* = Z_P^* \varepsilon^\nu$ von $\mathfrak{H}^*$ das Element $H = Z_A \varepsilon^\nu$ von $\mathfrak{H}$ zu, so zeigt Vergleich von (15) und (9), daß man eine homomorphe Abbildung φ von $\mathfrak{H}^*$ auf $\mathfrak{H}$ erhält. Die Elemente von $\mathfrak{N}$ gehen bei φ in sich über. Die durch die Erweiterungseigenschaft festgelegte homomorphe Abbildung von $\mathfrak{H}$ auf $\mathfrak{G}$ nennen wir η, ebenso sei η^* die Abbildung von $\mathfrak{H}^*$ auf $\mathfrak{G}^*$. Dann folgt aus der Konstruktion von φ unmittelbar

$$(16) \qquad \eta^* \gamma = \varphi \eta ; \qquad \begin{array}{ccc} \mathfrak{H}^* & \xrightarrow{\eta^*} & \mathfrak{G}^* \\ \varphi \downarrow & & \downarrow \gamma \\ \mathfrak{H} & \xrightarrow{\eta} & \mathfrak{G} \end{array} .$$

Links und rechts steht in der Gleichung (16) dieselbe homomorphe Abbildung von $\mathfrak{H}^*$ auf $\mathfrak{G}$.

Sind $\mathfrak{G}$, $\mathfrak{G}^*$, $\mathfrak{H}$ *und die Abbildungen* γ *und* η *gegeben, so ist die Erweiterung* $\mathfrak{H}^*$ *von* $\mathfrak{N}$ *mit Hilfe von* $\mathfrak{G}^*$ *durch die Existenz einer homomorphen Abbildung* φ *von* $\mathfrak{H}^*$ *auf* $\mathfrak{H}$ *mit der Eigenschaft* (16), *die die Elemente von* $\mathfrak{N}$ *in sich transformiert, in eindeutiger Weise festgelegt.*

Zum Nachweis wählen wir in einer derartigen Erweiterung $\mathfrak{H}^*$ ein vollständiges Restsystem mod $\mathfrak{N}$ und bezeichnen das dem Element P von $\mathfrak{G}^*$ entsprechende Element des Restsystems mit Z_P^*. Es sei $Z_E^* = E$. Die Elemente von $\mathfrak{H}^*$ können wir darin eindeutig in die Form $Z_P^* \varepsilon^\mu$ setzen. Ist $Z_Q^* \varepsilon^\nu$ ein zweites Element von $\mathfrak{H}^*$, so gilt also eine Beziehung

$$(17) \qquad Z_P^* \varepsilon^\mu Z_Q^* \varepsilon^\nu = Z_{PQ}^* \varepsilon^\varrho .$$

Wir haben zu zeigen, daß ε^ϱ durch die Elemente auf der linken Seite von (17) eindeutig bestimmt ist.

Durch φ geht das Element Z_R^* von $\mathfrak{H}^*$ in ein Element $Z_C \varepsilon^\sigma$ von $\mathfrak{H}$ über, dabei ist R Element von $\mathfrak{G}^*$, C von $\mathfrak{G}$. Ersetzt man, was für $R \neq E$ erlaubt ist, von vornherein Z_R^* durch $Z_R^* \varepsilon^{-\sigma}$, so wird das Bildelement in $\mathfrak{H}$ gerade $Z_C \varepsilon^\sigma \cdot \varepsilon^{-\sigma} = Z_C$. Man darf also $\sigma = 0$ annehmen, für $R = E$ ist dies von selbst erfüllt. Bei φ gilt $Z_R^* \to Z_C$, bei η gilt $Z_C \to C$. Andererseits ist $Z_R^* \to R$ bei η^*; wegen (16) muß also C gerade das Bildelement von R bei γ sein. Die Bildelemente A bzw. B von P bzw. Q bei γ sind nach Voraussetzung bekannt. Aus (17) folgt dann durch Anwendung von φ

$$Z_A \varepsilon^\mu Z_B \varepsilon^\nu = Z_{AB} \varepsilon^\varrho .$$

Da $\mathfrak{H}$ gegeben ist, ist also ε^ϱ durch die linke Seite von (17) wirklich eindeutig bestimmt.

Daß eine Erweiterung $\mathfrak{H}^*$ mit den genannten Eigenschaften immer existiert, folgt aus unsern Überlegungen oben, da man bei geeigneter Wahl von K stets Normalkörper $\mathsf{K}(\vartheta)$ und $\mathsf{K}(\vartheta^*)$ mit den Galoisschen Gruppen $\mathfrak{G}$ und $\mathfrak{G}^*$ finden kann; es ist natürlich diese Existenz auch direkt leicht zu beweisen. Durch die Existenz einer (16) erfüllenden homomorphen Abbildung φ, die die Elemente von $\mathfrak{N}$ in sich transformiert, ist also die Erweiterung $\mathfrak{H}^*$ von $\mathfrak{N}$ eindeutig festgelegt, wir bezeichnen $\mathfrak{H}^*$ als *die direkte Übertragung der Erweiterung* $\mathfrak{H}$ *auf* $\mathfrak{G}^*$ *als erweiternde Gruppe.* Dann können wir sagen:

Satz 5: *$\mathsf{K}(\vartheta)$ sei ein Normalkörper mit der Galoisschen Gruppe $\mathfrak{G}$. Durch die Erweiterung $\mathfrak{H}$ der zyklischen Gruppe $\mathfrak{N}$ mit Hilfe von $\mathfrak{G}$ sei ein Faktorensystem c festgelegt. Ersetzt man $\mathsf{K}(\vartheta)$ durch einen umfassenderen Normalkörper $\mathsf{K}(\vartheta^*)$ mit der Galoisschen Gruppe $\mathfrak{G}^*$, so ist die zugehörige Erweiterung $\mathfrak{H}^*$ von $\mathfrak{N}$ die direkte Übertragung der Erweiterung $\mathfrak{H}$ von $\mathfrak{N}$ mit Hilfe von $\mathfrak{G}$ auf die erweiternde Gruppe $\mathfrak{G}^*$.*

Ist $\mathfrak{T}$ die Untergruppe von $\mathfrak{H}^*$, die bei der Abbildung φ in das Einheitselement übergeführt wird, so ist $\mathfrak{T}$ eine zu $\mathfrak{N}$ teilerfremde invariante Untergruppe, da die Elemente von $\mathfrak{N}$ bei φ in sich übergehen. Umgekehrt gilt

Satz 6: *Ist durch die Erweiterung $\mathfrak{H}$ von $\mathfrak{N}$ mit Hilfe von $\mathfrak{G}$ ein Faktorensystem c festgelegt, wo $\mathfrak{G}$ die Galoissche Gruppe des regulären Zerfällungskörpers $\mathsf{K}(\vartheta)$ bedeutet, und besitzt $\mathfrak{H}$ eine zu $\mathfrak{N}$ teilerfremde invariante Untergruppe $\mathfrak{T} \neq E$,* so *ist bereits ein echter Teilkörper von $\mathsf{K}(\vartheta)$ ein regulärer Zerfällungskörper.*

Beweis: Um mit den Bezeichnungen oben in Übereinstimmung zu kommen, wollen wir für $\mathfrak{H}$, $\mathfrak{G}$, $\mathsf{K}(\vartheta)$ jetzt $\mathfrak{H}^*$, $\mathfrak{G}^*$, $\mathsf{K}(\vartheta^*)$ schreiben. Bei der homomorphen Abbildung η^* von $\mathfrak{H}^*$ auf $\mathfrak{G}^*$ geht $\mathfrak{T}$ in eine invariante Untergruppe $\mathfrak{S}$ von $\mathfrak{G}^*$ über; $\mathfrak{S}$ und $\mathfrak{T}$ haben dieselbe Ordnung, da ja nur die Elemente von $\mathfrak{N}$ in das Einheitselement übergehen. Der zu $\mathfrak{S}$ gehörige Unterkörper $\mathsf{K}(\vartheta)$ von $\mathsf{K}(\vartheta^*)$ ist also sicher von $\mathsf{K}(\vartheta^*)$ verschieden; es ist ein Normalkörper.

Seine Galoissche Gruppe $\mathfrak{G}$ können wir mit der Faktorgruppe $\frac{\mathfrak{G}^*}{\mathfrak{S}}$ identifizieren; γ stellt die durch die Nebengruppen nach $\mathfrak{S}$ vermittelte Abbildung von $\mathfrak{G}^*$ auf $\mathfrak{G}$ dar. Die Gruppe $\frac{\mathfrak{H}^*}{\mathfrak{T}}$ können wir als Erweiterung $\mathfrak{H}$ von $\mathfrak{N}$ mit Hilfe von $\mathfrak{G}$ auffassen; dabei haben wir die Nebengruppen $\varepsilon^\nu\mathfrak{T}$ mit ε^ν zu identifizieren; die homomorphe Abbildung η von $\mathfrak{H}$ auf $\mathfrak{G}$ wird durch $H^*\mathfrak{T} \to G^*\mathfrak{S}$ dargestellt, wenn G^* das H^* vermittels η^* zugeordnete Element ist. Ist schließlich φ die durch Nebengruppen nach $\mathfrak{T}$ vermittelte Abbildung von $\mathfrak{H}^*$ auf $\mathfrak{H}$, so gilt (16), und die Elemente ε^ν von $\mathfrak{N}$ gehen bei φ in sich über. Nach Satz 5 kann man daher bereits $\mathsf{K}(\vartheta)$ als regulären Zerfällungskörper benützen; anstelle von $\mathfrak{H}^*$ hat man die Erweiterung $\mathfrak{H}$ von $\mathfrak{N}$ mit Hilfe von $\mathfrak{G}$ zu nehmen.

Zugleich zeigt sich, wie man unter den Voraussetzungen von Satz 5 von $\mathfrak{H}^*$ zu $\mathfrak{H}$ zurückgelangen kann.

Bei der Aufstellung aller Faktorensysteme kann man sich nach Satz 6 auf solche Erweiterungen $\mathfrak{H}$ von $\mathfrak{N}$ beschränken, die keine zu $\mathfrak{N}$ teilerfremde invariante Untergruppe außer E besitzen.

§ 4. Bedingung für Isomorphie zweier Schiefkörper.

Es sei jetzt ein Faktorensystem c auf die in § 2 angegebene Weise durch einen Normalkörper $\mathsf{K}(\vartheta)$ und die Erweiterung $\mathfrak{H}$ von $\mathfrak{N}$ festgelegt. Wir fragen jetzt, wann c zum Einheitssystem 1 assoziiert ist, d. h. wann der zu c gehörige Schiefkörper mit seinem Zentrum K übereinstimmt.

Ist der Normalkörper $\mathsf{K}(\vartheta)$ mit der Galoisschen Gruppe $\mathfrak{G}$ in einen umfassenderen Normalkörper $\mathsf{K}(\vartheta^*)$ über K eingebettet, so kann man nach unseren Festsetzungen die Galoissche Gruppe $\mathfrak{G}^*$ von $\mathsf{K}(\vartheta^*)$ als Erweiterung einer Untergruppe $\mathfrak{S}$ mit Hilfe von $\mathfrak{G}$ auffassen, $\mathfrak{S}$ ist die zum Teilkörper $\mathsf{K}(\vartheta)$ gehörige Untergruppe von $\mathfrak{G}^*$. Bei dieser Auffassung gilt

Satz 7: *Der Schiefkörper Δ sei durch den Normalkörper $\mathsf{K}(\vartheta)$ und die Erweiterung $\mathfrak{H}$ von $\mathfrak{N}$ mit Hilfe von $\mathfrak{G}$ gegeben, wo $\mathfrak{G}$ die Galoissche Gruppe von $\mathsf{K}(\vartheta)$ bedeutet. Ist, wie man annehmen darf, $\mathfrak{H}$ eine reduzierte Erweiterung, so ist Δ dann und nur dann mit K selbst* *identisch, wenn man* $\mathsf{K}(\vartheta)$ *in einen Normalkörper* $\mathsf{K}(\vartheta^*)$ *über* K *einbetten kann, derart, daß die Galoissche Gruppe von* $\mathsf{K}(\vartheta^*)$ *gerade die Erweiterung* $\mathfrak{H}$ *von* $\mathfrak{N}$ *mit Hilfe von* $\mathfrak{G}$ *ist.*

Bemerkung: Das heißt also, daß der Teilkörper $\mathsf{K}(\vartheta)$ von $\mathsf{K}(\vartheta^*)$ zu der Untergruppe $\mathfrak{N}$ von $\mathfrak{H}$ gehören soll, und daß die durch die Galoissche Theorie bedingte homomorphe Abbildung der Galoisschen Gruppe $\mathfrak{H}$ von $\mathsf{K}(\vartheta^*)$ auf die Galoissche Gruppe $\mathfrak{G}$ von $\mathsf{K}(\vartheta)$ gerade die in der Definition der Erweiterung von $\mathfrak{H}$ festgelegte Abbildung ist.

Beweis: 1) Ist $\Delta = \mathsf{K}$, ist also das zu Δ gehörige Faktorensystem c zu 1 assoziiert, so schließt man recht einfach [17], daß man durch Ersetzen von $\mathsf{K}(\vartheta)$ durch einen Erweiterungskörper $\mathsf{K}(\vartheta^*)$ erreichen kann, daß c zu 1 eng assoziiert ist; $\mathsf{K}(\vartheta^*)$ kann man dabei als Normalkörper über K derart wählen, daß für seinen Relativgrad t in bezug auf $\mathsf{K}(\vartheta)$ gilt

$$t \leqq n. \tag{18}$$

Die Bezeichnungen seien wie in § 3 beim Beweis der Sätze 5 und 6 gewählt. Verwendet man also $\mathsf{K}(\vartheta^*)$ anstelle von $\mathsf{K}(\vartheta)$ als regulären Zerfällungskörper, so gehört c zu der Erweiterung $\mathfrak{H}^*$ von $\mathfrak{N}$. Da aber c dann zu 1 eng assoziiert ist, besitzt $\mathfrak{H}^*$ nach Satz 4′ eine Untergruppe $\mathfrak{F}$ vom Index n, derart, daß

$$\mathfrak{H}^* = \mathfrak{F}\mathfrak{N} \tag{19}$$

ist, $\mathfrak{F}$ und $\mathfrak{N}$ sind teilerfremd.

Wir wenden auf (19) die homomorphe Abbildung φ an; dabei geht $\mathfrak{F}$ in eine Untergruppe $\mathfrak{R}$ von $\mathfrak{H}$ über; es folgt, da $\mathfrak{N}$ elementweise in sich übergeht,

$$\mathfrak{H} = \mathfrak{R}\mathfrak{N}.$$

Nach Voraussetzung ist $\mathfrak{H}$ reduziert, nach Satz 4 kann dann eine derartige Gleichung nur bestehen, wenn $\mathfrak{R}$ den Index 1 in $\mathfrak{H}$ hat, $\mathfrak{F}$ geht also in die ganze Gruppe $\mathfrak{H}$ über. Ist m wieder der Grad von $\mathsf{K}(\vartheta)$, so hat $\mathfrak{H}$ die Ordnung mn, $\mathfrak{H}^*$ die Ordnung mnt, und also $\mathfrak{F}$ die Ordnung mt. Wegen (18) ist diese Zahl nicht größer als die Ordnung von $\mathfrak{H}$; es muß also $\mathfrak{F}$ durch φ *isomorph* auf $\mathfrak{H}$ abgebildet werden und in (18) das Gleichheitszeichen stehen.

Bei der homomorphen Abbildung η^* gehen nur die Elemente von $\mathfrak{N}$ in das Einheitselement über; wegen (19) wird bereits die Untergruppe $\mathfrak{F}$ von $\mathfrak{H}^*$ auf die ganze Gruppe $\mathfrak{G}^*$ abgebildet, und zwar isomorph wegen der Teilerfremdheit von $\mathfrak{F}$ und $\mathfrak{N}$.

Es ist also $\mathfrak{F}$ isomorph sowohl auf $\mathfrak{H}$ wie auf $\mathfrak{G}^*$ bezogen; wir erhalten dabei auch eine isomorphe Abbildung von $\mathfrak{H}$ auf $\mathfrak{G}^*$. Nach (16) entspricht dabei zugeordneten Elementen von $\mathfrak{H}$ und $\mathfrak{G}^*$ vermittels η bzw. γ dasselbe Element in $\mathfrak{G}$. Ist speziell der Untergruppe $\mathfrak{N}$ von $\mathfrak{H}$ in $\mathfrak{G}^*$ die invariante Untergruppe $\mathfrak{S}$ zugeordnet, so besteht $\mathfrak{S}$ aus allen denjenigen Elementen von $\mathfrak{G}^*$, die bei γ in E übergehen. Also ist $\mathfrak{S}$ gerade die zum Teilkörper $\mathsf{K}(\vartheta)$ von $\mathsf{K}(\vartheta^*)$ gehörige Untergruppe von $\mathfrak{G}^*$.

Identifiziert man $\mathfrak{S}$ mit $\mathfrak{N}$, so sieht man, daß $\mathfrak{H}$ und $\mathfrak{G}^*$ dieselbe Erweiterung von $\mathfrak{N}$ mit Hilfe von $\mathfrak{G}$ darstellen [18].

2) Umgekehrt lasse sich jetzt $\mathsf{K}(\vartheta)$ in einen Normalkörper $\mathsf{K}(\vartheta^*)$ mit der Erweiterung $\mathfrak{H}$ als Galoisscher Gruppe einbetten. Wir verwenden $\mathsf{K}(\vartheta^*)$ als regulären Zer-

---

[17]) Vgl. U. § 4, S. 693. Dort ergibt sich auch noch, daß man $\mathsf{K}(\vartheta^*)$ außerdem relativ zyklisch über $\mathsf{K}(\vartheta)$ annehmen kann, was bei uns von selbst mit herauskommt. Übrigens kann man die Zulässigkeit der Annahme (18) durch eine Modifikation des Verfahrens mit ableiten.

[18]) Setzt man nicht die Gültigkeit von (18) für $\mathsf{K}(\vartheta^*)$ voraus, so kann man durch Abänderung des Verfahrens zeigen, daß jeder Normalkörper $\mathsf{K}(\vartheta^*)$ über K, der $\mathsf{K}(\vartheta)$ enthält und in dem c zu 1 eng assoziiert ist, bereits einen Teilkörper $\mathsf{K}(\tilde{\vartheta})$ mit den gleichen Eigenschaften besitzt, derart, daß $\mathsf{K}(\tilde{\vartheta})$ relativ zyklisch in bezug auf $\mathsf{K}(\vartheta)$ vom Grade n ist.

fällungskörper und wählen dieselben Bezeichnungen wie eben. $\mathfrak{H}$ und $\mathfrak{G}^*$ werden dann identisch. Die homomorphen Abbildungen η und γ fallen zusammen; φ und η^* stellen zwei homomorphe Abbildungen von $\mathfrak{H}^*$ auf dieselbe Gruppe $\mathfrak{H} = \mathfrak{G}^*$ dar. Es sei $\mathfrak{F}$ die Untergruppe derjenigen Elemente von $\mathfrak{H}^*$, denen bei φ und η^* dasselbe Bildelement zugeordnet ist. Ist H^* ein beliebiges Element von $\mathfrak{H}^*$ und H und G^* die Bildelemente bei φ bzw. η^*, so werden nach (16) H und G^* durch $\eta = \gamma$ auf dasselbe Element von $\mathfrak{G}$ abgebildet. Nur die Untergruppe $\mathfrak{N}$ von $\mathfrak{H}$ geht bei η in das Einheitselement über, also ist für geeignetes μ

$$H\varepsilon^{\mu} = G^*. \tag{20}$$

Bei φ gehen die Elemente von $\mathfrak{N}$ in sich über, während bei η^* diese Elemente in das Einheitselement übergeführt werden. Daraus folgt zunächst, daß die Untergruppen $\mathfrak{F}$ und $\mathfrak{N}$ von $\mathfrak{H}^*$ teilerfremd sind. Ferner ergibt sich, daß $H^*\varepsilon^{\mu}$ bei φ das Bildelement $H\varepsilon^{\mu}$ besitzt, bei η^* das Bildelement G^*. Wegen (20) gehört also $H^*\varepsilon^{\mu}$ zu $\mathfrak{F}$; da H^* beliebig war, folgt $\mathfrak{H}^* = \mathfrak{F}\mathfrak{N}$. Nach Satz 4' ist dann c bei Verwendung von $\mathsf{K}(\vartheta^*)$ als regulärem Zerfällungskörper zu 1 eng assoziiert, also wie behauptet $\mathsf{K} = \Delta$.

Der Beweis zeigt, daß die im Satz 7 vorkommenden Normalkörper $\mathsf{K}(\vartheta^*)$ geradezu dadurch charakterisiert sind, daß in ihnen c zu 1 eng assoziiert ist und (18) gilt.

Ist $\Delta \neq \mathsf{K}$, so kann man den Schiefkörper Δ als einen Ersatz für den fehlenden Körper mit der Gruppe $\mathfrak{H}$ ansehen.

Ist ein Normalkörper $\mathsf{K}(\vartheta)$ über K mit der Galoisschen Gruppe $\mathfrak{G}$ gegeben, ferner eine Zahl n, die den im § 2 gestellten Bedingungen genügt, so bestimmen wir alle Erweiterungen $\mathfrak{H}$ von $\mathfrak{N}$ mit Hilfe von $\mathfrak{G}$, bei denen die Elemente von $\mathfrak{N}$ durch die Elemente von $\mathfrak{H}$ in der im Satz 2 angegebenen Weise transformiert werden; $\mathfrak{N}$ bedeutet dabei wie immer die zyklische Gruppe n-ter Ordnung. Natürlich gibt es nur endlich viele $\mathfrak{H}$, es seien etwa $\mathfrak{H}_1, \mathfrak{H}_2, \ldots, \mathfrak{H}_r$. Zur Aufstellung der $\mathfrak{H}_\varrho$ muß man n und $\mathfrak{G}$ kennen und außerdem wissen, welchen Einfluß die Elemente von $\mathfrak{G}$ auf ε, aufgefaßt als Größe von $\mathsf{K}(\vartheta)$, haben Man kann diese $\mathfrak{H}_\varrho$ ihrerseits in einfacher Weise als Elemente einer Abelschen Gruppe $\mathfrak{Z}$ auffassen. Als „*Produkt*" zweier Erweiterungen $\mathfrak{H}_\alpha$ und $\mathfrak{H}_\beta$ hat man dabei diejenige Erweiterung $\mathfrak{H}_\gamma$ zu nehmen, die dem Produkt der zu $\mathfrak{H}_\alpha$ und $\mathfrak{H}_\beta$ gehörigen Faktorensysteme entspricht; $\mathfrak{H}_\gamma$ ist durch $\mathfrak{H}_\alpha$ und $\mathfrak{H}_\beta$ eindeutig bestimmt. Es ist natürlich ein im Rahmen der Gruppentheorie vollständig beschreibbarer Prozeß, der von $\mathfrak{H}_\alpha$ und $\mathfrak{H}_\beta$ zu $\mathfrak{H}_\gamma$ führt.

Gewisse unter den $\mathfrak{H}_\varrho$ besitzen als zugehörigen Schiefkörper den Körper K selbst, sie sind nach Satz 7 durch *Einbettungseigenschaften* von $\mathsf{K}(\vartheta)$ charakterisiert [19]). Diese $\mathfrak{H}_\varrho$ bilden eine Untergruppe $\mathfrak{W}$ von $\mathfrak{Z}$, da das Produkt zweier zu 1 assoziierter Faktorensysteme die gleiche Eigenschaft hat. Den Elementen der Faktorgruppe von $\mathfrak{Z}$ nach $\mathfrak{W}$ sind dann die in Frage kommenden Schiefkörper Δ eineindeutig zugeordnet.

Will man entscheiden, ob zwei Erweiterungen $\mathfrak{H}_\alpha$ und $\mathfrak{H}_\beta$ denselben Schiefkörper bestimmen, so hat man zu untersuchen, ob sie zu derselben Nebengruppe von $\mathfrak{Z}$ nach $\mathfrak{W}$ gehören. Das kommt auf die Frage hinaus, ob ein gewisses $\mathfrak{H}_\varrho$ zu $\mathfrak{W}$ gehört, also nach Satz 7, ob sich ein gewisses Einbettungsproblem lösen läßt.

Hat man schließlich zwei Schiefkörper Δ_1 und Δ_2 mit Hilfe verschiedener regulärer Zerfällungskörper $\mathsf{K}(\vartheta)$ bzw. $\mathsf{K}(\varrho)$ aufgestellt, so kann man diese beiden Körper mit Hilfe von Satz 5 durch $\mathsf{K}(\vartheta, \varrho)$ ersetzen. Wählen wir außerdem für n das kleinste gemeinsame Vielfache der bei Δ_1 und Δ_2 in entsprechender Eigenschaft auftretenden Zahlen, so haben wir den eben behandelten Fall.

---

[19]) Dabei hat man gegebenenfalls $\mathfrak{H}_\varrho$ durch die zugehörige reduzierte Gruppe zu ersetzen.

Satz 8: *Sind zwei Schiefkörper* Δ_1 *und* Δ_2 *mit Hilfe der regulären Zerfällungskörper* $K(\vartheta)$ *und* $K(\varrho)$ *gegeben, so sind* Δ_1 *und* Δ_2 *dann und nur dann isomorph, wenn ein wohlbestimmtes spezielles Einbettungsproblem für den Körper* $K(\vartheta, \varrho)$ *in einen relativ zyklischen Körper lösbar ist.*

Die in Frage kommende Erweiterung $\mathfrak{H}$ kann man, wenn die Galoisschen Gruppen von $K(\vartheta)$ und $K(\varrho)$ und die zum Durchschnitt der beiden Körper gehörigen Untergruppen bekannt sind, nach Satz 5 allein durch Untersuchung von Gruppen endlicher Ordnung aufstellen.

§ 5. Charakterisierung der Zerfällungskörper. Aufstellung aller Schiefkörper eines gegebenen Index.

Es sei wieder c ein Faktorensystem, das $K(\vartheta)$ als regulären Zerfällungskörper besitzt, Δ sei der zugehörige Schiefkörper, $\mathfrak{D}$ eine in $K(\vartheta)$ rationale absolut irreduzible Darstellung von Δ. Dann ist c das Faktorensystem von $\mathfrak{D}$.

Ersetzen wir den Grundkörper K durch einen Erweiterungskörper $\widetilde{K}$ und fassen wir $\mathfrak{D}$ als eine in $\widetilde{K}(\vartheta)$ rationale Gruppe auf, so gehört dazu ein gewisses Faktorensystem $\tilde{c}$, das sich auf $\widetilde{K}$ als Grundkörper bezieht; jedem c ist auf diese Weise ein $\tilde{c}$ zugeordnet. Offenbar besitzt $\tilde{c}$ den Normalkörper $\widetilde{K}(\vartheta)$ als regulären Zerfällungskörper, man kann dieselbe Zahl n wie bei c verwenden. Dann und nur dann ist $\tilde{c}$ dem Einheitssystem von $\widetilde{K}$ assoziiert, wenn $\mathfrak{D}$ den Körper $\widetilde{K}$ als Zerfällungskörper besitzt.

c werde jetzt durch die Erweiterung $\mathfrak{H}$ von $\mathfrak{N}$, $\tilde{c}$ durch die Erweiterung $\widetilde{\mathfrak{H}}$ von $\mathfrak{N}$ gegeben. Wir fragen, wie $\mathfrak{H}$ und $\widetilde{\mathfrak{H}}$ zusammenhängen. Offenbar genügt es dabei, zwei Spezialfälle zu behandeln

1) $\widetilde{K}$ ist ein Teilkörper von $K(\vartheta)$.

2) $\widetilde{K}$ und $K(\vartheta)$ haben K als Durchschnitt.

Durch zwei aufeinander folgende Abänderungen von diesen beiden Arten kann man von K zu jedem beliebigen $\widetilde{K}$ kommen [20]).

Im zweiten Fall kann man $\mathfrak{G}$ auch als die Galoissche Gruppe von $\widetilde{K}(\vartheta)$ in bezug auf K auffassen, die Erweiterung $\mathfrak{H}$ von $\mathfrak{N}$ bleibt offenbar bei Übergang von K zu $\widetilde{K}$ als Grundkörper ungeändert. Im ersten Fall gehöre $\widetilde{K}$ zu der Untergruppe $\widetilde{\mathfrak{G}}$ von $\mathfrak{G}$. Geht bei der homomorphen Abbildung von $\mathfrak{H}$ auf $\mathfrak{G}$ etwa die Untergruppe $\widetilde{\mathfrak{H}}$ in $\widetilde{\mathfrak{G}}$ über, so kann man $\widetilde{\mathfrak{H}}$ als Erweiterung von $\mathfrak{N}$ mit Hilfe von $\widetilde{\mathfrak{G}}$ auffassen; man sieht leicht ein, daß gerade zu $\widetilde{\mathfrak{H}}$ das Faktorensystem $\tilde{c}$ gehört.

Dann und nur dann ist $\widetilde{K}$ Zerfällungskörper von Δ, wenn für den Normalkörper $\widetilde{K}(\vartheta)$ über dem Grundkörper $\widetilde{K}$ und die Erweiterung $\widetilde{\mathfrak{H}}$ das Einbettungsproblem eine Lösung besitzt.

Satz 9: *Die Zerfällungskörper* $\widetilde{K}$ *eines Schiefkörpers* Δ *lassen sich durch die Lösbarkeit von gewissen Einbettungsproblemen für einen Normalkörper* $\widetilde{K}(\vartheta)$ *in bezug auf* $\widetilde{K}$ *als Grundkörper charakterisieren.*

Es sei Δ ein Schiefkörper mit K als Zentrum; $K(\vartheta)$, $\mathfrak{H}$, $\mathfrak{N}$, $\mathfrak{G}$, m und n mögen die alte Bedeutung haben. Wir behandeln jetzt die Frage der Bestimmung des Index μ von Δ. Jedenfalls ist $\mu \leqq m$. Es genügt also, wenn wir für eine Zahl $t \leqq m$ entscheiden können, ob es Zerfällungskörper $K(\alpha)$ vom Grade t gibt. Dabei bedeutet es keine wesent-

[20]) Dabei hat man bei der zweiten Abänderung zu beachten, daß an Stelle des ursprünglichen K nach der ersten Abänderung ein anderer Grundkörper erscheint.

liche Einschränkung, wenn wir verlangen, daß $\mathsf{K}(\alpha)$ mit $\mathsf{K}(\vartheta)$ einen festen Durchschnitt $\mathsf{K}(\delta)$ hat, da wir ja für $\mathsf{K}(\delta)$ der Reihe nach die endlich vielen Teilkörper von $\mathsf{K}(\vartheta)$ nehmen können. $\mathsf{K}(\delta)$ gehöre etwa zur Untergruppe $\tilde{\mathfrak{G}}$ von $\mathfrak{G}$; $\tilde{\mathfrak{H}}$ sei wieder die Untergruppe von $\mathfrak{H}$, die aus allen den Elementen besteht, die bei der homomorphen Abbildung von $\mathfrak{H}$ auf $\mathfrak{G}$ in Elemente von $\tilde{\mathfrak{G}}$ übergehen.

Ist $\mathsf{K}(\alpha)$ ein Körper vom Grade t, der mit $\mathsf{K}(\vartheta)$ den vorgeschriebenen Durchschnitt besitzt, so kann man $\tilde{\mathfrak{G}}$ als die Galoissche Gruppe von $\mathsf{K}(\vartheta, \alpha)$ in bezug auf $\mathsf{K}(\alpha)$ auffassen. $\mathsf{K}(\alpha)$ ist dann und nur dann Zerfällungskörper, wenn man in bezug auf $\mathsf{K}(\alpha)$ als Grundkörper den Körper $\mathsf{K}(\vartheta, \alpha)$ in einen Normalkörper $\mathsf{K}(\lambda)$ über $\mathsf{K}(\alpha)$ derart einbetten kann, daß die Galoissche Gruppe $\tilde{\mathfrak{H}}$ ist, aufgefaßt als Erweiterung von $\mathfrak{N}$ mit Hilfe von $\tilde{\mathfrak{G}}$. In bezug auf K als Grundkörper sei dann $\mathsf{K}(\omega)$ der zu $\mathsf{K}(\lambda)$ gehörige Galoissche Körper. $\mathsf{K}(\vartheta)$ erscheint in den Normalkörper $\mathsf{K}(\omega)$ über K eingebettet; die Galoissche Gruppe sei die Erweiterung $\mathfrak{U}$ einer Gruppe $\mathfrak{V}$ mit Hilfe von $\mathfrak{G}$. Dann muß die Ordnung von $\mathfrak{U}$ unter einer festen Schranke liegen (z. B. unter $(tmn)\,!$).

Ist umgekehrt eine Erweiterung $\mathfrak{U}$ einer Gruppe $\mathfrak{V}$ mit Hilfe von $\mathfrak{G}$ gegeben, und $\mathsf{K}(\vartheta)$ in einen Normalkörper $\mathsf{K}(\omega)$ mit der Erweiterung $\mathfrak{U}$ als Galoisscher Gruppe eingebettet, so kann man allein aus der gruppentheoretischen Struktur von $\mathfrak{U}$ ablesen, ob $\mathsf{K}(\omega)$ in der oben geschilderten Weise aus einem Zerfällungskörper $\mathsf{K}(\alpha)$ entstanden sein kann. Alle oben verwendeten Eigenschaften der verschiedenen vorkommenden Körper drücken sich nämlich vollständig äquivalent durch Eigenschaften von $\mathfrak{U}$ aus.

Man hat also zunächst alle endlich vielen Erweiterungen $\mathfrak{U}$ irgendeiner Gruppe $\mathfrak{V}$ mit Hilfe von $\mathfrak{G}$ aufzustellen, deren Ordnung unter der angegebenen Schranke liegt. Danach muß man durch gruppentheoretische Untersuchung von $\mathfrak{U}$ feststellen, ob $\mathfrak{U}$ überhaupt bei einem $\mathsf{K}(\alpha)$ in der geschilderten Weise auftreten kann; es mögen dafür etwa $\mathfrak{U}_1, \mathfrak{U}_2, \ldots, \mathfrak{U}_r$ in Frage kommen. Schließlich hat man zu entscheiden, ob sich das Einbettungsproblem für $\mathsf{K}(\vartheta)$ und $\mathfrak{U}_\varrho$ bei K als Grundkörper lösen läßt. Ist dies für ein ϱ aus der Reihe $1, 2, \ldots, r$ der Fall, so besitzt Δ Zerfällungskörper $\mathsf{K}(\alpha)$ vom Grade t, die mit $\mathsf{K}(\vartheta)$ den Durchschnitt $\mathsf{K}(\delta)$ haben. Hat dagegen keins der Einbettungsprobleme eine Lösung, so gibt es kein derartiges $\mathsf{K}(\alpha)$.

Damit ist gezeigt, *daß sich die Bestimmung des Index μ von Δ auf die Beantwortung von endlich vielen wohlbestimmten Einbettungsproblemen zurückführen läßt.* In ähnlicher Weise kann man übrigens auch die Frage, ob ein algebraischer Körper $\tilde{\mathsf{K}} = \mathsf{K}(\varrho)$ Zerfällungskörper ist, auf die Entscheidung von einem von endlich vielen Einbettungsproblemen mit K als Grundkörper zurückführen. Hierbei handelt es sich allerdings ebenso wie auch bei der Behandlung des Index im allgemeinen nicht um Einbettung in relativ zyklische Körper.

Einfacher ist die Untersuchung des Exponenten ν von Δ. Faßt man $\mathfrak{H}$ als Element von $\mathfrak{Z}$ (vgl. § 4) auf, so ist die kleinste Potenz von $\mathfrak{H}$, die zur Untergruppe $\mathfrak{W}$ gehört, gerade die ν-te Potenz. *Damit ist auch die Bestimmung von ν auf Einbettungsprobleme zurückgeführt.*

Schließlich kommen auch alle Fragen, ob Zerfällungskörper einer bestimmten algebraischen Struktur (z. B. Normalkörper eines gegebenen Grades t oder zyklische Körper) existieren, auf Einbettungsfragen heraus.

Wir wollen jetzt den Begriff des regulären Zerfällungskörpers dahin einengen, daß wir von der in § 2 eingeführten Zahl n fordern, daß sie im Grad m von $\mathsf{K}(\vartheta)$ aufgeht. Ein Normalkörper m-ten Grades über K heißt also *regulärer Zerfällungskörper* eines Schiefkörpers Δ, wenn er Zerfällungskörper ist, und wenn Δ ein zu $\mathsf{K}(\vartheta)$ gehöriges Faktorensystem besitzt, das aus m-ten Einheitswurzeln besteht. Jedes Δ besitzt auch noch im neuen Sinn reguläre Zerfällungskörper, vgl. Anm. 9 und § 6.

Zu $\mathsf{K}(\vartheta)$ gehört dann eine größtmögliche Zahl n, die den Bedingungen genügt: 1) n geht im Grad m von $\mathsf{K}(\vartheta)$ auf; 2) die n-ten Einheitswurzeln gehören zu $\mathsf{K}(\vartheta)$; 3) hat K die Charakteristik $p \neq 0$, so ist $(n, p) = 1$; im Fall der Charakteristik 0 fällt die dritte Bedingung fort. Wir wählen in den früheren Betrachtungen für n die so charakterisierte Zahl; jede andere den Bedingungen genügende Zahl n' geht dann in n auf.

Zu jedem Normalkörper $\mathsf{K}(\vartheta)$ gehören jetzt nur endlich viele Schiefkörper Δ, die $\mathsf{K}(\vartheta)$ als regulären Zerfällungskörper besitzen. Die im § 4 mit $\mathfrak{Z}$ und $\mathfrak{W}$ bezeichneten endlichen Gruppen hängen dann allein von $\mathsf{K}(\vartheta)$ ab und zwar ist $\mathfrak{Z}$ durch die Galoissche Gruppe von $\mathsf{K}(\vartheta)$ und das Verhalten der zu $\mathsf{K}(\vartheta)$ gehörigen Einheitswurzeln bestimmt, während $\mathfrak{W}$ wesentlich durch Einbettungseigenschaften von $\mathsf{K}(\vartheta)$ bestimmt ist. Ist $\mathfrak{A}$ die Gruppe [21] aller Schiefkörper mit dem Zentrum K, die von endlichem Rang über K sind, und bedeutet $\mathfrak{B}$ die Untergruppe von $\mathfrak{A}$, die aus allen Schiefkörpern mit $\mathsf{K}(\vartheta)$ als regulärem Zerfällungskörper besteht, so ist $\mathfrak{B}$ zu $\frac{\mathfrak{Z}}{\mathfrak{W}}$ einstufig isomorph.

Will man alle Schiefkörper eines festen Index μ (also vom Range μ^2) mit dem Zentrum K aufstellen, so braucht man nur Normalkörper $\mathsf{K}(\vartheta)$ von einem Grad m über K zu berücksichtigen, der $\mu!\,\mu^\mu = N$ nicht übersteigt (vgl. § 6). Zu jedem derartigen $\mathsf{K}(\vartheta)$ hat man die Zahl n und danach alle in Frage kommenden Erweiterungen $\mathfrak{H}$ von $\mathfrak{N}$ zu bestimmen; die Ordnung von $\mathfrak{H}$ ist dabei höchstens N^2. Zu jedem derartigen $\mathfrak{H}$ gehört dann ein Schiefkörper Δ mit K als Zentrum und $\mathsf{K}(\vartheta)$ als regulärem Zerfällungskörper. Man kann dabei ein einfaches System hyperkomplexer Größen A explizit angeben, das einer vollständigen Matrixalgebra mit Koeffizienten aus Δ isomorph ist. Um Δ zu erhalten, müssen wir A nach dem Maclagan-Wedderburnschen Satz als direktes Produkt eines Schiefkörpers Δ und einer vollständigen Matrixalgebra aus K darstellen.

Der Index von Δ braucht allerdings nicht gerade μ zu sein; dies muß man in der oben geschilderten Weise durch Untersuchung von Einbettungseigenschaften feststellen [22]. Dabei sind nur Körper und Gruppen heranzuziehen, deren Grad bzw. Ordnung unter einer nur von μ abhängigen Schranke liegt.

Man wird i. a. denselben Schiefkörper sehr oft erhalten, man muß also noch entscheiden, ob zwei in dieser Weise konstruierte Schiefkörper isomorph sind. Dies geschieht nach Satz 8. Die bei der Untersuchung auftretenden Körper $\mathsf{K}(\vartheta, \varrho)$ sind dabei höchstens vom Grad N^2, die zu berücksichtigenden Gruppen höchstens von der Ordnung N^3.

Hervorgehoben sei noch, daß, wenn K ein algebraischer Körper von endlichem Grad über dem Körper der rationalen Zahlen ist, jede Einbettungsfrage für $\mathsf{K}(\vartheta)$ in einen relativ zyklischen Körper sich in endlich vielen Schritten beantworten läßt.

Zum Schluß noch eine einfache Bemerkung, die unter Umständen die Bestimmung des Index erleichtert. *Enthält die Erweiterung $\mathfrak{H}$ von $\mathfrak{N}$ eine zu $\mathfrak{N}$ teilerfremde Untergruppe $\mathfrak{R}$ der Ordnung r und ist m die Ordnung von $\frac{\mathfrak{H}}{\mathfrak{N}}$, so ist der Index eines zugehörigen Schiefkörpers ein Teiler von $\frac{m}{r}$* [23]. Denn ist $\tilde{\mathfrak{G}}$ die aus $\mathfrak{R}$ bei der homomorphen Abbildung von $\mathfrak{H}$ auf $\mathfrak{G}$ entstehende Gruppe, so hat $\tilde{\mathfrak{G}}$ ebenfalls die Ordnung r. Ist $\mathsf{K}(\alpha)$ der zur Unter-

[21]) Vgl. R. Brauer, Über die algebraische Struktur von Schiefkörpern; erscheint in dieser Zeitschrift.

[22]) Im § 6 wird übrigens das Verfahren so abgeändert werden, daß man von vornherein sicher ist, nur Schiefkörper Δ zu erhalten, deren Index μ nicht übersteigt.

[23]) n braucht dabei nur den Bedingungen von § 2 zu genügen.

gruppe $\widetilde{\mathfrak{G}}$ von $\mathfrak{G}$ gehörende Teilkörper von $\mathsf{K}(\vartheta)$, so hat daher $\mathsf{K}(\alpha)$ den Grad $\frac{m}{r}$. Ersetzt man den Grundkörper K durch $\widetilde{\mathsf{K}} = \mathsf{K}(\alpha)$, so hat man nach dem oben Gezeigten $\mathfrak{H}$ durch $\widetilde{\mathfrak{H}} = \mathfrak{R}\mathfrak{N}$ zu ersetzen; nach Satz 4' ist dann der Index 1, und also $\mathsf{K}(\alpha)$ Zerfällungskörper, woraus die Behauptung folgt.

§ 6. Übergang von einem beliebigen zu einem regulären Zerfällungskörper.

$\mathsf{K}(\varrho)$ sei ein beliebiger Zerfällungskörper eines Schiefkörpers Δ; der Übergang von von $\mathsf{K}(\varrho)$ zu einem regulären Zerfällungskörper soll jetzt noch genauer untersucht werden. Der Grad von $\mathsf{K}(\varrho)$ sei mit m, die Konjugierten zu ϱ mit $\varrho_1 = \varrho, \varrho_2, \ldots, \varrho_m$ bezeichnet. Besitzt das Faktorensystem $c_{\alpha\beta\gamma}$ von Δ als Exponenten einen Teiler einer Zahl n, so gibt es m^2 Zahlen $k_{\alpha\beta}$, derart daß

$$\frac{k_{\alpha\beta}\,k_{\beta\gamma}}{k_{\alpha\gamma}} = c^n_{\alpha\beta\gamma}, \qquad (\alpha, \beta, \gamma = 1, 2, \ldots, m) \tag{21}$$

gilt und die $k_{\alpha\beta}$ den Bedingungen genügen: 1) $k_{\alpha\beta}$ ist eine von Null verschiedene Zahl von $\mathsf{K}(\varrho_\alpha, \varrho_\beta)$; 2) Geht bei Anwendung einer Permutation der Galoisschen Gruppe von $\mathsf{K}(\varrho_1, \varrho_2, \ldots, \varrho_m)$ gerade ϱ_α in ϱ_γ, ϱ_β in ϱ_δ über, so geht $k_{\alpha\beta}$ in $k_{\gamma\delta}$ über.

Ersetzt man in (21) n durch m, so kann man die $k_{\alpha\beta}$ in der Form

$$k_{\alpha\beta} = \prod_{\delta=1}^{m} c_{\alpha\beta\delta}$$

wählen. Denn es ist klar, daß diese Zahlen den Bedingungen 1) und 2) genügen; aus den Assoziativitätsbedingungen für die $c_{\alpha\beta\gamma}$ folgt (21) mit m anstelle von n. Aus dieser Bemerkung ergibt sich der einfachste Beweis dafür, daß der Exponent von c im Index aufgeht.

Wir adjungieren jetzt zu $\mathsf{K}(\varrho_1, \varrho_2, \ldots, \varrho_m)$ alle Werte von $\sqrt[n]{k_{1\gamma}}$, $(\gamma = 2, 3, \ldots, m)$. Der entstehende Körper $\mathsf{K}(\vartheta)$ ist höchstens vom Grad $m!\,\varphi(n)\,n^{m-1}$, wo φ die Eulersche Funktion bedeutet. Wegen (21) (für $\alpha = 1$) enthält $\mathsf{K}(\vartheta)$ auch alle Werte von $\sqrt[n]{k_{\beta\gamma}}$ für alle β, γ; daher ist $\mathsf{K}(\vartheta)$ ein Normalkörper. Die Konjugierten zu ϑ seien $\vartheta_1 = \vartheta, \vartheta_2, \ldots, \vartheta_g$.

Wir ersetzen den Zerfällungskörper $\mathsf{K}(\varrho)$ durch $\mathsf{K}(\vartheta)$, wir bezeichnen die zugehörige Erweiterung von $c_{\alpha\beta\gamma}$ mit $c_{A,B,C}$, wo A, B, C die Elemente der Galoisschen Gruppe $\mathfrak{G}$ von $\mathsf{K}(\vartheta)$ durchlaufen. Nach § 1 und U. § 3 hat man zu setzen

$$c_{A,B,C} = c_{\alpha\beta\gamma},$$

wenn A gerade ϱ_1 in ϱ_α, B ebenso ϱ_1 in ϱ_β, C schließlich ϱ_1 in ϱ_γ transformiert. Analog setzen wir

$$k_{A,B} = k_{\alpha\beta},$$

dann folgt aus (21) für alle A, B, C aus $\mathfrak{G}$

$$\frac{k_{A,B}\,k_{B,C}}{k_{A,C}} = c^n_{A,B,C}. \tag{22}$$

Gehört $\mathsf{K}(\varrho)$ zur Untergruppe $\mathfrak{S}$ von $\mathfrak{G}$, so gilt speziell

$$c_{S_1 A, S_2 B, S_3 C} = c_{A,B,C}, \qquad (S_1, S_2, S_3 < \mathfrak{S}).$$

Schließlich setzen wir

$$\varkappa_{A,E} = \sqrt[n]{k_{A,E}}, \qquad \varkappa_{AB,B} = \varkappa^B_{A,E},$$

wo die n-te Wurzel beliebig gewählt ist, nur schreiben wir vor

$$\varkappa_{S,E} = 1, \qquad (S < \mathfrak{S}),$$

8*

was wegen $k_{S,E} = k_{11} = 1$ möglich ist. $\varkappa_{A,B}$ ist stets eine Zahl aus $\mathsf{K}(\vartheta)$. Für alle A, B aus $\mathfrak{G}$ gilt

(23) $$\varkappa_{A,B}^n = k_{A,B}.$$

Das Faktorensystem

$$c^*_{A,B,C} = c_{A,B,C} \frac{\varkappa_{A,C}}{\varkappa_{A,B}\varkappa_{B,C}}$$

ist, wie leicht zu sehen ist, zu $c_{A,B,C}$ assoziiert. Erhebt man die Zahlen von c^* in die n-te Potenz, so erhält man 1 nach (22) und (23). c^* besteht also nur aus n-ten Einheitswurzeln, $\mathsf{K}(\vartheta)$ ist ein regulärer Zerfällungskörper.

Wählt man A und B speziell als Elemente von $\mathfrak{S}$ und $C = E$, so gilt

$$c_{A,B,C} = 1, \quad \varkappa_{A,C} = 1, \quad \varkappa_{B,C} = 1, \quad \varkappa_{A,B} = \varkappa^B_{AB^{-1},E} = 1$$

und also ergibt sich

(24) $$c^*_{A,B,C} = 1, \qquad (A, B, C < \mathfrak{S}).$$

Schreibt man für c^* wieder c und konstruiert man nach § 2 die zugehörige Gruppe $\mathfrak{H}$, so folgt aus (24) und (9), daß die Matrizen Z_A mit $A < \mathfrak{S}$ eine Untergruppe $\mathfrak{R}$ bilden, die zu $\mathfrak{N}$ teilerfremd ist. Die Ordnung von $\mathfrak{R}$ ist $\frac{g}{m}$. Da in unserem Fall die Ordnung von $\frac{\mathfrak{H}}{\mathfrak{N}}$ mit g bezeichnet ist, geht nach der Schlußbemerkung von § 5 aus der Existenz einer derartigen Gruppe $\mathfrak{R}$ umgekehrt unmittelbar hervor, daß es Zerfällungskörper vom Grad m gibt.

Bei geeigneter Wahl von $\mathsf{K}(\varrho)$ kann man für m den Index μ von Δ wählen, für n kann man den Exponenten ν von Δ nehmen.

Satz 10: *Ein Schiefkörper Δ vom Index μ und dem Exponenten ν besitzt reguläre Zerfällungskörper $\mathsf{K}(\vartheta)$ von einem Grad, der $\mu!\,\varphi(\nu)\nu^{\mu-1}$ nicht übertrifft. Bei geeigneter Wahl von $\mathsf{K}(\vartheta)$ gehört außerdem zu Δ eine Erweiterung $\mathfrak{H}$ von $\tilde{\mathfrak{N}}$, die eine zu $\tilde{\mathfrak{N}}$ teilerfremde Untergruppe $\mathfrak{R}$ vom (gewöhnlichen gruppentheoretischen) Index $\nu\mu$ enthält; $\tilde{\mathfrak{N}}$ ist dabei die zyklische Gruppe der Ordnung ν. Aus der Existenz eines derartigen $\mathfrak{R}$ folgt umgekehrt, daß der Index von Δ ein Teiler von μ ist.*

Man braucht also in § 5 bei der Aufstellung aller Schiefkörper nur Erweiterungen $\mathfrak{H}$ zu betrachten, die von diesem speziellen Typ sind; man ist dann sicher, daß Schiefkörper von größerem Index als μ nicht entstehen können. $\mathfrak{H}$ kann man außerdem als reduzierte Erweiterung von $\mathfrak{N}$ annehmen; denn sonst ist der Exponent von Δ kleiner als ν. Geht man von $\mathfrak{H}$ zu einer Erweiterung von $\mathfrak{N}$ über, wo n wie in § 5 festgelegt ist, so geht die Reduziertheit allerdings im Fall $\nu < n$ verloren.

Die in Satz 7 angegebene Schranke kann durch die schlechtere $\mu!\,\varphi(\mu)\mu^{\mu-1}$ ersetzt werden; für ungerades μ ist aber auch $\mu!\,\varphi(\mu)\mu^{\mu-2}$ zulässig. Man kann in diesem Fall dann nämlich $c_{\alpha\beta\alpha} = 1$ für alle α und β annehmen [24]). Verwendet man für $m = n = \mu$ die speziellen oben angegebenen $k_{\alpha\beta}$, so gilt

$$\prod_{\varrho=2}^{\mu} k_{1\varrho} = \prod_{\varrho=1}^{\mu} k_{1\varrho} = \prod_{\varrho,\sigma=1}^{\mu} c_{1\varrho\sigma} = 1$$

[24]) Denn ist, wie man annehmen darf, in (21) die Zahl n ungerade, so setze man $k'_{\alpha\beta} = k_{\alpha\beta} c_{\alpha\beta\alpha}^{\frac{1-n}{2}}$ für alle α, β; das assoziierte Faktorensystem $c'_{\alpha\beta\gamma} = c_{\alpha\beta\gamma} \frac{k'_{\alpha\gamma}}{k'_{\alpha\beta} k'_{\beta\gamma}}$ erfüllt, wie leicht zu sehen ist, die Bedingung $c'_{\alpha\beta\alpha} = 1$.

wegen

$$c_{1\varrho\varrho} = 1, \quad c_{1\varrho\sigma} c_{1\sigma\varrho} = c_{\varrho\sigma\varrho} c_{1\varrho\varrho} = 1.$$

Es genügt also, die μ-ten Wurzeln aus $k_{13}, k_{14}, \ldots, k_{1\mu}$ zu adjungieren, $\sqrt[\mu]{k_{12}}$ gehört dann von selbst zu $\mathsf{K}(\vartheta)$.

§ 7. Anwendungen und Beispiele.

Wir behandeln zunächst einen fast trivialen Satz, der die Aufstellung der in Frage kommenden Erweiterungen $\mathfrak{H}$ erleichtert.

Satz 11: $\mathfrak{H}$ sei eine reduzierte Erweiterung einer zyklischen Gruppe $\mathfrak{N}$ mit Hilfe von $\mathfrak{G}$. Läßt sich $\mathfrak{G}$ durch r von seinen Elementen erzeugen, so gilt das gleiche für $\mathfrak{H}$. Im Fall eines zyklischen regulären Zerfällungskörpers kommen also nur reduzierte $\mathfrak{H}$ in Betracht, die zyklisch sind.

Beweis: Sind $G_1, G_2, \ldots, G_r$ erzeugende Elemente von $\mathfrak{G}$, so suchen wir r Elemente H_ϱ, derart daß H_ϱ bei der homomorphen Abbildung von $\mathfrak{H}$ auf $\mathfrak{G}$ in G_ϱ übergeht. Ist $\mathfrak{H}'$ die von den H_ϱ erzeugte Untergruppe von $\mathfrak{H}$, so wird $\mathfrak{H}$ sicher durch $\mathfrak{H}'$ und $\mathfrak{N}$ erzeugt. Da $\mathfrak{N}$ invariante Untergruppe von $\mathfrak{H}$ ist, folgt $\mathfrak{H} = \mathfrak{H}'\mathfrak{N}$. Soll nun $\mathfrak{H}$ reduziert sein, so muß $\mathfrak{H} = \mathfrak{H}'$ nach Satz 4 gelten.

Wir betrachten jetzt Grundkörper K mit folgender Eigenschaft: *Jeder algebraische Körper endlichen Grades über K soll relativ zyklisch sein.* Offenbar hat dann jeder derartige algebraische Körper über K diese selbe Eigenschaft wie K. Ferner kann K zu einem festen Grad r höchstens einen algebraischen Körper r-ten Grades besitzen, da das Kompositum zweier derartiger Körper notwendig nicht zyklisch ist. Ist s ein Teiler von r, so enthält ein Körper r-ten Grades einen Teilkörper vom Grade s.

q sei eine Primzahl; wir wollen weiter voraussetzen, *daß es einen Körper q-ten Grades über K gibt und daß K nicht die Charakteristik q hat; außerdem noch im Fall $q = 2$, daß K die Größe $i = \sqrt{-1}$ enthält.* Die Artin-Schreiersche Theorie der reellen Körper [25]) ergibt dann fast unmittelbar die Tatsache, daß dann auch *für alle Potenzen q^t Körper des betreffenden Grades über K existieren.*

Wir beweisen es auch noch einmal mit den in der vorliegenden Arbeit entwickelten Methoden. Für die Potenz q^t sei bereits die Existenz des Körpers gezeigt, ($t \geqq 1$). Wir adjungieren zu diesem eine primitive q^{2t+1}-te Einheitswurzel, der entstehende Körper $\mathsf{K}(\vartheta)$ sei vom Grad $q^t s$. Geht q in s auf, so sind wir fertig. Im andern Fall sei K^* der Teilkörper s-ten Grades. Es genügt zu zeigen, daß über K^* ein Körper vom Grad q^{t+1} existiert, wir dürfen also annehmen $\mathsf{K}^* = \mathsf{K}$, $s = 1$.

$\mathfrak{G}$ von der Ordnung q^t sei die Galoissche Gruppe von $\mathsf{K}(\vartheta)$, $\mathfrak{N}$ bedeute die zyklische Gruppe der Ordnung $n = q^{2t+1}$. K selbst kann man als Schiefkörper mit dem Zentrum K auffassen, dazu gehöre die Erweiterung $\mathfrak{H}$ von $\mathfrak{N}$ mit Hilfe von $\mathfrak{G}$. Entspricht dem Element H von $\mathfrak{H}$ ein erzeugendes Element von $\mathfrak{G}$, so liefert $H^{-1}\mathfrak{N}H = \mathfrak{N}$ einen Automorphismus α von $\mathfrak{N}$, die Ordnung von α ist ein Teiler von q^t. Ist q ungerade, so wird

---

[25]) Vgl. die beiden Arbeiten: E. Artin und O. Schreier, Algebraische Konstruktion reeller Körper, Abhandl. a. d. Math. Seminar Hamburg **5** (1927), S. 85—89, und Eine Kennzeichnung der reell abgeschlossenen Körper, ebendort S. 225—231, ferner auch die vorangehende Arbeit von Herrn E. Artin, Kennzeichnung des Körpers der reellen algebraischen Zahlen, Abhandl. a. d. Math. Seminar Hamburg **3** (1924), S. 319—323. Die Behauptung folgt dann im wesentlichen aus den Sätzen 3 und 4 der ersten Artin-Schreierschen Arbeit, die man auch umgekehrt aus den oben angegebenen Tatsachen leicht herleitet. In der zweiten Artin-Schreierschen Arbeit wird auch der in unserem Zusammenhang nicht interessierende Fall behandelt, daß K gerade die Charakteristik q hat.

dabei bekanntlich die Untergruppe vom Index q^t (d. h. von der Ordnung q^{t+1}) elementweise in sich transformiert, die q^{t+1}-ten Einheitswurzeln gehen also bei G in sich über und gehören daher zu K. Im Fall $q = 2$ bestehen für α noch andere Möglichkeiten, dann geht aber das Element 4-ter Ordnung von $\mathfrak{N}$ nicht in sich über. Da i zu K gehört, kommen diese Fälle für uns nicht in Frage. Auch wenn $q = 2$ ist, muß K die q^{t+1}-ten Einheitswurzeln enthalten.

$\mathfrak{N}_1$ und $\mathfrak{N}_2$ seien die zyklischen Gruppen der Ordnungen $n_1 = q^{t+1}$ bzw. $n_2 = q$; $\mathfrak{H}_1$ und $\mathfrak{H}_2$ seien die zyklischen Erweiterungen von $\mathfrak{N}_1$ bzw. $\mathfrak{N}_2$ mit Hilfe von $\mathfrak{G}$. Da die n_1-ten Einheitswurzeln Größen von K sind, gehören zu $\mathfrak{H}_1$ und $\mathfrak{H}_2$ Schiefkörper Δ_1 und Δ_2. Bildet man von $\mathfrak{H}_1$, aufgefaßt als Element der Gruppe $\mathfrak{Z}$ in § 4, die q^t-te „Potenz" und sucht die zugehörige reduzierte Erweiterung, so erhält man $\mathfrak{H}_2$. Nun ist der Index und erst recht also der Exponent von Δ_1 ein Teiler von q^t, denn $\mathsf{K}(\vartheta)$ ist Zerfällungskörper. Also folgt, daß Δ_2 den Exponenten 1 hat und folglich mit K identisch ist. Nach Satz 7 gibt es dann einen Körper mit der Gruppe $\mathfrak{H}$, d. h. vom Grad q^{t+1} über K. Das liefert die Behauptung.

Jetzt können wir einen Satz beweisen, der in den Spezialfällen, daß K ein Körper mit nur endlich vielen Elementen oder der Körper aller reellen Zahlen ist, bekannte Sätze enthält.

S a t z 12: *K sei ein vollkommener Körper, alle algebraischen Körper über K seien zyklisch. Ist K im Artin-Schreierschen Sinn nicht reell*[26]*, so gibt es (außer K selbst) keinen Schiefkörper mit dem Zentrum K. Ist dagegen K reell, so bilden die Quaternionen mit Koeffizienten aus K den einzigen derartigen Schiefkörper.*

Beweis: Δ sei ein Schiefkörper mit K als Zentrum, ν sei der Exponent von Δ und $\mathsf{K}(\vartheta)$ ein zugehöriger regulärer Zerfällungskörper. Ist $\mathfrak{N}$ die zyklische Gruppe ν-ter Ordnung, so möge Δ zu der Erweiterung $\mathfrak{H}$ von $\mathfrak{N}$ mit Hilfe von $\mathfrak{G}$ gehören, wo $\mathfrak{G}$ die Galoissche Gruppe von $\mathsf{K}(\vartheta)$ bedeutet. $\mathfrak{H}$ ist dann von selbst reduziert, nach Satz 11 also zyklisch. Ist m der Grad von $\mathsf{K}(\vartheta)$, so ist $m\nu$ die Ordnung von $\mathfrak{H}$. Nach Satz 7 haben wir zu untersuchen, ob ein algebraischer Körper von einem durch $m\nu$ teilbaren Grad über K existiert. Dieser enthält nämlich dann einen Körper vom Grad $m\nu$, der von selbst zyklisch ist und $\mathsf{K}(\vartheta)$ enthält.

Fall 1: *K enthält i.* Die Charakteristik von K ist Null oder von selbst zu ν teilerfremd (§ 2). Ist q eine in ν aufgehende Primzahl, so geht q auch in dem Vielfachen m von ν auf, daher gibt es Körper q-ten Grades über K und nach den vorausgeschickten Hilfsbetrachtungen auch Körper von allen Graden q^t über K. Durch Komposition dieser Körper für alle q und geeignete t und von $\mathsf{K}(\vartheta)$ findet man dann einen Körper, dessen Grad durch $m\nu$ teilbar ist. Nach dem oben Bemerkten ist daher Δ mit K selbst identisch.

Fall 2: *K enthält i nicht.* Es sei $\mathsf{K}' = \mathsf{K}(i)$. Ersetzt man K durch K' als Grundkörper, so bleibt der Index μ von Δ ungeändert oder er wird halbiert. In bezug auf K' ist aber, wie gezeigt, der Index 1; es kann also nur $\mu = 1$ oder 2 gewesen sein. $\mu = 2$ ist nur dann möglich, wenn über K keine Körper vierten Grades, über K' also keine quadratischen Körper existieren, da man sonst wie im Fall 1 schließen kann. K' selbst muß regulärer Zerfällungskörper sein, $\mathfrak{H}$ muß die Ordnung 4 haben und zyklisch sein. Zu $\mathsf{K}(i)$ und der zyklischen Gruppe vierter Ordnung gehören aber gerade die Quaternionen, (vgl. die folgenden Beispiele). Die Bedingung, daß sie keine Nullteiler besitzen,

[26]) Vgl. die in [25]) genannten Arbeiten von Artin und Schreier.

ist, daß in K die Zahl -1 nicht als Summe von zwei Quadraten darstellbar ist. Daraus folgt, da $K(i)$ der einzige quadratische Körper über K ist, auf einfache Weise [27]), daß K reell ist.

Ist umgekehrt K reell, so stellen die Quaternionen sicher einen Schiefkörper mit K als Zentrum dar. Damit ist Satz 12 bewiesen.

Wir betrachten jetzt noch bei Zugrundelegung eines beliebigen Grundkörpers K Gruppen $\mathfrak{H}$ der einfachsten Typen. Abelsche Gruppen $\mathfrak{H}$ können nur reduziert sein, wenn sie zyklisch sind; zyklische Erweiterungen der Gruppe n-ter Ordnung kommen nur in Frage, wenn die n-ten Einheitswurzeln zu K gehören [28]).

Nehmen wir speziell für $\mathfrak{H}$ die zyklische Gruppe 4-ter Ordnung. Von trivalen Fällen abgesehen muß dann der reguläre Zerfällungskörper quadratisch sein, $K(\vartheta) = K(\sqrt{d})$; es handelt sich um gewisse Systeme von verallgemeinerten Quaternionen, die nach § 1 eine Basis $1, T, Z, ZT$ mit den Multiplikationsregeln

$$T^2 = d, \quad Z^2 = -1, \quad ZT = -TZ \tag{25}$$

besitzen. Die Bedingung dafür, daß sie wirklich einen Schiefkörper Δ bilden, ist nach Satz 7 die, daß man $K(\sqrt{d})$ nicht in einen zyklischen Körper 4-ten Grades einbetten kann. Δ erscheint dann gewissermaßen als Ersatz für diesen fehlenden Körper. Unmittelbare Untersuchung des Faktorensystems ergibt die äquivalente Bedingung, daß -1 nicht Relativnorm einer Zahl aus $K(\sqrt{d})$ sein darf, was gerade bedeutet, daß d in K nicht als Summe zweier Quadrate darstellbar sein darf. Ist K der Körper der rationalen Zahlen, so ergibt U. § 4 [29]), daß (25) dann und nur dann einen Schiefkörper liefert, wenn entweder $d < 0$ ist oder im Fall $d > 0$ in $K(\sqrt{d})$ keine Einheit der Norm -1 vorkommt und jede ambige Idealklasse ein ambiges Ideal enthält. Die Äquivalenz der verschiedenen Formen der Bedingung ist natürlich auch unmittelbar zu sehen.

Die verallgemeinerten Quaternionen, soweit sie nicht durch (25) erfaßt werden, besitzen einen regulären Zerfällungskörper vierten Grades, $\mathfrak{H}$ kann man als die Diedergruppe der Ordnung 8 wählen.

Ist $K(\vartheta)$ ein zyklischer Körper vierten Grades und $n = 2$, so kommt als nichttriviales Beispiel nur die zyklische Gruppe achter Ordnung in Frage. Der Exponent eines zugehörigen Schiefkörpers Δ ist 1 oder 2, der Index kann 1, 2 oder 4 sein. Ist K ein algebraischer Zahlkörper, so folgt aus einem allgemeinen Satz von Herrn Hasse [30]), daß nur die ersten beiden Fälle in Frage kommen. Dagegen ist es nicht schwer, andere Körper anzugeben, bei denen der dritte Fall eintritt, also Exponent und Index voneinander verschieden sind. Das zeigt, daß bei der Untersuchung von Herrn Hasse über zyklische Algebren die Voraussetzung wesentlich ist, daß der Grundkörper ein algebraischer Zahlkörper ist; was auch nicht als überraschend angesehen werden kann.

Auch mit Hilfe der Quaternionengruppe von der Ordnung 8 kann man leicht Schiefkörper vom Index 4 und Exponenten 2 konstruieren; K ist dabei ebenfalls kein algebraischer Körper.

---

[27]) Vgl. die in [25]) genannte Artinsche Arbeit.

[28]) Die zu zyklischen Gruppen $\mathfrak{H}$ gehörigen Schiefkörper sind *spezielle* zyklische Algebren im Sinn von Herrn H. Hasse, Theorie der zyklischen Algebren über einem algebraischen Zahlkörper, Nachr. v. d. Gesellschaft d. Wissensch. zu Göttingen 1931, S. 70—79.

[29]) Man sieht übrigens leicht ein, daß die dort mit K bezeichnete Idealklasse nicht nur, wie in U. angegeben, eine mit ihren relativkonjugierten übereinstimmende n-te Potenz besitzen muß, sondern sogar selbst mit ihren relativkonjugierten übereinstimmt. K^n enthält ein Ideal, das mit seinen relativ konjugierten übereinstimmt.

[30]) Vgl. die in [28]) zitierte Arbeit von Herrn Hasse.

Schließlich soll noch an einem Beispiel gezeigt werden, daß die Festsetzungen in § 2 bei der Definition der Erweiterung einer Gruppe notwendig waren. Ist K der Körper der rationalen Zahlen, $\mathsf{K}(\vartheta) = \mathsf{K}(i, \sqrt{5})$ so ist die Galoissche Gruppe $\mathfrak{G}$ die Vierergruppe. A und B seien erzeugende Elemente, und zwar möge i durch A und $\sqrt{5}$ durch B invariant gelassen werden. Durch $C^4 = E$, $D^2 = E$ definieren wir eine Abelsche Gruppe $\mathfrak{H}$ vom Typ $(4, 2)$; identifizieren wir $\mathfrak{N}$ mit der von E, C^2 gebildeten Untergruppe, so kann man $\mathfrak{H}$ dadurch als Erweiterung mit Hilfe von $\mathfrak{G}$ definieren, daß man $C \to A$, $D \to B$ vorschreibt. Der zugehörige Schiefkörper ist aber K selbst, weil der Körper der 20-ten Einheitswurzeln eine Einbettung der betreffenden Art liefert. Macht man dagegen $\mathfrak{H}$ dadurch zur Erweiterung, daß man $D \to A$, $C \to B$ vorschreibt, so hat das zugehörige Δ nicht den Index 1. Denn wenn das Einbettungsproblem eine Lösung hätte, so erhielte man dabei auch eine Einbettung von $\mathsf{K}(i)$ in einen zyklischen Körper vierten Grades. Also ist hier Δ ein wirklicher Schiefkörper $\neq \mathsf{K}$, beide Erweiterungen spielen also eine ganz verschiedene Rolle.

Eingegangen 1. November 1931.

Über den Index und den Exponenten von Divisionsalgebren.

von

Richard BRAUER in Königsberg i. Pr..

Ist D eine normale Divisionsalgebra([1]) über dem vollkommenen Grundkörper K, so ist der lineare Rang von D über K eine Quadratzahl m^2; m bezeichnet man dabei als den Index von D. Eine zweite für D charakteristische Größe ist der Exponent l von D; dies ist die kleinste natürliche Zahl, für die das direkte Produkt von l Faktoren D einer vollständigen Matrixalgebra aus K isomorph ist([2]). Zwischen l und m bestehen folgende Beziehungen: 1) Jeder Primteiler von m geht in l auf, 2) l ist Teiler von m.

Das Ziel der folgenden Untersuchung ist es, nachzuweisen, daß allgemein keine anderen Beziehungen zwischen Index und Exponent bestehen. Mit anderen Worten: Zu jedem Paar von natürlichen Zahlen l und m, für das die beiden Beziehungen 1) und 2) gelten, läßt sich eine normale Divisionsalgebra über einem geeigneten Grundkörper angeben, die den Index m und den Exponenten l besitzt. Man kann dabei sogar die Divisionsalgebra von dem besonders einfachen und wichtigen von L. E. Dickson([3]) entdeckten Typ wählen, der heute meist als zyklische Algebra bezeichnet wird([4]).

([1]) Wegen der Begriffe vergleiche man L. E. Dickson, Algebren und ihre Zahlentheorie, Orell Füssli 1927. Anstelle der von Dickson gebrauchten Bezeichnung „Ordnung" einer Algebra für die Anzahl der Basiselemente wird im folgenden die Bezeichnung „(linearer) Rang" der Algebra verwendet.

([2]) Die Existenz einer derartigen Zahl l und die im folgenden angegebenen Beziehungen zwischen l und m wurden in meiner Arbeit, Über Systeme hyperkomplexer Zahlen, Mathematische Zeitschrift **30** (1929), S. 79 bewiesen.

([3]) Vgl. dazu Kapitel III des Dicksonschen Buches und H. Hasse, Theory of cyclic algebras over an algebraic number field, Transactions of the American Mathematical Society **34** (1932), S. 171.

([4]) Ein erstes Beispiel dafür, daß l nicht mit m übereinzustimmen braucht findet sich in einer Arbeit von mir in der Mathematischen Zeitschrift **31** (1930), S. 745. Dabei müssen die dort mit a und b bezeichneten Zahlen als rationale Zahlen gewählt werden, was anzugeben vergessen worden ist. Im Anschluß daran gab G. Köthe, Mathematische Annalen **105** (1931), S. 15, Beispiele dafür, daß $l=2$ und m eine beliebige Potenz von 2 sein kann. A. A. Albert gab im Bulletin of the American Mathematical Society **37** (1931), S. 727, ein Beispiel einer zyklischen Divisionsalgebra mit $l=2$ und $m=4$ und ebenda Band **38** (1932), S. 449, ein Beispiel einer Divisionsalgebra mit $l=2$, $m=4$, die sich nicht als zyklische Algebra schreiben läßt.

1. Zyklische Algebren(5).

Es sei K ein vollkommener Körper, $Z=K(\vartheta)$ sei ein zyklischer Körper n-ten Grades über K. S bedeute ein erzeugendes Element der Galoisschen Gruppe von Z in bezug auf K als Grundkörper, eine Größe z von Z gehe bei Anwendung von S in z^S über.

Ist α eine von 0 verschiedene Größe von K, so bezeichnet man ein System A von hyperkomplexen Größen über dem Grundkörper K als die zyklische Algebra (α, Z, S), wenn sich die Größen von A in der Form

$$a=z_0+uz_1+u^2z_2+\ldots+u^{n-1}z_{n-1}$$

schreiben lassen, wo die z_ν beliebige Zahlen aus Z sind und die Größe u von A die Relationen erfüllt

$$u^n=\alpha,$$
$$zu=uz^S \qquad (z \text{ aus } Z),$$

und bei festem u die Zahlen z_ν durch a eindeutig bestimmt sind.

Zu jedem α, Z, S mit den genannten Eigenschaften gehört ein eindeutig bestimmtes System A. Soll hervorgehoben werden, daß K der Grundkörper ist, so schreiben wir auch $A=(\alpha, Z/K, S)$. A ist eine einfache normale Algebra über K. Der Exponent l von A ist die kleinste natürliche Zahl l, für die α^l Norm einer Zahl aus Z in bezug auf K als Grundkörper ist(6). Die zyklischen Algebren (α, Z, S) mit beliebigem $\alpha\neq 0$ aus K sind unter allen normalen einfachen Algebren vom Rang n^2 über K dadurch charakterisiert, daß sie den zyklischen Körper Z als maximalen (kommutativen) Teilkörper besitzen. Der Vollständigkeit halber gebe ich noch an, wie man α zu berechnen hat, wenn das Faktorensystem einer derartigen Algebra in derselben Form gegeben ist wie in der mit (2) zitierten Arbeit. Es sei $Z=K(\vartheta)$,

$$\vartheta_\nu=\vartheta^{S^{\nu-1}}, \quad (\nu=1,2,\ldots,n).$$

Ist $c_{\rho\sigma\tau}$ das zugehörige Faktorensystem, so ergibt sich aus § 1 meiner Arbeit im Journal für die reine und angewandte Mathematik **168** (1932), S. 44 in Verbindung mit § 15 der Hasseschen Abhandlung leicht, daß man

$$\alpha=(c_{321}c_{431}\cdot\ldots\cdot c_{n,n-1,1}c_{1n1})^{-1}$$

zu setzen hat. Das Faktorensystem ist zu dem folgenden assoziiert

(5) Vgl. H. Hasse, a.a.O. (Anm3).

(6) Vgl. H. Hasse, (12.4) und (15.4).

$$c'_{\rho\sigma\tau}=\begin{cases} 1 \text{ für } \rho\geqq\sigma\geqq\tau \text{ oder } \sigma\geqq\tau>\rho \text{ oder } \tau>\rho\geqq\sigma \\ \dfrac{1}{\alpha} \text{ für } \rho\geqq\tau>\sigma \text{ oder } \sigma>\rho\geqq\tau \text{ oder } \tau>\sigma>\rho. \end{cases}$$

Zwei derartige „normierte" Faktorensysteme sind dann und nur dann assoziiert, wenn der Quotient der zugehörigen Zahlen α die Norm einer Zahl aus Z ist.

2. Konstruktion der Algebra A.

Es seien l und m zwei natürliche Zahlen, wir setzen zunächst nur voraus

1) Jeder Primteiler von m geht in l auf.

Es bedeute R_0 den Körper der rationalen Zahlen, ε sei eine primitive l-te Einheitswurzel. Dann ist im Körper $R_0(\varepsilon)$ das Polynom

(1) $$Q(x)=x^m-\varepsilon$$

irreduzibel. Denn ist η eine Wurzel von $Q(x)=0$, so ist η jedenfalls eine (lm)-te Einheitswurzel. Ist k der genaue Exponent, zu dem η gehört, so folgt, da η^m nach (1) eine primitive l-te Einheitswurzel ist, $\dfrac{k}{d}=l$, wo $(k, m)=d$ gesetzt ist. Dann ist aber $(dl, m)=d$, $\left(l, \dfrac{m}{d}\right)=1$, nach 1) muß also $d=m$ sein. η ist also primitive (lm)-te Einheitswurzel, hat also über R_0 den Grad $\varphi(lm)$; nach 1) ist dies dasselbe wie $m\varphi(l)$, und folglich hat η über $R_0(\varepsilon)$ noch mindestens den Grad m. $Q(x)$ muß also in diesem Körper wirklich irreduzibel sein

Es sei jetzt P der Körper $R_0(\varepsilon)$ oder auch irgend ein Erweiterungskörper von $R_0(\varepsilon)$, in dem $Q(x)$ irreduzibel ist. Ist m' ein Teiler von m, so ist auch $x^{m'}-\varepsilon$ im P irreduzibel, da man sonst eine Zerlegung von $Q(x)$ erhält, wenn man x durch eine geeignete Potenz ersetzt.

$x_1, x_2, \ldots, x_m$ seien m unabhängige Unbestimmte; wir adjungieren zu P alle rationalen Funktionen von $x_1, x_2, \ldots, x_m$ mit Koeffizienten aus P, die bei zyklischer Vertauschung der x_μ invariant bleiben und nennen den entstehenden Körper K. Der Körper $Z=K(x_1)$ ist dann zyklisch vom Grad m über K; die zyklische Vertauschung von $x_1, x_2, \ldots, x_m$ stellt ein erzeugendes Element der Galoisschen Gruppe von Z in bezug auf K als Grundkörper dar.

Wir setzen

(2) $$A=(\varepsilon, Z, S)$$

und behaupten dann: Die über dem Grundkörper K normale einfache Algebra A ist eine Divisionsalgebra. (Beweis in § 5). Da der Rang gerade m^2 ist, ist m der Index von A.

Setzen wir von l und m noch voraus

2) l ist ein Teiler von m,

so wird in § 3 gezeigt werden, daß l der Exponent von A ist. Damit wird dann gezeigt sein, daß zu je zwei natürlichen Zahlen l und m, die nur die notwendigen Bedingungen 1) und 2) erfüllen, Divisionsalgebren gehören, die l als Exponenten und m als Index besitzen.

3. Bestimmung des Exponenten von A.

Nach § 1 ist der Exponent λ von A die kleinste natürliche Zahl, für die ε^λ Norm einer Größe h von Z in bezug auf K als Grundkörper ist. Wegen $\varepsilon^l=1$ ist jedenfalls $\lambda \leqq l$.

Es sei nun $h=\frac{f}{g}$, wo f und g nicht identisch verschwindende Polynome in $x_1, x_2, \ldots, x_m$ mit Koeffizienten aus P sind. Es soll also gelten

$$\varepsilon^\lambda = \frac{f}{g}\cdot\frac{f^S}{g^S}\cdot\ldots\cdot\frac{f^{S^{m-1}}}{g^{S^{m-1}}},$$

$$(3) \qquad f f^S \ldots f^{S^{m-1}} = \varepsilon^\lambda g\, g^S \ldots g^{S^{m-1}}.$$

Ist f nicht konstant, so kann es als Polynom in $x_1, x_2, \ldots, x_m$ nicht zu allen g^{S^μ} teilerfremd sein. Haben f und g^{S^μ} den größten gemeinsamen Teiler d, so geht $d^{S^{m-\mu}}$ in $g^{S^m}=g$ auf. Ist

$$f = d f_1, \quad g = d^{S^{m-\mu}} g_1,$$

so folgt aus (3) leicht durch Division durch $d\, d^S \ldots d^{S^{m-1}}$

$$f_1 f_1^S \ldots f_1^{S^{m-1}} = \varepsilon^\lambda g_1 g_1^S \ldots g_1^{S^{m-1}}.$$

Diese Relation ist von genau derselben Form wie (3), anstelle von f ist ein Polynom niedrigeren Grades getreten. Fährt man so fort, so erkennt man, daß man ohne Einschränkung in (3) die Größen f und g als von Null verschiedene Konstanten annehmen kann. Dann wird auch $h=\frac{f}{g}$ eine von Null verschiedene Konstanten und damit eine Größe von P. Bei Anwendung von S bleibt h ungeändert; man findet also

$$(4) \qquad h^m = \varepsilon^\lambda.$$

Ist nun ε^λ eine primitive l'-te Einheitswurzel, (l' Teiler von l), so folgt aus (4), daß h eine (ml')-te Einheitswurzel ist. Ist k der genaue Exponent, zu dem h gehört, so ist nach (4) $\frac{k}{t}=l'$, wo $t=(k, m)$ gesetzt ist. Dann ergibt sich $(l't, m)=t$,

$$(5) \qquad \left(l', \frac{m}{t}\right)=1.$$

Wir setzen voraus, daß l und m die beiden Voraussetzungen 1) und 2) erfüllen. k ist Teiler von lm, also nur durch in l aufgehende Primzahlen teilbar. Würde k durch eine Primzahl p in höherer Potenz teilbar sein als die Zahl l, so enthielte P mit der primitiven l-ten Einheitswurzel ε und der primitiven k-ten Einheitswurzel h auch die (pl)-ten Einheitswurzeln. Nach § 2 ist aber das Polynom $x^p-\varepsilon$ in P irreduzibel und daher können die (pl)-ten Einheitswurzeln nicht alle zu P gehören. Es muß also k ein Teiler von l sein.

Also ist $l'=\frac{k}{t}$ ein Teiler von $\frac{l}{t}$ und also erst recht von $\frac{m}{t}$; aus (5) folgt also $l'=1$. Dann ist $\varepsilon^\lambda=1$ und daher λ durch l teilbar, also $\lambda \geqq l$. Damit ist gezeigt, daß A wirklich den Exponenten l besitzt.

4. Unmöglichkeit von Nullteilern in A: Vorbereitungen zum Beweis.

Wir haben jetzt nachzuweisen, daß $A=(\varepsilon, Z, S)$ keine Nullteiler besitzt, also Divisionsalgebra ist. Da der Rang von A über seinem Zentrum K gerade m^2 ist, ist m der Index von A(7).

Es ist zweckmäßig, den Beweis gleich in allgemeinerer Form zu führen. Es sei t ein beliebiger Teiler von m, ε_t bedeute jetzt eine primitive $\frac{ml}{t}$-te Einheitswurzel; es sei

$$P_t=P(\varepsilon_t), \quad K_t=K(\varepsilon_t).$$

$K_t(x_1)$ besteht gerade aus den rationalen Funktionen von $x_1, x_2, \ldots, x_m$ mit Koeffizienten aus P_t. Die zyklische Vertauschung S von $x_1, x_2, \ldots, x_m$ ist jedenfalls ein Element der Galoisschen Gruppe von $K_t(x_1)$ in bezug auf K_t als Grundkörper, der Relativgrad ist dann genau m und S ist ein erzeugendes Element der fraglichen Galoisschen Gruppe. Unter Z_t wollen wir den Teilkörper von $K_t(x_1)$ verstehen, der bei S^t invariant bleibt.

Dann besteht also Z_t aus allen rationalen Funktionen von

(7) Von den beiden Voraussetzungen 1) und 2) über l und m wird in §§ 5, 6 nur 1) verwendet.

$x_1, x_2, \ldots, x_m$ mit Koeffizienten aus P_t, die bei S^t invariant bleiben, K_t aus denjenigen unter diesen rationalen Funktionen, die bei S invariant bleiben; Z_t ist zyklisch vom Grad t über K_t.

Wir bezeichnen mit S_t die durch S in Z_t hervorgerufene automorphe Abbildung, sie ist ein erzeugendes Element der Galoisschen Gruppe von Z_t in bezug auf K_t als Grundkörper. Dann setzen wir

$$A_t = (\varepsilon_t, Z_t / K_t, S_t)$$

und behaupten allgemein: A_t besitzt keine Nullteiler. Für $t=m$ kann man $\varepsilon_m = \varepsilon$ wählen, es gilt

$$P_m = P, \quad K_m = K, \quad Z_m = Z.$$

Daher wird A_m mit A identisch.

Der Rang von A_t ist allgemein gerade t^2. Für $t=1$ stimmt daher A_t mit dem zugehörigen Grundkörper K_1 überein, in diesem Fall ist die Behauptung trivial. Wir dürfen also annehmen, daß die Behauptung bereits für alle $A_{t'}$ bewiesen sei, wo t' ein echter Teiler von t ist. Wir wollen dann zeigen, daß sie auch für A_t gilt.

Es sei $M = (a_{\kappa\lambda})$ eine Matrix m-ten Grades mit von Null verschiedener Determinante mit Koeffizienten aus P_t. Wir setzen dann

$$x_\kappa = \sum_{\lambda=1}^{m} a_{\kappa\lambda} y_\lambda, \qquad (\kappa = 1, 2, \ldots, m). \tag{6}$$

Jede rationale Funktion $f(x_1, \ldots, x_m)$ von $x_1, x_2, \ldots, x_m$ mit Koeffizienten aus P_t geht dann in eine ebensolche Funktion von $y_1, y_2, \ldots, y_m$ über, wir setzen

$$f(x_1, x_2, \ldots, x_m) = f^M(y_1, y_2, \ldots, y_m) = g(y_1, y_2, \ldots, y_m). \tag{7}$$

Speziell kann man die zyklische Vertauschung S von $x_1, x_2, \ldots, x_m$ als spezielle Transformation (6) auffassen. Aus (7) folgt dann für beliebiges M

$$f^S(x_1, x_2, \ldots, x_m) = g^{M^{-1}SM}(y_1, y_2, \ldots, y_m). \tag{8}$$

Setzen wir noch

$$M^{-1} SM = T,$$

so können wir also auch sagen: Z_t besteht aus allen rationalen Funktionen von $y_1, y_2, \ldots, y_m$ mit Koeffizienten aus P_t, die bei T^t invariant bleiben, K_t aus denjenigen unter diesen Funktionen, die sogar bei T invariant bleiben.

Da S^m die Identität E ist, folgt auch

$$T^m = E.$$

Die charakteristische Funktion von S und also ebenso die von T ist x^m-1.

Man kann dann M so wählen([8]), daß T die Form erhält

$$(9)\qquad T=\begin{pmatrix} T_1 & 0 & \dots & 0 \\ 0 & T_2 & \dots & 0 \\ \dots & \dots & \dots & \dots \\ 0 & 0 & \dots & T_r \end{pmatrix},$$

wo T_ρ quadratische Matrizen sind, deren charakteristische Determinanten in P_t irreduzible Faktoren von x^m-1 sind.

Die Größen $y_1, y_2, \dots, y_m$ verteilen sich entsprechend (9) auf r Systeme, die abgekürzt mit $Y_1, Y_2, \dots, Y_r$ bezeichnet werden mögen. Bei T transformieren sich die Größen jedes Systems Y_ρ nur unter sich([9]).

Es sei jetzt p irgendein Primteiler von t, $(t>1)$

$$(10)\qquad t'=\frac{t}{p}.$$

Ist ω irgendeine m-te Einheitswurzel, so ist $\omega^{t'}=c$ eine $\frac{m}{t'}$-te Einheitswurzel. Da nun p nach Voraussetzung 1) auch ein Teiler von l ist, ist c im Körper der $\frac{ml}{t}$-ten Einheitswurzeln, also in P_t enthalten; daher genügt ω in P_t der Gleichung

$$x^{t'}-c=0.$$

Alle charakteristischen Wurzeln eines festen T_ρ genügen demnach einer derartigen Gleichung mit festem $c=c_\rho$, es hat mithin $T_\rho^{t'}$ als einzige Wurzel c_ρ $(\rho=1,2,\dots,r)$. Da $T_\rho^{t'}$ periodisch ist, also nur lineare Elementarteiler hat, folgt

$$(11)\qquad T^{t'}=\begin{pmatrix} c_1E_1 & 0 & \dots & 0 \\ 0 & c_2E_2 & \dots & 0 \\ \dots & \dots & \dots & \dots \\ 0 & 0 & \dots & c_rE_r \end{pmatrix},$$

([8]) Vgl. z.B. Schreier-Sperner, Vorlesungen über Matrizen. Leipzig 1932. Man kann den verwendeten Satz auch als Spezialfall der Sätze von I. Schur, Arithmetische Untersuchungen über endliche Gruppen, Sitzungsberichte der Preußischen Akademie der Wissenschaften 1906, S. 164 auffassen.

([9]) Das soll exakt gesagt heißen: Ist $T=(a_{\kappa\lambda})$, $y_\kappa=\sum_\lambda a_{\kappa\lambda}z_\lambda$, und besteht Y_ρ etwa aus $y_a, y_{a+1}, \dots, y_{b-1}$, so drücken sich diese y_μ allein durch $z_a, z_{a+1}, \dots, z_{b-1}$ aus.

wo E_ρ die Einheitsmatrix des bei T_ρ auftretenden Grades ist.

Da unter den charakteristischen Wurzeln von T mit jeder Zahl auch die Reziproke vorkommt, gilt das Analoge auch für die Zahlen $c_1, c_2, \ldots, c_r$.

5. Beweis.

Wir nehmen jetzt an, daß A_t Nullteiler enthält. Es sei

$$(12) \qquad fg=0, \quad f\neq 0, \quad g\neq 0.$$

Dabei sind f und g als Größen von A_t von der Form

$$(13) \qquad f=f_0+vf_1+\ldots+u^{t-1}f_{t-1}, \quad g=g_0+ug_1+\ldots+u^{t-1}g_{t-1},$$

wo die f_μ und g_μ Elemente von Z_t, d.h. also rationale Funktionen von $y_1, y_2, \ldots, y_m$ mit Koeffizienten aus P_t sind, die den Gleichungen genügen

$$(14) \qquad f_\mu^{T^t}=f_\mu, \quad g_\mu^{T^t}=g_\mu, \quad (\mu=0,1,2,\ldots,t-1) \text{ (}^{10}\text{)}.$$

Durch Multiplikation mit einem geeigneten von Null verschiedenen Element des Zentrums K_t von A_t kann man offenbar erreichen, daß alle f_μ und g_μ ganz rational in $y_1, y_2, \ldots, y_m$ werden; man darf daher von vornherein diese Annahme machen. Für die f_μ und g_μ ist offenbar (12) mit einer Reihe von bilinearen Beziehungen zwischen den $f_\mu^{T^\rho}$ und den g_μ identisch.

Wir denken uns nun alle f_μ und g_μ als Summe von Gliedern geschrieben, die in den Größen jedes der Systeme Y_ρ homogen sind. Diese Glieder ordnen wir lexikographisch, d.h. wir sagen, daß das Glied, das in den Größen von Y_ρ von der Dimension λ_ρ ist $(\rho=1,2,\ldots,r)$ „vor" dem Glied mit den Dimensionen λ'_ρ kommt, wenn die erste von Null verschiedene Zahl von

$$\lambda'_1-\lambda_1, \lambda'_2-\lambda_2, \ldots, \lambda'_r-\lambda_r$$

positiv ist. In diesem Sinne seien die Dimensionen des niedrigsten Gliedes, das in irgend einem f_μ wirklich vorkommt, etwa bezw. $\lambda_1, \lambda_2, \ldots, \lambda_r$(11). Es sei

$$f_\mu=F_\mu+H_\mu \qquad (\mu=1,2,\ldots,t-1),$$

(10) Sind bei einer Funktion keine Argumente angegeben, so sind immer $y_1, y_2, \ldots, y_m$ gemeint. Ist M die Matrix $(a_{\kappa\lambda})$, so ist also unter f^M die Funktion zu verstehen, die aus f entsteht, wenn man $y_\kappa=\sum_\lambda a_{\kappa\lambda}z_\lambda$ setzt und in dem entstehenden Ausdruck den Buchstaben z_λ durch y_λ ersetzt. Kürzer gesagt: Man setzt in f für y_κ den Ausdruck $\sum_\lambda a_{\kappa\lambda}y_\lambda$ ein.

(11) Diese Zahlen sind also von μ unabhängig.

wo also F_μ in den Größen von Y_ρ homogen von der Dimension λ_ρ ist, während H_μ nur „spätere" Glieder enthält. Nach Konstruktion verschwinden nicht alle F_μ identisch. Dann folgt

$$(15) \qquad f_\mu^{T^\sigma} = F_\mu^{T^\sigma} + H_\mu^{T^\sigma}.$$

Da die Größen von Y_ρ sich bei T nur unter sich transformieren([12]), so folgt, daß auch $F_\mu^{T^\sigma}$ in den Größen von Y_ρ ^ der Dimension λ_ρ ist, ^von (F während $H_\mu^{T^\sigma}$ nur „spätere" Glieder enthält.

Analog sei

$$(16) \qquad g_\mu^{T^\sigma} = G_\mu^{T^\sigma} + J_\mu^{T^\sigma},$$

wo die G_μ in $Y_1, Y_2, \ldots, Y_r$ homogen von den festen Dimensionen ν_1 bezw. $\nu_2, \ldots,$ bezw. ν_r sind, und wo die G_μ nicht alle identisch verschwinden. J_μ enthält nur „spätere" Glieder.

Drückt man in (12) mittels (13), (15) und (16) alles durch F_μ, H_μ, G_μ, J_μ aus, so folgt durch Vergleichen der Glieder „niedrigster" Dimensionen, daß die $F_\mu^{T^\sigma}$, G_μ die entsprechenden bilinearen Beziehungen erfüllen müssen, wie die $f_\mu^{T^\sigma}$, g_μ. Ferner folgt aus (14) durch Vergleich mit (15) bezw. (16)

$$F_\mu^{T^t} = F_\mu, \quad G_\mu^{T^t} = G_\mu.$$

Schreibt man für F_μ jetzt wieder f_μ, für G_μ wieder g_μ und ändert dementsprechend die Elemente f, g in (12) ab, so sieht man, daß man ohne Einschränkung in (12), (13) annehmen kann, daß alle f_μ und g_μ in den Größen von Y_ρ homogen von der Dimension λ_ρ bezw. ν_ρ sind.

Aus (11) folgt dann

$$(17) \qquad f_\mu^{T^{t'}} = c_1^{\lambda_1} c_2^{\lambda_2} \ldots c_r^{\lambda_r} f_\mu = c f_\mu,$$

wo also c eine von μ unabhängige Konstante ist. Bei p-maliger Anwendung von $T^{t'}$ ergibt sich wegen $t = t'p$ und (14), da nicht alle f_μ verschwinden,

$$(18) \qquad c^p = 1.$$

Unter den Größen c_ρ kommt nach § 4 mit jeder Zahl auch die Reziproke vor. Daher kann man leicht ein Potenzprodukt w von $y_1, y_2, \ldots, y_m$ angeben, für das

$$w^{T^{t'}} = \frac{1}{c} w$$

([12]) Vgl. Anm. (9) und (10).

gilt. Offenbar multipliziert sich dann auch

$$w_\sigma = u^{T^\sigma} \tag{19}$$

bei Anwendung von $T^{t'}$ nur mit $\frac{1}{c}$. Wegen (18) ergibt sich, daß w_σ bei T^t invariant bleibt, also zu K_t gehört. Es gilt ferner nach (17)

$$(w_\sigma f_\mu)^{T^{t'}} = w_\sigma f_\mu.$$

Analog kann man eine von Null verschiedene Größe z von K_t so angeben, daß $g_\mu z$ bei $T^{t'}$ invariant bleibt. Aus (12), (13) folgt unter Berücksichtigung von (19)

$$(wf)\,(gz) = 0,$$

$$wf = (wf_0) + u(w_1 f_1) + u^2(w_2 f_2) + \dots + u^{t-1}(w_{t-1} f_{t-1}) \neq 0,$$

$$gz = (g_0 z) + u(g_1 z) + u^2(g_2 z) + \dots + u^{t-1}(g_{t-1} z) \neq 0.$$

Ersetzt man wieder wf durch f, gz durch g, so sieht man, daß man von vornherein annehmen kann:

$$f_\mu^{T^{t'}} = f_\mu, \quad g_\mu^{T^{t'}} = g_\mu. \tag{20}$$

Nach Definition von A_t gilt:

$$u^t = (u^{t'})^p = \varepsilon_t.$$

$u^{t'}$ verhält sich also wie eine $\frac{mlp}{t}$-te Einheitswurzel, d.h. wie eine $\frac{ml}{t'}$-te Einheitswurzel. Da in P_t das Polynom $x^p - \varepsilon_t$ irreduzibel ist([13]), entsteht bei Adjunktion von $u^{t'}$ zu P_t ein zu $P_{t'}$ isomorpher Körper, wir dürfen direkt

$$u^{t'} = \varepsilon_{t'}, \qquad P_{t'} = P_t(u^{t'}) \tag{21}$$

setzen.

Wir definieren jetzt

$$\left\{\begin{array}{l} f'_\mu = f_\mu + \varepsilon_{t'} f_{\mu+t'} + \dots + \varepsilon_{t'}^{p-1} f_{\mu+(p-1)t'}, \\ g'_\mu = g_\mu + \varepsilon_{t'} g_{\mu+t'} + \dots + \varepsilon_{t'}^{p-1} g_{\mu+(p-1)t'}, \end{array}\right. \quad (\mu = 0, 1, 2, \dots, t'-1). \tag{22}$$

Wegen (20), (21) können wir dabei f'_μ und g'_μ auch als Elemente von $Z_{t'}$ auffassen. Nach (13), (21) und (22) können wir setzen

$$f = f_0' + uf_1' + \dots + u^{t'-1} f'_{t'-1}, \quad g = g_0' + ug_1' + \dots + u^{t'-1} g'_{t'-1}.$$

Infolge von (21) hat man das Produkt fg in derselben Weise zu

([13]) Sonst hätten die $\frac{ml}{t'}$-ten Einheitwurzeln in bezug auf P_t einen kleineren Grad als p, in bezug auf P also einen kleineren Grad als $\frac{mp}{t} = \frac{m}{t'}$ und $x^{\frac{m}{t'}} - \varepsilon$ müßte in P reduzibel sein, was nach § 2 nicht der Fall ist.

berechnen, wie wenn man hier f und g als Elemente von

$$A_{t'} = (\varepsilon_{t'}, Z_{t'} | K_{t'}, S_{t'})$$

betrachtet. Man erhält so also auch zwei zusammengehörige Nullteiler von $A_{t'}$.

Damit haben wir gezeigt, daß aus der Existenz von Nullteilern in A_t die Existenz von Nullteilern in $A_{t'}$ folgt. Nun war aber t' ein echter Teiler von t, nach Annahme in § 4 ist $A_{t'}$ dann bereits als nullteilerfrei bekannt. Die Annahme der Existenz von Nullteilern in A_t führt also auf einen Widerspruch.

Alle Systeme A_t sind demnach, wie behauptet, Divisionsalgebren.

Königsberg, 1. Dezember 1932.

Math. J. Okayama Univ. **21** (1979), 53—89

ALGEBRA DER HYPERKOMPLEXEN ZAHLENSYSTEME (ALGEBREN)*)

RICHARD BRAUER IN TORONTO

Inhaltsübersicht

---

*) This posthumous article, one of two articles commisioned by B. G. Teubner of Leipzig for the Enzyklopädie der Mathematischen Wissenschaften (I B 8), was completed in 1936. The political development in Germany then prevented its publication.

30. Lie-Algebren.
31. Hinweis auf einige weitere Anwendungen hyperkomlexer Größen.

Lehrbucher und Monographien

E. Cartan, Nombres complexes, exposé, d'apres l'article allemand de E. Study, Encyclopédie des sciences mathématiques I 5, Paris und Leipzig 1908.
J. H. M. Wedderburn, On hypercomplex numbers, Proceedings L. M. S. (2) **6**, 77, 1908.
L. E. Dickson, Linear algebras, Cambridge 1914.
G. Scorca, Corpi numerici ed algebre, 1921 (Messina)
L. E. Dickson, Algebras and their arithmetics, Chicago 1923, Deutsche Bearbeitung: Algebren und ihre Zahlentheorie, Zürich 1927.
B. L. van der Waerden, Moderne Algebra, Bd. 2, Berlin 1931.
M. Deuring, Algebren, Ergebnisse der Mathematik und ihre Grenzgebiete, IV, 1, Berlin 1935.

A. Grundbegriffe

1. Problemstellung. Historische Bemerkungen. Im Anfang des 19. Jahrhunderts waren die gewöhnlichen komplexen Zahlen und ihre Einführung durch Rechnen mit Zahlenpaaren order Punkten in der Ebene Allgemeingut der Mathematiker geworden. Natürgemäß entstand die Frage, ob man nicht ähnlich "hyperkomplexe" Zahlen definieren kann, die dnrch Punkte eines n-dimensionalen Raumes darstellbar sind. Allerdings zeigte es sich, daß man bei derartigen Erweiterungen des Systems der reellen Zahlen auf einige der üblichen Axiome verzichten muß (*Weierstraß* 1863). In der Auswahl der Rechenregeln, die man bei hyperkomplexen Zahlen nicht fallen lassen will, liegt natürlich eine Willkür. Doch wird man jedenfalls fordern, daß die zugelassenen Zahlsysteme eine einheitliche Theorie hinsichtlich ihrer Struktureigenschaften und ihrer Klassifikation erlauben. Ferner wird man verlangen, daß diese Theorie in innerem Zusammenhang mit anderen Gebieten der Mathematik steht, womit dann auch ihre Anwendungsmöglichkeit gegeben ist.

Der Begriff der hyperkomplexen Zahl, wie er hier zugrunde gelegt werden soll, (vgl. Nr. 2) geht auf *Hamilton* zurück. Wichtige Beispiele bilden die Quaternionen (*Hamilton* 1843) und die Matrizen (*Cayley* 1858). Übrigens war *Gauß* bereits 1819 im Besitz von Formeln, die mit den Quaternionengesetzen eng zusammenhängen. Die *Graßmannsche Ausdehnungslehre* ist ein anderer Ausgangspunkt für die Untersuchungen gewesen. Eine zusammenhängende Theorie wurde von *Molien* 1893 und unabhängig von *E. Cartan* gegeben und von *Frobenius* vereinfacht und ausgebaut. Dabei handelte es sich im wesentlichen immer um hyperkomplexe Erweiterungen des Systems der reellen order der gewöhnlichen komplexen Zahlen. Erst *Wedderburn* 1908 untersuchte systematisch Erweiterungen eines beliebigen Körpers und schuf damit die Grundlagen für die modernen Entwicklungen. Weiter sind die Arbeiten von *Dickson* zu nennen und schließlich die wichtigen Beiträge und Anregungen, durch die *E. Noether* die Theorie gefördert hat. Für eine genaue Darstellung der historischen Entwicklung und für Angaben über die ältere Literatur sei auf den Cartanschen Enzyklopädieartikel sowie auf *J. A. Schouten*, Math. Ann. **76**, 1, 1915 verwiesen.[1)]

2. Ringe und Algebren. Unter einem *Ring* A verstehen wir hier ein System von Elementen, für die eine Addition und eine Multiplikation definiert sind, derart daß die folgenden Regeln gelten:

I. *Die Elemente von* A *bilden bei Addition eine Abelsche Gruppe, d. h.*

Ia. $\alpha+(\beta+\gamma)=(\alpha+\beta)+\gamma$, Ib. $\alpha+\beta=\beta+\alpha$ *für alle* α, β, γ *in* A.

Ic. *Es gibt ein Element* 0 *in* A, *für das* $\alpha+0=\alpha$ *für alle* α *gilt.*

Id. *Zu jedem* α *aus* A *gehört eine* $-\alpha$ *in* A *mit* $\alpha+(-\alpha)=0$.

II. *Das Produkt zweier Elemente von* A *ist wieder ein Element von* A, *und für* α, β, γ *in* A *gilt*

IIa. $\alpha(\beta\gamma)=(\alpha\beta)\gamma$, IIb. $\alpha(\beta+\gamma)=\alpha\beta+\alpha\gamma$, IIc. $(\beta+\gamma)\alpha=\beta\alpha+\gamma\alpha$.

Dabei werden Systeme A, die nur aus dem Element 0 bestehen, in der Regel ausgeschlossen. Wir verlangen nicht die Gültigkeit des kommutativen Gesetzes $\alpha\beta=\beta\alpha$. Die Gesamtheit Z der Elemente ζ von A, für die $\alpha\zeta=\zeta\alpha$ für alle α aus A gilt, heißt das *Zentrum* von A. Gibt es ein Element ε, für das $\alpha\varepsilon=\varepsilon\alpha=\alpha$ für all α gilt, so ist ε eindeutig bestimmt und wird als das 1-*Element* 1 bezeichnet. Die assoziativen Gesetze erlauben die Einführung von Summen und Produkten von k Größen, ferner von Potenzen α^k. Für $\alpha+(-\beta)$ schreibt man $\alpha-\beta$.

Wir betrachten auch den Fall, daß für A ein System K von *Operatoren* gegeben ist, derart daß das Produkt jedes t aus K mit jedem α aus A als Größe von A definiert ist und die Regeln gelten (t in K, α, β in A)

IIIa. $t(\alpha+\beta)=t\alpha+t\beta$, IIIb. $t(\alpha\beta)=(t\alpha)\beta=\alpha(t\beta)$.

Unter einem *System hyperkomplexer Größen* order einer *Algebra* über

1) Hier sei nur erwähnt: *W. R. Hamilton*, Lectures on quaternions, Dublin 1853. *A. Cayley*, Philos. Trans. R. Soc. London **148**, 17, 1858. *H. Graßmann*, Die lineare Ausdehnungslehre, Leipzig 1844 und Berlin 1862. *W. K. Clifford*, Amer. J. Math. **1**, 350, 1878. *B. Peirce*, Amer. J. Math. **4**, 97, 1881. *R. Dedekind*, Nachr. Ges. Wiss. Göttingen 1885, 141 und 1887, 1. *L. Kronecker*, S. B. Preuss. Akad. Wiss. 1888, 429, 447, 557, 595, 983. *E. Study*, Mh. Math. Phys. **1**, 283, 1890. *G. Scheffers*, Math. Ann. **39**, 324, 1891; **41**, 601, 1893. *Th. Molien*, Math. Ann. **41**, 83, 1893. *E. Cartan*, Annales Toulouse **12** B, 1, 1898. *G. Frobenius*, S. B. Preuss. Akad. Wiss. 1903, 504 und 634.

einem gegebenen Grundkörper K[2] versteht man einen Ring A, der den Körper K als Operatorenbereich besitzt, falls außer IIIa und b die weiteren Gesetze gelten (s, t in K, α in A)

IIIc. $(s+t)\alpha = s\alpha + t\alpha$, IIId. $s(t\alpha) = (st)\alpha$, IIIe. $1\alpha = \alpha$,

wo 1 das Einselement von K ist. Man setzt $\alpha \cdot t = t \cdot \alpha$. Ohne Gefahr einer Verwechslung können wir das Nullelement 0 von A mit demselben Symbol wie das Nullelement von K bezeichnen. Jedes Produkt verschwindet, in dem ein Faktor 0 ist. Enthält A ein 1-*Element* 1, so können wir ohne Gefahr $t \cdot 1$ mit dem Element t von K identifizieren, also K als Teilsystem von A ansehen.

Eine Algebra A über K heißt von *endlicher Ordnung*, wenn gilt

IV. *Es gibt eine natürliche Zahl n, sodaß für je $n+1$ Größen α_0, $\alpha_1, \ldots, \alpha_n$ aus A eine Gleichung $h_0\alpha_0 + h_1\alpha_1 + \ldots + h_n\alpha_n = 0$ mit nicht durchweg verschwindenden Koeffizienten $h_0, h_1, \ldots, h_n$ aus K besteht.*

Die kleinste hier mögliche Zahl n heißt die *Ordnung* order wie wir hier sagen wollen, der (lineare) *Rang* von A.[3]

3. Erläuterungen. Folgerungen aus den Definitionen. Die Gesetze I, IIIa, c, d, e und IV in Nr. 2 drücken aus, daß eine Algebra A der Ordnung n über K einen n-dimensionalen Vektorraum order Vektormodul über K darstellt (I B 2 (*Henke*)). Es gibt also eine Basis $\varepsilon_1, \varepsilon_2, \ldots, \varepsilon_n$ in A derart daß man jedes Element α von A eindeutig in der Form darstellen kann:

$$(1) \qquad \alpha = a_1\varepsilon_1 + a_2\varepsilon_2 + \ldots + a_n\varepsilon_n, \quad a_\nu \text{ in } K.$$

Jedem α entspricht so nach fester Wahl der Basis ein Vektor $(a_1, a_2, \ldots, a_n)$ aus K; man erhält eine geometrische Deutung der hyperkomplexen Größen durch n-dimensionale Vektoren. Das prinzipiell Neue ist in unserm Fall die Existenz einer Multiplikation der Vektoren.

Die Produkte $\varepsilon_\kappa\varepsilon_\lambda$ müssen eine Darstellung (1) besitzen

$$(2) \qquad \varepsilon_\kappa\varepsilon_\lambda = \sum_\mu c_{\kappa\lambda\mu}\varepsilon_\mu \qquad (\kappa, \lambda = 1, 2, \ldots, n),$$

2) Während wir unter einem Ring einen "*nichtkommutativen*" *Ring* verstehen, gebrauchen wir das Wort Körper durchgehend für ***kommutative Körper***. Für nichtkommutative Körper verwenden wir die Bezeichnung "Sciefkörper" s. Nr. 13.

3) Vergl. *L. E. Dickson*, Trans. Amer. Math. Soc. **4**, 21, 1903. Untersuchungen über die Unabhängigkeit der Axiome finden sich bei *K. Yoneyama*, Tôhoku Math. J. **31**, 332, 1929. Zur Definition von Algebren vgl. ferner *J. W. Young*, Ann. Math. (2) **29**, 47, 1929; *L. E. Bush*, Bull. Amer. Math. Soc. **39**, 142, 1932; *L. Okunew*, Rec. Math. Moscou **40**, 410, 1933.

wo die n^3 *Zusammensetzungsgrößen* $c_{\kappa\lambda\mu}$ von A zu K gehören. Diese genügen den mit $(\varepsilon_\kappa \varepsilon_\lambda)\varepsilon_\nu = \varepsilon_\kappa(\varepsilon_\lambda \varepsilon_\nu)$ äquivalenten Assoziativitätsbedingungen

$$(3) \qquad \sum_\mu c_{\kappa\lambda\mu} c_{\mu\nu\rho} = \sum_\mu c_{\kappa\mu\rho} c_{\lambda\nu\mu} \qquad (\kappa, \lambda, \nu, \rho = 1, 2, \ldots, n).$$

Für das Produkt zweier Größen α und β aus A gilt dann

$$(4) \qquad \sum a_\kappa \varepsilon_\kappa \cdot \sum b_\lambda \varepsilon_\lambda = \sum_\mu \varepsilon_\mu \sum_{\kappa, \lambda} a_\kappa b_\lambda c_{\kappa\lambda\mu}.$$

Ist umgekehrt (3) für n^3 Größen $c_{\kappa\lambda\mu}$ aus K erfüllt und definiert man die Multiplikation der Vektoren (1) durch (4), so erhält man eine Algebra.

Bei Übergang zu einer neuen Basis erleiden die Komponenten $(a_1, a_2, \ldots, a_n)$ in (1) eine feste nichtsinguläre lineare Transformation; $c_{\kappa\lambda\mu}$ verhält sich wie ein Tensor mit κ und λ also kovarianten Indizes und μ als kontravariantem Index[4].

4. Beispiele von Algebren. In Nr. 4 bezeichne K einen Körper.

1) Ist A Erweiterungskörper n-ten Grades über K, so ist A eine Algebra vom Rang n in bezug auf K als Grundkörpr.

2) Das System aller Matrizen eines festen Grades m mit Koeffizienten aus K bildet eine Algebra K_m, die *volle Matrixalgebra m-ten Grades* über K.

3) Es sei $\mathfrak{G}$ eine Gruppe der Ordnung n mit den Elementen $G_1, G_2, \ldots, G_n$. Man betrachte n Basiselemente ε_ν. Ist $G_\kappa G_\lambda = G_\nu$, so setze man $\varepsilon_\kappa \varepsilon_\lambda = \varepsilon_\nu$, vergl. (2). Man erhält eine Algebra vom Rang n, den *Gruppenring* von $\mathfrak{G}$ über K.[5]

4) Man definiere eine Algebra A mit vier Basiselementen $\varepsilon_1 = 1$, $\varepsilon_2 = i$, $\varepsilon_3 = j$, $\varepsilon_4 = k$ durch

$$(5) \qquad i^2 = j^2 = k^2 = -1, \quad ij = -ji = k, \quad jk = -kj = i, \quad ki = -ik = j.$$

Die hyperkomplexen Zahlen $\alpha = a + bi + cj + dk$ heißen die *Quaternionen* (s. [1]).

Das Quaternion $\alpha' = a - bi - cj - dk$ heißt *konjugiert* zu α. Für zwei Quaternionen α und β und für t in K ist dann

$$(6) \qquad (\alpha + \beta)' = \alpha' + \beta', \quad (\alpha\beta)' = \beta'\alpha', \quad (t\alpha)' = t\alpha'.$$

---

4) Aus den $c_{\kappa\lambda\mu}$ gebildete Invarianten (bezüglich Basistransformation) werden untersucht von *O. C. Hazlett*, Ann. Math. (2) **16**, 1, 1914; **18**, 81, 1916; Amer. J. Math. **38**, 109, 1916; Trans. Amer. Math. Soc. **19**, 408, 1918; *C. C. MacDuffee*, Trans. Amer. Math. Soc. **23**, 135, 1922; **26**, 124, 1925.

5) *A. Cayley*, Philos. Mag. London (4) **7**, 40, 1854.

Das Produkt $\alpha\alpha'$, die Norm $N(\alpha)$ von α, liegt in K. Es gilt

$$(7) \qquad N(\alpha) = a^2 + b^2 + c^2 + d^2, \qquad N(\alpha\beta) = N(\alpha)N(\beta).$$

Ist $N(\alpha) \neq 0$, so erfüllt $\alpha^{-1} = \frac{1}{N(\alpha)}\alpha'$, die Gleichung $\alpha\alpha^{-1} = \alpha^{-1}\alpha = 1$. Dan haben $\alpha\xi = \beta$ und $\eta\alpha = \beta$ im Bereich der Quaternionen die eindeutigen Lösungen $\xi = \alpha^{-1}\beta$ bezw. $\eta = \beta\alpha^{-1}$.

Verschwindet in K eine Summe von vier Quadraten nur, wenn alle Quadrate Null sind, so ist $N(\alpha) \neq 0$ für $\alpha \neq 0$. Dann hat also jedes $\alpha \neq 0$ ein Inverses α^{-1}. Dies gilt insbesondere, wenn K ein reeller Körper ist.

Für weitere Einzelheiten über Quaternionen und geometrische Anwendungen vergl. III AB 11 (*Rothe*).

5. Die regulären Darstellungen einer Algebra. Sind $\varepsilon_1, \varepsilon_2, \ldots, \varepsilon_n$ die Basiselemente einer Algebra A vom Rang n über dem Körper K, so gelten für ein beliebiges Element α aus A Gleichungen der Form

$$(8) \qquad \varepsilon_\kappa\alpha = \sum_\lambda r_{\kappa\lambda}(\alpha)\varepsilon_\lambda \qquad (\kappa = 1, 2, \ldots, n)$$

mit Koeffizienten $r_{\kappa\lambda}(\alpha)$ aus K. Die Matrizen $R(\alpha) = (r_{\kappa\lambda}(\alpha))$ bilden eine *Darstellung* von A, d. h. für α und β aus A und t aus K gilt

$$(9) \qquad R(\alpha+\beta) = R(\alpha) + R(\beta), \quad R(\alpha\beta) = R(\alpha)\,R(\beta), \quad R(t\alpha) = tR(\alpha).$$

Anders ausgedrückt: Durch $\alpha \to R(\alpha)$ wird A homomorph (Nr. 6) auf einen Matrizenring abgebildet. Gilt für kein $\alpha \neq 0$ die Gleichung $\alpha\xi = 0$ für alle ξ aus A, so ist die Darstellung *einstufig*, d. h. die Zuordnung ein Isomorphismus. Analog zu (8) sei

$$(10) \qquad \alpha\varepsilon_\lambda = \sum_\kappa s_{\kappa\lambda}(\alpha)\,\varepsilon_\kappa\,.$$

Dann bilden auch die Matrizen $S(\alpha) = (s_{\kappa\lambda}(\alpha))$ eine Darstellung von A. Man nennt $R(\alpha)$ und $S(\alpha)$ die beiden *regulären Darstellungen* von A.

Sind $c_{\kappa\lambda\mu}$ die Zusammensetzungsgrößen von A und ist $\alpha = \sum_\nu a_\nu\varepsilon_\nu$, so ist

$$r_{\kappa\lambda}(\alpha) = \sum_\nu c_{\kappa\nu\lambda}a_\nu, \qquad s_{\kappa\lambda}(\alpha) = \sum_\nu c_{\nu\lambda\kappa}a_\nu\,.$$

Elemente $\zeta = \sum z_\nu\varepsilon_\nu$ des Zentrum von A sind durch $R(\zeta) = S(\zeta)$ gekennzeichnet; man erhält daraus lineare homogene Gleichungen für die z_ν.

Die beiden Determinanten $|R(\alpha)| = N_1(\alpha)$ und $|S(\alpha)| = N_2(\alpha)$ heißen die beiden *Normen* von α, es ist $N_\lambda(\alpha\beta) = N_\lambda(\alpha)N_\lambda(\beta)$ für $\lambda = 1, 2$. Ist

$\gamma = \sum c_\nu \varepsilon_\nu$ in A gegeben, und soll $\xi = \sum x_\nu \varepsilon_\nu$ aus der Gleichung $\xi\alpha = \gamma$ bestimmt werden, so hat man die linearen Gleichungen

$$c_\lambda = \sum_\kappa x_\kappa r_{\kappa\lambda}(\alpha)$$

für die x_κ aufzulösen. Ist $N_1(\alpha) = 0$, so ist α ein *Rechtsnullteiler*, d. h. das Proukt $\xi\alpha$ verschwindet für ein $\xi \neq 0$. Dagegen hat im Fall $N_1(\alpha) \neq 0$ die Gleichung $\xi\alpha = \gamma$ genau eine Lösung ξ. Ist nicht jedes α ein Rechtsnullteiler, so gibt es ein *rechtsseitiges* 1-*Element* ε, für das $\xi\varepsilon = \xi$ für alle ξ aus A gilt. Analoge Betrachtungen gelten für die Gleichung $\alpha\xi = \beta$, wenn man N_2 anstelle von N_1 verwendet und überall rechts und links vertauscht.

Algebren mit 1-Element sind dadurch charakterisiert, daß weder $N_1(\alpha)$ noch $N_2(\alpha)$ für alle α verschwindet. Jeder Rechtsnullteiler ist dann Linksnullteiler und umgekehrt. Ist α nicht Nullteiler, so gibt es ein α^{-1} mit $\alpha\alpha^{-1} = \alpha^{-1}\alpha = 1$. Sowohl $R(\alpha)$ wie $S(\alpha)$ sind dann einstufig[6]. Es braucht nicht $N_1(\alpha) = N_2(\alpha)$ zu sein.

Es sei E die Einheitsmatrix. Die characteristischen Polynome

$$(11)\qquad \begin{aligned} f_1(x) &= |\,xE - R(\alpha)\,| = x^n - \sigma_1(\alpha)x^{n-1} + \dots + (-1)^n N_1(\alpha), \\ f_2(x) &= |\,xE - S(\alpha)\,| = x^n - \sigma_2(\alpha)x^{n-1} + \dots + (-1)^n N_2(\alpha) \end{aligned}$$

von $R(\alpha)$ und $S(\alpha)$ heißen die *charakteristischen Polynome* von α, sie sind unabhängig von der speziellen Wahl der Basis ε_ν. Die Koeffizienten sind homogene Polynome der Komponenten a_ν von α. Insbesondere sind $\sigma_1(\alpha)$ und $\sigma_2(\alpha)$, die beiden *Spuren* von α, lineare Fuktionen der a_ν.

Hat A 1-Element, so gilt nach I B 2 (*Henke*)

$$(12)\qquad f_1(\alpha) = 0, \qquad f_2(\alpha) = 0.$$

Es ist also α Wurzel von Gleichungen n-ten Grades mit Koeffizienten aus K. Man kann auch leicht die Gleichung niedrigsten Grades mit Koeffizienten aus K aufstellen, der α genügt. Ersetzt man die Komponenten a_ν von α durch Unbestimmte, so wird das Polynom niedrigsten Grades, das für $x = \alpha$ verschwindet, als das *Gradpolynom* $f(x)$ der Algebra bezeichnet; es ist ein Teiler von $f_1(x)$ und $f_2(x)$, die Koeffizienten sind Polynome in den Unbestimmten a_ν. $f(x)$ heißt auch die *Hauptgleichung* von A.

Ein Algebra A ohne 1-Element ist in Algebra $\bar{A}$ mit 1-Element als Unteralgebra enthalten. Die regulären Darstellungen von $\bar{A}$ liefern einstufige Darstellungen von A. Darstellungen von Algebren werden

6) Für Einstufigkeit von $R(\alpha)$ und $S(\alpha)$ in andern Fällen vgl. *R. Brauer.*

allgemein in 14 (*Deuring*) behandelt[7].

6. Isomorphe und homomorphe Ringe. Wir betrachten Abbildungen eines Ringes A auf einen Ring A^* mit demselben Operatorenbereich K, bei denen jedes Element von A^* als Bildelement auftritt. Eine solche Abbildung $\alpha \to \alpha^*$ heißt ein *Homomorphismus*, wenn für alle α, β aus A und t aus K die Beziehungen

$$(13a)\quad (\alpha+\beta)^* = \alpha^* + \beta^*, \qquad (13b)\quad (\alpha\beta)^* = \alpha^*\beta^*, \qquad (13c)\quad (t\alpha)^* = t\alpha^*$$

gelten. Ist die Abbildung außerdem eineindeutig, so nennt man sie einen *Isomorphismus*. Unter einem *Automorphismus* von A versteht man eine isomorphe Abbildung von A auf sich selbst.

Gibt es eine Isomorphismus von A auf A^*, so heißen A und A^* *isomorph*, $A \cong A^*$. Isomorphe Ringe gelten häufig als nicht wesentlich verschieden.

Gibt es schließlich eine eineindeutige Abbildung von A auf A^*, bei der (13a) und (13c) gelten, während anstelle von (13b) die Beziehung $(\alpha\beta)^* = \beta^*\alpha^*$ tritt, so nennt man A und A^* *reziprok-isomorph*. Zu jedem A gibt es reziprok-isomorphe Ringe und alle diese sind untereinander isomorph. Wir wenden alle diese Bezeichnungen insbesondere an, wenn A und A^* Algebren über demselben Grundkörper K sind.

7. Moduln, Teilringe und Ideale. Es sei A ein Ring mit einem (eventuell auch leeren) Operatorenbereich K, speziell eine Algebra über einem körper K. Ein *Modul* in A ist eine Teilmenge M von A, die mit α und β stets $t_1\alpha + t_2\beta$ für alle t_1, t_2 aus K enthält. Faßt man A als Gruppe mit Addition als Gruppenverknüpfung und K als Operatorenbereich auf, so handelt es sich dabei gerade um die zulässigen Untergruppen von A, vergl. hierzu und zu dem folgenden I B 4 (*Magnus*), I B 6 (*Krull*). Wir schreiben $M = 0$, wenn M nur das Nullelement enthält.

Die *Summe* $S = (M_1, M_2, \ldots, M_l)$ von Moduln M_λ ist der Modul, der aus den Elementen besteht, die in der Form $\sigma = \mu_1 + \mu_2 + \ldots + \mu_l$ mit μ_λ in M_λ darstellbar sind. Ist für jedes solche σ diese Darstellung nur auf eine Weise möglich, so heißt S *direkte Summe* $M_1 + M_2 + \ldots + M_l$ der M_λ. Als *Produkt* $B \cdot C$ zweier beliebiger Teilmengen B und C von A bezeichnet

7) Weitere Resultate über reguläre Darstellungen: *Molien*[1], *Cartan*[1], *Frobenius*[1], ferner *C. C. MacDuffee*, Bull. Amer. Math. Soc. **35**, 344, 1929; *H. Schwerdtfeger*, C. R. Acad. Sci. Paris **199**, 508, 1934; *R. Brauer* und *C. Nesbitt*, Proc. Nat. Acad. Sci. USA **23**, 236, 1937.

man den kleinsten alle Produkt $\beta\gamma$ (β in B, γ in C) enthaltenden Modul. Die Summenbildung ist assoziativ und kommutativ, die Produktbildung assoziativ, und es gelten die distributiven Gesetze $(M_1, M_2)\cdot B=(M_1B, M_2B)$, $B(M_1, M_2) = (BM_1, BM_2)$.

Eine Teilmenge B von A, die bei Verwendung der in A gegebenen Verknüpfungsoperationen selbst einen Ring mit K als Operatorenbereich bildet, heißt *Teilring* bezw. *Teilalgebra.* Teilringe sind also Moduln B, für die $B \cdot B \subseteqq B$ gilt[8].

Ein *Ideal* orer *invarianter Teilring* (bezw. *invariante Teilalgebra*) ist ein Modul B, der mit β auch $\alpha\beta$ und $\beta\alpha$ für all α aus A enthält, für den also $AB \subseteqq B$ und $BA \subseteqq B$ gilt.

Ist B ein Ideal von A und bezeichnet $\langle\alpha\rangle$ die das Element α von A enthaltende Restklasse mod B (d. h. die Gesamtheit aller $\alpha+\eta$ mit η in B), so definiert man

$$(14) \qquad \langle\alpha\rangle + \langle\beta\rangle = \langle\alpha+\beta\rangle,\ \langle\alpha\rangle\langle\beta\rangle = \langle\alpha\beta\rangle,\ t\langle\alpha\rangle = \langle t\alpha\rangle$$

für α, β in A, t in K. Dann bilden die Restklassen $\langle\alpha\rangle$ selbst einen Ring A/B mit K als Operatorenbereich (manchmal auch mit $A-B$ bezeichnet). A/B heißt der *Restklassenring* von A (mod B), (bezw. *Restklassenalgebra*, auch *Quotientenalgebra* order *Differenzalgebra*). Es ist A/B zu A homomorph. Umgekehrt ist jeder zu A homomorphe Ring A^* isomorph zu A/B, wo das Ideal B aus denjenigen β von A besteht, denen in A^* das Nullelement zugeordnet ist. Auch weitere gruppentheoretische Sätze lassen sich übertragen, z. B. gilt ein Analogon des Jordan-Hölder-Schreierschen Satzes (I B 4 (*Magnus*)) für Ketten $A \supset A_1 \supset A_2 \supset \ldots \supset A_l = 0$, bei denen A_λ Ideal in $A_{\lambda-1}$ ist.

Unter einem *Rechtsideal* versteht man einen Modul R, für den $RA \subseteqq R$ gilt, unter einem *Linksideal* einen Modul L, für den $AL \subseteqq L$ ist. Ist B gleichzeitig Links- und Rechtsideal, so ist es ein Ideal. Summen- und Durchschnittsbildung von Rechtsidealen ergibt wieder Rechtsideale, analoges gilt für Linksideale. Ist R ein Rechtsideal, B eine beliebige Teilmenge von A, so ist auch BR ein Rechtsideal. Ebenso ist BL Linksideal, wenn L ein Linksideal ist[9].

8. Idempotente und nilpotente Elemente. Ein Element $\varepsilon \neq 0$ eines

8) Elemente von A, die bei Multiplikation eine Gruppe bilden, werden untersucht in *A. Ranum*, Amer. J. Math. **49**, 285, 1927.

9) Für die Eigenschaft der Rechtsideale einen Verband (lattice, structure) zu bilden und Folgerungen daraus vgl. *G. Birkhoff*, Proc. Cambridge Phylos. Soc. **29**, 441, 1933; *O. Ore*, Ann. Math. (2) **36**, 406, 1935; **37**, 265, 1936.

Ringes A heißt ein *Idempotent*, wenn $\varepsilon^2 = \varepsilon$ gilt; ein Element ν heißt nilpotent, wenn eine Potenz ν^k verschwindet. Idempotente ε können dazu verwendet werden, um Darstellungen von A als direkte Summen zu erhalten. Setzt man

(15) $$\alpha = \varepsilon\alpha + (\alpha - \varepsilon\alpha),$$

so liegt $\varepsilon\alpha$ im Rechtsideal εA und $\alpha - \varepsilon\alpha$ im Rechtsideal R, das aus allen ξ aus A besteht, für die $\varepsilon\xi = 0$ gilt. Es ist A direkte Summe $A = \varepsilon A + R$. Analog ist $A = A\varepsilon + L$, wo L Linksideal mit $L\varepsilon = 0$ ist. Man setze weiter

(16) $$\alpha = \varepsilon\alpha\varepsilon + \varepsilon(\alpha - \alpha\varepsilon) + (\alpha - \varepsilon\alpha)\varepsilon + (\alpha - \varepsilon\alpha - \alpha\varepsilon + \varepsilon\alpha\varepsilon) = \tau_1 + \tau_2 + \tau_3 + \tau_4.$$

Durchläuft α den Ring A, so durchläuft τ_ν einen Teilring T_ν, $(\nu = 1, 2, 3, 4)$ und zwar sind diese Ringe durch die folgenden Gleichungen charakterisiert

$$T_1: \varepsilon\tau_1 = \tau_1\varepsilon = \tau_1 \quad ; \quad T_2: \varepsilon\tau_2 = \tau_2, \ \tau_2\varepsilon = 0;$$
$$T_3: \varepsilon\tau_3 = 0, \ \tau_3\varepsilon = \tau_3 \quad ; \quad T_4: \varepsilon\tau_4 = \tau_4\varepsilon = 0. \quad .$$

Es ist A direkte Summe $A = T_1 + T_2 + T_3 + T_4$. Man bezeichnet (15) und (16) als die *Peirceschen Zerlegungen* von A.

Enthält A ein Ideal B, das als Ring betrachtet ein 1-*Element ε hat, so ist A direkte Summe von B und einem Ideal C.* Denn in (16) wird hier $T_2 = T_3 = 0$, und $T_4 = C$ ist dann ein Ideal.

Zur Konstruktion von Idempotenten wird der folgende wichtige Hilfssatz verwendet[10]: *Enthält ein Rechtsideal B nichtnilpotente Elemente β, während jedes eine echte Teilmenge von B bildende Rechtsideal nur aus nilpotenten Elementen besteht, so gibt es in B ein Idempotent ε, und es ist $B = \varepsilon A$.* Denn dann ist $\beta B = B$ und daher gibt es ein ξ in B mit $\beta\xi = \beta$, $\beta(\xi^2 - \xi) = 0$; ξ ist nicht nilpotent. Die ν in B, für die $\beta\nu = 0$ ist, bilden ein Rechtsideal $C \subset B$, sind also nilpotent. Dahere ist $(\xi^2 - \xi)^l = 0$ für geeignetes l. Es sei $g(x)$ ein Polynom mit ganzen rationalen Koeffizienten, für das $g(x) \equiv 0 \pmod{x^l}$, $g(x) \equiv 1 \pmod{(x-1)^l}$ ist. Dann ist $\varepsilon = g(\xi)$ ein Idempotent in B.

9. Die direkte Summe von Ringen. Wir behandeln eine erste Methode zur Bildung neuer Ringe aus gegebenen. Unser Ziel ist es,

10) *G. Köthe*, Math. Z. **32**, 161, 1930. Beweise für die Existenz von Idempotenten unter engeren Voraussetzungen findet man u. a. bei *B. Peirce*[1], *H. E. Hawkes*, Trans. Amer. Math. Soc. **3**, 312, 1902, sowie in der in Nr. **11**, zitierten Literatur.

vorgelegte Ringe aus Ringen einfacherer Struktur aufzubauen.

Es seien $A_1, A_2, \ldots, A_m$ Ringe mit demselben Operatorenbereich K. Man betrachte Symbole $(\alpha_1, \alpha_2, \ldots, \alpha_m)$, wo α_μ ein beliebiges Element von A_μ ist. Zwei solche Symbole gelten nur als gleich, wenn entsprechende Komponenten gleich sind. Man definiere Rechenoperationen durch

$$
\begin{aligned}
&(\alpha_1, \alpha_2, \ldots, \alpha_m)+(\beta_1, \beta_2, \ldots, \beta_m) = (\alpha_1+\beta_1, \alpha_2+\beta_2, \ldots, \alpha_m+\beta_m)\\
&(\alpha_1, \alpha_2, \ldots, \alpha_m)(\beta_1, \beta_2, \ldots, \beta_m) = (\alpha_1\beta_1, \alpha_2\beta_2, \ldots, \alpha_m\beta_m) \qquad (17)\\
&t(\alpha_1, \alpha_2, \ldots, \alpha_m) = (t\alpha_1, t\alpha_2, \ldots, t\alpha_m).
\end{aligned}
$$

für α_μ, β_μ, in A_μ und t in K. Dann bilden die Symbole einen Ring A mit K als Operatorenbereich, der die *direkte Summe* $A = A_1 \oplus A_2 \oplus \ldots \oplus A_m$ heißt. Sieht man isomorphe Ringe als nicht verschieden an, so ist die direkte Addition kommutativ und assoziativ. Ein Ring heißt *unzerlegbar*, wenn er nicht zu einer direkten Summe $A_1 \oplus A_2$ isomorph ist.

Die Elemente von A, bei denen höchstens die μ-te Komponente α_μ von 0 verschieden ist, bilden ein zu A_μ isomorphes Ideal B_μ in A, und A ist im Sinn von Nr. **7** direkte Summe der B_μ. Ist umgekehrt ein Ring A im Sinn von Nr. **7** direkte Summe von *Idealen* $B_1, B_2, \ldots, B_m$, so haben B_μ und B_ν für $\mu \neq \nu$ nur das Element 0 gemeinsam. Dann ist $B_\mu B_\nu = 0$, da $B_\mu B_\nu$ in B_μ und B_ν liegt. Daraus folgt, daß A zu $B_1 \oplus B_2 \oplus \ldots \oplus B_m$ isomorph ist. Dies rechtfertigt die Bezeichnung "direke Summe" für die Operation $\oplus$.

Das Zentrum von $A_1 \oplus A_2 \oplus \ldots A_m$ ist die direkte Summe der Zentren der A_μ. Umgekehrt sei A ein Ring mit l-Element 1, dessen Zentrum Z als direkte Summe von Idealen Z_μ von Z dargestellt sei, $Z = Z_1 + Z_2 + \ldots + Z_m$. Ist $1 = \zeta_1 + \zeta_2 + \ldots + \zeta_m$ die zugehörige Darstellung von 1, so ist $A\zeta_\mu$ ein Ideal von A und $A = A\zeta_1 + A\zeta_2 + \ldots + A\zeta_m$, also $A \cong A_1 \oplus A_2 \oplus \ldots \oplus A_m$ mit $A_\mu \cong A\zeta_\mu$.

Erhält $A = A_1 \oplus A_2 \oplus \ldots A_m$ ein l-Element, so ist jedes Ideal (Rechtsideal) von A direkte Summe von Idealen (Rechtsidealen) von A. Sind dann die A_μ unzerlegbar, so sind sie eindeutig durch A bestimmt.

10. Das direkte Produkt von Algebren. Wir behandeln im Fall von Algebren eine weitere Methode zur Bildung neuer Algebren aus gegebenen. Es sei A eine Algebra von endlicher Ordnung mit der Basis $\varepsilon_1, \varepsilon_2, \ldots, \varepsilon_n$ über dem Grundkörper K. Es sei B eine beliebige Algebra über K, doch wollen wir zunächst annehmen, daß A und B höchstens Elemente aus K gemeinsam haben. Wir gehen wie in Nr. **3** vor. Wir betrachten Symbole

$$\rho = \beta_1 \varepsilon_1 + \beta_2 \varepsilon_2 + \ldots + \beta_n \varepsilon_n$$

wo die β_ν jetzt aber beliebige Elemente aus B sind. Wir rechnen mit diesen ρ ganz entsprechend wie mit den Größen (1). Jedes β_μ wird mit jedem ε_ν als vertauschbar angesehen. Analog zu (4) gilt also, wenn $c_{\kappa\lambda\mu}$ die Zusammensetzungsgrößen der ε_κ sind,

$$\sum_\kappa \beta_\kappa \varepsilon_\kappa \cdot \sum_\lambda \beta_\lambda^* \varepsilon_\lambda = \sum_\mu \Big(\sum_{\kappa,\lambda} \beta_\kappa \beta_\lambda^* c_{\kappa\lambda\mu}\Big) \varepsilon_\mu . \tag{18}$$

Der Koeffizient von ε_μ ist wieder eine Größe aus B. Man erhält so eine Algebra, die als das *direkte Produkt* $A \times B$ bezeichnet wird. $A \times B$ ist unabhängig von der Auswahl der Basis in A.

Man kann das direkte Produkt auch einführen, wenn A und B beide unendlichen linearen Rang haben[11]. Haben ferner A und B auch außerhalb von K liegende Elemente gemeinsam, so ersetzen wir B durch eine geeignete isomorphe Algebra $\bar{B}$ und bilden $A \times \bar{B}$. Unter $A \times B$ verstehen wir irgend eine zu $A \times \bar{B}$ isomorphe Algebra; wir betrachten in diesem Zusammenhang isomorphe Algebren als gleich. Die direkte Multiplikation von Algebren ist dann assoziativ, kommutativ und in Verbindung mit der direkten Addition distributiv.

Ist speziell $B = \Omega$ ein Erweiterungskörper von K, so kann man $A \times \Omega$ als Algebra über Ω auffassen. Diese Algebra hat dieselbe Basis $\varepsilon_1, \varepsilon_2, \ldots, \varepsilon_n$ und dieselben Zusammensetzungsgrößen $c_{\kappa\lambda\mu}$ wie A. Man schreibt dann auch A_Ω für $A \times \Omega$.

Das Zentrum von $A \times B$ ist das direkte Produkt der Zentren von A und B.

Ist auch B eine Algebra mit endlicher Basis $\eta_1, \eta_2, \ldots, \eta_r$, und sind $d_{\rho\sigma\tau}$ die zugehörigen Zusammensetzungsgrößen, so kann man auch $A \times B$ als Algebra mit den nr Basiselementen $\varepsilon_\nu \eta_\rho$ definieren. Die Produktformeln sind

$$(\varepsilon_\kappa \eta_\rho)(\varepsilon_\lambda \eta_\sigma) = \sum_{\mu,\tau} c_{\kappa\lambda\mu} d_{\rho\sigma\tau} (\varepsilon_\mu \eta_\tau). \tag{19}$$

A und B mögen 1-Elemente besitzen. Dann enthält $P = A \times B$ Teilalgebren $\bar{A}$ und $\bar{B}$ mit $\bar{A} \cong A$, $\bar{B} \cong B$, es ist $P = \bar{A}\bar{B}$ und jedes Element von $\bar{A}$ ist mit jedem Element von $\bar{B}$ vertauschbar. Haben A und B endliche Ränge n bezw. r, so ist umgekehrt jede Algebra P von Rang nr mit diesen Eigenschaften zu $A \times B$ isomorph.

B. Die Strukturtheorie

11. Die Maximal- und Minimalbedingung. Die Strukturtheorie

11) *J. L. Dorroh*, Ann. Math. (2) **36**, 882, 1934.

wurde von *J. H. M. Wedderburn*[12] ursprünglich für Algebren endlichen Ranges entwickelt ; später[13] übertrug er sie auf gewisse Algebren unendlichen Ranges[14]. Hier soll im Anschluß an *E. Artin*[15] und*G. Köthe*[16] die Theorie für Ringe A dargestellt werden, die eine gleich zu definierende Maximal- und Minimalbedingung erfüllen[17].

In einer Menge S von Rechtsidealen heißt ein Rechtsideal B *minimal*, wenn es kein Rechtsideal von S als echte Teilmenge enthält. Analog heißt B *maximal*, wenn es in keinem Rechtsideal von S als echter Teil enthalten ist. Dann fordern wir

I. *Jede Menge von Rechtsidealen enthält ein minimales Rechtsideal.*

Die entsprechende Maximalbedingung kann durch eine etwas weniger besagende Forderung ersetzt werden. Eine Teilmenge B eines Ringes A heißt *nilpotent*, wenn im Sinn der Multiplikation von Nr. **7** eine Potenz $B^l = 0$ ist. Dann fordern wir weiter :

II. *Unter den nilpotenten Idealen von A gibt es ein maximales Ideal.*

Für Algebren endlicher Ordnung sind die Bedingungen I. und II. erfüllt. Aus I. folgt, daß der Ring A zu einer direkte Summe unzerlegbarer Ringe (Nr. **9**) isomorph ist.

H. Fitting[18] hat gezeigt, daß die Theorie für die Automorphismenringe einer Abelschen Gruppe gilt, für deren Uutergruppen eine Maximal- und Minmalbedingung besteht. Bei Beschränkung auf normale Automorphismen behandelt Fitting auch nichtabelsche Gruppen. Hier handelt es sich um gewisse verallgemeinerte Ringe, in denen die Addition nicht unbeschränkt ausführbar ist.

12. Das Radikal. Halbeinfache Ringe. Es sei A ein Ring, der die Maximal- und Minimalbedingung I. und II. (Nr. **11**) erfüllt. Ein maximales nilpotentes Ideal N enthält alle nilpotenten Rechts- und Linksideale von

---

12) Proc. London Math. Soc. (2) **6**, 77, 1908.

13) Trans. Amer. Math. Soc. **26**, 395, 1924.

14) Algebren unendlicher Ordnung werden auch noch behandelt bei *M. H. Ingraham*, Bull. Amer. Math. Soc. **38**, 100, 1932 ; *H. H. Conwell*, Bull, Amer. Math. Soc. **40**, 95, 1934.

15) Abh. Math. Sem. Hamburg Univ. **5**, 251, 1927 ; ferner *E. Noether*, Math. Z. **30**, 641, 1929.

16) Math. Z. **32**, 161, 1930, vgl. ferner *M. Deuring*, Algebren, Berlin 1935. Die Voraussetzungen hier sind noch etwas weiter als bei uns, s. auch[6]. Für einen noch allgemeineren Fall s. *G. Köthe*, Math. Ann. **103**, 545, 1930.

17) Außer den in Nr. **11** zitierten Abhandlungen vgl. man für die Beweise der Sätze der Strukturtheorie *G. Scorca*, Corpi numerici e algebre, Messina 1921 ; *L. E. Dickson*, Algebren und ihre Zahlentheorie, Zürich 1927; *B. L. van der Waerden*, Moderne Algebra Bd. 2 ; *J. H. Wedderburn*, Lectures on matrices, New york 1934 ; *R. Brauer*, Math. Z. **30**, 79, 1929 ; *H. Weyl*, Ann. Math. (2) **37**, 709, 1936.

A und ist daher eindeutig bestimmt. N heißt das *Radikal* von A.

Jedes nichtnilpotente Rechtsideal B enthält ein Idempotent[10]. Es genügt dies für minimale nichtnilpotente B zu beweisen. Hier gibt es ein β in B, für das $\beta B = B$ ist; denn andernfalls wäre βB stets nilpotent, $\beta B \subseteqq N$, also $B^2 \subseteqq N$, und B wäre nilpotent. Dann ist β nicht nilpotent, die Behauptung folgt aus Nr. 8.

Die Größen ν von N, die sogenannten *Wurzelgrößen* (*eigentlich nilpotenten Größen*), sind dadurch charakterisiert, daß $\nu\alpha$ für alle α aus A nilpotent ist; denn dann kommt in dem kleinsten ν enthaltenden Rechtsideal R kein Idempotent vor; R ist also nilpotent.

Ein Ring heißt *halbeinfach* (oder ein *Dedekindscher Ring*), wenn sein Radikal nur aus 0 besteht. *Ist ein Ring A von seinem Radikal N verschieden, so ist A/N halbeinfach.*

Das Radikal einer direkten Summe $A = A_1 \oplus A_2 \oplus \ldots \oplus A_m$ ist die direkte Summe der Radikale der A_μ. Insbesondere ist A halbeinfach, wenn alle A_μ halbeinfach sind.

Ein nur aus nilpotenten Elementen bestehender Teilring eines Ringes A ist selbst nilpotent[19].

Nach *J. von Neumann*[20] kann man halbeinfache Ringe auch dadurch characterisieren, daß für jedes α aus A die Gleichung $\alpha\xi\alpha = \alpha$ eine Lösung ξ in A hat. *J. von Neumann* untersucht Ringe mit dieser Eigenschaft, die er *reguläre Ringe* nennt, auch im Fall, daß die Maximal- und Minimalbedingung nicht gelten. Die Rechtshauptideale bilden einen komplementären Verband (s. 11 (*Krull*)). Die Umkehrung gilt ebenfalls unter sehr weiten Voraussetzungen.

13. Die Struktursätze. Einfache Ringe und Schiefkörper. Wir betrachten weiterhin Ringe, die die Maximal- und Minimalbedingung (Nr. **11**) erfüllen. Die Grundlage für das folgende bildet der Hilfssatz (*Köthe*[16]): *Jedes Rechtsideal M eines Ringes A lässt sich als direkte Summe von Rechtsidealen darstellen*

$$M = \varepsilon_1 A + \varepsilon_2 A + \ldots + \varepsilon_r A + T. \tag{20}$$

Dabei sind die ε_ρ Idempotente mit $\varepsilon_\mu \varepsilon_\nu = 0$ füri $\mu \neq \nu$ und $\varepsilon_\rho T = 0$. Das Rechtsideal T liegt im Radikal von A, und ebenso ist jedes in $\varepsilon_\rho A$ enthaltene Rechts ideal (außer $\varepsilon_\rho A$ selbst) nilpotent. Insbesondere gibt es eine Darstel-

18) Math. Ann. **107**, 514, 1932; **114**, 84, 355, 1937.

19) *J. Levitzki*, Math. Ann. **105**, 621, 1931. Für nilpotente Teilringe vgl. weiter *K. Shoda*, Math. Ann. **102**, 273, 1930; *G. Köthe*, Math. Ann. **103**, 359, 1930.

20) Proc. Nat. Acad. Sci. USA **22**, 707, 1936; **23**, 16, 341.

lung für $M = A$. ZUSATZ: *Enthält* M *als Ring ein* 1-*Element* η, *so ist* $T = 0$ *und* $\eta = \varepsilon_1 + \varepsilon_2 + \ldots + \varepsilon_r$.

Beweis: Ist M nicht selbst nilpotent, so sei B ein minimales nichtnilpotentes Teilrechtsideal von M. B enthält nach Nr. **12** ein Idempotent ε_1, und es ist $B = \varepsilon_1 A$. Dann liefert (15) eine Darsellung $M = \varepsilon_1 A + R$ mit $\varepsilon_1 R = 0$. Ist R nicht nilpotent, so enthält es ebenso ein minimales nichtnilpotentes Ideal $\varepsilon_2' A$ mit $\varepsilon_2'^2 = \varepsilon_2'$. Setzt man $\varepsilon_2 = \varepsilon_2' - \varepsilon_2' \varepsilon_1$, so ist $\varepsilon_1 \varepsilon_2 = \varepsilon_2 \varepsilon_1 = 0$, $\varepsilon_2^2 = \varepsilon_2$ und $\varepsilon_2 A \subseteqq \varepsilon_2' A$, also $\varepsilon_2 A = \varepsilon_2' A$. Dann gilt $M = \varepsilon_1 A + \varepsilon_2 A + R_2$, wo R_2 ein Rechtsideal mit $\varepsilon_1 R_2 = \varepsilon_2 R_2 = 0$ ist. So kann man fortsetzen; das Verfahren bricht ab.

Ein halbeinfacher Ring heißt *einfach*, wenn er kein Ideal (außer sich und 0) enthält.

1. WEDDERBURNSCHER STRUKTURSATZ:[12] *Ein halbeinfacher Ring* A *enthält ein* 1-*Element. Er besitzt eine Darstellung* $A \cong A_1 \oplus A_2 \oplus \ldots \oplus A_m$ *als direkte Summe einfacher Ringe. Die zu* $A_1, A_2, \ldots, A_m$ *isomorphen Ideale von* A *sind eindeutig bestimmt. Umgekehrt ist* A *halbeinfach, wenn alle* A_μ *einfach sind.*

Beweis: Es sei M in (20) ein Ideal von A. Wegen der Halbeinfachheit von A ist $T = 0$ und daher $\varepsilon = \varepsilon_1 + \varepsilon_2 + \ldots + \varepsilon_r$ linksseitiges 1-Element von M. Für μ in M ist dann $(\mu - \varepsilon\mu)M = 0$, $((\mu - \mu\varepsilon)A)^2 \subseteqq (\mu - \mu\varepsilon)M = 0$. Als Wurzelgröße verschwindet $\mu - \mu\varepsilon$, d. h. ε ist 1-Element von M. Jetzt führen die Sätze von Nr. **8, 9, 12** zum Ziel.

Das Zentrum eines einfachen Ringes ist ein Körper. Daher ist das Zentrum eines halbeinfachen Ringes eine direkte Summe von Körpern; aus der zugehörigen Zerlegung von 1 erhält man nach Nr. **9** die Zerlegung von A in einfache Ringe.

Ein Ring heißt *Schiefkörper*, wenn er ein 1-Element enthält, und es zu jedem $\alpha \neq 0$ ein α^{-1} mit $\alpha\alpha^{-1} = \alpha^{-1}\alpha = 1$ gibt. Jeder Ring, in dem 0 der einzige Nullteiler ist, ist ein Schiefkörper. Dies folgt mit Hilfe von (20) für $M = A$, die Maximal- und Minimalbedingung sind dabei wesentlich. Eine Algebra von endlicher Ordnung, die Schiefkörper ist, heißt auch *Divisionsalgebra*. Ist K ein algebraisch abgeschlossener Körper, so gibt es keine Divisionsalgebra über K (außer K selbst). Jeder Schiefkörper A ist einfach. Gilt auch noch das kommutative Gesetz der Multiplikation, so ist A ein Körper.

Der 1. Struktursatz führt halbeinfache Ringe auf einfache Ringe zurück. Einfache Ringe lassen sich jetzt weiter auf Schiefkörper zurückführen.

2. WEDDERBURNSCHER STRUKTURSATZ:[12] *Ein einfacher Ring* A *ist isomorph dem Ring* S_r *aller Matrizen eines festen Grades* r *mit Koeffizienten*

aus einem geeigneten Schiefkörper S. Dabei sind S (abgesehen von Innerer Isomorphie (s. Nr. **20**) *und r eindeutig durch A bestimmt*[21]. *Umgekehrt ist jedes* S_r *einfach.*

Beweis: Man gehe wieder von (20) für $M = A$ aus. Es ist hier $A_{\kappa\lambda} = \varepsilon_\kappa A \varepsilon_\lambda \neq 0$. Für $\gamma_{\kappa 1} \neq 0$ aus $A_{\kappa 1}$ gilt $\gamma_{\kappa 1} A = \varepsilon_\kappa A$. Daher gibt es ein $\gamma_{1\kappa}$ in A und sogar in $A_{1\kappa}$ mit $\gamma_{\kappa 1}\gamma_{1\kappa} = \varepsilon_\kappa$; man setze $\gamma_{11} = \varepsilon_1$. Ordnet man dem Element α von A die Matrix $(\gamma_{1\kappa}\alpha\gamma_{\lambda 1}) = M(\alpha)$ zu, so erhält man die gewünschte Darstellung. Die Koeffizienten von $M(\alpha)$ liegen im Schiefkörper $S = \varepsilon_1 A \varepsilon_1$. Man fasse $\varepsilon_1 A$ als additive Gruppe auf, die außer den Operatoren von K auch alle Rechtsmultiplikationen mit festen Elementen von A als Operatoren besitzt. Dann kann S als Ring der Operatorautomorphismen von $\varepsilon_1 A$ definiert werden.

Die Zentren von A und S sind isomorph. Im Fall von Algebren von endlicher Ordnung kann der 2. Struktursatz so formuliert werden: Ein einfache Algebra ist dem direkte Produkt einer Divisionsalgebra mit einer vollen Matrixalgebra K_r (Nr. **4**) isomorph.

14. Der allgemeine Struktursatz[22]. Unter einem *Kernring* verstehen wir einen Ring A mit Radikal N, für den A/N direkte Summe von Schiefkörpern (nicht nur von einfachen Ringen) ist. Die Elemente ε_ρ in (20) für $M = A$ liefern mod N die 1-Elemente dieser Schiefkörper; wir bezeichnen sie als ein *ausgezeichnetes System* von Idempotenten von A.

Dann gilt: *Jeder Ring C mit* 1-*Element, der die Maximal- und Minimalbedingung erfüllt, bestimmt einen Kernring A mit* 1-*Element (eindeutig bis auf Isomorphie) und ein System natürlicher Zahlen* $f_1, f_2, \ldots, f_r$. *Die Anzahl r stimmt dabei mit der Anzahl der Idempotente in einem ausgezeichneten System* $\varepsilon_1, \varepsilon_2, \ldots, \varepsilon_r$ *von Idempotenten von A überein. Bei geeigneter Numerierung ist A isomorph zum Ring aller Matrizen*

$$(21) \qquad M = \begin{pmatrix} M_{11} \ldots M_{1r} \\ \ldots\ldots\ldots\ldots \\ M_{r1} \ldots M_{rr} \end{pmatrix}.$$

wo $M_{\kappa\lambda}$ *eine Matrix mit* f_κ *Zeilen und* f_λ *Spalten ist, deren Koeffizienten im Teilring* $\varepsilon_\kappa A \varepsilon_\lambda$ *von A liegen.* Je zwei derartige Matrizendarstellungen von C lassen sich durch einen inneren Automorphisms von A in einander überführen (s. Nr. **20**).

Auch für nichtnilpotente Ringe C ohne 1-Element gibt es eine analoge

21) Diese Eindeutigkeitsaussage zuerst bei *G. Scorca*[17].

22) *H. Fitting*[18], ferner s. [6]. Für Algebren endlicher Ordnung über dem Körper der reellen oder komplexen Zahlen findet sich der Satz bei *Th. Molien*[1], *E. Cartan*[1].

Matrizendarstellung, wo dann der Kernring A auch kein 1-Element hat. Man hat zu den ε_ρ ein Symbol ε_{r+1} und dementsprechend in (21) eine weitere Zeile und Spalte hinzuzufügen. Dabei definiere man $\varepsilon_{r+1}\alpha = \alpha - \varepsilon_1\alpha - \ldots - \varepsilon_r\alpha$, $\alpha\varepsilon_{r+1} = \alpha - \alpha\varepsilon_1 - \ldots - \alpha\varepsilon_r$ und setze $f_{r+1} = 1$.

Ist C eine Algebra endlichen Ranges n, so bezeichnet man die Rangzahlen $c_{\kappa\lambda}$ von $\varepsilon_\kappa A \varepsilon_\lambda$ als die *Cartansche Invarianten* von C. Es ist dann

$$n = \sum_{\kappa,\lambda} c_{\kappa\lambda} f_\kappa f_\lambda.$$

Ein Ring A mit Radikal N heißt *Primär*, wenn A/N einfach ist; A heißt *vollprimär* wenn A/N Schiefkörper ist. Vollprimär, sind gerade diejenigen Ringe, die ein einziges Idempotent enthalten. Dan und nur dann ist ein Ring A mit 1-Element primär, wenn jedes Ideal B (außer $B = A$) nilpotent ist; dann und nur dann ist A vollprimär, wenn sogar jedes Rechtsideal R (außer $R = A$) nilpotent ist.

Der Spezialfall $r = 1$ des obigen Satzes ergibt: *Jeder primäre Ring A mit 1-Element ist einem vollen Matrizenring aus einem vollprimären Ring S mit 1-Element isomorph*[23]. Ferner ergibt sich: *Jeder Ring C ist als direkte Summe zweier Teilmoduln $U + V$ darstellbar. Dabei liegt V im Radikal. U ist sogar Teilring und besitzt eine Darstellung $U \cong B_1 \oplus B_2 \oplus \ldots \oplus B_r$, wo die B_ρ vollprimäre Ringe sind.* [24]

15. Sätze über direkte Produkte. Wir betrachten jetzt Algebren über einem Grundkörper K. Dann gelten die Sätze: [25]

Sind A und B einfach und hat A das Zentrum K, so ist $A \times B$ einfach. Sind A und B halbeinfach, und hat K die Charakteristik 0, so ist auch $A \times B$ halbeinfach. Bei beliebiger Charakteristik von K nennen wir eine halbeinfache Algebra von endlichem Rang *separabel*, wenn $A \times A$ halbeinfach ist. Ist A ein Erweiterungskörper von K, so deckt sich dies mit dem gewöhnlichen Begriff der Separabilität (I B 4 (*Baer*) Nr. **19**). Allgemein ist A separabel, wenn jeder als direkte Summand des Zentrums auftretende Körper (Nr. **9**) separabel ist. Dann gilt: *Ist A halbeinfach und separabel und B halbeinfach, so ist $A \times B$ halbeinfach.*

Ist A eine beliebige Algebra mit 1-Element 1, ist ferner B einfache

23) S. *Wedderburn*[12], *Artin*[15].

24) S. *Scorca*[17], *Dickson*[17], *Köthe*[16]; Eindeutigkeitsaussagen bei *G. Scorca*, Rend. Sem. Math. Univ. Roma (4) **1**, 59, 1936. — Weitere Literatur: *G. Scorca*, Atti Accad. Sci. Torino **70**, 26, 1935; Rendiconti Accad. d. L. Roma (6) **23**, 915, 1936; *J. Levitzki* Ann. Math. (2) **36**, 984, 1935; *F. S. Nowlan*, Bull. Amer. Math. Soc. **37**, 854, 1931; *L. E. Bush*, Amer. J. Math. **54**, 419, 1932.

25) Für weitergehende Aussagen vgl. man *van der Waerden*[17], §119, *R. Brauer*[6].

Teilalgebra von endlicher Ordnung, die 1 enthält und K als Zentrum besitzt, so ist $A \cong B \times C$. Dabei besteht die Teilalgebra C aus denjenigen Elementen von A, die mit jedem Element von B vertauschbar sind[26)27)].

16. Abspaltung des Radikals. *Ist die Restklassenalgebra A/N einer Algebra A von endlichem Rang nach ihrem Radikal N separabel* (*Nr.* **15**), *so enthält A eine zu A/N isomorphe Teilalgebra B, und es ist $A = B + N$*[28)]. Die Vorausssetzung der Separabilität ist naturlich stets erfüllt, wenn der Grundkörper K die Charakteristik 0 hat oder allgeminer vollkommen ist.

Zu beachten ist, daß B im allgemeinen kein Ideal von A und nicht eindeutig bestimmt ist. Inforgedessen ist die Struktur von A nicht völlig durch die von A/N und N festgelegt; es braucht nicht $A = B \oplus N$ zu sein.

Es läßt sich aber mit Hilfe des obigen Satzes und der vorangehenden Strukturtheorie zeigen, daß die Aufgabe der Aufstellung aller Algebren endlichen Ranges über K im wesentlichen auf die beiden folgenden Probleme zurückgeführt werden kann: I. Aufstellung aller Divisionsalgebren über K; II. Aufstellung aller nilpotenten Algebren und ihrer Darstellungen durch Matrizen. Auf die erste Frage gehen wir im Abschnitt C ein; über die zweite Frage ist wenig bekannt[29)].

17. Die Diskriminantenmatrix. Wir geben eine Methode zur Bestimmung des Radikals N einer Algebra A von endlichem Rang im Fall eines Grundkörpers K der Charakteristik 0; dabei werden die Bezeichnungen von Nr. 5 verwendet. Es ist α in A dann und nur dann nilpotent, wenn $R(\alpha)$ nur charakteristische Wurzeln 0 hat, und dann und nur dann ist α Wurzelgröße, wenn $\sigma_1(\alpha\xi) = 0$ für alle ξ aus A gilt. Dies ergibt ein System linearer Gleichungen für die Komponenten von α.

---

26) *J. L. M. Wedderburn*, Proc. R. Soc. Edinburgh **26**, 48, 1906 und a. a. O.[17)]; *M. Herzberger*, Dissertation Berlin 1923, S. 30.

27) Weitere Literatur: *J. Levitzki*, Ann. Math. (2) **33**, 377, 1932 behandelt normale Produkte, die als Verallgemeinerung der direkte Produkte angesehen werden können. - *F. Mittelsten Scheid*, Math. Z. **14**, 263, 1922 beweist einen Eindeutigkeitssatz für die direkte Produktdarstellung von Kernringen (Nr. **14**) über algebraisch abgeschlossenem Grundkörper.

28) Vgl. dazu *Cartan*[1)], *Wedderburn*[12)], *Dickson*[17)], *Deuring*[16)], ferner *G. Scorca*, Rendiconti Accad. d. L. Roma (6), **20**, 65, 1934.

29) Literatur über nilpotente Algebren: *O. C. Hazlett*[5)], *G. W. Smith*. Amer. J. Math. **41**, 143, 1919; *G. Scorca*, Rendiconti Accad. d. L. Roma (6), **20**, 143, 1934; Atti Accad. Sci. Torino **70**, 196, 1935; Ann. Mat. Pura Appl. (4) **14**, 1, 1935. Klassifikation der Algebren der Ordnung $n \leq 4$ findet sich bei *G. Scorca*, Atti. Accad. Sci. Fis. Mat. Napoli (2) **20**, Nr. 13, 14, 1935. Vgl. auch *K. S. Ghent*, Bull. Amer. Math. Soc. **40**, 331, 1934.

Die zugehörige Matrix ist

$$D = (\sigma_1(\varepsilon_\kappa \varepsilon_\lambda)) = \sum_{\rho,\sigma} c_{\kappa\lambda\rho} c_{\sigma\rho\sigma} , \tag{22}$$

die *Diskriminantenmatrix* von A; sie ist symmetrisch. Hat D den Rang h, so hat N den Rang $n-h$[30]. *Insbesondere ist A dann und nur dann halbeinfach, wenn $D \neq 0$ ist*; dann nur dann ist A nilpotent, wenn $D=0$ ist. Hat K die Charakteristik $p \neq 0$, so hat N höchstens den Rang $n-h$.

Wenn A ein 1-Element besitzt, so kann man anstelle von (22) eine Determinante $d = |\sigma(\varepsilon_\kappa \varepsilon_\lambda)|$ bilden, wobei $-\sigma(\alpha)$ den zweitobersten Koeffizienten des Gradpolynoms oder der Hauptgleichung (Nr. 5) $f(\alpha) = \alpha^n - \sigma(\alpha)\alpha^{n-1} + \dots$ von α bezeichnet. Es sei Ω der durch algebraischen Abschluß von K erhaltene Körper. Dann verschwindet bei beliebiger Charakteristik von K die Determinante d dann und nur dann nicht, wenn die Algebra A_Ω halbeinfach ist.

Man bilde noch eine Determinante Δ vom Grad n^2 aus den n^4 Größen

$$d(\kappa, \lambda; \mu, \nu) = \sum_\rho c_{\kappa\mu\rho} c_{\rho\lambda\nu} ,$$

wo in jeder Zeile die Indizes κ, λ feste Werte haben, in jeder Spalte die Indizes μ, ν. Dann und nur dann ist $\Delta \neq 0$, wenn A einfach ist und K als Zentrum besitzt[31].

C. Einfache Algebren von endlicher Ordnung

18. Algebrenklassen. Im folgenden betrachten wir einfache Algebren A von endlichem Rang n über einem Grundkörper K. Die aus allen Matrizen eines festen Grades r mit Koeffizienten aus A bestehende einfache Algebra bezeichnen wir mit A_r. Wir identifizieren das 1-Element von A mit dem von K, fassen also K als Teilmenge von A auf. Ist dabei K selbst das Zentrum von A, so heißt A *normal*.

Nach Nr. **13** gehört zu A eine Divisionsalgebra D und eine Zahl r, so daß $A \cong D_r$ ist. Zwei einfache Algebren A und $\bar{A}$ heißen *ähnlich*, $A \sim \bar{A}$, wenn die zugehörigen Divisionsalgebren isomorph sind. Man bezeichnet als *Algebrenklasse* $\{A\}$ von A die Gesamtheit der zu A ähnlichen Algebren; dies sind also die zu D_1, D_2, $D_3, \dots$ isomorphen

30) *Frobenius*[1]. Weitere Literatur über die Diskriminantenmatrix: *C. C. MacDuffee*, Ann. Math. (2) **32**, 60, 1931; Trans. Amer. Math. Soc. **33**, 425, 1931; *L. E. Bush*, Bull. Amer. Math. Soc. **38**, 49, 1932; *R. F. Rinehart*, Bull. Amer. Math. Soc. **42**. 570, 1936; *R. Stauffer*, Amer. J. Math. **58**, 585, 1936 (komplementäre Basen). Ferner s.[6].

31) *K. Shoda*, Proc. Imp. Acad. Tokyo **10**, 195. 1934. Im Fall, daß K algebraisch abgeschlossen ist, vgl. auch *F. Hausdorff*, Ber. Sächs. Akad. Wiss. Leipzig **52**, 43, 1900.

Algebren. Sieht man isomorphe Algebren als gleich an, so entsprechen sich Divisionsalgebren und Algebrenklassen eineindeutig. Alle Algebren von $\{A\}$ haben isomorphe Zentren, insbesondere sind sie gleichzeitig normal.

Der Grad q des Zentrum Z von A ist ein Teiler von n, $n = qn'$. Man kann A auch als Algebra des Ranges n' büer Z auffassen. Dann ist A normal; man kann sich meist auf Behandlung normaler Algebren beschränken.

19. Zerfällungskörper. Index. Wir nehmen im folgenden von Teilkörpern und Teilalgebren von A stets stillschweigend an, daß sie K enthalten. Ferner setzen wir bei isomorphen Abbildungen von Erweiterungskörpern von K immer voraus, daß jedes Element von K sich selbst entspricht. Ein Teilkörper von A heißt *maximal*, wenn er in keinem umfassenderen Teilkörper enthalten ist.

Ist A eine einfache normale Algebra vom Rang n, so gibt es stets Körper Ω über K, für die $A_\Omega = A \times \Omega$ (Nr. **10**) einer vollen Matrixalgebra Ω_f aus Ω isomorph ist (*Wedderburn*[12]); man nennt diese Ω die *Zerfällungskörper* von A. Es folgt, daß $n = f^2$ eine Quadratzahl ist. Hat die zu A ähnliche Divisionsalgebra D den Rang m^2, so heißt m der *Index* von A. Jeder Zerfällungskörper von A ist Zerfällungskörper für alle Algebren von $\{A\}$; alle diese Algebren haben denselben Index.

Nach *R. Brauer* und *E. Noether*[32] gilt: *Dann und nur dann ist ein Körper Ω von endlichem Grad w über K ein Zerfällungskörper der normalen einfachen Algebra A, wenn Ω einem maximalen Teilkörper einer Algebra der Klasse $\{A\}$ isomorph ist.* Ferner ist w ein Vielfaches sm des Index m, und Ω ist dann genauer einem maximalen Teilkörper von D_s isomorph.

Ist t der Grad eines maximalen Teilkörpers T von $A \cong D_r$, so ist $k = \frac{mr}{t}$ ganz, und jedes nichtlineare Polynom mit Koeffizienten aus T von einem in k aufgehenden Grad ist in T reduzibel. Für eine weite Klasse von Grundkörpern K folgt daraus $t = mr$. Maximale Teilkörper von D selbst haben stets den Grad m; *es gibt also stets Zerfällungskörper m-ten Grades.*

Ist $\Omega \supseteq K$ irgendein Körper, so hat A_Ω inbezug auf Ω als Grundkörper einen in m aufgehenden Index m', $m = jm'$. Hat Ω endlichen

---

32) *R. Brauer - E. Noether*, S. B. Preuss. Akad. Wiss. 1927, 221. Vgl. ferner *R. Brauer*[17]; *B. L. van der Waerden*[17], § 128; *A. A. Albert*, Trans. Amer. Math. Soc. **33**, 690, 1931; *H. Hasse*. Trans. Amer. Math. Soc. **34**, 171, 1932; *R. Brauer*, J. Reine Angew. Math. **166**, 241, 1932; *E. Noether*, Math. Z. **37**, 514, 1933.

Grad w über K, so gilt $j|w$.

Es gibt stets separable Zerfällungskörper vom Grad m[33]. Gilt in K der Hilbertsche Irreduzibilitätssatz (I B 5 (*Baer*) Nr. 40), so besitzt A separable affektlose Zerfällungskörper vom Grad mr für $r = 1, 2, \ldots$.[34]

Der Index m stimmt mit dem Schurschen Index der absolut irreduziblen Darstellung von A überein (14 (*Deuring*)).

Für nicht normale Algebren gilt: Ist A einfach und separabel über K, und hat sein Zentrum Z den Grad q über K, so ist A_Ω für irgendeinen Erweiterungskörper Ω von K direkte Summe von höchstens q einfachen Algebren F_ρ. Ist Ω ein Z enthaltender Normalkörper über K, so hat man ganau q Summanden F_ρ. Diese sind normal über Ω. Bei geeigneter Wahl der Basen sind die Zusammensetzungsgrößen $c_{\kappa\lambda\mu}$ der verschiedenen F_ρ algebraisch konjugiert in bezug auf K.

20. Galoissche Theorie für normal einfache Algebren[35]. *Jeder Automorphismus einer normal einfachen Algebra ist ein innerer Automorphismus, d. h. von der Form* $\alpha \rightarrow \tau^{-1}\alpha\tau$, *wo* τ *ein festes Element von* A *ist, das ein Inverses* τ^{-1} *besitzt*[36]. Sind allgemeiner zwei K enthaltende einfache Teilalgebren B und $\bar{B}$ durch $\beta \rightarrow \bar{\beta}$ isomorph auf einander bezogen, so gibt es ein τ in A, derart daß $\bar{\beta} = \tau^{-1}\beta\tau$ für alle β in B gilt.

Für jede Algebra M mit 1-Element bezeichne M^* die multiplikative Gruppe der Elemente, die nicht Nullteiler sind. Die Automorphismengruppe $\mathfrak{G}$ von A ist dann zu A^*/K^* isomorph. Zu jeder Teilalgebra $B \supseteqq K$ von A gehört wie in der Galoisschen Theorie eine Untergruppe $\mathfrak{H}$ von $\mathfrak{G}$. Die mit allen Elementen von B vertauschbaren Elemente von A bilden eine Teilalgebra $C = V(B)$, das *kommutierende System* von B. Es ist $\mathfrak{H} \cong C^*/K^*$.

Ist B halbeinfach, so ist auch $C = V(B)$ halbeinfach, und es ist umgekehrt $B = V(C)$. Alle Untergruppen der Form C^*/K^* in $\mathfrak{G}$ für halbeinfaches $C \supseteqq K$ kommen also für $\mathfrak{H}$ in Betracht. Enthält K nicht nur zwei Elemente, so besteht B umgekehrt aus den Größen, die bei allen Automorphismen von $\mathfrak{H}$ festbleiben. Aus diesen Ergebnissen können die

33) *G. Köthe*, J. Reine Angew. Math. **166**, 182, 1932. Vgl. ferner: *E. Noether*[32]; A. A. Albert, Trans. Amer. Math. Soc. **36**, 388, 1934.

34) *A. A. Albert*. Bull. Amer Math. Soc. **35**, 355, 1929.

35) Der Grundgedanke dieser Theorie ist von *E. Noether* in Vorlesungen 1928 entwickelt worden. Der weitere Ausbau erfolgte in *Van der Waerden*[17], §128; *A. A. Albert*[32]; Bull. Amer. Math. Soc. **37**, 777, 1931; Trans. Amer. Math. Soc. **34**, 620, 1932; *R. Brauer*, J. Reine Angew. Math. **166**, 241, 1932; *K. Shoda*, Math. Ann. **107**, 252, 1932; Proc. Imp. Acad. Tokyo **10**, 195, 1934; *E. Noether*, Math. Z. **37**, 513, 1933.

36) *Th. Skolem*, Skr. Norske Vidensk. Akad. Oslo 1927, Nr. 12. Vgl. ferner *R. Brauer*[17], [32]; *Van der Waerden*[17] § 128; *E. Noether*[32].

Sätze der gewöhnlichen Galoisschen Theorie (10 (*Baer*) Nr. **19**) abgeleitet werden[37].

Weiter gelten die Sätze: Ist B einfach, so ist auch $C = V(B)$ einfach, und B und C haben dasselbe Zentrum Z. Das Produkt der Ränge von B und C ergibt den Rang von A. Das in bezug auf Z als Grundkörper gebildete direkte Produkt $B \times C$ ist zu $T = V(Z)$ isomorph; T ist die maximale Teilalgebra von A mit dem Zentrum Z. Schließlich gilt $A_Z \cong T_q$, who q der Grad von Z über K ist. Speziell ergibt sich: Ist B ein einfache normale Teilalgebra von A, so ist $A = B \times C$ mit $C = V(B)$ (vgl. Nr. **10**).

Ist A eine normale Divisionsalgebra vom Index m, H eine einfache Algebra, so folgt aus diesen Sätzen, daß H dann und nur dann Teilalgebra von A_r ist, wenn r Vielfaches einer festen Zahl k ist. Es sei w der Grad des Zentrums Ω von H über K und h^2 den Rang von H über Z. Ferner habe $A \times H'$ den Index μ in bezug auf den Grundkörper Z, wo H' zu H reziprok isomorph ist. Dann gilt $k = \dfrac{wh\mu}{m}$.

Diese Ergebnisse enthalten die meisten Sätze von Nr. **19** als Spezialfall.

Automorphismen von einfachen nicht normalen Algebren sind von *J. Levitzki* und *H. Weyl*[17] behandelt worden. *G. Köthe*[38] untersucht Schiefkörper D von unendlichem Rang; hier ist nicht jeder Automorphismus ein innerer Automorphismus. *E. Noether*[32] betrachtet für derartiges D einfache Teilalgebren B von endlichem Rang in D_r.

21. Verschränkte Produkte. Von *Dickson*[39] stammt eine wichtige Methode zur Konstruktion von Algebren, die eine gewisse Verwandtschaft mit der Bildung des Gruppenringes (Nr. **4**) besitzt. Ist $\mathfrak{G}$ eine Gruppe der Ordnung r, so ordnen wir den r Elementen $g_1, g_2, \ldots, g_r$ von $\mathfrak{G}$ Symbole $\varepsilon_{g_1}, \varepsilon_{g_2}, \ldots, \varepsilon_{g_r}$ zu und bilden Elemente

$$\alpha = \varepsilon_{g_1}\omega_1 + \varepsilon_{g_2}\omega_2 + \ldots + \varepsilon_{g_r}\omega_r. \tag{23}$$

Wir lassen hier für die ω_ρ allgemeiner als in Nr. **4** beliebige Größen aus einem Erweiterungskörper Ω des Grundkörper K zu. Zwei Elemente (23) gelten als gleich, wenn entsprechende Koeffizienten ω_ρ gleich sind. Wir multiplizieren α mit t, indem wir alle ω_ρ mit t multiplizieren; wir addieren zwei Größen (23), indem wir entsprechende Koeffizienten ω_ρ

37) Andere Sätze über halbeinfache Teilringe von einfachen Ringen finden sich bei *J. Levitzki*, Math. Z. **33**, 663, 1931.

38) Math. Ann. **105**, 15, 1931.

39) Trans. Amer. Math. Soc. **28**, 207, 1926, ferner *Dickson*[17].

addieren.

Bei der Definition des Produktes ersetzen wir einmal das im Gruppenring gültige Gesetz $\varepsilon_g \varepsilon_h = \varepsilon_{gh}$ (für g, h in $\mathfrak{G}$) durch

$$\varepsilon_g \varepsilon_h = \varepsilon_{gh} a_{g,h}, \tag{24}$$

wo die $a_{g,h}$ Größen aus Ω sind, $a_{g,h} \neq 0$. Andererseits verzichten wir auf die Vertauschbarkeit von ε_g mit den nicht in K liegenden Größen ω aus Ω, sondern fordern statt dessen nur

$$\omega \varepsilon_g = \varepsilon_g \omega',$$

wo ω' ein von ω und g abhängiges Element von Ω ist. Dabei hat man vorauszusetzen, daß $\omega \rightarrow \omega'$ ein Automorphismus g^* von Ω ist, und daß $\mathfrak{G}$ durch die Zuordnung von g^* zu g homomorph auf die Gruppe dieser Automorphismen bezogen ist. Wir betrachten nur den Fall, daß Ω ein Normalkörper über K und $\mathfrak{G}$ selbst seine Galoissche Gruppe ist. Das aus ω in Ω durch den Automorphismus g in $\mathfrak{G}$ hervorgehende Element sei mit ω^g bezeichnet. Dann fordern wir genauer

$$\omega \varepsilon_g = \varepsilon_g \omega^g. \tag{25}$$

Das assoziative Gesetz der Multiplikation für die ε_g führt auf die Gleichung

$$a_{g,h}^k a_{gh,k} = a_{g,hk} a_{h,k} \qquad (g,\ h,\ k \text{ in } \mathfrak{G}). \tag{26}$$

Wegen (24) und (25) muß man setzen (ζ_μ, η_ν in Ω):

$$\sum_\mu \varepsilon_{g_\mu} \zeta_\mu \sum_\nu \varepsilon_{g_\nu} \eta_\nu = \sum_{\mu,\nu} \varepsilon_{g_\mu g_\nu} (\zeta_\mu^{g_\nu} \eta_\nu a_{g_\mu, g_\nu}). \tag{27}$$

Es sei also Ω ein Normalkörper r-ten Grades über K mit der Galoisschen Gruppe $\mathfrak{G}$, ferner sei $a_{g,h} \neq 0$ ein System von r^2 Größen aus Ω, die (26) erfüllen. Dann bilden die Größen (23) eine Algebra A über K als Grundkörper, wenn Addition und Multiplikation mit Größen aus K in naturgemäßer Weise und Multiplikation zweier Größen (23) durch (27) definiert wird. A heißt das *verschränkte Produkt* von $\mathfrak{G}$ und Ω mit $a_{g,h}$ als *Faktorensystem*

$$A = (a_{g,h},\ \Omega) \quad \text{oder} \quad A = (a_{g,h},\ \Omega/K).$$

Ist e das 1-Element von $\mathfrak{G}$, so ist $1 = \varepsilon_e \cdot a_{e,e}^{-1}$ das 1-Element von A. Die Größen $1 \cdot \omega$ mit ω in Ω bilden einen zu isomorphen Teilkörper von A, den wir mit Ω identifizieren.

Für das verschränkte Produkt gelten die folgenden Sätze[40]:

I. A ist normal und einfach über K vom Rang r^2, der Normalkörper Ω vom Grade r ist maximaler Teilkörper von A. Umgekehrt ist jede Algebra mit diesen Eigenschaften zu einem verschränkten Produkt $(a_{g,h}, \Omega)$ für geeignetes $a_{g,h}$ isomorph.

II. Jede Klasse normaler einfacher Algebren enthält verschränkte Produkte $(a_{g,h}, \Omega)$ für geeignetes Ω, $a_{g,h}$.

III. Dann und nur dann gilt $(a_{g,h}, \Omega) \cong (a'_{g,h}, \Omega)$ für zwei Faktorensysteme $a_{g,h}$ und $a'_{g,h}$, wenn Gleichungen

$$a'_{g,h} = a_{g,h} \frac{\omega_g^h \omega_h}{\omega_{gh}} \tag{28}$$

bestehen, wo ω_g von 0 verschiedene Größen aus Ω sind. Die beiden Faktorensysteme heißen dann *assoziiert*.

IV. Dann und nur dann ist $A = (a_{g,h}, \Omega)$ eine volle Matrixalgebra aus K, d. h. $\{A\} = \{K\}$, wenn $a_{g,h}$ zu dem *Einsfaktorensystem* $a^*_{g,h} = 1$ (für alle g, h aus $\mathfrak{G}$) assoziiert ist.

V. Ist Λ ein zur Untergruppe $\mathfrak{H}$ gehöriger Teilkörper von Ω, so gilt $A_\Lambda \sim (\bar{a}_{p,q}, \Omega/\Lambda)$, wo $\bar{a}_{p,q}$ das durch $\bar{a}_{p,q} = a_{p,q}$ (für p, q in $\mathfrak{H}$) definierte Faktorensystem in bezug auf Λ als Grundkörper ist. Gilt insbesondere $a_{p,q} = 1$ für alle p, q aus $\mathfrak{H}$, so ist Λ Zerfällungskörper.

VI. Ist P *ein* Ω umfassender Normalkörper mit der Galoisschen Gruppe $\mathfrak{R}$. so setze man $\tilde{a}_{w,z} = a_{g,h}$, wenn w und z aus $\mathfrak{R}$ die Automorphismen g bezw. h des Teilkörpers Ω von P induzieren. Dann ist

$$(\tilde{a}_{w,z}, P/K) \sim (a_{g,h}, \Omega/K).$$

VII. Für zwei Faktorensysteme $a_{g,h}$ und $b_{g,h}$ gilt

$$(a_{g,h}, \Omega) \times (b_{g,h}, \Omega) \sim (a_{g,h} b_{g,h}, \Omega). \tag{29}$$

VIII. Es ist $(a^{-1}_{g,h}, \Omega)$ zu $(a_{g,h}, \Omega)$ reziprok isomorph.

40) Die zweiter Häfte von Satz I stammt von *Dickson*[39]. Die Sätze I bis VIII wurden im Rahmen einer etwas allgemeineren Theorie (Nr. **23**) gegeben in *R. Brauer*, Math. Z. **28**, 677, 1928; **30**, 79, 1929. Einen direkten Aufbau der verschränkten Produkte gab *E. Noether* in Vorlesungen 1929. Man vgl. die Darstellung von *H. Hasse*, Trans. Amer. Math. Soc. **34**, 171, 1932 und *M. Deuring*[16], S. 52—67. Für Beweise zu einzelnen der Sätze und weitere Bemerkungen ferner *R. Brauer*, J. Reine Angew. Math. **168**, 44, 1932; *A. A. Albert*, Amer. J. Math. **54**, 1, 1932; *C. Chevalley*, J. Reine Angew. Math. **169**, 141, 1932; *H. Hasse*, Math. Ann. **107**, 731, 1933; *K. Shoda*, Japan. J. Math. **10**, 57, 1933; *O. Teichmüller*, Deutsche Math. **1**, 92, 1936. Der letztgenannte behandelt eine Verallgemeinerung der verschränkte Produkte; vgl. dazu auch *O. Teichmüller*, Deutsche Math. **1**, 197, 1936.

IX.[41] Ist $\mathfrak{Q}$ ein Klasse konjugierter Elemente aus $\mathfrak{G}$ mit c Elementen, so ist $a^c_{g,h}$ assoziiert zu $\Pi a^q_{g,h}$, wo über alle q aus $\mathfrak{Q}$ zu multiplizieren ist. Ist $\mathfrak{Q}$ invariante Untergruppe von $\mathfrak{G}$ und Λ der zugehörige Teilkörper von Ω, so sei $p_1, p_2, \ldots, p_s$ ein Restsystem von $\mathfrak{G}$ (mod $\mathfrak{Q}$). Man setze $\bar{g} = p_\mu$ für g in $p_\mu\mathfrak{Q}$. Dann gilt $(a_{g,h}, \Omega)^c \sim (a'_{\bar{g},\bar{h}}, \Lambda)$ mit

$$a'_{\bar{g},\bar{h}} = \prod_{q \text{ in } \mathfrak{Q}} a^q_{g,h} \prod_{q \text{ in } \mathfrak{Q}} \frac{a_{g\cdot h,q}}{a_{gh,q}} \tag{30}$$

Ist speziell $\mathfrak{G} = \mathfrak{Q}\mathfrak{T}$, wo $\mathfrak{T}$ eine zu $\mathfrak{Q}$ teilerfremde Untergruppe von $\mathfrak{G}$ ist, so kann man in (30) rechts das zweite Produkt weglassen.

X[42]. Ist K^* die multiplikative Gruppe der von 0 verschiedenen Größen aus K und N die Untergruppe der Relativnormen von Größen aus Ω, so wird $\mathfrak{G}$ durch $g \rightarrow \prod_{q \text{ in } \mathfrak{Q}} a_{g,q} \cdot N$ homomorph auf eine Untergruppe von K^*/N abgebildet. Die Elemente der Kommutatorgruppe von $\mathfrak{G}$ und nur diese entsprechen N.[43]

22. Zyklische Algebren[44]. Besonders wichtig ist der Fall, daß in Nr. **21** der Körper Ω zyklisch ist. Ist s ein erzeugendes Element von $\mathfrak{G}$ von der Ordnung r, und setzt man $u = \varepsilon_s$, so kann man die Elemente des verschränkten Produkts in der Form schreiben

$$\alpha = \omega_0 + u\omega_1 + u^2\omega_2 + \ldots + u^{r-1}\omega_{r-1}, \tag{31}$$

wo die ω_ρ Größen aus Ω sind. Es gilt hier

$$u^r = a, \qquad \omega u = u\omega^s, \tag{32}$$

wo a in K liegt. Dabei ist

$$a = a_{s,e} a_{s,s} a_{s,s^2} \ldots a_{s,s^{r-1}}.$$

Durch (32) ist die Multiplikation der Größen (31) völlig bestimmt.

Ist umgekehrt $a \neq 0$ irgendeine Größe aus K, so erhält man so eine Algebra A. Es ist $A \cong (a'_{g,h}, \Omega)$, wo für $g = s^\lambda$, $h = s^\mu$ mit $0 \leqq \lambda, \mu < r$ hier $a'_{g,h} = 1$ oder $a'_{g,h} = a$ sei, je nachdem ob $\lambda + \mu < r$ oder $\lambda + \mu \geqq r$

41) *E. Witt*, J. Reine Angew. Math. **173**, 191, 1935. Ein etwas speziellerer Satz findet sich bereits bei *C. Chevalley*[40]. Vgl. ferner *Y. Akizuki*, Math. Ann. **112**, 566, 1935.

42) *T. Nakayama*, Math. Ann. **112**, 85, 1935; *Y. Akizuki*[41].

43) Spezielle verschränkte Produkte werden untersucht bei *L. E. Dickson*[42] und Trans. Amer. Math. Soc. **32**, 319, 1930; *F. Cecioni*, Ren. Circ. Mat. Palermo **47**, 209, 1923; *R. Garver*, Ann. Math. (2) **28**, 493, 1927; *J. Williamson*, Trans. Amer. Math. Soc. **30**, 111, 1928; *M. S. Rees*, Amer. J. Math. **54**, 51, 1932.

44) *L. E. Dickson*, Trans. Amer. Math. Soc. **15**, 31, 1914; *J. L. M. Wedderburn*, ebenda S. 162.

ist.

Man bezeichnet A als *zyklische Algebra* $A = (a, \Omega, s)$.

Dann und nur dann ist $(a, \Omega, s) \cong (b, \Omega, s)$, wenn $\frac{a}{b}$ Norm einer Größe aus Ω ist; speziell gilt $(a, \Omega, s) \sim K$ dann und uur dann, wenn a selbst Norm ist.

23. Faktorensysteme zn beliebigen Zerfällungskörpern[45]. Es sei Ω ein separabler Körper r-ten Grades über K, $\Omega = K(\theta)$. Es seien $\theta_1 = \theta$, $\theta_2, \ldots, \theta_r$ die Konjugierten zu θ, Ω^* sei der durch sie erzeugte Normalkörper und $\mathfrak{G}$ seine Galoissche Gruppe. Gilt $\theta_\mu^g = \theta_\nu$ für g in $\mathfrak{G}$, so setzen wir $\nu = \mu \cdot g$. Ein System von r^3 Zahlen $b_{\kappa\lambda\mu}$ aus Ω^* heißt ein *konjugiertes Tripelsystem*, wenn $b^g_{\kappa\lambda\mu} = b_{\kappa g, \lambda g, \mu g}$ für alle g aus $\mathfrak{G}$ gilt. Analog sind konjugierte Doppelsysteme zu definieren.

Unter einem *Faktorensystem* zu Ω in bezug auf K als Grundkörper verstehen wir ein konjugiertes Tripelsystem, dessen Zahlen von 0 verschieden sind und die Gleichung erfüllen

$$b_{\kappa\lambda\mu} b_{\kappa\mu\nu} = b_{\kappa\lambda\nu} b_{\lambda\mu\nu}\,. \tag{33}$$

Die Gesamtheit der Matrizen r-ten Grades

$$M = (b_{\kappa\lambda r} l_{\kappa\lambda}) \tag{34}$$

für alle konjugierten Doppelsysteme $l_{\kappa\lambda}$ aus Ω^*, bildet eine normale einfacha Algebra A der Ordnung r^2 über K, die Ω als Zerfällungskörper besitzt. Jede derartige Algebra kann umgekehrt bei geeigneter Wahl der $b_{\kappa\lambda\mu}$ in dieser Weise dargestellt werden. Es gelten analog Sätze zu I—VIII in Nr. **21.**

Ist Ω selbst Normalkörper über K, so wird der Zusammenhang zwischen beiden Arten von Faktorensystemen von K durch

$$a_{g,h} = b_{r\cdot(gh),\ r\cdot h,\ r} \tag{35}$$

hergestellt.

Das Faktorensystem von A kann auch mit Hilfe der Darstellungen von A definiert werden (vgl. I B 9 (*Deuring*)). Eine Verallgemeinerung dieser Faktorensysteme ist bei *Weyl*[17] gegeben.

24. Die Gruppe der Algebrenklassen. Für die Klassen einfacher normaler Algebren $\{A\}$, $\{B\}$, ... über K kann man durch $\{A\}\{B\} = \{A \times B\}$ eine Multiplikation definieren, die von der Auswahl von A und

45) *R. Brauer*[40].

B in ihren Klassen unabhängig ist. Nach *R. Brauer*[46] bilden die Algebrenklassen eine Abelsche Gruppe $\mathfrak{T}$. Einheitselement ist die Klasse $\{K\}$ der vollen Matrixalgebren aus K. Das zu $\{A\}$ inverse Element ist $\{A'\}$, wo A' zu A reziprok isomorph ist. Jedes Element $\{A\}$ von $\mathfrak{T}$ besitzt eine endliche Ordnung l, d. h. das direkte Produkt von l Faktoren A ist einer vollen Matrixalgebra aus K isomorph. Diese Zahl l, der *Exponent* von A, geht im Index m von A auf, und ist durch jeden Primteiler von m teilbar. Die Algebrenklassen, die einen festen Körper Ω als Zerfällungskörper besitzen, bilden eine Untergruppe von $\mathfrak{T}$.

Die Tatsache, daß jedes Element in $\mathfrak{T}$ als Produkt von Elementen teilerfremder Ordnungen geschrieben werden kann, liefert den Satz: *Hat die normale Divisionsalgebra A den Index $m = p_1^{\mu_1} p_2^{\mu_2} \ldots p_s^{\mu_s}$, wo $p_1, p_2, \ldots, p_s$ verschiedene Primzahlen sind, so kann A als direktes Produkt $D_1 \times D_2 \times \ldots \times D_s$ von normalen Divisionsalgebren D_σ vom Index p^{μ_σ} $(\sigma = 1, 2, \ldots, s)$ dargestellt werden*[47]. Umgekehrt ist jedes solche Produkt eine normale Divisionsalgebra. Ist A eine zyklische Algebra, so kann man alle D_σ zyklisch wählen und umgekehrt.

Auch im Fall eines Primzahlpotenzindex kann A als direkte Produkt darstellbar sein. Ist aber z. B. $l = m$, so ist dies sicher unmöglich[48].

Der Exponent von A^h ist natürlich $\dfrac{l}{(l, h)}$. Der Index ist ein Teiler von $\dfrac{m}{(m, h)}$; im Fall $(h, m) = 1$ ist der Index m. Der Index von $\{A\}\{B\}$ geht im Produkt der Indizes von $\{A\}$ und $\{B\}$ auf.

25. Aufstellung der Algebrenklassen[49]. Jede Klasse $\mathfrak{A}$ normaler einfacher Algebren enthält Algebren A, die als verschränkte Produkt $(a_{g,h}, \Omega)$ darstellbar sind. Wir setzen voraus, daß die Charakteristik von K nicht eine im Exponenten n der Algebren von $\mathfrak{A}$ aufgehende Primzahl ist (für den ausgeschlossenen Fall vgl. Nr. **26**). Man kann A in $\mathfrak{A}$ weiter so wählen, daß das Faktorensystem $a_{g,h}$ aus n-ten Einheitswurzeln besteht. Sind die Bezeichnungen dieselben wie in Nr. **21**, ist ferner ζ eine

46) Jber. Deutsch. Math.-Verein. **38**, 47, 1929, und J. Reine Angew. Math. **166**, 241, 1932. Vgl. ferner *H. Hasse*[40], *M. Deuring*[16]. Einige Resultate für den Fall von Divisionsalgebren unendlicher Ordnung bei *G. Köthe*[38].

47) *R. Brauer*[40], vgl. auch [46] und *A. A. Albert*[40] wo die Umkehrung formuliert wurde. Diese findet sich auch bei *G. Köthe*[38].

48) Beispiele von Divisionsalgebren mit verschiedenartigem Verhalten werden gegeben in: *R. Brauer*, Math. Z. **31**, 733, 1930; Tôhoku Math. J. **37**, 77, 1933; *G. Köthe*[38]; *A. A. Albert*, Bull. Amer. Math. Soc. **37**, 727, 1931; **38**, 449, 1932; **39**, 265, 1933; *T. Nakayama*, Jap. J. Math. **12**, 65, 1935.

49) *R. Brauer*, J. Reine Angew. Math. **168**, 44, 1932.

primitive n-te Einheitswurzel, so bilden die Elemente $\varepsilon_g\zeta^\nu$ (für g in $\mathfrak{G}$, $\nu=0,1,2,\dots,n-1$), eine Gruppe $\mathfrak{H}$ der Ordnung nr. Durch $\varepsilon_g\zeta^\nu\rightarrow g$ wird $\mathfrak{H}$ homomorph auf $\mathfrak{G}$ bezogen. Dabei geht die zyklische Untergruppe $\mathfrak{S}$ der Elemente ζ^ν in das Einheitselement über, und schließlich ist

$$\zeta\varepsilon_g=\varepsilon_g\zeta^g. \tag{36}$$

Umgekehrt sei eine Gruppe $\mathfrak{H}$ der Ordnung rn gegeben, die eine homomorphe Abbildung τ auf $\mathfrak{G}$ besitzt, bei der eine zyklische Untergruppe $\mathfrak{S}$ in das Einheitselement übergeht, $\mathfrak{H}/\mathfrak{S}\cong\mathfrak{G}$. Wir identifizieren ein erzeugendes Element von $\mathfrak{S}$ mit der Einheitswurzel ζ. Für g in $\mathfrak{G}$ sei ε_g ein auf g abgebildetes Element von $\mathfrak{H}$; wir setzen voraus, daß (36) gilt. Dann definiert $a_{g,h}=\varepsilon_{gh}^{-1}\varepsilon_g\varepsilon_h$ umgekehrt ein aus n-ten Einheitswurzeln bestehendes Faktorensystem. Um alle derartigen Systeme zu erhalten, hat man nicht nur alle in Frage kommenden Gruppen $\mathfrak{H}$ zu nehmen, sondern für jedes $\mathfrak{H}$ auch alle die Bedingungen erfüllenden homomorphen Abbildungen τ zu betrachten. Enthält K selbst die n-ten Einheitswurzeln, so ist die Bedingung (36) einfach, daß $\mathfrak{S}$ dem Zentrum von $\mathfrak{H}$ angehört.

Besitzt $\mathfrak{H}$ eine echte Untergruppe $\mathfrak{H}'$ der Ordnung rn', derart daß der Durchschnitt von $\mathfrak{H}'$ und $\mathfrak{S}$ die Ordnung n' hat, so ist der Exponent des zugehörigen Faktorensystems kleiner als n. Nehmen wir also an, daß $\mathfrak{H}$ keine derartige Untergruppe $\mathfrak{H}'$ enthält. Dann gilt der Satz: *Dann und nur dann ist das durch $\mathfrak{H}$ definierte Faktorensystem zum Einssystem assoziiert, wenn sich Ω derartig in einen Normalkörper Λ mit der Galoisschen Gruppe $\mathfrak{H}$ über K einbetten läßt, daß der Automorphismus $\varepsilon_g\zeta^\nu$ von Λ den Automorphismus g von Ω induziert.* Weiter läßt sich auch die Frage, ob zwei durch Gruppen definierte Faktorensysteme assoziiert sind, auf ein ähnliches "Einbettungsproblem" zurückführen.

Um alle normalen Algebrenklassen vom Index m und Exponenten n aufzustellen, hat man zunächst alle Normalkörper Ω über K zu konstruieren, deren Grad unter einer nur von m abhängigen Schranke liegt. Für jedes Ω muß man weiter alle in Frage kommenden $\mathfrak{H}$ bilden und zu jedem das Faktorensystem $a_{g,h}$ und die Algebra $(a_{g,h}, \Omega)$ konstruieren. So erhält man jedenfalls Algebren aus allen Algebrenklassen. Ob zwei derartige Algebrenklassen gleich sind, hängt davon ab, ob ein bestimmtes Einbettungsproblem eine Lösung hat.

Shoda[50)] hat eine Verallgemeinerung dieser Betrachtungen gegeben[51)].

50) Japan. J. Math. **11**, 21, 1934.

51) Weitere Literatur über Divisionsalgebren: *A. A. Albert*, Ann. Math. (2) **30**, 322, 583, 1929; *O. C. Hazlett*, Trans. Amer. Math. Soc. **18**, 167, 1927; **32**, 912, 1930. Für involutorische Antiautomorphismen s. [89)].

Nicht jeder Körper Z vom Grade l über K ist Zerfällungskörper von normalen einfachen Algebren vom Exponenten l. Auch die Bedingung dafür kann auf Einbettungsprobleme zurückgeführt werden.

26. Besondere Fälle. Normale Divisionsalgebren A vom Index m sind für $m = 2, 3, 6$ zyklische[52]. Im Fall $m = 2$ ist A eine verallgemeinerte Quaternionenalgebra mit vier Basiselementen $1, \varepsilon_1, \varepsilon_2, \varepsilon_3$, für die

$$\varepsilon_1^2 = a, \quad \varepsilon_2^2 = b, \quad \varepsilon_3 = \varepsilon_1\varepsilon_2 = -\varepsilon_2\varepsilon_1 \tag{37}$$

gilt, wo a, b Größen aus K sind; $A = (a, K(\sqrt{b}), s)$. Dies ist dann und nur dann eine Divisionsalgebra, wenn $x^2 - ay^2 - bz^2 = 0$ in K nur die Lösung $x = y = z = 0$ hat.

In den Fällen $m = 4$ und $m = 12$ läßt sich A als verschränktes Produkt darstellen[53]; es braucht aber nicht immer zyklisch zu sein[54]. Im Fall $m = 5$ gibt es einen aus K durch sukzessive Adjunktion von drei Quadratwurzeln und einer Kubikwurzel entstehenden Körper Λ, sodaß A_Λ zyklisch über Λ ist.

Ist K algebraisch abgeschlossen, so ist K die einzige Divisionsalgebra über K[55], *Die einzigen einfachen Algebren sind die vollen Matrixalgebren K_r aus K. Die einzigen Divisionsalgebren über einem reell abgeschlossenen Körper K sind* 1) *der Körper selbst,* 2) *der Körper $K(i)$ mit $i^2 = -1$,* 3) *die Quaternionen*[56].

Wedderburn hat gezeigt: *Ist K ein Kärper mit nur endlich vielen Elementen, so gibt es keine normale Divisionsalgebra* (außer K selbst)[57]. Allgemein werden Körper, die nur zyklische algebraische Erweiterungskörper besitzen, bei *R. Brauer*[49] behandelt.

Weitgehend untersucht worden ist der Fall von normalen Divisionsalgebren A einer Ordnung p^e über einem Körper K der Charakteristik p. Ist K vollkommen, so gibt es keine derartige Algebra außer K selbst[49].

52) Für $m = 3$ *J. H. M. Wedderburn*, Trans. Amer. Math. Soc. **22**, 129, 1931; für $m = 6$ *R. Brauer*[40].

53) *A. A. Albert*, Trans. Amer. Math. Soc. **31**, 253, 1929; Bull. Amer. Math. Soc. **38**, 703, 1932,

54) *A. A. Albert*, Bull. Amer. Math. Soc. **38**, 449, 1932; Trans. Amer. Math. Soc. **35**, 112, 1933.

55) *Th. Molien*[1], *E. Cartan*[1], *G. Frobenius*[1].

56) *G. Frobenius*, J. Reine Angew. Math. **84**, 59, 1978. Vgl. auch *C. S. Pierce*, Amer. J. Math. **4**, 225, 1881; *Cartan*[1]; *L. E. Dickson*, Linear algebras, Cambridge 1919, S. 12.

57) *J. H. M. Wedderburn*, Trans. Amer. Math. Soc. **6**, 349, 1905; *L. E. Dickson*, Nachr. Ges. Wiss. Göttingen 1905, 379; *E. Artin*, Abh. Math. Sem. Hamburg Univ. **5**, 245, 1927; *E. Witt*, Abh. Math. Sem. Hamburg Univ. **8**, 413, 1931; *C. Chevalley*, Abh. Math. Sem. Hamburg Univ. **11**, 73, 1935.

Ist K nicht vollkommen, so ist A einer zyklischen Algebra ähnlich, ferner auch einem direkten Produkt von zyklischen Divisionsalgebren D_ν, wobei Exponent und Index von D_ν übereinstimmen und höchstens gleich dem Exponenten von A sind[58].

Für die Fälle, daß K ein p-adischer Körper, ein algebraischer Zahlkörper oder ein algebraischer Funktionenkörper ist, vergl. man I C 5 (*Hasse*)[59].

Um einige wichtige Algebren, wie z. B. Quaternionen über dem Körper der reellen Zahlen zu charakterisieren, verwenden *L. Pontrijagin*, *N. Jacobson* und *O. Taussky*[60] topologische Voraussetzungen. Es wird dabei angenommen, daß ein Ring A ein topologische Raum bestimmter Art ist, und daß Addition und Multiplikation stetig sind.

27. Übertragung von Fragestellungen der kommutativen Algebra. Lineare Gleichungen und Determinanten in Schiefkörpern sind vielfach behandelt worden. Vgl. dazu I B 2 (*Henke*). Auch Gleichungen höheren Grades sind, vor allem in Spezialfällen, gelegentlich untersucht worden[61].

Für Polynome $f(x)$ mit Koeffizienten aus einem Schiefkörper A, bei denen x mit den Größen von A vertauschbar ist, gelten ähnliche Sätze wie in der elementaren Algebra[62]. Sind $f(x)$ und $g(x)$ zwei derartige Polynome, so kann man Polynome $q_L(x)$, $r_L(x)$, $q_R(x)$, $r_R(x)$ finden, so daß

$$f(x) = q_L(x)g(x) + r_L(x), \qquad f(x) = g(x)q_R(x) + r_R(x) \tag{38}$$

ist, und $r_L(x)$ und $r_R(x)$ kleineren Grad als $g(x)$ haben (*linksseitige* bezw. *rechtsseitige Division*). Darauf kann man den Euklidschen Algo-

58) *A. A. Albert*, Trans. Amer. Math. Soc. **36**, 388, 1934; **39**, 183, 1935; **40**, 112, 1935; *T. Nakayama*, Proc. Imp. Acad. Tokyo **11**, 305, 1935; **12**, 113, 1936, *E. Witt*, J. Reine Angew. Math. **176**, 126, 1936; *O. Teichmüller*, Deutsche Math. **1**, 362, 1936; J. Reine Angew. Math. **176**, 157, 1936.

59) Divisionsalgebren über Grundkörper K von besonderer Art werden weiter untersucht bei *E. Witt*, J. Reine Angew. Math. **176**, 153, 1936 (diskret bewertete perfekte K mit vollkommenem Restklassenkörper); *O. F. G. Schilling*, Ann. Math. (2) **38**, 551, 1937 (maximal bewertete K).

60) *L. Pontrjagin*, Ann. Math (2) **33**, 163, 1932; *N. Jacobson* und *O. Taussky*, Proc. Nat. Acad. Sci. USA **21**, 106, 1935; *N. Jacobson*, Amer. J. Math. **58**, 433, 1936; *O. Taussky*, Compositio Math **3**, 299, 1936. Vgl. auch *G. Hoheisel*, S. B. Preuss. Akad. Wiss. 1929, 524.

61) *E. Study*, Acta Math. **42**, 1, 1918; *A. R. Richardson*, Messenger of Math. **55**, 175, 1926; **57**, 1, 1928; *D. E. Littlewood*, Proc. London Math. Soc. (2) **31**, 40, 1930; **32**, 312, 1931. Vgl. auch *D. E. Littlewood* und *A. R. Richardson*, Proc. London Math. Soc. (2) **35**, 1933, 325.

62) *Wedderburn*[52].

rithmus aufbauen, den linksseitigen und den rechtsseitigen größten gemeinsamen Teiler definieren u. s. w. Verschwindet $f(x)=\gamma_0 x^n+\gamma_1 x^{n-1}+\ldots+\gamma_n$, wenn man x durch ein α aus A ersetzt, so hat $f(x)$ den Rechtsteiler $x-\alpha$.

Gehören die Koeffizienten von $f(x)$ zum Zentrum Z von A, so bringt mit α auch jede Transformierte $\xi\alpha\xi^{-1}$ das Polynom zum Verschwinden. Ist $f(x)$ in Z irreduzibel, so entsteht die allgemeinste Wurzel von $f(x)=0$ aus einer Wurzel α in dieser Weise. Man kann in A dann $f(x)$ als Produkt von n Linearfaktoren schreiben

$$f(x) = a(x-\alpha_1)(x-\alpha_2)\ldots(x-\alpha_n), \tag{39}$$

und hier dürfen diese Faktoren zyklisch vertauscht werden.

O. Ore[63] betrachted allgemeiner Polynome aus einem Schiefkörper A, bei denen für alle α ans A die Unbestimmte x Relationen $x\alpha=\bar{\alpha}x+\alpha'$ mit $\bar{\alpha}$, α' in A erfüllt. Die Zuordnungen $\alpha\to\bar{\alpha}$, $\alpha\to\alpha'$ müssen gewisse Bedingungen befriedigen, damit die Polynome $f(x)$ einen nichtkommutativen Integritätsbereich bilden. Differentialpolynome bilden einen wichtigen Spezialfall, es wird eine Zerlegungstheorie für diese Polynome entwickelt. *N. Jacobson*[64] hat diese Theorie zur Untersuchung von zyklischen Algebren angewendet. *E. Noether* und *W. Schmeidler*[65] haben eine Theorie der Polynomideale auch für den Fall von mehreren nichtkommutativen Unbestimmten gegeben.

Nichtkommutative Integritätsbereiche, in denen eine Division mit Rest gilt, sind von *Wedderburn*[66] untersucht worden. Er gibt u. a. eine Elementarteilertheorie für Matrizen aus derartigen Bereichen[67].

Nicht jeder nichtkommutative Integritätsbereich kann in einen Schiefkörper eingebettet werden[68].

---

63) Ann. Math. (2) **34**, 480, 1933. Vgl. auch *N. Jacobson*, Ann. Math. (2) **35**, 209, 1934.

64) Ann. Math. (2) **35**, 197, 1934.

65) *E. Noether* und *W. Schmeidler*, Math. Z. **8**, 1, 1920. Vgl. auch *Krull*, Math. Z. **23**, 182, 1925; *H. Fitting*, Math. Ann. **111**, 19, 1935; **112**, 572, 1936, für Übertragung von Sätzen der kommutativen Idealtheorie auf den nichtkommutativen Fall.

66) J. Reine Angew. Math. **167**, 132, 1932.

67) Weiter Untersuchungen: *R. Brauer*[17], S. 92—93; *L. A. Wolf*, Bull. Amer. Math. Soc. **42**, 737, 1936; *S. Wachs*, C. R. Acad. Sci. Paris **200**, 888, 1935; *N. Jacobson*, Proc. Nat. Aca. Sci. USA **21**, 667, 1935; *D. E. Littlewood* und *A. R. Richardson*, Proc. London Math. Scc. (2), **35**, 325, 1933.

68) *A. Malcev*, Math. Ann. **113**, 686, 1937.

D. Ergänzungen

28. Die Systeme von Graßmann und Clifford. Wir behandeln eine wichtige Klasse von Algebren über einem Grundkörper K, die auf *Graßmann*[69] zurückgeht. Es sei m eine feste natürliche Zahl. Wir bilden unendlich viele Basiselemente

$$(40) \qquad 1, \ \varepsilon(\mu_1), \ \varepsilon(\mu_1, \mu_2), \ \varepsilon(\mu_1, \mu_2, \mu_3), \ldots .$$

Hier wie im folgenden durchlaufen die Argumente $\mu_1, \mu_2, \ldots$ die Werte $1, 2, \ldots, m$. Die Multiplikation wird definiert durch

$$(41) \qquad \varepsilon(\mu_1, \mu_2, \ldots, \mu_r)\,\varepsilon(\nu_1, \nu_2, \ldots, \nu_s) = \varepsilon(\mu_1, \ldots, \mu_r, \nu_1, \ldots, \nu_s).$$

Wir betrachten die linearen Verbindungen

$$(42) \qquad \alpha = a + \sum_{\mu_1} a(\mu_1)\,\varepsilon(\mu_1) + \sum_{\mu_1, \mu_2} a(\mu_1, \mu_2)\,\varepsilon(\mu_1, \mu_2) + \ldots$$

mit Koeffizienten $a(\mu_1, \mu_2, \ldots, \mu_s)$ aus K, von denen nur endlich viele von 0 verschieden sind. Man erhält so eine Algebra A von unendlichem Rang. Die zu festem s gehörigen Koeffizienten $a(\mu_1. \mu_2. \ldots, \mu_s)$ von α lassen sich als Komponenten eines Tensor s-ter Stufe in einem m-dimensionalen Vektorraum $\mathfrak{R}$ auffassen. α ist also durch eine Folge von Tensoren der Stufenzahlen 0, 1, 2,... gegeben, von denen nur endlich viele nicht verschwinden. Einer linearen Transformation in $\mathfrak{R}$ entspricht ein Automorphismus von A, bei dem der von $\varepsilon(1), \varepsilon(2), \ldots, \varepsilon(m)$ erzeugte Modul auf sich abgebildet wird, und umgekehrt. Die Rechenoperationen in A ergeben invariante Operationen für solche Folgen von Tensoren.

Wir fügen jetzt die Gleichungen hinzu

$$(43) \qquad \varepsilon(\mu)\,\varepsilon(\nu) = -\,\varepsilon(\nu)\,\varepsilon(\mu), \qquad \varepsilon(\mu)^2 = 0.$$

Anders ausgedrückt: Es sei N das kleinste Ideal, das alle Größen $\varepsilon(\mu)\,\varepsilon(\nu) + \varepsilon(\nu)\,\varepsilon(\mu)$ enthält; wir bilden $B = A/N$.

Nach (41) und (43) verhält sich $\varepsilon(\mu_1, \mu_2, \ldots, \mu_s)$ bei Vertauschung der μ_σ schiefsymmetrisch. Es folgt, daß B den Rang 2^m hat.

Ist die Charakteristik $\chi(K)$ von K von $1, 2, \ldots, m$ verschieden, so kann man $a(\mu_1, \mu_2, \ldots, \mu_s)$ in (42) ebenfalls schiefsymmetrisch annehmen. Es treten also nur Glieder mit $s \leq m$ auf. Den Rechenoperationen in A

69) S. 1). Für andere auf Graßmann zurückgehende Systeme, ebenso für geometrische Anwendungen vgl. III A B 11 (*Rothe-Lotze-Betsch*). —*D. E. Littlewood*, Proc. London Math. Soc. (2) **35**, 200, 1933 behandelt gewisse mit dem Graßmannschen System zusammenhängende Algebren unendlicher Ordnung.

entsprechen invariante Operationen für Folgen schiefsymmetrischer Tensoren. Die Algebra B bildet die Grundlage für die Theorie der alternierenden Differentialformen[70], sie ist ferner von Bedeutung für die Invariantentheorie[71].

Es sei jetzt $F = \sum q_{\mu\nu} x_\mu x_\nu$, $q_{\mu\nu} = q_{\nu\mu}$, eine quadratische Form in K. Anstelle von (43) fügen wir allgemeiner die Gleichungen

$$\varepsilon(\mu)\varepsilon(\nu) + \varepsilon(\nu)\varepsilon(\mu) = 2q_{\mu\nu} \tag{44}$$

hinzu. Man erhält eine Algebra C vom Rang 2^m, die für $q_{\mu\nu} = 0$ in B übergeht[72]. Liegen die x_μ in K, so gilt $F = (x_1\varepsilon(1) + x_2\varepsilon(2) + \ldots + x_m\varepsilon(m))^2$.

Nach linearer Transformationen der Basis darf man ohne Einschränkung $q_{\mu\nu} = 0$ für $\mu \neq \nu$ annehmen. Es geht dann (44) über in

$$\varepsilon(\mu)\varepsilon(\nu) = -\varepsilon(\nu)\varepsilon(\mu) \text{ für } \mu \neq \nu, \quad \varepsilon(\mu)^2 = q_{\mu\mu} = q_\mu. \tag{45}$$

Hat K ein von $1, 2, \ldots, m$ verschiedene Charakteristik $\chi(K)$, so können wir wieder die Elemente α von C in der Form (42) schreiben, wo die Tensoren $a(\mu_1, \mu_2, \ldots, \mu_s)$ schiefsymmetrisch sind $(s = 1, 2, \ldots, m)$. Es sei $\mathfrak{T}$ die Gruppe der linearen Transformationen in m-dimensionalen Vektorraum $\mathfrak{R}$, die die Form F invariant lassen. Dann entspricht jedem T in $\mathfrak{T}$ ein Automorphismus von C, bei dem wieder der von $\varepsilon(1)$, $\varepsilon(2)$, $\ldots$, $\varepsilon(m)$ erzeugte Modul in sich übergeht. Die Rechenoperationen in C liefern gegenüber $\mathfrak{T}$ invariante Operationen für Folgen schiefsymmetrischer Tensoren.

Ist $\chi(K) \neq 2$ und sind alle $q_\mu \neq 0$, so ist C bei geradem m einfach und normal und kann als direktes Produkt verallgemeinerter Quaternionenalgebren geschrieben werden. Bei ungeradem m hat man einen weiteren Faktor Z der Ordnung 2 hinzuzufügen. Dabei ist Z das Zentrum von C, dessen Basis aus 1 und $\rho = \varepsilon(1)\varepsilon(2)\ldots\varepsilon(m)$ besteht; $\rho^2 = h = (-1)^{\frac{m(m-1)}{2}} q_1 q_2 \ldots q_m$. Liegt $\sqrt{h}$ in K, so kann man C durch ein einfaches normales System $\bar{C}$ ersetzen, indem man außer (45) die Relation

$$\varepsilon(1)\varepsilon(2)\ldots\varepsilon(m) = \sqrt{h} \tag{46}$$

vorschreibt. Dem entspricht, daß man $\mathfrak{T}$ durch die Untergruppe der

70) *E. Cartan*, Leçons sur les invariants intégraux, Paris 1923; *E. Kähler*, Hamburger Mathematische Einzelschriften, Heft 16, 1934.

71) Vgl. etwa *R. Weitzenböcke*, Invariantentheorie, Groningen 1923, S. 73.

72) Derartige Systeme treten zuerst bei *W. K. Clifford*[1)] auf.

Transformationen T mit $|T| = 1$ ersetzt. Es ist $\bar{C}$ einer Algebra C zur Stufenzahl $m-1$ isomorph.

Die Automorphismen von C bezw. $\bar{C}$ sind innere Automorphismen (Nr. 20). Daraus ergibt sich eine Parameterdarstellung von $\mathfrak{T}$, insbesondere der orthogonalen Gruppe[73]. Für Einzelheiten vergl. man III AB 11 (*Rothe-Lotze-Betsch*)[74].

Auch bei andern Untersuchungen über die Gruppe $\mathfrak{T}$ kann man die Algebra C verwenden[75]. In jüngster Zeit haben *E. Artin* und *E. Witt*[76] die Theorie der quadratischen Formen mit Hilfe dieser Algebren aufgebaut.

Im Fall $m=1$, $q=0$ ist C das System der dualen Zahlen, von denen *E. Study* zahlreiche geometrische Anwendungen gegeben hat. Im Fall $m=2$, $q_1 = q_2 = -1$ erhält man die Quaternionen, ebenso für $\bar{C}$ bei $m=3$, $q_1 = q_2 = q_3 = -1$.

29. Nichtassoziative Algebren. Vielfach sind Algebren behandelt worden, in denen das assoziative Gesetz der Multiplikation nicht mehr gilt. Ein interessantes Beispiel stammt von *J. T. Graves* und *A. Cayley*[77]; die Elemente dieser Algebra A kann man nach *Dickson* in der Form $\alpha = \lambda_1 + \lambda_2\theta$ darstellen, wo λ_1 und λ_2 Quaternionen, θ ein neues Symbol ist[78]. Die Multiplikation ist durch

$$(47) \qquad (\lambda_1 + \lambda_2\theta)(\mu_1 + \mu_2\theta) = (\lambda_1\mu_1 - \mu'_2\lambda_2) + (\mu_2\lambda_1 + \lambda_2\mu'_1)\theta$$

zu definieren (μ' das konjugierte Quaternion zu μ). Die Ordnung ist 8; als Komponenten von α kann man die Komponenten von λ_1 und λ_2 nehmen. Die Summe der Quadrate dieser 8 Größen heißt die Norm $N(\alpha)$. Es ist $N(\alpha)N(\beta) = N(\alpha\beta)$. Verschwindet eine Summe von Quadraten in K nur trivial, so haben die Gleichungen $\alpha\xi = \beta$ und $\gamma\alpha = \beta$ für $\alpha \neq 0$ je genau eine Lösung ξ, γ in A.

Verallgemeinerungen dieser Algebra sind von *Dickson*[78] gegeben worden. Dabei gelten immer die Spezialfälle des Assoziativgesetzes

73) *R. Lipschitz*, Untersuchungen über die Summen von Quadraten, Bonn 1886.

74) Weitere Literatur: *J. A. Schouten*, Niew Arch. Wiskunde (2) **13**, 141, 249, 1919; *E. Study*, Math. Z. **18**, 55, 201, 1923; **21**, 45, 174, 1924; *F. Hausdorff*, J. Reine Angew. Math. **158**, 1927.

75) *P. A. M. Dirac*, Proc. R. Soc. London (A) **117**, 610, 1927; **118**, 351, 1928; *R. Brauer* und *H. Weyl*, Amer. J. Math. **57**, 425, 1935.

76) *E. Witt*, J. Reine Angew. Math. **176**, 1936.

77) *A. Cayley*, Philos. Mag. London (3) **26**, 210, 1845; ferner s. *J. R. Young*, Trans. Irish Acad. **21**, 338, 1849.

78) Vgl. *L. E. Dickson*, Linear algebras, Cambridge 1914, S. 14; Algebren und ihre Zahlentheorie, Zürich 1927, S. 264.

$$(48) \qquad (\alpha\alpha)\beta = \alpha(\alpha\beta), \quad (\alpha\beta)\beta = \alpha(\beta\beta).$$

Algebren, in denen (48) gilt, heißen *Alternativalgebren.* *M. Zorn*[79] hat für sie eine Strukturtheorie analog der oben behandelten gegeben. Eine halbeinfache Algebra ist Summe von einfachen Algebren, und diese letzteren kann man alle angeben. Weiter hat Zorn Untersuchungen über andere aus dem Assoziativgesetz folgende Gleichungen angestellt, die als Axiome in nichtassoziativen Algebren verwendet werden können.

P. Jordan hat gewisse nichtassoziative Systeme bei quantenmechanischen Problemen verwendet, diese Systeme sind eingehend untersucht worden[80].

Eine Reihe von weiteren Resultaten über nichtassoziative Algebren findet man in *L. E. Dickson,* Lineare algebras, London 1914; Algebras and their arithmetics, Chicago 1923[81].

Auch Systeme, in denen das distributive Gesetz nicht oder nur teilweise gilt, sind untersucht worden[82], insbesondere auch im Hinblick auf gruppentheoretische Anwendungen[83].

30. Lie-Algebren[84]**.** Von besonderer Wichtigkeit sind nichtassoziative Algebren A, in denen die Regeln gelten:

$$(49) \qquad \alpha\beta = -\beta\alpha, \quad \alpha(\beta\gamma) + \beta(\gamma\alpha) + \gamma(\alpha\beta) = 0$$

die sogenannten *Lie-Algebren.* Die infinitesimalen Operationen einer Lieschen Gruppe bilden eine derartige Algebra, wobei als Produkt der Klammerausdruck zu nehmen ist (II A 6 (*Maurer-Burkhardt*)).

Die Teilalgebra $A \cdot A$ heißt die Kommutatoralgebra A'. Im Fall $A' = 0$ wird A als *abelsche* Algebra bezeichnet. Endet die Reihe der

79) *M. Zorn*, Abh. Math. Sem. Hamburg Univ. **8**, 123, 1931; **9**, 395, 1933. Vgl. ferner *M. Zorn*, Proc. Nat. Acad. Sci. USA **21**, 355, 1935; *R. Moufang*, Math. Ann. **110**, 416, 1934.

80) *P. Jordan*, Z. f. Physik **80**, 284, 1933; **87**, 505, 1934; Nachr. Ges. Wiss. Göttingen 1932, 567 und 1933, 209; *P. Jordan - J. von Neumann* und *E. Wigner*, Ann. Math. (2) **35**, 29, 1934; *A. A. Albert*, Ann. Math. (2) **35**, 65, 1934; *J. von Neumann*, Rec. Math. Moscou. neue Serie **1**, 415, 1936.

81) S.[78], ferner *Wedderburn*[12], S. 110, *L. E. Dickson*, Ann. Math. (2), **20**, 155, 297, 1919; Duke Math. J. **1**, 113, 1935; *G. C. Moisil*, Ann. Sci. Univ. Jassy **20**, 10, 1935; *O. C. Hazlett*[4]; *C. C. MacDuffee*[4].

82) *L. E. Dickson*, Nachr. Ges. Wiss. Göttingen 1905, 358; *R. D. Carmichael*, Amer. J. Math. **53**, 630, 1931; *H. Zassenhaus*, Abh. Math. Sem. Hansische Univ. **11**, 17, 187, 1935.

83) Weitere Literatur: *O. Taussky*, Bull. Calcutta Math. Soc. **28**, 245, 1936; *Ph. Furtwängler* und *O. Taussky*, S. B. Akad. Wiss. Wien 1936, 525.

84) Man vgl. etwa *E. Cartan*, Thèse, Paris 1894; *H. Weyl*, Math. Z. **24**, 328, 1925.

iterierten Kommutatoralgebren A', $(A')' = A''$, $(A'')' = A'''$, ... mit 0, so heißt A *auflösbar.* Endet sogar die Reihe $A \cdot A = A^2$, $A \cdot A^2 = A^3$, $A \cdot A^3 = A^4, \ldots$ mit 0, so heißt A *nilpotent.* Jede nilpotente Algebra ist auflösbar. Andererseits ist die Kommutatoralgebra einer auflösbaren Algebra nilpotent, falls K die Charakteristik 0 hat. Ein Element α heißt nilpotent, wenn für jedes ξ aus A die Elemente $\xi' = \alpha\xi$, $\xi'' = \alpha\xi'$, $\xi''' = \alpha\xi'', \ldots$ von einer Stelle ab 0 werden. Dann und nur dann ist A nilpotent, wenn jedes α in A nilpotent ist (*Engelsches Theorem*)[85].

Die Definition der Ideale, der Quotientenalgebra, der Einfachheit ist dieselbe wie im assoziativen Fall. Stets ist A/A' eine abelsche Algebra. Jede Lie-Algebra enthält ein eindeutig bestimmtes maximales auflösbares Ideal L, das *Radikal.* Ist $L = 0$, so heißt A *halbeinfach.* Jede einfache Algebra (außer der Algebra von der Ordnung 1) ist auch halbeinfach.

Hat der Grundkörper K die Charakteristik 0, so ist auch hier eine halbeinfache Algebra direkte Summe einfacher Algebren. Die Gesamtheit aller einfachen Algebren ist von *H. Cartan*[86] für den Fall aufgestellt worden, daß K ein algebraisch abgeschlossener oder reell abgeschlossener Körper ist. Auch der Fall eines beliebigen Grundkörpers K der Charakteristik 0 ist in letzter Zeit weitgehend untersucht worden[87].

Man hat eine *Darstellung* einer Lie-Algebra, wenn jedem Element α von A eine Matrix M_α derart zugeordnet ist, daß für alle α, β aus A und alle t aus K

$$M_{\alpha+\beta} = M_\alpha + M_\beta, \quad M_{t\alpha} = tM_\alpha, \quad M_{\alpha\beta} = M_\alpha M_\beta - M_\beta M_\alpha \tag{50}$$

gilt. Analog zu der regulären Darstellung (Nr. 5) kann man auch hier Darstellungen erhalten, die sogenannte *adjungierte Darstellung.* Die Spur σ von M_α^2 ist eine quadratische Form in den Parametern von α. Hat K die Charakteristik 0, so ist dann und nur dann σ nichtentartet, wenn A helbeinfach ist (vergl. Nr. **17**). Dann und nur dann ist A auflösbar, wenn für alle γ aus A' die Spur von M_γ^2 verschwindet.

31. Hinweis auf einige weitere Anwendungen hyperkomplexer Größen. Die Zahlentheorie in hyperkomplexen Systemen und ihre Anwendungen werdenin 22 (*Hasse*) behandelt. Auf dem Wege über die Darstel-

85) Vgl. etwa *M. Zorn*, Bull. Amer. Math. Soc. **43**, 401, 1937.

86) S. 84). Vgl. ferner *B. L. van der Waerden*, Math. Z. **37**, 446, 1933.

87) *W. Landherr*, Abh. Math. Sem. Hansische Univ. **11**, 41, 1935; *N. Jacobson*, Proc. Nat. Acad. Sci. USA **23**, 240, 1937; Ann. Math. (2) **38**, 508, 1937.—Von weiteren Arbeiten über Lie-Algebren seien genannt: *N. Jacobson*, Ann. Math. (2) **36**, 875, 1935; Trans. Amer. Math. Soc. **42**, 206, 1937; *E. Witt*, J. Reine Angew. Math. **177**, 152, 1937; *G. Birkhoff*, Ann. Math. (2) **38**, 526, 1937.

lungstheorie 14 (*Deuring*) erhält man durch Untersuchung der Gruppenringe (Nr. 4) wichtige Anwendungen in der Gruppentheorie (15 (*Magnus*)). Für eine Anwendung auf algebraische Gleichungen vergl. man 17 (*Brauer*).

Die Theorie der Algebren spielt eine Rolle bei der Untersuchung von Riemannschen Matrizen[88]. Dies sind Matrizen Ω, die von den Perioden der p linear unabhängigen Integrale 1. Art auf einer Riemannschen Fläche vom Geschlecht p gebildet werden. Ω hat p Zeilen und $2p$ Spalten, und es gibt eine schiefsymmetrische rationalzahlige Matrix C vom Grad $2p$ mit $|C| \neq 0$, derart daß $\Omega C^{-1}\Omega' = 0$ gilt, und ferner $\Omega(iC^{-1})\overline{\Omega}'$ die Matrix einer positiven definiten Hermiteschen Form ist. Man suche Matrizen M vom Grad $2p$, für die eine Gleichunge $M\Omega = \Omega R$ besteht, wo R eine rationalzahlige Matrix p-ten Grades ist. Diese M bilden eine Algebra A über dem Körper der rationalen Zahlen, ebenso bilden die R eine isomorphe Algebra. Die Eigenschaften dieser Algebren A und die Konstruktion von Riemannschen Matrizen zu gegebenem A ist von *A. A. Albert*[89] eingehend untersucht worden. Eine andere Behandlung der Frage ist von *H. Weyl*[90] von etwas anderem Ausgangspunkt aus gegeben worden.

Von Bedeutung sind hyperkomplexe Größen ferner für Untersuchungen über die Grundlagen der Geometrie. So beweist *D. Hilbert*[91] die Unabhängigkeit des Pascalschen Satzes von den räumlichen Verknüpfungs- und Anordnungsaxiomen, indem er mit Hilfe eines geordneten Schiefkörpers[92] eine analytische Geometrie bildet. Mit Hilfe von Alternativsystemen kann *R. Moufang*[93] die ebenen Geometrien beschreiben, in denen der Satz vom vollständingen Vierseit gilt. *O. Veblen* und *J. L. M. Wedderburn* haben nichtdistributive Systeme für Grundlagenfragen verwendet[94]. Neuerdings hat *J. von Neumann*[95] mit Hilfe von Schiefkörpern kontinuierliche projektive Geometrien gebildet.

(*Received August 14, 1978*)

---

88) Vgl. dazu *S. Lefschetz*, Bull. Nat. Res. Counc. Washington **63**, 310, 1928.

89) Ann. Math. (2) **36**, 886, 1935. Dort findet man Alberts vorangehende Arbeiten angeführt.

90) Ann. Math. (2) **35**, 714, 1934; **37**, 709, 1936.

91) Grundlagen der Geometrie, 7 Aufl. Leipzig 1930.

92) Untersuchungen über geordnete Schiefkörper finden sich bei *R. Moufang*, J. Reine Angew. Math. **176**, 203, 1937.

93) Abh. Math. Sem. Hamburg Univ. **9**, 207, 1933.

94) *O. Veblen* und *J. H. M. Wedderburn*, Trans. Amer. Math. Soc. **8**, 379, 1907.

95) Proc. Nat. Acad. Sci. USA **22**, 101, 1936.

Reprinted from the Proceedings of the NATIONAL ACADEMY OF SCIENCES,
Vol. 23, No. 4, pp. 236–240. April, 1937.

ON THE REGULAR REPRESENTATIONS OF ALGEBRAS

BY R. BRAUER AND C. NESBITT

UNIVERSITY OF TORONTO

Communicated February 24, 1937

The regular representations play an important rôle in the work of *Molien, Cartan* and *Frobenius*[1] in the theory of hypercomplex numbers. More recently, the theory of groups of linear transformations has been extended and new concepts have been introduced. Our first aim was to study the regular representations of an algebra with regard to these new ideas.

We consider an associative algebra A over a field F, assuming that A has a unit element. Since we shall be concerned with the absolutely irreducible constituents of the regular representations of A, we may assume without restriction that F is algebraically closed.

Let $\epsilon_1, \epsilon_2, \ldots, \epsilon_n$ be a basis of A. For every α in A, we have equations

$$\epsilon_\kappa \alpha = \sum_\lambda r_{\kappa\lambda}\epsilon_\lambda, \tag{1}$$

$$\alpha\epsilon_\kappa = \sum_\lambda s_{\lambda\kappa}\,\epsilon_\lambda \tag{2}$$

where the coefficients $r_{\kappa\lambda}$ and $s_{\kappa\lambda}$ lie in F. We then obtain two representations $\mathfrak{R}$ and $\mathfrak{S}$ of A by associating the matrices $R = (r_{\kappa\lambda})$, $S = (s_{\kappa\lambda})$ with α. These are the two *regular representations*. The decomposition of $\mathfrak{R}$ and of $\mathfrak{S}$ is our first concern.

Let $\mathfrak{A}$ be a representation of an algebra A by linear transformations of a vector space V. Then, $\mathfrak{A}$ is *decomposable* if V is the direct sum of two vector spaces V_1 and V_2 both invariant under $\mathfrak{A}$. Adapting the coördinate system in V to this decomposition, we obtain $\mathfrak{A}$ in the form

$$\mathfrak{A} = \begin{pmatrix} \mathfrak{A}_1 & 0 \\ 0 & \mathfrak{A}_2 \end{pmatrix} \tag{3}$$

where $\mathfrak{A}_1$ operates in V_1 and $\mathfrak{A}_2$ in V_2. The representations $\mathfrak{A}_1$ and $\mathfrak{A}_2$ may still be decomposable. Writing them in the same form as $\mathfrak{A}$ in (3) and continuing in this manner we finally obtain the splitting of $\mathfrak{A}$ into *indecomposable constituents*. These are uniquely determined[2] if equivalent representations are considered as equal. The indecomposable constituents may still be reducible.[3] We get, of course, the irreducible constituents of $\mathfrak{A}$ if we break up every indecomposable constituent into its irreducible parts.

Let us denote by $\mathfrak{U}_1, \mathfrak{U}_2, \ldots, \mathfrak{U}_k$ the non-equivalent indecomposable constituents of $\mathfrak{R}$ and by $\mathfrak{V}_1, \mathfrak{V}_2, \ldots, \mathfrak{V}_l$ the non-equivalent indecomposable constituents of $\mathfrak{S}$. Let $\mathfrak{F}_1, \mathfrak{F}_2, \ldots, \mathfrak{F}_m$ be the totality of all non-equivalent irreducible representations of A. Combining the powerful method used by *Cartan*[1] with new methods we obtain the following results which we state here without proof:

The numbers k, l and m of the $\mathfrak{U}_\kappa$, the $\mathfrak{V}_\lambda$ and the $\mathfrak{F}_\mu$, respectively, are equal. *We may arrange the $\mathfrak{V}_\lambda$ and the $\mathfrak{F}_\mu$ in such a manner that $\mathfrak{V}_\lambda$ contains $\mathfrak{F}_\lambda$ as first irreducible constituent* ($\lambda = 1, 2, \ldots, k$), i.e.,

$$\mathfrak{V}_\lambda = \begin{pmatrix} \mathfrak{F}_\lambda & 0 \\ * & \widetilde{\mathfrak{V}}_\lambda \end{pmatrix} \tag{4}$$

where $\widetilde{\mathfrak{V}}_\lambda$ is a (reducible or irreducible) representation of A, and the asterisk stands for terms about which we are not concerned. In (4) we include the case that $\mathfrak{B}_\lambda$ itself is equal to $\mathfrak{F}_\lambda$. Moreover, if we have a splitting of $\mathfrak{B}_\lambda$ into constituents

$$\mathfrak{B}_\lambda = \begin{pmatrix} \mathfrak{H} & 0 \\ * & \mathfrak{K} \end{pmatrix}$$

and $\mathfrak{H}$ is completely reducible, then $\mathfrak{H}$ must be equivalent to $\mathfrak{F}_\lambda$. In other words: If we split $\mathfrak{B}_\lambda$ into largest completely reducible constituents in the sense of *A. Loewy*,[4] the first constituent of this form is $\mathfrak{F}_\lambda$ itself. This shows, in particular, that the one-to-one correspondence between $\mathfrak{B}_\lambda$ and $\mathfrak{F}_\lambda$ established in (4) is uniquely determined.

We obtain a corresponding result for $\mathfrak{R}$ if we consider the last irreducible constituent of $\mathfrak{U}_\lambda$ instead of the first. This shows: *We can numerate the* $\mathfrak{U}_\lambda$ *in such a way that* $\mathfrak{F}_\lambda$ *is the last constituent in* $\mathfrak{U}_\lambda$,

$$\mathfrak{U}_\lambda = \begin{pmatrix} * & 0 \\ * & \mathfrak{F}_\lambda \end{pmatrix}. \tag{5}$$

Here $\mathfrak{U}_\lambda$ is uniquely determined by $\mathfrak{F}_\lambda$. It is not possible to find another splitting of $\mathfrak{U}_\lambda$ of the form (5), in which there stands another completely reducible representation at the place of $\mathfrak{F}_\lambda$. In what follows the numeration of the $\mathfrak{U}_\lambda$ and $\mathfrak{B}$ will be as in (4) and (5).

We say that an indecomposable constituent $\mathfrak{U}$ of a representation $\mathfrak{A}$ has the *multiplicity* f, if f of the indecomposable constituents of $\mathfrak{A}$ are equivalent to $\mathfrak{U}$. Similarly, we may define the multiplicity of an irreducible constituent of $\mathfrak{A}$. We denote the degree of $\mathfrak{F}_\lambda$ by f_λ, that of $\mathfrak{U}_\lambda$ by u_λ, and that of $\mathfrak{B}_\lambda$ by v_λ. Then we can show that $\mathfrak{U}_\lambda$ has the multiplicity f_λ as an indecomposable constituent of $\mathfrak{R}$, and $\mathfrak{B}_\lambda$ has the same multiplicity f_λ in $\mathfrak{S}$. On the other hand, $\mathfrak{F}_\lambda$ appears as an irreducible constituent of multiplicity v_λ in $\mathfrak{R}$ and of multiplicity u_λ in $\mathfrak{S}$.[5] It is easy to give examples of algebras for which u_λ is different from v_λ.

We shall denote by $c_{\kappa\lambda}$ the multiplicity of $\mathfrak{F}_\lambda$ as irreducible constituent of $\mathfrak{B}_\kappa$. The number $c_{\lambda\kappa}$ then gives the multiplicity of $\mathfrak{F}_\lambda$ as irreducible constituent of $\mathfrak{B}_\kappa$. Considering the degrees of the different representations we obtain the relations,

$$u_\kappa = \sum_\lambda c_{\kappa\lambda} f_\lambda \ , \quad v_\kappa = \sum_\lambda c_{\lambda\kappa} f_\lambda \ , \tag{6}$$

$$n = \sum_\zeta u_\zeta f_\zeta = \sum_\zeta v_\zeta f_\zeta = \sum_{\kappa,\lambda} c_{\kappa\lambda} f_\kappa f_\lambda = \sum_{\kappa,\lambda} c_{\lambda\kappa} f_\kappa f_\lambda. \tag{7}$$

Another property of the numbers $c_{\kappa\lambda}$ is connected with the matrices intertwining the indecomposable constituents. Let $\mathfrak{B}$ and $\mathfrak{C}$ be any two representations of A which associate the matrices $B(\alpha)$ and $C(\alpha)$ with the element α of A. The representation $\mathfrak{B}$ is *intertwined* with $\mathfrak{C}$, if there exists a matrix $P \neq 0$, independent of α, for which

$$B(\alpha)P = PC(\alpha) \qquad \text{for all } \alpha \text{ in A} \tag{8}$$

holds.[6] We say that $\mathfrak{B}$ is *h times intertwined* with $\mathfrak{C}$ if there exist exactly h linearly independent matrices P satisfying (8). We then set $h = I(\mathfrak{B},\mathfrak{C})$. If $\mathfrak{B}$ is a representation containing $\mathfrak{F}_\kappa$ exactly h times as an irreducible constituent, the relations hold,

$$h = I(\mathfrak{U}_\kappa, \mathfrak{B}) = I(\mathfrak{B}, \mathfrak{B}_\kappa). \tag{9}$$

This implies the following characterization of the $c_{\kappa\lambda}$:

$$c_{\kappa\lambda} = I(\mathfrak{U}_\kappa, \mathfrak{B}_\lambda) = I(\mathfrak{U}_\lambda, \mathfrak{U}_\kappa) = I(\mathfrak{B}_\lambda, \mathfrak{B}_\kappa). \tag{10}$$

A third characterization of the $c_{\kappa\lambda}$ can be obtained from Cartan's ideas.

The quotient algebra A/N, where N is the radical of A is a sum of simple algebras H_λ. Let the elements η_λ (mod N) give the unit elements of these H_λ. The number l of elements η_λ is equal to the number k of the $\mathfrak{F}_\kappa$ and we may numerate the η_κ in such a way that η_κ is represented by the unit matrix in $\mathfrak{F}_\kappa$, and by zero in the other $\mathfrak{F}_\mu$. We may choose the η_λ so that

$$\eta_\kappa^2 = \eta_\kappa, \qquad \eta_\kappa\eta_\lambda = 0 \text{ for } \kappa \neq \lambda.$$

Then $c_{\kappa\lambda}f_\kappa f_\lambda$ *gives the number of linearly independent elements* α *in* A *for which* $\eta_\kappa\alpha\eta_\lambda = \alpha$ *holds.* Cartan's results concerning the determinants of the regular representations are contained in those given above.

A fourth characterization of the $c_{\kappa\lambda}$ has been given by Frobenius.[7] We put

$$\alpha = x_1\epsilon_1 + x_2\epsilon_2 + \ldots + x_n\epsilon_n, \quad \beta = y_1\epsilon_1 + y_2\epsilon_2 + \ldots + y_n\epsilon_n$$

and denote by $R(\alpha)$, $R(\beta)$, $S(\alpha)$, $S(\beta)$ the matrices representing α and β in $\mathfrak{R}$ and $\mathfrak{S}$, respectively. The $c_{\kappa\lambda}$ then appear as exponents of the irreducible factors of the polynomial

$$\det\,(S(\alpha) + R(\beta)') = \varphi(x_1, \ldots, x_n, y_1, \ldots, y_n)$$

in $x_1, \ldots, x_n, y_1, \ldots, y_n$.

We consider now algebras A for which the two regular respresentations are equivalent. A necessary and sufficient condition for this equivalence has been given by ***Frobenius***,[1] namely that the parastrophic determinant should not identically vanish. We shall denote such an A as a *Frobenius algebra*. If we consider A as an n-dimensional vector space, we can express the characteristic condition for Frobenius algebras in the following form: Not every hyperplane in A contains a right ideal.

In case of a Frobenius algebra we certainly have $u_\lambda = v_\lambda$. The totality $\mathfrak{U}_1, \mathfrak{U}_2, \ldots, \mathfrak{U}_k$ of indecomposable constituents of $\mathfrak{R}$ coincides with the totality of indecomposable constituents of $\mathfrak{S}$. It is, however, possible that $\mathfrak{U}_\kappa$ is not equivalent to $\mathfrak{B}_\kappa$. Moreover, there exist examples where $c_{\kappa\lambda}$ is different from $c_{\lambda\kappa}$. This led us to seek a sub-class of the Frobenius algebras in which $\mathfrak{U}_\kappa$ and $\mathfrak{B}_\kappa$ would be equivalent.

We will call an algebra *symmetric,* if the following condition is satisfied: *There exists a hyperplane in* A *which contains all commutator elements* $\alpha\beta - \beta\alpha$, *but does not contain a right ideal.* Every such algebra is, of course, a Frobenius algebra. The semi-simple algebras belong to the symmetric algebras, and so do the group rings of finite groups, even in the case when the latter are not semi-simple, i.e., the case where the characteristic of the field is a prime dividing the order of the group.

A necessary and sufficient condition for an algebra A to be symmetric is that there exists a symmetric matrix P transforming $\mathfrak{R}$ into $\mathfrak{S}$.

In the case of symmetric algebras, we can prove that $\mathfrak{U}_\kappa$ and $\mathfrak{B}_\kappa$ are equivalent. This implies that *the first and the last irreducible constituent of* $\mathfrak{U}_\kappa$ *are the same.* It also follows immediately that $c_{\kappa\lambda} = c_{\lambda\kappa}$ for all κ, λ. In particular, these results hold for the representations of finite groups in Galois fields.

[1] Th. Molien, *Math. Ann.*, **41**, 83 (1893); E. Cartan, *Annales de Toulouse*, **12**, B1 (1898); G. Frobenius, *Sitzungsber. Preuss. Akad. Wiss.*, **1903**, 504 and 634.

[2] W. Krull, *Math. Zeit.*, **23**, 161 (1925). Cf. also R. Brauer–I. Schur, *Sitzungsber. Preuss. Akad. Wiss.*, **1930**, 209.

[3] See, for instance, H. Weyl, *The Theory of Groups and Quantum Mechanics*, London (1931), pp. 121–122 for the definition of irreducibility and equivalence.

[4] *Trans. Amer. Math. Soc.*, **6**, 504 (1905).

[5] Cf. R. Brauer, *Actualités scientifiques et industrielles*, No. 195 (1935). Theorem II.

[6] Cf. I. Schur, *Sitzungsber. Preuss. Akad. Wiss.*, **1905**, 406.

[7] Frobenius, § 11 (3).

Reprinted from the Proceedings of the NATIONAL ACADEMY OF SCIENCES,
Vol. 24, No. 6, pp. 243–246. June, 1938.

ON NORMAL DIVISION ALGEBRAS OF INDEX 5

BY RICHARD BRAUER

UNIVERSITY OF TORONTO

Communicated May 10, 1938

1. Let D be a normal division algebra of index $m = 5$ (i.e., of order 25) over a field F.[1] Very little is known concerning the structure of such a D, whereas the normal division algebras of smaller index have been completely discussed. In this paper, I will show that *there exists an extension field* F*, *obtained by successively adjoining to* F *the roots of two quadratic equations and one root of a cubic equation, such that the extended algebra* D_{F^*} *over* F* *is cyclic.* This implies that D possesses soluble splitting fields, of degree at most 60. The question whether a given division algebra has soluble splitting fields resembles the question in the commutative case whether a given equation can be solved by means of radicals. Our method is analogous to the Tschirnhaus transformation of an equation. We shall have to solve four equations, of degrees 1, 2, 3, 4, respectively, for 25 parameters. We shall succeed in doing so after adjoining successively algebraic quantities of second and third degree to the ground field. The reason that the corresponding procedure does not work in the case of the solution of equations of the fifth degree is that there we have only five parameters instead of 25 parameters.

Our result for normal division algebras D of index 5 does not answer the question whether any such D itself is cyclic. However, it remains only to investigate algebras D with relatively simple splitting fields, and it may be hoped that this will greatly simplify the work on that problem.

The method given here can also be used for the investigation of normal division algebras of index $m = 3$ and $m = 4$; it yields a proof of the theorems of *J. L. M. Wedderburn*[2] and *A. A. Albert*[3] for these cases.

2. Let D be a normal division algebra of index m over a given field F. There exists always a separable splitting field $F(\vartheta)$ of degree m over F. Let $\vartheta_1 = \vartheta, \vartheta_2, \ldots, \vartheta_m$ be the conjugates of ϑ with regard to F. We denote the normal field $F(\vartheta_1, \vartheta_2, \ldots, \vartheta_m)$ by Ω, and its Galois group by $\mathfrak{G}$; and we set $\omega^G = \omega'$, if the number ω of Ω is carried into ω' by the element G of $\mathfrak{G}$. If $\vartheta_\mu^G = \vartheta_\nu$, we write $\nu = \mu G$. A conjugate triple system $c_{\alpha\beta\gamma}$ in Ω is a system of m^3 numbers $c_{\alpha\beta\gamma}$ $(\alpha, \beta, \gamma = 1, 2, \ldots, m)$ in Ω, such that the equation

$$c_{\alpha\beta\gamma}^G = c_{\alpha G,\, \beta G,\, \gamma G}$$

holds for every G in $\mathfrak{G}$ and for all α, β, γ. Similarly, conjugate double systems $l_{\alpha\beta}$ in Ω are systems of m^2 numbers of Ω for which $l_{\alpha\beta}^G = l_{\alpha G,\, \beta G}$ holds.

It was shown in a previous paper,[4] that to D there corresponds a system of m^3 numbers $c_{\alpha\beta\gamma}$ such that

$$\begin{array}{ll} (a) & c_{\alpha\beta\gamma} \text{ is a conjugate triple system in } \Omega, \\ (b) & c_{\alpha\beta\gamma}c_{\alpha\gamma\delta} = c_{\alpha\beta\delta}c_{\beta\gamma\delta} \quad (\alpha, \beta, \gamma, \delta = 1, 2, \ldots, m), \\ (c) & c_{\alpha\beta\gamma} \neq 0 \text{ for all } \alpha, \beta, \gamma. \end{array}$$

The system $c_{\alpha\beta\gamma}$ is called the factor system of D. The algebra D is then isomorphic to the algebra D_0 consisting of all matrices of degree m of the form

$$A = (l_{\kappa\lambda}c_{\kappa\lambda 1}) \qquad (\kappa, \lambda = 1, 2, \ldots, m) \tag{1}$$

where $l_{\kappa\lambda}$ is any conjugate double system in Ω.

3. We form the characteristic polynomial of the matrix A

$$| xI - A | = x^m - h_1x^{m-1} + h_2x^{m-2} - \ldots + (-1)^m h_m$$

(I denotes the unit matrix of degree m). A simple computation gives

$$h_r = \sum_{\rho_1<\rho_2<\ldots<\rho_r}^{m}{}' \sum l_{\rho_1\sigma_1} l_{\rho_2\sigma_2} \ldots l_{\rho_r\sigma_r} c_{\rho_1\sigma_1 1} c_{\rho_2\sigma_2 1} \ldots c_{\rho_r\sigma_r 1} \chi(\sigma_1\sigma_2, \ldots, \sigma_r) \tag{2}$$

where the inner sum is to be extended over all permutations $\sigma_1, \sigma_2, \ldots, \sigma_r$ of $\rho_1, \rho_2, \ldots, \rho_r$ and where $\chi(\sigma_1, \sigma_2, \ldots, \sigma_r)$ is $+1$ or -1 according as the permutation is even or odd.

We now put in (1)

$$\left.\begin{array}{ll} l_{\kappa\kappa} = 0 & (\kappa = 1, 2, \ldots, m), \\ l_{\kappa\lambda} = (u_0 + u_1\vartheta_\kappa + \ldots + u_{m-1}\vartheta_\kappa^{m-1})^{-1} = \varphi(\vartheta_\kappa)^{-1}, & (\kappa \neq \lambda) \end{array}\right\} \tag{3}$$

where $u_0, u_1, \ldots, u_{m-1}$ are numbers in F which do not all vanish. Obviously, we obtain a conjugate double system. From (2) and (3) it follows that $h_r\varphi(\vartheta_1)\varphi(\vartheta_2) \ldots \varphi(\vartheta_m)$ is a homogeneous polynomial P_{m-r} of degree $m - r$ in $u_0, u_1, \ldots, u_{m-1}$:

$$h_r\varphi(\vartheta_1)\varphi(\vartheta_2) \ldots \varphi(\vartheta_m) = P_{m-r}(u_0, u_1, \ldots, u_{m-1}). \tag{4}$$

We show that the coefficients of P_{m-r} lie in F. We apply an element G of $\mathfrak{G}$. Then h_r^G equals the corresponding coefficient in the characteristic equation of A^G, the image of A under G. We may, for a moment, consider $u_0, u_1, \ldots, u_{m-1}$ as indeterminates which are not changed by G. Put $\kappa G = \kappa'$, $\lambda G = \lambda'$, $1G = \zeta$. Then we have $A^G = (c_{\kappa'\lambda'\zeta}l_{\kappa'\lambda'})$, and after rearranging the rows and columns using the same permutation both times, we see that A^G is similar to

$$A_\zeta = (c_{\kappa\lambda\zeta}l_{\kappa\lambda}) \qquad (\kappa, \lambda = 1, 2, \ldots, m).$$

However, A and A_ζ are similar, since $A = QA_\zeta Q^{-1}$ with

$$Q = \begin{pmatrix} c_{1\zeta 1} & 0 & \dots & 0 \\ 0 & c_{2\zeta 1} & \dots & 0 \\ \cdot & \cdot & \cdot\ \cdot\ \cdot & \cdot \\ 0 & 0 & \dots & c_{m\zeta 1} \end{pmatrix}$$

as follows at once from the property (b) of the $c_{\alpha\beta\gamma}$. Consequently, A and A^G are similar and have, therefore, the same characteristic equation. This gives $h_r^G = h_r$. Since the factor of h_r in (4) is invariant under G, the same is true for the coefficients of $P_{m-r}(u_0, u_1, \ldots, u_{m-1})$. Hence these coefficients lie in F.[5]

The first equation (3) together with (2) shows that $h_1 = 0$. From (4) it follows that

$$P_{m-1}(u_0, u_1, \ldots, u_{m-1}) = 0 \tag{5}$$

identically in $u_0, u_1, \ldots, u_{m-1}$. By the special choice of $l_{\kappa\lambda}$ in (3), we disposed of $m^2 - m$ parameters which appear in the general $l_{\kappa\lambda}$. We have, however, the advantage that the equation (5) of degree $m - 1$ is identically satisfied.

4. We now take $m = 5$. We choose u_0, u_1, u_2, u_3, u_4 from the equations

$$P_1(u_0, \ldots, u_4) = 0, \quad P_2(u_0, \ldots, u_4) = 0, \quad P_3(u_0, \ldots, u_4) = 0, \tag{6}$$

which are homogeneous of degrees 1, 2 and 3. After eliminating one indeterminate by means of $P_1 = 0$, we may interpret the remaining u_ν as homogeneous coördinates in a 3-dimensional projective space. We have then to find a point on the intersection of a quadric and a cubic surface. We first determine a straight line s on the quadric. This may require the solution of two quadratic equations. After adjoining the roots to F we take the intersection of s with the cubic. Here we may have to solve a cubic equation. The adjunction of a root to F gives a soluble field F^*, of at most degree 12, and in F^* the equations (6) have a non-trivial solution.

We now replace F by F^*. The factor system of D remains the same. The element A of D, corresponding to the choice (3) of the $l_{\kappa\lambda}$ and (6) of $u_0, u_1, \ldots, u_4$, is different from 0. Its characteristic equation is

$$x^5 - h_5 = 0, \qquad (h_5 \text{ in } F^*).$$

Hence $F^*(\sqrt[5]{h_5})$ is a splitting field of D_{F^*}. This implies that D_{F^*} is a cyclic algebra over F^*.[6]

We had to solve two quadratic equations and one cubic equation in order to obtain F^*. If F has not the characteristic 2 or 3, we can obtain a field F^* such that D_{F^*} is cyclic, by successively adjoining three square roots and a cube root to F.

5. The same method can be used in the case of normal division alge-

bras of index $m = 3$. Here we have to consider only the linear equation $P_1 = 0$ in (6). Without any further adjunction, we obtain an element $A \neq 0$ in D, with a characteristic equation $x^3 - h_3 = 0$. This gives Wedderburn's result that all normal division algebras of index 3 are cyclic.

In the case $m = 4$, we again consider only the equation $P_1 = 0$ instead of (6). We obtain an element $A \neq 0$ in D, which has a characteristic equation of the form $x^4 - h_2x^2 - h_4 = 0$. The construction of such an element A forms the main part of Albert's proof of the theorem that every normal division algebra of index $m = 4$ possesses a Galois splitting field of degree 4 and can, therefore, be written as a crossed product, provided the characteristic of F is different from 2.

1 For references to the theory of algebras, cf. M. Deuring's book: *Algebren* (*Ergebnisse der Mathematik*, Berlin, 1935).

2 J. L. M. Wedderburn, *Trans. Amer. Math. Soc.*, **22**, 129 (1931).

3 A. A. Albert, *Trans. Amer. Math. Soc.*, **31**, 253 (1929) and *Bull. Amer. Soc.*, **38**, 703 (1932).

4 R. Brauer, *Math. Zeitschr.*, **30**, 79 (1929).

5 This can also be seen from general considerations concerning simple algebras, without using the explicit form (1) of the elements.

6 A. A. Albert, *Trans. Amer. Math. Soc.*, **36**, 885 (1934). For the case of a field F of characteristic 5, cf. A. A. Albert, *Trans. Amer. Soc.*, **39**, 183 (1936).

Reprinted from the Proceedings of the NATIONAL ACADEMY OF SCIENCES,
Vol. 25, No. 5, pp. 252–258. May, 1939.

ON MODULAR AND 𝔭-ADIC REPRESENTATIONS OF ALGEBRAS

BY RICHARD BRAUER

UNIVERSITY OF TORONTO

Communicated March 17, 1939

1. In the usual treatment of the arithmetic of an algebra A, only maximal domains of integrity are considered. However, in the important case of the group ring belonging to a group G of finite order, a domain of integrity J which is not a maximal domain is defined in a natural manner. A basis of J is formed by the group elements. It is necessary for the investigation of the modular representations of G to study the arithmetic of J instead of first replacing J by a maximal domain. We consider ground fields K which are algebraic number fields (though almost all the results could easily be extended to fields K with a discrete valuation). Let $\mathfrak{p}$ be a prime ideal of K. We are mainly interested in the connection between the $\mathfrak{p}$-adic behavior of an algebra A over K and the prime ideal divisors $\mathfrak{P}$ of $\mathfrak{p}$ in a domain of integrity J of A.

2. There are three different ways of expressing certain facts concerning algebras. We may use the language of the theory of representations, of algebras and of ideals. We first give some results concerning representations and indicate the connection with the two other theories.

Let A be an algebra with a principal unit 1 over any ground field K. Let $\mathfrak{U}_1, \mathfrak{U}_2, \ldots, \mathfrak{U}_k$ be the distinct (i.e., nonsimilar) indecomposable constituents of the first regular representation $\mathfrak{R}$ of A.[1] The largest completely reducible constituent $\mathfrak{F}_\kappa$ at the bottom of $\mathfrak{U}_\kappa$ is irreducible; $\mathfrak{F}_1, \mathfrak{F}_2, \ldots, \mathfrak{F}_k$ are distinct, and there are no other irreducible representations of A in the field K. Similarly, there exists exactly one indecomposable constituent $\mathfrak{V}_\kappa$ of the second regular representation $\mathfrak{S}$ of A which has $\mathfrak{F}_\kappa$ as the largest completely reducible constituent at the top. $\mathfrak{V}_1, \mathfrak{V}_2, \ldots, \mathfrak{V}_k$ are then all the distinct indecomposable constituents of $\mathfrak{S}$. We denote the degrees of $\mathfrak{F}_\kappa, \mathfrak{U}_\kappa, \mathfrak{V}_\kappa$ by $f_\kappa, u_\kappa, v_\kappa$, respectively. Let r_κ be the number of linearly independent matrices in K which commute with every element of $\mathfrak{F}_\kappa$. Then $h_\kappa = f_\kappa/r_\kappa$ is an integer, and $\mathfrak{U}_\kappa$ appears exactly h_κ times as an indecomposable constituent of $\mathfrak{R}$, $\mathfrak{V}_\kappa$ appears h_κ times as an indecomposable constituent of $\mathfrak{S}$. On the other hand, $\mathfrak{F}_\kappa$ has the multiplicity v_κ/r_κ as an irreducible constituent of $\mathfrak{R}$, and the multiplicity u_κ/r_κ as an irreducible constituent of $\mathfrak{S}$.

The multiplicity of $\mathfrak{F}_\lambda$ as a constituent of $\mathfrak{U}_\kappa$ will be denoted by $c_{\kappa\lambda}/r_\lambda$. We write

$$\mathfrak{U}_\kappa \longleftrightarrow \sum_{\lambda=1}^{k} \frac{c_{\kappa\lambda}}{r_\lambda} \mathfrak{F}_\lambda, \qquad (\kappa = 1, 2, \ldots, k) \tag{1}$$

where the sign $\longleftrightarrow$ indicates that we have the same irreducible constituents on both sides. The $c_{\kappa\lambda}$ are integers which are divisible by r_κ and r_λ. They are the *Cartan invariants* of A. Corresponding to (1), we have

$$\mathfrak{V}_\kappa \longleftrightarrow \sum_{\lambda=1}^{k} \frac{c_{\lambda\kappa}}{r_\lambda} \mathfrak{F}_\lambda. \qquad (\kappa = 1, 2, \ldots, k). \tag{2}$$

On comparing the degrees in (1) and (2), we obtain formulas which express u_κ and v_κ in terms of $c_{\kappa\lambda}$, r_κ and $h_\kappa = f_\kappa/r_\kappa$.

The radical N of A consists of those elements which are represented by 0 in every $\mathfrak{F}_\kappa$. The matrices of $\mathfrak{F}_\kappa$ form a simple algebra A_κ, and the residue class algebra A/N is isomorphic to the direct sum of these A_κ, $\kappa = 1, 2, \ldots, k$. Each A_κ is a complete matric algebra of degree h_κ with coefficients in a division algebra Δ_κ of rank r_κ over K (we use the word "rank" to denote the number of basis elements of an algebra!).

We write 1 as the sum of orthogonal primitive idempotents[2] and select for every κ one such idempotent η_κ which (mod N) belongs to A_κ. Then the rank of $\eta_\kappa A \eta_\lambda$ is given by the Cartan invariant $c_{\kappa\lambda}$. It may also be remarked that if the Loewy series of $\mathfrak{R}$ or any other (1–1) representation of A consists of e terms, then $N^e = 0$ but $N^{e-1} \neq 0$.

The elements of A represented by 0 in $\mathfrak{F}_\kappa$ form a prime ideal $\mathfrak{P}_\kappa$ of A, and these ideals $\mathfrak{P}_1, \mathfrak{P}_2, \ldots, \mathfrak{P}_k$ are the only prime ideals of A. Of course, $A/\mathfrak{P}_\kappa \cong A_\kappa$, and the intersection $[\mathfrak{P}_1, \mathfrak{P}_2, \ldots, \mathfrak{P}_k]$ is equal to N. It may happen that $\mathfrak{P}_\kappa^2 = \mathfrak{P}_\kappa$ for every κ.

3. We distribute the indecomposable constituents $\mathfrak{U}_\kappa$ into *blocks* in the following manner. The constituents $\mathfrak{U}_\rho$ and $\mathfrak{U}_\sigma$ belong to the same block if we can find a sequence $\mathfrak{U}^\rho, \mathfrak{U}_\mu, \ldots, \mathfrak{U}_\tau, \mathfrak{U}_\sigma$ which begins with $\mathfrak{U}_\rho$ and ends with $\mathfrak{U}_\sigma$, such that any two consecutive $\mathfrak{U}_\kappa$ have at least one irreducible constituent $\mathfrak{F}_\lambda$ in common. Suppose that we have t such blocks: $\mathrm{B}_1, \mathrm{B}_2, \ldots, \mathrm{B}_t$. We then may also speak of the constituents $\mathfrak{F}_\lambda$, or the prime ideals $\mathfrak{P}_\lambda$, of B_τ.

To every block B_τ there belongs (*a*) the set $\mathfrak{K}_\tau$ of those elements of A which are represented by 0 in every $\mathfrak{U}_\lambda$ outside of B_τ, and (*b*) the set $\mathfrak{M}_\tau$ of those elements which are represented by 0 in all $\mathfrak{U}_\lambda$ of B_τ. The sets $\mathfrak{K}_\tau$ and $\mathfrak{M}_\tau$ are ideals of A, and, of course, $A = \mathfrak{M}_\tau \oplus \mathfrak{K}_\tau$. Then

$$A = \mathfrak{K}_1 \oplus \mathfrak{K}_2 \oplus \ldots \oplus \mathfrak{K}_t,$$

where the $\mathfrak{K}_\tau$ cannot be written as direct sum. Correspondingly, the intersection $[\mathfrak{M}_1, \mathfrak{M}_2, \ldots, \mathfrak{M}_t]$ is the 0-ideal (0). The ideals $\mathfrak{M}_i$ and $\mathfrak{M}_j$ are relatively prime: $(\mathfrak{M}_i, \mathfrak{M}_j) = A$ for $i \neq j$. Finally, $\mathfrak{M}_i$ cannot be written as the intersection of two relatively prime ideals $\neq \mathfrak{M}_i$. This is the only representation of (0) as an intersection of ideals where all these properties hold.

4. We assume from now on that K is an algebraic number field. (With slight modifications, the following results can be derived for any field K with a discrete valuation.) Let J be a domain of integrity in the algebra A of rank n in the following sense: (1) J is a subring of A; (2) J contains n linearly independent elements of A; (3) the elements of J when expressed by a basis $\epsilon_1, \epsilon_2, \ldots, \epsilon_n$ of A have the form $\Sigma a_i\epsilon_i$ with $a_i = b_i/w$, where w is a fixed denominator in K and the b_i are integers of K; (4) J contains the ring $\mathfrak{o}$ of all integers of K.

Every ideal $\mathfrak{m}$ of $\mathfrak{o}$ generates an ideal of J which without danger of confusion may be denoted by $\mathfrak{m}$ again. Let $\mathfrak{p}$ be a fixed prime ideal of $\mathfrak{o}$.

We denote by $\mathfrak{o}^*$ the ring of all $\mathfrak{p}$-integers of K, i.e., of all a/b, where a, b lie in $\mathfrak{o}$ and $(b, \mathfrak{p}) = \mathfrak{o}$. Then $\mathfrak{o}^*$ and J generate a subring J^* of A. Here J^* has a basis $\eta_1, \ldots, \eta_n$ such that every γ of J^* can be written uniquely in the form

$$\gamma = c_1\eta_1 + c_2\eta_2 + \ldots + c_n\eta_n, \qquad c_i \text{ in } \mathfrak{o}^*. \tag{3}$$

The η_i can be chosen in J.

The ideal $\mathfrak{p}$ generates an ideal of $\mathfrak{o}^*$ and an ideal of J^*, both of which will be denoted by $\mathfrak{p}^*$. The element γ in (3) belongs to $\mathfrak{p}^*$, if all the c_i are of the form a_i/b_i with a_i, b_i in $\mathfrak{o}$, $a_i \equiv 0 \pmod{\mathfrak{p}}$ and $(b_i, \mathfrak{p}) = \mathfrak{o}$. We denote quite generally the residue class of an element α of J^* (mod $\mathfrak{p}^*$). by $\bar{\alpha}$. We have

$$\bar{\mathfrak{o}} = \mathfrak{o}^*/\mathfrak{p}^* \cong \mathfrak{o}/\mathfrak{p}; \qquad \bar{J} = J^*/\mathfrak{p}^* \cong J/\mathfrak{p} \tag{4}$$

for the residue class field and residue class algebra. The elements $\bar{\eta}_1$, $\bar{\eta}_2, \ldots, \bar{\eta}_n$ form a basis of $\bar{J}$ with regard to $\bar{\mathfrak{o}}$. If $B = (b_{\kappa\lambda})$ is a matrix with coefficients in $\mathfrak{o}^*$, then the corresponding matrix $(\bar{b}_{\kappa\lambda})$ with coefficients in $\bar{\mathfrak{o}}$ will be denoted by $\bar{B}$. The same notation will be used in the case of representations.

We form the regular representation $\mathfrak{R}$ of A, using the basis $\eta_1, \eta_2, \ldots, \eta_n$. Every γ of J^* is then represented by a matrix $R(\gamma)$, with coefficients in $\mathfrak{o}^*$. If $\gamma_1 \equiv \gamma_2 \pmod{\mathfrak{p}^*}$, then $R(\gamma_1) \equiv R(\gamma_2) \pmod{\mathfrak{p}^*}$. This implies that $\bar{\gamma} \to \bar{R}(\bar{\gamma})$ gives a representation $\bar{\mathfrak{R}}$ of $\bar{J} = J^*/\mathfrak{p}^*$. Obviously, $\bar{\mathfrak{R}}$ is the regular representation of $\bar{J}$, formed by means of the basis $\bar{\eta}_1, \bar{\eta}_2, \ldots, \bar{\eta}_n$.

We use for $\bar{\mathfrak{R}}$ (instead of $\mathfrak{R}$) the notations introduced for the regular representation above. The k irreducible constituents $\mathfrak{F}_\kappa$ of $\bar{\mathfrak{R}}$ correspond to the k prime ideals $\bar{\mathfrak{P}}_\kappa$ of $\bar{J} \cong J/\mathfrak{p}$. It follows that there exist exactly k prime ideal divisors $\mathfrak{P}_\kappa$ of $\mathfrak{p}$ in J. Here $\mathfrak{P}_\kappa$ consists of those γ of J for which $\bar{\gamma}$ is represented by 0 in $\mathfrak{F}_\kappa$. The residue class algebra $J/\mathfrak{P}_\kappa$ is represented by $\mathfrak{F}_\kappa$; it is a complete matric algebra of degree h_κ in a Galois field of degree r_κ over $\bar{\mathfrak{o}} \cong \mathfrak{o}/\mathfrak{p}$. The intersection of the $\mathfrak{P}_\kappa$ gives the radical of $\mathfrak{p}$.

The t blocks $B_1, B_2, \ldots, B_t$ of $\bar{\mathfrak{R}}$ give t ideals $\bar{\mathfrak{M}}_1, \bar{\mathfrak{M}}_2, \ldots, \bar{\mathfrak{M}}_t$ of $J/\mathfrak{p}$. For the corresponding ideals of $\mathfrak{M}_\tau$ of J, we have

$$\mathfrak{p} = [\mathfrak{M}_1, \mathfrak{M}_2, \ldots, \mathfrak{M}_t]; \tag{5}$$

any two of the $\mathfrak{M}_\tau$ are relatively prime, and $\mathfrak{M}_\tau$ cannot be written as intersection of relatively prime ideals $\neq \mathfrak{M}_\tau$, T. (5) is the only representation of $\mathfrak{p}$ as intersection of ideals with all these properties.

5. Let π be an element of $\mathfrak{o}$ such that $\pi \equiv 0 \pmod{\mathfrak{p}}$, $\pi \not\equiv 0 \pmod{\mathfrak{p}^2}$. It follows easily from the connection between $\mathfrak{R}$ and $\bar{\mathfrak{R}}$ and the structure of $\bar{\mathfrak{R}}$ that we may assume

$$R(\alpha) = \begin{vmatrix} M_{11} & \pi M_{12} & \pi M_{13} & \ldots \\ \pi M_{21} & M_{22} & \pi M_{23} & \ldots \\ \pi M_{31} & \pi M_{32} & M_{33} & \ldots \\ \ldots & \ldots & \ldots & \ldots \end{vmatrix} * \qquad (6)$$

for α in J^*, where $M_{\kappa\lambda}$ has coefficients in $\mathfrak{o}^*$, and $\overline{M}_{11}, \overline{M}_{22}, \overline{M}_{33}, \ldots$ coincide with $\mathfrak{U}_1, \mathfrak{U}_2, \ldots$ for the element α, each of the latter taken with the proper multiplicity h_κ. In (6) a chain of similarity transformations of determinant 1 can be applied such that we obtain corresponding formulas with π^i instead of π, $i = 2, 3, 4, \ldots$. This can easily be seen by means of the properties of intertwining matrices. We now replace the ground field K by the corresponding $\mathfrak{p}$-adic field $K_\mathfrak{p}$. The ideal (π) generated by $\mathfrak{p}$ will again be denoted by $\mathfrak{p}$, a bar again indicates the transition from an element to its residue class (mod $\mathfrak{p}$). It follows then that in $K_\mathfrak{p}$, $R(\alpha)$ in (6) can be transformed in

$$\begin{vmatrix} M_1 & 0 & 0 & \ldots \\ 0 & M_2 & 0 & \ldots \\ 0 & 0 & M_3 & \ldots \\ \ldots & \ldots & \ldots & \ldots \end{vmatrix} *$$

by similarity transformations of determinant 1, where $\overline{M}_1, \overline{M}_2, \ldots$ again are identical with $\mathfrak{U}_1, \mathfrak{U}_2, \ldots$ for the element α, each taken with the proper multiplicity h_κ. This shows the existence of a *representation* $(\mathfrak{U}_\kappa)$ *of* A *with coefficients in the* $\mathfrak{p}$*-adic field* $K_\mathfrak{p}$, *such that we obtain the indecomposable modular representation* $\mathfrak{U}_\kappa$ *of* $J/\mathfrak{p}$ *when we replace every coefficient in* $(\mathfrak{U}_\kappa)$ *by its residue class (mod* $\mathfrak{p}$*)*:

$$\overline{(\mathfrak{U}_\kappa)} = \mathfrak{U}_\kappa. \qquad (\kappa = 1, 2, \ldots, k). \qquad (7)$$

The regular representation $\mathfrak{R}$ of A splits completely into $(\mathfrak{U}_1)$, $(\mathfrak{U}_2)$, ... where $(\mathfrak{U}_\kappa)$ is to be taken h_κ-times. The $\mathfrak{p}$-adic representation $(\mathfrak{U}_\kappa)$ here may be decomposable in $K_\mathfrak{p}$. Our result can be considered as a generalization of *Hensel's irreducibility theorem*[3] for polynomials with the highest coefficient 1.

6. Let $\mathfrak{T}_1, \mathfrak{T}_2, \ldots, \mathfrak{T}_l$ be the distinct irreducible representations of A in $K_\mathfrak{p}$. Using a method of *Burnside*[4] we can show that after a similarity transformation we can assume that $\mathfrak{T}_\lambda$ represents the elements of J^* by matrices with integral $\mathfrak{p}$-adic coefficients. Then $\overline{\mathfrak{T}}_\lambda$ gives a representation of $\overline{J} \cong J/\mathfrak{p}$.

Every matrix P with integral $\mathfrak{p}$-adic coefficients which intertwines $(\mathfrak{U}_\sigma)$ and $\mathfrak{T}_\rho$,

$$(\mathfrak{U}_\sigma) \cdot P = P \cdot \mathfrak{T}_\rho,$$

produces a matrix $\overline{P}$ intertwining $\overline{(\mathfrak{U}_\sigma)} = \mathfrak{U}_\sigma$ and $\overline{\mathfrak{T}}_\rho$. Using the properties

* Note: These are matrices, not determinants. [R. B.]

of intertwining matrices it can be shown that every matrix intertwining $\mathfrak{U}_\sigma$ and $\bar{\mathfrak{T}}_\rho$ can be obtained in this manner. For the number I (. , .) of linearly independent intertwining matrices, we have then

$$I((\mathfrak{U}_\sigma), \mathfrak{T}_\rho) = I(\mathfrak{U}_\sigma, \bar{\mathfrak{T}}_\rho), \tag{8}$$

where the left side refers to the $\mathfrak{p}$-adic field $K_\mathfrak{p}$; the right side to the modular field $\bar{\mathfrak{o}} \cong \mathfrak{o}/\mathfrak{p}$.

For a direct computation of both expressions in (8) we assume now that A is semisimple. The $\mathfrak{p}$-adic representation $(\mathfrak{U}_\sigma)$ splits completely into irreducible $\mathfrak{p}$-adic representations $\mathfrak{T}_\rho$:

$$(\mathfrak{U}_\sigma) \longleftrightarrow \sum_{\rho=1}^{l} d_{\rho\sigma}\mathfrak{T}_\rho \qquad (\sigma = 1, 2, \ldots, k) \tag{9}$$

where the $d_{\rho\sigma}$ are rational integers $\geqq 0$. On the other hand, the representations $\bar{\mathfrak{T}}_\rho$ of $\bar{J}$ can be built up from the irreducible representation $\mathfrak{F}_\kappa$ of $\bar{J}$ in the field $\bar{\mathfrak{o}}$:

$$\bar{\mathfrak{T}}_\rho \longleftrightarrow \sum_{\sigma=1}^{k} \tilde{d}_{\rho\sigma}\mathfrak{F}_\sigma \tag{10}$$

with rational integral coefficients $\tilde{d}_{\rho\sigma} \geqq 0$. We have now $q_\rho d_{\rho\sigma}$ for the left side of (8), where q_ρ denotes the number of linearly independent matrices which commute with every matrix of $\mathfrak{T}_\rho$. For the right side of (8) we find $\tilde{d}_{\rho\sigma} r_\sigma$. Hence

$$q_\rho d_{\rho\sigma} = \tilde{d}_{\rho\sigma} r_\sigma. \tag{11}$$

The indecomposable constituents $\mathfrak{U}_\sigma$, *the irreducible constituents* $\mathfrak{F}_\rho$ *of the regular representation of* J/$\mathfrak{p}$, *and the irreducible* $\mathfrak{p}$*-adic representations* $\mathfrak{T}_\lambda$ *of* A *are connected by the formulas* (9), (10), (11). *Here* r_σ *and* q_ρ *can be defined in the following manner:* $\mathfrak{F}_\sigma$ *represents a complete matric algebra over a Galois field of degree* r_σ *over* $\mathfrak{o} \cong \mathfrak{o}/\mathfrak{p}$ *and* $\mathfrak{T}_\rho$ *represents a complete matric algebra over a division algebra of rank* q_ρ *over* $K_\mathfrak{p}$.

By means of (9), (10), (11) we can compute the multiplicity $c_{\kappa\lambda}/r_\lambda$ of $\mathfrak{F}_\lambda$ in $\mathfrak{U}_\kappa$. We thus find

$$c_{\kappa\lambda} = \sum_{\rho=1}^{l} d_{\rho\kappa} d_{\rho\lambda} q_\rho \qquad (\kappa, \lambda = 1, 2, \ldots, k), \tag{12}$$

a formula which expresses the Cartan invariants $c_{\kappa\lambda}$ of $J/\mathfrak{p}$ by means of the "*decomposition numbers*" $d_{\rho\kappa}$. In particular, $c_{\kappa\lambda} = c_{\lambda\kappa}$. It may be remarked that $J/\mathfrak{p}$ need not be a symmetric algebra. In the case of a group ring, we obtain therefore an "arithmetical" proof for the symmetry of the Cartan invariants, which is quite different from the "algebraic" proof given in B. N.

We may apply similar arguments in the case of the indecomposable constituents $\mathfrak{V}_\sigma$ of the second regular representations $\bar{\mathfrak{S}}$ of $J/\mathfrak{p}$. We have formulas analogous to (9) and (11). Comparing them with (9) and (11), we find

$$(\mathfrak{V}_\sigma) \longleftrightarrow \sum_{\rho=1}^{l} d_{\rho\sigma}\,\mathfrak{T}_\rho \longleftrightarrow (\mathfrak{U}_\sigma). \tag{13}$$

If A is normal and simple, we have only one $\mathfrak{T}_\lambda$, $l = 1$, and the corresponding q_λ gives the square of the $\mathfrak{p}$-index of A.[5]

In the case of a semisimple algebra A, we can always replace K by an algebraic extension field such that with regard to this new ground field, the numbers q_ρ and r_σ are to be replaced by 1. With regard to such a ground field, we have

$$(\mathfrak{U}_\sigma) \longleftrightarrow (\mathfrak{V}_\sigma) \longleftrightarrow \sum_\rho d_{\rho\sigma}\mathfrak{T}_\rho;\ \mathfrak{T}_\rho \longleftrightarrow \sum_\sigma d_{\rho\sigma}\,\mathfrak{F}_\sigma, \tag{14}$$

$$c_{\kappa\lambda} = \sum_\rho d_{\rho\kappa} d_{\rho\lambda}. \tag{15}$$

[1] For the properties of the regular representations and intertwining matrices cf. R. Brauer–C. Nesbitt, these PROCEEDINGS **23**, 236 (1937) (referred to under B. N.). T. Nakayama, *Ann. of Math.* (2), **39**, 361 (1938); C. Nesbitt, *Ann. of Math.* (2), **39**, 634 (1938); and two forthcoming papers by R. Brauer.

[2] See L. E. Dickson, *Algebras and Their Arithmetics*, Chicago, 1923, §42.

[3] Cf. for instance, A. A. Albert, *Modern Higher Algebra*, Chicago, 1937, p. 296.

[4] W. Burnside, *Proc. London Math. Soc.* (2), **7**, 8 (1909).

[5] H. Hasse, *Math. Ann.*, **107**, 731 (1933).

ON SETS OF MATRICES WITH COEFFICIENTS IN A DIVISION RING

BY

RICHARD BRAUER

A number of recent books deal with the theory of groups of linear transformations and its connection with the theory of algebras(1). Most of the work has been restricted to the case of completely reducible systems or, in other words, to semisimple algebras. There are, however, a number of questions which make it desirable not to neglect the other case. The aim of this and a following paper is a study of such not completely reducible systems, in particular of their regular representations. It appeared necessary to start again right from the beginning of the theory, in order to add a number of remarks to well known results and methods(2). The coefficients of the matrices in this paper are taken from an arbitrary division ring K (=skew field or noncommutative field K). This is a generalization of the ordinary theory which does not always work smoothly. For instance, the (left) rank of a ring of matrices $\mathfrak{A}$ is not invariant under similarity transformation. This implies that similar rings $\mathfrak{A}$ and $\mathfrak{A}_1$ may have different regular representations. Yet it is possible to derive a number of results which, in the case of a commutative K, imply the fundamental theorems of Frobenius, Burnside, Loewy, I. Schur and Wedderburn.

Sections 1 and 2 deal with a number of group-theoretical remarks. The first of these are concerned with the Jordan-Hölder theorem. The connection between two composition series is studied more closely, and it is proved that sets of residue systems can be chosen such that they can be used in either composition series. Further, the upper and lower Loewy series of a group are studied. It is shown that the ith factor groups in both have a common constituent. This implies the theorem of Krull and Ore(3) that both series have the same length. In Section 3, the necessary tools from the theory of matrices are described briefly. The following two sections contain an application of the group-theoretical methods to the study of the irreducible and the Loewy constituents of a set of matrices. In Section 6, a number of further remarks are added, for instance a generalization of a theorem of A. H. Clifford(4).

Presented to the Society, April 16, 1938, under the title *On groups of linear transformations*; received by the editors June 17, 1940.

(1) Cf., for instance, Albert [1, 2], Deuring [7], Murnaghan [17], van der Waerden [28, 29], Wedderburn [30], and, in particular, Weyl [31].

(2) For these results and methods, compare the papers given in the bibliography.

(3) Krull [12] proved this for Abelian groups, Ore [22] in the general case.

(4) Clifford [6].

In the second part, the regular representation stands in the foreground and, accordingly, we consider systems $\mathfrak{A}$ of matrices which form semigroups (i.e., are closed under multiplication). There exists a certain reciprocity between $\mathfrak{A}$ and its regular representation $\mathfrak{R}$. In order to show the inner reason for this more clearly, we begin Section 7 with a study of group pairs, first introduced by Pontrjagin(5) in connection with topological investigations. Section 8 deals with the regular representation $\mathfrak{R}$. It is, for instance, shown that $\mathfrak{A}$ and $\mathfrak{R}$ have the same irreducible constituents (except perhaps 0); the number of Loewy constituents in both is either the same or differs by one. A number of further results concerning the distribution of the irreducible parts of the Loewy constituents of $\mathfrak{R}$ are proved.

It now follows that the (left) rank r of an irreducible semigroup $\mathfrak{A}$ is divisible by the degree n. The quotient r/n can be expressed by means of properties of the commuting set (Section 9). This furnishes the basis for the proof of Wedderburn's theorem, and of the generalized Burnside theorem. In Section 10, representations of sets of matrices as direct sums of subsets are studied. Finally, in Sections 11 and 12, rings $\mathfrak{A}$ of matrices of degree a are considered which contain all the scalar multiples kI_a of the unit matrix I_a (k in K). Here, of course, the structure theory of algebras can be obtained in its full extent. It is proved that if $\mathfrak{B}$ is a representation of degree b of $\mathfrak{A}$ then $\mathfrak{B}$ is a constituent of $ab\times\mathfrak{A}$. We are further interested in the connection between the Loewy decomposition of the regular representation, and the structure of the powers of the radical.

We add here a few remarks concerning the notation: The word ring is used for noncommutative rings. We use the expression "l-multiplication" by a ("r-multiplication" by a) in order to express that an element is multiplied on its left side (right side) by a. Except in a few places, there would be no restriction in assuming that the system $\mathfrak{A}$ of matrices forms a ring, but it seems more logical to mention only those properties which are actually needed. Thus $\mathfrak{A}$ can first be any system of matrices, later any semigroup (see above), and in the last section it is assumed to be a ring. The zero-matrix, with any number of rows and columns, is denoted by 0, the unit matrix by I, or more clearly by I_n if n is the degree. Places in matrices or sets of matrices which are left blank are to be filled out with 0-matrices, and stars are used for elements in whose form we are not interested.

1. Remarks on composition series

1. We consider groups $\mathfrak{G}$ with a given set of operators(6) Γ which have a finite composition series

$$\mathfrak{G} = \mathfrak{G}_0 \supset \mathfrak{G}_1 \supset \cdots \supset \mathfrak{G}_r = \{1\}. \tag{1}$$

(5) Pontrjagin [23].

(6) Cf., for instance, van der Waerden [28, vol. 1, §38]. It is easy to extend the definitions

Let $\mathfrak{H}$ be a second group with the same operators which has a composition series

$$(2) \qquad \mathfrak{H} = \mathfrak{H}_0 \supset \mathfrak{H}_1 \supset \cdots \supset \mathfrak{H}_s = \{1\}.$$

We assume that a homomorphism θ is given which maps $\mathfrak{H}$ upon a normal subgroup $\mathfrak{H}^*$ of $\mathfrak{G}$, $\mathfrak{H}^* \subseteq \mathfrak{G}$.

(1.1A) *We can choose complete residues systems* $\mathfrak{P}_\rho$ *of* $\mathfrak{G}_{\rho-1}$ (mod $\mathfrak{G}_\rho$) *and* $\mathfrak{Q}_\sigma$ *of* $\mathfrak{H}_{\sigma-1}$ (mod $\mathfrak{H}_\sigma$), $(\rho=1, 2, \cdots, r; \sigma=1, 2, \cdots, s)$ *such that* (a) θ *either maps* $\mathfrak{Q}_\sigma$ *on a* $\mathfrak{P}_\rho$ *in a* (1-1) *manner and* $\mathfrak{G}_{\rho-1}/\mathfrak{G}_\rho \simeq \mathfrak{H}_{\sigma-1}/\mathfrak{H}_\sigma$, *or* θ *maps* $\mathfrak{Q}_\sigma$ *on* 1. (b) *Each* $\mathfrak{P}_\rho$ *is the image of at most one* $\mathfrak{Q}_\sigma$.

Proof. We denote by H^* the image on which θ maps the element H of $\mathfrak{H}$. Similarly, let $\mathfrak{K}^*$ be the image of an arbitrary subset $\mathfrak{K}$ of $\mathfrak{H}$. We choose arbitrary residue systems $\mathfrak{Q}_\sigma$ for $\mathfrak{H}_{\sigma-1}$ (mod $\mathfrak{H}_\sigma$) which contain the unit element. Every H in $\mathfrak{H}$ possesses a unique representation

$$(3) \qquad H = Q_1 Q_2 \cdots Q_s, \qquad Q_\sigma \text{ in } \mathfrak{Q}_\sigma;$$

we have $\mathfrak{H}_\sigma = \mathfrak{Q}_{\sigma+1}\mathfrak{Q}_{\sigma+2} \cdots \mathfrak{Q}_s$. If we change $\mathfrak{Q}_\sigma$ by multiplying its elements by elements of $\mathfrak{H}_\sigma$, we can obtain the most general residue system of $\mathfrak{H}_{\sigma-1}$ (mod $\mathfrak{H}_\sigma$). By a succession of such changes, we shall arrive at a set of residue systems for which (1.1A) holds.

We assume that (1.1A) holds for groups $\mathfrak{G}$ which have a shorter composition series than (1). In particular, (1.1A) will be true for $\mathfrak{G}_1$ in place of $\mathfrak{G}$. If $\mathfrak{H}^* \subseteq \mathfrak{G}$, then we may apply (1.1A) to $\mathfrak{G}_1$ and $\mathfrak{H}$ and see that it also holds for $\mathfrak{G}$ and $\mathfrak{H}$; the residue system $\mathfrak{P}_1$ can be taken arbitrarily.

If $\mathfrak{H}^*$ is not a subgroup of $\mathfrak{G}_1$, then $\mathfrak{H}^*\mathfrak{G}_1 = \mathfrak{G}$. Let j be the first integer for which $\mathfrak{H}_j^*\mathfrak{G}_1 \neq \mathfrak{G}$. Then $\mathfrak{H}_j^*\mathfrak{G}_1$ is a proper normal subgroup of $\mathfrak{H}_{j-1}^*\mathfrak{G}_1 = \mathfrak{G}$ which contains $\mathfrak{G}_1$. Hence $\mathfrak{H}_j^*\mathfrak{G}_1 = \mathfrak{G}_1$, i.e., $\mathfrak{H}_j^* \subseteq \mathfrak{G}_1$. We can define a homomorphic mapping of $\mathfrak{H}_{j-1}/\mathfrak{H}_j$ upon $\mathfrak{H}_{j-1}^*\mathfrak{G}_1/\mathfrak{H}_j^*\mathfrak{G}_1 = \mathfrak{G}/\mathfrak{G}_1$ by

$$(4) \qquad H\mathfrak{H}_j \rightarrow H^*\mathfrak{H}_j^*\mathfrak{G}_1 = H^*\mathfrak{G}_1, \qquad H \text{ in } \mathfrak{H}_{j-1}.$$

Since $\mathfrak{H}_{j-1}/\mathfrak{H}_j$ is simple, this is an isomorphism. It follows that $\mathfrak{Q}_j^*$ is a complete residue system $\mathfrak{P}_1$ of $\mathfrak{G}$ (mod $\mathfrak{G}_1$).

Thus for every H of $\mathfrak{H}$, the element $(H^{-1})^*$ will lie in some residue class $Q_j^*\mathfrak{G}_1$ with Q_j in $\mathfrak{Q}_j$, and then $(HQ_j)^*$ will lie in $\mathfrak{G}_1$. In particular, we can multiply the elements of $\mathfrak{Q}_\sigma$ $(\sigma=1, 2, \cdots, j-1)$ by such elements of $\mathfrak{Q}_j$ that θ maps the products on elements of $\mathfrak{G}_1$. In this manner, we obtain a new residue system of $\mathfrak{H}_{\sigma-1}$ (mod $\mathfrak{H}_\sigma$) which we shall use instead of $\mathfrak{Q}_\sigma$ and de-

to the case that the product of an operator η with a group element G is defined only if G belongs to a subgroup of G which may depend on η. When we have a group with operators, we consider only subgroups which are admissible, and homomorphisms and isomorphisms which are operator-homomorphisms and operator-isomorphisms, without always stating this explicitly. We include the case that Γ is empty, i.e., that G is a group in the ordinary sense.

note by $\mathfrak{Q}_\sigma$ again. We then have $\mathfrak{Q}_\sigma^* \subseteq \mathfrak{G}_1$ $(\sigma \leqq j-1)$. For $\sigma > j$, we have $\mathfrak{Q}_\sigma^* \subseteq \mathfrak{H}_j^* \subseteq \mathfrak{G}_1$. Hence $\mathfrak{Q}_\sigma^* \subseteq \mathfrak{G}_1$, for $\sigma \neq j$.

The elements H of $\mathfrak{H}$, whose image H^* lies in $\mathfrak{G}_1$ form a normal subgroup $\mathfrak{H}'$ of $\mathfrak{H}$. Obviously, $\mathfrak{H}'$ consists of those elements (3) for which $Q_j = 1$. If we set $\mathfrak{H}_\sigma' = [\mathfrak{H}, \mathfrak{H}']$, $\mathfrak{H}_\sigma'$ is obtained from $\mathfrak{H}_\sigma = \mathfrak{Q}_{\sigma+1}\mathfrak{Q}_{\sigma+2} \cdots \mathfrak{Q}_s$ by removing the factor $\mathfrak{Q}_j$ (if it appears). The groups

$$\mathfrak{H}' \supset \mathfrak{H}_1' \supset \cdots \supset \mathfrak{H}_{j-1}' = \mathfrak{H}_j' \supset \mathfrak{H}_{j+1}' \supset \cdots \supset \mathfrak{H}_s' = \{1\}$$

form a composition series, and $\mathfrak{Q}_1, \cdots, \mathfrak{Q}_{j-1}, \mathfrak{Q}_{j+1}, \cdots, \mathfrak{Q}_s$ are a corresponding set of residue systems; $\mathfrak{H}_{\sigma-1}'/\mathfrak{H}_\sigma' \simeq \mathfrak{H}_{\sigma-1}/\mathfrak{H}_\sigma$ for $\sigma \neq j$. Since θ maps $\mathfrak{H}'$ on the normal subgroup $[\mathfrak{H}^*, \mathfrak{G}_1]$ of $\mathfrak{G}_1$, we may apply the statement (1.1A) to the groups $\mathfrak{G}_1$ and $\mathfrak{H}'$ (in place of $\mathfrak{G}$ and $\mathfrak{H}$), in which case it is assumed to be true. We may have to change the residue classes $\mathfrak{Q}_1, \cdots, \mathfrak{Q}_{j-1}, \mathfrak{Q}_{j+1}, \cdots, \mathfrak{Q}_s$ still further by multiplying the elements of $\mathfrak{Q}_\sigma$ by elements of $\mathfrak{H}_\sigma'$. But because $\mathfrak{H}_\sigma' \subseteq \mathfrak{H}_\sigma$, this change is also possible in the set of residue classes belonging to (2). This shows that (1.1A) is correct for $\mathfrak{G}$ and $\mathfrak{H}$(7).

At the same time we see

(1.1B) *The conditions of* (1.1A) *can be satisfied by choosing the elements of each* $\mathfrak{Q}_\sigma$ *from a certain subgroup* $\mathfrak{J}_\sigma$ *of* $\mathfrak{H}$, *and each* $\mathfrak{P}_\rho$ *either as the image of such a* $\mathfrak{Q}_\sigma$ *or as an arbitrary residue system of* $\mathfrak{G}_{\rho-1}$ *modulo* $\mathfrak{G}_\rho$.

2. If $\mathfrak{H}^* = \mathfrak{G}$, every $\mathfrak{P}_\rho$ will appear in the form $\mathfrak{Q}_\sigma^*$. If, on the other hand, the homomorphism θ is an isomorphism, every $\mathfrak{Q}_\sigma^*$ will appear as a $\mathfrak{P}_\rho$. We now take $\mathfrak{G} = \mathfrak{H}$ and θ as the identical mapping. Then (1.1A) gives the Jordan-Hölder theorem and the first part of the following theorem:

(1.2A) *If two composition series of* $\mathfrak{G}$ *are given, the residue systems* $\mathfrak{P}_\rho$ *can be chosen such that they can be used in both composition series (in a different arrangement). It is possible to carry one arrangement of the* $\mathfrak{P}_\rho$ *into the other one by successively interchanging two consecutive* $\mathfrak{P}_\rho$ *such that each intermediate arrangement also belongs to a composition series of* $\mathfrak{G}$.

In order to prove the second part, we use the same notation as in §1.1. We now have $r = s$, $\mathfrak{P}_1 = \mathfrak{Q}_j$, $\mathfrak{H}' = \mathfrak{G}_1$. The element

$$\overset{-1}{Q}_{j-1}\overset{-1}{Q}_j Q_{j-1} Q_j, \qquad Q_j \text{ in } \mathfrak{Q}_j,\ Q_{j-1} \text{ in } \mathfrak{Q}_{j-1},$$

lies in $\mathfrak{H}'$ and in $\mathfrak{H}_{j-1}$, if $j > 1$. Since $[\mathfrak{H}', \mathfrak{H}_{j-1}] = \mathfrak{H}_j$, it follows that Q_{j-1} and Q_j commute (mod $\mathfrak{H}_j$). If we interchange $\mathfrak{Q}_{j-1}$ and $\mathfrak{Q}_j$ in $\mathfrak{Q}_1, \mathfrak{Q}_2, \cdots, \mathfrak{Q}_s$, we obtain a set of residue systems belonging to the composition series

(7) In a similar manner, we can prove a theorem which has the same relation to Schreier's extension of the Jordan-Hölder theorem (Schreier [25], Zassenhaus [32]) as (1.1A) has to the Jordan-Hölder theorem itself.

$$\mathfrak{H} = \mathfrak{H}_0 \supset \mathfrak{H}_1 \supset \cdots \supset \mathfrak{H}_{j-2} \supset \mathfrak{H}'_{j-2} \supset \mathfrak{H}_j \supset \cdots \supset \mathfrak{H}_s = \{1\}$$

because $\mathfrak{Q}_{j-1}\mathfrak{Q}_j\mathfrak{H}_j = \mathfrak{Q}_j\mathfrak{Q}_{j-1}\mathfrak{H}_j$ and $\mathfrak{H}'_{j-2} = \mathfrak{Q}_{j-1}\mathfrak{Q}_{j+1}\mathfrak{Q}_{j+2} \cdots \mathfrak{Q}_s$. We next interchange $\mathfrak{Q}_j$ with $\mathfrak{Q}_{j-2}$, etc., until $\mathfrak{Q}_j$ finally stands at the first place. If (1.2A) is true for $\mathfrak{G}_1$, as we may assume, it now follows for $\mathfrak{G}$.

2. Loewy series

1. A group $\mathfrak{G}$ is *completely reducible*(8), if it is the direct product of simple groups $\mathfrak{P}_1, \mathfrak{P}_2, \cdots, \mathfrak{P}_r$. As indicated by this notation,

$$\mathfrak{G} = \mathfrak{P}_1\mathfrak{P}_2 \cdots \mathfrak{P}_r, \quad \mathfrak{G}_1 = \mathfrak{P}_2 \cdots \mathfrak{P}_r, \cdots, \mathfrak{G}_{r-1} = \mathfrak{P}_r, \quad \mathfrak{G}_r = \{1\}$$

is a composition series. Every normal ~~simple~~ subgroup $\mathfrak{M}$ of $\mathfrak{G}$ is completely reducible and is a direct factor, i.e., $\mathfrak{G} = \mathfrak{M} \times \mathfrak{N}$, where $\mathfrak{N}$ is a normal subgroup of $\mathfrak{G}$. Because $\mathfrak{G}/\mathfrak{M} \simeq \mathfrak{N}$, the factor group $\mathfrak{G}/\mathfrak{M}$ is also completely reducible.

If $\mathfrak{A}$ is a normal subgroup of an arbitrary group $\mathfrak{G}$, we say that $\mathfrak{A}$ is *completely reducible with regard to* $\mathfrak{G}$, if $\mathfrak{A}$ is the direct product of minimal normal subgroups of $\mathfrak{G}$. More generally, if $\mathfrak{A}$ and $\mathfrak{B}$ are normal subgroups of $\mathfrak{G}$ and $\mathfrak{A} \supseteq \mathfrak{B}$, we say that $\mathfrak{A}/\mathfrak{B}$ is completely reducible with regard to $\mathfrak{G}$, if $\mathfrak{A}/\mathfrak{B}$ is completely reducible with regard to $\mathfrak{G}/\mathfrak{B}$. If we add the inner automorphism of $\mathfrak{G}$ to the operators of the groups considered (subgroups of $\mathfrak{G}$ and factor groups formed out of them), then complete reducibility of $\mathfrak{A}/\mathfrak{B}$ with regard to $\mathfrak{G}$ means the same as ordinary complete reducibility of $\mathfrak{A}/\mathfrak{B}$. In the case of abelian groups $\mathfrak{G}$, the words "with regard to $\mathfrak{G}$" can always be omitted.

For any group $\mathfrak{G}$, we prove easily:

(2.1A) *If $\mathfrak{L}$ and $\mathfrak{M}$ are normal subgroups of $\mathfrak{G}$ which are completely reducible with regard to $\mathfrak{G}$, the same is true for $\mathfrak{L}\mathfrak{M}$.*

Proof. We add the set of all inner automorphisms of $\mathfrak{G}$ to the set of operators. If $\mathfrak{D} = [\mathfrak{L}, \mathfrak{M}]$, we may set $\mathfrak{L} = \mathfrak{L}_1 \times \mathfrak{D}$, $\mathfrak{M} = \mathfrak{M}_1 \times \mathfrak{D}$, where $\mathfrak{L}_1$ and $\mathfrak{M}_1$ are normal subgroups of $\mathfrak{G}$. We then have $\mathfrak{L}\mathfrak{M} = \mathfrak{L}_1 \times \mathfrak{M}_1 \times \mathfrak{D}$, since $[\mathfrak{L}_1, \mathfrak{M}_1 \times \mathfrak{D}] = \{1\}$. This shows that (2.1A) is true.

(2.1B) *If $\mathfrak{A}$, $\mathfrak{B}$ and $\mathfrak{J}$ are normal subgroups of $\mathfrak{G}$, where $\mathfrak{B} \subseteq \mathfrak{A}$, and $\mathfrak{A}/\mathfrak{B}$ is completely reducible with regard to $\mathfrak{G}$, then $[\mathfrak{J}, \mathfrak{A}]/[\mathfrak{J}, \mathfrak{B}]$ is completely reducible with regard to $\mathfrak{G}$, and isomorphic with a normal subgroup of $\mathfrak{A}/\mathfrak{B}$.*

Proof. We extend the domain of operators as in the proof of (2.1A). The statement is a consequence from the fact that $[\mathfrak{J}, \mathfrak{A}]\mathfrak{B}/\mathfrak{B} \simeq [\mathfrak{J}, \mathfrak{A}]/[\mathfrak{J}, \mathfrak{A}, \mathfrak{B}] = [\mathfrak{J}, \mathfrak{A}]/[\mathfrak{J}, \mathfrak{B}]$, since $[\mathfrak{J}, \mathfrak{A}]\mathfrak{B}/\mathfrak{B}$ is a normal subgroup of $\mathfrak{A}/\mathfrak{B}$.

(2.1C) *If $\mathfrak{B}$ and $\mathfrak{C}$ are normal subgroups of $\mathfrak{G}$, where $\mathfrak{B}\mathfrak{C}/\mathfrak{B}$ and $\mathfrak{B}\mathfrak{C}/\mathfrak{C}$ are both completely reducible with regard to $\mathfrak{G}$, so is $\mathfrak{B}\mathfrak{C}/[\mathfrak{B}, \mathfrak{C}]$.*

Proof. From (2.1B) it follows that $[\mathfrak{B}\mathfrak{C}, \mathfrak{C}]/[\mathfrak{B}, \mathfrak{C}] = \mathfrak{C}/[\mathfrak{B}, \mathfrak{C}]$ is com-

(8) Cf. van der Waerden [28, vol. 1, p. 143].

pletely reducible with regard to $\mathfrak{G}$. The same is true for $\mathfrak{B}/[\mathfrak{B}, \mathfrak{C}]$. Then (2.1A) shows that $\mathfrak{B}\mathfrak{C}/[\mathfrak{B}, \mathfrak{C}]$ is completely reducible with regard to $\mathfrak{G}/[\mathfrak{B}, \mathfrak{C}]$, and hence with regard to $\mathfrak{G}$.

2. A *Loewy series* of $\mathfrak{G}$ is a series of normal subgroups of $\mathfrak{G}$:

$$\mathfrak{G} = \mathfrak{M}_0 \supset \mathfrak{M}_1 \supset \mathfrak{M}_2 \supset \cdots \supset \mathfrak{M}_{t-1} \supset \mathfrak{M}_t = \{1\} \tag{5}$$

in which each factor group $\mathfrak{M}_{\tau-1}/\mathfrak{M}_\tau$ is completely reducible with regard to $\mathfrak{G}$.

Of special importance is the *lower Loewy series* (or lower cover series of $\mathfrak{G}$). Here $\mathfrak{M}_{t-1}$ is the normal cover ("Sockel")(9) of $\mathfrak{G}$, i.e., the union of all minimal normal subgroups of $\mathfrak{G}$. It follows from (2.1A) that $\mathfrak{M}_{t-1}$ is completely reducible with regard to $\mathfrak{G}$. More generally, we take for $\mathfrak{M}_{\tau-1}$ the group for which $\mathfrak{M}_{\tau-1}/\mathfrak{M}_\tau$ is the normal cover of $\mathfrak{G}/\mathfrak{M}_\tau$ ($\tau=t, t-1, \cdots$). Then we actually obtain a Loewy series of $\mathfrak{G}$. Obviously, $\mathfrak{M}_{\tau-1}$ is the largest group which can precede $\mathfrak{M}_\tau$ in any Loewy series of $\mathfrak{G}$.

Let $\mathfrak{H}$ be a second group, and

$$\mathfrak{H} = \mathfrak{N}_0 \supset \mathfrak{N}_1 \supset \mathfrak{N}_2 \supset \cdots \supset \mathfrak{N}_{u-1} \supset \mathfrak{N}_u = \{1\} \tag{6}$$

be a Loewy series of $\mathfrak{H}$. We then state

(2.2A) *Let θ be a homomorphic mapping of $\mathfrak{H}$ upon a subgroup $\mathfrak{H}^*$ of $\mathfrak{G}$ ($\mathfrak{H}^* \subseteq \mathfrak{G}$) which maps normal subgroups $\mathfrak{N}$ upon normal subgroups $\mathfrak{N}^*$ of $\mathfrak{G}$*(10). *If* (5) *is the lower Loewy series of $\mathfrak{G}$, and* (6) *any Loewy series of $\mathfrak{H}$, then*

$$\mathfrak{N}_{u-1}^* \subseteq \mathfrak{M}_{t-1},\ \mathfrak{N}_{u-2}^* \subseteq \mathfrak{M}_{t-2}, \cdots, \mathfrak{N}_{u-\rho}^* \subseteq \mathfrak{M}_{t-\rho}, \cdots.$$

Proof. Let $\mathfrak{N}$ be a minimal normal subgroup of $\mathfrak{H}$. If its image $\mathfrak{N}^*$ contains a normal subgroup $\mathfrak{T}$ of $\mathfrak{G}$ with $\{1\} \subset \mathfrak{T} \subset \mathfrak{N}^*$, the elements of $\mathfrak{N}$ which are mapped upon elements of $\mathfrak{T}$ form a proper subgroup of $\mathfrak{N}$ which is normal in $\mathfrak{H}$. This is impossible, and hence $\mathfrak{N}^*$ is a minimal normal subgroup of $\mathfrak{G}$, and belongs therefore to $\mathfrak{M}_{t-1}$, the normal cover of $\mathfrak{G}$. It now follows easily that $\mathfrak{N}_{u-1}^* \subseteq \mathfrak{M}_{t-1}$. The mapping θ induces a homomorphic mapping of $\mathfrak{H}/\mathfrak{N}_{u-1}$ upon a subgroup of $\mathfrak{G}/\mathfrak{M}_{t-1}$, which maps normal subgroups upon normal subgroups. Using the same argument, we obtain $(\mathfrak{N}_{u-2}/\mathfrak{N}_{u-1})^* \subseteq (\mathfrak{M}_{t-2}/\mathfrak{M}_{t-1})$, and hence $\mathfrak{N}_{u-2}^* \subseteq \mathfrak{M}_{t-2}$, etc.

3. The dual of the lower Loewy series is the *upper Loewy series* or upper cover series. Here, $\mathfrak{M}_\tau$ is the upper cover of $\mathfrak{M}_{\tau-1}$(11), i.e., the intersection of all maximal normal subgroups of $\mathfrak{M}_{\tau-1}$, $\tau=1, 2, \cdots$. We see successively that $\mathfrak{M}_1, \mathfrak{M}_2, \cdots$ are normal in $\mathfrak{G}$. Then $\mathfrak{M}_\tau$ can also be defined as the intersection of the normal subgroups of $\mathfrak{G}$ which are maximal in $\mathfrak{M}_{\tau-1}$. From

(9) Remak [24], Cf. also Ore [22].

(10) This assumption is necessary whereas in the dual theorem (2.3A) it is sufficient to assume that $\mathfrak{H}^*$ is normal in $\mathfrak{G}$.

(11) Ore [22].

(2.1C) it follows easily that $\mathfrak{M}_{\tau-1}/\mathfrak{M}_\tau$ is completely reducible with regard to $\mathfrak{G}$, so that we actually have a Loewy series. Obviously, $\mathfrak{M}_\tau$ is the smallest group which can follow $\mathfrak{M}_{\tau-1}$ in any Loewy series of $\mathfrak{G}$.

We now show

(2.3A) *Let θ be a homomorphic mapping of $\mathfrak{H}$ upon a normal subgroup $\mathfrak{H}^*$ of $\mathfrak{G}$ ($\mathfrak{H}^* \subseteq \mathfrak{G}$). If* (6) *is the upper Loewy series of $\mathfrak{H}$, and* (5) *any Loewy series of $\mathfrak{G}$, then $\mathfrak{N}_\rho^* \subseteq \mathfrak{M}_\rho$ ($\rho = 1, 2, \cdots$) where $\mathfrak{N}_\rho^*$ again denotes the image of $\mathfrak{N}_\rho$.*

Proof. Without restriction, we may assume that to every inner automorphism of $\mathfrak{H}$ there corresponds an operator in Γ which produces this automorphism. Form

$$(5') \qquad \overline{\mathfrak{G}} = [\mathfrak{H}^*, \mathfrak{G}] = \mathfrak{H}^* \supseteq [\mathfrak{H}^*, \mathfrak{M}_1] \supseteq [\mathfrak{H}^*, \mathfrak{M}_2] \supseteq \cdots.$$

The distinct groups in (5′) form a Loewy series as follows from (2.1B), and θ maps $\mathfrak{H}$ upon $\overline{\mathfrak{G}}$. We replace $\mathfrak{G}$ by $\overline{\mathfrak{G}}$, and (5) by this Loewy series. If we can prove (2.3A) in this case, it also will be true in the original case. It is, therefore, sufficient to prove (2.3A) in the case where $\mathfrak{G} = \mathfrak{H}^*$. Here, $\mathfrak{N}_\rho^*$ is a normal subgroup of $\mathfrak{G}$. The totality of elements of $\mathfrak{H}$ whose images lie in $\mathfrak{M}_1$ form a normal subgroup $\mathfrak{T}$ of $\mathfrak{H}$. We map $\mathfrak{H}/\mathfrak{T}$ upon $\mathfrak{G}/\mathfrak{M}_1$ by $H\mathfrak{T} \rightarrow H^*\mathfrak{M}_1$ (H in $\mathfrak{H}$). Since $H^*\mathfrak{M}_1 = \mathfrak{M}_1$ only if H is in $\mathfrak{T}$, this mapping is an isomorphism. With $\mathfrak{G}/\mathfrak{M}_1$, then $\mathfrak{H}/\mathfrak{T}$ also is completely reducible, and hence $\mathfrak{T}$ contains the upper cover $\mathfrak{N}_1$ of $\mathfrak{H}$. This implies $\mathfrak{N}_1^* \subseteq \mathfrak{M}_1$. If for $\mathfrak{M}_1$, $\mathfrak{N}_1$, and the mapping induced by θ the statement has been proved, as we may assume, it now follows for $\mathfrak{G}$, $\mathfrak{H}$ and the mapping θ.

4. We now consider the case that $\mathfrak{G} = \mathfrak{H}$, and θ is the identical isomorphism. From (2.2A) it follows that any Loewy series (6) of $\mathfrak{G}$ has at least the same length as the lower Loewy series (5), since for $u < t$ we would have $\mathfrak{N}_0^* = \mathfrak{G} \subseteq \mathfrak{M}_{t-u} \subset \mathfrak{M}_0 = \mathfrak{G}$. Similarly, it follows from (2.3A) that any Loewy series has at least the same length as the upper Loewy series. (If we use the notation of (5) and (6) for these series, and if we have $t < u$, then $\{1\} = \mathfrak{M}_t \supseteq \mathfrak{N}_t^* \neq \{1\}$ which is impossible.) If we take for (5) the lower and for (6) the upper Loewy series of $\mathfrak{G} = \mathfrak{H}$, we have $t = u$, hence

(2.4A) *The lower and the upper Loewy series of $\mathfrak{G}$ have the same length*[12].

From (2.3A), we obtain $\mathfrak{N}_\rho \subseteq \mathfrak{M}_\rho$ in our case. If we had $\mathfrak{N}_{\rho-1} \subseteq \mathfrak{M}_\rho$, we could apply (2.3A) to the Loewy series

$$\mathfrak{M}_\rho \supset \mathfrak{M}_{\rho+1} \supset \cdots \supset \mathfrak{M}_u = \{1\}, \quad \mathfrak{N}_{\rho-1} \supset \mathfrak{N}_\rho \supset \cdots \supset \mathfrak{N}_u = \{1\},$$

of which the second one is the upper Loewy series of $\mathfrak{N}_{\rho-1}$. We then find $\mathfrak{N}_\rho \subseteq \mathfrak{M}_{\rho+1}, \cdots, \mathfrak{N}_{u-1} \subseteq \mathfrak{M}_u = \{1\}$ which is impossible. Consequently, $\mathfrak{N}_{\rho-1}$ contains elements which do not belong to $\mathfrak{M}_\rho$, and hence $\mathfrak{N}_\rho \subseteq [\mathfrak{N}_{\rho-1}, \mathfrak{M}_\rho] \subset \mathfrak{N}_{\rho-1}$ and $\mathfrak{M}_\rho \subset \mathfrak{N}_{\rho-1}\mathfrak{M}_\rho \subseteq \mathfrak{M}_{\rho-1}$. Since $\mathfrak{N}_{\rho-1}\mathfrak{M}_\rho/\mathfrak{M}_\rho \simeq \mathfrak{N}_{\rho-1}/[\mathfrak{N}_{\rho-1}, \mathfrak{M}_\rho]$, we obtain

(2.4B) *The ρth factor groups $\mathfrak{M}_{\rho-1}/\mathfrak{M}_\rho$ and $\mathfrak{N}_{\rho-1}/\mathfrak{N}_\rho$ of the lower and upper*

(12) Krull [12], Ore [22], cf.(3).

Loewy series of $\mathfrak{G}$ contain at least one pair of isomorphic normal subgroups $(\neq\{1\})$.

5. We assume now that $\mathfrak{G}$ is abelian, or, more generally, that all the inner automorphisms of $\mathfrak{G}$ belong to the set of operators. We consider a composition series of $\mathfrak{G}$,

$$\mathfrak{G} = \mathfrak{G}_0 \supset \mathfrak{G}_1 \supset \cdots \supset \mathfrak{G}_r = \{1\},$$

and a corresponding set of residue systems $\mathfrak{P}_1, \mathfrak{P}_2, \cdots, \mathfrak{P}_r$. With regard to a later application, it is desirable to give a method of obtaining the lower Loewy series. It may happen that a $\mathfrak{P}_\rho$ can be chosen to be a (normal[13])) subgroup of $\mathfrak{G}$; we call these $\mathfrak{P}_\rho$ the residue systems of *lowest kind*. We state

(2.5A) *The normal cover of $\mathfrak{G}$ is equal to the product of the residue systems $\mathfrak{P}_\rho$ of lowest kind, if these are chosen to be normal subgroups of $\mathfrak{G}$.*

Proof. It is clear that all these $\mathfrak{P}_\rho$ belong to the normal cover $\mathfrak{H}$ of $\mathfrak{G}$. We determine a set of residue systems $\mathfrak{Q}_1, \mathfrak{Q}_2, \cdots, \mathfrak{Q}_s$ of a composition series of $\mathfrak{H}$ such that each $\mathfrak{Q}_\sigma$ is a minimal normal subgroup of $\mathfrak{G}$ (cf. §2.1), and apply the method of §1.1 to $\mathfrak{G}$, $\mathfrak{H}$, and the identical mapping. If j has the same significance as in §1.1, we may assume that $j=1$, since the $\mathfrak{Q}_\sigma$ here can be permuted arbitrarily. No modification of the $\mathfrak{Q}_\sigma$ is necessary, and one $\mathfrak{P}_\rho$ can be replaced by $\mathfrak{Q}_1$. This shows that this $\mathfrak{P}_\rho$ is of lowest kind. After the next step, one $\mathfrak{P}_\sigma$ will be replaced by $\mathfrak{Q}_2$, etc. Since θ is a (1-1) mapping, every $\mathfrak{Q}_\lambda$ will finally appear. This shows that the number of residue classes of lowest kind cannot be smaller than s. The product of these $\mathfrak{P}_\nu$, chosen as normal subgroups of $\mathfrak{G}$, must give the full normal cover $\mathfrak{M}_{t-1}$ as stated in (2.5A).

We now remove these $\mathfrak{P}_\nu$ of lowest kind from $\mathfrak{P}_1, \mathfrak{P}_2, \cdots, \mathfrak{P}_r$ and work from now on modulo $\mathfrak{M}_{t-1}$. It is clear that the remaining $\mathfrak{P}_\lambda$ form a system of residue classes belonging to a composition series of $\mathfrak{G}/\mathfrak{M}_{t-1}$. Again we single out the residue systems which now are of lowest kind, and choose them such that their elements (mod $\mathfrak{M}_{t-1}$) form normal subgroups of $\mathfrak{G}/\mathfrak{M}_{t-1}$. Their product, multiplied by $\mathfrak{M}_{t-1}$ gives the group $\mathfrak{M}_{t-2}$ in the lower Loewy series. Continuing in this manner, we can obtain this series.

3. Matrices in a division ring

1. There is no difficulty in extending the ordinary theory of matrices to the case in which the coefficients of the matrices are taken from a fixed division ring K (instead of a field). Of course, the products ρA and $A\rho$ of a matrix A and a "scalar" ρ from K will in general be different. Otherwise, there is no difference, as we are not interested in the question of the determinant here. A square matrix M of degree n is nonsingular if there exists a reciprocal M^{-1} with $MM^{-1}=M^{-1}M=I_n$ where $I_n=(\delta_{\kappa\lambda})$, $\delta_{\kappa\kappa}=1$, $\delta_{\kappa\lambda}=0$ for $\kappa\neq\lambda$, is the unit matrix of degree n.

(13) Any admissible subgroup now is normal.

Let $M_1, M_2, \cdots, M_q$ be matrices of the same type (m, n), i.e., with m rows and n columns. We say that the matrices are *l-independent*, if no linear relation $\alpha_1 M_1 + \cdots + \alpha_q M_q = 0$ exists with coefficients α_κ in K, except for $\alpha_1 = \alpha_2 = \cdots = \alpha_q = 0$. Similarly, the matrices are *r-independent*, if no relation $M_1 \alpha_1 + \cdots + M_q \alpha_q = 0$ exists, except for $\alpha_1 = \cdots = \alpha_q = 0$. The *l-rank* of a set $\mathfrak{M}$ of matrices of the same type is defined as the maximum number z of l-independent matrices of $\mathfrak{M}$, and any z such l-independent matrices form an *l-basis* of $\mathfrak{M}$. Correspondingly, the *r-rank* of $\mathfrak{M}$ and *r-basis* of $\mathfrak{M}$ are defined.

2. There is also no difficulty in introducing n-dimensional vector-spaces $\mathfrak{V}$ over a division ring K, and extending the elementary properties of ordinary vector spaces. We arrange the n components x_κ of a vector X with regard to a fixed basis in a column (matrix of type $(n, 1)$). We consider two operations for vectors, addition and r-multiplication with elements of K; these operations appear as a special case of the corresponding operations with matrices. The vector space $\mathfrak{V}$ is an abelian group with addition as group-combination, which possesses the elements of K as operators. It is the direct sum of n simple groups.

We may also consider a second set of vectors U which are given by rows (i.e., matrices of type $(1, n)$). Here we have an addition and an l-multiplication of vectors with elements of K. We denote such vectors as *contragredient* vectors.

A matrix $A = (a_{\kappa\lambda})$ of type (m, n) defines a homomorphic mapping of an n-dimensional vector space upon a subspace of an m-dimensional vector space: $X \to X^* = AX$, provided that in both spaces coordinate systems have been chosen. The matrix A also defines a homomorphic mapping of an m dimensional contragredient space upon a subspace of an n-dimensional contragredient space: $U \to U^* = UA$.

3. Let $m = m_1 + m_2 + \cdots + m_k$ and $n = n_1 + n_2 + \cdots + n_l$ be partitions of m and n. We often write matrices A of type (m, n) in the form $(A_{\kappa\lambda})$ where $A_{\kappa\lambda}$ itself is a matrix of type (m_κ, n_λ). We then say that A has been *broken up according to the scheme* $(m_1, \cdots, m_k \mid n_1, \cdots, n_l)$. If $B = (B_{\kappa\lambda})$ is a matrix of type (n, r) which is broken up according to a scheme $(n_1, \cdots, n_l \mid r_1, \cdots, r_q)$, then $AB = (\sum_\mu A_{\kappa\mu} B_{\mu\lambda})$, i.e., the product can be formed as if $A_{\kappa\lambda}$ and $B_{\kappa\lambda}$ are scalars, provided that the right-hand side has a meaning. The corresponding fact holds for sums of matrices; here A and B must be broken up according to the same scheme.

We also break up the n-dimensional vector X into an n_1-dimensional vector X_1, an n_2-dimensional vector $X_2, \cdots$, an n_l-dimensional vector X_l. The matrices of the following linear transformations are of importance.

$$T_{ij}(Q): \quad X_\kappa^* = X_\kappa \quad (\kappa \neq i), \qquad X_i^* = X_i + Q X_j;$$

$$Z_{ij}: \quad X_\kappa^* = X_\kappa \quad (\kappa \neq i, j), \qquad X_i^* = X_j, \quad X_j^* = X_i;$$

$$W_i(P): \quad X_\kappa^* = X_\kappa \quad (\kappa \neq i), \qquad X_i^* = P X_i;$$

where Q is a matrix of type (n_i, n_j), and P a nonsingular matrix of degree n_i. We denote by A_c a matrix in which the columns are broken up according to the scheme $(n_1, n_2, \cdots, n_l)$, by A_r a matrix in which the rows have been broken up in this manner, by A a square matrix in which both rows and columns have been broken up in this manner. By combining the corresponding linear transformations, we obtain easily

(3.3A) *The matrix $A_cT_{ij}(Q)$ is obtained from A_c by adding the ith column, r-multiplied by Q, to the jth column; $T_{ij}(Q)^{-1}A_r$ is obtained from A_r by subtracting the jth row, l-multiplied by Q, from the ith row. Finally, $T_{ij}(Q)^{-1}AT_{ij}(Q)$ is obtained from A by performing these two operations successively.*

(3.3B) *The matrix A_cZ_{ij} is obtained from A_c by interchanging the ith and jth column; $Z_{ij}^{-1}A_r$ is obtained from A_r by interchanging the ith and jth row; $Z_{ij}^{-1}AZ_{ij}$ is obtained from A by performing both operations.*

(3.3C) *The matrix $A_cW_i(P)$ is obtained from A_c by r-multiplying the ith column by P; $W_i(P)^{-1}A_r$ is obtained from A_r by l-multiplying the ith row by P^{-1}; and $W_i(P)^{-1}AW_i(P)$ is obtained from A by performing both operations.*

4. The operations in §3.3 can be used in particular if all the numbers n_λ are equal to 1, i.e., if the matrices $A=(a_{\kappa\lambda})$ are taken in their original form. We perform with A a succession of operations of the kind mentioned in (3.3A), (3.3B), (3.3C). This amounts to a succession of l-multiplications and r-multiplications of A by nonsingular square matrices. The new matrix then has the form GAH where G and H are themselves nonsingular square matrices. It can easily be seen that the operations may be chosen such that the new matrix has the form[14]

$$GAH = \begin{pmatrix} I_\rho & 0 \\ 0 & 0 \end{pmatrix}. \tag{7}$$

Here, ρ is an integer, the *rank* of A; and $\rho \leqq m$, $\rho \leqq n$.

We now can discuss the solution of linear equations

$$\sum_{\lambda=1}^{n} a_{\kappa\lambda}x_\lambda = b_\kappa, \qquad \kappa = 1, 2, \cdots, m, \tag{8}$$

or, in matrix form, $AX=B$, where B is an m-dimensional vector. We set $X=HX^*$, $X^*=H^{-1}X$. Then (8) becomes identical with $(GAH)X^*=GB$, in which form it can easily be solved because of (7). In particular, in the homogeneous case $B=0$, we have exactly $n-\rho$ r-independent solutions X of (8). This shows that the rank ρ of A is uniquely determined by A. We may also characterize ρ as the r-rank of the set of vectors B which are obtained from

(14) The second row or the second column on the right side may be missing.

(8), if X ranges over all n-dimensional vectors. If the division ring K is replaced by a larger division ring $\overline{K}$, the number ρ remains unchanged, and a complete system of r-independent solutions of the homogeneous equations with regard to K will have the corresponding properties with regard to $\overline{K}$. If (8) has no solution in K, it has no solution in $\overline{K}$.

The "contragredient" equations

$$\sum_{\kappa=1}^{m} u_\kappa a_{\kappa\lambda} = b'_\lambda, \qquad \lambda = 1, 2, \cdots, n,$$

for $u_1, u_2, \cdots, u_m$ can be discussed in a similar manner.

From the characterizations of the rank of a matrix, it follows easily that the rank of a product of matrices is not larger than the rank of either factor.

5. Let us define the transpose A' of a matrix $A = (a_{\kappa\lambda})$ so that the ordinary rule $(A_1A_2)' = A_2'A_1'$ holds for any two matrices whose product is defined. We must take A' not as a matrix with coefficients in K but in the antisymmetric division ring K'. This K' consists of all symbols α' where α is an arbitrary element of K. We have $\alpha' = \beta'$, if and only if $\alpha = \beta$, and we define addition and multiplication by

$$\alpha_1' + \alpha_2' = (\alpha_1 + \alpha_2)'; \qquad \alpha_1'\alpha_2' = (\alpha_2\alpha_1)'.$$

If we now set $A' = (a'_{\lambda\kappa})$ (κ, row-index; λ, column-index), we readily obtain $(A_1A_2)' = A_2'A_1'$.

4. The irreducible constituents of a set of square matrices

1. Consider a set $\mathfrak{Z}$ of elements α of any kind, and a number of sets of matrices $\mathfrak{A}, \mathfrak{B}, \cdots$. We assume that to every α in $\mathfrak{Z}$ there corresponds a matrix A_α in $\mathfrak{A}$, a matrix B_α in $\mathfrak{B}$, etc., such that all the matrices of $\mathfrak{A}, \mathfrak{B}, \cdots$ appear at least once in the form $A_\alpha, B_\alpha, \cdots$ respectively. We then say that $\mathfrak{A}, \mathfrak{B}, \cdots$ are related sets. Equations between related sets $\mathfrak{A}, \mathfrak{B}, \mathfrak{C}, \mathfrak{D}$ such as

$$\mathfrak{A} = \mathfrak{B}, \qquad \mathfrak{A} = \begin{pmatrix} \mathfrak{B} & \\ \mathfrak{C} & \mathfrak{D} \end{pmatrix}, \qquad \mathfrak{A}P = P\mathfrak{B} \text{ (with a fixed matrix } P)$$

indicate that for every α in $\mathfrak{Z}$ the corresponding equations hold:

$$A_\alpha = B_\alpha, \qquad A_\alpha = \begin{pmatrix} B_\alpha & \\ C_\alpha & D_\alpha \end{pmatrix}, \qquad A_\alpha P = PB_\alpha.$$

2. Let $\mathfrak{A}$ be a set of square matrices A of degree n interpreted as linear transformations $X \to X^* = AX$ of an n-dimensional vector space $\mathfrak{V}$. If we introduce new coordinates by a linear transformation $x_\kappa = \sum p_{\kappa\lambda} z_\lambda$, the set $\mathfrak{A}$ is replaced by $P^{-1}\mathfrak{A}P$. These two sets $\mathfrak{A}$ and $P^{-1}\mathfrak{A}P$ are *similar*, $\mathfrak{A} \sim P^{-1}\mathfrak{A}P$; they

are related (with $\mathfrak{Z}=\mathfrak{A}$). Similar sets often are considered as not essentially different.

The vectors X of $\mathfrak{B}$ form an additive abelian group, and we can now introduce two kinds of operators: As the first kind of operator, we take the elements ρ of K, the operation being defined as r-multiplication of X by ρ (as before). As the second kind of operator, we take the elements α of $\mathfrak{Z}$, the operation being defined by $\alpha X = A_\alpha X$.

Let $\mathfrak{B}$ be a second set of matrices which is related to $\mathfrak{A}$, and let $\mathfrak{W}$ be a vector space in which the corresponding linear transformations take place. Then $\mathfrak{A}\sim\mathfrak{B}$, if and only if $\mathfrak{B}$ and $\mathfrak{W}$ are operator-isomorphic (with regard to $\mathfrak{Z}$ and K).

More generally, let us assume that we have an operator-homomorphic mapping of $\mathfrak{W}$ upon an admissible subgroup $\mathfrak{B}_0$ of $\mathfrak{B}$. This mapping is given by a linear transformation $Y\rightarrow X=PY$, (Y in $\mathfrak{W}$, X in $\mathfrak{B}$). The condition for an operator-homomorphism with regard to $\mathfrak{Z}$, then, is $\alpha X = P(\alpha Y)$ for every α in $\mathfrak{Z}$, i.e., $A_\alpha PY = PB_\alpha Y$. Since this must hold for every Y in $\mathfrak{W}$, we find

$$\mathfrak{A}P = P\mathfrak{B}.$$

We then say that P *intertwines* $\mathfrak{A}$ and $\mathfrak{B}$. When $\mathfrak{A}$ and $\mathfrak{B}$ are replaced by similar sets $M^{-1}\mathfrak{A}M$ and $N^{-1}\mathfrak{B}N$, we have

$$(M^{-1}\mathfrak{A}M)(M^{-1}PN) = (M^{-1}PN)(N^{-1}\mathfrak{B}N)$$ [15]

and the matrix $M^{-1}PN$ obviously *takes the place of* P.

3. If the group $\mathfrak{B}$ with the sets of operators $\mathfrak{Z}$, K is simple, then $\mathfrak{A}$ is an *irreducible set*. If $\mathfrak{A}$ is reducible, $\mathfrak{B}$ has an admissible subgroup $\tilde{\mathfrak{B}}$ with $\mathfrak{B}\supset\tilde{\mathfrak{B}}\supset\{0\}$. This $\tilde{\mathfrak{B}}$, then, is a linear subspace which is invariant under the transformations of $\mathfrak{A}$. If we choose the basis of $\mathfrak{B}$ such that the last r basis elements form a basis of $\tilde{\mathfrak{B}}$, then $\mathfrak{A}$ splits in the form

$$\mathfrak{A} = \begin{pmatrix} \mathfrak{M}_1 & \\ \mathfrak{M}_3 & \mathfrak{M}_4 \end{pmatrix} \tag{9}$$

where $\mathfrak{A}$ is broken up according to the scheme $(n-r, r | n-r, r)$. Conversely if $\mathfrak{A}$ has this form with regard to a suitable coordinate system, then $\mathfrak{A}$ is reducible. Here $\mathfrak{M}_4$ are the transformations induced by $\mathfrak{A}$ in $\tilde{\mathfrak{B}}$, and $\mathfrak{M}_1$ are the transformations induced by $\mathfrak{A}$ in $\mathfrak{B}/\tilde{\mathfrak{B}}$.

We may interpret the matrices of $\mathfrak{A}$ by means of linear transformations $U\rightarrow U^* = UA$ of a contragredient vector space $\mathfrak{W}$. If $\mathfrak{A}$ splits in the form (9), then $\mathfrak{W}$ has an invariant subspace $\tilde{\mathfrak{W}}$ of $n-r$ dimensions, and the transformations of $\mathfrak{A}$ induce the transformations of $\mathfrak{M}_1$ in $\tilde{\mathfrak{W}}$ and those of $\mathfrak{M}_4$ in $\mathfrak{W}/\tilde{\mathfrak{W}}$, so that the roles of $\mathfrak{M}_1$ and $\mathfrak{M}_4$ are interchanged.

4. We now consider a composition series of $\mathfrak{B}$

(15) Schur [26].

$$\mathfrak{V} = \mathfrak{V}_0 \supset \mathfrak{V}_1 \supset \mathfrak{V}_2 \supset \cdots \supset \mathfrak{V}_r = \{0\}.$$

Let $E_\nu^{(i)}$ ($\nu=1, 2, \cdots, a_i$) be a maximal set of vectors of $\mathfrak{V}_{i-1}$ which are r-independent (mod $\mathfrak{V}_i$). Then the totality of all vectors

$$E_1^{(i)} z_1 + E_2^{(i)} z_2 + \cdots + E_{a_i}^{(i)} z_{a_i}, \qquad z_\lambda \text{ in } K, \tag{10}$$

form a complete residue system $\mathfrak{P}_i$ of $\mathfrak{V}_{i-1}$ (mod $\mathfrak{V}_i$). All the vectors $E_\nu^{(i)}$, arranged according to increasing i form a basis of $\mathfrak{V}$, and with regard to this basis, $\mathfrak{A}$ has the form

$$\mathfrak{A} \sim \begin{pmatrix} \mathfrak{A}_1 & & & \\ \mathfrak{A}_{21} & \mathfrak{A}_2 & & \\ \cdot & \cdot & \cdot & \cdot \\ \mathfrak{A}_{r1} & \mathfrak{A}_{r2} & \cdots & \mathfrak{A}_r \end{pmatrix} \tag{11}$$

where $\mathfrak{A}_i$ is an irreducible set of square matrices of degree a_i. These $\mathfrak{A}_i$ are called the *irreducible constituents of* $\mathfrak{A}$.

From Jordan-Hölder's theorem, we obtain at once([16])

(4.4A) *The irreducible constituents of a set* $\mathfrak{A}$ *of square matrices are uniquely determined apart from their arrangement, if similar sets are considered as equal.*

When we replace the $E_\lambda^{(i)}$ by another basis of $\mathfrak{V}_{i-1}$ (mod $\mathfrak{V}_i$), then $\mathfrak{A}_i$ is replaced by a similar set. We obtain this new form of $\mathfrak{A}$ by a similarity transformation of type (3.3C).

If a formula (11) holds where each $\mathfrak{A}_i$ is a reducible or irreducible set of square matrices of some degree a_i, we say that each $\mathfrak{A}_i$ is a *constituent* of $\mathfrak{A}$. In particular, we call $\mathfrak{A}_1$ a *top constituent* and $\mathfrak{A}_r$ a *bottom constituent.*

Let $\mathfrak{A}$ and $\mathfrak{B}$ again be two related intertwined sets, $\mathfrak{A}P=P\mathfrak{B}$ and $P\neq 0$. We consider again the mapping of $\mathfrak{W}$ upon a certain admissible subgroup $\tilde{\mathfrak{V}}$ of $\mathfrak{V}$ which is defined by P. The vectors of $\mathfrak{W}$ which are mapped upon 0 form an admissible subgroup $\tilde{\mathfrak{W}}$ of $\mathfrak{W}$, and we have $\tilde{\mathfrak{V}} \simeq \mathfrak{W}/\tilde{\mathfrak{W}}$. If we use these subgroups in order to split $\mathfrak{A}$ and $\mathfrak{B}$, we have with regard to suitable coordinate systems

$$\mathfrak{A} = \begin{pmatrix} * & 0 \\ * & \mathfrak{U} \end{pmatrix}, \qquad P = \begin{pmatrix} 0 & 0 \\ I & 0 \end{pmatrix}, \qquad \mathfrak{B} = \begin{pmatrix} \mathfrak{U} & 0 \\ * & * \end{pmatrix}.$$

This gives Schur's lemma([17]).

([16]) This simple proof for the uniqueness of the irreducible constituents is due to W. Krull [11].

([17]) I. Schur [26]. Schur's proof is extremely simple. By means of (7), similarity transformations of $\mathfrak{A}$ and $\mathfrak{B}$ are performed such that P assumes the desired form, and then $\mathfrak{A}$ and $\mathfrak{B}$ must have the form given here.

(4.4B) *If two related sets* $\mathfrak{A}$ *and* $\mathfrak{B}$ *are intertwined by a matrix* $P\neq 0$, *then there exists a bottom constituent of* $\mathfrak{A}$ *which appears as a top constituent of* $\mathfrak{B}$. *If* $\mathfrak{A}$ *and* $\mathfrak{B}$ *are irreducible, then* P *is nonsingular, and* $\mathfrak{A}$ *and* $\mathfrak{B}$ *are similar.*

5. We now apply the results of Section 1. We choose the residue systems of $\mathfrak{B}_{i-1}/\mathfrak{B}_i$ always as in (10), consisting of all linear combinations of some r-independent vectors. From (1.1B) we see that the results of Section 1 remain valid, if we restrict the choice of residue systems by this condition.

Any change of the residue system $\mathfrak{P}_j$ as used in Section 1 can be accomplished by a succession of changes of the following kind: The elements of $\mathfrak{P}_j$ are multiplied by elements of some $\mathfrak{P}_i$, with $i>j$. This now corresponds to replacing $E_\nu^{(j)}$ by $E_\nu^{(j)}+S_\nu^{(i)}$ where each $S_\nu^{(i)}$ is of the form (10). This basis transformation corresponds to the linear transformation $X_\kappa^*=X_\kappa$ for $\kappa\neq i$, $X_i^*=X_i-QX_j$ where the vector X is broken up according to the scheme $(a_1, \cdots, a_k| 1)$ and the matrix Q of type (a_i, a_j) is formed by the components z_λ, (10), of the vectors $S_\nu^{(i)}$. This is a transformation $T_{ij}(-Q)=T_{ij}(Q)^{-1}$ (cf. §3.3), and $\mathfrak{A}$ is there replaced by $T_{ij}(Q)^{-1}\mathfrak{A}T_{ij}(Q)$. According to (3.3A), we have to add the ith column in (11), r-multiplied by Q, to the jth column, and the jth row, l-multiplied by $-Q$, to the ith row. Because of $i>j$, the triangular form (11) of $\mathfrak{A}$ is not disturbed:

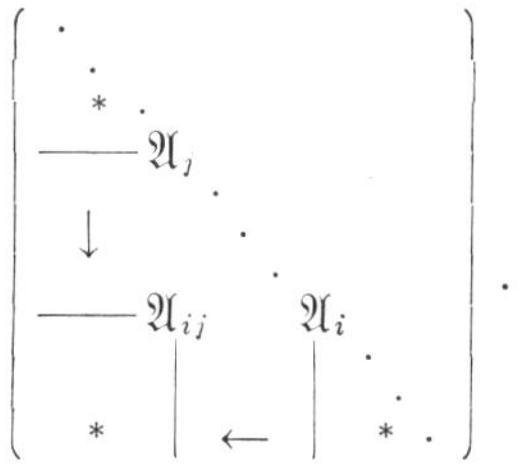

.

Only the sets $\mathfrak{A}_{i\lambda}$ with $\lambda\leqq j$ and $\mathfrak{A}_{\mu j}$ with $\mu\geqq i$ will be changed. We denote such a special similarity transformation of $\mathfrak{A}$ as an *elementary similarity transformation* of $\mathfrak{A}$. All the $\mathfrak{A}_\kappa$ remain unchanged.

Consider again two related sets of square matrices $\mathfrak{A}$ and $\mathfrak{B}$, operating in the vector spaces $\mathfrak{V}$ and $\mathfrak{W}$ respectively. We assume that both split into irreducible constituents

$$(12)\qquad \mathfrak{A}=\begin{pmatrix}\mathfrak{A}_1 & & & \\ * & \mathfrak{A}_2 & & \\ \cdot & \cdot & \cdot\;\cdot & \cdot \\ * & * & \cdots & \mathfrak{A}_r\end{pmatrix},\qquad \mathfrak{B}=\begin{pmatrix}\mathfrak{B}_1 & & & \\ * & \mathfrak{B}_2 & & \\ \cdot & \cdot & \cdot\;\cdot & \cdot \\ * & * & \cdots & \mathfrak{B}_s\end{pmatrix},$$

where $\mathfrak{A}_\rho$ has the degree a_ρ and $\mathfrak{B}_\sigma$ has the degree b_σ. If P is an intertwining matrix, we break up P according to the scheme $(a_1, \cdots, a_r| b_1, \cdots, b_s)$; say

$P = (P_{\kappa\lambda})$. Then the products $\mathfrak{A}P$ and $P\mathfrak{B}$ can be obtained in the ordinary manner (§3.3). We say, therefore, that the intertwining matrix P has been *broken up in accordance with the splitting of $\mathfrak{A}$ and $\mathfrak{B}$* in (12). Application of (1.1A) to the homomorphic mapping of $\mathfrak{W}$ upon a subgroup of $\mathfrak{V}$ then yields

(4.5A) *Let $\mathfrak{A}$ and $\mathfrak{B}$ be two related sets of square matrices which split into irreducible constituents* (12), *and let P be an intertwining matrix. We can apply to $\mathfrak{A}$ and $\mathfrak{B}$ a succession of elementary similarity transformations such that the matrix P^* which afterwards takes the place of P (cf. §4.2) contains in each row and each column at most one term not equal to 0, if broken up in accordance with the splitting of $\mathfrak{A}$ and $\mathfrak{B}$.*

If $P^* = (P^*_{\kappa\lambda})$, then $\mathfrak{A}_\kappa P^*_{\kappa\lambda} = P^*_{\kappa\lambda}\mathfrak{B}_\lambda$ because of this form of P^*. If $P^*_{\kappa\lambda} \neq 0$, then $P_{\kappa\lambda}$ is nonsingular, according to (4.4B). Since for a given λ this may occur for at most one value of κ, after a succession of similarity transformations of type (3.3C), each $P^*_{\kappa\lambda}$ is either 0 or a unit matrix.

Assume now that P is nonsingular so that $\mathfrak{A}$ and $\mathfrak{B}$ are similar. Then every row of P^* must contain one $P^*_{\kappa\lambda} \neq 0$, say for instance $P^*_{1j} \neq 0$. We denote the sets similar to $\mathfrak{A}$ and $\mathfrak{B}$, which we have obtained by $\mathfrak{A}$ and $\mathfrak{B}$ again, and use the notation (12). Then it easily follows from $\mathfrak{A}P^* = P^*\mathfrak{B}$ by forming the first rows of the products that

$$0 = \mathfrak{B}_{j1}, \ 0 = \mathfrak{B}_{j2}, \ \cdots, \ 0 = \mathfrak{B}_{j,j-1}, \ \mathfrak{A}_1 = \mathfrak{B}_j.$$

We replace $\mathfrak{B}$ by the similar set $Z^{-1}_{j-1,j}\mathfrak{B}Z_{j-1,j}$ (cf. (3.3B)). Because $\mathfrak{B}_{j,j-1} = 0$, the triangular form (12) of $\mathfrak{B}$ is not disturbed,

$$\begin{pmatrix} * & & \\ \updownarrow \overline{} \mathfrak{B}_{j-1} & & \\ \overline{} 0 & \mathfrak{B}_j & \\ * & \leftrightarrow & * \end{pmatrix}.$$

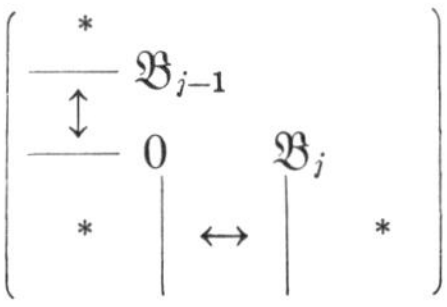

The irreducible constituents of $\mathfrak{B}$ remain the same, only $\mathfrak{B}_{j-1}$ and $\mathfrak{B}_j$ are interchanged. Such a similarity transformation of $\mathfrak{B}$ is an *admissible permutation of rows and columns* which can always be applied, if $\mathfrak{B}_{j,j-1} = 0$. According to §4.2, P^* must be replaced by $P^*Z_{j-1,j}$, i.e., the columns $j-1$ and j are to be interchanged (3.3B); but the essential properties of P^* are not destroyed. Similarly, we can interchange $\mathfrak{B}_j$ with $\mathfrak{B}_{j-2}, \mathfrak{B}_{j-3}, \cdots, \mathfrak{B}_1$. The matrix P^{**} which takes the place of P will have the first row $(I, 0, \cdots, 0)$. We now work with the second row of P^{**}. The element $P^{**}_{2k} = I$ in it will not stand in the first column. After a number of further admissible permutations of rows and columns, we may bring it into the second column. Continuing in this manner, we will finally replace P by I. This gives (cf. (1.2A))

(4.5B) *If $\mathfrak{A}$ and $\mathfrak{B}$, (12), are two similar sets of square matrices which break* *up into irreducible constituents, then it is possible to carry* $\mathfrak{B}$ *into* $\mathfrak{A}$ *by a succession of similarity transformations of types* (3.3A), (3.3B), *and* (3.3C)([18]).

5. The Loewy constituents

1. A set $\mathfrak{A}$ of square matrices of degree n is *completely reducible*, if the corresponding vector space $\mathfrak{B}$ (with $\mathfrak{A}$ and K as sets of operators) is completely reducible. If we choose the composition series of $\mathfrak{B}$ and the $\mathfrak{P}_i$ as in §2.1, then the formula (11) takes the form

$$\mathfrak{A} \sim \begin{pmatrix} \mathfrak{A}_1 & & & \\ & \mathfrak{A}_2 & & \\ & & \ddots & \\ & & & \mathfrak{A}_r \end{pmatrix}, \qquad \mathfrak{A}_\rho \text{ irreducible,}$$

with zeros above and below the main diagonal. Conversely, if such a formula holds, then $\mathfrak{A}$ is completely reducible.

In the general case, let

$$\mathfrak{B} = \mathfrak{M}_0 \supset \mathfrak{M}_1 \supset \mathfrak{M}_2 \supset \cdots \supset \mathfrak{M}_t = \{0\}$$

be a Loewy series for $\mathfrak{B}$. If we choose the basis of $\mathfrak{B}$ by first taking a maximal set of vectors of $\mathfrak{M}_0$ which are r-independent (mod $\mathfrak{M}_1$), then a maximal set of vectors of $\mathfrak{M}_1$ which are r-independent (mod $\mathfrak{M}_2$), etc., then $\mathfrak{A}$ has the form

$$\mathfrak{A} \sim \begin{pmatrix} \mathfrak{K}_1 & & & \\ * & \mathfrak{K}_2 & & \\ & & \ddots & \\ * & * & \cdots & \mathfrak{K}_t \end{pmatrix} \tag{13}$$

and each $\mathfrak{K}_\lambda$ is completely reducible, since $\mathfrak{M}_{\lambda-1}/\mathfrak{M}_\lambda$ is completely reducible. We say that $\mathfrak{A}$ here appears in a *Loewy form*; every Loewy form of $\mathfrak{A}$ is obtained from a Loewy series of $\mathfrak{B}$. Two Loewy forms are of special importance, the *lower and the upper Loewy form*([19]), corresponding to the lower and upper Loewy series of $\mathfrak{B}$, both having the same length (cf. (2.4A)) which will be denoted by $L = L(\mathfrak{A})$. We write them:

$$\mathfrak{A} \sim \begin{pmatrix} \mathfrak{L}_L(\mathfrak{A}) & & & \\ * & \mathfrak{L}_{L-1}(\mathfrak{A}) & & \\ \cdots & \cdots & \cdots & \\ * & * & \cdots & \mathfrak{L}_1(\mathfrak{A}) \end{pmatrix} \sim \begin{pmatrix} \tilde{\mathfrak{L}}_1(\mathfrak{A}) & & & \\ * & \tilde{\mathfrak{L}}_2(\mathfrak{A}) & & \\ \cdots & \cdots & \cdots & \\ * & * & \cdots & \tilde{\mathfrak{L}}_L(\mathfrak{A}) \end{pmatrix}, \tag{14}$$

([18]) These transformations are to be applied to the form (12) of $\mathfrak{A}$ and $\mathfrak{B}$.

([19]) Cf. A. Loewy [14, 15], W. Krull [12], B. L. van der Waerden [29].

where the first is the lower and the second is the upper Loewy form. The *lower Loewy constituents* $\mathfrak{L}_1(\mathfrak{A})$, $\mathfrak{L}_2(\mathfrak{A})$, $\cdots$ are numerated starting from the bottom, and the upper Loewy constituents $\tilde{\mathfrak{L}}_1(\mathfrak{A})$, $\tilde{\mathfrak{L}}_2(\mathfrak{A})$, $\cdots$ starting from the top.

The constituent $\mathfrak{L}_1(\mathfrak{A})$ is the maximal completely reducible set which can appear as bottom constituent of $\mathfrak{A}$. If $\mathfrak{A}$ splits into $\mathfrak{B}$ and $\mathfrak{L}_1(\mathfrak{A})$, then

$$\mathfrak{L}_{i+1}(\mathfrak{A}) \sim \mathfrak{L}_i(\mathfrak{B}).$$

Similarly, $\tilde{\mathfrak{L}}_1(\mathfrak{A})$ is the maximal completely reducible set which can appear as a top constituent of $\mathfrak{A}$; and if $\mathfrak{A}$ splits into $\tilde{\mathfrak{L}}_1(\mathfrak{A})$ and $\tilde{\mathfrak{B}}$, then

$$\tilde{\mathfrak{L}}_{i+1}(\mathfrak{A}) \sim \mathfrak{L}_i(\tilde{\mathfrak{B}}).$$

The transformations of $\mathfrak{A}$ transform the space $\mathfrak{M}_{i-1}/\mathfrak{M}_j$, $(j \geqq i)$, into a part of itself and induce, therefore, a set of linear transformations in the space. This set is obtained from (13) by removing the rows and columns with an index less than i or greater than j. We denote this set by $\mathfrak{K}(i \cdots j)$; its main diagonal starts with $\mathfrak{K}_i$ and ends with $\mathfrak{K}_j$. Since in the case of the lower and the upper Loewy series the groups $\mathfrak{M}_h$ are uniquely determined, we have

(5.1A) *The constituent $\mathfrak{L}(i \cdots j)$ of the lower Loewy normal form is uniquely determined apart from similarity transformation. The corresponding fact holds for the upper Loewy normal form.*

From (2.4B), we obtain

(5.1B) *The Loewy constituents $\mathfrak{L}_i(\mathfrak{A})$ and $\tilde{\mathfrak{L}}_{L-i}(\mathfrak{A})$ $(L = L(\mathfrak{A}); i = 1, 2, \cdots, L)$ have at least one common irreducible constituent.*

2. Application of the theorems (2.2A) and (2.3A) gives

(5.2A) *Let $\mathfrak{A}$ and $\mathfrak{B}$ be two related sets of square matrices, both written in Loewy form*

$$(15) \qquad \mathfrak{A} = \begin{pmatrix} \mathfrak{J}_1 & & & \\ * & \mathfrak{J}_2 & & \\ \cdot & \cdot & \cdot & \cdot \\ * & * & \cdots & \mathfrak{J}_s \end{pmatrix}, \qquad \mathfrak{B} = \begin{pmatrix} \mathfrak{K}_1 & & & \\ * & \mathfrak{K}_2 & & \\ \cdot & \cdot & \cdot & \cdot \\ * & * & \cdots & \mathfrak{K}_t \end{pmatrix}$$

($\mathfrak{J}_\sigma$ and $\mathfrak{K}_\tau$ completely reducible). Let $P = (P_{\kappa\lambda})$ be an intertwining matrix broken up in accordance with the splitting (15) *of $\mathfrak{A}$ and $\mathfrak{B}$ (cf. §4.5). (α) If $\mathfrak{A}$ is in its lower Loewy normal form, then $P_{\kappa\lambda} = 0$ for $s - \kappa > t - \lambda$. (β) If $\mathfrak{B}$ is in its upper Loewy normal form, then $P_{\kappa\lambda} = 0$ for $\kappa < \lambda$.*

In other words: In the case (α), P has the form given in (16α) below; if $s > t$, the first $s - t$ rows in P consist of zeros. In the case (β), P has the form

(16β); for $s<t$, the last $t-s$ columns consist of zeros:

$$(16\alpha)\qquad P=\begin{pmatrix} \cdot & \cdot & \cdot & \cdot \\ \cdot & P_{s-2,t-2} & 0 & 0 \\ \cdot & P_{s-1,t-2} & P_{s-1,t-1} & 0 \\ \cdot & P_{s,t-2} & P_{s,t-1} & P_{s,t} \end{pmatrix},$$

$$(16\beta)\qquad P=\begin{pmatrix} P_{11} & 0 & 0 & \cdot \\ P_{21} & P_{22} & 0 & \cdot \\ P_{31} & P_{32} & P_{33} & \cdot \\ \cdot & \cdot & \cdot & \cdot \end{pmatrix}.$$

3. When a set $\mathfrak{A}$ is given in the form (11), splitting into irreducible constituents, we can use the method of §2.5 in order to determine the Loewy constituents $\mathfrak{L}(\mathfrak{A})$. We consider one constituent $\mathfrak{A}_i$ in $\mathfrak{A}$,

$$(17)\qquad \mathfrak{A}=\begin{pmatrix} * & & \\ * & \mathfrak{A}_i & \\ * & \mathfrak{C} & \mathfrak{D} \end{pmatrix},$$

where the rows and columns $i+1, i+2, \cdots, r$ of (11) are grouped together in $\mathfrak{D}$. If (11) belongs to the composition series $\mathfrak{B}, \mathfrak{B}_1, \mathfrak{B}_2, \cdots, \mathfrak{B}_r$ and $\mathfrak{P}_\tau$ is a complete residue system of $\mathfrak{B}_{\tau-1}$ (mod $\mathfrak{B}_\tau$), then the question is whether we can change $\mathfrak{P}_i$ so that it forms an admissible subgroup. The only freedom which we have is that we can add arbitrary vectors of $\mathfrak{B}_i$ to the basis elements of $\mathfrak{P}_i$. This amounts to an elementary similarity transformation of (17), involving the second and third row and column (cf. §4.5). If after the change $\mathfrak{P}_i$ is an admissible subgroup, then $\mathfrak{C}$ must become 0, since the modified $\mathfrak{P}_i$ are invariant under $\mathfrak{A}$. But an elementary similarity transformation replaces $\mathfrak{C}$ by $\mathfrak{C}+\mathfrak{D}Q-Q\mathfrak{A}_i$; so that the residue system $\mathfrak{P}_i$ will be of the lowest kind, if and only if this is 0 for a suitable Q, and $\mathfrak{A}_i$ will belong to $L_1(\mathfrak{A})$. Hence

(5.3A) *The first Loewy constituent* $\mathfrak{L}_1(\mathfrak{A})$ *consists of those irreducible constituents* $\mathfrak{A}_i$, (15), *for which a matrix* Q *can be determined such that in* (17) $\mathfrak{C}=Q\mathfrak{A}_i-\mathfrak{D}Q$.

After similarity transformations, we may assume that all $\mathfrak{A}_i$ of this type stand in columns in which otherwise only zeros appear. In order to find $\mathfrak{L}_2(\mathfrak{A})$ we have to remove the rows and columns of the $\mathfrak{A}_i$ "of lowest kind" from $\mathfrak{A}$, and treat the remaining set $\mathfrak{B}$ in the same manner; we have $\mathfrak{L}_{\nu+1}(\mathfrak{A})=\mathfrak{L}_\nu(\mathfrak{B})$.

Moving all the constituents $\mathfrak{A}$ of lowest kind to the bottom by admissible permutations §4.5, $\mathfrak{L}_1(\mathfrak{A})$ will appear at the bottom of $\mathfrak{A}$. After removing its rows and columns from $\mathfrak{A}$ and treating the remainder in the same fashion, we finally arrive at the lower Loewy form of $\mathfrak{A}$. It is remarkable in this connection that the criterion (5.3A) only depends on the solution of linear equations for the coefficients of the matrix Q.

4. The dualism between the upper and lower Loewy form can be realized in the following manner. We replace every matrix A of $\mathfrak{A}$ by its transposed A', §3.5. If $\mathfrak{A}$ is in its lower normal form, (14), the new set $\mathfrak{A}'$ formed by all A' will have the following form

$$\mathfrak{A}' = \begin{pmatrix} \mathfrak{L}_L(\mathfrak{A})' & & * \\ & \ddots & \\ & & \mathfrak{L}_1(\mathfrak{A})' \end{pmatrix}.$$

If we arrange the rows and columns in reverse order, $\mathfrak{A}'$ splits into the constituents $\mathfrak{L}_1(\mathfrak{A})', \cdots, \mathfrak{L}_L(\mathfrak{A})'$. In this manner, we easily see that

(5.4A) $$\mathfrak{L}_\nu(\mathfrak{A})' = \bar{\mathfrak{L}}_\nu(\mathfrak{A}') \quad (\nu = 1, 2, \cdots, L;\ L = L(\mathfrak{A}) = L(\mathfrak{A}')).$$

Using this method, we can derive results concerning the upper Loewy form from those concerning the lower Loewy form in §5.3.

6. Additional remarks

1. We consider two related sets $\mathfrak{A}$ and $\mathfrak{B}$ of matrices which split completely into irreducible constituents, i.e.,

$$\mathfrak{A} = \begin{pmatrix} \mathfrak{A}_1 & & & \\ & \mathfrak{A}_2 & & \\ & & \ddots & \\ & & & \mathfrak{A}_r \end{pmatrix}, \qquad \mathfrak{B} = \begin{pmatrix} \mathfrak{B}_1 & & & \\ & \mathfrak{B}_2 & & \\ & & \ddots & \\ & & & \mathfrak{B}_s \end{pmatrix}.$$

If P is an intertwining matrix, $\mathfrak{A}P = P\mathfrak{B}$, we break up P according to this splitting, $P = (P_{\kappa\lambda})$ (cf. §4.5). The condition for $P_{\kappa\lambda}$ becomes $\mathfrak{A}_\kappa P_{\kappa\lambda} = P_{\kappa\lambda}\mathfrak{B}_\lambda$. Using Schur's lemma, we obtain

(6.1A) *Let $\mathfrak{A}$ and $\mathfrak{B}$ be two related sets of matrices which split completely into irreducible constituents $\mathfrak{A}_1, \mathfrak{A}_2, \cdots, \mathfrak{A}_r$ and $\mathfrak{B}_1, \mathfrak{B}_2, \cdots, \mathfrak{B}_s$ respectively. If $P = (P_{\kappa\lambda})$ is an intertwining matrix broken up in accordance with the splitting of $\mathfrak{A}$ and $\mathfrak{B}$, then either $P_{\kappa\lambda} = 0$, or $\mathfrak{A}_\kappa \sim \mathfrak{B}_\lambda$ and $P_{\kappa\lambda}$ is nonsingular and intertwines $\mathfrak{A}_\kappa$ and $\mathfrak{B}_\lambda$. Conversely, if these conditions are satisfied $P = (P_{\kappa\lambda})$ intertwines $\mathfrak{A}$ and $\mathfrak{B}$.*

2. The matrices P which intertwine a set $\mathfrak{A}$ of square matrices with itself, $\mathfrak{A}P = P\mathfrak{A}$, form a ring, the *commuting ring* $\mathfrak{C}(\mathfrak{A})$ of $\mathfrak{A}$. If P in $\mathfrak{C}(\mathfrak{A})$ is a nonsingular matrix, then P^{-1} also belongs to $\mathfrak{C}(\mathfrak{A})$. From Schur's lemma, we find that

(6.2A) *The commuting ring of an irreducible set is a division ring.*

Denote by $k\times\mathfrak{A}$ the set which splits completely into k equal constituents $\mathfrak{A}$, and by $[\mathfrak{A}]_k$ the set of all matrices $(A_{\kappa\lambda})$ of degree k in which the $A_{\kappa\lambda}$ are arbitrary elements of $\mathfrak{A}$. I.e.,

$$k\times\mathfrak{A}=\begin{pmatrix}\mathfrak{A} & & & \\ & \mathfrak{A} & & \\ & & \ddots & \\ & & & \mathfrak{A}\end{pmatrix} \quad (k \text{ times}), \qquad [\mathfrak{A}]_k\text{: all } \begin{pmatrix}A_{11} & \cdots & A_{1k}\\ \cdot & \cdots & \cdot \\ A_{k1} & \cdots & A_{kk}\end{pmatrix} \text{ with } A_{\kappa\lambda} \text{ in } \mathfrak{A}.$$

We then state

(6.2B) (α) $\mathfrak{C}(k\times\mathfrak{A})=[\mathfrak{C}(\mathfrak{A})]_k$. ($\beta$) *If* $\mathfrak{A}$ *contains* 0 *and* I, *then* $\mathfrak{C}([\mathfrak{A}]_k)=k\times\mathfrak{C}(\mathfrak{A})$. ($\gamma$) $\mathfrak{C}(\mathfrak{C}(k\times\mathfrak{A}))=k\times\mathfrak{C}\mathfrak{C}(\mathfrak{A})$.

Proof. (α) follows at once from (6.1A). In the case of (β), let P be a matrix of $\mathfrak{C}([\mathfrak{A}]_k)$ and set $P=(P_{\kappa\lambda})$ where all the $P_{\kappa\lambda}$ have the degree a of $\mathfrak{A}$. We first choose all $A_{\kappa\lambda}=0$ except one, say $A_{\rho\sigma}$. From $(A_{\kappa\lambda})(P_{\kappa\lambda})=(P_{\kappa\lambda})(A_{\kappa\lambda})$, it follows that $A_{\rho\sigma}P_{\sigma\lambda}=0$ for $\lambda\neq\sigma$, $A_{\rho\sigma}P_{\sigma\sigma}=P_{\rho\rho}A_{\rho\sigma}$. Taking first $A_{\rho\sigma}=I_r$, and then taking $\rho=\sigma$ and taking $A_{\rho\rho}$ arbitrarily, we obtain (β). The statement (γ) is obtained from (α) by applying (β) to $\mathfrak{C}(\mathfrak{A})$ instead of $\mathfrak{A}$; the matrices 0 and I belong to $\mathfrak{C}(\mathfrak{A})$.

From (6.1A) and (6.2Bα) also follows

(6.2C) *If* $\mathfrak{A}$ *splits completely into* $k_1\times\mathfrak{A}_1, \cdots, k_r\times\mathfrak{A}_r$, *where* $\mathfrak{A}_1, \mathfrak{A}_2, \cdots, \mathfrak{A}_r$ *are irreducible and not similar, then* $\mathfrak{C}(\mathfrak{A})$ *splits completely into* $[\mathfrak{C}(\mathfrak{A}_1)]_{k_1}, [\mathfrak{C}(\mathfrak{A}_2)]_{k_2}, \cdots, [\mathfrak{C}(\mathfrak{A}_r)]_{k_r}$.

The $\mathfrak{C}(\mathfrak{A}_\kappa)$ here may be reducible or irreducible (see §9.3 below).

In the general case, a structure theory of the ring $\mathfrak{C}(\mathfrak{A})$ is contained as a special case in the results of Fitting([20]).

3. With regard to $[\mathfrak{A}]_k$, we can prove

(6.3A) *If* $\mathfrak{A}$ *is reducible, so is* $[\mathfrak{A}]_k$. *If* $\mathfrak{A}$ *is irreducible and contains* 0 *without consisting of the zero matrix, then* $[\mathfrak{A}]_k$ *is irreducible.*

Proof. If $\mathfrak{A}$ is reducible, we may assume that it splits into two constituents, i.e.,

$$\mathfrak{A}=\begin{pmatrix}\mathfrak{K}_1 & \\ \mathfrak{K}_3 & \mathfrak{K}_4\end{pmatrix}.$$

Writing every $A_{\kappa\lambda}$ in the corresponding form, $(A_{\kappa\lambda})$ appears as a matrix of degree $2k$. We rearrange the rows and columns, first taking those with an odd index and then those with an even index. After this similarity transformation, $[\mathfrak{A}]_k$ will split.

([20]) Fitting [8].

If $\mathfrak{A}$ satisfies the assumptions of the second part of (6.3A), and if $[\mathfrak{A}]_k$ were reducible, then $[\mathfrak{T}]_k$ also would be reducible, where $\mathfrak{T}$ is the ring generated by $\mathfrak{A}$. That this is not so can be easily seen from a simple argument of Weyl(21).

4. Next, we prove an extension of a theorem of A. H. Clifford(22)

(6.4A) *Let $\mathfrak{B}$ be a set of matrices of degree b and denote by $\mathfrak{H}$ the set of all matrices P of degree b for which $\mathfrak{B}P$ and $P\mathfrak{B}$ consist of the same matrices. The total number of irreducible constituents of $\mathfrak{H}$ is at least equal to the number $L(\mathfrak{B})$ of Loewy constituents of $\mathfrak{B}$, §5.1.*

Proof. After a similarity transformation of $\mathfrak{B}$, we may assume that $\mathfrak{B}$ appears in its lower Loewy normal form. Let P be a fixed element of $\mathfrak{H}$. We form the set $\mathfrak{Z}$ of all pairs (B_1, B_2) of two elements B_1, B_2 of $\mathfrak{B}$ for which $B_1P=PB_2$. To every element of $\mathfrak{Z}$ there corresponds a first matrix B_1 and a second matrix B_2. We thus obtain two related sets $\mathfrak{B}_1$ and $\mathfrak{B}_2$ such that $\mathfrak{B}_1P=P\mathfrak{B}_2$. Since $\mathfrak{B}_1$ and $\mathfrak{B}_2$ both consist of the same matrices as $\mathfrak{B}$, both are in their Loewy normal form. We can now apply (5.2A). Since $\mathfrak{B}_1$ and $\mathfrak{B}_2$ both have $L(\mathfrak{B})$ Loewy constituents, it follows that P breaks up into $L(\mathfrak{B})$ constituents the degrees of which are the degrees of the Loewy constituents $\mathfrak{L}_L(\mathfrak{B}), \cdots, \mathfrak{L}_1(\mathfrak{B})$. This holds for every P in $\mathfrak{H}$, and hence for $\mathfrak{H}$.

Clifford's case is obtained by taking for $\mathfrak{B}$ a normal subgroup of an irreducible group $\mathfrak{G}$ of matrices. Here $\mathfrak{H}\supseteq\mathfrak{G}$ and hence $\mathfrak{H}$ is irreducible. Then (6.4A) shows that $L(\mathfrak{B})=1$, i.e., $\mathfrak{B}$ is completely reducible.

If $\mathfrak{A}$ is an irreducible set, we may apply (6.4A) to $\mathfrak{B}=\mathfrak{C}(\mathfrak{A})$. Then $\mathfrak{H}\supseteq\mathfrak{A}$, and hence $\mathfrak{H}$ again is irreducible and $L(\mathfrak{B})=1$, i.e., $\mathfrak{C}(\mathfrak{A})$ is completely reducible. If $\mathfrak{C}(\mathfrak{A})$ had two nonsimilar irreducible constituents, then $\mathfrak{C}(\mathfrak{C}(\mathfrak{A}))$ would be reducible according to (6.2C), and hence $\mathfrak{A}\subseteq\mathfrak{C}(\mathfrak{C}(\mathfrak{A}))$ would be reducible. This gives

(6.4B) *If $\mathfrak{A}$ is an irreducible set of matrices, $\mathfrak{C}(\mathfrak{A})$ is completely reducible, and all its irreducible constituents are similar.*

From (6.2C), we also obtain

(6.4C) *If $\mathfrak{A}$ is completely reducible, so is $\mathfrak{C}(\mathfrak{A})$.*

5. For the actual construction of intertwining matrices, the following remark is sometimes useful.

(6.5A) *Let $\mathfrak{A}$ and $\mathfrak{B}$ be related sets of matrices and assume that $\mathfrak{A}$ consists*

(21) Cf. Weyl [31, p. 86]. The basis of the argument is the following remark. If $\mathfrak{A}\neq\{0\}$ is an irreducible semigroup of matrices of degree a, if $Z\neq 0$ is a fixed a-dimensional vector, then every a-dimensional vector can be written as a finite sum $\sum AZc_A$ where the A are elements of $\mathfrak{A}$ and the c_A are elements of K. If this were not so, the vectors of this type would form an invariant subspace.

(22) Clifford [6].

of nonsingular matrices. For corresponding matrices A and B, let the vector U undergo the transformation contragredient to A, and let X undergo the transformation B; i.e.,

$$U \to U^* = UA^{-1}, \qquad X \to X^* = BX. \tag{18}$$

The matrix P intertwines $\mathfrak{A}$ and $\mathfrak{B}$, if and only if UPX is an invariant for each pair of corresponding transformations (18).

Indeed, from $U^*PX^* = UPX$, it follows that $UA^{-1}PBX = UPX$ for all U and X, and hence $A^{-1}PB = P$.

6. We conclude this section by proving some properties of the Loewy constituents of reducible sets.

(6.6A) *If $\mathfrak{A}$ is a reducible set of matrices*

$$\mathfrak{A} \sim \begin{pmatrix} \mathfrak{G} & \\ \mathfrak{J} & \mathfrak{H} \end{pmatrix}, \tag{19}$$

then $\mathfrak{L}_i(\mathfrak{A})$ splits into $\mathfrak{L}_i(\mathfrak{H})$ and constituents of $\mathfrak{L}_1(\mathfrak{G}), \mathfrak{L}_2(\mathfrak{G}), \cdots, \mathfrak{L}_i(\mathfrak{G})$[23]. *Similarly, $\tilde{\mathfrak{L}}_i(\mathfrak{A})$ splits into $\tilde{\mathfrak{L}}_i(\mathfrak{G})$ and constituents of $\tilde{\mathfrak{L}}_1(\mathfrak{H}), \tilde{\mathfrak{L}}_2(\mathfrak{H}), \cdots, \tilde{\mathfrak{L}}_i(\mathfrak{H})$*[23].

Proof. We may assume that $\mathfrak{G}$ and $\mathfrak{H}$ both appear in their lower Loewy normal forms. In order to find $\mathfrak{L}_1(\mathfrak{A})$, we may use the method of §5.3. It is obvious that $\mathfrak{L}_1(\mathfrak{A})$ will be built up from $\mathfrak{L}_1(\mathfrak{H})$ and, perhaps, some constituents of $\mathfrak{L}_1(\mathfrak{G})$. We may assume that all these constituents stand in columns which otherwise consist of zeros. Removing the rows and columns of these constituents from $\mathfrak{A}$, we obtain a set

$$\mathfrak{A}^* = \begin{pmatrix} \mathfrak{G}^* & \\ \mathfrak{J}^* & \mathfrak{H}^* \end{pmatrix}$$

where $\mathfrak{G}^*$ is a top constituent of $\mathfrak{G}$, and $\mathfrak{H}^*$ a top constituent of $\mathfrak{H}$. It is easily seen, using the same method, that if an irreducible constituent of $\mathfrak{G}^*$ belongs to $L_j(\mathfrak{G}^*)$, it belongs in $\mathfrak{G}$ either to $L_j(\mathfrak{G})$ or $L_{j+1}(\mathfrak{G})$. If for $\mathfrak{A}^*$ the first part of the statement has been proved, as we may assume, it follows easily for $\mathfrak{G}$. The second part is obtained from the first by going over to the transposed matrix as in §5.4.

As a corollary:

(6.6B) *We have $L(\mathfrak{A}) \geqq L(\mathfrak{G})$ and $L(\mathfrak{A}) \geqq L(\mathfrak{H})$.*

The situation is far simpler, if $\mathfrak{J} = 0$ in (19) of (6.6A). We then have the following:

(6.6C) *If the set $\mathfrak{A}$ breaks up completely into two constituents $\mathfrak{G}$ and $\mathfrak{H}$, then*

---

[23] Some of these constituents may be missing.

$L_i(\mathfrak{A})$ breaks up into $L_i(\mathfrak{G})$ and $L_i(\mathfrak{H})$; $\tilde{L}_i(\mathfrak{A})$ breaks up into $\tilde{L}_i(\mathfrak{G})$ and $\tilde{L}_i(\mathfrak{H})$(24)*. Further,* $L(\mathfrak{A})=\max(L(\mathfrak{G}), L(\mathfrak{H}))$.

The proof again is obtained by the method of §5.3 and is similar to, but simpler than that of (6.6A).

7. Group pairs and associated sets of matrices

1. Consider three Abelian groups $\mathfrak{U}$, $\mathfrak{V}$, and $\mathfrak{W}$, each written with addition as group combination. We assume that the "product" uv of an element u of $\mathfrak{U}$ with an element v of $\mathfrak{V}$ is defined as an element of $\mathfrak{W}$ such that the distributive laws hold,

$$(u_1 + u_2)v = u_1v + u_2v, \qquad u(v_1 + v_2) = uv_1 + uv_2,$$

for any u, u_1, u_2 in $\mathfrak{U}$ and any v, v_1, v_2 in $\mathfrak{V}$(25).

If $\mathfrak{U}$ has a set of operators Γ, and $\mathfrak{V}$ a set of operators Δ, we write the operation in $\mathfrak{U}$ as l-multiplication and the operation in $\mathfrak{V}$ as r-multiplication. We then assume that $\mathfrak{W}$ possesses the two sets of operators Γ and Δ, the first corresponding to l-multiplication and the second to r-multiplication, and that the associative laws hold,

$$\gamma(uv) = (\gamma u)v, \qquad (uv)\delta = u(v\delta), \qquad \gamma(w\delta) = (\gamma w)\delta,$$

for any u in $\mathfrak{U}$, v in $\mathfrak{V}$, w in $\mathfrak{W}$, γ in Γ, δ in Δ. If all these conditions are satisfied, we say that $(\mathfrak{U}, \mathfrak{V})$ is a *group pair*.

An *r-annihilator* v_0 is an element of $\mathfrak{V}$ for which $\mathfrak{U}v_0=0$, i.e., uv_0 is the zero-element of $\mathfrak{W}$ for every u in $\mathfrak{U}$. All these r-annihilators form an (admissible) subgroup $\mathfrak{V}_0$ of $\mathfrak{V}$. Similarly, the l-annihilators u_0 in $\mathfrak{U}$ with $u_0\mathfrak{V}=0$ form a subgroup $\mathfrak{U}_0$ of $\mathfrak{U}$. If we set $(\mathfrak{U}_0+u)(\mathfrak{V}_0+v)=uv$, then $(\mathfrak{U}/\mathfrak{U}_0, \mathfrak{V}/\mathfrak{V}_0)$ becomes a group pair in which there are no l-annihilators or r-annihilators except the zero elements. Such a group pair is said to be *primitive*(26).

2. Let $(\mathfrak{U}, \mathfrak{V})$ be a group pair in which the zero element is the only l-annihilator: $\mathfrak{U}_0=0$. We consider a set $\mathfrak{B}$ of homomorphic(27) mappings B of $\mathfrak{V}$ upon itself or a subgroup of $\mathfrak{V}$. We say that the group pair $(\mathfrak{U}, \mathfrak{V})$ admits the transformations B of $\mathfrak{V}$, if to each $B: v\rightarrow v^*$ there corresponds a transformation $A: u\rightarrow u^*$ of $\mathfrak{U}$ upon itself or a subgroup of $\mathfrak{U}$, such that

$$u^*v = uv^* \tag{20}$$

for all u in $\mathfrak{U}$ and all v in $\mathfrak{V}$. The element u^* is uniquely determined by (20), if B and u are given. Further

(7.2A) *The mapping A is a homomorphism.*

(24) Some of these constituents may be missing.

(25) Such group pairs $\mathfrak{U}$, $\mathfrak{V}$ have first been considered by Pontrjagin [23].

(26) Cf. Pontrjagin [23].

(27) As always, this is to mean operator-homomorphic mappings.

Proof. We have (for u, u_1, u_2 in $\mathfrak{U}$, v in $\mathfrak{B}$, γ in Γ)

$$(u_1 + u_2)^*v = (u_1 + u_2)v^* = u_1v^* + u_2v^* = u_1^*v + u_2^*v = (u_1^* + u_2^*)v,$$
$$(\gamma u)^*v = (\gamma u)v^* = \gamma(uv^*) = \gamma(u^*v) = (\gamma u^*)v$$

which imply $(u_1+u_2)^* = u_1^*+u_2^*$, $(\gamma u)^* = \gamma u^*$.

We call the set $\mathfrak{A}$ of all these transformations A *the set* which is *associated with* $\mathfrak{B}$ *by the group pair* $(\mathfrak{U}, \mathfrak{B})$. Because of the symmetry of (20) we have

(7.2B) *If the group pair* $(\mathfrak{U}, \mathfrak{B})$ *is primitive, the relationship between* $\mathfrak{A}$ *and* $\mathfrak{B}$ *is reciprocal.*

Indeed, if we start from the mapping $A: u \to u^*$ of $\mathfrak{U}$, we see from (20) that the pair $(\mathfrak{U}, \mathfrak{B})$ admits the transformations of $\mathfrak{A}$, and that $\mathfrak{B}$ is the associated set.

3. Let $(\mathfrak{U}, \mathfrak{B})$ be again a group pair with 0 as the only l-annihilator. Every element u generates a homomorphic mapping $v \to uv$ of $\mathfrak{B}$ upon a subgroup of $\mathfrak{W}$ which is an operator-homomorphism with regard to the operators of Δ. All such operator-homomorphic mappings of $\mathfrak{B}$ upon a subgroup of $\mathfrak{W}$ form an additive group $\bar{\mathfrak{U}}$ which possesses the elements of Γ as l-operators. Then $\mathfrak{U}$ is (operator-) isomorphic with a subgroup of $\bar{\mathfrak{U}}$; we may consider $\mathfrak{U}$ itself as a subgroup of $\bar{\mathfrak{U}}$.

If $B: v \to v^*$ is a homomorphic mapping of $\mathfrak{B}$ upon $\mathfrak{B}$ or a subgroup of $\mathfrak{B}$, and if $\bar{u}$ is any element of $\bar{\mathfrak{U}}$, then $v \to \bar{u}v^*$ is an operator-homomorphic mapping of $\mathfrak{B}$ upon a subgroup of $\mathfrak{W}$ (with regard to the operators of Δ). It then is given by an element $\bar{u}^*$ of $\bar{\mathfrak{U}}$, and we have $\bar{u}^*v = \bar{u}v^*$. Hence

(7.3A) *If* $(\mathfrak{U}, \mathfrak{B})$ *is a group pair without nonzero l-annihilators, we can replace* $\mathfrak{U}$ *by a larger group* $\bar{\mathfrak{U}}$ *such that* $(\bar{\mathfrak{U}}, \mathfrak{B})$ *admits every set* $\mathfrak{B}$ *of homomorphic mappings of* $\mathfrak{B}$ *upon a subgroup of* $\mathfrak{B}$.

4. Let us restrict ourselves to the case that $\mathfrak{U}$ is a contragredient vector space and $\mathfrak{B}$ a cogredient vector space, the coordinates of the vectors taken from a fixed division ring K. We then take $\Gamma = \Delta = K$ in §7.1, and assume that $\mathfrak{W}$ is an m-dimensional cogredient vector space, and that l-multiplication of an element W with an element κ of K is performed by l-multiplying each component of W with κ(28). We say in this case that $(\mathfrak{U}, \mathfrak{B})$ form a *group pair of rank* m. Assume that 0 is the only l-annihilator.

Let n be the number of dimensions of $\mathfrak{B}$. Since every element $\bar{U}$ of $\bar{\mathfrak{U}}$ corresponds to an operator-homomorphic mapping of $\mathfrak{B}$ upon a subgroup of $\mathfrak{W}$ (with regard to r-operators), it is given by a matrix of type (m, n) with coefficients in K. We may identify $\bar{U}$ with this matrix; the products $\kappa\bar{U}$ and $\bar{U}V$

(28) We may then consider $\mathfrak{W}$ also as a contragredient vector space, if we consider only the addition in $\mathfrak{W}$ and the l-multiplication with elements of K. There will be no danger of a confusion, since we shall not perform linear transformations in $\mathfrak{W}$.

for κ in K, V in $\mathfrak{B}$ then have the ordinary significance (cf. §3). The number of dimensions of $\bar{\mathfrak{U}}$ is mn.

Every mapping B of $\mathfrak{B}$ of the kind considered in §7.3 is a linear transformation $V \to V^*$ and hence given by a matrix $(b_{\kappa\lambda})$ of degree n which we also denote by B setting $V^* = BV$. The associated mapping $\bar{A}$: $\bar{U} \to \bar{U}^*$ of $\mathfrak{U}$ is defined by $\bar{U}^* V = \bar{U} V^*$ or $\bar{U}^* V = \bar{U} B V$ which implies $\bar{U}^* = \bar{U}B$. This, of course, is a linear transformation $\bar{A}$ of $\bar{\mathfrak{U}}$ whose matrix we also denote by $\bar{A}$. We may consider $\bar{\mathfrak{U}}$ as a direct sum of m n-dimensional vector spaces $\mathfrak{T}_1, \cdots, \mathfrak{T}_m$ where in the matrices of $\mathfrak{T}_i$ only the coefficients in the ith row are different from 0. If we choose a basis $E_j^{(i)}$ of $\mathfrak{T}_i$ by taking the jth coefficients of the ith row equal to 1, and all the other coefficients equal to 0, we see that $\bar{A}$ transforms $E_j^{(i)}$ into $E_j^{(i)} B = \sum b_{j\lambda} E_\lambda^{(i)}$. This proves $\mathfrak{T}_i$ invariant under $\bar{A}$, the matrix of the induced transformation being B. Hence $\bar{A} = m \times B$. The set $\bar{\mathfrak{A}}$ associated with a set $\mathfrak{B}$ of transformations B by the pair $(\mathfrak{U}, \mathfrak{B})$ is then $\bar{\mathfrak{A}} = m \times \mathfrak{B}$.

If $\mathfrak{U}$ is a subgroup of $\bar{\mathfrak{U}}$, and the group pair $(\mathfrak{U}, \mathfrak{B})$ admits the transformations of $\mathfrak{B}$, then $\mathfrak{U}$ must be a subspace of $\bar{\mathfrak{U}}$ invariant under $\bar{\mathfrak{A}}$. The transformations of $\mathfrak{U}$ induced by $\bar{\mathfrak{A}}$ form a top constituent $\mathfrak{A}$ of $\bar{\mathfrak{A}}$, and this $\mathfrak{A}$ is the set associated with $\mathfrak{B}$ by the group pair $(\mathfrak{U}, \mathfrak{B})$. Hence (cf. §4.3)

(7.4A) *Let $\mathfrak{U}$ be a contragredient vector space and $\mathfrak{B}$ a cogredient vector space both forming a group pair of rank m. If* 0 *is the only l-annihilator, and* $(\mathfrak{U}, \mathfrak{B})$ *admits the set $\mathfrak{B}$ of homomorphic mappings of $\mathfrak{B}$ upon $\mathfrak{B}$ or a subgroup of $\mathfrak{B}$, then the associated set $\mathfrak{A}$ is a top constituent of $m \times \mathfrak{B}$.*

In the same manner, we prove

(7.4B) *If* 0 *is the only r-annihilator in* $(\mathfrak{U}, \mathfrak{B})$, *and* $(\mathfrak{U}, \mathfrak{B})$ *admits the set $\mathfrak{A}$ of homomorphic mappings of $\mathfrak{U}$ upon a subgroup of $\mathfrak{U}$, then the associated set of transformations of $\mathfrak{B}$ is an end constituent of $m \times \mathfrak{A}$.*

That we here obtain an end constituent instead of a top constituent as in (7.4A) is due to the fact that $\mathfrak{B}$ is a cogredient vector space. The transformations induced in an invariant subspace are end constituents (cf. §4.3).

5. Let us apply the preceding considerations to sets $\mathfrak{B}$ of matrices of degree n with coefficients in the division ring K. Let $m > 0$ be a given integer. We say that a set $\mathfrak{U}$ of matrices of type (m, n) with coefficients in K is a *$(K, \mathfrak{B})$-double module*, if $\mathfrak{U}$ contains the matrices $U_1 + U_2$, κU, UB for any U, U_1, U_2 in $\mathfrak{U}$, any κ in K, and any B in $\mathfrak{B}$. We then choose an l-basis $U_1, U_2, \cdots, U_k$ of $\mathfrak{U}$. Since any product $U_\kappa B$ lies in $\mathfrak{U}$ again, we have formulae

$$(21) \qquad U_\kappa B = \sum_{\lambda=1}^{k} a_{\kappa\lambda} U_\lambda, \qquad \kappa = 1, 2, \cdots, k,$$

with coefficients $a_{\kappa\lambda}$ in K. We say that the set $\mathfrak{A}$ of all the matrices $A = (a_{\kappa\lambda})$ is the set *associated with $\mathfrak{B}$ by the double module* $\mathfrak{U}$. The degree k of $\mathfrak{A}$ is the

l-rank of $\mathfrak{U}$. If $\mathfrak{B}$ is closed under addition or multiplication, the set $\mathfrak{A}$ is homomorphic with $\mathfrak{B}$ with regard to this operation[29]. If the l-basis U_κ is replaced by another l-basis, $\mathfrak{A}$ is replaced by a similar set.

If $\mathfrak{V}$ is the n-dimensional cogredient vector space in which the transformations of $\mathfrak{B}$ take place, then $(\mathfrak{U}, \mathfrak{V})$ form a group pair, the product UV of a matrix U of $\mathfrak{U}$ and a vector $\mathfrak{V}$ being defined in the ordinary manner. This group pair $(\mathfrak{U}, \mathfrak{V})$ is of rank m, and 0 is the only l-annihilator.

Further, $(\mathfrak{U}, \mathfrak{V})$ admits the transformations $\mathfrak{B}$ of $\mathfrak{V}$, and $\mathfrak{A}$ is the associated set in the sense of §7.2, since the transformation $U_\kappa \rightarrow U_\kappa B$ in the contragedient vectors space with the basis $U_1, U_2, \cdots, U_k$ has the matrix A according to (21). From (7.4A) there follows

(7.5A) *If $\mathfrak{U}$ is a $(K, \mathfrak{B})$-double module, consisting of matrices of type (m, n), then $\mathfrak{U}$ associates the set of matrices $\mathfrak{B}$ of degree n with a set $\mathfrak{A}$ which is a top constituent of $m\times\mathfrak{B}$.*

The r-annihilators of $(\mathfrak{U}, \mathfrak{V})$ will form a subspace $\mathfrak{V}_0$ of $\mathfrak{V}$ which is invariant under $\mathfrak{B}$ since $\mathfrak{U}\cdot BV_0 \subseteq \mathfrak{U}V_0 = (0)$ for V_0 in $\mathfrak{V}_0$, B in $\mathfrak{B}$. Let $\mathfrak{B}_0$ be the set of transformations of $\mathfrak{V}/\mathfrak{V}_0$ induced by $\mathfrak{B}$; then $\mathfrak{B}_0$ is a top constituent of $\mathfrak{B}$ according to §4.3. We may consider $(\mathfrak{U}, \mathfrak{V}/\mathfrak{V}_0)$ as a primitive group pair consisting of a contragredient vector space $\mathfrak{U}$ and a cogredient vector space $\mathfrak{V}/\mathfrak{V}_0$. The rank of this group pair still is m. If B: $V \rightarrow V^*$ is a transformation of $\mathfrak{B}$, and A: $U\rightarrow U^*$ the corresponding transformation of $\mathfrak{A}$, then we have $U^*V = UV^*$. The corresponding equation holds, when we replace V and V^* by their residue class modulo $\mathfrak{V}_0$. Then $V^* \equiv B_0 V \pmod{\mathfrak{V}_0}$ where B_0 is the matrix of $\mathfrak{B}_0$ corresponding to B in $\mathfrak{B}$. Consequently, the group pair $(\mathfrak{U}, \mathfrak{V}/\mathfrak{V}_0)$ associates the set of transformations $\mathfrak{B}_0$ of $\mathfrak{V}/\mathfrak{V}_0$ with the set $\mathfrak{A}$ of transformations of $\mathfrak{U}$ and vice versa (cf. (7.2B)).

Then from (7.4B) we obtain

(7.5B) *In (7.5A) let $\mathfrak{V}_0$ be the set of all n-dimensional vectors V_0 for which $UV_0 = 0$ for every U in $\mathfrak{U}$. Then $\mathfrak{V}_0$ is invariant under $\mathfrak{B}$. If $\mathfrak{B}_0$ is the top constituent of $\mathfrak{B}$, consisting of the transformations of $\mathfrak{V}/\mathfrak{V}_0$ induced by $\mathfrak{B}$, then $\mathfrak{B}_0$ is an end constituent of $m\times\mathfrak{A}$.*

6. We can now apply (6.6A), (6.6B), and (6.6C) and obtain

(7.6A) *In the notation of (7.5A) and (7.5B) $\mathfrak{A}$ and $\mathfrak{B}_0$ have the same number of Loewy constituents: $L(\mathfrak{A}) = L(\mathfrak{B}_0)$. Every irreducible constituent of $\mathfrak{L}_i(\mathfrak{B}_0)$ appears in $\mathfrak{L}_i(\mathfrak{A})$, and every irreducible constituent of $\mathfrak{L}_i(\mathfrak{A})$ appears in some $\mathfrak{L}_{i+j}(\mathfrak{B}_0)$ with $j \geqq 0$. Every irreducible constituent $\tilde{\mathfrak{L}}_i(\mathfrak{A})$ appears in $\tilde{\mathfrak{L}}_i(\mathfrak{B}_0)$, and every irreducible constituent of $\tilde{\mathfrak{L}}_i(\mathfrak{B}_0)$ appears in some $\tilde{\mathfrak{L}}_{i+j}(\mathfrak{A})$ with $j \geqq 0$.*

We have the corollary

(29) In the notation of E. Noether [20], $\mathfrak{U}$ is a representation module for the representation $\mathfrak{A}$ of $\mathfrak{B}$.

(7.6B) *The sets* $\mathfrak{A}$ *and* $\mathfrak{B}_0$ *have the same irreducible constituents though not necessarily with the same multiplicities.*

It is also possible to make some statements concerning the multiplicities, e.g.,

(7.6C) *If an irreducible constituent* $\mathfrak{F}$ *appears h times in* $\mathfrak{L}_i(\mathfrak{B}_0)$, *it appears at least* h/m *times in* $\mathfrak{L}_i(\mathfrak{A})$. *(Similarly in the other cases.)*

7. As an application, we prove the following theorem:

(7.7A) *Let* $\mathfrak{B}$ *be a set of matrices which has no constituents* (0), *and let* $\mathfrak{U}$ *be a* $(K, \mathfrak{B})$ *double module consisting of matrices of type* (m, n). *The necessary and sufficient condition that a matrix* Z *of type* (m, n) *belongs to* $\mathfrak{U}$ *is that* ZB *belongs to* $\mathfrak{U}$ *for every* B *in* $\mathfrak{B}$.

Proof. Let $U_1, U_2, \cdots, U_k$ be an l-basis of $\mathfrak{U}$. If Z does not belong to $\mathfrak{U}$, then $U_1, U_2, \cdots, U_k, Z$ will be an l-basis of a $(K, \mathfrak{B})$-double module $\mathfrak{U}^*$. The set associated with $\mathfrak{B}$ by $\mathfrak{U}^*$ has the form

$$\mathfrak{A}^* = \begin{pmatrix} \mathfrak{A} & \\ * & 0 \end{pmatrix},$$

where $\mathfrak{A}$ is the associated set with $\mathfrak{B}$ by $\mathfrak{U}$. According to (7.6A) every irreducible constituent of $\mathfrak{A}^*$ must appear in $\mathfrak{B}$ whereas 0 is no constituent of $\mathfrak{B}$. Hence Z must belong to $\mathfrak{U}$.

8. Finally, we give some formulae showing the relationship between $\mathfrak{A}$ and $\mathfrak{B}$ in a more formal manner.

(7.8A) *Let* $\mathfrak{A}$ *and* $\mathfrak{B}$ *be two related sets of matrices of degrees* k *and* n *respectively, let* m *be a positive integer, and* $h_{\mu\nu}^{(\kappa)}$ *a set of* kmn *elements of* K $(\kappa=1, 2, \cdots, k;\ \mu=1, 2, \cdots, m;\ \nu=1, 2, \cdots, n)$. *We form three sets of matrices,* U_κ *of type* (m, n), T_ν *of type* (k, m) *and* P_μ *of type* (k, n):

$$U_\kappa = (h_{\alpha\beta}^{(\kappa)}); \qquad T_\nu = (h_{\beta\nu}^{(\alpha)}); \qquad P_\mu = (h_{\mu\beta}^{(\alpha)}), \tag{22}$$

where α *is the row index and* β *the column index. The three sets of relations (for corresponding* $A=(a_{\alpha\beta})$ *and* $B=(b_{\alpha\beta})$)

$$U_\alpha B = \sum a_{\alpha\beta} U_\beta, \tag{23a}$$

$$A T_\nu = \sum T_\lambda b_{\lambda\nu}, \tag{23b}$$

$$\mathfrak{A} P_\mu = P_\mu \mathfrak{B} \tag{23c}$$

are equivalent.

Proof. All three relations are equivalent to

$$\sum_\lambda h_{\mu\lambda}^{(\alpha)} b_{\lambda\nu} = \sum_\beta a_{\alpha\beta} h_{\mu\nu}^{(\beta)}.$$

The equation (23a) is identical with (21). The equation (23b) shows that all matrices of the form $\sum T_\nu c_\nu$, c_ν in K, form what we may call an $(\mathfrak{A}, K)$ double module $\mathfrak{T}$. If the T_ν are r-independent, this $\mathfrak{T}$ associates $\mathfrak{A}$ with $\mathfrak{B}$, and this again expresses the reciprocity between $\mathfrak{B}$ and $\mathfrak{A}$.

8. The regular representation

1. We now consider a set $\mathfrak{G}$ of square matrices which forms a *semi-group*, i.e., which contains the product of any two of its matrices. Let $U_1, U_2, \cdots, U_k$ be an l-basis of $\mathfrak{G}$. The linear combinations $\sum c_\kappa U_\kappa$ with arbitrary coefficients in K form a $(K, \mathfrak{G})$-double module which we call the *enveloping module* $\mathfrak{M}(\mathfrak{G})$ of $\mathfrak{G}$. For G in $\mathfrak{G}$, we have the formulae

$$U_\kappa G = \sum_\lambda r_{\kappa\lambda} U_\lambda, \qquad r_{\kappa\lambda} \text{ in } K, \tag{24}$$

and the matrices $R=(r_{\kappa\lambda})$ form the associated set $\mathfrak{R}$. The mapping $G \to R$ is a homomorphism with regard to multiplication. In other words, $\mathfrak{R}$ is a representation of $\mathfrak{G}$, known as the *regular representation*(30) of $\mathfrak{G}$. If the l-basis U_κ is replaced by another l-basis of $\mathfrak{M}(\mathfrak{G})$, then $\mathfrak{R}$ is replaced by a similar set(31). The degree of the regular representation is equal to the l-rank of $\mathfrak{G}$.

2. Let $\mathfrak{V}$ be the space in which the transformations of $\mathfrak{G}$ take place. We shall apply (7.5A) and (7.5B) (for $\mathfrak{U}=\mathfrak{M}(\mathfrak{G})$). Here $\mathfrak{V}_0$ consists of those vectors V for which $\mathfrak{M}(\mathfrak{G})V=0$. This condition is equivalent with $\mathfrak{G}V=0$, and hence $\mathfrak{G}$ induces the transformation 0 in $\mathfrak{V}_0$. It follows that in a suitable coordinate system

$$\mathfrak{G} \sim \begin{pmatrix} \mathfrak{G}_0 & \\ * & 0 \end{pmatrix}, \tag{25}$$

where the constituent 0 at the bottom is of degree $n_0 \geqq 0$(32). It is not possible to find a similar set with a bottom constituent 0 of higher degree. From the theorems in §7.5 and §7.6 we derive:

(8.2A) *Let $\mathfrak{G}$ be a semigroup of matrices of degree n. We split $\mathfrak{G}$ into a constituent $\mathfrak{G}_0$ and a bottom constituent* 0 *of highest possible degree,* (25). *The regular representation $\mathfrak{R}$ of $\mathfrak{G}$ is a top constituent of $n \times \mathfrak{G}_0$, and $\mathfrak{G}_0$ is an end constituent of $n \times \mathfrak{R}$.*

(8.2B) *We have $L(\mathfrak{R})=L(\mathfrak{G}_0)$. Every irreducible constituent of $L_i(\mathfrak{G}_0)$ appears in $\mathfrak{L}_i(\mathfrak{R})$, and every irreducible constituent of $\mathfrak{L}_i(\mathfrak{R})$ appears in some $\mathfrak{L}_{i+j}(\mathfrak{G}_0)$*

(30) For properties of the regular representation, cf. Frobenius [9], MacDuffee [16], Brauer and Nesbitt [4], Nesbitt [19], Nakayama [18].

(31) It should be noticed that in the case of a non-commutative K, the module $\mathfrak{M}(\mathfrak{G})$ is, in general, not a ring. Further, similar semi-groups $\mathfrak{G}$ and $\mathfrak{G}_1$ may have different l-ranks and different regular representations.

(32) If $n_0=0$, then the constituent 0 in (25) is missing.

with $j \geq 0$. Every irreducible constituent of $\widetilde{\mathfrak{L}}_i(\mathfrak{R})$ appears in $\widetilde{\mathfrak{L}}_i(\mathfrak{G}_0)$, and every irreducible constituent of $\widetilde{\mathfrak{L}}_i(\mathfrak{G}_0)$ appears in some $\widetilde{\mathfrak{L}}_{i+j}(\mathfrak{R})$ with $j \geq 0$.

These results lead to the following corollaries:

(8.2C) *We have either $L(\mathfrak{R}) = L(\mathfrak{G})$, or $L(\mathfrak{R}) = L(\mathfrak{G}) - 1$. If $\mathfrak{L}_1(\mathfrak{G})$ does not contain a constituent 0, we have the first case.*

(8.2D) *The sets $\mathfrak{G}$ and $\mathfrak{R}$ have the same irreducible constituents, except perhaps constituents 0 which may appear in $\mathfrak{G}$ without appearing in $\mathfrak{R}$.*

(8.2E) *If $\mathfrak{G}$ is completely reducible, so is $\mathfrak{R}$.*

For $L(\mathfrak{G}) = 1$ implies $L(\mathfrak{R}) = 1$ by (8.2C), and this is equivalent to the complete reducibility of $\mathfrak{R}$.

In certain cases, $\mathfrak{G}_0$ can be replaced by $\mathfrak{G}$. We can prove

(8.2F) *If $\mathfrak{M}(\mathfrak{G})$ contains a matrix $J \neq 0$ such that $JG = G$ for every G in $\mathfrak{G}$, then $\mathfrak{G}$ splits completely into $\mathfrak{G}_0$ and a constituent 0, and we have $L(\mathfrak{R}) = L(\mathfrak{G}) = L(\mathfrak{G}_0)$, $\mathfrak{L}_i(\mathfrak{G}) = \mathfrak{L}_i(\mathfrak{G}_0)$ for every $i \geq 2$. The assumption is satisfied, in particular, when $\mathfrak{G}$ has a l-unit J.*

Proof. Assume that $Q^{-1}\mathfrak{G}Q$ splits in the form (25). The last n_0 columns in all the matrices of $Q^{-1}\mathfrak{G}Q$ vanish. The same then is true for $Q \cdot Q^{-1}\mathfrak{G}Q = \mathfrak{G}Q$, hence for $\mathfrak{M}(\mathfrak{G})Q$, and for $Q^{-1}\mathfrak{M}(\mathfrak{G})Q$. We may set

$$Q^{-1}\mathfrak{G}Q = \begin{pmatrix} \mathfrak{G}_0 & \\ \mathfrak{C} & 0 \end{pmatrix}, \qquad Q^{-1}JQ = \begin{pmatrix} X & 0 \\ Y & 0 \end{pmatrix}$$

since J belongs to $\mathfrak{M}(\mathfrak{G})$. From $JG = G$, we obtain $Y\mathfrak{G}_0 = \mathfrak{C}$ or $\mathfrak{C} = Y\mathfrak{G}_0 - 0Y$. This shows that after an elementary similarity transformation, we may replace $\mathfrak{C}$ by 0. This shows the first part of (8.2F); the other statements follow from it.

From (7.7A), we obtain at once

(8.2G) *Let $\mathfrak{G}$ be a semigroup of matrices of degree n which has no constituent 0. A necessary and sufficient condition that a matrix Z of degree n belongs to $\mathfrak{M}(\mathfrak{G})$ is that ZG belongs to $\mathfrak{M}(\mathfrak{G})$ for every G in $\mathfrak{G}$. In particular, the unit matrix I belongs to $\mathfrak{M}(\mathfrak{G})$.*

3. In certain cases, the theorem (8.2B) can be improved. We prove:

(8.3A) *Assume that the semigroup $\mathfrak{G}$ itself appears in its lower Loewy normal form, and that no constituent 0 appears in $\mathfrak{G}$. Every irreducible constituent of $\mathfrak{L}_i(\mathfrak{G})$ is also a constituent of $\mathfrak{L}_1(\mathfrak{R}), \mathfrak{L}_2(\mathfrak{R}), \cdots, \mathfrak{L}_i(\mathfrak{R})$.*

Proof. Assume that the semigroup $\mathfrak{G}$ itself splits into several constituents, one of which is $\mathfrak{H}$. Denote by $W_1, W_2, \cdots, W_k$ the matrices of $\mathfrak{M}(\mathfrak{H})$ which correspond to an l-basis $U_1, U_2, \cdots, U_k$ of $\mathfrak{M}(\mathfrak{G})$. Obviously, we can choose

$U_1, U_2, \cdots, U_k$ such that $W_1 = \cdots = W_j = 0$ and $W_{j+1}, \cdots, W_k$ form an l-basis of $\mathfrak{M}(\mathfrak{H})$. If G in $\mathfrak{G}$ corresponds to H in $\mathfrak{H}$, then (24) implies

$$W_\kappa H = \sum r_{\kappa\lambda} W_\lambda$$

and we easily see that $\mathfrak{R}$ splits into a top constituent of degree j and the regular representation $\mathfrak{R}^*$ of $\mathfrak{H}$ as end constituent. From (6.6A) and (8.2B) it follows that every irreducible constituent of $\mathfrak{L}_\nu(\mathfrak{H})$ appears in $\mathfrak{L}_\nu(\mathfrak{R})$; (0) is not a constituent of $\mathfrak{H}$.

We now choose $\mathfrak{H}$ as the constituent of $\mathfrak{G}$ which contains the Loewy constituents $\mathfrak{L}_L(\mathfrak{G}), \cdots, \mathfrak{L}_\beta(\mathfrak{G})$. Then $\mathfrak{L}_\nu(\mathfrak{H}) = \mathfrak{L}_{\beta+\nu-1}(\mathfrak{G})$, and for $i = \nu+\beta-1$, $1 \leqq \nu \leqq i$, we obtain the statement of (8.3A).

If the underlying division ring is a field, there is no restriction in the assumption that $\mathfrak{G}$ itself is in its lower Loewy normal form, since similar semigroups here have the same regular representation.

4. A discussion, analogous to that in §8.1, is possible with regard to an r-basis $\tilde{U}_1, \cdots, \tilde{U}_l$ of $\mathfrak{G}$. Here we set

$$G\tilde{U}_\lambda = \sum_\kappa \tilde{U}_\kappa s_{\kappa\lambda}, \qquad s_{\kappa\lambda} \text{ in } K, \tag{26}$$

and $G \rightarrow S = (s_{\kappa\lambda})$ defines the *second regular representation* of $\mathfrak{G}$. Going over to transposed matrices (cf. (3.5)) in (26), we obtain

(8.4A) *The second regular representation $\mathfrak{S}$ of a semigroup $\mathfrak{G}$ is the transpose of the first regular representation of the transposed set $\mathfrak{G}'$.*

This remark allows us to restrict ourselves to the consideration of the first regular representation.

9. Irreducible semigroups

1. We now consider irreducible semigroups $\mathfrak{G} \neq (0)$ consisting of square matrices of degree n with coefficients in the division ring K. Since the degree of the regular representation equals the l-rank of $\mathfrak{G}$, we obtain from (8.2B):

(9.1A) *If $\mathfrak{G}$ is an irreducible semigroup of degree n and l-rank k, then the regular representation $\mathfrak{R}$ of $\mathfrak{G}$ is similar to $(k/n) \times \mathfrak{G}$. In particular, the l-rank is a multiple of the degree.*

We wish to characterize the number k/n by means of the commuting ring $\mathfrak{C}(\mathfrak{G})$ of $\mathfrak{G}$. Denoting the row $(0, \cdots, 0, 1, 0, \cdots, 0)$ with the ith component 1 by E_i, we see that E_iC is the ith row of the matrix C. We determine the largest number h of indices $\mu_1, \mu_2, \cdots, \mu_h$, with $1 \leqq \mu_i \leqq n$, such that conditions

$$\sum_\mu E_\mu C_\mu = 0, \qquad C_\mu \text{ in } \mathfrak{C}(\mathfrak{G}),\ \mu \text{ ranging over } \mu_1, \cdots, \mu_h, \tag{27}$$

imply $C_{\mu_i} = 0$ for all μ_i. Since all the $C_\mu \neq 0$ in $\mathfrak{C}(\mathfrak{G})$ are nonsingular (cf.

(6.2A)), we have $h \geqq 1$. The μ_i are all distinct, since if for example $\mu_1=\mu_2$, we could set $C_{\mu_1}=-C_{\mu_2}\neq 0$, and all the later $C_\mu=0$ in (27). We denote this number h as the *h-number of* $\mathfrak{C}(\mathfrak{G})$, and state

(9.1B) *The quotient k/n in* (9.1A) *is equal to the h-number of* $\mathfrak{C}(\mathfrak{G})$.

Proof. Assume first that $h<n$. For any fixed $i=1, 2, \cdots, n$, we can find matrices $C_{\mu i}$ $(\mu=\mu_1, \cdots, \mu_h)$ and C_i in $\mathfrak{C}(\mathfrak{G})$ such that

$$\sum_\mu E_\mu C_{\mu i} + E_i C_i = 0 \tag{28}$$

and not all $C_{\mu i}$, C_i vanish. Then $C_i\neq 0$, because otherwise (28) would be identical with (27) for $C_{\mu i}=C_\mu$, and all these matrices would also vanish. Because of (6.2A), C_i is nonsingular, and if we r-multiply (28) by its reciprocal, we see that we may assume $C_i=I$. We then multiply (28) by an arbitrary element G of $\mathfrak{G}$, and obtain

$$0 = \sum_\mu E_\mu C_{\mu i} G + E_i G = \sum_\mu E_\mu G C_{\mu i} + E_i G. \tag{29}$$

Denote by $t_1, t_2, \cdots, t_{hn}$ the hn coefficients appearing in the rows $\mu_1, \mu_2, \cdots, \mu_h$ of G. Since E_iG is the ith row of G, and $E_\mu G$ the μth row of G, we see from (29) that every fixed coefficient of G, say in the ith row and jth column, is a linear function $\sum t_\rho\gamma_\rho$, where the γ_ρ are elements of K which are independent of G (but dependent on i, j). Then G has the form $G=\sum t_\rho Q_\rho$, where the Q_ρ are fixed matrices, and this shows that the l-rank k of $\mathfrak{G}$ is not larger than hn. This is also true, if $h=n$, since certainly $k\leqq n^2$. Thus we always have $k/n\leqq h$.

On the other hand, we may choose an l-basis $U_1, U_2, \cdots, U_k$ of $\mathfrak{M}(\mathfrak{G})$, such that the regular representation $\mathfrak{R}$ with regard to this basis has the form (cf. (9.1A))

$$\mathfrak{R} = j \times \mathfrak{G}, \qquad j = k/n. \tag{30}$$

We now apply (7.8A) to $\mathfrak{A}=\mathfrak{R}$ and $\mathfrak{B}=\mathfrak{G}$, using for U_κ the notation of the first formula (22) and defining P_μ by the last formula (22); we have here $m=n$. For the n matrices P_μ which intertwine $\mathfrak{R}$ and $\mathfrak{G}$ $(\mu=1, 2, \cdots, n)$, according to (22), we have

$$E_\nu P_\mu = E_\mu U_\nu = (\overset{(\nu)}{h}_{\mu 1}, \overset{(\nu)}{h}_{\mu 2}, \cdots, \overset{(\nu)}{h}_{\mu n}). \tag{31}$$

We break up each matrix P_μ according to the scheme $(n, n, \cdots, n | n)$,

$$P_\mu = \begin{pmatrix} Q_{\mu 1} \\ \cdot \\ \cdot \\ \cdot \\ Q_{\mu j} \end{pmatrix}. \tag{32}$$

Because of (30), each $Q_{\mu\rho}$ intertwines $\mathfrak{G}$ with $\mathfrak{G}$; i.e., $Q_{\mu\rho}$ belongs to $\mathfrak{C}(\mathfrak{G})$.

Choose any $j+1$ values μ from 1, 2, $\cdots$, n, and consider the j linear equations

$$\sum Q_{\mu 1}X_\mu = 0, \cdots, \sum Q_{\mu j}X_\mu = 0.$$

Since the coefficients lie in the division ring $\mathfrak{C}(\mathfrak{G})$, and we have more unknowns X_i than equations, there is a non-trivial solution X_i in $\mathfrak{C}(\mathfrak{G})$ (cf. (3.4)). Then $\sum P_\mu X_\mu = 0$. On l-multiplying by E_ν and using (31), we obtain

$$\sum_\mu E_\mu U_\nu X_\mu = 0. \tag{33}$$

We now determine $z_1, \cdots, z_n$ in K such that $\sum z_\nu U_\nu = I$. This is possible (cf. (8.2G)). Since $z_\nu E_\mu = E_\mu z_\nu$, l-multiplication of (33) with z_ν and addition over ν yields $\sum E_\mu X_\mu = 0$. Since the X_μ are elements of $\mathfrak{C}(\mathfrak{G})$ which do not all vanish, this is a relation (27). For any $j+1$ indices μ, we have a non-trivial relation of this kind. Hence $j+1>h$, i.e., $j \geqq h$. Because of (30), we have $k/n \geqq h$. Since we also showed $k/n \leqq h$, the statement is proved.

In the notation of the first part of this proof, it now follows that the matrices Q_ρ are l-independent and belong to $\mathfrak{M}(\mathfrak{G})$, since otherwise $\mathfrak{M}(\mathfrak{G})$ would have an l-rank smaller than hn. Further, $t_1, \cdots, t_{hn}$ are the coefficients in the rows $\mu_1, \cdots, \mu_h$ of $\sum t_\rho Q_\rho$. Hence

(9.1C) *In the notation of* (9.1B), *the coefficients in h suitable rows* $\mu_1, \cdots, \mu_h$ *of a matrix M of* $\mathfrak{M}(\mathfrak{G})$ *can be assigned as arbitrary elements of K, and then M is determined uniquely. We can choose the indices* μ *as in* (27).

2. Let v be the r-rank of $\mathfrak{C}(\mathfrak{G})$. There exist at most jv matrices (32) which are r-independent, since $Q_{\mu\rho}$ lies in $\mathfrak{C}(\mathfrak{G})$, where $j=k/n=h$. If we now choose more than hv distinct indices μ from 1, 2, $\cdots$, n (assuming that $n>hv$), then the matrices P_μ are r-dependent and we have equations $\sum P_\mu x_\mu = 0$ (x_μ in K, not all of them 0). We proceed as in the second part of the proof of (9.1B). On l-multiplying with E_ν and using (31), we find $\sum E_\mu U_\nu x_\mu = 0$ (summed over μ). Again, l-multiplying by the same z_ν as above and adding, we find $\sum E_\mu x_\mu = 0$. But this implies $x_\mu = 0$, which gives a contradiction. Hence $n \leqq hv$, which gives

(9.2A) *Let* $\mathfrak{G}$ *be an irreducible semigroup of degree n. If* $\mathfrak{G}$ *has the l-rank k, and* $\mathfrak{C}(\mathfrak{G})$ *has the r-rank v, then* $n^2 \leqq kv$.

This can be considered as a generalization of Burnside's theorem (cf. §9.4).

3. Consider a similarity transformation applied to the irreducible semigroup $\mathfrak{G}$. The same transformation, then, is to be applied to $\mathfrak{C}(\mathfrak{G})$. According to (6.4B), the set $\mathfrak{C}(\mathfrak{G})$ has only one irreducible constituent $\mathfrak{W}$, and after the similarity transformation, we may assume that

$$\mathfrak{C}(\mathfrak{G}) = s \times \mathfrak{W} \tag{34}$$

where $n/s = t$ is the degree of $\mathfrak{W}$.

We set $\mathfrak{C}(\mathfrak{W})=\mathfrak{T}$. Since $\mathfrak{W}$ is irreducible, $\mathfrak{T}$ is a division ring. From (6.2B)

$$\mathfrak{C}\mathfrak{C}(\mathfrak{G}) = \mathfrak{C}(s \times \mathfrak{W}) = [\mathfrak{C}(\mathfrak{W})]_s = [\mathfrak{T}]_s;$$

and since $\mathfrak{G}\subseteq\mathfrak{C}\mathfrak{C}(\mathfrak{G})$, we have

$$\mathfrak{G} \subseteq [\mathfrak{T}]_s.$$

The irreducibility of $\mathfrak{G}$ implies the irreducibility of $\mathfrak{T}$, from the first part of theorem (6.3A). Obviously, $\mathfrak{C}(\mathfrak{T})\supseteq\mathfrak{W}$. If we had $\mathfrak{C}(\mathfrak{T})\supset\mathfrak{W}$, then, according to (6.2B) we would have $\mathfrak{C}(\mathfrak{G})\supseteq\mathfrak{C}([\mathfrak{T}]_s)=s\times\mathfrak{C}(\mathfrak{T})\supset s\times\mathfrak{W}=\mathfrak{C}(\mathfrak{G})$, which is impossible. Hence $\mathfrak{W}$ and $\mathfrak{T}$ both are irreducible division rings consisting of matrices of degree t, and each is the commuting set of the other.

We now apply theorem (9.1B) to $\mathfrak{T}$ instead of $\mathfrak{G}$. If h_0 is the h-number of $\mathfrak{C}(\mathfrak{T})=\mathfrak{W}$, and z the l-rank of $\mathfrak{T}$, then $h_0=z/t$. But (34) shows that the h-number of $\mathfrak{C}(\mathfrak{G})$ is $h=sh_0$, and hence

$$k/n = h = sh_0 = sz/t \tag{35}$$

which implies $k=s^2z$ since $n=st$. Consequently, $\mathfrak{G}$ and $[\mathfrak{T}]_s$ have the same l-rank, and therefore $\mathfrak{M}(\mathfrak{G})=\mathfrak{M}([\mathfrak{T}]_s)$. Thus we have

(9.3A) *Any irreducible semigroup* $\mathfrak{G}$ *of degree* n *is, after a similarity transformation, contained in a set* $[\mathfrak{T}]_s$ *where* $\mathfrak{T}$ *is an irreducible set of matrices of degree* $n/s=t$ *forming a division ring, and* $\mathfrak{G}$ *and* $[\mathfrak{T}]_s$ *have the same l-rank and hence the same enveloping module,* $\mathfrak{M}(\mathfrak{G})=\mathfrak{M}([\mathfrak{T}]_s)$. *Further,* $\mathfrak{W}=\mathfrak{C}(\mathfrak{T})$ *is the only irreducible constituent of* $\mathfrak{C}(\mathfrak{G})$ *and its multiplicity is* s, *i.e.,* $\mathfrak{C}(\mathfrak{G})=s\times\mathfrak{W}$. *Conversely,* $\mathfrak{T}=\mathfrak{C}(\mathfrak{W})$.

Let v be the l-rank of $\mathfrak{C}(\mathfrak{G})$ which by (34) is also the l-rank of $\mathfrak{W}$, and let z be the l-rank of $\mathfrak{T}$. From (35), we obtain

$$\frac{kv}{n^2} = \frac{sz}{t}\,\frac{v}{n} = \frac{z}{t}\,\frac{v}{t}\,.$$

Both fractions on the right side are integers; they give the multiplicity of $\mathfrak{T}$ and of $\mathfrak{W}$ in their regular representations. The same is true if we take for v the r-rank of $\mathfrak{C}(\mathfrak{G})$. Then v/t is the multiplicity of $\mathfrak{W}$ in its second regular representation. Hence we have

(9.3B) *If in* (9.3A) *the set* $\mathfrak{T}$ *has the l-rank* z, *if* $\mathfrak{G}$ *has the l-rank* k, *and* $\mathfrak{W}$ *the l-rank* v *(or the r-rank* v*), then* $kv/n^2=(z/t)(v/t)$ *where* z/t *and* v/t *are integers.*

This gives, of course, the inequality of (9.2A); but it is not sufficient for a proof of (9.2A) in the general case, since we applied here a similarity transformation which may have changed the original ranks.

4. If the underlying division ring K is a field[33], then l-rank and r-rank

[33] For this case, compare, for instance, Weyl [31].

always coincide. Further $\mathfrak{M}(\mathfrak{T})=\mathfrak{T}$, since every linear combination of elements of $\mathfrak{T}$ commutes with every element $\mathfrak{W}$. Similarly, $\mathfrak{M}(\mathfrak{W})=\mathfrak{W}$.

If $\mathfrak{G}$ is an irreducible algebra of matrices, then $\mathfrak{M}(\mathfrak{G})=\mathfrak{G}$, and (9.3A) shows that $\mathfrak{G}\sim[\mathfrak{T}]_s$ where $\mathfrak{T}$ itself is an irreducible division algebra over K. This is Wedderburn's theorem.

For an irreducible division algebra $\mathfrak{G}$ of matrices, the number $h=k/n$ must be equal to 1; as follows for instance from (9.1C) since here it is certainly impossible to choose the coefficients in two rows arbitrarily. For such a $\mathfrak{G}$ the rank k and the degree n are equal.

If we apply this to $\mathfrak{T}$ and $\mathfrak{W}$ in (9.3B), we have $z=t$ and $v=t$ and hence

$$kv = n^2, \tag{36}$$

where n is the degree of the irreducible semigroup $\mathfrak{G}$, k is the rank of $\mathfrak{G}$, and v the rank of $\mathfrak{C}(\mathfrak{G})$. This is the generalized Burnside theorem. We obtain the original theorem when we assume that the field K is algebraically closed, and therefore $v=1$, i.e., $k=n^2$. This can also be derived from (9.2A),

We also obtain

(9.4A) *If K is a field, and $\mathfrak{G}$ an irreducible algebra of matrices, we have* $\mathfrak{C}(\mathfrak{C}(\mathfrak{G}))=\mathfrak{G}$.

Proof. We have $\mathfrak{M}(\mathfrak{G})=\mathfrak{G}$, and, because of the commutativity of K, this is not affected by a similarity transformation. We may assume $\mathfrak{G}$ in the form $\mathfrak{G}=[\mathfrak{T}]_s$. Further, $\mathfrak{M}(\mathfrak{T})=\mathfrak{T}$. Then (9.3A) in connection with (6.2B) gives $\mathfrak{C}(\mathfrak{C}(\mathfrak{G}))=\mathfrak{C}(s\times\mathfrak{W})=[\mathfrak{C}(\mathfrak{W})]_s=[\mathfrak{T}]_s=\mathfrak{G}$. The same equation $\mathfrak{C}\mathfrak{C}(\mathfrak{G})=\mathfrak{G}$ must have been true then, before $\mathfrak{G}$ was subjected to the similarity transformation mentioned in (9.3A).

10. On the representation of sets of matrices as direct sums. The radical

1. We say that a set $\mathfrak{Q}$ of square matrices of degree n is the *sum of two subsets* $\mathfrak{A}$ and $\mathfrak{B}$, if $\mathfrak{Q}$ consists of all the matrices $A+B$ with A in $\mathfrak{A}$, B in $\mathfrak{B}$. We write $\mathfrak{Q}=\mathfrak{A}\oplus\mathfrak{B}$, if, besides, we have $\mathfrak{A}\mathfrak{B}=0$ and $\mathfrak{B}\mathfrak{A}=0$ (i.e., $AB=0$ and $BA=0$ for any A in $\mathfrak{A}$ and any B in $\mathfrak{B}$)(34). We first prove

(10.1A) *If the semigroup $\mathfrak{G}$ breaks up completely into m distinct (i.e., non-similar) irreducible constituents*

$$\mathfrak{G} = \begin{pmatrix} \mathfrak{F}_1 & & & \\ & \mathfrak{F}_2 & & \\ & & \ddots & \\ & & & \mathfrak{F}_m \end{pmatrix}, \tag{37}$$

(34) The notation here is different from that in §4.1.

then the l-rank of $\mathfrak{G}$ *is equal to the sum* $k_1+k_2+\cdots+k_m$ *of the l-ranks* k_i *of* $\mathfrak{F}_i$.

This is a generalization of the Frobenius-Schur theorem(35).

Proof. We can find an l-basis of $\mathfrak{M}(\mathfrak{G})$ such that for a fixed ν the last k_ν basis elements have k_ν l-independent matrices in the place of $\mathfrak{F}_\nu$. After subtracting a suitable linear combination of these basis elements from the first $k-k_\nu$ basis elements, we may assume that the latter have 0 in the place of $\mathfrak{F}_\nu$. On forming the regular representation $\mathfrak{R}$ of $\mathfrak{G}$ with regard to this basis, we obtain

$$\mathfrak{R} = \begin{pmatrix} * & \\ * & \mathfrak{R}_\nu \end{pmatrix}$$

where $\mathfrak{R}_\nu$ is the regular representation of $\mathfrak{F}_\nu$. If f_ν is the degree of $\mathfrak{F}_\nu$, we have $\mathfrak{R}_\nu \simeq (k_\nu/f_\nu)\times\mathfrak{F}_\nu$ (cf. (9.1A)). The constituents $\mathfrak{F}_\nu$ of $\mathfrak{R}$ occupy therefore at least k_ν ordinary rows and columns of $\mathfrak{R}$. The degree k of $\mathfrak{R}$, then, cannot be smaller than the sum of all the k_ν. On the other hand, (37) shows that $k \leqq k_1+\cdots+k_m$, and this proves the statement. At the same time, we see

(10.1B) *The regular representation* $\mathfrak{R}$ *of* $\mathfrak{G}$ *in* (10.1A) *contains the constituent* $\mathfrak{F}_\nu$ *with the multiplicity* k_ν/f_ν, *where* f_ν *is the degree of* $\mathfrak{F}_\nu$.

The result (10.1A) can be formulated in the following manner:

(10.1C) *Under the assumption of* (10.1A), *the module* $\mathfrak{M}(\mathfrak{G})$ *is a direct sum* $\mathfrak{M}(\mathfrak{G})=\mathfrak{U}_1\oplus\mathfrak{U}_2\oplus\cdots\oplus\mathfrak{U}_m$ *where* $\mathfrak{U}_\mu$ *consists of those matrices* $\mathfrak{M}(\mathfrak{G})$ *which have nonzero elements only in the place of the constituent* $\mathfrak{M}(\mathfrak{F}_\mu)$ *of* $\mathfrak{M}(\mathfrak{G})$.

Proof. Let M_μ be an arbitrary element of $\mathfrak{M}(\mathfrak{F}_\mu)$ $(\mu=1, 2, \cdots, m)$, and set

$$\overline{M} = \begin{pmatrix} M_1 & & & \\ & M_2 & & \\ & & \ddots & \\ & & & M_m \end{pmatrix}.$$

All these $\overline{M}$ form a $(K, \mathfrak{G})$-double module $\overline{\mathfrak{M}}$. We have $\overline{\mathfrak{M}}\supseteq\mathfrak{M}(\mathfrak{G})$, and both these modules have the same l-rank according to (10.1A). Hence $\overline{\mathfrak{M}}=\mathfrak{M}(\mathfrak{G})$. We now choose M_μ arbitrarily in $\mathfrak{M}(\mathfrak{F}_\mu)$, and $M_\nu=0$ for $\nu\neq\mu$. The corresponding $\overline{M}$ form a submodule $\mathfrak{U}_\mu$ of $\mathfrak{M}(\mathfrak{G})$, and $\mathfrak{M}(\mathfrak{G})$ is the direct sum $\mathfrak{U}_1\oplus\cdots\oplus\mathfrak{U}_m$.

2. In order to study further the decomposition into direct sums, we consider two sets of square matrices $\mathfrak{A}$ and $\mathfrak{B}$ of the same degree n, such that $\mathfrak{A}\mathfrak{B}=0$. Let $\mathfrak{V}$ be the space in which the transformations of $\mathfrak{A}$ and $\mathfrak{B}$ take place. Let $\mathfrak{V}_0$ be the subspace consisting of those vectors V_0 for which $\mathfrak{A}V_0=0$. Then we have $\mathfrak{B}\mathfrak{V}\subseteq\mathfrak{V}_0$. If $\mathfrak{V}_0$ has s dimensions and we choose a basis of $\mathfrak{V}$

(35) Frobenius-Schur [10].

in which the last s vectors form a basis of $\mathfrak{B}_0$, then in the corresponding similar set $P^{-1}\mathfrak{A}P$ the last s columns consist of zeros, and in $P^{-1}\mathfrak{B}P$ the first s rows consist of zeros. Hence

(10.2A) *If $\mathfrak{A}$ and $\mathfrak{B}$ are two sets of square matrices of degree n and $\mathfrak{A}\mathfrak{B}=0$, then we can find a similarity transformation P such that*

$$P^{-1}\mathfrak{A}P = \begin{pmatrix} \mathfrak{A}_1 & \\ \mathfrak{C} & 0 \end{pmatrix}, \qquad P^{-1}\mathfrak{B}P = \begin{pmatrix} 0 & \\ \mathfrak{D} & \mathfrak{B}_1 \end{pmatrix}, \tag{38}$$

where both sets are broken up according to the same scheme $(n-s,\ s \mid n-s,\ s)$.

We may have here $s=0$, if $\mathfrak{B}=0$. Then the second row and column in (38) are missing. Similarly, we may have $s=n$, if $\mathfrak{A}=0$, and then the first row and column in (38) are missing. If $\mathfrak{A}\neq 0$, $\mathfrak{B}\neq 0$, the set $\mathfrak{Q}$ consisting of all sums $A+B$ with A in $\mathfrak{A}$, B in $\mathfrak{B}$ is reducible. This gives

(10.2B) *The set $\mathfrak{U}_\mu$ in* (10.1C) *cannot be written as a direct sum $\mathfrak{A}\oplus\mathfrak{B}$ with $\mathfrak{A}\neq 0$, $\mathfrak{B}\neq 0$.*

3. As an application of (10.2A), we prove

(10.3A) *Let $\mathfrak{Q}$ be a set of square matrices of degree n which has no constituents* 0. *If $\mathfrak{Q}$ can be written as a sum $\mathfrak{Q}=\mathfrak{A}\oplus\mathfrak{B}$ with $\mathfrak{A}\neq 0$, $\mathfrak{B}\neq 0$, then there exists a similarity transformation P such that*

$$P^{-1}\mathfrak{Q}P = \begin{pmatrix} \mathfrak{A}_1 & \\ & \mathfrak{B}_1 \end{pmatrix}$$

and $P^{-1}\mathfrak{A}P$ consists of the matrices of $P^{-1}\mathfrak{Q}P$ which have 0 *in the place of $\mathfrak{B}_1$ and $P^{-1}\mathfrak{B}P$ consists of those matrices of $P^{-1}\mathfrak{Q}P$ which have* 0 *in the place of $\mathfrak{A}_1$.*

Proof. We may determine P such that $P^{-1}\mathfrak{A}P$ and $P^{-1}\mathfrak{B}P$ have the form (38). The set $\mathfrak{B}_1$ has no constituent 0, since otherwise 0 would also be a constituent of the sum of the two sets (38), and hence of $\mathfrak{Q}$. If $\mathfrak{H}$ is the semigroup generated by $P^{-1}\mathfrak{B}P$, and $\mathfrak{M}(\mathfrak{H})$ its enveloping module, then the matrices M of $\mathfrak{M}(\mathfrak{H})$ are l-annihilators of $P^{-1}\mathfrak{A}P$. Further $\mathfrak{M}(\mathfrak{H})$ breaks up in the same form as $P^{-1}\mathfrak{B}P$ in (38) the first constituent being 0 and the second $\mathfrak{M}(\mathfrak{H}_1)$ where $\mathfrak{H}_1$ is the semigroup generated by $\mathfrak{B}_1$. According to (8.2G) this set $\mathfrak{M}(\mathfrak{H}_1)$ contains the unit matrix I. Let J be a matrix of $\mathfrak{M}(\mathfrak{H})$ which has I in the place of $\mathfrak{M}(\mathfrak{H}_1)$, and let A be an arbitrary element of $\mathfrak{A}$. We set

$$J = \begin{pmatrix} 0 & \\ D & I \end{pmatrix}, \qquad P^{-1}AP = \begin{pmatrix} A_1 & \\ C & 0 \end{pmatrix}.$$

Because of $J(P^{-1}AP)=0$, we have $DA_1+C=0$. We ~~subtract~~ the first row in (38), l-multiplied by D, from the second row and ~~add~~ the second column,

^ add (R.B.)
^ subtract (R.B.)

r-multiplied by D, to the first column. This amounts to a similarity transformation (cf. (3.3A)). Afterwards we have $\mathfrak{C}=0$, and we may assume that this is also true in (38). Then $\mathfrak{B}\mathfrak{A}=0$ implies $\mathfrak{D}\mathfrak{A}_1=0$. Since $\mathfrak{A}_1$ also has no constituent 0, it follows that $\mathfrak{D}=0$, and this proves the statement.

Repeated application of (10.3A) gives

(10.3B) *If a set $\mathfrak{Q}$ without constituent* 0 *is a direct sum* $\mathfrak{U}_1 \oplus \cdots \oplus \mathfrak{U}_m$ $(\mathfrak{U}_\mu \neq 0)$, *then, after a suitable similarity transformation* P, $P^{-1}\mathfrak{Q}P$ *splits completely into* m *constituents and the matrices of* $P^{-1}\mathfrak{U}_\mu P$ *have coefficients not equal to* 0 *only at the place of the* μ*th of these constituents.*

4. The *radical* $\mathfrak{N}$ of a set $\mathfrak{A}$ of square matrices consists of those matrices N of $\mathfrak{A}$ which are represented by 0 in every irreducible constituent of $\mathfrak{A}$. Then N is also represented by 0 in the Loewy constituents $L_i(\mathfrak{A})$; i.e., N has zeros in the main diagonal in (14). A simple computation shows that the product of any $L(\mathfrak{A})$ matrices vanishes. If $\mathfrak{A}$ is a ring of matrices, $\mathfrak{N}$ is a nilpotent ideal, $\mathfrak{N}^L=0$, for $L=L(\mathfrak{A})$.

We can easily study the radical of the enveloping module $\mathfrak{M}(\mathfrak{G})$ of a semigroup $\mathfrak{G}$, provided that $\mathfrak{G}$ has been brought into a suitable form by a similarity transformation.

(10.4A) *Let $\mathfrak{G}$ be a semi-group which splits into irreducible constituents*

$$\mathfrak{G} = \begin{pmatrix} \mathfrak{F}_1 & & \\ & \ddots & \\ * & & \mathfrak{F}_m \end{pmatrix}, \qquad \mathfrak{M}(\mathfrak{G}) = \begin{pmatrix} \mathfrak{M}(\mathfrak{F}_1) & & \\ & \ddots & \\ * & & \mathfrak{M}(\mathfrak{F}_m) \end{pmatrix}. \tag{39}$$

Then the radical $\mathfrak{N}$ of $\mathfrak{M}(\mathfrak{G})$ has at least the l-rank $k-\lambda$ where k is the l-rank of $\mathfrak{G}$ and λ the degree of the first Loewy constituent $\mathfrak{L}_1(\mathfrak{R})$ of the regular representation $\mathfrak{R}$ of $\mathfrak{G}$.

Proof. Let $M_1, \cdots, M_k$ be an l-basis of $\mathfrak{M}(\mathfrak{G})$ with regard to which the regular representation $\mathfrak{R}$ appears in its lower Loewy normal form. If G is an arbitrary element of $\mathfrak{G}$, we have

$$M_\kappa G = \sum r_{\kappa\lambda} M_\lambda$$

where $R=(r_{\kappa\lambda})$ is the matrix of $\mathfrak{R}$, associated with G. If $\mathfrak{B}$ is one of the $\mathfrak{F}_\kappa$, and M_κ corresponds to U_κ in $\mathfrak{M}(\mathfrak{B})$ and G corresponds to B, we have

$$U_\kappa B = \sum r_{\kappa\lambda} U_\lambda.$$

We now apply (7.8A) setting $U_\kappa=(h_{\alpha\beta}^{(\kappa)})$. Then $P_\mu=(h_{\mu\beta}^{(\alpha)})$ will intertwine $\mathfrak{R}$ and $\mathfrak{B}$. Because of (5.2A), only the last λ rows of P_μ contain coefficients not equal to 0. Hence

$$h_{\mu\beta}^{(\alpha)} = 0 \qquad \text{for } \alpha \leqq k-\lambda.$$

This shows $U_\kappa = 0$ for $\kappa \leqq k-\lambda$. Hence $M_1, \cdots, M_{k-\lambda}$ are represented by 0 in each $\mathfrak{M}(\mathfrak{F}_\mu)$ and, therefore, belong to $\mathfrak{N}$.

(10.4B) *If the semigroup* $\mathfrak{G}$ *splits into irreducible constituents and the radical of* $\mathfrak{M}(\mathfrak{G})$ *vanishes, then* $\mathfrak{G}$ *is completely reducible.*

Proof. We have here $k=\lambda$; i.e., $\mathfrak{N}$ is completely reducible, $L(\mathfrak{N})=1$. We denote by $\overline{\mathfrak{G}}$ the set obtained from $\mathfrak{G}$ by replacing everything below the main diagonal in (39) by 0's, and omitting all constituents 0. According to (8.2G), a suitable linear combination of the elements of $\overline{\mathfrak{G}}$ is equal to the unit matrix. A corresponding linear combination of the elements of $\mathfrak{G}$ gives a matrix J of $\mathfrak{M}(\mathfrak{G})$ which in (39) has a unit matrix in the place of every $\mathfrak{M}(\mathfrak{F}_\rho) \neq 0$ and, of course, 0 in the place of every $\mathfrak{M}(\mathfrak{F}_\rho)=0$. The product JG of J with an element G of $\mathfrak{G}$ has the same main diagonal as G. Then $G-JG$ lies in the radical of $\mathfrak{M}(\mathfrak{G})$, and hence $JG=G$. Now (8.2F) can be applied. We obtain $L(\mathfrak{G})=L(\mathfrak{N})=1$, i.e., $\mathfrak{G}$ is completely reducible.

If K is noncommutative, the converse of assertion (10.4B) need not be true.

5. Repeated application of (10.2A) now gives

(10.5A) *If a set* $\mathfrak{Q}$ *of square matrices is a sum of sets* $\mathfrak{Q}_1, \mathfrak{Q}_2, \cdots, \mathfrak{Q}_r$, *if* $\mathfrak{Q}_i\mathfrak{Q}_j=0$ *for* $i<j$, *and if no* $\mathfrak{Q}_i$ *lies in the radical of* $\mathfrak{Q}$, *then, after a similarity transformation,* $\mathfrak{Q}$ *will split into r constituents* $\mathfrak{T}_1, \mathfrak{T}_2, \cdots, \mathfrak{T}_r$. *The matrices of* $\mathfrak{Q}_\rho$ *have* 0 *in the place of every* $\mathfrak{T}_\sigma$, $\sigma \neq \rho$.

Proof. We apply (10.2A) to the case that $\mathfrak{A}$ is the sum of $\mathfrak{Q}_1, \cdots, \mathfrak{Q}_{r-1}$ and $\mathfrak{B}=\mathfrak{Q}_r$. We then have an equation (38). Here, $\mathfrak{B}_1 \neq 0$, since $\mathfrak{Q}_r$ does not lie in the radical of $\mathfrak{Q}$. Let $\mathfrak{Q}_i^*$ be the set which stands in $\mathfrak{Q}_i \subseteq \mathfrak{Q}$ in the place of $\mathfrak{A}_1$ $(i=1, 2, \cdots, r-1)$. Then $\mathfrak{A}_1$ is the sum of $\mathfrak{Q}_1^*, \cdots, \mathfrak{Q}_{r-1}^*$, and $\mathfrak{Q}_i^*$ does not belong to the radical of $\mathfrak{A}_1$, since otherwise $\mathfrak{Q}_i$ would belong to the radical of $\mathfrak{Q}$. If the theorem is true for the sums of $r-1$ sets, it now follows for the sum of r sets.

11. Rings which contain $n \times K$

1. We now consider rings of matrices $\mathfrak{A}$ of degree n with coefficients in the division ring K which are at the same time K-left modules and K-right modules, i.e., which contain γA and $A\gamma$ for all A in $\mathfrak{A}$ and all γ in K. Of course, this property will not always be preserved under similarity transformations of $\mathfrak{A}$.

If $\mathfrak{A}$ is a ring which is a K-left module, we have $\mathfrak{M}(\mathfrak{A})=\mathfrak{A}$ in the notation of §8.1. If $\mathfrak{A}$ has no constituent 0, then $\mathfrak{A}$ contains the unit matrix according to (8.2G), and hence all the matrices γI, γ in K. These matrices form a set $\mathfrak{K}$ isomorphic with K which we may denote by $n \times K$, if we identify the matrix (γ) of first degree with γ. Any ring $\mathfrak{A}$ which contains $\mathfrak{K}=n\times K$ is a K-left module and a K-right module.

We prove several lemmas which connect $\mathfrak{A}$ with sets of matrices whose coefficients lie in the centre Z of K. This centre Z is a field.

(11.1A) *If $\mathfrak{A}$ is a ring of matrices which is a K-left module and a K-right module, then an l-basis $A_1, A_2, \cdots, A_k$ can be chosen such that the coefficients of each A_κ lie in the centre Z of K. The A_κ form a basis of the algebra $\overline{\mathfrak{A}}=\mathfrak{A}\cap[Z]_n$ over the field Z. We have $\mathfrak{A}=\mathfrak{M}(\overline{\mathfrak{A}})$.*

Proof. The set $\mathfrak{A}$ obviously is a $(K, \mathfrak{K})$-double module. Now $\mathfrak{K}=n\times K$ is completely reducible with K as its only irreducible constituent. According to (7.6A), the same is true for the set $\mathfrak{K}^*$ which $\mathfrak{A}$ associates with $\mathfrak{K}$. If we choose a suitable l-basis A_κ in $\mathfrak{A}$, we have $\mathfrak{K}^*=k\times K$ where k is the l-rank of $\mathfrak{A}$. Then $A_\kappa\gamma=\gamma A_\kappa$ for every γ in K. This shows that the coefficients of A_κ lie in Z.

Every element A of $\mathfrak{A}$ has the form $A=\sum\gamma_\kappa A_\kappa$ with coefficients γ_κ in K. These γ_κ are uniquely determined, and we have a system of n^2 linear equations for them. If A belongs to $[Z]_n$, i.e., if the coefficients of A lie in Z, then the coefficients of these linear equations lie in Z. Hence (cf. §3.4) the γ_κ themselves lie in Z. This proves (11.1A).

We now consider the commuting ring $\mathfrak{C}(\mathfrak{A})$. We prove

(11.1B) *If $\mathfrak{A}$ is a ring of matrices which is a K-left module and has no constituent 0, then $\mathfrak{C}(\mathfrak{A})=\mathfrak{C}(\overline{\mathfrak{A}})\cap[Z]_n$ and $\mathfrak{C}(\overline{\mathfrak{A}})=\mathfrak{M}(\mathfrak{C}(\mathfrak{A}))$.*

Proof. Here, $\mathfrak{K}=n\times K\subseteq\mathfrak{A}$ and hence $\mathfrak{C}(\mathfrak{A})\subseteq\mathfrak{C}(n\times K)=[\mathfrak{C}(K)]_n=[Z]_n$. Further $\mathfrak{C}(\mathfrak{A})\subseteq\mathfrak{C}(\overline{\mathfrak{A}})$. On the other hand, every matrix M of the intersection $\mathfrak{C}(\overline{\mathfrak{A}})\cap[Z]_n$ commutes with the A_κ of (11.1A) and with all γ in K. Hence M belongs to $\mathfrak{C}(\mathfrak{A})$, and $\mathfrak{C}(\mathfrak{A})=\mathfrak{C}(\overline{\mathfrak{A}})\cap[Z]_n$. The ring $\mathfrak{C}(\overline{\mathfrak{A}})$ contains $\mathfrak{K}$. If we apply (11.1A) to it, we obtain $\mathfrak{C}(\overline{\mathfrak{A}})=\mathfrak{M}(\mathfrak{C}(\mathfrak{A}))$.

2. (11.2A) *If $\mathfrak{A}$ is a set of matrices of degree n which contains $\mathfrak{K}=n\times K$, we may determine a matrix P with coefficients in the centre Z of K, such that $P^{-1}\mathfrak{A}P=\mathfrak{A}^*$ splits into irreducible constituents. If $\mathfrak{A}$ is completely reducible, we may add here the additional condition that $\mathfrak{A}^*$ splits completely into irreducible constituents.*

Proof. We split $\mathfrak{A}$ into irreducible constituents using a similarity transformation Q with coefficients in K,

$$Q^{-1}\mathfrak{A}Q=\begin{pmatrix}\mathfrak{A}_1 & & \\ & \ddots & \\ * & & \mathfrak{A}_m\end{pmatrix}. \tag{40}$$

If $\mathfrak{A}$ is completely reducible, we may assume that all the terms below the main diagonal vanish. The subset $Q^{-1}\mathfrak{K}Q$ of $Q^{-1}\mathfrak{A}Q$ is completely reducible, and K is its only irreducible constituent. If we use (40) only for $Q^{-1}\mathfrak{K}Q$, the set $\mathfrak{K}_\mu$

which takes the place of $\mathfrak{A}_\mu$ is completely reducible, and K is its only irreducible constituent. After applying a suitable similarity transformation to (40), we may assume that $\mathfrak{K}_\mu = f_\mu \times K$ where f_μ is the degree of $\mathfrak{A}_\mu$. Now the set $Q^{-1}\mathfrak{K}Q$ splits into n constituents K. Since it is completely reducible, we can transform it into $n\times K$ by elementary similarity transformations(36), §4.5. If we apply these elementary similarity transformations to (40), the triangular form will not be changed. We may therefore assume right from the beginning that $Q^{-1}\mathfrak{K}Q = n\times K = \mathfrak{K}$. If $\mathfrak{A}$ is completely reducible, no elementary similarity transformations are needed. We now have $Q^{-1}(\gamma I)Q = \gamma I$ for every γ in K. Then $\gamma Q = Q\gamma$, i.e., Q has coefficients in Z, and we may take $P = Q$.

3. Let $\mathfrak{A}$ be a ring of matrices of degree n which contains $n\times K$. If $\mathfrak{B}$ is a homomorphic set of matrices of degree m, and if the element γI_n of $\mathfrak{A}$ corresponds to γI_m in $\mathfrak{B}$ for every γ in K, then $\mathfrak{B}$ is said to be a *representation* of degree m of $\mathfrak{A}$. If we split $\mathfrak{A}$ into irreducible constituents by means of the transformation P of (11.2A), the irreducible constituents of $\mathfrak{A}$ will then be representations of $\mathfrak{A}$.

If we use the basis A_κ of (11.1A) for the definition of the regular representation $\mathfrak{R}$ of $\mathfrak{A}$, then $\mathfrak{R}$ will actually be a representation of $\mathfrak{A}$.

Any two representations $\mathfrak{B}_1$ and $\mathfrak{B}_2$ of $\mathfrak{A}$ are to be considered as related sets (§4.1) with $\mathfrak{Z} = \mathfrak{A}$. If $\mathfrak{B}_1$ and $\mathfrak{B}_2$ are similar, say $\mathfrak{B}_1 = Q^{-1}\mathfrak{B}_2 Q$, then $\gamma I = Q^{-1}(\gamma I)Q$ for every γ in K. This implies that Q has coefficients in Z.

(11.3A) *If two representations of the ring $\mathfrak{A}\supseteq n\times K$ are similar, then the corresponding similarity transformation has coefficients in the centre of K.*

4. We now derive the results of the structure theory of algebras(37).

(11.4A) *If $\mathfrak{A}\neq 0$ is an irreducible ring of matrices which is a K-left module, then $\mathfrak{A}\sim[\mathfrak{T}]_s$ where $\mathfrak{T}$ is a division ring consisting of matrices and $s>0$ an integer. We have $\mathfrak{C}(\mathfrak{C}(\mathfrak{A})) = \mathfrak{A}$.*

Proof. Since $\mathfrak{A}$ has no constituent 0, we have $\mathfrak{K} = n\times K \subseteq \mathfrak{A}$. Obviously, $\mathfrak{C}(\mathfrak{C}(\mathfrak{A}))\supseteq\mathfrak{A}\supseteq\mathfrak{K}$. On applying (11.1A) to this ring $\mathfrak{C}(\mathfrak{C}(\mathfrak{A}))$ we see that it has a basis consisting of matrices C_ρ with coefficients in Z. These matrices C_ρ have the following two properties: (a) they belong to $[Z]_n$; (b) they commute with every element of $\mathfrak{C}(\bar{\mathfrak{A}})\cap[Z]_n$, which is equal to $\mathfrak{C}(\mathfrak{A})$ because of (11.1B).

From (11.1A) it follows that $\bar{\mathfrak{A}}$ is irreducible with regard to Z. Let us consider for the moment only matrices with coefficients in Z. Then (9.4A) shows that the commuting ring of the commuting ring of $\bar{\mathfrak{A}}$ is $\bar{\mathfrak{A}}$ itself. In other words: every matrix C with the properties (a) and (b) belongs to $\bar{\mathfrak{A}}$. Then the C_ρ belong to $\bar{\mathfrak{A}}\subseteq\mathfrak{A}$ and hence $\mathfrak{C}(\mathfrak{C}(\mathfrak{A}))\subseteq\mathfrak{A}$ which implies $\mathfrak{C}(\mathfrak{C}(\mathfrak{A})) = \mathfrak{A}$.

We can now use the argument of §9.3. We set $\mathfrak{B} = \mathfrak{C}(\mathfrak{A})$; this set is com-

(36) The degrees n_λ in §3.3 are here to be taken as equal to 1.
(37) Cf., for instance, Albert [1, 2], Deuring [7].

pletely reducible and has only one irreducible constituent $\mathfrak{W}$. We may set

$$Q^{-1}\mathfrak{B}Q = s \times \mathfrak{W}$$

where Q is a matrix with coefficients in K (not necessarily in Z), and $\mathfrak{W}$ is irreducible and a division ring. Then

$$Q^{-1}\mathfrak{A}Q = \mathfrak{C}(s \times \mathfrak{W}) = [\mathfrak{C}(\mathfrak{W})]_s,$$

and $\mathfrak{C}(\mathfrak{W}) = \mathfrak{T}$ itself is irreducible, and a division ring. This proves (11.4A).

We now prove easily in the familiar manner that the ring $\mathfrak{A}$ is simple, i.e., possesses no proper subideal. There is no properly nilpotent element not equal to 0 in $\mathfrak{A}$.

Consider an arbitrary ring $\mathfrak{A}$ of matrices which contains $n \times K$. We determine a similarity transformation with the properties stated in (11.2A). Since the elements of $n \times K$ are transformed into themselves, we may assume without restriction that $\mathfrak{A}$ itself splits into irreducible constituents,

$$\mathfrak{A} = \begin{bmatrix} \mathfrak{A}_1 & & \\ & \ddots & \\ * & & \mathfrak{A}_r \end{bmatrix}. \tag{41}$$

Using (11.3A), we easily see that we may assume that similar $\mathfrak{A}_\rho$ are always equal. Let $\mathfrak{F}_1, \mathfrak{F}_2, \cdots, \mathfrak{F}_m$ be the distinct irreducible constituents appearing, and denote the l-rank of $\mathfrak{F}_\mu$ by k_μ. Then $\mathfrak{M}(\mathfrak{A}) = \mathfrak{A}$, $\mathfrak{M}(\mathfrak{F}_\mu) = \mathfrak{F}_\mu$.

If we replace everything below the main diagonal in (41) by 0, we obtain a representation $\mathfrak{A}^*$ of $\mathfrak{A}$. The elements of the radical $\mathfrak{N}$ of $\mathfrak{A}$ and only these are represented by 0; we see that $\mathfrak{A}/\mathfrak{N}$ and $\mathfrak{A}^*$ are isomorphic. From (10.1A) it follows that $\mathfrak{A}^*$ has the l-rank $\sum k_\mu$. Hence

(11.4B) *If $\mathfrak{A}$ is a ring of matrices which contains $n \times K$, its l-rank is given by $k = k_1 + k_2 + \cdots + k_m + \nu$ where $k_1, k_2, \cdots, k_m$ are the l-ranks of the non-similar irreducible constituents $\mathfrak{F}_1, \mathfrak{F}_2, \cdots, \mathfrak{F}_m$ of $\mathfrak{A}$ and ν is the l-rank of the radical $\mathfrak{N}$ of $\mathfrak{A}$. If in each $\mathfrak{F}_\mu$ an arbitrary element F_μ has been chosen, then there are elements A of $\mathfrak{A}$ which are represented by F_μ in $\mathfrak{F}_\mu$ for $\mu = 1, 2, \cdots, m$.*

If $\mathfrak{A}$ is completely reducible, we may assume that (41) splits completely into irreducible constituents. We then find $\mathfrak{N} = 0$. Conversely, if $\mathfrak{N} = 0$, it follows from (10.4B) that $\mathfrak{A}$ is completely reducible. A ring is semisimple, if its radical vanishes. Hence

(11.4C) *A ring $\mathfrak{A} \supseteq n \times K$ is semisimple, if and only if $\mathfrak{A}$ is completely reducible.*

Ordinarily, the radical is defined as the set of all properly nilpotent elements N of $\mathfrak{A}$. But to such an N, there corresponds a properly nilpotent N_ρ of $\mathfrak{F}_\rho$. Since $\mathfrak{F}_\rho$ is irreducible, we have $N_\rho = 0$. Hence N belongs to $\mathfrak{N}$. Conversely, every element of $\mathfrak{N}$ is properly nilpotent. Both definitions of the radical coincide.

The rings $\mathfrak{A}/\mathfrak{N}$ and $\mathfrak{A}^*$ were isomorphic. Hence

(11.4D) *If the ring* $\mathfrak{A}\supseteq n\times K$ *has the radical* $\mathfrak{N}$, *then* $\mathfrak{A}/\mathfrak{N}$ *is semisimple.*

If $\mathfrak{A}$ is semisimple, we can apply (10.1C) and find:

(11.4E) *Let* $\mathfrak{A}\supseteq n\times K$ *be a semisimple ring. If* $\mathfrak{F}_1, \mathfrak{F}_2, \cdots, \mathfrak{F}_m$ *are the non-similar irreducible constituents of* $\mathfrak{A}$, *then* $\mathfrak{A}$ *is the direct sum* $\mathfrak{A}=\mathfrak{U}_1\oplus\mathfrak{U}_2\oplus\cdots\oplus\mathfrak{U}_m$ *of* m *simple rings and* $\mathfrak{U}_\mu$ *is isomorphic with* $\mathfrak{F}_\mu$.

On combining the last part of (11.4A) with §6.2, we obtain

(11.4F) *If* $\mathfrak{A}$ *is a completely reducible ring which contains* $n\times K$, *then* $\mathfrak{C}(\mathfrak{C}(\mathfrak{A}))=\mathfrak{A}$.

Finally, we can show that

(11.4G) *If* $\mathfrak{B}$ *is a simple ring of matrices, and* $\mathfrak{B}\supseteq n\times K$, *then* $\mathfrak{B}\sim t\times\mathfrak{A}$, *where* $t>0$ *is an integer and* $\mathfrak{A}$ *an irreducible ring. Then* $\mathfrak{B}$ *is isomorphic to the ring* $\mathfrak{A}$ *whose structure is described by* (11.4A).

Proof. The radical of $\mathfrak{B}$ must vanish. Therefore, $\mathfrak{B}$ is completely reducible. From (11.4E) it follows that $\mathfrak{B}$ has only one irreducible constituent.

5. We consider an arbitrary ring $\mathfrak{A}$ of matrices which contains $n\times K$ and a representation $\mathfrak{B}$ of $\mathfrak{A}$. Let $A_1, \cdots, A_k$ be an l-basis of $\mathfrak{A}$ and A an arbitrary element of $\mathfrak{A}$. The regular representation $\mathfrak{R}$ is defined by

$$A_\kappa A = \sum_\lambda r_{\kappa\lambda}A_\lambda, \qquad r_{\kappa\lambda} \text{ in } K. \tag{42}$$

If $A_\kappa\rightarrow B_\kappa$, $A\rightarrow B$ are the associated elements in $\mathfrak{B}$, we find

$$B_\kappa B = \sum r_{\kappa\lambda}B_\lambda. \tag{43}$$

We may assume that for a certain t the elements $B_1=\cdots=B_t=0$ and that $B_{t+1}, \cdots, B_k$ are l-independent. On comparing (42) and (43), we see that the regular representation of $\mathfrak{B}$ appears as an end constituent of $\mathfrak{R}$. Using (8.2A) we now find:

(11.5A) *Let* $\mathfrak{A}$ *be a ring of matrices containing* $n\times K$. *Every representation* $\mathfrak{B}$ *of* $\mathfrak{A}$ *of degree* m *appears as an end constituent of* $m\times\mathfrak{R}$ *where* $\mathfrak{R}$ *is the regular representation of* $\mathfrak{A}$. *Further,* $\mathfrak{B}$ *appears as a constituent of* $mn\times\mathfrak{A}$.

As corollaries, we obtain:

(11.5B) *If* $\mathfrak{B}$ *is a representation of* $\mathfrak{A}$, *then* $L(\mathfrak{B})\subseteq L(\mathfrak{A})$.

(11.5C) *Every irreducible representation of* $\mathfrak{A}$ *appears as a constituent of* $\mathfrak{A}$.

The following theorems are sometimes useful.

(11.5D) *If $\mathfrak{B}_1$ and $\mathfrak{B}_2$ are two representations of $\mathfrak{A}$ which have no irreducible constituent in common, then we can find an element Q of $\mathfrak{A}$ which is represented by the unit matrix in $\mathfrak{B}_1$ and by 0 in $\mathfrak{B}_2$.*

Proof. According to (11.4B), we can find an element A of $\mathfrak{A}$ which is represented by the unit matrix in every irreducible constituent of $\mathfrak{B}_1$ and by 0 in every irreducible constituent of $\mathfrak{B}_2$. Then A corresponds to a radical element B_2 of $\mathfrak{B}_2$. If we replace A by a power of A, we may assume $B_2=0$. If A is represented by B_1 in $\mathfrak{B}_1$, then B_1-I lies in the radical of $\mathfrak{B}_1$; we have $(B_1-I)^t=0$ for some integer $t>0$. Hence we may write I as a polynomial $f(B_1)$ without constant term of B_1. Then $Q=f(A)$ will satisfy the required conditions.

(11.5E) *If $\mathfrak{B}_1$ and $\mathfrak{B}_2$ are two representations of $\mathfrak{A}$ which have no irreducible constituent in common, and if B_1 and B_2 are arbitrary elements of $\mathfrak{B}_1$ and $\mathfrak{B}_2$ respectively, then we may find an element A of $\mathfrak{A}$ which is represented by B_1 in $\mathfrak{B}_1$ and by B_2 in $\mathfrak{B}_2$.*

Proof. Let $A^{(1)}$ be an element of $\mathfrak{A}$ which is represented by B_1 in $\mathfrak{B}_1$ and determine Q as in (11.5D). Then $QA^{(1)}$ is represented by B_1 in $\mathfrak{B}_1$ and by 0 in $\mathfrak{B}_2$. Similarly, we may find an element $\overline{Q}A^{(2)}$ of $\mathfrak{A}$ which is represented by 0 in $\mathfrak{B}_1$ and by B_2 in $\mathfrak{B}_2$. Then we may set $A=QA^{(1)}+\overline{Q}A^{(2)}$.

(11.5F) *If $\mathfrak{B}$ is a representation of $\mathfrak{A}$, the radical of $\mathfrak{A}$ is represented by the radical of $\mathfrak{B}$.*

Proof. It is clear that radical elements of $\mathfrak{A}$ are represented by radical elements of $\mathfrak{B}$. Conversely, let B be a radical element of $\mathfrak{B}$. We set $\mathfrak{B}_1=\mathfrak{B}$; for $\mathfrak{B}_2$ we take the representation of $\mathfrak{A}$ which splits completely into those irreducible representations of $\mathfrak{A}$ which do not appear in $\mathfrak{B}$. We then apply (11.5E) to the case $B_1=B$, $B_2=0$. The corresponding A lies in the radical of $\mathfrak{A}$ and is represented by B in $\mathfrak{B}$.

12. The regular representation of rings which contain $n\times K$

1. We consider again a ring $\mathfrak{A}$ of matrices which is a K-left module, in particular a ring $\mathfrak{A}$ which contains $n\times K$. The regular representation $\mathfrak{R}$ of $\mathfrak{A}$ is a set of linear transformations of $\mathfrak{A}$ where $\mathfrak{A}$ is considered as a contragredient vector space. The element A of $\mathfrak{A}$ is associated with the transformation $R(A)$ which maps the variable element X of $\mathfrak{A}$ upon $XA=X^*$. In particular, if $A_1, A_2, \cdots, A_k$ is an l-basis of $\mathfrak{A}$, we have

$$A_\kappa^* = A_\kappa A = \sum r_{\kappa\lambda}A_\lambda$$

where $R(A)=(r_{\kappa\lambda})$.

A subspace $\mathfrak{T}$ of $\mathfrak{A}$ which is invariant under the transformation of $\mathfrak{R}$, then, is a right ideal $\mathfrak{T}$ of $\mathfrak{A}$ which is a K-left module. Since we shall consider the elements γ of K as operators of $\mathfrak{A}$, where the operation is defined as l-multiplication by γ, we shall tacitly assume that the right ideals considered are K-left modules.

Any splitting of $\mathfrak{R}$ into constituents will correspond to an ascending chain of invariant subspaces $\mathfrak{T}_\nu$ (cf. §4.4), i.e., an ascending chain of r-ideals of $\mathfrak{A}$. More explicitly, if

$$(44)\qquad \mathfrak{R} = \begin{pmatrix} \mathfrak{H}_1 & & \\ & \ddots & \\ * & & \mathfrak{H}_m \end{pmatrix}$$

where $\mathfrak{H}_\mu$ is a constituent of degree h_μ, then the linear combinations $\sum \gamma_\nu A_\nu$ of the first $h_1+h_2+\cdots+h_\rho$ basis elements with coefficients γ_ν in K form an r-ideal $\mathfrak{T}_\rho$ of $\mathfrak{A}$. We set $\mathfrak{T}_0=(0)$ and have

$$(45)\qquad \mathfrak{T}_0 = (0) \subset \mathfrak{T}_1 \subset \mathfrak{T}_2 \subset \cdots \subset \mathfrak{T}_{m-1} \subset \mathfrak{T}_m = \mathfrak{A}.$$

Conversely, assume that such a chain of r-ideals is given where $\mathfrak{T}_\mu$ has the l-rank t_μ. We choose the l-basis $A_1, A_2, \cdots, A_k$ of $\mathfrak{A}$ such that the first t_μ basis elements form an l-basis of $\mathfrak{T}_\mu$ for $\mu=1, 2, \cdots, m$. Then the regular representation $\mathfrak{R}$ formed with regard to this basis A_κ breaks up in the form (44), the degrees h_μ being given by $h_\mu=t_\mu-t_{\mu-1}$. We say that the l-basis A_κ has been *adapted to the chain* (45) of r-ideals. If we change the A_κ corresponding to $\mathfrak{H}_\mu$, i.e., the A_κ with $t_{\mu-1}<\kappa\leqq t_\mu$, in such a manner that the new basis is still adapted to the chain (45), then $\mathfrak{R}$ undergoes a similarity transformation of the type (3.3C).

2. We assume that the ring $\mathfrak{A}$ contains $n\times K$. Every r-ideal $\mathfrak{T}$ is a K-left module and a K-right module. Then, (11.1A) can be applied. The set $\overline{\mathfrak{T}}=\mathfrak{T}\cap[Z]_n$ will be a right ideal of $\overline{\mathfrak{A}}=\mathfrak{A}\cap[Z]_n$ considered as an algebra over Z. Every right ideal $\overline{\mathfrak{T}}$ of $\overline{\mathfrak{A}}$ will be obtained in this form, if we take $\mathfrak{T}=\mathfrak{M}(\overline{\mathfrak{T}})$.

(12.2A) *If $\mathfrak{A}$ is a ring containing $n\times K$, then by*

$$\overline{\mathfrak{T}} = \mathfrak{T}\cap [Z]_n, \qquad \mathfrak{T} = \mathfrak{M}(\overline{\mathfrak{T}})$$

there is defined a (1-1) *correspondence between the set of the r-ideals $\mathfrak{T}$ of $\mathfrak{A}$ and the set of the r-ideals $\overline{\mathfrak{T}}$ of $\overline{\mathfrak{A}}=\mathfrak{A}\cap[Z]_n$. Here $\overline{\mathfrak{A}}$ is considered as an algebra over the centre Z of K.*

Further, we easily see from (11.1A) that

(12.2B) *If an ascending chain of r-ideals of $\mathfrak{A}$ is given, we can choose an l-basis A_κ of $\mathfrak{A}$ which is adapted to this basis such that every A_κ has coefficients in the centre Z.*

(12.2C) *Let $\overline{A}_1, \overline{A}_2, \cdots, \overline{A}_k$ be an l-basis of $\overline{\mathfrak{A}}$ such that the regular representation $\overline{\mathfrak{R}}$ of $\overline{\mathfrak{A}}$ formed with regard to this basis splits into constituents which are* *irreducible in Z. If the same basis $\overline{A}_\kappa$ is used for the definition of the regular representation $\mathfrak{R}$ of $\mathfrak{A}$, then $\mathfrak{R}$ splits into constituents which are irreducible in K.*

3. We now discuss conditions under which the $\mathfrak{H}_\nu$ in (44) are completely reducible.

(12.3A) *Let $\mathfrak{A}$ be a ring containing $n \times K$ whose radical is $\mathfrak{N}$. Let $(0) = \mathfrak{T}_0 \subset \mathfrak{T}_1 \subset \cdots \subset \mathfrak{T}_m = \mathfrak{A}$ be a chain of right ideals. In the corresponding splitting (44) of the regular representation $\mathfrak{R}$, the constituent $\mathfrak{H}_\mu$ is completely reducible, if and only if $\mathfrak{T}_\mu \mathfrak{N} \subseteq \mathfrak{T}_{\mu-1}$.*

Proof. If $\mathfrak{T}_\mu \mathfrak{N} \subseteq \mathfrak{T}_{\mu-1}$, then $\mathfrak{N}$ will be represented by 0 in $\mathfrak{H}_\mu$. From (11.5F) and (11.4C) it follows that $\mathfrak{H}_\mu$ has the radical (0) and hence is completely reducible. Conversely, if $\mathfrak{H}_\mu$ is completely reducible, it represents $\mathfrak{N}$ by 0. Then $\mathfrak{T}_\mu \mathfrak{N} \subseteq \mathfrak{T}_{\mu-1}$, as was stated.

The complete reducibility of $\mathfrak{H}_\mu$ is, of course, equivalent to the complete reducibility of $\mathfrak{T}_\mu / \mathfrak{T}_{\mu-1}$ considered as an additive group with the elements of K as l-operators and the elements of $\mathfrak{A}$ as r-operators.

In order to obtain the lower Loewy normal form of $\mathfrak{R}$, we must choose $\mathfrak{T}_{m-1}$ as small as possible such that $\mathfrak{T}_m \mathfrak{N} \subseteq \mathfrak{T}_{m-1}$; then $\mathfrak{T}_{m-2}$ as small as possible such that $\mathfrak{T}_{m-1} \mathfrak{N} \subseteq \mathfrak{T}_{m-2}$. Thus

(12.3B) *Let $\mathfrak{A}$ be a ring containing $n \times K$ whose radical is $\mathfrak{N}$. The lower Loewy normal form of the regular representation $\mathfrak{R}$ of $\mathfrak{A}$ corresponds to the chain of r-ideals $(0) = \mathfrak{N}^L \subset \mathfrak{N}^{L-1} \subset \mathfrak{N}^{L-2} \subset \cdots \subset \mathfrak{N} \subset \mathfrak{N}^0 = \mathfrak{A}$*([38]). *The exponent L here is equal to the number $L(\mathfrak{A}) = L(\mathfrak{R})$ of Loewy constituents of $\mathfrak{A}$ and $\mathfrak{R}$* (cf. (8.2B)).

Similarly, we obtain from (12.3A) the theorem that

(12.3C) *Under the assumptions of (12.3B), the upper Loewy normal form of $\mathfrak{R}$ corresponds to the series of ideals $(0) = \mathfrak{Q}_0 \subset \mathfrak{Q}_1 \subset \cdots \subset \mathfrak{Q}_L = \mathfrak{A}$, where $\mathfrak{Q}_i$ consists of the l-annihilators of $\mathfrak{N}^i$ in $\mathfrak{A}$.*

If we consider $\mathfrak{A}$ as an additive group with the elements of K as l-operators and the elements of $\mathfrak{A}$ as r-operators, we may say that $\mathfrak{N}^L \subset \mathfrak{N}^{L-1} \subset \cdots \subset \mathfrak{A}$ and $\mathfrak{Q}_0 \subset \mathfrak{Q}_1 \subset \cdots \subset \mathfrak{Q}_L$ are the upper and the lower Loewy series of $\mathfrak{A}$.

4. From (12.3B) we see that the degree λ of $\mathfrak{L}_1(\mathfrak{R})$ is equal to $k - \nu$ where k is the l-rank of $\mathfrak{A}$ and ν is the l-rank of $\mathfrak{N}$. In the notation of (11.4B) $\lambda = \sum k_\mu$. But the argument of §10.1 easily shows that every $\mathfrak{F}_\mu$ appears at least k_μ / f_μ times in $\mathfrak{L}_1(\mathfrak{R})$. Therefore, the constituents $\mathfrak{F}_\mu$ occupy at least k_μ ordinary rows of $\mathfrak{L}_1(\mathfrak{R})$. Because $\lambda = \sum k_\mu$, we obtain:

(12.4A) *If $\mathfrak{F}_\mu$ is an irreducible representation of $\mathfrak{A}$ of l-rank k_μ and of degree f_μ, then $\mathfrak{F}_\mu$ appears exactly k_μ / f_μ times in the first Loewy constituent $\mathfrak{L}_1(\mathfrak{R})$ of the regular representation $\mathfrak{R}$ of $\mathfrak{A}$.*

---

[38] Cf. Nesbitt [19].

BIBLIOGRAPHY

1. A. A. Albert, *Modern Higher Algebra*, Chicago, 1937.

2. ———, *Structure of Algebras*, American Mathematical Society Colloquium Publications, vol. 24, 1939.

3. R. Brauer, *Ueber Systeme hyperkomplexer Zahlen*, Mathematische Zeitschrift, vol. 29 (1929), pp. 79–107.

4. R. Brauer and C. Nesbitt, *On the regular representation of algebras*, Proceedings of the National Academy of Sciences, vol. 23 (1937), pp. 236–240.

5. W. Burnside, *Reducibility of any group of linear substitutions*, Proceedings of the London Mathematical Society, (2), vol. 3 (1905), pp. 430–434.

6. A. H. Clifford, *Representations induced in an invariant subgroup*, Annals of Mathematics, (2), vol. 38 (1937), pp. 533–550.

7. M. Deuring, *Algebren*, Ergebnisse der Mathematik, vol. 4, 1935.

8. H. Fitting, *Die Theorie der Automorphismenringe Abelscher Gruppen und ihr Analogon bei nichtkommutativen Gruppen*, Mathematische Annalen, vol. 107 (1932), pp. 514–542.

9. G. Frobenius, *Theorie der hyperkomplexen Grössen*, Sitzungsberichte der Preussischen Akademie der Wissenschaften, 1903, pp. 504–537.

10. G. Frobenius and I. Schur, *Ueber die Aequivalenz von Gruppen linearer Substitutionen*, Sitzungsberichte der Preussischen Akademie der Wissenschaften, 1906, pp. 209–217.

11. W. Krull, *Ueber verallgemeinerte endliche Abelsche Gruppen*, Mathematische Zeitschrift, vol. 23 (1925), pp. 161–186.

12. ———, *Theorie und Anwendung der verallgemeinerten Abelschen Gruppen*, Sitzungsberichte der Heidelberg Akademie der Wissenschaften, 1926.

13. A. Loewy, *Ueber die Reduzibilität der Gruppen linearer homogener Substitutionen*, these Transactions, vol. 4 (1903), pp. 44–64.

14. ———, *Ueber die vollständig reduciblen Gruppen, die zu einer Gruppe linearer homogener Substitutionen gehören*, these Transactions, vol. 6 (1905), p. 504.

15. ———, *Ueber Matrizen und Differentialkomplexe*, I, II, III, Mathematische Annalen, vol. 78 (1917), pp. 1–51, 343–368.

16. C. C. MacDuffee, *On the independence of the first and second matrices of an algebra*, Bulletin of the American Mathematical Society, vol. 35 (1929), pp. 344–349.

17. F. D. Murnaghan, *The Theory of Group Representations*, Baltimore, 1938.

18. T. Nakayama, *Some studies on regular representations, induced representations and modular representations*, Annals of Mathematics, (2), vol. 39 (1938), pp. 361–369.

19. C. Nesbitt, *On the regular representations of algebras*, Annals of Mathematics, (2), vol. 39 (1938), pp. 634–658.

20. E. Noether, *Hyperkomplexe Grössen und Darstellungstheorie*, Mathematische Zeitschrift, vol. 30 (1939), pp. 641–692.

21. ———, *Nichtkommutative Algebra*, Mathematische Zeitschrift, vol. 37 (1933), pp. 514–541.

22. O. Ore, *Structures and group theory* II, Duke Mathematical Journal, vol. 4 (1938), pp. 247–269.

23. L. Pontrjagin, *Ueber den algebraischen Inhalt der topologischen Dualitätssätze*, Mathematische Annalen, vol. 105 (1931), pp. 165–205.

24. R. Remak, *Ueber minimale invariante Untergruppen in der Theorie der endlichen Gruppen*, Journal für die reine und angewandte Mathematik, vol. 162 (1930), pp. 1–16.

25. O. Schreier, *Ueber den Jordan-Hölderschen Satz*, Abhandlungen aus dem mathematischen Seminar der Hamburgischen Universität, vol. 6, pp. 300–302.

26. I. Schur, *Neue Begründung der Theorie der Gruppencharaktere*, Sitzungsberichte der Preussischen Akademie der Wissenschaften, 1905, pp. 406–432.

27. ———, *Beiträge zur Theorie der Gruppen linearer Substitutionen*, these Transactions, vol. 15 (1909), pp. 159–175.

28. B. L. van der Waerden, *Moderne Algebra*, 2 vols., Berlin, 1931.

29. ———, *Gruppen von linearen Transformationen*, Ergebnisse der Mathematik, vol. 4, 1935.

30. J. L. Wedderburn, *Lectures on Matrices*, American Mathematical Society Colloquium Publications, vol. 17, 1934.

31. H. Weyl, *The Classical Groups*, Princeton, 1939.

32. Zassenhaus, *Lehrbuch der Gruppentheorie*, Leipzig, 1937.

The University of Toronto,
Toronto, Canada.

ON THE NILPOTENCY OF THE RADICAL OF A RING

RICHARD BRAUER[1]

1. **Introduction.** A few years ago, it was shown by C. Hopkins[2] that the structure theory of noncommutative rings[3] can be based on the assumption of only the minimum condition for left-ideals. Before Hopkins, a maximum condition for ideals had also been used in order to prove that the radical of the ring is nilpotent. Actually this last fact is a special case of the maximum condition, for example, the existence of a maximal nilpotent (two-sided) ideal, and this makes Hopkins' result appear rather surprising.

In this note, I give a short and simple proof for Hopkins' theorem. I also show that it is sufficient to assume only the minimum condition for sets of two-sided nil-ideals (that is, ideals consisting only of nilpotent elements) in order to prove the nilpotency of the radical. The later sections are concerned with the existence of idempotents and primitive left-ideals contained in a given regular left-ideal. Here the assumptions concerning the ring R are those on which Köthe[4] and Deuring[5] based their treatment of noncommutative rings. As was shown by Köthe, these assumptions are equivalent to the validity of the structure theory, so that it is natural to work with them. Once the results of the later sections have been established, there is no difficulty in developing the theory with the usual methods.[6]

2. **Preliminaries.** A ring R is a set of elements for which an addition and a multiplication are defined such that the elements form an abelian group under addition and that the associative law of multiplication and both distributive laws hold. We may also have a set K of operators. Then the product $t\alpha = \alpha t$ of any α in R with any t in K must be defined as an element of R, and the following rules are to hold (α, β in R, t in K)

Received by the editors December 26, 1941.

[1] Guggenheim Fellow.

[2] Charles Hopkins, Duke Mathematical Journal, vol. 4 (1938), p. 664; cf. also J. Levitzki, Compositio Mathematica, vol. 7 (1939), p. 214.

[3] E. Artin, Hamburger Abhandlungen, vol. 5 (1928), p. 251; B. L. van der Waerden, *Moderne Algebra*, vol. 2; M. Deuring, *Algebren*, Ergebnisse der Mathematik, vol. 4, 1935; A. A. Albert, *Structure of Algebras*, American Mathematical Society Colloquium Publications, vol. 24, 1939.

[4] G. Köthe, Mathematische Zeitschrift, vol. 32 (1930), p. 161.

[5] Loc. cit.

[6] The treatment thus obtained seems to me simpler than Deuring's treatment.

(1) $$(\alpha + \beta)t = \alpha t + \beta t, \qquad (\alpha\beta)t = \alpha(\beta t) = (\alpha t)\beta.$$

We then say that R is a K-ring. However, for some purposes, these postulates are not suitable, for example, it is easy to see that it is not always possible to imbed a K-ring R in a K-ring R^* which has a 1-element. We may modify the definition of a K-ring R in the following manner: If t lies in K and α lies in R, then αt and $t\alpha$ both are defined as elements of R. For α, β in R, and for t in K, we have

(2) $$\begin{gathered}(\alpha + \beta)t = \alpha t + \beta t, \qquad t(\alpha + \beta) = t\alpha + t\beta, \\ (\alpha\beta)t = \alpha(\beta t), \qquad (\alpha t)\beta = \alpha(t\beta), \qquad t(\alpha\beta) = t(\alpha\beta).\end{gathered}$$

We admit the possibility that $\alpha t \neq t\alpha$. A K-ring R in this sense can always be imbedded in a K-ring R^* which has a 1-element. It does not mean an essential restriction to assume that K itself is a ring which has a 1-element e such that: (a) $\alpha e = e\alpha = \alpha$ for all α in R. (b) If $\alpha t = 0$ for a fixed t in K and all α in R, then $t = 0$. The same holds, if all $t\alpha = 0$. (c) For the elements of R and for the elements of K, all possible associative and distributive laws hold. (This includes the equations (2).) A left-ideal (abbreviated l-ideal) of the K-ring R is a subset $\mathfrak{a}$ of R which satisfies the following conditions: (1) If α and β lie in $\mathfrak{a}$, then $\alpha \pm \beta$ lies in $\mathfrak{a}$. (2) If α lies in $\mathfrak{a}$, then $\rho\alpha$ and $t\alpha$ lie in $\mathfrak{a}$ for any ρ in R and any t in K. In the case of a right-ideal (r-ideal), (2) has to be replaced by: (2′) If α lies in $\mathfrak{a}$, then $\alpha\rho$ and αt lie in $\mathfrak{a}$ for any ρ in R and any t in K. A set $\mathfrak{a}$ is an ideal, if $\mathfrak{a}$ is both l-ideal and r-ideal.

For the following, it does not make any difference which definition of a K-ring is used.

3. **The radical.** An element ν of the ring R is a *radical-element*, if it belongs to at least one nilpotent ideal. Since every nilpotent l-ideal and every nilpotent r-ideal is contained in a nilpotent ideal,[7] the elements of nilpotent l-ideals and r-ideals are radical-elements. The sum of two nilpotent ideals is a nilpotent ideal;[8] the same holds for any finite number of nilpotent ideals. It follows readily that the set of all radical-elements forms an ideal N, the *radical* of R. It is easy to give examples of rings R whose radical N is not nilpotent. Hence we have to make a further assumption.

ASSUMPTION (A). *If Σ is a nonvacuous set of ideals $\mathfrak{a}$ which consist of nilpotent elements of R, then there exists at least one minimal ideal of Σ.*

[7] Cf. A. A. Albert, loc. cit., p. 22.

[8] Cf. A. A. Albert, loc. cit., p. 23.

We now prove this theorem.

THEOREM 1. *If the ring R satisfies this assumption* (A), *then its radical N is nilpotent.*

PROOF. (a) Let us first suppose that the ring R even satisfies the assumption (A) when the word "ideal" in it is replaced by the word "left-ideal."[9,10]

We have

$$N \supseteq N^2 \supseteq N^3 \supseteq \cdots . \tag{3}$$

Since all these ideals consist of nilpotent elements of R, there exists a minimal ideal $N^k = T$ of the set (3). If $T=0$, we are finished. Assume $T \neq 0$. Then

$$T^2 = T. \tag{4}$$

Consider the set Σ of all l-ideals $\mathfrak{a}$ contained in T for which $T\mathfrak{a} \neq 0$. This set is not empty, since it contains $\mathfrak{a} = T$. Let $\mathfrak{a}$ be a minimal l-ideal of Σ. Since $T\mathfrak{a} \neq 0$, there exists an element α in $\mathfrak{a}$ such that $T\alpha \neq 0$. Then $T\alpha \subseteq \mathfrak{a} \subseteq T$ and $T(T\alpha) = T^2\alpha = T\alpha \neq 0$. Hence $T\alpha$ itself belongs to Σ. Since $\mathfrak{a}$ was minimal, we have

$$\mathfrak{a} = T\alpha. \tag{5}$$

In particular, the element α of $\mathfrak{a}$ belongs to $T\alpha$. We can find an element τ of T such that $\alpha = \tau\alpha$. This implies $\alpha = \tau\alpha = \tau^2\alpha = \tau^3\alpha = \cdots$. However, τ as an element of $T = N^k$ is nilpotent. Hence $\tau^l\alpha = 0$ for a suitable l, and we obtain $\alpha = 0$ which contradicts $T\alpha \neq 0$. This proves Theorem 1 under our present assumption.

(b) If we assume that R satisfies the assumption (A) in its original form, we have to replace the set Σ by the set Σ' of all ideals $\mathfrak{a}$ contained in T for which $T\mathfrak{a}T \neq 0$. Again, the ideal T belongs to the set. If $\mathfrak{a}$ is a minimal ideal of Σ', we can find an element α of $\mathfrak{a}$ such that $T\alpha T \neq 0$. Then $T\alpha T$ belongs to Σ', and the minimal property of $\mathfrak{a}$ gives

$$\mathfrak{a} = T\alpha T. \tag{6}$$

Consequently, the element α of $\mathfrak{a}$ belongs to $T\alpha T$. This means that there exist elements $\tau_1, \tau_2, \cdots, \tau_n, \tau_1', \tau_2', \cdots, \tau_n'$ in T such that

[9] For the proof of the theorem, it is not necessary to deal with this case separately. However, the proof becomes somewhat simpler when we make the stronger assumption. The minimum condition for l-ideals of R, implies this stronger assumption.

[10] Added July 5, 1942: The proof in (a) was found independently by Reinhold Baer.

$$\alpha = \sum_{i=1}^{n} \tau_i \alpha \tau_i' .$$

On replacing α on the right side by $\sum \tau_j \alpha \tau_j'$ and continuing in this manner, we obtain

$$(7) \quad \alpha = \sum_i \tau_i \alpha \tau_i' = \sum_{i,j} \tau_i \tau_j \alpha \tau_j' \tau_i' = \sum_{i,j,k} \tau_i \tau_j \tau_k \alpha \tau_k' \tau_j' \tau_i' = \cdots .$$

The radical element τ_i belongs to a nilpotent ideal $\mathfrak{n}_i$. Hence the sum $\mathfrak{q}$ of the n ideals $\mathfrak{n}_i$ is a nilpotent ideal containing all τ_i. If $\mathfrak{q}^r = 0$, then the rth of the sums in (7) vanishes since all products of r factors τ_i $(1 \leqq i \leqq n)$ will vanish. Hence $\alpha = 0$, which contradicts the condition $T\alpha T \neq 0$. This proves the theorem.

4. **Existence of idempotents.** For the last two sections, we make the following assumptions concerning the ring R:

(I) *The radical N of R is nilpotent.*

(II) *If Σ is a nonvacuous set of l-ideals $\mathfrak{a} \supseteq N$, there exists at least one minimal l-ideal of Σ.*

The condition (A), §3, implies the condition (I) as is shown by Theorem 1. If R satisfies the minimum condition for l-ideals, then certainly (A) and (I) hold, that is, (I) and (II) hold.

We say that an l-ideal is *regular*, if it is not nilpotent. An l-ideal $\mathfrak{a}$ is *primitive*, if $\mathfrak{a}$ is regular while every l-ideal $\mathfrak{b}$ with $\mathfrak{b} \subset \mathfrak{a}$ is nilpotent.

Lemma 1. *Every regular l-ideal $\mathfrak{m}$ contains an element η with $\eta^2 \equiv \eta$, $\eta \not\equiv 0$ (mod N).*

Proof.[11] (a) Assume first that $\mathfrak{m} \supset N$. Using the assumption (II), we obtain an l-ideal $\mathfrak{a}$ with $\mathfrak{m} \supseteq \mathfrak{a} \supset N$ such that no l-ideal lies between $\mathfrak{a}$ and N. If $\mathfrak{a}\alpha \subseteq N$ for all α in $\mathfrak{a}$, we have $\mathfrak{a}^2 \subseteq N$ which would imply that $\mathfrak{a}^2$ is nilpotent. But then $\mathfrak{a}$ is nilpotent, that is, $\mathfrak{a} \subseteq N$. Hence for a suitable α in $\mathfrak{a}$, the l-ideal $\mathfrak{a}\alpha$ does not belong to N. Then $N \subset N + \mathfrak{a}\alpha \subseteq \mathfrak{a}$.[12] It follows that

$$\mathfrak{a} = N + \mathfrak{a}\alpha.$$

This implies that α can be written in the form $\alpha = \nu + \eta\alpha$ with ν in N and η in $\mathfrak{a}$. Then $\eta\alpha \equiv \alpha$ (mod N), and hence $\eta^2\alpha \equiv \eta\alpha$, $(\eta^2 - \eta)\alpha \equiv 0$

[11] If the minimum condition for l-ideals is satisfied in R, this proof can be simplified as follows: The l-ideal $\mathfrak{m}$ contains a primitive l-ideal $\mathfrak{a}$. As in the proof, we may choose an α in $\mathfrak{a}$ such that $\mathfrak{a}\alpha$ does not lie in N. Then $\mathfrak{a}\alpha = \mathfrak{a}$. This gives the existence of an η in $\mathfrak{a}$ for which $\eta\alpha = \alpha$. As in the proof, we can conclude $\eta^2 \equiv \eta \not\equiv 0$ (mod N).

[12] We use the + sign, even if the sum of the l-ideals is not direct.

(mod N). The elements x of $\mathfrak{a}$ for which $x\alpha \equiv 0 \pmod{N}$ form an l-ideal $\mathfrak{b}$ with $N \subseteq \mathfrak{b} \subseteq \mathfrak{a}$. However, η does not lie in $\mathfrak{b}$, since $\eta\alpha \equiv 0 \pmod{N}$ would imply $\alpha \equiv 0 \pmod{N}$ and $\mathfrak{a}\alpha \subseteq N$. Hence $\mathfrak{b} \neq \mathfrak{a}$, that is, $\mathfrak{b} = N$. The element $\eta^2 - \eta$ lies in $\mathfrak{b}$, which gives $\eta^2 \equiv \eta \pmod{N}$. If we had $\eta \equiv 0 \pmod{N}$, then again $\alpha \equiv \eta\alpha \equiv 0 \pmod{N}$, which was impossible. Hence $\eta \not\equiv 0$, $\eta^2 \equiv \eta \pmod{N}$ and η lies in $\mathfrak{a}$.

(b) If $\mathfrak{m}$ does not contain N, set $\mathfrak{m}^* = \mathfrak{m} + N$. Then, as shown in (a), the l-ideal $\mathfrak{m}^*$ contains an element η^* with $\eta^{*2} \equiv \eta^* \not\equiv 0 \pmod{N}$. However, every η^* of $\mathfrak{m} + N$ is congruent to an element η of $\mathfrak{m}$, and this η will satisfy the conditions of Lemma 1.

LEMMA 2. *If r is a given positive integer, we may find a polynomial $f(x)$ with rational integral coefficients such that*

$$f(x) \equiv 0 \pmod{x^{r+1}}, \qquad f(x) \equiv 1 \pmod{(1 - x)^r}. \tag{8}$$

PROOF. Expand the square bracket on the right side of $1 = 1^{2r} = [x + (1 - x)]^{2r}$ according to the binomial theorem. If $f(x)$ is the sum of the terms containing x at least to the power x^{r+1}, then $f(x)$ satisfies the congruences (8).

THEOREM 2. *Every regular l-ideal $\mathfrak{m}$ contains an idempotent ϵ.*

PROOF. Construct η according to Lemma 1. Then $(\eta - \eta^2)^r = 0$ for some r. The element $\epsilon = f(\eta)$ is well defined, as $f(x)$ has no constant term. It follows from (8) that we have an equation $f(x)^2 - f(x) = (x - x^2)^r g(x)$ where $g(x)$ is a polynomial with rational integral coefficients such that $g(x)$ has no constant term. If we replace x by η, we obtain $\epsilon^2 - \epsilon = 0$. If we had $\epsilon = f(\eta) = 0$, we could multiply the second congruence (8) by x^{r+1} and replace x by η. This would give $0 = \eta^{r+1}$ which contradicts the congruences $\eta \equiv \eta^2 \equiv \eta^3 \equiv \cdots$, $\eta \not\equiv 0 \pmod{N}$. Hence ϵ is an idempotent belonging to $\mathfrak{a}$.

COROLLARY. *An element ν of R is a radical element, if it is properly nilpotent, that is, if $\alpha\nu$ is nilpotent for every α in R.*

PROOF. If ν belongs to the nilpotent ideal $\mathfrak{n}$, then $R\nu \subseteq \mathfrak{n} \subseteq N$, and all $\alpha\nu$ are nilpotent. If ν is properly nilpotent, then $\mathfrak{a} = R\nu$ cannot contain an idempotent. Hence $R\nu \subseteq N$. The set of all ν for which $R\nu \subseteq N$, forms an ideal $\mathfrak{n}$ which again cannot contain an idempotent. Hence $\mathfrak{n} \subseteq N$; in particular, ν belongs to N.

5. **Primitive l-ideals contained in regular l-ideals.**[13] We prove the following theorems.

[13] If the minimum condition for l-ideals is assumed, Theorem 4 becomes trivial.

THEOREM 3. *Let $\mathfrak{a}$ be an l-ideal with $\mathfrak{a} \supseteq N$, such that no l-ideal lies between $\mathfrak{a}$ and N. If ϵ is an idempotent belonging to $\mathfrak{a}$, then $R\epsilon$ is a primitive l-ideal contained in $\mathfrak{a}$.*

PROOF. Suppose $\mathfrak{b}$ is a regular l-ideal with $\mathfrak{b} \subset R\epsilon$. Then $\mathfrak{b}$ contains an idempotent ϵ' and we have

$$R\epsilon' \subset R\epsilon. \tag{9}$$

Since ϵ' belongs to $R\epsilon$, we have $\epsilon'\epsilon = \epsilon'$. Set $\xi = \epsilon - \epsilon\epsilon'$. Then $\xi\epsilon = \epsilon^2 - \epsilon\epsilon'\epsilon = \epsilon - \epsilon\epsilon' = \xi$, $\xi\epsilon' = 0$. Hence $\xi^2 = \xi\epsilon - \xi\epsilon\epsilon' = \xi$.

If $\xi \neq 0$, it is an idempotent contained in $R\epsilon$. Then $N \subseteq R\xi + N \subseteq \mathfrak{a}$. Since no l-ideal lies between $\mathfrak{a}$ and N and $R\xi$ contains $\xi^2 = \xi \not\equiv 0 \pmod{N}$, we have $R\xi + N = \mathfrak{a}$. This implies $\mathfrak{a}\epsilon' = R\xi\epsilon' + N\epsilon' = N\epsilon' \subseteq N$. However, $\mathfrak{a}\epsilon'$ contains $\epsilon'^2 = \epsilon'$ which does not lie in N; we have a contradiction.

Hence $\xi = 0$, that is, $\epsilon\epsilon' = \epsilon$. Then $R\epsilon'$ contains $\epsilon\epsilon' = \epsilon$, and $R\epsilon' \supseteq R\epsilon$. This contradicts (9), and the theorem is proved.

THEOREM 4. *Every regular l-ideal $\mathfrak{m}$ contains a primitive l-ideal.*

PROOF. Let $\mathfrak{a}$ be an l-ideal such that $N \subset \mathfrak{a} \subseteq \mathfrak{m} + N$ and that no l-ideal lies between N and $\mathfrak{a}$. Then $\mathfrak{a}$ contains an idempotent ϵ_0, and $\epsilon_0 = \eta + \nu$ with η in $\mathfrak{m}$ and ν in N. Hence $\eta^2 \equiv \epsilon_0^2 = \epsilon_0 \equiv \eta \pmod{N}$, $\eta \equiv \epsilon_0 \not\equiv 0 \pmod{N}$. Using Lemma 2 as in the proof of Theorem 2, we obtain an idempotent $\epsilon = f(\eta)$ which belongs to $\mathfrak{m}$. Then $R\epsilon \subseteq \mathfrak{m}$. Since $\eta = \epsilon_0 - \nu$ lies in $\mathfrak{a} + N = \mathfrak{a}$, the element $\epsilon = f(\eta)$ lies in $\mathfrak{a}$. Theorem 3 shows that $R\epsilon$ is primitive.

We can now prove this theorem.

THEOREM 5. *Every l-ideal $\mathfrak{m}$ is a direct sum of primitive l-ideals $R\epsilon_i$ and a nilpotent l-ideal $\mathfrak{n}$:*

$$\mathfrak{m} = R\epsilon_1 + R\epsilon_2 + \cdots + R\epsilon_n + \mathfrak{n}.\text{[14]} \tag{10}$$

Here the ϵ_i can be taken as idempotents such that

$$\epsilon_i\epsilon_j = 0 \quad \textit{for} \quad i \neq j, \qquad \epsilon_i^2 = \epsilon_i, \qquad \mathfrak{n}\epsilon_i = 0. \tag{11}$$

PROOF. Because of the assumption (II), §4, we may assume that the theorem is correct for all regular r-ideals $\mathfrak{m}'$ with $\mathfrak{m}' + N \subset \mathfrak{m} + N$. Let $R\epsilon_n$ be a primitive l-ideal contained in $\mathfrak{m}$, ϵ_n an idempotent, and apply the Peirce decomposition. Then $\mathfrak{m}$ is a direct sum

$$\mathfrak{m} = \mathfrak{m}' + R\epsilon_n \tag{12}$$

[14] If $\mathfrak{m}$ is nilpotent, the terms $R\epsilon_i$ are missing.

where $\mathfrak{m}'$ consists of those elements μ of $\mathfrak{m}$ for which $\mu\epsilon_n=0$. This implies $\mathfrak{m}'+N\subset\mathfrak{m}+N$, as $(\mathfrak{m}'+N)\epsilon_n=N\epsilon_n\subseteq N$ while $(\mathfrak{m}+N)\epsilon_n$ contains ϵ_n. Then Theorem 5 holds for $\mathfrak{m}'$. If $\mathfrak{m}'=R\epsilon_1+\cdots+R\epsilon_{n-1}+\mathfrak{n}$ is the corresponding representation, then (12) gives the representation (10) of $\mathfrak{m}$. However, we obtain the formula (11), $\epsilon_i\epsilon_j=0$, only for $i\neq n$. We must replace ϵ_i $(i=1, 2, \cdots, n-1)$ by $\epsilon_i-\epsilon_n\epsilon_i$ in order to have $\epsilon_n\epsilon_i=0$. As is easily seen, these new elements satisfy all the conditions.

THEOREM 6. *If Theorem* 5 *is applied to* $R=\mathfrak{m}$, *then* $\zeta=\epsilon_1+\epsilon_2+\cdots+\epsilon_n$ *is a* 1-*element* (mod N), *that is,* $\alpha\zeta\equiv\zeta\alpha\equiv\alpha$ (mod N) *for all* α *in* R. *If* R *has a* 1-*element* 1, *then* $\zeta=1$, *and in the representation* (10) *of* $\mathfrak{m}=R$ *no term* $\mathfrak{n}$ *appears.*

PROOF. If we represent an element μ of R in accordance with (10) for $\mathfrak{m}=R$ we obtain easily from (11) that $\mu\zeta\equiv\mu$ (mod N). For any α in R, we then have $\mu(\zeta\alpha-\alpha)\equiv 0$ (mod N) for every μ in R. Consequently, $\zeta\alpha-\alpha$ is properly nilpotent, that is, $\zeta\alpha\equiv\alpha$ (mod N). If R contains a 1-element 1, then $\mu(1-\zeta)\equiv\mu-\mu\equiv 0$ (mod N) which proves that $1-\zeta$ is properly nilpotent. Since $(1-\zeta)^2=1-\zeta-\zeta+\zeta^2=1-\zeta$, the element $1-\zeta$ is either 0 or an idempotent. The latter case is excluded, hence $\zeta=1$. Finally, $\mu=\mu 1=\mu\zeta=\sum\mu\epsilon_i$ which shows that no term $\mathfrak{n}$ appears in this case.

Theorems 5 and 6 form the basis for the structure theory of rings, and for the theory of representations of rings.

UNIVERSITY OF TORONTO AND
INSTITUTE FOR ADVANCED STUDY

On hypercomplex arithmetic and a theorem of Speiser

By RICHARD BRAUER, Toronto

Introduction

Andreas Speiser, in chapter XV of his book on group theory[1]), solved the problem of finding all representations of a group G of finite order g in a field of characteristic p, provided that the prime number p does not divide g. It was shown by Speiser that all the theorems of the theory of group representations with complex coefficients remain valid in this modular case. All the distinct absolutely irreducible *modular* representations can be obtained from the distinct alsolutely irreducible complex representations, if the latter are written with integral coefficients belonging to a suitable algebraic number field, and then every coefficient is replaced by its residue class modulo a prime ideal divisor $\mathfrak{p}$ of p in K. Speiser mentions that this theorem represents a far reaching generalization of an older theorem of Minkowski. He comes back to the theorem in the "Schluß" of his book in which the connections of the theory of group representations with the theory of algebras and their arithmetics is indicated. For the study of the arithmetics of algebras, Speiser's later investigations[2]) have been of prime importance.

If the characteristic p of the field of coefficients divides the order g of G, Speiser's theorem, quoted above, no longer holds. However, a theorem can be established[3]) which holds for any p and which in the case $g \not\equiv 0 \pmod{p}$ yields Speiser's theorem as a special case. Our aim here is to generalize Speiser's theorem still further in another direction. We shall establish a theorem which is concerned with the arithmetic of a rather general class of algebras A, and which contains Speiser's theorem. It seems of interest that we need not assume that A is semisimple. The weaker assumption that A is a Frobenius algebra will be sufficient.

§ 1 contains a report on some of the properties of Frobenius algebras and symmetric algebras. In § 2, the fundamental relations for the coeffici-

---

[1]) *A. Speiser*, Theorie der Gruppen von endlicher Ordnung. Berlin 1st edition 1923, 3rd edition 1937.

[2]) Cf. the last chapter of *L. E. Dickson*, Algebren und ihre Zahlentheorie, Zürich 1927.

[3]) *R. Brauer* and *C. Nesbitt*, Annals of Mathematics, p. 556 (1941), theorem 1.

ents of group representations are generalized to the case of a Frobenius algebra. In § 3, the representations of A are studied from an arithmetic point of view and the generalizations of Speiser's theorem are obtained. In § 4, the significance of some of the preceding results for the arithmetic in a Frobenius algebra is explained.

The preceding remarks will show how intimately our work is connected with ideas of Speiser. It seems fitting to dedicate this paper to Andreas Speiser on the occasion of his sixtieth birthday.

§ 1. Frobenius algebras and symmetric algebras[1])

We consider (associative) algebras A over a given field K always assuming that A contains a 1-element. If $\alpha_1, \ldots, \alpha_n$ form a basis (α) of A, an arbitrary element ξ of A has the form $\Sigma\, x_i \alpha_i$ where the x_i are arbitrary elements of K. Denote the vector (row) $(x_1, \ldots, x_n)$ by $[\xi]$. If η is a second element of A, the n components of $[\xi\eta]$ are linear homogeneous functions of $x_1, \ldots, x_n$. We may, therefore, set

$$[\xi\eta] = [\xi] \cdot R(\eta) \tag{1}$$

where $R(\eta)$ is a matrix of degree n with coefficients in K. The mapping $\eta \to R(\eta)$ defines a representation of A, the first regular representation R. Similarly, the second regular representation $S(\eta)$ is defined by

$$[\eta\xi]' = S(\eta) \cdot [\xi]'\ ^{2)}\ . \tag{2}$$

For every vector $z = (z_1, \ldots, z_n)$, the coefficients of $z \cdot S(\xi)$ are linear homogeneous functions of the x_i. We may therefore set

$$z \cdot S(\xi) = [\xi] \cdot T_z \tag{3}$$

where T_z is a matrix of degree n with coefficients in K, the parastrophic matrix. The coefficients of T_z are linear homogeneous functions of $z_1, \ldots, z_n$. Using (1), (2), (3) we prove easily

$$z \cdot R'(\xi) = [\xi] \cdot T'_z\ . \tag{4}$$

[1]) For a more detailed investigation of Frobenius algebras and symmetric algebras see *G. Frobenius*, Sitzungsberichte der Preuß. Akad. 1903, p. 401; *R. Brauer* and *C. Nesbitt*, Proceedings Nat. Acad. of Sciences **23**, p. 236 (1937); *C. Nesbitt*, Annals of Math. **39**, p. 634, 1938. *T. Nakayama*, Annals of Math. **39**, p. 361 (1938); **40**, p. 611 (1939); **42**, p. 1 (1941); *T. Nakayama* and *C. Nesbitt*, Annals of Math. **39**, p. 659 (1938).

[2]) The transpose of any rectangular matrix M is always denoted by M'. In particular, $[\xi]'$ is a column.

2

The matrix $S'(\xi)$ (ξ in A) is the most general matrix which commutes with the matrices $R(\eta)$ for all η, and $R(\xi)$ is the most general matrix which commutes with all $S'(\eta)$. The matrix T_z is the most general matrix which satisfies.

$$R(\xi)T_z = T_z S(\xi) \tag{5}$$

(for all ξ in A).

The algebra A is called a *Frobenius algebra*, if the two regular representations R and S are similar. In this case there exists a vector z for which $T = T_z$ is non-singular. Then

$$T^{-1} R(\xi) T = S(\xi) . \tag{6}$$

As $R'(\xi)$ commutes with every $S(\eta)$, it follows that $TR'(\xi)T^{-1}$ commutes with every $TS(\eta)T^{-1} = R(\eta)$. Hence $TR'(\xi)T^{-1}$ is of the form $S'(\xi^*)$, ξ^* in A. Then

$$T'^{-1} R(\xi) T' = S(\xi^*) . \tag{7}$$

As is easily seen, the mapping $\xi \to \xi^*$ forms an automorphism Ω of A. This automorphism is completely determined by A, apart from an inner automorphism[1]).

If $\alpha_1, \ldots, \alpha_n$ is a basis of A, and if we set

$$\alpha_i = \sum_j t_{ij} \beta_j \tag{8}$$

where $T = T_z = (t_{ij})$, then $\beta_1, \ldots, \beta_n$ again form a basis of A. We say that (α) and (β) are *corresponding bases* of A. For an arbitrary ξ in A, we have formulas

$$\alpha_i \xi = \sum_j r_{ij}(\xi) \alpha_j , \qquad \xi \alpha_j = \sum_i \alpha_i s_{ij}(\xi) ; \tag{9}$$

$$\beta_i \xi = \sum_j s_{ij}(\xi) \beta_j , \qquad \xi^* \beta_j = \sum_i \beta_i r_{ij}(\xi) , \tag{10}$$

where we have set $R(\xi) = \big(r_{ij}(\xi)\big)$, $S(\xi) = \big(s_{ij}(\xi)\big)$, and where ξ^* is defined by (7).

Conversely, if for two bases (α) and (β) of an algebra A we have formulas (9), (10) with the same coefficients $r_{ij}(\xi)$, $s_{ij}(\xi)$ in both, then A is a Frobenius algebra, and (α) and (β) are corresponding bases.

[1]) The importance of this automorphism was discovered by Nakayama, loco cit.

If (α) and (β) are corresponding bases of a Frobenius algebra, the most general basis corresponding to (α) is of the form $\gamma\beta_1, \ldots, \gamma\beta_n$ where γ is a regular element of A. Similarly, $\alpha_1\gamma, \ldots, \alpha_n\gamma$ (with a regular γ in A) is the most general basis $(\bar{\alpha})$ such that $(\bar{\alpha})$ and (β) are corresponding bases.

Using the equations (1), (7), (4) and (3), we obtain

$$[\eta]\cdot T'_z = [1]\cdot R(\eta)T'_z = [1]\cdot T'_z S(\eta^*) = z\cdot R'(1)S(\eta^*) = z\cdot S(\eta^*) = [\eta^*]\cdot T_z. \quad (11)$$

Hence $[\eta^*] = [\eta]\cdot T'T^{-1}$. If we replace the basis (α) by (β), we must replace the matrix T by T'^{-1} as is easily seen. If (β) and (γ) are corresponding bases and if $T'^{-1} = (\tau_{ij})$, we have $\beta_i = \sum_j \tau_{ij}\gamma_j$ which implies $\gamma_j = \sum_i \beta_i t_{ij}$. If $\gamma_j = \sum_\mu z_\mu \alpha_\mu$, then $\gamma_j = \sum z_\mu t_{\mu i}\beta_i$, and we find $\sum z_\mu t_{\mu i} = t_{ij}$. This can be written: $[\gamma_j]\cdot T_z = [\alpha_j]\cdot T'_z$ since $[\gamma_j] = (z_1, \ldots, z_n)$ and since the j th component of $[\alpha_j]$ is 1, while all other components vanish. Now (11) implies $\gamma_j = \alpha_j^*$, and

$$\alpha_j^* = \sum_i \beta_i t_{ij}\,. \quad (12)$$

Hence: *If* (α) *and* (β) *are corresponding bases, then* (β) *and* (α^*) *are corresponding bases*, where (α^*) is obtained from (α) by application of the automorphism $\Omega:\ \xi \to \xi^*$, cf. (7).

The algebra A is called a *symmetric algebra*, when the matrix T in (6) can be chosen as a symmetric, non-degenerate matrix. Then $\xi = \xi^*$ in (7), and Ω becomes the identical automorphism. The equations (9) and (10) now read

$$\alpha_i\xi = \sum_j r_{ij}(\xi)\alpha_j\,, \qquad \xi\alpha_j = \sum_i \alpha_i s_{ij}(\xi)\,; \quad (13)$$

$$\beta_i\xi = \sum_j s_{ij}(\xi)\beta_j\,, \qquad \xi\beta_j = \sum_i \beta_i r_{ij}(\xi)\,. \quad (14)$$

We then say that (α) and (β) are *quasi-complementary bases*[1]).

Conversely, when A is a Frobenius algebra for which Ω is an inner automorphism, we may take Ω as identical automorphism, if T is chosen suitably. From (11), it follows that T is symmetric, and A is a symmetric algebra.

---

[1]) Quasi-complementary bases have been used by *F. K. Schmidt*, Math. Zeitschrift **41** p. 415 (1936) in the case of a commutative A.

If (α), (β) are quasi-complementary bases, then (β), (α) are also quasi-complementary.

Every semisimple algebra is symmetric. Every symmetric algebra is a Frobenius algebra.

§ 2. The Schur relations for the representations of a Frobenius algebra

Let A be a Frobenius algebra, and let (α) and (β) be two corresponding bases. Consider two representations[1] $\eta \to V(\eta)$ and $\eta \to W(\eta)$ of degrees v and w respectively. If Q is any matrix of type (v, w), the matrix

$$P = \sum_{\nu} V(\alpha_\nu) Q W(\beta_\nu) \tag{15}$$

intertwines V and W, i. e. P satisfies

$$V(\xi) P = P W(\xi) \tag{16}$$

for every ξ in A. This follows at once from (9) and (10).

Let $U_1, U_2, \ldots, U_k$ be the distinct indecomposable constituents of the regular representation R. We may set

$$U_\kappa(\xi) = \begin{pmatrix} H_\kappa(\xi) & 0 & 0 \\ B_\kappa(\xi) & X_\kappa(\xi) & 0 \\ C_\kappa(\xi) & D_\kappa(\xi) & F_\kappa(\xi) \end{pmatrix} \;^{2)} \tag{17}$$

where $F_\kappa(\xi)$ and $H_\kappa(\xi)$ are irreducible. Then $F_1, F_2, \ldots, F_k$ are distinct, and they are all possible irreducible representations of A. As we have $R \sim S$, the U_κ are also the indecomposable constituents of S. Consequently, the $H_1, \ldots, H_k$ also are the distinct irreducible representations of A, i. e. the $H_1, \ldots, H_k$ form a permutation of $F_1, \ldots, F_k$. The irreducible representations H_κ and F_κ are uniquely determined by U_κ.

Take now $V = U_\kappa$. If W is any representation of A which does not contain F_κ as an irreducible constituent, then only the 0-matrix intertwines V and W. Hence $P = 0$ for all Q. Taking only one coefficient of Q different from 0 and computing P, we obtain

---

[1]) For the properties of representations, see the papers mentioned in footnote 1, p. 234, further *R. Brauer*, Proceedings of the Nat. Acad. of Sciences 25, p. 252, 1939 and Chapter IX of the book "Rings with minimum condition" by *E. Artin, C. Nesbitt* and *R. M. Thrall* (Ann Arbor 1944).

[2]) If $U_\kappa(\xi)$ is irreducible, set $U_\kappa(\xi) = H_\kappa(\xi) = F_\kappa(\xi) = C_\kappa(\xi)$.

Theorem 1[1]: *Let A be a Frobenius algebra which has (α) and (β) as corresponding bases. Let $U_\kappa(\xi)$ be an indecomposable constituent of the regular representation of A, $U_\kappa(\xi) = \left(u_{ij}^{(\kappa)}(\xi)\right)$. If $W(\xi) = \left(w_{rs}(\xi)\right)$ is any representation of A which does not contain the irreducible bottom constituent F_κ of U_κ, then*

$$\sum_\nu u_{ij}^{(\kappa)}(\alpha_\nu)\, w_{rs}(\beta_\nu) = 0 \tag{18}$$

for any i, j, r, s. In particular, this holds for $W = F_\lambda$ with $\lambda \neq \kappa$.

Similarly, we may take $W = U_\kappa$ and obtain

Theorem 2: *If (under the assumptions of theorem 1) $V(\xi) = \left(v_{ij}(\xi)\right)$ is a representation of A which does not contain the irreducible top constituent $H_\mu(\xi)$ of U_μ then*

$$\sum_\nu v_{rs}(\alpha_\nu)\, u_{ij}^{(\mu)}(\beta_\nu) = 0 \,. \tag{19}$$

As a corollary, we note

Theorem 3[2]: *The top constituent H_κ of U_κ is similar to the representation F_κ^* defined by $\xi \to F_\kappa(\xi^*)$.* (ξ^* is defined in (7)).

Proof: If this was not so, we could set $H_\kappa = F_\lambda^*$ with $\lambda \neq \kappa$. Take $W = F_\lambda$ in (18). This equation remains correct when we replace (α), (β) by (β), (α^*) respectively. Thus

$$\sum_\nu u_{ij}^{(\kappa)}(\beta_\nu)\, w_{rs}(\alpha_\nu^*) = 0$$

where $w_{rs}(\alpha_\nu^*)$ now is the coefficient $h_{rs}^{(\kappa)}(\alpha_\nu)$ in the rth row, sth column of $H_\kappa(\alpha_\nu)$. Together with (19) for $V = H_\kappa$ this gives

$$\sum_\nu h_{rs}^{(\kappa)}(\alpha_\nu)\, u_{ij}^{(\mu)}(\beta_\nu) = 0$$

as well for $\mu = \kappa$ as for $\mu \neq \kappa$. Hence $\sum h_{rs}^{(\kappa)}(\alpha_\nu)\, U_\mu(\beta_\nu) = 0$ for all μ. This implies $\sum h_{rs}^{(\kappa)}(\alpha_\nu)\, R(\beta_\nu) = 0$. But $R(\beta_1), \ldots, R(\beta_n)$ are linearly independent, and we find $h_{rs}^{(\kappa)}(\alpha_\nu) = 0$ for all r, s, ν. Then $H_\kappa(\alpha_\nu) = 0$ for all ν which gives a contradiction.

---

[1]) The relations for the coefficients of the representations given in this and the following theorems have also been obtained by Nakayama and Nesbitt by a different method. Their proof has not been yet published.

[2]) This result has been obtained by *Nakayama*, loc. cit.

The representation (17) can now be written in the form

$$U_\kappa(\xi) = \begin{pmatrix} F_\kappa(\xi^*) & 0 & 0 \\ B_\kappa(\xi) & X_\kappa(\xi) & 0 \\ C_\kappa(\xi) & D_\kappa(\xi) & F_\kappa(\xi) \end{pmatrix}, \tag{20}$$

and this shall be done from now on.

We next take $V = W = U_\kappa$ in (15). The most general matrix P commuting with U_κ has the form[1])

$$P = \begin{pmatrix} P_{11} & 0 & 0 \\ P_{21} & P_{22} & 0 \\ P_{31} & P_{32} & P_{33} \end{pmatrix} \tag{21}$$

when broken up in the same manner as U_κ in (20). If P is singular, we must have $P_{11} = 0$, $P_{33} = 0$. Applying the same method as above, we obtain:

Theorem 4: *If* $F_\kappa(\xi) = \left(f_{rs}^{(\kappa)}(\xi)\right)$, *then under the assumptions of theorem* 1, *we have*

$$\sum_\nu u_{ij}^{(\kappa)}(\alpha_\nu)\, f_{rs}^{(\kappa)}(\beta_\nu) = 0\,,$$

provided that u_{ij} *does not belong to the part* C_κ *in the lower left corner in* U_κ, (20).

In order to deal with the case that u_{ij} belongs to C_κ in (20), we make the further assumption that F_κ is *absolutely irreducible*. Then in (21), we must have $P_{11} = P_{33} = hI$ where h lies in K and I is the unit matrix. This yields

$$\sum_\nu c_{ij}^{(\kappa)}(\alpha_\nu)\, f_{rs}^{(\kappa)}(\beta_\nu) = h_{jr}\delta_{is} = \sum_\nu f_{ij}^{(\kappa)}(\alpha_\nu^*)\, c_{rs}^{(\kappa)}(\beta_\nu) \tag{22}$$

where we set $C_\kappa(\xi) = \left(c_{ij}^{(\kappa)}(\xi)\right)$, $i, j = 1, 2, \ldots, Dg(F_\kappa)$. Here h_{jr} is an element of K, depending only on the values of j and r (for fixed κ). When (α), (β) in (15) are replaced by (β), (α^*) respectively, P remains unchanged, as follows from (8) and (12). Consequently, we may make the same replacement in (22) without changing h_{jr}. Using (22) we find

$$h_{jr}\delta_{is} = \sum c_{ij}^{(\kappa)}(\beta_\nu)\, f_{rs}^{(\kappa)}(\alpha_\nu^*) = h_{si}\delta_{rj}\,.$$

[1]) This follows at once by combining the results of § 2 of the paper mentioned in footnote 1, p. 237, with theorem 5. 2A of *R. Brauer*, Trans. Amer. Math. Soc. **49**, p. 502, 1941.

We may therefore set $h_{jr}\delta_{is} = h\,\delta_{is}\delta_{rj}$. Here $h \neq 0$, as follows by an argument similar to that used in the proof of theorem 3. This gives

Theorem 5: *If* U_κ *is written in the form* (20), $C_\kappa(\xi) = \left(c_{ij}^{(\kappa)}(\xi)\right)$, $F_\kappa(\xi) = \left(f_{ij}^{(\kappa)}(\xi)\right)$, *then for an absolutely irreducible* F_κ

$$\sum_\nu c_{ij}^{(\kappa)}(\alpha_\nu)\, f_{rs}^{(\kappa)}(\beta_\nu) = h\,\delta_{is}\delta_{rj} \tag{23}$$

where the element h of K is independent of i, j, r, s. *We have* $h \neq 0$.

§ 3. Ordinary and modular representations of Frobenius algebras

We now assume that K is an algebraic number field, or at least that the ordinary theory of ideals holds in K. As before, let A denote a Frobenius algebra of rank n. Consider a fixed irreducible representation F of A. After replacing K by an algebraic extension field and F by one of its constituents, we may assume that F is absolutely reducible. We shall assume that this assumption is already satisfied for K itself.

An "*order*" J of A is a subset of A with the following properties

1. J is a subring which contains n elements linearly independent with regard to K.
2. J contains the ring $\mathfrak{o}$ of integers of K.
3. J is a finite $\mathfrak{o}$-module.

Let $\mathfrak{p}$ be a prime ideal of $\mathfrak{o}$. We denote by $\mathfrak{o}_0$ the ring of $\mathfrak{p}$-integers of K. Then $J_0 = \mathfrak{o}_0 J$ consists of the linear combinations of J with coefficients in $\mathfrak{o}_0$.

Since $\mathfrak{o}_0$ is a principal ideal ring, J_0 has an $\mathfrak{o}_0$-basis $\alpha_1, \alpha_2, \ldots, \alpha_n$. If the regular representation R is defined by means of this basis, then $R(\xi)$ has coefficients in $\mathfrak{o}_0$, if and only if ξ lies in J_0. Every representation T of A is similar to a representation T_0 which represents J_0 by matrices with coefficients in $\mathfrak{o}_0$.

The ring $\mathfrak{o}_0$ contains only one prime ideal $\mathfrak{o}_0 \cdot \mathfrak{p} = \mathfrak{p}_0$ and this is a principal ideal (π). We may choose π as any element of $\mathfrak{o}$ with $\pi \equiv 0 \pmod{\mathfrak{p}}$, $\pi \not\equiv 0 \pmod{\mathfrak{p}^2}$. We denote the residue class of an element α of $\mathfrak{o}_0$ mod $\mathfrak{p}_0$ by $\bar{\alpha}$, and use an analogous notation for matrices and representations. If $T_0(\xi)$ has the same significance as above, then $\bar{\xi} \to \overline{T}_0(\bar{\xi})$ is a modular representation $\overline{T}_0$ of J, i. e. a representation of $J_0/\pi J_0$ in the field $\overline{K} = \mathfrak{o}_0/(\pi)$. In this manner, every representation T of A defines a modular representation $\overline{T}$ [1]).

[1]) The modular representations corresponding to two similar representations T need not be similar. However, it can easily be shown that they have the same irreducible constituents.

Let F be an absolutely irreducible representation of A written so that J_0 is represented by matrices with $\mathfrak{p}$-integral coefficients. Let U_κ, (20), be the corresponding indecomposable constituent of the regular representation R, $F = F_\kappa$. We shall say that F is *without defect* for a prime ideal $\mathfrak{p}$ (and a fixed J) if there exist two corresponding bases (α) and (β) of A such that

1. The β_i lie in J.
2. All $C_\kappa(\alpha_i)$ in (20) have $\mathfrak{p}$-integral coefficients.
3. We have $h \not\equiv 0 \pmod{\mathfrak{p}_0}$ in (23).

The following theorem is trivial

Theorem 6: *If F is an absolutely irreducible representation, then (for a given J) F is without defect except for a finite number of prime ideals $\mathfrak{p}$ of $\mathfrak{o}$.*

We only have to choose the corresponding bases (α), (β) so that all β_i lie in J, which is always possible, and then we have to exclude the primes $\mathfrak{p}$ which divide h in (23) or the denominators in $C_\kappa(\alpha_i)$.

We now prove

Theorem 7: *If F is a representation without defect for $\mathfrak{p}$, then the corresponding modular representation $\overline{F}$ is irreducible in $\overline{K} = \mathfrak{o}/\mathfrak{p}$, and even absolutely irreducible.*

Proof: Suppose that $\overline{F}$ was reducible. We may assume that F represents J by matrices with $\mathfrak{p}$-integral coefficients, and that $\overline{F}$ itself splits into constituents. Then $f_{rs}(\beta_\nu) \equiv 0 \pmod{\mathfrak{p}}$ for some r, s and all ν. Now (23) yields $h \equiv 0 \pmod{\mathfrak{p}}$, and this contradicts the assumption. Hence $\overline{F}$ is irreducible in $\overline{K}$. But $\overline{F}$ remains irreducible in any algebraic extension field $\overline{L}$ of $\overline{K}$ since every such $\overline{L}$ can be obtained from a suitable algebraic extension field L of K, if a suitable prime ideal divisor $\mathfrak{p}^*$ of $\mathfrak{p}$ is chosen, and the residue class field mod $\mathfrak{p}^*$ is taken as $\overline{L}$. The same argument as in K can be applied, and this proves that $\overline{F}$ is irreducible in $\overline{L}$.

Theorem 8: *If F is a representation without defect for $\mathfrak{p}$, if F in K is similar to F^0 and if both F and F^0 represent J by $\mathfrak{p}$-integral matrices, then $P^{-1}FP = F^0$ where P has integral coefficients, and det $P \not\equiv 0 \pmod{\mathfrak{p}}$.*

Proof. We may choose P such that $P^{-1}FP = F^0$ and that P has integral coefficients which are not all divisible by $\mathfrak{p}$. Then $\overline{F}\overline{P} = \overline{P}\overline{F^0}$, $\overline{P} \neq 0$. The statement follows from theorem 7 and Schur's lemma.

9

Theorem 9: *If F is a representation without defect of A for $\mathfrak{p}$, and if F_λ is a different irreducible representation of A, then $\bar{F}_\lambda$ does not contain $\bar{F}$ as a modular irreducible constituent.*

Proof: If $\bar{F}_\lambda$ contains $\bar{F} = \bar{F}_\kappa$, we may assume that $f^{(\lambda)}_{\varrho\sigma}(\xi) \equiv f_{rs}(\xi)$ (mod $\mathfrak{p}$) for all ξ in J and suitable fixed indices r, s, ϱ, σ. Then (23) gives

$$\Sigma c^{(\kappa)}_{sr} f^{(\lambda)}_{\varrho\sigma}(\beta_\nu) \not\equiv 0 \qquad (\text{mod } \mathfrak{p})$$

and this contradicts theorem 1.

Let U again be the indecomposable constituent of the regular representation R of A such that U has F as its bottom constituent. We may assume that U represents J by matrices with $\mathfrak{p}$-integral coefficients, and at the same time[1]) that $\bar{U}$ splits into irreducible constituents. Write

$$U(\xi) = \begin{pmatrix} F^1(\xi^*) & 0 & 0 \\ * & * & 0 \\ * & * & F^0(\xi) \end{pmatrix}.$$

Here $F^0(\xi) \sim F(\xi)$, $F^1(\xi) \sim F(\xi)$. If F is without defect, we may assume $F^0(\xi) = F(\xi)$, $F^1(\xi) = F(\xi)$, after a further similarity transformation with integral coefficients and a determinant $\not\equiv 0$ (mod $\mathfrak{p}$). Hence

Theorem 10: *If F is a representation without defect, we may set the corresponding indecomposable part U of the regular representation in the form* (20), *and at the same time assume that U represents J by $\mathfrak{p}$-integral matrices.*

As F is absolutely irreducible, the general theory of algebras implies

Theorem 11: *Under the assumptions of theorem 10, the representation U is absolutely indecomposable.*

We next prove

Theorem 12: *If F is without defect, the representation U in theorem 10 may be chosen such that $\bar{U}$ is an indecomposable constituent of the modular regular representation $\bar{R}$.*

Proof: Let W be the modular indecomposable constituent of $\bar{R}$ which belongs to $\bar{F}$. If we replace K by the $\mathfrak{p}$-adic extension field $K(\mathfrak{p})$, there exists a representation T of A such that[2]) $\bar{T} = W$, and that R in $K(\mathfrak{p})$

---

[1]) This follows from a result of *H. Zassenhaus*, Abhandl. a. d. Math. Seminar d. Hansischen Univ. **12**, p. 276 (1938).

[2]) See § 5 of the paper mentioned in footnote 1, p. 237.

is the direct sum of T and another representation. Let L be an irreducible bottom constituent of T. Then $\overline{L}$ contains $\overline{F}$, and theorem 9 implies that $L \sim F$. But by theorem 11, the indecomposable part of R with the bottom constituent F is U, even if K is replaced by an extension field. Hence T contains U as an indecomposable constituent. Now theorem 7 implies[1]) that the degree of W is equal to the multiplicity of $\overline{F}$ in $\overline{S}$, and by a similar argument, the degree of U is the multiplicity of F in S. Using theorem 9, we see that $Dg(U)=Dg(W)=Dg(T)$. It now follows without difficulty that we may choose T and U both equal, and this proves theorem 12.

The general theory of representations now yields

Theorem 13: *If U has the same significance as in theorem 10, and if a modular representation $\overline{T}$ of J splits into $\overline{U}$ and another representation, then T splits completely into $\overline{U}$ and the other representation.*

We now consider the case that $U = F$. If for instance A is semisimple, then this will be true for every irreducible representation F of A. Here, in (20), $C = F$, and (23) gives

$$\sum_\nu f_{ij}(\alpha_\nu)\, f_{rs}(\beta_\nu) = h\,\delta_{is}\,\delta_{jr}\,.$$

Now take $r = j$ and add over all r. Setting

$$\omega = \sum_\nu \alpha_\nu \beta_\nu$$

we have

$$f_{is}(\omega) = h\,\delta_{is}\, Dg(F)\,.$$

The element ω is a center element. It follows that

$$F(\omega) = h\, Dg(F)\cdot I\,.$$

This gives

Theorem 14: *If F is an absolutely irreducible representation of A which is at the same time an indecomposable constituent of R (in particular when A is semisimple), if (α) and (β) are two corresponding bases both belonging to J, then $Dg(F)$ divides the diagonal element m of $F(\sum \alpha_\nu \beta_\nu)$. If $m/Dg(F)= h$ is prime to $\mathfrak{p}$, then F is without defect.*

[1]) See § 2 of the paper mentioned in footnote 1, p. 237..

11

In the case of a groupring belonging to the group G of order n, we take for the α_ν the n elements of G and for β_ν the reciprocal of α_ν.

For a suitably extended algebraic number field, an irreducible representation F is without defect when $n/Dg(F)$ is prime to $\mathfrak{p}$. We have $U = F$. Theorems 7, 9, 13 can be applied. In particular, if n is prime to p, this applies to all irreducible representations of G, and all the statements of Speiser's theorem are obtained.

§ 4. On the arithmetic in Frobenius algebras

It remains to state the arithmetical significance of the preceding theorems. If F is an irreducible representation of A, then the elements ξ of A with $F(\xi) = 0$ form a maximal invariant subalgebra B of A. Every such B is obtained from exactly one F. In the same manner, every irreducible modular representation $\overline{T}$ of J (mod $\mathfrak{p}$) defines a maximal invariant subalgebra $\overline{B}$ of $J_0/\pi J_0 \simeq J/\mathfrak{p}J$. The ξ in J which correspond to elements of $\overline{B}$ form a prime ideal $\mathfrak{P}$ of J, and $\mathfrak{P}$ divides $(\mathfrak{p}) = \mathfrak{p}J$, i.e. $\mathfrak{P}$ divides $\mathfrak{p}$, the latter considered as an ideal of J. The ideal $\mathfrak{P}$ consists of those ξ in J for which $T(\overline{\xi}) = 0$. Every prime ideal divisor of $\mathfrak{p}$ in J is obtained in this form; we have a $(1 - 1)$ correspondence between the prime ideal divisors $\mathfrak{P}$ of $\mathfrak{p}$ in J and the irreducible modular representations of J.

Let F now be a representation without defect, and take $T = \overline{F}$. Obviously, $\mathfrak{P} \supseteq (B \cap J, (\mathfrak{p}))$. Conversely, let ξ be an element of $\mathfrak{P}$. Then $F(\xi) \equiv 0 \pmod{\pi}$. As $\overline{F}$ forms an absolutely irreducible representation of $\overline{J}$, we may find an element η of J such that $F(\eta) \equiv \dfrac{1}{\pi} F(\xi)$ (mod π) and then $F(\xi - \pi\eta) \equiv 0 \pmod{\pi^2}$. Continuing in this manner, we may find an element ζ of $\mathfrak{p}J$ such that $Z(\xi - \zeta)$ has coefficients which are divisible by an arbitrarily high power π^s of π. On the other hand, F being an absolutely irreducible representation of A, we may find an element α_{ik} of A for which $F(\alpha_{ik}) = E_{ik}$ is the matrix which has coefficient 1 in the ith row and kth column and coefficients 0 everywhere else. As J_0 is an order of A with regard to $\mathfrak{o}_0$, for a suitable integer r the element $\pi^r \alpha_{ik}$ will lie in J_0 and $\pi^{r+1}\alpha_{ik}$ will lie in πJ_0. (For all i and k.) If we take $s \geqq r + 1$, then we may subtract from $\xi - \zeta$ a suitable combination λ of the $\pi^{r+1}\alpha_{ik}$ with $\mathfrak{p}$-integral coefficients such that $F(\xi - \zeta - \lambda) = 0$. Consequently $\xi - \zeta - \lambda$ lies in B. Since ζ and λ lie in πJ_0, it follows that ξ lies in $(B \cap J_0, (\mathfrak{p}_0))$. Hence $q\xi$ will lie in $(B \cap J, (\mathfrak{p}))$ for a suitable q in $\mathfrak{o}$ with $(q, \mathfrak{p}) = 1$. Determine q'

in $\mathfrak{o}$ such that $qq' \equiv 1 \pmod{\mathfrak{p}}$. Then $\xi = (1 - qq')\,\xi + q'(q\,\xi)$. The first term lies in $\mathfrak{p}J = (\mathfrak{p})$ and the second in $(B \frown J, (\mathfrak{p}))$. Hence $\mathfrak{P} = (B \frown J, (\mathfrak{p}))$.

Theorem 15: *Let F be a representation of A which is without defect for the prime ideal $\mathfrak{p}$ of K (and the given order J of A), and write F so that it represents elements of F by matrices with $\mathfrak{p}$-integral coefficients. The elements α of A with $F(\alpha) = 0$ form a maximal invariant subalgebra B of A, and the elements ξ of J with $F(\xi) \equiv 0 \pmod{\mathfrak{p}}$ form a prime ideal divisor $\mathfrak{P}$ of $\mathfrak{p}$ in J. Then*

$$\mathfrak{P} = (B \frown J, \mathfrak{p}J).$$

If every irreducible representation of A in K is absolutely irreducible (which may be assumed after an algebraic extension of K), then every prime ideal divisor of $\mathfrak{p}$ is of this form, except for a finite number of $\mathfrak{p}$.

(Received the 26 april 1945.)

Separatdruck aus der

FESTSCHRIFT zum 60. Geburtstag von Prof. Dr. ANDREAS SPEISER

Zürich 1945, Orell Füßli Verlag

ANNALS OF MATHEMATICS
Vol. 48, No. 1, January, 1947

ON SPLITTING FIELDS OF SIMPLE ALGEBRAS

BY RICHARD BRAUER

(Received July 19, 1946)

I. Introduction

J. H. M. Wedderburn,[1] in the course of his fundamental investigations on associative algebras proved that if A is a central[2] simple algebra over the field F, there exist extension fields K of F such that the extension $A_K \simeq A \times K$ of A to the ground field K is isomorphic to a complete matric algebra of a certain degree n over K. The fields K with this property have been called the splitting fields of A. Since A is contained in A_K, it follows that A possesses an absolutely irreducible representation by matrices with coefficients in K, and the splitting fields of A can be characterized by this fact. This already shows the close relation between Wedderburn's theory and I. Schur's investigations on the representations of (semi-) groups by linear transformations. This connection was studied later more closely by Emmy Noether and the author.[3] It was shown that the splitting fields of finite degree of A can be characterized as the maximal (commutative) subfields of the algebras B of the class of A. Here, two simple algebras A and A_1 over F belong to the same class, if in their Wedderburn decompositions $A = \Delta \times M$, $A_1 = \Delta_1 \times M_1$ as direct products of division algebras Δ, Δ_1 and complete matric algebras M, M_1 the factors Δ and Δ_1 are isomorphic. If the Wedderburn factor Δ of A has the rank m^2 over F, m is called the index of the algebra class of A. Then m divides the degree of any splitting field of A, and there exist splitting fields of degree m.

When we start now from an arbitrary extension field K of degree n over F, then K may or may not[4] be a splitting field of central simple algebras A of a given index m dividing n. In this manner, the theory of algebras provides a classification of extension fields K of a given field. The problem arises to discuss the significance of this classification from the viewpoint of the theory of fields and their Galois groups. That this is possible can be expected because, roughly speaking, the study of simple algebras is equivalent to an investigation of field theoretical questions, as was shown by the author in an earlier paper.[5] Even when K is a normal field over F, the answer to our question cannot be given in

[1] See in particular, Wedderburn's fundamental paper in the Proc. Lond. Math. Soc. (2) 6, p. 77 (1907).

[2] Following A. A. Albert, I use the expression 'central algebra' instead of 'normal algebra'.

[3] SITZUNGSBER. Preuss. Akad. 1927, p. 221.

[4] In the case of algebraic number fields, we always have the first possibility. On the other hand, using algebraic function fields of several variables, we can easily give examples of fields F and K, such that K is not a splitting field of any central division algebra $\neq F$.

[5] Journ. f. die reine u. angew. Math. 168, p. 44 (1932). I refer to this paper as J. The present paper forms a continuation of this earlier work.

terms of the Galois group $\mathfrak{G}$ of K alone. Instead, we have to study the possibility of embedding K into normal fields with certain types $\mathfrak{H}$ of Galois groups. We are thus led to questions of an extension theory of fields about which very little is known in general. It appears that the theory of algebras is intimately connected with special questions of such an extension theory. This will show the significance of Wedderburn's "non-commutative" work for the investigation of the structure of commutative fields.

The general case is treated in Section II and the connection between the existence of simple algebras split by the field K, and questions concerning the existence of certain extension fields of K is shown. In Section III, special fields K of prime degree p are discussed. The results can be given here in a far more explicit form than in the general case.

II. The general case

Let K be a separable extension field of degree n of the given ground field F. We wish to study the central division algebras Δ over F, which possess K as a splitting field and whose exponent divides a given positive rational integer l. It shall be assumed throughout the paper that the characteristic of F, if different from zero, is not a divisor of l.

If $N(K)$ is the normal field over F belonging to K and if $\mathfrak{A}$ is its Galois group, then Δ determines a *factor set* c in $N(K)$. This is a set of elements $c(\alpha, \beta, \gamma)$ of $N(K)$ where α, β, γ denote arbitrary elements of $\mathfrak{A}$. The necessary and sufficient conditions for $c(\alpha, \beta, \gamma)$ are the following ones[6]

$$c(\alpha, \alpha, \beta) = c(\alpha, \beta, \beta) = 1, \tag{1a}$$

$$c(\alpha, \beta, \gamma)^{\sigma} = c(\alpha\sigma, \beta\sigma, \gamma\sigma), \tag{1b}$$

$$c(\alpha, \beta, \delta)c(\beta, \gamma, \delta) = c(\alpha, \gamma, \delta)c(\alpha, \beta, \gamma) \tag{1c}$$

for arbitrary elements $\alpha, \beta, \gamma, \delta$ and σ of $\mathfrak{A}$.

The factor set c may be replaced by any associated factor set

$$c^*(\alpha, \beta, \gamma) = c(\alpha, \beta, \gamma)k(\alpha, \gamma)/k(\alpha, \beta)k(\beta, \gamma), \tag{2}$$

where the $k(\alpha, \beta)$, (α, β in $\mathfrak{A}$), are elements of $N(K)$, which satisfy the conditions

$$k(\alpha, \beta) \neq 0, \qquad k(1, 1) = 1, \qquad k(\alpha, \beta)^{\sigma} = k(\alpha\sigma, \beta\sigma), \tag{3}$$

for σ in $\mathfrak{A}$. Apart from such transitions to associated factor sets, the factor set of Δ is uniquely determined by Δ. Conversely, every class of associated factor sets determines a unique central division algebra Δ over F which is split by $N(K)$. The condition that Δ be split by K is that, for a suitable choice of c in its class, the equations hold

$$c(\tau\alpha, \tau'\beta, \tau''\gamma) = c(\alpha, \beta, \gamma) \tag{4}$$

[6] See, for instance, J., p. 46. We write here α, β, γ rather as arguments than as subscripts. If θ is an element of K, and σ an element of $\mathfrak{A}$, then θ^{σ} denotes the element on which σ maps θ.

for any three elements α, β, γ of $\mathfrak{A}$ and for any three elements τ, τ', τ'' of the subgroup $\mathfrak{B}$ of $\mathfrak{A}$ to which the subfield K of $N(K)$ belongs.

The exponent of Δ will divide l, if the lth power of c is associated with the *unit system* $c_0(\alpha, \beta, \gamma) = 1$. In other words, there exist elements $k(\alpha, \beta)$ of K which satisfy the conditions (2) and for which

$$(5) \qquad c(\alpha, \beta, \gamma)^l = k(\alpha, \beta)k(\beta, \gamma)/k(\alpha, \gamma).$$

We may even impose the additional conditions

$$(6) \qquad k(\tau\alpha, \tau'\beta) = k(\alpha, \beta)$$

for α, β in $\mathfrak{A}$ and for τ, τ' in $\mathfrak{B}$.

In the preceding considerations, the field $N(K)$ may be replaced by any normal field Ω over F with $\Omega \supseteqq K$. Then, of course, $\Omega \supseteqq N(K)$. If α, β, γ now are elements of the Galois group $\mathfrak{G}$ of Ω, they induce elements α_0, β_0, γ_0 of $\mathfrak{A}$.[7] The factor set of Δ in Ω then is given by

$$(7) \qquad c(\alpha, \beta, \gamma) = c(\alpha_0, \beta_0, \gamma_0)$$

where, on the right side, we have elements of the factor set of Δ in $N(K)$. It was shown in J. that Ω can be chosen in such a manner that c is associated in Ω to a factor set C which consists entirely of lth roots of unity $1, \epsilon, \epsilon^2, \cdots, \epsilon^{l-1}$. We have to adjoin ϵ and the quantities

$$(8) \qquad \zeta(\alpha_0) = \sqrt[l]{k(\alpha_0, 1)}$$

for all α_0 in $\mathfrak{A}$ to $N(K)$ in order to obtain Ω. On account of (3) and (6), the values of these radicals may be chosen such that

$$(9) \qquad \zeta(1) = 1, \qquad \zeta(\tau_0\alpha_0) = \zeta(\alpha_0)$$

for all τ_0 in $\mathfrak{B}$. Apart from these conditions, those values may be taken arbitrarily. If we set

$$(10) \qquad k^*(\alpha, \beta) = \zeta(\alpha_0\beta_0^{-1})^\beta$$

for α, β in $\mathfrak{G}$, the $k^*(\alpha, \beta)$ satisfy conditions analogous to (3) (for Ω and $\mathfrak{G}$ instead of K and $\mathfrak{A}$). The factor set

$$(11) \qquad \begin{aligned} C(\alpha, \beta, \gamma) &= c(\alpha, \beta, \gamma)k^*(\alpha, \gamma)/k^*(\alpha, \beta)k^*(\beta, \gamma) \\ &= c(\alpha_0, \beta_0, \gamma_0)\zeta(\alpha_0\gamma_0^{-1})^\gamma/\zeta(\alpha_0\beta_0^{-1})^\beta\zeta(\beta_0\gamma_0^{-1})^\gamma \end{aligned}$$

then is associated to c in Ω. On raising it to the lth power and using (8), (3), and (5), we see that $C(\alpha, \beta, \gamma)$ actually is an lth root of unity.

The element α of $\mathfrak{G}$ maps the primitive l^{th} root of unity ϵ on a certain power ϵ^i. We write $i = \psi(\alpha)$,

$$(12) \qquad \alpha\colon \epsilon \to \epsilon^\alpha = \epsilon^{\psi(\alpha)}.$$

Obviously, $\psi(\alpha)$ is a linear character (mod l) of $\mathfrak{G}$. As in *J.*, we define an extension $\mathfrak{H}$ of a cyclic group $\mathfrak{L}$ by means of $\mathfrak{G}$. The elements of $\mathfrak{L}$ shall be identified

[7] Throughout the paper, the element of $\mathfrak{A}$ induced by an element of $\mathfrak{G}$ will be indicated by a subscript 0.

with the powers of ϵ. Associate a symbol $M(\alpha)$ with every α in $\mathfrak{G}$. There exists a unique group $\mathfrak{H}$ which contains $\mathfrak{L}$ and in which the $M(\alpha)$ form a residue system (mod $\mathfrak{L}$), such that the equations

$$M(\alpha)M(\beta) = M(\alpha\beta)C(\alpha\beta, \beta, 1) \tag{13}$$

$$\epsilon M(\alpha) = M(\alpha)\epsilon^{\psi(\alpha)} \tag{14}$$

hold for all α, β in $\mathfrak{G}$. Of course, $\mathfrak{H}/\mathfrak{L} \simeq \mathfrak{G}$. Conversely, any such extension $\mathfrak{H}$ defines a factor set provided that the equations (14) hold in $\mathfrak{H}$. If the residue system $M(\alpha)$ is replaced by another residue system, C will be replaced by an associated factor set. We say that $\mathfrak{H}$ is a *group associated with the given division algebra* Δ.[8]

We now state

THEOREM 1: *Let Δ be a central division algebra over F, which possesses the given field K as a splitting field, and whose exponent divides the given integer l. If by adjunction of a primitive l^{th} root of unity ϵ to K a field $K(\epsilon)$ of degree q over F is obtained, then every group $\mathfrak{H}$ associated with Δ possesses an isomorphic monomial representation $[\mathfrak{H}]$ of degree q. The coefficients in $[\mathfrak{H}]$ are l^{th} roots of unity.*

PROOF: Let $\mathfrak{T}$ be the subgroup of $\mathfrak{G}$ to which the subfield $K(\epsilon)$ of Ω belongs, and choose a complete residue system

$$R_1, R_2, R_3, \cdots \tag{15}$$

of $\mathfrak{G}$ (mod $\mathfrak{T}$); $\mathfrak{G} = \Sigma\mathfrak{T}R_i$. Obviously, (15) must consist of exactly q elements. For any two elements α, β, of $\mathfrak{G}$, set

$$\delta(\alpha, \beta) = \begin{cases} 0, \text{ if } \mathfrak{T}\alpha \neq \mathfrak{T}\beta \\ 1, \text{ if } \mathfrak{T}\alpha = \mathfrak{T}\beta. \end{cases}$$

In the following, we use matrices of degree q in which the row index κ and the column index λ are arbitrary elements (15). We set

$$\begin{aligned} [M(\alpha)] &= (C(1, \kappa^{-1}, \alpha^{-1}\kappa^{-1})\delta(\kappa\alpha, \lambda)) \\ [\epsilon^i] &= ((\epsilon^i)^{\lambda^{-1}}\delta(\kappa, \lambda)) \end{aligned} \tag{16}$$

and wish to show that these matrices satisfy the equations (13), (14).[9]

We first remark that

$$C(\alpha, \beta, \gamma)^\tau = C(\alpha, \beta, \gamma), \qquad C(\tau\alpha, \beta, \gamma) = C(\alpha, \beta, \gamma) \tag{17}$$

for α, β, γ in $\mathfrak{G}$ and τ in $\mathfrak{T}$. The first of these equations is a consequence of the fact that $C(\alpha, \beta, \gamma)$ belongs to $K(\epsilon)$. The second equation (17) is obtained easily from (11), (9), and (4).

---

[8] The group $\mathfrak{H}$ is not determined uniquely by Δ and K, since we have a certain freedom in the choice of the k (α, β) in (5).

[9] Observe that C $(\alpha, \beta, 1)$ is a power ϵ^i of ϵ.

Now form

$$[M(\alpha)][M(\beta)] = (\sum_{\mu} C(1, \kappa^{-1}, \alpha^{-1}\kappa^{-1})\delta(\kappa\alpha, \mu)C(1, \mu^{-1}, \beta^{-1}\mu^{-1})\delta(\mu\beta, \lambda))$$

where μ ranges over the elements (15). On the right side, a term different from 0 can only appear when $\mathfrak{T}\mu = \mathfrak{T}\kappa\alpha$ and $\mathfrak{T}\mu\beta = \mathfrak{T}\lambda$. Then $\mathfrak{T}\lambda = \mathfrak{T}\kappa\alpha\beta$

$$[M(\alpha)][M(\beta)] = (C(1, \kappa^{-1}, \alpha^{-1}\kappa^{-1})C(1, \mu^{-1}, \beta^{-1}\mu^{-1})\delta(\kappa\alpha\beta, \lambda))$$

where μ on the right side is an element of the form $\mu = \tau\kappa\alpha$ with τ in $\mathfrak{T}$. For this μ, it follows from the property (1b) of factor sets and (17) that

$$C(1, \mu^{-1}, \beta^{-1}\mu^{-1}) = C(1, \alpha^{-1}\kappa^{-1}\tau^{-1}, \beta^{-1}\alpha^{-1}\kappa^{-1}\tau^{-1}) = C(\tau, \alpha^{-1}\kappa^{-1}, \beta^{-1}\alpha^{-1}\kappa^{-1})^{\tau-1}$$
$$= C(\tau, \alpha^{-1}\kappa^{-1}, \beta^{-1}\alpha^{-1}\kappa^{-1}) = C(1, \alpha^{-1}\kappa^{-1}, \beta^{-1}\alpha^{-1}\kappa^{-1}).$$

Thus

$$[M(\alpha)][M(\beta)] = (C(1, \kappa^{-1}, \alpha^{-1}\kappa^{-1})C(1, \alpha^{-1}\kappa^{-1}, \beta^{-1}\alpha^{-1}\kappa^{-1})\delta(\kappa\alpha\beta, \lambda)).$$

Using the property (1*c*) of factor sets we derive

$$[M(\alpha)][M(\beta)] = (C(1, \kappa^{-1}, \beta^{-1}\alpha^{-1}\kappa^{-1})C(\kappa^{-1}, \alpha^{-1}\kappa^{-1}, \beta^{-1}\alpha^{-1}\kappa^{-1})\delta(\kappa\alpha\beta, \lambda)).$$

On the right side, a coefficient different from zero appears only when $\kappa\alpha\beta = \tau'\lambda$ with τ' in $\mathfrak{T}$. On account of (1b) and (17), we have

$$C(\kappa^{-1}, \alpha^{-1}\kappa^{-1}, \beta^{-1}\alpha^{-1}\kappa^{-1}) = C(1, \alpha^{-1}, \beta^{-1}\alpha^{-1})^{\kappa^{-1}}$$
$$= C(1, \alpha^{-1}, \beta^{-1}\alpha^{-1})^{\alpha\beta\lambda^{-1}\tau'^{-1}} = C(\alpha\beta, \beta, 1)^{\lambda^{-1}\tau'^{-1}} = C(\alpha\beta, \beta, 1)^{\lambda^{-1}}.$$

Substituting this in the expression for $[M(\alpha)][M(\beta)]$ we recognize that

$$[M(\alpha)][M(\beta)] = [M(\alpha\beta)][C(\alpha\beta, \beta, 1)]. \tag{18}$$

On the other hand,

$$[\epsilon][M(\alpha)] = ((\epsilon)^{\kappa^{-1}}C(1, \kappa^{-1}, \alpha^{-1}\kappa^{-1})\delta(\kappa\alpha, \lambda)).$$

Since the elements of $\mathfrak{T}$ leave ϵ invariant, $(\epsilon)^{\kappa^{-1}}$ may here be replaced by $(\epsilon)^{\alpha\lambda^{-1}} = (\epsilon)^{\psi(\alpha)\lambda^{-1}}$, (cf. (12)) and

$$[\epsilon][M(\alpha)] = [M(\alpha)][\epsilon^{\psi(\alpha)}] \tag{19}$$

can be obtained without difficulty.

The equations (18) and (19) show that (16) defines a representation $[\mathfrak{H}]$ of $\mathfrak{H}$. It is clear that $[\mathfrak{H}]$ is monomial of degree q and that the coefficients are l^{th} roots of unity. The general element $\epsilon^i M(\alpha)$ is represented by

$$[\epsilon^i][M(\alpha)] = ((\epsilon^i)^{\kappa^{-1}}C(1, \kappa^{-1}, \alpha^{-1}\kappa^{-1})\delta(\kappa\alpha, \lambda)). \tag{20}$$

If this is to be a diagonal matrix, we must have $\mathfrak{T}\kappa\alpha = \mathfrak{T}\kappa$ for all κ in the residue system (15) and hence for all κ in $\mathfrak{G}$. If follows that α must belong to the intersection $\mathfrak{D}$ of $\mathfrak{T}$ with all its conjugates. This $\mathfrak{D}$ is the largest normal subgroup of $\mathfrak{G}$ contained in $\mathfrak{T}$. The corresponding subfield of Ω is the normal field $N(K(\epsilon))$ generated by $K(\epsilon)$.

If (20) is to be the unit matrix, we have the additional condition

$$(\epsilon^i)^{\kappa^{-1}} C(1, \kappa^{-1}, \alpha^{-1}\kappa^{-1}) = 1$$

for all κ in (15) and then, on account of (1b) and (17) for all κ in $\mathfrak{G}$. For $\kappa = 1$, $C(1, 1, \alpha^{-1}) = 1$ by (1a) and hence $\epsilon^i = 1$, $C(1, \kappa^{-1}, \alpha^{-1}\kappa^{-1}) = 1$. By applying $\kappa\alpha$, we find $C(\kappa\alpha, \alpha, 1) = 1$, and now (11) yields

$$c(\kappa_0\alpha_0, \alpha_0, 1)\zeta(\kappa_0\alpha_0)/\zeta(\kappa_0)^{\alpha}\zeta(\alpha_0) = 1. \tag{21}$$

Since α belongs to $\mathfrak{D} \subseteq \mathfrak{T}$, the induced element α_0 certainly belongs to $\mathfrak{B}$. Hence $c(\kappa_0\alpha_0, \alpha_0, 1) = 1$ by (4) and (1a) and $\zeta(\alpha_0) = 1$ by (9). The element $\kappa\alpha$ belongs to $\kappa\mathfrak{D} \subseteq \kappa \cdot \kappa^{-1}\mathfrak{T}\kappa$ and may therefore be set in the form $\tau\kappa$ with τ in $\mathfrak{T}$. Then $\kappa_0\alpha_0 = \tau_0\kappa_0$ with τ_0 in $\mathfrak{B}$ and (9) yields $\zeta(\kappa_0\alpha_0) = \zeta(\tau_0\kappa_0) = \zeta(\kappa_0)$. Thus (21) becomes

$$\zeta(\kappa_0)^{\alpha} = \zeta(\kappa_0).$$

Thus α leaves all $\zeta(\kappa_0)$, κ_0 in $\mathfrak{A}$, invariant. As element of $\mathfrak{D}$, it leaves all quantities of $N(K(\epsilon))$ invariant. Since Ω is obtained from $N(K(\epsilon))$ by adjoining all $\zeta(\kappa_0)$, every element of Ω is fixed and hence $\alpha = 1$. Thus (20) is the unit matrix only when $\epsilon^i = 1$, $\alpha = 1$; the representation $[\mathfrak{H}]$ is isomorphic. This finishes the proof of Theorem 1.

The elements of $\mathfrak{H}$ which are represented by diagonal matrices in $[\mathfrak{H}]$ form a normal subgroup $\mathfrak{H}_0 \supseteq \mathfrak{L}$. We have shown that in the homomorphism $\mathfrak{H} \rightarrow \mathfrak{G}$, this group $\mathfrak{H}_0$ corresponds to the subgroup $\mathfrak{D}$ of $\mathfrak{G}$. Of course, $\mathfrak{H}/\mathfrak{H}_0 \simeq \mathfrak{G}/\mathfrak{D}$. Hence

THEOREM 2: *If $\mathfrak{H}_0$ is the normal subgroup of $\mathfrak{H}$ which in $[\mathfrak{H}]$ is represented by diagonal matrices, then $\mathfrak{H}_0 \geqq \mathfrak{L}$ and $\mathfrak{H}/\mathfrak{H}_0$ is isomorphic to the Galois group of $N(K(\epsilon))$ with regard to F.*

There is a permutation group $\mathfrak{P}$ associated with the monomial group $[\mathfrak{H}]$ which is obtained when all the coefficients of the monomial transformations are replaced by 1. This group is isomorphic with $\mathfrak{H}/\mathfrak{H}_0$ and it will often be convenient to identify $\mathfrak{P}$ and $\mathfrak{H}/\mathfrak{H}_0$. On the other hand, the Galois group of $K(\epsilon)$ can be interpreted as a permutation group of degree q: With every α in $\mathfrak{G} \cong \mathfrak{H}/\mathfrak{L}$, we associate the permutation produced by α amongst the fields conjugate to $K(\epsilon)$. Since every such conjugate field corresponds to one of the elements (15), this permutation is $(\delta(\kappa\alpha, \lambda))$, that is the permutation in $\mathfrak{P}$ corresponding to $[M(\alpha)]$. Thus Theorem 2 can be given in the form

THEOREM 2*: *The permutation group $\mathfrak{H}/\mathfrak{H}_0$ associated with the monomial group $[\mathfrak{H}]$ is identical with the Galois group of $K(\epsilon)$ with regard to F, this Galois group being interpreted as a permutation group.*

We prove next

THEOREM 3: *The group $\mathfrak{H}$ contains a subgroup $\mathfrak{V}$ of index nl such that $\mathfrak{L} \cap \mathfrak{V}$*

$= 1$. *If* $\mathfrak{W}$ *is the intersection of* $\mathfrak{L}\mathfrak{B}$ *with its conjugate groups, then* $\mathfrak{H}/\mathfrak{W}$ *is isomorphic with the Galois group* $\mathfrak{A}$ *of* $N(K)$ *with respect to* F. *The group* $\mathfrak{W}$ *contains* $\mathfrak{H}_0$, *and* $\mathfrak{W}/\mathfrak{H}_0$ *is isomorphic to the Galois group of* $N(K(\epsilon))$ *with respect to* $N(K)$, *that is, to a subgroup of the multiplicative group of relatively prime integers* (mod l).

Proof: Let $\mathfrak{S}$ be the subgroup of $\mathfrak{G}$ to which the subfield K of Ω belongs. If α, β are elements of $\mathfrak{S}$, the induced elements α_0, β_0 of $\mathfrak{A}$ lie in $\mathfrak{B}$. By (11)

$$C(\alpha\beta, \beta, 1) = c(\alpha_0\beta_0, \beta_0, 1)\zeta(\alpha_0)/\zeta(\alpha_0\beta_0^{-1})^{\beta}\zeta(\beta_0).$$

On account of (4), (1a), and (9) this expression is equal to 1. Then (13) shows that the elements $M(\alpha)$ with α in $\mathfrak{S}$ form a subgroup $\mathfrak{B} \simeq \mathfrak{S}$ of $\mathfrak{H}$. Obviously, $\mathfrak{L} \cap \mathfrak{B} = 1$. Since the homomorphism $\mathfrak{H} \to \mathfrak{G}$ maps $\mathfrak{L}\mathfrak{B} \to \mathfrak{S}$ and since $\mathfrak{S}$ has the index n in $\mathfrak{G}$, the group $\mathfrak{L}\mathfrak{B}$ has the index n in $\mathfrak{H}$ and $\mathfrak{B}$ has the index nl. Moreover, the intersection $\mathfrak{W}$ of $\mathfrak{L}\mathfrak{B}$ with its conjugate groups in $\mathfrak{H}$ is mapped on the intersection of $\mathfrak{S}$ with its conjugate groups in $\mathfrak{G}$, that is, on the subgroup of $\mathfrak{G}$ to which the subfield $N(K)$ belongs. Now Theorem 3 is readily obtained.

The construction of Ω shows that the degree $[\Omega:N(K(\epsilon))]$ divides l^{n-1} while, of course, $[N(K(\epsilon)):N(K)]$ divides the Euler function $\varphi(l)$ of l. Hence

Theorem 4: *The order of* $\mathfrak{H}_0$ *divides* l^n, *and the order of* $\mathfrak{W}$ *divides* $l^n\varphi(l)$. *The order of* $\mathfrak{H}$ *divides* $n!l^n\varphi(l)$.[10]

The result of J. also yields

Theorem 5: *If the division algebra* Δ *has the exact exponent* l, *then* $\mathfrak{H}$ *is a reduced extension of* $\mathfrak{L}$.

Our viewpoint is that the field K is given. Then the degrees $n = [K:F]$ and $q = [K(\epsilon):F]$ and the Galois groups $\mathfrak{A}$ and $\mathfrak{Z}$ of $N(K)$ and $N(K(\epsilon))$ may be considered as known. The previous theorems then show which extensions $\mathfrak{H}$ of a cyclic group of order l may occur as groups $\mathfrak{H}$ associated with central division algebras Δ, such that Δ is split by K and that the exponent divides l. Of course, there is only a finite number of such groups.

The conditions formulated so far are group theoretical However, we have the field theoretical condition that K and $K(\epsilon)$ can be embedded in a field Ω with the Galois group $\mathfrak{H}/\mathfrak{L}$. In connection with the results of J., this gives

Theorem 6: *The group* $\mathfrak{H}$ *can appear as the group associated with* Δ *only if* $K(\epsilon)$ *can be embedded in a normal field* Ω *over* F *such that the following conditions hold*

1. *The Galois group of* Ω *is (isomorphic with)* $\mathfrak{H}/\mathfrak{L}$.
2. *The subfields* $N(K(\epsilon))$, $N(K)$ *and* K *belong to the subgroups* $\mathfrak{H}_0/\mathfrak{L}$, $\mathfrak{W}/\mathfrak{L}$, *and* $\mathfrak{L}\mathfrak{B}/\mathfrak{L}$, *respectively.*

To any choice of $\mathfrak{H}$ and Ω satisfying our conditions, there exists a unique central division algebra Δ whose exponent divides l. If the ground field F is replaced by K, then $\mathfrak{H}$ must be replaced by the subgroup $\mathfrak{L}\mathfrak{B}$ and it now follows easily from the results of J. that Δ_K lies in the algebra class of K, that is Δ is split by K.

---

[10] Cf. J., Theorem 10.

THEOREM 7: *To any possible choice of* $\mathfrak{H}$ *and* Ω, *there exists a unique central division algebra* Δ *which possesses* K *as a splitting field and whose exponent divides* l.

It is quite possible, however, that this Δ will be identical with F. From the results of J., we obtain

THEOREM 8: *The algebra* Δ *in Theorem 7 is not identical with* F, *if and only if the embedding problem for* Ω *with a well defined group extension* $\mathfrak{H}'$ *of a cyclic group* $\mathfrak{N}$ *by means of* $\mathfrak{G}$ *has no solution.*

If $\mathfrak{H}$ is reduced, we have simply $\mathfrak{N} = \mathfrak{L}$, $\mathfrak{H} = \mathfrak{H}'$. If $\mathfrak{H}$ is not reduced, then $\mathfrak{H}'$ is the corresponding reduced extension of a cyclic group, see *J.*, Theorem 4.

If the lattice of the extension fields of F and the corresponding Galois groups are completely known, then the preceding theorems allow one to decide whether or not a given field K is the splitting field of non-trivial central division algebras.

III. Fields of prime degree

We now assume that the degree n of the field K is an odd prime number. Any non-trivial Δ split by K has both exponent and index equal to n, and without restriction, l may be taken equal to n. We add the further assumptions:

1. The nth roots of unity belong to F.
2. The Galois group $\mathfrak{A}$ of K is at least three times transitive (as a permutation group).

In particular, the cases are included that $\mathfrak{A}$ is the symmetric group of degree $n \geqq 3$ or the alternating group for $n > 3$.[11]

It now follows that

$$K = K(\epsilon), \quad \mathfrak{W} = \mathfrak{H}_0, \quad \mathfrak{S} = \mathfrak{T}, \quad n = q = l. \tag{22}$$

As shown in *J.*, Footnote 24, we may assume that

$$c(\alpha_0, \beta_0, \alpha_0) = 1 \tag{23}$$

for all α_0, β_0 in $\mathfrak{A}$. This together with (1) yields easily

$$c(\alpha_0, \beta_0, \gamma_0) = c(\beta_0, \alpha_0, \gamma_0)^{-1}; \quad c(\alpha_0, \beta_0, \gamma_0) = c(\beta_0, \gamma_0, \alpha_0). \tag{24}$$

Choose a complete residue system

$$\rho_1 = 1, \rho_2, \cdots, \rho_n \tag{25}$$

of $\mathfrak{A}$ (mod $\mathfrak{B}$). The elements $k(\alpha_0, \beta_0)$ in (5) may now be taken as

$$k(\alpha_0, \beta_0) = \prod_i c(\alpha_0, \beta_0, \rho_i) \tag{26}$$

---

[11] A. A. Albert (Bull. Amer. Math. Soc. 36, p. 649 (1930)) has shown that for a central division algebra Δ of index m splitting fields K of degree m with the symmetric group as Galois group exist, provided that Hilbert's irreducibility theorem holds in F.

as follows from (1c) and (4). From (23) and (24), the equation

$$\prod_i k(\rho_i, 1) = 1 \tag{27}$$

can be deduced. We may then assume that the ζ in (8) satisfy the additional condition

$$\prod_i \zeta(\rho_i) = 1. \tag{28}$$

LEMMA: *The elements of* $[\mathfrak{H}]$ *have the determinant* ± 1.

PROOF: Under our present assumptions, we have

$$[\epsilon^i] = (\epsilon^i \delta(\kappa, \lambda))$$

and it is clear that the determinant is 1. On the other hand,

$$\det [M(\alpha)] = \pm \prod C(1, \kappa^{-1}, \alpha^{-1}\kappa^{-1})$$

by (16), κ ranges over the system (15). Since C lies in F

$$C(1, \kappa^{-1}, \alpha^{-1}\kappa^{-1}) = C(1, \kappa^{-1}, \alpha^{-1}\kappa^{-1})^{\kappa\alpha} = C(\kappa\alpha, \alpha, 1)$$

and (11) yields

$$C(1, \kappa^{-1}, \alpha^{-1}\kappa^{-1}) = c(\kappa_0\alpha_0, \alpha_0, 1)\zeta(\kappa_0\alpha_0)/\zeta(\kappa_0)^{\alpha}\zeta(\alpha_0).$$

If κ ranges over the system (15), then κ_0 will range over a complete residue system of $\mathfrak{A}$ (mod $\mathfrak{B}$), and without restriction it can be assumed that this is just the system (25). Thus

$$\det [M(\alpha)] = \pm \prod c(\rho_i\alpha_0, \alpha_0, 1) \prod \zeta(\rho_i\alpha_0) / \prod \zeta(\rho_i)^{\alpha} \zeta(\alpha_0)^n.$$

The element $\rho_i\alpha_0$ will also range over a complete residue system (mod $\mathfrak{B}$). It follows from (4) that

$$\prod c(\rho_i\alpha_0, \alpha_0, 1) = \prod c(\rho_i, \alpha_0, 1)$$

and from (9) that

$$\prod \zeta(\rho_i\alpha_0) = \prod \zeta(\rho_i).$$

By (28) this product is 1 and so is its symbolic α^{th} power. In order to obtain $\zeta(\alpha_0)^n$, use $l = n$ and apply (8) and (26):

$$\zeta(\alpha_0)^n = k(\alpha_0, 1) = \prod c(\alpha_0, 1, \rho_i).$$

On account of these facts, we have

$$\det [M(\alpha)] = \pm \prod c(\rho_i, \alpha_0, 1) / \prod c(\alpha_0, 1, \rho_i).$$

Now (24) shows that the determinant is ± 1 and this proves the lemma.[12]

[12] The considerations up to this point can be given under the weaker assumption that n is an odd number, not necessarily a prime.

If Θ and η are two elements of Ω, we write $\Theta \sim \eta$ when Θ/η lies in $N(K)$. Then (11) for $\gamma = 1$ gives

$$\zeta(\alpha_0\beta_0^{-1})^{\beta} \sim \zeta(\alpha_0)\zeta(\beta_0)^{-1}$$

and when α_0 is replaced by $\alpha_0\beta_0$,

$$\zeta(\alpha_0)^{\beta} \sim \zeta(\alpha_0\beta_0)\zeta(\beta_0)^{-1}.$$

Because of (9), it is sufficient to consider the $n - 1$ elements $\zeta(\rho_i)$ with $i > 1$. We then obtain $n - 1$ relations

$$\zeta(\rho)^{\beta} \sim \prod_{\sigma} \zeta(\sigma)^{m(\rho,\sigma)} \tag{29}$$

where ρ is an element $\neq 1$ of (25) and where σ on the right ranges over the same $n - 1$ elements. We have $m(\rho, \sigma) = 1$ when $\mathfrak{B}\rho\beta = \mathfrak{B}\sigma$; $m(\rho, \sigma) = -1$ when $\mathfrak{B}\beta = \mathfrak{B}\sigma$, and $m(\rho, \sigma) = 0$ in all other cases. It is seen easily that the matrix $T(\beta) = (m(\rho, \sigma))$ furnishes a representation T of $\mathfrak{A}$.

If we interpret $\mathfrak{A}$ as a permutation group of degree n, then $\mathfrak{B}$ is the subgroup which leaves the first symbol fixed. It is seen at once that if we omit this first symbol, the corresponding permutation representation of degree $n - 1$ is identical with $T(\mathfrak{B})$. Under our present assumption, $\mathfrak{B}$ is still doubly transitive. Hence $T(\mathfrak{B})$ will split into the 1-representation and an irreducible representation $Q(\mathfrak{B})$ of degree $n - 2$. This holds not only in the sense of representations with complex coefficients, but also in the modular sense (mod n), because the order of $\mathfrak{B}$ is prime to n.

Returning to (29) for arbitrary β in $\mathfrak{A}$, we remark that it is more logical to consider $T(\beta)$ as a modular representation (mod n), since the $m(\rho, \sigma)$ could be changed (mod n). This modular representation $T(\mathfrak{A})$ still contains the 1-representation as can be shown without difficulty. The remaining representation $Q(\mathfrak{A})$ can be obtained as follows. Using $\zeta(1) = 1$ and (28), we can write

$$\zeta(\rho_n) = (\zeta(\rho_2)\zeta(\rho_3) \cdots \zeta(\rho_{n-1}))^{-1}. \tag{30}$$

If we introduce this on the right side of (29), we obtain formulae

$$\zeta(\rho)^{\beta} \sim \prod_{\sigma} \zeta(\sigma)^{q(\rho,\sigma)} \tag{31}$$

where ρ, σ now range over $\rho_2, \rho_3, \cdots, \rho_{n-1}$. Here, $Q(\beta) = (q(\rho, \sigma))$ can be seen to be the required representation. Since $Q(\mathfrak{B})$ has been recognized as irreducible, $Q(\mathfrak{A})$ is, *a fortiori*, irreducible in the modular sense.

Consider now all systems of $n - 2$ rational integers $a(\rho_i)$ ($i = 2, 3, \cdots, n - 1$) for which

$$\prod \zeta(\rho)^{a(\rho)} \sim 1. \tag{32}$$

It follows from (31) that the corresponding modular vectors $(a(\rho_2), a(\rho_3), \cdots, a(\rho_{n-1}))$ form an invariant subspace V of the space of the representation Q. Since Q is irreducible, we must have one of the following two cases

CASE I: $V = 0$.

CASE II: V is the full representation space.

In the case I, only trivial relations (32) exist and this implies that $[\Omega:N(K)] = n^{n-2}$, because (30) implies that the degree cannot be larger than n^{n-2}. Then Theorem 6 shows that $\mathfrak{H}_0/\mathfrak{L}$ has the order n^{n-2}, that is, $\mathfrak{H}_0$ has the order n^{n-1}. It then follows that $\mathfrak{H}_0$ consists of all unimodular diagonal matrices of degree n in which the coefficients are n^{th} roots of unity. It follows further that $\mathfrak{H}$ consists of all monomial unimodular transformations such that the coefficients are n^{th} roots of unity and that the corresponding permutation group is $\mathfrak{A}$.

It will be shown later that Case II is impossible for $\Delta \neq F$. Then we shall have proved

THEOREM 9: *Assume that F contains the nth roots of unity for an odd prime number n and that K is an extension field of degree n whose Galois group (interpreted as a permutation group of degree n) is at least three times transitive. Every central division algebra $\Delta \neq F$ with the splitting field K is associated with the full monomial group $\mathfrak{H}$, in which the coefficients are n^{th} roots of unity, which has $\mathfrak{A}$ as its corresponding permutation group, and in which the determinants are ± 1.*

In our present case, we have to investigate only the *one* definite group $\mathfrak{H}$ in Theorems 6, 7, and 8. K will be a splitting field of non-trivial Δ, if and only if the embedding problem of Theorem 6 has a solution Ω for which the embedding problem of Theorem 8 has *no* solution.

It remains to discard the Case II. Here any system of rational integers is possible in (32), and as a consequence, all $\zeta(\rho)$ lie in $N(K)$. This implies

$$\Omega = N(K), \qquad \mathfrak{G} = \mathfrak{A}. \tag{33}$$

The factor set c then is associated in $N(K)$ with a factor set C which consists of nth roots of unity. We want to show that C can be chosen in such a manner that (4) holds for C.

If β is an element of $\mathfrak{B}$, (11) shows that

$$\zeta(\alpha\beta^{-1})^{\beta} = \zeta(\alpha)\cdot C(\alpha, \beta, 1)^{-1}.$$

Replacing α by $\alpha\beta$, we have a formula

$$\zeta(\alpha)^{\beta} = \zeta(\alpha\beta)\cdot\lambda \tag{34}$$

where λ is an nth root of unity. Take $\alpha = \rho_n$ and choose β as an element ω of

$$\mathfrak{U} = \mathfrak{B} \cap \rho_n^{-1}\mathfrak{B}\rho_n\,. \tag{35}$$

Then $\alpha\beta = \rho_n\omega$ has the form $\tau\rho_n$ with τ in $\mathfrak{B}$. Hence $\zeta(\alpha\beta) = \zeta(\tau\rho_n) = \zeta(\rho_n)$ and (34) reads

$$\zeta(\rho_n)^{\omega} = \zeta(\rho_n)\lambda. \tag{36}$$

The order of ω is certainly prime to n. Applying ω repeatedly in (36), we readily obtain $\lambda = 1$; that is

$$\zeta(\rho_n)^{\omega} = \zeta(\rho_n). \tag{37}$$

If α, β now are *any* two elements of $\mathfrak{A}$ which do not belong to the same residue class mod $\mathfrak{B}$, we can find an element σ of $\mathfrak{A}$ such that $\mathfrak{B}\sigma = \mathfrak{B}\beta$, $\mathfrak{B}\rho_n\sigma = \mathfrak{B}\alpha$. This is a simple consequence of the fact that $\mathfrak{A}$ is doubly (even triply) transitive. If σ' is another element with the same property, we have $\sigma' = \omega\sigma$ with ω in (35); and because of (37), the quantity $\zeta(\rho_n)^\sigma$ depends only on α, β and we may write

$$\tilde{k}(\alpha, \beta) = \zeta(\rho_n)^\sigma. \tag{38}$$

If α, β belong to the same residue class mod $\mathfrak{B}$, set

$$\tilde{k}(\alpha, \beta) = 1. \tag{38*}$$

Then $\tilde{k}(\alpha, \beta)$ satisfies the conditions (3) and (6). In particular, we have $\tilde{k}(\rho_n, 1) = \zeta(\rho_n)$ and hence

$$\tilde{k}(\rho_n, 1)^n = \zeta(\rho_n)^n = k(\rho_n, 1).$$

Applying all σ of $\mathfrak{A}$ we derive

$$\tilde{k}(\alpha, \beta)^n = k(\alpha, \beta) \tag{39}$$

for all α, β which do not belong to the same residue class (mod $\mathfrak{B}$). If α, β lie in the same residue class, (39) follows from (38*) and (3).

The factor set

$$c^*(\alpha, \beta, \gamma) = c(\alpha, \beta, \gamma)\tilde{k}(\alpha, \gamma)/\tilde{k}(\alpha, \beta)\tilde{k}(\beta, \gamma)$$

is associated to c and satisfies the condition (4). Because of (39) and (5) (with $l = n$), the nth power of $c^*(\alpha, \beta, \gamma)$ is 1 and c^* consists of nth roots of unity. Without restriction, we may assume that c itself consists of nth roots of unity, and we may still assume that (23) holds. Then, by (24), for all α, β, γ in $\mathfrak{A} = \mathfrak{G}$

$$c(\alpha, \beta, \gamma) = c(\beta, \alpha, \gamma)^{-1}. \tag{40}$$

Take α, β, γ from different residue classes mod $\mathfrak{B}$. Since $\mathfrak{A}$ is three times transitive, there exists a σ in $\mathfrak{A}$ such that

$$\mathfrak{B}\alpha\sigma = \mathfrak{B}\beta, \qquad \mathfrak{B}\beta\sigma = \mathfrak{B}\alpha, \qquad \mathfrak{B}\gamma\sigma = \mathfrak{B}\gamma\,.$$

Since $c(\alpha, \beta, \gamma)$ lies in F, (1b) and (4) yield

$$c(\alpha, \beta, \gamma) = c(\beta, \alpha, \gamma). \tag{41}$$

Comparing (40) and (41), we see that $c(\alpha, \beta, \gamma) = \pm 1$, and since $c(\alpha, \beta, \gamma)$ is an nth root of unity with n odd, we must have $c(\alpha, \beta, \gamma) = 1$. From (1a) and (23), it follows that the same equation is true, if α, β, γ do not lie in different residue classes. It is then shown that c is the unit system and hence $\Delta = F$. Consequently, Case II cannot appear for non-trivial Δ, and Theorem 9 is proved completely.

UNIVERSITY OF TORONTO.

Representations of Groups and Rings

Richard Brauer
Colloquium Lectures: September, 1948

Most abstract concepts of mathematics arise from some concrete notion; we collect the most significant features and postulate them as axioms. Thus a study of the one-to-one transformations of a system on itself leads to the group concept. A study of the linear transformations of a vector space, or more generally of the endomorphisms of an abelian group, leads to the concept of a ring. Once the abstract concept has been obtained, we may sever all connections with the original notion and study the systems satisfying our axioms purely on the strength of these axioms. On the other hand, we can ask whether there exist concrete systems of the original kind which represent our abstract system faithfully, and then proceed to study this system by means of such representations.

In these lectures, we shall be interested in the linear representations of rings and groups, primarily from an algebraic and arithmetical point of view.

1 Fundamental Definitions

Let A be a system of elements for which an "addition" and a "multiplication" are defined within A. We have a *representation* M of A by linear transformations of a vector space V over a given field K if to every element α of A there corresponds a linear transformation $M(\alpha)$ of V such that

$$M(\alpha + \beta) = M(\alpha) + M(\beta), \qquad M(\alpha\beta) = M(\alpha)M(\beta), \qquad (\alpha, \beta \in A).$$

The dimension m of the *representation space* V is called the *degree*, $m = \deg M$. If coordinates are introduced in V, every $M(\alpha)$ is described by a matrix $\mathsf{M}(\alpha)$ of degree m. (We could have taken V more generally as an arbitrary abelian group and the $M(\alpha)$ as endomorphism of V. However, for the sake of simplicity, we shall take V as a vector space of a finite number of dimensions.)

If the linear transformation $M(\alpha)$ carries $v \in V$ into $v' = vM(\alpha)$ we set $v' = v\alpha$. Then V becomes an *A-module*:

$$(v_1 + v_2)\alpha = v_1\alpha + v_2\alpha; \qquad (cv)\alpha = c(v\alpha); \qquad v(\alpha + \beta) = v\alpha + v\beta;$$
$$v(\alpha\beta) = (v\alpha)\beta$$

$(v, v_1, v_2 \in V, c \in K, \alpha, \beta \in A)$. Conversely, every A-module V defines a representation M, with $M(\alpha)$ defined as $v \rightarrow v\alpha$.

Representation spaces are additive groups with operators. When we apply the group-theoretical terms *subgroup* or *homomorphism* they are to mean *admissible subgroup* = submodule, *operator-homomorphism,* etc.

(a) Similarity If two representation spaces V and V_0 of A are (operator)-isomorphic, the corresponding representations M and M_0 are *similar*; $M \sim M_0$. If suitable coordinate systems are introduced, we have for the matrices $\mathsf{M}(\alpha) = \mathsf{M}_0(\alpha)$ for all α. Similar representations are considered as not essentially different. If arbitrary coordinate systems are used, $\mathsf{M}(\alpha) = \mathsf{P}^{-1}\mathsf{M}_0(\alpha)\mathsf{P}$ with a fixed nonsingular matrix P.

(b) Reducibility An *invariant subspace* V^* of V is an admissible subgroup. Then both V^* and the residue class space V/V^* are representation spaces of A. If a suitable coordinate system is used, the matrices $\mathsf{M}(\alpha)$ have the form

$$\mathsf{M}(\alpha) = \begin{pmatrix} \mathsf{M}^*(\alpha) & 0 \\ * & \mathsf{M}^{**}(\alpha) \end{pmatrix}, \tag{1.1}$$

where M^* is the representation in V^* and M^{**} that in V/V^*. Then M is *reducible* and M^*, M^{**} are *constituents* of M (provided that $V^* \neq (0), V$).

The representations M^*, M^{**} may themselves be reducible. If we break them up in a corresponding manner and continue, we finally obtain a splitting of M into *irreducible constituents* $M_1, M_2, \ldots, M_r$. This corresponds to the forming of a composition series $V = V_r \supset V_{r-1} \supset \cdots \supset V_0 = (0)$ of V with M_i belonging to V_i/V_{i-1}. The Jordan–Hölder theorem yields at once the uniqueness of the irreducible constituents M_i of a given representation.

(c) Decomposition If V is the direct sum of two invariant subspaces $V = V^* + V^{**}$, we say that M is the *direct sum* of the corresponding representations M^* and M**: $M = M^* \dotplus M^{**}$. If suitable coordinate systems are used,

$$\mathsf{M}(\alpha) = \begin{pmatrix} \mathsf{M}^*(\alpha) & 0 \\ 0 & \mathsf{M}^{**}(\alpha) \end{pmatrix}. \tag{1.2}$$

In this case, M is *decomposable* (provided $V^*, V^{**} \neq (0)$). If M^*, M^{**} are decomposable, we treat them in the same fashion, and finally arrive at the decomposition of M into *indecomposable* parts. This corresponds to a decomposition of V into a direct sum of *indecomposable* invariant subspaces. The corresponding group-theoretical uniqueness theorem shows the uniqueness of the indecomposable parts of M.

(d) Schur's Lemma If V and W are two representation spaces for A, the operator-homomorphisms P of V into W form a K-module $\mathrm{Hom}(V, W)$. The kernel V_0 of P is an invariant subspace of V, the image $VP = W^*$ of V is an invariant subspace of W, and $V/V_0 \cong W^*$. For $P \neq 0$, it follows that the representations M in V and N in W have a common constituent. In particular, if M and N are irreducible and $\mathrm{Hom}\,(V, W) \neq (0)$, then $M \sim N$, and every $P \in \mathrm{Hom}(V, W)$ is either 0 or nonsingular.

In general, we denote the rank of $\mathrm{Hom}(V, W)$as the *intertwining number* $I(M, N)$ *of* M *and* N.

(e) The Commuting Algebra of a Representation In the case $V = W$, the K-module $\mathrm{Hom}(V, V)$ becomes an algebra over K, the *commuting algebra* $C(M)$ of the representation M in V. If M is irreducible, Schur's lemma shows that $C(M)$ is a division algebra. If M is indecomposable, Fitting's lemma shows that every element P of $C(M)$ is either nilpotent or nonsingular.

2 The Regular Representation

So far, the question has remained open whether a given system A possesses nontrivial representations. If we have a faithful (i.e., one-to-one) representation M of A, the elements $M(\alpha)$ together with the identity 1 generate an algebra of finite rank n over K and it will not mean an essential restriction to assume that A is itself an algebra over K with a 1-element 1. The original system A can be imbedded in such an algebra and the original representation can be extended to one of the algebra. The same is true if we have only a multiplication but no addition in the original A (with a corresponding change in the definition of representation).

We assume then that A is an algebra with a 1-element of rank n over K, so that K may be considered as contained in the center of A. Without essential restriction, we may assume that $M(c) = c \cdot 1$ if M is a representation of A, $c \in K$.

The algebra A is a vector space over K and, moreover, A is an A-module. Hence A itself defines a representation, the *regular representation* R of A. If ξ denotes a variable element of A, then $R(\alpha)$ is the transformation $\xi \to \xi\alpha$, the *right multiplication* by α. Clearly, this is a linear transformation in A (taken as a K-space).

In the case of the regular representation, the invariant subspaces Z are the *right ideals* of A. Of particular importance are the *components* of A, i.e., the right ideals Z for which A is the direct sum of Z and another right ideal Z^*, $A = Z + Z$.* If we write 1 accordingly as $1 = e + e^*$, then e is an idempotent, $e^2 = e$, and $Z = eA$. Conversely, if e is an idempotent, eA is a component of A.

In the following lemmas, eA is a component of A, and V, W are arbitrary representation spaces.

(2A) The set $\operatorname{Hom}(eA, V)$ consists of all mappings $\alpha \to v\alpha$ ($\alpha \in eA$), where v is an arbitrary fixed vector of V.

(2B) If $P \in \operatorname{Hom}(eA, W)$, if $Q \in \operatorname{Hom}(V, W)$ and Q maps V *on* W, there exists a $T \in \operatorname{Hom}(eA, V)$ such that $P = TQ$.

(2C) If $P \in \operatorname{Hom}(V, eA)$ and P maps V *on* eA, then V is the direct sum $V_0 \dot{+} V^*$ of two invariant subspaces. Here, V_0 is the kernel of P and V^* is mapped isomorphically on eA by P.

Lemma (2A) together with Schur's lemma shows that every irreducible representation M appears as a constituent in R. A reducible representation M need not be a constituent of R but is a constituent of a representation $R \dot{+} R \dot{+} \cdots \dot{+} R$.

Another corollary of (2A) is the equation

$$I(R, M) = \deg M. \tag{2.1}$$

For $eA = V = A$, lemma (2A) shows that the commuting algebra $C(R)$ of R consists of the left multiplications $L(\alpha)$: $\xi \to \alpha\xi$. These $L(\alpha)$ form a skew-representation of A:

$$L(\alpha \pm \beta) = L(\alpha) \pm L(\beta); \qquad L(\alpha\beta) = L(\beta)L(\alpha).$$

The transposes of the matrices of $L(\alpha)$ define a representation $S(\alpha)$ of A, the *second regular representation.*

3 The Main Properties of the Representations

The indecomposable parts of the regular representation will be called the *principal indecomposable representations.*

(3A) The number k of distinct principal indecomposable representations U_1, $U_2, \ldots, U_k$ of A is equal to the number of distinct irreducible representations of A. The space e_iA of U_i has a unique maximal invariant subspace $N_i \subset e_iA$. If F_i is the irreducible representation belonging to e_iA/N_i, then $F_1, F_2, \ldots, F_k$ are the distinct irreducible representations of A.

(3B) The representation U_i appears in R with the multiplicity $q_i = f_i/r_i$, where $f_i = \deg F_i$ and $r_i = \operatorname{rank} C(F_i)$:

$$R = (f_1/r_1) \times U_1 \dot{+} \cdots \dot{+} (f_k/r_k) \times U_k. \tag{3.1}$$

(3C) If M (with the space V) is an arbitrary representation, then

$$I(U_i, M) = \operatorname{rank} \operatorname{Hom}(e_iA, V) = h_ir_i,$$

where h_i is the multiplicity of F_i as irreducible constitutent of M.

The proof of (3A) and (3C) can be based on the lemmas in Section 2 and (3B) is a corollary of (3C).

(3D) If n_i is the maximum number of linearly independent matrices $F_i(\alpha)$, $\alpha \in A$, then $q_i = f_i/r_i = n_i/f_i$ (generalized Burnside theorem).

(3E) If $\beta_1, \beta_2, \ldots, \beta_k$ are k arbitrary elements of A, there exists an element $\alpha \in A$ such that $F_1(\alpha) = F_1(\beta_1), F_2(\alpha) = F_2(\beta_2), \ldots, F_k(\alpha) = F_k(\beta_k)$.

4 Connection with the Structure Theory of Algebras and Rings

The *radical* N of an algebra A can be defined as the set of all $\alpha \in A$ represented by 0 by all irreducible representations F_i. Then N is an ideal of A. An alternative definition is as follows. Write A as a direct sum of indecomposable components e_iA and determine the maximal right ideal $N_i \subset e_iA$; then $N = \Sigma N_i$. It is easy to see that N is the maximal nilpotent right ideal of A.

The algebra A is *semisimple* if $N = 0$. In the general case, A/N is semisimple. If A is semisimple, all $N_i = 0$ and (3A) shows that the principal indecomposable representation U_i coincides with the irrreducible representation F_i. Now (2C) yields

(4A) Every representation of a semisimple algebra is *completely* reducible, i.e., a direct sum of irreducible representations. Conversely, if A has a faithful completely reducible representation, then A is semisimple.

We can use (3.1) in the semisimple case to find the commuting ring $C(R)$. It follows that $C(R)$ is a direct sum of k algebras B_i where $B_i = C(q_i \times F_i)$. Then B_i consists of all matrices of degree q_i with coefficients in $C(F_i)$, $B_i = [C(F_i)]_{q_i}$, and by Schur's lemma $C(F_i)$ is a division ring. The algebra $C(R)$ is anti-isomorphic to A. We thus obtain Wedderburn's theorems:

(4B) Every semisimple algebra is a direct sum of simple algebras. Every simple algebra is a complete matric algebra over a division algebra.

This shows the true significance of the quantities introduced in Section 3.

(4C) If A_i is the algebra of all $F_i(\alpha)$ ($\alpha \in A$, i fixed), then A_i is a simple algebra homomorphic to A. (This A_i is a complete matric algebra of degree q_i over a division algebra D_i which is anti-isomorphic to $C(F_i)$. The rank of A_i is n_i; the rank of D_i is r_i.

We treated here only algebras. It should be mentioned that rings with minimum conditions for right ideals can be treated by the same method, if the notion of a representation is generalized suitably (see Section 1). On the other hand, one may first build up the theory of rings (for instance, following Jacobson) and then derive the results in Section 3 (introducing the necessary restrictive assumptions for each statement).

5 Representation in Extension Fields

If A is an algebra over the field K, and if Ω is an extension field of K, we can consider representations M of A in Ω, i.e., in vector spaces over Ω. As remarked above, M can then be extended to a representation of an algebra over Ω, and the previous results can be applied. We remark that if two representations of A in K are not similar, they remain nonsimilar in any extension field; if two representations of A have no common irreducible constituent, the same holds after an extension of the field. An irreducible representation of A in K may become reducible in extension fields Ω; the irreducible representations of A in Ω are obtained by breaking up the irreducible representations of A in K.

If a representation M of A remains irreducible in every extension field of the underlying field, then M is absolutely irreducible. (3D) yields

(5A) A representation F of degree f is absolutely irreducible if and only if there exist f^2 linearly independent matrices $\mathsf{F}(\alpha)$.

An *absolute splitting field* is an extension field Ω such that every irreducible representation of A in Ω is absolutely irreducible.

(5B) If Ω_0 is an extension field of K, there exist absolute splitting fields of A of finite degree over Ω_0.

The behavior of irreducible representations in extension fields is closely related to the theory of simple algebras (see A. A. Albert, *Structure of Algebras*).

6 The Commutative Case

A number of simplifications occur if A is *commutative*. We note the following:

(6A) All irreducible constituents of an indecomposable representation of a commutative A are equal.

(6B) The numbers q_i are equal to 1, i.e., $n_i = f_i = r_i$. All absolutely irreducible representations are of degree 1.

If Ω is an absolute splitting field, an absolutely irreducible representation F of A is a ring homomorphism of the algebra A into Ω which leaves the elements of K fixed.

Let B be a subalgebra of A. If R is the regular representation of A, the elements $R(\beta)$, $\beta \in B$, form a representation of B which contains the regular representation of B as constituent. This leads at once to

(6C) If Ω is an absolute splitting field of the commutative algebra A, then Ω is an absolute splitting field for every subalgebra B and every irreducible representation of B in Ω can be extended to a representation of A.

This is a basic result in commutative algebra.

7 Applications

In order to illustrate the preceding results, we discuss briefly some well-known theories from our point of view.

(a) Normal Form of a Matrix (See MacDuffee's book, *Vectors and Matrices.*) Given a linear transformation M_0 in the vector space V over the field K, the problem is to find a coordinate system such that the matrix M_0 of M_0 has a specially simple form.

Let $g(x) = 0$ be the minimal equation of M_0. The polynomials of M_0 form an algebra A isomorphic to the residue class algebra $K[x]/(g(x))$. If α_0 denotes the residue class of x, then $h(\alpha_0) \rightarrow h(M_0)$ $(h(x) \in K[x])$ defines a faithful representation M of A. Without essential restriction, it can be assumed that M_0 is indecomposable. Then $g(x)$ is a power of an irreducible polynomial. If W is the space of a faithful representation Z of A, it follows easily that W contains an invariant subspace W^* such that the representation in W^* is similar to the regular representation R of A. Using the commutativity of A and duality we derive that W also contains an invariant subspace W^{**} such that the representation in W/W^{**} is similar to R. Then (2C) shows that R is a component of Z. In particular, if $Z = M$, we obtain $M \sim R$ because of the indecomposability of M. Hence $M_0 \sim R(\alpha_0)$. In order to obtain a specially simple form of the matrix M_0, we only have to choose a specially simple basis of A and write down the matrix of $R(\alpha_0)$ with regard to this basis.

(b) Structure of Fields If A is taken as an extension field of degree n of K, the general theorems yield easily the basic facts of field theory. We illustrate this by some remarks. If Ω is an absolute splitting field, every irreducible representation F_i of A is a K-isomorphism of A into Ω. The number k of distinct F_i, then, is the number of conjugates of A, i.e., the degree of separability of A over k. In the field A itself, we have the identical representation $\alpha \to \alpha$ of A. If U is the corresponding principal indecomposable representation, the principal indecomposable representation U_i of A in Ω is obtained from U by application of the isomorphism F_i to the coefficients. All U_i have the same degree and this degree is the degree of inseparability of A over K. In particular, A is separable over K if and only if $\deg U = 1$, i.e., if the extension A_A of A is semisimple. If, in the inseparable case,

$$U(\alpha) = \begin{pmatrix} * & 0 & 0 \\ * & \alpha & 0 \\ * & d(\alpha) & \alpha \end{pmatrix}$$

then $d(\alpha)$ is a derivation of A with regard to K, and every such derivation can appear here. The minimal absolute splitting fields are the Galois fields of K; a separable field A is normal if it is its own absolute splitting field.

(c) Galois Theory Assume that the field A is normal and separable over K. Then A possesses n irreducible representations F_i in A. Each F_i is a K-automorphism; the n automorphisms F_i form the Galois group G of A. Considering A as a vector space over K, we have two types of linear transformations: the right multiplications $R(\alpha)$, $\xi \to \xi\alpha$ ($\alpha \in A$); and the automorphisms F, $\xi \to F(\xi)$ ($F \in G$). The transformations generate a simple algebra B of rank n^2. If H is a subgroup of G, the $F \in H$ and the $R(\alpha)$ generate a simple subalgebra $B(H)$. The commuting algebra $C(B(H))$ consists of all $R(\beta)$ with β in the subfield $J(H)$ of A left invariant by the $F \in H$. Application of theorems of ring theory easily yields the fundamental theorem of Galois theory. Actually, it is sufficient to apply Burnside's theorem (3D), which shows that the degree of $J(H)$ over K equals the index of H in G. (See also (6C).)

These considerations will show that the modern "noncommutative" algebra embraces the older algebraic theories. This indicates the possibility of generalizations of the classical theories, for instance, of an extension of Galois theory to noncommutative domains, as given recently by several writers. On the other hand, an analysis of the proofs leads to important new concepts, for instance, types of algebras such as Frobenius algebras and uniserial algebras. To mention another example: the F in Section 7(c) form a linear representation of the Galois group G. If instead we use a representation of G by collineations, i.e., replace F by a linear transformation $P(F)$ such that $P(F)P(F')$ and $P(FF')$ may differ by a scalar factor, we are led to the idea of a crossed product, of fundamental importance for the theory of simple algebras.

8 Group Algebras Belonging to Groups of Finite Order

A *group algebra* Γ is an algebra whose n basis elements $g_1, g_2, \ldots, g_n$ form a group G under multiplication. To every given group G of finite order, and to every given field K, there exists a unique such group algebra consisting of all $\sum a_i g_i$, $a_i \in K$. It is the same problem to find the representations of G and those of Γ. The representations of groups can therefore be treated as application of the theory of representation of algebras.

(8A) If K has characteristic 0, Γ is semisimple.

We shall need the following facts concerning the *center* Λ of Γ:

(8B) If $C_1, C_2, \ldots, C_l$ are the classes of conjugate elements in G, a basis of the center Λ consists of the l elements (C_i) where (C_i) is the sum of the elements in the class C_i.

The constants of multiplication a_{ijm} of Λ are rational integers $\geqq 0$, defined by

$$(C_i)(C_j) = \sum_m a_{ijm}(C_m). \tag{8.1}$$

They are completely determined by the structure of G.

9 Representations of Groups in the Field of Complex Numbers

The classical theory of group representations deals with the representations of a group G of finite order n in the field K of complex numbers, more generally, in an algebraically closed field of characteristic 0. We only state the basic facts:

(9A) The representations of G are completely reducible.

(9B) The number of distinct irreducible representations of G is equal to the number l of classes of conjugate elements in G.

The *character* $\chi(g)$ of a representation $M(g)$ of G is the trace of the matrix $\mathsf{M}(g)$, g ranging over G. The character $\chi(g)$ is a *class function,* i.e., its value depends only on the class C_i to which g belongs. Since $\chi(g)$ is the sum of the characteristic roots of $M(g)$, it is a sum of tth roots of unity, t being the order of g. Also, $\chi(g^{-1}) = \overline{\chi(g)}$.

(9C) Two representations of G are similar if and only if they have the same character.

The product of two characters $\chi(g)$ and $\chi^*(g)$ is again a character.

We shall denote the l irreducible representations of G by $X_1, X_2, ..., X_l$ and the corresponding *irreducible characters* by $\chi_1, \chi_2, ..., \chi_l$. We have the *orthogonality relations*

(9D)
$$\sum_{g\in G} \chi_\lambda(g)\overline{\chi_\mu(g)} = n\delta_{\lambda\mu},$$
$$\sum_{\lambda=1}^{l} \chi_\lambda(g)\overline{\chi_\lambda(g')} = \begin{cases} n/h_i & \text{if } g,g' \text{ both in } C_i \\ 0 & \text{if } g,g' \text{ in different classes.}\end{cases}$$

Here, h_i denotes the number of elements in C_i.

The coefficients $a_{ij}^{(\lambda)}(g)$ of $X_\lambda(g)$ also satisfy *orthogonality relations*

$$\sum_{g\in G} a_{ij}^{(\lambda)}(g)a_{mq}^{(\mu)}(g^{-1}) = (g/x_\lambda)\delta_{\lambda\mu}\delta_{iq}\delta_{jm} \qquad (x_\lambda = \deg X_\lambda). \tag{9.1}$$

Every irreducible representation X_λ of G corresponds to a representation ω_λ of degree one of the center Λ of Γ with

$$\omega_\lambda(C_i) = h_i\chi_\lambda(g_i)/x_\lambda, \tag{9.2}$$

where g_i is an arbitrary element of C_i. In the notation (8.1),

$$\omega_\lambda(C_i)\omega_\lambda(C_j) = \sum_m a_{ijm}\omega_\lambda(C_m) \tag{9.3}$$

As a consequence, the $\omega_\lambda(C_i)$ and the $\chi_\lambda(g_i)$ are completely determined by the a_{ijm}. The $\omega_\lambda(C_i)$ are algebraic integers.

(9E) The degree x_λ of the irreducible representation X_λ divides n.

We took K as an algebraically closed field. However, we can now replace K by an absolute splitting field of the group algebra of G over the field of rational numbers. In particular, we may choose K as an algebraic number field.

10 Arithmetical Questions

If an arbitrary subring $\mathfrak{o}$ of a field K has been chosen as the ring of "integers" of K, the *group ring* $\mathfrak{O}$ of a group G with regard to $\mathfrak{o}$ can be formed. It consists of the elements $\Sigma a_i g_i$ with $a_i \in \mathfrak{o}$. We shall assume that $1 \in \mathfrak{o}$ and that K is the quotient field of $\mathfrak{o}$. It will be sufficient for our purposes to consider the case of a principal ideal ring $\mathfrak{o}$. If A is an arbitrary algebra of rank n over K, an *order* or *domain of integers* $\mathfrak{O}$ of A with regard to $\mathfrak{o}$ is a subring $\mathfrak{O}$ of A which contains $\mathfrak{o}$ and is a finite $\mathfrak{o}$-module. It is no essential restriction to assume that $\mathfrak{O}$ generates the algebra A. Then $\mathfrak{O}$ has a $\mathfrak{o}$-basis consisting of n elements. If we write the regular representation R in matrix form, choosing an arbitrary coordinate system, the elements α represented by integral matrices $\mathsf{R}(\alpha)$ will form an order; and every order can be obtained in this manner. Here, an *integral matrix* is a matrix with coefficients in $\mathfrak{o}$.

We shall now think of representations M as given in *matrix* form assuming that in each case a definite coordinate system has been chosen. Let $\mathfrak{o}$ be a fixed order of A. A representation M of A is *integral* (for $\mathfrak{O}$) if $M(\alpha)$ is an integral matrix for all $\alpha \in \mathfrak{O}$.

(10A) Every representation of A is similar to an integral representation.

Two similar representations M_1 and M_2 are *integrally equivalent* if there exists an integral matrix P, whose determinant is a unit of $\mathfrak{o}$, such that $P^{-1}M_1(\alpha)P = M_2(\alpha)$ for all α.

(10B) If $\mathfrak{o}$ is the ring of rational integers, and Γ is a group algebra, every class of similar integral representations breaks up into a finite number of subclasses of integrally equivalent representations.

Generalizations of this theorem of C. Jordan have been given by Zassenhaus.
One of the main arithmetical problems is that of the behavior of a prime p_0

of $\mathfrak{o}$ in $\mathfrak{O}$. This question is closely connected with a study of the residue class ring $\mathfrak{O}/p_0\mathfrak{O} = A^*$. If α^* denotes the residue class $(\text{mod}\, p_0\mathfrak{O})$ of $\alpha \in \mathfrak{O}$, the c^* with c in $\mathfrak{o}$ form a field K which may be identified with $\mathfrak{o}/p_0\mathfrak{o}$. Then A^* is an algebra of rank n over K^*. For the investigation of A^*, the representations of A^* in K^* can be used.

Every integral representation M of $\mathfrak{O}$ yields a representation M^* of A^* in K^* if every coefficient α is replaced by the corresponding α^*. In general, not every representation of A^* can be obtained in this manner. The connection between the arithmetical questions and the K^*-representations is given by

(10C) If A^* has k distinct irreducible representations $F_1, F_2, \ldots, F_k$ in K^*, then p_0 has k prime ideal divisors $\mathfrak{P}_1, \mathfrak{P}_2, \ldots, \mathfrak{P}_k$ in $\mathfrak{O}$. The residue class algebra $\mathfrak{O}/\mathfrak{P}_i$ is isomorphic to the algebra of all $F_i(\alpha^*)$, $\alpha \in \mathfrak{O}$, and $\mathfrak{P}_i$ consists of the $\alpha \in \mathfrak{O}$ with $F_i(\alpha^*) = 0$.

If M_1 and M_2 are two similar integral representations which are not integrally equivalent, the corresponding representations M_1 and M_2 need not be similar. However:

(10D) If two integral representations M_1 and M_2 are similar, the irreducible constituents of M_1^* and M_2^* are the same.

This result enables us to speak of the irreducible K^*-constituents of a K-representation of A.

11 The Case of a Complete Field

We shall assume now that the field K in Section 10 is complete with regard to the valuation defined by the prime p_0. For the sake of simplicity, it will be assumed that A is *semisimple*. Then the irreducible representations $X_1, X_2, \ldots, X_l$ of A in K coincide with the principal indecomposable representations of A. On the other hand, the residue class algebra A^* need not be semisimple. Let $U_1, U_2, \ldots, U_k$ be the principal indecomposable representations and let $F_1, F_2, \ldots, F_k$ be the irreducible representations of A^* in K^*. Using the completeness of K, we can show

(11A) There exist k integral representations $(U_1), \ldots, (U_k)$ of A in K such that $(U_i)^* = U_i$. If R^* contains U_i with the multiplicity q_i, then R is integrally equivalent to the direct sum of the k representations $q_i \times (U_i)$.

(11B) If M is an integral representation of A, then $I((U_j), M) = I(U_j, M^*)$.

Applying this to $M = X_\lambda$, we find

(11C) If X_λ appears in (U_i) with the multiplicity $d_{\lambda i}$, and if F_i appears in X_λ^* with the multiplicity $\tilde{d}_{\lambda i}$, then

$$w_\lambda d_{\lambda j} = \tilde{d}_{\lambda j} r_j$$

where w_i = rank $C(X_i)$, r_j = rank $C(F_j)$.

Set $c_{ij} = I(U_j, U_i)$. Then F_j appears in U_i with the multiplicity c_{ij}/r_j. These c_{ij} are the *Cartan invariants* of A^*:

(11.1) $$c_{ij} = \sum_\lambda d_{\lambda i} w_\lambda d_{\lambda j} = c_{ji}.$$

12 Modular Group Characters

We are now in a position to build up the theory of group representations in an algebraically closed field of characteristic p. Let K_0 be an algebraic number field which is an absolute splitting field for the group algebra of the group G over the field of rational numbers. Let $\mathfrak{p}$ be a prime ideal dividing p and let K be the corresponging $\mathfrak{p}$-adic extension field. Then the field K^* in Sections 10 and 11 is a finite field of characteristic p, and the representations M^* become *modular representations* of G in a field of characteristic p. If K_0 is extended sufficiently, it can be assumed that K^* is an absolute splitting field for the modular representations of G. This implies that not only the w_λ but also the r_j in (11C) are equal to 1.

Every element g of G can be written uniquely in the form $g = bs$, where b and s commute and where b is a *p-regular element* of G (i.e., an element whose order is prime to p) while the order of s is a power of p. If T is any representation of G in a field of characteristic p, the traces of $T(g)$ and of $T(b)$ are the same. It will therefore be sufficient to define the modular group characters for the *p-regular classes C_i of G*, i.e., the classes consisting of p-regular elements b. The characteristic roots z_i of $T(g)$ are roots of unity, actually in a field of characteristic p. If now g is p-regular, the exponent of z_i is prime to p, and we may identify z_i with a root of unity (z_i) in the complex field. We define the character $\phi(g)$ of T as the sum of these complex numbers (z_i). The character will not be defined for p-singular elements g.

We then have the results:

(12A) The group algebra of the group G over an arbitrary field of characteristic p is semisimple if and only if p does not divide the order n of G.

(12B) The number k of distinct (absolutely) irreducible modular representations $F_1, F_2, \ldots, F_k$ of G is equal to the number of classes of p-regular elements in G.

(12C) Two modular representations have the same irreducible constituents if and only if they have the same character.

Let ϕ_i be the character of the irreducible representation F_i and let Φ_i be the character of the corresponding principal indecomposable representation U_i. The orthogonality relations are

(12D)

(a) $$\sum_g \Phi_m(g)\overline{\phi_r(g')} = n\delta_{mr},$$

where g ranges over all p-regular elements of G,

(b) $$\sum_{\lambda=1}^{k} \Phi_\lambda(g)\overline{\phi_\lambda(g')} = \begin{cases} 0 & (g,\ g' \text{ in different classes}) \\ n/h_i & (g,\ g' \in C_i). \end{cases}$$

The connection between Φ_i and ϕ_j is obtained from (11.1):

(12.1) $$\Phi_i = \sum_j c_{ij}\phi_j,$$

where the c_{ij} are the Cartan invariants of the modular group algebra.

We call the rational integers $d_{\lambda i} \geqq 0$ in (11C) the *decomposition numbers* of G (for p). The ordinary and the modular characters of G are connected by

(12E)

$$\chi_\lambda(g) = \sum_i d_{\lambda i}\phi_i(g) \qquad (g\ p\text{-regular}),$$

(12.2) $$\Phi_i(g) = \sum_\lambda d_{\lambda i}\chi_\lambda(g),$$

(12.3) $$\sum_\lambda d_{\lambda i}d_{\lambda j} = c_{ij}.$$

(12F) If $n \not\equiv 0 \pmod p$, then the ordinary and the modular characters of G coincide; $d_{ij} = \delta_{ij}$ (Kronecker delta).

It remains to give a substitute for (12E) for the case that g is p-singular. Choose a maximal system of elements of G,

(12.4) $$s_0 = 1,\ s_1,\ s_2,\ \ldots,\ s_m,$$

such that the order of s_i is a power p^{α_i} of p and such that s_i and s_j are not conjugate in G for $i \neq j$. Let G_i be the centralizer of s_i and denote the modular characters of G_i by $\phi_j^{(i)}$, $j = 1, 2, ..., k_i$. The total number Σk_i of such characters is equal to the full number l of classes of conjugate elements of G. If b is a p-regular element of G_i, we have

(12.5)
$$\chi_\lambda(bs_i) = \sum_j d_{\lambda j}^{(i)} \phi_j^{(i)}(b),$$

where the *generalized decomposition numbers* $d_{\lambda j}^{(i)}$ are integers of the field of p^{α_i}th roots of unity. Every $g \in G$ is conjugate to some element bs_i, where i and the class of b in G_i are uniquely determined. Hence the l ordinary characters χ of G can be expressed by the l modular characters $\phi_j^{(i)}$ of $G_0 = G, G_1, ..., G_m$. Finally,

(12.6)
$$\sum_\lambda d_{\lambda j}^{(i)} \overline{d_{\lambda j'}^{(i')}} = c_{jj'}^{(i)} \delta_{ii'},$$

where the $c_{jj'}^{(i)}$ are the Cartan invariants of G_i.

13 Induced Representations

In the following section, we shall use arithmetical methods to study relations between the characters of a group G and those of subgroups. An important tool is formed by a method of Frobenius which gives a construction of a representation of G if an irreducible representation M of a subgroup H of G is given.

The representation space V of M can be taken as a right ideal of the group algebra Γ_0 of H. Since Γ_0 can be considered as a subalgebra of the group algebra Γ of G, the set V generates a right ideal V^* of Γ, and V^* is the representation space for the *induced representation* M^* of G. In order to write down M^* explicitly, choose a residue system $t_1, t_2, ..., t_z$ of G (mod H), $z = (G:H)$, and set $M(g_0) = 0$ if $g_0 \notin H$. Then

(13.1)
$$M^*(g) = (M(t_i g t_j^{-1})) \qquad (i,j = 1, 2, ..., z);$$

deg $M^* = z$ deg M. If ψ is the character of M, the character ψ^* of M^* is

(13.2)
$$\psi^*(g) = \sum_{i-1}^{z} \psi(t_i g t_i^{-1}),$$

where we have to set $\psi(g_0) = 0$ for $g_0 \notin H$.

(13A) If ψ^* contains the irreducible character χ of G with the multiplicity a, then $\chi(h)$, $h \in H$, as a character of H contains ψ with the same multiplicity a.

14 The Theorem on Induced Characters

It will be convenient to call a group H *elementary* if H is a direct product $H = P \times B$ of a group P of prime power order p^r and a cyclic group $B = \{b\}$ generated by a p-regular element b. We can now formulate the theorem

(14A) If $\psi_1, \psi_2, \ldots$ are the irreducible characters of the various elementary subgroups H of G (for all p), and if $\psi_1^*, \psi_2^*, \ldots$ are the induced characters of G, every character χ of G can be written in the form

$$\chi = \sum a_i \psi_i^* \tag{14.1}$$

with integral rational coefficients a_i.

(We add some remarks concerning the proof of (14A). It will be sufficient to show that, for every prime p there exists a formula (14.1) with rational coefficient a_i whose denominator is prime to p. We then have to consider only elementary subgroups $H = P \times B$ in which the order of P is a power of the prime p chosen; we may assume that P is chosen as a maximal possible group for the given b. Let

$$bp^{(1)}, bp^{(2)}, \ldots \tag{14.2}$$

($p^{(i)} \in P$) be a maximal system of elements which represent different classes of G. It is easy to form linear combinations ξ_j of the ψ_i^* belonging to H with integral coefficients such that the ξ_j vanish for all other classes of G. We then have to show that $\chi(bs)$, $s \in P$, can be written as a linear combination of the ξ_j with algebraic coefficients whose denominators are prime to a given prime ideal dividing p. The proof of this can be based on an investigation of the congruences for characters modulo powers of the prime ideal.)

It is sufficient in (14A) to take only one H from each system of conjugate subgroups and to use only maximal elementary subgroups. For instance, if G is the icosahedral group, only three elementary groups H have to be used.

On the other hand, it is easy to show that every character ψ of an elementary subgroup H is induced by a character of degree 1 of a subgroup of H. Hence

(14B) Theorem (14A) remains correct if we add the condition that the characters $\psi_1, \psi_2, \ldots$ have degree 1.

Very little group-theoretical information is needed to construct the character induced by a character of a subgroup; cf. (13.2). On the other hand, if the a_i in (14.1) are arbitrary rational integers, the expression (14.1) will represent an irreducible character of G if and only if $\Sigma_g|\chi(g)|^2 = n$ and $\chi(1) > 0$. These remarks lead to

(14C) Suppose that the characters of the elementary subgroups H of G are known, that for each such $H = P \times B$ and all choices of the generating element b of B it is known which classes C_i of G are represented by the elements (14.2), and that the number h_i of elements in C_i is known. Then the characters of G are completely determined.

The remark (14B) could be used to give a further reduction.

Another corollary of (14A) is

(14D) A class function $\chi(g)$ is an irreducible character of G if and only if

(a) $\chi(h)$, $(h \in H)$ represents a character for each elementary subgroup H, and

(b) $(1/n)\ \Sigma_g|\chi(g)|^2 = 1$.

15 Representations in Nonalgebraically Closed Fields

We first have to discuss the representations of an arbitrary semisimple algebra A in continuation of the work in Sections 4 and 5. For the sake of simplicity, we assume that K has characteristic 0. (Otherwise, an assumption of "separability" would be necessary). The algebra A is a direct sum of simple algebras $\{M\}$, each of which belongs to an irreducible representation M of A in K and consists of all elements $M(\alpha)$, α in A.

(15A) If M splits into t distinct absolutely irreducible constituents X_i, then each of these X_i appears with the same multiplicity μ in M. The X_i can be written in a field Ω of degree μt over K and the different X_i can be taken as algebraically conjugate with regard to K. Adjunction of the character χ_i of X_i generates a field Z_i of degree t over K; the algebraically conjugate characters belong to the other absolutely irreducible constituents of M.

(15B) The center Z of $\{M\}$ is a field of degree t over K which is K-isomorphic to Z_i. As a central simple algebra over Z the algebra M is a complete matric algebra of degree $q = (\deg X_i)/\mu$ with coefficients in a division algebra of rank μ^2 over Z.

Take A now as the group algebra Γ of the group G over the field K. The irreducible representations M of G in K will be obtained from the irreducible representations X_i of G in an algebraically closed extension field of K; the X_i and their characters χ_i are supposed to be known. We have to arrange the χ_i in "families" of characters $(\chi_i, \chi_{i'}, \ldots)$ which are conjugate with regard to K. Each family determines a character θ of an irreducible representation M of G in K:

$$\theta = \mu(\chi_i + \chi_{i'} + \cdots). \tag{15.1}$$

If X_i is written in a field Ω of degree μt, the representation M can be given explicitly. The whole problem then amounts to the question of determining the *Schur index* μ of the character χ_i for an arbitrary field K. This question could not be answered in the older theory; we shall use here the results of Section 14. A first result is obtained immediately from (14B):

(15C) The field K_0 of the nth roots of unity is an absolute splitting field. Every representation X_i of G can be written in K_0. In the statement, n can be replaced by the least common multiple n^* of the orders of the elements g of G.

In the general case, it will be sufficient to determine the power of an arbitrary prime p which divides μ. Here, (14A) (in a refined form) can be applied and yields the result

(15D) For every X_i (and given K and p), an elementary subgroup $H = B \times P$ of G with the following property can be found: Let H^* be a maximal subgroup of G which contains H as a normal subgroup and for which the index $(H^*:H)$ is a power of p. For a suitable representation Y of H^*, the Schur index of Y is equal to the power of p dividing the Schur index of X_i. The degree of Y is a power of p.

On account of this result, it is sufficient to solve the whole problem for H^* instead of G. The group H^* is a soluble group of a very special type whose representations can be studied directly.

16 Blocks of Characters

Consider a ring $\mathfrak{O}$ with the maximum condition for ideals. Every ideal $\mathfrak{A}$ of $\mathfrak{O}$ can be written uniquely as intersection

$$\mathfrak{A} = \mathfrak{B}_1 \cap \mathfrak{B}_2 \cap \cdots \cap \mathfrak{B}_w \qquad (\mathfrak{B}_i \neq \mathfrak{O}) \tag{16.1}$$

such that any two of these ideals $\mathfrak{B}_i$ are relatively prime and such that no $\mathfrak{B}_i$ can be represented as the intersection of two ideals with analogous properties. In particular, if A is an algebra over, let us say, an algebraic number field K, and if $\mathfrak{O}$ is an order with regard to the ring $\mathfrak{o}$ of algebraic integers in K, we can study the representation (16.1) of an ideal $\mathfrak{A}$ of $\mathfrak{o}$. Here, $\mathfrak{A}$ is the product of the $\mathfrak{B}_i$. The decomposition (16.1) is determined by the corresponding decomposition in the center of A. The ideals $\mathfrak{B}$ which appear as components of ideals of $\mathfrak{o}$ have reciprocals, and the $\mathfrak{B}$'s together with their reciprocals generate an abelian group. If $\mathfrak{O}$ is a maximal order of a semisimple algebra, the $\mathfrak{B}$'s are powers of prime ideals, and we come to the ordinary hypercomplex arithmetic. This, however, is not important for our purpose.

We now resume the work of Section 12. (In order to operate in a principal ideal ring, we have to work "locally"). We have seen that the modular representations F_i of a group G correspond to the prime ideal divisors $\mathfrak{P}$ of a prime ideal $\mathfrak{p}$ of $\mathfrak{o}$ in the group ring $\mathfrak{O}$. If we write $\mathfrak{p}$ in the form (16.1), the prime ideal divisors $\mathfrak{P}$ appear distributed in w "blocks" $B_1, B_2, \ldots, B_w$, where B_r consists of those prime ideals $\mathfrak{P}$ which divide $\mathfrak{B}_r$. This also gives a distribution of the modular representations F_i into w blocks $B_1, B_2, \ldots, B_w$, which must depend essentially on properties of the center Λ of Γ. Further analysis of the latter fact shows that we may also speak of the ordinary representations X_λ belonging to a given block B_r, and that the blocks can be characterized as follows:

(16A) The w blocks B_r correspond to the distinct irreducible representations ω_r^* of the center Λ^* of the modular group ring Γ^*. A representation X_λ of G belongs to the block B_j if the corresponding ω_λ (cf. (9.2)) of Λ defines the modular representation ω_r^* (in the sense of Section 10).

(16B) All modular constituents F_i of a representation X_λ belong to the same block. In the notation of (12.1), (12.2):

(a) $d_{\lambda i} = 0$ if X_λ, F_i belong to different blocks;
(b) $c_{ij} = 0$ if F_i, F_j belong to different blocks.

No further subdivision of blocks is possible such that the corresponding properties hold for the subsystems. The blocks can be defined by these facts.

We define the *defect* of a block B_r as the highest power of p which divides one of the numbers $n/\deg X_\lambda$, $X_\lambda \in B_r$ (or one of the numbers $n/\deg F_i$, $F_i \in B_r$).

(16C) The Cartan invariants c_{ij} belonging to a given block B_r form a symmetric matrix whose determinant is a power of p. The largest elementary divisor is simple and its value is p^d, where d is the defect.

In the case of defect 0, this implies that the block consists of only one representation X_λ and one modular representation F_i, $X_\lambda^* = F_i$, and F_i coincides with the corresponding principal indecomposable representation. An ordinary representation forms such a block of defect 0 if and only if its degree contains p to the same power to which p divides n. If $n \not\equiv 0 \pmod{p}$, every representation is of defect 0.

The blocks can be made the subject of an elaborate theory. The essential point is that the blocks of positive defect can be described largely by means of subgroups. To every block B_r of defect d there belongs a subgroup $\mathfrak{D}$ of order p^d, its *defect group*, which is determined uniquely (apart from transition to conjugate groups). The block B_r then is associated with a block B^* of defect d of the normalizer $\mathfrak{N}$ of $\mathfrak{D}$, and the blocks of G can thus be characterized by means of blocks of subgroups $\mathfrak{N}$. The proof of this result rests on the existence of a homomorphic mapping of the ring Λ^* on a subring of the analogous ring for $\mathfrak{N}$. This leads to a great deal of extremely detailed information about the characters of a block. For instance, expressions for many of the values modulo powers of prime ideals can be given. These results are especially explicit in the case of small defects. Refinements of the orthogonality relations can be proved. In the notation of (12.5), the distribution into w blocks $B_1, B_2, \ldots, B_w$ can be extended to the characters $\phi_j^{(i)}$. Every block B_r consists of a certain number q of ordinary characters χ_λ of G and of the same number q of modular characters of $G, G_1, G_2, \ldots$. We mention a consequence of a somewhat different nature:

(16D) A block B_r of defect d contains at most $p^{d(d+1)/2}$ ordinary representations X_i.

There would be no point in enumerating all the applications that representations and characters have found in mathematics and physics. Let us just add a few remarks about some applications to algebra. There can be no doubt about the central role characters play in the theory of groups of finite order. Most known theorems have some connection with characters, and every example of progress concerning representations means progress in our knowledge of groups (our knowledge of abstract groups is still very incomplete). Through the medium of Galois theory, representations enter into the theory of fields. In connection with algebraic number theory, Artin's L-series with general group characters should be mentioned.

We restricted our attention to groups of finite order. On the other hand, the representations of the "classical groups" are accessible to algebraic treatment; then the theory of invariants and related theories become relevant. If we turn to topological groups, the field of applications becomes extremely wide.

Reprinted from the
BULLETIN OF THE AMERICAN MATHEMATICAL SOCIETY
Vol. 55, No. 6, pp. 619-620
June, 1949

ON A THEOREM OF H. CARTAN

RICHARD BRAUER

As an application of the Galois theory of skew fields, H. Cartan[1] obtained recently the following theorem: If K is a skew field of finite rank over its center C, the only skew fields H, $C \subseteq H \subseteq K$, which are mapped into themselves by every inner automorphism of K are K and C.

I give a very short and direct proof removing at the same time the finiteness assumption, In fact, we have:

THEOREM. *If H is a skew field contained in the skew field K, and if every inner automorphism of K maps H into itself, then H is either K, or H belongs to the center of K.*

PROOF. If $a \in K$, $b \in H$, the assumption shows that an equation

$$ba = ab_1 \tag{1}$$

with $b_1 \in H$ holds (for $a=0$ this is true with $b_1=b$). Also,

$$b(1 + a) = (1 + a)b_2 \tag{2}$$

with $b_2 \in H$. On subtracting (1) from (2), we find

$$b - b_2 = a(b_2 - b_1).$$

If a does not lie in H, this implies $b_2 = b_1$ and hence $b = b_2$. Then $b_1 = b$, that is, $ba = ab$. Every element a of K which does not belong to H commutes therefore with every element of H.

Suppose that H does not belong to the center of K. There exists an element b of H and an element c of K such that

$$bc \neq cb. \tag{3}$$

The remark above shows that $c \in H$. If $H \neq K$, there exist elements a outside of H in K. Then $a+c$ does not belong to H either. Hence $a+c$ and a both commute with $b \in H$,

$$b(a + c) = (a + c)b, \; ba = ab.$$

These two equations are not consistent with (3), and the theorem is proved.

The same argument applies under much weaker assumptions. For instance, it is sufficient to assume that K is a (not necessarily associa-

Received by the editors May 27, 1948.

[1] C. R. Acad. Sci. Paris vol. 224 (1947) pp. 249–251.

tive) ring, H a subring of K and that (α) H has a 1-element; (β) the equation $xh=h_1$ with h, $h_1 \in H$, $x \in K$, $h \neq 0$ implies that $x \in H$, (γ) for every $a \in K$, $b \in H$, there exists an element b_1 in H with $ba=ab_1$. If $H \neq K$, it follows that every element of H commutes with every element of K.

UNIVERSITY OF TORONTO

Some Remarks On Associative Rings and Algebras

Richard Brauer
Harvard University

1. The purpose of this note is to present a number of loosely connected remarks on rings; no proofs will be given. Some of our results will be known to other mathematicians, but it seems that they don't appear in the literature in the form given here. All rings and algebras considered are assumed to be associative.

Notation. The word 'ideal' is reserved for two-sided ideals. We write $R = \oplus \sum_i H_i$ to indicate that a ring R is a direct sum of ideals H_i. The (Jacobson) radical of a ring R will be denoted by Rad R. A ring will be called an m-ring, if it satisfies the minimum condition for right-ideals. If R is a ring, there exists a ring $R^\#$ with a unit element l such that every element x of $R^\#$ has a unique representation $x = r + nl$ where r is an element of R and n a rational integer. Of course, $R^\#$ is uniquely determined apart from isomorphism. We call $R^\#$ the *extended ring* belonging to R and we shall always use the symbol # to indicate the extended ring. The ring R is an ideal of $R^\#$.

§ 1. Structure of m-rings

2. The content of §1 centers around the fact that the methods of the Wedderburn-Artin structure theory yield stronger results than are usually stated. Actually a class of rings slightly more general than m-rings may be considered, cf. 9.*

We shall say that a ring T is a *reduced ring*, of *height* k, if $T/\text{Rad } T$ is a direct sum

$$T/\text{Rad } T = \oplus \sum_{i=1}^{k} S_i \tag{1}$$

of a finite number k of skew fields S_i. As we are going to indicate, the problem of constructing all m-rings R can be reduced completely to that of constructing all reduced m-rings.

Stated more explicitly, every m-ring R determines a reduced m-ring T (unique apart from isomorphism), of a certain height k, and a system of *degrees* q_1,

*A detailed account of the proofs of the results of §1 will be given in a set of mimeographed lecture notes of a course on rings and representations which are being prepared by Edwin Weiss and the author.

$q_2, \cdots, q_k$ such that each q_i is a natural integer associated with a summand S_i in (1). Conversely, given T and $\{q_1\ q_2, \cdots, q_k\}$, the ring R is determined (apart from isomorphism). Moreover, for each reduced m-ring T of height k and for each system $\{q_1, \cdots, q_k\}$ of natural integers, there exists an m-ring R with T as its reduced ring and $\{q_1, q_2, \cdots, q_k\}$ as its degrees.

3. For a given m-ring R, the reduced ring T of R and the degrees $\{q_i\}$ may be obtained by the following method. We form the extended ring $R^{\#}$. Even though $R^{\#}$ is not an m-ring, its unit element l can be written as a sum

$$l = e_0 + e_1 + e_2 + \cdots + e_n \tag{2}$$

of indecomposable orthogonal idempotents e_j. (An idempotent e is indecomposable, if it cannot be written as the sum of two orthogonal idempotents.) Exactly one of the e_j, say e_0, does not lie in R and then $e_0R \subseteq \text{Rad}\ R = \text{Rad}\ R^{\#}$. Consider the right ideals e_jR as R-right modules and choose the notation such that each of the right ideals $e_1R,\ e_2R, \cdots,\ e_nR$ is R-isomorphic with one and only one of the right ideals

$$U_1 = e_1R, \quad U_2 = e_2R, \quad \cdots, \quad U_k = e_kR. \tag{3}$$

If R is a radical ring and only in this case, we have to take $k = 0$.

Now set

$$l_0 = e_0 + e_1 + \cdots + e_k, \tag{4}$$

$$T = l_0Rl_0. \tag{5}$$

Then T is the reduced m-ring belonging to R. Moreover, Rad $T = T \cap$ Rad R, the height of T is k, and the k skew fields S_i in (1) can be taken in such an order that the unit element of S_i is the residue class of e_i (mod Rad T), $i = 1,2, \cdots, k$. Then the corresponding degree q_i of R is simply the number of modules $e_1R,\ e_2R, \cdots,\ e_nR$ which are R-isomorphic with e_iR.

4. Conversely, let T be a given reduced m-ring, of height k, and let $\{q_1, q_2, \cdots, q_k\}$ be a system of k natural integers. We give a construction of the m-ring R which has T as its reduced ring and $q_1, q_2, \ldots, q_k$ as its degrees. Let $T^{\#}$ be the extended ring belonging to T and denote its unit element by l_0. Then l_0 can be written as a sum (4) of $k+1$ indecomposable orthogonal idempotents $e_0, e_1, \cdots, e_k$ such that $e_i \epsilon T$ for $i = 1,2, \cdots, k$ and that the residue class of e_i (mod Rad T) is the unit element of S_i in (1). Set $q_0 = 1$ and let C denote the set of all ordered pairs $\tau = (i,\lambda)$ with $0 \leqq i \leqq k$, $1 \leqq \lambda \leqq q_i$. Then R is isomorphic to the ring M of all matrices

$$m = [m_{\tau\omega}] \tag{6 (a)}$$

with the row index $\tau \epsilon C$ and the column index $\omega \epsilon C$ such that, for $\tau = (i,\lambda)$, $\omega = (j,\mu)$ the coefficient $m_{\tau\omega}$ satisfies the condition

$$m_{\tau\omega} \ \epsilon\, e_iTe_j. \tag{6 (b)}$$

5. For $i \neq j$, we have $e_iTe_j \subseteq \mathrm{Rad}\, T$. Let A denote the subset of M consisting of those matrices (6) for which $m_{\tau\omega} = 0$ for all $\tau = (i,\lambda)$, $\omega = (j,\mu)$ with $i = j \neq 0$. Similarly, if h is a fixed value, $1 \leqq h \leqq k$, let B_h denote the set of all matrices (6) for which $m_{\tau\omega} = 0$ for all $\tau = (i,\lambda)$, $\omega = (j,\mu)$ with $i \neq h$ or $j \neq h$. Clearly, B_h is isomorphic with the complete matrix ring of degree q_h with coefficients in the ring e_hTe_h and $B = \sum_h B_h$ is the direct sum

$$B = \oplus \sum_{h=l}^{k} B_h$$

of these rings B_h. Moreover, A is an additive subgroup of M and M is the direct sum $M = A \dotplus B$. Here, A and B need not be ideals of M.

As will be shown more clearly by the following remarks, $A \subseteq \mathrm{Rad}\, T$ since it consists of matrices m with coefficients in Rad T, and the rings B_h are primary. The existence of such a representation $M = A \dotplus (\oplus \sum_{h=l}^{k} B_h)$ is a well-known result concerning m-rings.

6. Strictly speaking, in our definition of M, the element e_0 appears which does not belong to T. We can easily change our description such that only elements of T are used. Actually e_0 appears only in (6b) in the expression e_iTe_j when $i = 0$ or $j = 0$. If we set $e^* = e_1 + \cdots + e_k$, then $e^* \epsilon T$ and $l_0 = e_0 + e^*$. Hence $e_0t = t - e^*t$, $te_0 = t - te^*$ for $t \epsilon T$. It is now easy to express the sets e_iTe_j with $i = 0$ or $j = 0$ working only with elements of T. For instance,

$$e_0Te_0 = \{t - e^*t - te^* + e^*te^* \mid t \epsilon T\}.$$

Moreover, we can take for $e_1e_2, \cdots, e_k$ any k orthogonal indempotents in T.

The ring R has a unit element, if and only if its reduced ring T has a unit element. In this case, the transition to the extended rings is not necessary and we may simply remove the term e_0 in (4). On the other hand, $e_iTe_j = (0)$ for $i = 0$ or $j = 0$; the row of the matrices (6) with $\tau = (0,1)$ and similarly the column with $\omega = (0,1)$ consists of zeros. Hence we may take C here simply as the set of ordered pairs (i,λ) with $1 \leqq i \leqq k$, $1 \leqq \lambda \leqq q_i$. If T has a unit element η and is of height $k = 1$, we have $e_1 = \eta$, the condition (6) (b) reads $m_{\tau\omega} \epsilon T$ for all $\tau,\omega \epsilon C$, and M is simply the complete matrix ring T_q of degree $q = q_1$ over T. By definition, the reduced rings of height 1 with unit element are the completely primary rings.

7. If e is an indecomposable idempotent of R, the ring eRe is completely primary with e as its unit element. If $e_1, e_2, \cdots, e_k$ have the same significance as in (3), we call the rings

$$P_1 = e_1Re_1, \quad P_2 = e_2Re_2, \cdots, \quad P_k = e_kRe_k$$

the k completely primary rings belonging to the m-ring R. They are uniquely determined apart from isomorphism. As in the case of a reduced ring, we refer to k as the *height* of R. Then R and its reduced ring T have the same height and they have the same completely primary rings.

8. We state some further results which show how questions concerning an m-ring R can be reduced to the corresponding questions for the ring T.

(a). There is a one-to-one correspondence between the set $\{H\}$ of all ideals H of the m-ring R and the set $\{L\}$ of all ideals L of its reduced ring such that $H \to L$ is both a lattice isomorphism and a multiplicative isomorphism. Furthermore, in this correspondence Rad R is associated with Rad T.

If T is obtained from R by (5), we simply have to take $L = l_0Hl_0$. On the other hand, if R is constructed from T as the ring of matrices (6), the ideal H corresponding to an ideal L of T is the set of matrices (6) whose coefficients lie in L.

In particular, R and T are semisimple at the same time. We have a formula $R = \oplus\sum_i H_i$, if and only if $T = \oplus\sum_i L_i$ for the ideals L_i corresponding to H_i. We see now that the structure theorems for semisimple, simple, and primary m-rings are special cases of the results above. This also holds for the converse theorems and the uniqueness theorems.

(b). By an *inner automorphism* of a ring R, we mean the mapping of R obtained by applying an inner automorphism of $R^{\#}$. These are the mappings of R of the form

$$x \to x + xr + r'x + r'xr$$

where r and r' are two fixed quasi-inverse elements of R. If R has a unit element, this coincides with the usual definition.

If $R = M$ is the ring of matrices (6), every automorphism ϕ of T defines an automorphism $[\phi]$ of R by applying ϕ to each coefficient $m_{\tau\omega}$ of all $m \in M$. Then every automorphism of R is a product of an automorphism $[\phi]$ of this type with an inner automorphism of R.

(c). We say that a ring R is *cleft* if R is a direct sum $R = (\text{Rad } R) \dotplus S$ of the radical and a subring S (as in Wedderburn's third theorem); it is not assumed that S is an ideal of R. Then R is cleft, if and only if its reduced ring is cleft and this is so if the k completely primary rings $P_1, \cdots, P_k$ belonging to R and to T are cleft.

9. As already mentioned, these results can be proved for a wider class of rings. Let us say (following Deuring) that a ring R is semiprimary if there exists a nilideal N of R such that R/N is a semisimple m-ring. This implies of course $N = \text{Rad } R$. A semiprimary ring R still determines a reduced semiprimary ring T and a system of degrees $q_1, q_2, \cdots, q_k$ such that R is isomorphic with a ring of matrices (6). Conversely, given T and $q_1, q_2, \cdots, q_k$ we can only prove that the ring M of matrices (6) is semiprimary, if we assume that Rad T is locally nilpotent.

§ 2. Remarks on Modules

10. If R is an m-ring of height k and if $U_1, U_2, \cdots, U_k$ have the same significance as in (3), each R-module U_i has a greatest proper submodule $W_i = U_i/(U_i \cap \text{Rad } R)$. Hence $F_i = U_i/W_i$ is a simple module for $i = 1,2,\cdots,k$. Each simple R-right module F (with $FR \neq (0)$) is R-isomorphic to exactly one of the modules $F_1, F_2, \cdots, F_k$. In other words, R has exactly k non-equivalent irreducible representations by endomorphisms of abelian groups.

Let us suppose for the sake of simplicity that R has a unit element l and that all R-modules V considered are 'unitary,' i.e., that $vl = v$ for $v \epsilon V$.

The modules $U_1, U_2, \cdots, U_k$ are clearly projective. In fact, the most general projective R-module is a direct sum of modules each of which is isomorphic with a module U_i.

It may be of some interest to state the dual result for injective modules: For each F_i, there exists an injective module V_i such that F_i is the only simple submodule of V_i; $(i = 1,2,\cdots,k)$. Each injective R-module is a direct product of modules V_i (in the terminology of Cartan and Eilenberg). However, while each U_i has a finite composition series, this need not be true for the V_i.

11. An arbitrary (unitary) R-module X always possesses minimal and maximal submodules if R is an m-ring. This enables us to define the lower Loewy series $L_0 = (0) \subset L_1 \subset L_2 \subset \cdots \subset L_r = X$ and the upper Loewy series $L^{(0)} = X \supset L^{(1)} \supset L^{(2)} \supset \cdots \supset L^{(r)} = (0)$. Here, $L_1 = L_1(X)$ is the socle of X and, more generally, L_j/L_{j-l} is the socle of X/L_{j-l}. On the other hand, $L^{(1)} = L^{(1)}(X)$ is the upper cover of X (i.e., the intersection of the maximal submodules of X) and $L^{(r+1)} = L^{(1)}(L^{(r)}(X))$. Both Loewy series have the same length r and r is at most equal to the exponent of the (nilpotent) radical of R. Moreover, for each $j = 0,1,\ldots, r-1$, there exists a module $\neq (0)$ which is isomorphic with a submodule of both $L^{(j)}/L^{(j+1)}$ and of L_{r-j}/L_{r-j-1}.

12. Our next result can be stated under conditions which do not require that R is an m-ring, but we still assume that R has a unit element and that only unitary modules are considered.

Suppose that Q is an injective module which has a finite composition series and suppose that θ is an R-isomorphism of a submodule A onto a submodule B of Q. Then θ can always be extended to an R-automorphism of Q and, in particular, Q/A and Q/B are R-isomorphic. Actually, instead of assuming the existence of a finite composition series of Q, it suffices to make the following weaker assumptions: (1) Every submodule $Z \neq (0)$ of Q has a simple submodule. (2) If F is a simple module and L the sum of all simple submodules of Q isomorphic to F, then L has a finite composition series. It is easy to see that at least some finiteness condition is necessary, if our statement is to hold.

As is to be expected, there is a dual theorem which can be stated in the following form: Let P be a projective module with a finite composition series. Let A and B be two submodules and suppose that σ is an R-isomorphism of P/A onto P/B. Then there exists an R-automorphism of P which induces σ.

In particular, A and B are R-isomorphic. This may be considered as a generalization of a group theoretical result of W. Gaschütz (Math. Zeitschr. 60, 274–286 (1954)).*

13. If R is an arbitrary ring with a unit element, then R considered as an R-right module is projective. In using the analogy between projective and injective modules, it is of interest to have an injective module which plays a similar role. Such a module can be obtained in the following manner. Let R^+ denote the additive group of R taken as a discrete group and let $\hat{R}$ be its group of characters. For $\chi \epsilon \hat{R}$ and $r \epsilon R$ define χr as the character for which $(\chi r)(x) = \chi(rx)$. Then $\hat{R}$ becomes an injective R-right module. Instead of $\hat{R}$, we may also take the submodule $\hat{R}_0$ which consists of the characters χ whose values are rational numbers (mod 1).

An arbitrary unitary R-module X is isomorphic to a submodule of a direct product of sufficiently many factors $\hat{R}$ (or $\hat{R}_0$).

§3. Remarks on Algebras

14. We now assume that R is a finite-dimensional algebra with a unit element over a given field K. We prefer to work here with representations rather than with the corresponding modules. We shall designate the representation associated with a module by placing a tilde over the letter denoting the module. Thus, $\tilde{U}_i$ will denote representation associated with the module U_i in (3), $i = 1,2,\cdots, k$. Then $\tilde{U}_i$ is indecomposable. The regular representation $\tilde{R}$ of R is a direct sum of representations $\tilde{U}_i$, and if q_i has the same significance as before, $\tilde{U}_i$ appears exactly with the multiplicity q_i in $\tilde{R}$. Choosing a K-basis of U_i, we can express $\tilde{U}_i$ by means of matrices with coefficients in K. If a suitable basis is selected, and if $\tilde{U}_i$ also denotes the matrix representation, then $\tilde{U}_i$ has the form

$$\tilde{U}_i = \begin{bmatrix} Y_i, & 0 \\ C_i, & \tilde{F}_i \end{bmatrix}, \quad (i = 1,2,\ldots, k) \tag{7}$$

where $\tilde{F}_i$ is the irreducible representation associated with the module $F_i = U_i/(U_i \cap \text{Rad } R)$.

The following result seems useful in working with concrete algebras and representations. It is possible to select q_i rows $A_i^{(\lambda)}$, $(\lambda = 1,2,\cdots, q_i)$, of $\tilde{U}_i$ such that if arbitrary elements of K are prescribed for the coefficients of these rows $A_i^{(\lambda)}$ for all $(i.\lambda)$ with $1 \leqq i \leqq k$, $1 \leqq \lambda \leqq q_i$, there exists a unique element c of R such that, for this element c, the rows $A_i^{(\lambda)}$ of $\tilde{U}_i$ are equal to the given

*In my original talk at the Conference, I stated this results as a conjecture which I could prove only when R was a finite-dimensional algebra. Soon afterwards, I could modify my proof and obtain the result in the form given above. In the meantime, the same result has been obtained for m-rings R by K. Morita and H. Tachikawa, Math. Zeitschr. 65, 414–428 (1956), §3. In a letter, H. Tachikawa informs me that they have also obtained the theorem on injective modules for m-rings.

rows for $i = 1,2,\cdots, k$. Of course, if the representation $\widetilde{F}_i$ has the degree f_i, that is, if the K-space F_i has dimension f_i, the $A_i^{(\lambda)}$ must appear among the last f_i rows, since they will have to pass through $\widetilde{F}_i$ in (7).

In particular, we can assign the value 1 for one of the coefficients of some $A_i^{(\lambda)}$ and 0 for all other coefficients and determine the corresponding $c \epsilon R$. If $\widetilde{U}_i$ has degree u_i, we have $n = \sum_i q_i u_i$ possibilities for choosing a coefficient of an $A_i^{(\lambda)}$ and hence we find n elements $c_1, c_2, \cdots, c_n$ of K. These n elements form a K-basis of R. If $c_1, c_2, \cdots, c_n$ are taken in a suitable order and if the regular representation $\widetilde{R}$ of R is written in matrix form using this K-basis $\{c_i\}$ of R, then $\widetilde{R}$ appears exactly in the given form: It is the direct sum of the matrix representations $\widetilde{U}_i$ in (7) and $\widetilde{U}_i$ appears q_i times for $i = 1,2,\cdots, k$.

15. If we let x range over R, the elements $\widetilde{F}_i(x)$ of the irreducible representation $\widetilde{F}_i$ form a simple algebra $\{\widetilde{F}_i\}$ of matrices. It follows from Wedderburn's theorem that $\{\widetilde{F}_i\}$ is a complete matrix algebra of degree q_i over a division algebra D_i of dimension $r_i = f_i/q_i$ with respect to K. We may choose D_i here as consisting of matrices of degree r_i with coefficients in K. It is now clear that if a suitable K-basis of the representation module F_i of $\widetilde{F}_i$ is used, $\widetilde{F}_i$ consists of all matrices of degree q_i whose coefficients belong to D_i. If $\widetilde{F}_i$ in (7) is taken in this form, the selection of the rows $A_i^{(1)}, A_i^{(2)}, \cdots$ can then be accomplished by taking an arbitrary one of the last r_i rows of $\widetilde{U}_i$ in (7), an arbitrary one of the preceding r_i rows , . . . , finally an arbitrary one of the first r_i rows of $\widetilde{U}_i$ passing through $\widetilde{F}_i$.

If K is algebraically closed, then $r_i = 1$ and $f_i = q_i$, and we have to take all f_i rows passing through F_i. In this case, the result has already been obtained by C. J. Nesbitt who deduced it from the structure theory of algebras. The result in the more general form stated above can be derived directly from the basic properties of the modules U_i.

16. All modules X considered are to be unitary of finite dimension with regard to K. If as above, $L^{(1)}(X)$ denotes the upper cover of X, the quotient module $Q = X/L^{(1)}(X)$ is completely reducible. If the irreducible representation $\widetilde{F}_i$ occurs with multiplicity a_i in $\widetilde{Q}$, form the direct sum $\widetilde{Y}$ of the representations $\widetilde{U}_1, \widetilde{U}_2, \cdots, \widetilde{U}_k$ such that $\widetilde{U}_i$ appears with the multiplicity a_i. Then $\widetilde{X}$ is a quotient representation of $\widetilde{Y}$ (i.e., X is R-isomorphic with a quotient module of the module Y associated with $\widetilde{Y}$). In the case of an irreducible $\widetilde{Q}$, this has first been observed by T. Nakayama.

To each of these statements, there exists a dual statement. As is well known, if we form the second regular representation $\widetilde{S}$ of the algebra R, the indecomposable components of its representation module are injective modules. They are exactly the modules V_i in 10.

17. If the algebra R is not semisimple, it is very difficult in general to construct all indecomposable representations. The following not very profound

considerations are a first attempt to say something about this question. Again, all modules considered are to be unitary of finite K-dimension.

Let X be a given indecomposable module and consider all modules Y which have a simple submodule G such that $Y/G \simeq X$. If every such Y is decomposable, we shall say that X is *indecomposable of maximal type*. An arbitrary indecomposable module Z is isomorphic to a quotient module of an indecomposable module X of maximal type. Here, X may be chosen such that $X/L^{(1)}(X) \simeq Z/L^{(1)}(Z)$.

The indecomposable modules X of maximal type with simple $X/L^{(1)}(X)$ are the modules $U_1, U_2, \cdots, U_k$. The indecomposable modules X of maximal type with reducible $X/L^{(1)}(X)$ can be obtained from indecomposable modules of smaller dimensions by the following construction. Given X, we can find (1) a module Z which is a direct sum

(8) (a) $$Z = Z_1 \dotplus Z_2 \dotplus \cdots \dotplus Z_r$$

of $r \geqq 2$ indecomposable modules Z_i; (2) isomorphisms θ of a simple module F into Z_i for $i = 1, 2, \cdots, r$ such that

(8) (b) $$X \simeq Z/F^*$$

with

(8) (c) $$F^* = \{\theta_1(x) + \theta_2(x) + \cdots + \theta_r(x) \mid x \epsilon F\}.$$

The conditions imply that

(9) $$L^{(1)}(X) \simeq L_1(Z_1) \dotplus L_2(Z_2) \dotplus \cdots \dotplus L_r(Z_r).$$

If we start from an arbitrary module Z of the form (8) (a) such that there exist isomorphisms θ_i of a simple module F into the indecomposable modules Z_i and define X by (8) (b) and (8) (c), then X need not be indecomposable. A rather special set of sufficient conditions may be stated. Suppose that (1) none of the modules $Z_i/\theta_i(Z_i)$ has a submodule isomorphic with F; (2) $\mathrm{Hom}(Z_i/\theta_i(Z_i), Z_j/\theta_j(Z_j)) = (0)$ for $i \neq j$. Then the module X in (8b) is indecomposable.

On the other hand, we can also give necessary conditions for the indecomposability of X. For instance, it is necessary that no Z_i is isomorphic to a submodule of Z_j for $i \neq j$.

Finite Groups

Introduction

by Paul Fong and Warren J. Wong

Richard Brauer spoke of finite group theory in his 1960 presidential address to the American Mathematical Society [81]:

> Let me mention one difficulty of the theory. We have not learned yet how to describe properties of groups very well; we lack an appropriate language. One of the things we can do is to speak about the characters of a group G.

The development of character theory for the study of finite groups was indeed a major part of Brauer's work. While we cannot do better than to refer the reader to Brauer's own survey articles [61], [67], [68], [80], [81], [82], [116]‡ for a general understanding of this profound work, we outline below some of his remarkable discoveries.

In the classical theory of representations of a finite group G, characters correspond to kG-modules V, where V is of finite dimension over k, and k is an algebraically closed field of characteristic 0. To investigate the deeper arithmetic properties of characters, Brauer decomposed them modulo a rational prime p. It may first be assumed that k is instead a sufficiently large algebraic number field. A prime ideal divisor $\mathfrak{p}$ of p in k is then chosen. If $\mathfrak{o}$ is the ring of $\mathfrak{p}$-local integers in k, an $\mathfrak{o}G$-lattice L can be chosen in the kG-module V so that the character χ associated to V is also the character associated to L. The quotient $\bar{L} = L/\mathfrak{p}L$ has the structure of a $\bar{k}G$-module, where $\bar{k} = \mathfrak{o}/\mathfrak{p}$ is a finite field of characteristic p. The interesting case occurs when $\bar{k}G$ is not semisimple, so that the very complications in the structure of $\bar{k}G$ can be used in investigating χ. Brauer's early papers [18], [27], [34] contain the basic definitions and properties of Brauer characters of $\bar{k}G$-modules, decomposition numbers, Cartan invariants, and blocks. In particular, the character χ is decomposed as a sum $\chi = \Sigma d_{\chi,\phi}\phi$ of irreducible Brauer characters ϕ corresponding to the irreducible constituents of $\bar{L}$, and the decomposition expresses the values of χ on p'-elements of G in terms of the values of the ϕ. In [37], by allowing algebraic integers to occur as decomposition numbers Brauer obtained generalized decompositions $\chi = \Sigma d_{\chi,\phi^x}\phi^x$, where the ϕ^x are Brauer characters of subgroups $C_G(x)$, x a p-element of G. The values of χ on elements of G other than p'-elements are then expressed in terms of the values of these ϕ^x.

The differences between the classical theory and the modular theory are significant for blocks of positive defect. In [38], Brauer obtained remarkably

‡ Bracketed numbers refer to the Bibliography found at the front of this volume.

strong and complete results about blocks of defect 1. The problem of extending these results to blocks of arbitrary defect motivated much of his subsequent work. In [43] and [48] Brauer introduced the critical definition of a defect group of a block and the Brauer homomorphism. The homomorphism is defined from $\bar{k}G$ into $\bar{k}H$ whenever there exists a p-subgroup D of G such that $C_G(D)D \leq H \leq N_G(D)$. Then followed two fundamental discoveries [43], [49] which Brauer named the First and Second Main Theorems. The first states that the Brauer homomorphism from $\bar{k}G$ into $\bar{k}N_G(D)$, where D is a p-subgroup, induces a bijection of blocks with defect group D. The second states that a generalized decomposition number $d_{\chi,\phi}{}^x$ is nonzero only if $x \in D$ for some defect group D of the block B of χ, and only if the block of ϕ^x occurs in the image of B under the homomorphism from $\bar{k}G$ into $\bar{k}C_G(x)$. The proofs appeared 12 years later in [65], [73].

A more group-theoretic construction of the Brauer correspondence between blocks with defect group D in the First Main Theorem is possible if $N_G(D)$ is replaced by $C_G(D)D$ since $D_1 \leq D$ implies $C_G(D) \leq C_G(D_1)$. In [100] Brauer introduced the canonical character of a block of $C_G(D)D$ with defect group D, and in [112] he defined the important concept of linked pairs, which permit the more group-theoretic construction of the Brauer correspondence. Refinements of the decompositions $\chi = \Sigma d_{\chi,\phi^x}\phi^x$ and of defect groups appeared in [102] and [105] with the introduction of subsections and lower defect groups.

The applications of the modular theory were always important for Brauer. In [32], [39], [40], [42], [46] he applied the theory to problems on linear groups, simple groups of order $p^a q^b r^c$, permutation groups of prime degree, and groups of order divisible by p to the first power only. These particular problems continued to engage Brauer's attention throughout his life, and [78], [94], [95], [97], [98], [99], [106] are more recent applications of the theory. A solution of a problem of Artin on groups of order g divisible by a prime $p > g^{1/3}$ is contained in [71].

Three beautiful and celebrated theorems illustrate the new insight into the classical representation theory given by the modular theory. In [47] Brauer proved that the complex representations of a group of order g can be realized over the field of g-th roots of unity. In [51] he proved that every character of G is an integral linear combination of characters of monomial representations. And in [62] he obtained his famous characterization of characters. Later proofs which do not use the modular theory appeared in [53], [63]. The applications of these theorems are many; we note the proof that the Artin L-series are meromorphic [51], the fundamental reduction to hyperelementary subgroups for questions on the Schur index [60], and the existence theorem for normal subgroups in [83].

In his address [68] to the 1954 International Congress of Mathematicians, Brauer formulated a program for studying groups of even order by means of centralizers of involutions, which would use the modular theory and other methods developed by him and Fowler in [64]. In this way he obtained characterizations of the simple groups $L_2(q)$ and $L_3(q)$ over fields of odd characteristic in [68], [70], [89], [90], [111]. The study of simple groups by centralizers of involutions has since played a critical role in the classification of simple groups. The same methods were used in [74] and [86] to prove the nonsimplicity of groups with quaternion Sylow 2-subgroups or abelian Sylow 2-subgroups of type $(2^m, 2^m)$ with $m > 1$. Characterizations [93], [110], [118] of the simple groups M_{11}, M_{12}, $L_3(q)$, $U_3(q)$ (q odd) by their Sylow 2-subgroups were also obtained in which such methods played an important part. (The limitation of space prevents the inclusion of [110] in these volumes. Its main result is that simple groups with quasidihedral Sylow 2-subgroups are M_{11}, $L_3(q)$ with $q \equiv 3 \pmod 4$, $U_3(q)$ with $q \equiv 1 \pmod 4$.) In the context of the classification of simple groups, these results are of fundamental importance in dealing with the case of groups of low rank.

It is remarkable that almost all of the modular character theory and the techniques for applying it have been discovered by Brauer, so that almost the complete theory as it stands today is contained in this collection. By studying the modules underlying the modular character theory, others have made further contributions to the theory. Among the most notable are Green's theory of indecomposable modules, vertices and sources (G), Thompson's proof of a special case of Brauer's results on blocks of defect 1 (T), and Dade's extension of these results to blocks with cyclic defect group (D). Among noteworthy applications of the modular character theory is Glauberman's Z^*-theorem (Gl), which extends significantly a theorem of Brauer and Suzuki [74].

References

(G) J. A. Green, On the indecomposable representations of a finite group, *Math. Z.* **70** (1959), 430–445.

(T) J. G. Thompson, Vertices and sources, *J. Algebra* **6** (1967), 1–6.

(D) E. C. Dade, Blocks with cyclic defect groups, *Ann. of Math.* **84** (1966), 20–48.

(Gl) G. Glauberman, Central elements in core-free groups, *J. Algebra* **4** (1966), 403–420.

ÜBER DIE DARSTELLUNG VON GRUPPEN IN GALOISSCHEN FELDERN

FROBENIUS hat in seiner Theorie der Gruppencharaktere (1) die Aufgabe gelöst, alle zu einer gegebenen Gruppe G von endlicher Ordnung homomorphen Gruppen linearer Substitutionen (2) aufzustellen. Als Koeffizienten der Substitutionen werden dabei beliebige komplexe Zahlen zugelassen; es zeigt sich aber, dass man stets bei geeigneter Wahl der Koordinaten diese Koeffizienten als algebraische Zahlen (über dem Körper der rationalen Zahlen) annehmen kann.

Es entsteht nun eine ganz analoge Aufgabe, wenn man nach Wahl einer Primzahl p anstatt von dem Körper der rationalen Zahlen von dem Galoisschen Feld Γ mit p Elementen ausgeht. Es wird dann nach den mit G homomorphen Gruppen linearer Substitutionen gefragt, bei denen die Koeffizienten dem minimalen algebraisch abgeschlossenen Erweiterungskörper $\Gamma^\star$ von Γ angehören.

Diese Aufgabe hat Herr Dickson in mehreren Arbeiten (3) in Angriff genommen. Geht die Primzahl p in der Ordnung

(1) G. FROBENIUS, *Sitzungsberichte der Preussischen Akademie der Wissenschaften*, 1896, S. 985, und S. 1343, 1897, S. 994, 1899, S. 482, 1903, S. 401. Andere Begründungen der Theorie gaben W. BURNSIDE, *Acta mathematica*, 28, (1904), S. 369 und Proceedings of the London Mathematical Society (2), 1 (1904), S. 117; I. SCHUR, *Sitzungsberichte der Preussischen Akademie der Wissenschaften*, 1905, S. 406; E. NOETHER, *Hyperkomplexe Grössen und Darstellungstheorie, Mathematische Zeitschrift*, 30 (1929), S. 641.

(2) Unter Homomorphismus ist ein einstufiger oder mehrstufiger Isomorphismus zu verstehen. Wir sagen auch kurz, dass eine Darstellung von G (durch lineare Substitutionen) vorliegt.

(3) L. E. DICKSON, *Transactions of the American Mathematical Society*, 3 (1902), S. 285; 8 (1907), S. 389 und *Bulletin of the American Mathematical Society*, 13 (1909), S. 477.

g von G nicht auf, so bleibt, wie gezeigt wird, die Frobeniussche Theorie erhalten. Man kann sogar die fraglichen modularen Darstellungen aus den Frobeniusschen Darstellungen in einfacher Weise gewinnen ([1]).

Es bleibt noch der Fall zu behandeln, dass p in g aufgeht. Hier ergeben sich wesentliche Abweichungen von der Frobeniusschen Theorie. Zum Beispiel gibt es hier stets nicht vollständig reduzible Darstellungen, der Gruppenring ist nicht mehr halbeinfach. Einen interessanten Satz, der sich auf diesen Fall bezieht, gibt Herr Dickson in der zweiten eben zitierten Abhandlung.

In der vorliegenden Arbeit soll das Verhalten der Darstellungen, wenn p in g aufgeht, weiter untersucht werden. Vor allem soll der Satz bewiesen werden, dass die Anzahl k_p der wesentlich verschiedenen irreduziblen Darstellungen mit der Anzahl derjenigen Klassen konjugierter Elemente übereinstimmt, in denen die Ordnung der Elemente zu p teilerfremd ist. Bei Herrn Dickson findet sich dieser Satz nur für den Spezialfall einer Abelschen Gruppe G. Im Frobeniusschen Fall stimmt die Anzahl k_0 der betreffenden Darstellungen mit der Anzahl aller Klassen konjugierter Elemente überein. Die Übertragung der hierfür gegebenen Beweismethoden auf unseren Fall stösst auf Schwierigkeiten, sodass ein anderer Weg eingeschlagen wird.

Im zweiten Paragraphen wird die Zerlegung der regulären Darstellung in unzerfällbare Bestandteile untersucht, es wird unter anderem gezeigt, dass k_p wesentlich verschiedene derartige Bestandteile dabei auftreten.

§ 1.

Es sei G eine gegebene Gruppe von endlicher Ordnung g, p sei ein Primteiler von g. Unter $\Gamma^\star$ werde wie in der Einleitung der minimale algebraisch abgeschlossene Körper der Charakteristik p verstanden.

Ist im Körper $\Gamma^\star$ eine Darstellung von G durch lineare Substitutionen vorgelegt, so entspricht jedem Element R von G dabei eine gewisse Grösse $\chi(R)$ aus $\Gamma^\star$, die Summe der Hauptdiagonalkoeffizienten der zugehörigen Matrix. Dies System von g Zahlen $\chi(R)$ bezeichnet man als Charakter der Darstellung. Ähnliche (äquivalente) Darstellungen haben denselben Charakter; stimmen umgekehrt die Charaktere

([1]) A. Speiser, *Theorie der Gruppen von endlicher Ordnung*, 2, Aufl. Berlin, 1927, S. 222.

zweier irreduzibler Darstellungen überein, so sind die Darstellungen ähnlich.

Gehören R und S zu derselben Klasse konjugierter Elemente in G, so ist für jeden Charakter.

$$\chi(R) = \chi(S),$$

sind also $C_1, C_2, \ldots, C_{k_0}$ die Klassen konjugierter Elemente, so ist der Charakter χ vollständig bestimmt, wenn man den Wert $\chi_\varkappa$ kennt, den $\chi(R)$ für die Elemente R der Klasse $C_\varkappa$ annimmt.

Hilfssatz : Verschwindet $\chi(R)$ für alle Elemente R von G, deren Ordnung zu p teilerfremd ist, so verschwindet $\chi(R)$ für alle R aus G.

Beweis : Die Ordnung eines beliebig gewählten Elementes R von G sei

$$n = hp^\lambda, \qquad (h, p) = 1.$$

Besitzt die R bei der Darstellung zugeordnete Matrix die charakteristischen Wurzeln $\alpha_1, \alpha_2, \ldots, \alpha_r$, so ist bekanntlich

$$\chi(R) = \alpha_1 + \alpha_2 + \ldots + \alpha_r$$

und allgemeiner

$$\chi(R^\mu) = \alpha_1^\mu + \alpha_2^\mu + \ldots + \alpha_r^\mu.$$

Daraus ergibt sich unter Berücksichtigung der Tatsache, dass ein Körper der Charakteristik p vorliegt,

$$\chi(R^{p^\lambda}) = (\alpha_1 + \ldots + \alpha_r)^{p^\lambda} = \chi(R)^{p^\lambda}.$$

Nun verschwindet nach Voraussetzung die linke Seite, da R^{p^λ} eine zu p teilerfremde Ordnung besitzt, also gilt wirklich

$$\chi(R) = 0.$$

Es seien jetzt l wesentlich verschiedene irreduzible Darstellungen vorgelegt, die Charaktere seien mit

$$(1) \qquad \chi^{(1)}, \quad \chi^{(2)}, \quad \ldots, \quad \chi^{(l)}$$

bezeichnet, und zwar sei der Wert von $\chi^{(\lambda)}$ für die Elemente der Klasse $C_\varkappa$ mit $\chi^{(\lambda)}_\varkappa$ bezeichnet. Die Zahlen eines Charakters sind als Summen von Einheitswurzeln algebraisch in bezug auf den Primkörper Γ der Charakteristik p. Offenbar kann man das System $\chi^{(1)}(R), \chi^{(2)}(R), \ldots, \chi^{(l)}(R)$ dadurch in ein beliebiges algebraisch konjugiertes System überführen, dass man R durch eine geeignete Potenz R^{μ} ersetzt.

Die Ordnung der Elemente von G hat für jede Klasse $C_{\varkappa}$ einen festen Wert; die Klassen, bei denen diese Ordnung zu p teilerfremd ist, seien mit $C_1, C_2, \ldots, C_k$ numeriert; $k = k_p$ sei also ihre Anzahl.

Wir nehmen jetzt an, es sei

$$l > k. \tag{2}$$

Dann kann man Grössen x_{λ} von Γ^* nichttrivial aus

$$\sum_{\lambda=1}^{l} x_{\lambda}\chi_{\nu}^{(\lambda)} = 0, \qquad (\nu = 1, 2, \ldots, k) \tag{3}$$

bestimmen. Da jede Gleichung algebraische Koeffizienten in bezug auf Γ hat und mit jeder Gleichung auch alle konjugierten vorkommen, so kann man dabei die Zahlen x_{λ} sogar aus Γ wählen, das heisst also als ganze rationale nichtnegative Zahlen, die nicht sämtlich (mod p) verschwinden. Dann stellt

$$\chi(R) = \sum_{\lambda=1}^{l} x_{\lambda}\chi^{(\lambda)}(R)$$

einen Charakter von G dar, der wegen (3) die im Hilfssatz genannte Voraussetzung erfüllt. Also folgt für alle R

$$\chi(R) = 0.$$

Dies ist aber nach dem Satz von Frobenius und Schur [1] nur möglich, wenn alle x_{λ} als Elemente von Γ^* verschwinden, d. h. durch p teilbar sind. Man erhält also einen Widerspruch. Die Anzahl der wesentlich verschiedenen irreduziblen Darstellungen kann daher k nicht übertreffen.

Wir zeigen jetzt umgekehrt, dass es k wesentlich verschiedene irreduzible Darstellungen gibt. Angenommen, es seien (1) alle zu irreduziblen Darstellungen gehörigen Charaktere und es sei

$$l < k. \tag{4}$$

[1] *Sitzungsberichte der Preussischen Akademie der Wissenschaft*, 1906, S. 209.

Dann kann man Grössen $y_\varkappa$ aus Γ^* auf nichttriviale Weise so bestimmen, dass

$$\sum_{\kappa=1}^{k} y_\varkappa \chi_\varkappa^{(\lambda)} = 0 \qquad (\lambda = 1, 2, \ldots, l) \tag{5}$$

gilt. Da jeder Charakter von G aus den Charakteren (1) durch lineare Kombination mit ganzen rationalen Koeffizienten entsteht, folgt aus (5), dass für alle Charaktere χ von G gelten muss

$$\sum_{\varkappa=1}^{k} y_\varkappa \chi_\varkappa = 0, \tag{5'}$$

wo wieder $\chi_\varkappa$ den Wert von χ für die Elemente der Klasse $C_\varkappa$ bedeutet. Wir wollen (5′) als unmöglich nachweisen und nehmen dazu an, dass die Unmöglichkeit der entsprechenden Aussagen für Gruppen kleinerer Ordnung bereits nachgewiesen sei.

Es sei Q ein Element von G, dessen Ordnung q zu p teilerfremd ist. Wir betrachten die Gruppe der mit Q vertauschbaren Elemente von G und suchen in ihr eine zu p gehörige Sylowgruppe P, die Ordnung heisse p^μ. Dann erzeugen Q und P eine Untergruppe H der Ordnung qp^μ von G. Ist U die durch Q erzeugte Untergruppe, so stimmt H mit dem direkten Produkt $U \times P$ überein. Es sei

$$P_1, \quad P_2, \quad \ldots, \quad P_n$$

ein vollständiges rechtsseitiges Restsystem von G nach H. Ist $\psi(H)$ ein beliebiger Charakter von H, und definiert man für nicht in H enthaltene Elemente S von G

$$\psi(S) = 0,$$

so stellt nach Frobenius ([1])

$$\sum_{\nu=1}^{n} \psi(P_\nu R P_\nu^{-1}) = \chi(R), \qquad (R < G) \tag{6}$$

einen Charakter von G dar.

([1]) G. Frobenius, *Sitzungsberichte der Preussischen Akademie der Wissenschaften*, 1898, S. 501.

Wir wollen jetzt für R ein Element von zu p teilerfremder Ordnung wählen. Ein Summand auf der linken Seite von (6) ist nur dann von 0 verschieden, wenn $P_\nu R P_\nu^{-1}$ zu H gehört; da aber die einzigen Elemente von H mit zu p teilerfremder Ordnung die Potenzen von Q sind, muss weiter gelten

$$P_\nu R P_\nu^{-1} = Q^\lambda. \tag{7}$$

Daher folgt aus (6) für Elemente R mit zu p teilerfremder Ordnung

$$\chi(R) = \sum_{\lambda=1}^{q} z_\lambda \psi(Q^\lambda), \tag{8}$$

wo z_λ bei festem λ die Anzahl der ν bezeichnet, für die (7) gilt.

Ist speziell $R = Q$, so wird z_1 die Anzahl der P_ν angeben, die mit Q vertauschbar sind. Die Gesamtheit der mit Q vertauschbaren Elemente sind dann die Elemente von HP_ν, wo ν die eben erwähnten z_1 Werte durchläuft, ihre Anzahl ist also $q \cdot p^\alpha \cdot z_1$. Nach Konstruktion von P ergibt sich also

$$z_1 \not\equiv 0 \pmod{p} \qquad (\text{für } R = Q). \tag{9}$$

Ist R in G nicht zu Q konjugiert, so folgt aus (7)

$$z_1 = 0 \qquad (\text{R nicht zu Q konjugiert}). \tag{9'}$$

Für den eben konstruierten Charakter χ von G muss (5′) gelten; wir denken uns dabei die Klasse C_γ so gewählt, dass $y_\gamma \neq 0$ ist; Q wählen wir als Element der Klasse C_γ; wegen $\gamma \leqq k$ ist dann tatsächlich die Ordnung q von Q zu p teilerfremd [1]. Da auf der linken Seite von (5′) nur die Klassen auftreten, in denen die Ordnung der Elemente zu p teilerfremd ist, so kann man zur Berechnung von $\chi_\varkappa$ die Formel (8) verwenden, (5′) geht in eine Formel der Gestalt

$$\sum_{\lambda=1}^{q} w_\lambda \psi(Q^\lambda) = 0 \tag{10}$$

über. Ein Glied ψ (Q) kann dabei wegen (9′) nur von der

[1] Man beachte, dass wir oben die $C_\varkappa$, so numeriert haben, dass in $C_1, C_2, \ldots, C_k$ die Ordnung der Elemente zu p teilerfremd ist.

Klasse C_γ herrühren. Bezeichnet z_1 den zu $R = Q$ gehörigen Koeffizienten in (8), so folgt also

$$w_1 = z_1 y_\gamma,$$

nach Auswahl von γ und wegen (9) ist also $w_1 \neq 0$.

Die Relation (10) muss für alle Charaktere ψ von H gelten. Offenbar ist sie für die Gruppe H von derselben Gestalt wie (5′) für G; denn in H bestehen die Klassen mit zu p teilerfremder Ordnung aus nur einem Element und zwar bezw. aus

$$Q, \quad Q^2, \quad \ldots, \quad Q^q = E.$$

Schliesslich verschwinden nicht alle w_γ, es war ja $w_1 \neq 0$. Da wir aber bereits als bewiesen annehmen, dass für Gruppen von kleinerer Ordnung eine Relation dieser Form nicht bestehen kann, so bleibt nur der Fall $G = H$ übrig.

In diesem Fall wählen wir für ψ einen linearen Charakter von U. Wegen $H = P \times U$ können wir ψ dann auch als Charakter von H auffassen; es gilt nach (10)

$$\sum_{\lambda=1}^{q} w_\lambda \psi(Q^\lambda) = 0.$$

Multipliziert man mit $\psi(Q^{-1})$ und addiert über alle linearen Charaktere, so ergibt sich [1]

$$q w_1 = 0.$$

Wegen $q \not\equiv 0 \pmod{p}$, $w_1 \neq 0$ ergibt dies einen Widerspruch, (4) ist damit als unmöglich erkannt.

Satz I : *Ist* G *eine Gruppe von endlicher Ordnung,* p *eine Primzahl, so besitzt* G *so viele wesentlich verschiedene absolut irreduzible Darstellungen in Galoisschen Feldern der Charakteristik* p, *wie die Anzahl derjenigen Klassen konjugierter Elemente angibt, in denen die Ordnung der Elemente zu* p *teilerfremd ist.*

[1] Es ist, da Q eine zyklische Gruppe von zu p teilerfremder Ordnung ist wie in der gewöhnlichen Theorie

$$\sum \psi(Q^\mu) = \begin{cases} q, & \mu = 0 \\ 0, & \mu = 1, 2, \ldots, q-1 \end{cases}$$

Im Fall nämlich, dass p zur Ordnung g von G teilerfremd ist, ist dieser Satz nach dem in der Einleitung Gesagten auch richtig. Der Charakter χ jeder irreduziblen Darstellung von G besteht stets, wie oben bereits erwähnt wurde, aus Grössen, die in bezug auf Γ algebraisch sind, durch Adjunktion von χ zu Γ entsteht also ein Galoissches Feld $\Gamma(\chi)$. Bei geeigneter Wahl der Koordinaten bei den linearen Substitutionen kann man dann die Koeffizienten der Substitutionen als Grössen von $\Gamma(\chi)$ wählen (1). Jede in irgend einem Erweiterungskörper von Γ absolut irreduzible Darstellung muss zu einer dieser Darstellungen ähnlich sein.

Dagegen ist leicht zu sehen, dass es reduzible Darstellungen geben kann, die sich nicht mit in bezug auf Γ algebraischen Koeffizienten darstellen lassen.

§ 2.

Wir behaupten zunächst für Körper beliebiger Charakteristik.

Satz II : *Es seien* A *und* B *zwei Matrizenringe desselben Grades mit Koeffizienten aus einem algebraisch abgeschlossenen Körper. Es werde vorausgesetzt, dass jeder dieser Ringe genau aus der Gesamtheit der Matrizen besteht, die mit allen Elementen des andern Ringes vertauschbar sind. Besitzt* A *im ganzen* k *wesentlich verschiedene irreduzible Bestandteile* $F_\varkappa$, *so besitzt* B *genau ebenso viele wesentlich verschiedene unzerfällbare Bestandteile* (2) $U_\varkappa$. *Bei geeigneter Numerierung kommt* $U_\varkappa$ *so oft in* B *vor, wie der Grad* $f_\varkappa$ *von* $F_\varkappa$ *angibt; der Grad von* $U_\varkappa$ *stimmt mit der Vielfachheit* $e_\varkappa$ *überein, mit der* $F_\varkappa$ *in* A *auftritt* (3).

Beweis : Wir nehmen A von vornherein in irreduzible Bestandteile zerlegt an

$$A = \begin{pmatrix} A_1 & & & \\ A_{21} & A_2 & & \\ \dots & \dots & \dots & \dots \\ A_{n1} & A_{n2} & \dots & A_n \end{pmatrix} \quad (4) \tag{11}$$

Jedes A_ι stimmt dabei mit einem $F_\varkappa$ überein.

(1) Siehe R. Brauer, *Mathematische Zeitschrift*, 30 (1929), S. 101. Diese Behauptung ist äquivalent mit dem Satz von Maclagan Wedderburn, dass ein Schiefkörper mit endlich vielen Elementen stets ein Körper ist (*Transactions of the American Mathematical Society*, 6, S. 349).

(2) Vgl. W. Krull, *Mathematische Zeitschrift*, 23, S. 161 und auch R. Brauer und I. Schur, *Sitzungsberichte der Preussischen Akademie*, 1930, S. 209.

(3) Vgl. dazu auch H. Fitting, *Mathematische Annalen*, 107, S. 515, insbesondere § 15.

(4) Leere Plätze in Matrizen sind stets durch Nullen zu ersetzen.

Als hyperkomplexes System enthält A ein halbeinfaches Teilsystem A^*, derart dass jedes Element von A in der Restklasse eines geeigneten Elementes von A^* nach dem Radikal vorkommt (1). Fasst man A^* als Darstellung von A auf, so muss A^* vollständig reduzibel sein; man darf daher annehmen

$$A^* = \begin{pmatrix} A_1 & & & \\ & A_2 & & \\ & & \ddots & \\ & & & A_n \end{pmatrix}$$

Wir denken uns in A^* die Zeilen und in gleicher Weise die Spalten so permutiert, dass erst die e_1 Bestandteile F_1 in der Hauptdiagonale kommen, dann die e_2 Bestandteile F_2 u. s. w.; das kommt auf eine Ähnlichkeitstransformation T heraus, man findet

$$\tilde{A}^* = T^{-1}A^*T = \begin{pmatrix} E_{e_1} \times F_1 & & & \\ & E_{e_2} \times F_2 & & \\ & & \ddots & \\ & & & E_{e_k} \times F_k \end{pmatrix},$$

hier bedeutet E_ρ die Einheitsmatrix des Grades ρ, das Zeichen $\times$ bedeutet das Kroneckersche Produkt zweier Matrizen (2) und es bedeutet also in leicht verständlicher Abkürzung $E_{e_\varkappa} \times F_\varkappa$ einen vollständig reduziblen Ring, der $e_\varkappa$-mal in der Hauptdiagonale $F_\varkappa$ enthält.

Setzt man nun $T^{-1}BT = \tilde{B}$, so ist jedes Element von $\tilde{B}$ mit jedem Element von $\tilde{A}^*$ vertauschbar. Aus dem Schurschen Lemma (3) ergibt sich dann leicht in bekannter Weise, dass $\tilde{B}$ in der folgenden Weise zerfallen muss

$$(12) \quad \tilde{B} = T^{-1}BT = \begin{pmatrix} U_1 \times E_{f_1} & & & \\ & U_2 \times E_{f_2} & & \\ & & \ddots & \\ & & & U_k \times E_{f_k} \end{pmatrix}$$

(1) CARTAN, *Annales de Toulouse*, 12 (1898); FROBENIUS, *Sitzungsberichte der Preussischen Akademie*, 1903, S. 634; L. E. DICKSON, *Algebren und ihre Zahlentheorie*, Zürich, 1927, S. 136 bezw. S. 258. Der Grundkörper darf auch hier die Charakteristik p haben. — Man vergl. zu dem folgenden auch R. BRAUER, *Mathematische Zeitschrift*, 30, S. 101 und R. BRAUER und J. SCHUR, a. a. O., § 8.

(2) Vgl. PASCAL, *Repertorium der höheren Mathematik*, Band I, 2. Auflage, Leipzig, 1910, S. 148 u. f.

(3) Vgl. I. SCHUR, a. a. O. Anm. 1) Satz I.

Dabei bedeutet $U_\varkappa$ einen Matrizenring vom Grade $e_\varkappa$. Wir haben jetzt nur zu zeigen, dass die $U_\varkappa$ unzerfällbar sind und dass für $\varkappa \neq \gamma$ nicht $U_\varkappa$ zu U_λ ähnlich ist. Dann folgt, dass $\tilde{B}$ und damit auch B als wesentlich verschiedene unzerfällbare Bestandteile die $U_\varkappa$ enthält und dass $U_\varkappa$ vom Grade $e_\varkappa$ gerade $f_\varkappa$-mal auftritt.

Die Gesamtheit der mit $\tilde{B}$ elementweise vertauschbaren Matrizen bezeichnen wir mit $\tilde{A}$; es ist dann

$$T^{-1}AT = \tilde{A}$$

Fasst man in einer Matrix $\tilde{A}_0$ von $\tilde{A}$ die Zeilen und Spalten analog zusammen wie in (12), so sei

$$\tilde{A}_0 = \begin{pmatrix} W_{11} & \dots & W_{1k} \\ \dots & \dots & \dots \\ W_{k1} & \dots & W_{kk} \end{pmatrix}, \tag{13}$$

wo also $W_{\varkappa\lambda}$ aus gerade $e_\varkappa f_\varkappa$ Zeilen und $e_\lambda f_\lambda$ Spalten besteht. Die Vertauschbarkeit mit B erscheint dann mit den Gleichungen

$$(U_\varkappa \times E_{f_\varkappa}) W_{\varkappa\lambda} = W_{\varkappa\lambda} (U_\lambda \times E_{f_\lambda}), \tag{14}$$

äquivalent. Offenbar ist (14) erfüllt, wenn man ansetzt

$$W_{\varkappa\lambda} = V_{\varkappa\lambda} \times Z_{\varkappa\lambda} \tag{15}$$

wo die $V_{\varkappa\lambda}$, $e_\varkappa$ Zeilen, e_λ Spalten enthalten und die Gleichungen erfüllen

$$U_\varkappa V_{\varkappa\lambda} = V_{\varkappa\lambda} U_\lambda, \tag{16}$$

während $Z_{\varkappa\lambda}$ eine ganz beliebige Matrix mit $f_\varkappa$ Zeilen und f_λ Spalten bedeutet.

Wir wählen insbesondere für einen festen Index ρ jetzt $V_{\rho\rho}$ als beliebige mit U_ρ vertauschbare Matrix, während wir alle anderen $V_{\rho\sigma} = 0$ setzen. Dann ist (16) erfüllt und daher liefern (15) und (13) eine Matrix $\tilde{A}_0$ von $\tilde{A}$; $T\tilde{A}_0T^{-1}$ wird also zu A gehören.

Es sei nun

$$V_{\rho\rho} = \begin{pmatrix} v_{11} & v_{12} & \dots \\ v_{21} & v_{22} & \dots \\ \dots & \dots & \dots \end{pmatrix}, \quad W_{\rho\rho} = \begin{pmatrix} v_{11}Z_{\rho\rho} & v_{12}Z_{\rho\rho} & \dots \\ v_{21}Z_{\rho\rho} & v_{22}Z_{\rho\rho} & \dots \\ \dots & \dots & \dots \end{pmatrix} \tag{17}$$

die andern $W_{\varkappa\lambda}$ sind 0 ; wir denken uns $W_{\varkappa\lambda}$ aus $e_\varkappa e_\lambda$ Nullmatrizen mit $f_\varkappa$ Zeilen und f_λ Spalten aufgebaut. Setzt man dies in (13) ein, so erhält man $T\tilde{A}_0T^{-1}$; indem man die oben ausgeführte Permutation der Zeilen und Spalten rückgängig macht. Die entstehende Matrix A_0 muss dann für alle $Z_{\varrho\varrho}$ von der Form (11) sein. Dies liefert, dass in (17) in $V_{\varrho\varrho}$ über der Hauptdiagonale Nullen stehen müssen. In der Hauptdiagonale muss durchgehend dieselbe Zahl stehen; sonst würde in A_ϱ nicht in den betreffenden Zeilen immer derselbe Bestandteil F_ϱ auftreten. Eine mit U_ϱ vertauschbare Matrix $V_{\varrho\varrho}$ kann daher unmöglich zwei verschiedene charakteristische Wurzeln besitzen. Daraus folgt unmittelbar die Unzerfällbarkeit von U_ϱ.

Angenommen, es sei U_ϱ ähnlich zu U_σ, $\rho \neq \sigma$. Die Reihenfolge ρ, σ sei dabei so gewählt, dass in (11) unter A_1, A_2, ..., A_n erst einmal F_ϱ und dann erst F_σ vorkommt. Wegen der Ähnlichkeit von U_ϱ und U_σ können wir in (16) $V_{\varrho\sigma}$ als eine Matrix mit von Null verschiedener Determinante wählen; alle anderen $V_{\varkappa\lambda}$ setzen wir gleich Null. Dann ist (16) erfüllt. Eine ganz analoge Betrachtung wie eben liefert, dass das zugehörige A_0 nur dann die Form (11) haben kann, wenn in der ersten Zeile von $V_{\varrho\sigma}$ lauter Nullen stehen. Dann verschwindet aber im Gegensatz zur Annahme die Determinante von $V_{\varrho\sigma}$. Daher sind U_ϱ und U_σ bestimmt nicht ähnlich ; Satz II ist damit vollständig bewiesen.

Es mögen jetzt wieder Γ, Γ^* und G die Bedeutung wie § 1 haben [1]. Ist R ein festes Element von G, so setze man in einer unmittelbar verständlichen Symbolik

$$G_\varkappa R = \sum_\lambda a_{\varkappa\lambda} G_\lambda$$

wo $G_\varkappa$ ein beliebiges Element von G bedeutet und rechts G_λ alle Elemente von G durchläuft ($\varkappa$, $\lambda = 1, 2, ..., g$), wo ferner $a_{\varkappa\lambda}$ bei festem $\varkappa$ nur für ein λ den Wert 1 und sonst den Wert 0 hat. Dann ist jedem R aus G eine Matrix

$$A_R = (a_{\varkappa\lambda})$$

zugeordnet. Diese A_R bilden bekanntlich eine Darstellung

[1] Zu dem folgenden vergl. etwa Frobenius, *Sitzungsberichte der Preussischen Akademie*, 1903, S. 504, doch kann man in unserm Fall die Betrachtungen gegenüber dem allgemeinen Fall vereinfachen.

von G, die reguläre Darstellung. Die zweite reguläre Darstellung erhält man analog, indem man

$$R^{-1}G_\varkappa = \sum_\lambda b_{\varkappa\lambda} G_\lambda$$

setzt und R die Matrix

$$B_R = (b_{\varkappa\lambda})$$

zuordnet. Beide Darstellungen kann man sofort zu Darstellungen A bezw. B des zu G gehörigen Gruppenringes in bezug auf Γ^* als Grundkörper erweitern. Man beweist leicht, dass A und B die Voraussetzungen von Satz II erfüllen, ferner dass die beiden regulären Darstellungen ähnlich sind. Anzahlen, Grade und Vielfachheiten der irreduziblen und unzerfällbaren Bestandteile von A_R und B_R bleiben offenbar beim Übergang zum Gruppenring ungeändert. Daher kann man unmittelbar Satz II anwenden und erkennt wegen der Ähnlichkeit von A und B

Satz III : *Besitzt die reguläre Darstellung in* Γ^* *im ganzen* k *wesentlich verschiedene irreduzible Bestandteile* $F_\varkappa$ *vom Grad* $f_\varkappa$ *und der Vielfachheit* $e_\varkappa$, $(\varkappa = 1, 2, ..., k)$, *so besitzt sie auch* k *wesentlich verschiedene unzerfällbare Bestandteile, einen* f_1*-fachen* U_1 *vom Grad* e_1, *einen* f_2*-fachen* U_2 *vom Grad* e_2 *u. s. w.*

Allgemein für hyperkomplexe Systeme gilt der Satz, dass die reguläre Darstellung alle absolut irreduziblen Bestandteile enthält. Daher ergibt sich :

Zusatz : *Die Zahl* k *in Satz III stimmt mit der in Satz I mit* k_p *bezeichneten Anzahl überein.*

Gibt die ganze nicht negative Zahl $c_{\varrho\sigma}$ an, wie oft U_ϱ den irreduziblen Bestandteil F_σ enthält, so liefert eine Gradabzählung von U_ϱ, bezw. eine Abzählung, wie oft F_ϱ in A auftritt, die Gleichungen

$$e_\varrho = \sum_{\sigma=1}^{k} c_{\varrho\sigma} f_\sigma = \sum_{\sigma=1}^{k} c_{\sigma\varrho} f_\sigma .$$

Gradabzählung von A liefert

$$g = \sum_{\sigma=1}^{k} e_\sigma f_\sigma.$$

Bemerkt sei noch, dass aus einem in der Einleitung erwähnten Satz von Herrn Dickson folgt, dass alle e_σ durch die höchste in g auftretende Potenz von p teilbar sind.

7507-34. — Tours, Imprimerie Arrault et Cie.

ON THE MODULAR REPRESENTATIONS OF GROUPS OF FINITE ORDER, I.

1. Introduction

The theory of group characters[1] solves the problem of finding all representations A of a given group G of finite order g by linear transformations. The coefficients of these transformations are assumed to be complex numbers. But replacing A, if necessary, by an equivalent representation, we may assume that all the coefficients are algebraic with regard to the field of rational numbers. We may further assume that the coefficients are algebraic integers.

We replace now the field of rational numbers by the Galois field Π with p elements, p a prime. We then are interested in the representations of G which lie in the minimal algebraically closed extension field K of Π. If p is prime to g, the ordinary theory still holds for these modular representations. If, however, p is a divisor of g, then the most important theorems of the ordinary theory are not valid. It is our principal aim to develop a theory for this case.

Every group G of finite order g gives rise to an associative algebra Γ, the group ring, whose basis elements are the g elements of G. The study of the representations of this algebra is equivalent to the investigation of the representations of G. In the case that the underlying field has characteristic 0, the algebra Γ is semi-simple. If, however, we form the algebra Γ with regard to the modular field K, then this is true only in the case $g \not\equiv 0 \pmod{p}$. In the singular case $g \equiv 0 \pmod{p}$, we are concerned with the study of a non-semi-simple algebra Γ. Of particular importance here are the *Cartan* invariants of Γ.[2] These are non-negative rational integers $c_{\kappa\lambda}$ which, in our case, form the coefficients of a positive definite quadratic form.

---

[1] *G. Frobenius*, Sitzungsberichte d. Preuss. Akad. d. Wiss. 1896, p. 985 and p. 1343; 1897, p. 994; 1899, p. 482; 1903, p. 401. Other treatments of the theory were given by *W. Burnside*, The theory of groups of finite order, 2nd edition, Cambridge, 1911; *I. Schur*, Sitzungsberichte d. Preuss. Akad. d. Wiss. 1905, p. 406; *E. Noether*, Math. Zeitschr. **30** (1929), p. 641. *Cf.* also the accounts given in the books: *L. E. Dickson*, Modern algebraic theories, Chicago, 1926; *A. Speiser*, Theorie der Gruppen endlicher Ordnung, 2nd edition, Berlin, 1927; *B. L. van der Waerden*, Gruppen von linearen Transformationen, Berlin, 1935.

[2] *E. Cartan*, Annales de Toulouse **12** (1898), B, p. 1.

Let A now be an ordinary representation of G and assume that the coefficients are algebraic integers. Let $\mathfrak{p}$ be a prime ideal divisor of p in the field Ω which is generated by these coefficients. A modular representation $\tilde{A}$ of G is obtained, if every coefficient of A is replaced by its residue class (mod $\mathfrak{p}$). $\tilde{A}$ breaks up into irreducible modular constituents.

We denote the irreducible modular representations by $F_1, F_2, \ldots$ and the irreducible ordinary representations by $F_1^*, F_2^*, \ldots$. For $A = F_\rho^*$, the representation F_σ appears with some multiplicity $d_{\rho\sigma}$ in $\tilde{A}$. The connection between the Cartan numbers $c_{\kappa\lambda}$ and these quantities $d_{\rho\sigma}$ is given by the formula

$$c_{\kappa\lambda} = d_{1\kappa}d_{1\lambda} + d_{2\kappa}d_{2\lambda} + \ldots \quad .$$

which plays a central rôle in our work (§4). As an application we obtain formulas which correspond to the fundamental relations for the characters in the ordinary theory (§5). At the same time, we obtain new proofs for some known results, namely, a theorem of *Dickson*[3] concerning the multiplicities of the F_λ in the regular representation, a theorem of *R. Brauer*[4] which gives the number of distinct irreducible representations F_λ, and finally results of *Dickson* and *Speiser*[5] for the non-singular case $g \not\equiv 0 \pmod{p}$.

The last three sections of this paper deal with the decomposition of Γ into a direct sum of invariant subalgebras in connection with the properties of the representations.

The basis for our work is formed by the general theory of algebras and their representations.[6] The ordinary theory of group characters is assumed. A number of our results could be generalized for the case of the modular representations of an algebra over an algebraic number field.

---

[3] *L. E. Dickson*, Transactions Amer. Math. Soc. **8** (1907), p. 389.

[4] *R. Brauer*, Actualités scientifiques et industr. No. 195 (1935).

[5] *L. E. Dickson*, Transactions Amer. Math. Soc. **3** (1902), p. 285; *A. Speiser*, *loc. cit.* *Cf.* also van der Waerden, *loc. cit.*, p. 74.

[6] *Cf. L. E. Dickson*, Algebras and their arithmetics, Chicago, 1923; *M. Deuring*, Algebren, Berlin, 1935. Further, see *R. Brauer* and *C. Nesbitt*, Proceedings National Academy of Sciences **23** (1937), p. 236. We refer to this paper as B.N.

2. Let K be an algebraically closed field. We consider representations of groups G by linear transformations with coefficients in K.[7]

LEMMA: *Let A and B be two representations of a group G which associate the matrices A_Q and B_Q with the element Q of G. If both A_Q and B_Q have the same characteristic roots for every Q in G, then A and B have the same irreducible constituents.*

Proof: It follows from our assumption that

$$(1)\ldots\ldots \qquad \text{trace}\,(A_Q) = \text{trace}\,(B_Q)$$

and that A_Q and B_Q are of the same degree n. If K has characteristic 0, the lemma follows from a theorem of *Frobenius* and *Schur*.[8] We assume, therefore, that K is of characteristic $p \neq 0$. Let $F_1, F_2, \ldots, F_r$ be the non-equivalent irreducible constituents of A and B. We denote the multiplicity of F_λ in A by a_λ, the multiplicity of F_λ in B by b_λ. The equation (1) implies, according to the argument of *Frobenius* and *Schur*, that

$$(2)\ldots\ldots \qquad a_\lambda \equiv b_\lambda \pmod p$$

(but not necessarily $a_\lambda = b_\lambda$).

We assume that the lemma is true for representations of smaller degree than n. We replace A and B by the completely reducible representations A_0 and B_0 with the same irreducible constituents. The assumption of our lemma then is true for the two representations A_0, B_0 and it is sufficient to prove the lemma in this case. We may hence assume without loss of generality that A and B themselves are completely reducible.

If A and B have a constituent F_λ in common, we leave F_λ in A and B away. Thus we obtain two representations A_1 and B_1, of degree smaller than n which also satisfy the assumption of the lemma. Since the lemma then is true for A_1 and B_1 it also holds for A and B.

---

[7]For the sake of simplicity, we exclude representations which contain the 0-representation as constituent (*i.e.*, the representation which associates the number 0 with every Q of G). The following lemma would hold without this restriction. It also holds for representations of pseudo-groups G in which the elements do not necessarily possess inverses.

[8]*G. Frobenius-I. Schur*, Sitzungsberichte d. Preuss. Akad. d. Wiss. 1906, p. 209.

We have, therefore, only to deal with the case that either a_λ or b_λ vanishes for every λ. We may, of course, assume that not all a_λ and b_λ are equal to zero. From (2) it follows that

$$a_\lambda \equiv 0, \; b_\lambda \equiv 0 \pmod{p}.$$

Denote by A_2 the completely reducible representation which contains F_λ with the multiplicity a_λ/p, $\lambda = 1, 2, \ldots, r$. Similarly, denote by B_2 the completely reducible representation which contains F_λ with the multiplicity b_λ/p. Then A_2 and B_2 again satisfy the assumption of the lemma and their degree is smaller than n. Since the lemma then is true for A_2 and B_2, these two representations have the same constituents. Hence $a_\lambda = b_\lambda$ and, because either $a_\lambda = 0$ or $b_\lambda = 0$ for every λ, we have $a_\lambda = b_\lambda = 0$, which gives a contradiction.

The converse of the lemma is trivial.

3. Let G now be a group of finite order g and p any rational prime. We denote by $A, B, \ldots$ the representations of G by linear transformations with coefficients in the field of complex numbers. We are going to derive *modular* representations $\tilde{A}$, $\tilde{B}, \ldots$ from $A, B, \ldots$.

We may replace A by an equivalent representation whose coefficients lie in an algebraic number field Ω and are all integers for p.[9] We then take a prime ideal $\mathfrak{p}$ in Ω which divides p. For every integer for p, the residue class (mod $\mathfrak{p}$) is defined, and all these residue classes form a Galois field of characteristic p. We replace now every coefficient in A by its residue class (mod $\mathfrak{p}$). Obviously, we obtain a modular representation $\tilde{A}$ of G.

By the same process, we may derive a modular representation $\tilde{B}$ from B, provided that the coefficients in B lie in an algebraic number field Ω' and are all integers for p. The coefficients in $\tilde{B}$ are residue classes modulo a prime ideal $\mathfrak{p}'$ of Ω' which divides p.

We assume now that A and B are equivalent. It can happen that $\tilde{A}$ and $\tilde{B}$ are not equivalent. We shall, however, show that *$\tilde{A}$ and $\tilde{B}$ have the same absolutely irreducible constituents if the prime ideal $\mathfrak{p}'$ of p in Ω' is properly chosen.*

[9] By an integer for p we mean a number which can be written as a quotient α/β of two algebraic integers such that β is prime to p.

Let Ω_0 be a common algebraic extension field of Ω and Ω'. We denote by $\mathfrak{p}_0$ a prime divisor of $\mathfrak{p}$ in Ω_0 and we choose the prime ideal $\mathfrak{p}'$ in Ω' so that $\mathfrak{p}_0$ also divides $\mathfrak{p}'$. Obviously, we obtain the same modular representations, $\tilde{A}$ and $\tilde{B}$, as before, if we consider A and B as representations with coefficients in Ω_0 and take these coefficients (mod $\mathfrak{p}_0$). We take Ω_0 such that it contains the characteristic roots of all elements of A and B.

As in the introduction, we denote the Galois field with p elements by Π, and its minimal algebraically closed extension field by K. The field of residue classes (mod $\mathfrak{p}_0$) is a subfield of K.

Two corresponding elements of A and B always have the same characteristic roots, since A and B are equivalent. It follows at once that corresponding elements of $\tilde{A}$ and $\tilde{B}$ have the same characteristic roots. Then the lemma of §2 shows that the two modular representations $\tilde{A}$ and $\tilde{B}$ have the same absolutely irreducible constituents.

Let k^* be the number of classes of conjugate elements in G. We denote the ordinary absolutely irreducible representations of G by $F_1^*, F_2^*, \ldots, F_{k^*}^*$ and their degrees by $f_1^*, f_2^*, \ldots, f_{k^*}^*$. We choose the F_λ^* so that they have coefficients which lie in some algebraic number field Ω and are integers for p. We may assume that Ω contains the g-th roots of unity. For $\mathfrak{p}$ we take a fixed prime divisor of p in Ω.

The modular representations $\tilde{F}_1^*, \tilde{F}_2^*, \ldots, \tilde{F}_{k^*}^*$ break up into irreducible constituents. Let $F_1, F_2, \ldots, F_k$ be the absolutely irreducible modular representations of G, and $d_{\kappa\lambda}$ be the multiplicity of F_λ in $\tilde{F}_\kappa^*$. We call these $d_{\kappa\lambda}$ the *decomposition numbers* of G for p. Then

(3)....... $$D = (d_{\kappa\lambda})$$

is a matrix with k^* rows and k columns. The coefficients are non-negative rational integers. We may express the splitting of F_κ^* in the form

(4)...... $$\tilde{F}_\kappa^* \longleftrightarrow \sum_{\lambda=1}^{k} d_{\kappa\lambda} F_\lambda.^{10}$$

[10]The relation $A \longleftrightarrow B$ is to express that two representations A and B have the same absolutely irreducible constituents. The sum on the right-hand side of (4) denotes a representation which contains F_λ exactly $d_{\kappa\lambda}$ times as irreducible constituent.

We form the ordinary representation R_0 of G which contains F_κ^* exactly f_κ^* times as irreducible constituent. Then R_0 is equivalent to the regular representation R of G. We now consider $\tilde{R}_0$ and $\tilde{R}$. The representation $\tilde{R}$ is the regular representation for the modular theory. Let u_λ be the multiplicity of F_λ in $\tilde{R}$. The multiplicity of F_λ in $\tilde{R}_0$ is, evidently, $\sum_{\kappa=1}^{k^*} f_\kappa^* d_{\kappa\lambda}$. Thus we obtain

$$(5)\ldots\ldots \qquad u_\lambda = \sum_{\kappa=1}^{k^*} f_\kappa^* d_{\kappa\lambda}.$$

In particular, there exists at least one κ for a given λ such that $d_{\kappa\lambda} \neq 0$. *Every irreducible modular representation can be obtained from splitting the irreducible ordinary representations after taking them (mod* $\mathfrak{p}$).

On comparing the degrees in (4), we find

$$(6)\ldots\ldots \qquad f_\kappa^* = \sum_{\lambda=1}^{k} d_{\kappa\lambda} f_\lambda,$$

when f_λ denotes the degree of F_λ.

We had to choose a prime factor $\mathfrak{p}$ of p for our construction of the modular representation $\tilde{A}$ by means of A. If we take another prime factor $\mathfrak{p}_1$ of p, then in general we obtain another modular representation $\tilde{A}_1$, instead of $\tilde{A}$, which is not necessarily equivalent to $\tilde{A}$. However, it can be easily shown that we may replace A by a conjugate representation $A^{(1)}$ so that $\tilde{A}_1^{(1)}$ is equivalent to $\tilde{A}$.

4. We break the regular representation $\tilde{R}$ up into its *indecomposable parts* $U_1, U_2, \ldots$. As was shown in B.N., the number of non-equivalent U_λ is equal to k again. We may choose U_κ so that F_κ is its first and its last irreducible constituent,

$$U_\kappa \sim \begin{pmatrix} F_\kappa & & & 0 \\ & \cdot & & \\ & & \cdot & \\ & * & & \cdot \\ & & & F_\kappa \end{pmatrix}.$$

Then U_κ has the degree u_κ and it appears f_κ times as indecomposable constituent of $\tilde{R}$.

Let $c_{\kappa\lambda}$ be the multiplicity of F_λ as irreducible constituent of U_κ, so that

(7)...... $$U_\kappa \longleftrightarrow \sum_{\lambda=1}^{k} c_{\kappa\lambda} F_\lambda.$$

These $c_{\kappa\lambda}$ are identical with the *Cartan invariants* of the group ring Γ of the group G, formed with regard to K as underlying field. Accordingly we call the $c_{\kappa\lambda}$ the *Cartan invariants of G for p.*

In particular, $c_{\kappa\kappa} \geqq 2$, except in the case $U_\kappa = F_\kappa$ where $c_{\kappa\kappa} = 1$.

We form a matrix of degree k

(8)...... $$C = (c_{\kappa\lambda})$$

with the Cartan invariants as coefficients. Then we may state

Theorem I: *The Cartan invariants $c_{\kappa\lambda}$ for p of a group G of finite order and the decomposition numbers $d_{\kappa\mu}$ for p of G are connected by the relations*

(9)...... $$c_{\kappa\lambda} = \sum_{\mu=1}^{k^*} d_{\mu\kappa} d_{\mu\lambda}. \qquad (\kappa, \lambda = 1, 2, \ldots, k).$$

Using the matrices (3) and (8), we may write (9) in the form

(10)...... $$C = D'D.$$

Proof: Let $Q_1, Q_2, \ldots, Q_g$ be the g elements of G and put

$$x = x_1Q_1 + \ldots + x_gQ_g, \quad y = y_1Q_1 + \ldots + y_gQ_g.$$

Denote by $A(x)$, $A(y)$ the matrices representing x and y in any representation A of the group ring Γ of G. Let R and S be the first and second regular representations of Γ. According to a result of *Frobenius*,[11] we have for the modular representations

(11)...... $$\det\left(\tilde{S}(x) + \tilde{R}'(y)\right) = \prod_{\kappa,\lambda} \tilde{\phi}_{\kappa\lambda}^{c_{\kappa\lambda}}$$

with

(12)...... $$\tilde{\phi}_{\kappa\lambda} = \prod_{\alpha,\beta} \left(\tilde{u}_\alpha^{(\kappa)} + \tilde{v}_\beta^{(\lambda)}\right)$$

where $\tilde{u}_\alpha^{(\kappa)}$ runs over all the characteristic roots of $F_\kappa(x)$, and $\tilde{v}_\beta^{(\lambda)}$ runs

[11] *Frobenius*, Sitzungsberichte d. Preuss. Akad. d. Wiss. 1903, p. 504 and p. 634. *Cf.* also B.N.

over all the roots of $F_\lambda(y)$. Here the $\tilde{\phi}_{\kappa\lambda}$ are distinct irreducible polynomials in $x_1, \ldots, x_g, y_1, \ldots, y_g$.

The same formula of *Frobenius* can be applied for the ordinary representations. We have here to replace $c_{\kappa\lambda}$ by 0 for $\kappa \neq \lambda$, and by 1 for $\kappa = \lambda$, since the indecomposable parts of R themselves are irreducible. Hence

$$(13)\ldots\ldots \qquad \det\big(S(x)+R'(y)\big) = \prod_{\mu=1}^{k^*} \phi_{\mu\mu},$$

$$(14)\ldots\ldots \qquad \phi_{\mu\mu} = \prod_{\alpha,\beta} \big(u_\alpha^{(\mu)} + v_\beta^{(\mu)}\big)$$

where $u_\alpha^{(\mu)}$ runs over all characteristic roots of $F_\mu(x)$ and $v_\beta^{(\mu)}$ over all roots of $F_\mu(y)$.[12]

We consider (14) now (mod $\mathfrak{p}$). The formula (4) then shows that each $\tilde{u}_\alpha^{(\kappa)}$ appears $d_{\mu\kappa}$ times among the $u_\alpha^{(\mu)}$ and $\tilde{v}_\beta^{(\lambda)}$ appears $d_{\mu\lambda}$ times among the $v_\beta^{(\mu)}$. It follows that we obtain

$$\prod_{\kappa,\lambda} \tilde{\phi}_{\kappa\lambda}^{d_{\mu\kappa}d_{\mu\lambda}}$$

if in $\phi_{\mu\mu}$ every number of Ω is replaced by its residue class (mod $\mathfrak{p}$),

$$\phi_{\mu\mu} \equiv \prod_{\kappa,\lambda} \tilde{\phi}_{\kappa\lambda}^{d_{\mu\kappa}d_{\mu\lambda}}.$$

Then, according to (13)

$$\det\big(S(x)+R'(y)\big) \equiv \prod_{\mu=1}^{k^*} \prod_{\kappa,\lambda=1}^{k} \tilde{\phi}_{\kappa\lambda}^{d_{\mu\kappa}d_{\mu\lambda}}.$$

Comparing this with (11), we find

---

[12]To be exact, the $u_\alpha^{(\lambda)}$, $v_\beta^{(\lambda)}$ do not lie in Ω but in some extension field $\overline{\Omega}$. Similarly, the $\tilde{u}_\alpha^{(\rho)}$, $\tilde{v}_\beta^{(\rho)}$ lie in some extension field $\overline{\mathrm{K}}$ of K. The domain of integers for p in Ω is mapped homomorphically on K. We may extend this homomorphism to a homomorphism of a domain of integrity I in $\overline{\Omega}$ upon a part of $\overline{\mathrm{K}}$. Here I consists of those quantities of $\overline{\Omega}$ which satisfy algebraic equations

$$x^m + A_1 x^{m-1} + \ldots + A_m = 0$$

where the A_μ are polynomials in $x_1, \ldots x_g, y_1, \ldots, y_g$ with coefficients which are integers for p in Ω. The $u_\alpha^{(\lambda)}$, $v_\beta^{(\lambda)}$ lie in $\overline{\Omega}$. We may, therefore, speak of the element of $\overline{\mathrm{K}}$ to which $u_\alpha^{(\lambda)}$ or $v_\beta^{(\lambda)}$ is "congruent".

$$\prod_{\kappa,\lambda=1}^{k} \tilde{\phi}_{\kappa\lambda}^{\sum_{\mu=1}^{k^*} d_{\mu\kappa}d_{\mu\lambda}} = \prod_{\kappa,\lambda=1}^{k} \tilde{\phi}_{\kappa\lambda}^{c_{\kappa\lambda}}.$$

Since the $\tilde{\phi}_{\kappa\lambda}$ are distinct irreducible polynomials, we obtain (9).

The formula (10) shows at once that C is symmetric. Further, the quadratic form belonging to C,

$$\sum_{\kappa,\lambda} c_{\kappa\lambda}x_\kappa x_\lambda$$

is not negative. Since det C is $\neq 0$, as we shall see in §5, *the form is positive definite.*

5. We denote the k^* classes of conjugate elements in G by $K_1, K_2 \ldots, K_{k^*}$ in such a way that the orders of the elements in the first h classes are prime to p, whereas they are divisible by p in the last k^*-h classes. We shall prove later that h is equal to the number k of distinct irreducible modular representations. We set $g=p^a \cdot g'$, $(g', p)=1$.

Let Q be an element in one of the last k^*-h classes. We may write it as a product of two commutative elements P and M,

$$Q=P \cdot M$$

where the order of P is a power of p, and the order of M prime to p. Let A be any modular representation of G. We have

$$A_Q=A_P \cdot A_M.$$

The characteristic roots of A_P are p^a-th roots of unity and since our field is of characteristic p, they are all equal to 1. The characteristic roots of A_Q are obtained by multiplying each characteristic root of A_M by one of the characteristic roots of A_P. Accordingly, we see that A_Q and A_M have the same characteristic roots. An immediate consequence is

(15)...... $\operatorname{tr}(A_Q)=\operatorname{tr}(A_M).$

Here, of course, M lies in one of the first h classes of conjugate elements.

Combining these facts with the results of §2, we obtain

LEMMA: *If two modular representations A and B of G represent an element M of an order prime to p by matrices A_M and A_Q, both of* *which have the same characteristic roots (for every such M in G), then A and B have the same irreducible constituents. If both A and B are irreducible and*

$$tr\ (A_M) = tr\ (B_M)$$

for every M of an order prime to p, then A and B are equivalent.

In the table of modular characters of the group we may omit the last k^*-h classes, since the values of every character, according to (15) is known, if we know the value for the first h classes. The values of a character are, of course, defined as numbers of the field K of characteristic p.

It is, however, advisable to change the point of view. Every value of a character $\mathrm{tr}(A_M)$, M of an order m prime to p, is a sum of m-th roots of unity. Set $g' = g/p^a$. The g'-th roots of unity in the algebraic number field form a cyclic group H of order g'. No two of them are congruent mod $\mathfrak{p}$, since the difference of any two distinct ones is a divisor of g'. If we replace each of these roots by its residue class (mod $\mathfrak{p}$), we obtain an isomorphic mapping of H upon the group of g'-th roots of unity in K. We replace now every modular root of unity in $\mathrm{tr}(A_M)$ by the corresponding complex root of unity. Then $\mathrm{tr}(A_M)$ becomes a *complex number*. If this number is known for every M of an order prime to p, we know $\mathrm{tr}(A_M^r)$, that is, the sum of the r-th powers of the characteristic roots of A_M. Since we are now in the field of complex numbers, we may find the characteristic roots of A_M.

In what is to follow, we always shall understand the modular characters in this sense. We do not here define the values of such a character for elements whose order is divisible by p. We have now

Theorem II: *If two modular representations A and B have the same character (for elements of an order prime to p) then they contain the same irreducible constituents.*

We denote the character of the irreducible modular representation F_λ by $\chi^{(\lambda)}$, and the value of $\chi^{(\lambda)}$ for the class K_ρ of conjugate elements by $\chi_\rho^{(\lambda)}$ $(\rho = 1, 2, \ldots, h)$. Similarly, let $\chi^{*(\mu)}$ be the character of the ordinary representation F_μ^*, and $\chi_\sigma^{*(\mu)}$ its value for K_σ.
The formula (4) now yields

$$(16)\ldots\ldots \qquad \chi^{*(\mu)} = \sum_{\lambda=1}^{k} d_{\mu\lambda}\chi^{(\lambda)}.$$

This is now an equality, not a congruence (if we consider only elements in the first h classes). Let $\Phi^{(\kappa)}$ be the character of the indecomposable representation U_κ. According to (7), we have

$$\Phi^{(\kappa)} = \sum_{\lambda=1}^{k} c_{\kappa\lambda}\chi^{(\lambda)}. \tag{17}$$

Substituting for the $c_{\kappa\lambda}$ from (9) and taking (16) into account we obtain

$$\Phi^{(\kappa)} = \sum_{\lambda=1}^{k}\sum_{\mu=1}^{k^*} d_{\mu\kappa}d_{\mu\lambda}\chi^{(\lambda)} = \sum_{\mu=1}^{k^*} d_{\mu\kappa}\sum_{\lambda=1}^{k} d_{\mu\lambda}\chi^{(\lambda)},$$

$$\Phi^{(\kappa)} = \sum_{\mu=1}^{k^*} d_{\mu\kappa}\chi^{*(\mu)}. \tag{18}$$

If we take in (18) and (16) the characters for the unit element of G, we come back to (5) and (6) of §3.

The following formulas for ordinary characters are well known:

$$\sum_{\mu=1}^{k^*} \chi^{*(\mu)}_{\rho}\chi^{*(\mu)}_{\sigma} = \begin{cases} \dfrac{g}{g_\rho} & \text{for } \sigma=\rho' \\ 0 & \text{for } \sigma\neq\rho' \end{cases} \tag{19}$$

where $K_{\rho'}$ is the class containing the reciprocal elements of the elements of K_ρ, and g_ρ is the number of elements in the class K_ρ. We choose ρ, $\sigma=1, 2, \ldots, h$, and introduce $\chi^{(\nu)}_{\sigma}$ using (16)

$$\sum_{\mu=1}^{k^*}\sum_{\nu=1}^{k} \chi^{*(\mu)}_{\rho} d_{\mu\nu}\chi^{(\nu)}_{\sigma} = \delta_{\sigma,\rho'}\,\frac{g}{g_\rho}\,. \qquad \begin{pmatrix}\delta_{\rho,\sigma}=0 & \text{for } \rho\neq\sigma \\ \delta_{\rho,\sigma}=1 & \text{for } \rho=\sigma\end{pmatrix}$$

According to (18), we obtain

$$\sum_{\nu=1}^{k} \Phi^{(\nu)}_{\rho}\chi^{(\nu)}_{\sigma} = \delta_{\sigma,\rho'}\,\frac{g}{g_\rho}\,. \tag{20}$$

Put

$$Y=(\Phi^{(\kappa)}_{\lambda}),\quad X=(\chi^{(\kappa)}_{\lambda}) \tag{21}$$

where Y and X are matrices with k rows and h columns. Then (20) reads

$$Y'\cdot X = \left(\frac{g}{g_\kappa}\,\delta_{\kappa',\lambda}\right) = T \tag{22}$$

where T is a square matrix of degree h. Evidently, T contains one element different from 0 in every row and column, thus its determinant is different from 0,

$$|T| = \det T = \pm \prod_{\kappa=1}^{h} \frac{g}{g_\kappa} .$$

If k would be smaller than h, the ranks of Y', X and hence of T would be equal to k at most. We, therefore, have $k \geqq h$.

If, however, $k > h$, we could find numbers y_λ in Ω, which are not all 0, such that

$$(23)\ldots\ldots \qquad \sum_{\lambda=1}^{k} y_\lambda \chi_\rho^{(\lambda)} = 0 \qquad \text{for } \rho = 1, 2, \ldots, h.$$

We may assume that the y_λ are integers not all $\equiv 0 \pmod{\mathfrak{p}}$. We then have

$$(24)\ldots\ldots \qquad \sum_{\lambda=1}^{k} y_\lambda \chi_\rho^{(\lambda)} \equiv 0 \pmod{\mathfrak{p}} \qquad \text{for } \rho = 1, 2, \ldots, h.$$

If, for a moment, we take the modular characters in the original sense, consisting of numbers of K, we have from (24) and (15)

$$(25)\ldots\ldots \qquad \Sigma\ \tilde{y}_\lambda \chi_\rho^{(\lambda)} = 0 \qquad \text{for } \rho = 1, 2, \ldots, k^*$$

where the $\tilde{y}_\lambda$ are elements of K which do not all vanish. (25) holds for all elements of G. But, according to the results of *Frobenius* and *Schur*, such a relation (25) is impossible.

This proves

Theorem III:[13] *The number of distinct irreducible modular representations is equal to the number k of classes of conjugate elements in G which contain elements of an order prime to p.*

The last argument also shows that

$$(26)\ldots\ldots \qquad |X| \equiv\mid\equiv 0 \pmod{\mathfrak{p}}.$$

If (26) would not be true, we could find elements $\tilde{y}_\lambda$ in K, which do not all vanish, and which satisfy (25). Since $\mathfrak{p}$ can be any prime ideal divisor of p, then $|X|$ *is prime to* p.

From (22), we obtain

$$XT^{-1}Y' = E \text{ (unit matrix).}$$

[13] *Cf.* note 4.

Since $T^{-1} = \left(\frac{g_\kappa}{g}\delta_{\kappa',\lambda}\right)$, we find

(27)...... $$\sum_{\mu=1}^{k} g_\mu \chi_\mu^{(\kappa)} \Phi_{\mu'}^{(\lambda)} = g\delta_{\kappa,\lambda}.$$

Theorem IV: *The characters* $\chi^{(\kappa)}$, $\Phi^{(\lambda)}$ *of the irreducible and indecomposable modular parts, respectively, satisfy the relations* (20) *and* (27).

Let χ be a linear combination of the $\chi^{(\kappa)}$and Φ a linear combination of the $\Phi^{(\lambda)}$,

$$\chi = \sum_{\kappa=1}^{k} a_\kappa \chi^{(\kappa)}, \quad \Phi = \sum_{\kappa=1}^{k} b_\lambda \Phi^{(\lambda)}.$$

From (27), we derive

(28)...... $$\sum_{\mu=1}^{k} g_\mu \chi_\mu \Phi_{\mu'} = g \sum_{\kappa=1}^{k} a_\kappa b_\kappa.$$

According to (17), we have

$$Y = CX.$$

We obtain, therefore, from (22) that $|C| \neq 0$, and that

(29)...... $$X'CX = T, \quad XT^{-1}X' = C^{-1},$$

or

(30)...... $$\sum_{\rho,\sigma=1}^{k} \chi_\kappa^{(\rho)} \chi_\lambda^{(\sigma)} c_{\rho\sigma} = \frac{g}{g_\kappa}\delta_{\kappa,\lambda'},$$

(31)...... $$\sum_{\rho=1}^{k} g_\rho \chi_\rho^{(\kappa)} \chi_{\rho'}^{(\lambda)} = g \cdot \gamma_{\kappa\lambda}$$

where $(\gamma_{\kappa\lambda})$ is the matrix C^{-1}. If the modular characters are known, one is able to evaluate C. From the formula (17) the $\Phi_\lambda^{(\rho)}$ may be obtained. Because $|X|$ is prime to p, (20) yields

Theorem V: *The number* $\Phi_\rho^{(\nu)}$ *is divisible by the highest power of* p *which divides* $\frac{g}{g_\rho}$. *In particular,* u_ρ *is divisible by the highest power* p^a *of* p *which divides* g.[14]

[14]This last part of the theorem has been proved by Dickson, *loc. cit.*, note 3.

The second part of this theorem comes out if we take for K_ρ the class of the unit element of G.

We have to distinguish between two cases:

I. p does not divide the order g of G. Here, of course, $k^*=k$. Every representation is completely reducible and hence $U_\kappa = F_\kappa$. From (7), it follows that C is the unit matrix E. Since all the $d_{\kappa\lambda}$ are non-negative rational integers, we have also $D=E$ because of (9). This shows that the representations

$$F_1^*,\ F_2^*,\ \ldots\ldots,\ F_{k^*}^*$$

considered (mod $\mathfrak{p}$) remain distinct and irreducible. Every irreducible modular representation can be obtained in this form.[15] The $\Phi^{(\rho)}$ are identical with the $\chi^{(\rho)}$ (cf. (17)). The relations (20) and (27) or (30) and (31) in this case become identical with the well-known relations of *Frobenius* in the theory of group characters.

DELETE "not" [R.B.]

II. p does ~~not~~ divide the order of G. Here we have $k<k^*$. Thus at least two distinct F_μ^* have a modular constituent in common if considered (mod $\mathfrak{p}$). Consequently, at least one column of D contains two elements different from 0. It follows that C contains an element greater than 1 in the main diagonal. Not all the U_ρ are irreducible. In this case, the theory as developed here is essentially different from the ordinary theory of group characters. It is this second case in which we are mainly interested.

6. In the ordinary theory, the group ring Γ of G is the direct sum of k^* invariant simple subalgebras. The same result remains true in the modular theory if p does not divide the order g of the group G. If, however, p divides g, the algebra Γ is not semi-simple. We consider here a representation of Γ as a direct sum of invariant subalgebras $\Sigma_1, \Sigma_2, \ldots, \Sigma_t$ such that no Σ_τ can be further decomposed into a direct sum of invariant subalgebras. The Σ_τ are not simple here, but they are still uniquely determined.

We form the sum Z_λ of the g_λ elements in the class K_λ of conjugate elements in G. These Z_λ constitute a basis of the centre Z of Γ. The algebra Z is the direct sum of its radical and a semi-simple algebra Z_0. According to the general theory of algebras, Z_0

[15] *Cf.* the literature given in note 5.

is the direct sum of t invariant subalgebras which are fields. Let $\eta_1, \eta_2, \ldots, \eta_t$ be the unit elements of these fields. We then have

$$\Sigma_\tau = \eta_\tau \Gamma \eta_\tau \qquad \text{for } \tau = 1, 2, \ldots, t.$$

The number t and the elements η_τ can be found if the multiplication quantities of the Z_λ are known. These depend on the multiplication of the classes of conjugate elements in G.

We discuss the representation of Γ now from the point of view of the theory of representations. We say that two indecomposable parts U_κ and U_λ of R belong to the same block if there is a sequence of U_ρ of the form

$$(32)\ldots\ldots \qquad U_\kappa, U_\sigma, \ldots\ldots, U_\tau, U_\lambda$$

such that any two neighbouring U_ρ in (32) have at least one irreducible constituent in common. The k representations $U_1, U_2, \ldots, U_k$ are then distributed into a number of blocks $B_1, B_2, \ldots, B_n$ such that each B_κ consists of a number r_κ of U_σ.

We write R so that it is decomposed into its indecomposable parts and that each indecomposable part is split into irreducible constituents. In W_λ we gather all the indecomposable parts which belong to the block B_λ.

$$(33)\ldots\ldots \qquad R = \begin{pmatrix} W_1 & & & 0 \\ & W_2 & & \\ & & \ddots & \\ 0 & & & W_n \end{pmatrix}.$$

We take one of the elements $\eta = \eta_0$ and denote the matrices representing η in F_κ, U_λ, W_ν by F_κ^0, U_λ^0, W_ν^0. F_κ^0 is commutative with all the elements of F_κ. According to *Schur's* lemma, it is a multiple $j_\kappa E$ of the unit matrix. Since η is idempotent, we have either $j_\kappa = 1$ or $j_\kappa = 0$. Further, U_λ^0 is commutative with every element of U_λ. Since U_λ is indecomposable, U_λ^0 has only one characteristic root.[16] If U_λ contains a F_κ with $j_\kappa = 1$, this root must be 1. In the other case, it is equal to 0. Each U_λ contains either only F_κ's with $j_\kappa = 1$, or only F_κ's with $j_\kappa = 0$. In the first case, all the U_ρ belonging to the same block also contain only F_κ's with $j_\kappa = 1$.

[16] *R. Brauer-I. Schur*, Sitzungsberichte d. Preuss. Akad. d. Wiss., 1930, p. 209, §8.

We see that W_ν^0 has 0 above its main diagonal, and either only 1 or only 0 in its main diagonal. This is true for $\eta=\eta_1, \eta_2, \ldots, \eta_t$. But no linear combination of these η_τ can have 0 in the whole main diagonal in (33) and above the main diagonal also. This shows that t is at most equal to the number n of the W_ν.

(34)...... $$t \leqq n.$$

Let H be a matrix commutative with all the elements of R. The matrix H' then belongs to the second regular representation. Since W_ρ and W_σ have no irreducible constituent in common, *Schur's* lemma shows that H breaks up in the same manner as R in (33)

(35)...... $$H = \begin{pmatrix} H_1 & & & & \\ & H_2 & & 0 & \\ & & \cdot & & \\ & 0 & & \cdot & \\ & & & & H_n \end{pmatrix}.$$

If we take for H_ν a multiple $h_\nu E_\nu$ of the unit matrix E_ν of the degree in question, then this particular H is commutative with all the elements of R and all the elements of S'. This latter fact shows that our H belongs to R and, therefore, to the centre of R. The element γ of Γ, which is represented by the matrix H of R, then lies in Z. All the elements γ form a semi-simple subalgebra of order n of Z. This gives $n \leqq t$, and in connection with (34) requires

(36)...... $$n=t.$$

We may take for Z_0 the algebra of the quantities γ. The elements η_τ then are obtained by choosing $h_\tau=1$ and $h_\rho=0$ for $\rho \neq \tau$. From (33) and (35) it follows that the elements of $\eta_\tau\Gamma\eta_\tau$ are represented by 0 in W_ρ, $\rho \neq \tau$. We then have

Theorem VI: *Let Σ_τ be the totality of elements of Γ which are represented by the 0-matrix in every U_ρ which does not belong to the block B_τ. Then Σ_τ is an invariant subalgebra of Γ which cannot be represented as a direct sum of invariant subalgebras. Moreover Γ is equal to the direct sum of $\Sigma_1, \Sigma_2, \ldots, \Sigma_t$.*

We take the F_μ for which the U_μ belong to a block B_τ. We also say that these F_μ belong to the block B_τ. We numerate the F_μ in such a manner that we first take the r_1 representations F_μ of B_1, then the r_2 representations F_μ of B_2, *etc.* Because of the definition of the blocks and (7), C has the form

$$(37)\ldots\ldots \qquad C = \begin{pmatrix} C_1 & & & & 0 \\ & C_2 & & & \\ & & \cdot & & \\ & & & \cdot & \\ 0 & & & & C_l \end{pmatrix},$$

where C_τ is a square matrix of degree r_τ, corresponding to the block B_τ. The matrix C_τ does not split further into two parts.

Two representations F_λ and F_μ belong to the same block, if, and only if, they represent the centre in the same manner. Denote by $w_\rho^{(\lambda)}E$ the matrix representing Z_ρ in F_λ. Then the condition becomes

$$(38)\ldots\ldots \qquad w_\rho^{(\lambda)} = w_\rho^{(\mu)} \qquad (\rho = 1, 2, \ldots, k^*).$$[17]

7. We consider for a moment the group ring Γ formed with regard to the field of all complex numbers. Here Z_ρ is represented in F_μ^* by a multiple $w_\rho^{*(\mu)}E$ of the unit matrix. The number $w_\rho^{*(\mu)}$ is an algebraic integer, and may be found in a well-known manner by the computation of the trace,

$$(39)\ldots\ldots \qquad w_\rho^{*(\kappa)} = \frac{1}{f_\kappa^*} \ \mathrm{tr}\left(\sum_{Q\,in\,K_\rho} F_\kappa^*(Q)\right) = \frac{g_\rho \chi_\rho^{*(\kappa)}}{f_\kappa^*}.$$

Suppose now that $d_{\kappa\lambda} \neq 0$. We replace, if necessary, F_κ^* by an equivalent representation $W^{-1}F_\kappa^*W$, where the coefficients of W and W^{-1} are integers for p in Ω. We may then assume that F_κ^* breaks up into irreducible modular constituents, when taken (mod $\mathfrak{p}$),

$$(40)\ldots\ldots \qquad F_\kappa^* \equiv \begin{pmatrix} \cdot & & & \\ & \cdot & & 0 \\ & & F_\lambda & \\ & * & & \cdot \\ & & & & \cdot \end{pmatrix} \qquad (\text{mod } \mathfrak{p}).$$

Now, Z_ρ is the sum of all the elements Q in the class K_ρ. We add the matrices representing these Q in F_λ and obtain $w_\rho^{(\lambda)}E$. We find,

[17] *Cf. Frobenius, loc. cit.*, note 11, p. 529.

therefore, $w_\rho^{(\lambda)}$ by adding a fixed coefficient in the main diagonal of all these matrices. By a similar process, applied to F_κ^*, we may evaluate $w_\rho^{*(\kappa)}$. But (40) then yields

(41)...... $$w_\rho^{*(\kappa)} \equiv w_\rho^{(\lambda)} \pmod{\mathfrak{p}}.$$

We say that two ordinary representations F_κ^* and F_ν^* belong to the same block B_τ^* when

(42)...... $$w_\rho^{*(\kappa)} \equiv w_\rho^{*(\nu)} \pmod{\mathfrak{p}}.$$

The relations (38), (41), and (42) show that there exist t blocks B_τ^*, $\tau = 1, 2, \ldots, t$. We may enumerate the B_τ^* in such a manner that (41) holds, if F_κ^* belongs to B_τ^* and F_λ to B_τ. Further, representations F_κ^* of B_τ^* contain only F_λ's of B_τ as constituents when considered (mod $\mathfrak{p}$).

Let r_τ^* be the number of F_κ^* in B_τ^*. We enumerate the F_κ^* so that we have first the representations in B_1^*, then the representations in B_2^*, etc.

Theorem VII: *If the group ring* Γ, *with regard to the modular field* K, *can be written as a direct sum of t, but not of more than t, invariant subalgebras, then exactly t of the rows*

$$\frac{g_1\chi_1^{*(\kappa)}}{f_\kappa^*}, \quad \frac{g_2\chi_2^{*(\kappa)}}{f_\kappa^*}, \quad \ldots, \quad \frac{g_{k^*}\chi_{k^*}^{*(\kappa)}}{f_\kappa^*}$$

are distinct (mod $\mathfrak{p}$*). The matrix D breaks up into t parts*

(43)...... $$D = \begin{pmatrix} D_1 & & & & 0 \\ & \ddots & & & \\ & & D_\tau & & \\ & & & \ddots & \\ 0 & & & & D_t \end{pmatrix}$$

where D_τ *has* r_τ^* *rows and* r_τ *columns, when the representations are enumerated in an appropriate manner, but a further breaking up of D is impossible.*

We have only to prove the last statement. But from (10), (37), and (43) it follows

(44)...... $$C_\tau = D'_\tau D_\tau.$$

If D_τ would break up into two parts, the same would be true for C_τ, and this is impossible as we already know.

Since the determinant of C is different from 0, the same is true for C_τ. Then (44) shows

$$r_\tau^* \geqq r_\tau \,,$$

$$\text{rank } (D_\tau) = r_\tau \,.$$

8. Let κ be one of the subscripts 1, 2, ..., k, and λ one of the subscripts $k+1, \ldots, k^*$ so that the order of the elements in K_κ is prime to p, whereas the order of the elements of K_λ is divisible by p. We have

$$(45)\ldots\ldots \qquad \sum_{\rho=1}^{k^*} \chi_\kappa^{*(\rho)} \chi_\lambda^{*(\rho)} = 0$$

since K_κ and K_λ certainly do not contain reciprocal elements. From (16), it follows

$$\sum_{\rho=1}^{k^*} \sum_{\sigma=1}^{k} \chi_\lambda^{*(\rho)} d_{\rho\sigma} \chi_\kappa^{(\sigma)} = 0,$$

and since the determinant of $\chi_\kappa^{(\lambda)}$ is different from 0,

$$\sum_{\rho=1}^{k^*} \chi_\lambda^{*(\rho)} d_{\rho\sigma} = 0.$$

We let ρ now run over only the values for which $F_\rho{}^*$ belongs to a fixed block B_τ^*. Taking for σ a value for which F_σ belongs to B_τ, we have

$$(46)\ldots\ldots \qquad \sum_\rho \chi_\lambda^{*(\rho)} d_{\rho\sigma} = 0$$

because of the form (43) of D. Multiplying by $\chi_\kappa^{(\sigma)}$ and adding over all σ of the form mentioned above, we come back to (45), but ρ now runs over only the values corresponding to B_τ^*.

Theorem VIII: *If the first of the two classes K_κ, K_λ contains elements of an order prime to p, and the second, elements of an order divisible by p, then the (ordinary) characters of G satisfy the relations*

$$(47)\ldots\ldots \qquad \sum_\rho \chi_\kappa^{*(\rho)} \chi_\lambda^{*(\rho)} = 0$$

where ρ runs over all values for which F_ρ^* belongs to a given block B_τ^*. In particular,

$$\sum_\rho f_\rho^* \chi_\lambda^{*(\rho)} = 0.$$

Reprinted from the Proceedings of the NATIONAL ACADEMY OF SCIENCES,
Vol. 25, No. 6, pp. 290–295. June, 1939.

ON THE REPRESENTATION OF GROUPS OF FINITE ORDER

BY RICHARD BRAUER

UNIVERSITY OF TORONTO

Communicated April 17, 1939

1. *Introduction.*—The modular representations of a group $\mathfrak{G}$ of finite order have been studied by C. Nesbitt and the author in a joint paper[1] (cf. §2). These investigations will be continued in §3 of this note. The results enable us to derive a number of new properties of the ordinary group characters of $\mathfrak{G}$ in the case that g is of the form $g = pg'$ where p is an odd prime which does not divide g' (§4). I mention here some applications of this theory.

I. *Let* $\mathfrak{T}$ *be an irreducible group of linear transformations of degree* n *which has no normal subgroup of order* p. *If the order of* $\mathfrak{T}$ *is divisible by the prime* p *to the first power only, then* $\mathrm{p} \leqq 2\mathrm{n} + 1$. This improves for the case $g \not\equiv 0 \pmod{p^2}$ a theorem of H. F. Blichfeldt[2] who proved $p \leqq (2n + 1)(n - 1)$. For $p = 2n + 1$ we can show that $\mathfrak{T}$, considered as collineation group, is isomorphic with $LF(2, p)$.

II. *If a group of order* $\mathrm{g} = \mathrm{p.q.r^m}$, (p, q, r *distinct primes) is simple, then* g = 60 *or* g = 168. Using different methods, Burnside has treated such groups for $m = 4$ and odd g, and W. K. Turkin[3] for any odd g.

The order of a transitive permutation group $\mathfrak{G}$ of degree p is of the form $g = qp(1 + np)$ where q divides $p - 1$. These groups are the subject of a number of papers by Mathieu, Jordan, Sylow, Frobenius, Burnside, Miller and others.[4] It is possible to restrict oneself to the case that $\mathfrak{G}$ is simple. The elements of order p commute only with their own powers. We can prove

III. *Let* $\mathfrak{G}$ *be a simple group of order* $\mathrm{g} = \mathrm{qp}(1 + \mathrm{np})$ *where* $\mathrm{q}|\mathrm{p} - 1$, *in which the elements of order* p *commute only with their own powers. If* n $<$ $(2\mathrm{p} + 7)/3$ *then either (1)* $\mathfrak{G}$ *is cyclic, or (2)* $\mathfrak{G} \cong \mathrm{LF}(2, \mathrm{p})$, *or (3)* p *is a prime of the form* $2^{\mathrm{h}} \pm 1$, *and* $\mathfrak{G} \cong \mathrm{LF}(2, 2^{\mathrm{h}})$.

The degrees of the irreducible representations for which $f \not\equiv 0 \pmod p$ can be given explicitly for many larger values of n. The group $LF(3, 3)$, $p = 13$ is an example for the case $n = (2p + 7)/3$. For the proof we need not assume that $\mathfrak{G}$ is a permutation group of degree p.

There are numerous groups for which our method allows us to find the degrees of the irreducible representations.

2.[5] Let $\mathfrak{G}$ be a group of order $g = p^a g'$ where the prime p does not divide g'. Let $\mathfrak{T}_1, \mathfrak{T}_2, \ldots, \mathfrak{T}_l$ be the distinct (= non-similar) irreducible representations of $\mathfrak{G}$ with coefficients in an algebraic number field K. If $\mathfrak{p}$ is a prime ideal dividing p then the coördinates in the underlying spaces can be chosen so that all the group elements are represented by matrices with $\mathfrak{p}$-integral coefficients. We replace every coefficient by its residue class (mod $\mathfrak{p}$). This operation will generally be indicated by a bar. Every representation $\mathfrak{T}_\lambda$ goes over into a modular representation $\overline{\mathfrak{T}}_\lambda$ of $\mathfrak{G}$ with coefficients in some Galois field $\overline{K}$ of characteristic p. Each $\overline{\mathfrak{T}}_\lambda$ can therefore be split into the irreducible modular representations $\mathfrak{F}_1, \mathfrak{F}_2, \ldots, \mathfrak{F}_k$ of $\mathfrak{G}$ in K,

$$\overline{\mathfrak{T}}_\rho \longleftrightarrow \sum_{\sigma=1}^{k} d_{\rho\sigma}\mathfrak{F}_\sigma. \qquad (1)$$

If K is suitably chosen, the $\mathfrak{T}_\rho$ and $\mathfrak{F}_\sigma$ are absolutely irreducible. The Cartan invariants of the modular group ring of $\mathfrak{G}$ then are given by

$$c_{\kappa\lambda} = \sum_{\rho=1} d_{\rho\kappa}d_{\rho\lambda} \qquad (\kappa, \lambda = 1, 2, \ldots, k). \qquad (2)$$

We may assume that K contains the g'th roots of unity. Let G be a *regular element* of $\mathfrak{G}$, i.e., an element whose order is prime to p. Every modular representation $\mathfrak{F}$ of $\mathfrak{G}$ in K represents G by a matrix $\mathfrak{F}(G)$ whose characteristic roots are the residue classes of g'th roots of unity mod $\mathfrak{p}$. There is, however, a (1–1)-correspondence between the g'th roots of unity and their residue classes. We may, therefore, define the *character* $\omega(G)$ of $\mathfrak{F}$ as the sum of the roots of unity which correspond to the characteristic roots of $\mathfrak{F}(G)$. The character $\omega(G)$ is a complex number; it is defined for regular elements only. Two modular representations split into the same irreducible constituents, if and only if they have the same character (for all regular G).

Let $\mathfrak{C}_1, \mathfrak{C}_2, \ldots, \mathfrak{C}_k$ be the classes of conjugate elements which consist of regular elements, let g_λ be the number of elements in $\mathfrak{C}_\lambda$. The inverse elements of the elements of $\mathfrak{C}_\lambda$ form again a class $\mathfrak{C}_{\lambda^*}$, $(\lambda = 1, 2, \ldots, k)$. We arrange the values $\omega_\lambda^{(\kappa)}$ of the character $\omega^{(\kappa)}$ of $\mathfrak{F}_\kappa$ for the elements of $\mathfrak{C}_\lambda$ in form of a matrix, $X = (\omega_\lambda^{(\kappa)})$, where κ is the row-index and λ the column-index. The place of the orthogonality relations of the ordinary group characters is taken in the modular theory by

$$X'CX = \left(\frac{g}{g_\kappa}\,\delta_{\kappa,\,\lambda^*}\right) \qquad (\kappa \text{ row-index, } \lambda \text{ column-index}) \tag{3}$$

where $\delta_{\rho\sigma} = 0$ for $\rho \neq \sigma$ and $\delta_{\rho\rho} = 1$, and where $C = (c_{\kappa\lambda})$ is the matrix of the Cartan invariants.

The ordinary and at the same time the modular representations of $\mathfrak{G}$ are distributed into "blocks" $B_1, B_2, \ldots$.[6] The ordinary representations of B_τ contain only modular representations of B_τ in (1).

The results of the remaining part of §2 were obtained jointly by C. Nesbitt and the author, and the proofs will be published in a separate paper. Let $\mathfrak{T}_\kappa$ be an irreducible ordinary representation whose degree is divisible by the highest possible power p^a of p. Then the corresponding modular representation $\bar{\mathfrak{T}}_\kappa$ is also irreducible; it is an indecomposable constituent of the modular regular representation. The representation $\mathfrak{T}_\kappa$ for itself forms a block B_τ (*blocks of "highest" kind*).

On the other hand, we consider *blocks of the lowest kind*, i.e., blocks which contain at least one ordinary character whose degree is prime to p. It can be shown that the number of such blocks is equal to the number of those $\mathfrak{C}_\lambda$ for which $(g_\lambda, p) = 1$. That is to say, the order g/g_λ of the normalizor of an element of $\mathfrak{C}_\lambda$ is divisible by p^a.

3. We say that two ordinary irreducible characters are p-conjugate if they are obtained from each other by a change in the choice of the primitive p^ath root of unity. Such characters have the same value for regular elements and consist therefore of the same modular constituents. This shows that they belong to the same block B_τ. Assume now that the degree t_ρ of an irreducible ordinary representation $\mathfrak{T}_\rho$ is divisible by p^{a-1}, that on the other hand the number r_ρ of distinct p-conjugate representations for $\mathfrak{T}_\rho$ is not divisible by p. Then it can be shown that $\mathfrak{T}_\rho$ contains each of its modular irreducible constituents only with the multiplicity 1, $d_{\rho\sigma} = 0$ or 1 in (1). If a second $\mathfrak{T}_\mu$ of degree t_μ is not p-conjugate to $\mathfrak{T}_\rho$, and if again the number r_μ of p-conjugates is prime to p, then $\mathfrak{T}_\rho$ and $\mathfrak{T}_\mu$ can only have a modular constituent $\mathfrak{F}$ in common, if

$$r_c t_\mu + r_\mu t_\rho \equiv 0 \pmod{p^a}. \tag{4}$$

It follows that $t_\mu \equiv 0 \pmod{p^{a-1}}$. Further, in the case of an odd p, it follows easily from (4) and §2 that $\mathfrak{T}_\rho$ and $\mathfrak{T}_\mu$ and their p-conjugates are the only representations which contain $\mathfrak{F}$ as a modular constituent, and for which the number of p-conjugates is $\not\equiv 0 \pmod{p}$.

If $a = 1$, then $r_\rho \mid p - 1$, and hence always $(r_\rho, p) = 1$. Our results can here be applied to any representation $\mathfrak{T}_\rho$ of a block of lowest kind, since the assumptions concerning t_ρ, r_ρ are always satisfied. Using these facts, we can set up all the linear relations which are satisfied by the ordinary group characters, when we restrict ourselves to regular elements. This is the starting point for the considerations of §4 in which new properties of the group characters in the case $a = 1$ will be given.

For the actual determination of the numbers r_ρ of p-conjugate characters we need another fact which holds for any a and also for $p = 2$. *The determinant of* C *in* (3) *is always a power of* p, more exactly the highest power of p which divides $g^k/(g_1 g_2 \ldots g_k)$. This can be shown by proving that the other factors of the determinant on the right side in (3) are absorbed by the determinants $|X|$, $|X'| = |X|$ on the left side.

It follows that the elementary divisors of C are the powers of p which divide $g/g_1, g/g_2, \ldots, g/g_k$. If a block B_τ contains at least one representation $\mathfrak{T}_\rho$ of a degree $\not\equiv 0 \pmod{p^\alpha}$, then at least one elementary divisor of the part of C, which corresponds to B_τ, is $\geqq p^{a-\alpha}$. We thus obtain new conditions for the blocks of different types.

I mention some further results which hold for representations $\mathfrak{T}_\rho$ of a degree $t_\rho \equiv 0 \pmod{p^{a-1}}$ in the case where $r_\rho = 1$∧ Here, the arrangement of the modular constituents $\mathfrak{F}_\lambda$ of $\mathfrak{T}_\rho$ is uniquely determined apart from a cyclic permutation. If we have h such modular constituents in $\mathfrak{T}_\rho$, then we can find h representations $\mathfrak{T}_\rho^{(1)}, \mathfrak{T}_\rho^{(2)}, \ldots, \mathfrak{T}_\rho^{(h)}$ which represent $\mathfrak{G}$ by matrices with $\mathfrak{p}$-integral coefficients such that all the $\mathfrak{T}_\rho^{(\nu)}$ are similar to $\mathfrak{T}_\rho$ but no two of them can be transformed into each other by means of a similarity transformation with $\mathfrak{p}$-integral coefficients with a determinant prime to $\mathfrak{p}$. They represent all the subclasses into which the class of all representations similar to $\mathfrak{T}_\rho$ splits, if ordinary similarity is replaced by similarity in this narrower sense.

4. From now on, we restrict ourselves to the case $a = 1$, p odd.

Theorem: *Let $\mathfrak{G}$ be a group of order* g = pg′ *where* p *is an odd prime and* g′ $\not\equiv$ 0 (mod p). *Denote by $\mathfrak{N}$ the normalizor of a Sylow-subgroup $\mathfrak{P}$ of order* p. *If the degree* t *of an ordinary irreducible character χ of $\mathfrak{G}$ is divisible by* p, *then χ vanishes for all elements of an order* $\equiv$ 0 (mod p). *For the characters χ of a degree* t $\not\equiv$ 0 (mod p), *we can set up a (1 – 1)-correspondence with the irreducible characters ψ of $\mathfrak{N}$ such that if χ corresponds to ψ; we have*

$$\epsilon(\chi)\cdot\chi(G) = \psi(G),\ \epsilon(\chi) = \pm 1 \tag{5}$$

∧ l. -19: provided a suitable splitting field is used. [R. B.]

for elements G *of an order divisible by* p. *The sign* $\epsilon(\chi)$ *is independent of* G. *In particular, the number of characters* χ *with* $t \not\equiv 0 \pmod{p}$ *is equal to the number of classes of conjugate elements of* $\mathfrak{N}$.

The normalizor $\mathfrak{N}'$ of an element P of order p of $\mathfrak{P}$ is contained in $\mathfrak{N}$ as a normal subgroup. On the other hand, $\mathfrak{N}' = \mathfrak{M} \times \mathfrak{P}$, where $\mathfrak{M}$ has an order prime to p. If the irreducible representations of $\mathfrak{M}$ are known, then the characters of $\mathfrak{N}$ can be obtained without difficulty, and we can therefore write down the values of the characters of $\mathfrak{G}$ for all elements of an order $\equiv 0 \pmod{p}$, only the sign of the characters remaining undetermined.

For an element P of order p, we have

$$t \equiv \chi(P) \pmod{\mathfrak{p}}. \tag{6}$$

If therefore the degree of the character of $\mathfrak{G}$ is known, this sign can also be found.

On the other hand, if the character ψ of $\mathfrak{N}$ has the degree h, it follows from (5) and (6) that the degree t of the corresponding representation $\mathfrak{T}$ of $\mathfrak{G}$ satisfies

$$t \equiv \pm h \pmod{p}. \tag{7}$$

Combining this with the known properties of the degrees and with the formulas (9) below, we can actually find the degrees t for numerous groups even of very high orders.

The structure of $\mathfrak{M}$ is very simple in many important cases. Often, it is of order 1.

We now study the distribution of the ordinary characters of a degree $t \not\equiv 0 \pmod{p}$ into blocks. Suppose that $B_1, B_2, \ldots, B_s$ are the blocks consisting of such representations. All the following blocks consist of exactly one character of a degree $t \equiv 0 \pmod{p}$ (§2). There are exactly s classes of conjugate elements, say $\mathfrak{C}_1, \mathfrak{C}_2, \ldots, \mathfrak{C}_s$, such that $\mathfrak{C}_\sigma$ consists of regular elements and the number g_σ of its elements is $\not\equiv 0 \pmod{p}$ (§2). In each $\mathfrak{C}_\sigma$ ($\sigma = 1, 2, \ldots, s$) we can find an element V_σ which commutes with the element P of order p, we may take $V_1 = 1$. Let z_σ be the number of classes of conjugate elements which contain an element $V_\sigma P^\alpha$ with $\alpha \not\equiv 0 \pmod{p}$ for a fixed σ. If $n(G)$ denotes the order of the normalizor of the group element G, then z_σ can also be characterized by the conditions

$$z_\sigma | p - 1, \qquad n(V_\sigma)z_\sigma + n(V_\sigma P) \equiv 0 \qquad \pmod{p^2}.$$

We can show that the blocks $B_1, B_2, \ldots, B_s$ can be arranged so that B_λ *consists (1) of* $\frac{p-1}{z_\lambda}$ *characters, which lie in the field of* g'*th roots of unity, and (2) of* z_λ *further characters which are all* p-*conjugate to each other.* We denote one of the latter ones by $\chi^{(\lambda,0)}$ and the first ones by $\chi^{(\lambda,\mu)}$, $\mu = 1, 2,$

$\ldots, \dfrac{p-1}{z_\lambda}$. In the case $z_\lambda = 1$, any character of B_λ can be taken as $\chi^{(\lambda,0)}$. For $\mu \neq 0$, $\chi^{(\lambda,\mu)}(P)$ is either positive or negative, we set $\epsilon^{(\lambda,\mu)} = +1$ or $\epsilon^{(\lambda,\mu)} = -1$ accordingly. In the case $\mu = 0$, we define the sign $\epsilon^{(\lambda,0)}$ as the sign of $\sum_{\alpha=1}^{p-1} \chi^{(\lambda,0)}(P^\alpha)$. Using the results of §3 we can show that the characters of the blocks B_λ satisfy the relation

$$\sum_{\mu=0}^{p-1/z_\lambda} \epsilon^{(\lambda,\mu)}\chi^{(\lambda,\mu)}(G) = 0 \text{ for regular elements } G, \ (\epsilon^{(\lambda,\mu)} = \pm 1). \quad (8)$$

In particular, the degrees $t^{(\lambda,\mu)} = \chi^{(\lambda,\mu)}(1)$ of the $\chi^{(\lambda,\mu)}$ satisfy

$$\sum_{\mu=0}^{p-1/z_\lambda} \epsilon^{(\lambda,\mu)} t^{(\lambda,\mu)} = 0. \quad (9)$$

Finally, we mention a property of the characters $\chi^{(\lambda,\mu)}$ for nonregular elements. It can be shown that the expression

$$\epsilon^{(\lambda,\mu)}\chi^{(\lambda,\mu)}(V_\sigma P^\alpha) = \zeta_\sigma^{(\lambda)} \quad (10a)$$

has the same value for all $\mu > 0$ and all $\alpha \not\equiv 0 \pmod p$. For $\mu = 0$, the formula must be replaced by

$$\epsilon^{(\lambda,0)} \sum \chi^{(\lambda,0)}(V_\sigma P^\alpha) = \zeta_\sigma^{(\lambda)} \quad (10b)$$

where the sum on the left side is extended over all the z_λ distinct p-conjugates of $\chi^{(\lambda,0)}$. The expression $\zeta_\sigma^{(\lambda)}$ on the right side is the same as in (10a). There exists a character $\vartheta^{(\lambda)}$ of $\mathfrak{M}$, for which

$$\vartheta^{(\lambda)}(V_\sigma) = \zeta_\sigma^{(\lambda)} \quad (11)$$

and ϑ^λ is the sum of z_λ/z_1 irreducible associated characters of the subgroup $\mathfrak{M}$ of $\mathfrak{N}$. Each character of $\mathfrak{M}$ appears in exactly one $\vartheta^{(\lambda)}$. There is a close connection between these last facts and the theorem at the beginning of §4.

[1] *University of Toronto Studies, Mathematical Series* No. **4** (referred to under M. R. (1937)).

[2] *Finite Collineation Groups*, University of Chicago Press, 1917.

[3] W. Burnside, *Proc. Lond. Math. Soc.*, **33,** 266 (1901); W. K. Turkin, *Rec. Moscow,* **40,** 229 (1933).

[4] For references see E. Pascal, *Repertorium der höheren Mathematik*, Vol. **I,** part 1, pp. 211–214, Leipzig, 1910.

[5] For the results of §2, cf. M. R. For alternative definitions and proofs, cf. T. Nakayama, *Ann. Math.* (2) **39,** 361 (1938), and R. Brauer, these PROCEEDINGS, **25,** 252–258 (1939).

[6] Cf. M. R., pp. 17–21, and the last paper in [5].

ANNALS OF MATHEMATICS
Vol. 42, No. 1, January, 1941

ON THE CARTAN INVARIANTS OF GROUPS OF FINITE ORDER*

BY RICHARD BRAUER

(Received April 18, 1940)

1. INTRODUCTION

E. Cartan, in his fundamental paper on hypercomplex numbers,[1] introduced an important set of invariants $c_{\kappa\lambda}$, $(\kappa, \lambda = 1, 2, \cdots, k)$ of an algebra A with a principal unit 1. Here, k is the number of prime ideals $\mathfrak{P}_\kappa$ of A. The $c_{\kappa\lambda}$ are non-negative integers which also play an important rôle in the decomposition of the regular representation of A.

Let us consider now a semisimple algebra Γ of rank n over an algebraic number field K, and let J be an integral domain[2] of Γ. Every prime ideal $\mathfrak{p}$ of K generates an ideal $\mathfrak{p}_J$ of J. The nature of this ideal is determined by the structure of the residue class ring $J/\mathfrak{p}_J$. This ring can be considered as an algebra over the residue class ring $\mathfrak{o}/\mathfrak{p}$, where $\mathfrak{o}$ denotes the domain of all integers of K. Hence, we may form the Cartan invariants $c_{\kappa\lambda}(\mathfrak{p})$ of $J/\mathfrak{p}_J$. We have in this case $c_{\kappa\lambda}(\mathfrak{p}) = c_{\lambda\kappa}(\mathfrak{p})$, and the $c_{\kappa\lambda}(\mathfrak{p})$ are the coefficients of a non-negative quadratic form $\psi = \sum c_{\kappa\lambda}(\mathfrak{p})x_\kappa x_\lambda$.

In particular, these notions can be used in the case of the group ring Γ of a group $\mathfrak{G}$ of finite order g. As field of reference, we choose an algebraic number field K, such that all the absolutely irreducible representations of $\mathfrak{G}$ can be written with coefficients in K.[3] The linear combinations of the group elements with integral coefficients in K form an integral domain J of Γ. Hence, we may form the Cartan invariants $c_{\kappa\lambda}(\mathfrak{p})$ for every prime ideal $\mathfrak{p}$ of K. It appears that they actually depend only on the rational prime p which is divisible by $\mathfrak{p}$. Accordingly, we denote them by $c_{\kappa\lambda}(p)$.[4] If p is not a divisor of the group order g, then the matrix $C(p) = (c_{\kappa\lambda}(p))$ is the unit matrix 1, i.e. $c_{\kappa\lambda}(p) = \delta_{\kappa\lambda}$. We therefore restrict our attention to the case where p divides g, in which case p is a divisor of the discriminant of J. To every such prime p, we obtain in $c_{\kappa\lambda}(p)$

---

* Presented to the American Mathematical Society on April 26, 1940.

[1] E. Cartan, Annales de Toulouse, **12** B, (1898), p. 1. Cf. further R. Brauer, Proc. Nat. Acad. Sci. **25**, (1939), p. 252.

[2] By an integral domain (Ordnung) J of Γ, we understand a subring J of Γ with the following properties: (a) J contains all the integers of K; (b) The rank of J is n; (c) The elements of J, when expressed by a basis $\epsilon_1, \epsilon_2, \cdots, \epsilon_n$ of J, have the form $\alpha = \sum \frac{a_i}{w} \epsilon_i$, where the a_i are integers of K and w is a fixed integer of K which is independent of α.

[3] Cf., for instance, A. Speiser, Theorie der Gruppen von endlicher Ordnung, 3 rd ed., Berlin 1937, theorem 181, p. 204.

[4] For the properties of the $c_{\kappa\lambda}(p)$, in this case, cf. R. Brauer and C. Nesbitt, University of Toronto Studies, Math. Series No. 4, 1937, and a paper forthcoming in the Ann. of Math.

a set of invariants of the group $\mathfrak{G}$, which are of great importance for the theory of group characters. The aim of this paper is the determination of the discriminant $|C(p)|$ of ψ. We prove

THEOREM 1: *The determinant $|c_{\kappa\lambda}(p)|$ of the matrix of Cartan invariants of a group $\mathfrak{G}$ of finite order is a power of p.*

The exact exponent of p in $|c_{\kappa\lambda}(p)|$ is given below in theorem 1*.

2. Preparations for the Proof

We denote by $\mathfrak{C}_1, \mathfrak{C}_2, \cdots, \mathfrak{C}_k$, the classes of conjugate elements of the group $\mathfrak{G}$, which consist of p-regular elements.[5] Let $g = g/n_\lambda$ be the number of elements in $\mathfrak{C}_\lambda$, so that n_λ is the order of the normalizor of an element of $\mathfrak{C}_\lambda$. To each class $\mathfrak{C}_\lambda$, there corresponds a reciprocal class $\mathfrak{C}_{\lambda^*}$ containing the reciprocals of the elements of $\mathfrak{C}_\lambda$. We have, then, k absolutely irreducible modular characters, $\varphi^{(1)}, \varphi^{(2)}, \cdots, \varphi^{(k)}$ of $\mathfrak{G}$ (mod p); we may arrange the values $\varphi_\lambda^{(\kappa)}$ of $\varphi^{(\kappa)}$ for the class $\mathfrak{C}_\lambda$ in the form of a matrix

$$\Phi = (\varphi_\lambda^{(\kappa)}) \qquad (\kappa, \lambda = 1, 2, \cdots, k).$$

The number k here also gives the degree of the Cartan matrix $C = (c_{\kappa\lambda}(p))$ and the matrices Φ and C are connected by the formula

$$(1) \qquad \Phi' C \Phi = (n_\kappa \delta_{\kappa\lambda^*}),^{6}$$

provided that $\varphi^{(1)}, \varphi^{(2)}, \cdots, \varphi^{(k)}$ are taken in a suitable arrangement. On forming the determinant in (1), we obtain

$$(2) \qquad |\Phi|^2 |C| = \pm n_1 n_2 \cdots n_k .$$

This shows that $|C| \neq 0$. Hence, the non-negative quadratic form ψ is positive definite, i.e. $|C| > 0$. Further, the determinant $|\Phi|$ is prime to p.[7] Therefore, theorem 1 will be proved when we can show

THEOREM 2: *Let $\mathfrak{C}_1, \mathfrak{C}_2, \cdots, \mathfrak{C}_k$ be the classes of p-regular, conjugate elements of $\mathfrak{G}$, and let $g_\lambda = g/n_\lambda$ be the number of elements of $\mathfrak{C}_\lambda$. If Φ is the matrix of the modular group characters of $\mathfrak{G}$(mod p), then the square of the determinant $|\Phi|$ is given by*

$$(3) \qquad |\Phi|^2 = \pm \frac{n_1 n_2 \cdots n_k}{p^\alpha}$$

where p^α is the highest power of p dividing $n_1 n_2 \cdots n_k$.

At the same time, we obtain

THEOREM 1*: *The determinant of the Cartan matrix, $(c_{\kappa\lambda}(p))$, is equal to p^α, where p^α has the same significance as in theorem 2.*

For primes p which do not divide the order of $\mathfrak{G}$, theorem 2 is trivial. Here,

[5] By a p-regular element of $\mathfrak{G}$, we understand an element whose order is prime to p.

[6] Cf. the formulae (29) and (15), respectively, of the papers mentioned in [4].

[7] Cf. the formulae (26), (17), respectively, of the papers mentioned in [4].

k is the number of all the classes of conjugate elements of $\mathfrak{G}$, and $p^\alpha = 1$. The relation (3) is obtained by multiplying Φ' and Φ, using the orthogonality relations for group characters. In the same manner, the analogous formula for ordinary group characters (instead of modular characters) can be obtained at once.

In order to prove theorem 2, it is sufficient to show that if $q \neq p$ is a rational prime, and if q^β divides the right hand side of (2), then q^β divides $|\Phi|^2$. We shall prove that by proving a similar statement for certain minors of Φ. We first have to give some simple group theoretical considerations.

Let A be an element of $\mathfrak{G}$ such that the order of A is prime to p and q. We shall say that an element G of $\mathfrak{G}$ contains A as its *q-regular factor*, if G is of the form $G = AQ$, where the order of Q is a power $q^\nu \geqq 1$ of q, and where $AQ = QA$. Of course, A and Q are uniquely determined by G; both can be written as powers of G. If G_1 is conjugate to AQ, then the q-regular factor of G_1 is conjugate to A.

Let $A_1, A_2, \cdots, A_m$ be a maximal system of elements of $\mathfrak{G}$, such that A_i, A_j are not conjugate for $i \neq j$ and the order of each A_i is prime to p and q. With each A_i, we associate those classes of conjugate elements, $\mathfrak{C}_1^{(i)}$, $\mathfrak{C}_2^{(i)}$, $\cdots$, $\mathfrak{C}_{h_i}^{(i)}$, which contain elements with A_i as their q-regular factor. Each of the classes, $\mathfrak{C}_1, \mathfrak{C}_2, \cdots, \mathfrak{C}_k$, then appears exactly once in the form $\mathfrak{C}_\mu^{(i)}$. By expanding $|\Phi|$, we see that $|\Phi|$ is a sum of terms

$$T_1 T_2 \cdots T_m, \tag{4}$$

where T_i is a minor of degree h_i of Φ, containing only the columns which belong to $\mathfrak{C}_1^{(i)}, \mathfrak{C}_2^{(i)}, \cdots, \mathfrak{C}_{h_i}^{(i)}$.

We now state

THEOREM 3: *Let A be an element of an order not divisible by the two primes p and q, and assume that the h classes, $\mathfrak{C}_\rho, \mathfrak{C}_\sigma, \cdots, \mathfrak{C}_\tau$, are all the classes of conjugate elements of the group $\mathfrak{G}$, which contain elements G with A as their q- regular factor. If $\varphi^{(r)}, \varphi^{(s)}, \cdots, \varphi^{(t)}$ are any h modular characters* (mod p) *of $\mathfrak{G}$, then*

$$|\Delta| = \begin{vmatrix} \varphi_\rho^{(r)} & \varphi_\sigma^{(r)} & \cdots & \varphi_\tau^{(r)} \\ \varphi_\rho^{(s)} & \varphi_\sigma^{(s)} & \cdots & \varphi_\tau^{(s)} \\ \cdots & \cdots & \cdots & \cdots \\ \varphi_\rho^{(t)} & \varphi_\sigma^{(t)} & \cdots & \varphi_\tau^{(t)} \end{vmatrix} \equiv 0 \quad (\text{mod } (q_\rho q_\sigma \cdots q_\tau)^{\frac{1}{2}}), \tag{5}$$

where q_λ is the highest power of q dividing n_λ.[8]

Each T_i in (4) has the form (5) (for $A = A_i$). From theorem 3, it follows that the expression (4) is divisible by $(q_1 q_2 \cdots q_k)^{\frac{1}{2}}$, and, hence, that $|\Phi|$ is divisible by the same number. It is therefore sufficient to prove theorem 3 in order to prove theorems 1 and 2. Changing the notation, if necessary, we may assume without restriction that

$$\rho = 1, \sigma = 2, \cdots, \tau = h,$$
$$r = 1, s = 2, \cdots, t = h,$$

[8] An analogous theorem holds for ordinary group characters. Here, the assumption that the order of A is prime to p is not necessary. The proof is the same as for theorem 3.

and then (5) assumes the form

$$|\Delta| = \begin{vmatrix} \varphi_1^{(1)}, & \cdots, & \varphi_h^{(1)} \\ \cdots & \cdots & \cdots \\ \varphi_1^{(h)}, & \cdots, & \varphi_h^{(h)} \end{vmatrix} \equiv 0 \pmod{(q_1 q_2 \cdots q_h)^{\frac{1}{2}}}. \tag{6}$$

The proof of (6) will be given in §3. First, we must formulate and prove a group theoretical lemma. Let $AQ_1, AQ_2, \cdots, AQ_h$ be representatives for the h classes $\mathfrak{C}_1, \mathfrak{C}_2, \cdots, \mathfrak{C}_h$, where A is the q-regular factor of AQ_i, and where $Q_1 = 1$. Let $\mathfrak{N}$ be the normalizor of A in $\mathfrak{G}$, and let $\mathfrak{Q}$ be a Sylow subgroup of $\mathfrak{N}$ belonging to the prime q. Then n_1 is the order of $\mathfrak{N}$ and q_1 the order of $\mathfrak{Q}$. Each AQ_i will commute with every element of a certain subgroup $\mathfrak{Q}_i$ of order q_i of $\mathfrak{G}$. Since A and Q_i both are powers of AQ_i, each of them commutes with every element of $\mathfrak{Q}_i$.

In particular, we have $\mathfrak{Q}_i \subseteq \mathfrak{N}$. Replacing Q_i by an element $N_i^{-1}Q_iN_i$, with N_i in $\mathfrak{N}$, we may assume that

$$\mathfrak{Q}_i \subseteq \mathfrak{Q}, \tag{7}$$

as follows easily from Sylow's theorem. Since Q_i must belong to $\mathfrak{Q}_i$, the element Q_i itself will belong to $\mathfrak{Q}$. If Q is any element of $\mathfrak{Q}$, then AQ will be conjugate in $\mathfrak{G}$ to some AQ_i, i.e., $G^{-1}AQG = AQ_i$. Raising this equation to suitable exponents, we obtain $G^{-1}AG = A$, $G^{-1}QG = Q_i$. Therefore, Q and Q_i are conjugate in $\mathfrak{N}$, and hence $Q_1, Q_2, \cdots, Q_h$ form a complete system of representatives for those classes of conjugate elements in $\mathfrak{N}$, in which the orders of the elements are powers of q.

In $\mathfrak{Q}$, the elements $Q_1, Q_2, \cdots, Q_h$ need not form a complete system of representatives for the classes of conjugate elements. However, we may construct such a system by adding further elements Q to the set $Q_1, Q_2, \cdots, Q_h$. Each Q will, in $\mathfrak{N}$, be conjugate to a certain Q_i where i is uniquely determined, $i = 1, 2, \cdots, h$. We denote the elements Q belonging to Q_i by $Q_i = Q_i^{(0)}, Q_i^{(1)}, Q_i^{(2)}, \cdots, Q_i^{(l_i)}, (l_i \geqq 0)$. Let $q_i^{(\lambda)}$ be the highest power of q dividing the order of the normalizor of $Q_i^{(\lambda)}$ in $\mathfrak{Q}$. According to (7), we have

$$q_i^{(0)} = q_i. \tag{8}$$

We now prove the

Lemma: *The numbers* $q_i^{(\lambda)}$, $(\lambda = 0, 1, 2, \cdots, l_i)$ *are divisors of* q_i. *If exactly* d_i *of them are equal to* q_i, *then*

$$d_i \not\equiv 0 \pmod{q}. \tag{9}$$

Proof: Let $\mathfrak{R}_i$ denote the class of conjugate elements of $\mathfrak{N}$, which contains the element AQ_i. The number M_i of elements in $\mathfrak{R}_i$ is equal to the order of $\mathfrak{N}$ divided by the order of the normalizor of AQ_i. Hence

$$M_i = \frac{q_1}{q_i}\tilde{M}_i, \qquad \text{with } (\tilde{M}_i, q) = 1. \tag{10}$$

The class $\mathfrak{K}_i$ can be broken up into partial classes $\mathfrak{K}_i^{(\mu)}$, where each $\mathfrak{K}_i^{(\mu)}$ consists of elements which are conjugate by means of transformations by elements of $\mathfrak{Q} \subsetneqq \mathfrak{N}$. The elements $AQ_i^{(0)}, AQ_i^{(1)}, \cdots, AQ_i^{(l_i)}$ will each determine such a partial class, but there may be further partial classes which do not contain elements AQ with Q in $\mathfrak{Q}$. In any case, if $AT_i^{(\mu)}$ is an element of $\mathfrak{K}_i^{(\mu)}$, and if $T_i^{(\mu)}$ commutes with exactly $w_i^{(\mu)}$ elements of $\mathfrak{Q}$, then the number $M_i^{(\mu)}$ of elements of $\mathfrak{K}_i^{(\mu)}$ is given by

$$M_i^{(\mu)} = \frac{q_1}{w_i^{(\mu)}}. \tag{11}$$

We have, of course,

$$M_i = \sum_{\mu} M_i^{(\mu)}. \tag{12}$$

In $\mathfrak{G}$, the elements AQ_i and $AT_i^{(\mu)}$ are conjugate. Hence, the order of the normalizor of $AT_i^{(\mu)}$ in $\mathfrak{G}$ is divisible by q_i but not by a higher power of q. On considering the subgroup generated by $AT_i^{(\mu)}$ and the $w_i^{(\mu)}$ commuting elements of $\mathfrak{Q}$, we readily see that $w_i^{(\mu)} \leqq q_i$ and that the equality sign can hold only if $T_i^{(\mu)}$ belongs to $\mathfrak{Q}$. When $T_i^{(\mu)} = Q_i^{(\lambda)}$, $w_i^{(\mu)} = q_i^{(\lambda)}$, and we thus obtain the first part of the lemma. If $w_i^{(\mu)} = q_i$, then the partial class $\mathfrak{K}_i^{(\mu)}$ contains exactly one element $AQ_i^{(\lambda)}$, ($\lambda = 0, 1, 2, \cdots, l_i$), and we have $q_i^{(\lambda)} = q_i$. According to our assumption, there are exactly d_i such partial classes. Therefore, d_i of the numbers $M_i^{(\mu)}$, (cf. (11)), are equal to q_1/q_i, the remaining ones being divisible by a higher power power of q. Then (12) gives

$$M_i \equiv d_i \frac{q_1}{q_i} \qquad \left(\operatorname{mod} \frac{qq_1}{q_i}\right)$$

and, on comparing this with (10), we obtain (9).

3. Proof of the Theorems

As we have seen, it is sufficient to prove (6). If $\mathfrak{F}$ is any representation of $\mathfrak{G}$, we may assume that the matrix $\mathfrak{F}_A$ representing the fixed element A appears in canonical form, i.e.

$$A \to \mathfrak{F}_A = \begin{pmatrix} \alpha_1 I_{v_1} & & \\ & \alpha_2 I_{v_2} & \\ & & \ddots \end{pmatrix}$$

where $\alpha_1, \alpha_2, \cdots$ are distinct roots of unity and $v_1, v_2, \cdots$ are positive integers. The matrices $\mathfrak{F}_Q$, representing elements Q of $\mathfrak{Q}$, then break up in the form

$$Q \to \mathfrak{F}_Q = \begin{pmatrix} V_1 & & \\ & V_2 & \\ & & \ddots \end{pmatrix}$$

where V_j is of degree v_j. For a fixed j, the matrices V_j form a representation $\mathfrak{V}_j$ of $\mathfrak{Q}$. Let $\vartheta^{(1)}, \vartheta^{(2)}, \cdots, \vartheta^{(m)}$ be the distinct, irreducible characters[9] of $\mathfrak{Q}$. Then m is the number of classes of conjugate elements in $\mathfrak{Q}$, i.e., the number of elements $Q_i^{(\lambda)}$. If χ denotes the character of $\mathfrak{F}$, we readily obtain

$$\chi(AQ) = \sum_{\mu=1}^{m} z_\mu \vartheta^{(\mu)}(Q)$$

where the z_μ are algebraic integers which are independent of Q. We set, accordingly,

$$\varphi^{(\kappa)}(AQ) = \sum_{\mu} z_{\kappa\mu} \vartheta^{(\mu)}(Q). \tag{13}$$

In particular, we use this for $Q = Q_i^{(\nu)}$. Since Q_i and $Q_i^{(\nu)}$ are conjugate in $\mathfrak{N}$, we have

$$\sum_{\mu} z_{\kappa\mu} \vartheta^{(\mu)}(Q_i) = \sum_{\mu} z_{\kappa\mu} \vartheta^{(\mu)}(Q_i^{(\nu)}). \tag{14}$$

We now introduce matrix notation. Let us denote by Θ the matrix $(\vartheta^{(\kappa)}(Q_i^{(\nu)}))$ of the characters of $\mathfrak{Q}$; the rows here are fixed by one index κ, $(\kappa = 1, 2, \cdots, m)$, the columns by the two indices i, ν, $(i = 1, 2, \cdots, h;\ \nu = 0, 1, 2, \cdots, l_i)$. We arrange the columns so that first the h columns with $\nu = 0$ appear and then the $m - h$ other columns. Thus,

$$\Theta = (\Theta_0, \Theta_1)$$

where Θ_0 is of type (m, h)[10] and Θ_1 of type $(m, m - h)$.

Since the notation in (6) was chosen such that the class $\mathfrak{C}_\lambda$ contained AQ_λ, we have $\varphi_\lambda^{(\kappa)} = \varphi^{(\kappa)}(AQ_\lambda)$. On account of (13), the matrix Δ in (6) can be written in the form

$$\Delta = Z\Theta_0$$

where Z is the matrix $(z_{\kappa\lambda})$, $(\kappa = 1, 2, \cdots, h;\ \lambda = 1, 2, \cdots, m)$, of type (h, m). In order to replace the matrices by square matrices, we set

$$\tilde{Z} = \begin{pmatrix} Z \\ U \end{pmatrix}$$

where U is a matrix of type $(m - h, m)$ with arbitrary integral coefficients. Then

$$\tilde{Z}\Theta = \begin{pmatrix} Z \\ U \end{pmatrix} (\Theta_0, \Theta_1) = \begin{pmatrix} Z\Theta_0 & Z\Theta_1 \\ U\Theta_0 & U\Theta_1 \end{pmatrix} = \begin{pmatrix} \Delta & Z\Theta_1 \\ U\Theta_0 & U\Theta_1 \end{pmatrix}.$$

Here we subtract every column $(i, 0)$ from all the columns (i, λ), with $\lambda > 0$, and with the same first index. Then, according to (14), $Z\Theta_1$ on the right hand

---

[9] Since the order of $\mathfrak{Q}$ is prime to p, there is no difference here between the ordinary and the modular characters (mod p) of $\mathfrak{Q}$.

[10] i.e., a matrix with m rows and h columns.

side will be replaced by 0. If Θ_1^* is obtained from Θ_1 by subtracting from each column (i, λ), with $\lambda > 0$, the column $(i, 0)$ of Θ_0, then, by taking the determinant, we find

$$|\tilde{Z}||\Theta| = |\Delta||U\Theta_1^*|.$$

Here, $|\tilde{Z}|$ is an algebraic integer, and $|\Theta|$ has the value

$$\varepsilon|\Theta| = \prod_{i=1}^{h}\prod_{\nu=0}^{l_i}(q_i^{(\nu)})^{\frac{1}{2}}, \quad \varepsilon = \pm 1, \pm\sqrt{-1}.$$ [11]

On account of (8), we obtain

(15) $$|\Delta||U\Theta_1^*| \equiv 0 \pmod{(q_1q_2\cdots q_h)^{\frac{1}{2}}(\textstyle\prod_i\prod_{\lambda>0}q_i^{(\lambda)})^{\frac{1}{2}}}.$$ †

Let us assume now that the formula (6) does not hold. Since all the $q_i^{(\mu)}$ are powers of q, it follows that

(16) $$|U\Theta_1^*| \equiv 0 \pmod{(q\textstyle\prod_i\prod_{\lambda>0}q_i^{(\lambda)})^{\frac{1}{2}}},$$

for any choice of U. Taking a suitable U, we see that any minor of degree $m - h$ of Θ_1^* can be obtained in the form $|U\Theta_1^*|$. But the determinant $|(\Theta_1^*)'\Theta_1^*|$ is equal to the sum of the squares of all these minors. Hence,

(17) $$|(\Theta_1^*)'\Theta_1^*| \equiv 0 \pmod{q\textstyle\prod_i\prod_{\lambda>0}q_i^{(\lambda)}}.$$

Any row in $(\Theta_1^*)'$, the transpose of Θ_1^*, is characterized by a pair of indices, i, μ, $(i = 1, 2, \cdots, h; \mu = 1, 2, \cdots, l_i)$, and any column is characterized by an index κ, $(\kappa = 1, 2, \cdots, m)$. The rows of $(\Theta_1^*)'\Theta_1^*$ are given in the same manner, and each column is characterized by a pair of indices j, ν, with $j = 1, 2, \cdots, h$; $\nu = 1, 2, \cdots, l_j$. For the element $y(i, \mu; j, \nu)$ at the place $(i, \mu), (j, \nu)$ in $(\Theta_1^*)'\Theta_1^*$, we obtain easily

$$y(i, \mu; j, \nu) = \sum_{\kappa=1}^{m}(\vartheta^{(\kappa)}(Q_i^{(\mu)}) - \vartheta^{(\kappa)}(Q_i))(\vartheta^{(\kappa)}(Q_j^{(\nu)}) - \vartheta^{(\kappa)}(Q_j))$$

on account of the definition of Θ_1^*. The sum here splits into four sums, each of which can be computed by means of the orthogonality relations for the group characters of $\mathfrak{Q}$. We set $\delta(R, S) = 1$, if the elements R and S^{-1} of $\mathfrak{Q}$ are conjugate in $\mathfrak{Q}$, and in the other case we set $\delta(R, S) = 0$. Since the normalizor of $Q_i^{(\mu)}$ in $\mathfrak{Q}$ has the order $q_i^{(\mu)}$, we find

(18) $$\begin{aligned} &y(i, \mu; j, \nu) \\ &\quad = \delta(Q_i^{(\mu)}, Q_j^{(\nu)})q_i^{(\mu)} - \delta(Q_i, Q_j^{(\nu)})q_i - \delta(Q_i^{(\mu)}, Q_j)q_i^{(\mu)} + \delta(Q_i, Q_j)q_i. \end{aligned}$$

For each i, this expression vanishes unless Q_j^{-1} and Q_i are conjugate in $\mathfrak{G}$, since otherwise $Q_i^{(\rho)}$ and $Q_j^{(\sigma)-1}$ could not be conjugate in $\mathfrak{Q}$. Consequently, there is only one value $j = i^*$ for a given i for which the expression can be different

[11] This is the analogue of theorem 2 for ordinary group characters, and, as remarked in connection with theorem 2, this analogue is trivial.

† Congruences here and below are in the ring of local integers for a suitable prime ideal divisor of q. [R.B.]

from 0, and we have $l_i = l_{i^*}$. This shows that the determinant (17) splits into a product of m determinants

(19) $$|(\Theta_1^*)'\Theta_1^*| = \pm|\Omega_1|\cdot|\Omega_2|\cdot\cdots\cdot|\Omega_h|,$$

where

(20) $$|\Omega_i| = |y(i, \mu; i^*, \nu)|^{12} \begin{cases} i, i^* \text{ fixed}, \mu \text{ row index}, \\ \nu \text{ column index}, \mu, \nu = 1, 2, \cdots, l_i. \end{cases}$$

According to the lemma in §2, each q_i is divisible by $q_i^{(\mu)}$; we set, accordingly,

(21) $$y(i, \mu, i^*, \nu) = q_i^{(\mu)} x_i(\mu, \nu).$$

Then

(22) $$|\Omega_i| = q_i^{(1)} q_i^{(2)} \cdots q_i^{(l_i)} |X_i|,$$

where

(23) $$X_i = (x_i(\mu, \nu)), \qquad (\mu \text{ row-index}, \nu \text{ column-index}).$$

Using (17), (19), and (22), we obtain

(24) $$|X_1||X_2|\cdots|X_m| \equiv 0 \pmod{q}.$$

Because of (18) and (21), the matrix X_i is the sum of four matrices $X_i^{(1)}$, $X_i^{(2)}$, $X_i^{(3)}$, $X_i^{(4)}$. In each case we have i fixed, and we denote the row-index by μ, the column index by ν.

(25) $$\begin{cases} X_i^{(1)} = (\delta(Q_i^{(\mu)}, Q_{i^*}^{(\nu)})), & X_i^{(2)} = -\left(\delta(Q_i, Q_{i^*}^{(\nu)}) \dfrac{q_i}{q_i^{(\mu)}}\right) \\ X_i^{(3)} = -(\delta(Q_i^{(\mu)}, Q_{i^*})), & X_i^{(4)} = \left(\delta(Q_i, Q_{i^*}) \dfrac{q_i}{q_i^{(\mu)}}\right). \end{cases}$$

As the lemma in §2 shows, we have $d_i - 1$ values for $\mu \geqq 1$, for which $q_i^{(\mu)} = q_i$. We may assume that these are the values $\mu = 1, 2, \cdots, d_i - 1$.[13] For $\mu \geqq d_i$, we have

(26) $$q_i/q_i^{(\mu)} \equiv 0 \pmod{q}.$$

Three cases must be considered separately.

CASE I: $i \neq i^*$.

We may then assume that $Q_i^{(\mu)-1} = Q_{i^*}^{(\mu)}$ for all μ. Then $X_i^{(1)}$ is the unit matrix, $X_i^{(2)} = X_i^{(3)} = 0$, whereas in $X_i^{(4)}$ each coefficient in the μ-th row is equal to $q_i/q_i^{(\mu)}$. Hence, (mod q), the matrix $X_i^{(4)}$ has $d_i - 1$ rows consisting of 1, and the other rows are all 0. Then

$$X_i^{(4)} X_i^{(4)} \equiv (d_i - 1)X_i^{(4)}, \qquad \mathrm{tr}\,(X_i^{(4)}) \equiv d_i - 1 \pmod{q}.$$

[12] If $l_i = 0$, we must set $|\Omega_i| = 1$.

[13] For $d_i = 1$, the corresponding kinds of rows of $X_i^{(j)}$, do not occur.

This shows that (mod q) one characteristic root of X has the value $d_i - 1$, and that the others have the value 0. Then the characteristic roots of $X_i = I + X_i^{(4)}$ are given by $d_i, 1, 1, \cdots, 1$ (mod q). Hence

$$|X_i| \equiv d_i \pmod{q}. \tag{27$_1$}$$

CASE II. $i = i^*$, but Q_i and Q_i^{-1} are not conjugate in $\mathfrak{Q}$.

We may assume here that $Q_i^{-1} = Q_i^{(1)}$. Then $X_i^{(4)} = 0$. In $X_i^{(2)}$, only the first column contains elements different from 0, and the coefficients in this column are given by

$$-q_i/q_i^{(1)}, \ -q_i/q_i^{(2)}, \ \cdots, \ -q_i/q_i^{(l_i)}.$$

In $X_1^{(3)}$, only the first row contains elements different from 0. All the coefficients in the first row are equal to -1.

In $X_i^{(1)}$, the first row and column are 0. Each of the other rows contains exactly one coefficient 1, and all the other coefficients are 0. The same is true for the second, third, $\cdots$, last column. On adding all the other rows to the first row in X_i, we obtain easily

$$|X_i| = \pm\left(\frac{q_i}{q_i^{(1)}} + \frac{q_i}{q_i^{(2)}} + \cdots + \frac{q_i}{q_i^{(l_i)}} + 1\right).$$

Hence, since $d_i - 1$ of the fractions are 1, and the other ones $\equiv 0$ (mod q),

$$|X_i| \equiv \pm d_i \pmod{q}. \tag{27$_2$}$$

CASE III. $i = i^*$, and Q_i and Q_i^{-1} are conjugate in $\mathfrak{Q}$. Here $X_i^{(2)} = 0$, $X_i^{(3)} = 0$. As in case I, the first $d_i - 1$ rows in $X_i^{(4)}$ contain only coefficients $\equiv 1$ (mod q), and the latter rows contain only coefficients $\equiv 0$ (mod q). The matrix $X_i^{(1)}$ can be changed into the unit matrix, if the columns are taken in another order; the value of $X_i^{(4)}$ (mod q) is not altered hereby. The argument used in the first case then gives

$$\pm |X_i| \equiv d_i \pmod{q}. \tag{27$_3$}$$

The three formulae (27) show, in connection with the lemma in §2, that in any case $|X_i| \not\equiv 0$ (mod q). Then (24) is impossible. Thus, the assumption that (6) is not true leads to a contradiction, and the theorems 1, 2 and 3 are proved.

UNIVERSITY OF TORONTO

l. 1: $X_i^{(4)}$ [R.B.]

ANNALS OF MATHEMATICS
Vol. 42, No. 2, April, 1941

ON THE MODULAR CHARACTERS OF GROUPS

BY R. BRAUER AND C. NESBITT*

(Received, December 15, 1939)

PART I. Introduction

PART II. Blocks of highest kind

PART III. The elementary divisors of the Cartan matrix

PART IV. On the multiplication of characters

PART V. Relations between the characters of a group $\mathfrak{G}$ and those of a subgroup $\mathfrak{H}$ of $\mathfrak{G}$

PART VI. Special cases and examples

---

* Presented to the American Mathematical Society, October 30, 1937.

I. Introduction[1]

1. Ordinary Representations. Group ring. The representations of a group $\mathfrak{G}$ of finite order g were first treated by *Frobenius*[2] in his theory of group characters. The coefficients of the linear transformations are taken as complex numbers, but it does not make any difference if we take them as the elements of an algebraically closed field K of characteristic 0. The theory has been extended by *I. Schur*[3] to the case where K is any field of characteristic 0. It does not mean an essential restriction, if we take K as an algebraic number field.

Instead of considering representations of $\mathfrak{G}$, we may consider representations of the group ring[4] Γ of $\mathfrak{G}$ with regard to K. This Γ is an associative algebra consisting of all symbols

$$\alpha = a_1G_1 + a_2G_2 + \cdots + a_gG_g \tag{1}$$

where $G_1, G_2, \cdots, G_g$ are the elements of $\mathfrak{G}$, and $a_1, a_2, \cdots, a_g$ are arbitrary elements of K. The equality of two such elements, their addition, and their multiplication are defined in a natural manner. The study of the representations of Γ is closely tied up with the investigation of the algebra Γ.

2. Arithmetical questions. We may also study Γ from an arithmetical point of view. Taking K as an algebraic number field, we obtain a domain of integrity $\mathfrak{J}$ if we take the a_i in (1) from the domain $\mathfrak{o}$ of the integers of K. The question arises in what manner does a prime ideal $\mathfrak{p}$ behave when considered as an ideal of $\mathfrak{J}$. The behavior of $\mathfrak{p}$ in $\mathfrak{J}$ is characterized by the structure of the residue class ring $\mathfrak{J}/\mathfrak{p}$. This ring can be considered as an algebra $\bar{\Gamma}$ over the residue class field $\bar{K} = \mathfrak{o}/\mathfrak{p}$ of the integers of K taken (mod $\mathfrak{p}$). Obviously, $\bar{\Gamma}$ is the group ring of $\mathfrak{G}$ with regard to the finite ground field $\bar{K}$. The study of the structure of $\bar{\Gamma}$ then amounts essentially to the same thing as the study of the representations of $\bar{\Gamma}$ or of $\mathfrak{G}$ by matrices with coefficients in the finite field $\bar{K}$. We thus are led to the problem of extending Frobenius' theory to the case of a modular field of reference (i.e. a field of a characteristic $p \neq 0$).

3. Modular representations. Modular representations of a group $\mathfrak{G}$ (i.e. representations of $\mathfrak{G}$ by matrices with coefficients in a modular field) were first

---

[1] In §§4–10 of the introduction, we give a short account of the theory of modular representations of a group as developed in our paper: On the modular representations of groups of finite order, University of Toronto Studies, Math. Series No. 4, 1937 (we refer to this paper as M.R.). We tried to make it unnecessary for a reader, who is familiar with the theory of representations in general, to read our former paper. An exception is formed perhaps by the proof of formula (5) below, but literature for other proofs of this formula are mentioned in footnote 10.

[2] For Frobenius' theory, see the accounts in L. E. Dickson, *Modern Algebraic Theories*, Chicago, 1926, chapter XIV; G. A. Miller, H. F. Blichfeldt, L. E. Dickson, *Theory and Application of Finite Groups*, New York 1916, chapter XIII, H. F. Blichfeldt, *Finite Collineation Groups*, Chicago 1917, chapter VI.

[3] I. Schur, Sitzungsber. Preuss. Akad., 1906, p. 164.

[4] Cf., for instance, H. Weyl, *The Classical Groups*, Princeton 1939, Chapter III.

studied by Dickson.[5] He proved that Frobenius' theory remains valid, if the characteristic p of the field is prime to the order g of $\mathfrak{G}$. Since the discriminant of Γ is a power of g, this corresponds to the case that the prime ideal $\mathfrak{p}$ in §2 is not a discriminant divisor. If, however, p divides g, then we must expect results which differ from those of Frobenius. This was shown first by a theorem of Dickson[6] concerning the splitting of the regular representation (cf. §8 below). A coherent theory of the modular representations was given by the authors in a previous paper.[7] In the following §§4–9, we shall discuss briefly our former results. We prefer, in most of what follows, to use the language of the theory of representations (instead of that of the theory of algebras or of the theory of ideals).

4. Decomposition numbers. We choose the algebraic number field K such that the absolutely irreducible representations of $\mathfrak{G}$ in the sense of Frobenius can be written with coefficients in K. Let $Z_1, Z_2, \cdots, Z_n$ be the essentially different ones among these representations, and let z_i denote the degree of Z_i. Then n is the number of classes of conjugate elements $\mathfrak{C}_1, \mathfrak{C}_2, \cdots, \mathfrak{C}_n$ in $\mathfrak{G}$.

Let p be a fixed rational prime number, and $\mathfrak{p}$ be a fixed prime ideal divisor of p in K. We may assume that the coefficients of all the Z_i are $\mathfrak{p}$-integers (i.e. numbers of the form α/β where α and β are integers of K, and β is prime to $\mathfrak{p}$). Let $\mathfrak{o}_\mathfrak{p}$ be the ring of the $\mathfrak{p}$-integers of K, and $\bar{K}$ the residue class field of $\mathfrak{o}_\mathfrak{p}$ (mod $\mathfrak{p}$) which is identical with the field $\mathfrak{o}/\mathfrak{p}$ in §2. We denote generally the residue class of an element z of K (mod $\mathfrak{p}$) by $\bar{z}$. Similarly, replacing every coefficient z in a representation Z of $\mathfrak{G}$ with coefficients in $\mathfrak{o}_\mathfrak{p}$ by its residue class $\bar{z}$, we obtain a modular representation $\bar{Z}$ with coefficients in $\bar{K}$. In this manner we may form $\bar{Z}_1, \bar{Z}_2, \cdots, \bar{Z}_n$. These modular representations will, in general, be reducible and will then split into irreducible modular representations F_κ with coefficients in $\bar{K}$. We indicate by

$$\bar{Z}_i \leftrightarrow \sum_\kappa d_{i\kappa} F_\kappa \tag{2}$$

that F_κ will appear in $\bar{Z}_i$ with some multiplicity $d_{i\kappa}$. These rational integers $d_{i\kappa} \geqq 0$, and are called the "decomposition numbers" of $\mathfrak{G}$. In the sense of §2, they describe a connection between the simple invariant subalgebras of Γ, and the prime ideal divisors of $\mathfrak{p}$ in $\mathfrak{Z}$.

5. Cartan invariants. Of special importance is the regular representation $\bar{R}$ of $\mathfrak{G}$ (or $\bar{\Gamma}$) formed with regard to $\bar{K}$ as ground field. Since the group ring is no longer semisimple in the modular case, the theorem of the full reducibility of $\bar{R}$ does not hold any more. Let $U_1, U_2, \cdots, U_k$ be the distinct indecom-

[5] L. E. Dickson, Transact. Am. Math. Soc. 8, 1907, p. 389.
[6] L. E. Dickson, Bull. Amer. Math. Soc. 13, 1907, p. 477.
[7] For the following, cf. M.R., and also R. Brauer, Nat. Ac. of Sciences 25, 1939, p. 252. We refer to this last paper as R.A.

posable constituents of $\bar{R}$. Each U_κ can still be broken up into its irreducible constituents in $\bar{K}$. This splitting is of the form

$$U_\kappa = \begin{pmatrix} F_\kappa & & & \\ & F_* & & \\ & & \ddots & \\ & * & & F_\kappa \end{pmatrix} \tag{3}$$

if the notation is chosen suitably.[8] The representations $F_1, F_2, \cdots, F_k$ are all distinct, and there are no other irreducible representations of $\mathfrak{G}$ in $\bar{K}$. Further, the F_κ are absolutely irreducible.

We denote the degree of F_κ by f_κ, that of U_κ by u_κ. Then U_κ appears f_κ times as indecomposable constituent of $\bar{R}$ and F_κ appears u_κ times as irreducible constituent of $\bar{R}$.

Let $c_{\kappa\lambda}$ be the multiplicity of F_λ as irreducible constituent of U_κ

$$U_\kappa \leftrightarrow \sum_\lambda c_{\kappa\lambda} F_\lambda. \tag{4}$$

Here, the $c_{\kappa\lambda}$ are rational integers $\geqq 0$, the Cartan invariants[9] of $\mathfrak{G}$ (for p). They also can be characterized by means of structural properties of $\bar{\Gamma}$; they express mutual relations between the different prime ideal divisors of $\mathfrak{p}$ in $\mathfrak{J}$. Between the decomposition numbers and the Cartan invariants, we have the following equations[10]

$$c_{\kappa\lambda} = \sum_{i=1}^{n} d_{i\kappa} d_{i\lambda} \qquad (\kappa, \lambda = 1, 2, \cdots, k) \tag{5}$$

or in matrix form

$$C = D'D \tag{6}$$

where $C = (c_{\kappa\lambda})$, $D = (d_{i\kappa})$ and D' is the transpose of D.

There exists a representation (U_κ) of $\mathfrak{G}$ in K which if taken (mod $\mathfrak{p}$) becomes similar to U_κ, $\overline{(U_\kappa)} = U_\kappa$. We then have[11]

$$(U_\kappa) \leftrightarrow \sum_j d_{j\kappa} Z_j. \tag{7}$$

6. Characters. Let M be a representation of $\mathfrak{G}$ which represents the group element G by $M(G)$. We denote the trace of the matrix $M(G)$ by $\chi(G)$. Then $\chi(G)$ is a function of the arbitrary group element G, the *character* of M. The

[8] See R. Brauer and C. Nesbitt, Nat. Ac. of Sciences 23, 1937, p. 236; C. Nesbitt, Ann. of Math. 39, 1938, p. 634. Free places in matrices are to be replaced by 0, the * stand for quantities in which we are not interested.

[9] E. Cartan, Annales de Toulouse 12B, 1898, p. 1.

[10] Three different proofs are given in M.R. pp. 9–11; T. Nakayama, Ann. of Math. 39, 1938, p. 361; R.A. pp. 257–258.

[11] Cf. R. A. The use of this fact which has not been mentioned in M.R. can be avoided, see footnote 13.

value of χ is the same for conjugate elements of $\mathfrak{G}$. We may, therefore, consider χ as a function of the classes of conjugate elements $\mathfrak{C}_1, \mathfrak{C}_2, \cdots, \mathfrak{C}_n$; we set $\chi_\nu = \chi(\mathfrak{C}_\nu) = \chi(G)$ if G belongs to $\mathfrak{C}_\nu$.

Let N be a second representation of $\mathfrak{G}$ with the character φ. We consider first the case that we have a ground field K of characteristic 0. If the determinants of $M(G)$ and $N(G)$ do not vanish, then the characters are equal, $\chi = \varphi$, if and only if M and N have the same irreducible constituents. Because of the full reducibility, this is the same as similarity of M and N. If we admit matrices of determinant 0 in M and N, we must add the assumption that M and N have the same degree. Otherwise, the (0)—representation may appear with different multiplicities in M and N.[12]

In the case of a ground field K of characteristic p, these theorems are not true. However, the method by which they are proved allows one to show that M and N have the same irreducible constituents, if and only if $M(G)$ and $N(G)$ have the same characteristic roots for every G in $\mathfrak{G}$.

We may write G as a product AB of two commutative elements where A has an order prime to p, whereas B has an order p^β, $\beta \geqq 0$. The characteristic roots of $M(B)$ are all 1, being p^β-th roots of unity in a field of characteristic p. It follows that $M(G)$ and $M(A)$ have the same characteristic roots. It is, therefore, sufficient to require above that $M(G)$ and $N(G)$ have the same characteristic roots for every G of an order prime to p. Then the same will be automatically true for all G in $\mathfrak{G}$. We call an element G of $\mathfrak{G}$ *p-regular* if its order is prime to p.

We use the same notations as in §2. We set

$$g = p^a \cdot g' \qquad (p, g') = 1. \tag{8}$$

Let K_1 be the field obtained from K by the adjunction of the g'-th roots of unity $1, \delta, \delta^2, \cdots, \delta^{g'-1}$, let $\mathfrak{p}_1$ be a prime ideal divisor of $\mathfrak{p}$ in K_1, and let $\bar{K}_1$ be the field of integers of K_1 taken mod $\mathfrak{p}_1$. Then $\bar{K}_1$ is an extension field of $\bar{K}$, which contains the modular g'-th roots of unity $1, \bar{\delta}, \bar{\delta}^2, \cdots, \bar{\delta}^{g'-1}$, the residue classes of $1, \delta, \cdots, \delta^{g'-1}$ (mod $\mathfrak{p}_1$). We have a $(1 - 1)$ relation between the ordinary and the modular g'-th roots of unity since $\delta^\alpha \not\equiv \delta^\beta$ (mod $\mathfrak{p}_1$) if $\delta^\alpha \neq \delta^\beta$.

If F now is a modular representation of $\mathfrak{G}$ with coefficients in $\bar{K}$ or in an extension field of $\bar{K}$, the characteristic roots of $F(G)$ will lie in $\bar{K}_1$. Let G be a p-regular element of $\mathfrak{G}$. We replace each such root $\bar{\delta}^\nu$ by δ^ν, and define now $\chi(G)$ as the sum of these δ^ν. In this manner, the character $\chi(G)$ is defined as a complex number for the p-regular elements G; the original value was the residue class $\bar{\chi}(G)$ of $\chi(G)$ (mod $\mathfrak{p}$). It now follows easily that two modular representations (with coefficients in $\bar{K}$ or in an extension field of $\bar{K}$) have the same irreducible constituents if and only if the two characters in the new sense coincide for p-regular elements.

---

12 G. Frobenius and I. Schur, Sitzungsber. Preuss. Akad. 1906, p. 1906, p. 209.

7. The character relations. Let $\mathfrak{C}_1, \mathfrak{C}_2, \cdots, \mathfrak{C}_{k'}$ be the classes of conjugate elements which contain the p-regular elements. We denote by $\eta^{(\kappa)}$ the character of U_κ, by $\varphi^{(\kappa)}$ that of F_κ (cf. §5), by $\zeta^{(i)}$ that of Z_i. The value of a character for the class $\mathfrak{C}_\nu$ will be indicated by a suffix ν, e.g. $\eta_\nu^{(\kappa)}$, $(\nu = 1, 2, \cdots, k')$. The relations (7) and (2) now give[13]

$$\eta^{(\kappa)} = \sum_i d_{i\kappa}\zeta^{(i)} \tag{9}$$

$$\zeta^{(i)} = \sum_\lambda d_{i\lambda}\varphi^{(\lambda)} \tag{10}$$

$(i = 1, 2, \cdots, n;\ \kappa = 1, 2, \cdots, k)$. From these and (5), or directly from (4) we have

$$\eta^{(\kappa)} = \sum_\lambda c_{\kappa\lambda}\varphi^{(\lambda)}. \tag{11}$$

In particular, for the degrees u_κ, z_i, f_λ of U_κ, Z_i, F_λ, respectively, (9), (10), (11) for the unit element give

$$u_\kappa = \sum_i d_{i\kappa}z_i, \qquad z_i = \sum_\lambda d_{i\lambda}f_\lambda, \qquad u_\kappa = \sum_\lambda c_{\kappa\lambda}f_\lambda \tag{12}$$

since $u_\kappa = \eta^{(\kappa)}(1)$, $z_i = \zeta^{(i)}(1)$, $f_\lambda = \varphi^{(\lambda)}(1)$. We arrange $\varphi_\lambda^{(\kappa)}$, $\eta_\lambda^{(\kappa)}$ $\zeta_\lambda^{(i)}$ in matrix form

$$\Phi = (\varphi_\lambda^{(\kappa)}), \qquad \mathrm{H} = (\eta_\lambda^{(\kappa)}), \qquad \mathrm{Z} = (\zeta_\lambda^{(i)})$$

(κ row index, λ column index in Φ, H; i row index, λ column index in Z; $\kappa = 1, 2, \cdots, k$; $\lambda = 1, 2, \cdots, k'$; $i = 1, 2, \cdots, n$). Then relations (9), (10) and (11) become

$$\mathrm{H} = D'\mathrm{Z}, \qquad \mathrm{Z} = D\Phi, \qquad \mathrm{H} = C\Phi. \tag{13}$$

From the orthogonality relations for the ordinary group characters, we obtain

$$\mathrm{Z}'\mathrm{Z} = (g/g_\kappa\delta_{\kappa\lambda^*}) = \mathrm{T} \tag{14}$$

where g_κ denotes the number of elements in the class $\mathfrak{C}_\kappa$, and where the class $\mathfrak{C}_{\kappa^*}$ contains the elements reciprocal to those of $\mathfrak{C}_\kappa$ so that $1^*, 2^*, \cdots, k'^*$ is a permutation of $1, 2, \cdots, k'$. Then (14), (13) and (6) yield

$$\mathrm{H}'\Phi = \Phi'C\Phi = \mathrm{T}. \tag{15}$$

The equation (15) contains in matrix form orthogonality relations for the modular group characters, viz.

$$\sum_\rho \eta_\nu^{(\rho)}\varphi_\mu^{(\rho)} = \sum_{\rho,\sigma} \varphi_\nu^{(\rho)} c_{\rho\sigma}\varphi_\mu^{(\sigma)} = g\delta_{\nu\mu^*}/g_\nu \tag{16}$$

(see also relations (20), (21) and (22) below).

---

[13] We may avoid the use of (7) here by first deriving (10) from (2) and then (9) from (4), (5) and (10), see M.R.

8. Corollaries. Since T in (15) is non-singular, the columns of the matrix Φ which is of type (k, k') [14] are linearly independent, and hence $k \geqq k'$. On the other hand, the rows are linearly independent (mod $\mathfrak{p}$) because a linear relation would give a linear relation among the characters of $F_1, F_2, \cdots, F_k$, the values of these characters being understood as numbers of $\bar{K}$, as at the beginning of §6. Such a relation is impossible, hence $k = k'$. The number of distinct absolutely irreducible modular representations is equal to the number of classes of conjugate p-regular elements in $\mathfrak{G}$.[15] Further the determinant $|\Phi|$ of Φ is prime to $\mathfrak{p}$. Since $|\Phi|$ is integral, and, its square is rational according to (15) we see that $|\Phi|$ is prime to p.

$$(|\Phi|, p) = 1. \tag{17}$$

The column of H corresponding to the unit element of $\mathfrak{G}$ consists of $u_1, u_2, \cdots, u_k$. Since here $g_\nu = 1$, we obtain from (16) and (17) Dickson's theorem:[16]

$$u_\kappa \equiv 0 \pmod{p^a}, \qquad (\kappa = 1, 2, \cdots, k). \tag{18}$$

We have also now that all matrices which appear in (15) have inverses. Let us set, in particular, $C^{-1} = (\gamma_{\kappa\lambda})$. It follows from (15) that

$$\Phi T^{-1} H' = (\delta_{\kappa\lambda}) \tag{19}$$

which gives the character relations

$$\sum_\nu g_\nu \varphi_\nu^{(\kappa)} \eta_{\nu^*}^{(\lambda)} = \delta_{\kappa\lambda} g \qquad (\kappa, \lambda = 1, 2, \cdots, k). \tag{20}$$

In addition, multiplying (19) through by $C^{-1} = (\gamma_{\kappa\lambda})$ and using (13), we have

$$\Phi T^{-1} \Phi' = C^{-1}, \text{ that is, } \sum_\nu g_\nu \varphi_\nu^{(\kappa)} \varphi_{\nu^*}^{(\lambda)} = \gamma_{\kappa\lambda} g \qquad (\kappa, \lambda = 1, 2, \cdots, k) \tag{21}$$

and from (19) multiplied through by C

$$H T^{-1} H' = C, \text{ that is, } \sum_\nu g_\nu \eta_\nu^{(\kappa)} \eta_{\nu^*}^{(\lambda)} = c_{\kappa\lambda} g \qquad (\kappa, \lambda = 1, 2, \cdots, k). \tag{22}$$

If $(p, g) = 1$, then we have full reducibility, $U_\kappa = F_\kappa$. The matrix C, and then also D, is equal to the unit matrix, and we have $\bar{Z}_i = F_i$ (Speiser[17]).

9. Blocks. It is well known and easy to prove that the n elements

$$\Omega_\nu = \sum_{G \text{ in } \mathfrak{C}_\nu} G \qquad (\nu = 1, 2, \cdots, n) \tag{23}$$

form a basis of the centre of the group ring. Each irreducible representation of $\mathfrak{G}$ represents Ω_ν by a scalar multiple of the unit matrix I. We see

$$Z_i(\Omega_\nu) = \omega_\nu^{(i)} I, \qquad F_\kappa(\Omega_\nu) = \psi_\nu^{(\kappa)} I \tag{24}$$

---

[14] By a matrix of type (a, b), we understand a matrix with a rows and b columns.

[15] See R. Brauer, Actual. Scient. 195, Paris, 1935; M.R.

[16] See footnote 6, also M.R.

[17] Cf. A. Speiser, Theorie der Gruppen von endlicher Ordnung, 3rd edition, Berlin 1937, p. 223.

where $\omega_\nu^{(i)}$ is an integer of K, and $\psi_\nu^{(\kappa)}$ lies in $\bar{K}$. We say that F_κ and F_λ belong to the same *block*, if $\psi_\nu^{(\kappa)} = \psi_\nu^{(\lambda)}$ for $\nu = 1, 2, \cdots, n$. Then F_κ and F_λ represent the centre of $\bar{\Gamma}$ essentially in the same manner. Thus $F_1, F_2, \cdots, F_k$ appear distributed into s "*blocks*" $B_1, B_2, \cdots, B_s$.

We also speak of the U_κ which belong to a block B_τ by counting U_κ in B_τ if F_κ belongs to B_τ. Each matrix $U_\kappa(\Omega_\nu)$ can have only one characteristic root[18] which necessarily is $\psi_\nu^{(\kappa)}$ since F_κ is a constituent of U_κ, cf. (3). It follows that all the irreducible constituents of U_κ belong to B_τ. More generally, if in the sequence

$$U_\kappa, U_\alpha, U_\beta, \cdots, U_\sigma, U_\lambda \tag{25}$$

any two consecutive U_ρ have an irreducible constituent in common, then all the U_ρ and their irreducible constituents belong to the same block B_τ. If however U_κ and U_λ cannot be joined by such a chain (25), then it is easy to construct a centre element of $\bar{\Gamma}$ which is represented by I in F_κ and by 0 in F_λ so that F_κ and F_λ do not belong to the same block. We have here a new characterization of the blocks.

Assume now that $\bar{Z}_i$ contains F_κ as a irreducible constituent. From (24) it follows that

$$\bar{\omega}_\nu^{(i)} = \psi_\nu^{(\kappa)}$$

where the bar again indicates the residue class (mod $\mathfrak{p}$). All the irreducible constituents of $\bar{Z}_i$ belong necessarily to the same block B_τ. We now say that Z_i also belongs to the block B_τ. Two ordinary representations Z_i and Z_j belong to the same block if and only if $\omega_\nu^{(i)} \equiv \omega_\nu^{(j)}$ (mod $\mathfrak{p}$) for $\nu = 1, 2, \cdots, n$. Comparing the trace in the first formula (24) in a well known manner, we obtain

$$\omega_\nu^{(i)} = g_\nu \zeta_\nu^{(i)}/z_i \tag{26}$$

where z_i is the degree of Z_i. Hence, Z_i and Z_j belong to the same block if and only if

$$g_\nu \zeta_\nu^{(i)}/z_i \equiv g_\nu \zeta_\nu^{(j)}/z_j \pmod{\mathfrak{p}} \qquad (\nu = 1, 2, \cdots, n). \tag{27}$$

In what follows we shall always take $\varphi^{(1)}$, $\zeta^{(1)}$ to be the character of the unit representation considered as a modular and as an ordinary irreducible representation, respectively, of $\mathfrak{G}$, and B_1 to be the block which contains these characters.

We arrange the $F_1, F_2, \cdots, F_k$ and $Z_1, Z_2, \cdots, Z_n$ such that we first take the representations of B_1, then those of B_2, etc. Let x_τ be the number of Z_i belonging to B_τ and y_τ the number of F_i belonging to B_τ. It follows that C and D break up

$$C = \begin{pmatrix} C_1 & 0 & \cdots & 0 \\ 0 & C_2 & \cdots & 0 \\ \cdots & \cdots & \cdots & \cdots \\ 0 & 0 & \cdots & C_s \end{pmatrix} \qquad D = \begin{pmatrix} D_1 & 0 & \cdots & 0 \\ 0 & D_2 & \cdots & 0 \\ \cdots & \cdots & \cdots & \cdots \\ 0 & 0 & \cdots & D_s \end{pmatrix} \tag{28}$$

[18] Cf. R. Brauer and I. Schur, Sitzungsber. Preuss. Akad. 1930, p. 209, §2.

where C_τ is a square matrix of degree y_τ, and D_τ is of type (x_τ, y_τ). It is impossible to arrange the representations in such a manner that C_τ or D_τ break up further. For C_τ this follows directly from the properties of blocks given above. But because of (6), we have

$$C_\tau = D_\tau' D_\tau. \tag{29}$$

A breaking up of D_τ would imply one of C_τ. Since C_τ is non-singular (cf. (15) and (14)), we must have

$$x_\tau \geqq y_\tau. \tag{30}$$

We now form the trace of the element $F_\kappa(\Omega_\nu)$ in (24) and find $g_\nu \bar{\varphi}_\nu^{(\kappa)}$, since Ω_ν is the sum of g_ν elements all of which have the trace $\bar{\varphi}_\nu^{(\kappa)}$ in the representation F_κ. On the other hand, the trace of $F_\kappa(\Omega_\nu)$ is $f_\kappa \psi_\nu^{(\kappa)}$. If F_κ appears as modular constituent of the ordinary representation Z_i, then $\psi_\nu^{(\kappa)}$, as we have seen is the residue class of $\omega_\nu^{(i)}$ (mod $\mathfrak{p}$). Moreover, $\omega_\nu^{(i)}$ (mod $\mathfrak{p}$) depends only on the block B_τ to which F_κ and Z_i belong. We indicate that by setting $\omega_\nu^{(i)} \equiv \theta_\nu^{(\tau)}$ (mod $\mathfrak{p}$), where $\theta^{(\tau)}$ depends only on τ and not on i. Hence

$$g_\nu \varphi_\nu^{(\kappa)} \equiv f_\kappa \theta_\nu^{(\tau)} \pmod{\mathfrak{p}}. \tag{31}$$

Let us set $gC^{-1} = (\tilde{\gamma}_{\kappa\lambda})$, that is, $\tilde{\gamma}_{\kappa\lambda} = g\gamma_{\kappa\lambda}$. From (21) it follows that the $\tilde{\gamma}_{\kappa\lambda}$ are algebraic integers; that they are rational comes as a consequence of their definition. From (31) and (21) we have

$$\tilde{\gamma}_{\kappa\lambda} \equiv f_\kappa \sum_{\nu=1}^{k} \theta_\nu^{(\tau)} \varphi_{\nu^*}^{(\lambda)} \pmod{\mathfrak{p}} \tag{32}$$

The sum on the right depends on τ and λ; we denote it by $S(\tau, \lambda)$. If F_λ also belongs to the block B_τ, then by reasons of symmetry

$$\tilde{\gamma}_{\kappa\lambda} \equiv f_\kappa S(\tau, \lambda) \equiv f_\lambda S(\tau, \kappa) \pmod{\mathfrak{p}}. \tag{33}$$

In particular, if f_κ or f_λ are divisible by p, then $\tilde{\gamma}_{\kappa\lambda}$ is divisible by $\mathfrak{p}$ and hence $\tilde{\gamma}_{\kappa\lambda} \equiv 0$ (mod p). If $f_\kappa \not\equiv 0$ (mod p), then (33) shows that the value of $S(\tau, \kappa)/f_\kappa$ (mod $\mathfrak{p}$) depends only on τ. We may, therefore, write

$$\tilde{\gamma}_{\kappa\lambda} \equiv f_\kappa f_\lambda S_\tau \pmod{\mathfrak{p}}$$

where S_τ depends only on τ. We may here take S_τ as a rational integer and have

$$\tilde{\gamma}_{\kappa\lambda} \equiv f_\kappa f_\lambda S_\tau \pmod{p} \qquad \text{if } F_\kappa \text{ and } F_\lambda \text{ in } B_\tau. \tag{34}$$

If F_κ and F_λ belong to different blocks, then $\tilde{\gamma}_{\kappa\lambda} = 0$, because of the form (28) of C.

Since $\varphi^{(1)}$ is the character of the 1-representation and is contained in the block B_1, then (21) and (34) show

(35) $$N = \tilde{\gamma}_{11} \equiv S_1 \pmod{p}$$

where N is the number of all p-regular elements of $\mathfrak{G}$.

10. Decomposition of Γ. The block properties derived in §9 are those which we are going to use in the later sections. But the importance of these blocks can better be recognized from other facts which we shall describe briefly.[19] Let B_τ be a fixed block, and consider the elements $\bar{\alpha}$ of $\bar{\Gamma}$, for which $U_\kappa(\bar{\alpha}) = 0$ for every U_κ except for those of B_τ. These $\bar{\alpha}$ form an invariant subalgebra $\sum_\tau$, and we have

$$\bar{\Gamma} = \sum\nolimits_1 \oplus \sum\nolimits_2 \oplus \cdots \oplus \sum\nolimits_s .$$

The $\sum_\tau$ cannot be represented as direct sums.

In close connection with this fact, we have the following ideal theoretical significance of the blocks. The ideal $\mathfrak{p}$ of $\mathfrak{J}$ (cf. §2) can be written uniquely as the intersection of s ideals $\mathfrak{M}_\tau$ ($\neq \mathfrak{J}$) any two of which are relatively prime

$$\mathfrak{p} = [\mathfrak{M}_1, \mathfrak{M}_2, \cdots, \mathfrak{M}_s]$$

and $\mathfrak{M}_\tau$ cannot be written as intersection of relatively prime ideals $\neq \mathfrak{M}_\tau$. There are exactly k prime ideal divisors $\mathfrak{P}_1, \mathfrak{P}_2, \cdots, \mathfrak{P}_k$ of $\mathfrak{p}$ in $\mathfrak{J}$. Here $\mathfrak{P}_\kappa$ can be defined as the set of those elements α of $\mathfrak{J}$ for which $F_\kappa(\alpha) = 0$. Two representations F_κ and F_λ belong to the same block if and only if $\mathfrak{P}_\kappa$ and $\mathfrak{P}_\lambda$ divide the same $\mathfrak{M}_\tau$.

11. Summary of the results. The principal aim of this paper is the proof of the following two theorems.

THEOREM 1. *Let $\mathfrak{G}$ be a group of order $g = p^a g'$, p a prime, $(g', p) = 1$. An ordinary irreducible representation Z_i of a degree $z_i \equiv 0 \pmod{p^a}$ remains irreducible as a modular representation, i.e. $\bar{Z}_i$ is equal to one of the F_κ, and $U_\kappa = F_\kappa$. Further Z_i forms a block B_τ of its own. The character $\zeta^{(i)}$ of Z_i vanishes for all elements of an order divisible by p.*

We denote a block B_τ of this kind as a block of highest kind. In the notations used above, we have here $x_\tau = y_\tau = 1$. We also shall show that for the blocks which are not of highest kind, we have $x_\tau > y_\tau$, in particular, $x_\tau > 1$.

THEOREM 2. *Let t_0 be the number of classes $\mathfrak{C}_\nu$ of conjugate elements in $\mathfrak{G}$ such that* (a) *the number of elements in $\mathfrak{C}_\nu$ is prime to p,* (b) *the elements of $\mathfrak{C}_\nu$ have an order prime to p. There exist exactly t_0 blocks B_τ which contain at least one ordinary irreducible representation Z_i of a degree z_i prime to p.*

We denote blocks of the type mentioned in this theorem as blocks of lowest kind. We also obtain some results for the blocks of intermediate types α, which contain only Z_i of degree $z_i \equiv 0 \pmod{p^\alpha}$ such that at least one of these degrees $z_i \not\equiv 0 \pmod{p^{\alpha+1}}$. The method which yields theorem 1 can, in a far more elaborate form, be used for a study of the blocks of type $a - 1$ as will be

[19] See R. A.

shown in another paper.[20] In the case $a = 1$, i.e. $g = p \cdot g'$, $(p, g') = 1$, each block is either of the highest or of lowest kind, so that the results give some information about every block. This can be made the basis for a study of this class of groups, which yields a large number of new results.[20] In order to attack the general group of finite order in a similar manner it would be necessary first to refine greatly the theory of blocks.

Two of the most important tools for the computation of the ordinary group characters are formed by the method of the multiplication of characters and the Frobenius' method of constructing characters of $\mathfrak{G}$ from characters of a subgroup $\mathfrak{H}$ of $\mathfrak{G}$. These methods can also be applied to modular characters. In part IV we study the former method, and in part V, the Frobenius' method. In part VI we consider a number of special cases and examples. We hope that in the results of these latter parts of our paper some justification can be seen for the somewhat complicated theory as developed in this lengthy introduction.

II. Blocks of Highest Kind

12. Condition for the reducibility of $\bar{Z}_i$. We use the same notations as in the introduction. If for one of the Z_i (§4) the corresponding modular representation $\bar{Z}_i$ becomes reducible, then there exists a non-singular matrix $\bar{M} = (\bar{m}_{ij})$ in the field $\bar{K}$ such that $\bar{M}^{-1}\bar{Z}_i\bar{M}$ breaks up into at least two constituents

$$\bar{M}^{-1}\bar{Z}_i\bar{M} = \begin{pmatrix} \bar{W}_1 & 0 \\ \bar{W}^3 & \bar{W}_4 \end{pmatrix}.$$

We choose a matrix $M = (m_{ij})$ such that m_{ij} lies in the residue class $\bar{m}_{ij}$ (mod $\mathfrak{p}$). Then the determinant of M is prime to $\mathfrak{p}$ and hence different from 0. Forming $M^{-1}Z_iM$, we obtain a formula

$$Z_i^* = M^{-1}Z_iM = \begin{pmatrix} W_1 & W_2 \\ W_3 & W_4 \end{pmatrix} \tag{36}$$

where all the coefficients in W_1, W_2, W_3, W_4, are $\mathfrak{p}$-integers of K, and those of W_2 are divisible by $\mathfrak{p}$ (i.e. each coefficient in W_2 is the quotient α/β of two integers of K such that $\alpha \equiv 0$, $\beta \not\equiv 0$ (mod $\mathfrak{p}$)). Let $Z_i^*(G) = (w_{\kappa\lambda}^{(i)}(G))$. According to the formulas of I. Schur,[21] we have[22]

$$\sum_G w_{\kappa\lambda}^{(i)}(G)w_{\rho\sigma}^{(i)}(G^{-1}) = g/z_i\,\delta_{\kappa\sigma}\delta_{\lambda\rho} \tag{37}$$

$$\sum_G w_{\kappa\lambda}^{(i)}(G)w_{\rho\sigma}^{(j)}(G^{-1}) = 0 \qquad \text{for } i \neq j. \tag{38}$$

In (37) we now take $\kappa = \sigma = 1$, $\lambda = \rho = z_i$ so that $\delta_{\kappa\sigma} = \delta_{\lambda\rho} = 1$. From the form of W_2 in (36), we have $w_{1z_i}(G) \equiv 0$ (mod $\mathfrak{p}$) for every G, hence $g/z_i \equiv 0$ (mod $\mathfrak{p}$) and consequently $g/z_i \equiv 0$ (mod p). Since g was exactly divisible by

[20] R. Brauer, Nat. Ac. of Sciences 25, 1939, p. 290.

[21] I. Schur, Sitzungsber. Preuss. Akad. 1905, p. 406.

[22] We set $\delta_{ij} = 0$ for $i \neq j$, $\delta_{ii} = 1$.

p^a (cf. (8)) we have $z_i \not\equiv 0 \pmod{p^a}$ if $\bar{Z}_i$ is reducible. This shows that if $z_i \equiv 0 \pmod{p^a}$, then $\bar{Z}_i$ is irreducible. This was the first part of theorem 1.

13. Blocks of highest kind. We now have to show that a Z_i with $z_i \equiv 0 \pmod{p^a}$ forms a block of its own. If this were not so, then we would have a Z_j with $i \neq j$ such that $\bar{Z}_i$ and $\bar{Z}_j$ have an irreducible constituent in common. But since $\bar{Z}_i$ itself is irreducible, $\bar{Z}_i$ would have to occur as constituent of $\bar{Z}_j$. Then there would exist a matrix $\bar{L} = (\bar{l}_{ij})$ with coefficients in $\bar{K}$ such that[23]

$$\bar{L}^{-1}\bar{Z}_j\bar{L} = \begin{pmatrix} \bar{W}_1 & 0 & 0 \\ \bar{W}_4 & \bar{Z}_i & 0 \\ \bar{W}_7 & \bar{W}_8 & \bar{W}_9 \end{pmatrix}.$$

Choosing again the element l_{ij} in the residue class $\bar{l}_{ij} \pmod{\mathfrak{p}}$, and setting $L = (l_{ij})$, we then have a formula

$$L^{-1}Z_jL = \begin{pmatrix} W_1 & W_2 & W_3 \\ W_4 & W_5 & W_6 \\ W_7 & W_8 & W_9 \end{pmatrix} \tag{39}$$

where

$$W_5 \equiv Z_i \pmod{\mathfrak{p}}. \tag{40}$$

We choose now $\kappa = \lambda = 1$ in (38), for ρ we take the number of the first row of W_5 in (39), for σ the number of the first column of W_5. Then (38) yields because of (40) and (37).

$$0 = \sum w_{11}^{(i)}(G)w_{\rho\sigma}^{(j)}(G^{-1}) \equiv \sum w_{11}^{(i)}(G)w_{11}^{(i)}(G^{-1}) = g/z_i \pmod{\mathfrak{p}}.$$

But this is impossible, because $z_i \equiv 0 \pmod{p^a}$. Consequently, no $\bar{Z}_j$ with $j \neq i$ belongs to the same block B_τ as Z_i. The block B_τ contains only the one ordinary irreducible representation Z_i, and only the one modular irreducible representation $\bar{Z}_i = F_\kappa$. In (28), C_τ and D_τ are matrices of degree 1, $x_\tau = y_\tau = 1$, and we have $D_\tau = 1$. Hence $C_\tau = 1$, because of (29). From (4), we obtain $U_\kappa = F_\kappa$.

14. Vanishing of the character for p-singular elements of $\mathfrak{G}$. Let H be a fixed element of $\mathfrak{G}$ the order of which is divisible by p. From the orthogonality relations for ordinary group characters, it follows that we have

$$\sum_{i=1}^{n} \zeta^{(i)}(G)\zeta^{(i)}(H) = 0$$

for every p-regular element G, since G and H^{-1} cannot be conjugate in $\mathfrak{G}$. Using (10), this can be written in the form

$$\sum_{i=1}^{n}\sum_{\kappa=1}^{k} d_{i\kappa}\varphi^{(\kappa)}(G)\zeta^{(i)}(H) = 0. \tag{41}$$

[23] The first row and column on the right side may be missing, also the last row and column.

Since (41) represents a linear relation between $\varphi^{(1)}(G), \varphi^{(2)}(G), \cdots, \varphi^{(k)}(G)$ which is true for every non-singular element G, the coefficient of each $\varphi^{(\kappa)}(G)$ must vanish

$$\sum_{i=1}^{n} d_{i\kappa}\zeta^{(i)}(H) = 0 \qquad (\kappa = 1, 2, \cdots, k).$$

If $\bar{Z}_i = F_\kappa$ as in §13, then $d_{i\kappa} = 1$, and $d_{j\kappa} = 0$ for $i \neq j$ since F_κ does not appear in $\bar{Z}_j$. Hence $\zeta^{(i)}(H) = 0$. This proves theorem 1 completely.

In the case $(g, p) = 1$, it follows at once from theorem 1 that each ordinary irreducible representation Z_i remains irreducible when taken as a modular representation and so $\bar{Z}_i$ is equivalent to some F_κ. Then $k = n$ and the $\zeta^{(i)}$ are identical with the $\varphi^{(\kappa)}, \eta^{(\kappa)}$. The relations (16) and (20) here become the same as the Frobenius relations for group characters (cf. §§3, 8.)

15. Example. As an example, we mention the simple Mathieu group M_{12} of order $12.11.10.9.8 = 2^6.3^3.5.11 = 95040$, the characters of which have been given by Frobenius.[24] The degree of the ordinary irreducible representations are

1, 11, 11, 16, 16, 45, 54, 55, 55, 55, 66, 99, 120, 144, 176.

Of these 15 characters, 8 are of highest kind (mod 11), for instance, the character of degree 176. From the table of characters, it follows that this character is the product of a character of degree 11 and a character of degree 16. Consequently the characters of degree 16 must also remain irreducible (mod 11), since a splitting would imply a splitting of the character of degree 176. The characters of degree 16 are not of highest kind.

For $p = 5$ we have 5 characters of highest kind, for $p = 3$ there is one of them and for $p = 2$ there is no such character.

III. The Elementary Divisors of C

16. Computation of the elementary divisors of C. In the following section we work in the ring $\mathfrak{o}_\mathfrak{p}$ of $\mathfrak{p}$-integers of K. If π is an element such that $\pi \equiv 0 \pmod{\mathfrak{p}}$, $\pi \not\equiv 0 \pmod{\mathfrak{p}^2}$, then every ideal of $\mathfrak{o}_\mathfrak{p}$ is of the form $(\pi)^m$, and therefore, the theory of elementary divisors holds for matrices with coefficients in $\mathfrak{o}_\mathfrak{p}$. In formula (15), $\Phi' C \Phi = \mathrm{T}$, the determinant of Φ is a unit of $\mathfrak{o}_\mathfrak{p}$ because of (17). Consequently, C and T have the same elementary divisors. But the elementary divisors of T can be obtained directly from (14), they are the highest powers of p which divide the numbers

$$(42) \qquad g/g_1, g/g_2, \cdots, g/g_k.$$

We now consider C as a matrix with coefficients in the ring of rational integers, and denote the elementary divisors corresponding to this case by $e_1, e_2, \cdots, e_k$. It follows that *the powers of p which divide these integers are exactly the same*

[24] The ordinary characters of the Mathieu-groups have been given by G. Frobenius, Sitzungsber. Preuss. Akad. 1904, p. 558.

powers which appear in the integers g/g_ν, $\nu = 1, 2, \cdots, k$, if the latter are properly arranged.

In another paper, it will be shown that the determinant of C is actually a power of p. Then it follows that the e_ν are themselves the powers of p which divide the numbers (42). For our present purpose this finer result will not be needed.

17. Blocks of type α. We say that a block B_τ is of type α, if it contains only representations F_κ of degrees $f_\kappa \equiv 0 \pmod{p^\alpha}$, and if at least one of these degrees is not divisible by $p^{\alpha+1}$.

By (12)

$$u_\kappa = \sum_\lambda c_{\kappa\lambda} f_\lambda \qquad (\lambda = 1, 2, \cdots, k).$$

Because of the form (28) of C, the corresponding formulas hold, when we restrict κ and λ to those values for which F_κ, F_λ belong to the block B_τ.

We can find two unimodular matrices M_1 and M_2 such that $C_\tau^* = M_1 C_\tau M_2$ has zeros outside of the main diagonal, and contains the elementary divisors e_κ in the main diagonal.[25] We have then

$$u_\kappa^* = e_\kappa f_\kappa^* \tag{43}$$

where the u_κ^* are obtained from the u_λ by the linear transformation M_1, and the f_κ^* from the f_λ by the transformation M_2^{-1}; κ, λ range over the values corresponding to B_τ. Since M_2 is unimodular, all the f_κ^* are divisible by p^α, and one of them is not divisible by $p^{\alpha+1}$. On the other hand, the u_κ^* are divisible by p^a, according to (18). From (43) it follows that *at least one of the elementary divisors e_κ corresponding to B_τ is divisible by $p^{a-\alpha}$.* Let s_α denote the number of blocks of type α, and a_α the number of integers g_ν $(\nu = 1, 2, \cdots, k)$ which are divisible by p^α and not by $p^{\alpha+1}$. We consider now the $s_\alpha + s_{\alpha-1} + \cdots + s_0$ blocks of type $\leqq \alpha$. To each of them corresponds an elementary divisor which is divisible at least by $p^{a-\alpha}$ and hence a number g/g_ν which is at least divisible by this number. Then g_ν will be divisible at most by p^α, and we find

$$s_0 + s_1 + \cdots + s_\alpha \leqq a_0 + a_1 + \cdots + a_\alpha .$$

THEOREM 3. *Let* $\mathfrak{C}_1, \mathfrak{C}_2, \cdots, \mathfrak{C}_k$ *be the classes of conjugate p-regular elements in* $\mathfrak{G}$ *and denote by* g_ν *the number of elements in* $\mathfrak{C}_\nu$. *If* a_α *of the numbers* g_ν *are divisible by* p^α *and not by* $p^{\alpha+1}$, *and if* $\mathfrak{G}$ *possesses* s_α *blocks of type* α, *then* (for $\alpha = 0, 1, 2, \cdots, a$)

$$s_0 + s_1 \cdots + s_\alpha \leqq a_0 + a_1 \cdots + a_\alpha . \tag{44}$$

18. Ordinary characters which are linearly independent mod $\mathfrak{p}$.

LEMMA: There exist k but not more than k ordinary irreducible characters $\zeta^{(i)}$ which are linearly independent (mod $\mathfrak{p}$).

[25] The elementary divisors of all the C_τ together are $e_1, e_2, \cdots, e_k$ (in some arrangement) because of (28).

Proof: If a linear relation

$$\sum_i a_i \zeta^{(i)} \equiv 0 \pmod{\mathfrak{p}}$$

with p-integral coefficients holds for the p-regular classes, then it holds for every class. This can be seen similarly as in §6. From this remark, it follows already that we cannot have more than k ordinary characters which are linearly independent (mod $\mathfrak{p}$).

For the proof that there exist k such independent characters, we use a method by which one of us showed earlier the existence of k irreducible modular characters.[26] If the maximal number of ordinary irreducible characters, which are linearly independent mod $\mathfrak{p}$, was smaller than k, then we could find $\mathfrak{p}$-integers b_ν such that

$$\sum_{\nu=1}^{k} b_\nu \zeta_\nu^{(i)} \equiv 0 \pmod{\mathfrak{p}}$$

and the b_ν are not all divisible by $\mathfrak{p}$. Since a reducible character of $\mathfrak{G}$ is a sum of irreducible character $\zeta^{(i)}$, we would have

$$\sum_{\nu=1}^{k} b_\nu \zeta_\nu \equiv 0 \pmod{\mathfrak{p}} \tag{45}$$

for any character ζ of $\mathfrak{G}$. We want to show that this is impossible if the b_ν are not all divisible by $\mathfrak{p}$. We assume that the corresponding result for all proper subgroups $\mathfrak{H}$ of $\mathfrak{G}$ has already been shown.

Let $\mathfrak{H}$ be a proper subgroup of $\mathfrak{G}$, let $\mathfrak{C}_1', \mathfrak{C}_2', \cdots, \mathfrak{C}_l'$ be the classes of conjugate p-regular elements of $\mathfrak{H}$ and let H_γ be an element of $\mathfrak{C}_\gamma'$. If ψ is any character of $\mathfrak{H}$, we set $\psi(G) = 0$ if G does not belong to $\mathfrak{H}$. We determine a (right hand side) residue system $P_1, P_2, \cdots, P_m$ of $\mathfrak{G}$ mod $\mathfrak{H}$. According to Frobenius.[27]

$$\zeta(G) = \sum_{\mu=1}^{m} \psi(P_\mu G P_\mu^{-1}) \tag{46}$$

is a character of $\mathfrak{G}$. Since (45) hold for every character of $\mathfrak{G}$, it holds for (46). The elements G and $P_\mu G P_\mu^{-1}$ are p-regular at the same time. If G_ρ is an element of $\mathfrak{C}_\rho$, we have from (46)

$$\zeta_\rho = \sum_{\sigma=1}^{l} l_{\rho\sigma} \psi_\sigma \tag{47}$$

where $l_{\rho\sigma}$ denotes the number of P_μ for which $P_\mu G_\rho P_\mu^{-1}$ is conjugate to H_σ with regard to $\mathfrak{H}$. For each H_σ there exists exactly one ρ for which $l_{\rho\sigma} \neq 0$ since one class $\mathfrak{C}_\rho$ in $\mathfrak{G}$ must contain H_σ. We denote this ρ by $\tau(\sigma)$. From (45) and (47) it follows that

$$\sum_{\sigma=1}^{l} \left(\sum_{\rho=1}^{k} b_\rho l_{\rho\sigma} \right) \psi_\sigma \equiv 0 \pmod{\mathfrak{p}}. \tag{48}$$

[26] See footnote 15.

[27] G. Frobenius, Sitzungsber. Preuss. Akad. 1898, p. 501.

This must hold for every character ψ of $\mathfrak{H}$. But (48) represents a congruence of exactly the same type for $\mathfrak{H}$, as (45) has for $\mathfrak{G}$. According to our assumption concerning $\mathfrak{H}$, the coefficients of every ψ_σ must be divisible by $\mathfrak{p}$,

$$\sum_{\rho=1}^{k} b_\rho l_{\rho\sigma} \equiv 0 \pmod{\mathfrak{p}} \qquad \text{for } \sigma = 1, 2, \cdots, l$$

and since only $l_{\tau(\sigma),\sigma} \not\equiv 0$

(49) $$b_{\tau(\sigma)} l_{\tau(\sigma),\sigma} \equiv 0 \pmod{\mathfrak{p}} \qquad \text{for } \sigma = 1, 2, \cdots, l.$$

So far the subgroup $\mathfrak{H}$ has been arbitrary. We now try to determine $\mathfrak{H}$ for a given value ρ, ($\rho = 1, 2, \cdots, k$), such that (a) ρ appears in the form $\rho = \tau(\sigma)$, and (b) for this σ the number $l_{\rho\sigma}$ is not divisible by $\mathfrak{p}$. Then (49) implies $b_\rho \equiv 0 \pmod{\mathfrak{p}}$, and if this holds for every ρ, then we have arrived at a contradiction with the fact that the congruence (45) was to be not trivial.

The condition (a) is satisfied when G_ρ belongs to $\mathfrak{H}$, we may take $G_\rho = H_\sigma$. If we choose $\mathfrak{H}$ as a subgroup of the normalizer $\mathfrak{N}$ of G_ρ, then G_ρ is only conjugate to itself with regard to $\mathfrak{H}$. Then $l_{\rho\sigma}$ in (46) can be defined as the number of P_μ for which $P_\mu G_\rho P_\mu^{-1} = G_\rho$. If $\mathfrak{H}$ has the order h, then $hl_{\rho\sigma} = N$ is the order of $\mathfrak{N}$. We have only to take care that $\mathfrak{H}$ contains a p-Sylow group of $\mathfrak{N}$. Then h is divisible by the same power of p as N, hence $l_{\rho\sigma} \not\equiv 0 \pmod{\mathfrak{p}}$ and, therefore, condition (b) is satisfied.

We can, therefore, satisfy the above conditions (a) and (b) by choosing $\mathfrak{H}$ as the subgroup which is generated by G_ρ and a p-Sylow group of the normalizer $\mathfrak{N}$ of G_ρ. Here, however, an exceptional case is possible which must be treated separately. The group defined in this manner can be identical with $\mathfrak{G}$.

In this case, the only p-regular elements of $\mathfrak{G}$ are $1, G_\rho, G_\rho, \cdots, G_\rho^{q-1}$, where q is the order of G_ρ. We obtain a character of $\mathfrak{G}$ by associating ϵ^μ with G^μ where ϵ is a q-th root of unity. Then (45) becomes

$$\sum_{\mu}^{q-1} b_\mu \epsilon^\mu \equiv 0 \pmod{\mathfrak{p}}.$$

We multiply here with $\epsilon^{-\beta}$ for a fixed β and add over all q-th roots of unity. Since $(q, p) = 1$ we find $b_\beta \equiv 0 \pmod{\mathfrak{p}}$ for $\beta = 0, 1, 2, \cdots, q - 1$, which gives a contradiction.

19. Applications of the lemma. It follows immediately from the lemma in §18 that the congruences

(50) $$\sum_{i=1}^{n} a_i \zeta_\nu^{(i)} \equiv \eta_\nu \pmod{\mathfrak{p}} \qquad (\text{for } \nu = 1, 2, \cdots, k)$$

can be solved with regard to $a_1, a_2, \cdots, a_n$ if $\eta_1, \eta_2, \cdots, \eta_k$ are any given $\mathfrak{p}$-integers of K. The a_i also will be $\mathfrak{p}$-integers of K.

From (10) and (28) the number of $\zeta^{(i)}$ in a given block B_τ which are linearly independent mod $\mathfrak{p}$, is at most equal to the number y_τ of modular characters

$\varphi^{(\kappa)}$ in B_τ. But since $y_1 + \cdots + y_s$ is the full number k of modular irreducible characters, this implies that B_τ contains y_τ characters $\zeta^{(i)}$ which are linearly independent (mod $\mathfrak{p}$). It follows that the matrix D_τ of type (x_τ, y_τ) in (28) still has the rank y_τ when it is considered mod $\mathfrak{p}$.

From this remark and (10) it follows that the modular characters $\varphi^{(\kappa)}$ can be expressed by means of the ordinary characters with p-integral rational coefficients. For a block of type α, all the f_κ are divisible by p^α. Since by (12), $z_i = \sum_\kappa d_{i\kappa} f_\kappa$, it follows that all the z_i of the block B_τ will be divisible by p^α. On the other hand, the z_i of B_τ cannot all be divisible by $p^{\alpha+1}$, since otherwise all the f_κ of B_τ would be divisible by $p^{\alpha+1}$, as we see when we express the $\varphi^{(\kappa)}$ of B_τ as linear combinations of the $\zeta^{(i)}(G)$ of B_τ with p-integral coefficients and set $G = 1$. *We can define a block B_τ of type α by the fact that the degrees of the ordinary irreducible characters of B_τ are all divisible by p^α but not by $p^{\alpha+1}$.* In the definition in §17 we can replace the modular characters by ordinary characters. In particular, the blocks of type 0 are the blocks of lowest kind; the blocks of type a, the blocks of highest kind (§11).

If the $\zeta^{(i)}$ of B_τ are arranged in a suitable order, then the first y_τ of them will be linearly independent mod $\mathfrak{p}$. We may then find a matrix V of degree y_τ with p-integral rational coefficients and a determinant prime to p such that

$$D_\tau V = \begin{pmatrix} I \\ M \end{pmatrix}$$

where M is a matrix of type $(x_\tau - y_\tau, y_\tau)$ and I, the unit matrix of degree y_τ. Using (29), we find

$$V'C_\tau V = V'D'_\tau D_\tau V = (I, M')\begin{pmatrix} I \\ M \end{pmatrix} = I + M'M. \tag{51}$$

We work in the Galois field with p elements, replacing every number by its residue class (mod p). If M in this sense has rank m, then we can find $y_\tau - m$ linearly independent vectors ξ of y_τ dimensions for which $M\xi = 0$. For these vectors, we have $(I + M'M)\xi = \xi$ so that at least $y_\tau - m$ linearly independent vectors are obtained in the form $(I + M'M)\eta$ where η is an arbitrary vector. It follows that $(I + M'M)$ has (mod p) a rank $r \geqq y_\tau - m$. Because of (51) C_τ has (mod p) the same rank r. Then exactly r of the elementary divisors of C_τ will be not divisible by p. But $m \leqq x_\tau - y_\tau$, since M has $x_\tau - y_\tau$ rows, so

$$r \geqq y_\tau - (x_\tau - y_\tau) = 2y_\tau - x_\tau.$$

THEOREM 4. *If the block B_τ contains x_τ ordinary and y_τ modular irreducible characters, then the corresponding part C_τ of the Cartan matrix has at least $2y_\tau - x_\tau$ elementary divisors which are not divisible by p (and hence equal to* 1 *according to the theorem quoted in* §16).

If $2y_\tau < x_\tau$ then this theorem does not give anything.

If for a block we have $y_\tau = x_\tau$, then x_τ of the elementary divisors will be prime to p. But this is the total number of elementary divisors of B_τ. According to §17, this is impossible if B_τ is of type $\alpha < a$. Hence B_τ is of highest type, and then $x_\tau = y_\tau = 1$ (theorem 1). Using (30) we obtain

THEOREM 5: *Every block, which is not of highest kind, contains more ordinary than modular irreducible characters.*[28]

This shows that Theorem 1 characterizes the blocks of highest kind.

20. Blocks of lowest kind. We now come to the proof of theorem 2 (§11). Let $\eta_1, \eta_2, \cdots, \eta_k$ be any given $\mathfrak{p}$-integers of K. We solve the congruences (50). Let $\mathfrak{C}_1, \mathfrak{C}_2, \cdots, \mathfrak{C}_m$ be these classes of p-regular elements of $\mathfrak{G}$, for which the number g_ν of elements in the class is not divisible by p, then

$$m = a_0 \tag{52}$$

where a_0 was defined in §17.

The number $\omega_\nu^{(i)} = g_\nu \zeta_\nu^{(i)}/z_i$ (cf. (24) and (26)) is an algebraic integer. If $z_i \equiv 0 \pmod{p}$ and $(g_\nu, p) = 1$, then $\zeta_\nu^{(i)} \equiv 0 \pmod{\mathfrak{p}}$. The corresponding terms in (50) can be omitted. We have, therefore,

$$\sum_i a_i \zeta_\nu^{(i)} \equiv \eta_\nu \pmod{\mathfrak{p}} \qquad \text{for } \nu = 1, 2, \cdots, m \tag{53}$$

where the sum is extended over such values of i, for which $z_i \not\equiv 0 \pmod{p}$. In particular, only characters of blocks of the lowest kind appear. We can pick out one character $\zeta^{(h)}$ in B_τ such that $z_h \not\equiv 0 \pmod{p}$. If $\zeta^{(i)}$ is another character of B_τ, then according to (26) and (27) we have

$$\frac{g_\nu \zeta_\nu^{(i)}}{z_i} \equiv \frac{g_\nu \zeta_\nu^{(h)}}{z_h} \pmod{\mathfrak{p}}$$

$$\zeta_\nu^{(i)} \equiv \frac{z_i}{z_h} \zeta_\nu^{(h)}, \pmod{\mathfrak{p}}, \qquad (\nu = 1, 2, \cdots, m)$$

since $(g_\nu, p) = 1$, for $\nu = 1, 2, \cdots, m$. We substitute this value in (53) and obtain formulae

$$\sum_h b_h \zeta_\nu^{(h)} \equiv \eta_\nu \pmod{\mathfrak{p}}, \qquad (\nu = 1, 2, \cdots, m) \tag{54}$$

where the $\zeta^{(h)}$ are the characters we selected in the blocks of lowest kind. The number of terms on the left side then is the number s_0 of blocks of the lowest kind. The b_h are $\mathfrak{p}$-integers which are independent of ν. For every given set of $\mathfrak{p}$-integers $\eta_1, \eta_2, \cdots, \eta_m$ the congruences have a solution b_h. The number of unknowns b_h cannot be smaller than the number of congruences, hence, from (52)

$$a_0 = m \leqq s_0 .$$

But from (44), it follows that $s_0 \leqq a_0$. Consequently, $s_0 = a_0$, and this is exactly the statement of theorem 2, §11.

[28] A second proof for this relation $x_\tau > y_\tau$ is given in §27. It also can be proved by considering the representation of the elements of the center of the group ring.

In other words this result can be expressed as follows: An elementary divisor divisible by p^a can appear in C_τ only if the block B_τ is of lowest kind. In this case there is exactly one such elementary divisor.

We easily see now that for blocks of type 0, 1, and a there is at least one U_κ of the block whose degree $u_\kappa \not\equiv 0 \pmod{p^{a+1}}$. For a block B_τ of type α it follows from (43) that if all $u_\kappa \equiv 0 \pmod{p^{a+1}}$ then at least one elementary divisor of C_τ is divisible by $p^{a-\alpha+1}$. For $\alpha = 0$ this would mean an elementary divisor divisible by $p^{\alpha+1}$ which is not possible (cf. §16). For $\alpha = 1$ it means an elementary divisor divisible by p^a but by the above statement of theorem 2 such divisors can appear only for blocks of type 0. In case $\alpha = a$ the remark is obvious, since the block is then of highest kind. For values of α intermediate to 1 and a we can only as yet say that an elementary divisor of C_τ is divisible at most by p^{a-1}, and hence from (43) at least one u_k is divisible at most by $p^{a+\beta}$ where $\beta \leqq \alpha - 1$.

21. Alternative proof of theorem 2. We here begin with the components $(\tilde{\gamma}_{\kappa\lambda})$ of the matrix gC^{-1} (cf. §9), and again work in the ring of all rational p-integers. If the matrix C_τ (cf. (28)) has the elementary divisors p^{α_ν}, $(\nu = 1, 2, \cdots, y_\tau)$, then gC_τ^{-1} has the elementary divisors $p^{a-\alpha_\nu}$. In the case that B_τ is not a block of the lowest kind, then for any pair F_κ, F_λ belonging to B_τ the degrees f_κ, f_λ are divisible by p, and so from (34) $\tilde{\gamma}_{\kappa\lambda} \equiv 0 \pmod p$. Hence all the α_ν are smaller than a in this case. If B_τ is of the lowest kind, then since by (34) the matrix $gC_\tau^{-1} \equiv (f_\kappa f_\lambda S_\tau)$, ($\kappa$ row index, λ column index) the rank of gC_τ^{-1} (mod p) is 1 or 0 according as to whether $S_\tau \not\equiv 0 \pmod p$, or $S_\tau \equiv 0 \pmod p$. The considerations in §17 show that for a block of the lowest kind, at least one of the elementary divisors of C_τ is $\geqq p^a$, $\alpha_\nu \geqq a$. It follows that gC_τ^{-1} has one elementary divisor 1, and we have

$$S_\tau \not\equiv 0 \pmod p \quad (B_\tau \text{ block of the lowest kind}). \tag{55}$$

Since here gC_τ^{-1} has (mod p) one elementary divisor 1, C_τ has exactly one elementary divisor p^a. Consequently, the number of blocks of the lowest kind is equal to the number of elementary divisors p^a of C. This, in connection with the result of §16 yields theorem 2.

We add some remarks about the determination of the numbers S_τ for blocks of the lowest kind. From (12) it follows that $f_\kappa = g^{-1} \sum_\lambda \tilde{\gamma}_{\kappa\lambda} u_\lambda$. Combining this with (34), we obtain

$$f_\kappa = \frac{1}{g'} \sum \tilde{\gamma}_{\kappa\lambda} \frac{u_\lambda}{p^a} \equiv \frac{1}{g'} f_\kappa S_\tau \sum{}' f_\lambda \frac{u_\lambda}{p^a} \pmod p$$

where λ ranges over all values for which $\varphi^{(\lambda)}$ belongs to the block B_τ. If B_τ is of the lowest kind, we may assume $f_\kappa \not\equiv 0 \pmod p$. Hence

$$g' \equiv S_\tau \sum{}' \frac{f_\lambda u_\lambda}{p^a} \pmod p \qquad (\varphi^{(\lambda)} \text{ in } B_\tau) \tag{56}$$

whence S_τ (mod p) can be obtained, if only the degrees of the characters are known. Using (12) and (5), we easily obtain

$$\sum_i'' z_i^2 = \sum_i''\Big(\sum_\lambda' d_{i\lambda}f_\lambda\Big)^2 = \sum_{\kappa,\lambda}' c_{\kappa\lambda}f_\kappa f_\lambda = \sum_\kappa' u_\kappa f_\kappa \tag{57}$$

where i ranges over those values for which $\zeta^{(i)}$ belongs to B_τ. Hence

$$g' \equiv S_\tau \frac{\sum'' z_i^2}{p^a} \quad (\text{mod } p). \tag{58}$$

The numbers S_τ can also be determined in a different manner from the ordinary group characters $\zeta^{(i)}$ of $\mathfrak{G}$. We set

$$V = (v_{ij}) = \Big(\sum_{\nu=1}^{k} g_\nu \zeta_\nu^{(i)} \zeta_{\nu^*}^{(j)}\Big). \tag{59}$$

We have then, making use of (21)

$$v_{ij} = \sum_{\nu=1}^{k}\sum_{\kappa=1}^{k}\sum_{\lambda=1}^{k} g_\nu d_{i\kappa} d_{j\lambda} \varphi_\nu^{(\kappa)} \varphi_{\nu^*}^{(\lambda)} = \sum_{\kappa,\lambda=1}^{k} d_{i\kappa} d_{j\lambda} \tilde{\gamma}_{\kappa\lambda}$$

$$V = gDC^{-1}D' = gD(D'D)^{-1}D'. \tag{60}$$

Using (34), we obtain

$$v_{ij} \equiv \sum_{\kappa,\lambda} d_{i\kappa} d_{j\lambda} f_\kappa f_\lambda S_\tau \quad (\text{mod } p)$$

if $\zeta^{(i)}$ and $\zeta^{(j)}$ both belong to B_τ. But $\sum_\kappa d_{i\kappa} f_\kappa = z_i$, according to (12), and hence

$$\begin{aligned} v_{ij} &\equiv z_i z_j S_\tau \quad (\text{mod } p) && (\zeta^{(i)} \text{ and } \zeta^{(j)} \text{ in } B_\tau) \\ v_{ij} &= 0 && (\zeta^{(i)} \text{ and } \zeta^{(j)} \text{ in different blocks}). \end{aligned} \tag{61}$$

IV. On the Multiplication of the Characters

22. Relations between the problems of determining the ordinary and the modular characters of $\mathfrak{G}$. For any group $\mathfrak{G}$ of order g, we have the two problems of finding the ordinary irreducible characters $\zeta^{(i)}(i = 1, 2, \cdots, n)$ and the modular irreducible characters $\varphi^{(\kappa)}$ $(k = 1, 2, \cdots, k)$ for a fixed prime p. We may assume that p divides g, since otherwise the two types of characters coincide. We ask now: (a) How much does knowing the ordinary characters help in the determination of the modular characters? (b) How much does knowing the modular characters help in the determination of the ordinary characters? It seems that in general we obtain some valuable information, but that in neither case the complete answer can be found. For instance, in the case of a p-group, the modular characters become trivial, since there is only the (1)-character, and this shows clearly that we cannot expect that the $\zeta_\nu^{(i)}$ are determined uniquely by the $\varphi_\nu^{(\kappa)}$. For both questions (a) and (b), it is of course of great importance to find the matrix D (cf. (13)).

If the $\varphi_\nu^{(\kappa)}$ are known, then (21) permits the determination of the matrix C, so that we also may find the characters $\eta^{(\kappa)}$ of the indecomposable constituents U_κ. For the determination of D, we have the formulas (5). In certain cases, these formulas are sufficient to find D, cf. the example of the group $LF(2, \text{p})$ in §31. But, in general, we must expect several possible solutions for D some of which may belong to other groups $H, K, \cdots$ which also have $(\varphi_\lambda^{(\kappa)})$ as their modular characters. There is, of course, only a finite number of possibilities for D. If D itself is known, then the values of the ordinary characters $\zeta_\nu^{(i)}$ for p-regular elements G of $\mathfrak{G}$ can be obtained from (10). There remains then the determination of the values of the characters for the other classes. Mod p, we can find these values from the values of the characters for the p-regular classes (cf. §§6, 18). Further, we obtain conditions from the orthogonality relations for group characters. Also the method of multiplying characters can be used with advantage. It may be mentioned that in many important cases it seems easier to find the modular characters than the ordinary characters. For instance, in the case of many simple groups, the analogy with semisimple continuous groups can be used in the modular theory.

Conversely, let us assume now that the ordinary characters $\zeta^{(i)}$ are known. It follows from (13) that $D = \mathrm{Z}\Phi^{-1}$, which shows that each column of D is of the form

$$d_i = \sum_{\nu=1}^{k} \zeta_\nu^{(i)} \alpha_\nu, \tag{62}$$

that is, each column of D is a linear combination of those columns in the tables of ordinary characters which correspond to p-regular elements. The α_ν are the elements of a column of Φ^{-1} and, therefore, are not known, but we have some information about them. For instance, they are of form β/g' where β is an integer of the field generated by the $\zeta^{(i)}$ and $g = p^a g'$, $(g', p) = 1$. The d_i must be rational integers $\geqq 0$. Further restrictions are obtained from (13) and the form (28) of D, and from the fact that the determinant of $D'D$ is known. But these conditions are not enough to determine D uniquely, several cases will have to be considered. If D is known, then the modular characters are known. The equations (59) and (60) show that the matrix $D(D'D)^{-1}D'$ can be found if the $\zeta^{(i)}$ are known, but this does not provide any new information.

We may add some remarks in this connection. The condition (62) is, of course, equivalent to saying that each column of D is orthogonal to each column of Z which corresponds to a p-singular element of G. If a vector $x = (x_1, x_2, \cdots, x_n)$ is orthogonal to all these columns of Z, then x is a linear combination of the columns of D. Similarly, if $y = (y_1, y_2, \cdots, y_n)$ is orthogonal to all columns of D, then y is a linear combination of the columns of Z which correspond to p-singular elements of $\mathfrak{G}$.

If a relation

$$\sum_{i=1}^{n} \zeta^{(i)}(G)\beta_i = 0 \quad (\text{for all } p\text{-regular elements } G \text{ of } \mathfrak{G}) \tag{63}$$

where the β_i are independent of G, then $\beta = (\beta_1, \beta_2, \cdots, \beta_n)$ is a linear combination of the columns of Z which correspond to p-singular elements, and vice versa. Hence β is orthogonal to every column of D. We cut $(\beta_1, \beta_2, \cdots, \beta_n)$ into s pieces corresponding to the s blocks B_τ, and replace all the β_i by 0 except those which belong to a fixed piece. This modified vector β still is orthogonal to all the columns of D because of the form (28) of D. Hence the modified vector β still satisfies (63)

$$\sum{}' \zeta^{(i)}(G)\beta_i = 0$$

where i ranges over only those values for which $\zeta^{(i)}$ belongs to a fixed block B_τ.

THEOREM 6. *If a linear relation between the ordinary characters holds for all p-regular elements of* $\mathfrak{G}$, *then the relation remains true if we leave away all terms except those which contain the characters of a fixed block* B_τ.

23. The multiplication of characters. If F and H are two modular representations then $G \rightarrow F(G) \times H(G)$ gives a new representation $F \times H$. Since the characteristic roots of the Kronecker product $F(G) \times H(G)$ are obtained by multiplying each characteristic root of $F(G)$ into each characteristic root of $H(G)$, it follows easily that the character of $F \times H$ is obtained by multiplying the characters of F and H. Applying this to the irreducible characters $\varphi^{(\kappa)}$, $\varphi^{(\lambda)}$ we have that $\varphi^{(\kappa)} \cdot \varphi^{(\lambda)}$ is again a character of $\mathfrak{G}$, reducible or irreducible, and we obtain formulas

$$\varphi^{(\kappa)} \cdot \varphi^{(\lambda)} = \sum_\mu a_{\kappa\lambda\mu} \varphi^{(\mu)} \tag{64}$$

where the $a_{\kappa\lambda\mu}$ are rational integers, $a_{\kappa\lambda\mu} \geqq 0$. There is, of course some connection with the corresponding coefficients appearing in the multiplication of ordinary characters. If we have

$$\zeta^{(i)}\zeta^{(j)} = \sum_k b_{ijk}\zeta^{(k)} \tag{65}$$

then we express ζ by means of the φ (cf. (10)) and obtain

$$\zeta^{(i)}\zeta^{(j)} = \sum d_{i\kappa} d_{j\lambda} \varphi^{(\kappa)} \varphi^{(\lambda)} = \sum d_{i\kappa} d_{j\lambda} a_{\kappa\lambda\mu} \varphi^{(\mu)}$$

$$\zeta^{(i)}\zeta^{(j)} = \sum b_{ijk}\zeta^{(k)} = \sum b_{ijk} d_{k\mu} \varphi^{(\mu)}$$

$$\sum_{\kappa,\lambda} d_{i\kappa} d_{j\lambda} a_{\kappa\lambda\mu} = \sum_k b_{ijk} d_{k\mu}. \tag{66}$$

We derive some further relations for the $a_{\kappa\lambda\mu}$. Of course, they must satisfy the conditions for the constants of multiplication of a commutative algebra

$$a_{\kappa\lambda\mu} = a_{\lambda\kappa\mu}, \qquad \sum_\mu a_{\kappa\lambda\mu} a_{\mu\tau\sigma} = \sum_\mu a_{\kappa\mu\sigma} a_{\lambda\tau\mu}.$$

To each representation of $\mathfrak{G}$ there corresponds a contragredient representation. We denote the representation contragredient to F_κ by $F_{\kappa'}$. Then

$$\varphi_\nu^{(\kappa')} = \varphi_{\nu^*}^{(\kappa)} \tag{67}$$

where $\mathfrak{C}_{\nu^*}$ as in §7 denotes the class reciprocal to $\mathfrak{C}_\nu$. Here $1', 2', \cdots, k'$ and $1^*, 2^*, \cdots, k^*$ are permutations of period 2 of $1, 2, \cdots, k$. From (64) we obtain

$$a_{\kappa'\lambda'\mu'} = a_{\kappa\lambda\mu} \tag{68}$$

since the contragredient of $\varphi^{(\kappa)} \cdot \varphi^{(\lambda)}$ is $\varphi^{(\kappa')} \cdot \varphi^{(\lambda')}$. Further, the regular representation R is self-contragredient. Hence the contragredient of U_κ is an indecomposable constituent of R, and since its irreducible top constituent is $F_{\kappa'}$, we see that $U_{\kappa'}$ and U_κ are contragredient. This implies

$$c_{\kappa\lambda} = c_{\kappa'\lambda'} . \tag{69}$$

From (64) and the orthogonality relations (20) we obtain

$$g a_{\kappa\lambda\mu} = \sum_{\nu=1}^{k} g_\nu \varphi_\nu^{(\kappa)} \varphi_\nu^{(\lambda)} \eta_{\nu^*}^{(\mu)} \tag{70}$$

By multiplying the two left hand members through by $\gamma_{\mu\rho'} = \gamma_{\rho'\mu}$ and adding over μ we obtain

$$\sum_\mu g a_{\kappa\lambda\mu} \gamma_{\mu\rho'} = \sum_{\nu=1}^{k} g_\nu \varphi_\nu^{(\kappa)} \varphi_\nu^{(\lambda)} \varphi_{\nu^*}^{(\rho')}$$

or

$$\sum_\mu a_{\kappa\lambda\mu} \tilde{\gamma}_{\mu\rho'} = \sum_{\nu=1}^{k} g_\nu \varphi_\nu^{(\kappa)} \varphi_\nu^{(\lambda)} \varphi_\nu^{(\rho)}$$

which shows that the left side remains unchanged, when the three indices κ, λ, ρ are permuted. Thus

$$\sum a_{\kappa\lambda\mu} \tilde{\gamma}_{\mu\rho'} = \sum a_{\rho\lambda\mu} \tilde{\gamma}_{\mu\kappa'} . \tag{71}$$

In particular, for $\kappa = 1$, we have $a_{\kappa\lambda\mu} = \delta_{\lambda\mu}$, $\kappa' = 1$, and when we interchange ρ and ρ' we have

$$\tilde{\gamma}_{\lambda\rho} = \sum_\mu a_{\rho'\lambda\mu} \tilde{\gamma}_{\mu 1} \tag{72}$$

which shows that the whole matrix C^{-1} can be found if its first column and the constants of multiplication are known.

If $\varphi^{(\lambda)} \varphi^{(\rho')}$ does not contain a character of the block B_1, then the right side of (72) vanishes and $\tilde{\gamma}_{\lambda\rho} = 0$.

THEOREM 7.[29] *If the product of a character $\varphi^{(\lambda)}$ with the contragredient character $\varphi^{(\rho')}$ of $\varphi^{(\rho)}$ does not contain a character of the first block B_1, then the corresponding coefficient $\tilde{\gamma}_{\lambda\rho}$ of gC^{-1} vanishes.*

If the block B_τ of $\varphi^{(\lambda)}$ contains more than one modular character then because of the form (28) of C, $\tilde{\gamma}_{\lambda\rho} = 0$, cannot hold for all $\rho \neq \lambda$ such that $\varphi^{(\rho)}$ belongs

[29] This theorem is related to theorem 2 of R. Brauer, Math. Zeitschr. 41, 1936, p. 330.

to B_τ. Further, if $\varphi^{(\lambda)}$ and $\varphi^{(\rho)}$ belong to the same block, and if their degrees are not divisible by p, then $\tilde{\gamma}_{\lambda\rho} \neq 0$ according to (34) and (55). Hence we have the

COROLLARY. *If two characters $\varphi^{(\lambda)}$ and $\varphi^{(\rho)}$ belong to the same block and both have degrees prime to p, then $\varphi^{(\lambda)} \cdot \varphi^{(\rho)}$ contains a character of the first block.*

We prove two more formulas connecting the $c_{\kappa\lambda}$, the $a_{\kappa\lambda\mu}$, and the characters, and which deserve some interest. Using (9) we derive from (64)

$$\varphi_\nu^{(\kappa)} \eta_\nu^{(\mu)} = \sum_\lambda c_{\mu\lambda} \varphi_\nu^{(\kappa)} \varphi_\nu^{(\lambda)} = \sum_{\lambda,\rho} c_{\mu\lambda} a_{\kappa\lambda\rho} \varphi_\nu^{(\rho)}. \tag{73}$$

We first set $\mu = \kappa$, and add over κ. By (16) we find

$$\delta_{1\nu^*} g/g_\nu = \sum_{\kappa,\lambda,\rho} c_{\kappa\lambda} a_{\kappa\lambda\rho} \varphi_\nu^{(\rho)}.$$

Here, we multiply by $g_\nu \eta_{\nu^*}^{(\sigma)}$, add over ν, and use (20)

$$\sum{}' \eta_\nu^{(\sigma)} = \sum_{\kappa,\lambda} c_{\kappa\lambda} a_{\kappa\lambda\sigma} \tag{74}$$

where the sum on the left extends over those ν for which the class $\mathfrak{C}_\nu$ is self-reciprocal, $\mathfrak{C}_\nu = \mathfrak{C}_{\nu^*}$.

Secondly, we take $\mu = \kappa'$ in (73) and apply the same method. We thus obtain

$$\sum_{\nu=1}^{k} \eta_\nu^{(\sigma)} = \sum_{\kappa,\lambda} c_{\kappa\lambda} a_{\kappa'\lambda\sigma}. \tag{75}$$

It can easily be seen from (67) that the number of self-contragredient modular characters, $\varphi^{(\lambda)} = \varphi^{(\lambda')}$ is equal to the number of self-reciprocal p-regular classes, $\mathfrak{C}_\nu = \mathfrak{C}_{\nu^*}$ $(\nu \leqq k)$.

24. Upper and lower bounds for the degrees of the indecomposable constituents U_κ. The product $\eta^{(\mu)} \cdot \varphi^{(\lambda')}$ can be expressed as a linear combination of the $\varphi^{(\rho)}$ (cf. (73)), and also, using (11), as a linear combination of the $\eta^{(\kappa)}$

$$\eta^{(\mu)} \cdot \varphi^{(\lambda')} = \sum \tilde{a}_{\kappa\lambda\mu} \eta^{(\kappa)}.$$

Here it is neither obvious that the coefficients are integers, nor that they are $\geqq 0$, but both these facts will follow from (73). Using (20) we find

$$g\tilde{a}_{\kappa\lambda\mu} = \sum_\nu g_\nu \eta_\nu^{(\mu)} \varphi_\nu^{(\lambda')} \varphi_\nu^{(\kappa')}$$

and comparing this with (70), and taking (68) into account, we obtain $\tilde{a}_{\kappa\lambda\mu} = a_{\kappa'\lambda'\mu'} = a_{\kappa\lambda\mu}$. Hence[30]

$$\eta^{(\mu)} \cdot \varphi^{(\lambda')} = \sum_\kappa a_{\kappa\lambda\mu} \eta^{(\kappa)}. \tag{76}$$

[30] This formula seems to indicate that $U_\mu \times F_{\lambda'}$ splits completely into $U_1, U_2, \cdots, U_k$ where U_κ appears $a_{\kappa\lambda\mu}$ times, but we have not been able to prove this.

In particular, we have $a_{\kappa\kappa'1} \geqq 1$, since $F_\kappa \times F_{\kappa'}$ contains the 1-representation. Hence $\eta^{(\kappa)}$ will appear in $\eta^{(1)} \cdot \varphi^{(\kappa)}$. On comparing the degrees, we find $u_1 f_\kappa \geqq u_\kappa$. On the other hand $a_{1\kappa\kappa} = 1$ and hence $\eta^{(1)}$ will appear in $\eta^{(\kappa)} \cdot \varphi^{(\kappa')}$. Consequently $u_1 \leqq f_\kappa u_\kappa$.

THEOREM 8. *For the degrees f_κ of the F_κ and u_κ of the U_κ there hold the inequalities*

$$u_1 f_\kappa \geqq u_\kappa \geqq u_1/f_\kappa. \tag{77}$$

Since $u_\kappa = \sum_\lambda c_{\kappa\lambda} f_\lambda$ (cf. (12)), it follows from (77) that

$$u_\kappa \geqq c_{\kappa\kappa} f_\kappa + c_{\kappa\lambda} f_\lambda \qquad (\kappa \neq \lambda)$$

$$c_{\kappa\lambda} \leqq (u_1 - c_{\kappa\kappa}) \frac{f_\kappa}{f_\lambda} \quad \text{for} \quad \kappa \neq \lambda. \tag{78}$$

In particular, $c_{\kappa\lambda} < u_1$ since we may assume $f_\lambda \geqq f_\kappa$, further $c_{\kappa\kappa} \leqq u_1$.

On multiplying (77) by f_κ and adding, we find

$$u_1 \sum_{\kappa=1}^{k} f_\kappa^2 \geqq \sum_{\kappa=1}^{k} u_\kappa f_\kappa \geqq k u_1$$

The middle term here is g, as follows from (16). If the radical of the modular group ring Γ has the order m, then $\sum f_\kappa^2 = g - m$. Hence

$$u_1(g - m) \geqq g \geqq k u_1$$

$$g/k \geqq u_1 \geqq g/(g - m). \tag{79}$$

The multiplication of characters is used to obtain new characters if some characters have already been found. It is often convenient to determine the $\eta^{(\kappa)}$ at the same time with the $\varphi^{(\kappa)}$. Here formula (76) can be used. Formulas (77) and (79) can sometimes be used, if we want to show that a character η, which we have obtained, is an $\eta^{(\kappa)}$ and not a sum of several such $\eta^{(\kappa)}$.

V. RELATIONS BETWEEN THE CHARACTERS OF A GROUP $\mathfrak{G}$ AND THOSE OF A SUBGROUP $\mathfrak{H}$

25. The induced character. The second important method of Frobenius for the construction of characters assumes that the character χ of a representation V of a subgroup $\mathfrak{H}$ of $\mathfrak{G}$ is known. This representation "induces" a representation V^* of $\mathfrak{G}$ whose character χ^* can be obtained. The method of forming V^* remains valid in case we start with a modular representation, and so does the formula for χ^*, but this last formula requires a somewhat different proof here, due to the modified definition of the character of a representation.

Let h be the order of $\mathfrak{H}$, and let Q_μ ($\mu = 1, 2, \cdots, m$; $m = g/h$) be a complete residue system of $\mathfrak{G}$ (mod $\mathfrak{H}$)

$$\mathfrak{G} = \mathfrak{H}Q_1 + \mathfrak{H}Q_2 + \cdots + \mathfrak{H}Q_m.$$

We set $V(G) = 0$ if G does not belong to $\mathfrak{H}$ so that $V(G)$ is defined for all elements of $\mathfrak{G}$, and define

(80) $$V^*(G) = (V(Q_\kappa G Q_\lambda^{-1})) \qquad (\kappa \text{ row index, } \lambda \text{ column index}).$$

It is easily seen that this is a representation V^* of $\mathfrak{G}$ of degree $tm = tg/h$ where t is the degree of V.

We shall determine the character of V^*. Let G be an arbitrary element of $\mathfrak{G}$. The element $Q_\mu G$ belongs to some residue class $\mathfrak{H}Q_{\rho_G(\mu)}$ and the permutations $P_G: \mu \to \rho_G(\mu)$ $(\mu = 1, 2, \cdots, m)$ form a representation $P_\mathfrak{G}$ of $\mathfrak{G}$.

We split P_G into cycles. The length of each cycle is a divisor of the order of G. If G is p-regular, then the length of each cycle is prime to p. Let, for instance, $(1, 2, \cdots, \alpha)$ be the first cycle of P_G for a p-regular element G. Then $V^*(G)$ breaks up completely into the matrix

$$W = \begin{pmatrix} 0 & V(Q_1GQ_2^{-1}) & 0 & \cdots & 0 \\ 0 & 0 & V(Q_2GQ_3^{-1}) & \cdots & 0 \\ \cdots & \cdots & \cdots & \cdots & \cdots \\ 0 & 0 & 0 & \cdots & V(Q_{\alpha-1}GQ_\alpha^{-1}) \\ V(Q_\alpha GQ_1^{-1}) & 0 & 0 & \cdots & 0 \end{pmatrix}$$

and analagous matrices, corresponding to the other cycles of P_G. We have to determine the characteristic equation of W. We set $W_\nu = V(Q_\nu GQ_{\nu+1}^{-1})$ $(\nu = 1, 2, \cdots, \alpha - 1)$, $W_\alpha = V(Q_\alpha GQ_1^{-1})$. We multiply the νth column of (81) on its right side by $W_{\nu-1}^{-1}W_{\nu-2}^{-1} \cdots W_1^{-1}$, and the νth row on its left side by $W_1W_2 \cdots W_{\nu-1}$ $(\nu = 2, 3, \cdots, \alpha)$. Then $W_1, W_2, \cdots, W_{\alpha-1}$ in (81) are replaced by the unit matrix, whereas we have

$$\begin{aligned} W_1W_2 \cdots W_\alpha &= V(Q_1GQ_2^{-1})V(Q_2GQ_3^{-1}) \cdots V(Q_{\alpha-1}GQ_\alpha^{-1})V(Q_\alpha GQ_1^{-1}) \\ &= V(Q_1G^\alpha Q_1^{-1}) \end{aligned}$$

at the place of W_α in the last row, first column. Obviously, our changing of W amounts to a similarity transformation so that the characteristic polynomial remains unaltered. For the new form of W, the characteristic polynomial can be easily computed, and we find $f(x^\alpha)$ where $f(x)$ denotes the characteristic polynomial of ~~$Q_1G^\alpha Q_1^{-1} = H$~~. As product of the elements $Q_\nu GQ_{\nu+1}^{-1}$ $(\nu = 1, 2, \cdots, \alpha - 1)$ and $Q_\alpha GQ_1^{-1}$, this element H belongs to $\mathfrak{H}$. It is p-regular, since it is conjugate to G^α in $\mathfrak{G}$. Hence we obtain the characteristic roots of W by taking all the αth roots of the characteristic roots of $V(H)$. This is still valid if we replace the characteristic roots (which lie in the modular field $\bar{K}$) by the corresponding complex roots of unity. Since α and the order of H are prime to p, no difficulty arises. It follows easily that if $\alpha > 1$ then the sum of these complex roots of unity must vanish. If $\alpha = 1$, then $W = V(Q_1GQ_1^{-1})$, and the sum in this case is the character $\chi(Q_1GQ_1^{-1})$. Dealing with the other cycles of P_G in the same manner, we obtain $\sum \chi(Q_\mu GQ_\mu^{-1})$ for the value of the character $\chi^*(G)$

l. -10: $V(Q_1G^\alpha Q_1^{-1}) = V(H)$. [R.B.]

of V^*. Here μ ranges over all values for which $Q_\mu G Q_\mu^{-1}$ lies in $\mathfrak{H}$. If we set $\chi(G) = 0$ for elements G outside of $\mathfrak{H}$ we may write

$$\chi^*(G) = \sum_{\mu=1}^{m} \chi(Q_\mu G Q_\mu^{-1}). \tag{82}$$

This is exactly the formula of Frobenius, only the trace argument by which it is ordinarily derived from (80) could not be used because of our modification in the definition of the modular characters (§6).

The splitting of the regular representation of $\mathfrak{H}$ into its indecomposable constituents corresponds to a decomposition of the group ring of $\mathfrak{H}$ into a direct sum of right ideals $\mathfrak{f}_\rho$. The products $h_\rho Q_\mu$ ($\mu = 1, 2, \cdots, m$) of Q_μ with the elements of $\mathfrak{f}_\rho$ generate a right ideal $\mathfrak{f}_\rho^*$ of the group ring Γ, and Γ is the direct sum of the $\mathfrak{f}_\rho^*$. If $\mathfrak{f}_\rho$ corresponds to the representation V_ρ of $\mathfrak{H}$ then it is known that $\mathfrak{f}_\rho^*$ corresponds to the representation V_ρ^* of $\mathfrak{G}$. It follows that the regular representation of $\mathfrak{G}$ breaks up completely into the V_ρ^*, corresponding to the different values of ρ. Each V_ρ^* itself consists of one or several of the indecomposable constituents U_κ.

We use for $\mathfrak{H}$ the same notations as for $\mathfrak{G}$ but with a $\sim$ sign, so $\tilde{F}_\kappa$ are the modular irreducible representations of $\mathfrak{H}$ etc. It follows now that $\tilde{U}_\kappa^*$ breaks up completely into some of the U_λ.

26. The formulas of Nakayama. We now can prove easily that we have formulas[31]

$$\begin{cases} \tilde{\eta}^{(\kappa)*} = \sum_\lambda \alpha_{\kappa\lambda} \eta^{(\lambda)} & \text{(for } p\text{-regular elements of } \mathfrak{G}) \\ \varphi^{(\lambda)} = \sum_\kappa \alpha_{\kappa\lambda} \tilde{\varphi}^{(\kappa)} & \text{(for } p\text{-regular elements of } \mathfrak{H}) \end{cases} \tag{83}$$

where the $\alpha_{\kappa\lambda}$ are rational integers, $\alpha_{\kappa\lambda} \geqq 0$. Obviously, the only point which requires a proof is that the same coefficients $\alpha_{\kappa\lambda}$ appear in both formulas. But from the orthogonality relations for the modular group characters (cf. (16), (20)) it follows for the coefficients $\alpha_{\kappa\lambda}$ of the first equation (83) that

$$g\alpha_{\kappa\lambda} = \sum \tilde{\eta}^{(\kappa)*}(G)\varphi^{(\lambda)}(G^{-1})$$

where the sum extends over all the p-regular elements G of $\mathfrak{G}$. Using (82) we obtain

$$g\alpha_{\kappa\lambda} = \sum_G \sum_{\mu=1}^{m} \tilde{\eta}^{(\kappa)}(Q_\mu G Q_\mu^{-1})\varphi^{(\lambda)}(G^{-1})$$

and after a simple rearrangement of the terms

$$h\alpha_{\kappa\lambda} = \sum_H \tilde{\eta}^{(\kappa)}(H)\varphi^{(\lambda)}(H^{-1})$$

[31] The formulas (83) and (85) are equivalent to those given in theorem 9 of T. Nakayama, Ann. of Math. 39, 1938, p. 361.

where H ranges over all the p-regular elements of $\mathfrak{H}$. This shows that $\alpha_{\kappa\lambda}$ is exactly the coefficient appearing in the second formula (83). This is exactly the method by which it is shown for ordinary characters that we have formulas

$$(84)\qquad \begin{cases} \tilde{\zeta}^{(i)*} = \sum_j l_{ij}\zeta^{(j)} & \text{(for elements of } \mathfrak{G}) \\ \zeta^{(j)} = \sum_i l_{ij}\tilde{\zeta}^{(i)} & \text{(for elements of } \mathfrak{H}) \end{cases}$$

where the l_{ij} are rational integers, $l_{ij} \geqq 0$.

Finally, we have formulas

$$(85)\qquad \begin{cases} \tilde{\varphi}^{(\kappa)*} = \sum_\lambda \beta_{\kappa\lambda}\varphi^{(\lambda)} & \text{(for } p\text{-regular elements of } \mathfrak{G}) \\ \eta^{(\lambda)} = \sum_\kappa \beta_{\kappa\lambda}\tilde{\eta}^{(\kappa)} & \text{(for } p\text{-regular elements of } \mathfrak{H}) \end{cases}$$

with rational integers $\beta_{\kappa\lambda} \geqq 0$, as can be shown in the same manner, or also be derived from (83).

We set $A = (\alpha_{\kappa\lambda})$, $B = (\beta_{\kappa\lambda})$, $L = (l_{ij})$. On comparing (84), (85) and (83) we obtain

$$\tilde{D}B = LD, \qquad DA' = L'\tilde{D}$$
$$AC = \tilde{C}B,$$

where $\tilde{D}$, $\tilde{C}$ have the same significance for $\mathfrak{H}$ as D, C have for $\mathfrak{G}$.

The second formula (83) shows that $\alpha_{11} = 1$, $\alpha_{\kappa 1} = 0$ for $\kappa \neq 1$ if the index 1 always refers to the 1-representation. Hence $\eta^{(1)}$ appears in the character $\tilde{\eta}^{(1)*}$ of degree $\tilde{u}_1 \cdot g/h$. Hence

$$(86)\qquad u_1 \leqq \tilde{u}_1 g/h.$$

In particular, if $\mathfrak{H}$ has an order prime to p, we have $\tilde{u}_1 = 1$, and obtain

THEOREM 9. *The degree of the indecomposable constituent of the regular representation of $\mathfrak{G}$ which corresponds to the 1-representation, is at most equal to the index of the maximal subgroup $\mathfrak{H}$ of an order prime to p.*

In particular, if $\mathfrak{G}$ has a subgroup $\mathfrak{H}$ of index p^a, then $u_1 \leqq p^a$, and since u_1 is divisible by p^a, we have $u_1 = p^a$. It follows that in this case U_1 is identical with the representation of $\mathfrak{G}$ by permutations which corresponds to the subgroup $\mathfrak{H}$ of index p^a (cf. the remark at the end of §25).

In the general case, it follows from (83) that every $\eta^{(\lambda)}$ appears in at least one $\tilde{\eta}^{(\kappa)*}$. Hence

$$(87)\qquad u_\lambda \leqq (g/h)\cdot\max(\tilde{u}_\kappa).$$

If $\mathfrak{H}$ again has an order prime to p, then $\tilde{u}_\kappa = \tilde{z}_\kappa = \tilde{f}_\kappa$, and we have $u_\lambda \leqq (g/h) \max(\tilde{f}_\kappa)$.

27. On the converse of theorem 1. We consider now the case that $\mathfrak{H}$ is the Sylow subgroup of order p^a of $\mathfrak{G}$. The character $\tilde{\varphi}^{(1)*}$ has here the value

$g' = g/p^a$ for the unit element and the value 0 for all the other p-regular elements. Hence

$$\sum_{\nu=1}^{k} g_\nu \tilde{\varphi}_\nu^{(1)*} \eta_{\nu^*}^{(\lambda)} = g' u_\lambda = g \frac{u_\lambda}{p^a}.$$

Using the orthogonality relations (16), we obtain u_λ/p^a as multiplicity of $\varphi^{(\lambda)}$ in $\tilde{\varphi}^{(1)*}$

$$\tilde{\varphi}^{(1)*} = \sum_{\lambda=1}^{k} \frac{u_\lambda}{p^a} \varphi^{(\lambda)}.^{32} \tag{88}$$

From (84) we have

$$\tilde{\zeta}^{(1)*} = \sum_i l_i \zeta^{(i)} \qquad (l_i = l_{1i}). \tag{89}$$

For p-regular elements, these two characters are identical. By (12) and (10) we have $u_\lambda = \sum d_{i\lambda} z_i$, $\zeta^{(i)} = \sum d_{i\lambda} \varphi^{(\lambda)}$, and thus obtain

$$\sum_\lambda \sum_i \frac{d_{i\lambda} z_i}{p^a} \varphi^{(\lambda)} = \sum \sum l_i d_{i\lambda} \varphi^{(\lambda)}.$$

for all p-regular elements of $\mathfrak{G}$. Hence, on comparing the coefficients of $\varphi^{(\lambda)}$

$$\sum_i \left(\frac{z_i}{p^a} - l_i \right) d_{i\lambda} = 0 \qquad (\lambda = 1, 2, \cdots, k). \tag{90}$$

Assume now that we have a block B_τ which contains the same number of ordinary and modular representations, $x_\tau = y_\tau$. We choose the index λ in (90) such that $\varphi^{(\lambda)}$ belongs to B_τ. Then it is sufficient to let i range over those values for which $\zeta^{(i)}$ belongs to B_τ, since for other values of i, $d_{i\lambda} = 0$. We may consider (90) as a system of y_τ linear homogeneous equations for the $x_\tau = y_\tau$ quantities $z_i/p^a - l_i$. Since the determinant is D_τ' and has the rank y_τ, all the $(z_i/p^a) - l_i$ vanish. But l_i is an integer, hence $z_i \equiv 0 \pmod{p^a}$. This shows again, that if $x_\tau = y_\tau$ then B_τ is a block of highest kind (converse of the middle part of theorem 1, cf. §14).

Using (84), we see that l_i in (89) is also the coefficient with which $\tilde{\zeta}^{(1)}$ appears in $\zeta^{(i)}$. Hence

$$l_i = \frac{1}{p^a} \sum \zeta^{(i)}(H) \tag{91}$$

where H ranges over all the elements of the Sylow group $\mathfrak{H}$ of order p^a. The first term here is z_i/p^a. Combining this formula with the results of §22, we easily can obtain (90) again.

The formula (91) shows that if $\zeta^{(i)}(H)$ vanishes for all elements of an order

[32] This formula shows Dickson's theorem, $p^a \mid u_\lambda$ (cf. footnote 6), and this is essentially the way by which Dickson proved his result.

p^μ with $\mu > 0$, then $l_i = z_i/p^a$. Hence in this case $\zeta^{(i)}$ must be a character of the highest kind.

THEOREM 10. *If an irreducible character* $\zeta^{(i)}$ *vanishes for all elements of an order* p^μ, $\mu > 0$, *then* $\zeta^{(i)}$ *is a character of the highest kind.*

This is a converse to the last part of theorem 1. It even would be sufficient to assume that all the $\zeta^{(i)}(H)$ are divisible by p^a, if H is an element of order p^μ, $\mu > 0$. If all these $\zeta^{(i)}(H)$ are divisible by p^α, then $p^\alpha \mid z_i$. This result can easily be improved when we take into account the multiplicity with which the terms $\zeta^{(i)}(H)$ appear on the right side of (91).

28. An upper and a lower bound for c_{11}**.** We now consider two arbitrary subgroups $\mathfrak{H}$ and $\mathfrak{J}$ of $\mathfrak{G}$ of orders h and j. Let $\alpha(G)$ and $\beta(G)$ be the ordinary characters of $\mathfrak{G}$, induced by the 1-representations of $\mathfrak{H}$ and $\mathfrak{J}$ respectively. From (82) we obtain easily that $\alpha(G)h$ is the number of elements M in $\mathfrak{G}$ for which G lies in $M^{-1}\mathfrak{H}M$, and similarly $\beta(G)j$ is the number of elements N for which G lies in $N^{-1}\mathfrak{J}N$. Then G will lie in $hj\alpha(G)\beta(G)$ of the intersections $\mathfrak{D}_{M,N} = [M^{-1}\mathfrak{H}M,\ N^{-1}\mathfrak{J}N]$.

If $\mathfrak{D}_{M,N}$ has the order $t_{M,N}$ then

$$(92)\qquad hj \sum_G \alpha(G)\beta(G) = \sum_{M,N} t_{M,N} = \sum_{M,N} t_{MN^{-1},1} = g \sum_M t_{M,1}.$$

On the other hand, we split $\mathfrak{G}$ into residue classes modd $\mathfrak{H}$ and $\mathfrak{J}$.

$$(93)\qquad \mathfrak{G} = \sum_{\nu=1}^{r} \mathfrak{H}R_\nu\mathfrak{J}.$$

The number of elements in $\mathfrak{H}R_\nu\mathfrak{J}$ is equal to $hj/t_{M,1}$ where M is any element of $\mathfrak{H}R_\nu\mathfrak{J}$. Hence, if M ranges over the elements of $\mathfrak{H}R_\nu\mathfrak{J}$, $\sum' t_{M,1} = hj$, and from (92) it follows that

$$(94)\qquad \begin{aligned} hj \sum_G \alpha(G)\beta(G) &= g\cdot rhj \\ \sum_G \alpha(G)\beta(G) &= g\cdot r \end{aligned}$$

where r is the number of residue classes of $\mathfrak{G}$ (modd $\mathfrak{H}$, $\mathfrak{J}$).

We assume now that $\mathfrak{H}$ and $\mathfrak{J}$ have orders prime to p. We may restrict the summation on the left hand of (94) to p-regular elements since for the other elements $\alpha(G) = 0$, and may consider $\alpha(G)$ and $\beta(G)$ as the modular characters of $\mathfrak{G}$, induced by the 1-representations of $\mathfrak{H}$ and $\mathfrak{J}$. We may set

$$\alpha(G) = \sum a_\kappa \eta^{(\kappa)}(G), \qquad \beta(G) = \sum b_\lambda \eta^{(\lambda)}(G)$$

where according to (83), a_κ and b_λ are rational integers $\geqq 0$, and $a_1 = 1$, $b_1 = 1$.

$$\alpha(G) = \sum_{\kappa,\lambda} a_\kappa c_{\kappa\lambda} \varphi^{(\lambda)}(G).$$

It is easily verified by use of (82) that $\beta(G) = \beta(G^{-1})$ and so combining (94) and the orthogonality relations (20), we obtain

$$\sum_{\kappa,\lambda=1}^{k} a_\kappa c_{\kappa\lambda} b_\lambda = r. \tag{95}$$

In particular,

$$c_{11} \leqq r. \tag{96}$$

THEOREM 11. *If $\mathfrak{H}$ and $\mathfrak{J}$ are two subgroups of $\mathfrak{G}$, whose orders are prime to p, then the first Cartan invariant c_{11} is at most equal to the number of residue classes of $\mathfrak{G}$ (mod $\mathfrak{H}$, $\mathfrak{J}$).*

If, for instance, $\mathfrak{G}$ is a doubly transitive permutation group of ~~order~~ degree p^a, then [R.B.] we may take $\mathfrak{H} = \mathfrak{J}$ as subgroup of index p^a. Here $r = 2$, and hence $c_{11} = 2$.

Since C is the matrix of a positive definite quadratic form, the coefficient in the first row and first column of C^{-1} is at least $\frac{1}{c_{11}}$, and the equality sign is possible only if $c_{1s} = 0$ for all $s > 1$, i.e. if the modular 1-representation forms a block of its own. In this exceptional case, we have $C_1 = (c_{11})$, $c_{11} = p^a$, since p^a is the only elementary divisor of C_1. Then $\mathfrak{G}$ contains a normal subgroup $\mathfrak{H}$ of index p^a, (cf. §29 below).

In any case, we find from $gC^{-1} = (\gamma_{\kappa\lambda})$ and (35)

$$N = \tilde{\gamma}_{11} \geqq g/c_{11}$$

$$c_{11} \geqq g/N. \tag{97}$$

THEOREM 12. *The first Cartan invariant c_{11} is at least equal to g/N where N is the number of elements of an order prime to p in $\mathfrak{G}$. The equality sign holds only if these elements form a normal subgroup, necessarily of index p^a.*

From (96) and (97) it follows that $rN > g$, except for the case that $\mathfrak{G}$ contains a normal subgroup of index p^a. If, for instance, g is divisible by three distinct primes $g = p^a p_1^{a'} p_2^{a''}$, then we can take for $\mathfrak{H}$ and $\mathfrak{J}$ the Sylow-groups of orders $p_1^{a'}$, and $p_2^{a''}$ and have $r = p^a$. Hence $N > g/p^a$, except when $\mathfrak{G}$ contains a normal subgroup of index p^a.[33]

VI. SPECIAL CASES AND EXAMPLES

29. Special cases. We first consider the case that $\mathfrak{G}$ is a direct product, $\mathfrak{G} = \mathfrak{A} \times \mathfrak{B}$. If $A \to F(A)$ is a representation of $\mathfrak{A}$, and $B \to K(B)$ is a representation of $\mathfrak{B}$, then $A \times B \to F(A) \times K(B)$ (Kronecker product) is a representation of $\mathfrak{A} \times \mathfrak{B}$. This representation $F \times K$ is irreducible, if F and K are irreducible, and conversely, every irreducible representation of $\mathfrak{A} \times \mathfrak{B}$ is of

[33] This is a very special case of an unproved conjecture of Frobenius which states that when there are exactly r elements X of an order dividing r in a group $\mathfrak{G}$, where r divides the order of the group, ~~of~~ these elements form a subgroup. [R.B.]

this form.[34] This implies that the D-matrix of $\mathfrak{G}$ is the direct product of the D-matrices of $\mathfrak{A}$ and of $\mathfrak{B}$, and that the C-matrix of $\mathfrak{G}$ is the product of the C-matrices of $\mathfrak{A}$ and of $\mathfrak{B}$.

We next consider the case that $\mathfrak{G}$ contains a normal subgroup $\mathfrak{H}$ of index $p^a(g = p^a g'$ with $(g', p) = 1)$. Since $\eta^{(1)} = \tilde{\varphi}^{(1)*}$ (cf. §26). we see that $\eta^{(1)}$ has the value p^a for every p-regular element. It follows that $\eta^{(1)} = p^a\varphi^{(1)}$, $C_1 = (p^a)$, and $\varphi^{(1)}$ is the only irreducible modular character in the first block B_1. Conversely, let $\mathfrak{G}$ be a group for which the first block B_1 contains only one irreducible modular character. Denote by $\mathfrak{H}$ the normal subgroup whose elements are represented by the unit matrix I in each ordinary irreducible representation Z_i of the first block. Then Z_i is a representation of $\mathfrak{G}/\mathfrak{H}$, and the index g/h is at least equal to the sum of the squares of the degrees z_i of these Z_i. This sum is equal to $u_1 f_1 \geqq p^a$, hence $g/h \geqq p^a$. On the other hand, each p-regular element of $\mathfrak{G}$ is represented in Z_i by a matrix whose characteristic roots are all 1, and which then is equal to I. This shows that h is divisible by every prime power dividing g/p^a. Hence $h \geqq g/p^a$, so $h = g/p^a$. We see that $\mathfrak{G}$ contains a normal subgroup of index p^a, if and only if, the first block contains only one irreducible modular character.

Let us assume now that $\mathfrak{G}$ contains a normal subgroup $\mathfrak{P}$ of order p^a, $(g = p^a g', (g', p) = 1)$. Every representation of $\mathfrak{G}/\mathfrak{P}$ defines a representation of $\mathfrak{G}$. In particular, the regular representation of $\mathfrak{G}/\mathfrak{P}$ has the character χ, $\chi(1) = g/p^a$, $\chi(G) = 0$ for a p-regular element $G \neq 1$. This is the character $\tilde{\varphi}^{(1)*}$ of §27. From (88), it follows that this character contains $\varphi^{(\lambda)}$ exactly u_λ/p^a times. In particular, $\varphi^{(\lambda)}$ must represent the elements of $\mathfrak{P}$ by the unit matrix.[35] Further, since the regular representation of $\mathfrak{G}/\mathfrak{P}$ contains each of its irreducible constituents $\varphi^{(\lambda)}$ exactly f_λ times, we have $f_\lambda = u_\lambda/p^a$. The degree f_λ is prime to p, since $\varphi^{(\lambda)}$ is a representation of $\mathfrak{G}/\mathfrak{P}$ of order g', so each block is of the lowest kind. We do not know whether the converse is true.

Finally, let $\mathfrak{G}$ be a group in which every p-regular element commutes with every element of a p-Sylow group. Then we have k blocks of the lowest kind. Each of them can contain only one modular irreducible constituent, and C necessarily has the form

$$C = \begin{pmatrix} p^a & & & \\ & p^a & & 0 \\ & & \ddots & \\ 0 & & & p^a \end{pmatrix}.$$

The converse is also true.

In the same manner as for ordinary characters, it follows that every linear character of any group $\mathfrak{G}$ is actually a character of $\mathfrak{G}/\mathfrak{K}$ where $\mathfrak{K}$ denotes the

[34] The first part follows easily from Burnside's theorem, Proc. London Math. Soc. (2) 3, 1905, p. 430; the second from A. H. Clifford's theorem, Ann. of Math. 38, 1937, p. 533.

[35] This follows from the fact that F_λ appears as a constituent in a representation for which this is true.

commutator group of $\mathfrak{G}$. Hence, the number of linear modular characters of $\mathfrak{G}$ is equal to the largest factor of the index of the commutator group which is prime to p. For a linear character $\varphi^{(\lambda)}$, the formula (77) shows that $u_\lambda = u_1$. This can also be shown directly, as U_λ may be expressed as the direct product of U_1 and $\varphi^{(\lambda)}$ (cf. (76), (64)). The linear character $\varphi^{(\lambda)}$ will belong to the block B_1, if and only if $\varphi^{(\lambda)} = 1$ for every p-regular element G which commutes with every element of a p-Sylow group. The block B_r of $\varphi^{(\lambda)}$ is obtained from the block B_1 by multiplication with $\varphi^{(\lambda)}$.

30. The groups $GLH(2, p^a)$, $SLH(2, p^a)$, and $LF(2, p^a)$. As first examples we treat the group $SLH(2, p^a)$ of all matrices $\begin{pmatrix} m_{11}, & m_{12} \\ m_{21}, & m_{22} \end{pmatrix} = G$ of determinant 1 with coefficients in the Galois field $GF(p^a)$ with $p^a = q$ elements. The rth power matrices $G^{(r)}$ form a representation $\mathfrak{G}^{(r)}$ for any fixed $r = 0, 1, 2, \cdots$. Further, if $\mathfrak{H}$ is a modular representation with coefficients in $GF(q)$, we obtain a new representation by applying an automorphism θ of $GF(q)$ to all coefficients; we denote this representation by $\mathfrak{H}^\theta$. Let θ_ν now be the automorphism $\alpha \to \alpha^{p^\nu}$ of $GF(q)$ ($\nu = 1, 2, \cdots, a - 1$). We form the representation

(98) $\qquad H(r_0, r_1, \cdots, r_{a-1}) = \mathfrak{G}^{(r_0)} \times \mathfrak{G}^{(r_1)\theta_1} \times \cdots \times \mathfrak{G}^{(r_{a-1})\theta_{a-1}}$

($r_\nu = 0, 1, 2, \cdots, p - 1$). We thus obtain p^a modular representations, and state that these are all the irreducible representations. In order to prove this, we first notice that there are exactly p^a classes of p-regular conjugate elements in $\mathfrak{G}$ since each such class corresponds in a $(1 - 1)$ manner to a polynomial $x^2 - tr(G) x + 1$, the characteristic polynomial of its elements, and $tr(G)$ can be any element of $GF(q)$. Secondly, we prove that the representations (98) are irreducible. Let x_ν, y_ν undergo the transformation G^{θ_ν}, ($\nu = 0, 1, 2, \cdots, a - 1$). Then (98) belongs to the vector-module $\mathfrak{V}$ of all polynomials in $x_0, y_0, \cdots, x_{a-1}, y_{a-1}$ which are homogeneous of degree r_ν in x_ν, y_ν, ($\nu = 0, 1, \cdots, a - 1$).[36] We have to show that $\mathfrak{V}$ is irreducible, when the elements of $\mathfrak{G}$ are taken as operators. If F now is any element of $\mathfrak{V}$, the module $\mathfrak{M}(F)$ generated by F will contain all the polynomials F_t which are obtained from F by applying $x \to x + ty$, $y \to y$ for any t in $GF(q)$. Then $x_\nu \to x_\nu + t^{p^{\nu-1}} y_\nu$, $y_\nu \to y_\nu$. Obviously, F_t is of the form

$$F_t = H_0 + tH_1 + \cdots + t^{p^a-1} H_{p^a-1},$$

where H_μ depends on x_ν, y_ν. We now take for t the q different elements of $GF(q)$. It follows easily that each H_μ is a linear combination of the F_t, and hence lies in $\mathfrak{M}(F)$. The last H_μ which is not zero obviously is a single power product $A y_0^{r_0} y_1^{r_1} \cdots y_{a-1}^{r_{a-1}}$, and hence $y_0^{r_0} y_1^{r_1} \cdots y_{a-1}^{r_{a-1}}$ lies in $\mathfrak{M}(F)$. We replace F now by this polynomial, apply the transformation $x \to x$, $y \to tx + y$, and use the same argument. We thus see that every power product of $x_0, y_0, \cdots, x_{a-1}, y_{a-1}$ of the correct degrees lies in $\mathfrak{M}(F)$. Hence $\mathfrak{M}(F) = \mathfrak{V}$, i.e. (98) is irreducible.

---

[36] The coefficients of these polynomials can be taken from any extension field of $GF(q)$.

Finally, the representations (98) are all distinct. In order to show that, assume

$$H(r_0, r_1, \cdots, r_{a-1}) = H(r'_0, r'_1, \cdots, r'_{a-1}) \tag{99}$$

$0 \leqq r_i \leqq p - 1$, $0 \leqq r'_i \leqq p - 1$, and $r_i = r'_i$ does not hold for all i. We arrange the $H(r_0, r_1, \cdots, r_{a-1})$ in lexicographical order by taking $H(r_0, r_1, \cdots, r_{a-1})$ as lower than $H(s_0, s_1, \cdots, s_{a-1})$ when the first difference $s_0 - r_0, s_1 - r_1, \cdots s_{a-1} - r_{a-1}$ which does not vanish, has a positive value. We may assume that $H(r_0, r_1, \cdots, r_{a-1})$ is the lowest representation (98) which is similar to another of these representations. Certainly not all the r can be equal to $p - 1$. But if all the r'_ν were equal to $p - 1$ then the right side in (99) would have the maximum degree p^a which would imply that all the $r_i = p - 1 = r'_i$. This case is, therefore, also excluded.

Assume $r_0 = \cdots = r_{i-1} = 0$, $r_i \neq 0$, $i \geqq 0$. We multiply (99) by $\mathfrak{G}^{\theta_\nu}$ (Kronecker product). We can express both sides as sums of representations (98) again when we use repeatedly the relations

$$\mathfrak{G}^0 \times \mathfrak{G}^{\theta_\nu} = \mathfrak{G}^{\theta_\nu}, \quad \mathfrak{G}^{(r)\theta_\nu} \times \mathfrak{G}^{\theta_\nu} \leftrightarrow \mathfrak{G}^{(r-1)\theta_\nu} + \mathfrak{G}^{(r+1)\theta_\nu}, \qquad (r = 1, 2, \cdots, p - 1)$$

$$\mathfrak{G}^{(p-1)\theta_\nu} \times \mathfrak{G}^{\theta_\nu} \leftrightarrow \mathfrak{G}^{\theta_{\nu+1}} + 2\mathfrak{G}^{(p-2)\theta_\nu}.$$

After the multiplication, $H(r_0, \cdots, r_{i-1}, r_i - 1, r_{i+1}, \cdots, r_{a-1})$ will appear on the left side of (99), whereas this term cannot appear on the right side. Because of the uniqueness of the irreducible constituents, we obtain a contradiction. This shows that the representations (98) are all the modular irreducible representations of $\mathfrak{G}$.

In the case of $GLH(2, p^a)$, we have to add a factor Δ^s, $0 \leqq s \leqq q - 2$, $\Delta = m_{11}m_{22} - m_{12}^2$, on the right side of (98), in order to obtain all the irreducible modular representations.

On the other hand, if (98) is to give a representation of the factor group $LF(2, p^a)$ of $SLH(2, p^a)$ modulo its centrum, then $-I$ must be represented by I in (98), i.e. the number $r_0 + r_1 + r_2 + \cdots + r_{a-1}$ must be even.[37]

31. The Cartan invariants and decomposition numbers (mod p) **of** $LF(2, p)$. We restrict ourselves to the case $LF(2, p)$, p an odd prime. The irreducible modular characters are here $\mathfrak{G}^{(0)}, \mathfrak{G}^{(2)}, \cdots, \mathfrak{G}^{(p-1)}$, the degrees are $1, 3, \cdots, p$. This shows, in particular, that the degree of the irreducible modular representations need not be a divisor of the order of the group. For the order of the radical we obtain

$$g - 1^2 - 3^2 - \cdots - p^2 = \frac{p(p^2 - 1)}{2} - \frac{(p + 2)(p + 1)p}{6} = \frac{p(p + 1)(2p - 5)}{6}.$$

[37] The modular characters of $GLH(3, p)$, $SLH(3, p)$ and $LF(3, p)$ have been determined by C. Mark in his Toronto thesis (to appear in the University of Toronto Studies).

There is no difficulty in computing the modular characters, and if they are arranged in the order $\mathfrak{G}^{(0)}, \mathfrak{G}^{(p-3)}, \mathfrak{G}^{(2)}, \mathfrak{G}^{(p-5)}, \cdots, \mathfrak{G}^{(p-3)/2}$ or $\mathfrak{G}^{(p-1)/2}, \mathfrak{G}^{(p-1)}$ we have

$$(100) \qquad C_1 = \begin{pmatrix} 2 & 1 & & & & \\ 1 & 2 & 1 & & & \\ & 1 & 2 & \cdot & & \\ & & \cdot & \cdot & \cdot & \\ & & & \cdot & \cdot & \cdot \\ & & & \cdot & 2 & 1 \\ & & & & 1 & 3 \end{pmatrix} \qquad C_2 = (1)$$ [38]

for the C parts corresponding to the two blocks. (The coefficients not filled in are 0, there is just one 3 in the main diagonal of C_1). The first and the last u_κ both have the value p, all the other u_κ have the value $2p$.

Using formula (100) we can find D without any ambiguity. There must be two 1's in the first column. Beside them, we must have a 0 and a 1 in the second column etc. We thus find

$$D_1 = \begin{pmatrix} 1 & & & & \\ 1 & 1 & & & \\ & 1\cdot & & & \\ & & \cdot\ \cdot & & \\ & & & \cdot\ \cdot & \\ & & & 1 & 1 \\ & & & & 1 \\ & & & & 1 \end{pmatrix} \qquad D_2 = (1)$$

In this manner, we may obtain the values of the ordinary characters of $LF(2, p)$ except for the two p-singular classes. There is no difficulty in obtaining these missing values.[39]

UNIVERSITY OF TORONTO,
UNIVERSITY OF MICHIGAN.

[38] The determination of C according to this method is rather complicated, and we do not give the details of the computation. Using the methods sketched in op. cit. in footnote 20, C and D can be determined easily.

[39] These characters were first given by G. Frobenius, Sitzungsber. Preuss. Akad. 1896, p. 1013; the ordinary characters of the binary groups in $GF(p^a)$, $a > 1$ were first given by I. Schur, Jour. reine angew. Math. 132, 85, 1907, and independently by H. E. Jordan, Am. Jour. of Math. 29, 1907, p. 387.

ANNALS OF MATHEMATICS
Vol. 42, No. 4, October, 1941

ON THE CONNECTION BETWEEN THE ORDINARY AND THE MODULAR CHARACTERS OF GROUPS OF FINITE ORDER*

BY RICHARD BRAUER

(Received October 21, 1940)

Introduction

The representations of groups by matrices with coefficients in a modular field and the corresponding modular group characters have been studied in two earlier papers;[1] the aim of the present paper is to continue this work. Let $\mathfrak{G}$ be a group of finite order g and let p be a rational prime. If $\zeta_1(G), \zeta_2(G), \cdots$ are the (ordinary) characters of $\mathfrak{G}$, and $\varphi_1(G), \varphi_2(G), \cdots$ the modular characters of $\mathfrak{G}$ for p, then we have formulae

$$(*) \qquad \zeta_\mu(G) = \sum_\nu d_{\mu\nu}\varphi_\nu(G)$$

provided that G is a p-regular element of $\mathfrak{G}$, i.e. an element G of an order prime to p. The $d_{\mu\nu}$ are non-negative rational integers, the decomposition numbers of $\mathfrak{G}$ for p. We may say that the group characters ζ_μ of $\mathfrak{G}$ are built up by the modular characters φ_ν, and it is possible to obtain a deeper insight into the nature of the ordinary group characters by the use of the modular characters and their properties. However, it is disturbing that we have to restrict ourselves to p-regular elements. In this paper, we plan to overcome this difficulty. The value $\zeta_\mu(G)$ for elements G of an order divisible by p will be expressed by the modular characters of certain subgroups $\mathfrak{N}_i$ of $\mathfrak{G}$. The corresponding generalized decomposition numbers $d^i_{\mu\nu}$ will not necessarily be rational, but they are integers of a cyclotomic field of an order p^α. The definition of these numbers $d^i_{\mu\nu}$, and the formulae generalizing (*) are given in §1. The numbers $d^i_{\mu\nu}$ can be arranged in the form of a square matrix $\mathbf{D}$ which is non-degenerate, and, apart from the arrangements of the rows and columns, the $d^i_{\mu\nu}$ are invariants of the group $\mathfrak{G}$. The matrix of the group characters of $\mathfrak{G}$ can be written as the product of $\mathbf{D}$ and a matrix A which breaks up completely[2] into the matrices of the modular group characters of $\mathfrak{N}_0, \mathfrak{N}_1, \mathfrak{N}_2, \cdots$, if the rows and columns in all these matrices are suitably arranged. If the modular characters of the groups $\mathfrak{N}_i$ are known, the product of any two columns of $\mathbf{D}$

* Presented to the American Mathematical Society on April 11, 1941.

[1] R. Brauer and C. Nesbitt, On the modular representations of groups of finite order, University of Toronto Studies, Math. Series No. 4, 1937. R. Brauer and C. Nesbitt, On the modular characters of groups. I refer to these two papers by BN 1 and BN 2. The introduction of BN 2 contains a short summary of most of the methods and results of BN 1.

[2] This means that the matrix A contains in its main diagonal the matrices of the modular group characters of $\mathfrak{N}_0, \mathfrak{N}_1, \cdots$, and zero matrices outside the main diagonal.

can be formed; the Cartan invariants of the groups $\mathfrak{N}_i$ appear as the values of these products (§3). Further, some congruences (mod p) for the decomposition numbers are given which will be of fundamental importance for a later paper.

With every column of **D**, all algebraically conjugate columns appear in **D**. In this manner, the columns of **D** are distributed in "families" of conjugate columns. The number N of such families and the numbers $w_1, w_2, \cdots, w_N$ of members of the individual families are determined in §§6, 7. The numbers obtained are the same as if we distribute the characters ζ_μ into "families" of p-conjugate characters where two characters are said to be *p-conjugate*, if they can be transformed into each other by a change of a primitive $p^{a\text{th}}$ root of unity. Finally, we also obtain these numbers N, w_i, when we distribute the classes of conjugate elements into "families" in a certain manner which can be described in terms of abstract group theory.

Notation: $\mathfrak{G}$ denotes a group of finite order g, p is a fixed rational prime number, and we set $g = p^a g'$ with $(p, g') = 1$. A *p-regular* element of $\mathfrak{G}$ is an element whose order is prime to p; the other elements are said to be *p-singular*. Similarly, we denote the classes of conjugate elements as p-regular or p-singular according as the elements of the class are p-regular or p-singular. The normalizor $\mathfrak{N}(G)$ of an element G consists of those elements of $\mathfrak{G}$ which commute with G; the order of $\mathfrak{N}(G)$ will be denoted by $n(G)$. When we speak of a representation or a character of $\mathfrak{G}$ without further attribute, we mean a representation in the field of all complex numbers and the corresponding character. In the case of a representation in a field of characteristic p, we always add the word "modular".

1. Definition of the generalized decomposition numbers

We consider a group $\mathfrak{G}$ of finite order $g = p^a g'$ where p is a prime number and $(g', p) = 1$. Let $P_0 = 1, P_1, P_2, \cdots, P_h$ be a system of elements whose orders are powers of p, such that they all lie in different classes of conjugate elements, but that every element of an order p^α ($\alpha = 0, 1, 2, \cdots$) is conjugate to one of them. Of course, the P_i can be taken from a fixed Sylow subgroup of order p^a. Every p-singular class of $\mathfrak{G}$ contains an element of the form $P_i V$ where i is uniquely determined by the class and where V is a p-regular element of the normalizor $\mathfrak{N}(P_i)$ of P_i. If W is a p-regular element of $\mathfrak{N}(P_j)$ and $P_i V$ and $P_j W$ are conjugate, say

$$G^{-1} P_i V G = P_j W,$$

then by raising this equation to suitable powers, we find

$$G^{-1} P_i G = P_j, \qquad G^{-1} V G = W.$$

Hence $i = j$, G lies in $\mathfrak{N}(P_i)$, and V and W are conjugate in $\mathfrak{N}(P_i)$. Conversely, these conditions imply that $P_i V$ and $P_j W$ are conjugate in $\mathfrak{G}$. In order to obtain a complete system of representatives for the p-singular classes of $\mathfrak{G}$, we have to form $P_i V$ where $i = 0, 1, 2, \cdots, h$, and, for each i, the element V ranges over a complete system of representatives of the p-regular classes of the group $\mathfrak{N}(P_i)$. Let k_i denote the number of these classes.

Consider a representation $\mathfrak{F}$ of $\mathfrak{G}$. The matrix $\mathfrak{F}(P_i)$ representing a fixed element P_i can be assumed to be of the form

$$\mathfrak{F}(P_i) = \begin{pmatrix} \epsilon_1 I_1 & 0 & \cdots & 0 \\ 0 & \epsilon_2 I_2 & \cdots & 0 \\ \cdots & \cdots & \cdots & \cdots \\ 0 & 0 & \cdots & \epsilon_l I_l \end{pmatrix},$$

where $I_1, I_2, \cdots, I_l$ are unit matrices, and $\epsilon_1, \epsilon_2, \cdots, \epsilon_l$ are distinct $p^{\alpha \text{th}}$ roots of unity; for p^α we may take the order of P_i. The matrix representing an element V_i of $\mathfrak{N}(P_i)$ then breaks up in a corresponding manner,

$$\mathfrak{F}(V_i) = \begin{pmatrix} N^{(1)} & 0 & \cdots & 0 \\ 0 & N^{(2)} & \cdots & 0 \\ \cdots & \cdots & \cdots & \cdots \\ 0 & 0 & \cdots & N^{(l)} \end{pmatrix}.$$

The trace tr $(\mathfrak{F}(P_i V_i))$ is given by

$$\text{tr}\,(\mathfrak{F}(P_i V_i)) = \epsilon_1 \,\text{tr}\,(N^{(1)}) + \epsilon_2 \,\text{tr}\,(N^{(2)}) + \cdots + \epsilon_l \,\text{tr}\,(N^{(l)}).$$

If V_i ranges over all elements of $\mathfrak{N}(P_i)$, then $N^{(\lambda)}$, for a fixed λ, will form a representation of $\mathfrak{N}(P_i)$. The trace tr $(N^{(\lambda)})$ can therefore be expressed as a linear combination of the irreducible characters of $\mathfrak{N}(P_i)$. If V_i is p-regular, these characters again can be expressed by the irreducible modular characters of $\mathfrak{N}(P_i)$.

Let $\varphi_1^i, \varphi_2^i, \cdots$ be the distinct absolutely irreducible modular characters of $\mathfrak{N}(P_i)$ for p; we have k_i of them.[3] Thus we obtain a formula

$$\text{tr}\,(\mathfrak{F}(P_i V_i)) = \sum d_\nu^i \varphi_\nu^i(V_i)$$

where d_ν^i is an integer of the field of the $p^{\alpha \text{th}}$ roots of unity; it is independent of V_i.

If $\mathfrak{F}_1, \mathfrak{F}_2, \cdots$ are the distinct irreducible representations of $\mathfrak{G}$, and $\zeta_1, \zeta_2, \cdots$ the corresponding characters, we therefore have formulae

$$(1) \qquad \zeta_\mu(P_i V_i) = \sum_{\nu=1}^{k_i} d_{\mu\nu}^i \varphi_\nu^i(V_i) \qquad (V_i \text{ in } \mathfrak{N}(P_i),\ p\text{-regular}).$$

We denote the $d_{\mu\nu}^i$ as the *generalized decomposition numbers* of $\mathfrak{G}$. For $i = 0$, we have $P_0 = 1$, $\mathfrak{N}(P_0) = \mathfrak{G}$, and the $d_{\mu\nu}^0$ are identical with the ordinary decomposition numbers $d_{\mu\nu}$ of $\mathfrak{G}$.[4] In any case, $d_{\mu\nu}^i$ is an integer of the field of the $p^{\alpha_i \text{th}}$ roots of unity where p^{α_i} is the order of P_i.

Let Φ_ν^i be the indecomposable modular character which corresponds to φ_ν^i,

[3] BN 1, Theorem III.—BN 2, §8.
[4] BN 1, p. 7.—BN 2, §4.

($\nu = 1, 2, \cdots, k_i$). If $n(P_i)$ is the order of $\mathfrak{N}(P_i)$, then it follows from the orthogonality relations for modular group characters[5] that

$$(2) \qquad d^i_{\mu\nu} = \frac{1}{n(P_i)} \sum_{V \text{ in } \mathfrak{N}(P_i)}' \zeta_\mu(P_i V)\Phi^i_\nu(V^{-1}),$$

where the dash indicates that V ranges over the p-regular elements of $\mathfrak{N}(P_i)$ only. We arrange these numbers $d^i_{\mu\nu}$ for a fixed i in form of a matrix $D^i = (d^i_{\mu\nu})$ with μ as row index and ν as column index, and set

$$(3) \qquad \mathbf{D} = (D^0, D^1, \cdots, D^h).$$

Any column of $\mathbf{D}$ will be denoted as a *d-column of* $\mathfrak{G}$; each of them is given by a pair (i, ν). It follows that the number of such columns is equal to the sum of all k_i, i.e. equal to the full number k of classes of conjugate elements of $\mathfrak{G}$. Hence $\mathbf{D}$ is a square matrix of the same degree k as the matrix Z of the group characters ζ_μ of $\mathfrak{G}$. According to (1), we have a formula $Z = \mathbf{D}A$ where A is a square matrix. Since Z is non-singular, so is $\mathbf{D}$.

THEOREM 1: *The matrix* $\mathbf{D}$ *of the generalized decomposition numbers of* $\mathfrak{G}$ *is non-singular. The matrix of the group characters of* $\mathfrak{G}$ *has the form* $\mathbf{D}A$ *where the matrix* A *breaks up completely*[6] *into the matrices of the modular group characters of* $\mathfrak{N}(P_0), \mathfrak{N}(P_1), \cdots, \mathfrak{N}(P_h)$, *provided that the rows and columns of the matrices are suitably arranged.*

If $\mathbf{D}$ and the modular group characters of all $\mathfrak{N}(P_i)$ are known, then the ordinary group characters ζ_μ of $\mathfrak{G}$ can be found from (1).

2. Change of P_i

For the definition of the generalized decomposition numbers $d^i_{\mu\nu}$, a special system of elements P_i of $\mathfrak{G}$ has been used. We now have to see how the $d^i_{\mu\nu}$ are affected by an admissible change in the choice of P_i, that is when we replace P_i by a conjugate element $G^{-1}P_iG = P_i^*$. Of course, $G^{-1}\mathfrak{N}(P_i)G = \mathfrak{N}(P_i^*)$. If $V \to \mathfrak{F}(V)$, (V in $\mathfrak{N}(P_i)$), is a representation of $\mathfrak{N}(P_i)$, then $V^* \to \mathfrak{F}(GV^*G^{-1})$, V^* in $\mathfrak{N}(P_i^*)$, is a representation of $\mathfrak{N}(P_i^*)$. If $\chi(V)$ is the character of $\mathfrak{F}$, we denote the character of the new representation by χ^G, i.e.

$$(4) \qquad \chi^G(V^*) = \chi(GV^*G^{-1}), \qquad V^* \text{ in } \mathfrak{N}(P_i^*).$$

Then

$$(\varphi^i_1)^G, (\varphi^i_2)^G, \cdots, (\varphi^i_{k_i})^G$$

is a complete system of irreducible modular characters of $\mathfrak{N}(P_i^*)$; the corresponding indecomposable characters are

$$(\Phi^i_1)^G, (\Phi^i_2)^G, \cdots, (\Phi^i_{k_i})^G.$$

Since $\zeta_\mu(P_iV) = \zeta_\mu(G^{-1}P_iVG)$, we obtain easily from (2)

[5] BN 1, Theorem IV.—BN 2, (20).

[6] Cf. footnote 2.

THEOREM 2: *If P_i is replaced by $G^{-1}P_iG = P_i^*$, ~~then~~ $\bar{d}^i_{\mu\nu} = d^{i*}_{\mu\tau}$, where $d^{i*}_{\mu\tau}$ are the decomposition numbers corresponding to this new choice, and where $(\varphi^i_\nu)^G$ is taken as the τth character of $\mathfrak{N}(P_i^*)$.*

We see that the only possible change is a permutation of the columns of D^i.

THEOREM 3: *The generalized decomposition numbers are invariants of $\mathfrak{G}$.*

3. The orthogonality relations

We form the "unitary product" of two columns of $\mathbf{D}$. According to (2), we have

$$\sum_{\mu=1}^{k} d^i_{\mu\nu}\bar{d}^j_{\mu\rho} = \frac{1}{n(P_i)n(P_j)} \sum_{V \text{ in } \mathfrak{N}(P_i)}' \sum_{W \text{ in } \mathfrak{N}(P_j)}' \Phi^i_\nu(V^{-1})\Phi^j_\rho(W) \sum_{\mu} \zeta_\mu(P_iV)\overline{\zeta_\mu(P_jW)}. \tag{5}$$

The sum over μ on the right hand side vanishes, if P_iV and P_jW are not conjugate in $\mathfrak{G}$; in the other case its value is $n(P_iV)$. It follows that, for $i \neq j$, the whole expression vanishes. For $i = j$, only the $n(P_i)/n(P_iV)$ elements W are to be taken into account which, in $\mathfrak{N}(P_i)$, are conjugate to V. Hence

$$\sum_{\mu=1}^{k} d^i_{\mu\nu}\bar{d}^i_{\mu\rho} = \frac{1}{n(P_i)} \sum_{V \text{ in } \mathfrak{N}(P_i)}' \Phi^i_\nu(V^{-1})\Phi^i_\rho(V).$$

The right hand side can easily be evaluated.[7] We thus obtain

THEOREM 4: *The generalized decomposition numbers satisfy the equations*

$$\sum_{\mu=1}^{k} d^i_{\mu\nu}\bar{d}^j_{\mu\rho} = \begin{cases} 0 & \text{for } i \neq j \\ c^i_{\nu\rho} & \text{for } i = j \end{cases} \tag{6}$$ [8]

where $c^i_{\nu\rho}$ is the Cartan invariant of $\mathfrak{N}(P_i)$ corresponding to the modular characters φ^i_ν, φ^i_ρ.

On multiplying $\mathbf{D}'$ with the conjugate complex matrix $\bar{\mathbf{D}}$ and forming the determinant of the product, we obtain the product of all the determinants $|c^i_{\kappa\lambda}|$, $i = 0, 1, 2, \cdots, h$. All these $|c^i_{\kappa\lambda}|$ are powers of p.[9] With every d-column, the conjugate complex column also appears as a d-column, as is easily seen. Hence $|\bar{\mathbf{D}}| = \pm|\mathbf{D}|$. Since the determinant of the matrix A in theorem 1 is prime to p,[10] we have

THEOREM 5: *The square of the determinant of $\mathbf{D}$ is of the form $\pm p^m$, m a rational integer > 0. The determinant of the second factor A in theorem 1 is prime to p.*

It is not difficult to determine the exact value of the determinant of $\mathbf{D}$.

---

[7] BN 1, p. 15.—BN 2, (22).

[8] It should be noted that the $d^i_{\mu\nu}$ are not the ordinary decomposition numbers of $\mathfrak{N}(P_i)$ though they satisfy exactly the same relations.

[9] Cf. R. Brauer, On the Cartan invariants of groups of finite order, Annals of Math. 42, p. 53, 1941.

[10] BN 2, §8.—In BN 1, it is shown that the determinant $|X|$ of the matrix X of the modular group characters of a group is prime to a fixed prime ideal divisor $\mathfrak{p}$ of p, cf. BN 1, (26). The proof given in BN 1, p. 14 for the fact that $|X|$ is prime to p, is not correct. However, this result follows from BN 1, (26), since $|X|^2$ is a rational integer, cf. BN 1, (29).

4. p-conjugate characters

If we replace a primitive g^{th} root of unity ϵ_g by another one ϵ_g^{λ}, $(\lambda, g) = 1$, then every character ζ_μ is transformed into a conjugate character ζ_σ. Choose now $\lambda \equiv 1 \pmod{g'}$ so that the substitution $\epsilon_g \to \epsilon_g^{\lambda}$ amounts to an interchange of the $p^{a\text{th}}$ roots of unity, such that the g'^{th} roots of unity remain unaltered. In this case, we say that the two conjugate characters ζ_μ and ζ_σ are *p-conjugate.* All the characters are distributed into *families of p-conjugate characters.*

If ζ_μ and ζ_σ are p-conjugate, then $\zeta_\mu(G) = \zeta_\sigma(G)$ for p-regular elements G. It follows that ζ_μ and ζ_σ have the same modular constituents (for p). Hence

THEOREM 6: *Two p-conjugate characters ζ_μ and ζ_σ have the same modular constituents; they lie in the same block of characters (for p).*

5. The decomposition numbers corresponding to a block of characters

Let B be a block[11] of characters of $\mathfrak{G}$ (for p). We consider a sum analogous to (6) but where μ ranges only over the values for which ζ_μ belongs to B. We shall say for short that these are the *indices in* B. Similar to (5) we have

$$\sum_{\mu \text{ in B}} d_{\mu\nu}^{i} \bar{d}_{\mu\rho}^{j} = \sum_V{}' \sum_W{}' \frac{1}{n(P_i)} \frac{1}{n(P_j)} \Phi_\nu^i(V^{-1}) \Phi_\rho^j(W) \sum_{\mu \text{ in B}} \zeta_\mu(P_i V) \overline{\zeta_\mu(P_j W)}.$$

As the $d_{\mu\nu}^{i}$, the whole sum is an integer of the field of the $p^{a\text{th}}$ roots of unity. But with every ζ_μ all its p-conjugates appear, and the expression on the right hand side shows that the sum is a rational integer.

Now collect the terms for which V lies in a fixed class of $\mathfrak{N}(P_i)$ and W in a fixed class of $\mathfrak{N}(P_j)$. Since these classes consist of $n(P_i)/n(P_i V)$ and of $n(P_j)/n(P_j W)$ elements respectively, and all the corresponding terms have the same value, we find

$$(7) \qquad \begin{aligned} &\sum_\nu d_{\mu\nu}^{i} \bar{d}_{\mu\rho}^{j} \\ &= \sum_V{}'' \sum_W{}'' [\Phi_\nu^i(V^{-1})/n(P_i V)][\Phi_\rho^j(W)/n(P_j W)] \sum_{\mu \text{ in B}} \zeta_\mu(P_i V) \overline{\zeta_\mu(P_j W)} \end{aligned}$$

where V and W range over certain elements of $\mathfrak{N}(P_i)$ and $\mathfrak{N}(P_j)$ respectively. The numbers in the square brackets are p-integers.[12] If $\mathfrak{p}$ is a prime ideal divisor of p in the field generated by the characters ζ_μ, then

$$\zeta_\mu(P_i V) \equiv \zeta_\mu(V) \pmod{\mathfrak{p}}.$$

On the other hand, if $j > 0$ and, therefore, $P_j W$ p-singular, we have

$$\sum_{\mu \text{ in B}} \zeta_\mu(V) \overline{\zeta_\mu(P_j W)} = 0.^{13}$$

[11] BN 1, §§6, 7.—BN 2, §9.

[12] BN 1, theorem V.—This theorem is a consequence of BN 2, (16) and (17).

[13] BN 1, theorem VIII.—This can also be seen from BN 2, (28), and the formulae (1) and (6) of the present paper.

Hence for $j > 0$ the sum (7) is divisible by $\mathfrak{p}$, and since it is rational, it is divisible by p.

THEOREM 7: *If $P_j \neq 1$, i.e. if $j > 0$, then for every block* B

$$\sum_{\mu \text{ in B}} d^i_{\mu\nu} \bar{d}^j_{\mu\rho} \equiv 0 \pmod{\mathfrak{p}}; \tag{8}$$

the left side is a rational integer.

Assume that the blocks $B = B_\lambda$ consists of the ordinary characters $\zeta_1, \zeta_2, \cdots, \zeta_x$ and the modular characters $\varphi_1, \varphi_2, \cdots, \varphi_y$, $(\varphi_\nu = \varphi^0_\nu)$ and form the matrix $D_\lambda = (d_{\rho\sigma}) = (d^0_{\rho\sigma})$, $(\rho = 1, 2, \cdots, x; \sigma = 1, 2, \cdots, y)$. The matrix D breaks up completely into $D_1, D_2, \cdots$ corresponding to the different blocks.[14] From (6), it follows that

$$\sum_{\mu \text{ in B}} d^i_{\mu\nu} d^0_{\mu\rho} = \begin{cases} c^0_{\nu\rho} = c_{\nu\rho}, & \text{if } i = 0, \text{ and } \varphi_\nu, \varphi_\rho \text{ both belong to B.} \\ 0, & \text{in all other cases.} \end{cases} \tag{8*}$$

This supplements (8).

If $\zeta_1, \zeta_2, \cdots, \zeta_x$ belong to w different families of p-conjugate characters, then we arrange the ζ_μ so that $\zeta_1, \zeta_2, \cdots, \zeta_w$ all belong to different families. Assume that the family of ζ_ν consists of r_ν characters and set

$$\tilde{D}_\lambda = (d_{\rho\sigma}) \qquad (\rho = 1, 2, \cdots, w; \sigma = 1, 2, \cdots, y). \tag{9}$$

If ζ_μ and ζ_ρ are p-conjugate, then $d_{\mu\sigma} = d_{\rho\sigma}$ by theorem 6. Therefore, D_λ has the same rows as $\tilde{D}_\lambda$, but the μth row of $\tilde{D}_\lambda$ appears r_μ times in D_λ. From (8*) and (1), it follows that

$$\sum_{\mu=1}^{x} d_{\mu\nu} \zeta_\mu(S) = 0 \qquad (\text{for all } p\text{-singular } S \text{ of } \mathfrak{G}).$$

Here, p-conjugate characters have the same coefficients. If we denote by $\tilde{\zeta}_\mu$ the sum of all characters which are p-conjugate to ζ_μ (including ζ_μ), the equation can be written in the form

$$\sum_{\mu=1}^{w} d_{\mu\nu} \tilde{\zeta}_\mu(S) = 0 \qquad (\text{for all } p\text{-singular } S \text{ of } \mathfrak{G}). \tag{10}$$

We set $d_\mu = \sum_\nu d_{\mu\nu}\omega_\nu$ for any fixed numbers $\omega_1, \cdots, \omega_y$. Then

$$\sum_{\mu=1}^{w} d_\mu \tilde{\zeta}_\mu(S) = 0 \qquad (\text{for all } p\text{-singular } S \text{ of } \mathfrak{G}). \tag{10a}$$

Every character $\zeta_\mu(G)$ of $\mathfrak{G}$ may be considered as a character of the p-Sylow-subgroup $\mathfrak{P}$ of $\mathfrak{G}$, when we take G as an element P of $\mathfrak{P}$. If, in this sense, ζ_μ contains the 1-character [1] of $\mathfrak{P}$ q_μ times, the same will hold for the p-conjugate characters and, therefore, $\tilde{\zeta}_\mu$ will contain [1] exactly $r_\mu q_\mu$ times. The expression $\chi(P) = \sum d_\mu \tilde{\zeta}_\mu(P)$ is a linear combination of the characters of $\mathfrak{P}$, and [1] appears

[14] BN 1, theorem VII.—BN 2, (28).

in it with the coefficient $\sum d_\mu r_\mu q_\mu$. But, from (10a), $\chi(P) = 0$ for $P \neq 1$. If z_μ is the degree of ζ_μ, then $\chi(1) = \sum r_\mu d_\mu z_\mu$. The orthogonality relations for ordinary group characters give $(1/p^a) \sum r_\mu d_\mu z_\mu$ as the coefficient of [1] in χ, and hence

$$p^a \sum_{\mu=1}^{w} r_\mu d_\mu q_\mu = \sum_{\mu=1}^{w} r_\mu d_\mu z_\mu . \tag{11}$$

If only one of the numbers d_μ is different from 0, (11) becomes $p^a q_\mu = z_\mu$, and then the character ζ_μ is of the highest kind.[15] If we exclude this case, it follows that it is impossible to determine $\omega_1, \omega_2, \cdots, \omega_y$ so that only one of the d_μ does not vanish. This implies that the rank of $\tilde{D}_\lambda$ is smaller than w. But $\tilde{D}_\lambda$ has the same rank as D_λ, and this rank is y.[16] Hence

THEOREM 8: *Every block* B *which is not of the highest kind contains more families of ordinary characters than it contains modular characters:* $w > y$.[17]

Each relation (10) must contain at least two $\bar{\zeta}_\mu$. This gives

THEOREM 9: *If the block* B *is not of the highest kind, then each of its modular constituents appears in at least two characters* ζ_μ *of* B *which are not p-conjugate.*

From (10) it also follows that

$$\sum_{\mu=1}^{w} \zeta_\mu(R)\bar{\zeta}_\mu(S) = 0 \tag{12}$$

for any p-regular R and any p-regular S.

The blocks of highest kind consist of exactly one ζ_μ whose degree is divisible by p^a, and each such ζ_μ forms a block of highest kind.[18] Since such a ζ_μ vanishes for all p-singular elements, (2) gives

THEOREM 10: *If* ζ_μ *forms a block of highest kind, then* $d^i_{\mu\nu} = 0$ *for all* $i > 0$ *and all* ν.

6. The permutation lemma

We now derive a simple lemma which we shall need. Consider a matrix $M = (m_{ij})$ with u rows and v columns. Every permutation A of the rows of M can be effected by left-multiplication of M with a suitable "permutation matrix" P_A of degree u which in every row and in every column has one coefficient 1 and $m - 1$ coefficients 0. Similarly, every permutation B of the columns of M can be effected by right-multiplication of M with a suitable permutation matrix Q_B of degree v. We prove

LEMMA 1: *Let* M *be a non-singular matrix. If there exists a permutation* A *of the rows of* M *and a permutation* B *of the columns of* M *such that both carry* M *into the same matrix, then the cycles of the permutation* A *have the same lengths as those of* B. *In particular,* A *and* B *have the same number of cycles.*

---

[15] BN 2, theorem 1.

[16] BN 1, p. 21.—BN 2, (29), (15) and (14).

[17] This improves the inequality $x > y$ given in BN 2.

[18] Cf. footnote 15.

PROOF: According to the assumption, we have

$$P_A M = M Q_B . \tag{13}$$

Since M is non-singular, P_A and Q_B have the same characteristic roots. To each cycle of length r of A, there correspond the r r^{th} roots of unity as characteristic roots of P_A.[19] On comparing the roots of P_A and Q_B, starting with the maximal r, we readily obtain lemma 1. Similarly, we prove

LEMMA 2: *Let M be a rectangular matrix whose columns are linearly independent, and assume that there exists a permutation A of the rows and a permutation B of the columns of M which both carry M into the same matrix. If B has a cycle of length r then A has a cycle whose length is divisible by r.*

PROOF: Again, (13) holds. Schur's lemma shows that Q_B is a constituent of P_A so that the characteristic roots of Q_B appear among those of P_A. On comparing these roots, we obtain lemma 2. We also have the result

LEMMA 3: *Let M be a non-singular matrix of degree m, and let $\mathfrak{A}$ and $\mathfrak{B}$ be two permutation groups of degree m which are both homomorphic to the same group $\mathfrak{T}$. If for every T in $\mathfrak{T}$, the corresponding element A_T of $\mathfrak{A}$, applied to the rows of M, and the corresponding element B_T of $\mathfrak{B}$, applied to the columns of M, both carry M into the same matrix, then the number of systems of transitivity is the same for $\mathfrak{A}$ and for $\mathfrak{B}$.*

PROOF: Again (13) will hold for corresponding $A = A_T$ and $B = B_T$. All we have to show is that the number $\tau_{\mathfrak{A}}$ of systems of transitivity is an invariant, if $\mathfrak{A}$ is interpreted as a group of linear transformations, and similarity transformations of $\mathfrak{A}$ are performed. But this follows from the fact that $\tau_{\mathfrak{A}}$ is the number of 1-constituents of the linear group $\mathfrak{A}$.

7. Families of characters, classes, and d-columns

The results of §6 can be applied when M is the matrix of group characters of $\mathfrak{G}$. We may construct corresponding permutations A and B in the following manner. Let ϵ_g be a primitive g^{th} root of unity, and let λ be a rational integer which is prime to g. The substitution $T_\lambda : \epsilon_g \rightarrow \epsilon_g^\lambda$ carries every character χ of $\mathfrak{G}$ into a conjugate character $\chi^{(\lambda)}$, we have

$$\chi^{(\lambda)}(G) = \chi(G^\lambda). \tag{14}$$

On the other hand, the substitution $G \rightarrow G^\lambda$ carries every class of conjugate elements $\mathfrak{C}$ into a new class $\mathfrak{C}^{(\lambda)}$. Then (14) shows that the value of χ for $\mathfrak{C}^{(\lambda)}$ is the same as the value of $\chi^{(\lambda)}$ for $\mathfrak{C}$. Hence the permutation $A: \chi \rightarrow \chi^{(\lambda)}$ of the rows of M, and the permutation $B: \mathfrak{C} \rightarrow \mathfrak{C}^{(\lambda)}$ of the columns both carry M into the same matrix.

We are interested in the case that $\lambda \equiv 1 \pmod{g'}$. Then χ and $\chi^{(\lambda)}$ belong to

---

[19] A modification is necessary, if the underlying field is modular, but the lemma remains valid. The same is true for lemma 2 and lemma 3. We shall use the lemmas only in the case of a non-modular field.

the same family of p-conjugate classes (§4). We shall also say that the classes $\mathfrak{C}$ and $\mathfrak{C}^{(\lambda)}$ belong to the same family of classes ($\lambda \equiv 1 \pmod{g'}$). If $\mathfrak{C}$ contains the element $P_i V$ (V in $\mathfrak{N}(P_i)$, p-regular), then $\mathfrak{C}^{(\lambda)}$ contains $P_i^\lambda V$ in this case.

Before formulating the results, we also consider the matrix $\mathbf{D}$, (3). With every column $d_{\mu\nu}^i$, all the algebraically conjugate columns will appear. Indeed, the substitution T_λ, ($\lambda \equiv 1 \pmod{g'}$) results in the replacing of P_i in (2) by P_i^λ, and on account of Theorem 2, this new column can again be expressed in the form $d_{\mu\tau}^j$. The d-columns thus appear distributed into families of algebraically conjugate d-columns. The effect of the substitution T_λ on $\mathbf{D}$ then consists of a permutation B^* of the columns; the members of each family are interchanged among themselves.

On the other hand, the effect of T_λ on $\mathbf{D}$ can also be described by the permutation $A: \chi \to \chi^{(\lambda)}$ of the rows of $\mathbf{D}$ as follows from (2). Hence the assumptions of lemma 1 are also satisfied for $M = \mathbf{D}$ and the permutations A and B^*.

Let $\mathfrak{T}$ be the group of all substitutions T_λ with $\lambda \equiv 1 \pmod{g'}$. We then have homomorphic groups $\mathfrak{A}$, $\mathfrak{B}$, $\mathfrak{B}^*$ consisting of the A, the B, and the B^* respectively. In each of the three cases, a system of transitivity corresponds exactly to a family (of characters, classes, or d-columns). Hence lemma 3 gives

THEOREM 11: *The number of distinct families is the same for each of the three kinds of families: Families of p-conjugate characters, families of classes, and families of conjugate d-columns.*[20]

Next let p be an odd prime. Thus $\mathfrak{T}$ is cyclic, and a primitive element is obtained by taking for λ a primitive root (mod p^a), ($\lambda \equiv 1 \pmod{g'}$). For this T_λ, the lengths of the cycles of the permutation A are the numbers of members belonging to the different families of characters. A similar statement holds for B and B^*. Lemma 1 now yields

THEOREM 12: *Let $p \neq 2$. If the different families of characters contain $r_1, r_2, \cdots, r_f$ members respectively, if the different families of classes contain $s_1, s_2, \cdots, s_f$ respectively, and if the different families of d-columns contain $t_1, t_2, \cdots, t_f$ members respectively, then the three sets $(r_1, r_2, \cdots, r_f)$, $(s_1, s_2, \cdots, s_f)$, $(t_1, t_2, \cdots, t_f)$ are identical apart from the arrangement.*[21]

Remark: The k_0 p-regular classes form each a family of its own, $s_\kappa = 1$. Similarly, the k_0 d-columns of $D^0 = D$ form each a family of its own, $t_\kappa = 1$.

There is another case in which lemma 1 and lemma 3 can be applied. Every automorphism of $\mathfrak{G}$ permutes the characters, the classes, and the d-columns, and again the assumptions of the lemmas are satisfied. It seems unnecessary to formulate the results explicitly.

UNIVERSITY OF TORONTO,
TORONTO, CANADA.

---

[20] For the first two kinds of families, compare the similar statement and proof in W. Burnside, Theory of groups of finite order, 2nd. ed., Cambridge 1911, p. 315, theorem VI.

[21] For $p = 2$ this will hold, if G does not contain elements of order 8.

Annals of Mathematics
Vol. 42, No. 4, October, 1941

INVESTIGATIONS ON GROUP CHARACTERS*

By Richard Brauer

(Received November 19, 1940)

Introduction

Let $\mathfrak{G}$ be a finite group of order g. It is well known that the distinct irreducible representations $\mathfrak{Z}_1, \mathfrak{Z}_2, \cdots, \mathfrak{Z}_k$ of $\mathfrak{G}$ in the field of complex numbers can be so chosen that their coefficients belong to an algebraic number field Ω of finite degree. Furthermore, if p is a fixed rational prime number, we may assume that the coefficients are p-integers, i.e. are of the form α/β where α and β are integers of Ω and β is prime to p. Let $\mathfrak{P}$ be a fixed prime ideal divisor of p in Ω. If every coefficient of $\mathfrak{Z}_\kappa$ is replaced by its residue class (mod $\mathfrak{P}$), then we obtain a modular representation $\bar{\mathfrak{Z}}_\kappa$ with coefficients in a field of characteristic p.

It was shown by Dickson and Speiser[1] that the ordinary theory of group characters remains valid for modular group characters, if the prime p does not divide the group order g. Every modular representation then is completely reducible; all the distinct, absolutely irreducible modular representations are given by $\bar{\mathfrak{Z}}_1, \bar{\mathfrak{Z}}_2, \cdots, \bar{\mathfrak{Z}}_k$.

In a recent paper,[2] C. Nesbitt and the author obtained results which may be considered as generalizations of these theorems. Let p be any rational prime, and assume that p^a is the highest power of p which divides g, say

$$g = p^a g', \qquad (p, g') = 1.$$

We then considered representations $\mathfrak{Z}_\kappa$ whose degree is divisible by p^a. It was shown that $\bar{\mathfrak{Z}}_\kappa$ is absolutely irreducible as a modular representation. Whenever $\bar{\mathfrak{Z}}_\kappa$ appears as a constituent of a modular representation $\mathfrak{F}$, then $\mathfrak{F}$ breaks up completely into $\bar{\mathfrak{Z}}_\kappa$ and another constituent $\mathfrak{A}$ (reducible or irreducible)

$$\mathfrak{F} \sim \begin{pmatrix} \bar{\mathfrak{Z}}_\kappa & 0 \\ 0 & \mathfrak{A} \end{pmatrix}.$$

None of the representations $\bar{\mathfrak{Z}}_\lambda$ for $\lambda \neq \kappa$ contains $\bar{\mathfrak{Z}}_\kappa$ as a constituent. Since every irreducible modular representation appears as a constituent of at least one of the representations $\bar{\mathfrak{Z}}_1, \bar{\mathfrak{Z}}_2, \cdots, \bar{\mathfrak{Z}}_k$, this, (in the case $a = 0$, i.e. $g \not\equiv 0$ (mod p)), actually yields the theorem of Dickson and Speiser.

---

* Presented to the American Mathematical Society on September 5, 1941.

[1] L. E. Dickson, Trans. Am. Math. Soc. **3**, p. 285, 1902. A. Speiser, *Theorie der Gruppen von endlicher Ordnung* 3rd ed. Berlin 1937, §71.

[2] *On the modular characters of groups*, Ann. of Math., **42**, p. 556, 1941. I refer to this paper as BN.

In this paper, I study representations $\mathfrak{Z}_\kappa$ whose degree z_κ is divisible by p^{a-1} but not by p^a. If the order g of $\mathfrak{G}$ is divisible by p to the first power only, then every representation $\mathfrak{Z}_\kappa$ is either of this type, or of the "highest" type, $z_\kappa \equiv 0 \pmod{p^a}$, which was studied in the former paper. Our results will enable us to derive a great number of properties of the characters of groups $\mathfrak{G}$ of such an order $g = pg'$; these properties form a powerful weapon in the investigation of these groups.[3]

Our first result concerning representations $\mathfrak{Z}_\kappa$ of a degree $z_\kappa \equiv 0 \pmod{p^{a-1}}$ is that the degree of all those representations $\mathfrak{Z}_\lambda$ which belong to the same block[4] B as $\mathfrak{Z}_\kappa$, is also divisible by p^{a-1}. I mention here the following application of this theorem: The only simple group of an order $4p^aq^b$, (p, q primes) with $a \leqq 2$ is the simple group of order 60; the only simple groups of an order $3p^aq^b$ (p, q primes) with $a \leqq 2$ are the simple groups of order 60 and 168. (§9.)

With the block B containing a representation $\mathfrak{Z}_k$ of degree $z_\kappa \equiv 0 \pmod{p^{a-1}}$, $z_\kappa \not\equiv 0 \pmod{p^a}$, we associate a linear graph. Every vertex V_λ corresponds to a family of p-conjugate characters[5] ζ_λ, ζ_λ', $\cdots$ of B, every edge S_μ to a modular character φ_μ of B, and the edge S_μ contains V_λ, if φ_μ is a modular constituent of ζ_λ (and so of all its p-conjugates). It will be shown that every S_λ contains only two vertices, further that the complex actually is a tree T. Since we also have the result that φ_μ never appears with higher multiplicity than 1 in an ordinary irreducible character, the tree describes the complete structure of the block B, if at every vertex V_λ the number r_λ of characters in the family of ζ_λ is indicated. If T and these numbers r_λ are given, the decomposition numbers and hence the Cartan invariants corresponding to the block can be easily obtained. Of course, there exist two vertices of T which lie on only one edge. Consequently, the block B contains at least two characters which are not p-conjugate, and which remain irreducible, when considered as modular characters.

If $\mathfrak{Z}_\lambda$ is any irreducible representation of $\mathfrak{G}$, if z_λ is its degree and r_λ the number of its p-conjugates, then we can show that $r_\lambda z_\lambda \not\equiv 0 \pmod{p^{a+1}}$.[6] If $r_\lambda z_\lambda \equiv 0 \pmod{p^a}$, then $z_\lambda \equiv 0 \pmod{p^a}$, i.e. $\mathfrak{Z}_\lambda$ is of the highest kind.

In the case $z_\lambda \equiv 0 \pmod{p^{a-1}}$, $z_\lambda \not\equiv 0 \pmod{p^a}$, it follows that r_λ divides $p - 1$. Besides, we have the relation

$$r_1 r_2 \cdots r_w \left(\frac{1}{r_1} + \frac{1}{r_2} + \cdots + \frac{1}{r_w}\right) = p$$

for the numbers r_λ belonging to the different vertices V_λ of the tree T.

In the last three sections, the arrangement of the modular constituents of an

---

[3] Cf. R. Brauer, *On groups whose order contains a prime factor to the first order*, to appear soon.

[4] BN, §9. Cf. also R. Brauer and C. Nesbitt, *On the modular representations of groups of finite order*, University of Toronto Studies, Math. Series No. 4, 1937.

[5] For the definition of p-conjugate characters, cf. the list of notations at the end of this introduction.

[6] This improves the theorem that the degree of an irreducible representation divides the order of the group.

irreducible representation $\mathfrak{Z}_\lambda$ of a degree $z_\lambda \equiv 0 \pmod{p^{a-1}}$ is discussed. We assume here that the splitting field Ω is normal over the field of rational numbers and that the order of ramification e of p in Ω is equal to the number r_λ of p-conjugates; there exist fields Ω satisfying these conditions, but e can never be smaller than r_λ. It turns out that the arrangement of the modular constituents of $\mathfrak{Z}_\lambda$ is uniquely determined apart from a cyclic permutation of the constituents. If we restrict ourselves to the application of similarity transformations M whose coefficients are $\mathfrak{P}$-integers and whose determinant is prime to $\mathfrak{P}$, then the cyclic permutation must be the identity. The class of all representations $\mathfrak{Z}_\nu$ with $\mathfrak{P}$-integral coefficients in Ω, which are similar to $\mathfrak{Z}_\lambda$, splits into j subclasses of representations which are similar in this narrower sense. Here, j is the number of modular constituents of $\mathfrak{Z}_\lambda$, and each of the subclasses corresponds to one of the j cyclic permutations of the modular constituents.

NOTATION: $\mathfrak{G}$ is a group of order $g = p^a g'$ where p is a fixed prime and $(g', p) = 1$. The words "representation" and "character" always refer to representations in the field of all complex numbers and their characters, unless the word "modular" is added, in which case we mean a representation in a field of characteristic p. The distinct irreducible representations of $\mathfrak{G}$ are denoted by $\mathfrak{Z}_1, \mathfrak{Z}_2, \cdots, \mathfrak{Z}_k$, their characters by $\zeta_1, \zeta_2, \cdots, \zeta_k$ and their degrees by $z_1, z_2, \cdots, z_k$. Two characters ζ_κ and ζ_λ are p-conjugate if ζ_κ can be carried into ζ_λ by a change of the primitive p^ath roots of unity which leaves the g'th roots of unity unaltered. Then $\zeta_1, \zeta_2, \cdots, \zeta_k$ are distributed into "families" of p-conjugate characters; the number of members of the family of ζ_λ is usually denoted by r_λ. If G is an element of $\mathfrak{G}$, then $\zeta_\lambda(G)$ is the value of ζ_λ for this element G. The distinct, absolutely irreducible modular characters of G are denoted by $\varphi_1, \varphi_2, \cdots$. An element G of $\mathfrak{G}$ is p-regular if its order is prime to p. If its order is divisible by p, then G is p-singular.

1. Construction of a suitable splitting field[7]

Let $\mathfrak{G}$ be a group of finite order g, and consider an irreducible representation $\mathfrak{Z}$ of the group $\mathfrak{G}$ in the field of all complex numbers. We want to construct a splitting field Λ for $\mathfrak{Z}$ such that Λ is normal over the field P of rational numbers, and that the order of ramification e of a given prime p in Λ is as small as possible. Of course, Λ must contain the field $\mathrm{Z} = \mathrm{P}(\zeta)$ generated by the character ζ of $\mathfrak{Z}$, and this fact imposes a condition on e. The following lemma shows that, for suitable Λ, the number e has the smallest value which is compatible with this condition.

LEMMA 1: *There exist splitting fields of the form* $\mathrm{Z}(\tau)$ *where* τ *is a root of unity,* $\tau^s = 1$, *of an order* s *which is prime to* p.

PROOF: Let $\mathfrak{q}$ be a prime ideal of Z and $\mathfrak{Q}$ be a corresponding prime ideal of

[7] For the concepts of the theory of algebras used in §1, cf. M. Deuring, *Algebren*, Berlin 1935, and A. A. Albert, *Structure of algebras*, New York 1939.

$Z(\tau)$. According to a theorem of Hasse,[8] the field $Z(\tau)$ will be a splitting field, if for every $\mathfrak{q}$ the $\mathfrak{q}$-index $m_{\mathfrak{q}}$ of Z divides the $\mathfrak{Q}$-degree $n_{\mathfrak{q}}$ of $Z(\tau)$. Let $\mathfrak{q}$ be one of the prime ideals for which $m_{\mathfrak{q}} \neq 1$, and let r^{ν} be the highest power of the rational prime r which divides $m_{\mathfrak{q}}$. We shall show below that we can find a root of unity $\vartheta = \vartheta(\mathfrak{q}, r^{\nu})$ of an order $j = j(\mathfrak{q}, r^{\nu})$ prime to p, such that for every prime divisor $\mathfrak{Q}_{\vartheta}$ of q in $Z(\vartheta)$, the $\mathfrak{Q}$-degree is divisible by r^{ν}. If we then adjoin the numbers $\vartheta(\mathfrak{q}, r^{\nu})$ for all discriminant divisors $\mathfrak{q}$, and all prime powers r^{ν} dividing $m_{\mathfrak{q}}$, a field $Z(\tau)$ with the desired property is obtained.

The construction of ϑ is immediate for infinite prime ideals; any imaginary root of unity of an order prime to p can be taken. Let $\mathfrak{q}$ be finite and let q be the rational prime divisible by $\mathfrak{q}$. It will be sufficient to find a positive rational integer j which is prime to p, such that in a field of the jth roots of unity either the order of ramification e_q or the degree f_q of the prime ideal divisors of q is divisible by a preassigned prime power r^{t}.[9] We distinguish several cases:

(a) if $r \neq p$, $r \neq q$ then assume that q belongs to the exponent ρ (mod r). We set $j = r^{\lambda}$ where λ is a positive rational integer, and have $q^{\rho j} \equiv 1 \pmod{j}$. The degree f_q equals the exponent to which q belongs (mod j). Hence $\rho \mid f_q$, but $f_q \mid \rho j$ and consequently, f_q is of the form ρr^{σ}. For sufficiently large λ, we shall have $\sigma \geqq t$, i.e. $r^{t} \mid f_q$.

(b) If $r = q$, $q \neq p$, take $j = r^{t+1}$. Then $e_q = r^{t}(r - 1)$.

(c) If $r = p$, $q \not\equiv 1 \pmod{p}$, take $j = q^{r^t} - 1$. Then $(j, p) = 1, f_q = r^{t}$.

(d) If $r = p$, $q \equiv 1 \pmod{p}$, we may write $q^{r^{\lambda}} - 1 = c_{\lambda} r^{b_{\lambda}}$ where $(c_{\lambda}, r) = 1$, $b_{\lambda} > 0$.[10] Raising this equation to the rth power we easily obtain $c_{\lambda-1} < c_{\lambda}$. For $j = c_{\lambda}$, $\lambda \geqq t$, we have $f_q = r^{\lambda} \geqq r^{t}$. In all these cases j is prime to p. This finishes the proof of the lemma.

Without restriction, we may assume that all g'^{th} roots of unity belong to $Z(\tau)$. We may further assume that τ is so chosen that it can be used simultaneously for all irreducible representations of $\mathfrak{G}$. If we set $K = P(\tau)$, we have

LEMMA 1*: *There exists a field* K *over the field of rational numbers with the following properties*:

(α) *The field* K *contains the* g'^{th} *roots of unity.*

(β) *The prime* p *is not ramified in* K: $(p) = \mathfrak{p}\mathfrak{m}$, *where* $\mathfrak{p}$ *is a prime ideal of* K, *and* $(\mathfrak{p}, \mathfrak{m}) = (1)$.

(γ) *Every irreducible representation* $\mathfrak{Z}$ *of* $\mathfrak{G}$ *can be written in the field* $K(\zeta)$ *obtained from* K *by adjoining the character* ζ *of* $\mathfrak{Z}$.

Two characters ζ and ζ' are algebraically conjugate with regard to K, if and only if they are p-conjugate. The degree r of $K(\zeta)$ with regard to K is, therefore equal to the number of characters in the family of ζ.

Let ϵ be a p^{α}th root of unity such that ζ lies in $K(\epsilon) = \Omega$; we may always take

[8] Cf. the books mentioned in footnote **7** or the original paper of Hasse, Math. Ann. **107,** p. 731 (1933).

[9] Since the field Z is fixed, the field $Z(\vartheta)$ will satisfy the condition above, if t is taken large enough.

[10] If $r = 2$, choose $\lambda \geqq 2$.

$1 \leqq \alpha \leqq a$. Let $\mathfrak{P}$ be the prime ideal divisor of $\mathfrak{p}$ in Ω.[11] The representation $\mathfrak{Z}$ can be written with $\mathfrak{P}$-integral coefficients belonging to Ω. When we replace every coefficient by its residue class (mod $\mathfrak{P}$), we obtain a modular representation $\bar{\mathfrak{Z}}$ whose coefficients belong to the field $\bar{\Omega}$ of residue classes of integers of Ω (mod $\mathfrak{P}$). After replacing $\mathfrak{Z}$ by a similar representation, we may assume that $\bar{\mathfrak{Z}}$ splits into irreducible constituents in $\bar{\Omega}$.

If $\bar{\mathfrak{F}}$ is any irreducible representation of $\mathfrak{G}$ in the algebraically closed extension field of $\bar{\Omega}$, then the traces of all the matrices are sums of modular g^{th} roots of unity. Since $\bar{\Omega}$ has the characteristic p, they are sums of g'^{th} roots of unity, and hence they belong to $\bar{\Omega}$. It follows that $\bar{\mathfrak{F}}$ can be written with coefficients in $\bar{\Omega}$.[12] Any modular representation which is irreducible in $\bar{\Omega}$ is absolutely irreducible. We may set

$$(1) \qquad \mathfrak{Z} = \begin{pmatrix} \mathfrak{A}_{11} & \mathfrak{A}_{12} & \cdots \\ \mathfrak{A}_{21} & \mathfrak{A}_{22} & \cdots \\ \cdots & \cdots & \cdots \end{pmatrix},$$

where $\mathfrak{A}_{\kappa\lambda} \equiv 0 \pmod{\mathfrak{P}}$ for $\kappa < \lambda$, and where the $\mathfrak{A}_{\kappa\kappa}$ (mod $\mathfrak{P}$) are the absolutely irreducible modular constituents of $\mathfrak{Z}$.

2. On the number of p-conjugate characters

The degree of Ω over K is $m = \varphi(p^{\alpha}) = p^{\alpha-1}(p-1)$; we denote the conjugates of a number ω of Ω by $\omega, \omega', \cdots, \omega^{(m-1)}$, and use the corresponding notation for matrices and representations. Then $\mathfrak{Z}^{(\rho)}$ and $\mathfrak{Z}^{(\sigma)}$ are either non-similar or identical.

Let $\mathfrak{Z}(G)$ be the matrix representing the group element G, and denote by $\beta(G)$ the coefficient in the upper right corner of $\mathfrak{Z}(G)$ and by $\gamma(G)$ the coefficient in the lower left corner of $\mathfrak{Z}(G)$. The fundamental relations of I. Schur[13] for the coefficients of a representation give

$$(2) \qquad \sum_{G \text{ in } \mathfrak{G}} \beta(G)^{(\rho)} \gamma(G^{-1})^{(\sigma)} = \eta_{\rho\sigma} g/z,$$

where z is the degree of $\mathfrak{Z}$, and $\eta_{\rho\sigma} = 0$ for $\zeta^{(\rho)} \neq \zeta^{(\sigma)}$, and $\eta_{\rho\sigma} = 1$ for $\zeta^{(\rho)} = \zeta^{(\sigma)}$. Let ω be any integer of Ω, and set

$$(3) \qquad \xi_1(G) = \sum_{\rho=0}^{m-1} \omega^{(\rho)} \beta(G)^{(\rho)} = \operatorname{tr}(\omega\beta(G)); \qquad \xi_2(G) = \sum_{\sigma=0}^{m-1} \gamma(G)^{(\sigma)} = \operatorname{tr}(\gamma(G)),$$

where tr $(\cdots)$ denotes the trace of an element of Ω with regard to K. Then (2) yields

$$\sum_G \xi_1(G)\xi_2(G^{-1}) = (g/z) \cdot \sum_{\rho,\sigma} \eta_{\rho\sigma} \omega^{(\rho)}.$$

[11] We then have $\mathfrak{p} = \mathfrak{P}^e$, $e = p^{\alpha-1}(p-1)$.

[12] Cf. R. Brauer, Math. Zeitschr. 29, p. 79 (1929), p. 101. The fact used is equivalent to Wedderburn's theorem on finite division rings. The argument shows that $\bar{\mathfrak{F}}$ can be written in the field of the modular g'^{th} roots of unity and, therefore, in the field $\bar{\text{K}}$ of residue classes of integers of K (mod $\mathfrak{p}$).

[13] I. Schur, Sitzungsber. Preuss. Akad. d. Wiss. 1905 p. 406, theorem IV.

If r is the degree of $K(\zeta)$ over K, we have m/r characters $\zeta^{(\rho)}$ which are equal to a fixed $\zeta^{(\mu)}$. Hence

$$(4) \qquad \sum_{G} \xi_1(G)\xi_2(G^{-1}) = \frac{gm}{zr} \operatorname{tr}(\omega).$$

The trace of any $\mathfrak{P}$-integer is divisible by $\mathfrak{p}^{\alpha-1}$.[14] This holds, in particular, for $\xi_1(G)$ and $\xi_2(G)$. For $\omega = 1$, we thus find

$$\frac{gm^2}{rz} \equiv 0 \pmod{\mathfrak{p}^{2\alpha-2}}.$$

Since the left side is rational, $\mathfrak{p}$ may be replaced by p (cf. lemma 1*, (β)). Since $m = \varphi(p^\alpha)$, this gives

THEOREM 1: *If ζ is an irreducible character of degree z, and if r is the number of p-conjugate characters, then $g/(rz)$ is a p-integer for any prime p.*

We next assume that $\mathfrak{Z}$ is reducible (mod $\mathfrak{P}$). Then (1) shows that $\beta(G) \equiv 0$ (mod $\mathfrak{P}$). Set

$$(5) \qquad v = p^{\alpha-1}, \qquad \Theta = (1-\epsilon^v)/(1-\epsilon) = 1 + \epsilon + \cdots + \epsilon^{v-1}.$$

Since ϵ^v is a primitive p^{th} root of unity, Θ is divisible by $\mathfrak{P}^{v-1}$. If a $\mathfrak{P}$-integer is divisible by $\mathfrak{P}^v$, its trace is divisible by $\mathfrak{p}^\alpha$.[15] For $\omega = \Theta$, we have $\omega\beta(G) \equiv 0$ (mod $\mathfrak{P}^v$) and, therefore, $\xi_1(G) \equiv 0 \pmod{\mathfrak{p}^\alpha}$. As before, $\xi_2(G) \equiv 0 \pmod{\mathfrak{p}^{\alpha-1}}$. From (5) it follows that $\operatorname{tr}(\Theta) = m$, and (4) now yields

$$gm^2/rz \equiv 0 \pmod{\mathfrak{p}^{2\alpha-1}}.$$

Hence

LEMMA 2: *If ζ in theorem 1 is reducible as a modular character, then the p-integer g/rz is still divisible by p.*

3. Characters with a common modular constituent

We use a similar argument in order to study two irreducible representations $\mathfrak{Z}_1$ and $\mathfrak{Z}_2$ which have a modular constituent in common. We exclude the case when the characters ζ_1 and ζ_2 of $\mathfrak{Z}_1$ and $\mathfrak{Z}_2$ are p-conjugate. The $p^{\alpha\text{th}}$ root of unity ϵ may be so chosen that $\Omega = K(\epsilon)$ contains both ζ_1 and ζ_2; let $\mathfrak{H}$ be the Galois group of Ω with regard to K.

Each $\mathfrak{Z}_\mu$ can be written in the form (1), say $\mathfrak{Z}_\mu = (\mathfrak{A}^\mu_{\kappa\lambda})$. For at least one pair of indices i, j, we must have

$$(6) \qquad \mathfrak{A}^1_{ii} \equiv \mathfrak{A}^2_{jj} \pmod{\mathfrak{P}}.$$

[14] Any $\mathfrak{P}$-integer λ can be written in the form $\lambda = \sum u_\mu \epsilon^\mu$ where $\mu = 0, 1, \cdots, m-1$ and the u_μ are $\mathfrak{p}$-integers of K. We have $\operatorname{tr}(\epsilon^\mu) = m$ if $\mu \equiv 0 \pmod{p^\alpha}$, $\operatorname{tr}(\epsilon^\mu) = -m/(p-1)$, if $\mu \equiv 0 \pmod{p^{\alpha-1}}$, $\mu \not\equiv 0 \pmod{p^\alpha}$, and $\operatorname{tr}(\epsilon^\mu) = 0$ in all other cases. This proves the statement.

[15] It is sufficient to prove this for numbers of the form $(1-\epsilon^v)\epsilon^\mu$, cf. footnote 14, and here it is evident.

Let $\gamma_1(G)$ be the coefficient in the upper left corner of $\mathfrak{A}_{ii}^1$, and $\gamma_2(G)$ the coefficient in the upper left corner of $\mathfrak{A}_{jj}^2$, and set $\beta(G) = \gamma_1(G) - \gamma_2(G)$ so that

$$\beta(G) = \gamma_1(G) - \gamma_2(G) \equiv 0 \pmod{\mathfrak{P}}. \tag{7}$$

Schur's relations[13] give here

$$\begin{gathered}\sum_G \gamma_1(G)^{(\rho)}\gamma_1(G^{-1})^{(\sigma)} = \frac{g}{z_1}\eta'_{\rho\sigma}; \qquad \sum_G \gamma_2(G)^{(\rho)}\gamma_2(G^{-1})^{(\sigma)} = \frac{g}{z_2}\eta''_{\rho\sigma};\\ \sum_G \gamma_1(G)^{(\rho)}\gamma_2(G^{-1})^{(\sigma)} = 0,\end{gathered} \tag{8}$$

where z_μ is the degree of $\mathfrak{Z}_\mu$, and $\eta^\mu_{\rho\sigma} = 0$ or 1 according as $\zeta_\mu^{(\rho)} \neq \zeta_\mu^{(\sigma)}$ or $\zeta_\mu^{(\rho)} = \zeta_\mu^{(\sigma)}$.

The same relations hold, when $\mathfrak{Z}_1 = \mathfrak{Z}_2$, and $\mathfrak{Z}_1$ contains one of its modular constituents more than once. We then have a formula (6) with $i \neq j$, and (7) and (8) are also true.

From (8) it follows that

$$\sum_G \beta(G)^{(\rho)}\beta(G^{-1})^{(\sigma)} = \frac{g}{z_1}\eta'_{\rho\sigma} + \frac{g}{z_2}\eta''_{\rho\sigma}. \tag{9}$$

We set (cf. (3))

$$\xi_1(G) = \operatorname{tr}(\omega\beta(G)), \qquad \xi_2(G) = \operatorname{tr}(\psi\beta(G)), \tag{10}$$

where ω and ψ are two integers of Ω. Then (9) gives

$$\sum_G \xi_1(G)\xi_2(G^{-1}) = \frac{g}{z_1}\sum_{\rho,\sigma}\eta'_{\rho\sigma}\omega^{(\rho)}\psi^{(\sigma)} + \frac{g}{z_2}\sum_{\rho,\sigma}\eta''_{\rho\sigma}\omega^{(\rho)}\psi^{(\sigma)}.$$

When $\mathrm{K}(\zeta_\mu)$ corresponds to the subgroup $\mathfrak{L}_\mu$ of the Galois group $\mathfrak{H}$, this can be written in the form

$$\sum_G \xi_1(G)\xi_2(G^{-1}) = u_1\frac{g}{z_1} + u_2\frac{g}{z_2}, \tag{11}$$

$$u_\mu = \sum_{X_1 \equiv X_2 \pmod{\mathfrak{L}_\mu}} \omega^{X_1}\psi^{X_2}, \tag{12}$$

where in (12) the sum is to be extended over all pairs of elements X_1, X_2 of $\mathfrak{H}$, for which $X_1X_2^{-1}$ belongs to $\mathfrak{L}_\mu$.

We first choose $\omega = \Theta$, $\psi = 1$, where Θ is defined in (5). Then $\omega\beta(G) \equiv 0 \pmod{\mathfrak{P}^v}$, and as in §2, the trace $\xi_1(G)$ of $\omega\beta(G)$ is divisible by $\mathfrak{p}^\alpha$. Furthermore, $\xi_2(G)$ is divisible by $\mathfrak{p}^{\alpha-1}$, since it is a trace. If $\alpha = 1$, we may even state $\xi_2(G) \equiv 0 \pmod{\mathfrak{p}}$, because $\beta(G)$ is divisible by $\mathfrak{P}$. Finally, $u_\mu = \operatorname{tr}(\Theta)m/r_\mu = m^2/r_\mu$, since $\mathfrak{L}_\mu$ has the order m/r_μ and $\operatorname{tr}(\Theta) = m$. Then (11) yields

$$gm^2/r_1z_1 + gm^2/r_2z_2 \equiv 0 \pmod{\mathfrak{p}^{2\alpha-1}}.$$

For $\alpha = 1$, this congruence even holds (mod $\mathfrak{p}^2$). If $(r_1, p) = 1$ and $(r_2, p) = 1$, we may choose $\alpha = 1$. As before, $\mathfrak{p}$ can be replaced by p. Since $m = p^{\alpha-1}(p-1)$, we have

LEMMA 3: *Let ζ_1 and ζ_2 be two characters of $\mathfrak{G}$ which are not p-conjugate but which have a modular constituent in common. If ζ_μ has r_μ p-conjugates, and if z_μ is the degree of ζ_μ, then*

$$g/r_1z_1 + g/r_2z_2 \equiv 0 \pmod{p}, \tag{13}$$

$$g/r_1z_1 + g/r_2z_2 \equiv 0 \pmod{p^2}, \quad \text{if} \quad (r_1, p) = 1 \quad \text{and} \quad (r_2, p) = 1. \tag{13*}$$

Secondly, we choose ω, ψ such that $\omega \equiv 0$, $\psi \equiv 0 \pmod{\mathfrak{P}^{v-1}}$. Then $\xi_1(G) \equiv \xi_2(G) \equiv 0 \pmod{p^\alpha}$, and we obtain

LEMMA 4: *Suppose that ζ_1 and ζ_2 satisfy the assumptions of lemma 3. Let ω and ψ be two integers of $K(\epsilon)$ which are divisible by $\mathfrak{P}^{v-1}$, $v = p^{\alpha-1}$. Then*

$$u_1g/z_1 + u_2g/z_2 \equiv 0 \pmod{p^{2\alpha}}, \tag{14}$$

where u_μ is defined by (12).

According to a remark above, the same argument will hold, if $\mathfrak{Z}_1 = \mathfrak{Z}_2$ and $\mathfrak{Z}_1$ contains one of its modular constituents more than once.

LEMMA 5: *If ζ is a character which contains one of its modular constituents more than once, then for odd p,*

$$g/(rz) \equiv 0 \pmod{p^2}, \tag{15}$$

where z is the degree of ζ, and where the number r of p-conjugates of ζ is assumed to be prime to p.

4. On representations for which $rz \equiv 0 \pmod{p^a}$

We now prove

THEOREM 2: *Let ζ be an irreducible character of degree z which has r distinct p-conjugates. Then rz can be divisible by p^a only if z is divisible by p^a, i.e. when ζ is of the highest kind.*

PROOF: Assume that $rz \equiv 0 \pmod{p^a}$, $z \not\equiv 0 \pmod{p^a}$. Since the corresponding representation $\mathfrak{Z}$ is not of the highest kind, the block B of $\zeta = \zeta_1$ cannot consist of the family of ζ_1 only.[16] Hence we may find a character ζ_2 in B which is not p-conjugate to ζ_1, but has a modular constituent in common with ζ_1. Then (13) shows that also $r_2z_2 \equiv 0 \pmod{p^a}$. On the other hand, $z_2 \not\equiv 0 \pmod{p^a}$, because B is not of the highest kind. Consequently, ζ_2 satisfies the same assumptions as ζ_1. On considering chains of characters of B such that any two consecutive terms have a modular character in common, we conclude that every character ζ_ν of B satisfies the conditions $r_\nu z_\nu \equiv 0 \pmod{p^a}$, $z_\nu \not\equiv 0 \pmod{p^a}$, where z_ν again is the degree of ζ_ν and r_ν the number of p-conjugates.

It now follows from lemma 2 that all the ζ_ν of B are modular-irreducible, and this implies that they all are equal when considered as modular characters. To the block $B = B_\lambda$ there corresponds a part D_λ[17] of the matrix D of the decompo-

[16] R. Brauer, *On the connection between the ordinary and the modular characters of groups of finite order*, Ann. of Math., **42**, pp. 926–935, 1941, theorem 8.

[17] Cf. BN, §9, (28).

sition numbers of $\mathfrak{G}$. Our results show that the matrix D_λ consists of one column only, and all the coefficients are 1. All the ζ_ν have the same degree z, and if $z = p^\rho z'$ with $(z', p) = 1$, then all the r_ν are divisible by $p^{a-\rho}$. The number of rows in D_λ is equal to the sum of all r_ν belonging to the different families of B, and hence this number is larger than $p^{a-\rho}$.

There corresponds to B a part $C_\lambda = D_\lambda' D_\lambda$ of the matrix C of the Cartan invariants.[17] This C_λ is of degree 1; its only coefficient is equal to the number of rows of D_λ, and therefore is larger than $p^{a-\rho}$. On the other hand, the block B_λ is of type ρ, and then C_λ has $p^{a-\rho}$ as an elementary divisor,[18] which means that $C_\lambda = (p^{a-\rho})$. This gives a contradiction, and hence the theorem is proved.

5. Evaluation of the numbers u_μ in lemma 4

Assume that $\alpha \geqq 2$. Let $\mathfrak{o}$ be a system of $p^{\alpha-1} = v$ rational integers ρ_1, $\rho_2, \cdots$ which form a complete residue system (mod $p^{\alpha-1}$), $\alpha \geqq 2$, and let $\mathfrak{d}$: $\sigma_1, \sigma_2, \cdots$ be a second system with the same properties. We set

$$\omega = \Sigma\, \epsilon^\rho, \qquad \psi = \Sigma\, \epsilon^{-\sigma},$$

where ρ ranges over the values of $\mathfrak{o}$, and σ over those of $\mathfrak{d}$. If $\rho \equiv \tau$ (mod v), then $\epsilon^\rho \equiv \epsilon^\tau$ (mod $\mathfrak{P}^v$) when again $v = p^{\alpha-1}$. It follows that ω and ψ both are congruent to the number Θ in (5) and hence both are divisible by $\mathfrak{P}^{v-1}$ as assumed in lemma 4. Now (12) becomes

$$u_\mu = \sum_{X_1 \equiv X_2 \ (\mathrm{mod}\ \mathfrak{L}_\mu)} \sum_\rho \sum_\sigma \epsilon^{\rho X_1 - \sigma X_2} \qquad (X_1, X_2 \text{ in } \mathfrak{H}).^{19} \tag{16}$$

If ϵ^λ appears, all its conjugates appear with the same multiplicity. Consequently, if A_μ' terms of (16) are equal to 1, and B_μ' terms are primitive p^{th} roots of unity, we have $u_\mu = A_\mu' - B_\mu'/(p-1)$. The term on the right-hand side of (16) is 1, if $\rho X_1 \equiv \sigma X_2$ (mod p^α), i.e. if $\rho X_1 X_2^{-1} \equiv \sigma$ (mod p^α). Similarly, the term is a primitive p^{th} root of unity, if this congruence holds (mod $p^{\alpha-1}$) but not (mod p^α). Now $X_1 X_2^{-1}$ is an element of $\mathfrak{L}_\mu$. Let A_μ denote the number of pairs (ρ, L), ρ in $\mathfrak{o}$, L in $\mathfrak{L}_\mu$, for which ρL is congruent to one of the numbers σ (mod p^α), and B_μ the number of pairs, for which a congruence $\rho L \equiv \sigma$ (σ in $\mathfrak{d}$) holds (mod $p^{\alpha-1}$) but not (mod p^α). Then A_μ' and B_μ' are obtained from A_μ and B_μ by multiplying the latter by the order $\varphi(p^\alpha) = v(p-1)$ of $\mathfrak{H}$, and hence

$$u_\mu = v(p-1)A_\mu - vB_\mu\,. \tag{17}$$

---

[18] In BN, §17, it was proved that at least one elementary divisor corresponding to a block of type α is divisible by $p^{a-\alpha}$. Actually, exactly one elementary divisor is equal to $p^{a-\alpha}$ while the other elementary divisors are smaller than $p^{a-\alpha}$. This can be proved by a generalization of the method of BN, §21; cf. below section 8 of this paper where the same method is used (for $p = 2$).

[19] We may understand ρX_1 and σX_2 as rational integers (mod p^α).

Since every ρL is congruent to one of the σ (mod $p^{\alpha-1}$), and since $\mathfrak{L}_\mu$ is of the order $l_\mu = v(p-1)/r_\mu$, we have $A_\mu + B_\mu = v^2(p-1)/r_\mu$. Then (17) becomes $u_\mu = vpA_\mu - v^3(p-1)/r_\mu$ and (14) takes the form

$$\frac{p^\alpha g}{z_1}A_1 + \frac{p^\alpha g}{z_2}A_2 - \left(\frac{p^{3\alpha-3}(p-1)g}{r_1 z_1} + \frac{p^{3\alpha-3}(p-1)g}{r_2 z_2}\right) \equiv 0 \pmod{p^{2\alpha}}.$$

According to (13), the last two terms are divisible by $p^{3\alpha-2}$, and since $3\alpha - 2 \geqq 2\alpha$, can be neglected. We then have

(18) $$gA_1/z_1 + gA_2/z_2 \equiv 0 \pmod{p^\alpha}.$$

If p is odd, we shall need the value of A_μ, only if r_μ is prime to p. The field $K(\zeta_\mu)$ then is contained in the field $K(\epsilon_p)$ where ϵ_p is a primitive p^{th} root of unity. If $\rho \not\equiv 0 \pmod v$, ($\rho$ in $\mathfrak{o}$), then for every L in $\mathfrak{L}_\mu$ the number $\epsilon^{\rho L}$ is conjugate to ϵ^ρ with regard to $K(\zeta_\mu)$. If ϵ^τ appears in the form $\epsilon^{\rho L}$, so do

$$\epsilon^\tau, \epsilon^\tau \epsilon_p, \cdots, \epsilon^\tau \epsilon_p^{p-1}$$

and each of them appears the same number of times. Exactly one of these quantities is of the form ϵ^σ, (σ in $\mathfrak{d}$). Hence, for a fixed ρ, one in every p of the elements L of $\mathfrak{L}_\mu$ satisfies the condition that ρL belongs to $\mathfrak{d}$. For $\rho \equiv 0 \pmod v$, the number of elements L of $\mathfrak{L}_\mu$, for which $\epsilon^{\rho L}$ has a fixed value, is divisible by $p^{\alpha-1}$. Hence, in the case $(r_\mu, p) = 1$, we have

(19) $$A_\mu \equiv l_\mu(v-1)/p \equiv v(p-1)(v-1)/r_\mu p \equiv p^{\alpha-2}/r_\mu \pmod{p^{\alpha-1}}.$$

The congruences (18) and (19) enable us to prove the following lemma:

LEMMA 6: *Let p be odd. If ζ_1 and ζ_2 satisfy the assumptions of lemma 3, and if $z_1 \equiv 0 \pmod{p^{\alpha-1}}$, then $r_2 \not\equiv 0 \pmod p$.*

PROOF: From theorem 2, it follows that $r_1 \not\equiv 0 \pmod p$. Assume that $r_2 \equiv 0 \pmod p$. If we choose for α the smallest value for which ζ_1 and ζ_2 belong to the field $K(\epsilon)$ obtained from K by adjoining a $p^{\alpha\text{th}}$ root of unity ϵ, then r_2 must be divisible by $p^{\alpha-1}$. Theorem 2 shows that we have $z_2 \not\equiv 0 \pmod{p^{a-\alpha+1}}$ and, therefore, the second term in (18) is divisible by p^α. Since $(r_1, p) = 1$, we may use (19) for $\mu = 1$ and find that the first term in (18) is divisible by $p^{\alpha-1}$ only, which gives a contradiction. Hence $r_2 \not\equiv 0 \pmod p$ as was stated.

For $p = 2$, we choose $\alpha \geqq 3$. Here, r_μ is a power of 2. If $r_\mu = 2^j$, $1 \leqq j \leqq \alpha - 2$, the field $K(\epsilon)$ has exactly three subfields of degree 2^j over K. One of them, say $\Gamma_j^{(0)}$, is obtained by adjoining a $2^{j+1\text{th}}$ root of unity to K. We denote the other two by $\Gamma_j^{(1)}$ and $\Gamma_j^{(2)}$, and set $K(\epsilon) = \Gamma_{\alpha-1}^{(0)}$, $\dot{K} = \Gamma_0^{(1)}$. Then, by an argument similar to the one used for odd p, we may prove

(20) $$A_\mu \equiv 0 \pmod{2^{\alpha-1-j}}, \quad \text{if} \quad K(\zeta_\mu) = \Gamma_j^{(0)}.$$

(21) $$A_\mu \equiv 2^{\alpha-2-j} \pmod{2^{\alpha-1-j}}, \quad \text{if} \quad K(\zeta_\mu) = \Gamma_j^{(1)} \quad \text{or} \quad \Gamma_j^{(2)}.$$

LEMMA 7: *Let $p = 2$, and suppose that ζ_1 and ζ_2 satisfy the assumptions of lemma 3. If $r_1 z_1 \equiv 0 \pmod{2^{\alpha-1}}$ and if $K(\zeta_1)$ is not of the form $K(\tilde{\epsilon})$ where $\tilde{\epsilon}$ is a primitive*

$2^{j\text{th}}$ *root of unity with* $j \geqq 2$, *then* $r_2 z_2 \equiv 0 \pmod{2^{a-1}}$, *and* $K(\zeta_2)$ *is not of the form* $K(\tilde{\epsilon})$.

PROOF: From the assumptions, theorem 2, and (21), it follows that $A_1 g/z_1$ is divisible by $2^{\alpha-1}$, but not by 2^{α}. According to (18), $A_2 g/z_2$ then is also divisible by $2^{\alpha-1}$ but not by 2^{α}. If we set $r_2 = 2^j$ and use (20), we see that $K(\zeta_2)$ cannot be one of the fields $\Gamma_j^{(0)}$, $(j = 1, 2, \cdots)$. If $K(\zeta_2) = \Gamma_j^{(1)}$ and $K(\zeta_2) = \Gamma_j^{(2)}$ we use (21) and conclude that z_2 is divisible by 2^{a-1-j}, which implies $r_2 z_2 \equiv 0 \pmod{2^{a-1}}$.

6. Representations of a degree which is divisible by p^{a-1}

Let ζ be an irreducible character of degree $z \equiv 0 \pmod{p^{a-1}}$. If z is divisible by p^a, then ζ is of the highest kind,[20] and we will exclude this case in the following. We shall first assume that p is odd.[21] The block B to which $\zeta = \zeta_1$ belongs is not of the highest kind. Then B does not consist of the family of ζ only,[22] and we may therefore find a character ζ_2 which is not p-conjugate to $\zeta = \zeta_1$ but has a modular constituent in common with ζ_1 (cf. the analogous argument in §4). If z_μ is the degree of ζ_μ, and r_μ the number of p-conjugate characters, then theorem 2 and lemma 6 show that $r_1 \not\equiv 0$, $r_2 \not\equiv 0 \pmod{p}$. In (13*), lemma 3, the first term on the left side is divisible by p but not by p^2. The same must hold for the second term, and hence we must have $z_2 \equiv 0 \pmod{p^{a-1}}$, so that ζ_2 satisfies the same assumption as ζ. Continuing in this manner we see that the degree of every character of B is divisible by p^{a-1}. This gives

THEOREM 3: *If the degree of one character of a block* B *is divisible by* p^{a-1}, *the same is true for all characters of* B.

In the notation of BN, the block B is of the type $a - 1$. If ζ_1 and ζ_2 are again two characters of such a block B which are not p-conjugate but have a modular constituent in common, then on multiplying (13*) by $r_1 r_2 z_1 z_2/g \equiv 0 \pmod{p^{a-2}}$ the congruence $r_1 z_1 + r_2 z_2 \equiv 0 \pmod{p^a}$ is obtained. Now any two characters ζ_κ, ζ_μ can be joined by a chain $\zeta_\kappa, \zeta_\rho, \cdots, \zeta_\sigma, \zeta_\mu$ of characters, such that any two consecutive terms of the chain have a modular character in common without being p-conjugate. It follows that for any ζ_μ of B, we have $r_\mu z_\mu \equiv \pm r_1 z_1 \pmod{p^a}$. Since $r_1 z_1 \not\equiv 0 \pmod{p^a}$ and p is odd, for each μ only one of the signs can be used. Hence

THEOREM 4: *The characters of a block* B *of type* $a - 1$ *can be distributed in two subsets* B′ *and* B″ *such that every character belongs to exactly one of these subsets. If* z_μ *is the degree of a character of* B, *and* r_μ *the number of* p*-conjugates, we may find a rational integer* N *such that* $r_\mu z_\mu \equiv N \pmod{p^a}$ *for all* ζ_μ *of* B′ *and* $r_\mu z_\mu \equiv -N \pmod{p^a}$ *for all* ζ_μ *in* B″. *If* ζ_μ *and* ζ_ν *are not* p*-conjugate and belong both to the same subset* $B^{(\tau)}$, *then they have no modular constituent in common.*

Finally, lemma 5 can be applied and yields

---

[20] Cf. BN, Part II.

[21] The case $p = 2$ will be treated in §8.

[22] Cf. footnote 16.

THEOREM 5: *If ζ belongs to a block* B *of type* $a - 1$, *then it contains each of its modular constituents only with the multiplicity* 1.

7. The matrix D_λ corresponding to a block B of type $a - 1$

NOTATION: $\mathrm{B} = \mathrm{B}_\lambda$ is a block of type $a - 1$ consisting of the ordinary characters $\zeta_1, \zeta_2, \cdots, \zeta_x$ and the modular characters $\varphi_1, \varphi_2, \cdots, \varphi_y$. The degree of ζ_μ is z_μ, the number of p-conjugates r_μ. There are w families of p-conjugate characters ζ_μ in B, and the ζ_μ are arranged so that $\zeta_1, \zeta_2, \cdots, \zeta_w$ lie in different families, while the characters of the subset B_λ' (theorem 4) come before the characters of the other subset B_λ''. For p-regular elements G of $\mathfrak{G}$, we have

$$\zeta_\mu(G) = \sum d_{\mu\nu}\varphi_\nu(G), \qquad (\mu = 1, 2, \cdots, x). \tag{22}$$

We set $D_\lambda = (d_{\mu\nu})$, $(\mu = 1, 2, \cdots, x; \nu = 1, 2, \cdots, y)$ and denote the matrix occupying the first w rows of D_λ by $\tilde{D}_\lambda$, i.e. $\tilde{D}_\lambda = (d_{\mu\nu})$, $(\mu = 1, 2, \cdots, w; \nu = 1, 2, \cdots, y)$. The matrix D_λ has the same rows as $\tilde{D}_\lambda$, the μth row of $\tilde{D}_\lambda$ appearing r_μ times in D_λ, $(\mu = 1, 2, \cdots, w)$.

The theorems 4 and 5 give at once

THEOREM 6: *Every column of $\tilde{D}_\lambda$ contains exactly two coefficients* 1, *one in a row corresponding to a character ζ_λ of B_λ', and the other in a row corresponding to a character ζ_μ of B_λ''. All the other coefficients in the column are zero.*

We also can prove easily

THEOREM 7: *Let $\xi = (\xi_1, \xi_2, \cdots, \xi_w)$ be a row with w elements such that $\xi\tilde{D}_\lambda = 0$. Then ξ is a scalar multiple of the row $(\delta_1, \delta_2, \cdots, \delta_w)$, where $\delta_\mu = 1$ if ζ_μ belongs to B_λ', and $\delta_\mu = -1$, if ζ_μ belongs to B_λ''.*

PROOF: Two characters $\zeta_1, \zeta_\mu (\mu = 1, 2, \cdots, w)$ of B can be joined by a chain of characters ζ_ρ, $(\rho = 1, 2, \cdots, w)$, such that two consecutive characters ζ_i, ζ_j of the chain have a modular character in common. Then ζ_i, ζ_j belong to different subsets B_λ', B_λ'' (theorem 4). There must be a column of $\tilde{D}_\lambda$ which contains the coefficients 1 in the ith and the jth row. Then $\xi\tilde{D}_\lambda = 0$ implies $\xi_i = -\xi_j$, and we obtain successively $\xi_\mu = \delta_\mu\xi_1$, $(\xi_1, \cdots, \xi_w) = \delta_1\xi_1(\delta_1, \cdots, \delta_w)$ which proves the theorem.

The rank of $\tilde{D}_\lambda$ is y.[23] Hence we have

COROLLARY 1: *The number w of families in* B *and the number y of modular characters of* B *are connected by the formula*

$$w = y + 1. \tag{23}$$

We further state

COROLLARY 2: *If $\tilde{\zeta}_\mu$ is the sum of the r_μ characters which are p-conjugate to $\zeta_\mu (\mu = 1, 2, \cdots, w)$, then $\delta_1\tilde{\zeta}_1(G) = \delta_\mu\tilde{\zeta}_\mu(G)$ for any p-singular element of G of $\mathfrak{G}$.*

Indeed, the numbers $\tilde{\zeta}_1(G), \tilde{\zeta}_2(G), \cdots, \tilde{\zeta}_w(G)$ form a solution of $\xi\tilde{D}_\lambda = 0$, (cf. equation (11) of the paper mentioned in footnote 16). Similarly, equation (6) of the same paper gives

[23] Cf. BN, §9.

COROLLARY 3: *Let* $d^i_{\mu\nu}$ *be the higher decomposition numbers,* $i > 0$, *and set* $\tilde{d}^i_{\mu\nu} = \sum d^i_{\rho\nu}$ *where the sum extends over all the* r_μ *values* ρ *for which* ζ_ρ *is p-conjugate to* ζ_μ. *Then* $\delta_1\tilde{d}^i_{1\nu} = \delta_\mu\tilde{d}^i_{\mu\nu}$.

For p-regular elements G, the formula (22), together with $(\delta_1, \cdots, \delta_w)\tilde{D}_\lambda = 0$ gives

COROLLARY 4: *For p-regular elements G of* $\mathfrak{G}$, *we have*

$$\sum_{\mu=1}^{w} \delta_\mu \zeta_\mu(G) = 0. \tag{24}$$

In particular, for $G = 1$, *this gives*

$$\sum_{\mu=1}^{w} \delta_\mu z_\mu = 0. \tag{25}$$

The matrix $\tilde{D}_\lambda$ has w minors of degree $y = w - 1$, and these, if properly arranged and taken with suitable signs, form a solution of $\xi\tilde{D}_\lambda = 0$. Let Δ be a fixed minor. Then, according to theorem 7, every minor has the value $\pm\Delta$. The minor obtained by removing the μth column of $\tilde{D}_\lambda$ will appear $r_1r_2 \cdots r_w/r_\mu$ times as a minor of D_λ. We now form the determinant of $C_\lambda = D'_\lambda D_\lambda$. On the one hand, this determinant has the value p.[24] On the other hand, its value is the sum of the squares of all the minors of D_λ. This gives

$$\sum_{\mu=1}^{w} \Delta^2(r_1r_2 \cdots r_w/r_\mu) = p.$$

Consequently, we must have $\Delta = \pm 1$, and we find

COROLLARY 5: *The numbers* r_μ *satisfy the equation*

$$r_1r_2 \cdots r_w\left(\frac{1}{r_1} + \frac{1}{r_2} + \cdots + \frac{1}{r_w}\right) = p. \tag{26}$$

The numbers r_μ are divisors of $p - 1$; (26) shows that any two of them are relatively prime.

We associate w distinct points $P_1, P_2, \cdots, P_w$ with the characters $\zeta_1, \zeta_2, \cdots, \zeta_w$; we join P_i and P_j when ζ_i and ζ_j have a modular character in common. The linear graph thus obtained characterizes the matrix $\tilde{D}_\lambda$ completely (apart from the arrangements of the columns). We prove

COROLLARY 6: *The linear graph associated with a block* B *of type* $a - 1$ *is a tree.*

PROOF: This follows from the facts that the graph is connected and has one more vertex than it has edges.

Each point P_μ which lies only on one of the edges corresponds to a row of $\tilde{D}_\lambda$ which contains only one coefficient 1, and this means that ζ_μ is a modular-irreducible character.

---

[24] The determinant of C is a power of p, cf. R. Brauer, *On the Cartan invariants of groups of finite order,* Ann. of Math. **42,** p. 53, 1941. It follows from the result of footnote 18, that the exponent must be 1.

COROLLARY 7: *Every block* B *of type* $a - 1$ *contains at least two characters* ζ_μ *which are not p-conjugate and which are modular-irreducible characters.*

8. The case $p = 2$

For $p = 2$, several of the preceding proofs do not hold. We shall now treat this case, using a different kind of argument.

Let ζ be an irreducible character of degree z where $z \equiv 0 \pmod{2^{a-1}}$ but $z \not\equiv 0 \pmod{2^a}$; here a is again the highest exponent for which $2^a = p^a$ divides g. From theorem 2, it follows that ζ is p-conjugate only to itself, i.e. $r = 1$, and ζ belongs to K. Since K is not of the form $K(\bar{\epsilon})$ where $\bar{\epsilon}$ is a primitive $2^{j\text{th}}$ root of unity with $j \geqq 2$, we may apply lemma 7, §5. It follows that if the character ζ_μ has a modular constituent in common with ζ_1 then $r_\mu z_\mu \equiv 0 \pmod{2^{a-1}}$, (where z_μ denotes again the degree of ζ_μ, and r_μ the number of 2-conjugates). Further, $K(\zeta_\mu)$ also is not of the form $K(\bar{\epsilon})$. Therefore, lemma 7 again can be applied to ζ_μ and any character which has a modular constituent in common with ζ_μ without being p-conjugate to ζ_μ. We finally see that the congruence $r_\mu z_\mu \equiv 0 \pmod{2^{a-1}}$ is true for any character ζ_μ of the block B to which ζ belongs.

Let $\zeta_1, \zeta_2, \cdots, \zeta_x$ be the ordinary characters of B, and $\varphi_1, \varphi_2, \cdots, \varphi_y$ the modular characters of B, and set

$$z_\mu = 2^{\tau_\mu} z'_\mu, \qquad (z'_\mu, 2) = 1. \tag{27}$$

It now follows easily that

$$r_\mu = 2^{a-1-\tau_\mu}. \tag{28}$$

Suppose that $\tau_1 = m$ is the smallest of the numbers $\tau_1, \tau_2, \cdots, \tau_x$.

We consider the sums

$$S_{\mu\nu} = \sum_{\kappa=1}^{k_0} g_\kappa \zeta_\mu(G_\kappa)\zeta_\nu(G_\kappa^{-1}), \tag{29}$$

where G_κ ranges over a system of representatives for the 2-regular classes of $\mathfrak{G}$, and where g_κ denotes the number of elements in the class of G_κ. The value of $S_{\mu\nu}$ is a rational integer. Since $g_\kappa \zeta_\mu(G_\kappa)/z_\mu = \omega_{\mu\kappa}$ is an algebraic integer, it follows easily that $S_{\mu\nu}$ is divisible by z_μ and hence by 2^m. On the other hand, we have[25] $\omega_{\mu\kappa} \equiv \omega_{1\kappa}$ modulo a prime ideal divisor of 2. Hence

$$S_{\mu\nu} = z_\mu \sum_\kappa \omega_{\mu\kappa}\zeta_\nu(G_\kappa^{-1}) \equiv z_\mu \sum_\kappa \omega_{1\kappa}\zeta_\nu(G_\kappa^{-1}) = \frac{z_\mu}{z_1} S_{1\nu} \pmod{2^{\tau_\mu+1}}.$$

On applying the same argument to $S_{1\nu} = S_{\nu 1}$, we arrive at

$$S_{\mu\nu} \equiv 0 \pmod{2^m}, \tag{30}$$

$$S_{\mu\nu} = S_{\nu\mu} \equiv \frac{z_\mu z_\nu}{z_1^2} S_{11} \pmod{2^{\tau_\mu+1}}. \tag{31}$$

[25] BN, §9.

If the block B is the λth of the blocks $B_1, B_2, \cdots$ of $\mathfrak{G}$, and if $D_\lambda = (d_{\mu\nu})$, $C_\lambda = (c_{\mu\nu})$ are the parts[26] of the matrices D and C corresponding to the block B_λ, then (22) gives for the matrix $(S_{\mu\nu})_{\mu,\nu}$

$$(S_{\mu\nu})_{\mu,\nu} = \left(\sum_\kappa \sum_{\rho,\sigma=1}^{y} g_\kappa d_{\mu\rho}\varphi_\rho(G_\kappa)\, d_{\nu\sigma}\varphi_\sigma(G_\kappa^{-1})\right)_{\mu,\nu} = D_\lambda(gC_\lambda^{-1})D_\lambda'.\ ^{27}$$

The relation (31) can be written in the form

$$(32)\qquad (S_{\mu\nu})_{\mu,\nu} = D_\lambda(gC_\lambda^{-1})D_\lambda' = S_{11}\left(\frac{z_\mu z_\nu}{z_1^2}\right)_{\mu,\nu} + H,$$

where H is a matrix in which every coefficient in both the μth row and μ^{th} column is divisible by $2^{\tau_\mu+1}$. The first matrix on the right side in (32) has the rank 1; every coefficient in both the μth row and μ^{th} column is divisible by 2^{τ_μ}.

We now proceed to discuss the elementary divisors of $(S_{\mu\nu})$, choosing the ring of all 2-integers as the underlying domain. If C_λ has the elementary divisors $e_1, e_2, \cdots, e_y$ with $e_\nu = 2^{\epsilon_\nu}$, then

$$|\, C_\lambda \,| = e_1 e_2 \cdots e_y = 2^{\epsilon_1+\epsilon_2+\cdots+\epsilon_y}.\ ^{28}$$

The elementary divisors of gC_λ^{-1} are $2^{a-\epsilon_y}, \cdots, 2^{a-\epsilon_2}, 2^{a-\epsilon_1}$, and, since the columns of D_λ are linearly independent (mod 2),[29] the elementary divisors of $D_\lambda(gC^{-1})D_\lambda'$ are given by

$$(33)\qquad 2^{a-\epsilon_y}, 2^{a-\epsilon_{y-1}}, \cdots, 2^{a-\epsilon_1}, \qquad 0, \cdots, 0.$$

On the other hand, the right side of (32) can also be used for a discussion of these elementary divisors. If M is a minor of degree j of $(S_{\mu\nu})$ involving the rows $\mu_1, \mu_2, \cdots, \mu_j$, then a simple computation shows that M is divisible by 2 to the exponent $\sum \tau_\mu + j - 1$, $(\mu = \mu_1, \mu_2, \cdots, \mu_j)$ because of the properties of the matrices on the right side of (32). If the j characters $\zeta_\mu(G)$, $(\mu = \mu_1, \mu_2, \cdots, \mu_j)$, are linearly dependent for 2-regular elements G of $\mathfrak{G}$, then $M = 0$, as follows from (29).

Let us now choose a maximal system of characters of B which are linearly independent for 2-regular elements $\mathfrak{G}$. Such a system consists of y characters. We first take as many characters as possible with $\tau_\mu = m$, then as many as possible with $\tau_\mu = m + 1$, etc. We may assume that the characters chosen are $\zeta_1, \cdots, \zeta_y$. Let β_ρ be the number of characters $\zeta_1, \cdots, \zeta_y$ for which $\tau_\mu = m + \rho - 1$, $(\rho = 1, 2, \cdots, s)$, such that $\beta_1 > 0, \beta_2 \geqq 0, \cdots, \beta_{s-1} \geqq 0, \beta_s > 0$. Then

$$(34)\qquad \begin{gathered} \tau_1 = m, \qquad \tau_y = m + s - 1; \\ m \leqq \tau_\mu \leqq m + s - 1 \quad \text{for} \quad \mu = 1, 2, \cdots, y. \end{gathered}$$

---

[26] BN, §9, (28).
[27] Cf. BN, (21).
[28] The determinant is actually a power of 2, cf. footnote 24.
[29] BN, §19.

Of course, we have

$$\beta_1 + \beta_2 + \cdots + \beta_s = y.$$

It now follows that every minor of degree y of $(S_{\mu\nu})$ is divisible by 2^l with

$$l = \beta_1 m + \beta_2(m + 1) + \cdots + \beta_s(m + s - 1) + \beta_1 + \beta_2 + \cdots + \beta_s - 1,$$

$$l = my - 1 + \sum_{\sigma=1}^{s} \sigma\beta_\sigma .$$

Similarly, the minors of degree $y - 1$ are divisible by $2^{l'}$ with

$$l' = \beta_1 m + \beta_2(m + 1) + \cdots + \beta_{s-1}(m + s - 2) + (\beta_s - 1)(m + s - 1) + \beta_1 + \cdots + \beta_s - 2,$$

$$l' = m(y - 1) - 1 - s + \sum_{\sigma=1}^{s} \sigma\beta_\sigma .$$

On comparing this with (33), we find

$$ya - (\epsilon_1 + \epsilon_2 + \cdots + \epsilon_y) \geqq my - 1 + \sum_{\sigma=1}^{s} \sigma\beta_\sigma ,$$

$$(y - 1)a - (\epsilon_2 + \epsilon_3 + \cdots + \epsilon_y) \geqq (y - 1)m - 1 - s + \sum_{\sigma=1}^{s} \sigma\beta_\sigma .$$ [30]

From (28) we see that $r_1 r_2 \cdots r_y$ is the power of 2 with the exponent

$$(a - 1 - m)\beta_1 + (a - 2 - m)\beta_2 + \cdots + (a - s - m)\beta_s = (a - m)y - \sum_{\sigma=1}^{s} \sigma\beta_\sigma .$$

Therefore, the two inequalities can be written in the form

$$| C_\lambda | = e_1 e_2 \cdots e_y \leqq 2 r_1 r_2 \cdots r_y , \tag{35}$$

$$e_2 e_3 \cdots e_y \leqq 2^{m-a+s+1} r_1 r_2 \cdots r_y . \tag{36}$$

No two of the characters $\zeta_1, \zeta_2, \cdots, \zeta_y$ can be 2-conjugate. Letting w be the number of families of 2-conjugate characters which belong to the block $B = B_\lambda$, we have $w > y$.[31] We arrange $\zeta_{y+1}, \cdots, \zeta_x$ in such a manner that $\zeta_1, \zeta_2, \cdots, \zeta_w$ all lie in different families. Denote the μth row of D_λ by $\mathfrak{d}_\mu$, and let

$$D_\lambda = \begin{pmatrix} \mathfrak{d}_1 \\ \vdots \\ \mathfrak{d}_x \end{pmatrix} = \begin{pmatrix} \tilde{D}_\lambda \\ \mathfrak{d}_{w+1} \\ \vdots \\ \mathfrak{d}_x \end{pmatrix} = \begin{pmatrix} T \\ \mathfrak{d}_{y+1} \\ \vdots \\ \mathfrak{d}_x \end{pmatrix},$$

---

[30] This holds in the case $y = 1$ also; we have here $s = 1, \beta_1 = 1$, and $\epsilon_2 + \cdots + \epsilon_y$ is to be taken equal to 0, and $e_2 \cdots e_y$ equal to 1.

[31] Cf. footnote 16.

so that $\tilde{D}_\lambda$ contains the first w rows of D_λ, and T the first y rows. Then D_λ has the same rows as $\tilde{D}_\lambda$, the μth row of $\tilde{D}_\lambda$ appearing r_μ times in D_λ. Let Δ_1, Δ_2, $\cdots$ be the minors of degree y of D_λ; the determinant $|T|$ appears $r_1 r_2 \cdots r_y$ times among these minors. Consequently, we have

$$(37) \qquad |C_\lambda| = |D'_\lambda D_\lambda| = \sum \Delta_\kappa^2 \geqq r_1 r_2 \cdots r_y |T|^2.$$

Here, $|T| \neq 0$, since $\zeta_1(G), \cdots, \zeta_y(G)$ are linearly independent even if G ranges over the 2-regular elements only. If all the minors of degree y of $\tilde{D}_\lambda$ except $|T|$ vanish, then $\mathfrak{d}_{y+1} = 0$, which is impossible. Hence the inequality sign must hold in (37). On comparing (35) and (37), we find

$$(38) \qquad |T| = \pm 1,$$

and, since every r_ν and e_ν is a power of 2, we have

$$(39) \qquad |C_\lambda| = 2 r_1 r_2 \cdots r_y$$

Then (36) yields

$$(40) \qquad e_1 \geqq 2^{a-m-s}.$$

Because of (38), we may set

$$\mathfrak{d}_\nu = h_{\nu 1}\mathfrak{d}_1 + \cdots + h_{\nu y}\mathfrak{d}_y,$$

where the $h_{\nu\rho}$ are rational integers. Then $D_\lambda = HT$ with $H = (h_{\nu\rho})$. It follows that $C_\lambda = T'H'HT$, and this shows that $H'H$ has the same elementary divisors as C_λ. In particular, the coefficient in the yth row, y^{th} column of $H'H$ must be divisible by e_1, and hence, by (40), we have

$$(41) \qquad \sum_{\nu=1}^{x} h_{\nu y}^2 \equiv 0 \pmod{2^{a-m-s}}.$$

When ζ_ν is 2-conjugate to ζ_y, then $\mathfrak{d}_\nu = \mathfrak{d}_y$ and $h_{\nu y} = 1$. There must exist characters ζ_ν which are not 2-conjugate to ζ_y and for which $h_{\nu y} \neq 0$.[32] Using (34), we obtain

$$\sum_{\nu=1}^{x} h_{\nu y}^2 > r_y = 2^{a-1-\tau_y} = 2^{a-m-s}$$

and, therefore, (41) yields

$$(42) \qquad \sum_{\nu=1}^{x} h_{\nu y}^2 \geqq 2^{a+1-m-s} = 2r_y.$$

Consider now the minor Δ_κ consisting of the rows $1, 2, \cdots, y-1, \nu$. Its value is $h_{\nu y}|T| = \pm h_{\nu y}$. If ζ_ν is 2-conjugate to one of the characters $\zeta_1, \cdots, \zeta_{y-1}$,

[32] In §5 of the paper mentioned in footnote 16, it is shown that it is impossible to find a linear combination of the columns of $\tilde{D}_\lambda$, such that exactly one row contains a term $\neq 0$. This implies the statement.

then the minor vanishes. It is easily seen that there are $r_1 r_2 \cdots r_{y-1}$ minors of D_λ with the value $\pm h_{\nu y}$; and (37), (39) and (42) imply that

$$(43)\quad 2r_1 r_2 \cdots r_y = |C_\lambda| = \sum \Delta_\kappa^2 \geqq r_1 r_2 \cdots r_{y-1} \sum_{\nu=1}^{x} h_{\nu y}^2 \geqq 2r_1 \cdots r_{y-1} r_y .$$

Since actually the equality sign holds, it follows that those minors, which have not been taken into account, must all vanish. If $y > 1$, it follows that the minors formed by means of the rows $2, 3, \cdots, y, \nu$ must vanish unless ζ_ν is 2-conjugate to ζ_1. The value of such a minor is $\pm h_{\nu 1}$, and we obtain a contradiction, since there must exist characters ζ_ν, which are not 2-conjugate to ζ_1, for which $h_{\nu 1} \neq 0$.[32]

It follows that $y = 1$, i.e. that D_λ has only one column. The coefficient in the first row must be 1, because of (38). We set $h_{\nu y} = h_\nu$,

$$D_\lambda = \begin{pmatrix} 1 \\ h_2 \\ \vdots \\ h_x \end{pmatrix}.$$

The relation (43), (28), and (34) then imply

$$(44)\qquad 1 + h_2^2 + \cdots + h_x^2 = 2r_y = 2r_1 = 2^{a-m}.$$

Since ζ_1 has degree $z_1 = 2^m z'$, the degree $z_2 = 2^{\tau_2} z_2'$ of ζ_2 must be equal to $h_2 z_1$, which shows that h_2 is divisible by $2^{\tau_2 - m}$. The left side of (44) is at least equal to $r_1 + r_2 h_2^2$, since r_1 terms 1 and r_2 terms h_2 appear. Because of (28) and (34) we have

$$2^{a-m} \geqq r_1 + r_2 h_2^2 \geqq 2^{a-1-m} + 2^{a-1-\tau_2} 2^{2\tau_2 - 2m} \geqq 2^{a-m}.$$

We readily see that $w = 2$, $\tau_2 = m$, $r_1 = r_2 = 2^{a-1-m}$, $h_2 = 1$. The block B_λ consists of two families. All of its characters have the same degree $z_1 = 2^m z_1'$.[33] Since it was assumed that B contains a character of degree $2^{a-1}z'$, $((z', 2) = 1)$, it follows that $m = a - 1$ and hence $r_1 = r_2 = 1$,

$$D_\lambda = \begin{pmatrix} 1 \\ 1 \end{pmatrix}.$$

This proves the theorems 3, 4, 5, 6, and 7, and the corollaries of §7, for $p = 2$.

9. Applications

THEOREM 8: *If $\mathfrak{G}$ is a group of order $g = p^a q^b r^c$, (p, q, r distinct primes) with $a \leqq 2$, then $\mathfrak{G}$ possesses irreducible representations $\mathfrak{Z}$ besides the 1-representation [1] whose degree z is a power of q, and also irreducible representations $\mathfrak{Z}_1 \neq [1]$ whose degree z_1 is a power of r.*

PROOF: Consider the p-block B of representations which contains the repre-

[33] All the facts derived so far hold for any block B which contains a character ζ_ν with the following properties: (1) ζ_ν is not of the highest kind. (2) $r_\nu z_\nu \equiv 0 \pmod{2^{a-1}}$. (3) $\mathrm{K}(\zeta_\nu)$ cannot be obtained from K by adjoining a $2^{j\text{th}}$ root of unity with $j \geqq 2$.

sentation [1]. This B is not of the highest kind, and if $a = 2$, it is not of the type $a - 1 = 1$. It follows from theorem 3 that the degrees of all representations of B are prime to p. We apply the relation[34] $\sum \zeta_\mu(R)\zeta_\mu(S) = 0$ where μ ranges over the indices belonging to B, and where R is p-regular and S is p-singular. For $R = 1$, we have $\zeta_\mu(R) = z_\mu$. The term corresponding to the character [1] is 1. At least one other term $\zeta_\mu(1)\zeta_\mu(S) = z_\mu\zeta_\mu(S)$ must be prime to r, and then z_μ must be a power of q. In the same manner we see that a character $\zeta_\nu \neq [1]$ has a degree z_ν which is a power of r.

If $\mathfrak{G}$ is equal to its commutator group $\mathfrak{G}'$, then z_μ and z_ν cannot be 1 since [1] is the only linear representation of $\mathfrak{G}$. In particular, this will be so, if G is simple.

Assume that $r^c = 4$ or $r^c = 3$. Then $\mathfrak{G}$ must have a representation of one of the degrees 2, 3, or 4. Since all linear groups of these degrees are known,[35] we obtain easily

THEOREM 9: *The only simple group of an order* $4p^aq^b$, *(p, q primes) with* $a \leqq 2$ *is the alternating group* $\mathfrak{A}_5$ *of order* 60. *The only simple groups of an order* $3p^aq^b$, *(p, q primes) with* $a \leqq 2$ *are the groups* $A_5 \cong LF(2, 5)$ *of order* 60 *and the group* $LF(2, 7)$ *of order* 168.

10. On $\mathfrak{P}$-similiar representations

Let $\mathfrak{Z}$ be an irreducible representation of $\mathfrak{G}$ with $\mathfrak{P}$-integral coefficients in an algebraic number field Ω, where $\mathfrak{P}$ is a prime ideal divisor of p. If $\mathfrak{Z}_1$ is a second representation with $\mathfrak{P}$-integral coefficients in the same field Ω, it may happen that $\mathfrak{Z}$ and $\mathfrak{Z}_1$ are similar, but that the corresponding modular representations $\bar{\mathfrak{Z}}$ and $\bar{\mathfrak{Z}}_1$ are not similar. Indeed, if

$$P^{-1}\mathfrak{Z}P = \mathfrak{Z}_1, \tag{45}$$

we may assume that the coefficients of P are $\mathfrak{P}$-integers which are not all divisible by $\mathfrak{P}$. Going over to residue classes mod $\mathfrak{P}$ (which again will be indicated by a bar) we obtain

$$\bar{\mathfrak{Z}}\bar{P} = \dot{P}\bar{\mathfrak{Z}}_1$$

and $\bar{P} \neq 0$, so that $\bar{\mathfrak{Z}}$ and $\bar{\mathfrak{Z}}_1$ are intertwined. However, this proves $\bar{\mathfrak{Z}} \sim \bar{\mathfrak{Z}}_1$ only if the determinant of P is not divisible by $\mathfrak{P}$. We shall say that $\mathfrak{Z}$ and $\mathfrak{Z}_1$ are $\mathfrak{P}$-similar, if P in (45) can be chosen in accordance with these conditions, i.e. with $\mathfrak{P}$-integral coefficients and a determinant $\not\equiv 0 \pmod{\mathfrak{P}}$. The class of all representations $\mathfrak{Z}_1$ which are similar to $\mathfrak{Z}$ and have $\mathfrak{P}$-integral coefficients thus breaks up into subclasses of $\mathfrak{P}$-similar representations.

Conversely, if $\mathfrak{T}$ is any representation of $\mathfrak{G}$ in the field $\bar{\Omega}$ of residue classes (mod $\mathfrak{P}$), which is similar to $\bar{\mathfrak{Z}}$, then we may find a representation $\mathfrak{Z}_1$, which is $\mathfrak{P}$-similar to $\mathfrak{Z}$, such that $\bar{\mathfrak{Z}}_1 = \mathfrak{T}$.

[34] R. Brauer and C. Nesbitt, University of Toronto Studies, Math. Ser. No. 4, 1937, theorem VIII.

[35] H. F. Blichfeldt, *Finite collineation groups*, Chicago 1917.

In the general case of (45), we may assume that P appears in the normal form of the theory of elementary divisors (with regard to the domain of all $\mathfrak{P}$-integers) if we replace $\mathfrak{Z}$ and $\mathfrak{Z}_1$ by $\mathfrak{P}$-similar representations. We thus may set

$$P = \begin{pmatrix} 0 & 0 & \cdots & \pi^{s-1} I_{m_s} \\ \cdots & \cdots & \cdots & \cdots \\ 0 & \pi I_{m_2} & \cdots & 0 \\ I_{m_1} & 0 & \cdots & 0 \end{pmatrix} = (\pi^{s-\kappa} \delta_{\kappa+\lambda, s+1} I_{m_\lambda})_{\kappa,\lambda}, \tag{46}$$

where $m_1 > 0$, $m_2 \geqq 0, \cdots, m_{s-1} \geqq 0$, $m_s > 0$ are rational integers, I_m is the unit matrix of degree m, and π is a $\mathfrak{P}$-integer which satisfies $\pi \equiv 0 \pmod{\mathfrak{P}}$, $\pi \not\equiv 0 \pmod{\mathfrak{P}^2}$. If we set

$$\mathfrak{Z} = \begin{pmatrix} \mathfrak{A}_{11} & \mathfrak{A}_{12} & \cdots & \mathfrak{A}_{1s} \\ \mathfrak{A}_{21} & \mathfrak{A}_{22} & \cdots & \mathfrak{A}_{2s} \\ \cdots & \cdots & \cdots & \cdots \\ \mathfrak{A}_{s1} & \mathfrak{A}_{s2} & \cdots & \mathfrak{A}_{ss} \end{pmatrix}, \qquad \mathfrak{Z}_1 = \begin{pmatrix} \mathfrak{B}_{11} & \mathfrak{B}_{12} & \cdots & \mathfrak{B}_{1s} \\ \mathfrak{B}_{21} & \mathfrak{B}_{22} & \cdots & \mathfrak{B}_{2s} \\ \cdots & \cdots & \cdots & \cdots \\ \mathfrak{B}_{s1} & \mathfrak{B}_{s2} & \cdots & \mathfrak{B}_{ss} \end{pmatrix}, \tag{47}$$

where $\mathfrak{A}_{\kappa\lambda}$ has $m_{s-\kappa+1}$ rows and $m_{s-\lambda+1}$ columns, and $\mathfrak{B}_{\kappa\lambda}$ has m_κ rows and m_λ columns, then (45) gives

$$\pi^{\lambda-1} \mathfrak{A}_{s+1-\kappa, s+1-\lambda} = \pi^{\kappa-1} \mathfrak{B}_{\kappa\lambda}. \tag{48}$$

This shows that in (47), all the terms above the main diagonal in $\mathfrak{Z}$ and $\mathfrak{Z}_1$ are congruent to 0 (mod $\mathfrak{P}$). In the modular sense, $\mathfrak{Z}$ and $\mathfrak{Z}_1$ split into the (reducible or irreducible) constituents

$$\bar{\mathfrak{A}}_{11} = \bar{\mathfrak{B}}_{ss}, \ \bar{\mathfrak{A}}_{22} = \bar{\mathfrak{B}}_{s-1,s-1}, \cdots, \bar{\mathfrak{A}}_{ss} = \bar{\mathfrak{B}}_{11}.$$

If $s = 1$, then $\mathfrak{Z}$ and $\mathfrak{Z}_1$ are $\mathfrak{P}$-similar. We certainly have this case when $\mathfrak{Z}$ is modular-irreducible in $\bar{\Omega}$.

THEOREM 10: *If the representation $\mathfrak{Z}$ remains irreducible as a modular representation, then every representation $\mathfrak{Z}_1$ with $\mathfrak{P}$-integral coefficients, which is similar to $\mathfrak{Z}$, is $\mathfrak{P}$-similar to $\mathfrak{Z}$.*

Remark: This theorem can always be applied if the degree z of $\mathfrak{Z}$ is divisible by p^a.

Further, if it is known that no fixed coefficient of a representation $\mathfrak{P}$-similar to $\mathfrak{Z}$ is divisible by $\mathfrak{P}^l$ for every G in $\mathfrak{G}$, then (48) shows that $s \leqq l$.

11. On the arrangement of the modular constituents of an irreducible representation $\mathfrak{Z}$ of type $a - 1$

We shall say that the algebraic splitting field Ω of the representation $\mathfrak{Z}$ is a *normal splitting field of least ramification*, if Ω is normal over the field of rational numbers P, and if the order of ramification of the fixed rational prime p is the same for Ω as for the subfield P(ζ) obtained by adjoining the character ζ of $\mathfrak{Z}$ to P. The existence of such fields Ω follows from lemma 1. Denote by K the field of inertia of the prime ideal divisor $\mathfrak{P}$ of p. Then

$$\mathfrak{P}^r = \mathfrak{p}, \qquad (p) = \mathfrak{p}\mathfrak{q}, \quad \text{with} \quad (\mathfrak{p}, \mathfrak{q}) = (1),$$

where $\mathfrak{p}$ is a prime ideal divisor of p in K, and where r is the number of characters which are p-conjugate to ζ. As is easily seen, the degree of $K(\zeta)$ over K is r, and hence $K(\zeta) = \Omega$.

We now prove

LEMMA 8: *Let $\mathfrak{Z}$ be an irreducible representation of degree z with $z \equiv 0 \pmod{p^{a-1}}$ such that all the coefficients $a_{\kappa\lambda}(G)$ of the matrix $\mathfrak{Z}(G)$ representing G lie in the normal splitting field Ω of least ramification. For each pair (κ, λ) there exists a group element G_0 such that $a_{\kappa\lambda}(G_0)$ and $a_{\lambda\kappa}(G_0)$ are not both divisible by $\mathfrak{P}$. For each (κ, λ), there exists a group element G_0^* such that either $a_{\kappa\lambda}(G_0^*)$ is not a $\mathfrak{P}$-integer or $a_{\lambda\kappa}(G_0^*) \not\equiv 0 \pmod{\mathfrak{P}^2}$.*

PROOF: (a) Assume that $a_{\kappa\lambda}(G) \equiv a_{\lambda\kappa}(G) \equiv 0 \pmod{\mathfrak{P}}$ for every G in $\mathfrak{G}$. We now apply the method of §2 setting $\beta(G) = a_{\kappa\lambda}(G)$, $\gamma(G) = a_{\lambda\kappa}(G)$, $\omega = 1$. We have here $(r, p) = 1$ because of theorem 2, and hence $r \mid p - 1$, $m = \varphi(p)$. Then $\xi_1(G) \equiv 0$, $\xi_2(G) \equiv 0 \pmod{\mathfrak{p}}$, and (4) gives a contradiction.

(b) If $a_{\kappa\lambda}(G)$ is a $\mathfrak{P}$-integer and $a_{\lambda\kappa}(G) \equiv 0 \pmod{\mathfrak{P}^2}$, we multiply the κth row by an element $\pi \equiv 0 \pmod{\mathfrak{P}}$, for which $\pi \not\equiv 0 \pmod{\mathfrak{P}^2}$, and divide the κth column by π. The similar representation thus obtained satisfies the assumption of the part (a) of this proof. Therefore, we again obtain a contradiction.

Suppose now that the coefficients of $\mathfrak{Z}$ are $\mathfrak{P}$-integers. It follows at once from lemma 8 that for the corresponding modular representation $\bar{\mathfrak{Z}}$ all the Loewy constituents[36] are irreducible. This implies that the arrangement of the irreducible (modular) constituents of $\mathfrak{Z}$ is uniquely determined.

Further, if $\mathfrak{Z}$ and $\mathfrak{Z}_1$ both have $\mathfrak{P}$-integral coefficients and are similar, then it follows from lemma 8 that $s \leqq 2$ in the notation of §10, (46), (47). If $s = 1$, $\mathfrak{Z}$ and $\mathfrak{Z}_1$ are $\mathfrak{P}$-similar. If $s = 2$, we have by (48),

$$(49) \quad \mathfrak{Z} = \begin{pmatrix} \mathfrak{A}_{11} & \pi\mathfrak{B}_{21} \\ \mathfrak{A}_{21} & \mathfrak{A}_{22} \end{pmatrix}, \qquad P = \begin{pmatrix} 0 & \pi I_{m_2} \\ I_{m_1} & 0 \end{pmatrix}, \qquad \mathfrak{Z}_1 = \begin{pmatrix} \mathfrak{A}_{22} & \pi\mathfrak{A}_{21} \\ \mathfrak{B}_{21} & \mathfrak{A}_{11} \end{pmatrix}.$$

The modular-irreducible constituents of $\mathfrak{Z}_1$ are, of course, the same as those of $\mathfrak{Z}$, but we see that the arrangement in which they appear is a cyclic permutation H of the arrangement in $\mathfrak{Z}$; $H \neq 1$. Since all the modular constituents of $\mathfrak{Z}$ are distinct (theorem 5), it follows that $\mathfrak{Z}$ and $\mathfrak{Z}_1$ are not $\mathfrak{P}$-similar.

If the representation $\mathfrak{Z}$ with $\mathfrak{P}$-integral coefficients breaks up into two modular constituents, then we may set $\mathfrak{Z}$ in the form given by the first equation (49). If we define P, $\mathfrak{Z}_1$ by the other equations (49), then $\mathfrak{Z}_1$ is similar to $\mathfrak{Z}$. This shows that any cyclic permutation of the modular constituents of $\mathfrak{Z}$ can be effected by a transition to a similar representation $\mathfrak{Z}_1$.

THEOREM 11: *Let $\mathfrak{Z}$ be an irreducible representation of a degree $z \equiv 0 \pmod{p^{a-1}}$ whose coefficients are $\mathfrak{P}$-integers of a normal splitting field Ω of least ramification. Let j be the number of modular-irreducible constituents of $\mathfrak{Z}$. The class of all representations of $\mathfrak{G}$, whose coefficients are $\mathfrak{P}$-integers of Ω and which are similar to $\mathfrak{Z}$, splits into j subclasses of $\mathfrak{P}$-similar representations. In all representations*

[36] Cf. e.g. R. Brauer, Trans. Amer. Math. Soc. **49**, p. 502, 1941.

of a fixed subclass, the modular constituents appear in the same arrangement. The j possible arrangements are obtained from the arrangement in $\mathfrak{Z}$ *by the j cyclic permutations.*

It is clear that lemma 8 will, in general, not remain valid if Ω is replaced by an extension field. Then theorem 11 also will not hold.

Let Ω be the normal splitting field of least ramification mentioned in lemma 1; τ is a root of unity of an order prime to p. The splitting group of the prime ideal $\mathfrak{P}$ contains the substitution T which transforms τ into τ^p and leaves the p^{a} th roots of unity fixed. Then T transforms any (ordinary or modular) character χ into a conjugate character χ^T. It is easily seen that if an irreducible character ζ splits into the modular characters $\varphi_\alpha, \varphi_\beta, \cdots, \varphi_\rho$ in this arrangement, then ζ^{T^κ} will split into the modular characters $\varphi_\alpha^{T^\kappa}, \varphi_\beta^{T^\kappa}, \cdots, \varphi_\rho^{T^\kappa}$. Assume again that the degree z of ζ is divisible by p^{a-1} where p is odd. If one of the constituents φ of ζ is left invariant by T^κ, then ζ and ζ^{T^κ} have a modular constituent φ in common. Since they have the same degree, they must be p-conjugate (cf. theorem 4[37]). It then follows easily that all the modular constituents of ζ will admit the substitution T^κ. The same will hold for all the characters ζ_μ which have a modular constituent in common with ζ, and finally for all the ζ_μ of the block B of ζ. Hence

THEOREM 12: *Let* B *be a block of type a − 1, and denote by T the substitution which replaces the g'^{th} roots of unity by their p^{th} powers but leaves the $p^{a\text{th}}$ roots of unity invariant. If a power T^κ of T transforms one of the modular characters of* B *into itself, it transforms every modular character of* B *into itself; every ordinary character* ζ *of* B *is transformed into a p-conjugate character by* T^κ *(p odd).*

12. Real characters of type $a - 1$

To every representation $\mathfrak{Z}$, there belongs a contragredient representation $\mathfrak{Z}^*$ of the same degree z; the characters ζ and ζ^* of $\mathfrak{Z}$ and $\mathfrak{Z}^*$ are conjugate complex, $\zeta^* = \bar{\zeta}$. If z is divisible by p^{a-1}, p odd,[38] then either ζ and ζ^* are p-conjugate, or they have no modular constituent in common, as follows from theorem 4.[37] Consequently, if ζ contains a modular character φ with $\varphi^* = \varphi$, then ζ and ζ^* must be p-conjugate. It is easily seen that, if the modular constituents of $\mathfrak{Z}$ are

$$\tilde{\mathfrak{F}}_1, \tilde{\mathfrak{F}}_2, \cdots, \tilde{\mathfrak{F}}_j \tag{49}$$

in this arrangement, those of $\mathfrak{Z}^*$ are

$$\tilde{\mathfrak{F}}_j^*, \tilde{\mathfrak{F}}_{j-1}^*, \cdots, \tilde{\mathfrak{F}}_1^* . \tag{50}$$

On the other hand, using a suitable splitting field Ω, we easily find that in any representation p-conjugate to $\mathfrak{Z}$, the modular constituents appear in the same arrangement as in $\mathfrak{Z}$. It now follows from theorem 11 that if ζ (G) is real for p-regular G the constituents (49) and (50) must be the same apart from a

[37] The number of p-conjugate characters is the same for both characters.

[38] The following theorems 13 and 14 are trivial for $p = 2$; cf. §8.

cyclic permutation. If $\mathfrak{F}_1 \sim \mathfrak{F}_\rho^*$, then $\mathfrak{F}_\nu \sim \mathfrak{F}_{\rho+1-\nu}^*$ where we set $\mathfrak{F}_{j+\mu} = \mathfrak{F}_\mu$. For odd j, there will be exactly one value of ν for which $\nu \equiv \rho + 1 - \nu \pmod{j}$, i.e. $\mathfrak{F}_\nu \sim \mathfrak{F}_\nu^*$. For even j, we have either two values ν or no value ν. Hence

THEOREM 13: *Let $\mathfrak{Z}$ be a representation of degree $z \equiv 0 \pmod{p^{a-1}}$ with the character ζ. If ζ is not real for p-regular elements, none of the modular constituents of ζ is real. If ζ is real for p-regular elements and contains j modular constituents, then, for odd j, exactly one of these modular constituents is real; if j is even, either two or none of them are real.*

If, in particular, all the modular characters of the block are real, then each ζ contains one or two modular constituents. In the tree corresponding to the block B of ζ, each vertex lies on at most two sides. Hence

THEOREM 14: *If all the modular characters of a block B of type $a - 1$ are real, then the corresponding tree is an open polygon.*

UNIVERSITY OF TORONTO
TORONTO, CANADA

ON GROUPS WHOSE ORDER CONTAINS A PRIME NUMBER TO THE FIRST POWER I.*

By RICHARD BRAUER.

To the memory of I. Schur.

Introduction. Since the foundation of the theory of group characters by Frobenius in 1896, the characters of many special groups $\mathfrak{G}$ of finite order have been determined. In these examples regularities appear which, it seems, are not explained by the general theory. Their occurrence depends on certain assumptions concerning $\mathfrak{G}$; it would be extremely difficult to determine the exact nature of these assumptions and their consequences from the known examples.

In order to derive new properties of group characters we can use the theory of the modular representations of a group as a possible approach, particularly when we are interested in questions of a somewhat more arithmetical nature. The relationship between the ordinary and the modular theory can be described in the following manner: Let K be an algebraic number field. The group $\mathfrak{G}$ defines an associative algebra, the group ring Γ, and the investigation of the structure of Γ is the main subject of the ordinary theory of group characters. If we consider only elements of Γ which are linear combinations of group elements with integral coefficients we obtain an "integral domain" J in Γ which is, in general, not a maximal domain. We may study the group ring from an arithmetical point of view; in particular, we are interested in the prime ideal divisors of a fixed rational prime p. The study of this question leads to the modular theory of group characters. There is a close connection between the algebraic and arithmetical structure of Γ which implies that the theories of ordinary and modular group characters are interrelated. Thus the "modular" theory provides a new approach to the "ordinary" theory of group characters.[1]

In the case in which we are interested the prime is a discriminant divisor, i. e., p divides the order g of the group $\mathfrak{G}$. We shall assume in this paper that g contains p to the first power only, i. e.,

$$(*) \qquad g = pg', \qquad (g', p) = 1.$$

* Received April 4, 1941; Presented to the American Mathematical Society April 7, 1939.

[1] For this point of view, cf. R. Brauer, *Proceedings of the National Academy of Sciences*, vol. 25 (1939), p. 252.

To be sure, this assumption is of a very restrictive nature. It may, however, be mentioned that Dickson's list [2] of 78 simple groups of an order smaller than 10^9 contains only one group for which there is no prime p such that (*) holds.

The simplification imposed by the assumption (*) is threefold. In the first place, the arithmetical structure is far simpler than in the general case, and the modular theory as developed in a number of previous papers [3] gives complete results. Furthermore, the group-theoretical situation is greatly simplified compared with the general case because of the simple structure of the p-Sylow-subgroup of $\mathfrak{G}$. Finally, we have simplifications of a somewhat more analytical nature; in certain inequalities, as they occur in the theory of group characters, the terms are small so that it is easy to handle them.

Let K be the number of classes of conjugate elements in $\mathfrak{G}$. The characters of $\mathfrak{G}$ can be arranged in the form of a matrix Z of degree K. Each row corresponds to a fixed character, each column to a fixed class of conjugate elements. We arrange the columns so that the classes with p-regular elements [4] come before the other classes, and we arrange the rows so that the characters of a degree prime to p come before the characters of a degree divisible by p. Thus if

$$(**)\qquad Z = \begin{pmatrix} Z_1 & Z_2 \\ Z_3 & Z_4 \end{pmatrix} \begin{matrix} \} \text{ degrees prime to } p, \\ \} \text{ degrees divisible by } p, \end{matrix}$$

$$\underbrace{}_{p\text{-regular classes}} \qquad \underbrace{}_{p\text{-singular classes}}$$

then we have first of all that $Z_4 = 0$. Our main result states that the matrix Z_2 is determined by the structure of the normalizer $\mathfrak{M}$ of $\mathfrak{P}$, the p-Sylow-subgroup of $\mathfrak{G}$, only some $\pm$ signs remaining undetermined. In particular, if we replace $\mathfrak{G}$ by $\mathfrak{M}$, the matrix Z_2 remains essentially the same, only the signs of some of its rows have to be changed. In the case of the group $\mathfrak{M}$, the second row in (**) is missing. This implies that the number of characters of $\mathfrak{G}$ whose degree is prime to p is equal to the number of classes of conjugate elements of $\mathfrak{M}$.

We obtain these results in a somewhat more explicit form (cf. Theorems 1, 2, 3, 4, and 5). We show that the values of the characters of $\mathfrak{G}$ for p-singular elements can be written down (apart from $\pm$ signs which remain undetermined), provided that the characters of a certain subgroup $\mathfrak{W}$ are known. This $\mathfrak{W}$ is a subgroup of the normalizer $\mathfrak{M}$ of the p-Sylow-subgroup;

[2] L. E. Dickson, *Linear groups*, Leipzig (1901), pp. 309-310.
[3] Cf. the papers mentioned in the bibliography.
[4] Cf. the list of notations at the end of the Introduction.

the order of $\mathfrak{W}$ is prime to p, and hence the construction of its characters can certainly be considered as a more elementary problem than the corresponding problem for $\mathfrak{G}$. As a matter of fact, in most of the applications of the theory developed here the group $\mathfrak{W}$ is of a very simple structure, and its characters can be written down at once. Very often, $\mathfrak{W}$ is a cyclic group.

From a knowledge of the matrices Z_2 and Z_4 in (**), some information concerning Z_1 and Z_3 can be obtained. First, the orthogonality relations for group characters can be applied. Secondly, we may obtain the values (mod p) of the characters for those classes whose elements commute with elements of order p. In particular, this gives a set of new conditions for the degrees of the characters which in many cases is sufficient for the computation of the degrees. Finally, from our knowledge of Z_2 and Z_4 we obtain conditions for the multiplication of the characters which also can be used to gain new information concerning Z_1 and Z_3.

In many cases it is possible to derive the complete table of characters in this manner; the following examples may show the significance of the method. Heretofore it has not been known whether more than one simple group exists for the orders $g = 5616$ and $g = 6048$. Assuming that $\mathfrak{G}$ is a simple group of one of these orders, we may find by elementary methods the structure of $\mathfrak{N}$, where $p = 13$ in the first case and $p = 7$ in the second case. It turns out that the results obtained are sufficient to construct the complete table of group characters in either case. From this table we can derive the modular group characters of $\mathfrak{G}$ for the prime $p = 3$ (here the theorem as given above does not hold since 3 divides the order of the group to a higher power than the first). The values of the modular characters show that a simple group $\mathfrak{G}$ of order 5616 must have an absolutely irreducible representation of degree 3 in the Galois field $GF(3)$. Hence it is a subgroup of $LF(3,3)$, and since $\mathfrak{G}$ and $LF(3,3)$ have the same order, we find $\mathfrak{G} \cong LF(3,3)$. Similarly, it can be shown that a simple group of order 6048 is isomorphic with $HO(3,9)$ since it must have a unitary representation of degree 3 in $GF(9)$.[5] This shows[6] that the list of known simple groups is actually complete up to the order 6232. Some applications of our results of a more general nature have been given without proof elsewhere.[7]

[5] It is not possible to give the details of the computation in this paper.

[6] F. N. Cole, *Bulletin of the American Mathematical Society*, vol. 30 (1924), p. 489. Actually, it follows from a theorem of Frobenius *Sitzungsber. Preuss. Akad.* (1895), p. 1041) that no simple group of order 6232 can exist, since $6232 = 2 \cdot 2 \cdot 2 \cdot 19 \cdot 41$ is a product of five primes. It would be very easy to replace 6232 by a larger number using the methods of this paper.

[7] R. Brauer, *Proceedings of the National Academy of Sciences*, vol. 25 (1939), p. 290.

Notation. $\mathfrak{G}$ is a group of order $g = pg'$, where p is a prime and g' is not divisible by p. Let $\zeta_1, \zeta_2, \cdots, \zeta_K$ be the absolutely irreducible characters of $\mathfrak{G}$ and $\phi_1, \phi_2, \cdots, \phi_{k_0}$ the irreducible modular characters. Then K is the number of classes of $\mathfrak{G}$, and k_0 is the number of classes consisting of p-regular elements. Here an element G of $\mathfrak{G}$ is termed p-regular, if its order is prime to p, otherwise G is p-singular. The characters ζ_μ of $\mathfrak{G}$ are distributed into "*blocks*"[8] B_λ $(\lambda = 1, 2, \cdots)$, and we may speak of the modular characters belonging to the block B_λ. The degree of ζ_μ will be denoted by z_μ. Each character ζ_μ determines a family of p-conjugate characters,[9] we denote the number of members of this family by r_μ.

1. The *p*-singular elements of $\mathfrak{G}$. We first formulate some elementary facts concerning the type of groups we propose to consider in this paper.

LEMMA 1. *Let $\mathfrak{G}$ be a group of order*

$$g = pg', \qquad ((p, g') = 1), \tag{1}$$

where p is a prime, and let P be an element of order p. The normalizer $\mathfrak{N} = \mathfrak{N}(P)$ is a direct product of the Sylow subgroup $\mathfrak{P} = \{P\}$, and a group $\mathfrak{V}$ of order v which is prime to p, i. e.,

$$\mathfrak{N} = \mathfrak{V} \times \mathfrak{P}. \tag{2}$$

This follows at once from a theorem of Burnside or a more general theorem of Frobenius.[10] Using Sylow's theorem, we obtain easily

LEMMA 2. *If two elements of $\mathfrak{N}$ are conjugate in $\mathfrak{G}$, then they are conjugate in the normalizer $\mathfrak{M} = \mathfrak{N}(\mathfrak{P})$ of the Sylow-subgroup $\mathfrak{P}$.*

There is no difficulty in discussing the structure of $\mathfrak{M}$. We have

---

[8] Cf. [**1**], § 9.

[9] Cf. [**2**], § 4.

[10] W. Burnside, *Proceedings of the London Mathematical Society*, vol. 33 (1901), pp. 163, 257; G. Frobenius, *Sitzungsber. Preuss. Akad.* (1901), pp. 1216, 1324. We may also prove the statement in our case in the following fashion. Assume first that $\mathfrak{N}$ has an irreducible representation of degree f prime to p which does not represent P by the unit matrix. Then the elements of $\mathfrak{N}$ for which the determinant is a g'-th root of unity, form a normal subgroup $\mathfrak{V}$, and P does not lie in $\mathfrak{V}$, whence we easily obtain (2). If Lemma 1 is not true, then every irreducible representation $\mathfrak{F}$ of $\mathfrak{N}$, whose degree f is prime to p, actually is a representation of $\mathfrak{N}/\{P\}$. But adding the squares of the degrees of all irreducible representations, we obtain the order of the group, and it would follow that the orders of $\mathfrak{N}$ and of $\mathfrak{N}/\{P\}$ are congruent $(\text{mod } p^2)$, which is not the case.

LEMMA 3. *The group* $\mathfrak{M}/\mathfrak{N}$ *is cyclic, its order* q *is a divisor of* $p-1$, *say*

$$p-1=qt. \tag{3}$$

If M *in* $\mathfrak{M}$ *corresponds to a generating element of* $\mathfrak{M}/\mathfrak{N}$, *then*

$$M^{-1}PM=P^{\gamma^t} \tag{4}$$

where γ *is a primitive root* (mod p). *The order of* M *is prime to* p.†

The elements

$$P_0=1,\quad P_1=P,\quad P_2=P^{\gamma},\cdots,P_t=P^{\gamma^{t-1}} \tag{5}$$

form a complete system of representatives of the classes of conjugate elements in $\mathfrak{G}$ in which the order is a power of p. They can be taken as the elements P_i in [**2**], § 1.

Every p-singular class C of $\mathfrak{G}$ contains an element $P^{\alpha}V$ with $\alpha\not\equiv 0$ (mod p), V in $\mathfrak{V}$. We readily obtain

LEMMA 4. *Let* $V_1, V_2,\cdots, V_l$ *be a maximal system of elements of* $\mathfrak{V}$ *such that no two of them are conjugate in* $\mathfrak{M}$. *Every* p*-singular class of* $\mathfrak{G}$ *contains an element* $P^{\alpha}V_{\lambda}$ *with* $\alpha\not\equiv 0$ (mod p), *and* λ *is uniquely determined by the class. All the classes for which* λ *has the same value belong to one family*[11] F_{λ}; *we have* l *families of* p*-singular classes.*

Let τ_{λ} be the least positive integer for which $M^{-\tau_{\lambda}}V_{\lambda}M^{\tau_{\lambda}}$ and V_{λ} are conjugate in $\mathfrak{V}$. Then the class of V_{λ} in $\mathfrak{M}=\{\mathfrak{V},P,M\}$ splits into τ_{λ} sub-classes of elements which are conjugate in $\mathfrak{V}$. The number τ_{λ} must be a divisor of q, since M^q lies in $\mathfrak{N}$ and, therefore, $M^{-q}V_{\lambda}M^q$ and V_{λ} are conjugate in $\mathfrak{V}$.

Suppose that $P^{\alpha}V_{\lambda}$ and $P^{\beta}V_{\lambda}$ are conjugate in $\mathfrak{G}$, say $G^{-1}P^{\alpha}V_{\lambda}G=P^{\beta}V_{\lambda}$. Then $G^{-1}P^{\alpha}G=P^{\beta}$, $G^{-1}V_{\lambda}G=V_{\lambda}$. Hence G lies in one of the cosets $\mathfrak{N}M^{\rho}$. Since $M^{-\rho}V_{\lambda}M^{\rho}$ and V_{λ} are conjugate in $\mathfrak{V}$, the exponent ρ must be a multiple of τ_{λ}. Furthermore, (4) implies that $\alpha\gamma^{\rho t}\equiv\beta$ (mod p). Conversely, if this congruence holds for a multiple ρ of τ_{λ}, then $P^{\alpha}V_{\lambda}$ and $P^{\beta}V_{\lambda}$ are conjugate in $\mathfrak{G}$. It follows that the elements $P^{\alpha}V_{\lambda}$, $\alpha=1,2,\cdots,p-1$, belong to $t_{\lambda}=t\tau_{\lambda}$ different classes in $\mathfrak{G}$.

LEMMA 5. *Suppose that the class of* V_{λ} *in* $\mathfrak{G}$ includes exactly ~~*breaks up into*~~ τ_{λ} *sub-classes of elements which are conjugate* by elements of ~~*in*~~ $\mathfrak{V}$, *and set* $t_{\lambda}=t\tau_{\lambda}$. *The family* F_{λ} *consists of* t_{λ} *classes of conjugate elements (with regard to* $\mathfrak{G}$). [R.B.]

It follows from (3) and $\tau_{\lambda}|q$ that t_{λ} divides $p-1$. Two elements $P^{\alpha}V_{\lambda}$

[11] Cf. [**2**], § 7.

† For $t=p-1$, this is true for suitable choice of M; e.g., we may take $M=1$. [R.B.]

↓ l-2: by elements of [R.B.]

and $P^\beta V_\lambda$ are conjugate in $\mathfrak{G}$, if and only if P^α and P^β are conjugate in the normalizer $\mathfrak{N}(V_\lambda)$ of V_λ. Hence we have t_λ classes of elements of $\mathfrak{N}(V_\lambda)$ which contain elements of order p. Each of these classes contains $n(V_\lambda)/n(V_\lambda P)$ elements, where $n(G)$ denotes the order of the normalizer of an element G in $\mathfrak{G}$. Hence $\mathfrak{N}(V_\lambda)$ contains $t_\lambda n(V_\lambda)/n(V_\lambda P)$ elements of order p. Together with the unit element, they form a complete set of solutions of the equation $X^p = 1$. Using a theorem of Frobenius,[12] we now obtain

LEMMA 6. *Let $n(G)$ be the order of the normalizer of the element G in $\mathfrak{G}$. The number t_λ is characterized completely by the two conditions*

$$(6) \qquad p-1 \equiv 0 \pmod{t_\lambda}, \qquad 1 + t_\lambda \frac{n(V_\lambda)}{n(V_\lambda P)} \equiv 0 \pmod{p}.$$

2. The blocks of characters. A block B is either of type[13] 1 or of type 0, according as the degrees of the characters in B are divisible by p or are prime to p. In the first case, B is of the highest type. Therefore,[14] B consists of one character ζ_μ only. Further, ζ_μ is modular irreducible, it lies in the field of the g'-th roots of unity, and it vanishes for all p-singular elements of $\mathfrak{G}$. The corresponding generalized decomposition numbers $d^i_{\mu\nu}$ vanish for $i > 0$ and all ν.[15]

In the notation of Lemma 4, there exist l classes of conjugate elements in $\mathfrak{G}$ such that the elements of the class are p-regular and that the number of elements in the class is prime to p. This implies,[16] that exactly l of the blocks of $\mathfrak{G}$ are of the lowest type, i. e., of type 0.

THEOREM 1. *The group $\mathfrak{G}$ possesses l blocks $B_1, B_2, \cdots, B_l$ of lowest type where l is defined in Lemma 4. All the other blocks $B_{l+1}, B_{l+2}, \cdots$ are of highest type; they consist of one character ζ_μ, which is p-conjugate only to itself, which is modular irreducible, and which vanishes for all p-singular elements.*

If we set $g = p^a g'$ with $(g', p) = 1$, then $a = 1$. Hence the blocks $B_1, B_2, \cdots, B_l$ are of degree $a - 1$. Consequently, the results of [**3**] will hold for them. We shall apply these later.

3. The matrix of the generalized decomposition numbers. In order to discuss the decomposition numbers $d^i_{\mu\nu}$ with $i > 0$, we have to form the

---

[12] Frobenius, *Sitzungsber. Preuss. Akad.* (1895), p. 981.
[13] [**1**], § 17.
[14] Cf. [**1**], Part II.
[15] [**2**], Theorem 10.
[16] [**1**], Theorem 2.

normalizer $\mathfrak{N}(P_i)$ of the element P_i (cf. (5)). This normalizer is identical with the normalizer $\mathfrak{N}$ of P, and (2) now shows that the irreducible modular characters $\phi_1{}^i, \phi_2{}^i, \cdots$ of $\mathfrak{N}(P_i)$ are identical with the ordinary irreducible characters $\theta_1, \theta_2, \cdots$ of $\mathfrak{V}$. The corresponding Cartan invariants of $\mathfrak{N}(P_i)$, then, are given by

(7) $$c^i{}_{\rho\sigma} = p\delta_{\rho\sigma}\text{[17]} \quad (\text{for } i > 0).$$

This implies that the indecomposable character $\Phi_\rho{}^i$ of $\mathfrak{N}(P_i)$ associated with $\phi_\rho{}^i$ is connected with $\phi_\rho{}^i$ by the equation

$$\Phi_\rho{}^i = p\phi_\rho{}^i.$$

Then the formulae [**2**], (1) and (2) defining the decomposition numbers $d^i{}_{\mu\nu}$ become

(8) $$\zeta_\mu(P_iV) = \sum_\nu d^i{}_{\mu\nu}\theta_\nu(V) \qquad (V \text{ in } \mathfrak{V}, i > 0).$$

(9) $$d^i{}_{\mu\nu} = (1/v) \sum_{V \text{ in } \mathfrak{V}} \zeta_\nu(P_iV)\theta_\mu(V^{-1}) \quad \text{for} \quad i > 0.\text{[18]}$$

According to (7) and [**2**], Theorem 4, we have

(10 a) $$\sum_{\mu=1}^{K} d^i{}_{\mu\nu}\bar{d}^j{}_{\mu\rho} = 0, \text{ if } i \neq j \text{ or if } \nu \neq \rho.$$

(10 b) $$\sum_{\mu=1}^{K} d^i{}_{\mu\nu}\bar{d}^i{}_{\mu\nu} = p.$$

If in (10 b) the index μ ranges only over the values corresponding to a fixed block B_λ, then the sum on the left-hand side is a rational integer which is divisible by p (cf. [**2**], Theorem 7). It follows that for every possible combination (i, ν) with $i > 0$ there exists exactly one block B_λ of lowest kind such that $d^i{}_{\mu\nu} = 0$ for all μ not belonging to B_λ. We denote this block B_λ by $B(i, \nu)$. If two d-columns $d^i{}_{\mu\nu}$ and $d^j{}_{\mu\rho}$ are algebraically conjugate, then obviously $B(i, \nu) = B(j, \rho)$. The same block B_λ corresponds to all the members of a family of algebraically conjugate d-columns.

Every block B_λ of lowest type appears, conversely, in the form $B(i, \nu)$ for at least one combination (i, ν) with $i > 0$. If this were not so, we would have $d^i{}_{\mu\nu} = 0$ for the values μ belonging to B_λ and for all $i > 0$ and all ν. Then (8) shows that the characters ζ_μ of B_λ vanish for all p-singular elements, and this would imply[19] that ζ_μ belongs to a block of highest type and not to a block B_λ of type 0.

---

[17] Cf. [1], § 29.—Of course, $\delta_{\rho\sigma} = 0$ for $\rho \neq \sigma$ and $\delta_{\rho\rho} = 1$.

[18] We make use of the fact that v is the p-th part of the order of $\mathfrak{N}(P_i)$ and that $p\theta_\mu$ is the indecomposable character $\Phi_\mu{}^i$.

[19] Cf. [**1**], Theorem 10.

According to [2], Theorem 11, the number of families of algebraically conjugate d-columns is equal to the number of families of classes of conjugate elements. Each d-column with $i=0$ forms its own family, and so does each p-regular class. Further, we have as many d-columns with $i=0$ as we have p-regular classes. It follows that the number of families of d-columns with $i>0$ is equal to the number of families of p-singular classes. This latter number is l (cf. Lemma 4). Hence we have as many families of algebraically conjugate d-columns with $i>0$ as we have blocks $B_1, B_2, \cdots, B_l$ of lowest type. The mapping $d^i_{\mu\nu} \rightarrow B(i, \nu)$ necessarily defines a $(1-1)$-correspondence between families of d-columns with $i>0$ and blocks of the lowest type. We shall say that the d-column $d^i_{\mu\nu}$ belongs to the block B_λ, if $B(i,\nu) = B_\lambda$.

Arrange now the characters $\zeta_1, \zeta_2, \cdots, \zeta_k$ of $\mathfrak{G}$ so that the characters of B_1 come first, then those of $B_2, \cdots$, then those of B_l, and then those of the blocks $B_{l+1}, B_{l+2}, \cdots$ of highest type.

On the other hand, we choose a suitable arrangement of the columns of the matrix $\boldsymbol{D}$ formed by the decomposition numbers (cf. [2], (3)). We start with the d-columns with $i=0$, taking them in such an order that the matrix $D = D^0$ breaks up in the form [1], (28) (i. e., arranging the modular characters $\phi_1, \phi_2, \cdots$ of $\mathfrak{G}$ so that the characters of B_1 come first, then those of B_2, etc.). After the d-columns with $i=0$ we take the columns belonging to B_1, then those of $B_2, \cdots$, finally those of B_l. From our results above it follows that $\boldsymbol{D}$ has the following form

$$\boldsymbol{D} = \left(\begin{array}{ccccc|cccc} D_1 & 0 & \cdots & 0 & 0 & Q_1 & 0 & \cdots & 0 \\ 0 & D_2 & \cdots & 0 & 0 & 0 & Q_2 & \cdots & 0 \\ & & & & & & & & \\ 0 & 0 & \cdots & D_l & 0 & 0 & 0 & \cdots & Q_l \\ 0 & 0 & \cdots & 0 & I_m & 0 & 0 & \cdots & 0 \end{array}\right). \tag{11}$$

Here, m is the number of characters ζ_μ of a degree $z_\mu \equiv 0 \pmod p$ and I_m denotes the unit matrix of degree m. The part of $\boldsymbol{D}$ to the left of the vertical line contains the ordinary decomposition numbers $d_{\mu\nu} = d^0_{\mu\nu}$, i. e., the matrix $D = D^0$. The columns of each fixed Q_λ are algebraically conjugate. Since $\boldsymbol{D}$ is non-degenerate, it follows that these columns are linearly independent.

4. The number of characters in the blocks of lowest kind. Denote the number of columns of Q_λ by t'_λ; the corresponding columns of $\boldsymbol{D}$ form a family of d-columns $(\lambda = 1, 2, \cdots, l)$. Besides these l families of d-columns, we have k_0 further families of d-columns $d^i_{\mu\nu}$ with $i=0$ where k_0 is the number of classes of p-regular elements in $\mathfrak{G}$. Each of these families consists of one column. Hence the number of members in the different families of d-columns are

(12) $$t'_1, t'_2, \cdots, t'_l, \underbrace{1, \cdots, 1}_{k_0}$$

respectively.

We now apply [**2**], Theorem 12.[20] We have $l + k_0$ families of p-conjugate characters, and if the number of members of these families are

(13) $$r_1, r_2, \cdots, r_{l+k_0}$$

respectively, then the sets of numbers (12) and (13) coincide. Further, the classes of conjugate elements are also distributed into families. According to Lemma 4, we have l families containing p-singular classes, and the λ-th family contains t_λ classes (Lemma 5). Each p-regular class forms a family by itself; there are k_0 such families. Hence the number of members of the different families is

(14) $$t_1, t_2, \cdots, t_l, \underbrace{1, \cdots, 1}_{k_0}$$

respectively. Again, [**2**], Theorem 12, shows that the system (14) coincides with each of the systems (12) and (13). In particular, after changing the order of the l elements $V_1, V_2, \cdots, V_l$ if necessary, we may assume that

(15) $$t_\lambda = t'_\lambda, \qquad (\lambda = 1, 2, \cdots, l).$$

Let ϵ be a primitive g-th root of unity, and choose a rational integer γ such that γ is a primitive root (mod p) and $\gamma \equiv 1$ (mod g'). The substitution

(16) $$T: \quad \epsilon \rightarrow \epsilon^\gamma$$

transforms Q_λ (cf. (11)) into a matrix Q_λ^T. There are two ways of obtaining Q_λ^T from Q_λ: (1) the substitution T permutes the d-columns and this induces a permutation of the columns of Q_λ. The coefficients of Q_λ belong to the field of the p-th root of unity and the t_λ columns of Q_λ are algebraically conjugate. It follows easily that Q_λ^T can be obtained from Q_λ by a cyclic permutation of the columns.[21] The substitution T permutes the characters $\zeta_1, \zeta_2, \cdots$; actually, T induces a cyclic permutation of the characters of each family. This shows that Q_λ^T can be obtained from Q_λ by a certain permutation of the rows. The assumptions of [**2**], Lemma 2, are satisfied since the columns of Q_λ are linearly independent as observed above. It follows that the block B_λ must

[20] For the case $p = 2$, cf. footnote [21] of [**2**].

[21] According to [**2**], § 1, the generalized decomposition numbers lie in the field of the p-th roots of unity, since we have $a = 1$.

contain at least one character ζ_μ such that the number r_μ of members of the family of ζ_μ is divisible by t_λ. But the systems (14) and (15) both consist of the same numbers. We readily see that the block B_λ contains a family consisting of exactly t_λ characters; all the other families belonging to B_λ consist of one character $(\lambda = 1, 2, \cdots, l)$. If B_λ contains w_λ families of characters and if $r_\alpha, r_\beta, \cdots, r_\kappa$, respectively, are the numbers of members of these w_λ families, then one of the numbers, say r_α, is equal to t_λ whereas the other $w_\lambda - 1$ numbers are equal to 1, i. e., $r_\beta = \cdots = r_\kappa = 1$. On the other hand, we have [22]

$$r_\alpha r_\beta \cdots r_\kappa (1/r_\alpha + 1/r_\beta + \cdots + 1/r_\kappa) = p.$$

This now gives

$$t_\lambda(1/t_\lambda + (w_\lambda - 1)) = p,$$

$$w_\lambda - 1 = (p-1)/t_\lambda. \tag{17}$$

If a character ζ_μ is p-conjugate only to itself, i. e., $r_\mu = 1$, then ζ_μ lies in the field of the g'-th roots of unity. Hence

THEOREM 2. *Let $t_1, t_2, \cdots, t_l$ have the same significance as in Lemmas 5 and 6. If these l numbers are taken in a suitable order, then the block B_λ of lowest kind consists (a) of one family of t_λ p-conjugate characters, the "exceptional family" of B_λ and (b) $(p-1)/t_\lambda$ further characters ζ_μ which belong to the field of the g'-th roots of unity, i. e., each such ζ_μ is p-conjugate only to itself* $(\lambda = 1, 2, \cdots, l)$.

On account of [**3**], § 7, Corollaries 1 and 6, and [**3**], Theorem 5, we also have

THEOREM 3. *The block B_λ contains $(p-1)/t_\lambda$ modular characters $(\lambda = 1, 2, \cdots, l)$. The structure of B_λ is characterized by a tree T_λ with $1 + (p-1)/t_\lambda$ vertices and with $(p-1)/t_\lambda$ edges. Each of these edges E_ν corresponds to a modular character ϕ_ν of B_λ; each of the vertices V_μ corresponds to a family of p-conjugate characters. A modular character ϕ_ν of B_λ appears as a modular constituent of an ordinary character ζ_μ of B_λ, if the edge E_ν contains the vertex corresponding to ζ_μ; the multiplicity of ϕ_ν in ζ_μ then is* 1.

We may describe the tree T_λ in the customary manner [23] by a matrix with $1 + (p-1)/t_\lambda$ rows and $(p-1)/t_\lambda$ columns. Each row corresponds to a vertex, and each column corresponds to an edge. The coefficient in the i-th row and the j-th column is 1, if the j-th edge contains the i-th vertex.

---

[22] Cf. [**3**], Corollary 5 in § 7.

[23] Cf. O. Veblen, *Analysis situs*, second ed., p. 12.

In the other case, the coefficient is 0. Let $\tilde{D}_\lambda$ be this matrix. Suppose that the numbering of the vertices is such that the last vertex corresponds to the family with t_λ members. Then the matrix D_λ in (11) is obtained from $\tilde{D}_\lambda$ by adding $t_\lambda - 1$ further rows all of which are equal to the last row of $\tilde{D}_\lambda$. Since $C_\lambda = D'_\lambda D_\lambda$, we can find the ordinary decomposition numbers and the Cartan invariants corresponding to the block B_λ, if we know the tree T_λ, the number t_λ and the vertex corresponding to the family with t_λ members.

5. The coefficients of the matrix Q_λ. Consider a fixed block B_λ $(\lambda = 1, 2, \cdots, l)$. The corresponding matrix Q_λ in (11) has t_λ columns, (cf. (15)), which are algebraically conjugate. The substitution (16) induces a cyclic permutation of these columns; we may arrange the columns so that the first column is carried into the second, the second into the third etc., finally the last column into the first.

As we have seen, the block B_λ contains $(p-1)/t_\lambda$ characters ζ_μ which belong to the field of the g'-th roots of unity. It follows from (9) that the corresponding numbers $d^i_{\mu\nu}$ lie in the same field. On the other hand, the generalized decomposition numbers lie in the field of the p-th roots of unity.[24] Consequently, the numbers $d^i_{\mu\nu}$ with the fixed first suffix μ are rational integers, therefore $d^i_{\mu\nu}$ is algebraically conjugate only with itself. The formula (11) now shows that the row of Q_λ, which corresponds to ζ_μ contains t_λ equal coefficients.

Set $h = (p-1)/t_\lambda$ and arrange the characters ζ_μ of B_λ so that the h characters lying in the field of the g'-th roots of unity are taken first and are followed by the t_λ characters of the exceptional family of B_λ. If the order of these last t_λ characters is chosen suitably, the matrix Q_λ will have the form

$$Q_\lambda = \begin{pmatrix} a_1 & a_1 & \cdots & a_1 \\ a_2 & a_2 & \cdots & a_2 \\ \cdot & \cdot & \cdot & \cdot \\ a_h & a_h & \cdots & a_h \\ \alpha & \alpha' & \cdots & \alpha^{(t_\lambda-1)} \\ \alpha' & \alpha'' & \cdots & \alpha \\ \cdot & \cdot & \cdot & \cdot \\ \alpha^{(t_\lambda-1)} & \alpha & \cdots & \alpha^{(t_\lambda-2)} \end{pmatrix}. \tag{18}$$

Here $a_1, a_2, \cdots, a_h$ are rational integers, while α is an integer of the field of the p-th roots of unity which has exactly t_λ conjugates $\alpha, \alpha', \cdots, \alpha^{(t_\lambda-1)}$ with regard to the field P of rational numbers.

[24] Cf. [**2**], § 1.

The relations (10a) and (10b) can be used to determine the coefficients of Q_λ. Because of the form (11) of $\boldsymbol{D}$, we obtain from (10a) for $j = 0$ the matrix equation

$$(a_1, a_2, \cdots, a_h, \alpha, \alpha', \cdots, \alpha^{(t_\lambda-1)}) D_\lambda = 0. \tag{19}$$

Secondly, (10a) applied to two suitable columns of $\boldsymbol{D}$ passing through Q_λ yields

$$\sum_{\nu=1}^{h} a_\nu^2 + \operatorname{tr}(\bar{\alpha}\alpha^{(i)}) = 0 \qquad (i = 1, 2, \cdots, t_\lambda - 1), \tag{20}$$

where $\operatorname{tr}(\omega)$ denotes the trace of a number ω of the field $\mathrm{P}(\alpha)$ with regard to P. Finally, the equation (10b) gives

$$\sum_{\nu=1}^{h} a_\nu^2 + \operatorname{tr}(\alpha\bar{\alpha}) = p. \tag{21}$$

The last t_λ rows of D_λ are equal (cf. § 4). Hence (19) can be written in the form

$$(a_1, a_2, \cdots, a_h, \operatorname{tr}(\alpha)) \tilde{D}_\lambda = 0, \tag{22}$$

where $\tilde{D}_\lambda$, as in § 4, is the matrix describing the tree T_λ. We set $a_{h+1} = \operatorname{tr}(\alpha)$. From (22), it follows that if the edge E_σ of T_λ is bounded by the vertices V_κ and V_ν, then

$$a_\kappa + a_\nu = 0.$$

On comparing these equations for all h edges of T_λ, we see that

$$a_i = \pm a_j, \qquad a_{h+1} = \operatorname{tr}(\alpha) \tag{23}$$

for $i, j = 1, 2, \cdots, h + 1$. In (23), the $+$ sign is to be used, when the vertices V_i and V_j are connected by an even number of edges, in the other case the $-$ sign is to be taken.

We now add the equations (20) for $i = 1, 2, \cdots, t_\lambda - 1$ and (21). Thus we obtain

$$t_\lambda \sum_{\nu=1}^{h} a_\nu^2 + \operatorname{tr}(\bar{\alpha} \sum_{i=0}^{t_\lambda-1} \alpha^{(i)}) = p,$$

or

$$t_\lambda \sum_{\nu=1}^{h} a_\nu^2 + \operatorname{tr}(\bar{\alpha}) \operatorname{tr}(\alpha) = p. \tag{24}$$

But $\operatorname{tr}(\bar{\alpha}) = \operatorname{tr}(\alpha)$, and by (23), (24) takes the form

$$ht_\lambda \operatorname{tr}(\alpha)^2 + \operatorname{tr}(\alpha)^2 = p.$$

This shows that the rational integer tr (α) must have the value ± 1:

$$\text{tr}(\alpha) = \pm 1. \tag{25}$$

Let ϵ_0 be a primitive p-th root of unity and set

$$\epsilon_\nu = \epsilon_0^{\gamma^\nu} \qquad (\nu = 0, 1, 2, \cdots, p-2), \tag{26}$$

where γ is a primitive root (mod p). The integer α belongs to the field $\mathrm{P}(\epsilon_0)$ and can therefore be written in the form

$$\alpha = b_0\epsilon_0 + b_1\epsilon_1 + \cdots + b_{p-2}\epsilon_{p-2},$$

where the b_ν are rational integers which are uniquely determined by α. Since α has exactly t_λ conjugates with regard to P, the substitution T^{t_λ} (cf. (16)) of period $h = (p-1)/t_\lambda$ must leave α invariant. Hence, $b_\nu = b_{\nu+t_\lambda}$. If η_ρ denotes the "Gauss period"

$$\eta_\rho = \epsilon_\rho + \epsilon_{\rho+t_\lambda} + \cdots + \epsilon_{\rho+(h-1)t_\lambda}, \qquad (\rho = 0, 1, \cdots, t_\lambda - 1), \tag{27}$$

then

$$\alpha = b_0\eta_0 + b_1\eta_1 + \cdots + b_{t_\lambda-1}\eta_{t_\lambda-1}. \tag{28}$$

As is easily seen, we have

$$\text{tr}(\eta_\rho) = -1,$$
$$\text{tr}(\eta_\rho\bar{\eta}_\sigma) = -h \text{ for } \rho \neq \sigma; \ \text{tr}(\eta_\rho\bar{\eta}_\rho) = p - h.$$

On substituting the value of α from (28) in (25) and (21) and using (23) and (25), we find

$$\sum_{i=0}^{t_\lambda-1} b_i = \pm 1, \tag{29}$$

$$h + (-h)\sum_{i,j=0}^{t_\lambda-1} b_ib_j + p\sum_{i=0}^{t_\lambda-1} b_i^2 = p. \tag{30}$$

Because of (29), the first two terms on the left hand side of (30) cancel; it follows that $\Sigma b_i^2 = 1$, and, since the b_i are rational integers, only one of them can be different from 0. The value of this particular b_ρ then is ± 1, and we have $\alpha = \pm \eta_\rho$. After permuting the rows of Q_λ, if necessary, we may assume that $\rho = 0$, i. e.,

$$\alpha = \pm \eta_0. \tag{31}$$

With each character ζ_μ of B_λ we associate a sign $\delta_\mu = \pm 1$; if ζ_μ appears in the i-th row of Q_λ and $i \leqq h$, set $\delta_\mu = a_i$. If i has one of the values $h+1, \cdots, h+t_\lambda$, set $\delta_\mu = a_{h+1}$. The $\pm$ sign in (31) then is $-\delta_\mu$, if ζ_μ belongs to the family with t_λ members, i. e.,

$$\alpha = -\delta_\mu\eta_0. \tag{31*}$$

The formulae (23), (31*) determine the coefficients of Q_λ; only one $\pm$ sign remains undetermined, if the tree T_λ is known. If T_λ is not known, all the signs δ_μ remain undetermined.

6. Relations between the characters of $\mathfrak{G}$ and of $\mathfrak{V}$. It remains to determine which d-columns are algebraically conjugate to a given d-column $d^i{}_{\mu\nu}$, ($i > 0$, ν fixed).[25] In order to obtain these conjugate columns, we have to apply the powers of the substitution T defined in (16). The effect on (9) is that P_i is replaced by its powers $\neq 1$. This shows that for one of these conjugate columns the upper index is 1. There is no restriction in assuming that in the given column we have $i = 1$, and that the first column of each Q_λ belongs to the upper index $i = 1$. We denote the given d-column by $\mathfrak{a}$; its μ-th coefficient is

$$(32) \qquad (\mathfrak{a})_\mu = d^1{}_{\mu\nu} = (1/v) \sum_{V \text{ in } \mathfrak{V}} \zeta_\mu(PV)\theta_\nu(V^{-1}),$$

where ν has a fixed value. Let $\mathfrak{a}^{(\rho)}$ be the column obtained from $\mathfrak{a}$ by applying T^ρ. The effect of the substitution T consists in the replacing of P by P^γ in (32), and the μ-th coefficient of $\mathfrak{a}^{(\rho)}$ is, therefore, given by

$$(33) \qquad (\mathfrak{a}^{(\rho)})_\mu = (1/v) \sum_V \zeta_\mu(P^{\gamma^\rho}V)\theta_\nu(V^{-1}).$$

Let $\mathfrak{a}$ be the column of $\boldsymbol{D}$, (cf. (11)), which contains the first column of Q_λ. Since Q_λ has t_λ rows, which form a complete family of algebraically conjugate columns, we have

$$(34) \qquad \mathfrak{a}^{(t_\lambda)} = \mathfrak{a}; \quad \mathfrak{a}^{(\rho)} \neq \mathfrak{a} \text{ for } 0 < \rho < t_\lambda.$$

Divide the number ρ by t, (cf. Lemma 3). If

$$(35) \qquad \rho = \kappa t + (j-1), \qquad 1 \leqq j \leqq t,$$

then, by (4) and (5), we have

$$(36) \qquad P^{\gamma^\rho} = M^{-\kappa}P^{\gamma^{j-1}}M^\kappa = M^{-\kappa}P_jM^\kappa.$$

The character ζ_μ has the same value for elements which are conjugate in $\mathfrak{G}$. The equation (33) can, therefore, be written in the form

$$(\mathfrak{a}^{(\rho)})_\mu = (1/v) \sum_V \zeta_\mu(M^\kappa P^{\gamma^\rho}VM^{-\kappa})\theta_\nu(V^{-1}).$$

By (36), this becomes

$$\begin{aligned}(\mathfrak{a}^{(\rho)})_\mu &= (1/v) \sum_V \zeta_\mu(M^\kappa P^{\gamma^\rho}M^{-\kappa} \cdot M^\kappa VM^{-\kappa})\theta_\nu(V^{-1}) \\ &= (1/v) \sum_V \zeta_\mu(P_jM^\kappa VM^{-\kappa})\theta_\nu(V^{-1}).\end{aligned}$$

[25] For the following argument, cf. [2], Theorem 2.

The element $M^{-\kappa}VM^{\kappa}$ ranges over $\mathfrak{V}$, if V ranges over $\mathfrak{V}$. If we replace V by $M^{-\kappa}VM^{\kappa}$, we obtain

$$(\mathfrak{a}^{(\rho)})_{\mu} = (1/v) \sum_{V \text{ in } \mathfrak{V}} \zeta_{\mu}(P_j V)\theta_{\nu}(M^{-\kappa}V^{-1}M^{\kappa}).$$

The expression $\theta_{\nu}(M^{-\kappa}VM^{\kappa})$ represents an irreducible character of $\mathfrak{V}$ if V ranges over $\mathfrak{V}$ and κ has a fixed value. If we denote this character by $\theta_{\sigma}(V)$, then we finally find, on account of (8), that

$$(37) \qquad (\mathfrak{a}^{(\rho)})_{\mu} = d^{j}{}_{\mu\sigma}.$$

For $\rho = t_{\lambda}$, we have $\rho = t_{\lambda} = \tau_{\lambda}t$ (cf. Lemma 5), and hence, $\kappa = \tau_{\lambda}$, $j = 1$. On comparing (32) and (37) for $\rho = t_{\lambda}$ and using (34), we obtain $d^{1}{}_{\mu\nu} = d^{1}{}_{\mu\sigma}$ for every μ belonging to the block B_{λ}. This implies $\nu = \sigma$, and because of the definition of θ_{σ} and of $\kappa = \tau_{\lambda}$, this gives

$$(38) \qquad \theta_{\nu}(M^{-\tau_{\lambda}}VM^{\tau_{\lambda}}) = \theta_{\nu}(V).$$

On the other hand, if $\theta_{\nu}(M^{-\kappa}VM^{\kappa}) = \theta_{\nu}(V)$ for all V in $\mathfrak{V}$ and a fixed κ, then $\sigma = \nu$. Choose now $\rho = \kappa t$ with this value of κ, (cf. (35)). From (37) and (32) it follows that $(\mathfrak{a}^{(\rho)})_{\mu} = d^{1}{}_{\mu\nu}$, i. e., $\mathfrak{a}^{(\rho)} = \mathfrak{a}$. For $\rho < t_{\lambda}$, i. e., for $\kappa < t_{\lambda}/t = \tau_{\lambda}$, this contradicts (34). Hence

$$(39) \qquad \theta_{\nu}(M^{-\kappa}VM^{\kappa}) \neq \theta_{\nu}(V) \text{ for } \kappa = 1, 2, \cdots, \tau_{\lambda} - 1.$$

It follows from Lemmas 1 and 3 that the characteristic subgroup $\mathfrak{V}$ of $\mathfrak{N}$ is a normal subgroup of $\mathfrak{M}$. For any irreducible character $\theta(V)$ of $\mathfrak{V}$ and any fixed element G of $\mathfrak{M}$, the expression $\theta(G^{-1}VG)$ also represents an irreducible character of $\mathfrak{V}$, if V ranges over $\mathfrak{V}$. Two such characters $\theta(V)$ and $\theta(G^{-1}VG)$ are termed *associated characters* of $\mathfrak{V}$ with regard to $\mathfrak{M}$. All the irreducible characters of $\mathfrak{V}$ appear distributed into classes of associated characters. In order to obtain all the characters associated with $\theta(V)$, it is sufficient to take G as a power of the element M (cf. Lemma 3). The relations (38) and (39) show that there exist exactly τ_{λ} distinct characters of $\mathfrak{V}$ which are associated with θ_{ν}. We may assume that the notation has been so chosen that

$$(40) \qquad \theta_{\nu}(M^{-\kappa}VM^{\kappa}) = \theta_{\nu+\kappa}(V), \qquad (\kappa = 0, 1, 2, \cdots, \tau_{\lambda} - 1).$$

Then (37) takes the form

$$(41) \qquad (\mathfrak{a}^{(\rho)})_{\mu} = d^{j}{}_{\mu,\nu+\kappa} \text{ if } \rho = \kappa t + (j-1), \quad 1 \leqq j \leqq t.$$

In other words, the row of Q_{λ} which corresponds to the characters ζ_{μ} of Q_{μ} is given by

$$(42)\qquad d^1_{\mu\nu}, d^2_{\mu\nu}, \cdots, d^t_{\mu\nu}, d^1_{\mu,\nu+1}, d^2_{\mu,\nu+1}, \cdots, d^t_{\mu,\nu+1}, \cdots, d^1_{\mu,\nu+\tau_\lambda-1}, d^2_{\mu,\nu+\tau_\lambda-1}, \cdots, d^t_{\mu,\nu+\tau_\lambda-1}.$$

For every ζ_μ of B_λ, all $d^i_{\mu\nu}$ with $i > 0$ not appearing in (42) vanish as follows from the form (11) of $\boldsymbol{D}$. Hence (8) reads

$$(43)\qquad \begin{aligned} \zeta_\mu(P_iV) &= \sum_{\kappa=0}^{\tau_\lambda-1} d^i_{\mu,\nu+\kappa}\theta_{\nu+\kappa}(V), \\ \zeta_\mu(P_iV) &= \sum_{\kappa=0}^{\tau_\lambda-1} d^i_{\mu,\nu+\kappa}\theta_\nu(M^{-\kappa}VM^{\kappa}), \qquad (i > 0,\ V \text{ in } \mathfrak{V}). \end{aligned}$$

The row (42) of Q_λ has been determined in § 5. If ζ_μ lies in the fields of the g'-th roots of unity, then all the coefficients (42) have the same value $\delta_\mu = \pm 1$ so that (42) has the form

$$(44)\qquad \delta_\mu, \delta_\mu, \cdots, \delta_\mu.$$

If ζ_μ is a suitable one of the t_λ p-conjugate characters of B_λ, then (42) is identical with

$$(45)\qquad -\delta_\mu\eta_0, -\delta_\mu\eta_1, \cdots, -\delta_\mu\eta_{t_\lambda-1}. \qquad \text{(cf. (31*))}.$$

The index ν is determined by the fact that the first column of Q_λ in (11) is the d-column $d^1_{\mu\nu}$, and Q_λ also contains the d-columns $d^1_{\mu,\nu+1}, \cdots, d^1_{\mu,\nu+\tau_\lambda-1}$ belonging to characters θ_ρ of $\mathfrak{V}$ which are associated with θ_ν. In this manner, B_λ determines a class C_λ of associated characters of $\mathfrak{V}$. To another block $\mathrm{B}_{\lambda'}$ with $1 \leqq \lambda' \leqq l$, there must correspond a class $C_{\lambda'} \neq C_\lambda$. Every class of associated characters of $\mathfrak{V}$ necessarily appears in the form C_λ. We now change the notation and denote the character θ_ν of $\mathfrak{V}$ belonging to the first column of Q_λ by θ_λ, $\lambda = 1, 2, \cdots, l$. No two of the characters $\theta_1, \theta_2, \cdots, \theta_l$ of $\mathfrak{V}$ then are associated, but every irreducible character of $\mathfrak{V}$ is associated with one of these l characters.

Collecting the results: we substitute in (43) the values of $d^i_{\mu\nu}$ obtained by comparing (42) with (44), (45) respectively and express η_ρ by means of a primitive p-th root of unity using (26) and (27). We now obtain

THEOREM 4. *To each of the blocks B_λ of the lowest kind there corresponds an irreducible character θ_λ of $\mathfrak{V}$. No two characters $\theta_1, \theta_2, \cdots, \theta_l$ of $\mathfrak{V}$ are associated with regard to $\mathfrak{M}$, but every irreducible character of $\mathfrak{V}$ is associated with one of the characters θ_λ. There are exactly $\tau_\lambda = t_\lambda/t$ characters associated with θ_λ; they are*

$$\theta_\lambda(M^{-\kappa}VM^{\kappa}) \qquad (\kappa = 0, 1, 2, \cdots, \tau_\lambda - 1)$$

where V ranges over $\mathfrak{V}$; we have

$$\theta_\lambda(M^{-\tau_\lambda}VM^{\tau_\lambda}) = \theta_\lambda(V), \qquad V \text{ in } \mathfrak{V}. \tag{46}$$

If ζ_μ is a character belonging to B_λ which is p-conjugate only to itself, then

$$\zeta_\mu(P^\rho V) = \delta_\mu \sum_{\kappa=0}^{\tau_\lambda - 1} \theta_\lambda(M^{-\kappa}VM^\kappa), \qquad (\tau_\lambda = t_\lambda/t) \tag{47a}$$

for $\rho \not\equiv 0 \pmod p$ and V in $\mathfrak{V}$. Here $\delta_\mu = +1$ or $\delta_\mu = -1$. If ζ_μ is a character of the exceptional family of B_λ, we have

$$\zeta_\mu(P^\rho V) = -\delta_\mu \sum_{\kappa=0}^{q-1} \epsilon^{\rho\gamma^{\kappa t}} \theta_\lambda(M^{-\kappa}VM^\kappa), \qquad (q = (p-1)/t), \tag{47b}$$

where $\rho \not\equiv 0 \pmod p$ and V is in $\mathfrak{V}$. Here ϵ is a suitable primitive p-th root of unity, γ is a primitive root $\pmod p$ and $\delta_\mu = +1$ or $\delta_\mu = -1$.

If the characters θ of $\mathfrak{V}$ are known, the formulae (47a) and (47b) together with Theorem 1 show that the values of the characters ζ of $\mathfrak{G}$ for all p-singular elements can be obtained, only the signs $\delta_\mu = \pm 1$ remain undetermined. If the tree T_λ corresponding to B_λ is known, then we obtain from (23) and the remark at the end of § 5

THEOREM 5. *If ζ_μ and ζ_ν are two characters of a block B_λ of the lowest kind, then $\delta_\mu = \delta_\nu$ if and only if the corresponding vertices of the tree T_λ can be joined by an even number of edges.*

Concerning the values of the characters for p-regular elements we state

THEOREM 6. *Let B_λ be a block of lowest type. For any p-regular elements G of $\mathfrak{G}$, we have*

$$\sum_\mu \delta_\mu \zeta_\mu(G) = 0, \tag{48}$$

where ζ_μ ranges over a complete system of characters representing the different families of B_λ (i. e., ζ_μ ranges over the $(p-1)/t_\lambda$ characters of B_λ which lie in the field of the g'-th roots of unity and one of the t_λ p-conjugate characters). In particular,

$$\sum_\mu \delta_\mu z_\mu = 0, \tag{49}$$

where z_μ is the degree of ζ_μ and μ ranges over the same values as in (48).

Proof. From the definition of the δ_μ at the end of § 5 and from (22) it follows that

$$\sum_\mu \delta_\mu d_{\mu\nu} = 0 \tag{50}$$

for $\nu = 1, 2, \cdots, k_0$ where the $d_{\mu\nu} = d^0_{\mu\nu}$ are the ordinary decomposition numbers of $\mathfrak{G}$ and μ ranges over the same values as in (48). On multiplying (50) by the ν-th irreducible modular character $\phi_\nu(G)$ of $\mathfrak{G}$ and adding over ν, we obtain (48). The equation (49) is derived from (48) by setting $G = 1$.

7. Corollaries. Apart from the signs δ_μ, the right hand sides in (47a) and (47b) are completely determined, if (a) the characters of $\mathfrak{V}$ are known and (b) it is known in what manner these characters are associated in the group $\{\mathfrak{V}, M\}$. This group $\{\mathfrak{V}, M\}$ has an order $v(p-1)/t$ which is prime to p, and we may consider the computation of its characters as a simpler problem than the determination of the characters of $\mathfrak{G}$. In the applications of the theory developed here, the characters of $\{\mathfrak{V}, M\}$ can usually be found without difficulty and then the answers to (a) and (b) are actually known.

In particular, the right hand sides in (47a) and (47b) are determined completely by the structure of $\mathfrak{M}$, apart from the signs δ_μ. Except for these signs, the right hand side of these equations are the same for any two groups $\mathfrak{G}$ and $\mathfrak{G}_1$, for which $\mathfrak{M} = \mathfrak{N}(\{P\})$ has the same structure. In particular, we may take for $\mathfrak{G}_1$ the group $\mathfrak{M}$ itself. Since the characters of $\mathfrak{G}$ of highest kind vanish for all p-singular elements, and since $\mathfrak{M} = \mathfrak{N}(\{P\})$ has no characters of highest kind,[26] we obtain

THEOREM 7. *Arrange the matrix Z of the group characters of $\mathfrak{G}$ in such a manner that the characters of a degree prime to p occupy the upper rows and the other characters the lower rows, further arrange the columns of Z so that the classes of the p-regular elements are to the left of the p-singular elements. If Z thus is broken up in the form*

$$Z = \underbrace{\begin{pmatrix} Z_1 \\ Z_3 \end{pmatrix}}_{p\text{-regular classes}} \underbrace{\begin{pmatrix} Z_2 \\ Z_4 \end{pmatrix}}_{p\text{-singular classes}} \begin{matrix} \} \text{ degrees prime to } p, \\ \} \text{ degrees divisible by } p, \end{matrix}$$

then $Z_4 = 0$. If the matrix of group characters Z^* of the group $\mathfrak{M} = \mathfrak{N}(\{P\})$ is arranged in a corresponding manner, then the lower part is missing, i. e.,

$$Z^* = (Z^*_1, Z^*_2),$$

and Z_2 can be carried into Z^*_2, if certain of its rows are multiplied by -1.

This implies

THEOREM 8. *The number of irreducible characters of $\mathfrak{G}$ of a degree*

[26] Cf. [1], § 29.

$z \not\equiv 0 (\bmod p)$ *is equal to the number of classes of conjugate elements in the group* $\mathfrak{M} = \mathfrak{N}(\{P\})$.

The characteristic roots of the matrix $\mathfrak{F}(PV)$ representing PV in a given representation $\mathfrak{F}$ of $\mathfrak{G}$ can be obtained by multiplying the roots of $\mathfrak{F}(P)$ with those of $\mathfrak{F}(V)$, taken in a suitable arrangement. Hence, for the traces of the matrices, we have

$$\operatorname{tr}(\mathfrak{F}(PV)) \equiv \operatorname{tr}(\mathfrak{F}(V)) \qquad (\bmod\ (1-\epsilon)),$$

if ϵ is a primitive p-th root of unity. In particular,

$$\zeta_\mu(PV) \equiv \zeta_\mu(V) \qquad (\bmod\ (1-\epsilon)).$$

Combining this with (47a), we find

$$\zeta_\mu(V) \equiv \delta_\mu \sum_{\kappa=0}^{\tau_\lambda-1} \theta_\lambda(M^{-\kappa}VM^{\kappa}) \qquad (\bmod\ (1-\epsilon)),$$

if ζ_μ is p-conjugate only to itself. Since both sides here lie in the field of the g'-th root of unity, this congruence must hold $(\bmod\ p)$. Similarly, we have in the case of (47b)

$$\zeta_\mu(V) \equiv -\delta_\mu \sum_{\kappa=0}^{q-1} \theta_\lambda(M^{-\kappa}VM^{\kappa}) \qquad (\bmod\ p).$$

On the right hand side, every term $\theta_\lambda(M^{-\kappa}VM^{\kappa})$ $(\kappa = 0, 1, \cdots, \tau_\lambda - 1)$ appears $(p-1)/t_\lambda$ times because of (46). Hence

THEOREM 9. *For an element V of $\mathfrak{B}$, we have* $(\tau_\lambda = t_\lambda/t)$

$$\text{(51a)} \qquad \zeta_\mu(V) \equiv \delta_\mu \sum_{\kappa=0}^{\tau_\lambda-1} \theta_\lambda(M^{-\kappa}VM^{\kappa}) \qquad (\bmod\ p),$$

if ζ_μ is a character of B_λ $(\lambda = 1, 2, \cdots, l)$ *which is p-conjugate only to itself. If ζ_μ belongs to the exceptional family of* B_λ *then*

$$\text{(51b)} \qquad \zeta_\mu(V) \equiv (\delta_\mu/t_\lambda) \sum_{\kappa=0}^{\tau_\lambda-1} \theta_\lambda(M^{-\kappa}VM^{\kappa}) \qquad (\bmod\ p).$$

Finally, if ζ_μ is a character of a degree z_μ divisible by p, we have

$$\text{(51c)} \qquad \zeta_\mu(V) \equiv 0 \qquad (\bmod\ p).$$

As a corollary, we obtain

THEOREM 10. *Let f_λ be the degree of the character θ_λ of $\mathfrak{B}$. The degree z_μ of a character ζ_μ of the block* B_λ $(\lambda = 1, 2, \cdots, l)$ *satisfies the congruence* $(\bmod\ p)$

(52a) $z_\mu \equiv \delta_\mu t_\lambda f_\lambda / t$ *or* (52b) $z_\mu \equiv \delta_\mu f_\lambda / t$ (mod p),

according as we have the case of (51a) *or* (51b).

These congruences, together with (49) and the fact that z_μ divides g are in many cases sufficient to determine the degrees. If the degrees z_μ and the degrees f_λ are known, then the sign δ_μ can be obtained from (52a), (52b), at least for an odd p.

8. The block of the 1-character. We consider now the 1-character of $\mathfrak{G}$. We may assume that the notation is so chosen that it is the character $\zeta_1(G)$, i.e., $\zeta_1(G) = 1$ for every G in $\mathfrak{G}$, and that it belongs to the block B_1. The formula (47a) then gives

$$1 = \delta_1 \sum_{\kappa=0}^{\tau_\lambda - 1} \theta_1(M^{-\kappa} V M^{\kappa})$$

for every V in $\mathfrak{V}$, and since this is a linear relation between the characters of $\mathfrak{V}$, we must have $\tau_1 = 1$, and $\theta_1(V) = 1$. Hence

THEOREM 11. *If the block* B_1 *contains the* 1-*character* ζ_1 *of* $\mathfrak{G}$, *then* θ_1 *is the* 1-*character of* $\mathfrak{V}$. *Further* $t_1 = t$. *The degrees* z_μ *of the characters of* B_1 *satisfy the congruences*

(53) $z_\mu \equiv \delta_\mu = \pm 1 \pmod p$ *or* $z_\mu \equiv \delta_\mu / t = \pm 1/t \pmod p$

according as we have the case of (51a) *or* (51b). *If* $\zeta_1, \zeta_2, \cdots, \zeta_{q+1}$, $(q = (p-1)/t)$, *represent the different families of* B_1, *then*

(54) $$1 + \delta_2 z_2 + \cdots + \delta_{q+1} z_{q+1} = 0.$$

UNIVERSITY OF TORONTO.

BIBLIOGRAPHY.

[1] R. Brauer–C. Nesbitt, "On the modular characters of groups," *Annals of Mathematics*, vol. 42 (1941), pp. 556-590.

[2] R. Brauer, "On the connection between the ordinary and the modular characters of groups of finite order," *Annals of Mathematics*, vol. 42 (1941), pp. 926-935.

[3] ———, "Investigations on group characters," *Annals of Mathematics*, vol. 42 (1941) pp. 936-958.

ON GROUPS WHOSE ORDER CONTAINS A PRIME NUMBER TO THE FIRST POWER II.*

By Richard Brauer.

Introduction. This paper is a continuation of a previous paper with the same title.[1] Its aim is the proof of the following theorem: Let $\mathfrak{G}$ be a finite group of linear transformations in n variables. Assume that the order g of $\mathfrak{G}$ contains a prime factor p to the first power only, and that $\mathfrak{G}$ has no normal subgroup of order p. Then we have $p \leqq 2n+1$. The equality sign can hold only when $\mathfrak{G}$, considered as a collineation group, is isomorphic with $LF(2, p)$. If the group $\mathfrak{G}$ of order $g = pg'$, with $(g', p) = 1$, has a normal subgroup $\mathfrak{P}$ of order p, then $\mathfrak{G}$ contains a normal subgroup $\mathfrak{N}$, such that $\mathfrak{N}$ is the direct product of $\mathfrak{P}$ and a normal subgroup $\mathfrak{V}$ of $\mathfrak{G}$, while the factor group $\mathfrak{G}/\mathfrak{N}$ is cyclic.[2] For a primitive group $\mathfrak{G}$ of this type, we can take $\mathfrak{G} = \mathfrak{N}$, i. e. $\mathfrak{G} = \mathfrak{P} \times \mathfrak{V}$; if $\mathfrak{G}$ is primitive and unimodular,[3] then the degree n must be divisible by p.

It has been proved by H. F. Blichfeldt[4] that the order g of a primitive unimodular linear group $\mathfrak{G}$ in n variables is not divisible by a prime number p which is greater than $(2n+1)(n-1)$. Our theorem improves this result for primes p which divide g to the first power only. Since $LF(2, p)$ has an irreducible representation by collineations in $(p-1)/2$ homogeneous variables,[5] the inequality $p \leqq 2n+1$ cannot be improved further.

The proof of the theorem is obtained by combining a rough estimate for the degrees of the characters (§ 3) with a formula for the product of certain characters (§ 4); both these formulae are derived from the results of [4]. The case $p = 2n+1$ requires a somewhat complicated discussion. For the notation employed cf. [4].

* Received June 26, 1941.

[1] Cf. the paper [4] of the bibliography.

[2] Cf. [4], § 1.

[3] This means that all the matrices of $\mathfrak{G}$ have determinant 1.

[4] H. F. Blichfeldt, *Finite Collineation Groups*, University of Chicago Press, Chicago, 1917, p. 89, Theorem 5.

[5] For $p \equiv -1 \pmod 4$, this representation has been discovered by F. Klein, *Mathematische Annalen*, vol. 15 (1879), p. 275; for $p \equiv 1 \pmod 4$ by I. Schur, *Journ. f. d. reine u. angew. Math.*, vol. 132 (1907), p. 135.

1. Remarks on characters. Let $\mathfrak{G}$ be a group of finite order. As is well known, the linear combinations

$$\xi = a_1\zeta_1 + a_2\zeta_2 + \cdots + a_l\zeta_l \qquad (a_\lambda \text{ rational integers})$$

of the (ordinary) irreducible characters $\zeta_1, \zeta_2, \cdots, \zeta_l$ of $\mathfrak{G}$ form a ring $\mathfrak{T}$. If $\mathfrak{T}_0$ denotes the subset of elements ξ for which all $a_\lambda \geqq 0$, then $\mathfrak{T}_0$ is closed under addition and multiplication; the elements of $\mathfrak{T}_0$ are the (reducible and irreducible) characters of $\mathfrak{G}$. Every element ξ of $\mathfrak{T}_0$ can be obtained by addition from the irreducible characters $\zeta_1, \zeta_2, \cdots, \zeta_l$, and this additive representation of ξ is unique. Every element of $\mathfrak{T}$ is a difference of two elements of $\mathfrak{T}_0$. It may be remarked that we have a certain resemblance to the familiar type of arithmetic; however, the roles of addition and multiplication are interchanged. We shall say that an element ξ of $\mathfrak{T}$ contains an element ξ_1 of $\mathfrak{T}$, if $\xi - \xi_1$ belong to $\mathfrak{T}_0$. We then write: $\xi \supseteqq \xi_1$. On using the orthogonality relations for characters, we easily obtain the following:

LEMMA 1. *Let ζ_κ, ζ_λ, ζ_μ be irreducible characters of $\mathfrak{G}$. If $\zeta_\kappa\zeta_\lambda \supseteqq h\zeta_\mu$, where $h > 0$ is a rational integer, then $\bar{\zeta}_\kappa\zeta_\mu \supseteqq h\zeta_\lambda$, $\bar{\zeta}_\kappa$ denoting the conjugate complex character of ζ_κ.*

Indeed, both relations are equivalent to the fact that $\zeta_\kappa\zeta_\lambda\bar{\zeta}_\mu$ contains h times the 1-character $\zeta_1 = 1$.

2. Summary of the results of [4]. Let $\mathfrak{G}$ be a group of order

$$g = pg', \qquad (p, g') = 1,$$

where p is a prime number. Let P be an element of order p. Its normalizer $\mathfrak{N} = \mathfrak{N}(P)$ is of the form

$$\mathfrak{N} = \mathfrak{V} \times \{P\};$$

the normalizer $\mathfrak{M}$ of the p-Sylow-subgroup $\mathfrak{P} = \{P\}$ contains both $\mathfrak{N}$ and $\mathfrak{V}$ as normal subgroups. The factor group $\mathfrak{M}/\mathfrak{N}$ is cyclic. If M in $\mathfrak{M}$ corresponds to a generating element, then

$$M^{-1}PM = P^{\gamma^t}, \tag{1}$$

where γ is a primitive root (mod p), and $(p-1)/t = q$ is the order of $\mathfrak{M}/\mathfrak{N}$.

Let $\zeta_1 = 1, \zeta_2, \zeta_3, \cdots$ be the (ordinary) irreducible characters of $\mathfrak{G}$, and denote by $z_\mu = Dg(\zeta_\mu)$ the degree of ζ_μ and by r_μ the number of p-conjugate characters. These characters appear distributed into blocks $B_1, B_2, \cdots$ of characters. A block B_λ is either of the type 1 (highest type) or of type 0. In the first case, B_λ consists of exactly one character ζ_μ; we have $z_\mu \equiv 0 \pmod p$ and $r_\mu = 1$. In the second case, all the characters of B_λ have degrees which are relatively prime to p. Let $B_1, B_2, \cdots, B_l$ be the blocks of type 0. To each of these l blocks, there corresponds a certain multiple $t_\lambda > 0$ of t. The block B_λ then consists of $q_\lambda = (p-1)/t_\lambda$ characters ζ_μ for which $r_\mu = 1$, and one "exceptional" family of t_λ p-conjugate characters.[6] Set $t_\lambda/t = \tau_\lambda$. To each block B_λ of type 0 there corresponds a class of irreducible characters of $\mathfrak{V}$, say

$$\theta_\lambda(V), \theta_\lambda^{(1)}(V) = \theta_\lambda(M^{-1}VM), \cdots, \theta_\lambda^{(\tau_\lambda-1)}(V) = \theta_\lambda(M^{-(\tau_\lambda-1)}VM^{\tau_\lambda-1}),$$

which are associated in $\mathfrak{M}$; we have

$$\theta_\lambda(M^{-\tau_\lambda}VM^{\tau_\lambda}) = \theta_\lambda(V).$$

Each irreducible character of $\mathfrak{V}$ appears exactly once in the form

$$\theta_\lambda^{(\kappa)} \qquad (\lambda = 1, 2, \cdots, l;\ \kappa = 0, 1, 2, \cdots, \tau_\lambda - 1).$$

For each ζ_μ belonging to a block B_λ of type 0 a sign $\delta_\mu = \pm 1$ is defined such that the value of ζ_μ for p-singular elements $G = P^iV$ ($i \not\equiv 0 \pmod p$, V in $\mathfrak{V}$) can be obtained in the following forms:

CASE I: $r_\mu = 1$, $\delta_\mu = 1$, $z_\mu \not\equiv 0 \pmod p$

$$\zeta_\mu(P^iV) = \sum_{\kappa=0}^{\tau_\lambda-1} \theta_\lambda^{(\kappa)}(V); \tag{2, I}$$

CASE II. $r_\mu = 1$, $\delta_\mu = -1$; $z_\mu \not\equiv 0 \pmod p$

$$\zeta_\mu(P^iV) = -\sum_{\kappa=0}^{\tau_\lambda-1} \theta_\lambda^{(\kappa)}(V); \tag{2, II}$$

CASE III. $r_\mu = t_\lambda > 1$, $\delta_\mu = 1$; $z_\mu \not\equiv 0 \pmod p$

$$\zeta_\mu(P^iV) = -\sum_{\kappa=0}^{\tau_\lambda-1} \theta_\lambda^{(\kappa)}(V) \sum_\sigma \epsilon^{i\gamma^{t\sigma}}, \tag{2, III}$$

where ϵ is a suitable primitive p-th root of unity, and σ ranges over all the values with $\sigma \equiv \kappa \pmod{\tau_\lambda}$, $0 \leqq \sigma < q$;

CASE IV. $r_\mu = t_\lambda > 1$, $\delta_\mu = -1$; $z_\mu \not\equiv 0 \pmod p$

$$\zeta_\mu(P^iV) = \sum_{\kappa=0}^{\tau_\lambda-1} \theta_\lambda^{(\kappa)}(V) \sum_\sigma \epsilon^{i\gamma^{t\sigma}}, \tag{2, IV}$$

where ϵ, σ have the same significance as in Case III.

---

[6] If $t_\lambda = 1$, then B_λ consists of $1 + (p-1)t_\lambda = p$ characters ζ_μ, and for all of them we have $r_\mu = 1$. An arbitrary one of these characters can be selected as the only member of the exceptional family.

Finally, for characters ζ_μ belonging to a block of type 1, we have

CASE V. $z_\mu \equiv 0 \pmod p$, $r_\mu = 1$

$$\zeta_\mu(P^i V) = 0. \tag{2, V}$$

For each irreducible character, we have one of these five cases.

We choose B_1 as the block which contains the 1-character $\zeta_1 = 1$. Then θ_1 is the 1-character of $\mathfrak{V}$, $\theta_1 = 1$, and $t_1 = t$.

3. The characters of $\mathfrak{N}$ induced by the characters of $\mathfrak{G}$. Every character $\zeta_\mu(G)$ defines a character of $\mathfrak{N}$ obtained by restricting G to elements of $\mathfrak{N}$. The formulae (2) in § 1 are not quite sufficient to express this "induced" character by means of the irreducible characters of $\mathfrak{N}$, because we had to assume $i \not\equiv 0 \pmod p$ in (2). However, the formulae yield at least some information concerning this question.

Let ϵ be a primitive p-th root of unity and denote by (ϵ) the character of $\mathfrak{P} = \{P\}$ belonging to the representation $P^j \to \epsilon^j$. Every irreducible character of $\mathfrak{N} = \mathfrak{V} \times \{P\}$ is of the form

$$\theta_\lambda^{(\kappa)}(V)(\epsilon)^\nu, \tag{3}$$

$(\lambda = 1, 2, \cdots, l;\ \kappa = 0, 1, \cdots, \tau_\lambda - 1;\ \nu = 0, 1, \cdots, p-1)$. If we restrict ourselves to elements VP^j of $\mathfrak{N}$, then every ζ_μ is a linear combination of the characters (3), the coefficients being rational integers $a(\mu, \lambda, \kappa, \nu)$, i. e.

$$\zeta_\mu(VP^j) = \sum_{\lambda,\kappa,\nu} a(\mu, \lambda, \kappa, \nu)\theta_\lambda^{(\kappa)}(V)(\epsilon)^\nu. \tag{4}$$

According to the choice of ζ_μ, we have one of the cases I, II, III, IV, V, § 2. In the corresponding equation (2), set $i = 1$ and replace ϵ by (ϵ). On subtracting the expression thus obtained from (4) we find a linear combination of the characters $\theta_\lambda^{(\kappa)}(V)(\epsilon)^\nu$ which vanishes for every element VP^j with $j \not\equiv 0 \pmod p$. As is easily seen, the p characters $\theta_\lambda^{(\kappa)}(V)(\epsilon)^\nu$ with fixed κ and λ and $\nu = 0, 1, 2, \cdots, p-1$ must appear with the same coefficient in such a linear combination. Since the coefficients $a(\mu, \lambda, \kappa, \nu)$ in (4) are not negative, we obtain easily the following theorem:

THEOREM 1. *When we restrict ourselves to elements G of $\mathfrak{N}$, the irreducible characters $\zeta_\mu(G)$ of G belonging to the block B_λ can be expressed by the irreducible characters of $\mathfrak{N}$ in the following form.*

CASE I. $$\zeta_\mu = \sum_{\kappa=0}^{\tau_\lambda - 1} \theta_\lambda^{(\kappa)} + S;$$

CASE II. $$\zeta_\mu = \sum_{\kappa=0}^{\tau_\lambda-1} \theta_\lambda^{(\kappa)} \sum_{\rho=1}^{p-1} (\epsilon)^\rho + S;$$

CASE III.[7] $$\zeta_\mu = \sum_{\kappa=0}^{\tau_\lambda-1} \theta_\lambda^{(\kappa)} \sum_\rho{}' (\epsilon)^\rho + S,$$

where ρ *ranges over the values* $0 \leqq \rho < p$ *for which the* q_λ*-th power of* ρ *is not congruent* (mod p) *to the* q_λ*-th power of* $\gamma^{t\kappa}$, $(q_\lambda = (p-1)/t_\lambda)$;

CASE IV.[7] $$\zeta_\mu = \sum_{\kappa=0}^{\tau_\lambda-1} \theta_\lambda^{(\kappa)} \sum_\rho{}'' (\epsilon)^\rho + S,$$

where ρ *ranges over the values* $0 \leqq \rho < p$ *for which the* q_λ*-th power of* ρ *is congruent* (mod p) *to the* q_λ*-th power* $\gamma^{t\kappa}$;

CASE V. $$\zeta_\mu = S.$$

Here, (ϵ) *denotes a character of the cyclic group* $\{P\}$ *which is not the* 1-*character. The expression* S *is a linear combination of the characters* $\theta_\lambda^{(\kappa)}(V)(\epsilon)^\nu$ *of* $\mathfrak{N}$ *with non-negative integral rational coefficients such that* $\theta_\lambda^{(\kappa)}(V)(\epsilon)^\nu$ *and* $\theta_\lambda^{(\kappa)}(V)\cdot 1 = \theta_\lambda^{(\kappa)}$ *always have the same coefficient.*

As a corollary, we have

COROLLARY 1. *If* θ_λ *has the degree* f_λ, *then the degree* z_μ *of* ζ_μ *has the following forms*:

CASE I. $z_\mu = f_\lambda t_\lambda/t + ps$;

CASE II. $z_\mu = f_\lambda t_\lambda(p-1)/t + ps$;

CASE III. $z_\mu = f_\lambda t_\lambda t^{-1}(p-(p-1)/t_\lambda) + ps$;

CASE IV. $z_\mu = (p-1)f_\lambda/t + ps$;

CASE V. $z_\mu = ps$.

where $s \geqq 0$ *is a rational integer, and* $s \geqq 1$ *in* Case V.

If the degree z_μ is smaller than p, the expression S in Theorem 1 must vanish. In Case I, this implies that $\zeta_\mu(P) = z_\mu$, and therefore P is represented by the unit matrix. In Case II, we must have $z_\mu = (p-1)$, $f_\lambda = 1$, $t_\lambda = t$. Then every element V of $\mathfrak{V}$ is represented by a scalar multiple of the unit matrix: $V \to \theta_\lambda(V)\cdot I$. In Case III, we must have $f_\lambda = 1$, $t_\lambda = t$, $z_\mu = p-(p-1)/t \geqq (p+1)/2$, since $t_\lambda \geqq 2$. Again, every element of $\mathfrak{V}$ is represented by a scalar multiple $\theta_\lambda(V)$ of the unit matrix. In Case IV, we must have $z_\mu = (p-1)f_\lambda/t$; Case V is not possible. Hence

[7] If the character (ϵ) is chosen in a fixed manner, then this formula holds for a character chosen suitably from the exceptional family of B_λ.

COROLLARY 2. *If the degree z_μ of the irreducible representation $\mathfrak{Z}_\mu$ of $\mathfrak{G}$ is smaller than p, then we have one of the following cases:*

CASE I. $z_\mu = f_\lambda t_\lambda / t$. *The element P is represented by the unit matrix I;*

CASE II. $z_\mu = p - 1, f_\lambda = 1, t_\lambda = t$. *The elements of $\mathfrak{V}$ are represented by scalar multiples of I;*

CASE III. $z_\mu = p - (p-1)/t \geqq (p+1)/2, f_\lambda = 1, t_\lambda = t \geqq 2$. *The elements of $\mathfrak{V}$ are represented by scalar multiples of I;*

CASE IV. $z_\mu = (p-1) f_\lambda / t$.

The expression S in Theorem 1 vanishes in all these cases.

4. A formula for the multiplication of certain characters. Let ω be an irreducible character of $\mathfrak{G}$ such that ω possesses a p-conjugate character ω' with $\omega' \neq \omega$. Then ω will belong to one of the l blocks B_λ of type 0. We must have $t_\lambda \geqq 2$, and ω must be a member of the exceptional family of B_λ. Clearly, we have

$$\omega(G) = \omega'(G) \qquad \text{(for } p\text{-regular elements } G \text{ of } \mathfrak{G}).$$

Consider a character ζ_μ belonging to the same block B_1 as the character $\zeta_1 = 1$. Since $\theta_1 = 1$, $t_1 = t$, the formulae (2) of § 2, applied to ζ_μ, yield

$$\left.\begin{array}{ll} \text{CASES I, II.} & \zeta_\mu(G) = \delta_\mu \\ \text{CASES III, IV.} & \Sigma\zeta_\sigma(G) = \delta_\mu \end{array}\right\} \text{(for } p\text{-singular elements of } \mathfrak{G}),$$

where the sum is extended over all the characters ζ_σ which are p-conjugate to ζ_μ. Accordingly, we have

$$\begin{array}{ll} \text{CASES I, II.} & (\omega(G) - \omega'(G))(\zeta_\mu(G) - \delta_\mu) = 0, \\ \text{CASES III, IV.} & (\omega(G) - \omega'(G))(\Sigma\zeta_\sigma(G) - \delta_\mu) = 0, \end{array}$$

for every G in $\mathfrak{G}$.

In Case I, we have $\delta_\mu = 1$,

$$\omega\zeta_\mu + \omega' = \omega'\zeta_\mu + \omega.$$

This implies $\omega\zeta_\mu \supseteqq \omega$. Consequently, $\omega\bar{\omega} \supseteqq \zeta_\mu$, (cf. Lemma 1). Similarly, in Case II, we have $\delta_\mu = -1$,

$$\omega\zeta_\mu + \omega = \omega'\zeta_\mu + \omega'.$$

Hence $\omega\zeta_\mu \supseteqq \omega'$, $\omega'\bar{\omega} \supseteqq \zeta_\mu$.

In Case III, we have

$$\omega\Sigma\zeta_\sigma + \omega' = \omega'\Sigma\zeta_\sigma + \omega.$$

For at least one ζ_σ belonging to the exceptional family of B_1, $\omega\zeta_\sigma$ contains ω, and hence $\omega\bar{\omega} \supset \zeta_\sigma$.

Similarly, in Case IV, the product $\omega'\bar{\omega}$ contains at least one member of the exceptional family of B_1. This now gives the following result:

THEOREM 2. *Let ω be an irreducible character of $\mathfrak{G}$ which possesses a p-conjugate character $\omega' \neq \omega$. Then we have one of the following two cases:*

$$\text{CASE } \mathcal{A}. \qquad \omega\bar{\omega} \supseteqq \chi + \Sigma\alpha, \qquad \omega'\bar{\omega} \supseteqq \Sigma\beta;$$

$$\text{CASE } \mathcal{B}. \qquad \omega\bar{\omega} \supseteqq \Sigma\alpha, \qquad \omega'\bar{\omega} \supseteqq \chi + \Sigma\beta.$$

Here α ranges over the characters ζ_μ of B_1, for which $\delta_\mu = 1$ and which do not belong to the exceptional family; β ranges over those ζ_μ in B_1, for which $\delta_\mu = -1$, and which do not belong to the exceptional family. Finally, χ is a character ζ_μ, chosen suitably from the exceptional family of B_1; we have CASE $\mathcal{A}$ *if $\delta_\mu = 1$ for this ζ_μ, and* CASE $\mathcal{B}$ *if $\delta_\mu = -1$.*

5. Representations of a degree $n < (p-1)/2$. Preliminary remarks. We now state

THEOREM 3. *Let $\mathfrak{G}$ be a group of order $g = pg'$, with $(p, g') = 1$, which has no normal subgroup of the prime order p. The degree n of any $(1-1)$-representation $\mathfrak{Z}$ of $\mathfrak{G}$ is not smaller than $(p-1)/2$.*

Proof. (a) We first show that it is sufficient to prove the theorem in the case where the representation is irreducible. Let us assume that the theorem is correct for irreducible $\mathfrak{Z}$. Suppose now that $\mathfrak{Z}$ is a $(1-1)$-representation of $\mathfrak{G}$ of a degree $n < (p-1)/2$, which is reducible; let $\mathfrak{F}_1, \mathfrak{F}_2, \cdots, \mathfrak{F}_r$ be the irreducible constituents of $\mathfrak{G}$, and set

$$\mathfrak{Z} = \begin{pmatrix} \mathfrak{F}_1 & & & & \\ & \mathfrak{F}_2 & & & \\ & & \cdot & & \\ & & & \cdot & \\ & & & & \mathfrak{F}_r \end{pmatrix}.$$

Each of the $\mathfrak{F}_\rho$ forms a $(1-1)$-representation of a certain factor group $\mathfrak{U}_\rho$ of $\mathfrak{G}$. Since the degree of $\mathfrak{F}_\rho$ is certainly smaller than $(p-1)/2$, Theorem 3 holds for $\mathfrak{F}_\rho$, if the order of $\mathfrak{U}_\rho$ is divisible by p. Consequently, $\mathfrak{U}_\rho$ contains a normal subgroup of order p. If Y_ρ is a matrix of $\mathfrak{F}_\rho$ representing a generating element of this subgroup, then

$$Y_\rho, Y_\rho^2, \cdots, Y_\rho^{p-1}.$$

are the only matrices of order p appearing in $\mathfrak{F}_\rho$. The groups $\mathfrak{F}_\rho$ which represent factor groups $\mathfrak{U}_\rho$ of an order prime to p do not contain matrices of order p; set here $Y_\rho = 1$. Any element of $\mathfrak{G}$ of order p then is represented in $\mathfrak{Z}$ by a matrix

$$X = \begin{pmatrix} Y_1^{h_1} & & & & \\ & Y_2^{h_2} & & & \\ & & \cdot & & \\ & & & \cdot & \\ & & & & Y_r^{h_r} \end{pmatrix},$$

where the h_ρ are integral rational numbers. Any two matrices X of this type commute. It follows that all the elements of order p in $\mathfrak{G}$ together with the 1-element form a subgroup which is necessarily normal. The order of this subgroup must be a power of p, and since $g \not\equiv 0 \pmod{p^2}$, the order must be p. Hence $\mathfrak{G}$ contains a normal subgroup of order p, as was to be shown.

(b) Suppose that $\mathfrak{Z}$ is an irreducible $(1-1)$ representation of the group $\mathfrak{G}$ of order $g = pg'$, $(g', p) = 1$. We have to show that if the degree n of $\mathfrak{Z}$ is smaller than $(p-1)/2$, then $\mathfrak{G}$ contains a normal subgroup of order p. We may assume that Theorem 3 is true for groups of smaller order than g.

If $\mathfrak{G}$ contains a normal subgroup $\mathfrak{H} \subset \mathfrak{G}$ whose order is divisible by p, then $\mathfrak{Z}$ induces a $(1-1)$-representation of $\mathfrak{H}$. Theorem 3 applied to $\mathfrak{H}$ shows that $\mathfrak{H}$ has a normal subgroup $\mathfrak{P}$ of order p. Since $\mathfrak{P}$ is necessarily a characteristic subgroup of $\mathfrak{H}$, it is a normal subgroup of $\mathfrak{G}$, and the theorem is proven for this case. In particular, the theorem is true for $\mathfrak{G}$, if for the commutator subgroup $\mathfrak{G}'$ of $\mathfrak{G}$, the index $(\mathfrak{G} : \mathfrak{G}')$ is larger than 1, but different from p; under these conditions $\mathfrak{G}$ clearly contains normal subgroups $\mathfrak{H} \subset \mathfrak{G}$ whose order is divisible by p.

(c) Assume next that $(\mathfrak{G} : \mathfrak{G}') = p$. Then $\mathfrak{G}'$ cannot contain an element of order p. It follows from (1) that $P^{\gamma^t} = P$, since $P^{\gamma^t - 1} = P^{-1}M^{-1}PM$ is a commutator element. As γ was a primitive root $(\operatorname{mod} p)$, we find that $t = p - 1$ and hence $t_\lambda = p - 1$ for $\lambda = 1, 2, \cdots, l$. The block $\mathbf{B}_\lambda$, which contains the character ω of the representation $\mathfrak{Z}$, consists of the $p-1$ characters which are p-conjugate to ω and one further character ζ_μ; for the latter we have $r_\mu = 1$. Further,[8]

$$(5) \qquad \omega(G) = \zeta_\mu(G) \qquad \text{(for } p\text{-regular elements } G).$$

In particular, taking $G = 1$, we see that ζ_μ has the same degree n as $\mathfrak{Z}$. Now, Corollary 2 of § 3 can be applied. Since the character does not belong to the exceptional family of $\mathbf{B}_\lambda$, we must have Case I, if $n < (p-1)/2$. The

[8] Cf. [4], Theorem 6.

representation $\mathfrak{Z}_\mu$ corresponding to ζ_μ represents P by the unit matrix. On the other hand, $\mathfrak{Z}$ is a $(1-1)$ representation, and hence $\omega(G) \neq n$ for $G \neq 1$. For p-regular elements G, (5) yields $\zeta_\mu(G) \neq n$. The elements of $\mathfrak{G}$, which in $\mathfrak{Z}_\mu$ are represented by the unit matrix, form a normal subgroup $\mathfrak{J}$. It now follows that $\mathfrak{J}$ consists of all the conjugates of P^i, $(i = 0, 1, 2, \cdots, p-1)$. Then $\mathfrak{J}$ must have the order p, and Theorem 3 is true for the group $\mathfrak{G}$ in this case.

Consequently, Theorem 3 will be proved completely when the following lemma is proved:

LEMMA 2. *Let $\mathfrak{G}$ be a group of order $g = pg'$, with $(p, g') = 1$, which is identical with its commutator-subgroup. The degree of any irreducible $(1-1)$-representation of $\mathfrak{G}$ is not smaller than $(p-1)/2$.*

6. Continuation. Proof of Lemma 2. Let $\mathfrak{G}$ be a group of order $g = pg'$ with $(p, g') = 1$. If $\mathfrak{G} = \mathfrak{G}'$, then $\mathfrak{G}$ has no linear character except $\zeta_1 = 1$; we shall use only the fact that the block $\mathbf{B}_1$ contains no linear character except ζ_1. Suppose that $\mathfrak{G}$ has an irreducible $(1-1)$ representation $\mathfrak{Z}$ of degree $n \leqq (p-1)/2$.[9] Theorem 1 and the corollaries can be applied to $\mathfrak{Z}_\mu = \mathfrak{Z}$. For the character ω of $\mathfrak{Z}$, Case IV must hold. We certainly have $t > 1$, and hence $t_\lambda > 1$,

$$t_\lambda \geqq t \geqq 2 \tag{6}$$

If ω belongs to the block $\mathbf{B}_\lambda$, the value of ω for elements of $\mathfrak{N}$ is

$$\omega = \sum_{\kappa=0}^{\tau_\lambda - 1} \theta_\lambda^{(\kappa)} \sum_\rho{}'' (\epsilon)^\rho \qquad (G \text{ in } \mathfrak{N}), \tag{7}$$

where ρ ranges over the q_λ values between 0 and p, whose q_λ-th power is congruent (mod p) to the q_λ-th power of $\gamma^{\kappa t}$, $(q_\lambda = (p-1)/t_\lambda,\ \tau_\lambda = t_\lambda/t)$.

Let ω' be the p-conjugate character obtained by replacing ϵ by ϵ^γ. For elements of $\mathfrak{N}$, we have

$$\omega' = \sum_{\kappa=0}^{\tau_\lambda - 1} \theta_\lambda^{(\kappa)} \sum_\rho{}'' (\epsilon)^{\rho\gamma} \qquad (G \text{ in } \mathfrak{N}). \tag{8}$$

No term $(\epsilon)^{\rho\gamma}$ appearing in (8) can also appear in (7), since for the exponents ρ we have $\rho^q \equiv 1$, $(\gamma\rho)^q \equiv \gamma^q \not\equiv 1 \pmod p$, because $q = (p-1)/t < p-1$.

Using the formulae (7) and (8), we find

$$\bar{\omega}\omega' = \sum_{\iota,\kappa} \bar{\theta}_\lambda^{(\iota)} \theta_\lambda^{(\kappa)} \sum_\rho{}'' \sum_\sigma{}'' (\epsilon)^{\rho\gamma-\sigma} \tag{9}$$

[9] We include the equality sign in order to avoid a repetition further on.

for elements G belonging to $\mathfrak{N}$. Expressing $\bar{\theta}_\lambda^{(\iota)}\theta_\lambda^{(\kappa)}$ by the irreducible characters of $\mathfrak{V}$, the product $\bar{\omega}\omega'$ can be written as a linear combination of the irreducible characters of $\mathfrak{N}$. Since $\rho\gamma \not\equiv \sigma \pmod{p}$, every term is of the form $\theta_h^{(j)} \cdot (\epsilon)^\nu$, with $\nu \not\equiv 0 \pmod{p}$.

On the other hand, $\bar{\omega}\omega'$ contains $\Sigma\beta$ in Case $\mathcal{A}$ and $X + \Sigma\beta$ in Case $\mathcal{B}$ (for arbitrary elements G of $\mathfrak{G}$). Again, we restrict ourselves to elements G belonging to $\mathfrak{N}$ and express all the characters by the irreducible characters of $\mathfrak{N}$. It follows that every β can contain only terms $\theta_h^{(j)} \cdot (\epsilon)^\nu$ with $\nu \not\equiv 0 \pmod{p}$; in Case $\mathcal{B}$ this will also hold for χ. Consequently, if Theorem 1 is applied to β (and also to χ in Case $\mathcal{B}$), it follows that the expression S vanishes. Since β and χ belong to $\mathbf{B}_1$, and $t_1 = t$, we then have

$$\beta = \theta_1 \sum_{\rho=1}^{p-1} (\epsilon)^\rho, \tag{10}$$

$$\chi = \theta_1 \sum (\epsilon)^\rho, \qquad \text{(in Case } \mathcal{B}\text{)}, \tag{10, $\mathcal{B}$}$$

where ρ ranges in (10, $\mathcal{B}$) over the values between 0 and p, for which $\rho^q \equiv 1 \pmod{p}$, $(q = (p-1)/t)$. The character θ_1 is the 1-character of $\mathfrak{V}$; hence β has degree $p-1$, and χ degree $(p-1)/t = q$ in Case $\mathcal{B}$.

The character $\bar{\theta}_\lambda^{(\iota)}\theta_\lambda^{(\kappa)}$ in (9) does not contain θ_1 if $\iota \neq \kappa$; if $\iota = \kappa$, the product $\bar{\theta}_\lambda^{(\iota)}\theta_\lambda^{(\iota)}$ contains θ_1 exactly once. It now follows from (9) that $\omega'\bar{\omega}$ contains exactly $\tau_\lambda q_\lambda^2$ terms $\theta_1 \cdot (\epsilon)^\nu$. Let u be the number of characters β. On comparing (10) and (9), we find

$$\text{(11)} \quad \begin{array}{ll} \text{Case } \mathcal{A}. & u(p-1) \leqq \tau_\lambda q_\lambda^2 = (p-1)^2/tt_\lambda; \\ \text{Case } \mathcal{B}. & u(p-1) + (p-1)/t \leqq \tau_\lambda q_\lambda^2 = (p-1)^2/tt_\lambda. \end{array}$$

The total number of characters α and β together is $q = (p-1)/t$, (cf. § 2), and we have, therefore, $q-u$ characters α. One of them, the character $\alpha = \zeta_1 = 1$, is linear. As assumed above, all the others have a degree larger than 1. Corollary 1 then shows that $Dg(\alpha) \geqq p+1$, where $Dg(\Theta)$ denotes the degree of a character Θ. We now treat the cases $\mathcal{A}$ and $\mathcal{B}$ separately, using the same method in each case.

Case $\mathcal{A}$. We have[10]

$$Dg(\chi) + \sum_\alpha Dg(\alpha) = \sum_\beta Dg(\beta),$$

and $Dg(\chi) \geqq p-(p-1)/t = p-q$, according to Corollary 1, since we have Case III for χ. Consequently

$$p-q+1+(q-u-1)(p+1) \leqq \Sigma Dg(\beta) = u(p-1), \tag{12, $\mathcal{A}$}$$

[10] Cf. [4], Theorem 6, (49).

and hence $qp \leqq 2up$, $q \leqq 2u$. However, (11) implies $u \leqq (p-1)/tt_\lambda = q/t_\lambda$. Combining these two inequalities and using (6), we obtain

$$(13, \mathfrak{A}) \qquad t_\lambda = 2, \qquad t = 2, \qquad u = (p-1)/4.$$

In particular, $p \equiv 1 \pmod 4$. Further, in (12) the equality sign must hold, i. e. we have

$$(14, \mathfrak{A}) \qquad Dg(\chi) = (p+1)/2, \qquad Dg(\alpha) = p+1 \quad \text{for} \quad \alpha \neq \zeta_1.$$

The number of characters α of degree $p+1$ is

$$q - u - 1 = (p-1)/2 - (p-1)/4 - 1 = (p-5)/4.$$

From (7), we obtain

$$(15) \qquad Dg(\omega) = f_\lambda \tau_\lambda q_\lambda = f_\lambda (p-1)/t = f_\lambda (p-1)/2.$$

This shows that $Dg(\omega) = n < (p-1)/2$ is impossible. If $n = (p-1)/2$, then $f_\lambda = Dg(\theta_\lambda) = 1$.

CASE $\mathfrak{B}$: Here

$$\sum_\alpha Dg(\alpha) = Dg(\chi) + \sum_\beta Dg(\beta),$$

$$(12, \mathfrak{B}) \qquad 1 + (q-u-1)(p+1) \leqq Dg(\chi) + \sum Dg(\beta)$$
$$= (p-1)/t + u(p-1) = q + u(p-1).$$

Hence $qp - p \leqq 2up$, $(q-1)/2 \leqq u$, whereas (11) gives $u \leqq q/t_\lambda - 1/t$. Combining the two inequalities, we have $qt_\lambda - t_\lambda \leqq 2q - 2\tau_\lambda$, i. e., $q(t_\lambda - 2) \leqq t_\lambda - 2\tau_\lambda \leqq t_\lambda - 2$. Now $t_\lambda \geqq 2$ by (6) and $q = Dg(\chi) \geqq 2$, since $\zeta_1 = 1$ is the only linear character of B_1. Thus $2(t_\lambda - 2) \leqq t_\lambda - 2$. Again, we find $t_\lambda = 2$, which implies $t = 2$. The two inequalities for u now have the form $(q-1)/2 \leqq u \leqq q/2 - 1/2$. Corresponding to $(13, \mathfrak{A})$ we have here

$$(13, \mathfrak{B}) \qquad t_\lambda = 2, \qquad t = 2, \qquad u = (p-3)/4.$$

Since u is an integer, this gives $p \equiv 3 \pmod 4$. In $(12, \mathfrak{B})$ the equality sign holds. Consequently,

$$(14, \mathfrak{B}) \qquad Dg(\alpha) = p+1 \quad \text{for} \quad \alpha \neq \zeta_1.$$

The number of characters α of degree $p+1$ is here

$$q - u - 1 = (p-1)/2 - (p-3)/4 - 1 = (p-3)/4.$$

The equation (15) holds as in Case $\mathfrak{A}$. Again, it follows that $Dg(\omega) = n < (p-1)/2$ is impossible. If $n = (p-1)/2$, then $f_\lambda = 1$. This finishes the proof of Lemma 2 and of Theorem 3.

At the same time, we obtain

LEMMA 3. *Let $\mathfrak{G}$ be a group of order $q = pg'$ with $(p, g') = 1$ and assume*[11] *that ζ_1 is the only linear character in the block B_1. Suppose that $\mathfrak{G}$ has an irreducible $(1-1)$-representation $\mathfrak{Z}$ of degree $n = (p-1)/2$. Case $\mathfrak{A}$: If $p \equiv 1 \pmod 4$, then the first block B_1 of characters consists of $\zeta_1 = 1$, $(p-5)/4$ characters α of degree $p+1$, two conjugate characters χ, χ' of degree $(p+1)/2$, and $(p-1)/4$ characters β of degree $p-1$. Case $\mathfrak{B}$: If $p \equiv 3, \pmod 4$, then B_1 consists of $\zeta_1 = 1$, $(p-3)/4$ characters α of degree $p+1$, two conjugate characters χ, χ' of degree $(p-1)/2$, and $(p-3)/4$ characters β of degree $p-1$. In either case, we have $t = 2$, and $t_\lambda = 2$, if the character of $\mathfrak{Z}$ belongs to the block B_λ.*

7. The case $n = (p-1)/2$. Preliminary remarks. We now state

THEOREM 4. *Let $\mathfrak{G}$ be a group of order $g = pg'$ with $(p, g') = 1$, which has no normal subgroup of order p. If $\mathfrak{G}$ has a $(1-1)$-representation $\mathfrak{Z}$ of degree $n = (p-1)/2$, then the factor group of $\mathfrak{G}$ modulo the center $\mathfrak{C}$ of $\mathfrak{G}$ is isomorphic with $LF(2, p)$. In other words: $\mathfrak{Z}$, considered as a collineation group, represents $LF(2, p)$ isomorphically.*

Proof. (a) If $\mathfrak{Z}$ is reducible, the argument in § 5 (a) can be applied. It follows from Theorem 3 that this case is impossible. We may, therefore, assume that $\mathfrak{Z}$ is irreducible.

(b) We next deal with the case where the block B_1 of characters contains a linear character besides $\zeta_1 = 1$. We first assume that this linear character is one of the characters α. Theorem 1 and Corollary 2 show that $\alpha(G) = 1$ for all p-singular elements of $\mathfrak{G}$. If $\mathfrak{H}$ is the normal subgroup consisting of all elements of $\mathfrak{G}$ with $\alpha(G) = 1$, then $\mathfrak{H}$ contains P and all other elements of order p; further, it contains PV for any V in $\mathfrak{V}$, and hence it contains V, i. e.,

$$\mathfrak{H} \geqq \{P\} \times \mathfrak{V} = \mathfrak{N}. \tag{16}$$

The representation $\mathfrak{Z}$ of $\mathfrak{G}$ induces a representation $\mathfrak{Z}^*$ of degree $(p-1)/2$ of $\mathfrak{H}$. If $\mathfrak{Z}^*$ is reducible, the remark in (a) shows that $\mathfrak{H}$ contains a normal subgroup $\mathfrak{P}$ of order p. According to Sylow's theorem, this subgroup is characteristic, and hence it is a normal subgroup of $\mathfrak{G}$, in contradiction to the assumption.

Suppose now that $\mathfrak{Z}^*$ is irreducible. We may assume that Theorem 4 is true for all groups whose order is smaller than g. Then the theorem holds for $\mathfrak{H}$. The factor group $\mathfrak{H}/\mathfrak{C}_0$ modulo the center $\mathfrak{C}_0$ of $\mathfrak{H}$ is isomorphic with

[11] Cf. the remark at the beginning of § 6.

$LF(2,p)$. Since in $LF(2,p)$ every element of order p is congruent to its γ^2-th power (where γ again is a primitive root mod p), we may find an element H in $\mathfrak{H}$ and a center element C_0 such that

$$H^{-1}PH = P^{\gamma^2}C_0.$$

But then $P^{\gamma^2}C_0$ is an element of order p, and since it commutes with P, it must be a power of P. Consequently, C_0 also is a power of P. However, the center $\mathfrak{C}_0$ of $\mathfrak{H}$ cannot contain a subgroup of order p, because any normal subgroup of $\mathfrak{H}$ of order p is a normal subgroup of $\mathfrak{G}$. This shows that C_0 cannot have order p; we have, then, $C_0 = 1$, and P and P^{γ^2} are conjugate in $\mathfrak{H}$. The elements P and P^{γ} are not conjugate in $\mathfrak{G}$, since this would mean $t = 1$, and Theorem 1 and the corollaries show that then $\mathfrak{G}$ cannot have a $(1-1)$-representation of degree $< p-1$. The elements of order p form two classes of $\mathfrak{H}$, which also are two classes of conjugate elements in $\mathfrak{G}$. For any G in $\mathfrak{G}$, the element $G^{-1}PG$ must be conjugate to P in $\mathfrak{H}$. Then G is congruent to an element of $\mathfrak{H}$ modulo $\mathfrak{N}(P) = \mathfrak{N}$. Because of (16), G belongs to $\mathfrak{H}$, and $\mathfrak{G} = \mathfrak{H}$. Then the character α is the 1-character ζ_1. A linear character $\neq \zeta_1$ of B_1 cannot be one of the characters α.

(c) According to Corollary 2 (§ 3), a linear character of B_1, which is not one of the characters α, must belong to the exceptional family of B_1 and we must have $t = p-1$. Now the argument in § 5 (c) can be used. It shows that $\mathfrak{G}$ would have a normal subgroup of order p, which contradicts the assumption.

Hence ζ_1 is the only linear character of B_1. We see that $\mathfrak{G}$ satisfies the assumptions of Lemma 3. The degrees of the characters of B_1 will therefore have the values given in Lemma 3. The proof of Theorem 4 is based on a further investigation of these characters of B_1. In § 8, we shall show that all the characters α are real. In § 9, the degrees of the modular characters of B_1 are obtained. One of these degrees is equal to 3. In § 11, the corresponding modular representation is used for the proof of the isomorphism of $\mathfrak{G}/\mathfrak{C}$ and $LF(2,p)$.

(d) We add a few simple remarks. Let ω be the character of the representation $\mathfrak{Z}$ of degree $n = (p-1)/2$. In the notation of § 4, we must have Case IV and (2) takes the form

$$\omega = \theta_\lambda \sum_\rho (\epsilon)^\rho \quad \text{(for elements of } \mathfrak{N}\text{)},$$

where ρ ranges over the $n = (p-1)/2$ quadratic residues (mod p), and where θ_λ is a linear character of $\mathfrak{V}$. In particular, for elements V of $\mathfrak{V}$ we have $\omega(V) = \theta_\lambda(V)n$, which shows that V is represented by $\theta_\lambda(V)I$ in $\mathfrak{Z}$.

Since $\mathfrak{Z}$ is a $(1-1)$-representation, all the elements V belong to the center $\mathfrak{C}$ of $\mathfrak{G}$. Conversely, any element of $\mathfrak{C}$ belongs to $\mathfrak{N}$. No element of $\mathfrak{C}$ can have order p. Hence $\mathfrak{C} \leqq \mathfrak{V}$, i. e.,

$$\mathfrak{C} = \mathfrak{V}. \tag{17}$$

The representations $\mathfrak{Z} \times \bar{\mathfrak{Z}}$ and $\mathfrak{Z}' \times \bar{\mathfrak{Z}}'$ will represent every V in $\mathfrak{V}$ by the unit matrix, when $\bar{\mathfrak{Z}}$ is the conjugate complex representation, and $\mathfrak{Z}'$ the representation with the p-conjugate character ω'. Then Theorem 2 shows that every representation of the first block B_1 represents the elements of $\mathfrak{V}$ by the unit matrix. Actually, the relations of Theorem 2 are equalities in our case.

$$\begin{aligned} &\text{Case } \mathcal{A}: \quad \omega\bar{\omega} = \chi + \Sigma\alpha, \quad \omega'\bar{\omega} = \Sigma\beta, \\ &\text{Case } \mathcal{B}: \quad \omega\bar{\omega} = \Sigma\alpha, \quad \omega'\bar{\omega} = \chi + \Sigma\beta, \end{aligned} \tag{18}$$

since both sides have the same degree on account of Lemma 3 (cf. (12) which turned out to be an equality in our case). If, therefore, an element G of $\mathfrak{G}$ is represented by the unit matrix in all representations of B_1, then (18) shows that $\mathfrak{Z}(G) \times \bar{\mathfrak{Z}}(G) = I$. This implies that $\mathfrak{Z}(G)$ can have only one characteristic root c, i. e., $\mathfrak{Z}(G) = cI$, and G belongs to the center $\mathfrak{V}$ of $\mathfrak{G}$.

On the other hand, every irreducible representation of $\mathfrak{G}/\mathfrak{V}$ defines an irreducible representation of $\mathfrak{G}$. If ζ_ν is the corresponding character, we have $\zeta_\nu(P^jV) = \zeta_\nu(P) \equiv z_\nu \pmod{1-\epsilon}$ for V in $\mathfrak{V}$. We see easily[12] that ζ_ν belongs to B_1, provided that its degree z_ν is prime to p.

8. The characters of the group $\{P, M, \mathfrak{V}\}/\mathfrak{V}$. According to Lemma 3, we have $t=2$ and (1) thus has the form

$$M^{-1}PM = P^{\gamma^2}.$$

For $n = (p-1)/2$, the n-th power of M belongs to $\mathfrak{V}$. The elements M, P (mod $\mathfrak{V}$) generate a group $\mathfrak{W} = \{P, M, \mathfrak{V}\}/\mathfrak{V}$ of order np. Let ξ be a primitive n-th root of unity. Then

$$M \to \xi, \qquad P \to 1$$

defines a linear representation of $\mathfrak{W}$. If (ξ) is its character, every linear character of $\mathfrak{W}$ is of the form $(\xi)^\nu$, $(\nu = 0, 1, \cdots, n-1)$. Besides, $\mathfrak{W}$ has two conjugate characters[13] X and X' of degree n. These characters vanish for the elements M^κ $(\kappa = 1, 2, \cdots, n-1)$, i. e.,

---

[12] We may apply the condition [1], (27) to ζ_1 and ζ_ν.

[13] This can either be seen directly or as a special case of the results of [4]. For the group $\mathfrak{W}$, we have $l=1$, $t=2$. Since we have $n=(p-1)/2$ linear characters, the two p-conjugate characters X, X' must have degree n as $n + 2n^2 = np$ is the order of $\mathfrak{W}$;

$$X(1)=X'(1)=n,\quad X(M^{\kappa})=X'(M^{\kappa})=0 \quad \text{for} \quad \kappa\not\equiv 0 \pmod n.$$

After interchanging X and X', if necessary, we may assume that

$$X=\Sigma(\epsilon)^{\rho} \quad (\text{for the elements of } \{P\}),$$

where ρ ranges over the n quadratic residues (mod p). In the representation corresponding to X, the element P is represented by a matrix with the characteristic roots ϵ^{ρ}, while M is represented by a matrix whose roots are the n-th roots of unity. The determinant of the former matrix is 1 and that of the latter is $(-1)^{n+1}$.

From Theorem 2, applied to the group $\mathfrak{W}$, it follows that $X\bar{X}$ contains all the characters $(\xi)^{\nu}$. Clearly, $X\bar{X} \supseteqq 2(\xi)^{\nu}$ is impossible, since it would imply that $X(\xi)^{\nu} \supseteqq 2X$ (cf. Lemma 1), and the left side has a smaller degree than the right side.

The representations of $\mathfrak{G}$ of the first block B_1 represent the elements of $\mathfrak{V}$ by the unit matrix (cf. § 7). Consequently, these representations of $\mathfrak{G}$ induce representations of $\mathfrak{W}$. Restricting ourselves to elements of $\{P, M, \mathfrak{V}\}$, the characters $\alpha, \beta, \chi, \chi'$ can be expressed as linear combinations of $X, X', (\xi)^{\nu}$; the coefficients are rational integers $\geqq 0$. On comparing the characteristic roots, we see easily that for elements of $\{P, M, \mathfrak{V}\}$

$$(19) \qquad \beta=X+X'; \quad \alpha=X+X'+(\xi)^{\mu}+(\xi)^{\nu} \text{ for } \alpha\neq\zeta_1,$$

where μ, ν are two of the numbers $0, 1, 2, \cdots, n-1$. The character χ contains one of the characters X, X'. It is equal to this character in Case $\mathcal{B}$ where $Dg(\chi)=Dg(X)=n$, while in Case $\mathcal{A}$ one of the linear characters $(\xi)^{\kappa}$ must be added, since $Dg(\chi)=n+1=Dg(X)+1$.

The representations of $\mathfrak{G}$ belonging to B_1 are all unimodular.[14] Indeed, the determinants of the matrices of such a representation form a linear character Δ of $\mathfrak{G}$, and $\Delta(V)=1$ for V in $\mathfrak{V}$. Then Δ itself belongs to B_1 (cf. [12]), and hence $\Delta=\zeta_1=1$. On comparing the determinants of the matrices representing M, we see that $\mu\equiv-\nu$ in (19) while $\kappa=n/2$ in Case $\mathcal{A}$, i. e.,

$$(20) \qquad \alpha=X+X'+(\xi)^{\mu}+(\xi)^{-\mu};$$

$$(21,\mathcal{A}) \qquad \chi=X+(\xi)^{n/2} \text{ or } \chi=X'+(\xi)^{n/2} \text{ in Case } \mathcal{A};$$

$$(21,\mathcal{B}) \qquad \chi=X \qquad \text{or } \chi=X' \qquad \text{in Case } \mathcal{B},$$

---

no character of type II occurs. For p-regular elements G, the value $X(G)$ is the sum of the n linear characters, which gives $X(Mk)=0$ for $k\not\equiv 0 \pmod n$, while the value of $X(P)$ is obtained directly from [4], Theorems 4 and 11.

[14] That is to say, all the elements of $\mathfrak{G}$ are represented by matrices whose determinant is 1.

for elements of $\{P, M, \mathfrak{W}\}$. On forming $\chi\bar{\chi}$ for the elements of the same subgroup, we obtain the same linear characters $(\xi)^{\nu}$ as are contained in $X\bar{X}$ [15] in Case $\mathcal{B}$, while a further character $(\xi)^0 = 1$ appears in Case $\mathcal{A}$. Using a remark above, we find

$$(22, \mathcal{A}) \qquad \chi\bar{\chi} = 2(\xi)^0 + \sum_{\nu=1}^{n-1} (\xi)^{\nu} + \cdots \qquad (\text{Case } \mathcal{A}),$$

$$(22, \mathcal{B}) \qquad \chi\bar{\chi} = \sum_{\nu=0}^{n-1} (\xi)^{\nu} + \cdots \qquad (\text{Case } \mathcal{B}),$$

where the characters, not written down on the right side, are not linear.

On the other hand, Theorem 2 applied to the character χ of $\mathfrak{G}$ shows that $\chi\bar{\chi}$ contains all characters α, and also one of the characters χ, χ' in Case $\mathcal{A}$. In Case $\mathcal{A}$, one of the α is $\zeta_1 = 1 = (\xi)^0$. According to Lemma 3 (§ 6), we have $(p-5)/4 = (n/2) - 1$ further characters α of degree $p+1$. The formula (22) now shows that no two of these α can contain the same $(\xi)^{\mu}$. Furthermore, $\chi\bar{\chi}$, which (as a character of $\mathfrak{G}$) contains χ or χ', contains only one such constituent. In Case $\mathcal{B}$, we have $(p-3)/4 = (n-1)/2$ characters α of degree $p+1$. Again, $(22, \mathcal{B})$ shows that no two of them contain the same $(\xi)^{\nu}$.

Consider α again as a character of $\mathfrak{G}$. The conjugate complex character $\bar{\alpha}$ also belongs to the first block.[16] According to (20), the same linear characters $(\xi)^{\mu}$ appear in α and $\bar{\alpha}$, if considered as characters of $\mathfrak{W}$. As we have seen, different α never contain the same $(\xi)^{\mu}$. Hence $\alpha = \bar{\alpha}$. The character $\chi\bar{\chi}$ is real. Since it contains exactly one of the characters χ, χ', this constituent is real. The p-conjugate characters χ, χ' are either both real or both not real. Hence we have

LEMMA 4. *Under the assumptions of Theorem 4, the degrees of the characters of* B_1 *have the values given in Lemma 3. All the characters* α *are real. In Case* $\mathcal{A}$, *the characters* χ, χ' *also are real.*

9. The degrees of the modular characters of B_1. We separate the two cases $\mathcal{A}$ and $\mathcal{B}$. The methods applied will be essentially the same in both cases.

CASE $\mathcal{A}$: The subset B^*_1 of characters ζ_μ of B_1 with $\delta_\mu = 1$ consists of $\zeta_1 = 1$, χ, χ' and $(p-5)/4$ characters α_σ of degree $p+1$ $(\sigma = 1, 2, \cdots, (p-5)/4)$. The block B_1 contains $(p-1)/2$ modular characters [17] ϕ, and each of them appears as a modular constituent in exactly one of the characters ζ_1, χ, α_σ. On the other hand, each ϕ appears as a modular constituent of

[15] $X\bar{X}$ and $X'\bar{X}'$ contain the same linear characters $(\xi)^{\nu}$.

[16] This can be seen easily from § 7(d) and also by means of [12].

[17] Cf. [4], Theorem 3.

exactly one of the $(p-1)/4$ characters β of degree $p-1$. This shows that $Dg(\phi) \leqq p-1$. Furthermore, it follows that we have at most $(p-1)/4$ modular characters ϕ in $\mathbf{B}_1$ with $Dg(\phi) > (p-1)/2$. In the modular sense, each of the $(p-5)/4$ characters α_σ must be reducible. The constituents of the α_σ account for at least $(p-5)/2$ modular characters of $\mathbf{B}_1$, the constituents of χ and the character ζ_1 for at least two further modular characters. Since $(p-5)/2+2=(p-1)/2$ is the full number of modular characters of $\mathbf{B}_1$, it follows that every α_σ has exactly two modular constituents, while χ is modular-irreducible. One of the constituents of α_σ has at least the degree $(p+1)/2$, and χ also has the degree $(p+1)/2$. This gives $(p-1)/4$ characters ϕ of a degree $> (p-1)/2$. As a remark above shows, the other $(p-1)/4$ modular characters of $\mathbf{B}_1$ necessarily have a degree $\leqq (p-1)/2$. In particular, every α splits into two modular constituents of different degrees. Since α is real (Lemma 4), and the modular constituents cannot be conjugate complex, both constituents are real. The character χ also is real (Lemma 4). Hence all the modular characters of $\mathbf{B}_1$ are real.

Now Theorem 14 of [3] can be applied, which shows that the tree corresponding to the block $\mathbf{B}_1$ is an open polygon. The two end points correspond to the modular-irreducible characters 1 and χ. If the notation is chosen suitably, the polygon has the following form $(h=(p-1)/4)$:

$$(23, \mathcal{A}) \qquad \underset{1}{|}\!-\!\!-\!\underset{\beta_1}{|}\!-\!\!-\!\underset{\alpha_1}{|}\!-\!\!-\!\underset{\beta_2}{|}\!-\!\!-\!\!-\; \cdot\;\cdot\;\cdot\;\cdot\;\cdot\;\cdot \;-\!\!-\!\!-\underset{\alpha_{h-1}}{|}\!-\!\!-\!\underset{\beta_h}{|}\!-\!\!-\!\underset{\chi}{|}$$

The sides of this polygon correspond to the modular characters of $\mathbf{B}_1$. The sum of the degrees of the characters corresponding to adjoining sides is either $p-1$ or $p+1$, according as the common vertex is associated with an α_σ or with a β_σ. The side $1\,\beta_1$ corresponds to the modular character 1, and we find successively, that the degrees of the modular characters of $\mathbf{B}_1$ are given by

$$(24, \mathcal{A}) \quad 1, p-2, 3, p-4, \cdots, (p+5)/2, (p-3)/2, (p+1)/2.$$

CASE $\mathcal{B}$: Here, the decomposition of $\zeta_1 = 1$ and the $(p-3)/4$ characters α_σ $(\sigma = 1, 2, \cdots, (p-3)/4)$ of degree $p+1$ into modular constituents gives all the modular constituents ϕ of $\mathbf{B}_1$. Each of these constituents also appears either in χ or in one of the $(p-3)/4$ characters β_σ of degree $p-1$ $(\sigma = 1, 2, \cdots, (p-3)/4)$. This implies $Dg(\phi) \leqq p-1$, and shows also that at most $(p-3)/4$ of the ϕ may have a degree $> (p-1)/2$. Since $\mathbf{B}_1$ contains $(p-1)/2$ modular characters ϕ, it follows as in Case $\mathcal{A}$ that each α_σ splits into two modular-irreducible constituents, one of which has a degree $\geqq (p+1)/2$, while the other must have a degree $\leqq (p-1)/2$.

14

Again, it follows that all the modular characters of $\mathbf{B}_1$ are real. Therefore, the tree corresponding to the block $\mathbf{B}_1$ is an open polygon.

According to Theorem 2, the character $\chi\bar{\chi}$ of $\mathfrak{G}$ contains all the characters α. Since $Dg(\chi) = (p-1)/2$, no other character of $\mathfrak{G}$ can appear (cf. (18, $\mathcal{B}$)). Hence

$$\chi\bar{\chi} = \zeta_1 + \Sigma\alpha_\sigma.$$

This shows that $\chi\bar{\chi}$ contains the modular 1-character once only. Consequently, χ is modular-irreducible.[18] This shows that $\zeta_1 = 1$ and χ correspond again to the end points of the polygon. Here we have for $p > 3$ ($h = (p-3)/4$)

(23, $\mathcal{B}$) $\quad$ 1 —— β_1 —— α_1 —— β_2 —— · · · · · · —— β_h —— α_h —— χ

The degrees of the modular characters of $\mathbf{B}_1$ are given by

(24, $\mathcal{B}$) $\quad 1, p-2, 3, p-4, \cdots, (p+3)/2, (p-1)/2.$

The case $p = 3$ is without interest, as the assumptions of Theorem 4 cannot be satisfied. We have therefore the result,

LEMMA 5. *If $\mathfrak{G}$ satisfies the assumptions of Theorem 4, then the first block $\mathbf{B}_1$ contains exactly one modular character of degree 3.*

10. The modular representation of degree 3. Let $\mathfrak{F}$ be the irreducible modular representation of $\mathfrak{G}$ of degree 3, whose character ϕ belongs to the first block $\mathbf{B}_1$ (cf. Lemma 5). We can easily show that $\mathfrak{F}$ can be written with coefficients in the Galois field $GF(p)$ with p elements. Indeed, if this were not so, the traces of the matrices $\mathfrak{F}(G)$, representing G, could not lie in $GF(p)$ for every G in $\mathfrak{G}$.[19] Then we could find a representation $\mathfrak{F}^*$ which is algebraically conjugate to $\mathfrak{F}$ without being similar. It would belong to $\mathbf{B}_1$ and have the degree 3 which contradicts Lemma 5.

Since ϕ was seen to be real, it follows further that $\mathfrak{F}$ is similar to its contragredient representation $\mathfrak{F}^*$. If

$$\mathfrak{F}^* = M^{-1}\mathfrak{F}M,$$

where M is a non-singular matrix with coefficients in $GF(p)$, we conclude easily that MM'^{-1} commutes with every matrix of $\mathfrak{F}$. Hence $MM'^{-1} = cI$ with $c \neq 0$ in $GF(p)$, $M = cM'$, $M' = cM$, and consequently $c^2 = 1$. On the

[18] The product of two contragredient modular characters contains the 1-character, as in the ordinary theory. Hence if $\chi\bar{\chi}$ contains ζ_1 exactly once in the modular sense, then χ is modular-irreducible. However, if χ is modular-irreducible, $\chi\bar{\chi}$ may contain ζ_1 (modular) more than once.

[19] Cf. footnote 12 of [3].

other hand, on forming the determinants of M and M', we find $c^3 = 1$. This gives $c = 1$, i. e., $M' = M$. Consequently, $\mathfrak{F}$ has a non-degenerate quadratic invariant. We may, therefore, assume that the matrices of F are orthogonal matrices of $GF(p)$.

The group of all orthogonal matrices of degree 3 with coefficients in $GF(p)$ has a normal subgroup $O_1(3, p)$ in Dickson's notation,[20] consisting of the unimodular orthogonal matrices. The factor group is cyclic of order 2. [R.B.] ~~$p - 1$.~~ The elements of $\mathfrak{G}$, which are represented in $\mathfrak{F}$ by matrices belonging to $O_1(3, p)$, form a normal subgroup $\mathfrak{J}$. This group $\mathfrak{J}$ contains $\mathfrak{V}$; the factor group $\mathfrak{G}/\mathfrak{J}$ is cyclic. If $\mathfrak{J} \subset \mathfrak{G}$, we may construct a linear character [21] ζ_μ of $\mathfrak{G}$ such that $\zeta_\mu \neq \zeta_1$ but $\zeta_\mu(V) = 1$ for V in $\mathfrak{V}$. Then ζ_μ would belong to $\mathbf{B}_1$ (§ 7 (d)), while ζ_1 was the only linear character in $\mathbf{B}_1$. Hence all the matrices of $\mathfrak{F}$ belong to $O_1(3, p)$.

The group $O_1(3, p)$ has a normal subgroup $FO(3, p)$ of index 2; we conclude in the same manner that the matrices of $\mathfrak{F}$ belong to $FO(3, p) \cong LF(2, p)$.

Let $\mathfrak{V}^*$ be the normal subgroup of $\mathfrak{G}$ consisting of the elements G which $\mathfrak{F}$ represents by the unit matrix I. Obviously, $\mathfrak{V} \subseteq \mathfrak{V}^*$, and $\mathfrak{G}/\mathfrak{V}^*$ is isomorphic with a subgroup of $LF(2, p)$.

The modular representation $\mathfrak{F}$ appears as a constituent of at least one ordinary irreducible representation $\mathfrak{T}$ of $\mathfrak{G}/\mathfrak{V}^*$. Then $Dg(\mathfrak{T})$ is prime to p, since otherwise $\mathfrak{T}$ would be modular-irreducible,[22] i. e., $Dg(\mathfrak{T}) = Dg(\mathfrak{F}) = 3$ and hence $p = 3$, while we could assume that $p > 3$.

Every representation $\mathfrak{T}$ of $\mathfrak{G}/\mathfrak{V}^*$ yields a representation $\tilde{\mathfrak{T}}$ of $\mathfrak{G}$ consisting of the same matrices as $\mathfrak{T}$ and representing all the elements of $\mathfrak{V}^*$ by the unit matrix. It follows from a remark in § 7 (d) that $\tilde{\mathfrak{T}}$ belongs to the block $\mathbf{B}_1$, since the elements of $\mathfrak{V}$ are represented by I, and since $Dg(\mathfrak{T}) \not\equiv 0 \pmod{p}$. If we let ζ_μ be the character of $\tilde{\mathfrak{T}}$, we certainly have $\zeta_\mu \neq \zeta_1$. The formulae (2) in § 2 show that $\zeta_\mu(P) \neq z_\mu$ which implies that P cannot belong to $\mathfrak{V}^*$. The order v^* of the normal subgroup $\mathfrak{V}^*$ of $\mathfrak{G}$ is not divisible by p. Consequently, the order g/v^* of $\mathfrak{G}/\mathfrak{V}^*$ is divisible by p. Hence the modular representation $\mathfrak{F}$ appears as a modular constituent of two ordinary irreducible representations $\mathfrak{T}_1, \mathfrak{T}_2$ which are not p-conjugate.[23] Each of these two representations $\mathfrak{T}_i$ can be taken for $\mathfrak{T}$ above. The characters of the

---

[20] L. E. Dickson, *Linear Groups*, Leipzig (1901), Chapter VII.

[21] The modular character corresponding to ζ_μ can be taken as the determinant of $\mathfrak{F}(G)$.

[22] Cf. [1], Theorem 1.

[23] Cf. [2], Theorem 9.

corresponding representations $\tilde{\mathfrak{T}}_1, \tilde{\mathfrak{T}}_2$ of $\mathfrak{G}$ are α_1, β_2 for $p > 7$ (cf. (23), (24) $\mathcal{A}, \mathcal{B}$). For $p = 7$, the characters are α_1 and χ; for $p = 5$, they are β_1 and χ. It follows that the order of $\mathfrak{G}/\mathfrak{V}^*$ must be divisible by $(p-1)(p+1)/2$ for $p > 7$, since the group has irreducible representations of degree $p - 1$ and $p + 1$. The conclusion is also correct for $p = 7$, where we have irreducible representations of degrees 8 and 3, and for $p = 5$, where we have irreducible representations of degrees 4 and 3. Since $\mathfrak{G}/\mathfrak{V}^*$ is isomorphic with a subgroup of $LF(2, p)$, and since its order is divisible by p and by $(p - 1)(p + 1)/2$, it follows now that

$$\mathfrak{G}/\mathfrak{V}^* \cong LF(2, p). \tag{25}$$

The group $LF(2, p)$ has two classes of conjugate elements which contain elements of order p. Hence [24] $LF(2, p)$ has $(p-1)/2 + 2$ irreducible representations of degrees which are not divisible by p. This is the full number of ordinary representations of $\mathfrak{G}$ belonging to B_1. Consequently, every representation of B_1 represents the elements of $\mathfrak{V}^*$ by the unit matrix. According to § 7 (d), we then have $\mathfrak{V}^* \subseteqq \mathfrak{V}$, and hence

$$\mathfrak{V} = \mathfrak{V}^*. \tag{26}$$

The equations (17), (25), and (26) contain the proof of Theorem 4.

UNIVERSITY OF WISCONSIN.

BIBLIOGRAPHY.

[1] R. Brauer-C. Nesbitt, "On the modular characters of groups," *Annals of Mathematics*, vol. 42 (1941), pp. 556-590.

[2] R. Brauer, "On the connection between the ordinary and the modular characters of groups of finite order," *Annals of Mathematics*, vol. 42 (1941), pp. 926-935.

[3] R. Brauer, "Investigations on group characters," *Annals of Mathematics*, vol. 42 (1941), pp. 936-958.

[4] R. Brauer, "On groups whose order contains a prime number to the first power I," *American Journal of Mathematics*, vol. 64 (1942), pp. 401-420.

[24] Actually, the characters of $LF(2, p)$ are known, but the fact used here follows at once from the results of [4] and does not require the knowledge of the characters of $LF(2, p)$.

Annals of Mathematics
Vol. 44, No. 1, January, 1943

ON PERMUTATION GROUPS OF PRIME DEGREE AND RELATED CLASSES OF GROUPS

By Richard Brauer*

(Received June 17, 1942)

Introduction

The transitive permutation groups of prime degree p appear as the Galois groups of the irreducible algebraic equations $f(x) = 0$ of degree p. This is the reason that these groups have been the subject of a large number of investigations.[1] However, only few results of a general nature have been obtained. In the present paper, the theory of group representations[2] will be applied in order to derive some new theorems concerning the structure of these groups. Actually, the method can be used for the study of a wider class of groups, viz. the groups $\mathfrak{G}$ of finite order g which have the following property:

(*) *The group $\mathfrak{G}$ contains elements P of prime order p which commute only with their own powers P^i.*

It is clear that transitive permutation groups of degree p have the property (*). Secondly, the doubly transitive permutation groups of degree $p + 1$ are of this type.[3] A third example is furnished by the irreducible linear groups in a p-dimensional vector space whose center consists of the unit element only, in particular by the simple linear irreducible groups in p dimensions (cf. section 7).

It is easily seen (section 1) that the order g of a group $\mathfrak{G}$ with the property (*) is of the form

$$g = (p - 1)p(1 + np)/t \tag{1}$$

where t and n are integers and where t divides $p - 1$. The group $\mathfrak{G}$ contains exactly $1 + np$ conjugate subgroups of order p, and each of them has a normalizer of order $p(p - 1)/t$. In section 2, the normal subgroups of $\mathfrak{G}$ are studied, in particular the first commutator-subgroup $\mathfrak{G}'$ and the second commutator-subgroup $\mathfrak{G}''$ of $\mathfrak{G}$. Two cases must be distinguished:

Case I. *The group $\mathfrak{G}$ contains a normal subgroup $\mathfrak{S}$ of order $1 + np$.*

We shall show that $\mathfrak{G}/\mathfrak{S}$ then is a metacyclic group of order $p(p - 1)/t$; the group $\mathfrak{S}$ possesses an outer automorphism of order p which leaves only the

* Fellow of the John Simon Guggenheim Memorial Foundation.

[1] We may mention here the work of Mathieu, C. Jordan, Sylow, Frobenius, Burnside, G. A. Miller. Cf. also E. Pascal, Repertorium der höheren Mathematik, Vol. I, part 1, 2nd German edition, Leipzig 1910.

[2] In this paper, the notation "representation of a group" always means a representation of the group by linear transformations of a vector space over the field of complex numbers (or an algebraically closed field of characteristic 0). By a "vector-space" we always mean a vector-space over this field.

[3] For this class of groups, cf. G. Frobenius, Sitzungsberichte der Preussischen Akademie, Berlin 1902, p. 351.

unit element fixed. For $t < p - 1$, we have $\mathfrak{S} = \mathfrak{G}''$, and $\mathfrak{G}'$ has the order $p(1 + np)$. For $t = p - 1$, we have $\mathfrak{S} = \mathfrak{G}'$. Unless n is of the form

$$n = u + m + ump \qquad (u,\ m \text{ positive integers}), \tag{2}$$

$\mathfrak{S}$ is a minimal normal subgroup of $\mathfrak{G}$ (for $n \neq 0$).

This case I is of relatively small interest. In particular, when $\mathfrak{G}$ is a transitive permutation group of degree p, $\mathfrak{S}$ consists in this case I only of the unit element 1. If $\mathfrak{G}$ is a doubly transitive group of degree $p + 1$ or an irreducible linear group in a p-dimensional space with center 1, then $\mathfrak{S}$ must be abelian.

CASE II. *The group* $\mathfrak{G}$ *does not contain a normal subgroup of order* $1 + np$. Here, we shall have $\mathfrak{G}' = \mathfrak{G}''$. The group $\mathfrak{G}'$ itself satisfies the condition (*); its order g' is of the form

$$g' = (p - 1)p(1 + np)/t' \tag{3}$$

where n is the same number as in (1). The number t' divides $p - 1$ and is divisible by t; we have $t' \neq p - 1$. If n is not of the form (2), in particular, if $n < p + 2$, then $\mathfrak{G}'$ is simple.

In the later sections, we shall assume that $\mathfrak{G}$, besides condition (*), satisfies the following condition

(**) *The commutator-subgroup* $\mathfrak{G}'$ *of* $\mathfrak{G}$ *is equal to* $\mathfrak{G}$.

By this condition (**), groups $\mathfrak{G}$ for which we have case I are excluded. If we have case II, the group $\mathfrak{G}'$ satisfies both conditions (*) and (**), and our theory can be applied to $\mathfrak{G}'$. From $\mathfrak{G}'$, the group $\mathfrak{G}$ can be obtained by a cyclic extension; the value of n remains unchanged.

Our main result (section 5), is: If a group $\mathfrak{G}$ satisfies the conditions (*) and (**), and if $n \geqq (p + 3)/2$, then n can be represented by the following rational function $F(p, u, h)$

$$n = F(p, u, h) = \frac{puh + u^2 + u + h}{u + 1} \tag{4}$$

where u and h are positive integers, and where $u + 1$ divides $h(p - 1)$. If $\mathfrak{G}$ satisfies the conditions (*) and (**), and if $n < (p + 3)/2$, we must have one of the following two cases:

(a) $n = 1, \quad t = 2, \quad \mathfrak{G} = LF(2, p), \qquad (p > 3).$

(b) $n = (p - 3)/2, \quad t = (p - 1)/2, \quad \mathfrak{G} = LF(2, 2^\mu)$ where $p = 2^\mu + 1$ is a Fermat prime, $p > 3$.[4]

In a later paper, the values n with $(p + 3)/2 \leqq n \leqq p + 2$ will be discussed.

It had been shown by Frobenius that $LF(2, p)$ is the only simple group of order $p(p - 1)(p + 1)/2$. In section 6 we drop the assumption (*) and prove that the groups $\mathfrak{G} = LF(2, p)$ and $LF(2, 2^\mu)$, $(2^\mu + 1 = p)$ are the only simple

[4] That permutation groups of degree p with the value $n = (p - 3)/2$ exist for these primes p, was mentioned by Frobenius, loc. cit.

groups of an order $p(p-1)(1+mp)/\tau$ with $m < (p+3)/2$, (p a prime, τ, m not-negative integers, $\tau \mid (p-1)$); if for a simple group of this order we have $m \geqq (p+3)/2$, then m must be of the form $m = F(p, u, h)$ where u and h are positive integers.

1. Preliminary remarks

Let $\mathfrak{G}$ be a group of finite order g which satisfies the condition (*), i.e. which contains elements P of prime order p whose centralizer consists of the powers of P only. If $\mathfrak{P}$ is a p-Sylow subgroup of $\mathfrak{G}$ which contains P, then the order of $\mathfrak{P}$ cannot be larger than p, since otherwise the order of the centralizer of P in $\mathfrak{P}$ would be larger than p. Hence $g \not\equiv 0 \pmod{p^2}$, $\mathfrak{P} = \{P\}$. The number of subgroups conjugate to $\mathfrak{P}$ is of the form $1 + np$ where n is a non-negative integer. The order of the normalizer $\mathfrak{N} = \mathfrak{N}(\mathfrak{P})$ of $\mathfrak{P}$ then is $g/(1+np)$. But since $\mathfrak{P}$ is a cyclic group of order p, and since $\mathfrak{N}$ also satisfies the condition (*), we readily see that $\mathfrak{N}$ can be generated by $\mathfrak{P}$ and another element Q such that

$$P^p = 1, \qquad Q^q = 1, \qquad Q^{-1}PQ = P^{\gamma^t} \tag{5}$$

where γ is a primitive root (mod p), and where t and q are positive integers such that

$$tq = p - 1. \tag{6}$$

The group $\mathfrak{G}$ then contains exactly t classes of conjugate elements of order p. For the order of $\mathfrak{G}$, we obtain

$$g = (p-1)p(1+np)/t = qp(1+np). \tag{7}$$

Hence we have

THEOREM 1. *If $\mathfrak{G}$ is a group of finite order g which contains an element P of prime order p which commutes only with its own powers (condition (*)), then $g = (p-1)p(1+np)/t$, where n and t are integers, and t divides $p-1$. The group $\mathfrak{G}$ contains exactly $1 + np$ subgroups of order p, and t is the number of classes of conjugate elements of order p in $\mathfrak{G}$.*

Since g contains the prime p only to the first power, the results of an earlier paper[5] can be applied. For the sake of convenience we mention those facts which will be needed.

The ordinary irreducible representations of $\mathfrak{G}$ are of four different types: (I) Representations $\mathfrak{A}_\rho$ of a degree $a_\rho = u_\rho p + 1 \equiv 1 \pmod p$. Denote by $A_\rho(G)$ the value of the character A_ρ of $\mathfrak{A}_\rho$ for an element G of $\mathfrak{G}$. Then

$$A_\rho(P^i) = 1 \qquad (\text{for } i \not\equiv 0 \pmod p)). \tag{8, I}$$

II. Representations $\mathfrak{B}_\sigma$ of a degree $b_\sigma = v_\sigma p - 1 \equiv -1 \pmod p$. If $B_\sigma(G)$ is the character of $\mathfrak{B}_\sigma$, we have

[5] R. Brauer, *On groups whose order contains a prime number to the first power*, American Journal of Mathematics vol. 64 (1942) part I p. 401, part II, p. 421. I refer to these papers as [1] and [2].

(8, II) $$B_\sigma(P^i) = -1 \qquad (\text{for } i \not\equiv 0 \pmod{p}).$$

(III) Representations $\mathfrak{C}$ of a degree c which is not congruent to 0, 1, -1 (mod p) for $t \neq 1$.[6] There exist exactly t such representations $\mathfrak{C}, \mathfrak{C}', \cdots, \mathfrak{C}^{(t-1)}$, and they are algebraically conjugate. The degree c is of the form

$$c = (wp + \delta)/t, \qquad \delta = \pm 1$$

where w is a positive integer. If ϵ is a primitive pth root of unity, suitably chosen, we have for the character $C(G)$ of $\mathfrak{C}$:

(8, III) $$C(P^i) = (-\delta) \sum_{\mu=0}^{q-1} \epsilon^{i\gamma^{\mu t}} \qquad \text{for } i \not\equiv 0 \pmod{p}.$$

We denote the expression on the right side by $(-\delta)\eta_i$ so that η_i is a Gaussian period of length $q = (p - 1)/t$.

(IV) Representation $\mathfrak{D}_\tau$ of a degree $d_\tau = px_\tau \equiv 0 \pmod{p}$. If $D_\tau(G)$ is the character of $\mathfrak{D}_\tau$, then

(8, IV) $$D_\tau(P^i) = 0 \qquad \text{for } i \not\equiv 0 \pmod{p}.$$

If we have α representation $\mathfrak{A}_\rho$, $\rho = 1, 2, \cdots, \alpha$, and β representations $\mathfrak{B}_\sigma$, $\sigma = 1, 2, \cdots, \beta$, we have

(9) $$\alpha + \beta = q = (p - 1)/t.$$

Furthermore, for elements G of an order prime to p, we have

(10) $$\sum_{\rho=1}^{\alpha} A_\rho(G) + \delta C^{(\nu)}(G) = \sum_{\sigma=1}^{\beta} B_\sigma(G).$$

In particular, for $G = 1$, this gives

(11) $$\sum_\rho a_\rho + \delta c = \sum_\sigma b_\sigma .$$

It is well known that the degrees a_ρ, b_σ, c, d_τ divide the order g of $\mathfrak{G}$ and that g is equal to the sum of the squares of all the degrees, i.e.

(12) $$\sum_\rho a_\rho^2 + \sum_\sigma b_\sigma^2 + tc^2 + \sum_\tau d_\tau^2 = g.$$

It is often convenient to set (as above)

(13) $$a_\rho = u_\rho p + 1, \quad b_\sigma = v_\sigma p - 1, \quad c = (wp + \delta)/t, \quad d_\tau = x_\tau p, \quad (\delta = \pm 1).$$

On substituting these values in (11) and taking (9) into account, we easily obtain

(14) $$\sum_\rho u_\rho + \frac{\delta w + 1}{t} = \sum_\sigma v_\sigma .$$

[6] In the case $t = 1$, $\mathfrak{C}$ can be chosen arbitrarily among the p irreducible representations of degrees not divisible by p. We then choose $\mathfrak{C}$ so that its degree c is of the form $c \equiv -1$ (mod p). This is always possible. The results given in (III) remain valid for this $\mathfrak{C}$. We then have $\delta = -1$, and $C(P^i)$ is rational.

Substitute the values (13) in (12) and use (9) and (14). A simple computation gives

$$\sum u_\rho^2 + \sum v_\sigma^2 + \frac{w^2}{t} + \sum x_\tau^2 = \frac{pn - n + 1}{t}. \tag{15}$$

2. Normal subgroups of $\mathfrak{G}$

The number of representations of degree 1 of any group $\mathfrak{G}$ is equal to the index $(\mathfrak{G}:\mathfrak{G}')$ of the commutator-subgroup $\mathfrak{G}'$ of $\mathfrak{G}$. In our case, for $t \neq 1$, $t \neq p - 1$, only the representations $\mathfrak{A}_\rho$ can have degree 1. By (9), their number is at most $(p - 1)/t$. For $t = 1$, we may choose $\mathfrak{C}$ so that its degree is different from 1, and the same argument holds. If $t = p - 1$, then $\alpha + \beta = 1$, cf. (9). Since the 1-representation $G \rightarrow 1$ appears among the $\mathfrak{A}_\rho$, we have $\alpha = 1, \beta = 0$, $a_1 = 1$, and (11) gives $c = 1$. Consequently, $\mathfrak{G}$ has exactly p representations of degree p. We thus proved

THEOREM 2. *If the group $\mathfrak{G}$ satisfies the condition (*), then the index $(\mathfrak{G}:\mathfrak{G}')$ of the commutator subgroup $\mathfrak{G}'$ in $\mathfrak{G}$ satisfies the relation*

$$(\mathfrak{G}:\mathfrak{G}') \leqq (p - 1)/t \qquad \textit{if } t \neq p - 1,$$

$$(\mathfrak{G}:\mathfrak{G}') = p, \qquad \textit{if } t = p - 1.$$

If $\mathfrak{G}$ has a normal subgroup $\mathfrak{S}$, then any representation of the factor group $\mathfrak{G}/\mathfrak{S}$ may be considered as a representation of $\mathfrak{G}$. On account of this remark, we prove easily

THEOREM 3. *Let $\mathfrak{G}$ be a group of order g which satisfies condition (*). If $\mathfrak{S}$ is a normal subgroup of an order s divisible by p, then $\mathfrak{S}$ contains the commutator-subgroup $\mathfrak{G}'$ of $\mathfrak{G}$.*

PROOF: Let $\mathfrak{Z}$ be an irreducible representation of $\mathfrak{G}/\mathfrak{S}$ of degree z; let $\zeta(G)$ be the character of the corresponding representation of $\mathfrak{G}$. Since the element P of order p must belong to $\mathfrak{S}$, we have $\zeta(P) = z$. The formulas (8) then show that $z \geqq 2$ is impossible; every irreducible representation of $\mathfrak{G}/\mathfrak{S}$ is of degree 1. Hence $\mathfrak{G}/\mathfrak{S}$ is abelian, i.e. $\mathfrak{S}$ contains $\mathfrak{G}'$, q.e.d.

We now treat normal subgroups of an order which is relatively prime to p. We have

THEOREM 4. *Let $\mathfrak{G}$ be a group of order g which satisfies condition (*). If $\mathfrak{S}$ is a normal subgroup of an order s which is not divisible by p, then s divides $1 + np$ and we have $s \equiv 1 \pmod p$.*[7] *The group $\mathfrak{G}/\mathfrak{S}$ itself satisfies condition (*), and the number t^* of classes containing conjugate elements of order p is the same as the analogous number for $\mathfrak{G}$; i.e. $t = t^*$. The group $\mathfrak{S}$ is contained in the kernel of the representations $\mathfrak{A}_\rho$, $\mathfrak{B}_\sigma$, $\mathfrak{C}^{(\nu)}$ (§1).*

PROOF: The order of $\mathfrak{G}/\mathfrak{S}$ is divisible by p; we have $t^* > 0$. Obviously, $t^* \leqq t$. Consider now the representations of the first p-block of $\mathfrak{G}/\mathfrak{S}$.[8] If

[7] The numbers n and t are defined in theorem 1.

[8] cf. [1], section 8.

$t^* \neq 1$, we find t^* representations whose characters take on distinct algebraically conjugate values for an element of order p. These representations yield t^* representations of $\mathfrak{G}$ with the same property, and the formulas (8) show that $t = t^*$. If $t^* = 1$, we find p representations of $\mathfrak{G}/\mathfrak{S}$ whose characters have non-vanishing rational values for an element of order p. Since this again gives p representations of $\mathfrak{G}$ with the corresponding property, we must have $t = 1$. This shows that $t = t^*$ in any case. The first p-block of $\mathfrak{G}/\mathfrak{S}$ now accounts for $t + (p - 1)/t$ representations of $\mathfrak{G}$ of a degree prime to p. But this is the full number of such representations (cf. §1), and hence $\mathfrak{G}/\mathfrak{S}$ does not contain any other p-block of lowest kind. Then the order of the centralizer of a p-Sylow group of $\mathfrak{G}/\mathfrak{S}$ is equal to p;[9] i.e. $\mathfrak{G}/\mathfrak{S}$ satisfies the condition (*). At the same time we proved that $\mathfrak{S}$ is contained in the kernel of all representations A_ρ, B_σ, $C^{(\nu)}$.

The order g/s of $\mathfrak{G}/\mathfrak{S}$ can be written in the form

$$g/s = (p - 1)p(1 + mp)/t \tag{16}$$

where m is a non-negative integer. Comparison of (16) with (7) shows that $s = (1 + np)/(1 + mp)$. Hence s divides $1 + np$, and we have $s \equiv 1 \pmod{p}$. This proves theorem 4.

Corollary 1. *Any normal subgroup $\mathfrak{S}$ of $\mathfrak{G}$ of an order prime to p possesses an outer automorphism of order p which leaves only the unit element invariant.*

Proof: Transformation of $\mathfrak{S}$ with an element P of order p in $\mathfrak{G}$ defines such an automorphism.—This shows again that $s \equiv 1 \pmod{p}$.

Corollary 2. *The kernel of any representation $\mathfrak{B}_\sigma$, $\mathfrak{C}^{(\nu)}$ is the (unique) maximal normal subgroup $\mathfrak{S}^*$ of an order prime to p. The same holds for the kernel of $\mathfrak{A}_\rho$, if the degree a_ρ is not 1.*

Proof: As shown above, $\mathfrak{S}^*$ will belong to each such kernel. But the formulas (8, I), (8, II), (8, III) show that the kernel cannot contain elements of order p, i.e. the kernel itself has an order prime to p, and it coincides therefore with $\mathfrak{S}^*$.

Corollary 3. *We have $\mathfrak{S}^* \subseteq \mathfrak{G}'$. If $t \neq p - 1$, the group $\mathfrak{G}'/\mathfrak{S}^*$ is simple. If $t = p - 1$, $\mathfrak{G}' = \mathfrak{S}^*$.*

Proof: The group $\mathfrak{G}'$ can be defined as the intersection of the kernels of the representations of degree 1. Theorem 4 then gives $\mathfrak{S}^* \subseteq \mathfrak{G}'$. If $t \neq p - 1$, the order of $\mathfrak{G}'$ is divisible by p (cf. theorem 2). From theorem 3 and the definition of $\mathfrak{S}^*$ it follows that no normal subgroup of $\mathfrak{G}$ lies between $\mathfrak{G}'$ and $\mathfrak{S}^*$. Then the group $\mathfrak{G}'/\mathfrak{S}^*$ is a minimal normal subgroup of $\mathfrak{G}/\mathfrak{S}^*$, and hence $\mathfrak{G}'/\mathfrak{S}^*$ is a direct product of isomorphic simple groups. But since the order of $\mathfrak{G}'/\mathfrak{S}^*$ contains p to the first power, this implies that $\mathfrak{G}'/\mathfrak{S}^*$ is simple. If $t = p - 1$, theorem 2 shows that $\mathfrak{G}' = \mathfrak{S}^*$.

Corollary 4. *If n is not of the form $n = u + m + ump$* (u, m positive integers), *in particular if $n < p + 2$, then $\mathfrak{G}$ does not contain a normal subgroup $\mathfrak{S} \neq \{1\}$ of an order s smaller than $1 + np$.*

[9] cf. [1], theorem 1.

PROOF: If $s \equiv 0 \pmod p$, theorems 2 and 3 give $s \geqq (g:(p-1)/t) = p(1+np)$. If $s \not\equiv 0$, theorem 4 shows that s is of the form $1 + up$ where u is a positive integer. From (7) and (16) we obtain

$$1 + np = (1 + mp)(1 + up).$$

Hence $n = u + m + ump$. Under our present assumption, we must have $m = 0$, i.e. $s = 1 + np$ and this proves the corollary.

We now distinguish two cases:

CASE I. *The Group $\mathfrak{G}$ contains a normal subgroup of order* $1 + np$.

CASE II. *The group $\mathfrak{G}$ does not contain a normal subgroup of order* $1 + np$. In other words, in case I the order s^* of $\mathfrak{S}^*$ is equal to $1 + np$ while in case II s^* is smaller than $1 + np$.

THEOREM 5. *We have case I, if and only if one of the following two sets of conditions holds*

(a) $$t = p - 1.$$

(b) $t < p - 1$, *and the first and second commutator subgroups $\mathfrak{G}'$ and $\mathfrak{G}''$ of $\mathfrak{G}$ are different.*

In case (a), $\mathfrak{G}'$ has the order $1 + np$, and $\mathfrak{G}/\mathfrak{G}'$ is cyclic of order p. In case (b), the group $\mathfrak{G}''$ has the order $1 + np$ and $\mathfrak{G}'$ has the order $p(1 + np)$; $\mathfrak{G}/\mathfrak{G}''$ is metacyclic and can be defined by the equations (5).

PROOF: The case $t = p - 1$ is trivial, cf. theorem 2 and (7); we may assume $t < p - 1$. If $\mathfrak{S}^*$ is an invariant subgroup of order $1 + np$ in $\mathfrak{G}$, then $\mathfrak{G}/\mathfrak{S}^*$ is a group of order $p(p-1)/t$, which satisfies condition (*) and in which t classes of conjugate elements contain elements of order p. Hence $\mathfrak{G}/\mathfrak{S}^*$ contains a subgroup of type (5), and since this subgroup has order $p(p-1)/t$, the group $\mathfrak{G}/\mathfrak{S}^*$ itself is a metacyclic group of type (5). In particular, $\mathfrak{G}/\mathfrak{S}^*$ contains a normal subgroup $\mathfrak{G}_1/\mathfrak{S}^*$ of index $(p-1)/t$. Then $\mathfrak{G}_1$ is a normal subgroup of index $(p-1)/t$ of $\mathfrak{G}$, and theorems 2 and 3 now show that $\mathfrak{G}_1 = \mathfrak{G}'$. We may apply theorem 2 to $\mathfrak{G}'$ which again satisfies condition (*). Since $\mathfrak{G}'$ contains a normal subgroup $\mathfrak{S}^*$ of index p, this group $\mathfrak{S}^*$ must be the commutator subgroup $\mathfrak{G}''$ of $\mathfrak{G}'$. Conversely, assume that $\mathfrak{G}' \neq \mathfrak{G}''$. According to theorem 2 we have $(\mathfrak{G}:\mathfrak{G}') \leqq (p-1)/t$. The order of $\mathfrak{G}'$ then is divisible by p, and $\mathfrak{G}'$ also satisfies the condition (*). If the index $(\mathfrak{G}':\mathfrak{G}'')$ was prime to p, the group $\mathfrak{G}''$ would have an order divisible by p, and theorem 3 would give $\mathfrak{G}'' \supseteq \mathfrak{G}'$, i.e. $\mathfrak{G}'' = \mathfrak{G}'$. Hence $(\mathfrak{G}':\mathfrak{G}'')$ is divisible by p. Now theorem 2, applied to $\mathfrak{G}'$, gives $(\mathfrak{G}':\mathfrak{G}'') = p$ and, therefore, $(\mathfrak{G}:\mathfrak{G}'') \leqq p(p-1)/t$. However, theorem 4 shows that the order of the normal subgroup $\mathfrak{G}''$ of $\mathfrak{G}$ must divide $1 + np$. As $\mathfrak{G}$ has the order $p(p-1)(1+np)/t$, we now see that $\mathfrak{G}''$ has the order $1 + np$. This completes the proof of theorem 5.

COROLLARY 5. *In case II, the order g' of the group $\mathfrak{G}'$ is given by*

(17) $$g' = (p-1)p(1+np)/t'$$

where n is the same number as in (7) *and t' denotes the number of classes of conjugate elements in* $\mathfrak{G}'$ *which contain elements of order p. We have* $t \mid t'$, $t' \mid (p - 1)$, *and* $t \leqq t' < p - 1$. *Furthermore,* $\mathfrak{G}' = \mathfrak{G}''$. *The group* $\mathfrak{G}/\mathfrak{G}'$ *is cyclic.*

PROOF: It follows from theorem 5 that $t < p - 1$ and that $\mathfrak{G}' = \mathfrak{G}''$. The group $\mathfrak{G}'$ also satisfies condition (*), and since it contains all subgroups of order p of $\mathfrak{G}$, we obtain (17). The number t divides t', because g' divides g. If we had $t' = p - 1$, theorem 2 would give $\mathfrak{G}' \neq \mathfrak{G}''$. The element Q in (5) has the property that its (t'/t)th power is the first power which belongs to $\mathfrak{G}'$. This shows that $\mathfrak{G}/\mathfrak{G}'$ is cyclic.

COROLLARY 6. *If n is not of the form* $n = u + m + ump$, (u, m *positive integers*), *in particular if* $n < p + 2$, *then* $\mathfrak{G}'$ *is simple in case II.*

PROOF: Corollary 4 shows that $\mathfrak{S}^* = \{1\}$, and corollary 3 now proves the statement.

Finally, we treat the three kinds of groups mentioned in the introduction. We prove

THEOREM 6. *If* $\mathfrak{G}$ *is a transitive permutation group of degree p (p a prime number), then* $\mathfrak{G}$ *does not contain any normal subgroup of an order prime to p and different from* $\{1\}$; *the group* $\mathfrak{G}'$ *is simple* (*or of order* 1). *If* $\mathfrak{G}$ *is a doubly transitive group of degree* $p + 1$ *or if* $\mathfrak{G}$ *is an irreducible linear group with center* $\{1\}$ *in a p-dimensional space, then any normal subgroup of an order prime to p is abelian. In all these cases, the composition series of* $\mathfrak{G}$ *has at most one non-cyclic factor group.*

PROOF: If $\mathfrak{G}$ is a transitive permutation group of degree p, then $\mathfrak{G}$ possesses a reducible (1–1)-representation $\mathfrak{Z}$ of degree p, whose character has the value 0 for elements of order p. As shown by the formulas (8, I), this representation cannot consist of representations $\mathfrak{A}_\rho$ exclusively; furthermore it cannot contain any constitutent $\mathfrak{D}_\tau$. Theorem 4 and corollary 2 now show that $\mathfrak{Z}$ has the kernel $\mathfrak{S}^*$. However, $\mathfrak{Z}$ was a (1–1)-representation. We thus find $\mathfrak{S}^* = \{1\}$, and corollary 3 shows that $\mathfrak{G}'$ is simple (or $\mathfrak{G}' = \{1\}$, if $g = p$).

Any doubly transitive permutation group $\mathfrak{G}$ of degree $p + 1$ possesses an irreducible (1–1)-representation of degree p. As condition (*) holds for any such $\mathfrak{G}$, we easily see that $\mathfrak{G}$ has the center $\{1\}$. It is, therefore, sufficient to treat irreducible linear groups with the center $\{1\}$ in a p-dimensional space. It follows here that $\mathfrak{S}^*$, considered as a linear group, must be reducible since the dimension does not divide the order s^*. Since $\mathfrak{S}^*$ is a normal subgroup, it splits into constituents of the same degree z. Then $z = 1$, and $\mathfrak{S}^*$ is abelian.

The last statement of theorem 6 follows from corollary 3.

COROLLARY 7. *If* $\mathfrak{G}$ *is a primitive irreducible linear group in a p-dimensional space and if* $\mathfrak{G}$ *has the center* $\{1\}$, *then* $\mathfrak{G}'$ *is simple.*

PROOF: When $\mathfrak{G}$ is primitive, the normal abelian subgroup $\mathfrak{S}^*$ must lie in the center. We then have $\mathfrak{S}^* = \{1\}$ under our assumptions. Now corollary 3 gives the statement.

There is a well known theorem of Burnside which states that a transitive permutation group $\mathfrak{G}$ of degree p is either doubly transitive or it is metacyclic of the type (5). With the methods used here, this could be proved in the following manner. If $\mathfrak{G}$ is not doubly transitive, the permutation representation $\mathfrak{Z}$ splits into the 1-representation $\mathfrak{A}_1$ and at least two more constitutents not all of which can be of type $\mathfrak{A}_\rho$. Then one constituent at least is a $\mathfrak{C}^{(\nu)}$. Since the character is rational, all the conjugate $\mathfrak{C}^{(\nu)}$ appear, and we find

$$\mathfrak{Z} = \mathfrak{A}_1 + \sum_{\nu=0}^{t-1} \mathfrak{C}^{(\nu)}, \qquad c = (p - 1)/t, \qquad t \geqq 2.$$

If $t > 2$, the group $\mathfrak{G}$ must have a normal subgroup of order p,[10] and therefore $\mathfrak{G}$ is of type (5). If $t = 2$, we have also to consider the case that $\mathfrak{G} \cong LF(2, p)$. It is not very difficult to exclude this last possibility. However, the proof may be omitted.

3. Conditions for the degrees a_ρ, b_σ, c

We now make use of the fact that the degrees a_ρ, b_σ, c (cf. (13)), divide the order $g = (p - 1)p(1 + np)/t$ of $\mathfrak{G}$. For the a_ρ, we certainly must have $(u_\rho p + 1) \mid (p - 1)(1 + np)$. If the sign δ has the value $+1$, the condition for c gives $(wp + 1) \mid (p - 1)(1 + np)$. The question we have to treat then is this: When is

$$(up + 1) \mid (p - 1)(1 + np)$$

(where $u = u_\rho$ or $u = w$)? Set $up + 1 = m_1 m_2$ with $m_1 \mid (p - 1)$ and $m_2 \mid (1 + np)$. Then $p \equiv 1$, $up + 1 \equiv 0 \pmod{m_1}$ and hence $u + 1 \equiv 0 \pmod{m_1}$. Further, $up + 1 \equiv 0$, $1 + np \equiv 0 \pmod{m_2}$, and this gives $(n - u)p \equiv 0$ and hence $n - u \equiv 0 \pmod{m_2}$. It now follows that $up + 1 = m_1 m_2$ divides $(u + 1)(n - u)$. We may set

$$(u + 1)(n - u) = h(up + 1) \tag{18}$$

with an integral h. Then $h(up + 1) \equiv 0 \pmod{u + 1}$. Since $u \equiv -1 \pmod{u + 1}$, this gives

$$(u + 1) \mid h(p - 1). \tag{19}$$

Assume first that $h = -h' < 0$. Then $(u + 1)(u - n) = h'(up + 1)$ which gives

$$u^2 = u(h'p + n - 1) + h' + n > u(h'p + n - 1).$$

Hence $u > h'p + n - 1$ while (19) yields $h'(p - 1) \geqq u + 1$, i.e. $u \leqq h'p - h' - 1 \leqq h'p + n - 1$. This is a contradiction, the case $h < 0$ is impossible. From (18) it follows that $n = (hup + u^2 + u + h)/(u + 1)$. We therefore have

Lemma 1. *Denote by $F(p, u, h)$ the rational function*

$$F(p, u, h) = \frac{hup + u^2 + u + h}{u + 1} \tag{20}$$

[10] cf. [2], theorem 3.

of p, u and h. If $gt = (p-1)p(1+np)$ is divisible by a number $1 + up$ where u is a non-negative integer, then there exists an integer $h \geqq 0$ such that

$$n = F(p, u, h) \tag{21}$$

and that $(u+1) \mid h(p-1)$.

In a similar fashion, we have to find the condition that $vp - 1$ divides $gt = (p-1)p(1+np)$ where $v > 0$, ($v = v_\sigma$, or $v = w$ for $\delta = -1$). We set $vp - 1 = m_1 m_2$ with $m_1 \mid (p-1)$ and $m_2 \mid (1+np)$ and derive $v - 1 \equiv 0 \pmod{m_1}$, $v + n \equiv 0 \pmod{m_2}$. Hence

$$(v-1)(v+n) = h(vp-1) \tag{22}$$

for some integer $h \geqq 0$. For fixed n, p, h, this is a quadratic equation for v. The second root $v' = (h-n)/v$ must be integral too. For $h = 0$, we have $v' = -n/v \leqq 0$. If $h \neq 0$, replace v by 1 in (22). The left side of (22) then vanishes while the right side is positive. This again gives $v' \leqq 0$.

Set $u = -v' = (n-h)/v$; then $u \geqq 0$. Since v' satisfies the equation (22), this equation remains correct when v is replaced by $-u$. We thus come back to (18). Since (18) implied (19) and (21), we have proved

LEMMA 2. *If $gt = (p-1)p(1+np)$ is divisible by $vp - 1$, where v is a positive integer, then there exists a non-negative integer h such that $u = (n-h)/v$ is integral and not negative, and that the relations hold*

$$n = F(p, u, h); \qquad (u+1) \mid h(p-1). \tag{23}$$

If $u = 0$, then $n = h$, and (22) gives $v = pn - n + 1$. However, it follows from (15) that $v_\sigma = pn - n + 1$ or $w = pn - n + 1$ are possible only when $v_\sigma = 1$ or $w = 1$, i.e. when $n = 0$. If $h = 0$, then $u = n$ and $v = 1$.

THEOREM 7. *If $\mathfrak{G}$ is a group satisfying the condition (*), then find all representations of n in the form $n = F(p, u^{(\nu)}, h^{(\nu)}) = (h^{(\nu)}u^{(\nu)}p + u^{(\nu)2} + u^{(\nu)} + h^{(\nu)})/(u^{(\nu)} + 1)$ with positive integers $u^{(\nu)}$, $h^{(\nu)}$. The degrees of the irreducible representations of $\mathfrak{G}$, as far as they are prime to p can only have some of the values*

$$a_\rho = 1, \qquad a_\rho = u^{(\nu)}p + 1, \qquad a_\rho = np + 1. \tag{24}$$

$$b_\sigma = p - 1, \qquad b_\sigma = v^{(\nu)}p - 1. \tag{25}$$

$$c = (np+1)/t, \qquad c = (u^{(\nu)}p + 1)/t, \qquad c = (p-1)/t, \tag{26}$$

$$c = (v^{(\nu)}p - 1)/t$$

where $v^{(\nu)}$ is set equal to $(n - h^{(\nu)})/u^{(\nu)}$.

For $h > 0$ and variable u, we have $(\partial/\partial u)F(p, u, h) > 0$. Since we are only interested in solutions u, h of $n = F(p, u, h)$ with $1 \leqq u \leqq h(p-1) - 1$, we must have

$$F(p, 1, h) = \frac{hp + h + 2}{2} \leqq n \leqq F(p, h(p-1) - 1, h) = 2ph - h - 2. \tag{27}$$

This gives

THEOREM 8. *In theorem 7, only values $h = h^{(\nu)}$ have to be considered for which*

$$\frac{n+2}{2p-1} \leqq h \leqq \frac{2n-2}{p+1}. \tag{28}$$

To each $h^{(\nu)}$ there belongs at most one $u^{(\nu)}$, and this $u^{(\nu)}$ satisfies the conditions $u^{(\nu)} \mid (n - h^{(\nu)})$, $(u^{(\nu)} + 1) \mid h^{(\nu)}(p - 1)$.

The last remark follows from the fact that the equation $n = F(p, u, h)$ is equivalent to (18), and since $h < n$, we have one positive root u. Unless n has one of the following values

$$(29) \quad n = \begin{array}{lllll} \frac{p+3}{2}, & \frac{2p+7}{3}, & \frac{3p+13}{4}, & \cdots & (h = 1; u = 1, 2, 3, \cdots) \\ p+2, & \frac{4p+8}{3}, & \frac{3p+7}{2}, & \cdots & (h = 2; u = 1, 2, 3, \cdots) \\ \frac{3p+5}{2}, & 2p+3, & \frac{9p+15}{4}, & \cdots & (h = 3; u = 1, 2, 3, \cdots) \\ \cdots\cdots & & & & \cdots\cdots \end{array}$$

only the values

$$(30) \quad a_\rho = 1, \quad a_\rho = np + 1, \quad b_\sigma = p - 1, \quad c = (np + 1)/t, \quad c = (p - 1)/t$$

are possible in theorem 7.

As an example for theorems 7 and 8, we choose the case $t = 2$, $p = 11$, $n = 157$ for which $g = 95040$.[11] We find here $8 \leqq h \leqq 26$. Actually, only the values $h = 10, 12, 14, 17, 26$ give integral values for u. From (15), we obtain $u_\rho \leqq 28$, $v_\sigma \leqq 28$, $x_\tau \leqq 28$, $w \leqq 39$. We thus obtain as the possible values of the degrees a_ρ and b_σ:

$$a_\rho = 1, 12, 45, \text{ or } 144; \qquad b_\sigma = 10, 32, 54, \text{ or } 120,$$

while c has one of the values 5, 6, 16, 27, 60, 72, 160, ~~190~~. The sign $\delta = \pm 1$ 192. [R

is determined by $2c \equiv -\delta \pmod{11}$. The total number of degrees a_ρ and b_σ is five, and their values together with c must satisfy the equation (11). If we further assume that $\mathfrak{G}$ is simple, only one of the a_ρ has the value 1. On the basis of these remarks and using further properties of group representations, it is possible to compute the full table of group characters of $\mathfrak{G}$.

---

[11] This case is relatively complicated as n will appear five times in the table (29) for $p = 11$. The case has been chosen because there exists a simple group $\mathfrak{G}$ of order 95040, the five times transitive permutation group of degree 12 of Mathieu. It is possible to show that, for any simple group of order 95040 and $p = 11$, the condition (*) must hold and that t must have the value 2. The characters of the Mathieu groups have been obtained by Frobenius (Sitzungsberichte der Preussischen Akademie der Wissenschaften, Berlin 1903). Our result shows that any simple group of order 95040 has the same table of characters as the Mathieu group. This seems to make it appear highly probable that only one simple group of order 95040 exists.

4. Relations between the characters of $\mathfrak{G}$ and those of $\mathfrak{N} = \mathfrak{N}(\mathfrak{P})$

Every representation of $\mathfrak{G}$ defines a new representation of any given subgroup. We apply this for the subgroup $\mathfrak{N} = \mathfrak{N}(\mathfrak{P})$ defined by (5). In this manner, we can obtain some new information about the characters of $\mathfrak{G}$ from the formulas of section 1, and this will be needed later.

It is easy to find all irreducible characters of the group $\mathfrak{N}$ of order $pq = p(p-1)/t$.[12] Let ω be a primitive qth root of unity. We then have q linear characters ω_μ, $(\mu = 0, 1, 2, \cdots, q-1)$ defined by

$$\omega_\mu(Q^j) = \omega^{\mu j}, \qquad \omega_\mu(P^j) = 1. \tag{31}$$

Besides, we have t conjugate characters $Y^{(\nu)}$ of degree q. We only notice that

$$Y^{(\nu)}(Q^j) = 0 \qquad \text{for } j \not\equiv 0 \pmod q. \tag{32}$$

Set

$$\Omega = \omega_0 + \omega_1 + \cdots + \omega_{q-1}.$$

Then, we have

$$\Omega(1) = \Omega(P^i) = q, \qquad \Omega(Q^j) = 0 \qquad \text{for } j \not\equiv 0 \pmod q) \tag{33}$$

Every element N of $\mathfrak{N}$ which is not a power of P is conjugate to some Q^j and hence $\Omega(N)$ vanishes.

The expressions $A_\rho(N)$, $B_\sigma(N)$, $C^{(\nu)}(N)$, $D_\tau(N)$, (N in $\mathfrak{N}$), form (reducible) characters of $\mathfrak{N}$. Hence they can be expressed by the $\omega_\mu(N)$ and the $Y^{(\nu)}(N)$. From (33), (8) and (13), we obtain (N in the sums ranging over the elements of $\mathfrak{N}$)

$$\sum A_\rho(N)\Omega(N) = \sum_{i=0}^{p-1} A_\rho(P^i)\Omega(P^i) = q(a_\rho + p - 1) = qp(u_\rho + 1);$$

$$\sum B_\sigma(N)\Omega(N) = \sum B_\sigma(P^i)\Omega(P^i) = q(b_\sigma - p + 1) = qp(v_\sigma - 1);$$

$$\sum C^{(\nu)}(N)\Omega(N) = \sum C^{(\nu)}(P^i)\Omega(P^i) = q\left(c - \delta\sum_{i=1}^{p-1}\eta_i\right) = q(c + \delta q)$$

$$= q(wp + \delta + \delta tq)/t = qp(w + \delta)/t;$$

$$\sum D_\tau(N)\Omega(N) = \sum D_\tau(P^i)\Omega(P^i) = qd_\tau = pqx_\tau.$$

From the orthogonality relations for the characters of $\mathfrak{N}$, we now obtain

LEMMA 3. *If we consider the characters of $\mathfrak{G}$ only for elements N of the subgroup $\mathfrak{N}$, then $A_\rho(N)$ contains $u_\rho + 1$ of the $\omega_\mu(N)$, $B_\sigma(N)$ contains $v_\sigma - 1$ of the $\omega_\mu(N)$, $C^{(\nu)}(N)$ contains $(w + \delta)/t$ of the ω_μ, and $D_\tau(N)$ contains x_τ of the $\omega_\mu(N)$. The same $\omega_\mu(N)$ appear in the different $C^{(\nu)}(N)$, $\nu = 0, 1, 2, \cdots, t-1$.*

The last remark follows easily from the fact that $C(G)$ can be carried into

[12] The equations (31) and (32) can easily be derived from our general results applied to the case $n = 0$.

each $C^{(\nu)}(G)$ by a change in the choice of the primitive pth root of unity ϵ, because this change does not affect ω_μ. We also show

LEMMA 4. *We have*

$$(34)\quad \begin{cases} \sum_\rho a_\rho A_\rho(N) + \sum_\sigma b_\sigma B_\sigma(N) + c \sum_\nu C^{(\nu)}(N) + \sum_\tau d_\tau D_\tau(N) \\ \qquad = (1 + pn) \sum_{\mu=0}^{q-1} \omega_\mu(N) + \cdots . \end{cases}$$

$$(35)\quad \sum_\rho A_\rho(N) + \delta C(N) = \sum_\sigma B_\sigma(N) + \sum_{\mu=0}^{q-1} \omega_\mu(N) + \cdots .$$

$$(36)\quad \begin{aligned} &\sum_\rho u_\rho A_\rho(N) + \sum_\sigma v_\sigma B_\sigma(N) + wC(N) + \sum_\tau x_\tau D_\tau(N) \\ &\qquad = n \sum_{\mu=0}^{q-1} \omega_\mu(N) + \cdots . \end{aligned}$$

where the dots stand for a linear homogeneous combination of the $Y^{(\nu)}(N)$.

PROOF: The left side in (34) is the character $R(N)$ of the regular representation of $\mathfrak{G}$, and we have $R(1) = g$, $R(N) = 0$ for $N \neq 1$. Then (34) follows from the orthogonality relations and (31).

The expression

$$S(N) = \sum_\rho A_\rho(N) + \delta C(N) - \sum_\sigma B_\sigma(N)$$

can be written as a linear combination of the characters of $\mathfrak{N}$ with integral rational coefficients. From (8), (9) and (10), we obtain

$$\sum_{i=1}^{p-1} S(P^i) = \sum_\rho (p-1) + \delta\left(-\delta \sum_{i=1}^{p-1} \eta_i\right) - \sum_\sigma (-p+1)$$
$$= \alpha(p-1) + q + \beta(p-1) = pq;$$
$$S(N) = 0 \quad \text{for} \quad N \neq P, P^2, \cdots, P^{p-1}; \qquad N \text{ in } \mathfrak{N}.$$

Then (31) gives

$$\sum S(N)\bar{\omega}_\mu(N) = pq$$

which shows that $S(N)$ contains ω_μ with the coefficient 1. Finally, (36) is obtained by subtracting (35) from (34) and dividing by p, taking into account that $C^{(\nu)}(N)$ and $C(N)$ contain the same ω_μ.

As a first application of the considerations of this section we prove

THEOREM 9.[13] *Let $\mathfrak{G}$ be a group which satisfies condition (*). If $\mathfrak{G}$ possesses an irreducible representation $\mathfrak{Z}$ of degree $p - 1$, then either the number t is even or the index of the commutator-group $\mathfrak{G}'$ in $\mathfrak{G}$ is even.*

PROOF: It follows from lemma 3 that the character $\zeta(N)$ of $\mathfrak{Z}(N)$ (N in $\mathfrak{N}$),

[13] If $p = 2$, then $t = 1 = p - 1$, and the theorem follows from Theorem 2.

contains only characters $Y^{(\nu)}(N)$ and no $\omega_\mu(N)$. We then must have $(p - 1)/q = t$ such constituents $Y^{(\nu)}(N)$. It follows from (32) that $\mathfrak{Z}(Q)$ has the characteristic roots $1, \omega, \cdots, \omega^{q-1}$, each taken t times. Hence the determinant of $\mathfrak{Z}(Q)$ has the value $(-1)^{(q+1)t} = (-1)^{p-1+t} = (-1)^t$. The determinant of $\mathfrak{Z}(G)$, G in $\mathfrak{G}$, forms a representation of degree 1 of $\mathfrak{G}$. If t is odd, an even power of this representation will give the 1-representation of G. This implies that $(\mathfrak{G}:\mathfrak{G}')$ is even.

5. Proof of the main theorem

In what is to follow we shall assume that $\mathfrak{G}$ satisfies the following further condition

(**) *The commutator-subgroup of* $\mathfrak{G}$ *is equal to* $\mathfrak{G}$.

In the notation of section 2, we must have case II.[14] This shows that groups $\mathfrak{G}$ are excluded which contain a normal subgroup $\mathfrak{H}$ such that $\mathfrak{G}/\mathfrak{H}$ is metacyclic of order $p(p - 1)/t$. Conversely, when $\mathfrak{G}$ is any group which satisfies the condition (*) and falls under case II, its commutator-subgroup $\mathfrak{G}'$ satisfies conditions (*) and (**). The number n is the same for $\mathfrak{G}$ and $\mathfrak{G}'$ and $\mathfrak{G}$ is obtained from $\mathfrak{G}'$ by a cyclic extension. We now prove

THEOREM 10. *Let* $\mathfrak{G}$ *be a group which contains an element* P *of prime order* p *which commutes only with its own powers and assume that* $\mathfrak{G}$ *is equal to its commutator-subgroup* $\mathfrak{G}'$. *If* $g = (p - 1)p(1 + np)/t$ *is the order of* $\mathfrak{G}$ *where* $1 + np$ *is the number of conjugate subgroups of order* p *in* $\mathfrak{G}$, *then the number* n *must be of the form*

$$n = \frac{puh + u^2 + u + h}{u + 1} \tag{37}$$

where u *and* h *are positive integers, except in the following two cases*

(a) $n = 1, t = 2$. *Here,* $\mathfrak{G} \cong LF(2, p)$, $(p > 3)$.

(b) $n = \dfrac{p-3}{2}$, $t = \dfrac{p-1}{2}$, $p = 2^\mu + 1 > 3$ *a Fermat prime. Here,* $\mathfrak{G} \cong LF(2, p - 1)$.

COROLLARY. *If* $n < (p + 3)/2$, *then* $\mathfrak{G}$ *must be either of the type* (a) *or of the type* (b).

PROOF: Suppose that n is not representable in the form (37). Then the degrees of the irreducible representations of $\mathfrak{G}$ are either divisible by p or have one of the values (30). Because of condition (**) the degree 1 appears only once, say $a_1 = 1$. If t was odd, theorem 9 shows that the degree $p - 1$ does not appear. It follows from (11) that this is impossible. Hence

$$t \equiv 0 \pmod 2. \tag{38}$$

The degree $(p - 1)/t$ is impossible for $t > 2$;[15] for $t = 2$ it occurs only in the case $\mathfrak{G} \cong LF(2, p)$, i.e. in the case (a). Hence we may exclude this possibility.

[14] This implies that $p \neq 2$.

[15] If n is not of the form (37), it is not of the form $n = ump + u + m$ with positive integers u and m, since otherwise we could set $h = (u + 1)m$ and would obtain a representation (37). Then corollary 6 (section 2) shows that $\mathfrak{G}'$ is simple. Because of conditions (**), $\mathfrak{G}$ is simple. Now, [2], theorems 3 and 4, can be applied.

We now see that we must have

$$(39)\qquad \begin{aligned} a_1 &= 1, \qquad a_2 = a_3 = \cdots = a_\alpha = 1 + np, \\ b_1 &= b_2 = \cdots = b_\beta = p - 1, \qquad c = (pn + 1)/t \end{aligned}$$

and the sign δ has the value $+1$. The values of α and β can be obtained from (9), (13), (14), and (39) which give

$$(40)\qquad \alpha + \beta = (p - 1)/t = q,$$

$$(41)\qquad (\alpha - 1)n + \frac{n + 1}{t} = \beta.$$

In particular, $n + 1$ is divisible by t; we set

$$(42)\qquad n + 1 = st,$$

and then obtain

$$(43)\qquad 1 + np = 1 + (qt + 1)(st - 1) = tr$$

where

$$(44)\qquad r = qst + s - q = ps - q.$$

By (43), the order g of $\mathfrak{G}$ can be written in the form

$$(45)\qquad g = (p - 1)pr = qtpr.$$

The next step is to show that r and $p - 1 = qt$ are relatively prime. Using (44), (42), (41), (40), we obtain successively

$$s \equiv 0, \qquad n \equiv -1, \qquad (\alpha - 1)(-1) + s \equiv \beta, \qquad \alpha + \beta \equiv 0 \qquad (\text{mod } (r, q))$$

whence it follows that $1 \equiv 0$, i.e. that $(r, q) = 1$. In a similar manner, we have

$$s \equiv q, \qquad n \equiv -1, \qquad (\alpha - 1)(-1) + s \equiv \beta, \qquad \alpha + \beta \equiv s \quad (\text{mod } (r, t))$$

which gives $s + 1 \equiv s \ (\text{mod } (r, t))$, i.e. $(r, t) = 1$. Hence we have

$$(46)\qquad (r, p - 1) = 1.$$

From (45) and (46), it follows that for any prime l dividing $p - 1$ the characters B_σ are of highest kind.[16] This implies

$$(47)\qquad B_\sigma(L) = 0$$

for elements L of $\mathfrak{G}$ whose order is divisible by l. For the primes m dividing r the characters of degrees $1 + pn = rt$ and $(1 + pn)/t = r$ are of the highest kind. Hence

$$(48)\qquad A_\rho(M) = 0 \quad \text{for} \quad \rho \neq 1, \qquad C^{(\nu)}(M) = 0$$

[16] Cf. R. Brauer and C. Nesbitt, Annals of Mathematics, vol. 42, p. 556 (1941), Chapter II.

for elements M of $\mathfrak{G}$ whose order is divisible by m. Because of the assumption (*), the order of the elements L and M is not divisible by p, and hence the equation (10) holds for these elements. If an element G of $\mathfrak{G}$ would be an element L and an element M at the same time, then every term in (10) except $A_1(G) = 1$ would vanish, and this is impossible. Hence the elements of $\mathfrak{G}$ are distributed into four disjoint sets: (I) The 1-element, (II) the elements of order p, (III) the elements L whose order is divisible by at least one prime factor of $p - 1$, (IV) the elements M whose order is divisible by at least one prime factor of r.

Consider now the following element of the group ring Γ belonging to $\mathfrak{G}$

$$T = \sum_{j=1}^{q-1} Q^j. \tag{49}$$

We wish to show that (ρ now will always denote one of the values $2, 3, \cdots, \alpha$)

$$\begin{aligned} A_1(T) &= q - 1, \qquad A_\rho(T) = -(n + 1), \qquad B_\sigma(T) = 0, \\ C^{(\nu)}(T) &= -(n + 1)/t, \qquad D_\tau(T) = (q - 1)x_\tau . \end{aligned} \tag{50}$$

The proof of (50) can be obtained from the results of section 4. By (39) and (13) we have

$$u_1 = 0, \qquad u_2 = \cdots = u_\alpha = n, \qquad v_1 = \cdots = v_\beta = 1, \qquad w = n, \qquad \delta = 1.$$

Lemma 3 shows that $A_1(N)$ contains exactly one ω_μ, $A_\rho(N)$ with $\rho > 1$ contains exactly $n + 1$ of the ω_μ, $B(N)$ does not contain any ω_μ, $C(N)$ contains exactly $(n + 1)/t$ of the ω_μ, $D_\tau(N)$ contains x_τ of the ω_μ. Here, N is an element of $\mathfrak{N} = \mathfrak{N}(\mathfrak{P})$, cf. (5). It now follows from (35) that each of the ω_μ appears in one of the characters $A_1(N), A_2(N), \cdots, A_\alpha(N), C(N)$, while (36) shows that the ω_μ appearing in $A_\rho(N)$, $\rho > 1$, do not occur in any other character, and that the ω_μ appearing in $C(N)$ occur only in the $C^{(\nu)}(N)$. Since, obviously, $A_1(N) = 1 = \omega_0(N)$, this implies that the $A_\rho(N)$ with $\rho > 1$ and $C(N)$ contain only ω_μ for which $\mu \geqq 1$ whereas the D_τ contain only $\omega_0(N)$.

The elements Q^j belong to $\mathfrak{N}$. On account of (31) and (32), we have

$$\omega_0(T) = q - 1, \qquad \omega_\mu(T) = -1 \quad \text{for} \quad \mu \neq 0, \qquad Y^{(\nu)}(T) = 0.$$

The first formula (50) is obvious, as $A_1(N) = 1 = \omega_0(N)$. Since $A_\rho(N)$ for $\rho > 1$ is a sum of $n + 1$ terms ω_μ with $\mu > 0$ and of terms $Y^{(\nu)}$, we find $A_\rho(T) = -(n + 1)$. The remaining formulas (50) follow in the same manner using the facts that, apart from terms $Y^{(\nu)}$, the character $C^{(\nu)}(N)$ is a sum of exactly $(n + 1)/t$ terms ω_μ with $\mu > 0$, the character $D_\tau(N)$ contains only $x_\tau\omega_0$, and the characters $B_\sigma(N)$ do not contain any term except terms $Y^{(\nu)}$.

Let ζ range over all the characters $A_1, A_\rho, B_\sigma, C^{(\nu)}, D_\tau$ of $\mathfrak{G}$. If L again is an element whose order contains at least one prime factor of $p - 1$, then (47) and (50) give

$$\sum \zeta(T)\zeta(L) = (q-1) - (n+1)\sum_{\rho=2}^{\alpha} A_\rho(L) - (n+1)C(L) + (q-1)\sum_{\tau} x_\tau D_\tau(L) \tag{51}$$

since the t characters $C^{(\nu)}$ have the same value for the element L.

In order to compute these expressions in a different manner, we use the orthogonality relations for group characters. If ζ again ranges over all characters of $\mathfrak{G}$, we have

$$1 + \sum_{\rho=2}^{\alpha} A_\rho(G)A_\rho(H) + \sum_{\sigma} B_\sigma(G)B_\sigma(H) + \sum_{\nu} C^{(\nu)}(G)C^{(\nu)}(H) + \sum_{\tau} D_\tau(G)D_\tau(H) = \sum \zeta(G)\zeta(H) = n(G)\delta(G, H) \tag{52}$$

where $n(G)$ is the order of the normalizer of G, and where $\delta(G, H)$ has the value [R.B.]
1 or 0 according as the elements G and H^{-1} of $\mathfrak{G}$ are or are not conjugate.

In particular, set $G = 1$ and $H = L$. The value $\zeta(1)$ is equal to the degree of the character and can be found from (39) and (13). Again we use (47) and the fact that $C^{(\nu)}(L) = C(L)$. Thus

$$1 + (1 + np)\sum_{\rho} A_\rho(L) + (1 + np)C(L) + p\sum_{\tau} x_\tau D_\tau(L) = 0.$$

Finally, (10) for $G = L$ reads

$$1 + \sum_{\rho} A_\rho(L) + C(L) = 0 \qquad (\rho \neq 1), \tag{53}$$

on account of (47). The last two equations give

$$\sum x_\tau D_\tau(L) = n \tag{54}$$

and, on combining (51), (53), (54), we obtain

$$\sum_{\zeta} \zeta(T)\zeta(L) = q - 1 + n + 1 + (q-1)n = q(n+1).$$

Substitute for T the value (49), and use again (52). This gives

$$\sum_{\zeta} \zeta(T)\zeta(L) = \sum_{\zeta}\sum_{j=1}^{q-1} \zeta(Q^j)\zeta(L) = \sum_{j} n(Q^j)\delta(Q^j, L).$$

Hence

$$\sum_{j=1}^{q-1} n(Q^j)\delta(Q^j, L) = q(n+1). \tag{55}$$

The equation (55) shows that not all $\delta(Q^j, L)$ can vanish. Hence L is conjugate to some power of Q

$$L \sim Q^\nu \qquad (1 \leqq \nu \leqq q-1). \tag{56}$$

Since L is any element whose order is divisible by at least one prime factor of $p - 1 = qt$, and since Q has the order q, this proves that every prime factor of t divides q. Moreover, the formula (55) can be applied for $L = Q^i$, $i \not\equiv 0 \pmod q$. The left hand side is obviously the order of the normalizer of the cyclic group $\{Q^i\}$, and if this order is denoted by $N\{Q^i\}$, we have

$$N\{Q^i\} = q(n + 1). \tag{57}$$

As the order of a subgroup, $q(n + 1) = qst$ (cf. (42)) must divide the order $g = qtpr$ (cf. (45)) of $\mathfrak{G}$. This gives $s \mid pr$. If $p \mid s$, (42) and (41) would imply that $\beta \geqq p$, and this contradicts (40). Hence $s \mid r$. Now (44) shows that s divides q and is, therefore, a common divisor of r and $qt = p - 1$. By (46), we have $s = 1$.

Now (42), (44), and (45) become

$$n = t - 1, \qquad r = p - q, \qquad g = (p - 1)p(p - q) \tag{58}$$

while (40) and (41) yield

$$\alpha t - t + 2 = q = (p - 1)/t. \tag{59}$$

As we have seen, every prime divisor of t must divide q. Because of (59), t must be a power of 2, say

$$t = 2^{\mu-1}. \tag{60}$$

It follows from (38) that $\mu \geqq 2$.

Consider first the case $\mu = 2$, i.e. $t = 2$. Here, $n = 1$, $q = (p - 1)/2$ and $g = p(p - 1)(p + 1)/2$. From (59) we obtain $\alpha = (p - 1)/4$. But then (40) shows that $\beta = (p - 1)/4$. We have therefore, one character of degree 1, $(p - 5)/4$ characters of degree $p + 1$, $(p - 1)/4$ characters of degree $p - 1$, two characters of degree $(p + 1)/2$, and one character of degree p. The last fact follows from (15) which now reads

$$\sum x_\tau^2 = \frac{p}{2} - \frac{p-5}{4} - \frac{p-1}{4} - \frac{1}{2} = 1.$$

The method applied in an earlier paper[17] now gives $\mathfrak{G} \cong LF(2, p)$.

Assume now $\mu > 2$, i.e. $t \geqq 4$. As shown in (56), all elements L of an order 2^λ are conjugate to a power of Q. But (59) shows for $t \equiv 0 \pmod 4$ that $q \not\equiv 0 \pmod 4$. Hence no elements of order 4 exist, and a 2-Sylow-subgroup $\mathfrak{L}$ of $\mathfrak{G}$ can contain only elements of order 1 and 2. This implies that $\mathfrak{L}$ is an abelian group of type $(2, 2, \cdots, 2)$.

Let $\mathfrak{T}_i$ be the normalizer of the group $\{Q^i\}$, $i \not\equiv 0 \pmod q$. Every $\mathfrak{T}_i$ is contained in $\mathfrak{T} = \mathfrak{T}_1$, but since (57) shows that all $\mathfrak{T}_i$ have the same order $q(n + 1) = qt = p - 1$, we have

$$\mathfrak{T} = \mathfrak{T}_1 = \cdots = \mathfrak{T}_{q-1}.$$

[17] [2], sections 9 and 10.

Assume now that $q \neq 2$. Since we have $q \not\equiv 0 \pmod 4$, the number q will contain an odd prime divisor l. We set $L_0 = Q^{q/l}$. If X is an element of order 2 in $\mathfrak{T}$, we have

$$X^{-1}L_0X = L_0^j$$

for some j. But X^2 will commute with L_0 which gives $j^2 \equiv 1 \pmod l$, i.e. $j \equiv \pm 1 \pmod l$.

The order $p - 1 = qt$ of $\mathfrak{T}$ is divisible by 8. Because of the structure of the 2-Sylow subgroup $\mathfrak{L}$ of $\mathfrak{G}$, it follows that $\mathfrak{T}$ contains an abelian subgroup of type (2, 2, 2). This implies that we have at least three elements X of order 2 in $\mathfrak{T}$ for which $j \equiv 1 \pmod l$.

If $j \equiv 1 \pmod l$, X and L_0 commute and $L = XL_0$ is an element of order $2l$. By (56), XL_0 then is conjugate in $\mathfrak{G}$ to a power of Q, say

$$T^{-1}XL_0T^{-1} = Q^{\rho}. \tag{61}$$

Hence $T^{-1}L_0^2T = Q^{2\rho}$, i.e. $T^{-1}Q^{2q/l}T = Q^{2\rho}$. This shows that T belongs to the normalizer of $Q^{2q/l} \neq 1$, and therefore T belongs to $\mathfrak{T}$. Moreover, (61) implies that $T^{-1}X^lT = Q^{\rho l}$. Hence $Q^{\rho l}$ has order 2, i.e. $Q^{\rho l}$ must be equal to the only power $Q^{q/2}$ of Q of order 2. Since T transforms $Q^{q/2}$ into itself, we have $X = X^l = T^{-1}Q^{q/2}T = Q^{q/2}$. This gives a contradiction because we had shown that we have at least three different elements X of order 2 in $\mathfrak{T}$ for which $j \equiv 1$. It follows that $q = 2$ and then (58) and (60) give

$$p = qt + 1 = 2^{\mu} + 1, \qquad g = p(p-1)(p-2), \qquad t = \frac{p-1}{2}, \qquad n = \frac{p-3}{2}. \tag{62}$$

In particular, p must be a Fermat prime. Furthermore, (59) and (40) give

$$\alpha = 1, \qquad \beta = 1.$$

Hence $\mathfrak{G}$ has one representation A_1 of degree 1, one representation of degree $p - 1$, and $(p - 1)/2$ representations of degree $(1 + np)/t = p - 2$. The degree of all other irreducible representations is divisible by p.

The 2-Sylow subgroup $\mathfrak{L}$ must have the order $p - 1 = 2^{\mu}$. We may assume that $\mathfrak{L}$ contains Q. From (56) it follows that each of the $2^{\mu} - 1$ elements $L \neq 1$ of $\mathfrak{L}$ is conjugate to Q in $\mathfrak{G}$. Then L must be conjugate to Q in the normalizer $\mathfrak{N}(\mathfrak{L})$ of the abelian group $\mathfrak{L}$. Conversely, every element of $\mathfrak{N}(\mathfrak{L})$ transforms Q into an element $L \neq 1$ of $\mathfrak{L}$. But (57) for $i = 1$ and (62) give

$$N(Q) = q(n + 1) = 2(p - 1)/2 = p - 1 = 2^{\mu}.$$

Hence only the elements of $\mathfrak{L}$ will commute with Q. This shows that $\mathfrak{L}$ has the index $2^{\mu} - 1$ in $\mathfrak{N}(\mathfrak{L})$. Consequently, $\mathfrak{N}(\mathfrak{L})$ has the order $2^{\mu}(2^{\mu} - 1) = (p - 1)(p - 2)$ i.e. $\mathfrak{N}(\mathfrak{L})$ has the index p in $\mathfrak{G}$.

It now follows that $\mathfrak{G}$ possesses a permutation representation of degree p. If Π is the corresponding character, then Π contains A_1 exactly once. Since $p > 3$, Π cannot contain a character $C^{(\nu)}$ of degree $p - 2$, and it cannot contain any character D_{τ}. Hence we have

$$\Pi(G) = A_1(G) + B_1(G) = 1 + B_1(G).$$

From (8), (10), (47), and (48), we obtain $B_1(P^i) = -1$ for $i \not\equiv 0 \pmod p$, $B_1(L) = 0$, $B_1(M) = A_1(M) + C(M) = 1$.

Hence

(63) $\quad \Pi(1) = p, \quad \Pi(P^i) = 0$ for $i \not\equiv 0 \pmod p, \quad \Pi(L) = 1, \quad \Pi(M) = 2$

where L and M have the same significance as in (47), (48). However, $\Pi(G)$ equals the number of letters not altered by the permutation representing G. Then (63) shows that we have a (1–1)-representation since $\Pi(G) = p$ only for $G = 1$. The subgroup leaving three letters fixed has the order 1, i.e. its index in $\mathfrak{G}$ is $p(p-1)(p-2)$. This implies that $\mathfrak{G}$ is three times transitive. From a theorem of Zassenhaus,[18] it now follows that $\mathfrak{G} \cong LF(2, p-1)$ and this finishes the proof of theorem 10.

6. Simple groups of order $(p-1)\,p\,(1+mp)/\tau$

We now drop the assumption (*) and propose to prove the following theorem

THEOREM 11. *Let $\mathfrak{G}$ be any non-cyclic simple group of order*

$$g = (p-1)p(1+mp)/\tau$$

where p is a prime, and where τ and m are any non-negative integers such that τ divides $p-1$. If m does not possess a representation of the form $m = (puh + u^2 + u + h)/(u+1)$ with positive integers u, h, in particular if $m < (p+3)/2$, then $\mathfrak{G}$ is either isomorphic to $LF(2, p)$ or to $LF(2, p-1)$, and in the second case p must be a Fermat prime, $p = 2^\mu + 1$, $(p > 3)$.

PROOF. Let $1 + np$ be the number of conjugate subgroups of order p in $\mathfrak{G}$. If $\mathfrak{P} = \{P\}$ is one of these Sylow-subgroups, then $g/(1+np)$ is the order of the normalizer of $\mathfrak{N}(\mathfrak{P})$. If the order of the normalizer (centralizer) of P is v, and if t classes of conjugate elements of $\mathfrak{G}$ contain elements of order p, we have

(64) $$g = (p-1)p(1+mp)/\tau = (p-1)pv(1+np)/t.$$

The number n here is positive since otherwise $\mathfrak{P}$ would be a normal subgroup of $\mathfrak{G}$. The number $1 + np$ of conjugate Sylow subgroups divides g and hence it divides $g\tau = (p-1)p(1+mp)$. Then lemma 1 shows that there exists an integer $h \geqq 0$ such that

(65) $$m = F(p, n, h).$$

Since it was assumed that m did not have a representation $m = F(p, u, h)$ with positive integers u and h, we must have $h = 0$ in (65). Then n becomes equal to m, and (64) gives

(66) $$n = m, \qquad t = v\tau.$$

Consider now the irreducible representations of $\mathfrak{G}$ which belong to the first

[18] H. Zassenhaus, Abhandlungen aus dem Mathematischen Seminar der Hamburgischen Universität, vol. 11, p. 17 (1935).

p-block. For this block we have corresponding results[19] as for the A_ρ, B_σ, $C^{(\nu)}$ in section 1. There exists, however, other representations of a degree prime to p when $v > 1$, and (12) and (15) will no longer hold.

The degrees $a_\rho = pu_\rho + 1$ and $b_\sigma = pv_\sigma - 1$ in the first p-block must divide $g\tau = (p - 1)p(1 + pm)$. Then lemmas 1 and 2 show that we have $a_\rho = 1$ or $a_\rho = 1 + pm$ and $b_\sigma = p - 1$, cf. (30). Since $\mathfrak{G}$ is simple, only one a_ρ has the value 1, say $a_1 = 1$.

If $v = 1$, the group $\mathfrak{G}$ satisfies the assumption (*), and theorem 10 implies theorem 11 in this case. We therefore may assume that $v > 1$. Suppose now that $V \neq 1$ is a p-regular element of $\mathfrak{N}(P)$. If $\beta \neq 0$, it follows easily from (8, II) that $\mathfrak{B}_\sigma(P)$ has the characteristic roots $\epsilon, \epsilon^2, \cdots, \epsilon^{p-1}$ where ϵ is a primitive pth root of unity. We may arrange the characteristic roots $x_1, x_2, \cdots, x_{p-1}$ of $\mathfrak{B}_\sigma(V)$ in such a manner that P^iV has the characteristic roots $x_\mu\epsilon^{i\mu}$, ($\mu = 1, 2, \cdots, p - 1$). However, $\mathfrak{B}_\sigma(P^iV) = -1$ for $i \not\equiv 0 \pmod p$.[20] This gives

$$\sum_{\mu=1}^{p-1} \epsilon^{\mu i} x_\mu = -1 = \sum_{\mu=1}^{p-1} \epsilon^{\mu i} \qquad (i = 1, 2, \cdots, p - 1). \tag{67}$$

The x_μ are themselves roots of unity, of an exponent prime to p. Since $\epsilon, \epsilon^2, \cdots, \epsilon^{p-1}$ must be linearly independent over the field generated by the x_μ, (67) implies $x_\mu = 1$. But then $\mathfrak{B}_\sigma(V) = I$, and since $\mathfrak{G}$ was simple, we have $V = 1$ which gives a contradiction. Hence we have $\beta = 0$.

It now follows from (9) that

$$a_1 = 1, \qquad a_2 = \cdots = a_q = pm + 1;$$

and (11) gives $\delta = -1$ and

$$c = 1 + (q - 1)(pm + 1). \tag{68}$$

This shows that $1 + pm$ and c are relatively prime. The degree c divides g, and (64) now implies that c divides $(p - 1)/\tau$. However, since $c \neq 1$ and $n = m \neq 0$, the equation (68) yields $c > p > (p - 1)/\tau$. We have a contradiction, and theorem 11 is proved.

7. Examples of groups which satisfy the condition (*)

First, let $\mathfrak{G}$ be a transitive permutation group on p letters, where p is a prime. The order g of $\mathfrak{G}$ then is divisible by p, and $\mathfrak{G}$ contains elements P of order p. Each such element P is represented by a simple cycle of length p. It now follows easily that P commutes only with its own powers; i.e. $\mathfrak{G}$ satisfies the condition (*). In a similar manner, we can show that a doubly transitive group of degree $p - 1$ satisfies the condition (*).

We next consider irreducible groups $\mathfrak{G}$ of linear transformations of a p-dimensional vector space[21] where p again is a prime. Assume that $\mathfrak{G}$ is of finite

[19] cf. [1], theorems 4 and 11.

[20] cf. [1], theorems 4 and 11.

[21] cf. footnote 2.

order g and that its center consists of the unit element only. The order g is divisible by the degree p of the irreducible group. Let $\mathfrak{P}$ be a Sylow-subgroup of $\mathfrak{G}$, and let P_0 be an invariant element of $\mathfrak{P}$ which is different from 1. Then P_0 cannot be a scalar multiple of the unit matrix, since it does not belong to the center $\{1\}$ of $\mathfrak{G}$. But P_0 commutes with every element of $\mathfrak{P}$, and Schur's lemma implies that the linear group $\mathfrak{P}$ is reducible. The degree of every irreducible constituent of $\mathfrak{P}$ must be 1, since it divides the order of $\mathfrak{P}$. Hence $\mathfrak{P}$ can be taken as a set of diagonal matrices, i.e. $\mathfrak{P}$ is an abelian group. We now prove

LEMMA 5.[22] *Let $\mathfrak{G}$ be a group of order $g = p^a g^*$ with $(p, g^*) = 1$, and assume that $\mathfrak{G}$ does not contain invariant elements of order p, and that the Sylow-subgroup $\mathfrak{P}$ of order p^a in $\mathfrak{G}$ is abelian. If $\mathfrak{Z}$ is an irreducible* (1–1) *representation of $\mathfrak{G}$ of degree p^μ, then $\mu = a$.*

PROOF. Let ζ be the character of $\mathfrak{Z}$. If G is an element of $\mathfrak{G}$ which has exactly j conjugate elements then it is well known that $j\zeta(G)/\zeta(1) = j\zeta(G)/p^\mu$ is an algebraic integer. Since $\mathfrak{P}$ is abelian, the number j is prime to p when G lies in $\mathfrak{P}$. Hence $\zeta(G) \equiv 0 \pmod{p^\mu}$ for G in $\mathfrak{P}$. On the other hand, $\zeta(G)$ is a sum of p^μ roots of unity. If $G \neq 1$, not all these roots of unity can be equal. Hence the integer $\zeta(G)/p^\mu$ and all its algebraic conjugates are smaller than 1 in absolute value which implies $\zeta(G) = 0$ for every $G \neq 1$ in $\mathfrak{P}$.[23] Then the character ζ is of the highest kind,[24] i.e. $p^\mu = \zeta(1) \equiv 0 \pmod{p^a}$ which yield $\mu = a$, as was stated.

LEMMA 6. *Let $\mathfrak{G}$ be a group of order $g = p^a g^*$ with $(p, g^*) = 1$. If the center of $\mathfrak{G}$ consists of the unit element only, and if $\mathfrak{G}$ has a (1–1)-representation $\mathfrak{Z}$ of degree p^a, then the centralizer of a Sylow subgroup $\mathfrak{P}$ of order p^a is contained in $\mathfrak{P}$.*

PROOF. The character ζ of $\mathfrak{Z}$ has the values[25]

$$\zeta(P) = \begin{cases} p^a & P = 1 \\ 0 & P \text{ in } \mathfrak{P}, \quad P \neq 1. \end{cases}$$

Hence $\mathfrak{Z}(P)$ is the regular representation of $\mathfrak{P}$; we may assume that it breaks up into the distinct irreducible representations $\mathfrak{F}_\mu$ of $\mathfrak{P}$, each $\mathfrak{F}_\mu$ appearing f_μ times where f_μ is the degree of $\mathfrak{F}_\mu$. We then have

$$\mathfrak{Z}(P) = \begin{pmatrix} \ddots & & 0 \\ & f_\mu \times F_\mu & \\ 0 & & \ddots \end{pmatrix}, \qquad F_\mu = \mathfrak{F}_\mu(P).$$

---

[22] The following lemmas 5 and 6 are proved here in a more general form than necessary for our purpose. However, in the form given here, they can also be used in other connections.

[23] For this argument, cf. W. Burnside, Proceedings of the London Mathematical Society (2) vol. 1, p. 388–392 (1904).

[24] cf. theorem 10 of the paper mentioned in footnote 16.

[25] cf. footnote 16.

Let V be an element of the centralizer $\mathfrak{C}$ of $\mathfrak{P}$ such that the order v of V is prime to p. Then $\mathfrak{Z}(V)$ will commute with $\mathfrak{Z}(P)$. It follows that $\mathfrak{Z}(V)$ is of the form

$$\mathfrak{Z}(V) = \begin{pmatrix} \ddots & & 0 \\ & T_\mu \times I_\mu & \\ 0 & & \ddots \end{pmatrix}$$

where T_μ is a matrix of degree f_μ and I_μ is the unit matrix of degree f_μ. Then $\mathfrak{Z}(V^iP)$ breaks up completely into the matrices $T_\mu^i \times F_\mu$. If $\tau_\mu^{(i)}$ is the trace of T_μ^i and if $\theta_\mu(P)$ is the character of $F_\mu(P)$, we find

$$\zeta(V^iP) = \sum \tau_\mu^{(i)}\theta_\mu(P).$$

Since ζ is of the highest kind, we have

$$\sum_\mu \tau_\mu^{(i)}\Theta_\mu(P) = 0 \qquad \text{for } P \text{ in } \mathfrak{P}, \quad P \neq 1. \tag{70}$$

Set $\sum \tau_\mu^{(i)}f_\mu = \tau^{(i)}$ where the sum extends over all values of μ. Using the orthogonality relations for the characters of $\mathfrak{P}$, we derive from (70) the equation

$$p^a\tau_\nu^{(i)} = \sum_P \sum_\mu \tau_\mu^{(i)}\Theta_\mu(P)\Theta_\nu(P^{-1}) = \sum_\mu \tau_\mu^{(i)}f_\mu f_\nu = f_\nu\tau^{(i)}.$$

This shows that the matrices T_ν^i/f_ν have the same trace for all values of ν. If $\mathfrak{F}_1$ is the 1-representation of $\mathfrak{P}$, then T_1 is a vth root of unity λ where v is the order of V. Hence

$$\operatorname{tr}(T_\nu^i) = \tau_\nu^{(i)} = f_\nu\tau^{(i)}/p^a = f_\nu\tau_1^{(i)} = f_\nu\lambda^i.$$

The mapping $V^i \to T_\nu^i$ defines a representation of the group $\{V\}$. Since its character is identical with the character of the representation $V^i \to \lambda^i I_\nu$, it follows easily that $T_\nu^i = \lambda^i I_\nu$. Hence $\mathfrak{Z}(V) = \lambda I$. This is impossible for $V \neq 1$, because $\mathfrak{Z}$ was a (1–1)-representation, and $\mathfrak{G}$ did not contain any invariant elements except 1.

Hence the centralizer $\mathfrak{C}$ of $\mathfrak{P}$ cannot contain elements of an order prime to p. Consequently, the order of $\mathfrak{C}$ itself is a power of p. Since $\mathfrak{C}$ and $\mathfrak{P}$ generate a p-group contained in $\mathfrak{G}$, we have $\mathfrak{C} \subseteq \mathfrak{P}$ and this proves lemma 6.

Returning to irreducible linear groups $\mathfrak{G}$ of degree p whose center consists only of the unit element, it follows from lemma 5 that the order g contains p to the first power only. If P is an element of order p, then lemma 6 shows that $\{P\}$ is the centralizer of P. Hence we see

THEOREM 12. *If p is a prime, then the transitive permutation groups p, the doubly transitive permutation groups of degree $p + 1$, and the irreducible linear groups in p dimensions with the center $\{1\}$ satisfy the condition* (*).

THE INSTITUTE FOR ADVANCED STUDY.

Reprinted from the Proceedings of the NATIONAL ACADEMY OF SCIENCES,
Vol. 30, No. 5, pp. 109–114. May, 1944

ON THE ARITHMETIC IN A GROUP RING

BY RICHARD BRAUER

UNIVERSITY OF TORONTO[1]

Communicated March 24, 1944

1. Every group $\mathfrak{G}$ of finite order g determines an associative algebra Γ, the group ring, over an arbitrary field K. This algebra consists of all linear combinations

$$\alpha = \sum a_i G_i \tag{1}$$

of the group elements $\mathfrak{G}_i$ with coefficients a_i in K, where equality of these elements, addition and multiplication are defined in the natural manner. The study of the algebra Γ forms one of the most powerful weapons we have for the investigation of groups of finite order. When the field K is of characteristic 0, the algebra Γ is semisimple, and the general principles of the theory of algebras can be applied. As is well known, the ordinary theory of group representations and group characters can be obtained in this way. We then assume that the field K is algebraically closed, or at least that K has the property that all irreducible representations of $\mathfrak{G}$ in K are absolutely irreducible. If the latter condition does not hold in the original field K, it will be satisfied in algebraic extension fields of K of finite degree. Without loss of generality, we may restrict ourselves to the case that K is a suitable algebraic number field,[2] as we shall assume throughout this note.

There can be little doubt that we are far from knowing all important properties of group characters. In particular, we are interested in further results which connect the group characters directly with properties of the abstract group $\mathfrak{G}$. Any result of this kind means, in the last analysis, a result concerning the structure of the general group of finite order.

2. One approach to our question is to study the arithmetic properties of Γ after we study the algebraic properties of Γ. An element α of Γ is said to be an integer, if all the coefficients a_i in (1) are integers of K. The ring J of these integers is not a maximal order,[3] and therefore the ordinary theory of ideals does not hold. However, our definition of integer is linked with the group $\mathfrak{G}$ in a natural manner, and we would lose this connection, if we replaced J by a maximal order. Actually, a study of most arithmetic properties of a maximal order would not lead us beyond the algebraic properties of Γ.

The arithmetic question in which we are mainly interested[4] is the question how a prime ideal $\mathfrak{p}$ of K (or rather its extension $(\mathfrak{p}) = \mathfrak{p}J$ to J) behaves in J. This leads to the study of the residue class ring $J^* = J/(\mathfrak{p})$. But J^* can be interpreted as the group ring of $\mathfrak{G}$ over the field K* of residue classes of integers of K modulo $\mathfrak{p}$. We thus come back to a study of a group ring and of representations of $\mathfrak{G}$, but now with regard to a modular field K*. The investigation of $(\mathfrak{p})$ becomes equivalent to the study of the modular representations[5] of $\mathfrak{G}$. For every prime ideal divisor $\mathfrak{P}$ of $(\mathfrak{p})$, the residue class ring $J/\mathfrak{P}$ is a complete matric algebra of a certain degree f over K*. Thus, $\mathfrak{P}$ defines a modular irreducible representation $\mathfrak{F}$ of $\mathfrak{G}$ of degree f, and we have a (1-1)-correspondence between the prime ideal divisors $\mathfrak{P}_1, \mathfrak{P}_2, \ldots, \mathfrak{P}_k$ of $(\mathfrak{p})$, and the irreducible modular representations $\mathfrak{F}_1, \mathfrak{F}_2, \ldots, \mathfrak{F}_k$ of $\mathfrak{G}$.

Since J is not a maximal order, we cannot write $(\mathfrak{p})$ as a product of powers of the $\mathfrak{P}_i$. However, we still have a unique representation of $(\mathfrak{p})$ as a direct intersection of ideals

$$(\mathfrak{p}) = \mathfrak{M}_1 \cap \mathfrak{M}_2 \cap \ldots \cap \mathfrak{M}_t. \tag{2}$$

Here, any two of the $\mathfrak{M}_\tau$ are relatively prime, and no $\mathfrak{M}_\tau$ can be written as an intersection of relatively prime ideals which are different from $\mathfrak{M}_\tau$. The $\mathfrak{P}_i$ dividing a fixed $\mathfrak{M}_\tau$ form a "block" B_τ, and according to what we said above, we may also speak of the modular representations $\mathfrak{F}_i$ belonging to the block B_τ. Every $\mathfrak{F}_i$ then belongs to exactly one block. Finally, we may associate every ordinary irreducible representation $\mathfrak{Z}_j$ of $\mathfrak{G}$ with exactly one block B_τ.[6] Every $\mathfrak{Z}_j$ of the block B_τ contains only modular constituents $\mathfrak{F}_i$ of B_τ, and, conversely, every $\mathfrak{F}_i$ of B_τ appears only in $\mathfrak{Z}_j$ of B_τ. This shows that there exists a connection between the decomposition (2) and the decomposition of Γ into a direct sum of simple algebras.

Denote by p the rational prime number which is divisible by $\mathfrak{p}$. If p^α is the highest power of p which divides all degrees f_i of the $\mathfrak{F}_i$ belonging to the block B_τ, then p^α also is the highest power of p which divides the degrees z_j of all ordinary representations $\mathfrak{Z}_j$ of B_τ.[7] We then say that the block B_τ is of *type* α. If p^a is the highest power of p dividing the order g of $\mathfrak{G}$, then we call $d = a - \alpha$ the *defect* of B_τ. The smaller d, the simpler is the structure of $\mathfrak{M}_\tau$ in (2).

If the group characters of $\mathfrak{G}$ are known, we can easily obtain the blocks $B_1, B_2, \ldots, B_t$. The main object of this paper is to give a direct characterization of the blocks. For instance, we shall show that the number of blocks of given positive defect d is completely determined by the structure of certain subgroups $\mathfrak{N}$ of $\mathfrak{G}$ which are the normalizers $\mathfrak{N}$ of the subgroups $\mathfrak{H}$ of order p^d in $\mathfrak{G}$.

3. The modular group ring $J/(\mathfrak{p})$ determines a matrix C of Cartan invariants.[8] This C is the direct sum of the matrices C_τ of Cartan invariants of the rings $J/\mathfrak{M}_\tau$ corresponding to the blocks B_τ. The degree of C_τ is equal to the number y_τ of prime ideals $\mathfrak{P}_i$ (and of modular representations $\mathfrak{F}_i$) in the block. The matrix C_τ is symmetric, the corresponding

quadratic form is non-negative, the determinant of C_τ is a power of p. The coefficients c_{ij} are non-negative rational integers, the value of c_{ij} depends on the mutual relation of the prime ideals $\mathfrak{P}_i$ and $\mathfrak{P}_j$.

It is easy to determine the elementary divisors of C. Let $K_1, K_2, \ldots, K_k$ be the classes of conjugate elements of $\mathfrak{G}$ which contain *p-regular elements*, i.e., elements whose order is prime to p. Let g_λ be the number of elements in K_λ so that $g_\lambda = g/n_\lambda$ where n_λ is the order of the normalizer of the elements of K_λ, and suppose that p divides n_λ exactly with the exponent ρ_λ. Then $p^{\rho_1}, p^{\rho_2}, \ldots, p^{\rho_k}$ are the elementary divisors of C.[9] Exactly y_τ of these elementary divisors must belong to C_τ, and naturally the question arises in what manner the k elementary divisors of C are distributed into blocks. A partial answer is given by

THEOREM 1: *If C_τ is the Cartan matrix of a block of defect d, then C_τ has one elementary divisor p^d while all other elementary divisors of C_τ are powers of p with exponents smaller than d.*

As corollaries[10] we obtain

COROLLARY 1: *If there exist l_σ p-regular classes K_λ in $\mathfrak{G}$ for which the order of the normalizer of the elements is divisible by p^σ but not by $p^{\sigma+1}$, then $\mathfrak{G}$ possesses at most l_σ blocks of defect σ ($\sigma = 0, 1, 2, \ldots, a$).*

COROLLARY 2: *There exist exactly l_a blocks of maximal defect a, where $g \equiv 0 \pmod{p^a}$, $g \not\equiv 0 \pmod{p^{a+1}}$.*

COROLLARY 3: *If B_τ is a block of defect 0, then C_τ has the degree 1, and its only coefficient is 1. The block consists of exactly one ordinary representation $\mathfrak{Z}$ and one modular representation $\mathfrak{F}$. Taken as a modular r presentation, $\mathfrak{Z}$ remains irreducible and coincides with $\mathfrak{F}$. The prime ideal $\mathfrak{P}$ belonging to $\mathfrak{F}$ coincides with $\mathfrak{M}_\tau$ in (2).*

In the proof of theorem 1, the following construction can be used. Consider the k columns of the matrix of group characters of $\mathfrak{G}$ which belong to the p-regular classes $K_1, K_2, \ldots, K_k$ of $\mathfrak{G}$. It is possible to select a minor of degree k which is not divisible by $\mathfrak{p}$. Exactly y_τ of the rows in this minor must belong to ordinary characters ζ_μ of B_τ. It is then possible to associate y_τ of the columns with B_τ, such that each column belongs to exactly one B_τ, and that the y_τ rows and columns associated with B_τ form a minor which is not divisible by $\mathfrak{p}$. (This construction may not be unique.) We can then prove

THEOREM 2: *If the classes $K_\lambda, K_\mu, K_\nu, \ldots$ are associated with the block B_τ by the preceding construction, and if p divides the order of the normalizers of the elements of K_i to the exact exponent ρ_i, then the elementary divisors of C_τ are the powers of p with the exponents $\rho_\lambda, \rho_\mu, \rho_\nu, \ldots$.*

If ζ_μ is an ordinary character of $\mathfrak{G}$, and if $\zeta_\mu(K_\nu)$ is the value of ζ_μ for the elements of K_ν, then it is well known that the numbers

$$\omega_\mu(K_\nu) = g_\nu \zeta_\mu(K_\nu)/Dg(\zeta_\mu) \tag{3}$$

are algebraic integers. The proof of theorems 1 and 2 yields at the same time

THEOREM 3: *A character ζ_μ belongs to a block B_τ of a defect larger than or equal to a given number d, if and only if we have $\omega_\mu(K_\nu) \equiv 0 \pmod{\mathfrak{p}}$ for all p-regular classes with $\rho_\nu < d$. Two characters ζ_λ and ζ_μ belonging to blocks of defect d appear in the same block, if and only if*

$$\omega_\lambda(K_\nu) \equiv \omega_\mu(K_\nu) \pmod{\mathfrak{p}}$$

for all p-regular classes with $\rho_\nu = d$.

COROLLARY 4: *If the Cartan matrix C_τ of the block B_τ of defect d has h elementary divisors p^{d-1}, then B_τ contains at least $h + 1$ ordinary characters whose degrees are not divisible by p^{a-d+1}.* (By definition, the degrees are all divisible by p^{a-d}.)

4. If K_α is a class of conjugate elements of $\mathfrak{G}$, we also denote by K_α the sum of all the elements in this class. As is well known, the K_α then form a basis of the center Λ of the group ring Γ. We thus have formulae

$$K_\alpha K_\beta = \sum a_{\alpha\beta\gamma} K_\gamma \tag{4}$$

where the $a_{\alpha\beta\gamma}$ are non-negative rational integers. The true significance of the numbers ω_μ in (3) is that they form a character of the commutative algebra Λ. Taking the $\omega_\mu \pmod{\mathfrak{p}}$, we obtain a modular character of Λ, or what is the same thing, a character of the center Λ^* of the modular group ring Γ^*. But characters ζ_μ of $\mathfrak{G}$ belonging to the same block B_τ give rise to the same modular character of Λ. Hence we have a (1–1) correspondence between the blocks B_τ of $\mathfrak{G}$ and the characters of the commutative modular algebra Λ^*.

It is easy to prove certain arithmetic properties of the $a_{\alpha\beta\gamma}$ in (4). For instance, if an element G of K_γ commutes with all elements of a subgroup $\mathfrak{H}$ of order p^d of $\mathfrak{G}$ while no element of K_α commutes with all elements of $\mathfrak{H}$, then $a_{\alpha\beta\gamma}$ must be divisible by p. On the basis of this remark and more general statements of a similar nature, it is possible to establish connections between $\Lambda^* = \Lambda^*(\mathfrak{G})$ and the analogous algebras $\Lambda^*(\mathfrak{N})$, formed by means of suitable subgroups $\mathfrak{N}$ of $\mathfrak{G}$. In this manner we obtain a connection between the characters of $\Lambda^*(\mathfrak{G})$ and those of $\Lambda^*(\mathfrak{N})$, and finally a connection between the blocks of $\mathfrak{G}$ and certain blocks of $\mathfrak{N}$. Our main results are proved by combining this method with that of section 3. They are contained in the following theorems:

THEOREM 4: *Choose one group $\mathfrak{H}_\sigma$ of order p^d from each class of conjugate subgroups of this order of $\mathfrak{G}$, and denote the normalizer of $\mathfrak{H}_\sigma$ by $\mathfrak{N}_\sigma$ ($\sigma = 1, 2, \ldots, l$). For the given prime p, all blocks of $\mathfrak{N}_\sigma$ have at least the defect d. If $\mathfrak{N}_\sigma$ possesses exactly r_σ blocks of defect d, then $\mathfrak{G}$ contains exactly $r_1 + r_2 + \ldots + r_l$ blocks of defect d.*

THEOREM 5: *To every block B of defect d of $\mathfrak{G}$ there corresponds uniquely a block $\tilde{B}$ of defect d of one of the $\mathfrak{N}_\sigma$ in theorem 4. If $\omega_\mu(K_\nu)$ in (3) is formed by means of a character of B while $\tilde{\omega}_\lambda(\tilde{K}_\iota)$ is formed in an analogous manner by means of a character of $\tilde{B}$, then*

$$\omega_\mu(K_\alpha) \equiv \sum_\beta \tilde{\omega}_\nu(\tilde{K}_\beta) \ (mod\ \mathfrak{p}). \tag{5}$$

Here, K_α is any class of $\mathfrak{G}$, while $\tilde{K}_\beta$ ranges over all classes of $\mathfrak{N}_\sigma$ which lie in K_α and whose elements belong to the centralizer $\mathfrak{T}_\sigma$ of $\mathfrak{H}_\sigma$. The ideal $\mathfrak{p}$ denotes a fixed prime ideal divisor of p in the field generated by the characters of B and $\tilde{B}$.

COROLLARY 5: *If in the notation of theorem 5, the class K_α does not contain elements of $\mathfrak{T}_\sigma$ then*

$$\omega_\mu(K_\alpha) \equiv 0 \ (\mathrm{mod}\ \mathfrak{p}) \tag{6}$$

If K_α contains elements of $\mathfrak{T}_\sigma$, and if the order of the normalizer of these elements is not divisible by p^{d+1}, then K_α contains only one class $\tilde{K}_\beta$ which consists of elements of $\mathfrak{T}_\sigma$, and we have

$$\omega_\mu(K_\alpha) \equiv \tilde{\omega}_\nu(\tilde{K}_\beta) \ (\mathrm{mod}\ \mathfrak{p}). \tag{7}$$

The congruences (5), (6) and (7) can be expressed in terms of the characters. We thus obtain the following relations between the characters of $\mathfrak{G}$ and those of $\mathfrak{N}_\sigma$.

COROLLARY 6: *Let ζ_μ by any character of B, say of degree z, let $\tilde{\zeta}_\nu$ be a character of the corresponding block $\tilde{B}$ of $\mathfrak{N}_\sigma$, say of degree w. In the notation of theorem 5, we have*

$$\zeta_\mu(K_\alpha) \equiv \frac{z}{wg_\alpha} \sum_\beta \tilde{g}_\beta \tilde{\zeta}_\nu(\tilde{K}_\beta) \ (\mathrm{mod}\ \mathfrak{p}p^m) \ \text{ with } m = s - a + \rho_\alpha$$

where g_α is the number of elements in K_α, $\tilde{g}_\beta$ is the number of elements in $\tilde{K}_\beta$, ρ_α is the exponent to which p divides $n_\alpha = g/g_\alpha$, and s is the exponent to which p divides z. In the case of (6), this yields

$$\zeta_\mu(K_\alpha) = 0 \ (\mathrm{mod}\ \mathfrak{p}p^m),$$

while in the case of (7) we obtain

$$\zeta_\mu(K_\alpha) \equiv \frac{zn}{wg} \tilde{\zeta}_\nu(\tilde{K}_\beta) \ (\mathrm{mod}\ \mathfrak{p}p^{s-a+d})$$

where n is the order of $\mathfrak{N}_\sigma$.

Our results do not give any new information about the blocks of highest kind, i.e., of defect 0. We have here $\mathfrak{H} = \{1\}$, $\mathfrak{T}_\sigma = \mathfrak{N}_\sigma = \mathfrak{G}$. For blocks of positive defect d, we may have $\mathfrak{N}_\sigma = \mathfrak{G}$, but only when $\mathfrak{G}$ has a normal subgroup of an order $p^d > 1$. In any case, every block of defect d of $\mathfrak{N}_\sigma$

contains an ordinary representation which associates the unit matrix with the elements of $\mathfrak{H}_\sigma$. As a representation of $\mathfrak{N}_\sigma/\mathfrak{H}_\sigma$ this one is of the highest kind. This shows that the question of finding all blocks of defect $d > 0$ can be answered by studying groups of smaller order than g. If for every one of these B we know the number of ordinary characters contained in B, we also know the number of blocks of defect 0. By corollary 3, it is the number of classes of $\mathfrak{G}$, diminished by the number of ordinary characters which belong to blocks of positive defect.

In finding all blocks of $\mathfrak{G}$, the following remark is useful.

REMARK: In theorems 4 and 5, it is sufficient to consider only groups $\mathfrak{H}_\sigma$ which are p-Sylow-subgroups of normalizers of p-regular elements, and for which $\mathfrak{H}_\sigma$ is a maximal normal p-subgroup of $\mathfrak{N}_\sigma$. If these assumptions are not satisfied, $\mathfrak{N}_\sigma$ does not possess blocks of defect d.

[1] The work on this note was done while the author was a Fellow of the John Simon Guggenheim Memorial Foundation.

[2] Using a theorem of Hasse, *Jour. f. d. reine u. angew. Math.*, **167**, 399–404 (1931), we could even assume that K was obtained from the field of rational numbers by the adjunction of a certain root of unity.

[3] For the arithmetic in maximal orders of algebras, see, for instance, Jacobson, N., "The Theory of Rings," Math. Surveys No. II (1943).

[4] For the following cf. Brauer, R., these PROCEEDINGS, **25**, 252–258 (1939).

[5] For the modular representations of groups, cf. Brauer, R., and Nesbitt, C., University of Toronto Studies, Math. Ser. No. 4 (1937), and *Ann. Math.*, **42**, 556–590 (1941). I refer to the second of these papers as BN.

[6] Cf. BN, §9.

[7] BN, §17.

[8] BN, § 5.

[9] BN, § 16.

[10] Corollary 1 is an improvement of theorem 3 of BN. Corollary 2 is identical with theorem 2 of BN. Corollary 3 is identical with theorem 1 of BN.

ON SIMPLE GROUPS OF FINITE ORDER. I

RICHARD BRAUER AND HSIO-FU TUAN

1. **Introduction.** Using the theory of representations of groups we have obtained a number of results for simple groups of certain types of orders. In the present paper, we shall prove the following result: If $\mathfrak{G}$ is a (non-cyclic) simple group of order $g=pq^bg^*$, where p and q are two primes and where b and g^* are positive integers with $g^*<p-1$, then either $\mathfrak{G}\cong LF(2, p)$[1] with $p=2^m\pm 1$, $p>3$, or $\mathfrak{G}\cong LF(2, 2^m)$ with $p=2^m+1$, $p>3$; conversely, these groups satisfy the assumptions. As an application, we determine all simple groups of order prq^b, where p, r, q are primes and where b is a positive integer. The only simple groups of this type are the well known groups of orders 60 and 168.

2. **Some known results concerning representations of groups.** 1. In this section, some known theorems are given without proof. Most of these results, which are needed in the following, have been obtained in the theory of modular representations of groups. However, all the statements are concerned with the *ordinary* group characters.[2]

2. If $\mathfrak{G}$ is a group of order g containing k classes $K_1, \cdots, K_\mu, \cdots, K_k$ of conjugate elements, then there exist exactly k distinct irreducible characters $\zeta_1(G), \cdots, \zeta_\mu(G), \cdots, \zeta_k(G)$, where G denotes a variable element of $\mathfrak{G}$. If we restrict G to a subgroup $\mathfrak{M}$ of order m of $\mathfrak{G}$, then each $\zeta_\mu(G)$ may be considered as a (reducible or irreducible) character of $\mathfrak{M}$. From the orthogonality relations for the characters of $\mathfrak{M}$, it follows that

$$\sum{}'\zeta_\mu(G) \equiv 0 \pmod{m}, \tag{2.1}$$

where the sum extends over all elements G of $\mathfrak{M}$. More generally, the same congruence holds, if ζ is a linear combination of the ζ_μ's with coefficients which are algebraic integers.

3. Let p be a prime number and let $\mathfrak{p}$ be a prime ideal divisor of p in the algebraic number field generated by all $\zeta_\mu(G)$. Denote by $h(G)$ the number of elements in the class K_μ containing G. If ζ_μ has degree z_μ, the number $h(G)\zeta_\mu(G)/z_\mu$ is an algebraic integer. Two characters ζ_μ and ζ_ν belong to the same *p-block*, if

Presented to the Society, September 17, 1945; received by the editors March 27, 1945.

[1] We use the notation of L. E. Dickson, *Linear groups*, Leipzig, 1901.

[2] The fundamental properties of group characters are given in a large number of books. Here we mention only: W. Burnside, *The theory of groups of finite order*, 2d ed., Cambridge, 1911.

(2.2) $$h(G)\zeta_\mu(G)/z \equiv h(G)\zeta_\nu(G)/z \pmod{\mathfrak{p}},$$

for all G in $\mathfrak{G}$. In this manner, the k characters are distributed into a certain number of p-blocks $B_1(p)$, $B_2(p)$, $\cdots$. The *first p-block* $B_1(p)$ will always be taken as the block containing the 1-character $\zeta_1(G)=1$ (for all G). If for all characters ζ_μ of $B_\sigma(p)$ the degree z_μ of ζ_μ is divisible by a power p^α while at least one of the degrees z_μ is not divisible by $p^{\alpha+1}$, then $B_\sigma(p)$ is a block of *type* α. In particular, $B_\sigma(p)$ is of the *lowest type* if $\alpha=0$.

An element G is *p-regular*, if its order is prime to p; and G is p-singular in the other case. For every p-block $B_\sigma(p)$ we have[3]

(2.3) $$\sum_\mu \zeta_\mu(P)\zeta_\mu(Q) = 0,$$

where ζ_μ ranges over all characters of $B_\sigma(p)$ and where P is any p-singular element of $\mathfrak{G}$ and Q any p-regular element.

If we let ζ_μ range over all the k characters of $\mathfrak{G}$, then the orthogonality relations for group characters show that the sum in (2.3) vanishes for any two elements P and Q for which P and Q^{-1} are not conjugate. If P and Q^{-1} are conjugate, the sum does not vanish.

4. If we assume that the prime p divides g to the first power,[4] we can make more definite statements. It will be sufficient to restrict our attention to the first p-block $B_1(p)$. There exists a divisor t of $p-1$ such that $B_1(p)$ consists of $w=(p-1)/t$ "non-exceptional" characters $\zeta_1(G), \cdots, \zeta_w(G)$ and t "exceptional" characters $\zeta_{w+1}(G), \cdots, \zeta_{w+t}(G)$. The latter have all the same degree z_{w+1}. To each of these characters $\zeta_i(G)$, there belongs a certain sign $\delta_i = \pm 1$ such that the following relations hold:

(2.4) $$z_i \equiv \delta_i \pmod{p} \qquad \text{for } i = 1, 2, \cdots, w;$$

(2.5) $$tz_{w+1} \equiv \delta_{w+1} \pmod{p};$$

(2.6) $$\sum_{\mu=1}^{w+1} \delta_\mu z_\mu = 0 \qquad (\delta_1 = z_1 = 1).$$

Moreover, for p-singular elements P of G, we have

(2.7) $$\zeta_i(P) = \delta_i \qquad (i = 1, 2, \cdots, w).$$

There exist elements of order $w=(p-1)/t$ in $\mathfrak{G}$, hence

---

[3] R. Brauer and C. Nesbitt, University of Toronto Studies, Mathematical Series, No. 4, 1937, Theorem VIII, p. 21.

[4] For the results quoted in this part, cf. R. Brauer, Amer. J. Math. vol. 64 (1942) pp. 401–420, especially p. 420, §8, and p. 417, Formula (47a).

(2.8) $$g \equiv 0 \pmod{w}.$$

5. If $\mathfrak{G}$ coincides with its commutator subgroup $\mathfrak{G}'$, in particular if $\mathfrak{G}$ is simple and non-cyclic, then $\zeta_1 = 1$ is the only character of degree 1. It follows that the number w above must be larger than 1. Indeed, if we had $w=1$, the equation (2.6) would read $\delta_1 z_1 + \delta_2 z_2 = 0$, and as $\delta_1 = 1$, $\delta_2 = \pm 1$, $z_1 = 1$, it would follow that the positive number z_2 must be 1 which is impossible. Thus, in particular, $p \neq 2$.

6. Finally we quote the following results obtained in previous papers which yield characterizations of certain groups $LF(2, m)$.

THEOREM A.[5] *If a non-cyclic simple group $\mathfrak{G}$ has an order which contains the prime p to the first power and if the exceptional degree z_{w+1} in the first p-block $B_1(p)$ satisfies the condition $z_{w+1} \leqq (p+1)/2$, then $\mathfrak{G} \cong LF(2, p)$ $(p \neq 2, 3)$.*

THEOREM B.[6] *If a non-cyclic simple group $\mathfrak{G}$ has an order g of the form*

$$g = (p-1)p(1+mp)/\tau,$$

where p is a prime and where τ and m are non-negative integers such that τ divides $p-1$ and $m < (p+3)/2$, then either $\mathfrak{G} \cong LF(2, p-1)$ and p is a prime of the form $p = 2^b + 1 > 3$, or $\mathfrak{G} \cong LF(2, p)$ and p is any prime larger than 3.

3. **Proof of the main result.** We now begin to prove the following theorem.

THEOREM 1. *If $\mathfrak{G}$ is a simple group of order*

(3.1) $$g = pq^b g^*,$$

where p and q are two primes and where b and g^* are positive integers with

(3.2) $$g^* < p - 1,$$

then either $\mathfrak{G} \cong LF(2, p)$ with $p = 2^m \pm 1$, $p > 3$, or $\mathfrak{G} \cong LF(2, 2^m)$ with $p = 2^m + 1$, $p > 3$. Conversely, these groups satisfy the assumptions.

REMARK. It may be added that for both alternatives we have $q = 2$ and m is the highest exponent of q dividing g.

PROOF. 1. If g as given by (3.1) is the order of a non-cyclic simple

[5] H. F. Tuan, Ann. of Math. vol. 45 (1944) pp. 110–140, especially p. 135, Theorem 4, and p. 139, Formulas (10.i) and (10.i′) for i = 1, · · · , 7. Notice that Formulas (10.2′) and (10.3′) are printed there in the wrong order.

[6] R. Brauer, Ann. of Math. vol. 45 (1944) pp. 57–79, especially p. 76, Theorem 11.

group $\mathfrak{G}$, then by (3.2) certainly $p \neq 2$ and without restriction we may assume that

$$(g^*, q) = 1. \tag{3.3}$$

The case $p = q$ is impossible on account of Sylow's theorem since the p-Sylow subgroup of a group $\mathfrak{G}$ of order $g = p^{b+1}g^*$ would be normal in $\mathfrak{G}$, if $g^* < p-1$. Hence $p \neq q$, and p divides g only to the first power. From (2.6) it follows that in the first p-block $B_1(p)$ we have a degree $n \neq 1$ which is prime to q. Then

$$n \mid g^*, \tag{3.4}$$

and hence $n < p-1$. This shows that n must be the exceptional degree $n = z_{w+1}$ (cf. (2.5)), since all the other degrees are congruent to ± 1 (mod p) according to (2.4).

2. If $n \leqq (p+1)/2$, Theorem A gives $\mathfrak{G} \cong LF(2, p)$, $p \neq 3$, and $g = p(p+1)(p-1)/2$. Hence

$$(p + 1)(p - 1) = 2q^b g^*.$$

As $p+1$ and $p-1$ have the greatest common divisor 2, it follows that one of the two numbers $p-1$ and $p+1$ is divisible by q^b. The other number then divides $2g^*$. But $p \pm 1 > g^*$ by (3.2) and we have one of the two cases

$$\text{(I)} \qquad p - 1 = q^b, \qquad p + 1 = 2g^*;$$

$$\text{(II)} \qquad p + 1 = q^b, \qquad p - 1 = 2g^*.$$

In either case, $q = 2$, and this leads to the first alternative of our theorem.

3. We may now assume that

$$p - 1 > n > (p + 1)/2. \tag{3.5}$$

By (2.5), we have $nt \equiv \pm 1$ (mod p) where t divides $p-1$. It follows that $n \equiv \mp (p-1)/t$ (mod p), and (3.5) gives

$$n = p - (p - 1)/t. \tag{3.6}$$

From (2.8), it follows that we may set

$$(p - 1)/t = q^\beta h, \tag{3.7}$$

$$h \mid g^*, \tag{3.8}$$

where $\beta \leqq b$ is a non-negative integer. Combining (3.6) and (3.7), we obtain

$$n = p - q^\beta h, \tag{3.9}$$

which implies $(n, h)=1$. Now (3.4) and (3.8) give

$$nh \mid g^*. \tag{3.10}$$

The relations (3.6) and (3.7) also yield

$$1+n = 1+p-(p-1)/t = 1+(1+tq^\beta h)-q^\beta h,$$
$$1+n = 2+q^\beta h(t-1). \tag{3.11}$$

4. If $\beta=0$, then (3.9) gives $p=n+h$. On the other hand, (3.10) and (3.2) show that $nh \leqq g^* < p-1$. Hence $nh < n+h$, and then at least one of the two positive integers n, h must be 1. But we have $n \neq 1$, and therefore h must be equal to 1. However, this would lead to $n=p-1$, which contradicts (3.5). Thus,

$$\beta > 0. \tag{3.12}$$

5. From (3.6), it follows that $nt \equiv 1 \pmod p$. Since $n=z_{w+1}$, we have $\delta_{w+1}=1$ in (2.5). The relation (2.6) then has the form

$$(1+n+\cdots)-(\cdots)=0, \tag{3.13}$$

where the missing terms are the non-exceptional degrees greater than 1 of the first p-block $B_1(p)$.

If $q \neq 2$, then (3.11) shows that at least one of these degrees must be prime to q, and hence a divisor of $g^* < p-1$. But the only degree m with $1 < m < p-1$ is the exceptional degree (cf. (2.4)). This is a contradiction; we must have

$$q = 2. \tag{3.14}$$

6. Assume next that $\beta \geqq 2$. Then (3.11) shows that $1+n \equiv 2 \pmod 4$, and at least one of the missing degrees in (3.13) is not divisible by 4. This degree then has the form $m=\mu$ or $m=2\mu$ with $\mu \mid g^*$. Hence $m \leqq 2g^* < 2(p-1)$. On the other hand, we have $m \equiv \pm 1 \pmod p$ on account of (2.4). As $m \neq 1$, the only possibilities are $m=p\pm 1$. The number g^* is a multiple of $m/2$, and from (3.2) it now follows that $g^*=(p\pm 1)/2$. But then the divisor n of g^* is at most $(p\pm 1)/2$ which contradicts (3.5).

Hence the only possible case is the case $\beta=1$.

7. For $q=2$, $\beta=1$, the equation (3.9) reads

$$n = p-2h. \tag{3.15}$$

The number g^* now is odd and so are its divisors n and h. Combining (3.10), (3.2) and (3.15), we find

$$nh \leqq g^* < p-1 < n+2h. \tag{3.16}$$

If $h \neq 1$, then $h \geqq 3$ and (3.16) gives

$$n > (n - 2)h \geqq 3n - 6,$$

which is impossible as n is odd and $n \neq 1$. This proves that $h = 1$. Now (3.15) reads $n = p - 2$. The multiple g^* of n then must be $p - 2$; we have

$$g^* = n = p - 2, \tag{3.17}$$

$$g = p2^b(p - 2). \tag{3.18}$$

From (3.6), it follows that

$$w = (p - 1)/t = 2.$$

In the equation (2.6) only three terms appear. The first two terms are 1 and $n = p - 2$. The missing term therefore is $-(p-1)$ and (2.6) reads

$$1 + (p - 2) - (p - 1) = 0. \tag{3.19}$$

As the degree of an irreducible character, the number $p - 1$ is a divisor of g. Then (3.18) shows that $p - 1$ is a power of 2, say

$$p - 1 = 2^c, \qquad c \leqq b. \tag{3.20}$$

8. In order to finish the proof, we need three lemmas which we state here in a more general form than actually needed for our present purpose. The proof of these lemmas will be given in the next section.

LEMMA 1. *Let $\mathfrak{G}$ be a group which is identical with its commutator subgroup $\mathfrak{G}'$, and assume that the first p-block $B_1(p)$ contains an irreducible* 1-1 *representation $\mathfrak{Z}$ of degree $z < 2p$. Then the order of the centralizer $\mathfrak{C}(\mathfrak{P})$ of a p-Sylow subgroup $\mathfrak{P}$ of $\mathfrak{G}$ is a power of p.*

LEMMA 2. *If a group $\mathfrak{G}$ with center* 1 *has an irreducible* 1-1 *representation $\mathfrak{Z}$ of degree $z = p^r$ (p a prime) and if the center $\mathfrak{C}$ of the p-Sylow subgroup $\mathfrak{P}$ of $\mathfrak{G}$ has the order p^s, then $\mathfrak{Z}$ belongs to a p-block of type at least s. In particular, $r \geqq s$. Also, $s \geqq 1$ except when $\mathfrak{G} = 1$.*

LEMMA 3. *Let $\mathfrak{G}$ be a group of order $g = p^a q^b g^*$ where p and q are different primes and a, b and g^* are positive integers, $(g^*, pq) = 1$. Assume that $\mathfrak{G}$ does not contain elements of order pq. Then for every p-singular element P of $\mathfrak{G}$, we have*

$$\sum{}' z_\mu \zeta_\mu(P) \equiv 0 \pmod{q^b},$$

where the sum extends over all characters ζ_μ which belong simultaneously to a fixed p-block $B_\sigma(p)$ and to a fixed q-block $B_\tau(q)$. Here, z_μ denotes the degree of ζ_μ.

9. Assuming these lemmas, we conclude the proof of Theorem 1 as follows:

Lemma 1 shows that under the assumptions of the theorem, $\mathfrak{G}$ does not contain any element of order $2p$. From Lemma 2, it follows that the degree $p-1=2^c$ in (3.19) belongs to a 2-block $B_\tau(2)$ which is not of the lowest kind. Now apply Lemma 3 to the first p-block $B_1(p)$ and the 2-block $B_\tau(2)$. The only character in common to these two blocks is the character ζ of degree $p-1$ in (3.19), since the other degrees occurring in $B_1(p)$ are the odd numbers 1 and $p-2$ which therefore cannot occur in $B_\tau(2)$. Now the statement of Lemma 3 gives

$$z\zeta(P) = (p-1)\zeta(P) \equiv 0 \pmod{2^b}$$

for any p-singular element P of $\mathfrak{G}$. But (2.7) and (2.4) give $\zeta(P)=-1$, and hence $p-1\equiv 0 \pmod{2^b}$. Combining this with (3.20) and (3.18) we find

$$p - 1 = 2^b, \tag{3.21}$$

$$g = p(p-1)(p-2) = 2p(1 + p(p-3)/2). \tag{3.22}$$

Now Theorem B can be applied with $\tau=(p-1)/2$ and $m=(p-3)/2$. We have either $\mathfrak{G}\cong LF(2, p-1)$ with $p=2^b+1>3$ or $\mathfrak{G}\cong LF(2, p)$. In the second case, $g=p(p-1)(p+1)/2$. Comparison with (3.22) then gives $p=5$. In any case, $\mathfrak{G}$ is of the form stated in Theorem 1. As the converse is trivial, this finishes the proof.

4. **Proof of the lemmas.** To complete the proof of Theorem 1, it now remains to prove the three lemmas used and formulated in the preceding section.

PROOF OF LEMMA 1. If ζ is the (irreducible) character of a 1-1 representation $\mathfrak{Z}$ of the first p-block $B_1(p)$, we have (cf. (2.2))

$$h(G)\zeta(G)/z \equiv h(G) \pmod{\mathfrak{p}}. \tag{4.1}$$

For all elements G of the centralizer $\mathfrak{C}(\mathfrak{P})$ of a p-Sylow subgroup $\mathfrak{P}$, the number $h(G)$ is prime to p and can therefore be cancelled in (4.1) and we have then

$$\zeta(G) \equiv z \pmod{\mathfrak{p}}. \tag{4.2}$$

Assume that the order of $\mathfrak{C}(\mathfrak{P})$ contains a prime factor $v\neq p$. Then $\mathfrak{C}(\mathfrak{P})$ contains a cyclic subgroup $\mathfrak{V}$ of order v. Now $\zeta(G)$ for G in $\mathfrak{V}$ may be considered as a (reducible) character of $\mathfrak{V}$ and the same is true for $\zeta^*(G)=z=1+1+\cdots+1$ (z terms). We cannot have $\zeta(G)=z$ for all G in $\mathfrak{V}$, as $\mathfrak{Z}$ then would represent every G in $\mathfrak{V}$ by the unit matrix while $\mathfrak{Z}$ is assumed to be a 1-1 representation. The congruence (4.2) implies[7]

$$\zeta(G) = z_0 + p\theta(G), \tag{4.3}$$

where z_0 is the least non-negative residue of z_0 (mod p) and where $\theta(G)$ is a reducible or irreducible character of $\mathfrak{B}$.

If the degree z of $\mathfrak{Z}$ is less than $2p$, the degree of $\theta(G)$ is 1. It follows that for every G in $\mathfrak{B}$, the matrix $\mathfrak{Z}(G)$ has z_0 characteristic roots 1, and p roots $\theta(G)$. If $\mathfrak{G}$ coincides with its commutator subgroup $\mathfrak{G}'$, every representation of $\mathfrak{G}$ represents elements of $\mathfrak{G}$ with matrices of determinant 1. Hence

$$1^{z_0} \cdot \theta(G)^p = 1.$$

But $\theta(G)$ is a vth root of unity with $(v, p) = 1$. It follows that $\theta(G) = 1$ and all characteristic roots of $\mathfrak{Z}(G)$ are 1. But this means that $\mathfrak{Z}(G) = I$ which gives a contradiction for $G \neq 1$. Hence, under the assumptions of Lemma 1, the order of $\mathfrak{C}(\mathfrak{P})$ cannot contain a prime factor $v \neq p$, and this proves Lemma 1.

PROOF OF LEMMA 2. Let $\mathfrak{Z}$ with the character ζ be an irreducible 1-1 representation of degree $z = p^r$ of $\mathfrak{G}$. If ζ belongs to a p-block $B = B(p)$ of type α, we may find a character ζ_0 of degree z_0 in B such that z_0 is divisible by p^α but not by $p^{\alpha+1}$. According to (2.2), we have for any element G of $\mathfrak{G}$,

$$h(G)\zeta(G)/z \equiv h(G)\zeta_0(G)/z_0 \pmod{\mathfrak{p}}. \tag{4.4}$$

Now, for any element G of the center $\mathfrak{C}$ of $\mathfrak{P}$, the number $h(G)$ is prime to p, and $z = p^r$ divides $\zeta(G)$ which is a sum of p^r roots of unity. A well known argument of Burnside[8] shows that either $\mathfrak{Z}(G)$ is a scalar multiple of I or $\zeta(G) = 0$. The first possibility cannot arise for $G \neq 1$, if the center of $\mathfrak{G}$ consists only of 1. In the case $\zeta(G) = 0$, (4.4) yields

$$\zeta_0(G) \equiv 0 \pmod{\mathfrak{p}p^\alpha} \qquad (\text{for } G \neq 1 \text{ in } \mathfrak{C}), \tag{4.5}$$

since $z_0 \equiv 0 \pmod{p^\alpha}$. On the other hand,

$$\zeta_0(1) = z_0. \tag{4.6}$$

Adding (4.6) and (4.5) for all elements $G \neq 1$ of $\mathfrak{C}$, we obtain

$$\sum \zeta_0(G) \equiv z_0 \pmod{\mathfrak{p}p^\alpha}, \tag{4.7}$$

[7] It follows from the orthogonality relations for group characters and (4.2) that $\zeta(G)$ contains every irreducible character of $\mathfrak{B}$ with a multiplicity divisible by p with the exception of the 1-character only. In the case of the 1-character, the multiplicity is congruent to z (mod p).

[8] Burnside, p. 322, Theorem I.

where the sum extends over all elements G of $\mathfrak{C}$. The expression on the left side is divisible by the order p^s of $\mathfrak{C}$ (cf. (2.1)). Since $z_0 \not\equiv 0 \pmod{p^{\alpha+1}}$, the congruence (4.7) shows that $s \leqq \alpha$, and this proves the main assertion of Lemma 2. It is then clear that $r \geqq s$. If $s=0$, then g would be prime[9] to p and hence $r=0$, $z=1$. But then $\mathfrak{G}$ would be Abelian and would not have the center 1, except for $\mathfrak{G}=1$.

COROLLARY.[10] *If in Lemma 2 the p-Sylow subgroup is Abelian, then z must be the highest power of p which divides the order of $\mathfrak{G}$.*

PROOF OF LEMMA 3. Let P be a p-singular element of a group $\mathfrak{G}$, let $B_\sigma(p)$ be a fixed p-block of $\mathfrak{G}$ and set

$$(4.8) \qquad \xi_\mu = \zeta_\mu(P) \quad \text{for} \quad \zeta_\mu \text{ in } B_\sigma(p), \qquad \xi_\mu = 0 \quad \text{for} \quad \zeta_\mu \text{ not in } B_\sigma(p).$$

The equation (2.3) can be written in the form

$$(4.9) \qquad \sum_\mu \xi_\mu \zeta_\mu(Q) = 0.$$

Here Q is an arbitrary p-regular element of $\mathfrak{G}$, and we may let ζ_μ range over all characters of $\mathfrak{G}$. We can determine $a_1, a_2, \cdots, a_k$ from

$$(4.10) \qquad \xi_\mu = \sum_\kappa a_\kappa \zeta_\mu(G_\kappa),$$

where $G_1, G_2, \cdots, G_k$ represent the different classes of $\mathfrak{G}$ (this because the determinant $|\zeta_\mu(G_\kappa)|$ $(\mu, \kappa = 1, 2, \cdots, k)$ does not vanish). Multiplication of (4.10) with $\zeta_\mu(Q)$ and addition over μ gives

$$\sum_\mu \xi_\mu \zeta_\mu(Q) = \sum_\kappa a_\kappa \sum_\mu \zeta_\mu(G_\kappa)\zeta_\mu(Q).$$

The expression on the left side vanishes on account of (4.9). The orthogonality relations for the group characters show that the inner sum on the right side is different from 0 only for that element G_κ which is conjugate to Q^{-1}. Hence $a_\kappa = 0$ when G_κ is conjugate to Q^{-1}. Now since Q^{-1} as well as Q may be any p-regular element, it follows that $a_\kappa = 0$ when G_κ is p-regular. It will consequently suffice to let G_κ in (4.10) range over all p-singular elements.

Take Q now as a q-singular element of $\mathfrak{G}$. Since $\mathfrak{G}$ does not contain elements of order pq, the element Q must be p-regular, and can therefore be used in (4.9). Applying (2.3) to the q-block $B_\tau(q)$ of $\mathfrak{G}$, we have for any q-regular element G_κ the equation

$$(4.11) \qquad \sum_\rho{}^* \zeta_\rho(G_\kappa)\zeta_\rho(Q) = 0,$$

[9] Burnside, p. 119, Theorem I.

[10] R. Brauer, loc. cit. footnote 6, p. 78, Lemma 5.

where ζ_ρ ranges over all characters of $B_\tau(q)$. In particular, this will hold for p-singular elements G_κ, that is for all G_κ actually appearing in (4.10). Multiplication of (4.11) with a_κ and subsequent addition over all p-singular G_κ gives

$$\sum_\kappa \sum_\rho{}^* a_\kappa \zeta_\rho(G_\kappa)\zeta_\rho(Q) = 0.$$

On account of (4.10) this may be written in the form

$$\sum_\rho{}^* \xi_\rho \zeta_\rho(Q) = 0. \tag{4.12}$$

Set now

$$S(G) = \sum_\rho{}^* \xi_\rho \zeta_\rho(G) \tag{4.13}$$

for any G in $\mathfrak{G}$. Then $S(G)$ is a linear combination of the characters of $\mathfrak{G}$, the coefficients ξ_ρ are algebraic integers as follows from (4.8). On account of (4.12), $S(G)$ vanishes for all $G \neq 1$ belonging to a q-Sylow subgroup $\mathfrak{Q}$; we obtain

$$\sum S(G) = S(1) = \sum_\rho{}^* \xi_\rho z_\rho,$$

where G ranges over all elements of $\mathfrak{Q}$. The left side is a sum of the kind studied in (2.1) and hence it is divisible by the order q^b of $\mathfrak{Q}$. Consequently,

$$\sum{}^* \xi_\rho z_\rho \equiv 0 \pmod{q^b}.$$

Here, ρ ranges over those values for which ζ_ρ lies in $B_\tau(q)$. As defined in (4.8), ξ_ρ is 0 if ζ_ρ does not belong to $B_\sigma(p)$. We thus obtain

$$\sum{}' \zeta_\rho(P) z_\rho \equiv 0 \pmod{q^b},$$

here the sum extends over those values of ρ for which ζ_ρ belongs to both $B_\sigma(p)$ and $B_\tau(q)$. This proves Lemma 3.

COROLLARY. *If the order of a group $\mathfrak{G}$ is divisible by two different primes p and q, and if $\mathfrak{G}$ does not contain elements of order pq, then the first p-block $B_1(p)$ of $\mathfrak{G}$ and the first q-block $B_1(q)$ of $\mathfrak{G}$ have at least one character $\zeta_\mu \neq 1$ in common.*

5. **Simple groups of order** prq^b. We now prove the following theorem.

THEOREM 2.[11] *If a simple group $\mathfrak{G}$ has an order of the form $g = prq^b$*

[11] This result was announced without proof in R. Brauer, Proc. Nat. Acad. Sci. U. S. A. vol. 25 (1939) p. 290.

where p, q and r are primes and where b is a positive integer, then

$$\mathfrak{G} \cong LF(2, 5), \ g = 60, \quad or \quad \mathfrak{G} \cong LF(2, 7), \ g = 168.$$

PROOF. It follows from a well known theorem of Burnside[12] that the primes p, q, r must be distinct. As then both p and r must be odd, we may assume without restriction that $r<p-1$. Now Theorem 1 can be applied. Two cases are possible:

$$\text{(I)} \qquad g = prq^b = p(p-1)(p+1)/2, \qquad p = 2^b \pm 1;$$

$$\text{(II)} \qquad g = prq^b = p(p-1)(p-2), \qquad p = 2^b + 1;$$

with $q=2$ and $p\neq 3$. In both cases, g is divisible by 3 and hence $r=3$. In the first case, this gives

$$3 \cdot 2^{b+1} = (p-1)(p+1).$$

Not both factors on the right are divisible by 4. Hence either $p+1$ or $p-1$ divides 6. Then $p=5$ or $p=7$ and this leads to $\mathfrak{G}\cong LF(2, 5)$ or $\mathfrak{G}\cong LF(2, 7)$. In the second case, we obtain

$$3 \cdot 2^b = (p-1)(p-2).$$

It follows that the odd number $p-2$ must be 3 and this gives $p=5$, $\mathfrak{G}\cong LF(2, 4)\cong LF(2, 5)$. Thus Theorem 2 is proved.

UNIVERSITY OF TORONTO AND
PRINCETON UNIVERSITY

---

[12] Burnside, p. 323, Theorem I, Corollary 3.

ON THE REPRESENTATION OF A GROUP OF ORDER *g* IN THE FIELD OF THE *g*-TH ROOTS OF UNITY.*

By Richard Brauer.

To Hermann Weyl on his sixtieth birthday.

Introduction. It has long been surmised that every irreducible representation $\mathfrak{L}$ of a group $\mathfrak{G}$ of order g can be written in the field of the g-th roots of unity. This question has attracted the efforts of a number of mathematicians. Improving an earlier result of H. Maschke [**20**],[1] W. Burnside [**14**] proved that this conjecture is actually true for a very extensive class of representations. I. Schur [**22**] showed that it is correct for all soluble groups. The case of representations of odd degree with real character was treated by A. Speiser [**25**].[2] The most important progress after that was made by H. Hasse [**11**] who showed that the representation $\mathfrak{L}$ can be written in the field of the g^n-th roots of unity where n is a suitable positive rational integer depending on $\mathfrak{L}$.

In the present paper, the old question is solved in its full generality for the first time. We prove the theorem:

Theorem. *If $\mathfrak{G}$ is a group of finite order g, then every irreducible representation $\mathfrak{L}$ of $\mathfrak{G}$ can be written in the field Ω of the g-th roots of unity (that is, $\mathfrak{L}$ is similar to a representation with coefficients in Ω).*

The proof is obtained by combining the methods of I. Schur and of H. Hasse with results concerning the modular representations of groups.[3]

1. Remarks on notation. In the following, $\mathfrak{G}$ will denote a group of finite order g. If G is a fixed element of $\mathfrak{G}$, the elements of $\mathfrak{G}$ commuting with G form a subgroup $\mathfrak{N}(G)$, the *normalizer* of G. The class of conjugate

---

* Received August 19, 1945.

[1] Numbers in square brackets refer to the bibliography at the end.

[2] See also Schur [**24**], Brauer [**3**].

[3] For the definitions and theorems of this theory as far as they are used here, see Brauer-Nesbitt [**12**] and [**13**] Parts I and II, Nakayama, [**21**], Brauer [**7**], [**8**], [**9**], sections 1 and 4, [**10**], sections 1-4. Part I of [**13**] contains a short summary of the results and proofs of [**12**], with exception of the proof of Theorem I of [**12**]. Proofs of this theorem can also be found in [**7**], [**21**], and in Artin-Nesbitt-Thrall, [**2**], Chapter IX, 8.

elements containing the element G then consists of $g/n(G)$ elements where $n(G)$ is the order of $\mathfrak{N}(G)$.

A representation $\mathfrak{L}$ of $\mathfrak{G}$ is a group of matrices $\mathfrak{L}$ on which $\mathfrak{G}$ is mapped homomorphically; the coefficients of the matrices lie in a given field Λ. The image in $\mathfrak{L}$ of an element G of $\mathfrak{G}$ will be denoted by $\mathfrak{L}(G)$ and an analogous notation will be used throughout the paper. The word *representation* without further remark will always refer to a representation in a field of characteristic 0. In the other case, the term *modular representation* will be used. If p is the characteristic of the field in this case, then the elements R of $\mathfrak{G}$ whose order is prime to p are of importance; we denote them as the *p-regular elements* of $\mathfrak{G}$.

The group $\mathfrak{G}$ has k distinct absolutely irreducible[4] representations $\mathfrak{Z}_1, \mathfrak{Z}_2, \cdots, \mathfrak{Z}_k$ where k is the number of classes of conjugate elements in $\mathfrak{G}$. These representations can be chosen with coefficients in a suitable algebraic number field Λ of finite degree over the field P of rational numbers. If p is a given rational prime, and $\mathfrak{q}$ a prime ideal divisor of p in Λ, we may assume without restriction that all coefficients of every $\mathfrak{Z}_\kappa(G)$, G in $\mathfrak{G}$, are $\mathfrak{q}$-integers, that is, that they are quotients u/v of integers of Λ such that v is not divisible by $\mathfrak{q}$. If every coefficient of $\mathfrak{Z}_\kappa$ is replaced by its residue class modulo $\mathfrak{q}$, a modular representation $\mathfrak{Z}^*_\kappa$ in a field of characteristic p is obtained. The distinct constituents of $\mathfrak{Z}^*_1, \mathfrak{Z}^*_2, \cdots, \mathfrak{Z}^*_k$ furnish a complete system of absolutely irreducible modular representations $\mathfrak{F}_1, \mathfrak{F}_2, \cdots, \mathfrak{F}_l$ for the characteristic p. The numbers $d_{\kappa\lambda}$ indicating how often $\mathfrak{F}_\lambda$ appears as a constituent in $\mathfrak{Z}^*_\kappa$ are the *decomposition numbers* (for p); they are non-negative rational integers.

The character of $\mathfrak{Z}_\kappa$ will be denoted by ζ_κ and the character of $\mathfrak{F}_\lambda$ by ϕ_λ.[5] We then have

$$\zeta_\kappa(R) = \sum_{\lambda=1}^{l} d_{\kappa\lambda}\phi_\lambda(R) \tag{1}$$

for p-regular elements R of $\mathfrak{G}$.

2. Proof of the theorem for modular representations $\mathfrak{L}$. If $\mathfrak{L}$ is an irreducible modular representation $\mathfrak{F}$ of $\mathfrak{G}$ in a field Π of characteristic p, then Π will certainly contain the traces $\operatorname{tr}(\mathfrak{F}(G))$ of all the matrices $\mathfrak{F}(G)$. Let Π_0 be the field generated by these g traces. Since every trace is a sum of

[4] A representation is absolutely irreducible, if it remains irreducible in every extension field.

[5] It should be observed that the modular characters are defined as complex numbers, not as elements of a modular field, see for instance [13], § 6. The trace of the matrix $\mathfrak{F}_\lambda(R)$ for a p-regular element R of $\mathfrak{G}$ then is the residue class $\phi_\lambda(R)^*$ of $\phi_\lambda(R)$ (mod $\mathfrak{q}$).

g-th roots of unity, the field Π_0 is a finite Galois field. It follows [6] that the representation $\mathfrak{F}$ can be written in the field Π_0 itself. As Π_0 is a subfield of the field of the g-th roots of unity, this proves the theorem for modular representations $\mathfrak{L}$.

3. A connection between the $\mathfrak{p}$-indices [7] and the decomposition numbers. We now come to the much more difficult case of non-modular representations $\mathfrak{L}$. It will be necessary to derive first a number of lemmas.

Let K_0 be the field obtained by adjoining all the modular characters $\phi_1(R), \phi_2(R), \cdots, \phi_l(R)$ (for all p-regular elements R of $\mathfrak{G}$) to the field of rational numbers P,

$$\mathrm{K}_0 = \mathrm{P}(\phi_1, \phi_2, \cdots, \phi_l). \tag{2}$$

To K_0, adjoin the values $\zeta_\kappa(G)$ of a fixed character ζ_κ for all elements G of $\mathfrak{G}$,

$$\mathrm{K} = \mathrm{K}_0(\zeta_\kappa). \tag{3}$$

Let p be a rational prime number and let $\mathfrak{p}$ be a fixed prime ideal of K dividing p. If θ is any $\mathfrak{p}$-integer of K we denote its residue class (mod $\mathfrak{p}$) by θ^*. The totality of all θ^* forms the residue class field K^* of K (mod $\mathfrak{p}$).

If R is a p-regular element of $\mathfrak{G}$, the trace of $\mathfrak{F}_\lambda(R)$ is equal to $\phi_\lambda(R)^*$.[8] If G is an arbitrary element of $\mathfrak{G}$, it may be written in the form $G = PR$ where the order of P is a power of p while R is a p-regular element belonging to $\mathfrak{N}(P)$. Then [9]

$$\mathrm{tr}(\mathfrak{F}_\lambda(G)) = \mathrm{tr}(\mathfrak{F}_\lambda(R)) = \phi_\lambda(R)^*.$$

In any case, the field K^* contains the traces of all matrices $\mathfrak{F}_\lambda(\mathfrak{G})$. The result of Section **2** shows that $\mathfrak{F}_1, \mathfrak{F}_2, \cdots, \mathfrak{F}_l$ may be written with coefficients in K^*.

It has been shown previously [10] that there exists a representation $\mathfrak{W}_\lambda$ of $\mathfrak{G}$

---

[6] Brauer **[5]** §4, p. 101. The fact used here is equivalent to the theorem of Wedderburn **[27]** that every division algebra over a finite field is commutative.

[7] The theory of the index of a representation with regard to a field was developed by I. Schur, **[22]**, **[23]**. The connection of this theory with the theory of algebras was given in Brauer **[4]**, **[5]**. The $\mathfrak{p}$-indices were introduced in Hasse **[16]**, **[17]**, Brauer-Hasse-Noether **[11]**. See also the presentation of the theory of algebras in the books Deuring **[15]**, Albert **[1]**, Weyl **[28]**, Jacobson **[18]**, van der Waerden **[26]**, Artin-Nesbitt-Thrall **[2]**, and of the arithmetic parts of the theory in the first two of these books.

[8] See footnote 5.

[9] See for instance **[13]**, § 6.

[10] Brauer **[7]**, § 6. See also the arrangement of the proofs in Artin-Nesbitt-Thrall **[2]**, Chapter IX, S. An equivalent theorem is given in Nakayama **[21]**, § 4.

with coefficients in the $\mathfrak{p}$-adic extension field $K(\mathfrak{p})$ of K with the following properties

(a) $\mathfrak{W}_\lambda(G)$ has $\mathfrak{p}$-integral coefficients for every G in $\mathfrak{G}$.

(b) If every coefficient of $\mathfrak{W}_\lambda(G)$ is replaced by its residue class (mod $\mathfrak{p}$), a modular representation $\mathfrak{W}^*_\lambda$ is obtained which is an indecomposable constituent $\mathfrak{U}_\lambda$ of the modular regular representation and which has the irreducible bottom constituent $\mathfrak{F}_\lambda$. Here, λ can have any of the values $1, 2, \cdots, l$.

Since $\mathfrak{F}_\lambda$ is absolutely irreducible, the representation $\mathfrak{U}_\lambda$ will remain indecomposable in any extension field Λ^* of K^*.[11] If K is replaced by an extension field Λ of finite degree, if $\mathfrak{p}$ is replaced by a prime ideal divisor $\mathfrak{q}$ of $\mathfrak{p}$, and if $K(\mathfrak{p})$ is replaced by the $\mathfrak{q}$-adic extension field $\Lambda(\mathfrak{q})$, the representation $\mathfrak{W}_\lambda$ will retain the properties (a) and (b). For instance, as in Section **1**, we may take Λ as a field in which $\mathfrak{Z}_1, \mathfrak{Z}_2, \cdots, \mathfrak{Z}_k$ can be written. Then $\mathfrak{Z}_\kappa$ appears with the multiplicity $d_{\kappa\lambda}$ in $\mathfrak{W}_\lambda$,[12] and therefore,[13] the Schur index $\mu(\mathfrak{p})$ of $\mathfrak{Z}_\kappa$ with regard to $K(\mathfrak{p})$ is a divisor of $d_{\kappa\lambda}$. This index is termed the $\mathfrak{p}$-*index* of $\mathfrak{Z}_\kappa$ with regard to K.

We thus have

LEMMA 1. *If K is obtained from the field of rational numbers by adjoining the modular characters $\phi_1, \phi_2, \cdots, \phi_l$ and the character ζ_κ of the representation $\mathfrak{Z}_\kappa$, then the $\mathfrak{p}$-index $\mu(\mathfrak{p})$ of $\mathfrak{Z}_\kappa$ with regard to K divides all decomposition numbers $d_{\kappa\lambda}$ with the fixed first subscript κ.*

4. On the power of p dividing the $\mathfrak{p}$-index of $\mathfrak{Z}_\kappa$. Let p^a be the highest power of p dividing g, so that

$$g = p^a g', \qquad (g', p) = 1. \tag{4}$$

Every $\phi_\lambda(R)$ for p-regular R is a sum of g'-th roots of unity. Hence the field K_0 in (2) is contained in the field T of the g'-th roots of unity. Now (3) implies

$$K \subseteq T(\zeta_\kappa). \tag{5}$$

---

[11] As $\mathfrak{F}_\lambda$ is absolutely irreducible, the degree of the corresponding indecomposable constituent of the regular representation is equal to the multiplicity of $\mathfrak{F}_\lambda$ in the second regular representation, see [**7**], § 2 or [**2**]. This shows that $\mathfrak{U}_\lambda$ can not be decomposable in Λ^*.

[12] Brauer [**7**], equation (14). The proof of Lemma 1 can also be obtained directly from [**7**], equation (11), which is identical with Artin-Nesbitt-Thrall [**2**], equation (8.6) in Chapter IX.

[13] Schur [**22**], Theorem IV.

On the other hand, if ϵ denotes a primitive p^a-th root of unity, then $\Omega = \mathrm{T}(\epsilon)$ is the field of the g-th roots of unity, and we have

$$(6) \qquad \mathrm{T} \subseteq \mathrm{T}(\zeta_\kappa) \subseteq \Omega = \mathrm{T}(\epsilon).$$

The degree r of $\mathrm{T}(\zeta_\kappa)$ with regard to T is equal to the number of p-conjugate characters to ζ_κ (that is, the number of distinct characters into which ζ_κ can be carried by an automorphism of Ω leaving the g'-th roots of unity fixed). If z_κ is the degree of $\mathfrak{Z}_\kappa$ then, as shown previously,[14]

$$(7) \qquad r z_\kappa \not\equiv 0 \pmod{p^{a+1}},$$

$$(8) \qquad r z_\kappa \not\equiv 0 \pmod{p^a}, \quad \text{if} \quad z_\kappa \not\equiv 0 \pmod{p^a}.$$

If $z_\kappa \equiv 0 \pmod{p^a}$, a suitable $d_{\kappa\lambda}$ has the value 1,[15] and Lemma 1 shows that $\mu(\mathfrak{p}) \not\equiv 0 \pmod{p}$.

Assume now that $z_\kappa \not\equiv 0 \pmod{p^a}$. Then (8) can be applied. The $\mathfrak{p}$-index $\mu(\mathfrak{p})$, which is the Schur index of a representation $\mathfrak{Z}_\kappa$, divides the degree z_κ of this representation.[16] Hence

$$(9) \qquad r\mu(\mathfrak{p}) \not\equiv 0 \pmod{p^a}.$$

The field Ω of the g-th roots of unity has the degree

$$[\Omega : \mathrm{T}] = p^{a-1}(p-1)$$

over the field T of the g'-th roots of unity, cf. (4). As the degree of $\mathrm{T}(\zeta_\kappa)$ over T was r, it follows that the degree of Ω over $\mathrm{T}(\zeta_\kappa)$ is given by

$$[\Omega : \mathrm{T}(\zeta_\kappa)] = p^{a-1}(p-1)/r.$$

Let $\mathfrak{P}$ be a prime ideal divisor of $\mathfrak{p}$ in Ω and let $\mathfrak{r}$ and $\mathfrak{r}_1$ be the prime ideals of T and $\mathrm{T}(\zeta_\kappa)$, respectively, which are divisible by $\mathfrak{P}$. Then $p \equiv 0 \pmod{\mathfrak{r}}$, and it is well known that

$$\mathfrak{r} = \mathfrak{P}^h \quad \text{with} \quad h = [\Omega : \mathrm{T}].$$

The relation (6) implies

$$\mathfrak{r}_1 = \mathfrak{P}^j \quad \text{with} \quad j = [\Omega : \mathrm{T}(\zeta_\kappa)],$$

and it now follows from (5) that if $\mathfrak{P}^e$ is the highest power of $\mathfrak{P}$ dividing the

[14] Brauer [**10**], Theorem 2, p. 943.

[15] Brauer-Nesbitt [**13**], Theorem 1, p. 565.

[16] Schur [**22**], Theorem V.

prime ideal $\mathfrak{p}$, the exponent e is divisible by $j = [\Omega : \mathrm{T}(\zeta_\kappa)] = p^{a-1}(p-1)/r$.

The $\mathfrak{p}$-degree of Ω over K (that is the degree $n(\mathfrak{p})$ of the $\mathfrak{P}$-adic extension field $\Omega(\mathfrak{P})$ over $\mathrm{K}(\mathfrak{p})$),[17] is divisible by e. Hence $n(\mathfrak{p})$ is divisible by $p^{a-1}(p-1)/r$, and this gives

$$rn(\mathfrak{p}) \equiv 0 \pmod{p^{a-1}}. \tag{10}$$

On comparing (9) and (10), we obtain

LEMMA 2. *In the notation of Lemma 1, the highest power of p dividing $\mu(\mathfrak{p})$ also divides the $\mathfrak{p}$-degree $n(\mathfrak{p})$ of the field Ω of the g-th roots of unity over* K.

5. A lemma concerning the index of $\mathfrak{Z}_\kappa$ with regard to Ω. Choose a system of elements

$$P_0 = 1, P_1, P_2, \cdots, P_s \text{ [18]} \tag{11}$$

in $\mathfrak{G}$, such that (a) the order of every P_i is a power of p, (b) no two of these elements are conjugate in $\mathfrak{G}$, (c) every element of an order p^a is conjugate to one of the P_i. Set

$$\mathfrak{N}_i = \mathfrak{N}(P_i), \tag{12}$$

and determine a complete system of elements

$$V_1{}^i, V_2{}^i, \cdots \tag{13}$$

representing the different classes of p-regular elements in $\mathfrak{N}_i$. The elements $P_i V_j{}^i$ for all possible indices i, j form a system of representatives for the classes of conjugate elements in $\mathfrak{G}$.

The representation $\mathfrak{Z}_\kappa$ of $\mathfrak{G}$ induces a representation $\mathfrak{Z}_\kappa(\mathfrak{N}_i)$ of the subgroup $\mathfrak{N}_i$. If $\mathfrak{A}$ is an irreducible constituent, it represents the invariant element P_i of $\mathfrak{N}_i$ by a matrix of the form $\epsilon^\nu I$ where ϵ again denotes a primitive p^a-th root of unity. Hence

$$\mathfrak{A}(P_i V_j{}^i) = \mathfrak{A}(P_i)\mathfrak{A}(V_j{}^i) = \epsilon^\nu \mathfrak{A}(V_j{}^i)$$

which implies

$$\operatorname{tr} \mathfrak{A}(P_i V_j{}^i) = \epsilon^\nu \operatorname{tr} \mathfrak{A}(V_j{}^i). \tag{14}$$

The character $\operatorname{tr}\mathfrak{A}$ can be expressed by the irreducible modular characters $\phi_1{}^i, \phi_2{}^i, \cdots$ of $\mathfrak{N}_i$. We thus see that the left side in (14) is a linear com-

[17] See, for instance, Hasse [**17**], (3.3).

[18] For the following, cf. Brauer [**9**], Section 1.

bination of $\phi_1{}^i(V_j{}^i), \phi_2{}^i(V_j{}^i), \cdots$ with coefficients which are independent of j. These coefficients are non-negative rational integers multiplied by ϵ^ν.

Adding the formulae (14) for all irreducible constituents of $\mathfrak{Z}_\kappa(\mathfrak{N}_i)$, each taken with the correct multiplicity, we finally obtain formulae

$$\zeta_\kappa(P_i V_j{}^i) = \sum_\rho d_{\kappa\rho}{}^i \phi_\rho{}^i(V_j{}^i) \tag{15}$$

where the $d_{\kappa\rho}{}^i$ are algebraic integers, the *generalized decomposition numbers* of $\mathfrak{G}$.

We now prove

LEMMA 3. *Assume that all irreducible representations of $\mathfrak{N}_i = \mathfrak{N}(P_i)$ (for a fixed i) can be written in a field Σ. The Schur index m of $\mathfrak{Z}_\kappa$ with regard to Σ divides $d_{\kappa\rho}{}^i$ for all values of ρ.*

Proof. If $\mathfrak{N}_i = \mathfrak{G}$, the assumption implies that $m = 1$, and the statement is trivial. If $\mathfrak{N}_i \subset \mathfrak{G}$, then it follows from a theorem of I. Schur,[19] that m divides the multiplicity of every constituent $\mathfrak{A}$ of $\mathfrak{Z}_\kappa(\mathfrak{N}_i)$. In deriving (15) from (14) we then have to multiply each equation (14) by a multiple of m before adding. This gives the statement of Lemma 3.

6. Proof of the theorem. Because of the complete reducibility of the representations of $\mathfrak{G}$, it is sufficient to prove the theorem formulated in the introduction for absolutely irreducible representations $\mathfrak{L}$. Assume that the theorem is false. Take a group $\mathfrak{G}$ of minimal order g for which there exists an absolutely irreducible representation $\mathfrak{L}$ which cannot be written in the field Ω of the g-th roots of unity. In other words, the Schur index m of $\mathfrak{L}$ with regard to Ω is different from 1. The representation $\mathfrak{L}$ is similar to one of the $\mathfrak{Z}_\kappa$; we may assume $\mathfrak{L} = \mathfrak{Z}_\kappa$ for a certain κ. This means [20] that there exists a prime ideal $\mathfrak{P}$ of Ω, finite or infinite, such that the $\mathfrak{P}$-index $\mathrm{M}(\mathfrak{P})$ of $\mathfrak{Z}_\kappa$ with regard to Ω is different from 1,

$$\mathrm{M}(\mathfrak{P}) > 1. \tag{16}$$

Since g must be larger than 2, the field Ω has no real conjugate. Then $\mathfrak{P}$ in (16) can not be infinite.

Assume that $\mathfrak{P}$ is finite. Let K have the same significance as in Lemma 1. Then $\mathrm{K} \subseteq \Omega$. Let $\mathfrak{p}$ be the prime ideal of K divisible by $\mathfrak{P}$, and again let p be the rational prime number divisible by $\mathfrak{p}$.

If for an element P_i in (11) we have $\mathfrak{N}_i \subset \mathfrak{G}$, the group $\mathfrak{N}_i$ has an order

[19] Schur [22], Theorem IX a. See also Brauer [6], Theorem IV.
[20] Brauer-Hasse-Noether [11], Theorem I.

which is a proper divisor of $\mathfrak{G}$. The theorem is correct for $\mathfrak{N}_i$, and all representations of $\mathfrak{N}_i$ can be written in Ω. Lemma 3 yields

$$(17) \qquad d_{\kappa\lambda}{}^i \equiv 0 \pmod{m}$$

for all λ.

On the other hand, if $\mathfrak{N}(P_i) = \mathfrak{G}$ (as, for instance, for $i = 0$, $P_0 = 1$), the constituent $\mathfrak{A}$ of $\mathfrak{Z}_\kappa(\mathfrak{N}_i) = \mathfrak{Z}_\kappa(\mathfrak{G})$ in Section **5** coincides with $\mathfrak{Z}_\kappa$. Hence (14) reads

$$\zeta_\kappa(P_i V_j{}^i) = \epsilon^\nu \zeta_\kappa(V_j{}^i).$$

The equation (1) now yields

$$(18) \qquad \zeta_\kappa(P_i V_j{}^i) = \epsilon^\nu \sum_\rho d_{\kappa\rho}\phi_\rho(V_j{}^i).$$

The irreducible modular characters $\phi_1{}^i, \phi_2{}^i, \cdots$ of $\mathfrak{N}_i = \mathfrak{G}$ are the characters $\phi_1, \phi_2, \cdots$; we may assume $\phi_\rho{}^i = \phi_\rho$. On comparing (15) and (18), we have $d_{\kappa\rho}{}^i = \epsilon^\nu d_{\kappa\rho}$. Now Lemma 1 shows that

$$(19) \qquad d_{\kappa\rho}{}^i \equiv 0 \pmod{\mu(\mathfrak{p})}.$$

In any case, every $d_{\kappa\rho}{}^i$ with the fixed first subscript κ is divisible by the greatest common divisor of $\mu(\mathfrak{p})$ and m.

The orthogonality relation for group characters gives

$$(20) \qquad (1/g) \sum \zeta_\kappa(G)\overline{\zeta_\kappa(G)} = 1$$

where G ranges over all elements of $\mathfrak{G}$. The elements $P_i V_j{}^i$ form a complete system of representatives for the classes of conjugate elements in $\mathfrak{G}$. The class of $P_i V_j{}^i$ contains $g/n(P_i V_j{}^i)$ elements. Now (20) can be written in the form

$$\sum_i \sum_j \zeta_\kappa(P_i V_j{}^i)\overline{\zeta_\kappa(P_i V_j{}^i)}/n(P_i V_j{}^i) = 1.$$

Combining this with (15), we have

$$(21) \qquad \sum_i \sum_j \sum_\rho \sum_\sigma d_{\kappa\rho}{}^i \overline{d_{\kappa\sigma}{}^i} \phi_\rho{}^i(V_j{}^i)\overline{\phi_\sigma{}^i(V_j{}^i)}/n(P_i V_j{}^i) = 1.$$

In the group $\mathfrak{N}_i$ of order $n(P_i)$, the number of elements in the class of $V_j{}^i$ is $n(P_i)/n(P_i V_j{}^i)$ since every element of $\mathfrak{G}$ commuting with $P_i V_j{}^i$ automatically lies in $\mathfrak{N}_i = \mathfrak{N}(P_i)$. Hence the orthogonality relation for the modular group characters [21] of $\mathfrak{N}_i$ reads

$$(22) \qquad \sum_j \phi_\rho{}^i(V_j{}^i)\overline{\phi_\sigma{}^i(V_j{}^i)}/n(P_i V_j{}^i) = \gamma_{\rho\sigma}{}^i$$

[21] Brauer-Nesbitt **[13]**, (21).

where the matrix $(\gamma_{\rho\sigma}{}^{i})$ is the inverse of the matrix $C^{(i)}$ of the Cartan-invariants of $\mathfrak{N}_i$.

On account of (22), the equation (21) can be written in the form

$$\sum_i \sum_\rho \sum_\sigma d_{\kappa\rho}{}^{i}\overline{d_{\kappa\sigma}{}^{i}}\gamma_{\rho\sigma}{}^{i} = 1.$$

For a suitable rational integer t the products $p^t\gamma_{\rho\sigma}{}^{i}$ are rational integers.[22] We write the last equation in the form

$$\sum_i \sum_\rho \sum_\sigma d_{\kappa\rho}{}^{i}\overline{d_{\kappa\sigma}{}^{i}}(p^t\gamma_{\rho\sigma}{}^{i}) = p^t. \tag{23}$$

Since every $d_{\kappa\rho}{}^{i}$ was divisible by the greatest common divisor of $\mu(\mathfrak{p})$ and m, it follows, from (23), that the square of this greatest common divisor divides p^t. In any case, this greatest common divisor $(m, \mu(\mathfrak{p}))$ is a power of p.

The $\mathfrak{P}$-index $\mathrm{M}(\mathfrak{P})$ of $\mathfrak{Z}_\kappa$ with regard to Ω divides both the $\mathfrak{p}$-index of $\mathfrak{Z}_\kappa$ with regard to K and the index m of $\mathfrak{Z}_\kappa$ with regard to Ω. Hence

$$\mathrm{M}(\mathfrak{P}) = p^b \tag{24}$$

for a certain integral rational exponent $b \geqq 0$.

The absolutely irreducible representation $\mathfrak{Z}_\kappa$ has the index $\mu(\mathfrak{p})$ with respect to the field $\mathrm{K}(\mathfrak{p})$ which contains its character ζ_κ. Then $\mathfrak{Z}_\kappa$ determines a normal simple algebra A of index $\mu(\mathfrak{p})$ over $\mathrm{K}(\mathfrak{p})$ which consists of all linear combinations of elements of $\mathfrak{Z}_\kappa$ with coefficients in $\mathrm{K}(\mathfrak{p})$. The Hasse invariant[23] of A is a rational number $\rho = q/\mu(\mathfrak{p})$ with the denominator $\mu(\mathfrak{p})$, $(q, \mu(\mathfrak{p})) = 1$. If $\mathrm{K}(\mathfrak{p})$ is replaced by the extension field $\Omega(\mathfrak{P})$, then ρ is multiplied[24] by the relative degree $n(\mathfrak{p}) = [\Omega(\mathfrak{P}) : \mathrm{K}(\mathfrak{p})]$. Therefore, the new index $M(\mathfrak{P})$ is the denominator of $\rho\, n(\mathfrak{p}) = qn(\mathfrak{p})/\mu(\mathfrak{p})$ after numerator and denominator have been freed of their common divisor. Hence

$$\mathrm{M}(\mathfrak{P}) = \mu(\mathfrak{p})/(\mu(\mathfrak{p}), n(\mathfrak{p})). \tag{25}$$

Combination of (25) with Lemma 2 shows that $\mathrm{M}(\mathfrak{P})$ is not divisible by p, and (24) then implies that $\mathrm{M}(\mathfrak{P}) = 1$, in contradiction to (16). Hence, the assumption $m \neq 1$ leads to a contradiction, and the theorem is proved.

---

[22] The coefficients of $C^{(i)}$ are rational integers; the determinant of $C^{(i)}$ is a power of p, Brauer [**8**]. This shows already that $\gamma_{\rho\sigma}{}^{i}$ is a rational number whose denominator is a power of p. As can be seen easily, t can be chosen equal to a, but this is not needed in the following.

[23] Hasse [**17**], (5.1). See also Deuring [**15**], Chapter VII, §§ 2, 4.

[24] Köthe [**19**], Hasse [**17**], (5.2), also Deuring [**15**], Chapter VII, § 2.

7. The case of reducible representations. The first remark in Section **6** shows that the theorem also holds for reducible ordinary representations $\mathfrak{L}$. However, this is no longer true in the case of modular representations. For instance, if Π_0 denotes the Galois field with two elements and if t is a transcendental element with regard to Π_0 the four matrices

$$\begin{pmatrix} 1 & 0 & 0 \\ 0 & 1 & 0 \\ 0 & 0 & 1 \end{pmatrix}, \quad \begin{pmatrix} 1 & 0 & 0 \\ 0 & 1 & 0 \\ 1 & 0 & 1 \end{pmatrix}, \quad \begin{pmatrix} 1 & 0 & 0 \\ 0 & 1 & 0 \\ t & 0 & 1 \end{pmatrix}, \quad \begin{pmatrix} 1 & 0 & 0 \\ 0 & 1 & 0 \\ t+1 & 0 & 1 \end{pmatrix}$$

form a group of order four which can not be written in Π_0 as can be shown without difficulty.

UNIVERSITY OF TORONTO.

BIBLIOGRAPHY.

[1]. A. A. Albert, *Structure of Algebras*, American Mathematical Society Colloquium Publications, vol. 24 (1939).

[2]. E. Artin, C. J. Nesbitt, and R. M. Thrall, "Rings with minimum condition," *University of Michigan Publications in Mathematics*, No. 1, Ann Arbor, 1944.

[3]. R. Brauer, "Ueber Zusammenhänge zwischen arithmetischen und invariantentheoretischen Eigenschaften von Gruppen linearer Substitutionen," *Sitz. Ber. Preuss. Akad. Wiss.* (1926), pp. 410-416.

[4]. R. Brauer, "Untersuchungen über die arithmetischen Eigenschaften von Gruppen linearer Substitutionen, I," *Mathematische Zeitschrift*, vol. 28 (1928), pp. 677-696.

[5]. R. Brauer, "Ueber Systeme hyperkomplexer Zahlen," *Mathematische Zeitschrift*, vol. 30 (1929), pp. 79-107.

[6]. R. Brauer, "Untersuchungen über die arithmetischen Eigenschaften von Gruppen linearer Substitutionen, II," *Mathematische Zeitschrift*, vol. 31 (1930), pp. 737-747.

[7]. R. Brauer, "On modular and $\mathfrak{p}$-adic representations of algebras," *Proceedings of the National Academy of Sciences*, vol. 25 (1939), pp. 252-258.

[8]. R. Brauer, "On the Cartan invariants of groups of finite order," *Annals of Mathematics*, vol. 42 (1941), pp. 53-61.

[9]. R. Brauer, "On the connection between the ordinary and the modular characters of groups of finite order," *Annals of Mathematics*, vol. 42 (1941), pp. 926-935.

[10]. R. Brauer, "Investigations on group characters," *Annals of Mathematics*, vol. 42 (1941), pp. 936-958.

[11]. R. Brauer, H. Hasse, and E. Noether, "Beweis eines Hauptsatzes in der Theorie der Algebren," *Jour. reine angew. Math.*, vol. 167 (1932), pp. 399-404.

[12]. R. Brauer and C. J. Nesbitt, *On the Modular Representations of Groups of Finite Order*, Toronto Studies, 1937.

[13]. R. Brauer and C. J. Nesbitt, "On the modular characters of groups," *Annals of Mathematics*, vol. 42 (1941), pp. 556-590.

[14]. W. Burnside, "On the complete reduction of any transitive permutation group and on the arithmetic nature of the coefficients in its irreducible components," *Proceedings of the London Mathematical Society* (2), vol. 3 (1905), pp. 239-252.

[15]. M. Deuring, "Algebren," *Ergebnisse der Math.*, vol. 4 (Berlin, 1935).

[16]. H. Hasse, "Theory of cyclic algebras over an algebraic number field," *Transactions of the American Mathematical Society*, vol. 34 (1932), pp. 171-214, and pp. 727-730.

[17]. H. Hasse, "Die Struktur der R. Brauerschen Algebrenklassengruppe über einem algebraischen Zahlkörper," *Mathematische Annalen*, vol. 107 (1933), pp. 731-760.

[18]. N. Jacobson, "The Theory of Rings," *Mathematical Surveys*, vol. II, 1943.

[19]. G. Käthe, "Erweiterung des Zeutrums einfacher Algebren," *Mathematische Annalen*, vol. 107 (1933), pp. 761-766.

[20]. H. Maschke, "Ueber den arithmetischen Charakter der Coefficienten der Substitutionen endlicher linearer Substitutionsgruppen," *Mathematische Annalen*, vol. 50 (1898), pp. 482-498.

[21]. T. Nakayama, "Some studies on regular representations, induced representations, and modular representations," *Annals of Mathematics*, vol. 39 (1938), pp. 361-369.

[22]. I. Schur, "Arithmetische Untersuchungen über endliche Gruppen linearer Substitutionen," *Sitz. Ber. Preuss. Akad. Wiss.*, 1906, pp. 164-184.

[23]. I. Schur, "Beiträge zur Theorie der Gruppen linearer homogener Substitutionen," *Transactions of the American Mathematical Society*, vol. 15 (1909), pp. 159-175.

[24]. I. Schur, "Einige Bemerkungen zu der vorstehenden Arbeit des Herrn A. Speiser," *Mathematische Zeitschrift*, vol. 5 (1919), pp. 6-10.

[25]. A. Speiser, "Zahlentheoretische Sätze aus der Gruppentheorie," *Mathematische Zeitschrift*, vol. 5 (1919), pp. 1-6.

[26]. B. L. van der Waerden, *Moderne Algebra*, vol. II, 2nd edition, Berlin, 1940.

[27]. J. H. M. Wedderburn, "A theorem on finite algebras," *Transactions of the American Mathematical Society*, vol. 6 (1905), pp. 349-352.

[28]. H. Weyl, "The Classical Groups," Princeton, 1939.

Reprinted from the Proceedings of the NATIONAL ACADEMY OF SCIENCES,
Vol. 32, No. 6, pp. 182–186. June, 1946

ON BLOCKS OF CHARACTERS OF GROUPS OF FINITE ORDER, I

BY RICHARD BRAUER

DEPARTMENT OF MATHEMATICS, UNIVERSITY OF TORONTO*

Communicated April 25, 1946

1. The present paper is a continuation of an earlier investigation.[1] Let G be a group of finite order g, and let $\Gamma = \Gamma(G)$ denote the corresponding group ring formed with regard to an algebraic number field K. We shall assume that all the simple constituents of the semisimple ring Γ split completely in K. This hypothesis holds, for example, when K contains the gth roots of unity.[2] Let p be a rational prime number and let $\mathfrak{p}$ be a prime ideal of K dividing p. The ordinary irreducible characters ζ_μ of G and the modular characters φ_ν of G (for p) are distributed into a certain number of "blocks"[3] $B_1, B_2, \ldots, B_t$, each ζ_μ and each φ_ν belonging to exactly one block B_τ. As was mentioned in A G R, these blocks are linked closely with the arithmetic in Γ.

We are interested in obtaining relations between the blocks of G and those of certain subgroups N. These N will be the normalizers of the p-subgroups of G (and some related groups). This will mean that a number of important features of the characters of G are determined by the structure of these groups N and the position of N in G, in particular, the manner in which the classes of conjugate elements of N are distributed in the classes of G.

2. Denote the center of the group ring $\Gamma = \Gamma(G)$ by $\Lambda = \Lambda(G)$. As is well known, a basis of Λ is formed by the classes of conjugate elements $K_1, K_2, \ldots K_k$ of G, each class K_i being interpreted as the sum of all its elements. We then have formulae

$$K_\alpha K_\beta = \sum a_{\alpha\beta\gamma} K_\gamma \tag{1}$$

where the $a_{\alpha\beta\gamma}$ are rational integers, $a_{\alpha\beta\gamma} \geqq 0$.

Let H be any subgroup of G of an order p^h, $h \geqq 0$, where p is the fixed prime selected above. Denote by $\mathfrak{C}(H)$ the centralizer of H in G and by $\mathfrak{N}(H)$ the normalizer of H in G, and consider a subgroup N which satisfies the condition

$$H\mathfrak{C}(H) \subseteq N \subseteq \mathfrak{N}(H). \tag{2}$$

If K_α^0 is the part of K_α which lies in $\mathfrak{C}(H)$, then either $K_\alpha^0 = 0$ if K does not contain any elements of $\mathfrak{C}(H)$, or K_α^0 is a sum of complete classes of N. It can be shown easily that (1) implies

$$K_\alpha^0 K_\beta^0 \equiv \sum_\gamma a_{\alpha\beta\gamma} K_\gamma^0 \qquad (\mathrm{mod}\ p). \tag{3}$$

Consequently, the classes K_α with $K_\alpha^0 = 0$ form the basis of an ideal T^*

of the center Λ^* of the modular group ring Γ^*.[4] On the other hand, the $K^0_\alpha \neq 0$ can be considered as the basis of a subring R^* of the center $\Lambda^*(N)$ of the modular group ring $\Gamma^*(N)$ of N. Now (3) yields

$$R^* \simeq \Lambda^*(G)/T^*. \qquad (4)$$

This relation represents a connection between the group rings of G and of N; it forms the basis of our work.

3. The algebra $\Lambda^*(N)$ is commutative and splits completely, its irreducible characters $\tilde{\omega}^*$ are all linear. The character $\tilde{\omega}^*$ of $\Lambda^*(N)$ induces a character of the subring R^*. Because of (4), this character may be interpreted as a character of $\Lambda^*(G)/T^*$ and hence it induces a character ω^* of $\Lambda^*(G)$ which vanishes for the elements of T^*. If we know how the classes of N are distributed among the classes of G, we can express ω^* explicitly in terms of $\tilde{\omega}^*$. We have

$$\omega^*(K_\alpha) \equiv \sum \tilde{\omega}^*(\tilde{K}_\rho) \qquad (\text{mod } \mathfrak{p}) \qquad (5)$$

where $\tilde{K}_\rho$ ranges over all classes of N which belong to K_α.

Every ordinary character ζ_μ of G determines a character ω_μ of $\Lambda(G)$ which is given by

$$\omega_\mu(K_\alpha) = g\zeta_\mu(\sigma_\alpha)/n_\alpha z_\mu \qquad (6)$$

where σ_α is an element in the class K_α, n_α is the order of the normalizer of σ_α, and z_μ is the degree of ζ_μ. The modular characters ω^* of $\Lambda^*(G)$ are obtained by considering the different ω_μ (mod $\mathfrak{p}$). In particular, two characters ζ_μ and ζ_ν belong to the same block B_τ, if they yield the same ω^*.

If $\tilde{B}_\sigma$ is a block of characters of N, there is associated a modular character $\tilde{\omega}^*$ of $\Lambda^*(N)$ with $\tilde{B}_\sigma$. As described above, this character $\tilde{\omega}^*$ determines a character ω^* of $\Lambda(G)$. Again, this character ω^* determines a block B_τ of G. We shall say that B_τ *is the block of G determined by the block* $\tilde{B}_\sigma$ *of N*. It follows from the results of A G R that the defect $\tilde{d}_\sigma$ of $\tilde{B}_\sigma$ and the defect d_τ of B_τ satisfy the inequality

$$h \leqq \tilde{d}_\sigma \leqq d_\tau \qquad (7)$$

where p^h is the order of H.

4. In (2), the group N was left arbitrary to some extent. Choose N now as the normalizer $\mathfrak{N}(H)$ of H. It was shown in A G R that for a given block B_τ of G, there exist subgroups H and blocks $\tilde{B}_\sigma$ of $\mathfrak{N}(H)$ for which the equality sign holds in (7). If we consider conjugate subgroups of G as not essentially different, then H is uniquely determined. We call this group H the *defect group* H_τ of B_τ; its order is p^h with $h = d_\tau$. Again, the block $\tilde{B}_\sigma$ of $\mathfrak{N}(H_\tau)$ is uniquely determined.

Returning to the case of an arbitrary N in (2), we state

THEOREM 1: *Let H be a subgroup of order p^h of G, let N be a subgroup of G satisfying $H \cdot \mathfrak{C}(H) \subseteq N \subseteq \mathfrak{N}(H)$. If the block $\tilde{B}_\sigma$ of N with the defect group $\tilde{H}_\sigma$ determines the block B_τ of G with the defect group H_τ, then $H \subseteq \tilde{H}_\sigma \subseteq N$, and $\tilde{H}_\sigma$ is conjugate in G to a subgroup of H_τ.*

5. The k linear characters ω_i corresponding to the k irreducible characters ζ_i of G can be arranged in form of a matrix $\Omega = (\omega_i(K_j))$ of degree k. If the block B_τ contains x_τ ordinary characters ζ_i, then x_τ rows of Ω correspond to B_τ. Choose a minor Δ_τ of degree x_τ containing these x_τ rows such that Δ_τ is divisible by $\mathfrak{p}$ to the least possible power. It can then be shown that it is possible to make this selection of x_τ columns for each block B_τ in such a manner that every column appears for one and only one block. This result is by no means trivial; for the proof, the theory of algebras and the significance of blocks must be used.

Since the columns of Ω correspond to the classes K_j of G, we have associated x_τ classes K_j with every block B_τ such that every class is associated with one and only one block. The selection of classes for the different blocks may be possible in more than one way. In any case, the number of *p-regular* classes among the classes associated with B_τ can be shown to be equal to the number y_τ of modular characters in B_τ, and further these y_τ p-regular classes associated with B_τ form a selection in the sense of A G R, § 3, in particular Theorem 2.

So far we assumed that $B_1, B_2, \ldots, B_t$ were the blocks of ordinary and modular characters of G. It will be important to note that the results of this section remain valid if every B_τ is a collection of ordinary and modular characters of G, such that every ordinary and modular character of G belongs to exactly one B_τ, and that every B_τ consists of one or several blocks of G. Again x_τ denotes the number of ordinary characters and y_τ the number of modular characters in B_τ.

6. We shall say that a group H of order p^h is the *defect group* of a class K_j, if H is a p-Sylow-subgroup of the normalizer of suitable elements of K_j. This implies that p^h is the highest power of p dividing n_j in (6); the exponent h will be termed the *defect* of K_j. We can now state the following results

THEOREM 2: *Let $(\mathfrak{H})$ be a system of subgroups H of orders $1, p, p^2, \ldots,$ of G such that every subgroup of order p^h of G is conjugate to exactly one H in $(\mathfrak{H})$. For every H in $(\mathfrak{H})$, find the collection $\tilde{B}^{(\tau)}$ of all blocks $\tilde{B}_\sigma$ of $\mathfrak{N}(H)$ which determine a given block B_τ of G, and select a full system of classes $\tilde{K}_\rho$ of $\mathfrak{N}(H)$, which are associated with $\tilde{B}^{(\tau)}$. Suppose that $r_\tau(H)$ of these classes $\tilde{K}_\rho$ have H as their defect group. Different ones of these $r_\tau(H)$ classes $\tilde{K}_\rho$ belong to different classes K_α of G; the classes K_α thus obtained for the different H in $(\mathfrak{H})$ form a possible selection of classes associated with B*

As corollaries, we have

THEOREM 3: *The number of characters in B_τ is given by*

$$x_\tau = \sum_H r_\tau(H) \tag{8}$$

where the sum extends over all H in $(\mathfrak{H})$.

THEOREM 4: *If $s_\tau(H)$ of the $r_\tau(H)$ classes $\tilde{K}_\rho$ in Theorem 2 are p-regular, then the number of modular characters in B_τ is given by*

$$y_\tau = \sum_H s_\tau(H) \tag{9}$$

where H again ranges over all groups of $(\mathfrak{H})$.

THEOREM 5: *If, in (9), H ranges only over those groups of $(\mathfrak{H})$ which have a fixed order p^h, the corresponding sum*

$$y_\tau^{(h)} = \sum s_\tau(H), \ (H \text{ in } (\mathfrak{H});\ (H:1) = p^h) \tag{10}$$

represents the multiplicity of p^h as an elementary divisor of the Cartan matrix C_τ of the block B_τ.

It would be conceivable that the numbers $r_\tau(H)$ and $s_\tau(H)$ depend on the special selection of classes of $\mathfrak{N}(H)$ associated with B_τ. However, this is not so; we have

THEOREM 6: *The numbers $r_\tau(H)$ and $s_\tau(H)$ in the preceding theorems depend only on the group G, the subgroup H and the block B_τ of G.*

7. In order to discuss our results, let us assume for the sake of simplicity that G does not contain any normal subgroup of an order $p^h > 1$. Suppose we know: (a) A complete system of subgroups H of a p-Sylow-subgroup of G, (b) which of the groups H in (a) are conjugate in G; (c) the characters of the normalizers $\mathfrak{N}(H)$, $H \neq 1$, (d) the manner in which the classes of conjugate elements of $\mathfrak{N}(H)$ appear in the classes of conjugate elements of G.

If $H \neq 1$, then, under our present assumption, $\mathfrak{N}(H)$ is a proper subgroup of G. If we know the characters, we can find the modular characters $\tilde{\omega}^*$ of the center $\Lambda^*(\mathfrak{N}(H))$ of the group ring of $\mathfrak{N}(H)$, and this gives us the blocks $\tilde{B}_\sigma$ of $\mathfrak{N}(H)$. Then (5) gives the modular characters ω^* of $\Lambda^*(G)$. In this manner, all the characters ω^* belonging to the different blocks B_τ of positive defect are obtained. Further, we can determine which $\tilde{B}_\sigma$ for a fixed $H \neq 1$ belong to $\tilde{B}^{(\tau)}$, and then find $r_\tau(H)$ and $s_\tau(H)$. This is not sufficient to determine x_τ and y_τ completely, since the numbers $r_\tau(1)$ and $s_\tau(1)$ remain undetermined. However, we obtain lower bounds for x_τ and y_τ. Further, since any p-singular class K_α has a positive defect, we have $r_\tau(1) = s_\tau(1)$, and hence the excess $x_\tau - y_\tau$ of the number x_τ of ordinary characters over the number y_τ of modular characters in B_τ can be obtained. Finally (10) gives the multiplicity of the elementary divisors different from 1 of C_τ. This shows that a number of the most important invariants of the blocks are determined by the information contained in (*a*), (*b*), (*c*), (*d*).

8. It had been shown in A G R, that if for a subgroup H of order p^h in G, the group $\mathfrak{N}(H)$ contains $q(H)$ blocks of defect h, then G possesses

$$\sum_{H} q(H), \ (H \text{ in } (\mathfrak{K}), \ (H:1) = p^h) \tag{11}$$

blocks of defect h. It may be remarked that the number $q(H)$ can be determined by means of the group $\mathfrak{N}(H)/N = U$ and its normal subgroup $H\mathfrak{C}(H)/H = V$. The characters θ of V are distributed in classes of characters which are associated with regard to U; two characters θ and θ_1 being *associated* if

$$\theta_1(\sigma) = \theta(u^{-1}\sigma u)$$

where σ is a variable element of V and u is a fixed element of U. Then it can be shown that $q(H)$ is equal to the number of classes of associated characters θ of V of defect 0, such that no element u of U exists of order p with regard to the subgroup V for which $\theta(u^{-1}\sigma u) = \theta(\sigma)$. If $h > 0$, this result requires only the investigation of groups of smaller order than g, in order to obtain $q(H)$ and (11).

9. There does not seem to exist a similar result in the case of blocks of defect 0. As a substitute, we have here the theorem:

THEOREM 7: *The classes of defect 0 in G form the basis of a subalgebra M of the center Λ^* of the modular group ring Γ^* of G. The number of blocks of defect 0 is equal to the rank of M^n for sufficiently large n.*

* Part of the work on this and a following note was done while the author was a Fellow of the John Simon Guggenheim Memorial Foundation.

[1] "On the Arithmetic in a Group Ring," these PROCEEDINGS, **30,** 109–114 (1944). This paper will be quoted as A G R.

[2] Brauer, R., *Am. Jour. Math.*, **67,** 461–471 (1945).

[3] See for instance, Brauer, R., and Nesbitt, C., *Ann. Math.*, **42,** 556–590 (1941).

[4] We denote the residue class field of the integers of K (mod $\mathfrak{p}$) by K^* and the group ring of G with regard to K^* by Γ^*.

Reprinted from the Proceedings of the NATIONAL ACADEMY OF SCIENCES,
Vol. 32, No. 8, pp. 215–219. August, 1946

ON BLOCKS OF CHARACTERS OF GROUPS OF FINITE ORDER, II

BY RICHARD BRAUER

DEPARTMENT OF MATHEMATICS, UNIVERSITY OF TORONTO

Communicated July 8, 1946

1. The first part of this investigation appeared in these PROCEEDINGS, June, 1946, p. 182.[1] In this note, we shall apply our results to a study of the (generalized) decomposition numbers[2] of a group G of finite order g and of the arithmetic in the group ring Γ of G.

Let again p be a fixed rational prime number. Select a full system Π of elements $\pi_0 = 1, \pi_1, \pi_2, \pi_3, \ldots$ of orders $1, p, p^2, \ldots$ such that every element of an order p^α of G is conjugate in G to exactly one element π_i of Π. Denote by N_i the centralizer of π_i in G. A full system Σ of elements of G representing the different classes of conjugate elements can be obtained in the following manner: Let $\sigma_1^{(i)}, \sigma_2^{(i)}, \ldots$ represent the different p-regular classes of conjugate elements of N_i. Then Σ consists of the elements $\pi_i\sigma_1^{(i)}, \pi_i\sigma_2^{(i)}, \ldots$ for $i = 0, 1, 2, \ldots$.

2.[3] If $\zeta_1, \zeta_2, \ldots, \zeta_k$ are the ordinary irreducible characters of G, and if $\varphi_1^i, \varphi_2^i, \ldots$ are the modular irreducible characters of N_i, then for every p-regular element σ of N_i, we have a formula

$$\zeta_\mu(\pi_i\sigma) = \sum_\nu d_{\mu\nu}^i \varphi_\nu^i(\sigma) \tag{1}$$

where the $d_{\mu\nu}^i$ are algebraic integers, the *decomposition numbers*, which are independent of σ. This formula yields a representation of the matrix Z of the ordinary characters of G as a product of two square matrices D and Φ

$$\mathbf{Z} = D\Phi. \tag{2}$$

We have to set $\sigma = \sigma_j^{(i)}$, $\mathrm{Z} = (\zeta_\mu(\pi_i\sigma_j^{(i)}))$, where μ is the row index while every column corresponds to an element $\sigma_j^{(i)}$, $i = 0, 1, 2, \ldots; j = 1, 2, \ldots, k_i$, where k_i is the number of p-regular classes of N_i. Similarly, in $D =$

$(d^i_{\mu\nu})$, the rows correspond to the characters ζ_μ and the columns to the modular characters φ^i_ν, of the different N_i. Finally, if the rows and columns are arranged suitably,

$$\Phi = \begin{pmatrix} (\varphi^0_\nu\ (\sigma^{(0)}_j)) & 0 & \dots \\ 0 & (\varphi^1_\nu(\sigma^{(1)}_j)) & \dots \\ \dots & \dots & \dots \end{pmatrix} \tag{3}$$

where, in each partial matrix $(\varphi^i_\nu(\sigma^{(i)}_j))$ in the main diagonal, the row index is ν and the column index is j.

The degree of all three matrices in (2) is equal to the number k of conjugate classes of G,

$$k = k_0 + k_1 + \dots,.$$

The square of the determinant of D is a power of p while the determinant of Φ is relatively prime to p. The formulae (1) show that in order to know the ordinary characters of G, it is sufficient to know the modular characters φ^i_ν of all the N_i including $N_0 = G$, and the decomposition numbers $d^i_{\mu\nu}$. Actually, the product of the column (i, ν) of D with the conjugate complex of the column (i', ν') is 0 for $i \neq i'$ and the Cartan invariant $c^i_{\nu,\nu'}$ of N_i for $i = i'$. While this $c^i_{\nu,\nu'}$, can be expressed in terms of the φ^i_ν, this does not enable us to express the decomposition numbers in terms of the φ^i_ν.

We shall say that for fixed i the elements $\pi_i\sigma^{(i)}_j$ of G belong to the ith *section*.

3. In the notation of I, theorem 1, we take H as the group generated by σ_i, and $M = \mathfrak{C}(H) = N_i$. The following result can be proved (with considerable difficulty):

THEOREM 1: *If the modular character φ^i_ν of N_i belongs to a block $\tilde{B}_\sigma$ of N_i, then $d^i_{\mu\nu}$ can be different from 0 only for ordinary characters of G which belong to the block B_τ of G determined by $\tilde{B}_\sigma$.*

This implies that in each column of D we have zero except in the rows corresponding to the ζ_μ belonging to one block B_τ of G. It follows that, if the rows and columns of D are taken in a suitable order, D breaks up completely into t matrices $T_1, T_2, \dots, T_t$, each T_τ corresponding to one block B_τ, $(\tau = 1, 2, \dots, t)$. Since $\det D \neq 0$, each T_τ must necessarily be a square matrix, of degree x_τ, where x_τ is the number of ordinary characters in B_τ. The arrangement of the columns of D here will in general not be the same as that used in (2).

Originally, only the ordinary characters ζ_μ of G and the modular characters φ^0_ν, of G itself were distributed into blocks B_τ. It is now natural to count φ^i_ν, $i \geqq 0$, as a character of B_τ, if φ^i_ν belongs to a block $\tilde{B}_\sigma$ of N_i which determines B_τ in the sense of I. Then B_τ consists of x_τ ordinary characters ζ_μ and x_τ modular characters φ^i_ν. In our notation, y_τ of these characters have the upper index $i = 0$. These are the modular characters of G, the other φ^i_ν are the modular characters of the groups N_i.

As a corollary to theorem 1, we have the following refinement of some of the orthogonality relations for group characters.

THEOREM 2: *If the elements ρ and σ of G belong to different sections of G, then*

$$\sum_{\mu}{}' \zeta_\mu(\rho)\zeta_\mu(\sigma) = 0$$

when in the sum ζ_μ ranges over all the characters of G belonging to a fixed block B_τ.[4]

4. We state without proof the following results which are connected with theorem 1.

THEOREM 3: *Let B_τ be a block of G, and D_τ its defect group. If no element of D_τ is conjugate to π_i, then $\zeta_\mu(\rho) = 0$ for all characters ζ_μ of B_τ and all elements of the section of π_i.*[5]

THEOREM 4: *If B_τ is a block of defect d_τ with the defect group D_τ, there exist blocks $\tilde{B}_\sigma$ of defect d_τ of N_i which determine B_τ, if and only if π_i is conjugate in G to an invariant element of D_τ. If π_i is conjugate to an invariant element of D_τ, we can choose the block $\tilde{B}_\sigma$ of defect d_τ of N_i in such a manner that it determines the block B_τ of G, and that for every ζ_μ in B_τ there exists a φ_ν^i in $\tilde{B}_\sigma$ such that $d_{\mu\nu}^i \neq 0$.*

Let p^a be the exact exponent to which p divides g,

$$g = p^a g', \quad (p, g') = 1$$

If $\mathfrak{p}_0$ is a prime ideal divisor of p in the field of characters, and if the degree z_μ of ζ_μ contains p to the exact exponent $a - d_\tau + \epsilon$, $(\epsilon \geqq 0)$, we may even state in theorem 4 that for a suitable φ_ν^i in B_τ we have

$$d_{\mu\nu}^i \not\equiv 0 \pmod{p^\epsilon \mathfrak{p}_0}. \tag{4}$$

THEOREM 5: *If the block $\tilde{B}_\sigma$ of N_i determines the block B_τ of G, the defect of $\tilde{B}_\sigma$ is at most equal to l, where p^l is the order of a maximal p-subgroup of N_i which is conjugate in G to a subgroup of the defect group D_τ of B_τ. If the degree z_μ of the character ζ_μ of B_τ is not divisible by p^{a-d+1} where d is the defect of B_τ, there exists a character φ_ν^i of N_i which belongs to a block of N_i of defect l and for which $d_{\mu\nu}^i$ is not divisible by $\mathfrak{p}_0$.*

THEOREM 6: *If p^α is the maximal order of elements of the defect group D_τ of B_τ, then for all ζ_μ in B_τ, the numbers $d_{\mu\nu}^i$ belong to the field of the p^α-th roots of unity. The characters ζ_μ of B_τ belong to the field of the $(p^\alpha g')$-th roots of unity.*

THEOREM 7: *If $p \neq 2$, and if B_τ contains y_τ modular characters of G, then at least y_τ of the ordinary characters ζ_μ of B_τ are p-rational, that is, they lie in the field of the g'-th roots of unity, $(g', p) = 1$.*

In fairly general cases, the exact number of p-rational characters in B_τ is equal to y_τ.

For $p = 2$, a result similar to theorem[7] can be obtained which is more complicated, and shall not be stated here.

5. The previous results make it possible to prove the following theorem:

THEOREM 8: *A block B of defect d contains at most* $p^{d(d+1)/2}$ *ordinary characters.*

It is probable that the bound $p^{d(d+1)/2}$ here can be replaced by p^d, but I have been able to prove this stronger result only for $d = 0, 1, 2$.

Theorem 8 implies that if the order g of a group is divisible by the prime number p to the exact exponent a, and if G contains q classes of conjugate elements whose order is prime to p but whose normalizer has an order divisible by p^a, then at most $qp^{a(a+1)/2}$ of the degrees of ordinary irreducible representations of G are relatively prime to p.

6. As in I, let K be an algebraic number field in which all the simple constituents of the semisimple algebra Γ split completely. Denote by $\mathfrak{p}$ a fixed prime ideal divisor of p in K. The ideal $(\mathfrak{p})$ generated by $\mathfrak{p}$ in the ring of integers J of Γ can be represented as a direct intersection[6]

$$(\mathfrak{p}) = \mathfrak{M}_1 \cap \mathfrak{M}_2 \cap \ldots \cap \mathfrak{M}_t$$

of ideals of J, such that no $\mathfrak{M}_\tau$ possesses a proper representation as direct intersection. There exists a $(1-1)$ correspondence between these "block components" $\mathfrak{M}_\tau$ of $(\mathfrak{p})$ and the blocks B_τ of characters of G (for p). In particular, the number y_τ of modular characters of G is equal to the number of prime ideals $\mathfrak{P}$ of J dividing $(\mathfrak{p})$. Now, theorem 8 implies

THEOREM 9: *No block component of* $(\mathfrak{p})$ *in J is divisible by more than* $p^{a(a+1)/2}$ *prime ideals of J where* p^a *denotes again the highest power of p dividing g.*

The y_τ^2 coefficients of the Cartan matrix C_τ of the block B_τ describe, to a certain extent, the mutual relationship between the y_τ prime ideal divisors $\mathfrak{P}$ of $\mathfrak{M}_\tau$. They represent interesting arithmetical invariants. Here, C_τ is a symmetric matrix with integral rational coefficients. We can form the corresponding quadratic form Q. Now our results yield

THEOREM 10: *To given p and given defect d, there exist only a finite number of classes of quadratic forms to which the Cartan form Q of a block of defect d can belong (for an arbitrary group G of finite order).*

We also quote the following results which can be proved directly without great difficulty.

THEOREM 11: *If the defect of the block* B_τ *is positive, the Cartan form Q does not represent the number 1. More generally, Q does not represent (integrally) a form of determinant 1.*

If B_τ has the defect 0, then C_τ is of degree 1, and Q is the quadratic form x^2.

7. It may be remarked that blocks of defect 1 can now be discussed rather completely. The results obtained earlier for the characters of groups

of an order $g = pg'$, $(p, g') = 1$ appear as special cases of properties of characters of blocks of defects 0 and 1.[7]

Finally, it may be mentioned as a conjecture that it appears probable that for a given p and d, only a finite number of matrices exist which can occur as Cartan matrices C_τ of blocks of defect d.

[1] The first part will be quoted as I.

[2] Cf. Brauer, R., *Ann. Math.*, **42,** 926–935 (1941).

[3] For the results quoted in this section, cf. the paper mentioned in [2].

[4] In the case that ρ belongs to the section of the 1-element, this result has already been obtained in Brauer, R., and Nesbitt, C., *University of Toronto Studies, Math. Ser.*, No. **4**, theorem VIII (1937).

[5] This generalizes a result obtained in Brauer, R., and Nesbitt, C., *Ann. Math.* **42,** 556–590 (1941) for blocks of defect 0.

[6] Cf. Brauer, R., these PROCEEDINGS, **30,** 109–114 (1944), in particular, equation (2).

[7] Cf. Brauer, R., these PROCEEDINGS, **25,** 290–295 (1939), and *Ann. Math.* **42,** 936–958 (1941).

I take this occasion to mention the following corrections in the first of these papers: In theorem III, the assumption should read $n < (2p + 7)/3$. The left side of equation (4) should read $r_\rho t_\mu + r_\mu t_\rho$. For the results of the last paragraph of section 3, it is necessary to assume that a suitable splitting field is used.

ANNALS OF MATHEMATICS
Vol. 48, No. 2, April, 1947

ON ARTIN'S L-SERIES WITH GENERAL GROUP CHARACTERS

BY RICHARD BRAUER

(Received September 3, 1946)

I. INTRODUCTION

1. In a fundamental paper, E. Artin[1] introduced the general L-Series $L(s, \chi, K/F)$ of a Galois extension field K of an algebraic number field F. Here, χ denotes an arbitrary character of the Galois group $\mathfrak{G}$ of K with regard to F. The following results of Artin may be mentioned:

I. If χ is a linear combination $\sum c_\nu \varphi_\nu$ of the characters φ_ν with rational coefficients c_ν, then

$$L(s, \chi, K/F) = \prod_\nu L(s, \varphi_\nu, K/F)^{c_\nu}.$$

II. Let Ω be a subfield of K and $\mathfrak{H}$ the corresponding subgroup of $\mathfrak{G}$. If ψ is a character of $\mathfrak{H}$ and ψ^* the character of $\mathfrak{G}$ induced by ψ, then

$$L(s, \psi^*, K/F) = L(s, \psi, K/\Omega).$$

III. If the representation of $\mathfrak{G}$ belonging to the character χ has the kernel $\mathfrak{N}$ and if N is the corresponding subfield of K, then

$$L(s, \chi, K/F) = L(s, \chi, N/F)$$

where on the right side χ is to be interpreted as a character of $\mathfrak{G}/\mathfrak{N}$.

IV. If K is an abelian field over F and if χ is an irreducible character, then $L(s, \chi, K/F)$ coincides with one of the ordinary L-series of the extension field K of F. The proof of this fact rests on the law of reciprocity. The results of Hecke[2] show in this abelian case that $L(s, \chi, K/F)$ is a meromorphic function which satisfies a certain functional equation.

Further, Artin proved the group theoretical theorem that every character χ is a linear combination $\sum c_\nu \varphi_\nu$ where the c_ν are rational numbers and where the φ_ν are characters of $\mathfrak{G}$ induced by characters of cyclic subgroups. In connection with I, II, and IV, this yielded at once the result that in the general case $L(s, \chi, K/F)$ can be continued analytically over the whole complex plane; indeed, a suitable power $L(s, \chi, K/F)^m$ with an integral rational m is a meromorphic function. Moreover, $L(s, \chi, K/F)$ again satisfies a functional equation of the well known type. However, since m may be larger than 1, this does not show that $L(s, \chi, K/F)$ itself is a single-valued function. Artin conjectured that this is, in fact, the case and that $L(s, \chi, K/F)$ is a product of abelian L-series

[1] Abhandl., Math. Seminar, Hamburg Univ., **3**, 89–108 (1924); **8**, 292–306 (1931).

[2] Gesells. der Wissens. zu Göttingen, Nachrichten 1917, 299–318; Math. Zeitschr. **1**, 357–376 (1918); **6**, 11–51 (1920). See also E. Landau, Math. Zeitschr. **2**, 52–154 (1918).

with *integral* rational exponents. Using the method above and the fact III we can derive this at once from the following group theoretical statement:[3]

THEOREM 1. *If $\mathfrak{G}$ is a group of finite order g, every character χ of $\mathfrak{G}$ can be expressed as a linear combination with integral rational coefficients of characters ω^*, such that every ω^* is a character of $\mathfrak{G}$ induced by a linear character ω of a subgroup of $\mathfrak{G}$.*

This conjecture of Artin will be proved in the present paper and it will thereby be shown that $L(s, \chi, K/F)$ is meromorphic. A second, stronger conjecture remains open. If χ is a simple character of $\mathfrak{G}$, different from the 1-character, then Artin surmises that $L(s, \chi, K/F)$ is an integral function.

2. Instead of proving Theorem 1 directly, we shall derive it in Section III from a related Theorem 2. It seems expedient to indicate briefly the connection between both theorems.

Denote the classes of conjugate elements of $\mathfrak{G}$ by $\mathfrak{K}_1, \mathfrak{K}_2, \cdots, \mathfrak{K}_k$. Let P be the field of the $2g^{\text{th}}$ roots of unity.[4] It is not difficult to see (cf. **7, 8**) that Theorem 1 will be proved when we can show the following statement: If a congruence

$$(1) \qquad \sum_{i=1}^{k} c_i \omega^*(\mathfrak{K}_i) \equiv 0 \qquad (\text{mod } \mathfrak{q}^t)$$

modulo a power $\mathfrak{q}^t$ of a prime ideal $\mathfrak{q}$ of P, and with $\mathfrak{q}$-integral[5] coefficients c_i in P, holds for every character ω^*, then the corresponding congruence

$$(2) \qquad \sum_{i=1}^{k} c_i \chi(\mathfrak{K}_i) \equiv 0 \qquad (\text{mod } \mathfrak{q}^t)$$

holds for every character χ of $\mathfrak{G}$. Using results concerning the modular characters[6] we can split the sum (2) into a number of partial sums, each of which must be congruent to 0 (mod $\mathfrak{q}^t$) if (2) holds. These partial sums are of the

[3] This form of the conjecture was mentioned to me by Artin in a conversation which was the starting point of the present investigation. A similar, somewhat stronger, conjecture was given in H. HASSE, *Bericht über neuere Untersuchungen und Probleme aus der Theorie der algebraischen Zahlkörper* Part II, p. 160 (Jahresber., Deutsche Math. Ver. Ergänzungsband **6**, 1930) with the same purpose. However, in the form given by Hasse, the conjecture is not correct.

[4] The choice of the field P is arbitrary to a large degree. What is required is that P is an algebraic number field which contains the characters of $\mathfrak{G}$ and of the subgroups of $\mathfrak{G}$. Later, it will be convenient if every rational prime factor of g is the square of an ideal of P.

[5] A $\mathfrak{q}$-integer is a quotient α/β of two integers α, β of P such that the denominator β is prime to $\mathfrak{q}$.

[6] The theory of modular characters will not be used in the following. However, we mention the fact here, because it allows us to see the reason for the procedure followed in this paper. The connection between (2) and (3) can also be obtained as a corollary to our Theorem 2 below.

following type. Let q be the rational prime divisible by $\mathfrak{q}$ and let A be a q-regular[7] element of $\mathfrak{G}$. Then (2) for all χ implies that

$$\sum{}' c_i \chi(\mathfrak{K}_i) \equiv 0 \pmod{\mathfrak{q}^t} \tag{3}$$

where the sum ranges over all those classes $\mathfrak{K}_i$ of $\mathfrak{G}$ which contain elements G with A as their q-regular factor.[8] We shall denote the system of these classes by $\mathfrak{S}(A)$.

Since it is easy to derive (2) from (3), we will have to show that (1) for all characters ω^* implies (3) for every character χ of $\mathfrak{G}$ and all q-regular elements A of $\mathfrak{G}$.

Let $\mathfrak{Q}$ be a q-Sylow-subgroup of the normalizer $\mathfrak{N}(A)$ of A and let $\mathfrak{H}$ be the subgroup of $\mathfrak{G}$ generated by A and $\mathfrak{Q}$. If ψ is an irreducible character of $\mathfrak{H}$, it can be seen without great difficulty (see **9** below) that the character ψ^* of $\mathfrak{G}$ induced by ψ can also be induced by a linear character ω of a suitable subgroup of $\mathfrak{H}$. If therefore (1) holds for all characters ω^*, the corresponding congruence with ψ^* instead of ω^* will be true. It turns out that these latter congruences are sufficient to prove (3). In fact, we state

THEOREM 2. *Let A be a q-regular element of $\mathfrak{G}$ and let $\mathfrak{H}$ be the group generated by A and a q-Sylow subgroup $\mathfrak{Q}$ of the normalizer $\mathfrak{N}(A)$ of A in $\mathfrak{G}$. If a congruence*

$$\sum_{i=1}^{k} c_i \psi^*(\mathfrak{K}_i) \equiv 0 \pmod{\mathfrak{q}^t} \tag{4}$$

with $\mathfrak{q}$-integral coefficients c_i holds for all characters ψ^* of $\mathfrak{G}$ which are induced by irreducible characters ψ of $\mathfrak{H}$, then for every character χ of $\mathfrak{G}$,

$$\sum{}' c_j \chi(\mathfrak{K}_j) \equiv 0 \pmod{\mathfrak{q}^t} \tag{5}$$

where $\mathfrak{K}_j$ in (5) ranges over the system $\mathfrak{S}(A)$ of those classes of $\mathfrak{G}$ which contain elements with A as their q-regular factor.

The congruences (4) and (5) can be expressed in terms of elements of $\mathfrak{H}$, the characters of $\mathfrak{H}$ and the coefficients describing the relations between the characters of $\mathfrak{G}$ and of $\mathfrak{H}$.

Theorem 2 will be proved in Section II. In Section III, the proof sketched above, that Theorem 2 implies Theorem 1, will be given in detail.

II. Proof of Theorem 2

3. Let q again be a rational prime number. If A is a q-regular element of the group $\mathfrak{G}$ of finite order g, and if $\mathfrak{Q}$ is a q-Sylow-subgroup of the normalizer $\mathfrak{N}(A)$, the group $\mathfrak{H} = \{A, \mathfrak{Q}\}$ generated by A and $\mathfrak{Q}$ is a direct product

$$\mathfrak{H} = \{A\} \times \mathfrak{Q}.$$

---

[7] That is, an element whose order is prime to the prime number q.

[8] Every element G can be written uniquely in the form QR where Q has an order $\geqq 1$ which is a power of q while R is a q-regular element commuting with Q. We then say that R is the q-regular factor of G.

An irreducible character ψ of $\mathfrak{H}$ is therefore the product $\zeta\vartheta$ of an irreducible character ζ of $\{A\}$ and an irreducible character ϑ of $\mathfrak{Q}$ in the following sense: If the arbitrary element H of $\mathfrak{H}$ has the form $A^{\nu}Q$ with Q in $\mathfrak{Q}$, then

$$\psi(H) = \psi(A^{\nu}Q) = \zeta(A^{\nu})\vartheta(Q).$$

The induced character ψ^* of $\mathfrak{G}$ can be defined by

$$\psi^*(G) = \sum_{\rho} \psi(R_\rho G R_\rho^{-1}),\text{[9]} \tag{6}$$

where R_ρ ranges over a complete residue system of $\mathfrak{G}$ modulo $\mathfrak{H}$,

$$\mathfrak{G} = \sum_{\rho} \mathfrak{H}R_\rho .$$

Let again $\mathfrak{q}$ be a prime ideal divisor of q in the field P of the $2g^{\text{th}}$ roots of unity. Assume that a congruence (4) with $\mathfrak{q}$-integral coefficients c_i in P holds for all irreducible characters ψ of $\mathfrak{H}$. Then (4) will still be true for all linear combinations ψ of the irreducible characters of $\mathfrak{H}$ with $\mathfrak{q}$-integral coefficients, provided that ψ^* is still defined by (6). We want to choose the expression ψ such that ψ^* vanishes for all classes $\mathfrak{K}_i$ of conjugate elements which do not contain an element G with A as its q-regular factor; that is, $\psi^*(\mathfrak{K}_i) = 0$ for all classes $\mathfrak{K}_i$ which do not belong to the system $\mathfrak{S}(A)$. Let $\zeta_1, \zeta_2, \cdots, \zeta_a$ be the different irreducible characters of $\{A\}$ and let $\vartheta_1, \vartheta_2, \cdots, \vartheta_m$ be the different irreducible characters of $\mathfrak{Q}$. Set (for $\mu = 1, 2, \cdots, m$)

$$\psi_\mu(H) = \psi_\mu(A^{\nu}Q) = \sum_{\alpha=1}^{a} \overline{\zeta_\alpha(A)}\, \zeta_\alpha(A^{\nu})\vartheta_\mu(Q). \tag{7}$$

This is a linear combination of the irreducible characters $\zeta_\alpha(A^{\nu})\vartheta_\mu(Q)$ of $\mathfrak{H}$ with $\mathfrak{q}$-integral coefficients $\overline{\zeta_\alpha(A)}$. The orthogonality relations for the characters of $\{A\}$ show that $\psi_\mu(A^{\nu}Q) = 0$, if $A \neq A^{\nu}$. It follows from (6) that $\psi_\mu^*(G) = 0$, if G is not conjugate in $\mathfrak{G}$ to an element AQ, Q in $\mathfrak{Q}$. Hence, $\psi_\mu^*(\mathfrak{K}_i) = 0$, if $\mathfrak{K}_i$ does not belong to the system $\mathfrak{S}(A)$. If we substitute ψ_μ for ψ in (4), it will be sufficient to let $\mathfrak{K}_i$ range over the classes of the system $\mathfrak{S}(A)$. Let us choose the notation such that $\mathfrak{S}(A)$ consists of the classes $\mathfrak{K}_1, \mathfrak{K}_2, \cdots, \mathfrak{K}_h$. Then (4) reads

$$\sum_{j=1}^{h} c_j \psi_\mu^*(\mathfrak{K}_j) \equiv 0 \pmod{\mathfrak{q}^t} \qquad (\mu = 1, 2, \cdots, m). \tag{8}$$

4. We have to prove (5) only for the case that the character χ is one of the irreducible characters $\varphi_1, \varphi_2, \cdots, \varphi_k$ of $\mathfrak{G}$. In other words, we have to prove the congruences

$$\sum_{j=1}^{h} c_i \varphi_\kappa(\mathfrak{K}_j) \equiv 0 \pmod{\mathfrak{q}^t} \tag{*}$$

[9] If the element $R_\rho G R_\rho^{-1}$ does not belong to $\mathfrak{H}$, we have to set $\psi(R_\rho G R_\rho^{-1}) = 0$. For the properties of induced characters, see G. FROBENIUS, Sitzungsber., Akad. der Wissens. Berlin, 1898, 501–515. Compare also A. SPEISER, Theorie der Gruppen von endlicher Ordnung, 3rd ed. Berlin, Springer, 1937, §64.

for $\kappa = 1, 2, \cdots, k$. Now the character ψ_μ^* of $\mathfrak{G}$ is a linear combination of the characters φ_κ. It follows that the left hand side of (8) is the corresponding linear combination of the left sides of the congruences (*). Our next task is to study more closely the connection between ψ_μ^* and the φ_κ.

The character $(\zeta_\alpha\vartheta_\mu)^*$ of $\mathfrak{G}$ induced by the character $\zeta_\alpha\vartheta_\mu$ of $\mathfrak{H}$ is a linear combination of the φ_κ, say

$$(9) \qquad (\zeta_\alpha\vartheta_\mu)^* = \sum_\kappa r_{\alpha\mu\kappa}\varphi_\kappa$$

with integral rational coefficients $r_{\alpha\mu\kappa}$, $r_{\alpha\mu\kappa} \geqq 0$. Now (7) gives

$$(10) \qquad \psi_\mu^* = (\sum_\alpha \overline{\zeta_\alpha(A)}\, \zeta_\alpha\vartheta_\mu)^* = \sum_\alpha \overline{\zeta_\alpha(A)} \sum_\kappa r_{\alpha\mu\kappa}\varphi_\kappa .$$

Let $\varphi_{\kappa'}$ denote the character $\bar{\varphi}_\kappa$ conjugate complex to φ_κ,

$$\varphi_{\kappa'} = \bar{\varphi}_\kappa ,$$

so that $1', 2', \cdots, k'$ forms a permutation of $1, 2, \cdots, k$ and, of course, $(\kappa')' = \kappa$. Write (10) in the form

$$(11) \qquad \psi_\mu^* = \sum_\kappa w_{\kappa'\mu}\varphi_\kappa ,$$ [10]

where

$$(12) \qquad w_{\kappa'\mu} = \sum_\alpha \overline{\zeta_\alpha(A)}\, r_{\alpha\mu\kappa} .$$

According to a theorem of Frobenius on induced characters, the coefficients $r_{\alpha\mu\kappa}$ in (9) appear also in the relations which express $\varphi_\kappa(H)$ (for an element $H = A^\nu Q$ of $\mathfrak{H}$) in terms of the irreducible characters $\zeta_\alpha\vartheta_\mu$ of $\mathfrak{H}$:

$$\varphi_\kappa(A^\nu Q) = \sum_{\alpha,\mu} r_{\alpha\mu\kappa}\zeta_\alpha(A^\nu)\vartheta_\mu(Q).$$

For $\nu = 1$, this gives (cf. (12))

$$\varphi_\kappa(AQ) = \sum_{\mu=1}^{m} \bar{w}_{\kappa'\mu}\vartheta_\mu(Q).$$

Replace κ by κ' and take the conjugate complex. Thus

$$(13) \qquad \varphi_\kappa(AQ) = \sum_\mu w_{\kappa\mu}\overline{\vartheta_\mu(Q)}.$$

The class $\mathfrak{K}_j$ for $j = 1, 2, \cdots, h$ contains an element $AQ^{(j)}$ where $Q^{(j)}$ belongs to the normalizer $\mathfrak{N}(A)$ and the order of $Q^{(j)}$ is a power of q. By Sylow's theorem, $Q^{(j)}$ is conjugate in $\mathfrak{N}(A)$ to an element Q_j of $\mathfrak{Q}$. Then $AQ^{(j)}$ is conjugate to AQ_j and hence $\mathfrak{K}_j$ contains an element AQ_j with Q_j in $\mathfrak{Q}$, $(j = 1, 2, \cdots, h)$.

[10] It is only for formal reasons that we prefer to denote the coefficients by $w_{\kappa'\mu}$ instead of $w_{\kappa\mu}$.

The relations (8), (11) for the classes $\mathfrak{K}_j$, $(j = 1, 2, \cdots, h)$ and (13) are the basis of our work. We introduce matrix notation and set

$$
(14)\quad \begin{cases}
\Phi = (\varphi_i(AQ_j)) & ;\ i = 1, 2, \cdots, k;\ j = 1, 2, \cdots, h, \\
\Psi = (\psi_i^*(AQ_j)), \quad \Theta_0 = (\overline{\vartheta_i(Q_j)}); & i = 1, 2, \cdots, m;\ j = 1, 2, \cdots, h, \\
W = (w_{ij}) & ;\ i = 1, 2, \cdots, k;\ j = 1, 2, \cdots, m, \\
T = (\delta_{i'j}) & ;\ i, j = 1, 2, \cdots, k.
\end{cases}
$$

Here, i always denotes the row index and j the column index. Finally, let $\mathbf{c}$ be the column containing the coefficient c_i of (8) in its ith row, $(i = 1, 2, \cdots, h)$. Then (8), (11), and (13) yield

$$(15)\qquad \Psi\mathbf{c} \equiv 0 \pmod{\mathfrak{q}^t},$$

$$(16)\qquad \Psi = W'T\Phi,\text{[11]}$$

$$(17)\qquad \Phi = W\Theta_0 .$$

From these three relations, we have to derive (*) which now can be written in the form

$$(^{**})\qquad \Phi\mathbf{c} \equiv 0 \pmod{\mathfrak{q}^t}.$$

5. The transition from (15) to (**) by means of (16) and (17) requires some information concerning the minors of Φ and W which is collected here in form of a lemma

LEMMA: *Let n_j be the order of the normalizer $\mathfrak{N}(AQ_j)$ of AQ_j; and let $\mathfrak{q}^*$ be the highest power of the prime ideal $\mathfrak{q}$ which divides $(n_1 n_2 \cdots n_h)^{\frac{1}{2}}$.[12] Then there exists a minor[13] $|\Delta|$ of Φ with*

$$|\Delta| \equiv 0 \pmod{\mathfrak{q}^*}, \quad |\Delta| \not\equiv 0 \pmod{\mathfrak{q}\mathfrak{q}^*}.$$

If the notation is chosen such that Δ appears in the first h rows of Φ, the first h rows of W contain a minor of degree h which is not divisible by $\mathfrak{q}$. The rank of W is h.

PROOF: We apply a method used in an earlier investigation.[14] We have

---

[11] The transpose of the matrix W is denoted by W'.

[12] Compare footnote 4.

[13] We denote the determinant of a matrix Δ by $|\Delta|$.

[14] R. BRAUER, *On the Cartan invariants of groups of finite order*, Annals of Math. **42**, 53–61 (1941). The paper will be quoted as C.I. I use the occasion to mention the following corrections to C.I.: p. 55, line 27. Read q-regular instead of q-conjugate; p. 57 line 17. Read $AQ_i^{(\lambda)}$ instead of $Q_i^{(\lambda)}$; p. 59, line 6. Instead of $|\Theta|$, read $\epsilon|\Theta|$ where ϵ is ± 1 or $\pm\sqrt{-1}$; p. 59, (15). Read $(q_1 q_2 \cdots q_h)^{\frac{1}{2}}$ instead of $(q_1 q_2 \cdots q_k)^{\frac{1}{2}}$; p. 59, (16), (17); p. 57 (24). The congruences are meant as congruences in the ring of $\mathfrak{q}$-integers where $\mathfrak{q}$ is a suitable prime ideal factor of q, say in the field of the $2g^{\text{th}}$ roots of unity.; p. 60 (25). The fractions $q_i^{(\mu)}/q_i$ in $X_i^{(2)}, X_i^{(4)}$ should be replaced by $q_i/q_i^{(\mu)}$; p. 60, last line. Read $X_i^{(4)}X_i^{(4)}$ instead of $X_i^{(4)\prime}X_i^{(4)}$; p. 61, line 1. Read $X_i^{(4)}$ instead of X.

to deal here only with ordinary, not with modular characters, and as a consequence, the prime number denoted by p in C.I. will not occur (cf. C.I., footnote 8). Set

$$\varphi_\kappa = \varphi^{(\kappa)}, \bar{\vartheta}_\mu = \vartheta^{(\mu)}. \tag{18}$$

The notation here and in C.I. will then be the same.

It follows from (14) and the orthogonality relations for group characters that

$$| \Phi'T\Phi | = \left| \sum_{\mu,\nu=1}^{k} \varphi_\mu(AQ_i)\delta_{\mu'\nu}\varphi_\nu(AQ_j) \right| = \left| \sum \overline{\varphi_\nu(AQ_i)}\varphi_\nu(AQ_j) \right|,$$

$$| \Phi'T\Phi | = | n_i\,\delta_{ij} | = n_1 n_2 \cdots n_h \not\equiv 0 \qquad (\mathrm{mod}\ \mathfrak{q}\mathfrak{q}^{*2}). \tag{19}$$

On the other hand, we have

$$| \Phi'T\Phi | = \sum_\sigma | \Delta_{\sigma'} \Delta_\sigma | \tag{20}$$

where $| \Delta_\sigma |$ ranges over all minors of degree h of Φ and where $| \Delta_{\sigma'} |$ denotes the corresponding minor of $(\Phi'T)' = T'\Phi = T\Phi$. The matrix $T\Phi$ arises from Φ by a permutation of the rows and, consequently, $| \Delta_{\sigma'} |$ appears as a minor of degree h of Φ. It follows from (19) and (20) that there exists at least one minor $| \Delta | = | \Delta_\sigma |$ of Φ, such that

$$| \Delta | \not\equiv 0 \qquad (\mathrm{mod}\ \mathfrak{q}\mathfrak{q}^*). \tag{21}$$

If $\varphi_1, \varphi_2, \cdots, \varphi_k$ are taken in a suitable order, we may assume that Δ appears in the first h rows of Φ. Set

$$W = \begin{pmatrix} Z \\ * \end{pmatrix}, \qquad Z = (z_{ij})$$

where the $h \times m$ matrix Z occupies the first h rows of W. Then (13) and (18) show that we have

$$\varphi^{(\kappa)}(AQ) = \sum_\mu z_{\kappa\mu}\vartheta^{(\mu)}(Q)$$

for Q in $\mathfrak{Q}$, $\kappa = 1, 2, \cdots, h$. These are the same equations as (13) in C.I.

As in C.I., let $Q_j^{(\lambda)}$, $(\lambda = 0, 1, \cdots, l_i)$, denote a full system of elements of $\mathfrak{Q}$ which represent different classes of conjugate elements of $\mathfrak{Q}$, but which are all conjugate to Q_j in $\mathfrak{N}(A)$. Let $q_j^{(\lambda)}$ denote the highest power of q which divides the order of the normalizer of $Q_j^{(\lambda)}$ in $\mathfrak{Q}$. Without restriction, it may be assumed that $Q_j^{(0)} = Q_j$, and further that $q_j^{(0)}$ is the highest power of q dividing n_j, cf. C.I., (7). The sum of all numbers $(l_j + 1)$ is the full number of classes of conjugate elements of $\mathfrak{Q}$, and since $\mathfrak{Q}$ possesses m irreducible characters $\vartheta_1, \vartheta_2, \cdots, \vartheta_m$, we have

$$h + \sum_{j=1}^{h} l_j = m. \tag{22}$$

As in C.I., let U be a $(m - h) \times m$ matrix with arbitrary integral coefficients and set

$$\check{Z} = \begin{pmatrix} Z \\ U \end{pmatrix}.$$

Then (cf. C.I., page 59, line 4)

$$|\check{Z}|\cdot|\Theta| = |\Delta|\cdot|U\Theta_1^*| \tag{23}$$

where Θ is the matrix of the group characters of $\mathfrak{Q}$, and where the matrix Θ_1^* has integral coefficients. On the other hand (C.I., page 59; cf. footnote 13 for a correction)

$$\epsilon\,|\Theta| = \prod_{j=1}^{h}\prod_{\lambda=0}^{l_j} q_j^{(\lambda)\frac{1}{2}}, \qquad (\epsilon = \pm 1, \pm\sqrt{-1}). \tag{24}$$

Suppose now that all minors of degree h of Z are divisible by $\mathfrak{q}$ or that $|\Delta|$ is not divisible by $\mathfrak{q}^*$. In either case, it follows from (23), (24), and (21) that

$$|U\Theta_1^*| \equiv 0 \qquad (\text{mod } \mathfrak{q}\prod_{j}\prod_{\lambda>0}\mathfrak{q}_j^{(\lambda)\frac{1}{2}})$$

where $\mathfrak{q}_j^{(\lambda)}$ is the highest power of $\mathfrak{q}$ dividing $q_j^{(\lambda)}$. As in C.I. pp. 59–61, this leads to a contradiction. Consequently,

$$|\Delta| \equiv 0 \qquad (\text{mod } \mathfrak{q}^*). \tag{25}$$

Moreover, there exists at least one minor of degree h of Z which is not divisible by $\mathfrak{q}$.

The lemma will be proved, when we can show that the rank of W cannot exceed h. Since AQ_j and $AQ_j^{(\lambda)}$ are conjugate in $\mathfrak{G}$, we have $\varphi_\kappa(AQ_j) = \varphi_\kappa(AQ_j^{(\lambda)})$. Now (13) yields

$$\sum_{\mu} w_{\kappa\mu}(\vartheta^{(\mu)}(Q_j^{(\lambda)}) - \vartheta^{(\mu)}(Q_j)) = 0$$

for $j = 1, 2, \cdots, h$; $\lambda = 1, 2, \cdots, l_j$. Because of (22), this furnishes $m - h$ columns $\mathbf{x}$ such that $W\mathbf{x} = 0$:

$$\mathbf{x} = (\vartheta^{(i)}(Q_j^{(\lambda)}) - \vartheta^{(i)}(Q_j)), \qquad (i = 1, 2, \cdots, m)$$

where i is the row index in $\mathbf{x}$ and where j and λ are fixed. It follows easily from the orthogonality relations for the group characters of $\mathfrak{Q}$ that these $m - h$ columns are linearly independent. Consequently, the rank of W is at most equal to h, and the lemma is proved.

6. We shall now derive (**) from (15), (16), (17), and the lemma in **5**. The first h rows of W contain a minor which is relatively prime to $\mathfrak{q}$. Without restriction it may be assumed that this minor appears in the first h columns. Set

$$W = \begin{pmatrix} W_1 & W_2 \\ W_3 & W_4 \end{pmatrix} = (M, *), \qquad M = \begin{pmatrix} W_1 \\ W_3 \end{pmatrix}. \tag{26}$$

where W_1 and W_2 contain h rows; W_3, W_4 contain $k - h$ rows; M, W_1, W_3 contain h columns; W_2, W_4 contain $m - h$ columns; then

$$|W_1| \not\equiv 0 \pmod{\mathfrak{q}}. \tag{27}$$

Now

$$\begin{pmatrix} W_1^{-1} & 0 \\ -W_3W_1^{-1} & I_{k-h} \end{pmatrix}\begin{pmatrix} W_1 & W_2 \\ W_3 & W_4 \end{pmatrix} = \begin{pmatrix} I_h & W_1^{-1}W_2 \\ 0 & -W_3W_1^{-1}W_2 + W_4 \end{pmatrix}$$

and since the rank of this matrix cannot exceed h,

$$W_4 = W_3W_1^{-1}W_2 .$$

Hence

$$M(I_h, W_1^{-1}W_2) = \begin{pmatrix} W_1 \\ W_3 \end{pmatrix}(I_h, W_1^{-1}W_2) = \begin{pmatrix} W_1 & W_2 \\ W_3 & W_3W_1^{-1}W_2 \end{pmatrix} = W.$$

This combined with (17) yields

$$\Phi = W\Theta_0 = M(I_h, W_1^{-1}W_2)\Theta_0 = MR \tag{28}$$

where R is the square matrix $(I_h, W_1^{-1}W_2)\Theta_0$ of degree h with $\mathfrak{q}$-integral coefficients. The matrix in the first h rows of Φ was denoted by Δ. Let H be the square matrix of degree h in the first h rows of Ψ,

$$\Phi = \begin{pmatrix} \Delta \\ * \end{pmatrix}, \quad \Psi = \begin{pmatrix} \mathrm{H} \\ * \end{pmatrix},$$

Considering the first h rows in (15), we obtain

$$\mathrm{H}\mathfrak{c} \equiv 0 \pmod{\mathfrak{q}^t}. \tag{29}$$

Similarly, (16) together with (26) gives

$$\mathrm{H} = M'T\Phi \tag{30}$$

and (28) and (26) yield

$$\Delta = W_1R. \tag{31}$$

Substituting (28) in (30), we find

$$\mathrm{H} = M'TMR. \tag{32}$$

We have to show that the determinant $|M'TM|$ of degree h is not divisible by $\mathfrak{q}$. Indeed, by (28) and (19),

$$|R'M'TMR| = |\Phi'T\Phi| \not\equiv 0 \pmod{\mathfrak{q}\mathfrak{q}^{*2}},$$

that is

$$|R|^2|M'TM| \not\equiv 0 \pmod{\mathfrak{q}\mathfrak{q}^{*2}}. \tag{33}$$

On the other hand, $|\Delta| = |W_1||R|$ by (31). Now (25) and (27) show that $|R| \equiv 0 \pmod{\mathfrak{q}^*}$ and then (33) implies that $|M'TM| \not\equiv 0 \pmod{\mathfrak{q}}$ as was stated.

It follows that (32) can be written in the form

$$R = (M'TM)^{-1}\text{H}$$

where $(M'TM)^{-1}$ has $\mathfrak{q}$-integral coefficients. This, together with (28) yields

$$\Phi = M(M'TM)^{-1}\text{H}. \tag{34}$$

It is now obvious that (29) and (34) imply $\Phi\mathbf{c} \equiv 0 \pmod{\mathfrak{q}^t}$. This is (**), and Theorem 2 is proved.

III. Proof of Theorem 1

7. Consider a module $\mathfrak{M}$ of k-dimensional vectors

$$\mathbf{x} = (x_1, x_2, \cdots, x_k)$$

with regard to the ring of $\mathfrak{q}$-integers of P, such that the coefficients x_i of $\mathbf{x}$ themselves are $\mathfrak{q}$-integers. Determine all congruences

$$\sum c_i x_i \equiv 0 \pmod{\mathfrak{q}^t} \tag{35}$$

with $\mathfrak{q}$-integral coefficients and a positive rational integer t such that (35) holds for every vector $\mathbf{x}$ of $\mathfrak{M}$. It is easily seen[15] that $\mathfrak{M}$ conversely is determined by these congruences: $\mathfrak{M}$ consists of those vectors $(x_1, x_2, \cdots, x_k)$ with $\mathfrak{q}$-integral coefficients which satisfy all congruences (35).

For each q-regular element A of $\mathfrak{G}$ determine a subgroup $\mathfrak{H}$ of the kind described in Theorem 2. If ψ is an irreducible character of $\mathfrak{H}$ and ψ^* the induced character of $\mathfrak{G}$, form the vector

$$\mathbf{v} = (\psi^*(\mathfrak{K}_1), \ \psi^*(\mathfrak{K}_2), \ \cdots, \ \psi^*(\mathfrak{K}_k)).$$

Let $\mathfrak{M}$ be the module generated by these vectors $\mathbf{v}$ for all possible choices of A and of ψ. Theorem 2 shows that if a congruence (35) holds for all vectors of this module $\mathfrak{M}$, then

$$\sum{}' c_i \chi(\mathfrak{K}_i) \equiv 0 \pmod{\mathfrak{q}^t} \tag{36}$$

for every character χ of $\mathfrak{G}$. Here, $\mathfrak{K}_i$ ranges over the classes of the system $\mathfrak{S}(A)$ where A is an arbitrary q-regular element of $\mathfrak{G}$. Determine now a complete set Σ of elements A representing the different classes of conjugate q-regular elements of $\mathfrak{G}$. Then a given class $\mathfrak{K}_j$ will belong to exactly one system $\mathfrak{S}(A)$ with A in Σ. If the congruences (36) are added for all A in Σ,

$$\sum_{i=1}^{k} c_i \chi(\mathfrak{K}_i) \equiv 0 \pmod{\mathfrak{q}^t} \tag{37}$$

[15] We have to use the fact that the ring of $\mathfrak{q}$-integers is a principal ideal ring in which the ideal generated by $\mathfrak{q}$ is the only prime ideal. Now the statement can either be derived from the theory of elementary divisors, or it can be proved easily directly by means of induction with regard to k.

is obtained. Hence the vector

$$(\chi(\mathfrak{K}_1), \chi(\mathfrak{K}_2), \cdots, \chi(\mathfrak{K}_k))$$

satisfies all congruences (35) and belongs therefore to $\mathfrak{M}$. This proves that every character χ of $\mathfrak{G}$ can be written as a linear combination of characters ψ^* with $\mathfrak{q}$-integral coefficients.

8. Let $\psi_1^*, \psi_2^*, \cdots, \psi_r^*$ be the different characters which can be taken for ψ^* in **7**. Then ψ_i^* can be expressed by means of the irreducible characters φ_1, $\varphi_2, \cdots, \varphi_k$ of $\mathfrak{G}$

$$\psi_\rho^* = \sum_\lambda v_{\rho\lambda} \varphi_\lambda \tag{38}$$

with integral rational coefficients $v_{\rho\lambda}$; $v_{\rho\lambda} \geqq 0$. On the other hand, taking $\chi = \varphi_\kappa$ in **7**, we obtain formulae

$$\varphi_\kappa = \sum_\rho \gamma_{\kappa\rho} \psi_\rho^* \tag{39}$$

with $\mathfrak{q}$-integral coefficients $\gamma_{\kappa\rho}$. Substitute the expression for ψ_ρ^* from (38) in (39). Since $\varphi_1, \varphi_2, \cdots, \varphi_k$ are linearly independent, this yields

$$\sum_\rho \gamma_{\kappa\rho} v_{\rho\lambda} = \delta_{\kappa\lambda} \qquad (\kappa, \lambda = 1,2, \cdots, k).$$

Hence at least one minor of degree k of the $r \times k$ matrix $V = (v_{ij})$ is not divisible by $\mathfrak{q}$. This holds for every prime ideal $\mathfrak{q}$ of P. It now follows that the kth determinant divisor of the matrix $V = (v_{ij})$ is 1. Hence (38) implies that the irreducible characters φ_λ of $\mathfrak{G}$ can be expressed as a linear combination of the characters ψ_ρ^* with integral rational coefficients.

9. Obviously, it is sufficient to prove Theorem 1 for irreducible characters $\chi = \varphi_\lambda$. On account of the concluding remark of **8**, Theorem 1 will be proved when we can show that every ψ_ρ^* is equal to a character ω^* of $\mathfrak{G}$ induced by a linear character ω of a subgroup of $\mathfrak{G}$.

A number of simple lemmas are required.

LEMMA 1: *Let $\mathfrak{A}$ be a group of finite order, $\mathfrak{B}$ a subgroup of $\mathfrak{A}$ and $\mathfrak{C}$ a subgroup of $\mathfrak{B}$. If a character ξ of C induces the character Ξ of $\mathfrak{B}$ and if Ξ induces the character Ξ^* of $\mathfrak{A}$, then Ξ^* is also the character of $\mathfrak{A}$ induced by the character ξ of $\mathfrak{C}$.*

PROOF: Let A_μ be a complete residue system of $\mathfrak{A}$ (mod $\mathfrak{B}$) and B_ν a complete residue system of $\mathfrak{B}$ (mod $\mathfrak{C}$),

$$\mathfrak{A} = \sum_\mu \mathfrak{B} A_\mu, \qquad \mathfrak{B} = \sum_\nu \mathfrak{C} B_\nu. \tag{40}$$

For an arbitrary element X of $\mathfrak{B}$, we have

$$\Xi(X) = \sum_\nu \xi(B_\nu X B_\nu^{-1})$$

and, for an arbitrary element Y of $\mathfrak{A}$,

$$\Xi^*(Y) = \sum_\mu \Xi(A_\mu Y A_\mu^{-1}) = \sum_\mu \sum_\nu \xi(B_\nu A_\mu Y A_\mu^{-1} B_\nu^{-1}).$$

It should be noted here that if $A_\mu Y A_\mu^{-1}$ does not belong to $\mathfrak{B}$, $B_\nu A_\mu Y A_\mu^{-1} B_\nu^{-1}$ does not belong to $\mathfrak{C}$. Since (40) shows that the elements $B_\nu A_\mu$ form a complete residue system of $\mathfrak{A}$ (mod $\mathfrak{C}$), Ξ^* is indeed the character of $\mathfrak{A}$ induced by the character ξ of $\mathfrak{C}$.

LEMMA 2: *If $\mathfrak{A}$ is a group whose order is a power of a prime number q and if ϑ is an irreducible character of $\mathfrak{A}$ of a degree larger than* 1, *there exists a normal subgroup $\mathfrak{B}$ of index q of $\mathfrak{A}$ such that $\vartheta(\mathfrak{B})$ is reducible.*[16]

PROOF: The product of ϑ with the conjugate complex character $\bar{\vartheta}$ contains the 1-character 1 with the multiplicity 1. Since the degree of ϑ is a power of q, $\vartheta\bar{\vartheta}$ must contain a linear character $\lambda \neq 1$. Then $\vartheta\bar{\vartheta}\bar{\lambda}$ contains 1 and this implies $\vartheta = \vartheta\lambda$. Hence $\vartheta = \vartheta\lambda^i$ for $i = 1, 2, 3, \cdots$, and consequently, $\vartheta\bar{\vartheta}\bar{\lambda}^i$ contains 1 and $\vartheta\bar{\vartheta}$ contains λ^i. Choosing a suitable power λ^i we may assume that the values of λ^i are the q q^{th} roots of unity. The elements B of $\mathfrak{A}$ with $\lambda^i(B) = 1$ form a normal subgroup $\mathfrak{B}$ of $\mathfrak{A}$ of index q. Obviously, $\lambda^i(\mathfrak{B})$ is $1(\mathfrak{B})$, that is, $\lambda^i(\mathfrak{B})$ is the 1-character of $\mathfrak{B}$. Since $\vartheta(\mathfrak{B})\overline{\vartheta(\mathfrak{B})}$ contains $\lambda^i(\mathfrak{B}) = 1(\mathfrak{B})$, $\vartheta(\mathfrak{B})\bar{\vartheta}(\mathfrak{B})$ contains the 1-character of $\mathfrak{B}$ more than once, $\vartheta(\mathfrak{B})$ cannot be irreducible and the lemma is proved.

LEMMA 3: *If $\mathfrak{Q}$ is a group whose order is a prime power q^n, every irreducible character ϑ of $\mathfrak{Q}$ is induced by a linear character of a suitable subgroup $\mathfrak{C}$.*

PROOF: Assume that this lemma has already been proved for groups of smaller order. If ϑ is linear, the lemma is trivial; we may take $\mathfrak{C} = \mathfrak{Q}$. If ϑ is not linear, determine $\mathfrak{B}$ as in Lemma 2. Then $\vartheta(\mathfrak{B})$ is reducible; let η be an irreducible constituent of $\vartheta(\mathfrak{B})$. By Frobenius' theorem on induced characters, the character η^* of $\mathfrak{Q}$ induced by η contains ϑ as a constituent. Since $\mathfrak{Q}$ is a q-group, the degrees $\mathrm{Dg}(\vartheta)$ and $\mathrm{Dg}(\eta)$ of ϑ and η are powers of q. Further

$$\mathrm{Dg}(\eta) < \mathrm{Dg}(\vartheta), \quad \mathrm{Dg}(\eta^*) = q\,\mathrm{Dg}(\eta).$$

It follows that $\mathrm{Dg}(\eta^*) \leqq \mathrm{Dg}(\vartheta)$ and hence $\eta^* = \vartheta$.

For the group $\mathfrak{B}$, Lemma 3 is assumed to be correct and hence η is induced by a linear character ξ of a subgroup $\mathfrak{C}$. Now Lemma 1 shows that the character ξ of $\mathfrak{C}$ induces the character ϑ of $\mathfrak{Q}$, and Lemma 3 therefore holds for the group $\mathfrak{Q}$.

LEMMA 4: *Let $\mathfrak{H} = \{A\} \times \mathfrak{Q}$ be the direct product of a cyclic group $\{A\}$ of an order prime to q with a q-group $\mathfrak{Q}$. Every irreducible character ψ of $\mathfrak{H}$ is induced by a linear character ω of a subgroup $\{A\} \times \mathfrak{C}$, $\mathfrak{C} \subseteq \mathfrak{Q}$.*

PROOF: Every irreducible character ψ of $\mathfrak{H} = \{A\} \times \mathfrak{Q}$ is of the form

$$\psi = \zeta\vartheta$$

where ζ is a linear character of $\{A\}$ and ϑ an irreducible character of $\mathfrak{Q}$. By Lemma 3, ϑ is induced by a linear character ξ of a subgroup $\mathfrak{C}$ of $\mathfrak{Q}$. Let T_μ be a complete residue system of $\mathfrak{Q}$ (mod $\mathfrak{C}$). Then T_μ is a complete residue

[16] The representation of $\mathfrak{A}$ with the character ϑ determines a representation of every subgroup $\mathfrak{B}$ of $\mathfrak{A}$. We denote the character of this representation of $\mathfrak{B}$ by $\vartheta(\mathfrak{B})$.

system of $\mathfrak{H} = \{A\} \times \mathfrak{Q}$ modulo $\{A\} \times \mathfrak{C}$. The linear character $\omega = \zeta\xi$ of $\{A\} \times \mathfrak{C}$ induces the character Ω of $\mathfrak{H}$ with

$$\Omega(A^\nu Q) = \sum_\mu (\zeta\xi)(T_\mu A^\nu Q T_\mu^{-1}) = \sum_\mu (\zeta\xi)(A^\nu T_\mu Q T_\mu^{-1})$$
$$= \sum_\mu \zeta(A^\nu)\xi(T_\mu Q T_\mu^{-1}) = \zeta(A^\nu)\sum_\mu \xi(T_\mu Q T_\mu^{-1}) = \zeta(A^\nu)\vartheta(Q).$$

(A^ν in $\{A\}$, Q in $\mathfrak{Q}$). Hence ω induces the character $\zeta\vartheta = \psi$ and this proves Lemma 4.

Let $\mathfrak{G}$ have the same significance as above and let $\mathfrak{H}$ be a subgroup of the type mentioned in Theorem 2. Then $\mathfrak{H}$ satisfies the assumption of Lemma 4. Hence every irreducible character ψ of $\mathfrak{H}$ is induced by a suitable linear character ω of a subgroup $\mathfrak{L} = \{A\} \times \mathfrak{C}$. It follows from Lemma 1, that the character ψ of $\mathfrak{H}$ and the character ω of $\mathfrak{L}$ both induce the same character of $\mathfrak{G}$.

This proves that the characters ψ_μ^* in **8** are all induced by linear characters of suitable subgroups of $\mathfrak{G}$. As already remarked at the beginning of **9**, this finishes the proof of Theorem 1.

UNIVERSITY OF TORONTO.

APPLICATIONS OF INDUCED CHARACTERS.*

By RICHARD BRAUER.

1. Introduction. In a previous paper,[1] the following theorem on induced characters of groups was proved: *If $\mathfrak{G}$ is a group of finite order g, every character χ of $\mathfrak{G}$ can be written in the form $\chi = \Sigma a_\rho \omega_\rho^*$ where the a_ρ are rational integers and where the ω_ρ^* are characters of $\mathfrak{G}$ induced by linear characters ω_ρ of subgroups $\mathfrak{H}_\rho$ of $\mathfrak{G}$.* If we call a group *elementary,* if it is a direct product $\mathfrak{U} \times \mathfrak{B}$ of a group $\mathfrak{U}$ of prime power order and a cyclic group $\mathfrak{B}$ of an order prime to the order of $\mathfrak{U}$, then we may assume that all the groups $\mathfrak{H}_\rho$ are elementary groups. This can be seen at once from the proof of the theorem.

As an immediate consequence of this result, it will be shown in **2** that every representation of a group $\mathfrak{G}$ of order g can be written in the field of the g-th roots of unity. Our new approach to this problem is simpler and more elementary than that given in an earlier investigation.[2] At the same time it yields stronger results. For instance, if n is the least common multiple of the orders of the elements of $\mathfrak{G}$, then every representation of $\mathfrak{G}$ can be written in the field of the n-th roots of unity.

3 deals with a method of determining the irreducible characters of a group of finite order. If ω is a character of a subgroup $\mathfrak{H}$ of $\mathfrak{G}$, we need the following information in order to be able to construct the character ω^* of $\mathfrak{G}$. We have to know (a) the number k of classes $\mathfrak{K}_1, \mathfrak{K}_2, \cdots, \mathfrak{K}_k$ of conjugate elements in $\mathfrak{G}$ and the number g_i of elements in $\mathfrak{K}_i$; (b) the number l of classes $\mathfrak{L}_1, \mathfrak{L}_2, \cdots, \mathfrak{L}_l$ of conjugate elements in $\mathfrak{H}$ and the number h_j of elements in $\mathfrak{L}_j$; (c) the value $i = i(j)$ such that $\mathfrak{L}_j \subseteq \mathfrak{K}_{i(j)}$, $j = 1, 2, \cdots, l$; (d) the value $\omega(\mathfrak{L}_j)$ of ω for $\mathfrak{L}_j$.[3] If this information is given for all elementary subgroups $\mathfrak{H}$ of $\mathfrak{G}$ and all linear characters ω of $\mathfrak{H}$, then it is shown that all irreducible characters of $\mathfrak{G}$ can be constructed. In order to obtain all linear characters ω of $\mathfrak{H}$, we have to know the normal subgroups $\mathfrak{H}_0$ of $\mathfrak{H}$ with

* Received February 9, 1947.

[1] R. Brauer, *Annals of Mathematics,* vol. 48 (1947), pp. 502-514.

[2] R. Brauer, *American Journal of Mathematics,* vol. 67 (1945), pp. 461-471.

[3] If ω is a character of $\mathfrak{H}$, H an element of the class $\mathfrak{L}$ of $\mathfrak{H}$, we denote by $\omega(\mathfrak{L})$ the value $\omega(H)$ taken by ω for the element H.

cyclic factor group $\mathfrak{H}/\mathfrak{H}_0 = \{\mathfrak{H}_0 F\}$ and we have to know the exponent $\rho = \rho(j)$ for which the class $\mathfrak{L}_j$ belongs to the coset $\mathfrak{H}_0 F^\rho$, $j = 1, 2, \cdots, l$. It seems remarkable that it is possible to construct the characters of $\mathfrak{G}$ on the basis of so little information concerning the structure of $\mathfrak{G}$.

In **4**, an analogue of the theorem on induced characters for the case of modular characters is given. If p^a is the highest power of the prime p dividing the group order g, then as an application the number N of ordinary irreducible representations $\mathfrak{Z}$ of $\mathfrak{G}$ is determined whose degree z is divisible by p^a. The number N is obtained as the number of representations of 1 by means of a quadratic form with integral rational coefficients.

2. Representation of groups in cyclotomic fields.

We first prove:

THEOREM 1. *Let $\mathfrak{G}$ be a group of finite order and let n be the least common multiple of the orders of the elements of $\mathfrak{G}$. Every representation of $\mathfrak{G}$ can be written in the field of the n-th roots of unity.*

Proof. It is sufficient to prove the theorem for irreducible representations $\mathfrak{Z}$ of $\mathfrak{G}$. The field K of the n-th roots of unity certainly contains the character χ of $\mathfrak{Z}$ as well as all characters ω of subgroups $\mathfrak{H}$ of $\mathfrak{G}$. In particular, every linear representation $\mathfrak{M}$ of a subgroup $\mathfrak{H}$ lies in K, and the same holds for the representation $\mathfrak{M}^*$ of $\mathfrak{G}$ induced by $\mathfrak{M}$. According to the theorem on induced characters quoted in the introduction, we have

$$\chi = \Sigma a_\rho \omega_\rho^* \tag{1}$$

where the a_ρ are rational integers and where the ω_ρ^* are characters induced by linear characters ω_ρ of subgroups $\mathfrak{H}_\rho$ of $\mathfrak{G}$. If p is a fixed prime number, then (1) shows that there exists at least one ω_ρ^* which contains χ with a multiplicity t prime to p. The representation $\mathfrak{M}^*$ belonging to ω_ρ^* lies in the field K and contains $\mathfrak{Z}$ with the multiplicity t. This implies [4] that the Schur index m of $\mathfrak{Z}$ with respect to K divides t and is, therefore, prime to p. Since this holds for every prime p, we have $m = 1$. Then, $\mathfrak{Z}$ can be written in the field K as was to be shown.

The same procedure yields a slightly better result. Let K_0 be the field $P(\chi)$ obtained by adjunction of the character χ of $\mathfrak{Z}$ to the field P of rational numbers, and let m_0 be the Schur index of $\mathfrak{Z}$ with respect to K_0. As was shown by Schur,[5] m_0 divides the degree z of $\mathfrak{Z}$. If p is a prime factor of m_0, we wish to adjoin an α-th root of unity to K_0 such that the Schur index of $\mathfrak{Z}$

[4] See I. Schur, Sitzungberichte Preuss. Akad. Wiss. (1906), pp. 164-184.

[5] *Loc. cit.*[4]

with respect to the extended field is no longer divisible by p. Choose as above ω_ρ^* in (1) such that ω_ρ^* contains χ with a multiplicity t not divisible by p. If the values of ω_ρ lie in the field of the α-th roots of unity, then the adjunction of the α-th roots of unity to K_0 will have the desired effect. However, this adjunction is equivalent to the simultaneous adjunction of roots of unity of prime power exponents q^b where all q^b divide α. If $q \not\equiv 0, 1 \pmod{p}$, the degree of a (q^b)-th root of unity with respect to K_0 is not divisible by p. Hence the adjunction of the (q^b)-th roots of unity cannot change the power of p in the Schur index in this case. Similarly, if $q \neq p$, $b > 1$, the adjunction of the (q^b)-th roots of unity can be replaced by adjunction of the q-th roots of unity and the same reduction of the power of p in the Schur index will be achieved. Finally, if $q = p$, $b = 1$, the adjunction of the corresponding roots of unity is again superfluous. We thus see that we may replace α by a divisor β which contains only prime factors q of the form $q \equiv 0, 1 \pmod{p}$, the factors $q \equiv 1$ all with the exponent 1, and the factor $q = p$ with an exponent $b \neq 1$ (possibly $b = 0$). Since we may assume that $\mathfrak{G}$ contains elements of the order α, it will also contain elements of order β.

If this procedure is applied for all prime divisors of m_0, the following theorem is obtained.

THEOREM 2. *Let $p_1, p_2, \cdots, p_r$ be the distinct primes which divide the Schur index of the irreducible representation $\mathfrak{Z}$ of $\mathfrak{G}$ with respect to the field of the character of $\mathfrak{Z}$. (Then the p_ρ divide the degree of $\mathfrak{Z}$.) We can find a system of elements $G_1, G_2, \cdots, G_r$ of $\mathfrak{G}$ with the following properties:*

1. *The order β_ρ of G_ρ contains only primes $q \equiv 0, 1 \pmod{p_\rho}$. If the prime p_ρ appears in β_ρ, it appears with an exponent $\geqq 2$. All other prime factors of β_ρ appear only with the exponent* 1.

2. *If v is the least common multiple of $\beta_1, \beta_2, \cdots, \beta_r$ then $\mathfrak{Z}$ can be written in the field which is obtained from the field of the character of $\mathfrak{Z}$ by an adjunction of a v-th root of unity.*

We add a remark for the case that the character χ of the representation $\mathfrak{Z}$ is real. If the degree z of $\mathfrak{Z}$ is odd, then A. Speiser[6] showed that $\mathfrak{Z}$ can be written in the field K_0 of the character χ. If z is even, the Schur index m_0 divides 2.[7] It is then sufficient to consider only the prime 2 in Theorem 2.

---

[6] A. Speiser, *Mathematische Zeitschrift*, vol. 5 (1919), pp. 1-6.

[7] R. Brauer, Sitzungberichte Preuss. Akad. Wiss. (1926), pp. 410-416; R. Brauer, H. Hasse, and E. Noether, *Journal für die reine und angewandte Mathematik*, vol 167

[R.B.] ~~As is easily seen, the number β_1 can be taken here either as an odd prime or as a power of 2. This gives~~

THEOREM 3. *If $\mathfrak{Z}$ is an irreducible representation with a real character, there exists an element G in $\mathfrak{G}$ whose order β is ~~either an odd prime or a~~ power of 2, such that $\mathfrak{Z}$ can be written in the field obtained by adjunction of the β-th roots of unity to the field of characters.*

3. Construction of the characters of a group $\mathfrak{G}$ of finite order. If $\mathfrak{H}$ is a subgroup of order h of $\mathfrak{G}$ and if ω is a character of $\mathfrak{H}$, the induced character ω^* of $\mathfrak{G}$ is given by

$$\omega^*(G) = (1/h)\Sigma\omega(RGR^{-1}) \tag{2}$$

where R on the right ranges over all g elements of $\mathfrak{G}$, and where $\omega(X) = 0$ if X is not an element of $\mathfrak{H}$. If G belongs to the class $\mathfrak{K}_i$ of $\mathfrak{G}$, only terms $\omega(\mathfrak{L}_j)$ will appear on the right side of (2) for which $\mathfrak{L}_j$ is a class of $\mathfrak{H}$ which is contained in $\mathfrak{K}_i$. If $\mathfrak{K}_i$ contains g_i elements and $\mathfrak{L}_j$ contains h_j elements, the term $\omega(\mathfrak{L}_j)$ appears with the multiplicity gh_j/g_i and (2) may be written in the form

$$\omega^*(\mathfrak{K}_i) = (g/hg_i)\Sigma h_j\omega(\mathfrak{L}_j), \tag{3}$$

the sum extending over all classes $\mathfrak{L}_j$ of $\mathfrak{H}$ with $\mathfrak{L}_j \subseteq \mathfrak{K}_i$.

It is now evident that if the information (a), (b), (c), (d) mentioned in the introduction is given, the character ω^* as a function of $\mathfrak{K}_i$ is completely determined. Apply this for all elementary subgroups $\mathfrak{H}$ of $\mathfrak{G}$ and for all linear characters ω of $\mathfrak{H}$. In this manner, we obtain a system of characters $\omega_1^*, \omega_2^*, \cdots, \omega_r^*$ of $\mathfrak{G}$ such that every character of $\mathfrak{G}$ can be written in the form $\chi = \Sigma a_\rho\omega_\rho^*$ with integral rational coefficients.

Conversely, every ω_ρ^* can be written as a linear combination of the irreducible characters $\chi_1, \chi_2, \cdots, \chi_k$ of $\mathfrak{G}$ with integral rational coefficients. The same holds for a linear combination $\xi = \Sigma x_\rho\omega_\rho^*$ with integral rational coefficients x_ρ, say

$$\xi = \sum_{\rho=1}^{r} x_\rho\omega_\rho^* = \sum_{\kappa=1}^{k} u_\kappa\chi_\kappa. \tag{4}$$

The orthogonality relations for group characters yield

$$(1/g)\sum_i g_i\xi(\mathfrak{K}_i)\bar{\xi}(\mathfrak{K}_i) = (1/g)\sum_{\rho,\sigma} x_\rho x_\sigma \sum_i g_i\omega_\rho^*(\mathfrak{K}_i)\bar{\omega}_\sigma^*(\mathfrak{K}_i) = \sum_k u_\kappa^2.$$

Set

(1932), pp. 399-404. In the first of these papers, it was shown that the exponent of the representation is 2, and in the second paper that the exponent is equal to the Schur index.

l. 4: a product of distinct odd primes and a [R.B.]

$$m_{\rho\sigma} = (1/g) \sum g_i \omega_\rho^*(\mathfrak{K}_i)\bar{\omega}_\sigma(\mathfrak{K}_i). \tag{5}$$

Then $m_{\rho\sigma}$ is a non-negative rational integer and we have

$$\sum_{\rho,\sigma} x_\rho x_\sigma m_{\rho\sigma} = \sum_{\kappa} u_\kappa^2. \tag{6}$$

In particular, if the expression (6) is equal to 1, then either ξ or $-\xi$ is an irreducible character χ_κ of $\mathfrak{G}$. It is easy to decide which of these two cases we have. Indeed, let $\mathfrak{K}_1$ be the class which contains the 1-element of $\mathfrak{G}$. If $\xi(\mathfrak{K}_1) > 0$, then ξ itself is an irreducible character while in the other case $-\xi$ is an irreducible character.[8]

In order to find all irreducible characters of $\mathfrak{G}$, we have to find all solutions of the Diophantine equation

$$\sum x_\rho x_\sigma m_{\rho\sigma} = 1 \tag{7}$$

in rational integers x_ρ. The coefficients $m_{\rho\sigma}$ of the quadratic form on the left side can be found, if the ω_ρ^* are known. Only solutions x_ρ are to be used for which $\Sigma x_\rho \omega_\rho^*(\mathfrak{K}_1) > 0$. There are exactly k distinct expressions $\xi = \Sigma x_\rho \omega_\rho^*$ formed by means of such solutions x_ρ. These k expressions are the k irreducible characters of $\mathfrak{G}$.

THEOREM 4. *Suppose that the number k of classes $\mathfrak{K}_1, \mathfrak{K}_2, \cdots, \mathfrak{K}_k$ of conjugate elements of $\mathfrak{G}$ and the number g_i of elements in $\mathfrak{K}_i$ are known. Suppose that a complete system of elementary subgroups $\mathfrak{H}$ of $\mathfrak{G}$ is given, (subgroups conjugate in $\mathfrak{G}$ may be considered as not essentially different). Assume further that for each $\mathfrak{H}$ the number l of classes $\mathfrak{L}_1, \mathfrak{L}_2, \cdots, \mathfrak{L}_l$ of conjugate elements of $\mathfrak{H}$ and the number h_j of elements of $\mathfrak{L}_j$ is known, that it is known to which class $\mathfrak{K}_i$ the elements of $\mathfrak{L}_j$ belong and that the values $\omega(\mathfrak{L}_j)$ of the linear characters ω of $\mathfrak{H}$ are known. Then the irreducible characters of $\mathfrak{G}$ are completely determined.*

As already remarked in the introduction, the construction of all linear characters $\omega(\mathfrak{L}_j)$ of $\mathfrak{H}$ requires only the knowledge of all normal subgroups $\mathfrak{H}_0$ with cyclic factor group of the elementary group $\mathfrak{H}$ and the information to which particular coset (mod $\mathfrak{H}_0$) the class $\mathfrak{L}_j$ belongs.

Since the characters $\omega_1^*, \omega_2^*, \cdots, \omega_r^*$ are, in general, linearly dependent, the equation (7) has, in general, infinitely many solutions. However, it can be seen without difficulty that the solutions can be found in a finite number of steps.

[8] This method has been used by I. Schur in order to find the characters of special groups.

4. An analogue for modular characters. Let p now be a fixed prime number. We prove

THEOREM 5. *If Φ is the character of an indecomposable constituent of the modular regular representation of $\mathfrak{G}$ (mod p), then Φ can be written in the form*

$$\Phi = \sum_{\sigma} a_\sigma \omega_\sigma{}^*$$

where the a_σ are rational integers and where the $\omega_\sigma{}^*$ are characters of $\mathfrak{G}$ induced by linear characters ω_σ of elementary subgroups $\mathfrak{H}_\sigma$ of orders prime to p.

Proof. We first observe that Φ may be considered as an ordinary (reducible or irreducible) character of $\mathfrak{G}$ which vanishes for the p-singular classes of $\mathfrak{G}$.[9] All characters $\omega_\sigma{}^*$ in Theorem 5 vanish for the same classes.

As in the proof of the theorem on induced characters (see [1]), it is sufficient to show that if a congruence

$$\sum c_i \omega_\sigma{}^*(\mathfrak{K}_i) \equiv 0 \pmod{\mathfrak{q}^t} \tag{8}$$

modulo a prime ideal power $\mathfrak{q}^t$ of a suitable algebraic number field has $\mathfrak{q}$-integral coefficients c_i and holds for all characters $\omega_\sigma{}^*$ in Theorem 5, then the corresponding congruence

$$\sum c_i \Phi(\mathfrak{K}_i) \equiv 0 \pmod{\mathfrak{q}^t} \tag{9}$$

holds for Φ. It is sufficient to restrict the summation to p-regular classes $\mathfrak{K}_i$.

If $\mathfrak{q}$ does not divide p, it follows at once from Theorem 2 of the paper quoted in [1] that (8) implies (9). It remains to treat the case that $\mathfrak{q}$ is a prime ideal divisor of p. Let A be an element of $\mathfrak{K}_i$ and let $\xi_0, \xi_1, \cdots, \xi_{\alpha-1}$ denote the linear characters of the cyclic group $\{A\}$. Set

$$\psi(A^\nu) = \sum_{i=0}^{\alpha-1} \bar{\xi}_i(A)\xi_i(A^\nu).$$

Then

$$\psi(A^\nu) = \begin{cases} \alpha, & A^\nu = A \\ 0, & A^\nu \neq A \end{cases}. \tag{10}$$

The induced expression is $\psi^*(G) = (1/\alpha)\Sigma\psi(RGR^{-1})$ where R ranges over all elements of $\mathfrak{G}$. Now, (10) yields

$$\psi^*(G) = \begin{cases} n(A), & G \text{ in } \mathfrak{K}_i \\ 0\ , & G \text{ not in } \mathfrak{K}_i \end{cases}.$$

[9] Cf. R. Brauer and C. Nesbitt, *Annals of Mathematics*, vol. 42 (1942), pp. 556-590, in particular, equation (9) and the argument in § 14.

where $n(A) = g/g_i$ is the order of the normalizer of A in $\mathfrak{G}$. Substituting this for ω_σ^* in (8), we find

$$c_i n(A) \equiv 0 \pmod{\mathfrak{q}^t}.$$

Now $\Phi(\mathfrak{K}_i)$ is divisible by the highest power of $\mathfrak{q}$ dividing $n(A)$. Hence

$$c_i \Phi(\mathfrak{K}_i) \equiv 0 \pmod{\mathfrak{q}^t}.$$

This implies (9), and Theorem 5 is proved.

The linear combinations of the characters $\omega_1^*, \omega_2^*, \cdots, \omega_s^*$ with integral rational coefficients form a module Ω. If elements of Ω are linearly dependent, there exists a linear relation with integral rational coefficients. This is seen at once when the elements of Ω are expressed by the irreducible characters of $\mathfrak{G}$. Let $\psi_1, \psi_2, \cdots, \psi_w$ be a basis of Ω. Then $\psi_1, \psi_2, \cdots, \psi_w$ are linearly independent in the field of all numbers.

In particular, the characters $\Phi_1, \Phi_2, \cdots$ of the distinct indecomposable constituents of the modular regular representation of $\mathfrak{G}$ belong to Ω and they are linearly independent. Every element of Ω vanishes for all p-singular classes $\mathfrak{K}_i$ of $\mathfrak{G}$ and can, therefore, be expressed by the Φ_i with integral rational coefficients.[10] Hence the Φ_i also form a basis of Ω. This shows that the number w of basis elements of Ω is equal to the number of distinct Φ_i, that is, to the number of p-regular classes $\mathfrak{K}_i$ in $\mathfrak{G}$. Further, the ψ_i and the Φ_i are connected by a unimodular linear transformation with integral rational coefficients,

(11) $$\psi_i = \sum b_{ij} \Phi_j.$$

While it is of course possible to determine a basis $\psi_1, \psi_2, \cdots, \psi_w$ of Ω when the ω_σ^* are known, it seems that the Φ_j themselves cannot always be determined on the basis of this information.

It follows from (11) and the orthogonality relations for modular group characters that

(12) $$q_{\alpha\beta} = (1/g) \sum_i g_i \psi_\alpha(\mathfrak{K}_i) \bar{\psi}_\beta(\mathfrak{K}_i) = \sum_{\rho,\sigma} b_{\alpha\rho} c_{\rho\sigma} b_{\beta\sigma}$$

---

[10] If a linear combination ξ with integral rational coefficients of the ordinary characters $\chi_1, \chi_2, \cdots$ of $\mathfrak{G}$ vanishes for all p-singular elements of $\mathfrak{G}$, then a consideration of ranks shows that ξ can be written in the form $\xi = \sum h_i \Phi_i$ with complex coefficients h_i. The orthogonality relations for modular group characters yield $h_i = (1/g) \sum \xi(R^{-1}) \phi_i(R)$ where $\phi_1, \phi_2, \cdots$ are the modular irreducible characters of $\mathfrak{G}$ and where R ranges over all p-regular elements of $\mathfrak{G}$. Each $\phi_i(R)$ can be written as a linear combination of the $\chi_j(R)$ with integral rational coefficients. Substituting this expression for $\phi_i(R)$, we easily see that the h_i are rational integers.

where the $c_{\rho\sigma}$ are the Cartan invariants of $\mathfrak{G}$. The matrix with the coefficients $q_{\alpha\beta}$ is equal to $BC'B'$ where $B = (b_{\alpha\beta})$, $C = (c_{\alpha\beta})$. The corresponding quadratic form is equivalent to the form with the matrix C. This yields

THEOREM 6. *If the characters* ω_σ^* *in Theorem 5 are known, a quadratic form can be found which is equivalent to the form whose matrix is the Cartan matrix of* $\mathfrak{G}$ *for* p.

Consider an element ξ of Ω,

$$\xi = \sum x_\sigma \psi_\sigma.$$

It follows from (12) that

$$(1/g) \sum g_i \xi(\mathfrak{K}_i) \bar{\xi}(\mathfrak{K}_i) = \sum_{\rho,\sigma} x_\rho x_\sigma q_{\rho\sigma}. \tag{13}$$

If the expression (13) is equal to 1, then $\pm \xi$ is an irreducible ordinary character of $\mathfrak{G}$. Since ξ vanishes for all p-singular classes of $\mathfrak{G}$, its degree is divisible by the highest power p^a of p which divides g.[11] Conversely, if ξ is an irreducible ordinary character of $\mathfrak{G}$ whose degree is divisible by p^a, then ξ vanishes for p-singular classes and belongs, therefore, to Ω. If we set $\xi = \Sigma x_\sigma \psi_\sigma$, the coefficients x_σ give a solution of

$$\sum x_\rho x_\sigma q_{\rho\sigma} = 1.$$

We thus have

THEOREM 7. *Let* p^a *be the highest power of* p *which divides the order* g *of* $\mathfrak{G}$. *The number of ordinary irreducible representations of* $\mathfrak{G}$ *whose degree is divisible by* p^a *is equal to the number of representations of* 1 *by the quadratic form in Theorem* 6. *(We count* $x_1, x_2, \cdots, x_w$ *and* $-x_1, -x_2, \cdots, -x_w$ *as the same representation.)*

The number determined in Theorem 7 can also be characterized as the number of blocks of defect 0 of $\mathfrak{G}$ (for p). To some extent, Theorem 7 fills a gap left in the investigation of the blocks of a given group.[12]

UNIVERSITY OF TORONTO.

[11] See the paper quoted in [9].

[12] R. Brauer, *Proceedings of the National Academy of Sciences*, vol. 30 (1944), pp. 109-114, vol. 32 (1946), pp. 182-186 and 215-219.

TRANSACTIONS OF THE ROYAL SOCIETY OF CANADA
VOLUME XLI : SERIES III : MAY, 1947
SECTION THREE

On a Conjecture by Nakayama

By RICHARD BRAUER, F.R.S.C.

§1. *Introduction*

As is well known, every irreducible representation of the symmetric group $\mathfrak{S}_n$ is characterized by a Young diagram. If p is a fixed prime number, the theory of modular characters furnishes a distribution of the different irreducible representations of a group into "p-blocks." The problem arises of finding a criterion which would make it possible to decide whether or not two irreducible representations of $\mathfrak{S}_n$, given by their Young diagrams, belong to the same p-block. This question is of importance for a study of the arithmetical properties of the representations of $\mathfrak{S}_n$. Some years ago, T. Nakayama[1] published a conjecture which offers an elegant solution of the problem. It is the purpose of this paper and a following paper by G. de B. Robinson to give a proof of Nakayama's conjecture. The proof was found jointly by Robinson and the author.

The basis for the work of this note is formed by some general results concerning the p-blocks of groups of finite order. These results which extend some earlier investigations[2] are given without proofs in section 2. The later sections contain the application to the case of the symmetric group. In this note, the number of different p-blocks of $\mathfrak{S}_n$ is determined, and it is shown that the proof of Nakayama's conjecture is equivalent to a proof of three statements concerning the characters of the symmetric groups. The proofs of these statements will be given in the paper by G. de B. Robinson. It is only there that the finer properties of the characters of the symmetric groups will be used.

§2. *The Defect Group*

Let $\mathfrak{G}$ be a group of finite order $g = p^a g'$ where p is a fixed prime number and where g' is relatively prime to p. In the following, $\mathfrak{p}$ will always denote a fixed prime ideal divisor of p in a field which contains all the characters of $\mathfrak{G}$, say in the field of the gth roots of unity.

[1] *Jap. Jour. Math.*, **17**: 411-23 (1941).

[2] R. Brauer, *Proc. Nat. Acad. Sci. U.S.A.*, **30**: 109-14 (1944); **32**: 182-6 and 215-19 (1946).

If $\mathfrak{H}$ is any subset of $\mathfrak{G}$, the normalizer $\mathfrak{N}(\mathfrak{H})$ of $\mathfrak{H}$ is the set of all elements G of $\mathfrak{G}$ which commute with $\mathfrak{H}$, $G\mathfrak{H} = \mathfrak{H}G$. The order of $\mathfrak{N}(\mathfrak{H})$ will be denoted by $n(\mathfrak{H})$. On the other hand the centralizer $\mathfrak{C}(\mathfrak{H})$ of $\mathfrak{H}$ consists of those elements of $\mathfrak{G}$ which commute with every element of $\mathfrak{H}$. If $\mathfrak{H}$ consists of only one element H, we have $\mathfrak{N}(H) = \mathfrak{C}(H)$, and $g/n(H)$ denotes the number of elements in the class of H.

The irreducible characters of $\mathfrak{G}$ will be denoted by $\zeta_1, \zeta_2, \ldots, \zeta_k$ and we shall set

$$\omega_i(G) = g\zeta_i(G)/n(G)z_i$$

where

$$z_i = Dg(\zeta_i)$$

is the degree of ζ_i.

To every p-block B, there belongs a defect group $\mathfrak{D}$ which is uniquely determined except that it can be replaced by any conjugate group. This defect group has the following properties.[3]

I. The group $\mathfrak{D}$ is a subgroup of $\mathfrak{G}$ whose order is the highest power p^d of p dividing one of the numbers g/z_i with ζ_i in B. The exponent d here is called the defect of the block B.

II. There exist p-regular elements[4] V in $\mathfrak{G}$ such that $\mathfrak{D}$ is a p-Sylow-subgroup of $\mathfrak{N}(V)$ and that $\omega_i(V) \not\equiv 0 \pmod{\mathfrak{p}}$ for the ω_i belonging to characters ζ_i of the block B.

III. If the class of an element H of $\mathfrak{G}$ does not contain elements of the centralizer $\mathfrak{T} = \mathfrak{C}(\mathfrak{D})$, then $\omega_i(H) \equiv 0 \pmod{\mathfrak{p}}$ for the ω_i belonging to the characters ζ_i of B.

The properties I and II characterize $\mathfrak{D}$ as the defect group of B. Also, II and III can be used to characterize $\mathfrak{D}$.

IV. If ζ_i and ζ_j both belong to blocks having $\mathfrak{D}$ as their defect group and if

$$\begin{vmatrix} \omega_i(V_1) & \omega_i(V_2) \\ \omega_j(V_1) & \omega_j(V_2) \end{vmatrix} \equiv 0 \pmod{\mathfrak{p}}$$

for any pair of p-regular elements V_1 and V_2 of $\mathfrak{G}$ for which $\mathfrak{D}$ is a p-Sylow-subgroup as well of $\mathfrak{N}(V_1)$ as of $\mathfrak{N}(V_2)$, then ζ_i and ζ_j belong to the same p-block.

V. If P is an element of an order p^h, $h \geqq 1$, which is not conjugate to an element of $\mathfrak{D}$, and if V is a p-regular element commuting with P, then

$$\zeta_i(PV) = 0$$

for all ζ_i belonging to a block B with the defect group $\mathfrak{D}$.

[3]The first seven of these properties have been stated in the papers quoted in foot-note 2. Property VIII is obtained by a continuation of this work. Finally, IX can be derived easily from the other results. The proofs will be given in detail in a forthcoming paper.

[4]An element of a group is p-regular, if its order is prime to p.

VI. If P is an invariant element of the defect group $\mathfrak{D}$ of B, then for every ζ_i in B there exists a p-regular element V of $\mathfrak{N}(P)$ such that $\zeta_i(PV) \neq 0$. The group $\mathfrak{D}$ occurs as defect group of p-blocks of the group $\mathfrak{N}(P)$.

VII. If $\mathfrak{D}$ is not a maximal normal p-subgroup of $\mathfrak{N}(\mathfrak{D})$, then $\mathfrak{D}$ cannot occur as a defect group.

VIII. The number of p-blocks with a given defect group $\mathfrak{D}$ can be determined as follows. Set

$$\mathfrak{U} = \mathfrak{D}\mathfrak{C}(\mathfrak{D})/\mathfrak{D}, \ \mathfrak{V} = \mathfrak{N}(\mathfrak{D})/\mathfrak{D}$$

so that $\mathfrak{U}$ is a normal subgroup of $\mathfrak{V}$. Determine all characters Θ of $\mathfrak{U}$ of defect 0. Discard those Θ for which there exists an element V in $\mathfrak{V}$ not in $\mathfrak{U}$ such that V^p lies in $\mathfrak{U}$ and that $\Theta(V^{-1}UV) = \Theta(U)$ for all U in $\mathfrak{U}$. The remaining characters Θ are distributed into classes of characters associated in $\mathfrak{V}$.[5] If r is the number of such classes of characters, then $\mathfrak{G}$ possesses r p-blocks with the defect group $\mathfrak{D}$.

Actually, a (1-1) correspondence between the classes of characters and the blocks B with the defect group $\mathfrak{D}$ can be established such that the values of Θ and the values of the characters ζ_i of the corresponding block B are related by congruences. However, this is not essential for our purpose.

IX. Suppose that $\mathfrak{G}$ is a direct product, $\mathfrak{G} = \mathfrak{G}_1 \times \mathfrak{G}_2$. As is well known, every character ζ of $\mathfrak{G}$ can be expressed as the product of a character ζ_1 of $\mathfrak{G}_1$ with a character ζ_2 of $\mathfrak{G}_2$. If B_1 is a p-block of $\mathfrak{G}_1$, and B_2 a p-block of $\mathfrak{G}_2$, then the $\zeta = \zeta_1\zeta_2$ with ζ_1 in B_1 and ζ_2 in B_2 will form a p-block of $\mathfrak{G}$. Every p-block B of $\mathfrak{G}$ is obtained in this form. If B_1 has the defect group $\mathfrak{D}_1$ in $\mathfrak{G}_1$, and if B_2 has the defect group $\mathfrak{D}_2$ in $\mathfrak{G}_2$, then B has the defect group $\mathfrak{D} = \mathfrak{D}_1 \times \mathfrak{D}_2$ in $\mathfrak{G}$.

§3. *Lemmas*

LEMMA 1: If the group $\mathfrak{G}$ contains a normal subgroup $\mathfrak{Q}$ whose order is a power of p, then the defect group $\mathfrak{D}$ of every p-block B contains $\mathfrak{Q}$.

PROOF. We have $\mathfrak{Q}\mathfrak{D} \geq \mathfrak{D}$. Suppose that $\mathfrak{Q}\mathfrak{D} > \mathfrak{D}$. The intersection of $\mathfrak{N}(\mathfrak{D})$ with $\mathfrak{Q}\mathfrak{D}$ contains $\mathfrak{D}$ as a proper subgroup, since the p-group $\mathfrak{Q}\mathfrak{D}$ must contain elements outside of $\mathfrak{D}$ which commute with $\mathfrak{D}$. Since $\mathfrak{N}(\mathfrak{D}) \cap \mathfrak{Q}\mathfrak{D}$ is a normal subgroup of $\mathfrak{N}(\mathfrak{D})$, it follows that $\mathfrak{D}$ is not a maximal normal p-subgroup of $\mathfrak{N}(\mathfrak{D})$. Now VII leads to a contradiction. Hence $\mathfrak{Q}\mathfrak{D} = \mathfrak{D}$, that is $\mathfrak{Q} \leq \mathfrak{D}$ as was stated.

[5]If Θ_1 and Θ_2 are two characters of a normal subgroup $\mathfrak{U}$ of a group $\mathfrak{V}$, then Θ_1 and Θ_2 are associated in $\mathfrak{V}$, if there exists a fixed element V_0 of $\mathfrak{V}$ such that $\Theta_2(U) = \Theta_1(V_0^{-1}UV_0)$ for all U in $\mathfrak{U}$.

LEMMA 2: If $\mathfrak{G}$ contains a normal subgroup $\mathfrak{Q}$ whose order is a power of p and which contains its centralizer, $\mathfrak{Q} \geq \mathfrak{C}(\mathfrak{Q})$, then $\mathfrak{G}$ possesses only one p-block. The defect group is a p-Sylow-subgroup of $\mathfrak{G}$.[6]

PROOF. If $\mathfrak{D}$ is the defect group of a block B, it follows from Lemma 1 that $\mathfrak{Q} \leq \mathfrak{D}$. Hence $\mathfrak{C}(\mathfrak{D}) \leq \mathfrak{C}(\mathfrak{Q}) \leq \mathfrak{Q} \leq \mathfrak{D}$. Apply now VIII. The group $\mathfrak{U}$ here has the order 1 and Θ must be the 1-character. Since every V in $\mathfrak{V}$ transforms Θ into itself, $\mathfrak{V}$ must not contain any elements of order p. Then $\mathfrak{V} = \mathfrak{N}(\mathfrak{D})/\mathfrak{D}$ must have an order prime to p. If $\mathfrak{D}$ was not a p-Sylow-subgroup of $\mathfrak{G}$, it would appear as a proper subgroup of such a Sylow group $\mathfrak{P}$ and then the intersection $\mathfrak{P} \cap \mathfrak{N}(\mathfrak{D})$ would also contain $\mathfrak{D}$ as a proper subgroup. However, this is impossible when the order of $\mathfrak{N}(\mathfrak{D})/\mathfrak{D}$ is prime to p. Hence $\mathfrak{D}$ must be a Sylow group of $\mathfrak{G}$, and since we had only one Θ, the lemma is established.

§4. *The Defect Groups of the p-Blocks of $\mathfrak{S}_n$*

Our next aim is to determine which subgroups of $\mathfrak{S}_n$ can appear as defect groups $\mathfrak{D}$ of p-blocks B of $\mathfrak{S}_n$. Let $\mathfrak{D}$ be such a defect group. If the defect d is not zero, the group $\mathfrak{D}$ will contain invariant elements of order p. Choose an element of this type which contains a maximal number β of cycles of length p. Since we can replace $\mathfrak{D}$ by a conjugate group, we may assume without restriction that the element in question is

$$P_\beta = (1)(2)\ldots(a)(a+1, a+2, \ldots, a+p)\,(a+p+1,\; a+p+2,)\ldots, a+2p)\ldots(n-p+1, n-p+2, \ldots, n)$$

where

$$n = a + \beta p.$$

It follows from VI that $\mathfrak{D}$ is also the defect group of a p-block of $\mathfrak{N}(P)$. As is readily seen, the group $\mathfrak{N}(P)$ is a direct product $\mathfrak{G}_1 \times \mathfrak{G}_2$ where $\mathfrak{G}_1$ is the subgroup of $\mathfrak{S}_n$ which permutes only the first a letters and which may be identified with $\mathfrak{S}_a$. On the other hand, $\mathfrak{G}_2$ consists of those permutations of $a+1, a+2, \ldots, n$ which transform the cycles of P_β into each other. The β cycles of length p of P_β belong

[6]In *Ann. Math.*, **42**: 587 (1941), it was shown by C. J. Nesbitt and the author that if a group of order $g = p^a g'$ with $(p, g') = 1$ contains a normal subgroup of order p^a, then all the p-blocks are of defect a. This is a special case of Lemma 1. The question was raised whether the converse statement was true. Using Lemma 2, we can easily construct groups of order $p^a g'$, $(p, g') = 1$, which have only one p-block, necessarily of defect a, but which do not contain any normal subgroup of order p^a. A simple example is formed by $\mathfrak{S}_4$ for $p = 2$.

to $\mathfrak{G}_2$ and generate a normal subgroup $\mathfrak{Q}$ of order p^β of $\mathfrak{G}_2$. It is easily seen that $\mathfrak{Q}$ is its own centralizer in $\mathfrak{G}_2$.

On account of IX, the group $\mathfrak{D}$ is the direct product of a defect group $\mathfrak{D}_1$ in $\mathfrak{S}_\alpha$ and a defect group $\mathfrak{D}_2$ in $\mathfrak{G}_2$. The subgroup $\mathfrak{Q}$ of $\mathfrak{G}_2$ just discussed satisfies the assumptions of Lemma 2. Hence $\mathfrak{D}_2$ must be a Sylow-subgroup of $\mathfrak{G}_2$. In particular, $\mathfrak{D}_2$ contains the element P_β. If the group $\mathfrak{D}_1$ had an order larger than 1, it would contain invariant elements P' of order p. Then $P'P_\beta$ would be an invariant element of $\mathfrak{D} = \mathfrak{D}_1\mathfrak{D}_2$ of order p and $P'P_\beta$ would contain more than β cycles of length p. This is impossible from the manner in which P_β was selected. Hence $\mathfrak{D}_1 = 1$, $\mathfrak{D} = \mathfrak{D}_2$. We thus have proved the following theorem:

Theorem 1: The defect group of a p-block B of $\mathfrak{S}_n$ can be obtained by the following construction. Determine non-negative integers α, β such that $n = \alpha + \beta p$. Consider the group of all permutations of $\alpha + 1, \alpha + 2, \ldots, n$ which transform each of the cycles $Z_1 = (\alpha + 1, \alpha + 2, \ldots, \alpha + p)$, $Z_2 = (\alpha + p + 1, \alpha + p + 2, \ldots, \alpha + 2p), \ldots, Z_\beta = (n - p + 1, n - p + 2, \ldots, n)$ into a cycle of the same system. If $\mathfrak{D}^{(\beta)}$ denotes a p-Sylow-subgroup of this group of permutations of degree $n - \alpha$, the defect group $\mathfrak{D}$ of B is conjugate to the group $\mathfrak{D}^{(\beta)}$ for a suitable β, $0 \leqq \beta \leqq [n/p]$.

The case $\mathfrak{D} = 1$ corresponds to the case $\beta = 0$. Here, $\mathfrak{D}^{(0)}$ is to be interpreted as a group of order 1.

It is easy to determine the defect of a block B with the defect group $\mathfrak{D}^{(\beta)}$. According to I, this defect d_β is the exponent of the highest power of p which divides the order of $\mathfrak{D}^{(\beta)}$. If $e(m)$ denotes the order with which p divides the integer m, then it is readily seen that

$$d_\beta = \beta + e(\beta!).$$

We notice that d_β increases with β.

§5. *The Number of Blocks of $\mathfrak{S}_n$ with a Given Defect Group*

Theorem 2: The number of blocks of $\mathfrak{S}_n$ with a given defect group $\mathfrak{D}^{(\beta)}$, $n = \alpha + p\beta$, is equal to the number of irreducible characters of $\mathfrak{S}_\alpha$ whose degree is divisible by the full power of p dividing $\alpha!$.

Proof: The cycles $Z_1, Z_2, \ldots, Z_\beta$ in Theorem 1 and their powers are the only cycles of length p in $\mathfrak{D}^{(\beta)}$. Every element of $\mathfrak{N}(\mathfrak{D}^{(\beta)})$ must transform a cycle of length p of $\mathfrak{D}^{(\beta)}$ into a cycle of the same kind. It follows that $\mathfrak{N}(\mathfrak{D}^{(\beta)})$ is a direct product $\mathfrak{S}_\alpha \times \mathfrak{W}$ of $\mathfrak{S}_\alpha$ and a group of transformations $\mathfrak{W}$ of $\alpha + 1, \alpha + 2, \ldots, n$. Every element W of $\mathfrak{W}$

effects a permutation $\pi(W)$ of the β cyclic subgroups generated by $Z_1, Z_2, \ldots, Z_\beta$, respectively. Let $\mathfrak{W}_1$ be a p-Sylow-subgroup of $\mathfrak{W}$ and let $\mathfrak{W}_2$ be the subgroup consisting of the elements W of $\mathfrak{W}_2$ with $\pi(W) = 1$. The group generated by an element W_2 of $\mathfrak{W}_2$ and by a cycle Z_i is abelian. Therefore, W_2 transforms Z_i into itself. This implies that W_2 lies in the group $\mathfrak{Q}$ (in the notation of section 4). Hence $\mathfrak{W}_2 \leq \mathfrak{Q}$. Since $\mathfrak{W}_1/\mathfrak{W}_2$ possesses a faithful representation by permutations of degree β, the order of $\mathfrak{W}_1/\mathfrak{W}_2$ is a divisor of $p^{e(\beta!)}$ and the order of $\mathfrak{W}_1$ then is a divisor of $p^{\beta + e(\beta!)}$. But this is the order of $\mathfrak{D}^{(\beta)}$ and since the Sylow group $\mathfrak{W}_1$ of $\mathfrak{W}$ contains $\mathfrak{D}^{(\beta)}$, it follows that $\mathfrak{W}_1 = \mathfrak{D}^{(\beta)}$. Consequently, $\mathfrak{W}/\mathfrak{D}^{(\beta)}$ has an order prime to p.

Apply now VIII. We have $\mathfrak{C}(\mathfrak{D}^{(\beta)}) \leq \mathfrak{C}(\mathfrak{Q}) = \mathfrak{S}_\alpha \times \mathfrak{Q}$, $\mathfrak{D}^{(\beta)}\mathfrak{C}(\mathfrak{D}^{(\beta)}) = \mathfrak{S}_\alpha \times \mathfrak{D}^{(\beta)}$, $\mathfrak{U} = \mathfrak{S}_\alpha$ and $\mathfrak{V} = \mathfrak{S}_\alpha \times (\mathfrak{W}/\mathfrak{D}^{(\beta)})$. No two different characters of $\mathfrak{U}$ are associated in $\mathfrak{V}$. On the other hand, if the pth power of an element V of $\mathfrak{V}$ lies in $\mathfrak{U}$, then V lies in $\mathfrak{U}$. Observing that every block of defect 0 consists of only one character, we obtain Theorem 2.

Nakayama determined the characters of $\mathfrak{S}_\alpha$ whose degree is divisible by the full power $p^{e(\alpha!)}$. He showed that they belong to the Young diagrams with α nodes which do not contain any p-hooks.[7] If we start from an arbitrary Young diagram with n nodes and remove p-hooks as long as possible, we finally arrive at a diagram without p-hooks. We shall call this new diagram the *p-core* of the given diagram. The number of nodes of this p-core is an integer α, $0 \leqq \alpha \leqq n$, with $n \equiv \alpha \pmod{p}$. We can then find β such that $n = \alpha + p\beta$. As was shown by Nakayama, the p-core is uniquely determined by the given diagram.

We have the following necessary conditions for the p-core. It is a Young diagram with α nodes, $0 \leqq \alpha \leqq n$, $\alpha \equiv n \pmod{p}$, such that no p-hook can be removed. It can be shown without difficulty that every such diagram actually appears as the p-core of diagrams with n nodes. The following proposition is now a consequence of Theorem 2.

Proposition 1: The number of p-blocks of $\mathfrak{S}_n$ is equal to the number of possible p-cores of Young diagrams with n nodes.

---

[7]A hook in a Young diagram consists of a fixed node X, all the nodes underneath, and all the nodes to the right of X. A p-hook is a hook which consists of exactly p nodes. If a p-hook is removed from a Young diagram with n nodes, a Young diagram with n-p nodes is obtained.

§6. *Reduction of Nakayama's Conjecture*

Our Proposition 1 is part of Nakayama's conjecture. In full, Nakayama's conjecture states that two irreducible characters of $\mathfrak{S}_n$ belong to the same p-block, if and only if their Young diagrams have the same p-core.

We show here

PROPOSITION 2: In order to prove Nakayama's conjecture, it is sufficient to prove the following three statements:

(A) Let ζ_i be a character of $\mathfrak{S}_n$ whose Young diagram has a p-core containing α nodes, $n = \alpha + p\beta$. If $\delta > \beta$, $n = \gamma + p\delta$, and

$$P_\delta = (\gamma + 1, \gamma + 2, \ldots, \gamma + p)(\gamma + p + 1, \gamma + p + 2, \ldots, \gamma + 2p)\ldots(n - p + 1, n - p + 2, \ldots, n),$$

then $\zeta_i(V_0P_\delta) = 0$ for all p-regular elements V_0 of $\mathfrak{S}_\gamma$.

(B) If ζ_i satisfies the same assumption as in (A), there exists a p-regular element V_0^* in $\mathfrak{S}_\alpha$ such that $\zeta_i(V_0^*P_\beta) \neq 0$.

(C) Suppose that the character ζ_i of $\mathfrak{S}_n$ belongs to a p-block with the defect group $\mathfrak{D}^{(\beta)}$. Suppose that g/z_i contains p to the exponent $d_\beta - \epsilon$ so that $\epsilon \geqq 0$ by I. Then

$$\zeta_i(VP_\beta) \equiv k(\zeta_i)p^\epsilon\theta(V) \qquad (\mathrm{mod}\ p^{\epsilon+1})$$

for all p-regular elements V of $\mathfrak{S}_\alpha$ whose normalizer in $\mathfrak{S}_\alpha$ has an order prime to p. Here, $k(\zeta_i)$ is an integer depending on ζ_i but not on V, and $\theta(V)$ is an integer depending on V and the p-core of the Young diagram of ζ_i but not on the diagram itself.

PROOF: 1. We shall show that (A) implies that ζ_i belongs to a block of defect $d \leqq d_\beta$. Assume that this is not so. Then ζ_i must belong to a block B whose defect group is a group $\mathfrak{D}^{(\delta)}$, $\delta > \beta$. By II, there exists a p-regular element V_0 such that $\mathfrak{D}^{(\delta)}$ is a Sylow group of $\mathfrak{N}(V_0)$ and that $\omega_i(V_0) \not\equiv 0 \pmod{\mathfrak{p}}$. Then V_0 can permute only the first $\gamma = n - p\delta$ letters. Choose a character ζ_h in B whose degree is divisible by a minimal power of p. It follows from I that g/z_h contains p with the order d_δ. Since ζ_i and ζ_h belong to the same block, $\omega_i(V_0) \equiv \omega_h(V_0) \pmod{\mathfrak{p}}$. Expressing ω_h by means of ζ_h and using the properties of z_h and V_0, we derive $\zeta_h(V_0) \not\equiv 0 \pmod{\mathfrak{p}}$. But $\zeta_h(V_0) \equiv \zeta_h(P_\delta V_0) \pmod{\mathfrak{p}}$. Taking into account that $\mathfrak{D}^{(\delta)}$ is a Sylow group of $\mathfrak{N}(P_\delta V_0)$ and introducing again ω_h, we obtain $\omega_h(P_\delta V_0) \not\equiv 0 \pmod{\mathfrak{p}}$. This implies $\omega_i(P_\delta V_0) \not\equiv 0 \pmod{\mathfrak{p}}$, and then, certainly, $\zeta_i(P_\delta V_0) \neq 0$. However, this contradicts (A) and ζ_i must belong to a block B of defect $d \leqq d_\beta$.

C 2

2. Assume now that (B) is true and that ζ_i belongs to a block B of defect $d < d_\beta$. Then the defect group of B is a group $\mathfrak{D}^{(\delta)}$ with $\delta < \beta$. The group $\mathfrak{D}^{(\delta)}$ does not contain elements consisting of more than δ cycles of length p. In particular, P_β is not conjugate to an element of $\mathfrak{D}^{(\delta)}$. By V, $\zeta_i(P_\beta V_0^*) = 0$ for all p-regular elements V_0^* of $\mathfrak{S}_\alpha$. This contradicts (B). Hence ζ_i must belong to a block of defect d_β. The defect group then is $\mathfrak{D}^{(\beta)}$.

3. We have shown in 1 and 2 that if the Young diagram of ζ_i has a p-core with α nodes, then ζ_i belongs to a block with the defect group $\mathfrak{D}^{(\beta)}$ where $n = \alpha + p\beta$. Let V be a p-regular element such that $\mathfrak{D}^{(\beta)}$ is a Sylow group of $\mathfrak{N}(V)$. Then V must belong to $\mathfrak{S}_\alpha$ and the normalizer of V in S_α has an order prime to p. Conversely, if V is an element of $\mathfrak{S}_\alpha$ whose normalizer in $\mathfrak{S}_\alpha$ has an order prime to p, the elements of a Sylow group $\mathfrak{D}'$ of $\mathfrak{N}(V)$ will leave at least $\alpha - p + 1$ of the letters $1, 2, \ldots, \alpha$ invariant. Hence $\mathfrak{D}'$ has at most the order p^r with $r \leqq e(p - 1 + p\beta!) = e(p\beta!) = d_\beta$. It follows that $\mathfrak{D}^{(\beta)}$ is a Sylow group of $\mathfrak{N}(V)$. Then $\mathfrak{D}^{(\beta)}$ is also a Sylow group of $\mathfrak{N}(VP_\beta)$, since P_β belongs to the center of $\mathfrak{D}^{(\beta)}$. If we set $d_\beta = d$, we can write

$$n(VP_\beta) = p^d n'(VP_\beta),\ n(V) = p^d n'(V)$$

where $n'(VP_\beta)$ and $n'(V)$ are integers which are prime to p. Set

$$z_i = p^{a-d+\epsilon} z_i'$$

with an integral z_i' relatively prime to p. If as was assumed the Young diagram of ζ_i has a p-core with α nodes, then $\epsilon \geqq 0$ by I. Now

$$\omega_i(VP_\beta) = g'\zeta_i(VP_\beta)/n'(VP_\beta)p^\epsilon z_i'.$$

Applying (C), we find

$$\omega_i(VP_\beta) \equiv g'k(\zeta_i)\theta(V)/n'(VP_\beta)z_i' \qquad (\text{mod } \mathfrak{p}). \tag{1}$$

Since the block B containing ζ_i has the defect d, B will contain a character ζ_h for which g/z_h contains p with the exact order d. From the fundamental properties of p-blocks, it follows that

$$\omega_i(VP_\beta) \equiv \omega_h(VP_\beta), \quad \omega_i(V) \equiv \omega_h(V) \qquad (\text{mod } \mathfrak{p}). \tag{2}$$

On the other hand, we have

$$\zeta_h(VP_\beta) \equiv \zeta_h(V) \qquad (\text{mod } \mathfrak{p}). \tag{3}$$

Express ζ_h by ω_h in (3). This gives

$$n(VP_\beta)z_h\omega_h(VP_\beta)/g \equiv n(V)z_h\omega_h(V)/g \qquad (\text{mod } \mathfrak{p})$$

from which

$$\omega_h(V) \equiv n'(VP_\beta)\omega_h(VP_\beta)/n'(V) \qquad (\text{mod } \mathfrak{p})$$

can be derived without difficulty. Combining this with (1) and (2), we find

$$\omega_i(V) \equiv g'k(\zeta_i)\theta(V)/n'(V)z_i' \pmod{\mathfrak{p}}. \tag{4}$$

Let ζ_j be a second character whose Young diagram has the same p-core as that of ζ_i. Then ζ_j also belongs to a block with the defect group $\mathfrak{D}^{(\beta)}$. The expression $\theta(V)$ is the same for ζ_i and ζ_j. Applying (4) to the two characters ζ_i and ζ_j, we see that

$$\begin{vmatrix} \omega_i(V_1) & \omega_i(V_2) \\ \omega_j(V_1) & \omega_j(V_2) \end{vmatrix} \equiv 0 \pmod{\mathfrak{p}}$$

for any two p-regular elements V_1 and V_2 for which $\mathfrak{D}^{(\beta)}$ is a Sylow group of $\mathfrak{N}(V_1)$ and of $\mathfrak{N}(V_2)$. Now IV shows that ζ_i and ζ_j belong to the same p-block. Assuming the statements (A), (B), (C) we have thus shown that if the Young diagrams of two characters have the same p-core, both characters belong to the same p-block. According to Proposition 1, the number of p-blocks is equal to the number of possible p-cores. Hence if two characters belong to the same p-block, their Young diagrams must necessarily have the same p-core. This shows that Nakayama's conjecture is correct, if (A), (B), (C) are assumed.

It remains to show that (A), (B), (C) are actually true. This proof will be given by G. de B. Robinson in the following paper.

UNIVERSITY OF TORONTO

Journal of the Mathematical Society of Japan Vol. 3, No. 1, May, 1951.

On the Algebraic Structure of Group Rings

Richard BRAUER

§ 1. Introduction

1. Let $\mathfrak{G}$ be a group of finite order g. If K is any given field of characteristic 0, the group ring Γ of $\mathfrak{G}$ with regard to K is a semisimple algebra. By Wedderburn's theorems, Γ is a direct sum of simple algebras A_i;

$$\Gamma = A_1 \oplus A_2 \oplus \cdots \oplus A_s. \tag{1}$$

Each A_i is isomorphic to a complete matric algebra of a certain degree q_i over a division algebra Δ_i;

$$A_i \cong [\Delta_i]_{q_i}. \tag{2}$$

The center Z_i of A_i may also be considered as the center of Δ_i. It is an extension field of finite degree r_i over K. Since Δ_i then is a central simple algebra over Z_i, its rank over Z_i is the square of a natural integer m_i. Then A_i has the rank $r_i q_i^2 m_i^2$ over K. We shall call the numbers m_i the *Schur indices* of $\mathfrak{G}$, since they first occurred in the work of *I. Schur* on representations of $\mathfrak{G}$ by linear transformations.

2. The theory of representations of groups of finite order was developed originally by *Frobenius* for the case that the coefficients of the representing linear transformations belong to an algebraically closed field of characteristic 0. The case of an arbitrary field K of characteristic 0 was considered by *I. Schur*.[1] We quote the main results.

Every representation of $\mathfrak{G}$ is completely reducible. Two representations of $\mathfrak{G}$ are similar, if and only if they have the same character. It is then sufficient to consider the irreducible representations of $\mathfrak{G}$ in K and their characters. These irreducible representations $\mathfrak{X}_1, \mathfrak{X}_2, \cdots, \mathfrak{X}_s$ are in one-to-one correspondence to the simple algebras $A_1, A_2, \cdots, A_s$ in (1).

If $\bar{K}$ is the algebraic closure of K, then $\mathfrak{X}_i$ breaks up in $\bar{K}$ into r_i

1) Schur [1], [2]. The connections with the theory of algebras are given in Brauer [1], [2]. See also Albert [1]; van der Waerden [1], Chapter XVII, [2]; Weyl [1], Chapters III and X.

distinct absolutely irreducible representations $\mathfrak{F}_i, \mathfrak{F}_{i'}, \mathfrak{F}_{i''}, \cdots$, each appearing with the same multiplicity m_i. Here, r_i and m_i are the same numbers which appeared in **1.** Thus, if the character of $\mathfrak{F}_j$ is denoted by χ_j, the character of $\mathfrak{T}_i$ is given by

$$m_i(\chi_i + \chi_i' + \cdots).$$

We now speak of m_i as the Schur index of each of the characters $\chi_i, \chi_{i'}, \cdots$ with regard to K.[2)]

The r_i characters $\chi_i, \chi_{i'}, \cdots$ form a full family of absolutely irreducible characters of $\mathfrak{G}$ which are algebraically conjugate with regard to K. Conversely, each such family of characters appears in one and only one irreducible representation $\mathfrak{T}_i$ of $\mathfrak{G}$ in K. Thus, if the characters of $\mathfrak{G}$ (in the classical sense) are known, it remains only to determine the Schur indices m_i in order to have a complete theory of representations of $\mathfrak{G}$ in K. We then also know the number s of terms in (1) and the numbers q_κ in (2) because $q_i m_i$ is equal to the degree of $\mathfrak{F}_i$. Furthermore, the centers Z_i are known, since Z_i is isomorphic over K to the field $K(\chi_i)$ obtained from K by adjunction of all values $\chi_i(G)$, $G\in\mathfrak{G}$.

According to a result of *Schur*, the index m_i can also be characterized in the following manner. The representation $\mathfrak{F}_i$ can be written in certain extension fields Ω of K. In the language of the theory of algebras, these fields Ω are the splitting fields of A_i. It is clear that a splitting field Ω must contain the character χ_i. If a splitting field Ω has finite degree over $K(\chi_i)$, this degree is divisible by m_i. On the other hand, there exist splitting fields of exact degree m_i over $K(\chi_i)$. Thus, m_i is the minimal value of the degrees of splitting fields Ω over $K(\chi_i)$.

If we are able to determine the Schur index of χ_i with regard to an arbitrary field, we can decide whether or not a field $\Omega \supseteq K(\chi_i)$ is a splitting field of A_i. This will be so, if and only if χ_i has the Schur index 1 with regard to Ω.

3. The different characterizations of the Schur index do not provide a method to determine m_i, and this whole question remains open in Schur's

2) In the case of fields of characteristic $p \neq 0$, it follows from Wedderburn's theorem on division algebras over finite fields that all Schur indices are 1, cf. Brauer [2]. However Γ is no longer semisimple in this case.

theory.[3] It is the purpose of the present paper to show that the problem can be reduced to the case where the group is a soluble group of a very special type $(\mathfrak{E})$. Only groups of type $(\mathfrak{E})$ have to be considered which are subgroups of the given group $\mathfrak{G}$. The groups of type $(\mathfrak{E})$ shall be treated in a subsequent paper.

Though no use of class field theory is made in this investigation, it is perhaps pertinent to remark that the group theoretical methods used were first developed in connection with a problem which arose in class field theory. Thus, in an indirect way, we have benefitted from *Takagi*'s fundamental work.

Notation

4. The order of the given group $\mathfrak{G}$ will be denoted by g. For G_1, $G_2 \epsilon \mathfrak{G}$, we write $G_1 \sim G_2$, if G_1 and G_2 are conjugate in $\mathfrak{G}$. If $\mathfrak{A}$ is a subset of $\mathfrak{G}$, we shall denote by $\mathfrak{N}(\mathfrak{A})$ the normalizer of $\mathfrak{A}$, i.e. the subgroup of $\mathfrak{G}$ consisting of those elements G for which $\mathfrak{A}G = G\mathfrak{A}$. In particular, this will be done, if $\mathfrak{A}$ consists of one element A, we then write $\mathfrak{N}(A)$. The order of $\mathfrak{N}(A)$ will be $n(A)$.

If $\psi = \psi(U)$ is a character of a group $\mathfrak{U}$, restriction of the argument U to a subgroup $\mathfrak{B}$ of $\mathfrak{U}$ yields a character of $\mathfrak{B}$ for which we use the notation $\psi(\mathfrak{B})$. By an irreducible character of a group, we always mean an absolutely irreducible character, that is, a character which is irreducible in the algebraically closed field.

The letter P will be used for the field of rational numbers and ε will stand for a primitive g-th root of unity. The Galois group of $\mathsf{P}(\varepsilon)$ with regard to P is denoted by $\mathfrak{L}$. Each $\sigma \epsilon \mathfrak{L}$ carries ε into a power of ε; we set

$$(3) \qquad \sigma: \quad \varepsilon \rightarrow \varepsilon^{\nu(\sigma)}$$

Here, $\nu(\sigma)$ is an integer determined (mod g) and prime to g. The correspondence $\sigma \rightarrow \nu(\sigma)$ defines an isomorphism of $\mathfrak{L}$ on the multiplicative group of integers prime to g (mod g).

Each character ψ of a subgroup $\mathfrak{U}$ of $\mathfrak{G}$ lies in $\mathsf{P}(\varepsilon)$. An element

3) For instance, these characterizations do not show that all m_i are equal to 1, if K contains the g-th roots of unity.

$\sigma \in \mathfrak{L}$ carries ψ into a character ψ^{σ}. If we write $\psi(U)$ as sum of characteristic roots for $U \in \mathfrak{U}$, we see that

$$\psi^{\sigma}(U) = \psi(U^{\nu(\sigma)}). \tag{4}$$

If ψ is irreducible, so is ψ^{σ}.

If p is a fixed prime, the *p-part* of a rational integer r is the highest power p^{ρ} of p dividing r. Similarly, we speak of the $\mathfrak{p}$-part of algebraic integers for suitable prime ideals $\mathfrak{p}$. If $\mathfrak{U}$ is a group of finite order, a fixed p-Sylow subgroup of $\mathfrak{U}$ will often be denoted by $\mathfrak{U}_p$. In particular, $\mathfrak{L}_p$ will always stand for the unique p-Sylow subgroup of the group $\mathfrak{L}$. Thus, $\mathfrak{L}_p$ consists of those $\sigma \in \mathfrak{L}$ for which $\nu(\sigma)$ in (3) belongs to an exponent (mod g) which is a power of p.

An element G of $\mathfrak{G}$ will be said to be *p-regular*, if the order of G is prime to p.

§ 2. Group of type ($\mathfrak{E}$)

5. Let $\chi = \chi(G)$ denote an irreducible character of the group $\mathfrak{G}$. In order to determine the Schur index m of χ with regard to a given field K of characteristic 0, it is sufficient to determine the p-part m_p of m for every prime number p. Since m divides the degree of χ, we have $m_p = 1$, if p does not divide the order g of $\mathfrak{G}$. Our method will be based on the following remark:

(2A) *Let* K^* *be a maximal subfield of* $\mathsf{K}(\chi, \varepsilon)$ *over* $\mathsf{K}(\chi)$ *such that the degree* $[\mathsf{K}^* : \mathsf{K}(\chi)]$ *is not divisible by the prime* p. *If* ξ *is an irreducible character of a subgroup* $\mathfrak{G}^*$ *of* $\mathfrak{G}$ *such that* ξ *lies in* K^* *and that* ξ *appears in* $\chi(\mathfrak{G}^*)$ *with a multiplicity* v *prime to* p, *then the p-part* μ_p *of the index* μ *of* ξ *with regard to* $\mathsf{K}(\chi)$ *is equal to the p-part* m_p *of the index* m *of* χ *with regard to* K.

Proof:[4] There exists a representation of $\mathfrak{G}$ in $\mathsf{K}(\chi)$ whose character θ is $m\chi$. Then $\theta(\mathfrak{G}^*)$ contains ξ with the multiplicity mv and hence $\mu | mv$. Since $(v, p) = 1$, we have $\mu_p \mid m_p$.

On the other hand, there exists a representation of $\mathfrak{G}^*$ in K^* with the character $\mu\xi$. The induced representation of $\mathfrak{G}$ then lies in K^* and its character contains χ with the multiplicity μv. Thus the index of χ

4) For the method used here, cf. Schur [1].

with regard to K* divides μv and this implies that $m \mid \mu v[K^* : K(\chi)]$. Since the last two factors here are prime to p, $m_p | \mu_p$. This proves (**2A**).

6. It will be shown below that there always exist subgroups $\mathfrak{G}^*$ of a very special type ($\mathfrak{E}$) such that for a suitable character ξ of $\mathfrak{G}^*$ the assumptions of (**2A**) are satisfied. We now study subgroups of this type ($\mathfrak{E}$).

If p is a given prime number we shall say that a group $\mathfrak{H}$ is of *type* ($\mathfrak{E}$) (for p), if $\mathfrak{H}$ contains a normal cyclic subgroup $\mathfrak{A}=\{A\}$ of order a prime to p, such that $\mathfrak{H}/\mathfrak{A}$ is a p-group. It is clear that all such groups $\mathfrak{H}$ are soluble. If $\mathfrak{P}$ is a Sylow subgroup $\mathfrak{H}_p$ of $\mathfrak{H}$, we have

(5)
$$\mathfrak{H}=\mathfrak{A}\mathfrak{P}.$$

For each $X \in \mathfrak{H}$, we must have an equation

$$XAX^{-1}=A^{\lambda}$$

where λ is an integer prime to a which is determined (mod a). The mapping $X \rightarrow \lambda$ is a homomorphism of $\mathfrak{H}$ on a multiplicative group Λ of residue classes of integers (mod a). The kernel of this homomorphism is the normalizer $\mathfrak{H}_0$ of A in $\mathfrak{H}$. If $\mathfrak{P}_0=\mathfrak{P} \cap \mathfrak{H}_0$, then the product $\mathfrak{A}\mathfrak{P}_0$ is direct and

(6)
$$\mathfrak{H}_0=\mathfrak{A} \times \mathfrak{P}_0.$$

Since $\mathfrak{H}_0$ is normal in $\mathfrak{H}$, $\mathfrak{P}_0$ is normal in $\mathfrak{P}$. We have

(7)
$$\mathfrak{H}/\mathfrak{H}_0 \simeq \mathfrak{P}/\mathfrak{P}_0 \simeq \Lambda.$$

For given p we shall call a group an *elementary group*, if it is the direct product of a p-group with a cyclic group of an order prime to p. We now have

(**2B**) *A group* $\mathfrak{H}$ *of type* ($\mathfrak{E}$) *for* p *contains an elementary normal subgroup* $\mathfrak{H}_0$ *such that* $\mathfrak{H}/\mathfrak{H}_0$ *is an abelian* p*-group. Groups of type* ($\mathfrak{E}$) *can be defined by this condition.*

We show next

(**2C**) *The degrees of the irreducible representations of a group* $\mathfrak{H}$ *of type* ($\mathfrak{E}$) *for* p *are all powers of* p.

Proof: The corresponding statement is certainly true for $\mathfrak{H}_0$ since $\mathfrak{H}_0$ is the direct product of a p-group with a cyclic group. If φ is an irreducible character of a group $\mathfrak{U}$ and $\mathfrak{B}$ a normal subgroup of index p, then $\varphi(\mathfrak{B})$

is either irreducible or it breaks up into p irreducible constituents of equal degrees. The statement is obtained if this is applied successively to the groups of a composition series leading from $\mathfrak{H}$ to $\mathfrak{H}_0$.

7. In order to construct subgroups $\mathfrak{H}$ of type $(\mathfrak{E})$ of a given group $\mathfrak{G}$, we pick a p-regular element A of $\mathfrak{G}$. Since $\mathfrak{P}$ in (5) must be a p-group contained in the normalizer $\mathfrak{N}(\mathfrak{A})$ of $\mathfrak{A}=\{A\}$ in $\mathfrak{G}$, we obtain the maximal subgroups of type $(\mathfrak{E})$ of $\mathfrak{G}$ by choosing $\mathfrak{P}$ as Sylow group $\mathfrak{N}(\mathfrak{A})_p$ of $\mathfrak{N}(\mathfrak{A})$ and taking $\mathfrak{H}=\mathfrak{A}\mathfrak{P}$.

We shall have to work only with these maximal subgroups of type $(\mathfrak{E})$; subgroups $\mathfrak{H}$ and $\mathfrak{H}^*$ which are conjugate in $\mathfrak{G}$ are equivalent for our purpose. Hence it will not matter, which Sylow group of $\mathfrak{N}(\mathfrak{A})$ is chosen for $\mathfrak{P}$. We may also replace A by a conjugate element in $\mathfrak{G}$. Thus, for given p, the number of groups $\mathfrak{H}$ to be considered is equal to the number l of classes of p-regular conjugate elements in $\mathfrak{G}$. If, for each of these l groups $\mathfrak{H}$, we know how the character breaks up into irreducible characters of $\mathfrak{H}$, we can decide at once which of these $\mathfrak{H}$ can be used for $\mathfrak{G}^*$ in **(2A)**. Our principal result is that such groups $\mathfrak{H}$ always exist. However, this will be proved only at the end of § 4.

We add here a few simple remarks concerning maximal subgroups of $\mathfrak{G}$ of type $(\mathfrak{E})$.

(2D) *If $\mathfrak{H}=\mathfrak{A}\mathfrak{P}$ is a maximal subgroup of $\mathfrak{G}$ of type $(\mathfrak{E})$, $\mathfrak{A}=\{A\}$, then $\mathfrak{H}$ contains a Sylow group $\mathfrak{N}(A)_p$ of the normalizer $\mathfrak{N}(A)$ of A in $\mathfrak{G}$. We may take $\mathfrak{P}_0$ for $\mathfrak{N}(A)_p$.*

Proof: If we use the same notation as in **6**, then $\mathfrak{P}_0$ will be contained in a Sylow subgroup $\mathfrak{P}_1$ of $\mathfrak{N}(A)$ and $\mathfrak{P}_1$ in turn is contained in a Sylow subgroup $\mathfrak{P}^*$ of $\mathfrak{N}(\mathfrak{A})$. Since $\mathfrak{P}$ too is a Sylow-subgroup of $\mathfrak{N}(\mathfrak{A})$, both $\mathfrak{P}$ and $\mathfrak{P}^*$ are conjugate in $\mathfrak{N}(\mathfrak{A})$, say, $\mathfrak{P}=N^{-1}\mathfrak{P}^*N$ with $N\epsilon\mathfrak{N}(\mathfrak{A})$. Hence $N^{-1}\mathfrak{P}_1N\subseteq\mathfrak{P}$. As $N^{-1}\mathfrak{P}_1N\subseteq\mathfrak{N}(A)$, it follows that $N^{-1}\mathfrak{P}_1N$ belongs to $\mathfrak{P}\cap\mathfrak{N}(A)$. This intersection lies in $\mathfrak{P}_0$. Thus the order of $\mathfrak{P}_0$ is at least equal to the order of $\mathfrak{P}_1$. Hence $\mathfrak{P}_0=\mathfrak{P}_1$, and this proves **(2D)**.

(2E) *If A is conjugate in $\mathfrak{G}$ to A^λ and if λ belongs to an exponent* (mod a) *which is a power of p, then A and A^λ are conjugate with regard to the Sylow subgroup $\mathfrak{P}$ of $\mathfrak{N}(\mathfrak{A})$.*

Proof: If $GAG^{-1}=A^\lambda$ with $G\epsilon\mathfrak{G}$, it follows that $G^jAG^{-j}=A^{\lambda^j}$. If j is congruent to 1 modulo a sufficiently high power of p, this becomes $G^jAG^{-j}=A^\lambda$. We may impose on j the further condition that it is divisible by all prime powers dividing g and prime to p. Then the order of G^j is a power of p. Since G^j belongs to $\mathfrak{N}(\mathfrak{A})$, it belongs to a conjugate $N\mathfrak{P}N^{-1}$ of the Sylow subgroup $\mathfrak{P}$; $N \in \mathfrak{N}(\mathfrak{A})$. For $X = N^{-1}G^jN$, we have $XAX^{-1} = A^{\lambda}$, $X \in \mathfrak{P}$, as stated.

In the case of a maximal subgroup $\mathfrak{H} = \{A\}\mathfrak{P}$ of $\mathfrak{G}$ of type $(\mathfrak{E})$, the set Λ in (7) can now be characterized by the condition that it consists of the λ (mod a) such that

(I) λ is prime to a and belongs to an exponent (mod a) which is a power of p.

(II) The elements A and A^{λ} are conjugate in $\mathfrak{G}$.

For each $\lambda \in \Lambda$, we can choose an $X_{\lambda} \in \mathfrak{P}$ such that

$$X_{\lambda}AX_{\lambda}^{-1} = A^{\lambda}. \tag{8}$$

These X_{λ} form a complete residue system of $\mathfrak{P}$ (mod $\mathfrak{P}_0$) and hence of $\mathfrak{H}$ (mod $\mathfrak{H}_0$). For $\lambda, \mu \in \Lambda$, we have

$$X_{\lambda}X_{\mu} = X_{\lambda\mu}P_{\lambda,\mu} \tag{9}$$

with $P_{\lambda,\mu} \in \mathfrak{P}_0$. (The indices here are to be taken mod a).

§ 3. Association of the characters of $\mathfrak{G}$ with p-regular elements

8. Let $\chi_1, \chi_2, \cdots, \chi_k$ denote the irreducible characters of $\mathfrak{G}$. Suppose that a fixed prime p has been chosen. We wish to associate each χ_i with some p-regular element A of $\mathfrak{G}$ in a fashion which will enable us to show later that the corresponding maximal subgroup $\mathfrak{H}$ of type $(\mathfrak{E})$ has a character ξ satisfying the assumptions of **(2A)**.

Let $\mathfrak{K}_1, \mathfrak{K}_2, \cdots, \mathfrak{K}_k$ be the classes of conjugate elements of $\mathfrak{G}$ and let G_j be a representative element of $\mathfrak{K}_j$. Then $\mathfrak{K}_j$ consists of $g/n(G_j)$ elements. The p-regular elements among $G_1, G_2, \cdots, G_k$ will be denoted by $A_1, A_2, \cdots, A_l$. For each A_{κ}, we define the section $S(A_{\kappa})$ as the set of those classes $\mathfrak{K}_j$ which contain elements $A_{\kappa}P$ such that P belongs to a Sylow group $\mathfrak{N}(A_{\kappa})_p$. Each class $\mathfrak{K}_i$ belongs to one and only one of the sections $S(A_1), S(A_2), \cdots, S(A_l)$. Thus, if $S(A_{\kappa})$ consists of $h(A_{\kappa})$ classes $\mathfrak{K}_j$,

$$k = \sum_{\kappa=1}^{l} h(A_{\kappa}).$$

We start from the determinant

$$D = |\chi_i(G_j)|; \quad (i, j = 1, 2, \cdots, k).$$

It follows from the orthogonality relations for characters that

$$D = \prod_{j=1}^{k} n(G_j)^{\frac{1}{2}} \tag{10}$$

Now use the Laplace expansion of the determinant D with regard to the l sections. In order to have a convenient way of writing the formula, we introduce the following notation. Let $Z(A_\kappa)$ denote the set of $h(A_\kappa)$ indices j for which $\mathfrak{K}_j \epsilon S(A_\kappa)$, taken in some fixed order. If Y is an ordered set of $h(A_\kappa)$ indices i, $1 \leqq i \leqq k$, we set

$$D(Y, Z(A_\kappa)) = |\chi_i(G_j)|; \quad (i \epsilon Y, j \epsilon Z(A_\kappa)). \tag{11}$$

Let $\mathfrak{S}$ denote the symmetric group of all permutations of 1, 2, $\cdots$, k and let $\mathfrak{R}$ denote the subgroup which permutes the elements of each $Z(A_\kappa)$ among themselves. Then

$$D = \sum_\pi{}' \varphi(\pi) \prod_{\kappa=1}^{l} D(Z(A_\kappa)\pi, Z(A_\kappa)) \tag{12}$$

where π ranges over a complete residue system of $\mathfrak{S}$ (mod $\mathfrak{R}$), and where $\varphi(\pi) = +1$ for even π, $\varphi(\pi) = -1$ for odd π. If we denote the product in (12) by $T(\pi)$,

$$D = \sum_\pi{}' \varphi(\pi) T(\pi); \tag{12*}$$

then $\varphi(\pi) T(\pi)$ remains unchanged, if π is replaced by another element of the same residue class.

Chose a fixed prime ideal divisor $\mathfrak{p}$ of p in the field $\mathrm{P}(\varepsilon)$. As shown previously,[5)] the determinants (11) are divisible by a certain power $\mathfrak{p}^*(A_\kappa)$ of $\mathfrak{p}$ which is defined by the condition that its square $\mathfrak{p}^*(A_\kappa)^2$ is the $\mathfrak{p}$-part of $\prod_j n(G_j)$ where the product is extended over $j \epsilon Z(A_\kappa)$. If we set

$$\mathfrak{p}^* = \prod_{\kappa=1}^{l} \mathfrak{p}^*(A_\kappa),$$

$$T(\pi) \equiv 0 \pmod{\mathfrak{p}^*}. \tag{13}$$

9. On the other hand, as shown by (10), D is not divisble by $\mathfrak{p}\mathfrak{p}^*$. If we succeed in distributing the terms of the sum (12*) into disjoint sets

---

5) Brauer [3].

such that the number of terms in each set is a power of p and that any two terms belonging to the same set are congruent modulo $\mathfrak{p}\mathfrak{p}^*$, it follows that there must exist a set consisting of only one term, such that for this term and all $\varkappa$

(14) $$D(Z(A_\varkappa)\pi,\ Z(A_\varkappa)) \not\equiv 0 \pmod{\mathfrak{p}\mathfrak{p}^*(A_\varkappa))}$$

Every element σ of the Galois group $\mathfrak{L}$ effects a permutation σ^* of the k characters, $\chi_i \to \chi_i^\sigma$. We write $\chi_i^\sigma = \chi_{i\sigma^*}$ where $i\sigma^*$ stands for one of the indices 1, 2, ⋯, k. It follows from (4) that

(15) $$\chi_{i\sigma^*}(G) = \chi_i^\sigma(G) = \chi_i(G^{\nu(\sigma)}).$$

Since $\nu(\sigma)$ is prime to g, the mapping $G^{\nu(\sigma)} \to G$ is a permutation of the elements of $\mathfrak{G}$ which maps a class of conjugate elements $\mathfrak{K}_j$ on a class of conjugate elements $\mathfrak{K}_{\bar{j}}$. Let $\bar{\sigma}$ denote this permutation of $\mathfrak{K}_1, \mathfrak{K}_2, \cdots, \mathfrak{K}_k$; we set $\bar{j} = j\bar{\sigma}$. For $G = G_{j\bar{\sigma}}$, (15) implies

(16) $$\chi_{i\sigma^*}(G_{j\bar{\sigma}}) = \chi_i(G_j).$$

Substitution of this in (11) yields

(17) $$D(Y, Z(A_\varkappa)) = D(Y\sigma^*, Z(A_\varkappa)\bar{\sigma}).$$[6]

The permutation $\bar{\sigma}$ will carry the section $S(A_\varkappa)$ into a section $S(A_{\varkappa'})$ where $A_{\varkappa'}$ is determined by the condition $A_{\varkappa'}^{\nu(\sigma)} \sim A_\varkappa$. We can then set

(18) $$Z(A_\varkappa)\bar{\sigma} = Z(A_{\varkappa'})\tau$$

with $\tau \in \mathfrak{R}$. It is seen easily that

(19) $$\bar{\sigma}\mathfrak{R} = \mathfrak{R}\bar{\sigma}.$$

Now, (17) for $Y = Z(A_\varkappa)\pi$ becomes

$$D(Z(A_\varkappa)\pi,\ Z(A_\varkappa)) = D(Z(A_\varkappa)\pi\sigma^*,\ Z(A_{\varkappa'})\tau) = D(Z(A_{\varkappa'})\tau\bar{\sigma}^{-1}\pi\sigma^*,\ Z(A_{\varkappa'})\tau),$$

Here, the factor τ can be removed, since it appears both in the rows and in the columns. If $\varkappa$ ranges from 1 to l, so does $\varkappa'$ and multiplication over $\varkappa$ yields

(20) $$T(\pi) = T(\bar{\sigma}^{-1}\pi\sigma^*)$$

---

6) If τ is a permutation of a certain set X, and if X_0 is a subset of X, we write $X_0\tau$ for the set obtained from X_0 by application of τ.

where $T(\pi)$ is the same as in (12*).

This holds for all $\sigma \in \mathfrak{L}$. We now restrict σ to the Sylow group $\mathfrak{L}_p$ of $\mathfrak{L}$. If p is odd, both $\bar{\sigma}$ and σ^* are even and hence $\varphi(\pi) = \varphi(\bar{\sigma}^{-1}\pi\sigma^*)$. In any case, we have

$$(21) \qquad \varphi(\pi) \equiv \varphi(\bar{\sigma}^{-1}\pi\sigma^*) \pmod{p}$$

since for $p=2$ both sides are ± 1.

We call two permutations $\pi, \pi' \in \mathfrak{S}$ equivalent, if there exists a $\sigma \in \mathfrak{L}_p$ such that $\mathfrak{R}\pi' = \mathfrak{R}\bar{\sigma}^{-1}\pi\sigma^*$. Because of (19), this is an equivalence relation. By (20), (21), and (13),

$$\varphi(\pi)T(\pi) \equiv \varphi(\pi')T(\pi') \pmod{\mathfrak{p}\mathfrak{p}^*}$$

for equivalent π, π'. For a fixed $\pi_0 \in \mathfrak{S}$, the $\sigma \in \mathfrak{L}_p$ with $\mathfrak{R}\pi_0 = \mathfrak{R}\bar{\sigma}^{-1}\pi_0\sigma^*$ form a subgroup $\mathfrak{L}_p^0$ of $\mathfrak{L}_p$. Then the number of terms of (12*) for which π is equivalent to π_0 is equal to $(\mathfrak{L}_p : \mathfrak{L}_p^0)$, that is, it is a power of p.

If we collect the terms of (12*) which belong to equivalent permutations, we now see that the conditions set down at the beginning of **9** are satisfied. Hence it is possible to choose a permutation $\pi = \pi_0$ such that (14) holds and that $\mathfrak{L}_p = \mathfrak{L}_p^0$. Hence $\mathfrak{R}\pi = \mathfrak{R}\bar{\sigma}^{-1}\pi\sigma^*$ for all $\sigma \in \mathfrak{L}_p$ and this yields $\pi\sigma^* \in \mathfrak{R}\bar{\sigma}\pi$. Now (18) shows that if $i \in Z(A_\varkappa)\pi$, then $i\sigma^* \in Z(A_{\varkappa'})\pi$. We associate with $A_\varkappa$ the $h(A_\varkappa)$ characters χ_i with $i \in Z(A_\varkappa)\pi$, $(\varkappa = 1, 2, \cdots, l)$.

We have thus shown

(3A) *Let $A_1, A_2, \cdots, A_l$ represent the different classes of p-regular conjugate elements in $\mathfrak{G}$. If the section of $A_\varkappa$ consists of $h(A_\varkappa)$ classes, we can associate $h(A_\varkappa)$ irreducible characters of $\mathfrak{G}$ with $A_\varkappa$, $(\varkappa = 1, 2, \cdots, l)$, such that each character χ_i of $\mathfrak{G}$ is associated with exactly one $A_\varkappa$ and that the following two conditions (α), (β) hold*

(α) *If χ_i is associated with $A_\varkappa$, then, for $\sigma \in \mathfrak{L}_p$, χ_i^σ is associated with that element $A_{\varkappa'}$ for which $A_{\varkappa'}^{\nu(\sigma)} \sim A_\varkappa$.*

(β) *If χ_i ranges over the characters associated with $A_\varkappa$, and if G_j ranges over the representatives of the classes of the section of $A_\varkappa$, we have*

$$(22) \qquad |\chi_i(G_j)| \not\equiv 0 \qquad (\text{mod } \mathfrak{p}\mathfrak{p}^*(A_\varkappa))$$

where $\mathfrak{p}$ is a prime ideal divisor of p in the field $\mathrm{P}(\varepsilon)$ and $\mathfrak{p}^*(A_\varkappa)^2$ is the $\mathfrak{p}$-part of $\prod_j n(G_j)$.

The following statement is a special case of (α) :

(3B) *Suppose that χ_i is associated with $A_\varkappa$. For $\sigma\in\mathfrak{L}_p$, the character χ_i^σ is associated with $A_\varkappa$, if and only if $A_\varkappa\sim A_\varkappa^{\nu(\sigma)}$. In particular, if $\chi_i^\sigma=\chi_i$ for $\sigma\in\mathfrak{L}_p$, then $A_\varkappa\sim A_\varkappa^{\nu(\sigma)}$.*

§ 4. Proof of the main result

10. Let $A=A_\varkappa$ be one of the elements $A_1, \cdots, A_l$. With A there are associated $h(A)$ characters χ_i and for suitable choice of A, any given irreducible character of $\mathfrak{G}$ appears among the χ_i. Changing the notation, we may assume that the characters χ_i, $i=1, 2, \cdots, h(A)$, are associated with A. If A is now fixed, we construct a corresponding maximal subgroup $\mathfrak{H}$ of $\mathfrak{G}$ of type ($\mathfrak{E}$) as described in **7.** By **(2D)** and (6), $\mathfrak{H}_0$ is a direct product of $\mathfrak{A}=\{A\}$ and a Sylow subgroup $\mathfrak{P}_0=\mathfrak{N}(A)_p$.

Let $\vartheta_1, \vartheta_2, \cdots, \vartheta_t$ denote the irreducible character of $\mathfrak{P}_0$. Each irreducible character ψ of $\mathfrak{H}_0$ then is a product of a linear character ζ of $\mathfrak{A}$ and one of the ϑ_i

$$\psi(A^\tau P)=\zeta(A)^\tau\vartheta_i(P) \qquad (\text{for } P\in\mathfrak{P}_0).$$

Since each $\chi_i(\mathfrak{H}_0)$ must break up into characters ψ, we can set

$$\chi_i(AP)=\sum_{j=1}^{t} z_{ij}\vartheta_j(P) \qquad (\text{for } P\in\mathfrak{P}_0) \tag{23}$$

where the z_{ij} are algebraic integers, $z_{ij}\in\mathrm{P}(\varepsilon)$.

11. The elements $\sigma\in\mathfrak{L}_p$, for which $A\sim A^{\nu(\sigma)}$, form a subgroup $\mathfrak{L}_p^*$. If we apply $\sigma\in\mathfrak{L}_p^*$ to (23) and use the same notation as in (15), we find

$$\chi_i(AP)^\sigma=\chi_{i\sigma^*}(AP)=\sum_{j=1}^{t} z_{i\sigma^*,j}\vartheta_j(P). \tag{24a}$$

On the other hand, by (4), $\chi_i(AP)^\sigma=\chi_i(A^{\nu(\sigma)}P^{\nu(\sigma)})$. For $\sigma\in\mathfrak{L}_p^*$, the exponent $\nu(\sigma)$ satisfies the conditions (I), (II) in **7.** Hence $\nu(\sigma)\in\Lambda$. By (8), $A^{\nu(\sigma)}=X_{\nu(\sigma)}AX_{\nu(\sigma)}^{-1}$ and, consequently

$$\chi_i(AP)^\sigma=\chi_i(X_{\nu(\sigma)}AX_{\nu(\sigma)}^{-1}P^{\nu(\sigma)})=\chi_i(AX_{\nu(\sigma)}^{-1}P^{\nu(\sigma)}X_{\nu(\sigma)}).$$

Now (23) yields

$$\chi_i(AP)^\sigma=\sum_{j=1}^{t} z_{ij}\vartheta_j(X_{\nu(\sigma)}^{-1}P^{\nu(\sigma)}X_{\nu(\sigma)}).$$

Since, for fixed σ, the mapping $P\rightarrow X_{\nu(\sigma)}^{-1}PX_{\nu(\sigma)}$ is an automorphism of $\mathfrak{P}_0$, the expression

$$\vartheta_{j'}(P)=\vartheta_j(X_{\nu(\sigma)}^{-1}P^{\nu(\sigma)}X_{\nu(\sigma)})=\vartheta_j(X_{\nu(\sigma)}^{-1}PX_{\nu(\sigma)})^{\sigma}$$

is again an irreducible character of $\mathfrak{P}_0$. Hence we have a permutation σ' of $\vartheta_1, \vartheta_2, \cdots, \vartheta_t$; we set $j'=j\sigma'$. Furthermore, it follows from (9) that for $\sigma_1, \sigma_2 \epsilon \mathfrak{L}_p^*$, we have $(\sigma_1\sigma_2)'=\sigma_1'\sigma_2'$; the σ' form a representation of $\mathfrak{L}_p^*$ by permutations. We can now write

(24b) $$\chi_i(AP)^{\sigma}=\sum_{j=1}^{t} z_{ij}\vartheta_{j\sigma'}(P)$$

and on comparing this with (24a), we obtain

(25) $$z_{ij}=z_{i\sigma^*,\, j\sigma'} \quad (1\leq i\leq h(A),\ 1\leq j\leq t;\ \sigma\epsilon\mathfrak{L}_p^*)$$

Let X denote any set of $h(A)$ indices j. We can then form the minor $W(X)$ of the $(h(A)\times t)$-matrix (z_{ij}) which contains the columns $j\epsilon X(A)$.[7] We shall consider X as an unordered set. Then $W(X)$ is determined only apart from a $\pm$ sign. The method applied in an earlier investigation together with (22) yields

(26) $$\sum_X W(X)^2 \not\equiv 0 \qquad (\text{mod } \mathfrak{p}).$$ [8]

On the other hand, (25) gives

$$W(X\sigma')=\pm W(X) \qquad (\text{for } \sigma\epsilon\mathfrak{L}_p^*).$$

Now an argument similar to that used in **9** in connection with the sum (12*) shows that there must exist a minor $W(X)\not\equiv 0$ (mod $\mathfrak{p}$) such that σ' permutes the corresponding ϑ_j among themselves. Taking the ϑ_j in suitable order, we may assume that $W(X)$ occupies the first $h(A)$ columns.

---

7) As shown in Brauer [3], we have $t\geq h(A)$.

8) We use the formulas (23), (24) in Brauer [4]. The determinant Δ there is the same as the determinant (22) of the present paper. If U in (23) of the previous paper is specialized suitably, we obtain a formula

$$\alpha W(X)=\pm\beta M(X).$$

Here, $M(X)$ is the minor of degree $t-h(A)$ of Θ_1^* which contains the characters ϑ_j with $j\notin X$. The numbers α, β are algebraic integers with $(\beta, \mathfrak{p})=1$ which do not depend on X and which can be given explicitly. On the other hand, the $\mathfrak{p}$-part of

$$|\Theta_1^{*\prime}\Theta_1^*|=\sum M(X)^2$$

has been determined in Brauer [3], pp. 59-61. It follows from (22) of the present paper that this si the same as the $\mathfrak{p}$-part of α^2 and this gives the desired result.

The square matrix

$$(z_{ij}), \quad (i, j=1, 2, \cdots, h(A)),$$

now has the following properties: (a) The coefficients are algebraic integers of a certain number field. (b) The determinant is not divisible by a prime ideal divisor $\mathfrak{p}$ of p. (c) There exist two permutation representations $\{\sigma^*\}$ and $\{\sigma'\}$ of a certain p-group $\mathfrak{L}_p^*$ such that application of σ^* to the rows and of σ' to the columns maps each coefficient z_{ij} on an equal one, cf. (25). A simple lemma[9] states that we then may arrange the columns in such an order that

$$(27) \qquad z_{ii} \not\equiv 0 \pmod{\mathfrak{p}}$$

for $i=1, 2, \cdots, h(A)$ and that the two equations $i\sigma^*=i$, $i\sigma'=i$ imply each other.

12. Let $\chi=\chi_i$ be a fixed character associated with A and let K^* have the same significance as in (**2A**). The Galois group $\mathfrak{M}$ of $\mathsf{K}^*(\varepsilon)$ with regard to K^* may be considered as a subgroup of $\mathfrak{L}_p$. Since χ_i lies in K^*, we have $\chi_{i\sigma^*}=\chi_i$ for $\sigma\in\mathfrak{M}$ and (**3B**) shows that $\mathfrak{M}\subseteq\mathfrak{L}_p^*$. Furthermore, the last statement in **11** gives

$$(28) \qquad i\sigma'=i \qquad (\text{for } \sigma\in\mathfrak{M}).$$

If we break up $\chi_i(\mathfrak{H})$ into irreducible characters of $\mathfrak{H}$, characters which are algebraically conjugate with regard to K^* appear with the same multiplicity. We write the formula in the form

$$(29) \qquad \chi_i(\mathfrak{H})=\sum v_\nu(\xi_\nu+\xi_\nu'+\xi_\nu''+\cdots)$$

where the $\xi_\nu, \xi_\nu', \xi_\nu'', \cdots$ are irreducible characters of $\mathfrak{H}$ and where in each parenthesis characters have been collected which are algebraically conjugate with regard to K^*. Hence the number of characters in each parenthesis is a power of p, and each character in the parenthesis containing ξ_ν has the form ξ_ν^σ with $\sigma\in\mathfrak{M}$.

Replace for a moment $\mathfrak{G}$ by $\mathfrak{H}$. For $\xi_\nu(AP)$, we must have formulas analogous to (23), say

$$\xi_\nu(AP)=\sum \tilde{z}_{\nu j}\vartheta_j(P).$$

Applying (24b) in this case, we have

---

9) The proof of the lemma is not difficult. It will be given in the continuation of the paper.

$$(30) \qquad \xi_\nu(AP)^\sigma = \sum_j \tilde{z}_{\nu,j} \vartheta_{j\sigma'}(P).$$

In particular, for $\sigma \in \mathfrak{M}$, the term $\vartheta_i(P)$ appears with the coefficient $\tilde{z}_{\nu i}$ because of (28). Substitute (30) in (29) for the element $AP \in \mathfrak{H}_0 \subseteq \mathfrak{H}$. On comparing the coefficient of $\vartheta_i(P)$ in $\chi_i(AP)$ here and in (23), we have

$$z_{ii} = \sum_\nu v_\nu (\tilde{z}_{\nu i} + \tilde{z}_{\nu i} + \cdots).$$

Now, (27) shows that there must appear at least one ξ_ν in (29) such that $v_\nu \not\equiv 0 \pmod p$ and that there is only one term in its bracket. The latter statement means that ξ_ν belongs to K*.

We have now shown that ξ_ν satisfies the conditions of **(2A)** and hence **(2A)** can be used to find the p-part of the index m of χ. The result **(2C)** yields a slight simplification: We must have $\mu_p = \mu$, since the degree of ξ_ν is a power of p.

We thus have

Theorem: *If χ is an irreducible character of the group $\mathfrak{G}$, if K is a field of characteristic 0, then for every prime p there exists a subgroup $\mathfrak{H}$ of type $(\mathfrak{E})$ and an irreducible character ξ of $\mathfrak{H}$ such that the p-part of the Schur index of χ with regard to K is equal to the Schur index μ of ξ with regard to K(χ).*

If we take K = P and determine the character ξ in this case, the same character ξ can be used for every field of characteristic 0. Hence we have the

Remark: The character ξ in the Theorem can be chosen independent of the field K.

As already remarked, the selection of ξ can be made if we know how $\chi(\mathfrak{H})$ breaks up into irreducible characters of $\mathfrak{H}$ for every maximal subgroup of type $(\mathfrak{E})$ of $\mathfrak{G}$.

Thus, the whole problem of the Schur indices has been reduced to the case where the group is of type $(\mathfrak{E})$.

University of Michigan.

Bibliography

A. A. Albert

[1] Structure of algebras, American Mathematical Society Colloquium Publications vol. **24**, New York 1939.

R. Brauer

[1] Untersuchungen über die arithmetischen Eigenschaften von Gruppen linearer Substitutionen I, Mathematische Zeitschrift vol. **28** (1928), pp. 677–696; II vol. **31** (1930), pp. 733–747.

[2] Über Systeme hyperkomplexer Zahlen, Mathematische Zeitschrift vol. **30** (1929), pp. 79–107.

[3] On the Cartan invariants of groups of finite order, Annals of Mathematics vol. **42** (1941), pp. 53–61.

[4] On Artin's *L*-series with general group characters, Annals of Mathematics vol. **48** (1947), pp. 502–514.

I. Schur

[1] Arithmetische Untersuchungen über endliche Gruppen linearer Substitutionen, Sitzungsberichte der Preussischen Akademie Berlin 1906, pp. 164–184.

[2] Beiträge zur Theorie der Gruppen linearer homogener Substitutionen, Transactions of the American Mathematical Society, vol. **10** (1909), pp. 159–175.

B. L. van der Waerden

[1] Moderne Algebra, vol. II, 2nd ed., Berlin 1940.

[2] Gruppen von linearen Transformationen, Ergebnisse der Mathematik, vol. IV, 2, Berlin 1935.

H. Weyl

[1] The classical groups, 2nd ed., Princeton, 1946.

Reprinted from Vol. II, PROCEEDINGS OF THE
INTERNATIONAL CONGRESS OF MATHEMATICIANS, 1950
Printed in U.S.A.

ON THE REPRESENTATIONS OF GROUPS OF FINITE ORDER

RICHARD BRAUER

1. By a representation of a group G of finite order n, we shall always mean a representation of G by linear transformations of a finite-dimensional vector space over a given field. We are interested in the following question: To what extent are the properties of representations of G determined by properties of representations of suitable subgroups?

As a first result in this direction, we state a theorem which gives the necessary and sufficient conditions that a function $\chi(g)$ defined over G be an irreducible character. As in the classical theory, the underlying field is assumed to be the field of complex numbers or, more generally, an algebraically closed field of characteristic 0. We shall call a group an elementary group, if it is the direct product of a cyclic group and a p-group (i.e., a group whose order is a power of a prime p). Then the conditions are as follows:

I. If H is any elementary subgroup of G and if the argument g is restricted to H, then $\chi(g)$ is a (reducible or irreducible) character of H.

II. For $g \in G$, the function $\chi(g)$ is a class function, that is, the value of $\chi(g)$ depends only on the class of conjugate elements of G to which g belongs.

III. $$(1/n) \sum_g | \chi(g) |^2 = 1.$$

The necessity of these conditions is clear. The sufficiency can be deduced from results concerning induced representations.[1] The condition I can be replaced by the weaker condition that $\chi(g)$ for $g \in H$ be a linear combination of the characters of H with integral rational coefficients, if the condition $\chi(1) > 0$ is added. The result can also be formulated as a theorem on representations rather than on characters. If for each elementary subgroup H of G a representation of H is given, we have the necessary and sufficient conditions that, after similarity transformations, these representations can be pieced together to a representation of G.

In the special case where $\chi(1) = 1$, the condition III is a consequence of I. Thus, the linear characters of G can be characterized as the class functions which yield linear characters for every elementary subgroup of G. Since the linear characters are closely related to the commutator subgroup G' of G, this leads to necessary and sufficient conditions that G' be different from G. By applying these conditions to all subgroups of G, we also obtain necessary and sufficient conditions for the solubility of G. However, it should be mentioned that these results can also be obtained by direct methods developed by Burnside, Frobenius, and Schur.

[1] R. Brauer, Ann. of Math. vol. 48 (1947) p. 502.

2. It is a disadvantage of our result that a knowledge of the characters of the elementary groups, that is, essentially of the p-groups, is required if one wants to apply it for the construction of characters. We give therefore a second theorem where this difficulty is avoided. We keep conditions II and III and replace I by another condition. Consider all pairs of subgroups L, M of G such that M is normal in L and L/M is cyclic. Let $M\tau$ be a generating element of L/M and denote the orders of L and M by l and m respectively. The new condition I then is that equations hold

$$\sum_{\mu\in M} \chi(\mu\tau^j) = m \sum_{i=0}^{l/m-1} x_i \rho^{ij}, \qquad (j = 0, 1, \cdots, l/m - 1),$$

where ρ is a primitive (l/m)th root of unity and where the x_i are rational integers independent of j.

Again, we obtain a set of necessary and sufficient conditions for irreducible characters. For arbitrary groups, the new condition is difficult to handle. However, because of our first theorem, it is only necessary to apply the new theorem in the case of an elementary group. In this case, the result can actually be used for the investigation of the characters.

3. The theory of modular representations of groups furnishes further theorems which connect properties of representations of G with properties of representations of suitable subgroups. Since at least an outline of these results has already been published,[2] we shall not go into any details but indicate only the type of problems in which these connections appear. If p is a fixed prime number, the modular as well as the ordinary absolutely irreducible characters appear distributed into a certain number of "blocks". This distribution is related closely to the decomposition of the modular group ring into a direct sum of indecomposable rings. It turns out that the structure of the blocks of G is determined largely by the structure of the blocks of subgroups. These subgroups are the normalizers of the p-subgroups of G and related groups.

4. We return again to fields of characteristic 0. The theory of group representations in a field K which is not algebraically closed has been developed by I. Schur.[3] Let $\bar{K}$ be an algebraically closed extension field of K. Then in $\bar{K}$ the classical theory applies. Each irreducible representation T of G in K breaks up completely in $\bar{K}$ into a certain number of distinct irreducible representations $F_1, F_2, \cdots, F_r$ and each F_i appears in T with the same multiplicity m. This m is the *Schur index* of the representations F_i. The characters $\chi_1, \chi_2, \cdots, \chi_r$ of $F_1, F_2, \cdots, F_r$ form a full family of absolutely irreducible characters of G which are algebraically conjugate with respect to K. Conversely, each such

[2] R. Brauer, Proc. Nat. Acad. Sci. U. S. A. vol. 30 (1944) p. 109; vol. 32 (1946) pp. 182, 215.

[3] I. Schur, Preuss. Akad. Wiss. Sitzungsber. (1906) p. 164 and Trans. Amer. Math. Soc. vol. 15 (1909) p. 159.

family of conjugate characters gives rise to one and only one irreducible representation of G in K. Finally, for representations in K, the theorem of complete reducibility holds. Thus, if the characters of G in the classical sense are known, it remains only to determine the Schur index m for each absolutely irreducible character of G in order to have a complete theory of group representations in K.

Schur also gave a second characterization of m. The representation F_i can be written in suitable fields of degree m over the field $K(\chi_i)$ obtained from K by adjunction of the character χ_i of F_i, and m is the minimal degree for which this is possible. In fact, if F_i can be written in a field L, then L must of course contain χ_i. If the degree $[L:K(\chi_i)]$ is finite, it is even divisible by m.

Later, the theory of algebras provided still another interpretation of m. Every representation T of G can be extended to a representation of the corresponding group ring. If T is irreducible in K, this defines a homomorphism of the group algebra Λ over K on a simple algebra Γ. Every simple homomorphic image Γ of Λ corresponds to one and only one representation T. The center Z of Γ is isomorphic to $K(\chi_i)$ with respect to K. If we now write Γ as a complete matric algebra over a division algebra D, then D as a central algebra over Z has rank m^2. Thus, the Schur indices of the representations are of fundamental importance for the study of the group algebra.

These different characterizations of the Schur index m do not provide a method of determining m, and as a matter of fact, this question remained open in Schur's theory. We shall deal with it in the following sections.

5. Let χ be a fixed absolutely irreducible character of G. Without restriction, we may assume that K contains χ since adjunction of χ does not change the Schur index m. Let p be an arbitrary prime. We need the following lemma.

LEMMA. *There exist elements g of G such that the group H^* generated by g and a p-Sylow subgroup of the normalizer of the cyclic group $\{g\}$ possesses absolutely irreducible characters ω with the following two properties*: 1. *The degree $[K(\omega):K]$ is prime to p.* 2. *If χ is considered as a character of H^* by restricting the argument to H^*, then ω appears in χ with a multiplicity prime to p.*

The proof of the lemma can be obtained by a refinement of the method of the paper quoted in footnote 1. If the absolutely irreducible characters of G and the relations to the characters of subgroups (at least of the type of H^*) are known, then it is actually possible to select ω. All we have to know about the field K (as given originally) is the manner in which the characters are distributed into classes of algebraically conjugate characters.

It follows from the lemma that the highest power of p dividing the Schur index m of χ is equal to the index m^* of the character ω of H^* with respect to K. Since p was an arbitrary prime, it will be sufficient to obtain the Schur indices of the representations of H^* in order to find m itself.

The group H^* contains a normal cyclic subgroup $\{g\}$ whose factor group is a

p-group. We shall call a group of this type a *semi-elementary group*. In particular, every semi-elementary group is soluble. We now have succeeded in reducing the problem of the Schur index to the case where the group in question is semi-elementary. In this case, the degrees of the absolutely irreducible representations are all powers of the same prime.

We have again a result of the type in which we are interested: A property of the representations of G is determined by the corresponding property of representations of suitable subgroups.

6. In the case of the Schur index, it is possible to obtain a further reduction. The basic fact here is that if ω is an absolutely irreducible character of a semi-elementary group H^* and if the degree of ω is greater than 1, there exist normal subgroups of H^* of prime index for which the character ω becomes reducible. The final result is that it is possible to reduce the whole problem to the case of a group R which has a cyclic normal subgroup S such that R/S is an *abelian* p-group. Even further conditions can be imposed. In the sense indicated above, this reduction is independent of the field K.

The representations of the group R can be constructed explicitly without difficulty. The only irrationalities needed are the qth roots of unity where q is the least common multiple of the orders of the elements of R. Further, we can determine the factor sets of the corresponding central division algebras.

It follows from the preceeding statements that if n^* is the least common multiple of the orders of the elements of the original group G and if the field K contains the n^*th roots of unity, then every representation of G can be written in the field K.[4] Indeed, our reduction leads to groups R which can be written in the field K. Hence their Schur indices are all 1, and then the Schur indices of G have the same value 1. As is well known, there exist in general other fields K which do not contain the n^*th roots of unity but which are such that every irreducible representation of the given group G can be written in K. The particular role of the n^*th cyclotomic field can be explained by the fact that it is the field obtained by adjunction of all characters of G and of all subgroups of G.

As a special result, we mention that the Schur index is always equal to 1 for a p-group with odd p. For p-groups with $p = 2$, we have $m = 1$ or $m = 2$.

7. The problem of the Schur index was reduced in §6 to the case of certain metabelian groups and as was mentioned, the corresponding factor sets can be obtained explicitly in this case. If we now assume that K is an algebraic number field, the theory of algebras provides methods of determining the indices. Actually, we obtain more information concerning the division algebras in question. Indeed, since the method works for an arbitrary field K, we can also determine the splitting fields of the division algebras.

University of Michigan,
Ann Arbor, Mich., U. S. A.

[4] This has already been proved in R. Brauer, Amer. J. Math. 69 (1947) p. 709.

Annals of Mathematics
Vol. 57, No. 2, March, 1953
Printed in U.S.A.

A CHARACTERIZATION OF THE CHARACTERS OF GROUPS OF FINITE ORDER*

By Richard Brauer

(Received July 17, 1952)

1. Introduction

Let $\mathfrak{G}$ be a group of finite order g. By a *generalized character of* $\mathfrak{G}$, we shall mean a linear combination of the (ordinary) irreducible characters of $\mathfrak{G}$ with integral rational coefficients. The main purpose of this paper is a characterization of the generalized characters. It will be convenient to call a group $\mathfrak{E}$ an *elementary group*, if $\mathfrak{E}$ is the direct product of a cyclic group $\mathfrak{A}$ of order a and a p-group $\mathfrak{P}$ of order p^r where a is not divisible by the prime number p. We shall then prove

Theorem 1. *A complex-valued function* $\Theta(G)$ *defined on* $\mathfrak{G}$ *is a generalized character of* $\mathfrak{G}$, *if and only if the following two conditions are satisfied*

(I) Θ *is a class function, i.e., the value of* $\Theta(G)$ *is constant for the elements of each class of conjugate elements of* $\mathfrak{G}$.

(II) *For every elementary subgroup* $\mathfrak{E}$ *of* $\mathfrak{G}$, *the restriction of* Θ *to* $\mathfrak{E}$ *is a generalized character of* $\mathfrak{E}$.

The necessity of these conditions is obvious. The sufficiency is equivalent with a theorem on induced characters obtained in an earlier paper.[1] However, since the proof of this earlier theorem can be simplified considerably, I will prove Theorem 1 here without reference to the previous paper (Sections **2** and **3**).

As an immediate consequence of Theorem 1, we have

Theorem 2. *The function* Θ *defined on* $\mathfrak{G}$ *is an irreducible character of* $\mathfrak{G}$, *if and only if besides conditions (I) and (II) of Theorem* 1, *the following further conditions are satisfied*

(III) *The average value of* $|\Theta|^2$ *is* 1;

$$\sum_G |\Theta(G)|^2 = g \qquad (G \in \mathfrak{G})$$

(IV) *The number* $\Theta(1)$ *is non-negative.*

In the application of these theorems, a knowledge of the characters of elementary groups, that is essentially a knowledge of the characters of p-groups, is necessary. However, in Section **4**, a characterization of characters is given which uses only characters of degree 1 of p-groups. In the same section, the connection with the theorem on induced characters is established. In **5**, we study characters of degree 1. As an application, we obtain a slightly improved form of theorems of Burnside and Frobenius. As another application, a further theorem of Frobenius is proved in **6**. In **7** we apply our results to the theory of modular representations.

* This work has been carried out under ONR contract N8-71400.

[1] R. Brauer, *On Artin's L-series with general group characters*, Ann. of Math. **48**, 502–514 (1947).

If G is an element of $\mathfrak{G}$, we shall denote by $\mathfrak{N}(G)$ its normalizer in $\mathfrak{G}$ and by $n(G)$ the order of $\mathfrak{N}(G)$.

2. Proof of Theorem 1

We prove Theorem 1 in a more general form. Let K be an arbitrary field of characteristic 0 and suppose that a family $\mathfrak{F}$ of exponential valuations $\nu(x)$ of K is given. By an *integer* of K, we mean an element x of K for which $\nu(x) \geqq 0$ for all $\nu \in \mathfrak{F}$. In particular, we may have the case that K is an algebraic number field and that the integers of K are the ordinary algebraic integers in K.

The linear combinations

$$\Theta(G) = \sum_{i=1}^{k} a_i \chi_i(G)$$

of the ordinary absolutely irreducible characters $\chi_1, \chi_2, \cdots, \chi_k$ of $\mathfrak{G}$ with integral coefficients a_i in K form a ring, the *character ring of* $\mathfrak{G}$ *with regard to* K. We prove

THEOREM 1*. *Let* $\mathfrak{G}$ *be a group of finite order* g. *A function* $\Theta(G)$ *defined on* $\mathfrak{G}$ *with values in an extension field of* K, *belongs to the character ring of* $\mathfrak{G}$ *with regard to the field* K, *if and only if*

(I) Θ *is a class function on* $\mathfrak{G}$.

(IIK) *For every elementary subgroup* $\mathfrak{E}$ *of* $\mathfrak{G}$, *the restriction of* Θ *to* $\mathfrak{E}$ *belongs to the character ring of* $\mathfrak{E}$ *with regard to* K.

PROOF. It is clear that the conditions are necessary. Conversely, every class function Θ can be written as a linear combination (1) of the irreducible characters χi of $\mathfrak{G}$ with coefficients a_i in an extension field of K. Indeed, the orthogonality relations for group characters show that (1) is equivalent with

$$ga_i = \sum_G \Theta(G)\chi_i(G^{-1}) \qquad (G \in \mathfrak{G}). \tag{2}$$

Let ε be a primitive g^{th} root of unity. If Γ is the Galois group of $K(\varepsilon)$ over K, an element γ of Γ maps ε on a power ε^c with an integral rational exponent c prime to g. If we write $\chi_i(G)$ as the sum of the characteristic roots of the linear transformation representing G, we see that γ carries $\chi_i(G)$ into $\chi_i(G^c)$. Further, since every $G \in \mathfrak{G}$ belongs to some elementary subgroup $\mathfrak{E}$, it follows from (IIK) that $\Theta_i(G) \in K(\varepsilon)$ and that γ carries $\Theta_i(G)$ into $\Theta_i(G^c)$. Now (2) implies that $a_i \in K(\varepsilon)$. Further γ carries ga_i into the expression obtained from (2) by replacing G by G^c. With G, the element G^c ranges over $\mathfrak{G}$. Hence a_i remains invariant for every $\gamma \in \Gamma$. This shows that the a_i belong to K.

We have to show that the a_i are integers of K. It is sufficient to prove that $\nu(a_i) \geqq 0$ for every exponential valuation $\nu \in \mathfrak{F}$ of K.

If $\nu(p) = 0$ for all rational primes p dividing g, this follows from (2). Hence we may assume that ν is an exponential valuation of K such that

$$\nu(p) > 0$$

for a fixed rational prime p dividing g.

Since ν can be extended to a valuation of $K(\varepsilon)$, we may assume that ν itself is an exponential valuation of $K(\varepsilon)$. By a local integer of $K(\varepsilon)$, we shall mean a local integer of $K(\varepsilon)$ with regard to this valuation ν.

We form elementary subgroups $\mathfrak{E}$ of $\mathfrak{G}$ by choosing an element A of $\mathfrak{G}$ of an order a prime to p, taking a p-Sylow subgroup $\mathfrak{P}$ of the normalizer $\mathfrak{N}(A)$ of A and setting

$$\mathfrak{E} = \{A\} \times \mathfrak{P}.$$

Let $\zeta_1, \zeta_2, \cdots, \zeta_a$ denote the irreducible characters of the cyclic group $\{A\}$ and let $\vartheta_1, \vartheta_2, \cdots, \vartheta_h$ denote the irreducible characters of $\mathfrak{P}$. The general element of $\mathfrak{E}$ has the form A^nP with $P \in \mathfrak{P}$. The characters ψ of $\mathfrak{E}$ are obtained in the form

$$\psi(A^nP) = \zeta_\rho(A^n)\vartheta_\sigma(P).$$

Hence we have formulas

$$\chi_i(A^nP) = \sum_{\rho,\sigma} S_{i\rho\sigma}\zeta_\rho(A^n)\vartheta_\sigma(P) \tag{3}$$

with integral rational coefficients $S_{i\rho\sigma} \geqq 0$. By (1),

$$\theta(A^nP) = \sum_{\rho,\sigma}\sum_i a_i S_{i\rho\sigma}\zeta_\rho(A^n)\vartheta_\sigma(P).$$

The condition (IIK) implies that the coefficients $\sum_i a_i S_{i\rho\sigma}$ are local integers of K for every choice of ρ, σ.

Take $n = 1$. The expressions

$$\sum_\rho S_{i\rho\sigma}\zeta_\rho(A) = w_{i\sigma}$$

as well as the conjugate complex numbers $\bar{w}_{i\sigma}$ are algebraic integers in $K(\varepsilon)$. Now (3) becomes

$$\chi_i(AP) = \sum_\sigma w_{i\sigma}\vartheta_\sigma(P). \tag{4}$$

Further, the expressions

$$\sum_i a_i w_{i\sigma} = b_\sigma \tag{5}$$

are local integers of $K(\varepsilon)$.

On account of the orthogonality relations for the characters of $\mathfrak{P}$, we have

$$p^r w_{i\sigma} = \sum_P \chi_i(AP)\vartheta_\sigma(P^{-1}), \qquad (P \in \mathfrak{P}) \tag{6}$$

when p^r is the order of $\mathfrak{P}$.

The following lemma will be proved in Section **3**.

LEMMA 1. *Let m denote the number of classes of $\mathfrak{G}$ which contain elements AP with $P \in \mathfrak{P}$. Then m values σ can be selected in* (4) *such that if $W_0 = (w_{i\sigma})$ is the corresponding $(k \times m)$-matrix, we have*

$$\nu\,(\det\,(W_0'\bar{W}_0)) = 0. \tag{7}$$

Assuming this lemma, we can finish the proof of Theorem 1* as follows. Let $\mathfrak{K}_1, \mathfrak{K}_2, \cdots, \mathfrak{K}_t$ denote those classes of conjugate elements of $\mathfrak{G}$ in which the order of the elements is prime to p. Let A_j be an element of $\mathfrak{K}_j$ and let $\mathfrak{P}_j$ denote a p-Sylow subgroup of the normalizer $\mathfrak{N}(A_j)$ of A_j. Every class $\mathfrak{K}$ of conjugate elements of $\mathfrak{G}$ contains elements of the form A_jP_j with $P_j \in \mathfrak{P}_j$ for some value of j which is uniquely determined by $\mathfrak{K}$. Thus, if for given j, exactly m_j classes $\mathfrak{K}$ contain elements A_jP_j with $P_j \in \mathfrak{P}_j$, then the number k of classes of $\mathfrak{G}$ is given by

(8) $$k = \sum_{j=1}^{t} m_j .$$ [1a]

For each A_j, apply Lemma 1. The corresponding matrix W_0 will now be denoted by W_j. This is an $(k \times m_j)$-matrix. If we form

$$W = (W_1, W_2, \cdots, W_t),$$

it follows from (8) that W is a square matrix of degree k. If $\mathfrak{a}$ denotes the row $(a_1, a_2, \cdots, a_k)$, then (5) shows that the row $\mathfrak{a}W_j$ has coefficients which are local integers in $K(\varepsilon)$. The same then is true for the row $\mathfrak{a}W = \mathfrak{b}$. If we can show that

(9) $$\nu(\det W) = 0,$$

it will follow that $\nu(a_i) \geqq 0$ for each coefficient a_i of $\mathfrak{a}$ and we will be finished.

In order to discuss det W, we form

(10) $$W'\overline{W} = (W'_\alpha \overline{W}_\beta) \qquad (\alpha, \beta = 1, 2, \cdots, t).$$

If we set $W_\rho = (w_{ij}^{(\rho)})$, the general coefficient of $W'_\alpha \overline{W}_\beta$ has the form

(11) $$\sum_{i=1}^{k} w_{i\sigma}^{(\alpha)} \overline{w}_{i\tau}^{(\beta)}.$$

Use here (6) (with $\mathfrak{P}$ replaced by $\mathfrak{P}_\alpha$ and $\mathfrak{P}_\beta$) to find $w_{i\sigma}^{(\alpha)}$ and $\overline{w}_{i\tau}^{(\beta)}$. We see that $w_{i\sigma}^{(\alpha)} \overline{w}_{i\tau}^{(\beta)}$ is a linear combination of expressions $\chi_i(A_\alpha P)\chi_i(A_\beta Q)$ with $P \in \mathfrak{P}_\alpha$, $Q \in \mathfrak{P}_\beta$; the coefficients do not depend on i. If $\alpha \neq \beta$, then $A_\alpha P$ and $A_\beta Q$ are not conjugate in $\mathfrak{G}$ and the orthogonality relations for the characters of $\mathfrak{G}$ show that the sum (11) vanishes.

Hence $W'_\alpha \overline{W}_\beta = 0$ for $\alpha \neq \beta$. Thus, by (10)

$$\det(W'\overline{W}) = \prod_{\alpha=1}^{t} \det(W'_\alpha \overline{W}_\alpha),$$

Since $\nu(\det W'_\alpha \overline{W}_\alpha) = 0$ by (7), this yields

$$\nu(\det W \cdot \det \overline{W}) = 0.$$

Since the coefficients of W and $\overline{W}$ are algebraic integers, this implies (9) and Theorem 1* is proved.

3. Proof of Lemma 1

We shall first formulate and prove an elementary group theoretical lemma. Let $A \in \mathfrak{G}$ be an element of an order prime to p. Let $\mathfrak{P}$ again be a p-Sylow sub-

[1a] The transpose of a matrix M will always be denoted by M'. If M has complex coefficients, in particular if the coefficients of M belong to the field $P(\varepsilon)$ obtained from the field P of rational numbers by adjunction of a root of unity ε, then $\overline{M}$ denotes the matrix with the conjugate complex coefficients.

group of $\mathfrak{N}(A)$ and assume that m classes of conjugate elements of $\mathfrak{G}$ contain elements of the form AP with $P \in \mathfrak{P}$. Suppose that $AP_1, AP_2, \cdots, AP_m$ represent these m classes, $P_i \in \mathfrak{P}$. For $P \in \mathfrak{P}$, the element AP is conjugate to some AP_i, say

$$G^{-1}APG = AP_i$$

with $G \in \mathfrak{G}$. Raising this equation to suitable exponents, we have $G^{-1}AG = A$ and $G^{-1}PG = P_i$. Hence $G \in \mathfrak{N}(A)$ and P is conjugate in $\mathfrak{N}(A)$ to one of the elements P_i. Clearly, i is uniquely determined.

We assumed in Section **1** that $\mathfrak{P}$ possesses h irreducible characters $\vartheta_1, \cdots, \vartheta_h$. This means that $\mathfrak{P}$ has h classes of conjugate elements. Choose a system of representatives for these h classes. Let

$$P_i^{(\lambda)} \qquad (\lambda = 0, 1, 2, \cdots, l_i) \tag{12}$$

denote those of these representatives which are conjugate to P_i in $\mathfrak{N}(A)$. Since each of the h representatives belongs to (12) for one and only one value of i, we have

$$h = \textstyle\sum_{i=0}^{m} (l_i + 1) = m + \sum_{i=0}^{m} l_i . \tag{13}$$

For each $P_i^{(\lambda)}$, let $q_i^{(\lambda)}$ denote the order of the normalizer $\mathfrak{Q}_i^{(\lambda)}$ of $P_i^{(\lambda)}$ in $\mathfrak{P}$. We state

LEMMA 2. *Set*

$$N_i = \textstyle\sum_{\lambda=0}^{l_i} (1/q_i^{(\lambda)}). \tag{14}$$

Then $n(AP_i)N_i$ is a rational integer which is not divisible by p.

PROOF. Consider the class of conjugate elements $\mathfrak{C}$ of $\mathfrak{N}(A)$ which contains P_i. Then $\mathfrak{C}$ consists of $n(A)/n(AP_i)$ elements. Split $\mathfrak{C}$ into subclasses $\mathfrak{C}_\mu$ where two elements Z and T of $\mathfrak{C}$ belong to the same subclass, if and only if there exists an element $P \in \mathfrak{P}$ such that $P^{-1}ZP = T$. Let Z_μ denote a representative of the subclass $\mathfrak{C}_\mu$. The elements of $\mathfrak{P}$ which commute with Z_μ form a subgroup $\mathfrak{Q}_\mu$. If $\mathfrak{Q}_\mu$ has the order $q^{(\mu)}$ and if $\mathfrak{P}$ has order p^r, then $\mathfrak{C}_\mu$ consists of $p^r/q^{(\mu)}$ elements. Hence counting the number of elements in $\mathfrak{C}$ and in the subclasses, we have

$$\begin{aligned} n(A)/n(AP_i) &= \textstyle\sum_\mu p^r/q^{(\mu)}, \\ n(A)/p^r &= \textstyle\sum_\mu n(AP_i)/q^{(\mu)}. \end{aligned} \tag{15}$$

Since AZ_μ and AP_i are conjugate in $\mathfrak{N}(A)$ and hence in $\mathfrak{G}$, we have $n(AZ_\mu) = n(AP_i)$. Now $\mathfrak{Q}_\mu$ is a p-subgroup of $\mathfrak{N}(AZ_\mu)$. It follows that $q^{(\mu)}$ divides $n(AP_i)$. Further, if $Z_\mu \notin \mathfrak{P}$, then $\{Z_\mu, \mathfrak{Q}_\mu\}$ is a p-group of higher order than $q^{(\mu)}$ which lies in $\mathfrak{N}(AZ_\mu)$; we have $pq^{(\mu)} \mid n(AP_i)$ in this case. This shows that every term on the right in (15) is an integer and that

$$n(A)/p^r \equiv \textstyle\sum_\mu' n(AP_i)/q^{(\mu)} \qquad (\text{mod } p) \tag{16}$$

where μ ranges over those values for which $\mathfrak{C}_\mu$ contains elements of $\mathfrak{P}$. These

$\mathfrak{C}_\mu$ contain one and only one element $P_i^{(\lambda)}$. We may choose $Z_\mu = P_i^{(\lambda)}$ in this case and have $q^{(\mu)} = q_i^{(\lambda)}$. Thus, $q_i^{(\lambda)}$ divides $n(AP_i)$ and (16) becomes

$$n(A)/p^r \equiv \sum_{\lambda=0}^{l_i} n(AP_i)/q_i^{(\lambda)} = n(AP_i)N_i \pmod{p}.$$

It is clear that $n(AP_i)N_i$ is an integer. Since the order p^r of $\mathfrak{P}$ is the highest power of p dividing $n(A)$, we have $n(AP_i)N_i \not\equiv 0 \pmod{p}$ and Lemma 2 is proved.

Let X denote a vector space consisting of all rows $\mathfrak{x} = (x_1, x_2, \cdots, x_h)$ of length h and let Y denote a vector space consisting of all rows $\mathfrak{y} = (y_1, y_2, \cdots, y_k)$ of length k. Both the x_i and y_j are taken as complex numbers. We define a linear transformation T of X into Y by mapping $\mathfrak{x}$ on $\mathfrak{y}$ with

$$y_i = \sum_{j=1}^{h} w_{ij}x_j \qquad (i = 1, 2, \cdots, k).$$

If P is an element of $\mathfrak{P}$ and if we set

$$\vartheta(P) = (\vartheta_1(P), \cdots, \vartheta_h(P)), \qquad \chi(AP) = (\chi_1(AP), \cdots, \chi_k(AP)),$$

then (4) shows that T maps

$$\vartheta(P) \to \chi(AP). \tag{17}$$

Further, if $\mathfrak{e}_j$ is the vector of X with $x_j = 1$, $x_\mu = 0$ for $\mu \neq j$, then T maps

$$\mathfrak{e}_j \to (w_{1j}, w_{2j}, \cdots, w_{kj}). \tag{18}$$

Since AP_i and $AP_i^{(\lambda)}$ are conjugate in $\mathfrak{G}$, we have $\chi(AP_i) = \chi(AP_i^{(\lambda)})$. Now (17) shows that the vectors

$$\mathfrak{z}_i^{(\lambda)} = \vartheta(P_i^{(\lambda)}) - \vartheta(P_i^{(0)}) \tag{19}$$

$(i = 1, 2, \cdots, m; \lambda = 1, 2, \cdots, l_i)$ belong to the kernel Z of T. Because of (13), there are exactly $h - m$ vectors $\mathfrak{z}_i^{(\lambda)}$. Further, if we set

$$\mathfrak{v}_i = \sum_{\lambda=0}^{l_i} \vartheta(P_i^{(\lambda)})/q_i^{(\lambda)}, \tag{20}$$

then T maps

$$\mathfrak{v}_i \to N_i\chi(AP_i) \tag{21}$$

where N_i is defined in (14).

Take two vectors of X, $\mathfrak{x}$ with the components x_i and $\mathfrak{u}$ with the components u_i, and define the inner product $(\mathfrak{x}, \mathfrak{u})$ by

$$(\mathfrak{x}, \mathfrak{u}) = \sum_i x_i\bar{u}_i .$$

The inner product of two vectors of Y is defined in an analogous manner. It follows from the orthogonality relations for the characters of $\mathfrak{G}$ and of $\mathfrak{P}$ that

$$(\chi(AP_i), \chi(AP_j)) = n(AP_i)\,\delta_{ij}, \tag{22}$$

$$(\vartheta(P_i^{(\lambda)}), \vartheta(P_j^{(\mu)})) = q_i^{(\lambda)}\delta_{ij}\delta_{\lambda\mu} \tag{23}$$

where $q_i^{(\lambda)}$ as above denotes the order of the normalizer of $P_i^{(\lambda)}$ in $\mathfrak{P}$. Because of the orthogonality (23), the h vectors $\vartheta(P_i^{(\lambda)})$ are linearly independent. This implies that the $h - m$ vectors $\mathfrak{z}_i^{(\lambda)}$ are linearly independent. Further, (20) and (23) show that

$$(24) \qquad (\vartheta(P_i^{(\lambda)}), \mathfrak{v}_j)) = \delta_{ij},$$

$$(25) \qquad (\mathfrak{v}_\rho, \mathfrak{v}_\sigma) = N_\rho \delta_{\rho\sigma},$$

and it follows from (19) and (24) that $\mathfrak{v}_j$ is orthogonal to all vectors $\mathfrak{z}_i^{(\lambda)}$. Since the m vectors $\mathfrak{v}_i$ are orthogonal and not 0, they are linearly independent. We now see that the m vectors $\mathfrak{v}_j$ together with the $h - m$ vectors $\mathfrak{z}_i^{(\lambda)}$ form a basis of X.

If Z_0 is the subspace of X spanned by the $\mathfrak{z}_i^{(\lambda)}$, we can set

$$(26) \qquad \mathfrak{e}_i \equiv \textstyle\sum_{\mu=1}^{m} c_{i\mu}\mathfrak{v}_\mu \qquad (\text{mod } Z_0)$$

where the $c_{i\mu}$ are complex numbers in $\mathrm{K}(\varepsilon)$. Since each $\mathfrak{v}_\mu$ is orthogonal to Z_0, (26) and (25) yield $(\mathfrak{e}_i, \mathfrak{v}_\rho) = c_{i\rho}N_\rho$. Hence $\mathfrak{v}_\rho$ has the ith component $\bar{c}_{i\rho}N_\rho$. Then (25) implies

$$\textstyle\sum_i \bar{c}_{i\rho}c_{i\sigma}N_\sigma = \delta_{\rho\sigma}.$$

Forming the determinant for $\rho, \sigma = 1, 2, \cdots, m$ and using a well known theorem on determinants, we find

$$\textstyle\sum \Delta\bar{\Delta}\cdot\prod_{\mu=1}^{m} N_\mu = 1$$

where Δ ranges over all minors of degree m of the $(h \times m)$-matrix $(c_{i\rho})$. In particular, there will exist a minor Δ such that

$$(27) \qquad \nu(\Delta\bar{\Delta}\cdot\textstyle\prod_\mu N_\mu) \leqq 0.$$

We may assume that Δ appears in the first m rows of $(c_{i\rho})$.

Since Z_0 belongs to the kernel of T, it follows from (26) that $\mathfrak{e}_i$ and $\sum_\mu c_{i\mu}\mathfrak{v}_\mu$ have the same image. Thus (18) and (21) yield

$$(w_{1i}, w_{2i}, \cdots, w_{ki}) = \textstyle\sum_\mu c_{i\mu}N_\mu\chi(AP_\mu).$$

Hence, by (22)

$$\textstyle\sum_{\kappa=1}^{k} w_{\kappa i}\bar{w}_{\kappa j} = \sum_\mu c_{i\mu}\bar{c}_{j\mu}N_\mu^2\, n(AP_\mu).$$

Form the determinant of these expressions for $i, j = 1, 2, \cdots, m$. If the $(k \times m)$-matrix $(w_{\kappa j})$ is denoted by W_0, this yields

$$\det(W_0'\bar{W}_0) = \det(\Delta\bar{\Delta})\textstyle\prod_\mu N_\mu \prod_\mu (N_\mu n(AP_\mu)).$$

On account of (27) and lemma 2, we find

$$\nu\,(\det W_0'\bar{W}_0) \leqq 0.$$

Since the coefficients of W_0 are algebraic integers, the equality sign must hold. The matrix W_0 is of the type occurring in Lemma 1 and hence we have proved Lemma 1.

4. Results related to Theorem 1

We first prove Theorem 2 formulated in the Introduction. The necessity of the conditions is trivial. On the other hand, if

$$\Theta(G) = \sum_{i=1}^{k} a_i \chi_i(G)$$

is a generalized character, we have

$$(1/g)\sum_G |\Theta(G)|^2 = \sum_{i=1}^{k} a_i^2.$$

Now condition (III) of Theorem 2 shows that only one of the a_i is different from 0 and that this a_i has the value ± 1. Thus, $\Theta(G) = \pm\chi_i(G)$. If $\Theta(1) \geqq 0$, the $+$ sign must apply and $\Theta(G)$ is an irreducible character $\chi_i(G)$ as was to be shown.

REMARKS. The conditions (II) and (IV) of Theorem 2 can be replaced by the one condition that, for every elementary subgroup $\mathfrak{E}$, the restriction of $\Theta(G)$ to $\mathfrak{E}$ is a (reducible or irreducible) character of $\mathfrak{E}$. Also, it is sufficient to require (II) or our new condition only for maximal elementary subgroups $\mathfrak{E}$ of $\mathfrak{G}$. Further, only one group from each class of conjugate such groups $\mathfrak{E}$ has to be considered.

As an application of Theorem 1, we now prove the following Theorem on induced character (see footnote[1]).

THEOREM 3. *Every character χ of a group $\mathfrak{G}$ of finite order can be written in the form*

$$\chi = \sum_i c_i \psi_i^* \tag{28}$$

where each ψ_i is an irreducible character of an elementary subgroup $\mathfrak{E}_i$ of $\mathfrak{G}$, where ψ_i^* is the character of $\mathfrak{G}$ induced by ψ_i, and where the c_i are rational integers.

PROOF. Let ψ_i range over all irreducible characters of all elementary subgroups of $\mathfrak{G}$. Suppose we have n such characters, $i = 1, 2, \cdots, n$. If ψ_i^* is the character of $\mathfrak{G}$ induced by ψ_i, we have formulas

$$\psi_i^* = \sum_{j=1}^{k} b_{ij}\chi_j \qquad (i = 1, 2, \cdots, n) \tag{29}$$

with integral rational coefficients. It is sufficient to prove (28) in the case that $\chi = \chi_j$ is an irreducible character of $\mathfrak{G}$. We wish to show that a formula (28) for $\chi = \chi_j$ with integral c_i can be obtained by solving the equations (29) for the χ_j. This will be established by showing that if p is a rational prime, the n congruences

$$\sum_{j=1}^{k} b_{ij} z_j \equiv 0 \qquad (\mathrm{mod}\ p) \tag{30}$$

$(i = 1, 2, \cdots, n)$ for k rational integers $z_1, \cdots, z_k$ have only the trivial solution.[2]

Indeed, suppose that (30) holds for some p and k rational integers $z_1, \cdots, z_k$. Set

$$\Theta(G) = (1/p)\sum_{j=1}^{k} z_j \chi_j(G). \tag{31}$$

[2] This implies that $n \geqq k$ and that the kth determinant divisor of the matrix (b_{ij}) is 1.

It is clear that $\Theta(G)$ is a class function on $\mathfrak{G}$. Set

$$s_i = (1/p)\sum_{j=1}^{k} b_{ij}z_j .$$

By (30), s_i is a rational integer. Further, by (31) and (29)

$$(1/g)\sum_G \Theta(G)\psi_i^*(G^{-1}) = (1/p)\sum_j b_{ij}z_j = s_i . \tag{32}$$

The character ψ_i^* of $\mathfrak{G}$ induced by the character ψ_i of a subgroup $\mathfrak{E}_i$ of order e_i can be defined by

$$\psi_i^*(G) = (1/e_i)\sum_X \psi_i(XGX^{-1})$$

where X ranges over $\mathfrak{G}$ and where we set $\psi_i(Y) = 0$ for $Y \notin \mathfrak{E}_i$. If this is used in (32), we find

$$s_i = (ge_i)^{-1}\sum_G \sum_X \Theta(G)\psi_i(XG^{-1}X^{-1}).$$

Set here $XGX^{-1} = H$, $G = X^{-1}HX$. Then X and H range independently over $\mathfrak{G}$. Since $\Theta(G)$ is a class function, this yields

$$s_i = (ge_i)^{-1}\sum_X \sum_H \Theta(H)\psi_i(H^{-1}) = (1/e_i)\sum_H \Theta(H)\psi_i(H^{-1}).$$

Here, H can be restricted to $\mathfrak{E}_i$, since $\psi_i(H) = 0$ for $H \notin \mathfrak{E}_i$;

$$s_i = (1/e_i)\sum_H \Theta(H)\psi_i(H^{-1}), \qquad (H \in \mathfrak{E}_i). \tag{33}$$

Consider only values i for which $\mathfrak{E}_i$ is a given elementary subgroup $\mathfrak{E}$ of $\mathfrak{G}$. Then in (33) ψ_i can be an arbitrary irreducible character of $\mathfrak{E}$. The restriction of Θ to $\mathfrak{E}$ is a class function on $\mathfrak{E}$. Since the s_i are rational integers, (33) shows that the restriction of Θ to $\mathfrak{E}$ is a generalized character of $\mathfrak{E}$. In fact

$$\Theta(H) = \sum_i s_i\psi_i(H) \qquad (\text{for } H \in \mathfrak{E}).$$

We have thus shown that $\Theta(G)$ satisfies conditions (I) and (II) of Theorem 1. Hence $\Theta(G)$ is a generalized character of $\mathfrak{G}$. This implies that the coefficients z_j/p in (31) are integers. Hence the solution z_j of (30) is the trivial solution; $z_j \equiv 0 \pmod p$ for all j. This concludes the proof of Theorem 3.

We next prove a lemma concerning elementary subgroups.

LEMMA 3. *Let* $\mathfrak{E} = \mathfrak{A} \times \mathfrak{P}$ *be an elementary subgroup where* $\mathfrak{P}$ *is a* p*-group for some prime* p *and* $\mathfrak{A}$ *a cyclic group of an order a prime to* p. *If* ψ *is an irreducible character of* $\mathfrak{E}$, *there exists a subgroup* $\mathfrak{E}_0 = \mathfrak{A} \times \mathfrak{P}_0$, $\mathfrak{P}_0 \subseteq \mathfrak{P}$, *of* $\mathfrak{E}$ *and a linear character*[3] ψ_0 *of* $\mathfrak{E}_0$ *such that* ψ *is the character of* $\mathfrak{E}$ *induced by* ψ_0.

PROOF. The degree of every irreducible character ψ of $\mathfrak{E}$ is a power p^s of p, since ψ is the product of irreducible characters of the cyclic group $\mathfrak{A}$ and the p-group $\mathfrak{P}$. If $s = 0$, the lemma is trivial; we may take $\mathfrak{E}_0 = \mathfrak{E}$, $\psi_0 = \psi$. We may assume that the lemma is proved in all cases where s has a smaller value.

Let λ be a linear character of $\mathfrak{E}$. It follows from the orthogonality relations that $\psi\bar{\psi}$ contains λ with the same multiplicity m with which ψ appears in $\psi\lambda$.

[3] By a linear character, we always mean a character of degree 1.

Since $\psi\lambda$ and ψ have the same degree, $m \leqq 1$. Hence $\psi\bar{\psi}$ contains λ with the multiplicity 1 or 0; we have the first case, if $\psi\lambda = \psi$. The linear characters λ satisfying this condition form a multiplicative group Λ. If we set

$$\psi\bar{\psi} = \sum\lambda + \sum\psi_i, \qquad (\lambda \in \Lambda), \tag{34}$$

all the characters ψ_i on the right have degrees which are proper powers of p. On comparing degrees, we see that the order of Λ is divisible by p. Hence Λ contains an element λ_1 whose order is p. Thus the values $\lambda_1(E)$, $E \in \mathfrak{E}$, are the pth roots of unity. If $\mathfrak{E}_1$ is the kernel of λ_1, then $\mathfrak{E}_1$ is a normal subgroup of index p of $\mathfrak{E}$. For $A \in \mathfrak{A}$, the value $\lambda_1(A)$ is an ath root of unity. Hence $\lambda_1(A) = 1$, $\mathfrak{A} \subseteqq \mathfrak{E}_1$. Hence $\mathfrak{E}_1$ has the form $\mathfrak{E}_1 = \mathfrak{A} \times \mathfrak{P}_1$ where $\mathfrak{P}_1$ is a subgroup of $\mathfrak{P}$.

If E is restricted to $\mathfrak{E}_1$, then $\lambda_1(E)$ becomes the principal character of $\mathfrak{E}_1$. Since the principal character λ_0 of $\mathfrak{E}$ appears among the λ in (34), it follows that $\psi(E_1)\bar{\psi}(E_1)$ as character of $\mathfrak{E}_1$ contains the principal character of $\mathfrak{E}_1$ with a multiplicity higher than 1. This implies that $\psi(E_1)$ is reducible.

Let ϕ be an irreducible character of $\mathfrak{E}_1$ occuring in $\psi(E_1)$. By the Frobenius reciprocity theorem, the character ϕ^* of $\mathfrak{E}$ induced by ϕ contains ψ. The degrees $Dg\phi$ and $Dg\psi$ of ϕ and ψ are powers of p. Since $Dg\phi < Dg\psi$, we have $p\,Dg\phi \leqq Dg\psi$. Now, ϕ^* has the degree $p\,Dg\phi \leqq Dg\psi$. It follows that $\phi^* = \psi$.

Since $Dg\phi < Dg\psi$, the lemma is true for the irreducible character ϕ of the elementary group $\mathfrak{E}_1$. Hence there exists a subgroup $\mathfrak{E}_0 = \mathfrak{A} \times \mathfrak{P}_0$ and a linear character ψ_0 of $\mathfrak{E}_0$ such that ψ_0 induces the character ϕ of $\mathfrak{E}_1$. Then ψ_0 induces the character $\phi^* = \psi$ of $\mathfrak{E}$ and this shows that Lemma 3 holds for ψ too.

Combining Lemma 3 and Theorem 3, we find

THEOREM 4. *Every character of $\mathfrak{G}$ is a linear combination with integral rational coefficients of characters of $\mathfrak{G}$ induced by linear characters of elementary subgroups of $\mathfrak{G}$.*

We now show

THEOREM 5. *The following conditions are necessary and sufficient in order that a function Θ defined on $\mathfrak{G}$ belong to the character ring of $\mathfrak{G}$ with regard to the field* K.
(I) *Θ is a class function.*
(II*K) *If λ is a linear character of an elementary subgroup $\mathfrak{E}$ of order e of $\mathfrak{G}$, the number*

$$(1/e)\sum_E \Theta(E)\lambda(E^{-1}) \qquad (E \in \mathfrak{E})$$

is an integer of K.

PROOF. If Θ is a class function, we can express Θ in the form (1) where the coefficients a_i are given by (2). It follows from Theorem 4 that the a_i will be integers of K, if and only if the sum

$$S = (1/g)\sum_G \Theta(G)\lambda^*(G^{-1})$$

is an integer of K for every character λ^* of $\mathfrak{G}$ induced by a linear character λ of an elementary subgroup $\mathfrak{E}$ of $\mathfrak{G}$. An argument similar to that used in connection with (32) above yields

$$S = (1/e)\sum_E \Theta(E)\lambda(E^{-1}) \qquad (E \in \mathfrak{E}).$$

Now, Theorem 5 is evident.

In the same manner in which Theorem 2 was deduced from Theorem 1, we can obtain a criterion for irreducible characters from Theorem 5. Thus, we have

THEOREM 6. *The function* $\Theta(G)$ *is an irreducible character of the group* $\mathfrak{G}$ *of finite order, if and only if the following conditions are satisfied*

(I) $\Theta(G)$ *is a class function.*

(II*) *If* $\mathfrak{E}$ *is an elementary subgroup of* $\mathfrak{G}$ *and* λ *a linear character of* $\mathfrak{E}$, *if* e *is the order of* $\mathfrak{E}$, *then*

$$(1/e) \sum_E \Theta(E)\lambda(E^{-1}) \qquad (E \in \mathfrak{E}), \tag{35}$$

is a rational integer.

$$\text{(III)} \qquad (1/g) \sum_G |\Theta(G)|^2 = 1, \qquad (G \in \mathfrak{G}).$$

$$\text{(IV)} \qquad \Theta(1) \geqq 0.$$

We can write the condition (II*) in a different form. Consider a fixed elementary group $\mathfrak{E} = \mathfrak{A} \times \mathfrak{P}$. Every linear character λ of $\mathfrak{E}$ can be interpreted as a linear character of the factor group $\mathfrak{E}/\mathfrak{E}'$ where $\mathfrak{E}'$ is the commutator group of $\mathfrak{E} = \mathfrak{A} \times \mathfrak{P}$. Clearly $\mathfrak{E}'$ is equal to the commutator group $\mathfrak{P}'$ of $\mathfrak{P}$. Let Y range over the elements of $\mathfrak{E}/\mathfrak{E}'$. Each Y is then a residue class of $\mathfrak{E}$ modulo $\mathfrak{E}'$. If we denote the rational integer (35) by $z(\lambda)$, then

$$z(\lambda) = (1/e)\sum_Y\Big(\sum_{E \in Y} \Theta(E)\Big)\lambda(Y^{-1}).$$

Multiply this with $\lambda(X)$ where X is a fixed element of $\mathfrak{E}/\mathfrak{E}'$ and add over all linear characters λ of $\mathfrak{E}/\mathfrak{E}'$. If e' is the order of $\mathfrak{E}'$, this yields

$$\sum_{E \in X} \Theta(E) = e'\sum_\lambda z(\lambda)\lambda(X). \tag{36}$$

Conversely, the condition (II*) will hold for a fixed elementary group $\mathfrak{E}$, if for every $X \in \mathfrak{E}/\mathfrak{E}'$, we have formulas (36) where λ ranges over the linear characters of the abelian group $\mathfrak{E}/\mathfrak{E}'$ and where the $z(\lambda)$ are rational integers depending on λ but not on X.

5. Linear characters of $\mathfrak{G}$

In the case of a linear character, Theorem 2 can be stated in the following simpler form:

THEOREM 7. *The following conditions are necessary and sufficient in order that* $\Theta(G)$ *be a linear character of* $\mathfrak{G}$.

(I*) $\Theta(G)$ *is a class function which is not identically* 0.

(II*) *The equation* $\Theta(AB) = \Theta(A)\Theta(B)$ *holds (a) if* A *and* B *are two commuting elements of relatively prime orders of* $\mathfrak{G}$; *(b) if* A *and* B *are elements of a subgroup of* $\mathfrak{G}$ *of prime power order.*

PROOF. The necessity of the conditions is clear. Conversely, assume that the conditions hold. It follows from (II*b) that the restriction of Θ to a p-group $\mathfrak{P}$ contained in $\mathfrak{G}$ is a linear character of $\mathfrak{P}$. Then (II*a) shows that the restriction of Θ to an elementary subgroup $\mathfrak{E}$ of $\mathfrak{G}$ is a linear character of $\mathfrak{E}$. Since every G

of $\mathfrak{G}$ belongs to suitable elementary subgroups, the value $\Theta(G)$ is a root of unity. Hence

$$(1/g) \sum_G |\Theta(G)|^2 = 1.$$

Now, Theorem 2 can be applied and gives the desired result.

Let $\mathfrak{H}$ be a subgroup of $\mathfrak{G}$. Consider all pairs H_1, H_2 of elements of $\mathfrak{H}$ which are conjugate in $\mathfrak{G}$. The set of all quotients $H_1 H_2^{-1}$ of such elements generates a subgroup of $\mathfrak{H}$ which shall always be denoted by $\mathfrak{H}^*$.[4] If H_1 and X are two elements of $\mathfrak{H}$, then H_1 and $H_2 = XH_1X^{-1}$ are elements of $\mathfrak{H}$ which are certainly conjugate in $\mathfrak{G}$. Here, $H_1 H_2^{-1} = H_1XH_1^{-1}X^{-1}$. Hence $\mathfrak{H}^*$ contains the commutator group $\mathfrak{H}'$ of $\mathfrak{H}$. This implies that $\mathfrak{H}^*$ is normal in $\mathfrak{H}$ and that $\mathfrak{H}/\mathfrak{H}^*$ is abelian. If a linear character of $\mathfrak{H}$ can be extended to $\mathfrak{G}$, its kernel must contain $\mathfrak{H}^*$. Clearly,

$$\mathfrak{H}' \subseteq \mathfrak{H}^* \subseteq \mathfrak{H} \cap \mathfrak{G}'. \tag{37}$$

Suppose that the order g of $\mathfrak{G}$ is given by

$$g = p_1^{a_1} p_2^{a_2} \cdots p_m^{a_m} \tag{38}$$

where $p_1, p_2, \cdots, p_m$ are distinct primes. For each i, choose a p_i-Sylow group $\mathfrak{P}_i$ in $\mathfrak{G}$.

Every element G of $\mathfrak{G}$ can be written uniquely as a product of *primary* elements

$$G = G_1 G_2 \cdots G_m \tag{39}$$

where G_i and G_j commute and where the order of G_i is a power of p_i. Each G_i is a power of G. By Sylow's Theorem, G_i is conjugate to some element P_i of $\mathfrak{P}_i$ In general, P_i is not uniquely determined by G. However, if P_i' is another possible choice, then $P_i'P_i^{-1} \in \mathfrak{P}_i^*$, that is, P_i' and P_i are congruent modulo $\mathfrak{P}_i^*$.

In order to satisfy the conditions of Theorem 7, choose a linear character λ_i of $\mathfrak{P}_i$ for every i such that the kernel of λ_i contains $\mathfrak{P}_i^*$. For given $G \in \mathfrak{G}$, the value $\lambda_i(P_i)$ depends only on G. Set

$$\Theta(G) = \lambda_1(P_1)\lambda_2(P_2) \cdots \lambda_m(P_m) \tag{40}$$

($P_i \in \mathfrak{P}_i$, P_i conjugate to G_i in (39)).

It is clear that $\Theta(G)$ is a class function. If $\mathfrak{P}_0$ is a subgroup of prime power order of $\mathfrak{G}$, say if the order of $\mathfrak{P}_0$ is a power of p_j, then $\mathfrak{P}_0$ is conjugate to a subgroup of $\mathfrak{P}_j$. If $X^{-1}\mathfrak{P}_0X \subseteq \mathfrak{P}_j$, $(X \in \mathfrak{G})$, then for $G \in \mathfrak{P}_0$, we have $\Theta(G) = \lambda_j(X^{-1}GX)$. It is now clear that for $A, B \in \mathfrak{P}_0$ the condition (II*b) is satisfied. Further, if A and B are two commuting elements of $\mathfrak{G}$ and if A_i and B_i are the corresponding primary factors, then AB has the primary factors A_iB_i. Since the order of $\{A_i, B_i\}$ is a power of p_i, there exists an element Y_i of $\mathfrak{G}$ such that $Y_i^{-1}\{A_i, B_i\}Y_i \subseteq \mathfrak{P}_i$. It follows that

$$\Theta(AB) = \prod_i \lambda_i(Y_i^{-1}A_iB_iY_i) = \prod_i \lambda_i(Y_i^{-1}A_iY_i)\prod_i \lambda_i(Y_i^{-1}B_iY_i) = \Theta(A)\Theta(B).$$

[4] The group $\mathfrak{H}^*$ depends on $\mathfrak{H}$ and $\mathfrak{G}$.

Hence the conditions of Theorem 7 are satisfied and Θ is a linear character of $\mathfrak{G}$. Since (40) implies that $\Theta(P_j) = \lambda_j(P_j)$ for $P_j \in \mathfrak{P}_j$, the characters λ_j are uniquely determined by Θ. Every linear character Θ of $\mathfrak{G}$ can be obtained in the form (40).

The linear characters Θ of $\mathfrak{G}$ form a multiplicative group which is isomorphic to $\mathfrak{G}/\mathfrak{G}'$. Similarly, the linear characters λ_j of $\mathfrak{P}_j$, whose kernel contains $\mathfrak{P}_j^*$, form a group isomorphic to $\mathfrak{P}_j/\mathfrak{P}_j^*$. Now (40) yields

THEOREM 8. *Let $\mathfrak{G}$ be a group of finite order g. For each prime p_j dividing g choose a p_j-Sylow subgroup $\mathfrak{P}_j$. Let $\mathfrak{P}_j^*$ denote the subgroup of $\mathfrak{P}_j$ generated by all quotients $A^{-1}B$ of elements A, B of $\mathfrak{P}_j$ which are conjugate in $\mathfrak{G}$. Then the factor group $\mathfrak{G}/\mathfrak{G}'$ of $\mathfrak{G}$ modulo its commutator group $\mathfrak{G}'$ is isomorphic to the direct product of the groups $\mathfrak{P}_j/\mathfrak{P}_j^*$.*[5]

In particular, $\mathfrak{P}_j/\mathfrak{P}_j^*$ is the p_j-factor of $\mathfrak{G}/\mathfrak{G}'$. If P_j is an element of $\mathfrak{P}_j$ which does not belong to $\mathfrak{P}_j^*$, there exist linear characters λ_j whose kernel contains $\mathfrak{P}_j^*$ such that $\lambda_j(P_j) \neq 1$. Now (40) shows the existence of linear characters Θ of $\mathfrak{G}$ with $\Theta(P_j) \neq 1$. Hence $P_j \notin \mathfrak{G}'$. On account of (37), this gives

COROLLARY 1. *The group $\mathfrak{P}_j^*$ is the intersection of $\mathfrak{G}'$ with $\mathfrak{P}_j$.*

The following corollary is an immediate consequence of Theorem 8.

COROLLARY 2. *A group $\mathfrak{G}$ is equal to its commutator group, if and only if $\mathfrak{P} = \mathfrak{P}^*$ for each Sylow subgroup $\mathfrak{P}$ of $\mathfrak{G}$.*

We now study the relationship between $\mathfrak{G}/\mathfrak{G}'$ and $\mathfrak{H}/\mathfrak{H}^*$ for an arbitrary subgroup $\mathfrak{H}$ of $\mathfrak{G}$. We need a lemma

LEMMA 4. *Let p be a prime, let $\mathfrak{P}$ be a p-group contained in $\mathfrak{G}$ and let $\mathfrak{Q}$ be a subgroup of $\mathfrak{P}$ of index $s = p^\sigma$. Suppose that ω is a linear character of $\mathfrak{Q}$ whose kernel contains $\mathfrak{Q}^*$. If $P \in \mathfrak{P}$, then $P^s \in \mathfrak{Q}$, and*

$$\lambda(P) = \omega(P^s) \tag{41}$$

defines a linear character λ of $\mathfrak{P}$ whose kernel contains $\mathfrak{P}^*$.

PROOF. For $s = 1$, the lemma is trivial. If $s = p$, the group $\mathfrak{Q}$ is normal of index p in $\mathfrak{P}$. Hence $P^p \in \mathfrak{Q}$ for $P \in \mathfrak{P}$. If two elements Q_1 and Q_2 of $\mathfrak{Q}$ are conjugate in $\mathfrak{P}$ then $Q_1Q_2^{-1} \in \mathfrak{Q}^*$ and hence $\omega(Q_1) = \omega(Q_2)$. It follows[6] that ω can be extended to a linear character ρ of $\mathfrak{P}$. Set $\lambda = \rho^p$. Then (41) holds with $s = p$, since

$$\lambda(P) = \rho(P)^p = \rho(P^p) = \omega(P^p).$$

If two elements P_1, P_2 of $\mathfrak{P}$ are conjugate in $\mathfrak{G}$, so are the elements P_1^p and P_2^p of $\mathfrak{Q}$; $P_1^pP_2^{-p} \in \mathfrak{Q}^*$. Hence

$$\lambda(P_1P_2^{-1}) = \lambda(P_1)\lambda(P_2)^{-1} = \omega(P_1^p)\omega(P_2^p)^{-1} = 1.$$

It follows that the kernel of λ contains $\mathfrak{P}^*$.

---

[5] After completing the manuscript, I learned that a different proof of this Theorem is given in a paper "Focal Series in Finite Groups" by D. G. Higman which will appear in the Canadian Journal of Mathematics.

[6] This can be proved easily directly. One can also use the character ω^* of $\mathfrak{P}$ induced by ω. Using the fact that $\omega(Q_1) = \omega(Q_2)$ whenever Q_1 and Q_2 are elements of $\mathfrak{Q}$ conjugate in $\mathfrak{P}$, one sees easily that the average value of ω^* is p. This implies that ω^* contains a linear character ρ of $\mathfrak{P}$ and then ρ is an extension of ω.

This shows that Lemma 4 holds when $s = p$. If $s > p$, we can find a composition series of $\mathfrak{P}$ which contains $\mathfrak{Q}$. By applying the case $s = p$ repeatedly to two consecutive terms of the composition series, we obtain the general case of Lemma 4.

Let $\mathfrak{H}$ be an arbitrary subgroup of $\mathfrak{G}$ of index n. For each prime p_i dividing g, choose a p_i-Sylow subgroup $\mathfrak{Q}_i$ of $\mathfrak{H}$ and a p_i-Sylow group $\mathfrak{P}_i$ of $\mathfrak{G}$ such that $\mathfrak{Q}_i \subseteqq \mathfrak{P}_i$. Then, the index $(\mathfrak{P}_i:\mathfrak{Q}_i)$ divides n.

If G is an element of $\mathfrak{G}$ and (39) its decomposition into primary factors, let again P_i be an element of $\mathfrak{P}_i$ conjugate to G_i, chosen in some fixed manner. Set

$$H_G = P_1^n P_2^n \cdots P_m^n. \tag{42}$$

Let ω be a linear character of $\mathfrak{H}$ whose kernel contains $\mathfrak{H}^*$. If we restrict the argument to $\mathfrak{Q}_i$, we obtain a linear character of $\mathfrak{Q}_i$ whose kernel contains $\mathfrak{Q}_i^*$. If $P_i \in \mathfrak{P}_i$, then Lemma 4 shows that $P_i^n \in \mathfrak{Q}_i \subseteq \mathfrak{H}$, $H_G \in \mathfrak{H}$, and that

$$\lambda_i(P_i) = \omega(P_i^n) \tag{43}$$

defines a linear character of $\mathfrak{P}_i$ whose kernel contains $\mathfrak{P}_i^*$, $i = 1, 2, \cdots, m$.[7]

These characters λ_i can be used in (40). Hence there exists a linear character Θ of $\mathfrak{G}$ such that

$$\Theta(G) = \prod_i \lambda_i(P_i) = \prod_i \omega(P_i^n) = \omega(H_G). \tag{44}$$

If G lies in $\mathfrak{H}$, all G_i lie in $\mathfrak{H}$. We can choose here P_i as an element of $\mathfrak{Q}_i$ such that G_i and P_i are conjugate in $\mathfrak{H}$. Then $\omega(G_i) = \omega(P_i)$ and (44) yields

$$\Theta(G) = \prod_i \omega(G_i^n) = \omega(G)^n \qquad \text{for } G \in \mathfrak{H}. \tag{45}$$

In particular, Θ is an extension of ω^n. We thus have

THEOREM 9. *Let $\mathfrak{G}$ be a group of finite order, $\mathfrak{H}$ a subgroup of index n. Denote by $\mathfrak{H}^*$ the group generated by the quotients AB^{-1} of elements A, B of $\mathfrak{H}$ which are conjugate in $\mathfrak{G}$. If ω is a linear character of $\mathfrak{H}$ whose kernel contains $\mathfrak{H}^*$, then ω^n can be extended to a linear character of $\mathfrak{G}$.*

Let $\omega_1, \omega_2, \cdots, \omega_l$ denote the linear characters of $\mathfrak{H}$ whose kernels contain $\mathfrak{H}^*$. For each ω_j construct the corresponding Θ_j by (44). For $H \in \mathfrak{H}$, the mapping

$$H \rightarrow (\omega_1(H), \omega_2(H), \cdots, \omega_l(H))$$

is a homomorphism of $\mathfrak{H}$ on a subgroup $\mathfrak{M}$ of a Cartesian product of cyclic groups. Since the kernel is $\mathfrak{H}^*$, we may identify $\mathfrak{M}$ with $\mathfrak{H}/\mathfrak{H}^*$.

On the other hand, consider the homomorphic mapping

$$G \rightarrow (\Theta_1(G), \Theta_2(G), \cdots, \Theta_l(G))$$

of $\mathfrak{G}$. It follows from (44) that $\mathfrak{G}$ is mapped on a subgroup $\mathfrak{T}$ of $\mathfrak{M}$. Let $\mathfrak{N}$ denote the kernel; $\mathfrak{G}/\mathfrak{N} \simeq \mathfrak{T}$. As shown by (45), the nth power of each element of $\mathfrak{M}$ lies

[7] It may happen that the exponent s in (41) can be replaced by some smaller exponent. If this is true for some of the groups $\mathfrak{P}_i$, $\mathfrak{Q}_i$ the exponent n in Theorems 9, 9* can be replaced by a smaller value n'.

in $\mathfrak{T}$. Further, (45) shows that an element H of $\mathfrak{H}$ belongs to $\mathfrak{N}$, if and only if $\omega_i(H^n) = 1$ for all i, that is, if $H^n \in \mathfrak{H}^*$. This yields

THEOREM 9*.[8] *Let $\mathfrak{G}$, $\mathfrak{H}$, $\mathfrak{H}^*$ and n have the same significance as in Theorem 9. There exists a normal subgroup $\mathfrak{N}$ of $\mathfrak{G}$ for which $\mathfrak{G}/\mathfrak{N}$ is isomorphic to a subgroup $\mathfrak{T}$ of $\mathfrak{H}/\mathfrak{H}^*$ such that $\mathfrak{T}$ contains the nth powers of all elements of $\mathfrak{H}/\mathfrak{H}^*$ and that $\mathfrak{H} \cap \mathfrak{N}$ consists of those elements of $\mathfrak{H}$ whose n^{th} power lies in $\mathfrak{H}^*$.*

COROLLARY 1. *If $n = (\mathfrak{G}:\mathfrak{H})$ is relatively prime to $(\mathfrak{H}:\mathfrak{H}^*)$, then*

$$\mathfrak{G}/\mathfrak{N} \simeq \mathfrak{H}/\mathfrak{H}^*; \qquad \mathfrak{N} \cap \mathfrak{H} = \mathfrak{H}^*.$$

PROOF. If n is prime to $(\mathfrak{H}:\mathfrak{H}^*)$, every element of $\mathfrak{H}/\mathfrak{H}^*$ is an nth power and hence $\mathfrak{T} = \mathfrak{H}/\mathfrak{H}^*$. Further, if the nth power of $H \in \mathfrak{H}$ lies in $\mathfrak{H}^*$, then $H \in \mathfrak{H}^*$. Hence $\mathfrak{H} \cap \mathfrak{N} = \mathfrak{H}^*$.

COROLLARY 2. *If $\mathfrak{G} = \mathfrak{G}'$, then $\mathfrak{H}^*$ contains the nth powers of the elements of $\mathfrak{H}$.*

PROOF. If $\mathfrak{G} = \mathfrak{G}'$, we must have $\mathfrak{N} = \mathfrak{G}$, $\mathfrak{N} \cap \mathfrak{H} = \mathfrak{H}$. Hence the nth power of every element of $\mathfrak{H}$ lies in $\mathfrak{H}^*$.

We conclude this section with some remarks concerning the group $\mathfrak{H}^*$.

THEOREM 10. *The group $\mathfrak{H}^*$ is the subgroup $\mathfrak{H}_0$ of $\mathfrak{H}$ generated by all quotients AB^{-1} where A, B are elements of prime power order in $\mathfrak{H}$ such that A, B are conjugate in $\mathfrak{G}$.*

PROOF. It is clear that $\mathfrak{H}_0 \subseteqq \mathfrak{H}^*$. We prove next that $\mathfrak{H}' \subseteqq \mathfrak{H}_0$. We have to show that $\mathfrak{H}_0$ contains all commutator elements $(H_1, H_2) = H_1H_2H_1^{-1}H_2^{-1}$, $(H_1, H_2 \in \mathfrak{H})$. If H_1 has prime power order, it is clear that $(H_1, H_2) \in \mathfrak{H}_0$, since H_1 and $H_2H_1H_2^{-1}$ are elements of prime power of $\mathfrak{H}$ which are conjugate in $\mathfrak{G}$. If H_1 does not have prime power order, we can write $H_1 = RS$ where R, S are elements of $\mathfrak{H}$ whose orders are divisible by fewer primes than the order of H_1. Since

$$(RS, H_2) = (RSR^{-1}, RH_2R^{-1})(R, H_2), \tag{46}$$

induction shows that $(H_1, H_2) \in \mathfrak{H}_0$.

Suppose now that A, B are elements of $\mathfrak{H}$ which are conjugate in $\mathfrak{G}$. Let

$$A = A_1A_2 \cdots A_m, \qquad B = B_1B_2 \cdots B_m$$

be their decomposition into primary factors. Then A_i and B_i are conjugate in $\mathfrak{G}$, and since they have prime power order, $A_iB_i^{-1} \in \mathfrak{H}_0$. Now

$$\begin{aligned} AB^{-1}\mathfrak{H}' &= (A_1\mathfrak{H}') \cdots (A_m\mathfrak{H}')(B_m^{-1}\mathfrak{H}') \cdots (B_1^{-1}\mathfrak{H}') \\ &= (A_1B_1^{-1})\mathfrak{H}' \cdot \cdots \cdot (A_mB_m^{-1})\mathfrak{H}' \subseteqq \mathfrak{H}_0\mathfrak{H}' = \mathfrak{H}_0 \end{aligned}$$

Hence $AB^{-1} \in \mathfrak{H}_0$. This implies that $\mathfrak{H}^* \subseteqq \mathfrak{H}_0$ and hence $\mathfrak{H}^* = \mathfrak{H}_0$, q.e.d.

THEOREM 10*. *Let $\mathfrak{Q}_1, \cdots, \mathfrak{Q}_m$ be a system of Sylow-subgroups of $\mathfrak{H}$ for the different primes $p_1, \cdots, p_m$ dividing the order of $\mathfrak{H}$. The group $\mathfrak{H}^*$ can be defined*

[8] A simple direct proof of Theorems 9* is given in the paper by Higman quoted in[5]. Also, Theorem 9 is obtained easily by Higman's method.—Higman studies a whole series of subgroups, the focal series, of which our $\mathfrak{H}^*$ is the first term.

as the subgroup $\mathfrak{H}_1$ *of* $\mathfrak{H}$ *generated by* $\mathfrak{H}'$ *and the set of all quotients* UV^{-1} *where* U, V *are two elements of the same* $\mathfrak{Q}_i$ *such that* U, V *are conjugate in* $\mathfrak{G}$.

PROOF. It is clear that $\mathfrak{H}_1 \subseteqq \mathfrak{H}^*$. Conversely, let A, B be two elements of $\mathfrak{H}$ of prime power order such that A, B are conjugate in $\mathfrak{G}$. We can set $A = X^{-1}UX$, $B = Y^{-1}VY$ where U, V belong to one of the $\mathfrak{Q}_i$ and where $X, Y \in \mathfrak{H}$. Then U, V are conjugate in $\mathfrak{G}$ and hence $UV^{-1} \in \mathfrak{H}_1$. Since $AB^{-1}\mathfrak{H}' = UV^{-1}\mathfrak{H}'$, it follows that $AB^{-1} \in \mathfrak{H}_1$. Hence $\mathfrak{H}^* \subseteqq \mathfrak{H}_1$ and then $\mathfrak{H}^* = \mathfrak{H}_1$ as was stated.

COROLLARY. *Suppose that whenever two elements* U, V *of a Sylow group* $\mathfrak{Q}_i$ *of* $\mathfrak{H}$ *are conjugate in* $\mathfrak{G}$, *then they are conjugate in* $\mathfrak{H}$, $(i = 1, 2, \cdots, m)$. *Then* $\mathfrak{H}^* = \mathfrak{H}'$.

PROOF. If $U, V \in \mathfrak{Q}_i$ and if U, V are conjugate in $\mathfrak{G}$, we can set $V = HUH^{-1}$ with $H \in \mathfrak{H}$. Hence $UV^{-1} = (U, H) \in \mathfrak{H}'$, $\mathfrak{H}^* \subseteqq \mathfrak{H}'$ and then $\mathfrak{H}^* = \mathfrak{H}'$.

REMARK. If we combine this corollary with Theorem 9*, we obtain a Theorem of Frobenius[9] which generalizes earlier results of Burnside and Frobenius. Actually, Frobenius made the somewhat stronger assumption that if two elements of $\mathfrak{H}$ are conjugate in $\mathfrak{G}$, then they are conjugate in $\mathfrak{H}$.

6. A Theorem of Frobenius

The following Theorem is due to Frobenius.[10]

THEOREM 11. *Let* $\mathfrak{G}$ *be a group of finite order* g, *let* $\mathfrak{K}$ *be an invariant subset of* $\mathfrak{G}$ *and let* n *be a fixed natural integer. Define a function* $\Theta(G; \mathfrak{K}, \mathfrak{G}) = \Theta(G; \mathfrak{K})$ on $\mathfrak{G}$ *by the equations,*

$$\Theta(G; \mathfrak{K}) = g/(g, n), \qquad \text{if } G^n \in \mathfrak{K},$$
$$\Theta(G; \mathfrak{K}) = 0, \qquad \text{if } G^n \notin \mathfrak{K}. \tag{47}$$

For fixed $\mathfrak{K}$, $\Theta(G; \mathfrak{K})$ *belongs to the character ring* X *of* $\mathfrak{G}$ *with regard to the field* K *of the* g^{th} *roots of unity.*

We shall show that this Theorem can be obtained in a natural manner by application of Theorems 1* and 5.

1. If $\mathfrak{K}$ is empty, the Theorem is trivial. If $\mathfrak{A}$ and $\mathfrak{B}$ are two disjoint invariant subsets of $\mathfrak{G}$, then

$$\Theta(G; \mathfrak{A} \cup \mathfrak{B}) = \Theta(G; \mathfrak{A}) + \Theta(G; \mathfrak{B}). \tag{48}$$

Hence it will be sufficient to prove Theorem 11 in the case that $\mathfrak{K}$ is a class of conjugate elements of $\mathfrak{G}$. Further, if $\mathfrak{K}_1, \mathfrak{K}_2, \cdots, \mathfrak{K}_k$ are the different classes of conjugate elements of $\mathfrak{G}$, repeated application of (48) shows that

$$\textstyle\sum_i \Theta(G; \mathfrak{K}_i) = \Theta(G; \mathfrak{G}) = g/(g, n)$$

for each $G \in \mathfrak{G}$. Since this function is an integral multiple of the principal character, it belongs to X. It will therefore be sufficient to prove Theorem 11 for the classes $\mathfrak{K}_i$ of $\mathfrak{G}$ which don't contain the unity 1.

[9] G. FROBENIUS, *Ueber auflösbare Gruppen IV*, Sitzungsberichte der Preussischen Akademie Berlin 1901, 1216–1230.

[10] G. FROBENIUS, *Ueber einen Fundamentalsatz der Gruppentheorie II*, Sitzungsberichte der Preussischen Akademie Berlin 1907, 428–437.

2. Suppose that $\mathfrak{G}$ is a direct product $\mathfrak{G}_1 \times \mathfrak{G}_2$ of two groups $\mathfrak{G}_1$ and $\mathfrak{G}_2$ of relatively prime orders g_1 and g_2. Since the class $\mathfrak{K}$ is the product of a class $\mathfrak{K}^{(1)}$ of $\mathfrak{G}_1$ and a class $\mathfrak{K}^{(2)}$ of $\mathfrak{G}_2$, it follows easily that

$$\Theta(G_1G_2\,; \mathfrak{K}, \mathfrak{G}_1 \times \mathfrak{G}_2) = \Theta(G_1\,; \mathfrak{K}^{(1)}, \mathfrak{G}_1)\Theta(G_2\,; \mathfrak{K}^{(2)}, \mathfrak{G}_2)$$

for $G_1 \in \mathfrak{G}_1$, $G_2 \in \mathfrak{G}_2$. Hence, if Theorem 11 is proved for the groups $\mathfrak{G}_1$ and $\mathfrak{G}_2$ it holds for $\mathfrak{G} = \mathfrak{G}_1 \times \mathfrak{G}_2$ too.

Let $\mathfrak{E}$ of order e be a subgroup of $\mathfrak{G}$. Then $\mathfrak{K} \cap \mathfrak{E}$ is an invariant subset of $\mathfrak{E}$. Since the quotient of $g/(g, n)$ by $e/(e, n)$ is a rational integer r, we have

$$\Theta(E; \mathfrak{K}, \mathfrak{G}) = r\Theta(E; \mathfrak{K} \cap \mathfrak{E}, \mathfrak{E}) \tag{49}$$

for $E \in \mathfrak{E}$.

Suppose that Theorem 11 has been proved for all elementary groups. The function Θ defined by (47) is a class function on $\mathfrak{G}$. Then (49) shows that the restriction of Θ to an elementary subgroup $\mathfrak{E}$ belongs to the character ring of $\mathfrak{E}$. Now Theorem 1* implies $\Theta \in X$.

3. It remains to prove Theorem 10 for elementary groups. Since an elementary group is a direct product of p-groups, the remark in 2 shows that it is sufficient to consider the case that $\mathfrak{G}$ is a p-group, $g = p^a$. As shown in 1, we may assume that $\mathfrak{K}$ is a class of conjugate elements which does not contain 1.

We wish to apply Theorem 5 in this case. Since Θ is a class function, it will be sufficient to show that if $\mathfrak{U}$ is a subgroup of order u of $\mathfrak{G}$ and λ a linear character of $\mathfrak{U}$, then the expression

$$S = \sum_U \Theta(U; \mathfrak{K})\lambda(U^{-1}) \qquad (U \in \mathfrak{U}) \tag{50}$$

is an algebraic integer divisible by u.

Let p^ν be the highest power of p which divides n. In (50), it is sufficient to let U range over the elements of $\mathfrak{U}$ which have orders p^β with $\beta > \nu$. Indeed, if $\beta \leqq \nu$, then $U^n = 1$, and since $1 \notin \mathfrak{K}$, $\Theta(U; \mathfrak{K}) = 0$. If no elements U with $\beta > \nu$ exist, $S = 0$ and the statement is trivial.

In particular, we may assume that the exponent a in $g = p^a$ is larger than ν. This implies $(g, n) = p^\nu$, $g/(g; n) = p^{a-\nu}$. Using (47), we can write

$$S = p^{a-\nu} \sum{}' \lambda(U^{-1})$$

where U ranges over the elements of $\mathfrak{U}$ for which $U^n \in \mathfrak{K}$. We may assume that such elements exist. We distribute these elements into disjoint subsets. If U of order p^β is one element of such a subset, the subset is to consist of the distinct powers $U_1 = U^j$ of U for which $U_1^n = U^n$. This equation will hold, if and only if $jn \equiv n \pmod{p^\beta}$, that is, if $j \equiv 1 \pmod{p^{\beta-\nu}}$. Since $\beta > \nu$, then j is prime to p and therefore, U can also be written as a power of U_1. This remark shows that the subsets are actually well defined and disjoint. Thus S will break up into partial sums of the form

$$S_0 = p^{a-\nu} \sum_j \lambda(U^{-j}).$$

In order to obtain distinct U^j with $j \equiv 1 \pmod{p^{\beta-\nu}}$, we must set

$$j = 1 + xp^{\beta-\nu} \quad \text{with } x = 0, 1, 2, \cdots, p^\nu - 1.$$

If we set $\eta = \lambda(U^{p^{\beta-\nu}})$, then η is a $p^{\nu\text{th}}$ root of unity and

$$S_0 = p^{a-\nu}\lambda(U^{-1}) \sum_{x=0}^{p\nu-1} \bar{\eta}^x.$$

Since $\sum_x \bar{\eta}^x$ is p^ν for $\eta = 1$ and 0 for $\eta \neq 1$, S_0 is divisible by p^a and hence by the order u of the subgroup $\mathfrak{U}$ of $\mathfrak{G}$. Then S is also divisible by u as we had to show.

COROLLARY. *If* $\mathfrak{K} = \{1\}$, *then* $\Theta(G; 1)$ *is a generalized character of* $\mathfrak{G}$.

PROOF. Let Γ be the Galois group of the field of the gth roots of unity with regard to the field of rational numbers P. An element γ of Γ maps a primitive g^{th} root of unity ε on a power ε^c with $(c, g) = 1$. Set now

$$\Theta(G; 1) = \sum_{i=1}^{k} a_i \chi_i(G),$$
$$a_i = (1/g) \sum_G \Theta(G; 1)\chi_i(G^{-1}).$$

Then γ maps $\chi_i(G^{-1})$ on $\chi_i(G^{-c})$. It follows from the definition of $\Theta(G; 1)$ that $\Theta(G; 1) = \Theta(G^c; 1)$. Hence γ maps a_i on

$$a_i^\gamma = (1/g) \sum_G \Theta(G^c; 1)\chi_i(G^{-c}).$$

With G, the element G^c ranges over $\mathfrak{G}$. It follows that $a_i^\gamma = a_i$ for every $\gamma \in \Gamma$ and therefore $a_i \in$ P, q.e.d.

Let $\mathfrak{K}$ be an invariant subset of $\mathfrak{G}$, let χ be a character of $\mathfrak{G}$. As remarked by Frobenius, Theorem 11 implies that

$$\sum_G \chi(G)\Theta(G; \mathfrak{K})$$

is divisible by g. Substituting the value for $\Theta(G; \mathfrak{K})$, we see that if we let G range over the elements of $\mathfrak{G}$ with $G^n \in \mathfrak{K}$, the sum $\sum_G \chi(G)$ is divisible by (g, n). In particular, if we choose for χ the principal character, we obtain the well known theorem of Frobenius that the number of elements $G \in \mathfrak{G}$ with $G^n \in \mathfrak{K}$ is divisible by (g, n).

7. Applications to Modular Characters[11]

THEOREM 12. *Suppose that* p *is a prime and that* p^α *is the highest power of* p *which divides the order* g *of the group* G. *If* ϕ *is a modular character of* G *for* p, *we obtain an (ordinary) generalized character of* $\mathfrak{G}$ *when we set*

$$\Theta(G) = \begin{cases} p^\alpha\phi(G) & \text{for } p\text{-regular elements } G. \\ 0 & \text{otherwise.} \end{cases}$$

PROOF. We apply Theorem 1. It is clear that Θ is a class function. If $\mathfrak{E}$ is an elementary subgroup, we can set $\mathfrak{E} = \mathfrak{P} \times \mathfrak{B}$ where the order of $\mathfrak{P}$ is a power p^s of p, $s \leqq \alpha$, while the order of $\mathfrak{B}$ is prime to p. This last fact implies that there

[11] For the results on modular characters used in this section, see R. BRAUER AND C. NESBITT, On the modular representations of groups of finite order, University of Toronto Studies, Math. Series No. 4 (1937) and the Introduction of R. BRAUER AND C. NESBITT, *On the modular characters of groups*, Ann. of Math. **42**, 556–590 (1941).

is no distinction between the ordinary characters and the modular characters of $\mathfrak{B}$ (for the prime p). In particular, $\phi(B)$ for $B \in \mathfrak{B}$ is an ordinary character of $\mathfrak{B}$.

Let $\rho(P)$ denote the ordinary regular character of $\mathfrak{P}$. If we write the general element E of $\mathfrak{E}$ in the form $E = PB$ with $P \in \mathfrak{P}$, $B \in \mathfrak{B}$, then

$$\psi(E) = \psi(PB) = \rho(P)\phi(B)$$

is an (ordinary) character of $\mathfrak{E}$. Since $\Theta(E) = p^{\alpha-s}\psi(E)$, condition (II) of Theorem 1 holds, and Theorem 12 becomes obvious.

Let $\phi_1, \phi_2, \cdots, \phi_l$ denote the different modular irreducible characters of $\mathfrak{G}$. Then,

$$\chi_i(G) = \textstyle\sum_{j=1}^{l} d_{ij}\,\phi_j(G) \qquad (i = 1, 2, \cdots, k) \tag{51}$$

for p-regular elements. Here, the d_{ij} are rational integers, the decomposition numbers of $\mathfrak{G}$ (for p); $d_{ij} \geqq 0$. We form the $(k \times l)$-matrix $D = (d_{ij})$. Then the coefficients c_{ij} of the square matrix

$$C = D'D \tag{52}$$

are the Cartan invariants of $\mathfrak{G}$. Here, C is a non-singular symmetric matrix of degree l.

For each ϕ_j, construct an ordinary generalized character Θ_j according to Theorem 12;

$$\Theta_j(G) = p^{\alpha}\phi_j(G) \text{ or } \Theta_j(G) = 0 \tag{53}$$

according as to whether G is p-regular or not. We then have formulas

$$\Theta_j(G) = \textstyle\sum_{\mu=1}^{k} a_{\mu j}\,\chi_\mu(G), \qquad (j = 1, 2, \cdots, l),$$

where the $a_{\mu j}$ are rational integers;

$$a_{\mu j} = (1/g)\textstyle\sum_G \Theta_j(G)\chi_\mu(G^{-1}), \qquad (G \in \mathfrak{G}),$$

$(\mu = 1, 2, \cdots, k; j = 1, 2, \cdots, l)$. By (53), it is sufficient to let G run over the p-regular elements. Using (53) and (51), we find

$$a_{\mu j} = p^{\alpha}\textstyle\sum_{\lambda=1}^{l} d_{\mu\lambda}[(1/g)\sum_G' \phi_j(G)\phi_\lambda(G^{-1})].$$

By the orthogonality relations for the modular characters, the bracket has the value $\gamma_{\lambda j}$ where we set $C^{-1} = (\gamma_{ij})$. Hence

$$a_{\mu j} = p^{\alpha}\textstyle\sum_{\lambda=1}^{l} d_{\mu\lambda}\,\gamma_{\lambda j}\,.$$

Thus, if A is the $(k \times l)$ matrix (a_{ij}), we find

$$A = p^{\alpha}DC^{-1}. \tag{54}$$

By (52), this implies

$$D'A = p^{\alpha}D'DC^{-1} = p^{\alpha}I. \tag{55}$$

From (54), we find $AC = p^{\alpha}D$, $CA' = p^{\alpha}D'$ and by (55),

$$CA'A = p^{\alpha}D'A = p^{2\alpha}I.$$

Both C and $A'A$ are square matrices of degree l; the coefficients are rational integers. Then

$$\det C \cdot \det (A'A) = \det p^{2\alpha} I = p^{2\alpha l}.$$

This yields

THEOREM 13. *The determinant of the matrix $C = (c_{ij})$ of the Cartan invariants is a power of p.*[12]

It follows from (55) that the lth determinant divisor of the $(k \times l)$-matrix D must be a power of p. Indeed, if all minors of degree l of D are divisible by a rational prime q, we can find a row $\mathfrak{x} = (x_1, \cdots, x_l)$ of rational integers not all divisible by q such that $\mathfrak{x}D' \equiv 0 \pmod{q}$. But then (55) yields $\mathfrak{x}D'A = p^{\alpha}\mathfrak{x} \equiv 0 \pmod{q}$. Hence $q = p$. We now show

THEOREM 14. *The l determinant divisors $\delta_1, \delta_2, \cdots, \delta_l$ of the matrix D of the decomposition numbers of $\mathfrak{G}$ are all equal to 1.*

PROOF. It is sufficient to show that $\delta_l = 1$. By the preceding remark, we only have to prove that δ_l cannot be divisible by p. Suppose that δ_l was divisible by p.

The number l of distinct modular irreducible characters $\phi_1, \phi_2, \cdots, \phi_l$ is equal to the number of p-regular classes of $\mathfrak{G}$. Suppose that the elements $G_1, G_2, \cdots, G_l$ of $\mathfrak{G}$ represent these l classes. Let K denote the field obtained from the field P of rational numbers by adjunction of the gth roots of unity and let ν be an extension of the exponential p-adic valuation of P to K. If all minors of degree l of D are divisible by p then (51) implies, that for any choice of l indices i from $1, 2, \cdots, k$ the determinant of $(\chi_i(G_j))$ lies in the local prime ideal $\mathfrak{p}$ belonging to ν. Then there exist l local integers $z_1, \cdots, z_l$ not all divisible by $\mathfrak{p}$, such that

$$\sum_{j=1}^{l} z_j \chi_i(G_j) \equiv 0 \pmod{\mathfrak{p}}.$$

It follows that if Θ is an element of the character ring of $\mathfrak{G}$ with regard to the field K, then

$$\sum_{j=1}^{l} z_j \Theta(G_j) \equiv 0 \pmod{\mathfrak{p}}. \tag{56}$$

However, this is impossible[13] and Theorem 14 is proved.

By combining Theorem 14 with (51), we obtain

THEOREM 15. *If G is restricted to p-regular elements of $\mathfrak{G}$, every modular irreducible character $\phi_j(G)$ can be written as a linear combination $\sum a_i \chi_i(G)$ where the a_i are rational integers which do not depend on G.*

Let $\mathfrak{T}_i$ denote the irreducible modular representation with the character ϕ_i.

[12] This was first proved in R. BRAUER, *On the Cartan invariants of groups of finite order*, Ann. of Math. **42**, 53–61 (1941).

[13] See the second paper quoted in [11], section 18. The proof given there can be simplified. Choose a fixed index j, $1 \leqq j \leqq l$. Let $\mathfrak{P}$ denote a p-Sylow subgroup of $\mathfrak{N}(G_j)$ and set $\mathfrak{A} = \{G_j\}$, $\mathfrak{E} = \mathfrak{A} \times \mathfrak{P}$. It is easy to construct an element ψ of the character ring of $\mathfrak{E}$ with regard to the field K such that ψ vanishes for all p-regular elements of $\mathfrak{E}$ with exception of G_j and that $\psi(G_j)$ is prime to p. If the induced expression ψ^* is taken for θ in (56), it follows that z_j lies in $\mathfrak{p}$. This can be applied for $j = 1, 2, \ldots, l$.

Then there exists a unique indecomposable component $\mathfrak{U}_i$ of the modular regular representation such that $\mathfrak{U}_i$ has the bottom constituent $\mathfrak{T}_i$. This $\mathfrak{U}_i$ can be interpreted as an ordinary representation of $\mathfrak{G}$. If Φ_i is the character of $\mathfrak{U}_i$, then

$$\Phi_j(G) = \sum_{\mu=1}^{k} d_{\mu j}\,\chi_\mu(G) \qquad (j = 1, 2, \cdots, l).$$

Using (52), we find

$$\frac{1}{g}\sum_G |\Phi_j(G)|^2 = \sum_{\mu=1}^{k} d_{\mu j}^2 = c_{jj}$$

where G ranges over all elements of $\mathfrak{G}$.

On the other hand, the orthogonality relations for modular characters imply that the sum on the left has the same value c_{jj}, if we let G range only over the p-regular elements of $\mathfrak{G}$. This gives

THEOREM 16. *The characters $\Phi_j(G)$ vanish for all p-singular elements G of $\mathfrak{G}$.*

Finally, we prove

THEOREM 17. *If $\Theta(G)$ is a class function on $\mathfrak{G}$ which vanishes for all p-singular elements of $\mathfrak{G}$, then $\Theta(G)$ is a linear combination*

$$\Theta(G) = \sum_{i=1}^{l} s_i\,\Phi_i(G) \tag{57}$$

with complex coefficients s_i. If $\Theta(G)$ is a generalized character of $\mathfrak{G}$ which vanishes for all p-singular elements, then the s_i in (57) *are rational integers.*

PROOF. Let again $G_1, G_2, \cdots, G_l$ represent the l p-regular classes of $\mathfrak{G}$. Since the determinant

$$\det\,(\Phi_i(G_j)) = \det C\cdot\det\,(\phi_i(G_j))$$

does not vanish, we can determine the s_i such that (57) holds for $G = G_1, G_2, \cdots, G_l$. Here, Θ and the Φ_i are class functions. Hence (57) holds for all p-regular elements G. If $\Theta(G)$ vanishes for all p-singular elements, Theorem 16 shows that (57) holds for these elements too.

On account of the orthogonality relations for modular characters, we have

$$s_j = (1/g)\sum_G \Theta(G)\phi_j(G^{-1})$$

with G ranging over all p-regular elements of $\mathfrak{G}$. Because of Theorem 15, s_j is a linear combination of sums

$$(1/g)\sum_G \Theta(G)\chi_i(G^{-1}). \tag{58}$$

Here, we can let G range over all elements of $\mathfrak{G}$, since $\Theta(G) = 0$ for p-singular elements G. If $\Theta(G)$ is a generalized character $\sum a_i\chi_i$, the value of (58) is a_i. It follows that the s_j are rational integers. This finishes the proof of Theorem 17.

It would be of interest to find conditions which characterize the characters $\Phi_1, \cdots, \Phi_l$ among the class functions which vanish for p-singular elements.

UNIVERSITY OF MICHIGAN

Annals of Mathematics
Vol. 62, No. 1, July, 1955
Printed in U.S.A.

ON THE CHARACTERS OF FINITE GROUPS

By Richard Brauer and John Tate

(Received January 7, 1955)

1. In [1], the following theorem was proved.

Theorem A. *Every character χ of a group $\mathfrak{G}$ of finite order can be represented in the form*

$$\chi = \sum a_i \psi_i^*$$

where each ψ_i is an irreducible character of some elementary subgroup $\mathfrak{E}_i$ of $\mathfrak{G}$, ψ_i^* designates the character of $\mathfrak{G}$ induced by ψ_i, and where the a_i belong to the ring Z of rational integers.

Here, an *elementary group* is defined as a group which is the direct product of a cyclic group and a p-group for some prime number p.

By a *generalized character* of $\mathfrak{G}$, we shall mean the difference of two characters of $\mathfrak{G}$. Thus, if $\chi_1, \chi_2, \cdots, \chi_k$ are the irreducible characters of $\mathfrak{G}$, the generalized characters have the form

$$a_1\chi_1 + a_2\chi_2 + \cdots + a_k\chi_k$$

with coefficients a_i in Z. Since the product of two characters of $\mathfrak{G}$ is again a character, the generalized characters of $\mathfrak{G}$ form a ring $X = X(\mathfrak{G})$, the *character ring* of $\mathfrak{G}$. In [2], it was shown that Theorem A is equivalent with the following result.

Theorem B. *A complex valued function Θ defined on a finite group $\mathfrak{G}$ belongs to the character ring $X(\mathfrak{G})$, if and only if the following two conditions are satisfied:*

(I) *Θ is a class function*, i.e., *the value of Θ is constant on each class of conjugate elements of $\mathfrak{G}$.*

(II) *For every elementary subgroup $\mathfrak{E}$ of $\mathfrak{G}$, the restriction $\Theta \mid \mathfrak{E}$ of Θ to $\mathfrak{E}$ belongs to the character ring $X(\mathfrak{E})$ of $\mathfrak{E}$.*

A proof of this theorem was given which was simpler than the original proof of Theorem A. On the other hand, the proof of Theorem A was simplified greatly by P. Roquette [3]. Using his idea, we shall give a further simplification. Both theorems will be proved simultaneously and the connection between them will become clearer.

In order to make this note self contained, we prove some well-known facts on induced functions in Section 2.

2. Let $\mathfrak{G}$ be a group of finite order g, let C be the field of complex numbers, and let $A(\mathfrak{G})$ denote the ring of all complex-valued class functions on $\mathfrak{G}$. Then $A(\mathfrak{G})$ is a finite dimensional Hilbert space with respect to the inner product

$$(1) \qquad (\Theta, \eta) = (1/g) \sum_{G \in \mathfrak{G}} \Theta(G)\overline{\eta(G)}, \qquad (\Theta, \eta \in A(\mathfrak{G})).$$

The irreducible characters χ_i of $\mathfrak{G}$ form a basis of $A(\mathfrak{G})$ over C, and the orthogonality relations simply state that they are an orthonormal basis. Hence for any $\Theta \in A(\mathfrak{G})$, we have the Fourier expansion

$$\Theta = \sum_i a_i \chi_i \quad \text{with} \quad a_i = (\Theta, \chi_i). \tag{2}$$

In particular, a class function Θ is a character of $\mathfrak{G}$, if all $a_i = (\Theta, \chi_i)$ are non-negative rational integers.

Let $\mathfrak{H}$ be any subgroup of $\mathfrak{G}$. The *restriction map* $\Theta \to \Theta \mid \mathfrak{H}$ is clearly a C-linear homomorphism of $A(\mathfrak{G})$ into $A(\mathfrak{H})$ which maps the unit element of $A(\mathfrak{G})$ onto that of $A(\mathfrak{H})$. Going in the opposite direction, from $A(\mathfrak{H})$ to $A(\mathfrak{G})$, we have the *induction map* $J(\mathfrak{H} \to \mathfrak{G}): \psi \to \psi^*$ which is defined by

$$\psi^*(G) = (1/h)\sum_{T \in \mathfrak{G}} \psi_0(TGT^{-1}), \qquad (\psi \in A(\mathfrak{H}),\ G \in \mathfrak{G}), \tag{3}$$

where h is the order of $\mathfrak{H}$ and ψ_0 denotes the extension of ψ to $\mathfrak{G}$ obtained by putting $\psi_0(G) = 0$ for $G \notin \mathfrak{H}$. Clearly, ψ^* is a class function on $\mathfrak{G}$.

If Θ is a class function on $\mathfrak{G}$, we have (cf. [3] p. 160)

$$\psi^*\Theta = (\psi(\Theta \mid H))^*. \tag{4}$$

Indeed, (4) is obtained at once from the equation

$$\psi^*(G)\Theta(G) = (1/h)\sum_{T \in \mathfrak{G}} \psi_o(TGT^{-1})\Theta(G) = (1/h)\sum_{T \in \mathfrak{G}} \psi_o(TGT^{-1})\Theta(TGT^{-1}).$$

Let us also sum here over all $G \in \mathfrak{G}$. On the right, the only terms to be considered are those for which TGT^{-1} is an element H of $\mathfrak{H}$. A fixed element H can be written g times in the form TGT^{-1} with $T, G \in \mathfrak{G}$. Thus,

$$(1/g)\sum_{G \in \mathfrak{G}} \psi^*(G)\Theta(G) = (1/h)\sum_{H \in \mathfrak{H}} \psi(H)\Theta(H).$$

If we replace Θ by $\bar{\Theta}$, we obtain

$$(\psi^*, \Theta) = (\psi, \Theta \mid \mathfrak{H}). \tag{5}$$

Of course, the inner product on the right refers to $A(\mathfrak{H})$. The equation (5) states that the restriction map $\Theta \to \Theta \mid \mathfrak{H}$ and the induction map $\psi \to \psi^*$ are adjoint.

It is well known that if ψ is a character of $\mathfrak{H}$, then ψ^* is a character of $\mathfrak{G}$,[1] the corresponding *induced character*. The equation (5) expresses the Frobenius reciprocity theorems on induced characters.

The induction map is transitive in the following sense. If $\mathfrak{L}$ is a subgroup between $\mathfrak{H}$ and $\mathfrak{G}$, we have

$$J(\mathfrak{H} \to \mathfrak{G}) = J(\mathfrak{L} \to \mathfrak{G})J(\mathfrak{H} \to \mathfrak{L}). \tag{6}$$

This can be seen easily from the definition of the induction map.

If $\mathfrak{H}_1 = S^{-1}\mathfrak{H}S$ with $S \in \mathfrak{G}$ is a subgroup conjugate to $\mathfrak{H}$ and if ψ is a class function on $\mathfrak{H}$, the "conjugate" class function ψ_1 on $\mathfrak{H}_1$ is defined by

$$\psi_1(H_1) = \psi(SH_1S^{-1}), \qquad (H_1 \in \mathfrak{H}_1).$$

[1] This can be seen easily from (5) by taking $\theta = \chi_i$. Since $\theta \mid \mathfrak{H}$ is a character of $\mathfrak{H}$, the inner product $(\psi, \theta \mid \mathfrak{H})$ is a non-negative rational integer for every character ψ of $\mathfrak{H}$. Hence (ψ^*, χ_i) is a non-negative rational integer for all i and ψ^* is a character of $\mathfrak{G}$.

If ψ is a character of $\mathfrak{H}$, ψ_1 is a character of $\mathfrak{H}_1$. It follows readily from (3) that

$$\psi_1^* = \psi^*. \tag{7}$$

3. Let R be an integral domain which contains the ring Z of rational integers. As a matter of convenience, we shall assume that R is contained in the field C of complex numbers. Let $X_R = X_R(\mathfrak{G})$ denote the set of linear combinations of $\chi_1, \chi_2, \cdots, \chi_k$ with coefficients in R. Thus

$$X_R = \sum_i R\chi_i . \tag{8}$$

As in the case $R = Z$ mentioned in Section 1, the set X_R is a ring, the character ring of $\mathfrak{G}$ with respect to R.

Let $\{\mathfrak{H}_\alpha\}$ be a fixed family of subgroups of $\mathfrak{G}$. For each α, let $\{\psi_{\alpha j}\}$ denote the set of irreducible characters of $\mathfrak{H}_\alpha$. We define two R-modules V_R and U_R as follows. The module V_R consists of the linear combinations of the $\psi_{\alpha j}^*$ with coefficients in R,

$$V_R = \sum_{\alpha,j} R\psi_{\alpha j}^* = \sum_{\alpha,j} (R\psi_{\alpha j})^* = \sum_\alpha (X_R(\mathfrak{H}_\alpha))^*. \tag{9}$$

The module U_R is to consist of those class functions $\Theta \in A(\mathfrak{G})$ for which, for every α, the restriction $\Theta \mid \mathfrak{H}_\alpha$ belongs to the character ring $X_R(\mathfrak{H}_\alpha)$ of $\mathfrak{H}_\alpha$ with respect to R. Applying (5) to $\psi = \psi_{\alpha j}$ and $\mathfrak{H} = \mathfrak{H}_\alpha$ we see at once that

$$\Theta \in U_R \Leftrightarrow (\Theta, \psi_{\alpha j}^*) \in R \qquad \text{for all } \alpha, j. \tag{10}$$

THEOREM 1. *U_R is a ring, V_R is an ideal of U_R and*

$$U_R \supseteq X_R \supseteq V_R . \tag{11}$$

PROOF. It is clear from the definition of U_R that U_R is closed under subtraction and multiplication and hence is a ring. Every character of $\mathfrak{G}$ belongs to U_R and this implies $X_R \subseteq U_R$. Since every character $\psi_{\alpha j}^*$ belongs to X_R, we have $V_R \subseteq X_R$. In order to show that V_R is an ideal, of U_R, we have only to show, that $\psi_{\alpha j}^* \Theta \in V_R$ for $\Theta \in U_R$ and all α, j. But then $\Theta \mid \mathfrak{H}_\alpha \in X_R(\mathfrak{H}_\alpha)$ and hence, by (4),

$$\psi_{\alpha j}^*\Theta = (\psi_{\alpha j}(\Theta \mid \mathfrak{H}_\alpha))^* \in (X_R(\mathfrak{H}_\alpha))^* \subseteq V_R, \text{ q.e.d.}$$

The constant 1 belongs to X_R since it is a character, the "principal" character, of $\mathfrak{G}$. Hence R may be considered as a subring of X_R.

If two of the groups $\mathfrak{H}_\alpha$ of the family $\{\mathfrak{H}_\alpha\}$ are conjugate in $\mathfrak{G}$, it follows from (7) that U_R, V_R, X_R will not be changed, if one of these conjugate groups is removed from the family $\{\mathfrak{H}_\alpha\}$.

LEMMA 1. *If R possesses a Z-basis $\{\eta_\mu\}$ and if one of the basis elements is* 1, *then every rational integer d in V_R belongs to V_Z.*

PROOF. The elements η_μ of X_R are linearly independent with regard to X_Z. Indeed, if we have a relation

$$\sum_\mu \eta_\mu \sum_i c_{\mu i}\chi_i = 0 \qquad (c_{\mu i} \in Z),$$

then, because of the linear independence of the χ_i with regard to C, we have $\sum_\mu \eta_\mu c_{\mu i} = 0$ for all i and hence all $c_{\mu i}$ vanish.

If now $d \in V_R \cap Z$, we have an equation

$$d = \sum_{\alpha, j} \psi^*_{\alpha j} \sum_\mu z_{\alpha j \mu} \eta_\mu$$

with $z_{\alpha j \mu} \in Z$. On comparing the coefficient of the basis element $\eta_\mu = 1$ on both sides, we see that $d \in V_Z$.

4. From now on we take $R = Z[\varepsilon]$, where ε is a primitive g^{th} root of unity. Then R has a Z-basis of the form $1, \varepsilon, \cdots, \varepsilon^{m-1}$, and all values of each character of every subgroup of $\mathfrak{G}$ lie in R.

LEMMA 2. *Suppose that some group $\mathfrak{H}_\alpha$ in the family $\{\mathfrak{H}_\alpha\}$ contains a direct product $\mathfrak{H} = \mathfrak{A} \times \mathfrak{B}$ of an abelian group $\mathfrak{A}$ and a group $\mathfrak{B}$ whose order b is relatively prime to the order a of A. Let A be a fixed element of $\mathfrak{A}$ and let $\mathfrak{C}(A)$ denote the centralizer of A in $\mathfrak{G}$. Then there exists an element ϕ of V_R such that $\phi(G) \in Z$ for every $G \in \mathfrak{G}$, $\phi(G) = 0$ if G is not conjugate in $\mathfrak{G}$ to an element of $A\mathfrak{B}$, and $\phi(A) = (\mathfrak{C}(A):\mathfrak{B})$.*

PROOF. We shall construct an element $\psi \in X_R(\mathfrak{H})$ for which $\phi = \psi^*$ has the properties stated in the lemma. Since $\mathfrak{H} \subseteq \mathfrak{H}_\alpha$, the transitivity (6) of the induction map shows that

$$\psi^* \in (X_R(\mathfrak{H}_\alpha))^* \subseteq V_R .$$

Each of the linear characters λ_ν of $\mathfrak{A}$ can be extended to a linear character ω_ν of $\mathfrak{H} = \mathfrak{A} \times \mathfrak{B}$ by requiring that $\omega_\nu(B) = 1$ for $B \in \mathfrak{B}$. Set

$$\psi = \sum_\nu \bar{\omega}_\nu(A)\omega_\nu .$$

Then $\psi \in X_R(\mathfrak{H})$. Since $\mathfrak{A}$ is abelian of order a, the orthogonality relations for the characters of $\mathfrak{A}$ show that $\psi(H) = a$ for $H \in A\mathfrak{B}$ and $\psi(H) = 0$ for $H \in \mathfrak{H}$, $H \notin A\mathfrak{B}$. In order to find ψ^*, use (3). It is clear that $\psi^*(G)$ is a rational integer for every $G \in \mathfrak{G}$. If G is not conjugate to an element of $A\mathfrak{B}$, all the terms $\psi_0(TGT^{-1})$ in (3) vanish and hence $\psi^*(G) = 0$. For $G = A$, we have $\psi_0(TAT^{-1}) = a$, if TAT^{-1} is an element AB of $A\mathfrak{B}$ and $\psi_0(TAT^{-1}) = 0$ in all other cases. If $B \neq 1$, the order of AB is not a divisor of a. Then AB cannot be conjugate to A. Hence $TAT^{-1} = AB$ holds only if $B = 1$ and then T has to lie in the centralizer $\mathfrak{C}(A)$ of A. Now (3) yields

$$\psi^*(A) = (\mathfrak{C}(A):1)a/h.$$

Here, the order h of $\mathfrak{H} = \mathfrak{A} \times \mathfrak{B}$ is equal to ab. Since $\mathfrak{B}$ is contained in $\mathfrak{C}(A)$, our result can be written in the form $\psi^*(A) = (\mathfrak{C}(A):\mathfrak{B})$ and this finishes the proof of the lemma. Of course, it is easy to determine the values $\psi^*(G)$ for the elements G not mentioned in the lemma.[2]

As a first application of Lemma 2, we show

---

[2] If G is conjugate to an element AB of $A\mathfrak{B}$, we have $\phi(G) = N(\mathfrak{M}:\mathfrak{B})$ where $\mathfrak{M}$ is the normalizer of $\mathfrak{B}$ in $\mathfrak{C}(A)$ and where N denotes the number of distinct groups congugate to $\mathfrak{B}$ in $\mathfrak{C}$ (A) which contain B.

THEOREM 2. *If the subgroups* $\mathfrak{H}_\alpha$ *cover* $\mathfrak{G}$ *then* V_R *contains every class function* Θ *such that* $\Theta(G) \in gR$ *for every* $G \in \mathfrak{G}$.

PROOF. If $\mathfrak{K}$ is a given class of conjugate elements of $\mathfrak{G}$, choose an element A in $\mathfrak{K}$. Then A belongs to some $\mathfrak{H}_\alpha \in \{\mathfrak{H}_\alpha\}$. Let $\mathfrak{A}$ be the cyclic group generated by A, take $\mathfrak{B} = \{1\}$ and apply Lemma 2. Thus, V_R contains the class function ϕ which is 0 outside $\mathfrak{K}$ and which takes the value $(\mathfrak{C}(A): 1)$ at A and hence in $\mathfrak{K}$. Since $(\mathfrak{C}(A): 1)$ is a rational integer dividing g, it follows that if Θ satisfies the assumptions in Theorem 2, then Θ is a linear combination with coefficients in Z of the various functions ϕ associated with the different classes $\mathfrak{K}$. Hence $\Theta \in V_R$ as stated.

COROLLARY. *If the groups* $\mathfrak{H}_\alpha$ *cover* $\mathfrak{G}$, *then* $g \in V_Z$.

PROOF. It follows from Theorem 2 that the constant g lies in V_R and then Lemma 1 implies that $g \in V_Z$.

5. Let p be a fixed prime number. We shall say that an element A of $\mathfrak{G}$ is p-regular, if the order of A is prime to p. An arbitrary element G of $\mathfrak{G}$ can be written uniquely in the form $G = AB$ where A and B commute and where A is a p-regular element while the order of B is a power $p^r \geqq 1$ of p. Of course, both A and B are powers of G. Then A will be called the *p-regular factor* of G. We shall also use the fact that if Θ is an element of X_R such that $\Theta(G)$ and $\Theta(A)$ lie in Z, then

$$\Theta(G) \equiv \Theta(A) \pmod{p}.\tag{12}$$[3]

This can be seen as follows. If we replace $\mathfrak{G}$ by the cyclic group generated by G, then Θ will still lie in the corresponding character ring and hence it will suffice to prove (12) in the case that $\mathfrak{G}$ is cyclic. Then the irreducible characters χ_i of $\mathfrak{G}$ are linear and $G = AB$ implies $\chi_i(G) = \chi_i(A)\,\chi_i(B)$. If B has the order $q = p^r$, this implies $\chi_i(G)^q = \chi_i(A)^q$. Now Θ has the form $\Theta = \sum_i a_i\chi_i$ with $a_i \in R$. On raising this equation to the pth power r times in succession, we obtain

$$\Theta(G)^q \equiv \textstyle\sum_i a_i^q\chi_i(G)^q = \sum_i a_i^q\chi_i(A)^q \equiv \Theta(A)^q \pmod{pR}.$$

By Fermat's theorem, $\Theta(G)^q \equiv \Theta(G)$, $\Theta(A)^q \equiv \Theta(A) \pmod{p}$ and this yields (12).[4]

We shall say that a group $\mathfrak{H} = \mathfrak{A} \times \mathfrak{B}$ is *p-elementary*, if $\mathfrak{A}$ is a cyclic group of order prime to p while $\mathfrak{B}$ is a p-group.

LEMMA 3. *If every p-elementary subgroup* $\mathfrak{H}$ *of* $\mathfrak{G}$ *is contained in a group* $\mathfrak{H}_\alpha$ *of the family* $\{\mathfrak{H}_\alpha\}$, *then there exists an element* η *of* V_R *such that, for every* $G \in \mathfrak{G}$, $\eta(G) \in Z$ *and*

$$\eta(G) \equiv 1 \pmod{p}.\tag{13}$$

PROOF. Let A range over a full system $\{A\}$ of representatives for those classes of conjugate elements of $\mathfrak{G}$ which consist of p-regular elements. In order

[3] The use of this well known congruence can be avoided in the following; cf. footnote 5.

[4] Since R has a Z-basis, we have $pR \cap Z = pZ$. Hence two elements of Z which are congruent (mod pR) are indeed congruent (mod p).

to prove Lemma 3, it will suffice to construct elements η_A of V_R for every $A \in \{A\}$ with the following properties:

(I) $\eta_A(G) \in Z$ for every $G \in \mathfrak{G}$,

(II) $\eta_A(G) = 0$, if the p-regular factor of G is not conjugate to A,

(III) $\eta_A(G) \equiv 1 \pmod{p}$, if the p-regular factor of G is conjugate to A.

Indeed, if such η_A are known, we can take η in Lemma 3 as the sum of these η_A for all A in $\{A\}$. For every $G \in \mathfrak{G}$, there exists exactly one A in $\{A\}$ which is conjugate to the p-regular factor of G. Hence exactly one $\eta_A(G)$ is congruent to 1 (mod p) and all others vanish.

In order to construct an η_A for a fixed p-regular element A, let $\mathfrak{A}$ be the cyclic group generated by A, let $\mathfrak{B}$ be a p-Sylow subgroup of the centralizer $\mathfrak{C}(A)$ of A, and set $\mathfrak{H} = \mathfrak{A}\mathfrak{B} = \mathfrak{A} \times \mathfrak{B}$. Then $\mathfrak{H}$ is p-elementary and hence is contained in some $\mathfrak{H}_\alpha \in \{H_\alpha\}$. Now Lemma 2 can be applied. This yields an element ϕ of V_R such that $\phi(G) \in Z$ for every G in $\mathfrak{G}$, $\phi(G) = 0$ if G is not conjugate to an element of $A\mathfrak{B}$, and $\phi(A) = (\mathfrak{C}(A):\mathfrak{B})$. Now $(\mathfrak{C}(A):\mathfrak{B})$ is prime to p, since $\mathfrak{B}$ is a p-Sylow subgroup of $\mathfrak{C}(A)$. Hence we can find a $z \in Z$ such that $z(\mathfrak{C}(A):\mathfrak{B}) \equiv 1 \pmod{p}$. If we set $\eta_A = z\phi$, then $\eta_A \in V_R$ and η_A has the required property (I). If the p-regular factor of an element G of $\mathfrak{G}$ is not conjugate to A, then G is not conjugate to an element of $A\mathfrak{B}$ and hence ϕ and η_A vanish at G. Thus η_A has property (II). We have $\eta_A(A) \equiv 1 \pmod{p}$ and now (12) shows that η_A has property (III). This finishes the proof of the Lemma.[5]

6. We can now prove the following theorem.

THEOREM 3. *If every p-elementary subgroup of* $\mathfrak{G}$ *is contained in some group* $\mathfrak{H}_\alpha$ *of the family* $\{\mathfrak{H}_\alpha\}$ *and if* $g = p^m g_0$ *with* $(g_0, p) = 1$, *then* $g_0 \in V_Z$.

PROOF. Let η have the same significance as in Lemma 3. Set $q = p^m$. If c is a rational integer with $c \equiv 1 \bmod p^j$, $(j = 1, 2, \cdots)$, then $c^p \equiv 1 \bmod p^{j+1}$. Hence (13) implies

$$\eta^q(G) \equiv 1 \pmod{p^m} \tag{14}$$

for all G in $\mathfrak{G}$. Since V_R is an ideal and hence a ring, $\eta^q \in V_R$. Set $\eta^q = 1 + \Theta_0$. Then (14) shows that Theorem 2 can be applied to $\Theta = g_0\Theta_0$ which is obviously a class function. It follows that $g_0\Theta_0 \in V_R$ and hence $g_0 = g_0\eta^q - g_0\Theta_0 \in V_R$. Now Lemma 1 yields $g_0 \in V_Z$ as we wished to show.

COROLLARY. *If every elementary subgroup of* $\mathfrak{G}$ *is contained in some group* $\mathfrak{H}_\alpha \in \{\mathfrak{H}_\alpha\}$, *then*

$$U_Z = X(\mathfrak{G}) = V_Z.$$

Indeed, Theorem 3 can be applied for every prime p. Since V_Z contains a rational integer prime to p for every prime number p, we have $1 \in V_Z$. Since V_Z is an ideal of U_Z, $V_Z = X(\mathfrak{G}) = U_Z$.

The equation $X(\mathfrak{G}) = V_Z$ yields Theorem A and the equation $X(\mathfrak{G}) = U_Z$ yields Theorem B stated above in **1**.

[5] Instead of using (12), we can use the result stated in footnote 2 and Sylow's theorems to show that $\phi(G) \equiv (\mathfrak{C}(A):\mathfrak{B}) \bmod p$, if the p-regular factor of G is conjugate to A. This implies that η_A has the property (III).

If R is an arbitrary integral domain containing Z, then $V_R \supseteqq V_Z$. Under the assumption of the Corollary, $1 \in V_Z \subseteqq V_R$ and hence $U_R = X_R(\mathfrak{G}) = V_R$.

HARVARD UNIVERSITY

BIBLIOGRAPHY

1. R. BRAUER, *On Artin's L-series with general group characters*, Ann. of Math., 48 (1947), pp. 502–514.
2. R. BRAUER, *A characterization of the characters of groups of finite order*, Ann. of Math., 57 (1953), pp. 357–377.
3. P. ROQUETTE, *Arithmetische Untersuchung des Charakterringes einer endlichen Gruppe*, J. Reine Angew. Math., 190 (1952), pp. 148–168.